plurall
CB026219
Parabéns!
Agora você faz parte do **Plurall**, a plataforma digital do seu livro didático!
Acesse e conheça todos os recursos e funcionalidades disponíveis para as suas aulas digitais.
Baixe o aplicativo do **Plurall** para Android e IOS ou acesse **www.plurall.net** e cadastre-se utilizando o seu código de acesso exclusivo:
AASPCKCMD
Este é o seu código de acesso Plurall. Cadastre-se e ative-o para ter acesso aos conteúdos relacionados a esta obra.
@plurallnet
@plurallnetoficial
SOMOS
EDUCAÇÃO

CIÊNCIAS HUMANAS
E SOCIAIS APLICADAS

LIVE

VOLUME ÚNICO

ELIAN ALABI LUCCI

Bacharel e licenciado em Geografia pela Pontifícia Universidade Católica de São Paulo (PUC-SP).

Professor de Geografia na rede particular de ensino.

Diretor da Associação dos Geógrafos Brasileiros (AGB) – Seção local Bauru-SP.

EDUARDO CAMPOS

Bacharel e licenciado em Geografia pela Faculdade de Filosofia, Letras e Ciências Humanas da Universidade de São Paulo (FFLCH-USP).

Mestre em Educação pela Faculdade de Educação da Universidade de São Paulo (FEUSP).

Professor e coordenador pedagógico e educacional na rede particular de ensino.

PARTE I

Geografia

ANSELMO LÁZARO BRANCO

Licenciado em Geografia pelas Faculdades Associadas Ipiranga (FAI).

Professor de Geografia na rede particular de ensino.

CLÁUDIO MENDONÇA

Bacharel e licenciado em Geografia pela Faculdade de Filosofia, Letras e Ciências Humanas da Universidade de São Paulo (FFLCH-USP).

Professor de Geografia na rede particular de ensino.

Presidência: Mario Ghio Júnior
Direção de soluções educacionais: Camila Montero Vaz Cardoso
Direção editorial: Lidiane Vivaldini Olo
Gerência editorial: Viviane Carpegiani
Gestão de área: Julio Cesar Augustus de Paula Santos
Edição: Aline Cestari, Karine Costa e Lígia Gurgel do Nascimento
Planejamento e controle de produção: Flávio Matuguma (coord.), Felipe Nogueira, Juliana Batista e Anny Lima
Revisão: Kátia Scaff Marques (coord.), Brenda T. M. Morais, Claudia Virgilio, Daniela Lima, Malvina Tomáz e Ricardo Miyake
Arte: André Gomes Vitale (ger.), Catherine Saori Ishihara (coord.) e Veronica Onuki (edição de arte)
Diagramação: Formato Comunicação
Iconografia e tratamento de imagem: André Gomes Vitale (ger.), Denise Kremer e Claudia Bertolazzi (coord.), Monica de Souza (pesquisa iconográfica) e Fernanda Crevin (tratamento de imagens)
Licenciamento de conteúdos de terceiros: Roberta Bento (ger.), Jenis Oh (coord.), Liliane Rodrigues, Flávia Zambon e Raísa Maris Reina (analistas de licenciamento)
Ilustrações: Bruna Ishihara, Daniel Klein, Ericson Guilherme Luciano, Fábio P. Corazza, Samuel 13B
Cartografia: Eric Fuzii (coord.) e Robson Rosendo da Rocha
Design: Erik Taketa (coord.) e Adilson Casarotti (proj. gráfico e capa)
Foto de capa: aslysun/Shutterstock / rusm/Getty Images / Hadrian/ Shutterstock

Avenida Paulista, 901, 6º andar – Bela Vista
São Paulo – SP – CEP 01310-200
http://www.somoseducacao.com.br

Dados Internacionais de Catalogação na Publicação (CIP)

Conecte live : Geografia : volume único / Elian Alabi Lucci...[et al]. -- 1. ed. -- São Paulo : Saraiva, 2020.(Conecte)

Outros autores: Eduardo Campos, Anselmo Lázaro Branco, Cláudio Mendonça
ISBN 978-85-4723-726-4 (aluno)
ISBN 978-85-4723-727-1 (professor)

1. Geografia (Ensino Médio) I. Lucci, Elian Alabi II. Série

20-2105 CDD 910.7

Angélica Ilacqua CRB-8/7057

2022
Código da obra CL 801848
CAE 662982 (AL) / 721916 (PR)
ISBN 978 85 4723 726 4 (AL)
ISBN 978 85 4723 727 1 (PR)
1ª edição
9ª impressão
De acordo com a BNCC.

Impressão e acabamento: Bercrom Gráfica e Editora

Apresentação

Caro estudante,

A complexidade das paisagens e atividades humanas é enorme no espaço geográfico. As transformações tecnológicas ocorrem em ritmo acelerado e as novas tecnologias proporcionam outras maneiras de obtenção de informações. Nesse contexto, novos desafios são colocados para professores e estudantes, e novas habilidades, necessárias para o exercício da cidadania, são exigidas tanto para aqueles que ingressam na universidade quanto no mercado de trabalho.

Considerando esse cenário, a reformulação do novo Ensino Médio e a nova Base Nacional Comum Curricular (BNCC) entraram em vigor. Essa nova estrutura trouxe mudança significativa para essa etapa do ensino.

Sabendo da magnitude dessa mudança, elaboramos a obra *Conecte Live Geografia*, que favorece o desenvolvimento das Competências e Habilidades da Área de Ciências Humanas e Sociais Aplicadas (CHS).

O *Conecte Live Geografia* possibilita desenvolver a capacidade de análise e interpretação do espaço geográfico, proporcionando a formação de jovens críticos, autônomos, responsáveis, éticos e capazes de encarar e superar os desafios contemporâneos.

Ao contemplar as competências gerais, a obra propicia o desenvolvimento das habilidades socioemocionais e o protagonismo do estudante tão requisitados nas ações do indivíduo na sociedade, numa perspectiva respeitosa, criativa e confiante.

Em muitas seções, e em seu conjunto, a obra possibilita aos estudantes a elaboração de um projeto de vida, além de propiciar uma noção ampla e criteriosa do mundo do trabalho que facilitará sua inserção nessa esfera social em rápida transformação.

Desse modo, professor e estudante têm em mãos um livro que aborda os temas da Geografia e atende à BNCC, em seus múltiplos aspectos.

Os autores

Conheça seu livro

Conheça a seguir as partes que compõem este livro, as seções e os boxes, além do material complementar.

Abertura de capítulo

Um breve texto e foto, acompanhados de atividades do boxe **Contexto**, contextualizam e trabalham seus conhecimentos prévios sobre o que será estudado.

Este livro está distribuído em três partes (I, II e III), que podem ser utilizadas ao longo do Ensino Médio de modos variados, conforme a opção da escola e dos professores.

Glossário

Boxe que traz definições de termos ou conceitos que aparecem ao longo do texto.

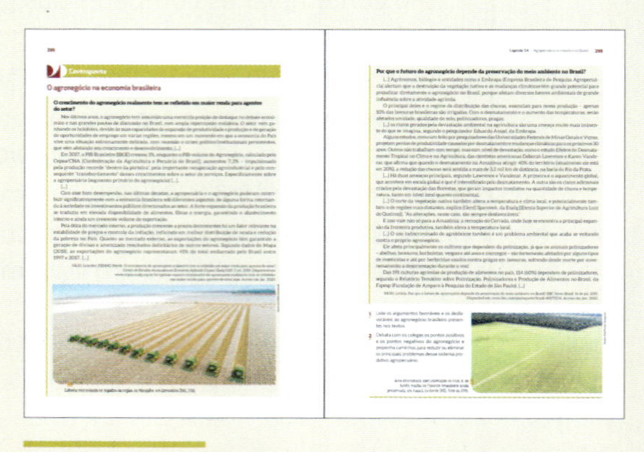

Contraponto

Esta seção traz textos ou imagens com diferentes opiniões ou abordagens sobre assuntos relacionados aos conteúdos estudados, buscando desenvolver seu senso crítico.

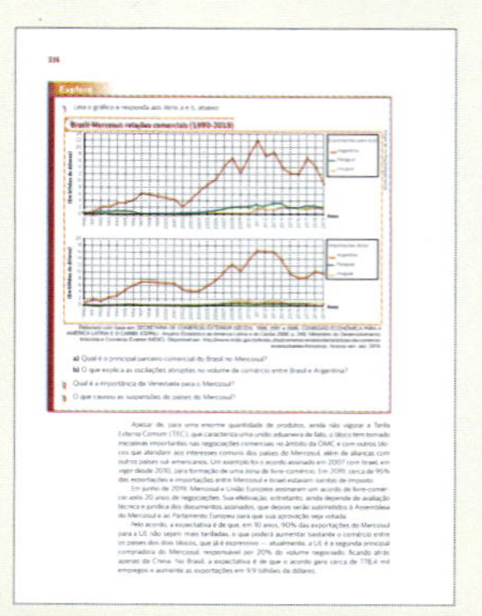

Olho no espaço

Nesta seção você vai realizar a leitura espacial por meio da exploração de mapas, fotos, ilustrações, gráficos e tabelas, desenvolvendo as habilidades de observar, analisar, relacionar e interpretar.

Explore

Este boxe pode trazer textos, mapas, fotos, charges, gráficos, seguidos de atividades com o objetivo de promover a consciência crítica, por meio de análises, identificações, debates e comparações de informações e dados.

Saiba mais

Saiba mais por meio de textos breves que agregam informações ao que foi abordado no texto principal ou apresentam fatos curiosos que ajudam a compreender de forma mais ampla o que está sendo estudado.

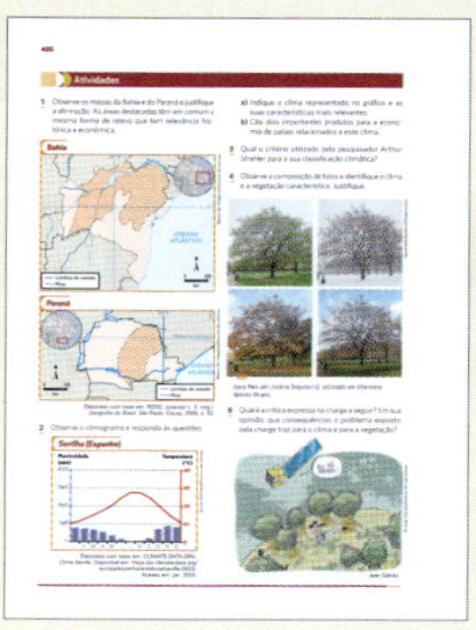

Atividades

Ao final de cada capítulo, você encontra um conjunto de atividades variadas que possibilitam avaliar os conhecimentos que você adquiriu, antes de seguir adiante.

Questões do Enem e de vestibulares

Ao final de cada parte são apresentadas questões do Exame Nacional do Ensino Médio (Enem) e de vestibulares de diferentes regiões do país.

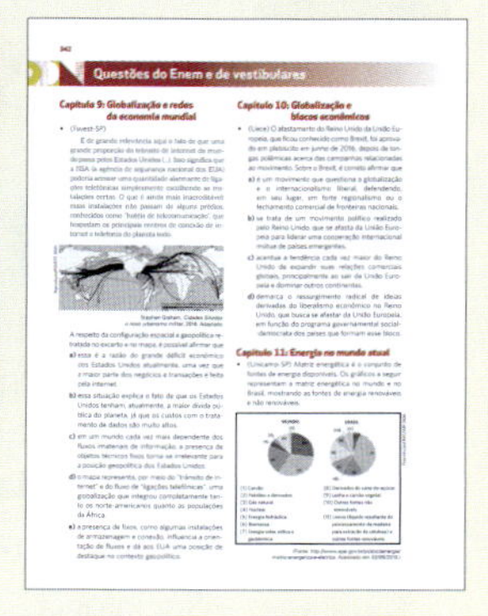

Dica

Boxe com sugestões de *sites*, textos, tecnologias digitais, entre outros recursos, que podem auxiliar você a compreender, ampliar ou aprofundar seus estudos ao longo dos capítulos.

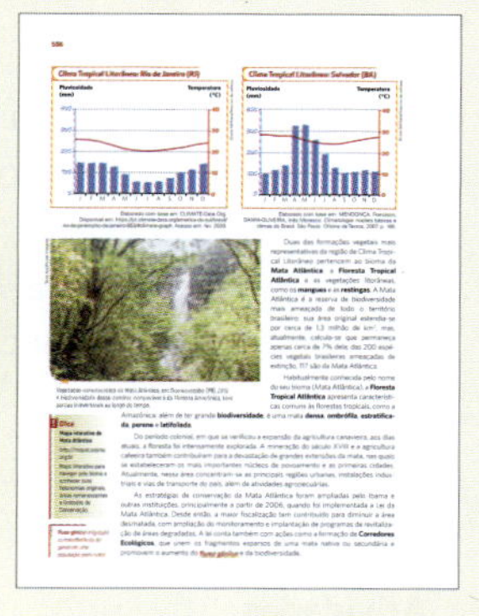

Perspectivas

A seção **Perspectivas** ajuda você a refletir sobre seu projeto de vida por meio de leituras e atividades que abordam temas contemporâneos importantes para o convívio social e o mundo do trabalho.

plurall

Este ícone indica que há conteúdo adicional no **Plurall**.

Conexões

Por meio de textos, recursos visuais diversificados e atividades, esta seção traz assuntos pertinentes à Geografia, relacionando-os com outros componentes curriculares da área de Ciências Humanas e Sociais Aplicadas.

Projeto

A seção **Projeto**, por meio de questões e situações-problema, oferece a oportunidade de você e os colegas colocarem em prática conhecimentos e habilidades seguindo um percurso construído coletivamente.

Caderno de Atividades

Acompanha o livro do estudante um **Caderno de Atividades**. Você pode utilizar esse material para continuar a desenvolver conhecimentos e habilidades abordados no livro, além de se preparar para o Enem e os principais vestibulares do Brasil.

Sumário

PARTE I

Nacho Doce/Reuters/Fotoarena

Bildagentur-online/Universal Images Group/Getty Images

Dale de La Rey/Agência France-Presse

PARTE II

Reprodução/Time

Tales Azzi/Pulsar Imagem

Chico Ferreira/Pulsar Imagens

PARTE III

Gabriela Biló/Agência Estado

Andre Dib/Pulsar Imagens

CAPÍTULO

1

As Ciências Humanas e seu projeto de vida

Este capítulo favorece o desenvolvimento das habilidades:

EM13CHS401

EM13CHS403

EM13CHS404

Escolher a vida que se quer levar é um grande desafio. Identificar os caminhos que podem ser percorridos exige conciliar desejos e sonhos com realidade e necessidades materiais. Refletir sobre si mesmo, sobre o que gosta e o que não gosta e quais valores pessoais norteiam sua vida já é um bom começo. Outro passo importante é observar o mundo e vislumbrar o papel que gostaria de ocupar nele.

Klaus Vedfelt/Getty Images

Buscar um caminho no projeto de vida é um dos grandes desafios da juventude.

Contexto

1. Converse com alguns colegas e exponha seus sonhos para o futuro. Como você imagina que será sua vida daqui a dez anos? Onde você gostaria de morar? Pretende ter filhos? No que gostaria de trabalhar? O que espera conquistar e como? Quer ter cursado uma faculdade? Que experiências gostaria de viver?
2. Imagine-se no futuro reencontrando uma amiga ou um amigo de escola que nunca mais viu desde que se formaram no Ensino Médio. Elabore um texto para descrever o que aconteceu na sua vida desde a última vez em que se viram.

Projeto de vida

Projetar está associado à condição humana. Não se costuma nomear "projeto" boa parte do que se realiza, mas muitas das ações humanas são resultados de planos mentais que exigem refletir sobre o que se quer obter, identificar as ações necessárias para tal e executá-las.

Westend61/Uwe Umstätter/Getty Images

Um "mochilão" pode proporcionar experiências de vida, mas exige um projeto e um bom planejamento.

Existem exemplos claros de projetos, como os arquitetônicos, que põem no papel o desenho de uma casa ou de um edifício para então planejar e executar a construção, sendo a edificação seu resultado concreto; ou ainda projetos de desejos pessoais, como aprender a tocar um instrumento musical, fazer uma grande viagem (como um "**mochilão**"), ou adquirir algum bem (como um automóvel). Todos eles apresentam um resultado cuja realização é fácil avaliar.

Os projetos carregam ideias sobre o futuro, o novo, o que está por vir. Eles exigem intencionalidade e ação transformadora. É preciso querer, refletir, planejar e realizar.

"Mochilão": viagem cuja duração pode variar de alguns dias a meses e na qual os pertences são levados em apenas uma mochila para facilitar o deslocamento; aventura ou jornada para um local que se deseja muito conhecer, com potencial de se tornar uma grande experiência de vida.

Há um tipo particular de projeto, mais amplo e abrangente: o projeto de vida, que fornece identidade e explicita a personalidade e o que faz uma pessoa ser quem é. É um plano individual e pessoal, ou seja, não pode ser elaborado nem realizado por outrem. Ele transforma uma pessoa em sujeito, a diferencia e a aproxima das demais.

Os projetos de vida são projeções de felicidade, de um futuro melhor que o passado e o presente. Eles alimentam a esperança e fazem caminhar, seguir adiante, mas são inconclusos, pois as conquistas são avaliadas ao longo de toda a vida, muitas vezes levando à redefinição de planos e objetivos. Afinal, tanto o mundo quanto as pessoas mudam. Esta é a grande diferença do projeto de vida: por sua abrangência, complexidade e mutabilidade, é mais difícil identificar e avaliar o resultado.

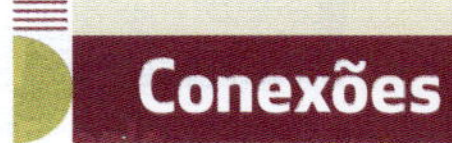

Conexões FILOSOFIA

Tudo flui, tudo muda

O filósofo grego Heráclito (c. 576-480 a.C.), da cidade de Éfeso, foi um dos filósofos **pré-socráticos** mais importantes e um dos fundadores da Filosofia. Em suas reflexões, ele utilizava charadas, jogos de palavras ou de linguagem.

Pré-socrático: designação dada aos primeiros filósofos gregos que distanciaram fenômenos da natureza de explicações míticas e sobrenaturais, buscando respostas na observação dos próprios fenômenos por meio da razão.

> "Nos mesmos rios entramos e não entramos, somos e não somos." Esse fragmento, possivelmente um dos mais conhecidos e citados, costuma ser assim traduzido: "Não podemos entrar duas vezes no mesmo rio: suas águas não são nunca as mesmas e nós não somos nunca os mesmos". [...]
>
> CHAUÍ, Marilena. *Introdução à história da Filosofia:* dos pré-socráticos a Aristóteles. São Paulo: Companhia das Letras, 2002. p. 81.

Os pensamentos de Heráclito de Éfeso partem do princípio da fluidez, de que nada fica parado, tudo está em movimento e em transformação para o seu oposto: o que está quente esfria, e o que está frio esquenta; uma subida vem após uma descida. Para ele, a realidade é uma "guerra entre os opostos", pois nada existe sem o seu contrário.

- Em sua opinião, levando em conta a ideia de Heráclito de Éfeso, como o conceito de que tudo muda pode estar relacionado com a construção de um projeto de vida?

Seres sociais e respeito à diversidade

Um projeto de vida não atende apenas às vontades e às necessidades econômicas de uma pessoa; ele também abrange a necessidade que cada um tem de fortalecer o próprio sentimento de pertencimento a um grupo, ou seja, diz respeito à condição humana de ser social. Ele deve compreender o reconhecimento do outro com seus direitos, deveres, desejos e necessidades. Portanto, o projeto de vida está inserido na construção de um tipo de sociedade e exige reflexão sobre o mundo no qual se gostaria de viver.

MuratOzcelik/Shutterstock

Pessoas do grupo étnico karo, que vive no vale do rio Omo, na Etiópia. Foto de 2019. Os projetos de vida das pessoas ao redor do mundo são e devem ser diferentes. É preciso garantir que todos os modos de vida sejam respeitados e preservados, vistos como fundamentais para a diversidade.

Não há garantia de que, com a ampliação do conhecimento da humanidade ao longo do tempo, o futuro será melhor que o passado e o presente; de que os avanços científicos resolverão todos os problemas; de que a fome será eliminada; de que todas as pessoas terão os direitos respeitados. Enquanto o futuro permanece incerto, o estudo de conflitos do passado, de seus motivos e suas consequências, pode indicar ações necessárias no presente para construir um futuro com mais liberdade e autonomia, um mundo sem desigualdade socioeconômica, problemas ambientais, autoritarismo, racismo e preconceito, grandes redutores das possibilidades de escolha de projetos de vida das pessoas. Por isso, as ações delineadas pelo poder público e pelas empresas, e mesmo os planejamentos pessoais inclusivos, que respeitem e valorizem as diferenças, são essenciais para assegurar os projetos individuais.

Decidir na incerteza

Ninguém está totalmente preparado para o futuro. É possível vislumbrar e antecipar algumas coisas, mas o que está por vir permanece um mistério. O que resta é projetar o futuro com sonhos e desejos que motivem as realizações que dão sentido à vida, além de imaginar caminhos para alcançá-los. Assim, é necessário saber o que se quer e, ao mesmo tempo, avaliar a força necessária para correr atrás disso, com a consciência de que haverá desafios nesse caminho, como eventuais renúncias ou julgamentos de outras pessoas.

Fabio P. Corazza/Arquivo da editora

Outro ponto importante é refletir sobre a vida que se quer construir e desvendar se essa vontade resulta dos próprios desejos ou dos desejos de outras pessoas – como familiares ou grupo de amigos – e avaliar se está preparado para as consequências decorrentes dessa escolha.

Escolher que vida levar implica buscar o autoconhecimento, ou seja, refletir sobre si mesmo, analisando as próprias vontades, a origem e o contexto delas. Os caminhos que você decidiu seguir estão alinhados com a pessoa que você é, com seus valores, suas aptidões naturais e suas experiências de vida?

Um projeto de vida passa por questões existenciais, como: Quem sou eu? O que quero? Por que quero ou não quero? Em que acredito e quais são meus valores? O que orienta minhas escolhas e me instiga? Sou assim ou estou assim? Posso mudar? O que desejo é um sonho possível? Em certa medida, trata-se de questões que impelem a humanidade desde tempos antigos: Qual é o sentido da vida? Que papel eu gostaria de desempenhar no mundo?

Explore

1 Quais são suas principais virtudes? E quais pontos mais precisam de melhora?

2 Você já escutou seus pais ou responsáveis dizerem que sua personalidade é parecida com a de algum outro membro da família? Se sim, parecida em quê?

3 E que característica você e seus familiares ou responsáveis reconhecem que é exclusivamente sua?

4 Quem você admira e por quê? E quem você não admira e por quê?

5 Pense no que cada grupo de pessoas a seguir espera de você:

a) Pais e familiares ou responsáveis. **b)** Amigos. **c)** Professores.

6 Descreva em poucas linhas como você gostaria que fosse sua vida.

7 O que você identifica de errado no mundo e o que gostaria de transformar nele?

8 Como aquilo que você quer para sua vida pode contribuir para a construção de um mundo melhor?

9 O que você pode fazer hoje para ter a vida que gostaria no futuro?

Juventude: período de transição

Na história do mundo moderno **ocidental**, a juventude assumiu um caráter particular: uma fase transitória entre a infância e a vida adulta e um período preparatório, de estudos e aquisição de habilidades profissionais para a entrada no mercado de trabalho. A fase também é identificada com a imaturidade, a impetuosidade, os comportamentos de risco, contestatórios e revolucionários, e a maior sujeição à influência do grupo. No entanto, a partir de meados do século XX, a juventude ganhou relevância social e passou a ser um modelo comportamental constantemente associado, nos meios de comunicação de massa, a alegria, potência, beleza, coragem, inovação e outros atributos valorizados.

Na sociedade ocidental, a juventude tem se libertado das amarras cronológicas da idade para ser reconhecida como o modo de os indivíduos se posicionarem no mundo. A forma como se vestem, se divertem e passam o tempo livre, o que compram, a linguagem que utilizam, tudo isso aproxima jovens de 15, 20 ou 30 anos de idade, mesmo que a diferença entre as pessoas dessas faixas etárias seja inegável.

Espera-se que os jovens adentrem o mundo adulto capazes de reconhecer e valorizar o legado cultural que herdaram e que se engajem na realização de projetos de vida que considerem, além de desejos e necessidades pessoais, a coletividade, os desafios não vencidos pelas gerações anteriores ou até aqueles criados por elas. Esses desafios podem variar em natureza, complexidade e escala. Em linhas gerais, é possível destacar a redução da desigualdade socioeconômica, o fim da pobreza e da miséria, a universalização dos direitos humanos e o desenvolvimento sustentável (criação e distribuição da riqueza garantindo ou até melhorando a qualidade ambiental para as gerações atuais e as futuras).

Ocidente e Oriente: é comum referir-se à civilização ocidental como o **Ocidente**, em contraposição ao **Oriente**, representado pela civilização islâmica, surgida no Oriente Médio, pelas civilizações hindu e chinesa e pela cultura japonesa, entre outras. Essas definições carregam componentes culturais, de localização, econômicos e políticos. Atualmente, o termo **Ocidente** compreende todos os países desenvolvidos, inclusive Austrália e Nova Zelândia, no extremo oriental da Terra.

A importância das Ciências Humanas

Os conhecimentos adquiridos nas disciplinas de Ciências Humanas são fundamentais para refletir sobre o mundo e conseguir vislumbrar algumas soluções para o futuro, pois constituem referencial teórico e prático para lidar com muitos dos desafios do presente, tanto pessoais quanto coletivos.

Márcio Pannunzio/Fotoarena

O grafite do artista brasileiro Eduardo Kobra, na rua da Consolação, na cidade de São Paulo (SP), manifesta preocupação com a construção da Usina Hidrelétrica de Belo Monte, em Altamira (PA), na vida de indígenas da região. Foto de 2019. Muitos jovens, no cotidiano, enfrentarão questões como a conservação ambiental *versus* o desenvolvimento urbano, que exigem soluções diferentes das até hoje apresentadas.

Todos carregam experiências, comportamentos, saberes e valores adquiridos no ambiente familiar e no meio social do qual fazem parte. Pessoas com outras histórias de vida e condições materiais construíram saberes e visões de mundo diferentes. Conhecer outras realidades pode indicar novos caminhos para solucionar problemas. Esse tipo de conhecimento pode ser adquirido por meio da experiência concreta – conhecer outras localidades e culturas, que muitas vezes exige tempo e recursos para se deslocar e viver em outros contextos – ou ser apreendido de forma indireta, por meio de textos explicativos, imagens e sons, ferramentas amplamente utilizadas nas disciplinas de Ciências Humanas.

Todas as disciplinas de Ciências Humanas têm, ainda que indiretamente, a sociedade como o principal objeto de estudo, com recortes, métodos e referenciais teóricos específicos, mas muitas vezes coincidentes ou complementares. As categorias de tempo, espaço, natureza, cultura e trabalho, por exemplo, são comuns a todas elas.

O estudo dessas disciplinas ensina variados procedimentos e habilidades, como identificação, comparação, contextualização, interpretação e análise, que são essenciais à construção do pensamento crítico e autônomo, ou seja, à aquisição da capacidade de avaliar discursos, fatos, eventos e acontecimentos por si mesmo, dispondo dos recursos necessários. E isso nos revela tanto nossa identidade quanto a compreensão de que somos sujeitos da história, potentes para o exercício da cidadania plena, e não meros espectadores da vida.

Geografia, História, Filosofia e Sociologia

Em Geografia, especificamente, aprende-se a interpretar o mundo por meio do espaço, a compreender por que determinados processos e fenômenos se manifestam em alguns locais e não em outros. Desenvolve-se assim o raciocínio espacial necessário para identificar as ações que formam e transformam o espaço geográfico.

Os estudos em História são essenciais para preservar a memória, olhar para o passado a fim de compreender o presente, perceber que alguns fenômenos são cíclicos e outros não, e tentar construir um futuro considerando as experiências da sociedade, evitando, desse modo, cometer os mesmos erros. Estudar História abrange aprender a reconhecer e ler variados documentos, como fotos, obras de arte, registros escritos variados – leis, livros, jornais – como fontes de informação histórica e avaliar quais procedimentos utilizar para interpretá-los adequadamente. O passado pode ser narrado de diferentes formas e assim o é, dependendo de quem o faz, dos interesses envolvidos, dos recursos e instrumentos disponíveis para a análise e do lugar que quem o faz ocupa na sociedade.

Filipe Rocha/Arquivo da editora

A Filosofia lança reflexões essenciais sobre os valores que estruturam os seres humanos e as sociedades. A forma como são construídas e validadas a ética e a moral é o exemplo mais conhecido, mas a Filosofia coloca mesmo em pauta quais são as questões essenciais ao pensamento humano e como pensar sobre elas.

The Yomiuri Shimbun/AP Photo/Glow Images

Banksy é um famoso artista de rua britânico que espalha suas obras por diferentes países, sempre veiculando mensagens críticas à realidade social. Nessa foto, de 2018, a pintura *Soldier throwing flowers* (Soldado jogando flores, em tradução livre do inglês), feita no muro que separa Israel da Palestina. A obra pode ser apreciada apenas pelo seu caráter estético, mas ampliar a compreensão de sua mensagem exige a mobilização de saberes e procedimentos das Ciências Humanas.

Em Sociologia, estudam-se em profundidade a organização e o funcionamento das sociedades humanas e os papéis de seus indivíduos, desvelando as relações sociais e os mecanismos de poder e submissão encerrados em cada uma delas ao longo do tempo. Olhar para as diferentes culturas e identificar suas instituições sociais, como a família, bem como se há distinção social pautada em diferenças etárias, de gênero, étnico-raciais, está entre as muitas contribuições desse campo do saber para a construção da alteridade.

Para além das utilidades práticas, todo conhecimento tem em si mesmo a sua finalidade. Por que estudar e aprender tanta coisa? Porque nós merecemos! Porque conhecer é fonte de prazer, dá sentido à vida, aumenta a possibilidade de ler e entender o mundo, o outro e a nós mesmos, saber é essencial para decidir o que queremos da vida e o que podemos entregar de volta à sociedade.

Exigências para o futuro

No mundo atual, marcado pela velocidade e pelo surgimento do novo a todo instante, é imprescindível dominar um conjunto de saberes, habilidades e técnicas para nele atuar e também transformá-lo.

Fabio P. Corazza/Arquivo da editora

Que saberes e habilidades terão validade no futuro? É possível prever o que será exigido das pessoas para que consigam emprego? Tentando identificar o que está por vir, analistas de tendências do trabalho concluíram que, apesar de o futuro ser incerto, o mundo atual exige pessoas com fluência em novas tecnologias, habilidades de interpretação e uso de diferentes linguagens, que saibam aprender sozinhas e em grupo, além de ter um repertório importante acumulado com saberes dos vários campos do conhecimento, conteúdo estudado nas escolas e universidades.

Ainda no fim do século XX, especialistas reunidos pela Organização das Nações Unidas para a Educação, a Ciência e a Cultura (Unesco) produziram o relatório *Educação: Um tesouro a descobrir*, em 1996, no qual indicavam que os sistemas de ensino deveriam ter quatro focos articulados: aprender a conhecer, aprender a fazer, aprender a ser e aprender a conviver. Assim, além de conhecer fatos, conceitos, procedimentos, etc., as pessoas devem também desenvolver as chamadas **habilidades socioemocionais**.

Nos últimos anos, ganhou força a concepção de formação integral do indivíduo, ou seja, que incorpora as demais esferas da vida, que dizem respeito a desejos, emoções, satisfação pessoal, etc., sem limitar a aprendizagem aos conteúdos mais formais da cultura humana.

Saiba mais

Empatia, julgamento crítico e espírito colaborativo

Leia o texto a seguir, que trata de estudos promovidos pela Organização das Nações Unidas (ONU) sobre o que se espera dos profissionais do futuro.

> Em relatório recente sobre a relação entre tecnologia e produção, o Banco Mundial [instituição financeira ligada à ONU] ressalta que as crianças do atual ensino fundamental vão trabalhar em setores ou ocupações que ainda não existem. Para superar a lacuna entre o aprendizado do presente e as necessidades da nova economia, o organismo financeiro chama governos a investir nas habilidades interpessoais dos profissionais do futuro.
>
> O principal desafio consiste em dotá-los (os jovens) de competências que eles precisarão usar independentemente da natureza do trabalho de amanhã, (isso inclui) sobretudo a aptidão a resolver problemas e a exercer um julgamento crítico, bem como as competências interpessoais, como a empatia e o espírito de colaboração, afirmou o presidente do Grupo Banco Mundial, Jim Yong Kim. [...]
>
> Os mercados, avalia o Banco Mundial, precisarão cada vez mais de profissionais capazes de trabalhar em equipe, de comunicar e resolver impasses. [...]
>
> PROFISSIONAIS do futuro devem aprender empatia e julgamento crítico, defende Banco Mundial. *ONU Brasil*. Disponível em: https://nacoesunidas.org/profissionais-do-futuro-devem-aprender-empatia-e-julgamento-critico-defende-banco-mundial/. Acesso em: set. 2019.

- Em sua opinião, o que você aprende na escola é útil na sua vida atual? Você acha que pode ser útil futuramente?

Liberdade de escolha

Escolher uma profissão é muito importante porque, no mundo atual, o trabalho ocupa uma parcela significativa do tempo das pessoas e é um elemento que as identifica. Essa escolha passa por vários fatores, dos quais dois são fundamentais: o autoconhecimento e o conhecimento do universo de escolhas que cada um tem. Quanto mais você conhece o mundo, mais opções tem, o que amplia sua liberdade de escolher.

Em nossa sociedade, cada indivíduo é livre para decidir o rumo da própria vida: assumir ou omitir os próprios desejos, realizar a própria vontade ou ceder às expectativas do outro ou do grupo social em que vive. É no exercício da liberdade que cada ser humano se torna sujeito. A liberdade, no entanto, não é ilimitada – a liberdade individual esbarra no limite da de outra pessoa.

Fabio P. Corazza/Arquivo da editora

O campo de possibilidades de um indivíduo se forma nas condições e nos contextos histórico, social e econômico em que ele nasce e vive. Para algumas pessoas, o universo de escolhas é restrito (no caso de restrições econômicas, por exemplo), mas ainda assim é possível, com criatividade, seguir caminhos alternativos àqueles que, aparentemente, seriam a única opção para elas.

Ter consciência dessa liberdade e assumi-la leva a uma vida construída com base na autonomia. Fazer escolhas pensando naquilo que se quer realizar e deixar de ser refém do desejo e da aprovação dos outros amplia ainda mais nossa liberdade e leva a propósitos significativos na vida.

Pensar no futuro não deve constituir mais uma pressão na vida hoje. Apesar de o excesso de opções ser um pouco aterrorizante, o futuro não deveria ser ameaçador, mas estimulante. O que escolher diante de tanta oferta? Como fazer a melhor escolha? Algumas escolhas podem ser desfeitas sem grandes consequências, outras não. E tudo bem sentir apreensão ou até medo, pois não há garantia de que a escolha feita tornará uma pessoa plena e satisfeita. Lembre-se de que, se não é possível eliminar a insegurança, pode-se, ao menos, tentar reduzi-la, pensando que todas as pessoas passam por isso.

Fabio P. Corazza/Arquivo da editora

É importante questionar-se sobre como fazer escolhas hoje de modo a ampliar o universo delas no futuro. A primeira ação é identificar as possibilidades que você tem. A segunda, projetar o que ganhará e o que perderá ao escolher determinado caminho (obter mais qualificações ao fazer cursos e, em contrapartida, ter menos tempo livre, por exemplo). Nesta segunda ação, avaliar quais escolhas podem ser revertidas sem maiores prejuízos é uma boa estratégia.

No Brasil do século passado, a quantidade de opções era menor. Para grande parte da população, o emprego era visto como uma fonte de renda, uma forma de se sustentar. Carreira e profissão não eram temas importantes; assim, quem vivia no campo buscava trabalhar na roça, ao passo que os moradores das cidades buscavam postos de trabalho em indústrias ou no setor de comércio e serviços.

Havia também menos opções para alguns segmentos da sociedade. As mulheres, por exemplo, durante muito tempo foram educadas para cuidar da casa e dos filhos. Apesar das conquistas de igualdade de gênero no campo profissional nos dias atuais, em geral as mulheres ainda exercem menos cargos de chefia e liderança e ganham menos do que os homens que desempenham as mesmas funções.

Brasil: rendimento médio mensal de homens e mulheres (2016)

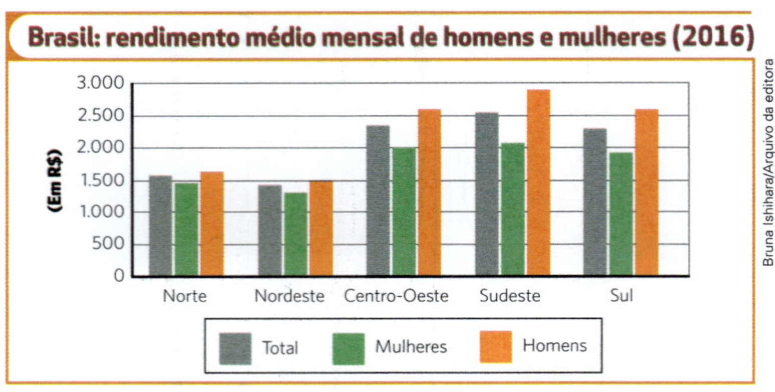

Bruna Ishihara/Arquivo da editora

Elaborado com base em: VENTURINI, Lilian. Como está a desigualdade de renda no Brasil, segundo o IBGE. *Nexo*, 30 nov. 2017. Disponível em: www.nexojornal.com.br/expresso/2017/11/30/Como-est%C3%A1-a-desigualdade-de-renda-no-Brasil-segundo-o-IBGE. Acesso em: set. 2019.

Fabio P. Corazza/Arquivo da editora

Explore

1. Quais são suas opções de projeto de vida atualmente?
2. Converse com adultos para saber o que pensavam sobre como seria o futuro deles e o que se concretizou ou não. No caso de a ideia original ter sofrido grandes mudanças, peça a eles que contem o que aconteceu durante o percurso.
3. Em sua opinião, há profissões que deveriam ser exclusivamente de homens ou de mulheres? Justifique sua resposta.

Mudanças no mundo do trabalho

Com o avanço da ciência e da tecnologia, antigos conhecimentos acabam deixando de ser necessários. Por exemplo, nas linhas de produção industrial, a pintura dos automóveis era feita por operários e passou a ser realizada por robôs, mais precisos e eficientes ao evitar o desperdício de material. Os pintores de automóveis perderam o emprego e tiveram de buscar outras profissões. Esse tipo de situação caracteriza um aspecto do **desemprego estrutural**, no qual há menos ofertas de trabalho para maior quantidade de mão de obra.

pathdoc/Shutterstock

Antes de escolher uma profissão, é necessário inteirar-se sobre as tendências do futuro em relação a determinados cargos, que podem desaparecer. Ter em mente um "plano B" para eventos que não podem ser previstos é uma boa estratégia para se prevenir.

O caso dos engraxates é diferente: há cerca de 50 anos, eles eram bem mais numerosos do que nos dias de hoje. Se o mundo vem se tornando cada vez mais urbano e pós-industrial, com maior oferta de empregos no setor de serviços, o que explica a redução do número de engraxates? A resposta é simples: a mudança de comportamento das pessoas, ou seja, dos valores sociais. O sapato bem engraxado deixou de ser um código de comportamento de trabalhadores desses setores. Portanto, há um movimento no mercado de trabalho que não depende apenas de inovações tecnológicas.

Nesse cenário, por exemplo, as pessoas que perderam empregos poderiam buscar, coletivamente como categoria, soluções como fundar uma cooperativa ou exigir dos governos a criação de mais postos de trabalho para obtenção de renda.

O papel da Educação

Considerando a dinâmica atual do mundo – e particularmente do Brasil –, na qual as mudanças são aceleradas e a informação e o conhecimento ganham cada vez mais relevância, investir na formação educacional tem se mostrado uma boa estratégia para garantir emprego no futuro. Assim, é necessário avaliar quais possibilidades de trabalho podem proporcionar a renda e a realização pessoal que você deseja no futuro, e o que fazer para obtê-las e preservá-las.

De acordo com dados do relatório *Um olhar sobre a Educação*, de 2018, da Organização para Cooperação e Desenvolvimento Econômico (OCDE), cerca de 52% da população brasileira com idade entre 25 e 64 anos – ou seja, pouco mais da metade da população – não concluiu o Ensino Médio. Cerca de 69% dos jovens com idades entre 15 e 19 anos estão matriculados em alguma instituição de ensino, e apenas 17% das pessoas com idades de 24 a 34 anos estão matriculadas no Ensino Superior.

Outros estudos realizados pela OCDE demonstram grande relação entre baixa escolaridade e desigualdade de renda em um país. Segundo a Oxfam, o Brasil ocupava, em 2017, a 9ª colocação do *ranking* de país mais desigual do mundo. Naquele ano, segundo dados do IBGE, a renda média dos 50% mais pobres no país foi de R$ 787,69, e a dos 10% mais ricos, de R$ 9.159,19. A população mais rica, cerca de 1%, teve rendimento médio mensal de aproximadamente R$ 28.000,00. Ainda segundo a Oxfam, em 2017, apenas seis pessoas no Brasil concentravam a mesma riqueza que os 100 milhões de pessoas mais pobres no país juntos.

! Dica

Oxfam Brasil

www.oxfam.org.br

A Oxfam é uma organização não governamental mundial que tem como objetivo combater a pobreza, a desigualdade e as injustiças no mundo. No *site* brasileiro, é possível conhecer as ações e os dados levantados pela instituição.

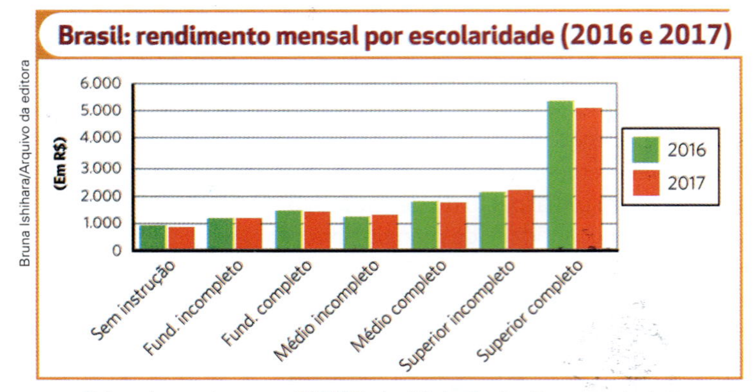

Elaborado com base em: CASTRO, José Roberto. As diferenças atuais de renda entre os brasileiros em 5 gráficos. *Nexo*, 13 abr. 2018. Disponível em: www.nexojornal.com.br/expresso/2018/04/13/As-diferenças-atuais-de-renda-entre-os-brasileiros-em-5-gráficos. Acesso em: set. 2019.

O gráfico ao lado abrange dados de todo o país. Os números podem variar conforme a localidade, assim como há exemplos de pessoas com pouco estudo que têm renda elevada. Esses casos, no entanto, constituem exceções no mundo atual, pois o mercado de trabalho tem exigido maior qualificação educacional.

O abandono escolar pode se dar por diferentes motivos, entre eles a urgência de obter uma renda para o sustento da família – para aqueles que não têm condições materiais mínimas de levar uma vida digna, a renda é um tema que tende a se sobrepor à construção de um projeto de vida, como a realização pessoal por meio do trabalho. Outros motivos são a falta de gosto pelos estudos e a dificuldade de aprender. Com o abandono, porém, a probabilidade de obter uma boa renda no futuro se reduz drasticamente, como mostra o gráfico. Além disso, sem o diploma de Ensino Médio, não é possível ingressar em uma faculdade nem concorrer a vagas de trabalho que tenham o nível superior como pré-requisito. Enfim, o universo de escolhas torna-se bastante reduzido.

O "caminho das pedras"

Escolher a profissão é parte significativa do projeto de vida. E saber o que fazer para tê-la exige reflexões e atitudes, como preparar-se, estudar e adquirir conhecimentos, procedimentos e habilidades que serão exigidos para exercer uma função.

Onde conseguir informação e ajuda? Uma opção é a internet, que reúne textos, vídeos, depoimentos, etc. É preciso, no entanto, checar as fontes, pois a rede também está cheia de informações incorretas. Como diferenciar a informação boa da ruim? Uma solução é buscar páginas oficiais de órgãos públicos, empresas privadas idôneas, jornais e revistas com tradição. Mas, mesmo nesses veículos, é preciso saber que o conteúdo pode conter imprecisões ou omitir informações importantes; portanto, deve-se checar a informação em outras fontes.

Para quem está perdido, sem saber o que fazer, a pesquisa na internet não tem utilidade, pois é difícil encontrar algo que não se sabe o que é. Daí a importância de ampliar o repertório sobre o mundo, conhecer mais coisas, estar atento ao que acontece ao redor.

Na vida concreta, pessoas do seu convívio cotidiano, como familiares, professores e colegas, podem ajudar você a pensar e decidir. Lembre-se, porém, de que essa decisão só pode ser feita com base na sua vontade, e não na vontade de outras pessoas. Há também profissionais especializados, como psicólogos e orientadores vocacionais, que auxiliam jovens a encontrar aptidões. É importante ainda conversar com alunos e profissionais dos cursos e carreiras dos quais você gostaria de saber mais para conhecer a opinião deles.

Fabio P. Corazza/Arquivo da editora

O meu projeto de vida é viável?

Optar por continuar a educação formal após o Ensino Médio envolve saber o curso pretendido, em quais instituições ele é oferecido, o que é necessário fazer para ingressar nelas e qual será o custo financeiro gerado por essas decisões.

Os cursos oferecidos por universidades públicas são gratuitos; já os oferecidos por instituições privadas, em geral, são pagos. Mesmo que você ingresse em uma universidade pública, ainda se faz necessário contabilizar outros custos, como material de estudo, transporte e alimentação.

Alguns jovens podem se dedicar exclusivamente aos estudos. Outros terão de conciliar trabalho e estudo, tanto para pagar as mensalidades quanto para se sustentar. Nesse caso, é importante verificar se o curso escolhido exige dedicação em período integral, o que inviabiliza trabalhar, ou se é oferecido em meio período (manhã, tarde ou noite). Os cursos noturnos, por exemplo, costumam ser ideais para quem precisa trabalhar durante o dia, mas implicam uma rotina exigente, que pode comprometer alguns fins de semana.

Por fim, como saber se o projeto de vida é viável? É mesmo possível jogar futebol profissionalmente? Ou ser *youtuber*? Quantas pessoas gostariam de ter uma dessas carreiras e quantas efetivamente podem tê-las? Até quando insistir em um sonho? Aquilo que nos dá prazer e executamos com alegria é um parâmetro importante para a construção do projeto de vida, mas não necessariamente para a escolha profissional. É importante estar ciente de que atividades de lazer, de modo geral, que se desenvolvem como carreira, são exceções - ainda que mais valorizadas atualmente do que nas últimas décadas, por exemplo. Contudo, a ressalva não impede de projetar um futuro que ela seja desfrutada no tempo livre.

Considerar apenas a realização de um sonho sem levar em conta outros fatores pode tornar os seus objetivos distantes da realidade. Por isso, é importante ampliar a sua compreensão de mundo, de modo a enriquecer o seu projeto de vida e a conhecer diferentes possibilidades de escolha. A solução é compreender que não se trata de gostar de apenas uma coisa, mas, sim, de aprender a gostar de várias.

Carl de Souza/Agência France-Presse

Bob Burnquist, esqueitista que mais ganhou medalhas nos X-Games, evento conhecido como a olimpíada dos esportes radicais. Além de apoiar novos atletas, valendo-se do seu sucesso, Burnquist desenvolve projetos sociais de inclusão social. Histórias como a dele, que uniu o *hobby* à profissão (foi presidente da Confederação Brasileira de *Skate* até 2019, quando deixou o cargo para voltar a se dedicar ao esporte, aos 44 anos de idade), ainda são exceções no mundo adulto.

Atividades

1 O que você poderia fazer para ampliar sua experiência de mundo e, consequentemente, suas escolhas?

2 Pesquise na internet, em jornais ou revistas quais profissões é possível conseguir:
a) apenas com o Ensino Fundamental completo;
b) com o diploma do Ensino Médio.

3 Pesquise nos meios de comunicação:
a) profissões que já deixaram de existir ou estão se extinguindo;
b) profissões ou atividades que surgiram nos últimos anos e estejam em alta no mercado de trabalho;
c) profissões que poderão existir no futuro e serão valorizadas.
Siga a orientação do professor e apresente os resultados de sua pesquisa. Em seguida, converse com os colegas sobre as perspectivas do mercado de trabalho para jovens como vocês.

4 Como você gostaria que fosse sua rotina semanal na idade adulta? Quantas horas pretende trabalhar por dia e por semana? Quanto tempo livre é ideal para conciliar trabalho e lazer?

5 Em sua opinião, quais seriam suas habilidades e dificuldades nos estudos, no mundo acadêmico e no trabalho? Responda às questões abaixo.
a) Que atividades você gosta de fazer, faz bem ou faz com facilidade?
b) Que atividades você gosta de fazer, mas tem certa dificuldade em realizar?
c) Que atividades você não gosta de fazer, mas não tem dificuldade em realizar?
d) Que atividades você não sabe fazer, não gosta e não tem interesse em aprender?

6 De acordo com as respostas da atividade anterior, cite profissões que você poderia ou gostaria de exercer, pois tem as habilidades necessárias para desempenhá-las.

7 Que características as profissões que você identificou na atividade anterior têm em comum, ou seja, quais são suas semelhanças? Responda às questões abaixo.
a) Qual é o objeto principal de trabalho: pessoas, animais, plantas, máquinas, computadores ou outros?
b) Onde a atividade é desenvolvida na maior parte do tempo: em escritório, fábrica, no campo ou ao ar livre?
c) É realizada individualmente ou em equipe? Envolve apresentações públicas?
d) Em qual campo do conhecimento essas profissões podem ser classificadas: Ciências Humanas, Linguagens (inclui Arte), Ciências da Natureza ou Matemática e Tecnologias?
e) Essas atividades são, em média, bem-remuneradas? Elas podem conferir algum *status* social? Isso é importante para você?

8 Com a ajuda de familiares, profissionais da escola ou de colegas, tente encontrar um profissional da área de seu interesse. Entre em contato com a pessoa e explique que você está colhendo informações sobre a profissão que gostaria de exercer no futuro e se ela poderia responder a algumas perguntas. Elabore um roteiro de perguntas que gostaria de fazer. Veja sugestões abaixo.
- Do que você mais gosta no seu trabalho?
- Quais são os prós e os contras da profissão?
- Quanto tempo você trabalha por dia e por semana?
- Como é um dia típico no seu trabalho?
- É um mercado muito concorrido? Quais são as perspectivas futuras?
- O que é preciso fazer para construir uma carreira nessa profissão?

Verifique a possibilidade de acompanhar o trabalho dessa pessoa em um dia da rotina dela.

9 Você sabe os custos relacionados à vida que você gostaria de ter? Qual seria o salário ideal para você levar essa vida? Pesquise os gastos que teria caso fosse uma pessoa adulta. Se necessário, converse com familiares, vizinhos ou colegas, além de fazer pesquisas na internet. Calcule os gastos mensais para ter uma ideia do valor ideal de remuneração de que você necessitaria para viver como deseja. Assim, no caso de gastos anuais, é preciso dividir o valor por 12.

CAPÍTULO

2

Cartografia e Sistemas de Informação Geográfica

Este capítulo favorece o desenvolvimento das habilidades:

EM13CHS101

EM13CHS106

Os mapas são importantes para as atividades cotidianas de muitas pessoas. A produção dessas representações tem diferentes interesses, inclusive de estratégia política e militar. Atualmente, os profissionais que elaboram os mapas têm à disposição modernos recursos tecnológicos, sendo que alguns deles estão também disponíveis em **aplicativos** de celulares.

Aplicativo: ou *app*, que é a abreviação do termo *application* em inglês, é um *software* que visa facilitar algumas tarefas realizadas pelo usuário. Os *apps* possuem diversas utilidades e, instalados em celulares e *tablets*, cada vez mais fazem parte da vida das pessoas.

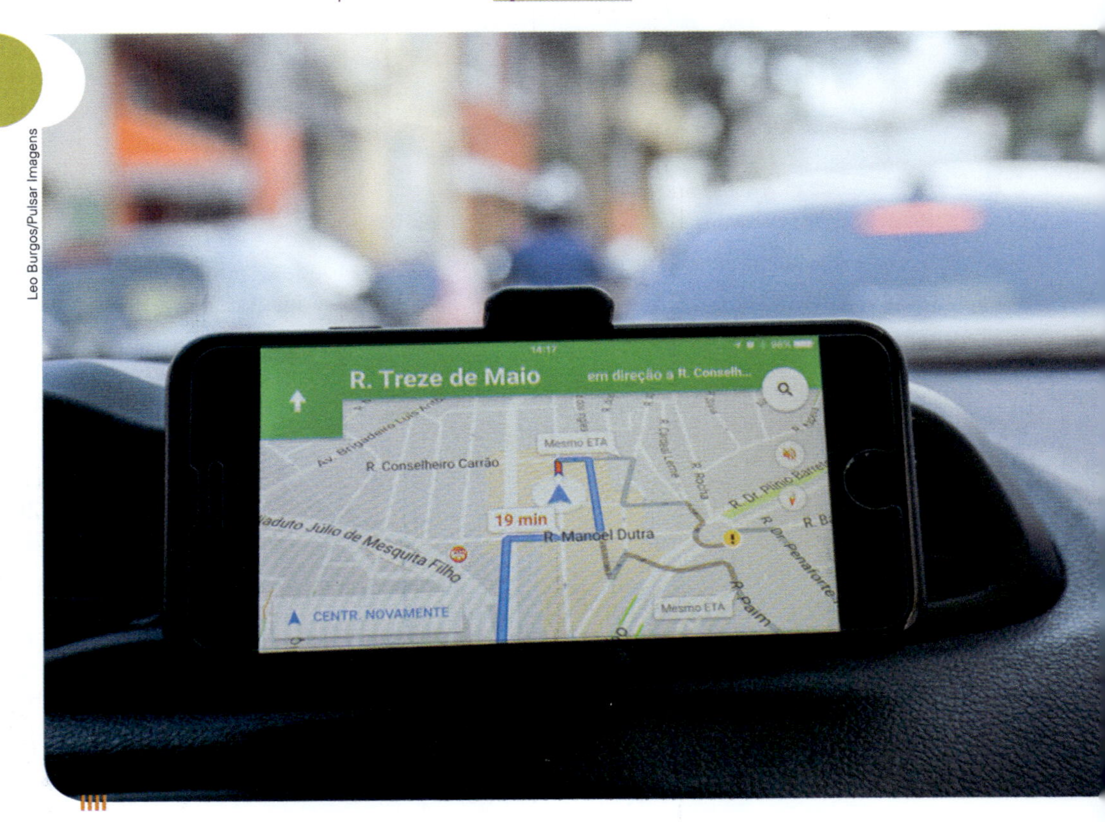

Leo Burgos/Pulsar Imagens

Na foto, observa-se o Sistema de Posicionamento Global (GPS, na sigla em inglês). O uso desse aplicativo instalado em celular ajuda na orientação e localização, e tornou-se muito comum no cotidiano dos motoristas. Foto de 2017.

Contexto

1. Quais são as possíveis funções de um aplicativo como o representado na foto?
2. Alguns aplicativos desse tipo têm como característica fornecer aos usuários informações em tempo real. Como é possível?
3. Esse tipo de aplicativo permite ao usuário identificar vias e a localização de lugares específicos, como praças, bancos e supermercados. Qual é o tipo de representação usada e que é muito comum na Geografia? Explique.
4. Relacione a utilização desse aplicativo com o sentido de observação das paisagens e a capacidade de ler e interpretar as formas de representação referidas no item anterior.

Os mapas no cotidiano

Os **mapas** são representações gráficas do espaço geográfico. São muito utilizados para localização e monitoramento de diferentes áreas da superfície terrestre.

Atiwat Witthayanurut/Shutterstock

Turistas chinesas consultam mapa dos arredores da estação de metrô na cidade de Osaka, Japão. Foto de 2019.

Diariamente, podemos encontrar e acessar mapas em diversos locais e situações do cotidiano, como em estações de metrô e trem, trilhas ecológicas, pela internet. Também é comum esboçar uma representação de mapa, sem o rigor de convenções cartográficas, para orientar alguém sobre algum trajeto. Esse tipo de mapa é chamado de **mapa mental** ou **croqui**.

Quando os mapas são usados em percursos ou ao ar livre, por exemplo, é possível fazer a associação entre o que se observa na paisagem e como está representado no mapa. É um interessante exercício de observação e análise da realidade.

Mapas podem ser elaborados por órgãos públicos e empresas privadas para diferentes finalidades: monitoramento ambiental de queimadas e desmatamentos, instalação de rede elétrica, construção e pavimentação de rodovias, análise do crescimento de área urbana. Por isso, são considerados representações importantes porque retratam espacialmente quaisquer temas (ambientais, sociais, físicos), auxiliando na sua compreensão e no entendimento da dimensão territorial.

Brasil: vegetação original

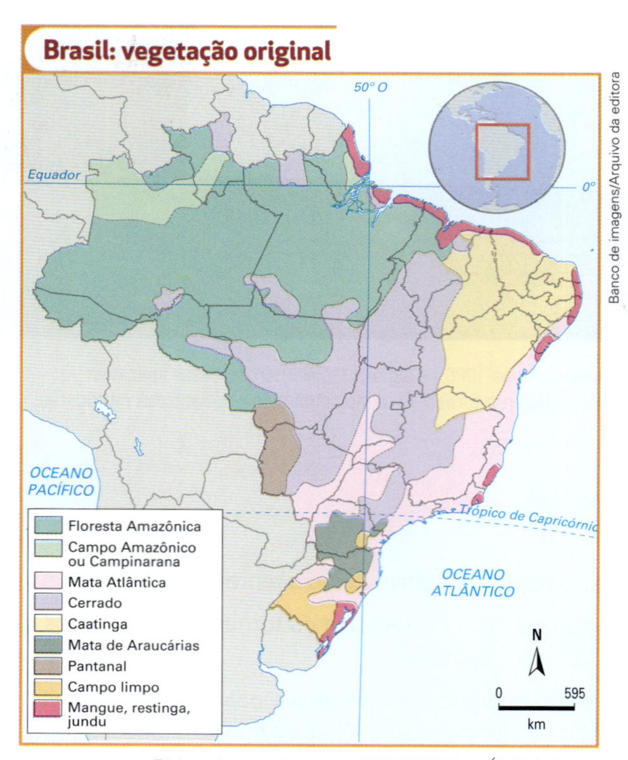

Banco de imagens/Arquivo da editora

Elaborado com base em: CALDINI, Vera; ÍSOLA, Leda. *Atlas geográfico Saraiva*. 4. ed. São Paulo: Saraiva, 2013. p. 40.

Brasil: áreas antropizadas (2016)

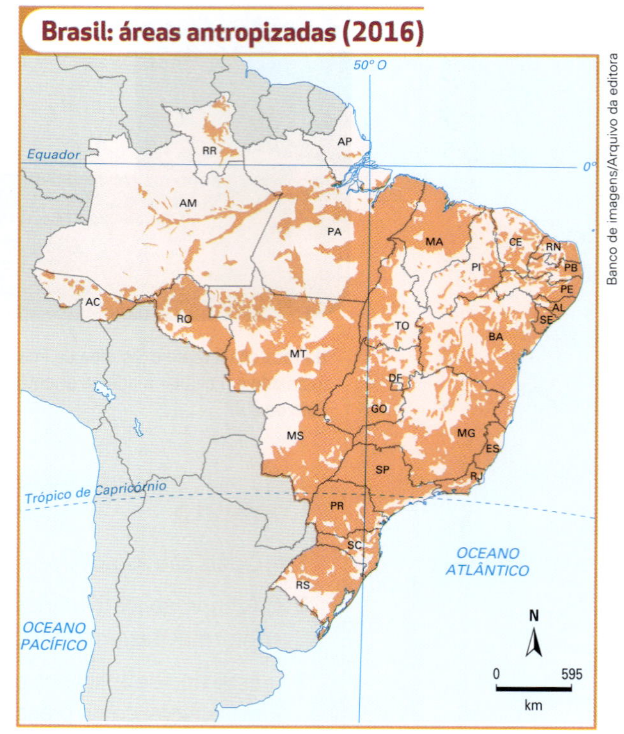

Banco de imagens/Arquivo da editora

Elaborado com base em: IBGE. *Atlas geográfico escolar*. 8. ed. Rio de Janeiro, 2018. p. 102.

Além da observação de um mapa com uma paisagem, é possível também comparar dois ou mais mapas da mesma localidade. Acima, pode-se identificar quais vegetações foram as mais afetadas no Brasil pela ação humana e quais têm maior área conservada. Com base nas informações, é possível analisar o tema e elaborar hipóteses sobre preservação/conservação e desmatamento, por exemplo.

Mapas digitais

Há mapas digitais de praticamente toda a superfície terrestre. Eles estão disponíveis na internet e em aplicativos que são cada vez mais acessados pela população mundial. Há *softwares* utilizados por profissionais, como cartógrafos e geógrafos, para elaboração de representações cartográficas.

Dentre os mapas digitais, há os que disponibilizam alguns serviços para os usuários, como informação da melhor rota a ser percorrida de um endereço a outro, tempo aproximado para o deslocamento, alertas quanto a locais com riscos de enchentes, localização de estabelecimentos comerciais, entre outros.

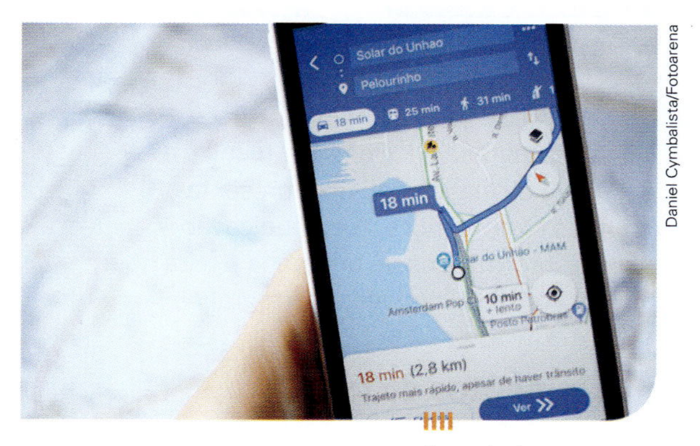

Daniel Cymbalista/Fotoarena

Exemplo de mapa digital. Arredores de Salvador (BA).

O crescimento das áreas urbanas, os insuficientes investimentos no transporte coletivo, a necessidade de a população ter mais opções de transporte, além do próprio avanço tecnológico, são algumas das razões que explicam o surgimento de uma nova modalidade de trabalho: os motoristas de aplicativos, que têm como importante ferramenta de atividade a tecnologia dos mapas digitais e do GPS.

Observe, abaixo, os mapas elaborados para mostrar a informação do aumento de viagens feitas pelos motoristas desses aplicativos.

São Paulo e arredores: viagens de motoristas de aplicativos (2015 e 2016)

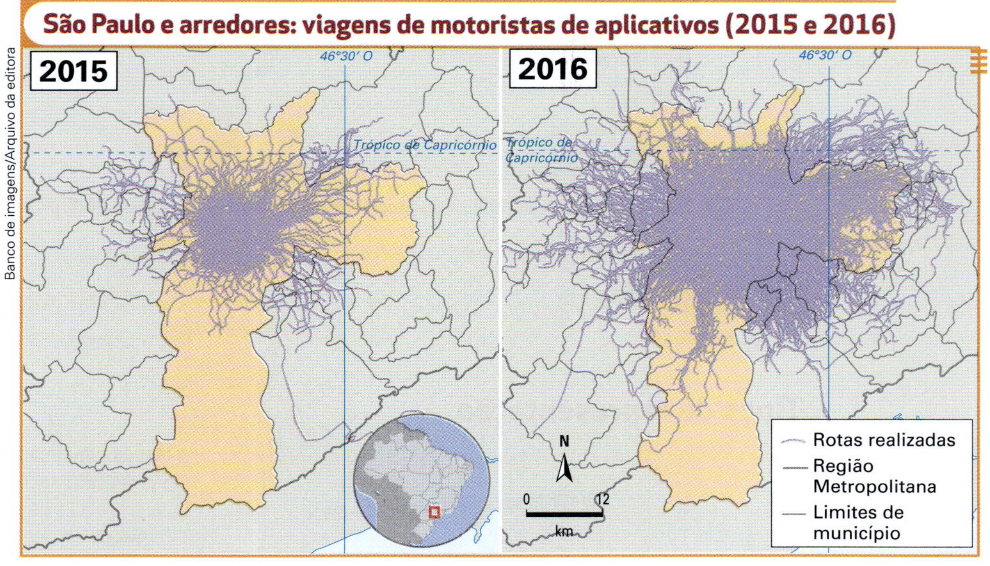

Banco de imagens/Arquivo da editora

Elaborado com base em: UBER chega a 15 milhões de usuários no Brasil. *Estadão*. Disponível em: https://link.estadao.com.br/noticias/empresas,uber-chega-a-15-milhoes-de-usuarios-no-brasil,70001936193. Acesso em: out. 2019.

A mancha, extremamente densa, forma-se na representação em virtude da elevada concentração dos fluxos de viagens. Note que, entre 2015 e 2016, houve uma expansão significativa dentro do município de São Paulo (SP) e arredores.

É importante ressaltar que essa nova modalidade de serviço traz mudanças no mercado de trabalho. Há a precarização das relações de trabalho, uma vez que a empresa não estabelece vínculo empregatício e o trabalhador fica exposto aos riscos da informalidade: sem férias remuneradas, não há proteção contra acidentes de trabalho, entre outros.

Deve-se atentar também para o uso da publicidade nos serviços geoespaciais, que pode representar um risco aos que utilizam essa tecnologia. As empresas que controlam o fornecimento do serviço mantêm diversas informações sobre os usuários. A privacidade é, de certa forma, violada porque os dados pessoais, muitas vezes, são usados para a instalação de anúncios nos aplicativos que armazenam informações consideradas valiosas para o mercado empresarial. Assim, consegue-se acesso a avaliações de consumidores sobre empresas e produtos e rotas mais utilizadas pelos usuários, que podem ser úteis, por exemplo, no momento de escolha de locais para instalação de lojas.

! Dica

Laboratório de Cartografia Tátil e Escolar (Labtate)

www.cartografiaescolar.ufsc.br/index.htm

O *site* explica, de modo bastante ilustrativo, conceitos de Cartografia com textos, vídeos e animações. Navegue para conhecer o processo de produção dos mapas e seus usos, bem como a evolução da Cartografia, entre outros.

Infográfico

Cartografia

A Cartografia é a ciência, a técnica e a arte de elaboração de representações cartográficas. A comunicação das informações de um mapa é feita por meio da linguagem cartográfica.

Elementos do mapa

Título

Informa o que o mapa mostra, evidenciando a área representada e o tema abordado.

Legenda

Explica as informações demonstradas no mapa, como cores e símbolos. Exemplos de legenda:

Fonte

Indica a origem dos dados usados para a elaboração do mapa.

MUNDO: DIVISÃO DOS CONTINENTES

América
Europa
Ásia
África
Oceania
Antártida

Elaborado com base em: IBGE. *Atlas geográfico escolar*. 8. ed. Rio de Janeiro, 2018. p. 34.

Tipos de representação

Carta topográfica e planta
São representações cartográficas elaboradas em escala grande: a carta topográfica em torno de 1:50 000 e a planta geralmente maior que 1:10 000, representando áreas mais restritas, como trechos de um bairro.

Parte de planta do Rio de Janeiro (RJ)

Brasil: fluxos migratórios (1970-1980)

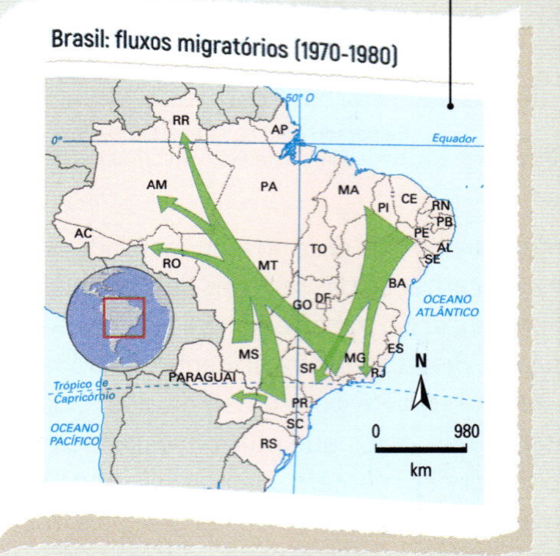

Mapas temáticos
São representações cartográficas de temas do espaço geográfico, podendo ser naturais, como rios e revelo ou sociais e econômicos, como atividades industriais, distribuição ou movimento da população, e evolução de algo no tempo e no espaço, por exemplo, a União Europeia.

Elaborado com base em: SANTOS, Regina Bega. *Migração no Brasil*. São Paulo: Scipione, 1994; FERREIRA, Graça Maria Lemos. *Moderno atlas geográfico*. 6. ed. São Paulo: Moderna, 2016. p. 11; NATIONAL Geographic Student Atlas of the World. 3rd ed. Washington, D.C.: National Geographic Society, 2009. p. 8; IBGE. *Atlas geográfico escolar*. 8. ed. Rio de Janeiro, 2018. p. 21 e p. 34.

Orientação

Indica a posição da área representada com base nas direções cardeais. A ponta da seta orienta a direção do norte geográfico.

Coordenadas geográficas

São linhas imaginárias traçadas no globo terrestre e no mapa. São compostas dos paralelos, cujos pontos estão a igual distância de ambos os polos, sendo a linha do equador o principal deles (divide a Terra horizontalmente hemisférios norte e sul), e dos meridianos, dividindo o planeta verticalmente em duas partes iguais, junto com seu meridiano oposto, (antimeridiano), tendo Greenwich como referência. A intersecção de paralelos e meridianos permite a localização de qualquer ponto da superfície terrestre.

Latitude – paralelos
Distância, em graus, de qualquer ponto da superfície terrestre em relação à **linha do equador** (referência de paralelo 0°).

Longitude – meridianos
Distância, em graus, de qualquer ponto da superfície terrestre em relação ao **meridiano de Greenwich** (referência de meridiano 0°).

Escala

Indica a proporção entre a superfície terrestre e o mapa ou a planta. Permite calcular as distâncias entre pontos e verificar as dimensões reais da área representada.

- A escala pode ser numérica ou gráfica.
- Quanto maior a redução da área representada, menor será a escala. Por exemplo: uma mesma superfície, representada em duas escalas – 1:100 000 e 1:1 000 000 –, ficará maior na representação na escala de 1:100 000 (escala maior). Assim, define-se:

Escala numérica

ESCALA 1 : 80 000 000

Escala gráfica

0 800 1 600 2 400
QUILÔMETROS

Escala grande
- A dimensão da área representada é pequena.
- Há mais detalhes da superfície terrestre.
- Exemplo: representação das ruas de um bairro em uma planta ou as curvas de nível de uma carta topográfica.

Escala pequena
- A dimensão da área representada é grande.
- Não é possível representar detalhes da superfície terrestre.
- Exemplo: representação de países, continentes ou o planeta no mapa-múndi.

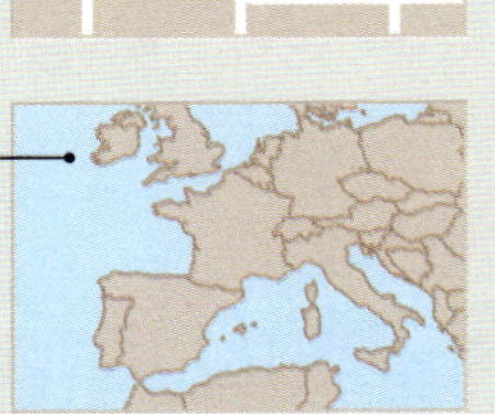

Projeções cartográficas

São projeções baseadas em relações matemáticas e geométricas que possibilitam a representação da superfície esférica da Terra em uma superfície plana – o mapa. São três as projeções básicas:

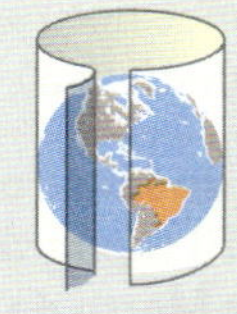

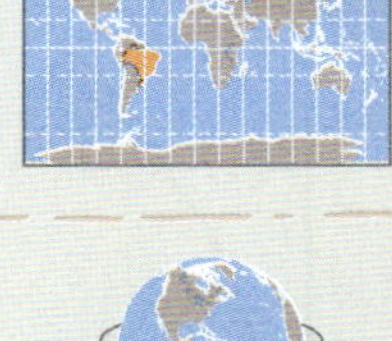

Cilíndrica
Projeção da superfície terrestre, dos paralelos e dos meridianos, sobre um cilindro imaginário, que posteriormente é "desenrolado" e apresentado sobre uma superfície plana. As deformações são maiores em direção aos polos.

Cônica
A superfície terrestre é representada sobre um cone imaginário, que está em contato com a esfera em determinado paralelo. As deformações são pequenas próximo ao paralelo de contato, e aumentam quando se distanciam dele.

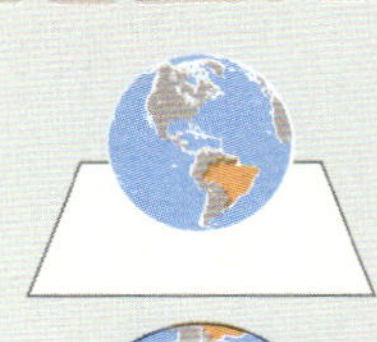

Azimutal ou plana
A superfície terrestre é representada sobre um plano imaginário tangente à esfera terrestre em um de seus pontos. O ponto de tangência é o centro da projeção.

As projeções também são classificadas como:

- **Conforme**: projeção cilíndrica que conserva a forma dos continentes, direções e ângulos. A projeção de Mercator é a mais conhecida.
- **Equivalente**: projeção cilíndrica que preserva as áreas das superfícies. A projeção de Peters tem essa característica.
- **Equidistante**: projeção de plano de tangência com deformidades nas áreas que se distanciam do centro. As distâncias radiais a partir do centro para qualquer ponto do mapa correspondem, proporcionalmente, à realidade. Comum para representar as regiões polares.
- **Afilática**: os meridianos estão representados em linhas curvas (elipses), e os paralelos, em linhas retas. Características semelhantes às da projeção cilíndrica, há deformidade nos continentes e desproporção de área. Um exemplo é a projeção de Robinson.

Representação topográfica

Carta topográfica: são representações cartográficas da variação de altitude de determinada superfície da Terra, que permitem uma leitura tridimensional da paisagem cartografada.

Nos mapas ou **cartas topográficas**, as **curvas de nível** são linhas que ligam os pontos de igual altitude de determinada superfície representada (considerando o nível do mar como 0 metro). Os algarismos que acompanham cada linha indicam suas **cotas de altitude**. Com essa representação é possível visualizar uma área cortada por uma série de planos horizontais, delineados por curvas que possuem uma mesma distância vertical (**equidistância**).

Rio de Janeiro: curvas de nível e perfil topográfico do Pão de Açúcar e do Morro da Urca

Altitude (em metros)
400
300
200
100
0
A
B
0
200
400
600
800
1 000
1 200
1 400
1 600
(metros)

OCEANO ATLÂNTICO
Praia Vermelha
50
100
150
200
250
300
350
Morro do Pão de Açúcar
Morro da Urca
22°56' S
Praia de Fora
URCA
Enseada de Botafogo
N
50
Morro Cara de Cão
Praia da Urca
0 345 m

Banco de imagens/Arquivo da editora

Elaborado com base em: FERREIRA, Graça Maria Lemos. *Moderno atlas geográfico*. 6. ed. São Paulo: Moderna, 2016. p. 15.

Curvas que se aproximam indicam declive (inclinação) maior (área mais íngreme), e curvas com distância maior indicam declive mais suave (área menos íngreme).

O **perfil topográfico**, ou **perfil de relevo**, favorece a visualização gráfica de determinado plano do terreno em um mapa ou uma carta. Para isso, escolhe-se o trecho a ser representado, traça-se, no mapa, um segmento de reta e constrói-se um **gráfico cartesiano**. As cotas de altitude são indicadas no eixo *y* (ordenada), de acordo com a escala escolhida. No eixo *x* (abscissa), a escala adotada pode ser a mesma do segmento a ser projetado. Cada cota de curva de nível que cortar o segmento deve ser transportada para o gráfico e indicada por um ponto. Ligando-se os pontos, obtém-se o perfil que permite ao observador visualizar as formas do terreno em um plano horizontal, como se estivesse de frente ao trecho (AB) selecionado. Observe a construção de um perfil topográfico no mapa ao lado.

Pão de Açúcar (à esquerda) e Morro da Urca (à direita), no Rio de Janeiro (RJ), 2018.

Chico Ferreira/Pulsar Imagens

Olho no espaço

Anamorfose

É uma técnica cartográfica de representação do espaço geográfico na qual as áreas (ou distâncias) são diretamente proporcionais aos critérios analisados.

Em um mapa em anamorfose, diversos temas podem ser trabalhados, por exemplo: economia, ambiente, nível de escolaridade. Observe a seguir a anamorfose da população por países no mundo e de espécies de animais ameaçadas de extinção.

Mundo: população por país (2017)

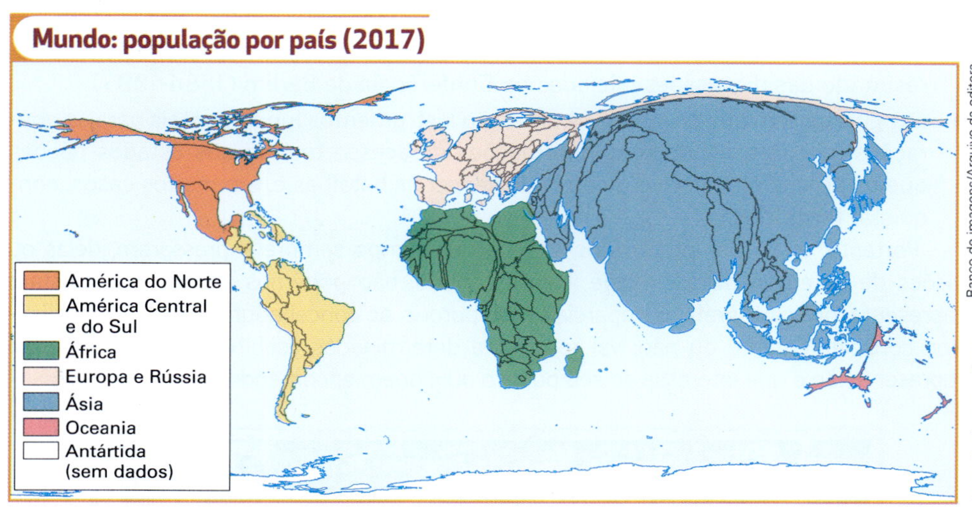

Elaborado com base em: WORLD Mapper. *Population year 2018*. Disponível em: https://worldmapper.org/the-world-in-2018/. Acesso em: set. 2019; SIMIELLI, Maria Elena. *Geoatlas*. 34. ed. São Paulo: Ática, 2013. p. 44.

Mundo: número de espécies de animais ameaçadas de extinção (2019)

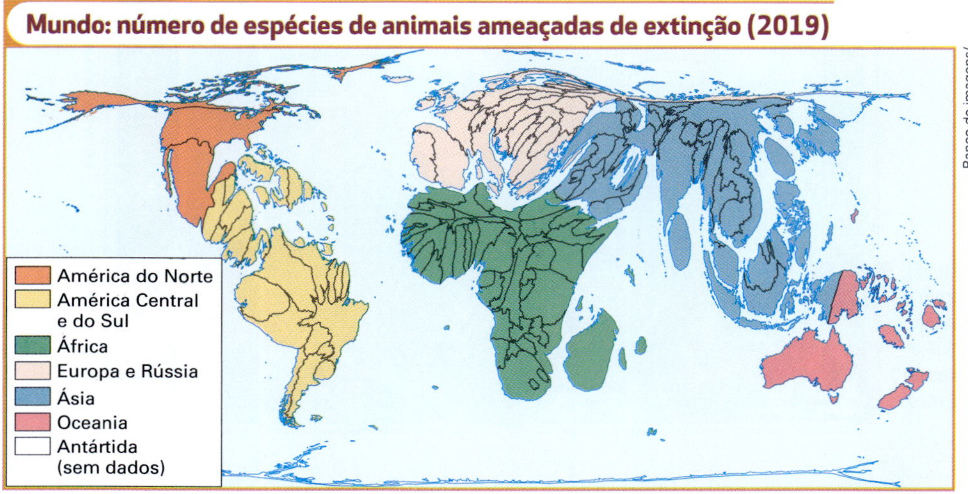

Elaborado com base em: WORLD Mapper. *Animal species endangered*. Disponível em: https://worldmapper.org/maps/animal-species-endangered/. Acesso em: set. 2019; SIMIELLI, Maria Elena. *Geoatlas*. 34. ed. São Paulo: Ática, 2013. p. 44.

1 Qual é o nome da representação cartográfica utilizada para a elaboração dos mapas e qual é o motivo da distorção das superfícies representadas?

2 Quais são os dois países mais populosos do mundo?

3 No caso do mapa "Mundo: número de espécies de animais ameaçadas de extinção (2019)", considerando a realidade da América do Sul, estabeleça uma relação entre as áreas territoriais dos países e a informação apresentada no mapa, argumentando sobre o fato de a situação do Brasil ser menos grave que a de outros países dessa porção continental.

Mapas e geopolítica

Os grupos que detiveram o poder político, seja nas civilizações da Antiguidade, seja nos Estados-nações surgidos no contexto da Idade Moderna, produziram e controlaram informações – e o fazem ainda na atualidade. Os mapas foram um dos meios utilizados para publicar tais interesses. São muitos os exemplos:

- nas conquistas coloniais, as potências europeias, como Portugal e Espanha, representavam em mapas a divisão de territórios conquistados, sem, evidentemente, respeitar as diferentes nações indígenas que, historicamente, habitaram esses territórios;
- na partilha da África, no final do século XIX, que foi estabelecida por meio da linguagem cartográfica, quando as grandes potências europeias que exploravam o continente definiram os traçados das fronteiras de suas possessões em 1890, resultado das discussões iniciadas na Conferência de Berlim (1884-1885);
- nas guerras, em que os mapas foram e são instrumentos fundamentais para as operações militares, sendo suas informações de acesso restrito aos Estados-nações que os produziram, com o objetivo de vencer as batalhas e, em muitos casos, conquistar territórios.

Portanto, os mapas produzidos ao longo do tempo sempre expressaram ideias ou visões de determinada sociedade. Nesse sentido, não podemos afirmar que existam representações cartográficas imparciais. Isso porque, ao conceber um mapa, seu idealizador, conscientemente ou não, vai recorrer a determinadas escolhas e colocará nessa representação o que interessa ao seu público ou a quem encomendou o mapa.

Walter Crane/Wikipedia/Creative Commons 3.0

Mapa do Império Britânico (1886), com ilustrações que demonstram o domínio da Grã-Bretanha (representada por uma mulher sentada no globo) sobre povos de todos os continentes.

Os mapas elaborados pelos órgãos oficiais de governos que poderiam ser vistos como algo científico, sem nenhuma parcialidade, são um exemplo; afinal, seriam "mapas oficiais" que apresentam uma visão própria, de quem controla o poder político.

Também é comum governos representarem como parte de seus territórios trechos ainda em disputa com outros Estados-nações, cujos limites estão indefinidos, como é o caso da Caxemira, região contestada pela Índia e pelo Paquistão. A Índia tem o controle da maior parte dessa área, mas reivindica o poder total. Há o caso ainda de países que dão nomes diferentes a determinados territórios que reivindicam (caso das Ilhas Falklands ou Malvinas - o primeiro nome é dado pelo Reino Unido, que tem a posse do arquipélago; o segundo é o adotado pela Argentina, que o reivindica). Tais situações são exemplos de disputas geopolíticas entre países que adotam a representação cartográfica como estratégia, com o objetivo de demonstrar soberania sobre o território.

Explore

Algum país é dono da Antártida?

Em teoria, não – o continente não tem governo e nenhum habitante permanente. Na prática, sete países reivindicam parte do local [...], mas essa disputa está suspensa até 2040 pelo Tratado da Antártida, que estabelece que ela é um território neutro, voltado somente à pesquisa científica, e proíbe a instalação de bases militares, a exploração de recursos naturais e o teste de armas, entre outros usos. Esse documento foi assinado em 1959, durante a Guerra Fria [...] e entrou em vigor em 1961. Mais de 50 nações aderiram ao tratado, dentre elas o Brasil, que em 1982 inaugurou por lá a Estação Antártica Comandante Ferraz. [...]

MONTEIRO, Gabi. Algum país é dono da Antártida? *Superinteressante*, 20 abr. 2016. Disponível em: https://super.abril.com.br/mundo-estranho/algum-pais-e-dono-da-antartida/. Acesso em: ago. 2019.

Argentina: território bicontinental (2010)

Elaborado com base em: LOIS, Carla. La pátria es una e indivisible. *Terra Brasilis*, 2012. Disponível em: https://journals.openedition.org/terrabrasilis/138#ftn3. Acesso em: ago. 2019.

1 Qual incoerência é revelada após a leitura do texto e do mapa? Justifique sua resposta.

2 Em 2010, foi sancionada na Argentina uma lei que determina como oficial e obrigatório o uso do mapa bicontinental no país. Qual é a finalidade política dessa medida? Que ideia de território argentino terão os que veem recorrentemente essa representação cartográfica? Justifique sua resposta.

Visões de mundo: Mercator e Peters

As projeções usadas atualmente expressam ideias ou visões de mundo da época em que foram elaboradas. Nessa perspectiva, destacam-se as projeções de Mercator e Peters.

Projeção de Mercator

A projeção de Mercator, de 1569, desenvolvida por Gerard Mercator (1512-1594), expressa o contexto histórico da expansão marítima europeia e o domínio de territórios. Nessa projeção, a Europa está situada no centro e na parte superior, o que parece reforçar a ideia da superioridade desse continente (visão eurocêntrica).

Projeção de Peters

Em 1974, num contexto em que as diferenças socioeconômicas entre os "países do Norte" e os "países do Sul" ficaram mais evidentes, Arno Peters (1916-2002) desenvolveu uma projeção em que o tamanho dos países aparece representado proporcionalmente à sua superfície real, embora com formas distorcidas. Com isso, ele eliminou a impressão de superioridade dos países do norte do planisfério de Mercator.

Contraponto

As projeções e suas interpretações

É muito comum os mapas serem elaborados com base, principalmente, na projeção de Mercator. Com o passar do tempo, os questionamentos sobre a visão eurocêntrica tornaram-se mais ativos, e, assim, o uso da projeção de Peters, que apresenta uma visão de mundo diferente, passou a ser mais frequente. Mas existem outras possibilidades. Observe as projeções a seguir.

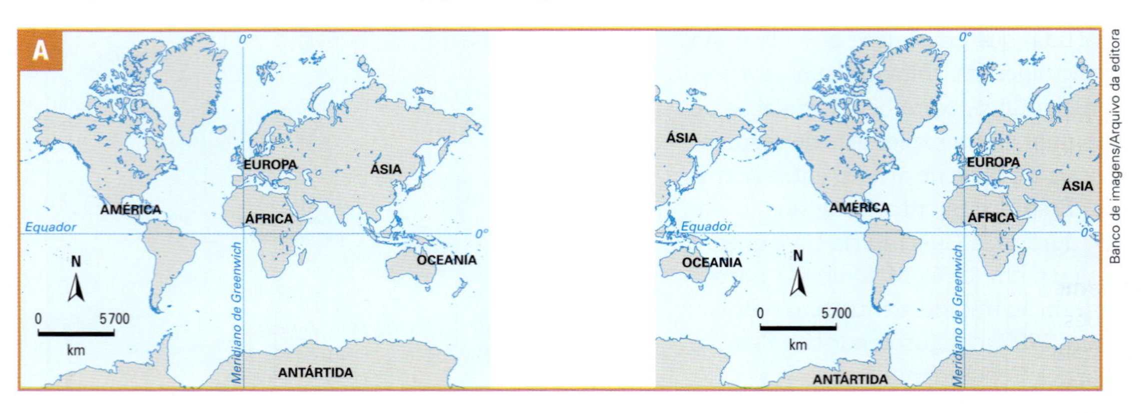

Banco de imagens/Arquivo da editora

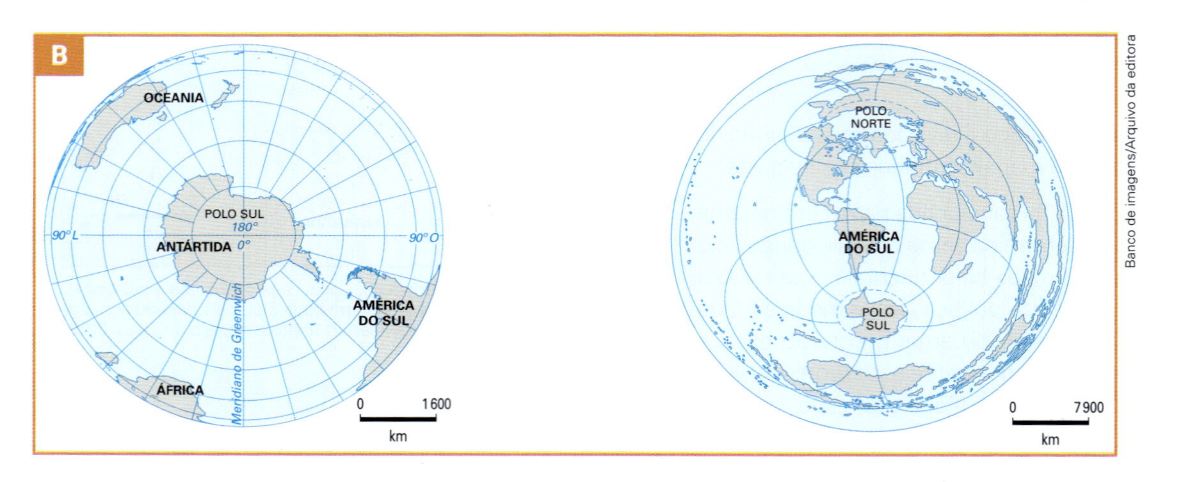

Banco de imagens/Arquivo da editora

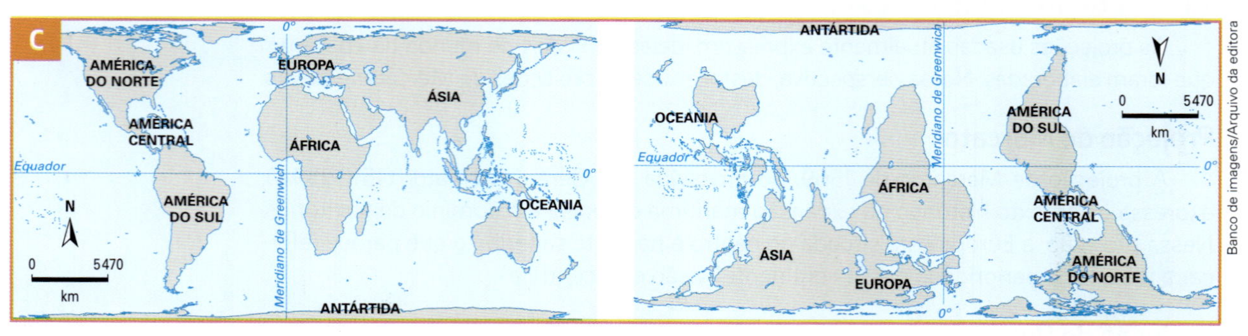

Banco de imagens/Arquivo da editora

Elaborado com base em: IBGE. *Atlas geográfico escolar*. 8. ed. Rio de Janeiro, 2018. p. 21-24; OLIVEIRA, Cêurio de. *Curso de cartografia moderna*. 2. ed. Rio de Janeiro: IBGE, 1993. p. 63.

1 Identifique as projeções que aparecem nos conjuntos A, B e C e suas respectivas variações.

2 Discuta a possível visão de mundo presente em cada dupla de mapas.

Mapas e tecnologia

Com o desenvolvimento tecnológico, a partir do século XX - particularmente nos setores de aviação, satélites artificiais e comunicações e informática –, a produção e a difusão de representações cartográficas tiveram um avanço expressivo, com ganhos em termos de precisão, facilidade de elaboração e acesso por milhões de pessoas.

Do conjunto de tecnologias empregadas na análise da superfície terrestre e na produção de mapas digitais surgiu o **geoprocessamento**, que envolve as tecnologias do sensoriamento remoto, do Sistema de Posicionamento Global (GPS) e do Sistema de Informação Geográfica (SIG), apresentados a seguir.

Com o geoprocessamento é possível formar um banco de dados com informações de uso do solo, dados geológicos e de topografia, vegetação, entre outros. A análise desses elementos pode ser feita separadamente ou em conjunto para composição de mapas a fim de planejamento e intervenções em determinada área ou monitoramento que identifique modificação na paisagem.

Sensoriamento remoto

Sensoriamento remoto é o termo utilizado para a tecnologia de captação a distância de informações da superfície terrestre por meio de **radiação eletromagnética**. Através de **sensores** instalados em **satélites artificiais** são geradas as **imagens**; as **câmeras** instaladas em **aeronaves** ou em veículos aéreos não tripulados (Vant), popularmente conhecidos como ***drones***, geram **fotografias aéreas**.

O sensoriamento remoto tornou-se essencial para as diversas atividades da sociedade. Essa tecnologia trouxe benefícios para o monitoramento de queimadas e do desmatamento, formação de campos agrícolas e pastagens, a prevenção ou avaliação de desastres ambientais, como enchentes e erosão, expansão da ocupação humana, entre outros exemplos.

Abrangência de mapeamento de diferentes sensores remotos

Elaborado com base em: EARTH Observation, Remote Sensing & Geospatial Data. Disponível em: www.rezatec.com/data-platform/earth-observation-remote-sensing-geospatial-data/; INTRODUCTION to UAV, Remote Sensing and GIS. Disponível em: www.itu.int/en/ITU-D/Regional-Presence/AsiaPacific/SiteAssets/Pages/Events/2018/Drones-in-agriculture/asptraining/A_Session1_Intro-to-Drones-RS-GIS.pdf. p. 33. Acesso em: nov. 2019.

Os sensores instalados nos satélites captam imagens por meio da energia eletromagnética emitida pela superfície.

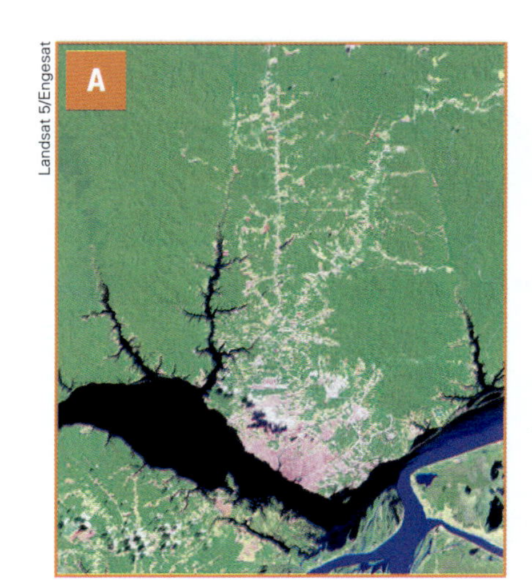

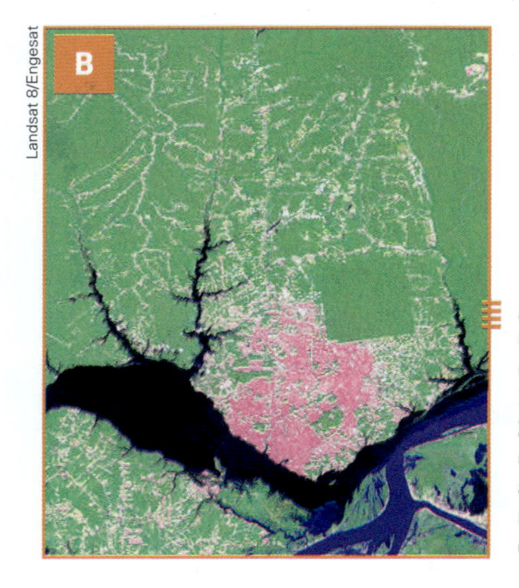

As imagens de satélite mostram dois momentos diferentes da ocupação humana em Manaus (AM): em 1985 (figura A), e em 2017 (figura B). A comparação entre elas nos permite identificar a ampliação da malha urbana e novas ramificações de ocupação em direção ao interior.

Sensoriamento remoto e ondas eletromagnéticas

As ondas podem ser mecânicas ou eletromagnéticas. Uma onda é mecânica quando se propaga apenas através de um meio material (sólido, líquido ou gasoso), como as provocadas por abalos sísmicos, as que ocorrem na superfície da água ou as ondas sonoras propagadas pelo ar.

As **ondas eletromagnéticas** não precisam de um meio material para se propagar; elas podem propagar-se também pelo vácuo. Essas ondas são geradas pela oscilação combinada dos campos elétrico e magnético. Ao propagarem-se pelo espaço, transmitem **energia eletromagnética**.

As ondas diferenciam-se pela **frequência** ou pelo **comprimento** que apresentam. A frequência indica o número de oscilações por unidade de tempo, e, quanto maior a frequência, maior será a intensidade de energia transmitida pela onda. O comprimento de onda é a distância entre dois picos consecutivos da onda.

Ondas de rádio têm comprimento que varia de alguns milímetros até quilômetros, podendo ser transmitidas ou recebidas por satélites artificiais e antenas de uma emissora de rádio ou avião, por exemplo. Elas podem ser produzidas por fontes naturais, como o Sol, ou por fontes artificiais, como circuitos eletrônicos. No sensoriamento remoto, podem ser utilizadas para gerar imagens da superfície da Terra mesmo à noite ou através de nuvens.

Espectro eletromagnético

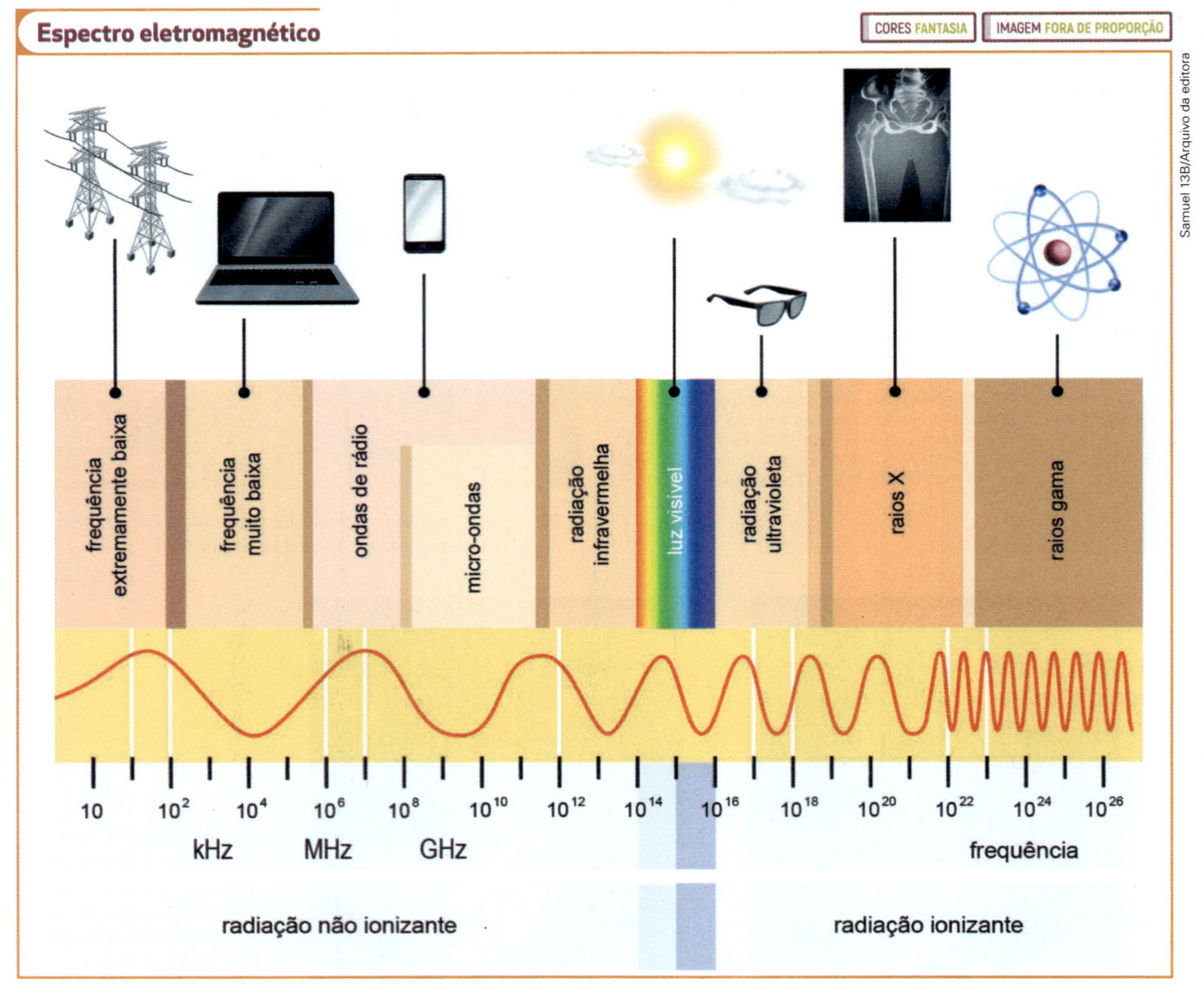

Elaborado com base em: SAUSEN, Tania Maria. *Desastres naturais e geotecnologias*: sensoriamento remoto. São José dos Campos: Inpe, 2008. p. 13. (Cadernos didáticos n. 2); HSW International. *Como tudo funciona*. Disponível em: http://informatica.hsw.uol.com.br/radiacao-dos-telefones-celulares1.htm. Acesso em: set. 2019.

Sistema de Posicionamento Global (GPS)

O **GPS** (sigla em inglês para *Global Positioning System*) é o sistema de navegação e localização geográficas.

Ele foi originalmente projetado na década de 1960 para uso militar e de inteligência do Departamento de Defesa dos Estados Unidos sob a denominação de projeto **Navstar/GPS** (*Navigation System with Time and Ranging/Global Positioning System*). Posteriormente, o sistema foi aberto de modo gratuito para o uso de toda a sociedade civil. No entanto, somente em 1995 ele se tornou operacional, com a formação de uma **constelação de 24 satélites** ativos controlados pelo governo estadunidense. Atualmente, há outros sistemas GPS em operação, como o russo **Glonass**, o europeu **Galileo** e o chinês **Beidou/Compass**; cada um possui seus próprios satélites.

Satélites de GPS na órbita da Terra

CORES FANTASIA | IMAGEM FORA DE PROPORÇÃO

GPS Library/Gps.gov

Elaborado com base em: GPS.GOV. *Official U.S. Government Information About the Global Positioning System (GPS). Space Segments. Satellite Orbits*. Disponível em: www.gps.gov/systems/gps/space. Acesso em: set. 2019.

O funcionamento do sistema depende de três segmentos: **espacial**, composto dos satélites distribuídos na órbita da Terra; **controle**, constituído das estações terrestres de controle distribuídas em diferentes pontos da Terra, que monitoram e garantem o funcionamento do sistema; e **usuário**, formado pelos receptores que recebem o sinal (ondas) de rádio enviado pelos satélites e o convertem em localização por meio de **coordenadas geográficas**. Os receptores podem estar instalados em celulares, automóveis, aviões, navios. Além da posição geográfica, o receptor pode indicar a velocidade e o tempo de deslocamento, caso o usuário esteja em movimento.

Segmentos do sistema GPS

Ericson Guilherme Luciano/Arquivo da editora

CORES FANTASIA

IMAGEM FORA DE PROPORÇÃO

Elaborado com base em: CARVALHO, Edilson Alves de; ARAÚJO, Paulo César de. *Noções básicas de sistema de posicionamento global GPS*. Natal: EDUFRN, 2009. p. 7. Disponível em: http://www.ead.uepb.edu.br/arquivos/cursos/Geografia_PAR_UAB/Fasciculos%20-%20Material/Leituras_Cartograficas_II/Le_Ca_II_A08_MZ_GR_260809.pdf. Acesso em: out. 2019.

O GPS pode ser aplicado em diversos usos civis, como mapeamento, demarcação de fronteiras, propriedades rurais e terras indígenas, rastreamento de veículos que transportam cargas, etc. Outra aplicação do GPS é na **agricultura de precisão**, que é um conjunto de tecnologias aplicadas à atividade agrícola, com o uso complementar do Sistema de Informação Geográfica (SIG), possibilitando a obtenção de diversas informações sobre a área de cultivo, ao considerar, por exemplo, as características do solo, a previsão do tempo e as particularidades da plantação. O conjunto de tecnologias também pode ser aplicado à pecuária.

Gerson Sobreira/Terrastock

A tecnologia aliada à agricultura tem sido cada vez mais comum e proporciona maior rendimento na produção. Equipamentos instalados em máquinas agrícolas reúnem informações necessárias para a aplicação de produtos, como fertilizantes, adubos e agrotóxicos, além de serem capazes de programar e realizar irrigação. Na foto, plantio de milho em Sabáudia (PR), 2018.

Sistema de Informação Geográfica (SIG)

O **SIG** é constituído por uma rede, formada por computador, *software* específico, dados e profissional técnico responsável pelos procedimentos necessários para a elaboração de produtos e análise da superfície terrestre. Entre os *softwares* comercializados no mercado, o **Spring** e o **TerraView** são nacionais, gratuitos e foram desenvolvidos pelo **Instituto Nacional de Pesquisas Espaciais** (**Inpe**).

Atualmente, é muito comum a utilização de SIG para a elaboração de mapas. No SIG, são utilizadas imagens de satélite ou fotografias aéreas obtidas a partir do sensoriamento remoto e informações das coordenadas geográficas (latitudes e longitudes) obtidas pelo GPS. Esse sistema tornou-se uma poderosa ferramenta na elaboração de produtos cartográficos, pois tem a capacidade de armazenar dados e processá-los. No geoprocessamento, as informações da superfície terrestre são obtidas separadamente; são as camadas, também chamadas de *layers*. Dentro do SIG é possível fazer sobreposição dessas camadas e compor diferentes mapas.

Para a Geografia, a crescente implantação das tecnologias criou uma nova base para a análise do espaço geográfico. Por meio do SIG, é possível monitorar as transformações e as ações que a sociedade humana realiza sobre a superfície. Mapas elaborados com base em imagens de satélites podem ser usados para a análise de uso e ocupação do solo em áreas urbanas, por exemplo.

CORES FANTASIA

IMAGEM FORA DE PROPORÇÃO

Camadas de um SIG

Digital Globe/Google Earth

Camadas de dados

Fonte de dados

dados de ruas

dados de construções

dados de vegetação

dados integrados

Elaborado com base em: NATIONAL Geographic Education. *Geographic Information System (GIS)*. Disponível em: http://education.nationalgeographic.com/education/photo/new-gis/?a_a=1. Acesso em: out. 2019.

Digital Globe/Google Earth

Imagem de satélite da região da lagoa da Pampulha, Belo Horizonte (MG), 2014.

Belo Horizonte (MG): mapa de uso e ocupação do solo

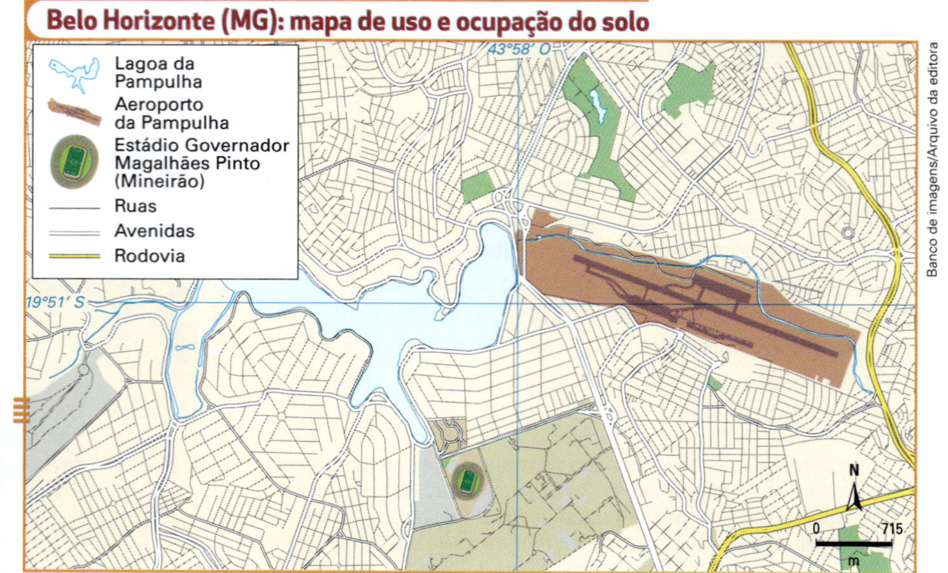

Banco de imagens/Arquivo da editora

Dentre os tipos de representação cartográfica, esse mapa de uso e ocupação de Belo Horizonte (MG) é uma planta, pois representa um trecho da cidade.

Atividades

1 Na carta topográfica abaixo, as cotas de altitude estão indicadas em metros. Responda.

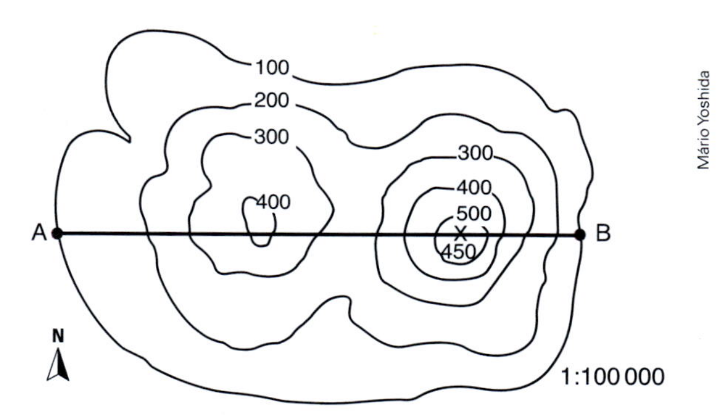

Elaborado pelos autores.

a) Qual é a distância real, em linha reta, entre as localidades A e B?

b) Represente a escala gráfica correspondente à escala numérica da carta topográfica.

c) Copie essa carta numa folha e construa o perfil topográfico do segmento AB. Para isso, utilize a escala 1:20 000 para indicar as altitudes no eixo das ordenadas. Indique-as em metros no perfil topográfico, com equidistância de 100 em 100 metros.

2 Determine qual produto cultivado ocupa a maior área na propriedade representada a seguir.

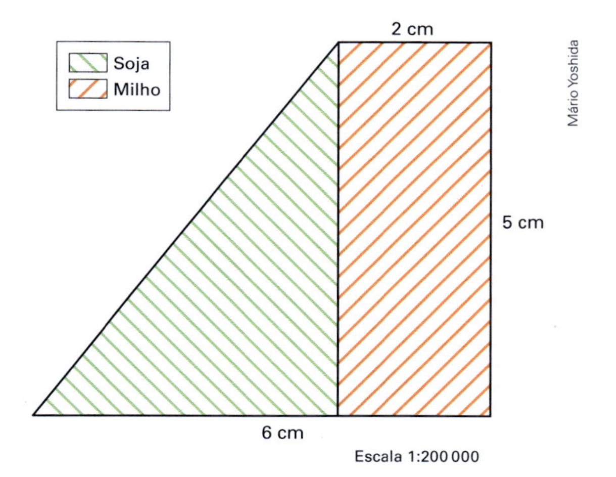

3 Considere a população dos estados que compõem a região onde você vive, de acordo com a divisão oficial regional do Instituto Brasileiro de Geografia e Estatística (IBGE), e elabore uma anamorfose para representá-la. Para isso, acesse as informações em tempo real no *site* do IBGE (disponível em: www.ibge.gov.br/apps/populacao/projecao/. Acesso em: mar. 2020) ou a tabela de referência de julho de 2019 (disponível em: https://agenciadenoticias.ibge.gov.br/media/com_mediaibge/arquivos/7d410669a4ae85faf4e8c3a0a0c649c7.pdf. Acesso em: mar. 2020). Utilize como referência um quadrado de 1 cm de lado para cada 500 mil habitantes. Procure arredondar os dados (dados aproximados). Por exemplo, a população estimada de Roraima era de 576.568 habitantes em 2018. Esse valor pode ser arredondado para 500 mil. O tipo de anamorfose deve ser semelhante à referência abaixo. Depois de concluída a representação, analise a situação do seu estado em relação aos demais.

Brasil: população de mulheres (2010)

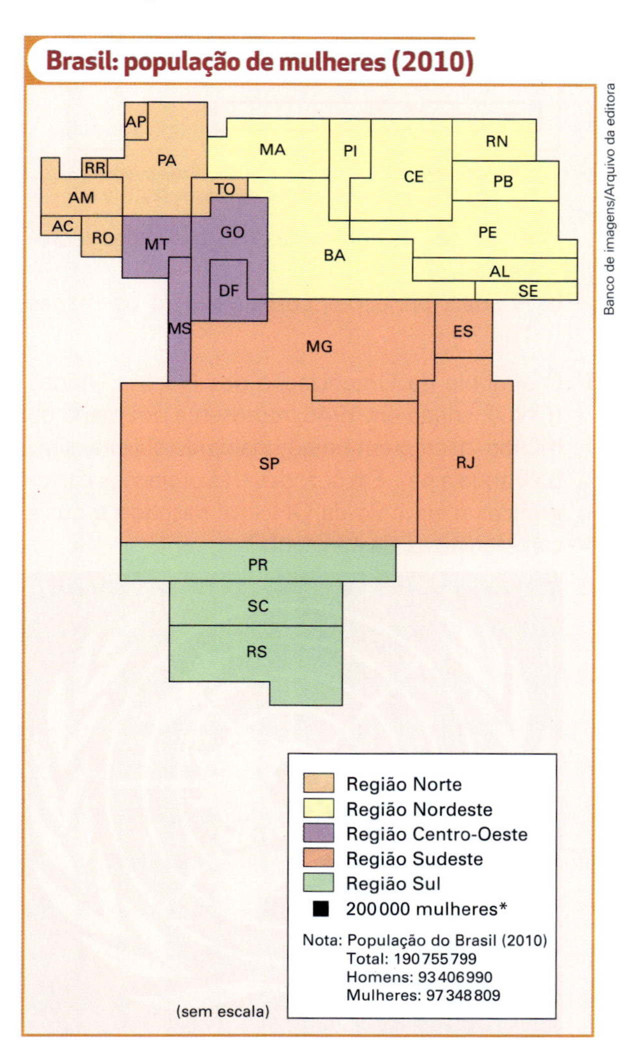

Elaborado com base em: SIMIELLI, Maria Elena. *Geoatlas*. 34. ed. São Paulo: Ática, 2013. p. 141.

* O valor corresponde ao quadradinho preto. Para estimar a população de mulheres em cada estado, é necessário quantificar os quadradinhos que cabem em cada um dos estados.

4 Observe as projeções e a representação esquemática do mapa correspondente. Em seguida, responda às questões.

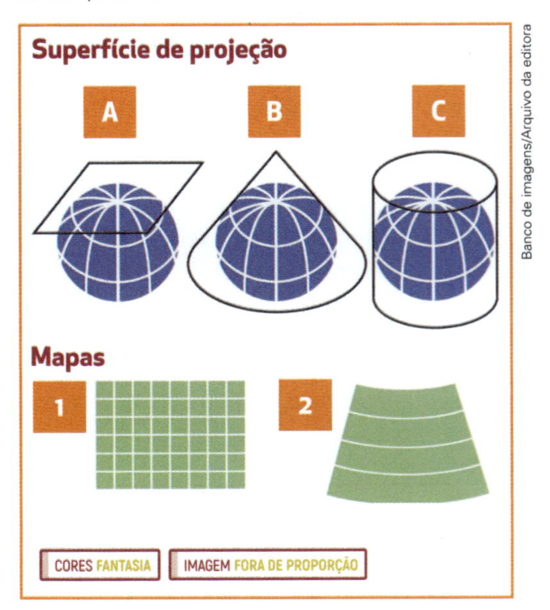

Elaborado com base em: IBGE. *Atlas geográfico escolar*. 8. ed. Rio de Janeiro, 2018. p. 21.

a) Quais são os nomes das três projeções representadas?

b) A quais projeções correspondem os mapas 1 e 2?

5 O símbolo da Organização das Nações Unidas (ONU), criado em 1946, representa um mapa do mundo inscrito em uma grinalda de oliveira, simbolizando a paz. Em qual das três projeções cartográficas o símbolo da ONU foi baseado e quais características ela apresenta?

6 Analise a importância da utilização do SIG de modo geral e especificamente para a Geografia.

7 Identifique e indique a vantagem da projeção em que foi elaborado o mapa a seguir.

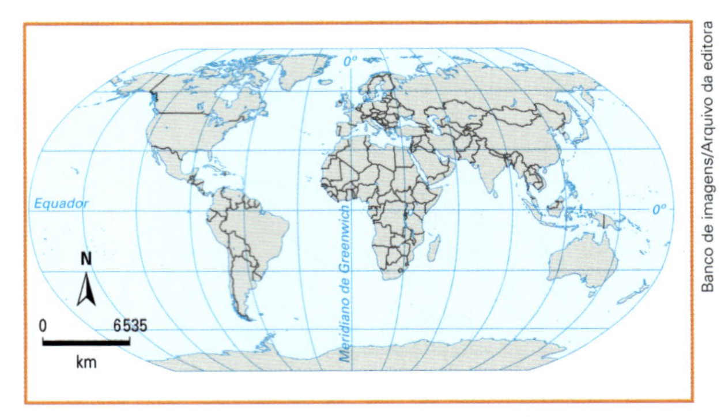

Elaborado com base em: IBGE. *Atlas geográfico escolar*. 8. ed. Rio de Janeiro, 2018. p. 24.

8 Os sensores acoplados aos satélites ou aeronaves para coletar dados sobre a superfície da Terra podem ser passivos ou ativos. Os sensores passivos registram estímulos externos, como radiação emitida a partir de um alvo na superfície da Terra iluminado pelo Sol. Os sensores ativos usam estímulos internos para coletar dados da Terra através de raios *laser* (partículas de luz concentradas e emitidas em forma de um feixe contínuo) ou radares.

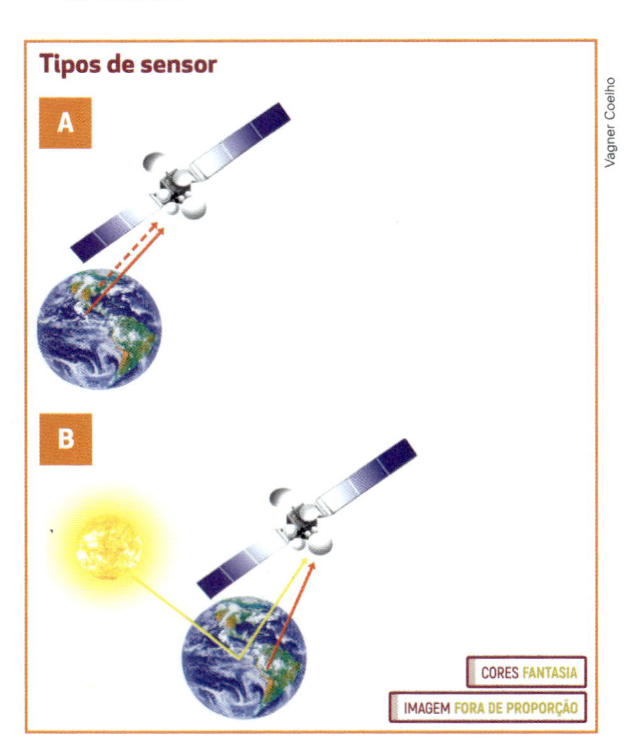

a) Identifique os tipos de sensor na ilustração. Justifique sua resposta.

b) Qual dos sensores pode ser usado para coletar dados 24 horas?

CAPÍTULO 3

Estado, nação e cidadania

As ações do Estado e as normas e leis que ele estabelece têm impacto na vida das pessoas, refletindo nas relações estabelecidas na sociedade de cada país e nas relações entre os Estados-nações. No decorrer da história, filósofos promoveram discussões sobre os poderes e as atribuições do Estado, e sociólogos analisaram a formação das identidades nacionais. O exercício da cidadania, que supõe ações pautadas na ética, está, entre outros aspectos, condicionado à compreensão do papel do Estado.

Este capítulo favorece o desenvolvimento das habilidades:

- EM13CHS101
- EM13CHS102
- EM13CHS103
- EM13CHS104
- EM13CHS106
- EM13CHS203
- EM13CHS204
- EM13CHS205
- EM13CHS305
- EM13CHS503
- EM13CHS504
- EM13CHS601
- EM13CHS602
- EM13CHS603

Nacho Doce/Reuters/Fotoarena

Grupo de indígenas dança no acampamento Terra Livre, em frente ao Congresso Nacional, em Brasília, durante protesto em defesa da terra indígena e de seus direitos culturais. Foto de 2019.

Contexto

1. O que é o Congresso Nacional? De que forma ele está inserido na estrutura do Estado?
2. Levante hipóteses para justificar a manifestação de indígenas nesse local.
3. De que maneira as decisões tomadas pelo Congresso Nacional afetam a vida dos cidadãos? Qual é a importância da ética na atuação dos representantes desse Congresso?

O que é o Estado?

Muitas vezes, os termos **Estado** e **nação** são utilizados como sinônimos; são conceitos com estreito vínculo, mas diferentes. Já **Estado-nação** (com hífen) refere-se ao país.

É muito provável que, ao acessar conteúdos na internet, relacionados à política no Brasil ou no mundo, você encontre em notícias a palavra **Estado**. As ocorrências referentes ao Estado brasileiro podem demonstrar diferentes atuações nos cenários políticos nacional e internacional. Mas você já refletiu sobre o que é o Estado? Como ele funciona e atua? O Estado é uma organização política formada por diversas instituições e governa a sociedade estabelecida em seu território, sobre o qual tem soberania, ou seja, poder para controlá-lo, sem se submeter aos interesses de outros Estados.

Ericson Guilherme Luciano

Venda da Chesf agora só depende de "canetada"

Com decisão do STF que autoriza governo a privatizar subsidiárias sem aval do Congresso, companhia e mais 87 estatais estão na mesma situação. Presidente da Eletrobras vai retomar processo de venda de 44 subsidiárias entre elas a Chesf.

Política

Representação de trecho da capa do *Jornal do Commercio* (PE), de 8 de junho de 2019. A Companhia Hidro Elétrica do São Francisco (Chesf) atua no Nordeste brasileiro, na geração de eletricidade. Está sob administração da Eletrobras, empresa de economia mista, com controle acionário do governo federal, que reúne diversas empresas chamadas de subsidiárias, como a Chesf.

Explore

1. Quais instituições do Estado são mencionadas nessa manchete de jornal? Qual o papel de cada uma delas.
2. Que consequências a decisão apresentada na notícia pode trazer para a sociedade? Converse com os colegas e o professor.

Poder político e Estado

A política é o sistema de regras no governo de uma sociedade. E, como governar significa ter o **poder político**, ou seja, estruturar regras e normas reguladoras e orientadoras – determinantes, em boa parte, das relações entre os membros da sociedade –, é possível afirmar que há outras formas de poder na sociedade, como a religiosa e a econômica, também submetidas ao poder político.

O poder político institucionalizado é o Estado. Na prática, a soberania efetiva de um Estado está condicionada a seu poderio militar, tecnológico e econômico e, de certo modo, às condições naturais, determinadas por sua localização e seus recursos.

Ericson Guilherme Luciano

Executivo
Presidente – Nível federal
Governadores – Nível estadual
Prefeitos – Nível municipal

Legislativo
Deputados Federais – Nível federal
Senadores – Nível federal
Deputados Estaduais – Nível estadual
Vereadores – Nível municipal

Judiciário – O município não tem poder judiciário
Supremo Tribunal Federal
Tribunais Estaduais

Entre as **instituições do Estado**, há o **governo** (formado pelos três Poderes – Executivo, Legislativo e Judiciário), os **tribunais**, **órgãos públicos** (exemplos: Ministério Público, onde trabalham os procuradores, e Advocacia Geral, onde trabalham os advogados que assessoram juridicamente o Poder Executivo), as **Forças Armadas** e a **polícia**. No caso do Brasil, há **três esferas** ou níveis de poder do Estado: **federal**, **estadual** e **municipal**.

Delfim Martins/Tyba

Vista aérea da Praça dos Girassóis, em Palmas, município planejado e construído na segunda metade do século XX para ser capital de Tocantins. A praça reúne diversos prédios públicos, entre eles o Palácio Araguaia (sede do Poder Executivo), no centro da foto, o Palácio João D'Abreu (sede do Legislativo), no lado direito, e o Palácio Rio Tocantins (do Judiciário), no lado esquerdo. Foto de 2017.

Poder econômico e poder político

Em todos os países, o **poder econômico** exerce influência no poder político e, portanto, nas ações desenvolvidas pelo Estado nas diferentes esferas: municipal, estadual e federal. No Brasil, historicamente, essa relação de influência é marcante, com os detentores do poder econômico procurando criar estratégias para alcançar seus interesses.

O poder econômico, representado pelas empresas industriais, pelo agronegócio, pelas grandes construtoras, por exemplo, estrutura os ***lobbies***, caracterizados pela doação a campanhas de políticos que disputam eleições a cargos do Legislativo ou pela formação de frentes parlamentares (grupos de deputados e senadores que trabalham por um setor, como o dos grandes produtores rurais, ou para aprovar determinada lei, como maior liberdade para o porte de armas), o que, no fundo, acaba defendendo interesses de certos grupos empresariais. Desde 2018, as doações a campanhas de políticos, no caso brasileiro, não podem ser feitas por empresas, somente por pessoas físicas.

Lobby: no sentido político, atividade feita no Congresso Nacional ou no Poder Executivo para defender os interesses de setores da sociedade civil ou de empresas, por meio de influência sobre a elaboração de leis ou medidas governamentais. Não é necessariamente ilícito, pois pode ser feito com transparência e sem troca de favores, para a ampliação de direitos dos cidadãos.

Explore

- Analise o cartum a seguir e responda às questões.

© Cícero/Acervo do cartunista

a) Além de apresentar a atuação de um lobista, o cartum revela uma conduta comum na política brasileira e também em outras esferas da sociedade. Explique.

b) O lobista não necessariamente representa algo ruim. Se você fizesse esse tipo de atividade, atuaria a favor de quais interesses? Que tipo de projeto de lei você mostraria ao Congresso Nacional? Que medidas do executivo federal você cobraria?

c) Em sua opinião, ser lobista ou ser membro do governo são as únicas formas de exercer a política? Explique.

Conexões FILOSOFIA

A soberania

Jean Bodin (1530-1596), jurista e filósofo francês, é considerado pioneiro nas discussões sobre o conceito de soberania e defendia que uma só fonte deveria deter o poder político e jurídico de um Estado – em sua época, esse poder era detido pelo monarca, que determinava as leis e não era submetido a elas. Thomas Hobbes (1588-1679), filósofo, matemático e teórico político inglês, também defendia o poder absoluto do rei, que seria uma personificação do Estado.

Essas teorias passaram a ser conhecidas como absolutistas; no caso de Bodin, o absolutismo soberano, pautado na capacidade do monarca de elaborar a legislação; no caso de Hobbes, o absolutismo contratual, no qual o poder seria outorgado a alguém por meio de pactos – contratos –, e o emprego da força seria necessário e legítimo para a preservação da soberania. Ambos os filósofos conceberam suas ideias em contextos de conflitos internos, que representavam riscos para a unidade da França e da Inglaterra, em torno dos respectivos poderes soberanos dos reis de cada Estado. Essas ideias contribuíram para a consolidação desses Estados nacionais e de outros que se formaram na Europa, no decorrer da Idade Moderna.

Fototeca/Leemage/Agência France-Presse

Reprodução do frontispício de *Leviatã*, livro escrito por Thomas Hobbes e publicado em 1651. Na imagem, observa-se o corpo do soberano formado por vários outros corpos de indivíduos, o que representa um governo absolutista.

Leia a definição de **soberania** a seguir, retirada de um dicionário espanhol.

> Característica própria do poder do Estado, pela qual se constitui na mais alta autoridade e suas decisões não dependem das de nenhum outro poder. Nesse sentido, equivale ao conceito de independência. [...] A noção de poder soberano evoluiu desde uma concepção que defendia sua origem divina (fundamento do absolutismo) até as teorias de soberania nacional e soberania popular derivadas da Revolução Francesa. [...]
>
> *Diccionario de historia y política del mundo contemporáneo*. Madrid: Tecnos, 2006. p. 739. (Tradução dos autores.)

1 Relacione o conceito de soberania apresentado por Bodin e Hobbes à formação dos Estados modernos na Europa.

2 Considerando as características dos Estados contemporâneos, quais são as diferenças entre o conceito original de soberania, oriundo da Filosofia, e o atual? Explique.

Forma e sistema de governo

A **monarquia** é uma forma de governo cujas instituições do Estado se organizam em torno da figura de um monarca, que permanece como chefe de Estado até morrer. Outra forma de governo é a **república**, na qual o chefe de Estado, nos regimes democráticos, é escolhido pela população.

Existem também os **sistemas de governo**: **presidencialismo**, no qual o chefe de Estado, escolhido diretamente pelo povo, é também o chefe de governo (Executivo), ou seja, representa o país externamente, e o governa (administra) internamente e tem o poder sobre as Forças Armadas; **parlamentarismo**, em que o chefe de governo (Executivo) e do Estado é escolhido pelo parlamento (Legislativo) e é chamado de primeiro-ministro, e no qual há ainda a possibilidade de o chefe de governo não acumular o cargo de chefe de Estado. No segundo caso, pode existir a monarquia parlamentarista, na qual o chefe de Estado é o monarca, como acontece no Reino Unido.

Explore

1 Considerando as relações entre os Poderes Executivo e Legislativo, em qual sistema – parlamentarista ou presidencialista – há maior independência entre eles? Explique.

2 O Brasil tem um sistema presidencialista, assim como a Argentina, o Uruguai e os Estados Unidos, enquanto Alemanha, França, Espanha, Portugal e Índia têm sistema parlamentarista. Em sua opinião, o sistema de governo no Brasil deveria ser alterado para parlamentarista? Por quê?

Atuação do Estado

Ao longo da história, o campo de atuação do Estado se ampliou significativamente, não mais respondendo apenas pela defesa do território, pela elaboração das leis, pela relação com outros Estados (relações diplomáticas) e pela segurança das pessoas, inclusive de suas propriedades.

Essa atuação varia de um país a outro e é alvo de muitas discussões entre grupos da sociedade que defendem, por exemplo, menor participação do Estado na economia e outros que entendem que a promoção do desenvolvimento econômico e social depende em boa parte de recursos financeiros estatais e que o Estado deve ter empresas atuando em muitos setores da economia.

Atualmente, considerando as especificidades de cada país, o Estado pode (e, em alguns casos, deve), entre outras atribuições: garantir educação, saúde, saneamento básico, segurança, transporte público, moradia; investir em pesquisas; elaborar planos de desenvolvimento em diversos setores da economia; implementar políticas habitacionais para as classes baixas; estabelecer políticas de transferência de renda; e oferecer infraestrutura à sociedade, como construção de estradas, viadutos, pontes, portos, aeroportos, redes de energia, usinas de geração de energia elétrica. Assim, pode-se concluir que o Estado é um importante agente de modificações no **espaço geográfico** e nas **paisagens**.

Ricardo Teles/Pulsar Imagens

Construção de ponte sobre o rio Repartimento na rodovia federal BR-230, a Transamazônica, em Novo Repartimento (PA). Foto de 2019.

Paisagem e espaço geográfico

Em uma paisagem podem ser observados edifícios, áreas cultivadas, ruas, ferrovias, igrejas, aeroportos, veículos, enfim, objetos construídos e modificados pela sociedade ao longo da história, além de formas naturais (animais, plantas, etc.) e as próprias pessoas. **Paisagem geográfica** é o que se vê (o conjunto dos elementos materiais) e se percebe (sons, cheiros, movimentos) em determinado momento, em uma porção do espaço.

Em seu livro *Metamorfoses do espaço habitado* (São Paulo: Hucitec, 1996), o geógrafo brasileiro Milton Santos (1926-2001) definiu paisagem como "o domínio do visível, aquilo que a vista abarca". Ela não se formaria "apenas de volumes, mas também de cores, movimentos, odores, sons, etc.", e a dimensão dela seria a "da percepção, o que chega aos sentidos." (p. 61-62).

Os elementos materiais, as funções das edificações, a sociedade, as relações e as estruturas econômicas, sociais e políticas, por sua vez, estão no âmbito do **espaço geográfico**. O espaço geográfico é, portanto, o conjunto de elementos materiais (naturais e construídos) em movimento permanente. A ação da sociedade sobre ele o modifica e o organiza de acordo com as necessidades e características econômicas, políticas e culturais existentes no processo de evolução histórica dessa sociedade. O espaço geográfico é formado pela dinâmica e pelas conexões entre elementos materiais e humanos, entre a paisagem e suas transformações produzidas por meio do uso do espaço pela sociedade civil ou pelo Estado. A análise desses elementos permite entender como os grupos sociais operam na paisagem, desenvolvem relações de trabalho e interagem entre si, com outros grupos e com o ambiente.

Reprodução/Coleção particular

Marcio Melo/Fotoarena

Rua do Giz, em São Luís (MA), praticamente sem mudanças de 1908 para 2017. A rua faz parte do Centro Histórico municipal, que é composto de mais de mil casarões construídos entre os séculos XVIII e XIX. O local foi tombado pelo Instituto do Patrimônio Histórico e Artístico Nacional (IPHAN) em 1974 e, em 1997, recebeu o título de Patrimônio Mundial da Humanidade da Organização das Nações Unidas para a Educação, Ciência e a Cultura (Unesco).

Políticas de integração e de desenvolvimento do território

Exemplos de atuação do Estado na organização do espaço no território brasileiro são as estratégias que direcionam recursos para o desenvolvimento de algumas regiões.

De 1959 a 1967, foram criadas quatro Superintendências de Desenvolvimento Regionais, para o Nordeste (1959), para a Amazônia (1966), para o Centro-Oeste e para o Sul (ambas em 1967). A Sudene (para o Nordeste) foi criada no contexto do chamado Plano de Metas, empreendido no governo de Juscelino Kubitschek (presidente entre 1956 e 1961), quando também foi transferida a capital do país do Rio de Janeiro para Brasília e diversas rodovias de ligação entre regiões do território brasileiro foram construídas. Esse conjunto de estratégias possibilitou a implantação de parques industriais nas regiões Nordeste, Amazônica e Sul, reduzindo a participação do Sudeste no conjunto da produção industrial nacional, que ainda compreende pouco mais de 55% do total, mas em 1969 era de 80%. Já a região Norte, que participava com apenas 1%, atinge atualmente cerca de 7%.

Durante a ditadura civil-militar no Brasil (1964-1985), os governantes promoveram intensa campanha para ocupar a Amazônia. Além de ter motivações econômicas, a ação visava à proteção do território, uma vez que a região era vista por setores da sociedade e do Estado brasileiro como um imenso vazio espacial que, na opinião dos militares, poderia despertar o interesse de outros Estados-nações. Para isso, incentivou-se a migração de pessoas de diferentes partes do país para a região.

Os projetos para a Amazônia contemplavam sobretudo: a ampliação das vias de circulação, com base especialmente na construção de rodovias; a extração de recursos naturais, principalmente minérios; a expansão das áreas de fronteira agrícola; e o desenvolvimento da atividade industrial.

Desejava-se integrar a Amazônia ao restante do país para facilitar o escoamento da produção regional e a entrada de pessoas e mercadorias. A rodovia Transamazônica (BR-230), que liga Cabedelo, próximo a João Pessoa, no litoral da Paraíba, a Lábrea, no sul do Amazonas, é um dos exemplos do estímulo ao rodoviarismo na região.

Brasil: rodovia Transamazônica (BR-230)

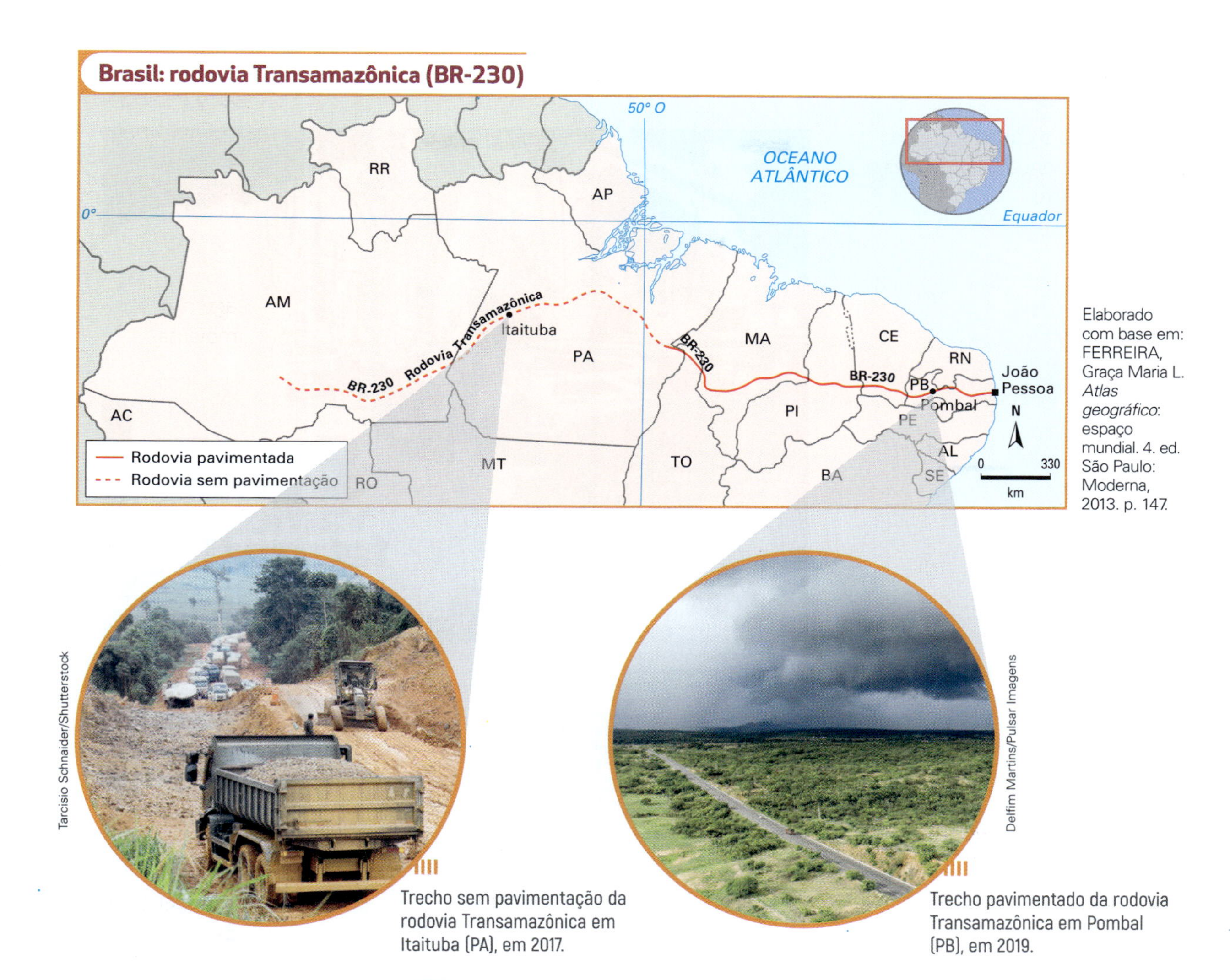

Elaborado com base em: FERREIRA, Graça Maria L. *Atlas geográfico*: espaço mundial. 4. ed. São Paulo: Moderna, 2013. p. 147.

Trecho sem pavimentação da rodovia Transamazônica em Itaituba (PA), em 2017.

Trecho pavimentado da rodovia Transamazônica em Pombal (PB), em 2019.

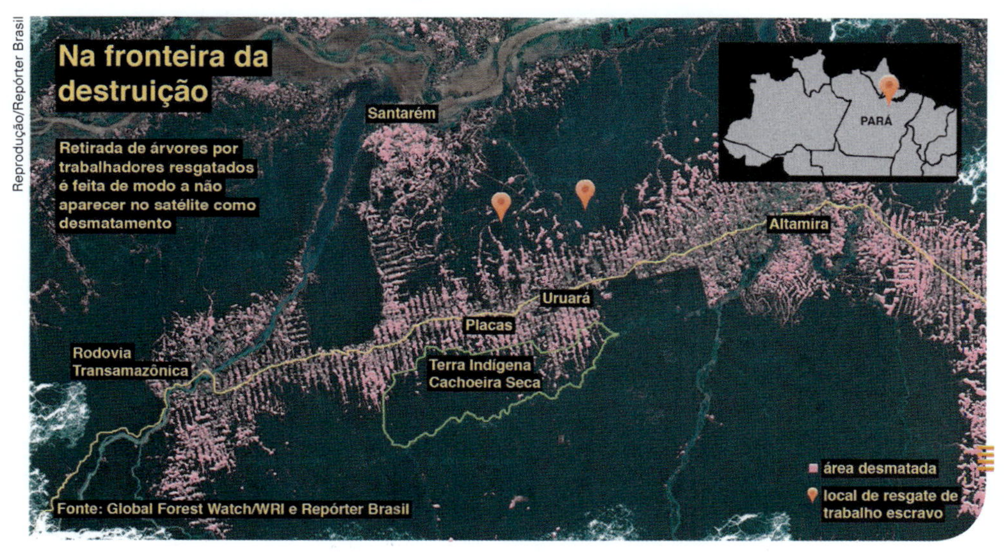

Desmatamento em estrutura de "espinha de peixe" tem a rodovia como vetor e eixo.

O estímulo dado à ocupação da Amazônia no período dos governos militares contribuiu para a expansão da fronteira agrícola e para a ampliação da produção mineral, mas provocou danos ao ambiente, com redução da área florestal e perda da biodiversidade, além de desorganização dos modos de vida das populações que tradicionalmente ocupavam a região, como os povos indígenas. Observe a imagem de satélite acima.

Explore

- Leia o cartaz e, depois, responda às questões abaixo.

Cartaz da década de 1970, do antigo Ministério do Interior, da Sudam e do Banco da Amazônia, incentivando a ocupação e a exploração da Amazônia.

a) Qual é o objetivo do cartaz?

b) Segundo o cartaz, com o que a Amazônia deveria ser ocupada? Por que ela era vista como um "vazio"?

c) Elabore uma hipótese sobre como os povos indígenas, que habitavam a região nesse contexto, encarariam essa visão do Estado brasileiro sobre a Amazônia.

d) Em sua opinião, o que deveria ser feito para resolver o problema do desmatamento na Amazônia possibilitando, ao mesmo tempo, o desenvolvimento socioeconômico local?

Estado, serviços básicos e impostos

A oferta de serviços, como educação, saúde e saneamento, e a garantia de funcionamento da estrutura deles por parte do Estado é possível graças à arrecadação de impostos. No mundo inteiro, porém, são comuns os casos em que, apesar da alta carga tributária (percentual do **Produto Interno Bruto (PIB)** que se refere à arrecadação de impostos), os Estados oferecem serviços de baixa qualidade.

Produto Interno Bruto (PIB): soma, em valores monetários, de todos os bens e serviços produzidos por um município, Estado, região ou país, em determinado período.

Outro aspecto importante a ser considerado é a forma da tributação: em muitos países, como é o caso do Brasil, os impostos indiretos (que incidem sobre serviços, produtos e comércio) têm uma participação maior na arrecadação, mas são pagos por todos os cidadãos, inclusive pelos mais pobres. Isso eleva o preço das mercadorias e dos serviços para todos, mas, proporcionalmente, aqueles que ganham menos pagam mais.

O que é nação?

Em geral, a **nação** é definida como um grupo de pessoas unidas por características culturais, uma língua e um passado histórico comuns. Isso confere à nação uma identidade, um sentimento de pertencimento. É frequente também que esse grupo de pessoas professe uma mesma religião. São exemplos de nação: escocesa, francesa, irlandesa, japonesa, judaica, palestina e portuguesa.

Os símbolos, como a bandeira e o hino nacional, diversas comemorações e mesmo rituais manifestam a identidade e a consciência da nação. As pessoas que compõem uma nação compartilham a vivência em determinada região, que, por ter sido palco de diversos processos e acontecimentos relevantes para os antepassados dessas pessoas, é carregada de significados históricos.

Não há consenso entre os especialistas das Ciências Humanas (antropólogos, sociólogos, cientistas políticos, geógrafos, historiadores, entre outros) sobre o conceito de nação. Alguns dão a ele um caráter político, uma vez que, na Idade Moderna, muitos Estados nacionais formados na Europa tiveram na origem um conjunto de pessoas que partilhavam a mesma língua, além de certos costumes, e foram unificadas em torno de uma liderança política, um poder central, como um rei. No entanto, nesses processos de formação dos **Estados-nações**, alguns grupos que formavam nações foram forçados a se juntar ao poder central, com a imposição de uma língua e de costumes diferentes dos deles. É o caso da Catalunha (ver o boxe *Explore*).

No caso brasileiro, há discussões entre historiadores, sociólogos e outros estudiosos sobre a efetiva existência de uma nação, apesar de a população do Brasil apresentar as características acima descritas. Essa falta de consenso está baseada na marcante diversidade no território brasileiro (há centenas de nações indígenas) e no pouco tempo de história do Brasil como Estado independente, em comparação ao de muitas nações da Europa e da Ásia, por exemplo.

Explore

- Analise a foto, leia a legenda e responda: Do ponto de vista linguístico e cultural, o que pode fundamentar o desejo independentista de parte da população da Catalunha?

LLUIS GENE/Agencia France-Presse

Bandeiras catalãs e espanholas na comemoração do Dia Nacional da Espanha, na cidade de Barcelona, capital da Catalunha. No contexto em que esse dia era comemorado, em 12 de outubro de 2019, setores da sociedade civil e da administração pública da região da Catalunha queriam independência em relação ao poder central. A região é uma das 17 comunidades autônomas do país, com parlamento, força policial e sistema de educação próprios, tendo o catalão, ao lado do castelhano, como língua oficial. Na Idade Média, com o Reino de Aragão, a região era independente, com sistema jurídico e parlamento próprios.

O que é Estado-nação?

Estado-nação é um território com fronteiras delimitadas, onde vive uma sociedade civil, com um Estado legítimo, um governo próprio. A sociedade desse território pode ser formada por uma ou várias nações. O termo equivale a **país** ou **Estado nacional**.

Os primeiros Estados-nações modernos foram estruturados a partir do início da Idade Moderna, como Portugal, Espanha, França e Inglaterra, e nesse processo, com uma organização territorial e política específica, incorporaram nações que não queriam participar dele, como visto no item anterior.

Julio Ricco/Shutterstock

O Monumento às Bandeiras, de Victor Brecheret (1894-1955), foi encomendado pelo governo paulista em 1921, em um contexto em que a elite política e econômica local buscava valorizar o papel das bandeiras paulistas na formação do território e da nação brasileira. São Paulo (SP), 2019.

A partir do século XIX, quando o Estado-nação passou a ser o modelo predominante de estruturação territorial e política no mundo, diversos processos de constituição desses Estados ocorreram, inclusive por causa da independência de muitas colônias. Cada um deles tinha as próprias particularidades, mas sempre com o poder central (o detentor do poder político) procurando estabelecer uma **identidade nacional** para todos os grupos sociais que estavam no território desse poder central.

Durante essa construção política, valores e aspectos culturais de diversos povos presentes no território foram desvalorizados, como ocorreu com indígenas e afrodescendentes nos Estados Unidos e no Brasil, mas cada Estado-nação com passado colonial teve o próprio processo de construção.

Conexões SOCIOLOGIA

Formação de identidades nacionais

No texto a seguir, o geógrafo Antonio Carlos Robert de Moraes (1954-2015), com base em estudos do sociólogo Darcy Ribeiro (1922-1997), analisa a formação das identidades nacionais nos territórios dos países latino-americanos.

> [...] Tomando-se o caso americano, e seguindo a interpretação de Darcy Ribeiro, pode-se distinguir três situações típicas na formação de identidades "nacionais" neste continente. Tem-se os "povos testemunhos", que constroem suas identidades remetendo a raízes de um passado pré-colonial, isto é, buscando um resgate histórico de laços identitários anteriores à colonização europeia (o México e o passado asteca, ou o Peru e o império inca, aparecem como arquétipos dessa modalidade). Ao lado destes, aparecem os "povos transplantados", que se manifestam naqueles territórios onde o processo de colonização apresentou origem nacional predominante dos povoadores, o que permite que se construa uma identidade a partir do país de imigração (a Argentina fornece bom exemplo no caso de imigrantes europeus, e a Jamaica oferece a melhor ilustração no tocante à imigração forçada de populações africanas). A terceira situação recobre os chamados "povos novos", gerados na mescla de influências dos diferentes povoadores da colônia, estabelecendo identidades específicas criadas no próprio processo colonizador [...].
>
> MORAES, Antonio Carlos Robert. *Território e História no Brasil*. 3. ed. São Paulo: Annablume, 2008. p. 72-73.

1. Em qual das três situações de formação da identidade nacional analisadas na perspectiva sociológica pelo autor se encaixaria o caso brasileiro?
2. Com base nos conhecimentos adquiridos sobre o conceito de nação e Estado-nação, é possível dizer que o Brasil se formou primeiramente como nação ou como Estado, ou seja, apenas como organização política? Explique.

Território e territorialidade

Na perspectiva sociológica de análise da formação dos Estados nacionais, o caso de **Israel** é bastante singular, pois a ideia de nação foi construída no continente europeu com o objetivo de constituir um Estado onde originalmente o povo judeu habitava na Antiguidade – o retorno à Terra Prometida –, algo que acabou se concretizando após a Segunda Guerra Mundial.

Por outro lado, os **palestinos** e os **curdos** são exemplos de nações sem soberania sobre um território. Os palestinos dividem trechos de seus territórios com a administração de Israel e não formam um Estado efetivamente; os curdos estão distribuídos por Ásia e Europa e lutam pela construção do próprio Estado.

Com efeito, o **território** é um elemento imprescindível para a configuração do Estado-nação. Sem o território, o Estado-nação não existe. Mas o conceito de território não se restringe ao aspecto político, como um espaço delimitado de atuação do Estado, no qual este exerce seu poder soberano, controle e domínio. Em um sentido mais geral, o território é um espaço com limites e complexidade de paisagens que é controlado por pessoas, empresas, grupos de pessoas (e mesmo pelo próprio Estado).

Em qualquer sociedade, independentemente do período histórico, as relações sociais, culturais, econômicas e políticas estão presentes e se processam em determinado espaço. Essas relações formam as **territorialidades**, a condição para a existência de um território. Em outras palavras, nenhum território existe sem relações entre as pessoas e entre os grupos sociais (sem territorialidade), e sempre em um território há uma forma de poder, seja para dominá-lo, seja para se apropriar dele.

As territorialidades existentes no período anterior à chegada dos colonizadores portugueses ao espaço que viria a se tornar o Brasil eram diferentes das atuais, pois comportavam outras relações sociais, políticas, econômicas e culturais.

Indígenas brasileiros retratados no século XIX em livro dos alemães Carl Friedrich Philipp von Martius (1794-1868) e Johann Baptist Ritter von Spix (1781-1826).

Atualmente, o Estado brasileiro governa todo o território do país com as próprias leis, regras e instituições, e isso comporta uma territorialidade. Mas esse mesmo espaço comporta outras e diferentes territorialidades. Nele estão, com efeito, múltiplas territorialidades, tanto em abrangência espacial quanto em especificidades, ou seja, com características diferentes.

Por exemplo, empresas de comunicação (redes de televisão, provedores de internet, de telefonia) que têm a sede em um estado e prestam serviços no resto do Brasil estabelecem contatos com representantes de todo o território brasileiro e atingem consumidores em vários pontos desse território. Essas relações sociais e econômicas, e mesmo culturais, em escala nacional, estabelecidas no âmbito de atuação dessas empresas, configuram uma territorialidade, e o território da empresa pode ser ampliado ou reduzido conforme a expansão ou retração do seu mercado de consumo.

Outro exemplo, em escala menor, é o município. Cada município tem leis específicas, sociedades com culturas e modos de produção econômica peculiares, que o distinguem dos demais municípios, conferindo a ele uma territorialidade. Mas, no território de cada município, estão presentes diferentes territorialidades, muitas vezes utilizando um mesmo espaço.

Veetmano Prem/Fotoarena

Marlon Costa/Futura Press

Diferentes situações de uso e organização do Marco Zero, no Recife (PE), em 2020: acima, ato pelo Dia Internacional da Mulher; abaixo, foliões se divertem no Carnaval.

Já nos municípios onde atuam **milícias** e **narcotráfico**, essas **organizações ilegais** impõem em alguns espaços as próprias regras e relações sociais e econômicas – uma territorialidade marcada pelo uso da violência e do terror.

Vale ressaltar, ainda, que diferentes territorialidades dentro de um Estado-nação podem gerar conflitos, como na ocupação da Amazônia, a partir dos anos 1960, analisada anteriormente neste capítulo: os novos processos de relações econômicas, sociais, políticas e culturais estabelecidos na região pelo Estado se confrontaram com as territorialidades preexistentes dos povos indígenas.

Explore

- Observe os mapas e faça o que se pede.

Brasil: famílias linguísticas indígenas (século XVI)

Elaborado com base em: ALBUQUERQUE, Manoel M. de *et al.* *Atlas histórico escolar*. Rio de Janeiro: FAE, 1983. p. 34.

Brasil: divisão política e capitais

Elaborado com base em: IBGE. *Atlas geográfico escolar*. 8. ed. Rio de Janeiro, 2018. p. 94.

a) Considerando a predominância das relações sociais, culturais e econômicas entre as pessoas, que diferenças podem ser apontadas entre os períodos históricos nos espaços representados em cada mapa? Explique.

b) É possível aplicar o conceito de território a esses momentos? Justifique.

Limite e fronteira

Os **limites**, ou seja, as linhas que delimitam os territórios dos Estados-nações, nem sempre tiveram as configurações atuais. Eles são resultado de processos que se estenderam por longos períodos, os quais envolveram guerras, disputas, tratados, compras de territórios por parte de Estados. Esses limites podem, portanto, sofrer alterações. A **zona** ou **faixa** pela qual passa a linha de separação é denominada **fronteira política**.

A **faixa de fronteira do Brasil** corresponde a uma extensão territorial com 150 km de largura que acompanha o limite territorial brasileiro terrestre. Trata-se de uma porção do território, estratégica ao Estado como área de segurança nacional, onde estão cerca de 10 milhões de brasileiros e que corresponde a aproximadamente 27% do território brasileiro. Na faixa de fronteira, o governo federal estabeleceu três grandes arcos, com suas respectivas características culturais e geoeconômicas. São eles: o Arco Norte, o qual abrange a fronteira que se estende do Amapá ao Acre; o Arco Central, da fronteira de Rondônia, Mato Grosso e Mato Grosso do Sul; e o Arco Sul, que inclui as fronteiras do Paraná, Santa Catarina e Rio Grande do Sul.

Na faixa de fronteira estão as **cidades gêmeas** (uma de cada lado da linha de limite entre os territórios), que possibilitam maior integração econômica, comercial e cultural entre os países fronteiriços. Como em outras cidades, nelas também ocorrem problemas: contrabando, tráfico de drogas, comercialização de produtos falsificados, tráfico de animais (biopirataria), ingresso ilegal de imigrantes, etc.

Olho no espaço

Fronteiras do Brasil

- Observe o mapa a seguir para responder às questões.

Brasil: arcos e faixa de fronteira e cidades gêmeas

Elaborado com base em: PROPOSTA de reestruturação do programa de desenvolvimento da faixa de fronteira. Disponível em: www.retis.igeo.ufrj.br/wp-content/uploads/2005-livro-PDFF.pdf, p. 53; CARNEIRO FILHO, Camilo Pereira; CAMARA, Lisa Belmiro. *Políticas públicas na faixa de fronteira do Brasil:* PDFF, CDIF e as políticas de segurança e defesa. Disponível em: https://journals.openedition.org/confins/22262. Acesso em: nov. 2019.

a) Observando o mapa e considerando as informações do item *Limite e fronteira*, analise, na perspectiva da participação do Brasil em blocos econômicos regionais, a presença de diversas cidades gêmeas com articulações terrestre e fluvial com ponte.

b) Levando em conta o que foi abordado na questão anterior, a distribuição das atividades econômicas no território brasileiro e as regiões e os estados brasileiros com paisagens mais transformadas (com maior presença de indústrias e áreas mais amplas de agropecuária modernizada), o que se pode concluir?

c) Por que no Arco Norte a densidade de cidades gêmeas com articulações terrestre e fluvial com ponte é menor?

Ética e cidadania

O termo **ética** tem origem grega, de *ethos*, que se refere a modo de vida, costumes, hábitos. A ética pode ser compreendida tanto como um ramo da Filosofia, que estuda os determinantes do comportamento humano, quanto como um conjunto de normas e valores que pautam as relações numa sociedade. Portanto, nessa perspectiva, a ética também diz respeito à conduta de cada pessoa, visando ao bem viver em sociedade. Para o filósofo australiano Peter Singer (1946-), o problema ético é aquele que exige uma tomada de decisão racional; logo, requer responsabilidade, uma vez que as ações de uma pessoa atingem interesses de outras ao redor. Por atuar em sociedade e com liberdade, gradativamente, cada ser humano constrói uma autonomia e passa a ser responsável pelas próprias decisões. Desse modo, cada um age conforme os valores e normas que estabelece para a própria vida.

Considerar as ações éticas e pensar sobre a responsabilidade de cada ser humano no meio em que vive esbarra em um conceito essencial para a vida na maioria das sociedades: a **cidadania**. O exercício da cidadania diz respeito a um conjunto de deveres e direitos que possibilitam aos homens e mulheres a participação ativa na vida política. Logo, o cidadão é aquele que deve respeitar as leis e agir de forma responsável e ética. Os direitos se desdobram em três: civis, políticos e sociais.

A cidadania é, portanto, uma condição que garante a igualdade de todos perante a lei e abrange aspectos da vida social e econômica do ser humano. Para o exercício pleno da cidadania é necessário, assim, que a pessoa disponha, em condições dignas, de trabalho, moradia, alimentação, transporte, educação, assistência médica, entre outros direitos. Não é isso, contudo, o que ocorre na maioria dos países. A conquista da cidadania dependerá, além das ações individuais e coletivas pautadas na ética, da atuação estatal por meio das atividades dos três Poderes em todas as esferas (municipal, estadual e federal).

Explore

- Leia a tirinha em que Calvin e Haroldo conversam sobre ética, e responda: O que você entende por ética? Converse com os colegas e o professor sobre ocasiões em que você encontrou dilemas semelhantes.

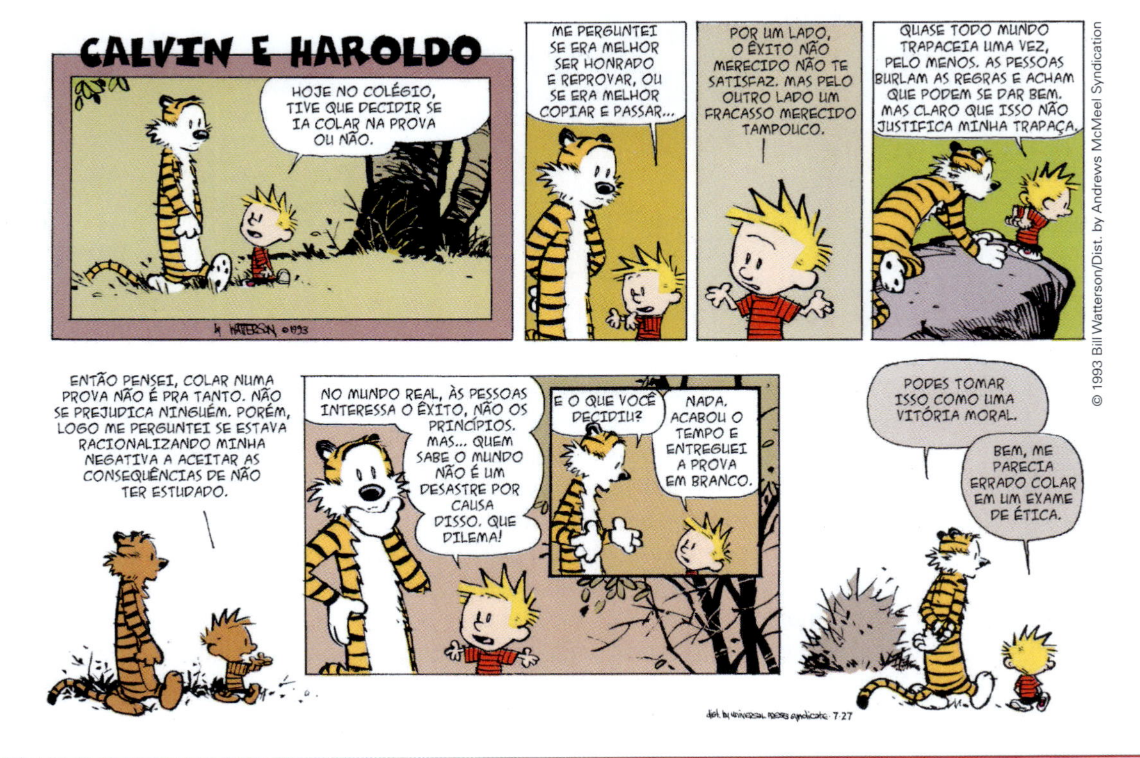

Compliance e ética no ambiente de trabalho

Desenvolver boas relações, ser colaborativo e mostrar capacidade de trabalhar em equipe, cumprir normas, atender a expectativas e combinados, alcançar objetivos e metas e contribuir para que prevaleçam o respeito e a harmonia são algumas das atitudes esperadas de qualquer profissional no ambiente de trabalho.

Nesse contexto de tantas exigências, *compliance* e ética são conceitos importantes para aqueles já inseridos no mercado de trabalho ou que buscam nele ingressar. Mas o que esses termos significam? Você saberia dizer?

Compliance deriva do verbo em inglês *to comply*, que significa concordar, cumprir, obedecer. A tradução mais adequada do termo para o português é "conformidade". No âmbito corporativo, exercer *compliance*, portanto, refere-se a seguir uma conduta de respeito às leis, regras e normas vigentes. O objetivo é identificar e prever problemas que possam trazer prejuízos financeiros para a empresa.

Como visto anteriormente, a ética possui várias dimensões. Quando aplicada ao mundo do trabalho, refere-se a uma conduta moral baseada em valores como honestidade e respeito, bom comportamento e atitudes que favoreçam boas relações e boa produtividade, e que não prejudiquem as pessoas nem as empresas.

yurakrasil/Shutterstock

O trabalho em equipe é comum em inúmeros setores profissionais. Exercer uma conduta ética e estar em *compliance* com as normas são comportamentos que contribuem para um ambiente profissional harmonioso e produtivo.

Tanto *compliance* quanto ética podem ser compreendidos e exercidos separadamente, mas em diversos aspectos esses conceitos se inter-relacionam. Exigir *compliance* de um funcionário, por exemplo, é uma maneira de estabelecer um **paradigma** para que sua conduta ética esteja de acordo com os valores e as políticas estabelecidos pela empresa; ao passo que exigir de um funcionário um comportamento ético abrange diversas esferas de relações humanas, incluindo *compliance*, mas que extrapolam as relações de trabalho e que se estruturam no interior das empresas, entre elas e destas com os agentes governamentais.

Paradigma: conjunto de referenciais ou padrão a ser seguido.

No ambiente de trabalho, não é apenas dos funcionários que se espera *compliance* e ética: uma empresa privada, uma instituição pública precisam estar em *compliance* com as leis, os regulamentos e os acordos vigentes; da mesma forma, precisam agir de maneira ética nas relações com outros indivíduos, instituições ou governos.

ETAPA 1 Leitura

Acesse os textos disponíveis no Plurall para ter mais informações sobre *compliance* e ética.

Compliance: o que é, para que serve e como colocar em prática?

COMPLIANCE: o que é, para que serve e como colocar em prática. *O Documento*, 12 set. 2019. Disponível em: https://odocumento.com.br/compliance-o-que-e-para-que-serve-e-como-colocar-em-pratica/. Acesso em: jun. 2020.

- O que é *compliance* e por quais motivos esse conceito é utilizado.
- Como *compliance* é posto em prática no dia a dia e no mundo do trabalho.
- A importância de estar em *compliance* e de que forma isso é feito.

Ética profissional é compromisso social

GLOCK, Rosana Soibelmann; GOLDIM, José Roberto. *Ética profissional é compromisso social*. Disponível em: www.ufrgs.br/bioetica/eticprof.htm. Acesso em: jun. 2020.

- A ética e a relevância do comportamento ético para uma sociedade.
- A importância da ética no ambiente de trabalho.
- A relação entre comportamento ético e o desenvolvimento de uma boa capacidade de comunicação.

ETAPA 2 Preparação

Forme grupo com quatro ou cinco colegas para pesquisar *compliance* e ética. Essa pesquisa poderá contar com entrevistas com familiares, amigos e funcionários da escola, busca de textos na internet, incluindo os aqui indicados, ou em fontes impressas. Com base no que foi obtido nessa pesquisa, cada grupo deverá:

I. Elencar ao menos dois exemplos de atitudes que demonstrem *compliance* e ética no dia a dia e ao menos dois exemplos de atitudes que não demonstrem. As atitudes podem ser individuais e institucionais.

II. Elencar ao menos dois exemplos de situações que podem ocorrer no mundo do trabalho e exigir de um profissional uma atitude de *compliance* e ética.

III. Pesquisar ações atuais de empresas privadas e instituições públicas visando aplicar *compliance* e ética em suas práticas. Procure responder: Quais são os objetivos dessas ações? Quais são os desafios impostos por elas?

ETAPA 3 Debate

Com base nas contribuições de cada grupo e nos questionamentos acima, toda a turma deverá realizar um debate sobre o assunto. Converse com os colegas e, juntos, elaborem uma resposta para as seguintes questões.

- Dentre as situações que podem vir a ocorrer no mundo do trabalho e exigir *compliance* e ética, quais ocorrem em outras esferas da vida, como a escola, o ambiente familiar ou social?
- De que maneira *compliance* e ética se relacionam com o exercício da cidadania?
- Que aptidões são necessárias para o exercício de *complicance* e ética no ambiente de trabalho?

ETAPA 4 Pense nisso

Você já parou para pensar que as pessoas passam parte significativa da vida adulta em um ambiente de trabalho? Individualmente, reflita sobre as principais atitudes de um comportamento ético que podem contribuir para um bom ambiente de trabalho e sobre a relação entre *compliance* e ética. Em seguida, explique com um pequeno texto a importância de estudar *compliance* e ética, considerando a necessidade de ter um projeto de vida e se preparar para o mercado de trabalho. Ao final, junte seu texto aos dos colegas para publicá-los no *site*, *blog* ou outro canal de comunicação da comunidade escolar. Vocês também podem elaborar um informativo sobre o tema para colocar no mural da escola ou distribuir entre os estudantes.

Direitos civis, políticos e sociais

No texto a seguir, o historiador e cientista político José Murilo de Carvalho (1939-) analisa os direitos humanos, considerando diversas esferas das relações sociais, isto é, da vida em sociedade.

> [...] Tornou-se costume desdobrar a cidadania em direitos civis, políticos e sociais. O cidadão pleno seria aquele que fosse titular dos três direitos. [...] Esclareço os conceitos. Direitos civis são os direitos fundamentais à vida, à liberdade, à propriedade, à igualdade perante a lei. Eles se desdobram na garantia de ir e vir, de escolher o trabalho, de manifestar o pensamento, de organizar-se, de ter respeitada a inviolabilidade do lar e da correspondência, de não ser preso a não ser pela autoridade competente e de acordo com as leis, de não ser condenado sem processo legal regular. [...]
>
> É possível haver direitos civis sem direitos políticos. Estes se referem à participação do cidadão no governo da sociedade. Seu exercício é limitado a parcela da população e consiste na capacidade de fazer demonstrações políticas, de organizar partidos, de votar, de ser votado. Em geral, quando se fala de direitos políticos, é do direito do voto que se está falando. Se pode haver direitos civis sem direitos políticos, o contrário não é viável. Sem os direitos civis, sobretudo a liberdade de opinião e organização, os direitos políticos, sobretudo o voto, podem existir formalmente, mas ficam esvaziados de conteúdo e servem antes para justificar governos do que para representar cidadãos. [...]
>
> Finalmente, há direitos sociais. Se os direitos civis garantem a vida em sociedade, se os direitos políticos garantem a participação no governo da sociedade, os direitos sociais garantem a participação na riqueza coletiva. Eles incluem o direito à educação, ao trabalho, ao salário justo, à saúde, à aposentadoria. [...] Os direitos sociais permitem às sociedades politicamente organizadas reduzir os excessos de desigualdade produzidos pelo capitalismo e garantir um mínimo de bem-estar para todos. A ideia central em que se baseiam é a da justiça social.
>
> O autor que desenvolveu a distinção entre as várias dimensões da cidadania, T. A. Marshall, sugeriu também que ela, a cidadania, se desenvolveu na Inglaterra com muita lentidão. Primeiro vieram os direitos civis, no século XVIII. Depois, no século XIX, surgiram os direitos políticos. Finalmente, os direitos sociais foram conquistados no século XX. Segundo ele, não se trata de sequência apenas cronológica: ela é também lógica. Foi com base no exercício dos direitos civis, nas liberdades civis, que os ingleses reivindicaram o direito de votar, de participar do governo de seu país. A participação permitiu a eleição de operários e a criação do Partido Trabalhista, que foram os responsáveis pela introdução dos direitos sociais.
>
> Há, no entanto, uma exceção na sequência de direitos, anotada pelo próprio Marshall. Trata-se da educação popular [...] A ausência de uma população educada tem sido sempre um dos principais obstáculos à construção da cidadania civil e política. [...]
>
> CARVALHO, José Murilo de. *Cidadania no Brasil*: o longo caminho. Rio de Janeiro: Civilização Brasileira, 2008. p. 9-11.

1 Você concorda com a ideia do autor de que a "ausência de uma população educada" é "um dos principais obstáculos à construção da cidadania"? Explique.

2 Em outros momentos do livro, o autor afirma que a lógica de aquisição dos direitos no Brasil foi diferente da inglesa: no primeiro, os direitos sociais precederam os outros. Dessa forma, cabe dizer que a cidadania pode variar de um país para outro?

3 Você considera possível uma cidadania plena, com liberdade, participação política e igualdade para todos?

4 No início da década de 1970, foi introduzida a Lei de Diretrizes e Bases da Educação, que buscou universalizar a educação para todos os municípios brasileiros, para que todas as crianças pudessem ter acesso à escola. Esse cenário se configura como um avanço para o exercício da cidadania? A universalização do ensino ocorreu/ocorre da mesma maneira nos estados e municípios da Federação?

Regimes de governo

Para que um cidadão seja considerado em seu pleno exercício de cidadania, ele deve estar inserido em um regime democrático de governo.

Democracia

Na democracia, os governantes são eleitos pelo povo e permanecem no governo por tempo limitado, em geral, quatro ou cinco anos. Além disso, em um Estado democrático de direito, todos, aqueles que governam ou não, estão submetidos a leis. Nesse regime, são garantidos os **direitos políticos**, como votar e candidatar-se a cargos eletivos públicos (prefeito, vereador, deputado, presidente, etc.), fundar partidos políticos, realizar manifestações; e **civis**, como a liberdade de expressão e de deslocamento e o direito de ter uma propriedade particular e de ser julgado somente por uma autoridade constituída.

Ditadura

Há Estados que têm a ditadura como regime de governo, que retira de seus cidadãos total ou parcialmente os direitos políticos e civis. Um Estado considerado ditatorial costuma ter como características proibir a população de participar da política, ou seja, de votar para eleger representantes. Assim, o poder político se concentra em um governante, e há o controle dos meios de comunicação (rádio, televisão, cinema, música, etc.), propaganda político-doutrinária a favor do ditador, fortalecimento da repressão sobre a população e os opositores ao governo. A China tem um regime ditatorial de governo. A América Latina, Chile e Brasil, por exemplo, já estiveram sob esse regime: a ditadura militar chilena ocorreu entre 1973 e 1990, e a brasileira, entre 1964 e 1985.

Photoshot/Easypix Brasil

Veículos de guerra desfilam em comemoração pelo aniversário de 70 anos da proclamação da República Popular da China. Pequim, China, outubro de 2019.

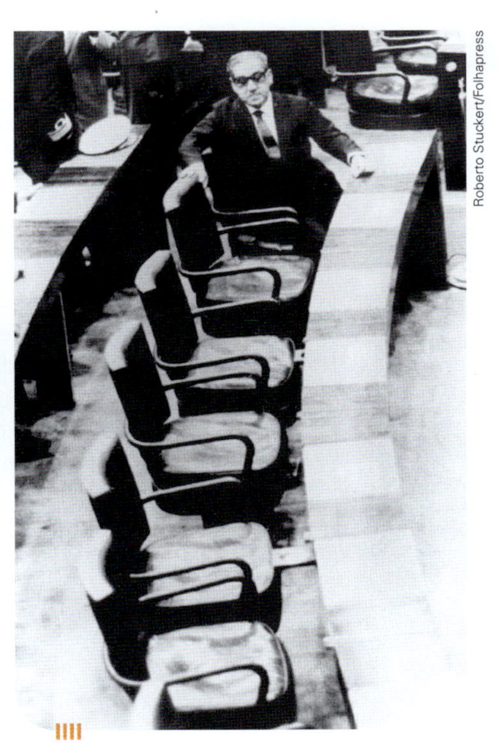

Roberto Stuckert/Folhapress

Foto mostra o general Arthur da Costa e Silva, então presidente, sentado no plenário do Congresso Nacional, em Brasília, vazio e fechado por ele, em 3 de outubro de 1966.

A ditadura pode ocorrer quando o governante que já faz parte do governo executa um golpe de Estado. Nessa situação, o Congresso é fechado, e o governante toma para si todo o poder de governo, violando o que está na Constituição. Há também situações em que outros setores, como o militar, promovem o golpe de Estado e removem o representante do governo eleito democraticamente pelo povo.

Formas de atuação política: autoritarismo, populismo e paternalismo

Coerção: ato de suprimir movimentos ou de fazer valer obrigatoriamente alguma medida ou lei fazendo uso da força.

Dentro desses regimes, existem formas de atuação dos governos. Entre elas estão o autoritarismo, o populismo e o paternalismo. No **autoritarismo**, o governo busca realçar a ordem. A supressão de movimentos de oposição pode ser feita por meio de **coerção**. Essa forma se relaciona de modo mais direto com governos ditatoriais, que podem chegar a ser totalitários, isto é, com o poder totalmente concentrado na figura do líder ou grupo totalitário e uma sociedade de massas organizada em torno de uma ideologia explícita pregada pelo governo. São exemplos o nazismo na Alemanha e o movimento bolchevique na Rússia, ambos ocorridos nas primeiras décadas do século XX.

O **populismo** também se apoia no movimento das massas, valorizando a participação popular, e carrega consigo um discurso de oposição às elites, surgindo, portanto, em momentos de graves crises econômicas. Tanto o nazismo quanto o bolchevismo tiveram suas raízes em movimentos populistas. Na América Latina, as grandes desigualdades sociais foram um dos fatores que levaram ao surgimento de movimentos populistas, como o peronismo na Argentina e o chavismo na Venezuela. Ainda que governos populistas priorizem direitos e reformas sociais, muitas vezes isso é apenas reforçado no plano de governo para alcançar apoio das massas e manter o líder ou partido no poder.

AP Photo/Glow Images

Juan Domingo Perón em passeio em carro aberto após ser eleito presidente da Argentina pela primeira vez, em 1946.

O **paternalismo**, por sua vez, relaciona-se diretamente com o populismo e tem em suas bases uma política de assistencialismo, mas com tendência autoritária, que objetiva atenuar as pressões populares. Essa política, no entanto, muitas vezes busca esse apoio popular para priorizar os interesses de determinados grupos dominantes, identificados na velha oligarquia ou em grupos empresariais. No Brasil, um exemplo de paternalismo é o governo de Getúlio Vargas, nos anos da ditadura do Estado Novo.

Resistência à ditadura

Em todos os países latino-americanos onde regimes ditatoriais foram implementados, houve reações de diversos setores da sociedade civil contra o autoritarismo e a favor da liberdade e da democracia. No Brasil tiveram importante papel os movimentos estudantis, que promoveram diversas manifestações e protestos, e vários sindicatos de trabalhadores urbanos e as ligas camponesas, que organizaram paralisações e greves.

Tomas Dittborn/Photo 12/Glow Images

Cena do filme *No*, dirigido por Pablo Larraín, que retrata o plebiscito realizado em 1988 no Chile, durante o regime militar, em que parte da população se mobilizou para a vitória do "Não", o que permitiria a abertura democrática e o fim da ditadura de Augusto Pinochet.

Atividades

1 Interprete a charge abaixo e, depois, responda às questões.

© Duke/Acervo do cartunista

a) Que crítica a charge contém?

b) Em seu espaço de vivência, quais atribuições são do Estado, mas não são asseguradas à população?

c) De que maneira as pessoas poderiam reivindicar essas carências?

2 Explique por que os territórios existem apenas enquanto as relações que os produzem existem e, portanto, não são fixos.

3 Na imagem a seguir, identifique um elemento que pode ser associado à identidade nacional brasileira. Justifique.

Jeff Roberson/AP Photo/Glow Images

Seleções brasileira, italiana e estadunidense durante a entrega de medalhas do vôlei masculino nas Olimpíadas de 2016, no Rio de Janeiro.

4 Observe as fotos de uma mesma avenida em dias diferentes da semana.

Margarida Neide/Agência A Tarde

Avenida Magalhães Neto, em Salvador (BA), em um feriado de 2018.

Sergio Pedreira/Pulsar Imagens

Avenida Magalhães Neto, em Salvador (BA), em um dia útil de 2017.

a) As fotos expressam diferentes territorialidades? Explique.

b) Processo como esse ocorre em seu espaço de vivência? Qual é a importância dessa alternância, considerando os preceitos de cidadania?

5 Retorne ao texto da página 56 sobre cidadania e responda.

a) Em um regime democrático devem vigorar os três direitos (civis, políticos e sociais) em medidas semelhantes. Contudo, em formas populistas ou paternalistas de governo, qual direito se sobrepõe aos outros? Cite um exemplo de regime populista na América Latina no século XX.

b) No período da ditadura militar brasileira, o Ato Institucional 5 (AI-5) limitou a liberdade de expressão dos cidadãos e censurou a imprensa e a arte brasileiras. Dos três direitos da cidadania, quais foram mais afetados nesse caso?

Projeto Meu município é multicultural

A cultura brasileira é uma mistura de contribuições de povos indígenas, africanos, europeus e asiáticos, por isso o Brasil é conhecido por ser multicultural, o que pode ser observado em elementos construídos (arquitetura, obras de arte, etc.) que formam a paisagem e em elementos imateriais (festividades, danças, estilos musicais, entre outros) de nossa cultura.

Thomaz Vita Neto/Pulsar Imagens

A diversidade cultural do país é resultado do processo de formação do povo brasileiro. São José do Rio Preto (SP), 2020.

Há contextos sociais em que as relações entre pessoas de diferentes culturas não são pacíficas. No território que hoje corresponde ao Brasil, a dizimação de inúmeros povos indígenas com a chegada dos europeus e a escravização de africanos são exemplos de conflitos étnicos com consequências até os dias atuais, como a discriminação e o preconceito raciais.

Atualmente, a Constituição brasileira e outras leis específicas garantem princípios de igualdade, definindo como crime a discriminação e preconceito de raça, cor da pele, etnia, religião, procedência nacional e, mais recentemente, de orientação sexual e identidade de gênero. Mas será que, com tudo isso, as diferentes culturas coexistem em harmonia e grupos de origens étnicas distintas desfrutam dos mesmos direitos?

No Brasil, a discriminação e o preconceito contra grupos étnicos são uma realidade e se manifestam de diferentes maneiras: difusão de estereótipos, invasão ilegal de terras demarcadas, remuneração menor que a dos trabalhadores brancos na mesma função, menor presença em cargos de chefia. A própria língua portuguesa é carregada de expressões pejorativas e racistas, construídas ainda no período colonial com a intenção de tornar inferior a posição dos escravizados africanos e seus descendentes na sociedade. Já pensou nisso?

Uma das maneiras de combater a discriminação e o preconceito é buscar a valorização da diversidade. Esta é a proposta deste projeto: pensar em como valorizar o multiculturalismo em seu município, divulgando as diferentes culturas e os grupos que existem no lugar onde você vive.

Objetivos

- Identificar a herança cultural do município que demonstra sua diversidade e refletir sobre os povos que contribuíram para a formação da matriz cultural nacional.
- Identificar e analisar a discriminação e a reprodução de preconceitos e estereótipos no Brasil atual.
- Identificar os dispositivos legais para punir discriminação e preconceito e avaliar a efetividade deles.
- Produzir conteúdo sobre a multiculturalidade do município para apresentar em um festival.
- Praticar postura ética e inclusiva, de modo a desenvolver a cidadania e fortalecer laços multiculturais nos lugares de vivência.

Em ação!

Neste projeto, você e seus colegas vão definir conteúdos, desenvolvê-los e elaborar uma programação que deverá ser apresentada em um festival. O tema será a diversidade étnica e cultural do município onde vocês estudam e terá o nome "Meu município é multicultural".

Para isso, reflita com os colegas: Existe democracia racial no Brasil? Será que valorizamos a multiculturalidade e evitamos propagar estereótipos? Cite exemplos.

A seguir, etapas de orientação.

ETAPA 1 Falando sobre o tema

Forme um grupo com até quatro colegas para pensar nas seguintes questões:

- No município da escola, são fortes a presença e a influência cultural de povos indígenas e de afrodescendentes?
- Existem muitos imigrantes? E filhos de imigrantes? Se sim, de onde são?
- Há migrantes? E filhos de migrantes? Se sim, de onde são?
- No dia a dia, vocês observam influências culturais de imigrantes, migrantes, indígenas e africanos? Citem exemplos e comentem sua importância.
- No município da escola, há casos de discriminação por cor da pele, local de nascimento ou cultura? Na opinião de vocês, por que isso ocorre? No caso de haver discriminação, o que se pode fazer para que isso deixe de ocorrer?

ETAPA 2 Pesquisa e definição de conteúdos

Cada grupo deverá:

- pesquisar a história e a realidade atual do município da escola de modo a identificar sua multiculturalidade: as principais influências culturais e os grupos étnicos existentes, se há ou não imigrantes e migrantes, se há povos indígenas e quilombolas, se há núcleos de cultura estrangeira, entre outros exemplos;
- definir, com base na multiculturalidade encontrada, uma lista de possíveis conteúdos a serem desenvolvidos para o festival multicultural;
- selecionar os grupos responsáveis por cada conteúdo.

Definidos os conteúdos, os grupos se organizam para fazer pesquisas mais aprofundadas sobre aqueles com os quais vão trabalhar e começam a discutir como se apresentarão.

ETAPA 3 Juntando os conhecimentos

Nesta etapa, cada grupo apresenta aos demais o que descobriu sobre a diversidade étnica e cultural do município, compartilhando ideias e informações, e, depois, mostra como será feita a apresentação no festival.

ETAPA 4 Preparação e execução do festival

Agora, os grupos produzem os conteúdos para o festival para mostrar a importância cultural de determinado grupo étnico. É necessário organizar também o evento, definindo data, local, quem serão os convidados e o que é necessário para bem recebê-los.

Análise do projeto

Terminado o festival, chegou o momento de avaliar se a turma tem mais consciência sobre a necessidade de repudiar a desigualdade e o preconceito contra as minorias étnicas e de valorizar a multiculturalidade. O projeto em sua totalidade pode ser avaliado, também, considerando a participação dos estudantes e o envolvimento do público, entre outros aspectos.

CAPÍTULO

4

Guerra Fria e mundo bipolar

A geopolítica internacional é conduzida pela desigual distribuição de poder entre as nações, dada sobretudo por suas forças econômica, política e militar. O século XX, marcado por duas guerras mundiais, destacou-se em termos geopolíticos pelo deslocamento do poder mundial – antes compartilhado por países europeus – para apenas dois países, duas superpotências – Estados Unidos e União Soviética –, criando uma ordem mundial bipolar caracterizada pelo embate ideológico entre capitalismo e socialismo.

Este capítulo favorece o desenvolvimento das habilidades:

- EM13CHS101
- EM13CHS102
- EM13CHS103
- EM13CHS105
- EM13CHS106
- EM13CHS202
- EM13CHS604

Bildagentur-online/Universal Images Group/Getty Images

A *East Side Gallery* é a maior galeria a céu aberto do mundo. Ela foi criada em um trecho preservado do antigo Muro de Berlim (Alemanha), no qual encontram-se representações feitas por artistas de várias partes do mundo. Foto de 2019.

Contexto

1. O grafite é um tipo de manifestação artística que usa espaços públicos para expressar, muitas vezes, ideias e opiniões críticas sobre política e comportamento da sociedade. Esse tipo de arte se popularizou na década de 1970, em Nova York (Estados Unidos), e se expandiu por diversas localidades do mundo. Na foto, o grafite de Birgit Kinder representa um evento de importância mundial, ocorrido no final da década de 1980. Com seus colegas, aponte qual acontecimento foi esse e debata sobre a importância para a geopolítica mundial.
2. Depois de estudar este capítulo, volte a esta questão e interprete a obra *Test the rest* com mais detalhes.

Século XX: o mundo entre guerras

O século XX foi marcado por fortes contrastes. As guerras mundiais, a bomba atômica e as armas sofisticadas causaram mortes e destruição em proporções nunca vistas antes. Ao mesmo tempo, avanços no campo médico-científico, com a descoberta do antibiótico e da penicilina, e o desenvolvimento de vacinas contra paralisia infantil, caxumba, sarampo, rubéola, febre amarela, tétano, entre outras doenças, contribuíram para a maior longevidade do ser humano.

Historicamente, admite-se que um dos fatos mais marcantes do início do século XX tenha sido o início da **Primeira Guerra Mundial**, conflito que teve como uma de suas causas as disputas imperialistas iniciadas no final do século XIX. Ocorrida entre 1914 e 1918, a guerra envolveu vários países e atingiu, direta ou indiretamente, pessoas de todos os continentes, apesar de os conflitos armados terem acontecido majoritariamente na Europa.

Durante a Primeira Guerra, em outubro de 1917, eclodiu outro grande acontecimento que marcou o século XX, a **Revolução Russa**. Os socialistas russos tomaram o poder no país e implantaram um sistema de propriedade e gerência estatal, modificaram as formas de produção e comercialização de mercadorias e definiram novas relações de poder.

Consolidada a revolução, em 1922, foi formada a **União das Repúblicas Socialistas Soviéticas** (URSS, ou **União Soviética**) sobre a base territorial do tradicional Império Russo. A instauração do socialismo na Rússia constituiu a primeira grande ruptura com o capitalismo e uma ameaça à sua supremacia. A vitória da Revolução Russa disseminou e fortaleceu os ideais socialistas mundo afora.

O século XX ainda assistiu, entre 1939 e 1945, à **Segunda Guerra Mundial**. Entre as causas do conflito estava a insatisfação dos países derrotados na Primeira Guerra com as condições impostas pelos vencedores, acarretando, por exemplo, perdas de territórios e de colônias, além de grande prejuízo econômico.

Enquanto Estados Unidos e União Soviética se fortaleceram no transcorrer das duas guerras mundiais e se firmaram como as grandes potências econômicas, políticas e militares mundiais, a Europa enfrentava graves dificuldades, uma vez que foi o principal palco desses dois conflitos.

Age Fotostock/Easypix Brasil

Soldado levanta a bandeira da União Soviética sobre o Reichstag (prédio que abriga o parlamento alemão), em Berlim, sinalizando a derrota da Alemanha e do **Terceiro Reich** pelo exército soviético, em 30 de abril de 1945. Ao fundo, a cidade de Berlim arrasada pela guerra.

A nova divisão política da Europa, após a Segunda Guerra Mundial, foi a primeira expressão de uma nova **ordem mundial**. Os países europeus acabaram sob a esfera de influência das duas potências: na porção oeste, os Estados Unidos garantiram a permanência do sistema capitalista; na porção leste, a União Soviética impôs o modelo socialista e submeteu quase toda a região ao seu controle direto.

Dica

100 anos - Primeira Guerra Mundial

https://infograficos.estadao.com.br/especiais/100-anos primeira-guerra mundial/

Matéria especial do *site Estadão* sobre a Primeira Guerra Mundial, com textos, vídeos e fotos da época, além de entrevistas e mapas.

Dica

Operação Valquíria

Direção de Bryan Singer. Alemanha/Estados Unidos, 2008. 120 min.

O filme é baseado na Operação Valquíria, plano idealizado pelo coronel Claus von Stauffenberg para assassinar Hitler, formar um novo governo e negociar a paz com os aliados.

Dica

O século XX explicado aos meus filhos

De Marc Ferro. Rio de Janeiro: Agir, 2008.

O autor discute fatos e personagens do século XX de maneira clara e analítica.

Terceiro Reich: termo criado pelo governo nazista alemão para se referir à Alemanha; funcionou como estratégia de propaganda do governo fazendo referência à suposta grandeza e à superioridade dessa nação.

Ordem mundial: configuração da distribuição de poder geopolítico e econômico entre os países no plano internacional.

Conexões SOCIOLOGIA

Capitalismo e socialismo

No texto a seguir, são apresentadas as principais características dos sistemas capitalista e socialista, inclusive os aspectos relacionados à estrutura das classes sociais e ao controle da propriedade.

No século XVIII, a acumulação de capital e as novas técnicas aplicadas à produção de mercadorias e aos meios de transporte possibilitaram uma nova forma de acumulação de riquezas, favorecendo o início da Revolução Industrial e a consolidação do capitalismo.

O **sistema capitalista** passou por diversas fases desde sua origem até os dias atuais, mas alguns de seus princípios ainda permanecem:

- As atividades econômicas têm como objetivo o lucro, apropriado pelos proprietários ou acionistas. O lucro obtido, em geral, é aplicado na ampliação do capital a ser reinvestido na produção.
- As mercadorias e os serviços são destinados ao mercado e têm seu preço, teoricamente, regulado pela oferta e pela procura, caracterizando a livre concorrência e o consumo. Cabe ao Estado apenas o papel de regulador do sistema.
- A propriedade privada dos meios de produção e dos bens pessoais é um direito que pode ser transmitido aos descendentes.
- O trabalho é assalariado, e o valor da remuneração depende da qualificação profissional e da oferta de mão de obra.
- O funcionamento desse sistema depende das diferenças socioeconômicas entre os que são proprietários dos meios de produção e a maioria da população, que depende de sua força de trabalho.

Ilustrações: Daniel Klein/ Arquivo da editora

Ilustração de Adam Smith (acima) e de Karl Marx (abaixo).

Dentre os diversos pensadores do sistema capitalista, temos o filósofo e economista britânico Adam Smith (1723-1790), e o também britânico David Ricardo (1771-1823), que atuava como economista e político.

Já as propostas socialistas, discutidas na Europa desde o século XVII, ganharam impulso a partir do século XIX com as ideias desenvolvidas pelos filósofos alemães Friedrich Engels (1820-1895) e Karl Marx (1818-1883). Outro importante nome ligado ao socialismo foi o do político Vladimir Ilyich Ulianov (1870-1924), mais conhecido como Lenin, um dos fundadores da União Soviética.

Os princípios fundamentais do **sistema socialista** são:

- Estado controlado pelo proletariado, os trabalhadores, que deve centralizar todo o poder.
- Economia e mercado regulados pelo Estado, que define planos e preços de acordo com a finalidade de atender às necessidades da população.
- Administração e propriedade pública ou coletiva dos meios de produção.
- Formação de uma sociedade igualitária, sem distinção de classes sociais.
- O **comunismo** como destino final do processo socialista, caracterizado pelo fim do Estado e no qual os seres humanos realizariam todas as suas potencialidades nos planos individual e coletivo; a igualdade sendo compreendida como o atendimento de cada um de acordo com suas necessidades.

No entanto, no "socialismo real", como ficou conhecido o sistema implantado na extinta União Soviética e em outros países, o Estado tornou-se extremamente forte e o proletariado não assumiu o poder, concentrado nas mãos de uma elite burocrata.

1 Qual é o papel do Estado nas economias capitalista e socialista?

2 Como, em teoria, são definidos os preços de mercadorias e serviços nos sistemas capitalista e socialista?

3 Em sua opinião, quais são as principais características positivas e negativas dessas duas ideologias político-econômicas?

Ordem mundial bipolar

A destruição de parte da Europa durante a Segunda Guerra marcou o fim do poder que o continente acumulara nos séculos anteriores. Após o conflito, a economia europeia estava quebrada, desorganizada e mergulhada no esforço de sua reconstrução.

Incapazes de articular um sistema de defesa e de restaurar sua economia sem ajuda externa, os governantes dos países europeus foram obrigados a se enquadrar em uma nova ordem mundial, o **mundo bipolar**, cuja liderança e influência seria disputada pelas potências de fato vitoriosas na Segunda Guerra: os Estados Unidos e a União Soviética. Observe, no mapa, a configuração do mundo bipolar.

O mundo bipolar (década de 1980)

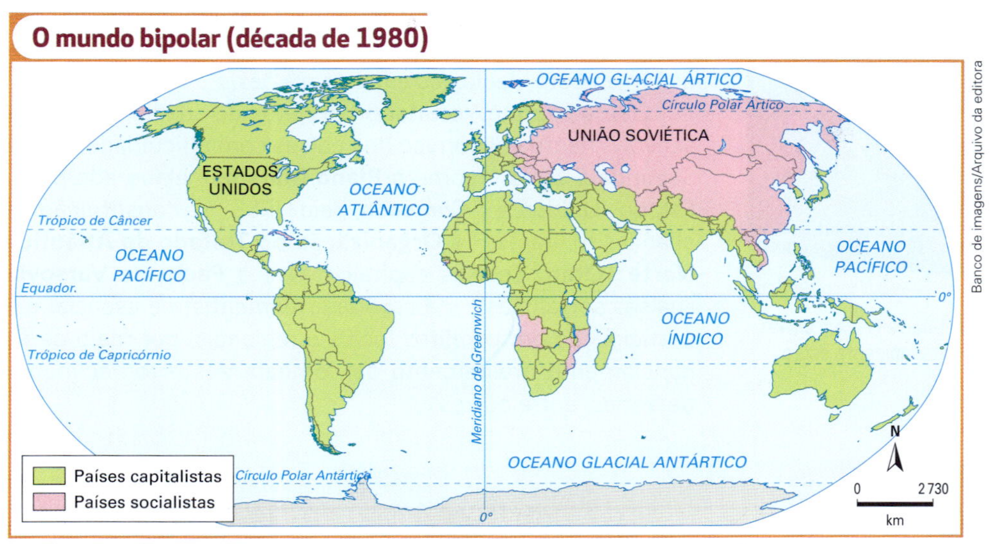

Elaborado com base em: GIRARDI, Gisele; ROSA, Jussara Vaz. *Atlas geográfico*. São Paulo: FTD, 2016. p. 175.

Os Estados Unidos se tornaram a principal liderança do mundo capitalista. Não tendo seu território desestruturado pela guerra e tendo ampliado significativamente sua capacidade produtiva, o país apresentou taxas médias de crescimento econômico superiores às de qualquer outro entre o final da década de 1930 e o início da de 1960.

A União Soviética, no início da década de 1940, já se destacava das demais economias do mundo em alguns setores industriais – siderurgia e petroquímica – e em infraestrutura energética e de transporte. Apesar de registrar muitas perdas humanas durante a guerra, após 1945, a União Soviética passou a exercer influência no Leste Europeu e em quase todos os continentes.

O mundo foi reordenado, então, a partir desses dois blocos antagônicos. Na Europa, a divisão entre os dois sistemas econômicos e políticos opostos foi marcada por um limite imaginário conhecido como **cortina de ferro**, nome dado pelo primeiro-ministro britânico Winston Churchill. A cortina de ferro funcionava como uma barreira ideológica que dividiu a Alemanha em duas nações e seguiu pelas fronteiras dos países que estavam no limite entre os dois blocos.

Europa pós-Segunda Guerra Mundial (1950-1989)

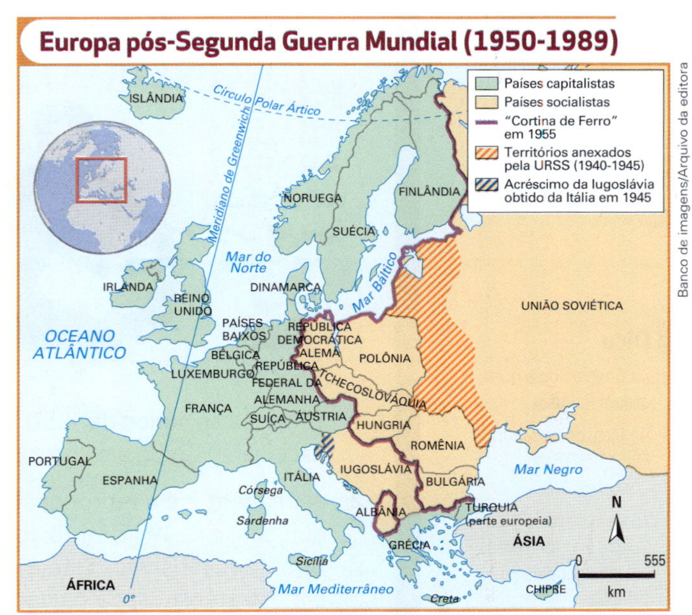

Elaborado com base em: *Atlas da história do mundo*. São Paulo: Folha de S.Paulo/Times Books, 1995. p. 270; VICENTINO, Cláudio. *Atlas histórico*: geral e Brasil. São Paulo: Scipione, 2011. p. 149.

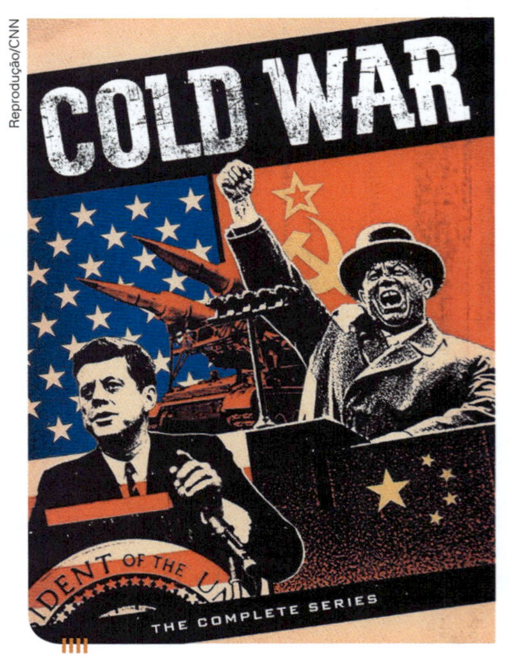

Reprodução/CNN

Fotomontagem de líderes da Guerra Fria em cartaz de série de canal televisivo estadunidense sobre o período.

Guerra Fria

A geopolítica bipolar, marcada pela supremacia dos Estados Unidos e da União Soviética, definiu as relações internacionais e os principais conflitos mundiais da segunda metade do século XX. Esse período foi nomeado **Guerra Fria**: durou de 1947 a 1991 e ficou marcado pelo fato de o conflito militar direto entre essas duas potências nunca ter ocorrido. O confronto ficou caracterizado pela disputa de áreas de influência ao redor do mundo, demonstração de poderio bélico e ações de propaganda de superioridade de seus modelos político-econômicos, veiculadas por meio do esporte, da ciência e tecnologia, das artes em geral, da medicina e da qualidade de vida, configurando um embate ideológico entre as nações.

Desse conflito, resultaram projetos de auxílio para o desenvolvimento econômico dos países com dificuldade após a Segunda Guerra – como o **Plano Marshall**, elaborado pelos Estados Unidos, e o **Comecon**, pela URSS –, a constituição de alianças militares – a **Organização do Tratado do Atlântico Norte** (**Otan**) (países capitalistas) e o **Pacto de Varsóvia** (países socialistas) –, a corrida armamentista e espacial e a participação em conflitos locais e regionais, por meio de financiamento, treinamento de combatentes e fornecimento de armas, entre outros.

Dica

Trumbo: lista negra

Direção de Jay Roach. Estados Unidos, 2015. 124 min.

Filme baseado na história real do roteirista de Hollywood Dalton Trumbo, preso e impedido de trabalhar por ser simpatizante do comunismo, no início da Guerra Fria, em 1947 – período conhecido nos Estados Unidos como "caça às bruxas".

Dica

Da Guerra Fria à nova ordem mundial

De Ricardo de Moura Faria. São Paulo: Contexto, 2012.

Análise sobre como a Guerra Fria foi travada no cotidiano dos cidadãos comuns, submetidos à maciça propaganda ideológica.

Explore

Durante a Guerra Fria, a propaganda foi muito utilizada pelos Estados Unidos e pela União Soviética para destacar os defeitos do sistema econômico e político oposto e ressaltar as virtudes do seu próprio sistema.

Imagem 1

Reprodução/Coleção particular

Imagem 2

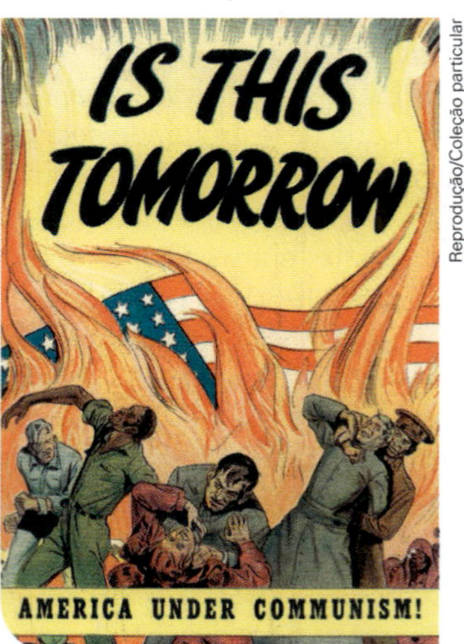

Reprodução/Coleção particular

1. O cartaz soviético de 1950 (imagem 1) pergunta: "Quem fica com a renda nacional?". Como a resposta é apresentada?
2. A imagem 2 é a reprodução da capa de uma revista em quadrinhos estadunidense de 1947, intitulada *Is This Tomorrow – America Under Communism!* (em tradução livre: "Este é o amanhã – América sob o comunismo"). Qual é a estratégia usada na capa da revista para criticar o comunismo? Lembre-se de que *America* (América, em inglês) se refere aos Estados Unidos.

Ordem geopolítica pós-Segunda Guerra

A disputa por poder no cenário mundial é exercida por demonstrações de força militar, pujança econômica, influência cultural e participação política nas tomadas de decisão sobre o rumo das nações e do mundo.

Vejamos como as duas potências, Estados Unidos e União Soviética, atuaram nos campos econômico e militar na ordem geopolítica bipolar instaurada com o fim da Segunda Guerra Mundial.

> **! Dica**
>
> **A Guerra Fria: terror de Estado, política e cultura**
>
> De José Arbex Jr. São Paulo: Moderna, 2005.
>
> O autor expõe o seu ponto de vista sobre a Guerra Fria, traçando um panorama histórico sobre o período.

Doutrina Truman

Em 1947, o então presidente dos Estados Unidos Harry Truman (1884-1972) declarou no Congresso: "A política dos Estados Unidos será a de prestar apoio aos povos livres que resistem às tentativas de subjugamento por obra de minorias armadas ou de pressões do exterior.". Estava lançada a Doutrina Truman, cujos princípios norteariam a rivalidade entre Estados Unidos e União Soviética.

Denominada também como Doutrina de Contenção, foi criada com o propósito de barrar a expansão socialista e inaugurou quatro décadas de disputa pela hegemonia mundial. Era o início da Guerra Fria, da corrida armamentista e espacial entre as superpotências pela ampliação das suas esferas de influência em todo o mundo.

Planos e alianças econômicas estadunidenses

Com a finalidade de consolidar o capitalismo na Europa ocidental e reconquistar o espaço perdido para os soviéticos na Europa oriental, também em 1947, os Estados Unidos lançaram o **Plano Marshall**. O plano, além de ajustar-se à Doutrina Truman, consistia em um amplo programa de assistência econômica aos países europeus, através de ajuda financeira e remessas de alimentos, máquinas e equipamentos. Grã-Bretanha, França e Alemanha Ocidental foram os países que receberam a ajuda mais substancial. Observe o cartaz ao lado.

Eichler/Coleção particular

Cartaz da campanha do Plano Marshall na Alemanha Ocidental, em 1949. Lê-se: "O Plano Marshall para a reconstrução da Europa com a ajuda dos Estados Unidos".

O plano foi destinado, inclusive, aos países do Leste Europeu, muitos deles sob a influência soviética. Entretanto, devido a pressões de Moscou, esses países recusaram a oferta estadunidense, exceto a Iugoslávia.

O Plano Marshall, ou auxílio similar, foi estendido também aos demais países derrotados, que faziam parte do Eixo: Japão e Itália. A recuperação econômica e a regularização do comércio mundial eram essenciais ao fortalecimento do sistema capitalista e à contenção do socialismo, além de assegurar aos Estados Unidos um mercado internacional capaz de absorver sua elevada produção.

Saiba mais

Leste Europeu

Durante a Guerra Fria, a expressão **Leste Europeu** teve um significado mais político-ideológico do que geográfico. Era uma referência aos países da Europa central e da Europa oriental que implantaram o regime socialista ao final da Segunda Guerra Mundial: Polônia, Tchecoslováquia, Hungria, Romênia, Bulgária, Alemanha Oriental, Albânia e Iugoslávia. Constituiu uma importante área de influência da União Soviética, com duas exceções: a Iugoslávia, que, apesar de ter adotado o socialismo, manteve-se independente do poder soviético; e a Albânia, que, em 1961, rompeu com a União Soviética e alinhou-se à China.

Planos e alianças econômicas soviéticas

Como resposta ao plano estadunidense, em 1949, a União Soviética implantou o **Conselho para Assistência Econômica Mútua** (**Comecon**), com o objetivo de manter sua influência nos países socialistas do Leste Europeu. Mais tarde, o Comecon foi estendido a outros países, como Mongólia (1962), Cuba (1972) e Vietnã (1978). Basicamente, tratava-se de um projeto que previa ações para promoção de integração das economias dos países socialistas por meio de repasse de tecnologia e estabelecimento de relações econômicas privilegiadas, garantindo mercado fornecedor e consumidor para equipamentos, máquinas, alimentos e matérias-primas produzidos nos países-membros.

Alianças militares

Dissuasão: do ponto de vista geopolítico, corresponde às medidas militares adotadas por um país para desencorajar qualquer perspectiva de ataque ao seu território, como no caso das potências nucleares (Estados Unidos e União Soviética).

O final da Segunda Guerra sinalizava o prenúncio de um novo conflito, cujas proporções seriam imprevisíveis. Já em 1945, os Estados Unidos mostraram ao mundo o seu poder de **dissuasão** ao forçar a rendição do Japão por meio das bombas atômicas lançadas sobre Hiroshima e Nagasaki. Em 1949, a União Soviética fez o seu primeiro teste nuclear, demonstrando que estava em igualdade de condições no caso de um conflito militar.

Reprodução/Acervo particular

Capa da revista em quadrinhos do Capitão América, publicada na década de 1950, combatendo os soviéticos. O personagem foi criado nos anos 1940, em meio à Segunda Guerra Mundial, enfrentando alemães e japoneses. Mas, no contexto da Guerra Fria, os vilões passaram a ser da União Soviética.

Também em 1949, poucos meses antes da bomba soviética, a Otan foi criada e consistiu em um sistema de defesa coletiva multinacional formado, inicialmente, pelas forças militares dos Estados Unidos, do Canadá e de diversos países da Europa ocidental. A Otan continua em operação até os dias de hoje, com algumas adequações do seu escopo de atuação, como veremos no próximo capítulo.

Em 1955, os países socialistas da Europa, sob a liderança soviética, formaram seu sistema de defesa militar coletiva, o Pacto de Varsóvia. Essa aliança era composta de União Soviética, Alemanha Oriental, Tchecoslováquia, Polônia, Bulgária, Hungria e Romênia e, até 1968, pela Albânia. Em 1991, após o colapso do bloco socialista, o tratado foi extinto.

Reprodução/Coleção particular

Cartaz russo, de 1975, representando o Pacto de Varsóvia como um forte escudo da aliança de defesa mútua entre os países-membros, apoiado por um alto poderio bélico.

! Dica

Rapsódia em agosto

Direção de Akira Kurosawa. Japão, 1991. 98 min.

O filme traz uma reflexão sobre os traumas deixados pela explosão da bomba atômica no Japão ao contar a história de quatro adolescentes que vão morar temporariamente com a avó, uma sobrevivente da explosão em Nagasaki. Durante a estadia, os netos ouvem as memórias da avó sobre o ataque ocorrido em agosto de 1945.

Equilíbrio do terror

O crescimento da produção de armas de destruição em massa como política de demonstração de força e avanço tecnológico foi a questão mais preocupante do período da Guerra Fria, pois elas representavam uma ameaça à humanidade.

Em 1949, a União Soviética sinalizou ao mundo o fim do monopólio nuclear dos Estados Unidos, ao testar a sua primeira bomba no Cazaquistão. Imediatamente os Estados Unidos aceleraram a pesquisa da bomba de hidrogênio com maior poder de destruição. Era a corrida armamentista da Guerra Fria, apoiada em armas de destruição em massa. Credita-se à capacidade de extermínio acumulada no período o fato de as duas potências nunca terem se confrontado diretamente, uma vez que seria inevitável uma retaliação proporcional do país agredido. Essa era a visão da doutrina da Destruição Mútua Assegurada (MAD, na sigla em inglês), a estratégia militar e política de segurança que desencorajava o uso de arsenais nucleares, caracterizada pelo filósofo e sociólogo Raymond Aron (1905-1983) como "Equilíbrio do terror".

Fine Art Images/Album/Fotoarena

Neste cartaz de 1968, o artista Roman Cieslewicz (1930-1996) ironiza os Estados Unidos (USA, abreviação em inglês) e a União das Repúblicas Socialistas Soviéticas (CCCP, abreviação em russo), as duas superpotências da Guerra Fria, por meio de uma sátira à imagem do Super-Homem.

Corrida armamentista e espacial

O auge da **corrida armamentista** foi o desenvolvimento dos sistemas de mísseis balísticos de médio e longo alcance (míssil balístico intercontinental) com ogivas atômicas. Esses mísseis mostraram que não era necessário usar aeronaves ou deslocar tropas para aniquilar o inimigo. A União Soviética anunciara a conquista dessa nova tecnologia de guerra já nos anos 1950.

No mesmo período, a tecnologia espacial também avançava rapidamente, em função da outra disputa da Guerra Fria conhecida como **corrida espacial**. A partir dela foram colocados em órbita satélites destinados à pesquisa científica, à telecomunicação e, fundamentalmente, à observação e espionagem militar. A tecnologia de satélite, associada à de outros sistemas de comunicação e informação, tornou os mísseis nucleares de longo alcance cada vez mais precisos e poderosos.

Explore

- Leia o texto a seguir e responda às questões.

> [...] A "paz" formal entre os Estados Unidos e a União Soviética, durante a Guerra Fria, baseada na ameaça mútua das armas nucleares, resultou na militarização da economia americana. Essa economia passou a ser fortemente relacionada à produção de armas e outros produtos da guerra sob o controle do que o próprio presidente Dwight Eisenhower (1952-1960) chamou de "complexo militar-industrial". O mais alto padrão de vida no mundo foi baseado em grande parte nos gastos militares americanos [...].
>
> KARNAL, Leandro. *História dos Estados Unidos*: das origens ao século XXI. São Paulo: Contexto, 2007. p. 229.

a) Qual característica da Guerra Fria está realçada no texto?

b) A afirmação do autor, de que a paz da Guerra Fria foi baseada na ameaça nuclear, relaciona-se à doutrina militar de Destruição Mútua Assegurada. Explique essa relação.

Geopolítica da Guerra Fria

A geopolítica bipolar interferiu em quase todos os países do mundo. Aproveitando-se de conflitos regionais e de guerras civis, as duas superpotências ampliavam as suas áreas de influência. Elas estiveram envolvidas nos principais conflitos ocorridos durante a Guerra Fria (1947-1989), como a Guerra da Coreia (1950-1953) e a Guerra do Vietnã (1955-1975).

Saiba mais

A Guerra da Coreia e a Teoria do Efeito Dominó

Ao final da Segunda Guerra, a Coreia foi dividida pelo paralelo 38° N. Em 1950, a Coreia do Norte invadiu a Coreia do Sul com apoio estratégico da China e da União Soviética. Uma força de coalizão comandada pelos Estados Unidos enfrentou os norte-coreanos e os forçou a recuar. A resposta imediata dos Estados Unidos justificava-se pela Teoria do Efeito Dominó, formulada pelos seus estrategistas. Ela afirmava que, ao deixar um país cair sob a influência do comunismo, os países vizinhos seriam estimulados a seguir o mesmo caminho, como uma fileira de peças de dominó. A guerra está suspensa desde 1953, por intervenção de um armistício (uma trégua). Contudo, o fim da guerra nunca foi oficializado.

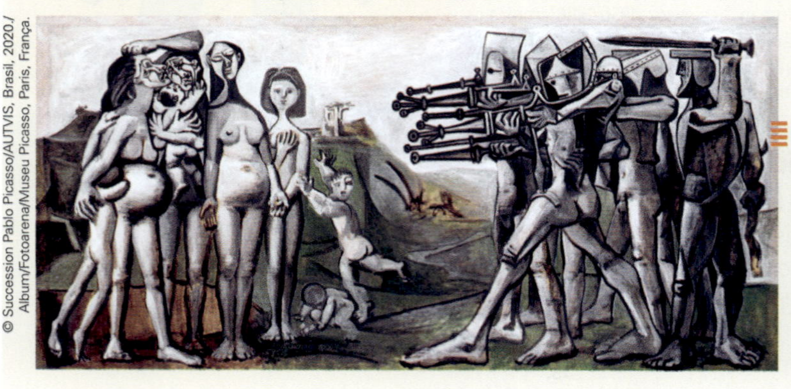

No quadro *Massacre na Coreia*, de Pablo Picasso, 1951 (óleo sobre tela, 1,10 m × 2,10 m), o artista critica uma das primeiras batalhas em que o exército estadunidense se envolveu na Coreia e que ficou conhecida como Massacre de Sinchon. Até hoje essa intervenção dos Estados Unidos é objeto de debate, pois seu exército é acusado de ter fuzilado civis escondidos sob uma ponte, o que o governo estadunidense nega.

Na América Latina, os Estados Unidos sustentaram governos alinhados com sua política externa. Além disso, apoiaram a deposição dos que se opunham aos seus interesses político-econômicos, como ocorreu na Argentina, no Chile, em Cuba, na Guatemala e em muitos outros países da região.

Os Estados Unidos também apoiaram a deposição de um presidente no Brasil. Em 1964, o governo de João Goulart (1918-1976) - popularmente conhecido como Jango - foi deposto por um golpe militar com o apoio de parte da sociedade civil (por isso, denominado golpe civil-militar por alguns historiadores) e da Agência Central de Inteligência dos Estados Unidos (CIA, na sigla em inglês). Jango mantinha uma política externa independente das superpotências da Guerra Fria, nacionalista e sensível às questões trabalhistas e sociais. Durante a ditadura civil-militar (1964-1985), os militares promoveram o alinhamento do país à política externa estadunidense, demarcando a posição brasileira na ordem mundial bipolar. O governo militar foi caracterizado pela repressão, censura e violência.

Durante o governo militar, houve severa repressão aos opositores e às manifestações populares. Foi implantada a censura à imprensa e aos movimentos culturais e institucionalizada a tortura como método nas ações policiais. Na foto, polícia reprime manifestantes a favor da Anistia, em Salvador (BA), agosto de 1979.

A União Soviética também influenciou na manutenção de governos de outros países alinhados aos seus interesses. Os principais conflitos nos quais atuou diretamente foram a Revolução Húngara (1956) e a Primavera de Praga (1968), na Tchecoslováquia, movimentos liberalizantes que ameaçaram a estabilidade da área de influência soviética. Ambas foram sufocadas pelas forças do Pacto de Varsóvia.

Questão alemã

Na Conferência de Potsdam, em 1945, após a derrota da Alemanha na Segunda Guerra, os países vitoriosos estabeleceram a divisão do território alemão, impuseram seu desarmamento e definiram novas fronteiras com Áustria, Tchecoslováquia e Polônia.

A Alemanha foi obrigada ainda a ceder à Polônia mais de 100 mil km² de seu território a leste dos rios Oder e Neisse (Linha Oder-Neisse), e à União Soviética, a região de Königsberg, atual Kaliningrado. O restante do território alemão foi dividido em quatro zonas de ocupação. A parte ocidental foi ocupada por tropas britânicas, francesas e estadunidenses. A parte oriental foi ocupada pela União Soviética. Berlim, situada no interior da zona soviética, também foi dividida em quatro zonas: Berlim Oriental foi ocupada pela União Soviética, e Berlim Ocidental, pela França, pelo Reino Unido e pelos Estados Unidos. Observe o mapa.

Elaborado com base em: DUBY, G. *Atlas historique*. Paris: Larousse, 2007. p. 103.

Banco de imagens/Arquivo da editora

Bloqueio de Berlim

Em 1948, a União Soviética bloqueou o acesso terrestre (ferroviário e rodoviário) a Berlim Ocidental — que ficara dentro da zona de ocupação soviética —, isolando-a e dificultando o seu abastecimento. O Bloqueio de Berlim não era uma violação das leis internacionais, pois os soviéticos nunca assinaram qualquer acordo ou tratado que dissesse respeito ao acesso à parte ocidental de Berlim.

Todo o suprimento da cidade teve de ser realizado por via aérea. Os aviões transportavam tanto carvão mineral, essencial para o aquecimento dos lares berlinenses ocidentais, como alimentos, matérias-primas e produtos diversos. Em 11 meses de bloqueio foram remetidas a Berlim Ocidental, em média, 13 mil toneladas diárias de carga.

Duas Alemanhas

Quase quatro anos após o estabelecimento das zonas de ocupação na Alemanha, em 1949, os estados do lado ocidental promoveram uma reforma monetária e introduziram uma nova moeda (o marco alemão) desvinculada da moeda dos estados orientais. Instituíram também uma nova Constituição e formaram um Estado alemão independente: a **República Federal da Alemanha (RFA)**.

Cinco meses depois, no mesmo ano, em oposição à criação da RFA, a União Soviética autorizou, no lado oriental, a formação de um Estado socialista alemão: a **República Democrática Alemã (RDA)**.

Com a existência das duas Alemanhas, mais de 3 milhões de pessoas evadiram-se do lado oriental para o ocidental, principalmente jovens e profissionais qualificados, muitos deles ao longo da fronteira entre Berlim Oriental e Berlim Ocidental. Em agosto de 1961, a União Soviética autorizou o governo da RDA a construir um muro, isolando totalmente a parte ocidental da cidade do resto do território da Alemanha Oriental. Assim, o **Muro de Berlim** se transformou no principal símbolo da Guerra Fria.

Peter Leibing/Iconic Photos/ip Archive/Glow Images

Em 13 de agosto de 1961, o soldado Conrad Schumann, da Alemanha Oriental, saltou sobre uma cerca de arame farpado. Em guarda para evitar fugas durante a construção do muro, aproveitou o momento para escapar.

Crise dos mísseis

Em 1959, a **Revolução Cubana** enfrentou a oposição dos vizinhos estadunidenses, o que levou Cuba, nos anos seguintes, ao alinhamento com a União Soviética e à integração ao bloco socialista.

Photoshot/Easypix Brasil

Coronel do Exército dos Estados Unidos, David Parker, apresenta fotos aéreas ampliadas para comprovar a existência de mísseis em Cuba. Conselho de Segurança da ONU, outubro de 1962.

A tensão entre Estados Unidos e União Soviética chegou a um ponto crítico em 1962, quando voos de espionagem estadunidenses descobriram que estava em andamento a construção de uma base de mísseis em Cuba, a cerca de 150 km do seu território. O objetivo da base era conter qualquer possibilidade de invasão a Cuba, como a ocorrida no ano anterior. Na ocasião, refugiados cubanos, apoiados pelos Estados Unidos, tentaram invadir a Baía dos Porcos.

O presidente John Fitzgerald Kennedy (1917-1963) ordenou, então, o imediato bloqueio naval da ilha, pela Marinha e pela Aeronáutica estadunidense, e deu início a uma dura etapa de negociação com o secretário-geral do Partido Comunista da União Soviética, Nikita Kruschev (1894-1971). A crise durou apenas 13 dias, mas foi o momento de maior tensão da Guerra Fria. Temia-se que o mundo estivesse à beira de uma guerra nuclear devido à possibilidade de um conflito armado direto entre as duas potências.

A retirada dos mísseis soviéticos de Cuba envolveu pressões com manobras militares e esforços diplomáticos. Kruschev acabou recuando diante do compromisso assumido pelos Estados Unidos de não invadir o território cubano e de retirar os mísseis instalados na Turquia dirigidos para o território soviético.

Processos de independência na África e na Ásia e Movimento dos Países Não Alinhados

O final da Segunda Guerra Mundial desencadeou lutas pela independência na África e na Ásia. A resistência dos povos colonizados contra a opressão era antiga, mas ganhou força nesse período devido ao enfraquecimento das potências europeias, arrasadas pela guerra, criando um ambiente favorável ao fim do colonialismo.

Os processos de independência foram impulsionados com o contexto da Guerra Fria e pela fundação da Organização das Nações Unidas (ONU). Os Estados Unidos e a União Soviética apoiaram a independência de ex-colônias na África e na Ásia com o objetivo de ampliar áreas de influência e, ao mesmo tempo, impedir que os novos países se alinhassem ao inimigo.

Reprodução/Coleção Ne boltai!, Praga, República Tcheca.

Cartaz do artista soviético Viktor Koretsky (1909-1998), no qual uma pessoa quebra as correntes que a prendem. O texto diz: "A África luta. A África ganha!". A ex-União Soviética apoiava e veiculava propagandas dos movimentos de independência africanos, a fim de ampliar sua influência entre os novos Estados.

Saiba mais

Fronteiras arbitrárias

Durante o domínio colonial europeu na África e na Ásia, os colonizadores estabeleceram fronteiras arbitrárias à organização dos povos locais, desconsiderando suas afinidades étnicas, políticas e sociais. Essas fronteiras foram a base para a criação dos novos Estados independentes, sobretudo na segunda metade do século XX. Com a independência, vieram também as disputas internas pelo poder. Algumas delas se transformaram em sangrentas guerras civis, muitas ocasionadas por rivalidades remanescentes de antigos conflitos étnicos. Em muitos países, essas rivalidades persistem até os dias atuais. Entretanto, vale ressaltar que toda demarcação de fronteira é um processo social.

Prensa Latina/AP Photo/Glow Images

Soldados cubanos posam para foto em frente a veículo militar, em Luanda, durante a Guerra Civil de Angola. O conflito pós-colonial durou de 1975 a 2002 e era motivado por disputas de poder. Os grupos em confronto contaram com a ajuda de países socialistas, como Cuba, e de países capitalistas, como os Estados Unidos, configurando um clássico embate entre as superpotências da Guerra Fria que buscavam influência. O conflito ficou conhecido como um dos mais violentos do continente. Foto de maio de 1991.

Panorama da luta anticolonial

A Índia foi um caso expressivo na luta pela independência. A estratégia fundamental de combate foi proposta por Mahatma Gandhi (1869-1948): a Desobediência Civil e Resistência Pacífica. Ele incentivou a população a não respeitar as leis impostas pelo colonizador, mas também a não o enfrentar com o uso de violência, a boicotar a compra do tecido inglês e retomar a tradição de tecer suas próprias vestimentas, e a não pagar impostos abusivos determinados pelo Império Britânico.

Em 1947, depois de resistir de todas as formas ao movimento pacifista liderado por Gandhi e a outras formas de luta, e de reprimir violentamente todas as manifestações pela libertação nacional, o Império Britânico cedeu à independência.

O **pan-africanismo** foi um movimento expressivo nas lutas pela independência na África. O movimento tinha como princípios a unidade de todos os povos africanos contra o domínio imperialista europeu e a defesa do continente como terra de todos os negros do mundo.

Os ideais do pan-africanismo, baseados no direito à autodeterminação dos povos do continente e na luta contra o imperialismo europeu, ganharam força após a Segunda Guerra Mundial. Em 1958, foi organizada em Gana a Primeira Conferência dos Povos da África, reunindo diversos líderes africanos empenhados na luta pela libertação e pela independência. Os principais expoentes do pan-africanismo foram Jomo Queniata (1892-1978), do Quênia, e Kwame Nkrumah (1909-1972), de Gana.

No Oriente Médio e no norte da África, o **pan-arabismo** surgiu com o ideal de promover a unidade política dos países árabes, no final do século XIX. O movimento ressurgiu com força ao final da Segunda Guerra Mundial com a criação da Liga dos Países Árabes (1945) e o apoio às lutas de libertação nacional.

Em 1956, o presidente egípcio Gamal Abdel Nasser (1918-1970) tornou-se uma das principais lideranças do pan-arabismo, quando nacionalizou o Canal de Suez, controlado até então por britânicos e franceses, e defendeu o fim da presença europeia no mundo árabe.

Olho no espaço

Independência na África

As configurações territoriais dos países, demarcadas por suas fronteiras, assim como as características de seus espaços geográficos, revelam processos políticos e culturais responsáveis por suas formações. No caso do continente africano, partilhado pelas potências europeias no final do século XIX, isso fica evidente no traçado retilíneo de muitos limites entre os países, na herança de línguas europeias que se tornaram oficiais e nos conflitos e lutas por independência.

África: político atual (2018) e independências de países

*Em 2011 houve a separação da porção sul do Sudão, dando origem a um novo país, o Sudão do Sul.
** Em 19 de abril de 2018, o país Suazilândia passou a se chamar eSwatini.

Elaborado com base em: *Atlas geográfico escolar*. 8. ed. Rio de Janeiro: IBGE, 2018. p. 45; VICENTINO, Cláudio. *Atlas histórico*: geral e Brasil. São Paulo: Scipione, 2011. p. 154.

1 Identifique os países que tiveram seus processos de independência anteriores a 1950 e pesquise por que esses países não passaram pelo processo de independência que se disseminou pelo continente com o fim da Segunda Guerra.

2 Entre 1884 e 1885, na Conferência de Berlim, as potências europeias se reuniram para definir quais seriam as porções de terra que cada uma poderia explorar no continente africano, momento que ficou conhecido como A Partilha da África. Consulte atlas históricos, livros e *sites* para identificar as possessões coloniais que resultaram dessa partilha. Depois, siga as orientações abaixo.

a) Insira as informações pesquisadas em um mapa da África, estabeleça cores aos domínios coloniais e complete a legenda. Você pode realizar essa tarefa com auxílio de programas digitais de elaboração de mapas, caso disponha dos recursos para isso, ou então recorrer a um mapa impresso em folha sulfite.

b) Aponte no mapa elaborado no item anterior os países que tinham mais controle territorial no continente africano e descreva como suas colônias estavam distribuídas espacialmente.

Conferência de Bandung

Em 1955, em meio ao processo de independência de países da África e da Ásia, foi realizada a Conferência de Bandung, na Indonésia. Líderes de 29 países africanos e asiáticos reuniram-se com a perspectiva de construir um bloco de países independente da influência de Washington e de Moscou. A iniciativa ficou conhecida como o **Movimento dos Países Não Alinhados**.

A Conferência de Bandung tinha uma agenda comprometida com os princípios da neutralidade e do não alinhamento à bipolaridade do mundo, e defendeu o estabelecimento de uma participação mais ativa dos países em desenvolvimento nas decisões internacionais, o desarmamento nuclear e a luta anticolonialista. Além disso, sinalizou que o conflito que mais interessava aos seus participantes não se dava no eixo Leste-Oeste (socialismo × capitalismo), mas no eixo Norte-Sul, ou seja, a exploração dos países fornecedores de matérias-primas e gêneros agrícolas pelas potências industrializadas, que impedia o desenvolvimento dos países do grupo.

A partir da Conferência de Bandung, popularizou-se a expressão **Terceiro Mundo** para se referir aos países independentes das orientações das duas superpotências. Mais tarde, a expressão foi aplicada indiscriminadamente ao conjunto dos países em desenvolvimento. Apesar da proeminência de suas lideranças, o bloco dos "não alinhados" não conseguiu romper definitivamente com o poder hegemônico dos Estados Unidos e da União Soviética.

Asia-Africa Museum/AP Photo/Glow Images

Conferência de Bandung (Indonésia), em 1955.

Ásia: independência de países

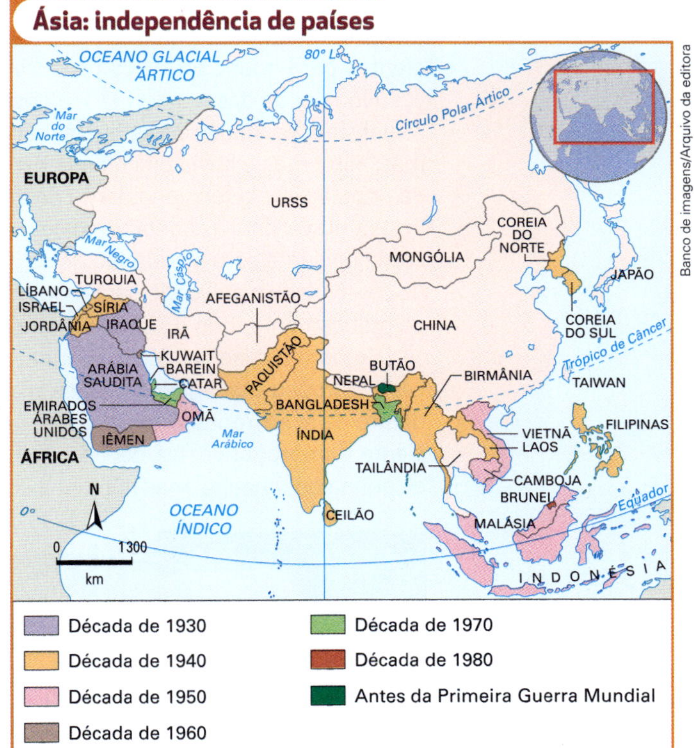

Banco de imagens/Arquivo da editora

Elaborado com base em: *Atlas Encyclopédique Mondial*. Paris: Dorling Kindersley, 1998; VICENTINO, Cláudio. *Atlas histórico*: geral e Brasil. São Paulo: Scipione, 2011. p.155.

Saiba mais

Terceiro Mundo

A expressão foi utilizada pela primeira vez pelo demógrafo francês Alfred Sauvy (1898-1990), em 1952, em um artigo publicado pela revista francesa *L'Observateur*, para se referir aos países pobres e explorados - os países em desenvolvimento. Primeiro Mundo passou, então, a designar os países capitalistas desenvolvidos; e Segundo Mundo, os países socialistas. Terceiro Mundo era uma analogia ao Terceiro Estado no tempo da Revolução Francesa (às pessoas que não faziam parte da nobreza nem do clero): um grupo ignorado, explorado e oprimido.

O colapso do socialismo e o fim da ordem bipolar

De 1945 a 1970, o mundo viveu um ciclo de prosperidade. Tanto a economia capitalista como a socialista tiveram um crescimento surpreendente, ressalvados os diferentes níveis de desenvolvimento entre os países de cada grupo. No entanto, a partir da década de 1970, os dois modelos econômicos começaram a apresentar sintomas de crise.

O modelo de economia estatal e planificada, apoiado nas indústrias de base, bélica e aeroespacial, apresentava limitações em sua própria concepção. O socialismo, ao transferir todos os meios de produção para a gerência do Estado, não estimulou o desenvolvimento técnico dos setores que considerava secundários, como aqueles voltados ao consumo da sociedade. O Estado definia o que seria produzido pelas empresas, determinava as quantidades e estabelecia os preços. Obrigadas a cumprir as metas de produção e de produtividade traçadas pelos planejadores estatais, as empresas compravam de um único fornecedor as mercadorias ou matérias-primas, independentemente de sua qualidade e de seu preço. Na agricultura, por exemplo, tratores e máquinas agrícolas comumente saíam das fábricas com problemas, tendo de ser consertados pelos próprios agricultores. Não havia peças de reposição suficientes para quase todos os produtos disponíveis no mercado.

No final da década de 1970, a crise econômica atingiu praticamente todos os países socialistas. As indústrias estavam com grande capacidade ociosa, faltavam matérias-primas, alimentos e havia dificuldade para importar produtos básicos para o abastecimento da população e o funcionamento da economia. O custo militar da Guerra Fria se tornara insustentável para a economia soviética e constituía um entrave ao crescimento econômico, insuficiente para atender ao ritmo de crescimento da população. A burocracia e a falta de criatividade e agilidade para modificar esse modelo comprometeram o funcionamento de praticamente todo o sistema.

Embora a crise econômica tenha se manifestado já na década de 1970, os países do Leste Europeu e a União Soviética mantiveram uma situação artificial de preços baixos dentro de suas fronteiras, sem promover qualquer alteração no modelo econômico, ineficiente e improdutivo. Na década de 1980, sua população vivia uma situação inusitada: dispunha de dinheiro, mas não tinha como gastá-lo.

Ullstein Bild/Getty Images

Automóvel Traband descartado em uma caçamba de lixo, em Berlim (Alemanha), em 1990. Produzido na ex-Alemanha Oriental até 1991, o automóvel é a figura central do grafite da seção *Contexto*, no início do capítulo. Sua tecnologia ultrapassada contrastava com a dos modelos produzidos pela vigorosa indústria automobilística da ex-Alemanha Ocidental e dos países capitalistas avançados. Sua aquisição pela população dependia de uma longa lista de espera, que poderia durar mais de 10 anos.

Reformas econômica e política

Enquanto o bloco socialista dava sinais de crise econômica, nos Estados Unidos a tecnologia militar acabou sendo adaptada a produtos para a economia civil. Mais de 3 mil novos produtos de consumo lançados pelos Estados Unidos na segunda metade do século XX foram criados a partir de tecnologia desenvolvida, inicialmente, para equipamentos ligados à indústria de guerra ou aeroespacial. Alguns exemplos são o *Teflon*, o GPS, a internet e a câmera digital.

A partir de 1985, o governo de Mikhail Gorbachev (1931-) promoveu uma grande alteração na estrutura política e socioeconômica da União Soviética. Implantou a ***Perestroika***, uma reformulação da economia que tinha como objetivo a transformação de todo o sistema de produção e da propriedade, além da introdução de mecanismos de economia de mercado.

Perestroika: reconstrução ou reestruturação.

Glasnost: transparência.

Para vencer a resistência da cúpula do Partido Comunista, as reformas dependiam de um amplo apoio popular que as legitimasse. Para tanto, foi implantada a ***Glasnost***, conjunto de reformas políticas que concederam liberdade de expressão, informação e organização política, até então contidas pelo regime socialista.

Dirck Halstead/The LIFE Images Collection/Getty Images

Mikhail Gorbachev (à esquerda) e Ronald Reagan (à direita) assinam acordo na Casa Branca, Washington D.C. (Estados Unidos), em 1987. Gorbachev empreendeu uma política de aproximação com os Estados Unidos que resultaria no fim da Guerra Fria.

A política de austeridade e de redução dos gastos públicos levou Gorbachev a retirar subsídios de diversos setores da economia, bem como a remover muitos benefícios sociais. O governo soviético também promoveu, junto ao governo dos Estados Unidos, acordos de desarmamento para diminuir os gastos com a corrida armamentista. Os efeitos das transformações na União Soviética, no final da década de 1980, atingiram os países do Leste Europeu, provocando a queda dos governos socialistas, a democratização das instituições e o estabelecimento de eleições livres e diretas.

O desmoronamento da economia socialista teve efeitos profundos no espaço geográfico da Europa. Em 1989, a Hungria retirou a cerca de arame farpado que havia em sua fronteira com a Áustria. Os húngaros deram os passos iniciais, no Leste Europeu, em direção à privatização e à economia de mercado.

Na Alemanha Oriental, a evasão de cidadãos para a Alemanha Ocidental, via Tchecoslováquia e Hungria, levou o governo provisório a liberar as viagens para o exterior e permitir, em 9 de novembro de 1989, o livre trânsito de um lado ao outro do Muro de Berlim. A queda do muro abriu caminho para a reunificação da Alemanha em 3 de outubro de 1990.

Alfred/SIPA/AP Photo/Glow Images

Construído durante a Guerra Fria, o Muro de Berlim simbolizava o mundo dividido entre o capitalismo e o socialismo. Mais do que isso, constituía uma barreira física dividindo Berlim e separando familiares e amigos que, vivendo em lados diferentes da cidade, eram impedidos de se visitar. Na foto, homem ajuda na destruição do muro, na manhã de 10 de novembro de 1989.

! Dica

Adeus, Lenin

Direção de Wolfgang Becker. Alemanha, 2002. 118 min.

Pouco antes da queda do Muro de Berlim, uma mulher, membro do Partido Socialista da RDA, entra em coma e desperta dias depois, após o fim do regime socialista. Seu filho, temendo que as mudanças políticas no país agravem o estado de saúde da mãe, elabora um plano para que ela acredite que tudo continua exatamente como antes.

Fim da Guerra Fria e novas fronteiras europeias

Com o fim da Guerra Fria, a população soviética passou a apoiar os políticos que prometiam um caminho mais rápido para a transição. Em 1990, o ultrarreformista Boris Ieltsin (1931-2007) foi eleito presidente da Rússia. Após um ano de governo, declarou total autonomia da Rússia em relação à União Soviética e foi seguido pelas demais repúblicas.

O ano de 1991 marcou o fim do bloco. As 15 repúblicas socialistas que o constituíam conquistaram a independência. Doze delas associaram-se a uma nova entidade supranacional, a **Comunidade dos Estados Independentes** (**CEI**), cujo limite de atuação e de integração entre os países nunca ficou bem definido. Letônia, Estônia e Lituânia reconquistaram sua independência e não aderiram à CEI. Atualmente, a entidade é formada por 11 países; contudo, o Turcomenistão tem se afastado do grupo desde 2005, e a Ucrânia se retirou em 2018, apesar de não ter oficializado sua saída.

A dissolução da União Soviética também refletiu nas fronteiras de outros países da Europa. A Tchecoslováquia foi desmembrada em dois países: a República Tcheca e a Eslováquia. Em relação à Alemanha Ocidental e à Oriental, menos de um ano depois da queda do Muro de Berlim, elas foram unificadas, causando profundas alterações na geopolítica europeia. A Alemanha, já fortalecida economicamente, passou a ser o país europeu com maior influência na porção oriental do continente.

A Iugoslávia foi fragmentada. Com população formada por várias nacionalidades e culturas distintas, os conflitos separatistas se iniciaram na década de 1990, com a declaração de independência de quatro países: Croácia (1991), Eslovênia (1992), Bósnia-Herzegovina (1992) e Macedônia (1993 — atualmente, Macedônia do Norte). Em 2003, o que ainda restava do território iugoslavo passou a se chamar Sérvia e Montenegro, separando-se em dois países independentes em 2006. Observe o mapa com as fronteiras atuais da Europa.

*Em junho de 2018, a Macedônia passou a se chamar Macedônia do Norte.

A atual configuração do continente europeu reflete as mudanças territoriais ocorridas com o fim da Guerra Fria e com o desmoronamento do socialismo, fatos que contribuíram para uma reordenação geopolítica do mundo.

Europa: político (2018)

Banco de imagens/Arquivo da editora

Elaborado com base em: *Atlas geográfico escolar*. 8. ed. Rio de Janeiro: IBGE, 2018. p. 43.

Organização das Nações Unidas

A ONU é uma organização internacional destinada a promover a paz e a segurança entre as nações e a ajudar na resolução de problemas econômicos, sociais, culturais e humanitários. Foi criada em junho de 1945, quase no fim da Segunda Guerra Mundial. Está sediada em Nova York (Estados Unidos) e foi uma segunda tentativa de instituir um sistema internacional de segurança coletiva, substituindo a **Liga das Nações** (1919-1946).

Liga das Nações: organização internacional criada após a Primeira Guerra com o objetivo de assegurar a paz mundial.

Sanção econômica: medida de punição aos países que rompem com as convenções internacionais ou tomada unilateralmente por um país contra outro. Entre as sanções econômicas, incluem-se barreiras comerciais, restrições à movimentação financeira e bloqueio de dinheiro depositado no exterior.

Thomas D. McAvoy/The LIFE Picture Collection/Getty Images

O secretário de Estado dos Estados Unidos, Edward Reilly Stettinius Jr., assina a Carta das Nações Unidas na Conferência de San Francisco, em junho de 1945, com a presença do presidente Harry Truman.

Não foram raros os momentos em que os interesses de Estados Unidos e União Soviética, membros permanentes do Conselho de Segurança, impuseram-se aos princípios da paz e da segurança internacional. Os dois países estiveram direta ou indiretamente envolvidos em disputas como a Guerra Civil Chinesa (1945-1949) - que culminou com a instituição do socialismo na China -, a Guerra da Coreia (1950-1953), a Guerra do Vietnã (1955-1975), a Guerra do Afeganistão (1979-1989) e muitas outras sucedidas na África e no Oriente Médio.

Contudo, em diversos momentos, o Conselho de Segurança teve papel decisivo em negociações e no monitoramento da paz - como na Guerra Árabe-Israelense (1948); na Primeira Guerra Indo-Paquistanesa (1949) pela disputa da Caxemira; na Guerra de Yom Kippur (1973) - e em missões de paz em diversas partes do mundo.

Apesar de a ONU não ter sido eficiente para garantir plenamente a paz e a segurança, em quase 80 anos de existência, foi bem-sucedida ao apoiar a independência de diversos países e ao promover atendimento às populações carentes, especialmente na África e na Ásia, através de suas agências especializadas, seus programas e fundos. Na defesa dos direitos humanos, a atuação da ONU foi decisiva para pressionar o fim do regime segregacionista do *Apartheid* (1948-1994) na África do Sul: em 1962, a Assembleia Geral da ONU condenou as políticas racistas sul-africanas e, em 1985, o Conselho de Segurança aplicou **sanções econômicas** ao país.

Os direitos humanos

Logo após a criação da ONU, e, portanto, em um contexto ainda muito sensível às atrocidades da Segunda Guerra, a Assembleia Geral das Nações Unidas proclamou a **Declaração Universal dos Direitos Humanos**. Trata-se de um documento que reúne os direitos humanos básicos que devem ser entendidos como norma comum a ser atingida por todos os povos e países. Foi a primeira vez na História que os direitos humanos passaram a ser defendidos como um **valor universal**.

Os direitos humanos são compreendidos como o conjunto daquilo que todos devem ter ou ser capazes de fazer para sobreviver, prosperar e alcançar seu potencial. São reconhecidos como os pré-requisitos para a construção e manutenção da paz, da justiça e da democracia.

! Dicas

Organização das Nações Unidas

http://onu.org.br

Página da ONU no Brasil com informações variadas da organização e de suas agências. Costuma apresentar vídeo semanal sobre sua agenda e suas realizações com legenda em português.

Declaração Universal dos Direitos Humanos

https://nacoesunidas.org/wp-content/uploads/2018/10/DUDH.pdf

A Declaração Universal dos Direitos Humanos, formada por 30 artigos, está disponível na íntegra no *site* da ONU. É um documento que alimenta a fé na humanidade, em um futuro melhor, e que todas as pessoas deveriam conhecer.

Infográfico

Estrutura da ONU

O que é e o que faz a ONU

- A ONU foi fundada por 51 países, em 1945.
- A sede está em Nova York, nos Estados Unidos.
- Atualmente, a organização tem 193 membros e dois **Estados observadores**: Vaticano e Palestina.
- As línguas oficiais da ONU são: mandarim, espanhol, inglês, francês, russo e árabe.
- O sistema das Nações Unidas tem cinco órgãos principais, além de agências especializadas, fundos e programas.
- Com funções específicas, os órgãos auxiliam na manutenção da paz mundial e na resolução de problemas econômicos, sociais, culturais e humanitários.

Estado observador: país que participa de reuniões e assembleias da ONU, tem direito à fala, a assinar alguns tratados, mas nem sempre direito a voto.

ORGANIZAÇÃO DAS NAÇÕES UNIDAS
ONU
Os ramos de oliveira ao redor da projeção simbolizam a paz mundial.
Secretariado Geral
Responsável pelas questões administrativas e pela supervisão das atividades da organização. É dirigido pelo secretário geral, liderança máxima da ONU.
Assembleia Geral
Reúne todos os membros da organização para deliberar ou fazer recomendações sobre questões orçamentárias e de segurança internacional, além de aprovar a admissão de novos membros. Cada Estado-membro tem direito a um voto.

Corte Internacional de Justiça

Sediada em Haia (Países Baixos), decide os conflitos jurídicos entre as nações de acordo com o Direito Internacional. Também é conhecida como Corte de Haia.

Conselho Econômico e Social

Promove a cooperação internacional e desenvolve políticas para combater problemas de ordem econômica, social, cultural e humanitária, incluindo a proteção dos direitos humanos.

Conselho de Segurança

Órgão executivo responsável pela paz e pela segurança internacional. Formado por **15 membros**, sendo 5 permanentes com poder de veto e 10 membros temporários com assento por 2 anos; destes 10 países, 5 são substituídos a cada ano.

● Membros permanentes
- Estados Unidos
- Reino Unido
- França
- Rússia
- China

● América Latina e Caribe
● Europa ocidental e outros
● África
● Ásia
● África/Ásia
● Leste Europeu

Agências especializadas, programas e fundos

São organizações que trabalham em parceria com a ONU e prestam assistência técnica e humanitária em diversas áreas (meio ambiente, saúde, educação, entre outras), de acordo com sua especialidade. Alguns dos principais programas, fundos e agências especializadas da ONU são:

Organização das Nações Unidas para a Alimentação e a Agricultura (FAO)

Organização Mundial da Saúde (OMS)

Programa das Nações Unidas para o Desenvolvimento (Pnud)

Fundo das Nações Unidas para a Infância (Unicef)

Alto Comissariado das Nações Unidas para os Refugiados (Acnur)

Atividades

1 Ao final da Segunda Guerra Mundial, com o esfacelamento da economia europeia, o mundo viu ascender uma nova ordem mundial bipolar, liderada por Estados Unidos e União Soviética. Nesse contexto geopolítico, explique quais eram os objetivos da Doutrina Truman e do Plano Marshall.

2 Descreva a charge e contextualize o evento que ela representa.

[Fotoweb: Leslie Gilbert Illingworth/ Associated Newspapers Ltd./Solo Syndication]

3 Leia o texto e responda às questões.

> **Interferência norte-americana na América Latina**
>
> [...] Os militares eram vistos por Washington como uma "ilha de sanidade" no país [Brasil], e o golpe foi saudado pelo embaixador de Kennedy, Lincoln Gordon [1913-2009], como uma "rebelião democrática", na verdade "a mais decisiva vitória isolada da liberdade neste meio de século". Gordon, ex-economista da Universidade de Harvard, acrescentou que essa "vitória da liberdade" – isto é, a derrubada violenta da democracia parlamentar – iria "criar um clima muito mais propício ao investimento privado", lançando desse modo algumas luzes sobre o significado prático de termos como *liberdade e democracia*. [...]
>
> CHOMSKY, Noam. *O lucro ou as pessoas*: neoliberalismo e ordem global. Tradução de Pedro Jorgensen Jr. 6. ed. Rio de Janeiro: Bertrand Brasil, 2010. p. 55-56.

a) A que golpe o texto faz referência?

b) A estratégia estadunidense de intervenção na América Latina visava à "segurança interna" desses países. Contra quem os Estados Unidos pretendiam "protegê-los"?

c) No texto, são citados argumentos como democracia e liberdade para a intervenção dos Estados Unidos. Qual era o real significado de democracia e liberdade para os estrategistas estadunidenses nesse período?

4 Qual foi a postura da ONU e das duas superpotências em relação aos processos de independência na África e na Ásia durante a segunda metade do século XX?

5 Leia as duas considerações iniciais do texto do preâmbulo da Declaração Universal dos Direitos Humanos. Depois, reflita sobre as questões propostas e anote suas principais conclusões para participar de uma roda de conversa com os colegas de classe.

> Considerando que o reconhecimento da dignidade inerente a todos os membros da família humana e de seus direitos iguais e inalienáveis é o fundamento da liberdade, da justiça e da paz no mundo,
>
> Considerando que o desprezo e o desrespeito pelos direitos humanos resultam em atos bárbaros que ultrajam a consciência da humanidade e que o advento de um mundo em que os homens gozem de liberdade de palavra, de crença e da liberdade de viverem a salvo do temor e da necessidade foi proclamado como a mais alta aspiração do homem comum [...].
>
> ONU. *Declaração Universal dos Direitos Humanos*. Disponível em: https://nacoesunidas.org/wp-content/uploads/2018/10/DUDH.pdf. p. 2. Acesso em: nov. 2019.

a) Avalie a concretização no seu bairro dos princípios explicitados no texto.

b) Que locais, povos ou segmentos sociais ainda não têm assegurados esses princípios, na sua avaliação?

6 Pesquise sobre alguma ação organizada pela ONU recentemente.

a) Onde essa ação ocorreu e com qual finalidade?

b) Que organismo da ONU foi responsável por sua condução?

c) Que avaliação do trabalho da ONU é feita pelo meio de comunicação que você consultou? Você concorda ou discorda dessa avaliação? Justifique.

d) Avalie com os colegas os aspectos positivos e negativos das intervenções da ONU.

CAPÍTULO

5

Grandes atores da geopolítica no mundo atual

Este capítulo favorece o desenvolvimento das habilidades:

EM13CHS101

EM13CHS202

EM13CHS603

EM13CHS604

O mundo no qual vivemos hoje resulta, em grande medida, dos eventos que transcorrem após o fim da Guerra Fria. A partir dos anos 1990, a geopolítica internacional foi redefinida diante de um novo contexto: o colapso do socialismo, o fim da União Soviética e a ascensão de países ou blocos de países. Rússia, China e União Europeia se juntaram aos Estados Unidos na disputa pelo poder regional e mundial.

Andrea Hanks/Casa Branca, Washington, EUA.

Representantes do G7 em Biarritz, (França), em 2019. O grupo foi criado em 1975 pelas principais potências econômicas do mundo capitalista à época: Alemanha Ocidental, Canadá, Estados Unidos, França, Itália, Japão e Reino Unido. Em 1998, a Rússia passou a integrar o grupo (constituindo o G8), permanecendo até 2014, quando foi afastada após a anexação da península da Crimeia (Ucrânia). Atualmente, a União Europeia também é representada, na condição de observadora.

Contexto

1. O fim da Guerra Fria encerrou um período no qual duas superpotências se impunham militar, política e economicamente sobre o restante do mundo. E hoje, quais são as lideranças mundiais? Que papel elas desempenham nas relações com os demais países?
2. Em sua opinião, o que pode levar um país a ganhar ou perder relevância na disputa pelo poder nas relações internacionais?
3. Do ponto de vista geopolítico, como se caracteriza uma potência mundial? Aspectos como território, população e economia são importantes nessa caracterização? Explique.

Contexto da nova ordem mundial

O mundo pós-Guerra Fria encerrou a ordem mundial bipolar e caracterizou-se, inicialmente, pela superioridade econômica e militar dos Estados Unidos e o aparente encaminhamento para uma ordem mundial unipolar. No entanto, acontecimentos, como o surgimento de uma economia equivalente à estadunidense, a União Europeia (1992), liderada pela Alemanha, e a transformação da China no maior centro de produção industrial do mundo - o que possibilitou sua emergência como a segunda economia do planeta e, consequentemente, a expansão de seu poder político nas decisões internacionais - levaram a um novo equilíbrio de poder. E, apesar da dificuldade econômica nos primeiros anos pós-Guerra Fria, a Rússia se manteve um importante polo de poder por causa de suas reservas de combustíveis fósseis e de seu arsenal militar (em grande parte, herdado da União Soviética).

Mundo: PIB e população das grandes potências (2018)

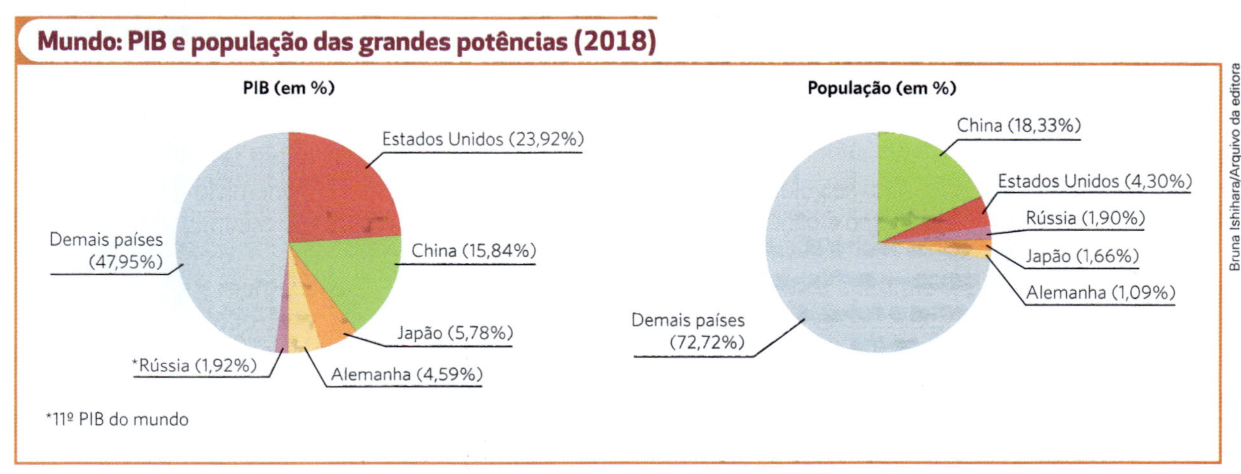

Elaborado com base em: THE WORLD BANK. *GDP (current US$)*. Disponível em: https://data.worldbank.org/indicator/NY.GDP.MKTP.CD; *Population, total*. Disponível em: https://data.worldbank.org/indicator/SP.POP.TOTL. Acesso em: set. 2019.

Além do surgimento de economias competitivas e da recuperação russa, países como China, Índia e Paquistão aprimoraram ou desenvolveram a própria tecnologia nuclear, constituindo novas forças militares.

Mundo: forças nucleares (2018*)

País	Ogivas disponíveis para operação	Outras ogivas	Total do país
ESTADOS UNIDOS	1750	4435	6185
RÚSSIA	1600	4900	6500
REINO UNIDO	120	80	200
FRANÇA	280	20	~300
CHINA	-	290	290
ÍNDIA	-	130-140	130-140
PAQUISTÃO	-	150-160	150-160
ISRAEL	-	80-90	80-90
COREIA DO NORTE	-	20-30	20-30
TOTAL MUNDIAL	3750	10115	13865

* Dados aproximados e a partir de janeiro de 2019.

Elaborado com base em: STOCKHOLM INTERNATIONAL PEACE RESEARCH INSTITUTE (SIPRI). *World nuclear forces*. Disponível em: www.sipri.org/yearbook/2019/06. Acesso em: dez. 2019.

Mundo: despesas militares (2018)

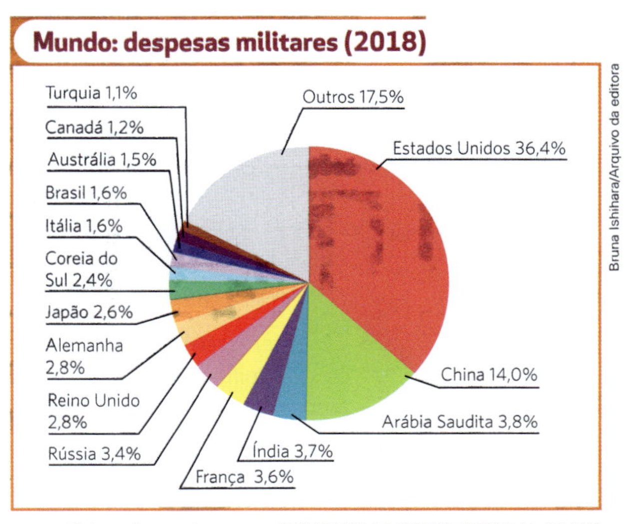

Elaborado com base em: STOCKHOLM INTERNATIONAL PEACE RESEARCH INSTITUTE (SIPRI). *Military expenditure by region in constant US dollars, 1988-2018*. Disponível em: www.sipri.org/sites/default/files/Data%20for%20world%20regions%20from%201988%E2%80%932018%20%28pdf%29.pdf. Acesso em: dez. 2019.

Multipolar: no contexto geopolítico, o que se caracteriza pela distribuição do poder das decisões internacionais em diversos países.

No início do século XXI, a grande crise mundial, iniciada em 2007, e ações e intervenções militares desastrosas e custosas - como as no Afeganistão (2001), no Iraque (2003) e na Líbia (2011) — também contribuíram para que os Estados Unidos perdessem a supremacia absoluta. Assim, outros atores conquistaram maiores responsabilidades nas questões políticas e econômicas internacionais, configurando um mundo **multipolar**. Nesse contexto, ainda seria preciso avaliar os impactos da crise imposta pela disseminação do novo coronavírus em 2020, que afetou bastante os estadunidenses.

Relação Norte-Sul

Dica

Estadão - Internacional

https://internacional.estadao.com.br/

Página do *site* do jornal *O Estado de S. Paulo*, que apresenta reportagens, artigos e vídeos sobre diferentes questões internacionais atuais.

O fim da Guerra Fria e a evolução da economia mundial proporcionaram relevância para um antigo conflito de interesses entre as diferentes nações de acordo com o nível de desenvolvimento socioeconômico: o conflito Norte-Sul.

A regionalização do mundo em dois blocos — Norte e Sul — é assim conhecida pelo fato de a maioria dos países desenvolvidos estar concentrada no hemisfério norte. Não é, no entanto, a posição geográfica que explica o nível de desenvolvimento dos países, mas o papel que historicamente ocuparam (e ainda ocupam) na Divisão Internacional do Trabalho: os países fornecedores de bens industrializados e com amplo uso de tecnologia e os países fornecedores de matéria-prima e alimentos. No passado, o conflito se concentrava no eixo Leste (socialismo) e Oeste (capitalismo); na nova ordem mundial o eixo Norte (países desenvolvidos) e Sul (países em desenvolvimento) passou a pautar parte dos embates no cenário internacional.

Mundo: divisão Norte-Sul

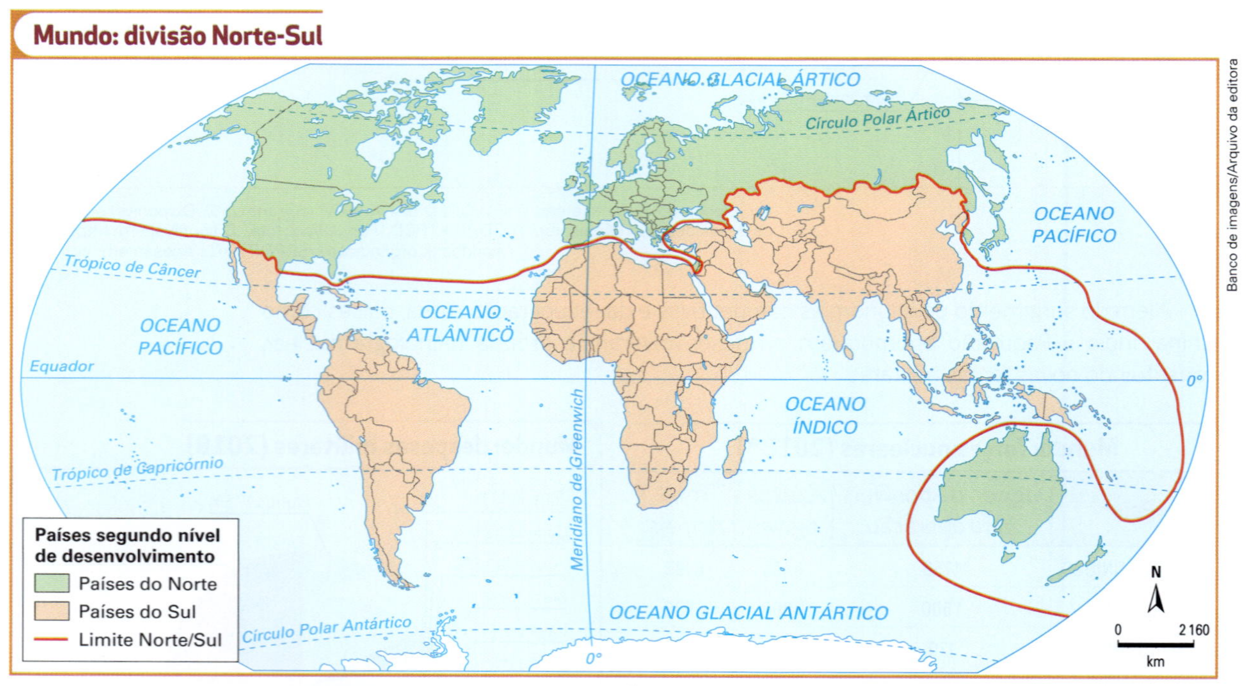

Elaborado com base em: CALDINI, Vera; ÍSOLA, Leda. *Atlas geográfico Saraiva*. São Paulo: Saraiva, 2013. p. 190.

Diferentemente do conflito Leste-Oeste, a divergência Norte-Sul é mais econômica do que militar — envolve taxas e restrições (protecionismo agropecuário, das questões ambientais, da propriedade intelectual e da regulação da circulação de capitais) que inviabilizam ou dificultam a competitividade dos países do Sul no comércio mundial, o que, segundo os defensores dessa teoria, contribui para o não desenvolvimento desses países.

Isso tem favorecido o estreitamento de relações Sul-Sul, tanto para a definição de políticas internacionais com propósitos comuns, que levam esses países a se posicionarem como um bloco nos organismos mundiais, quanto no estabelecimento de acordos econômicos privilegiados entre eles, assim como políticas de desenvolvimento mútuo, como intercâmbio de tecnologia e financiamento.

Sistema-mundo

A regionalização do mundo em Norte e Sul é uma divisão possível, mas, uma vez que cada país tem uma realidade distinta, não se sustenta na prática. Além disso, segundo outra importante teoria, os países podem ser classificados em centro, periferia e semiperiferia. Trata-se da teoria sistema-mundo, que tem o sociólogo Immanuel Wallerstein (1930-2019) como principal formulador. Sua classificação considera a universalidade do capitalismo e a Divisão Internacional do Trabalho. Segundo essa teoria, os países se distribuem em três níveis hierárquicos, mas podem mudar de um para outro conforme a evolução dos aspectos econômicos, políticos e culturais de cada um.

Brennan Cavanaugh/Flickr

Immanuel Wallerstein, sociólogo estadunidense, foi um dos principais teóricos críticos da acumulação capitalista e da globalização. Foto de 2015.

Critérios do sistema-mundo

Nível	Econômicos	Políticos	Culturais
CENTRO	Produção de alto valor agregado tecnológico; exportadores de tecnologia; mão de obra especializada.	Estados fortes, com capacidade de ampliar o domínio para além das próprias fronteiras.	Forte identidade nacional, que é referência para outros países.
SEMIPERIFERIA	Industrialização de baixo valor tecnológico agregado; não produzem tecnologia, apenas a absorvem; mão de obra semiespecializada e não especializada.	Estados com controle da política interna, mas sem exercer influência externa.	Identidades cultural e nacional médias.
PERIFERIA	Produção de produtos primários apenas; mão de obra não especializada.	Estados sem controle da própria política interna nem exercício de influência externa.	Identidade nacional inexistente ou fragmentada, com prevalência de identidades étnica ou religiosa.

Elaborado com base em: MARTINS, J. R. Immanuel Wallerstein e o sistema-mundo: uma teoria ainda atual? *Iberoamérica Social:* revista-red de estudios sociales (V), 2015, p.100. Disponível em: https://iberoamericasocial.com/wp-content/uploads/2015/11/Martins-J.-R.-2015.-Immanuel-Wallerstein-e-o-sistema-mundo-uma-teoria-ainda-atual.-Iberoam%C3%A9rica-Social-revista-red-de-estudios-sociales-V-pp.-95-108.pdf. Acesso em: set. 2019.

Explore

1. Cite ao menos dois países que poderiam ser classificados em cada uma das categorias propostas na teoria sistema-mundo: centro, semiperiferia e periferia.
2. Converse com os colegas sobre essas propostas e elabore argumentos para justificar o desenvolvimento desigual entre os países.

Brics

O acrônimo original, Bric, foi criado pelo economista britânico Jim O'Neill (1957-), em 2001, para se referir aos quatro principais países emergentes do mundo: **B**rasil, **R**ússia, **Í**ndia e **C**hina. Baseado em alguns fatores comuns entre esses países e que são promissores no futuro da economia — como tamanho da população e do território, nível de industrialização e desenvolvimento tecnológico e disponibilidade de recursos naturais e energéticos —, O'Neill considerou que esses Estados-nação seriam a locomotiva da economia mundial no decorrer do século XXI.

Em 2006, os quatro países se organizaram para estabelecer políticas de cooperação econômica e atuação conjunta na diplomacia, sem, entretanto, formar acordos que resultassem em um bloco econômico. Em 2011, a África do Sul (**S**outh Africa, em inglês) passou a fazer parte do grupo, formando o Brics.

Ren Chenming/Color China Photo/AP Photo/Glow Images

Encontro dos então chefes de Estado do Brics na primeira participação da África do Sul, em 2011, em Sanya, China.

Diante do aumento da participação desses países no comércio internacional e em variados fóruns mundiais, muitas vezes com posições de destaque, no início dos anos 2000, analistas passaram a tratá-los como atores de grande relevância na nova ordem mundial. Porém, diante de crises econômicas e políticas que atingiram principalmente o Brasil e a África do Sul nos anos seguintes, e, posteriormente, a Rússia, essa avaliação se mostrou superestimada. Mesmo a Índia, que sustenta elevados índices de crescimento, não expandiu sua influência

Brics: PIB, população e área (2018)

	Brasil	Rússia	Índia	China	África do Sul
CRESCIMENTO DO PIB (EM %)	1,1	2,3	7,0	6,6	0,6
PIB (EM BILHÕES)	1886	1657	2726	13608	366
PIB *PER CAPITA* (EM DÓLARES)	8920	11288	2015	9770	6339
POPULAÇÃO (EM MILHÕES)	209	144	1352	1392	57
ÁREA (EM MILHÕES DE KM²)	8,35	16,37	2,97	9,38	1,21

Elaborado com base em: THE WORLD BANK. *Data*. Disponível em: https://data.worldbank.org/. Acesso em: set. 2019.

Apesar dos problemas de parte do grupo, em 2014, os países assinaram um acordo para a criação do Novo Banco de Desenvolvimento (NBD), também conhecido como Banco do Brics, com o objetivo de financiar projetos de infraestrutura e desenvolvimento sustentável nos países do grupo e em outros países em desenvolvimento. Com sede em Xangai (China), o banco ainda conta com dois escritórios regionais, em Johanesburgo (África do Sul) e em São Paulo, onde funcionam, respectivamente, o Centro Regional Africano e o Centro Regional das Américas.

O Brics prepara também a formação de um fundo nos moldes do Fundo Monetário Internacional (FMI), capitalizado principalmente pela China. O principal objetivo do futuro fundo é financiar obras de infraestrutura nos países-membros. Até 2018, já haviam sido aprovados 30 projetos, perfazendo um total de pouco mais de 8 bilhões de dólares.

Explore

- Observe a charge para responder às questões.
  - **a)** Que mensagem é veiculada na charge?
  - **b)** Você concorda com essa leitura de mundo? Por quê?
  - **c)** Que críticas poderiam ser feitas à regionalização Norte-Sul do mundo?

Charge do artista francês Jean Plantureux, mais conhecido como Plantu (1951-), publicada em 1982.

A ONU no mundo atual

Para muitos críticos, a ONU ainda reflete o mundo pós-Segunda Guerra: o equilíbrio de poder pelos países vencedores do conflito (Estados Unidos, Reino Unido, França, China e União Soviética, substituída pela Rússia). No entanto, desde o fim da Guerra Fria, discute-se a necessidade de adequar a estrutura da organização e sua esfera de atuação ao contexto do mundo atual. Estão em debate questões como a definição de regras mais claras sobre a declaração de guerra ou intervenção militar, a intensificação da atuação da ONU contra a violação dos direitos humanos e a ampliação dos incentivos à participação dos países mais pobres no comércio internacional.

Entre as propostas de reformulação, o aumento do número de membros permanentes no Conselho de Segurança é um dos aspectos mais polêmicos. Atualmente, potências, como Japão e Alemanha (economicamente fortes e grandes financiadores da organização), e países emergentes, como Índia e Brasil (populosos, PIB elevado e relativa influência entre países em desenvolvimento), reivindicam representação permanente nessa instância de decisão. Eles formam o grupo conhecido como G4, cuja proposta original recomendava um Conselho de Segurança formado por 25 países, com a inclusão de quatro novas cadeiras rotativas e seis permanentes (o G4 mais dois países africanos), porém sem poder de veto.

A Otan depois da Guerra Fria

Para muitos analistas, a Otan é hoje um organismo ultrapassado, pois, muitas vezes, age de maneira unilateral, inclusive, sem a aprovação do Conselho de Segurança da ONU. Com ou sem essa aprovação, desde o final da Guerra Fria, a Otan atuou em importantes conflitos que surgiram com o fim da União Soviética, como a Guerra do Golfo (1991), a Guerra da Bósnia (1995) e a Guerra do Kosovo (1999). No século XXI, atuou na invasão e ocupação do Iraque (2004-2011), no comando das operações pela segurança no Afeganistão (2006-2013) e na intervenção na Guerra Civil Líbia (2011).

Atualmente, além de atuar na defesa dos países-membros, age no combate ao terrorismo e em conflitos em regiões estratégicas na África e na Ásia.

Após a Guerra Fria, diversos países do Leste Europeu, inclusive antigos membros do Pacto de Varsóvia e ex-repúblicas soviéticas, foram, paulatinamente, integrados à Otan, o que possibilitou que essa organização se aproximasse das fronteiras da Rússia. Essa aproximação é vista pelos russos como uma ameaça ao sistema de defesa deles e uma limitação às ações geopolíticas russas sobre o continente europeu.

Otan: países-membros (2018)

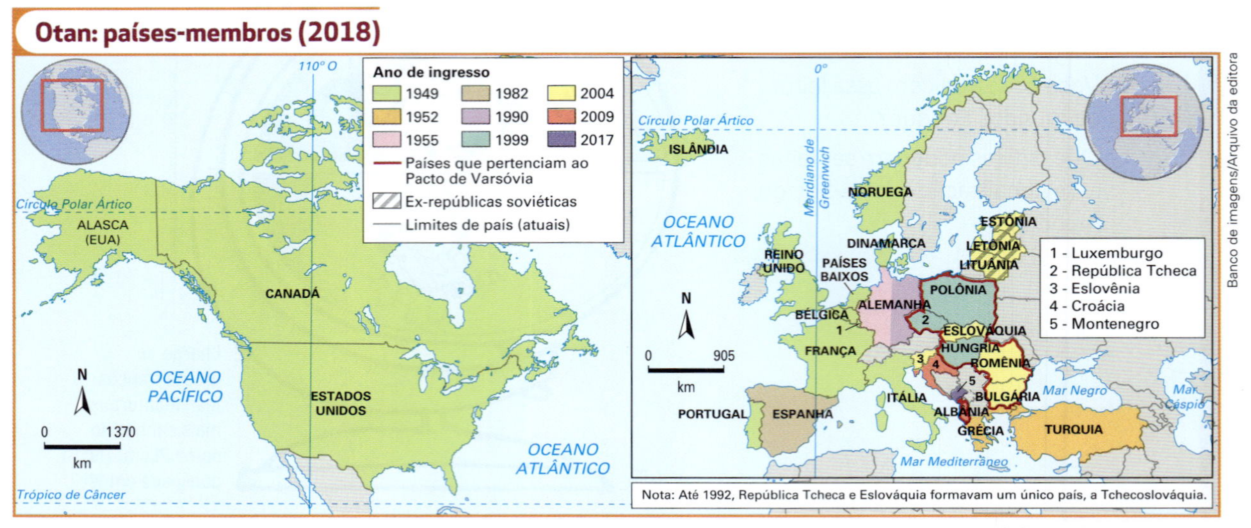

Elaborado com base em: NATO/OTAN. *Países-membros.* Disponível em: www.nato.int/nato-welcome/index.html. Acesso em: out. 2019.

Para estabelecer uma relação de confiança e transparência entre as duas principais forças militares do mundo, em 2002 foi criado o Conselho Otan-Rússia. A Rússia participa das discussões de interesse mútuo, como a definição de estratégias político-militares a serem aplicadas no controle da proliferação de armas nucleares e no combate ao terrorismo, mas não tem direito a voto e não faz parte da aliança militar.

Desde 2014, porém, por causa da anexação da Crimeia, a participação da Rússia no Conselho da Otan está suspensa. O país já havia sido suspenso em 2008, quando os russos apoiaram movimentos separatistas na Geórgia.

Em 2019, mais um fato contribuiu para o distanciamento entre a Rússia e a Otan: o fim do Tratado de Armas Nucleares de Alcance Intermediário (INF, na sigla em inglês). Firmado em 1987 entre Estados Unidos e União Soviética (posteriormente assumido pela Rússia), o acordo limitava o uso de mísseis de alcance entre 500 km e 5.500 km. Foi encerrado após os países trocarem acusações sobre a quebra de termos acordados. Há ainda o Tratado de Redução de Armas Estratégicas (Start, na sigla em inglês), que mantém os arsenais nucleares em quantidade bem inferior aos que havia no auge da Guerra Fria. A China já rejeitou convite dos Estados Unidos para aderir a ele no futuro e, no momento, há pouca vontade política pela renovação do tratado, que vence em 2021.

Supremacia dos Estados Unidos

Os Estados Unidos são responsáveis por quase um quarto de toda a produção de bens e geração de serviços no mundo, número pouco inferior à soma do PIB dos outros três países mais ricos (China, Japão e Alemanha). Com cerca de 4,3% da população do planeta, os estadunidenses lideram as importações mundiais, com 11,8% do total mundial de bens e serviços produzidos.

Apesar de os Estados Unidos ainda exercerem a supremacia econômica mundial, sua preponderância é muito maior quando se considera seu poder político-militar. O país atingiu posição privilegiada em capacidade bélica por causa do alto orçamento anual destinado ao setor militar para o desenvolvimento de tecnologias de guerra e o aprimoramento do sistema de defesa. Além disso, mantém diversas bases militares e frotas marítimas pelo mundo, alocadas em regiões consideradas estratégicas.

Mundo: presença militar dos Estados Unidos (2015)

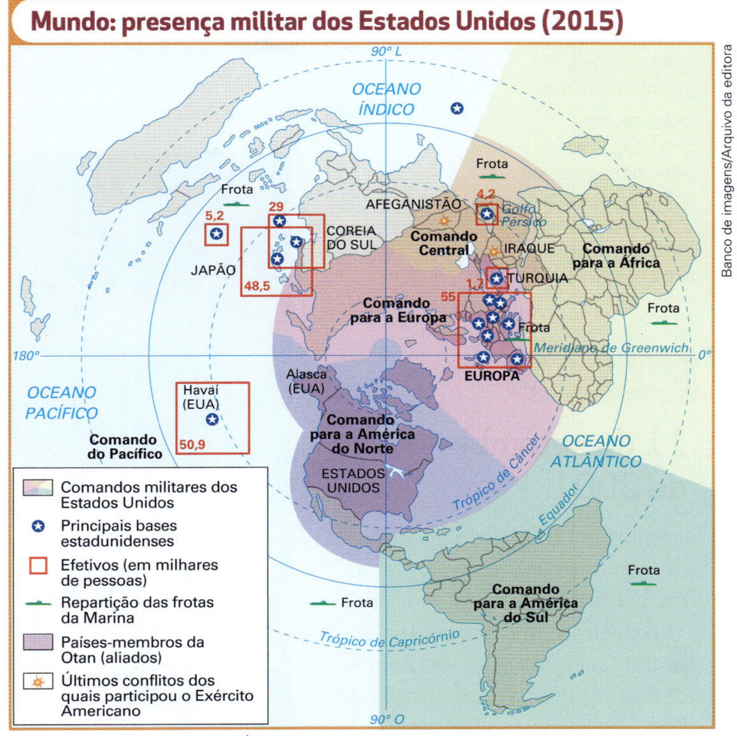

Elaborado com base em: TÉTART, Frank. *Grand atlas 2018*: comprendre le monde en 200 cartes. Paris: Éditions Autrement, 2017. p. 19.

Explore

- Leia e interprete o mapa acima e responda:
  - **a)** Onde estão concentradas as forças militares dos Estados Unidos, além de seu território? Por que há concentração nessas áreas?
  - **b)** Em que regiões a presença do poderio militar estadunidense é menor? O que pode explicar a ausência dessas forças militares nessas áreas?
  - **c)** A expressão "Quintal dos Estados Unidos" é historicamente utilizada para se referir à área de influência desse país. Considerando as informações do mapa e o que você sabe sobre a política externa dos Estados Unidos, que área ou região está compreendida nessa área de influência atualmente? E como você avalia a evolução da relação dos Estados Unidos com os países dessa região durante e após a Guerra Fria?

Política externa estadunidense no século XXI

O atentado terrorista de 11 de setembro de 2001 foi um marco para a política externa dos Estados Unidos e pautou boa parte das ações daquele país no início do século XXI. A partir desse evento, a potência retomou a postura unilateral no jogo de poder mundial, adotando ações, muitas vezes, contrárias aos organismos mundiais, como a própria ONU. Sua primeira ação concreta em resposta ao atentado foi a invasão do Afeganistão com o pretexto de eliminar terroristas lá instalados, em particular Osama Bin Laden (1957-2011), líder do grupo islâmico Al-Qaeda, acusado de ter planejado o ataque. Depois de derrubar o governo afegão, liderado por religiosos islâmicos radicais ligados ao Talibã, os Estados Unidos ocuparam o país.

! Dica

Sputnik Brasil – Intervenções dos EUA: breve história

https://br.sputniknews.com/infograficos/201702167695343-intervencoes-dos-eua-breve-historia

O *site* de notícias Sputnik Brasil organizou em uma página informações sobre algumas intervenções dos Estados Unidos na política interna de diferentes países de forma a favorecer os próprios interesses.

> **! Dica**
> **Zona Verde**
> Direção de Paul Greengrass. Estados Unidos, 2010. 117 min.
> O filme retrata uma equipe militar estadunidense que vai ao Iraque em busca de armas químicas, mas não encontra nada e tem a missão alterada.

Em 2003, os Estados Unidos invadiram o Iraque sob alegações de que o governo iraquiano estava ligado à Al-Qaeda, financiava grupos terroristas e detinha armas de destruição em massa. No entanto, desde o anúncio da intervenção militar até seu desfecho, não se encontrou nenhuma evidência de que o país constituísse uma ameaça aos Estados Unidos ou a qualquer outro país do Oriente Médio. Posteriormente, as alegações foram reconhecidas como falsas pelo próprio governo estadunidense.

Saiba mais

11 de setembro de 2001

Nessa data, dois aviões derrubaram as torres gêmeas do World Trade Center (Nova York), símbolos marcantes do poder econômico estadunidense. Outro avião atingiu o Pentágono (Washington D.C.), símbolo do poder militar. Um quarto avião caiu antes de atingir a Casa Branca, sede do governo. O grupo Al-Qaeda, liderado pelo saudita Osama Bin Laden, foi responsabilizado pelos atentados.

Robert Clark/AP Photo/Glow Images

Avião se aproxima da segunda torre do World Trade Center enquanto a primeira, já atingida, queima antes de desabar, em 11 de setembro de 2001, em Nova York (Estados Unidos).

Doutrina Bush

As intervenções militares no Afeganistão e no Iraque foram alicerçadas em uma nova política adotada pelos Estados Unidos para justificar suas ações, independentemente da aprovação da ONU: a doutrina da guerra preventiva, popularmente conhecida como Doutrina Bush. Para muitos analistas, o ataque de 11 de setembro criou condições favoráveis e serviu de pretexto para que os Estados Unidos atuassem no mundo de acordo com os próprios interesses econômicos e políticos, impondo presença e domínio a regiões estratégicas do planeta.

Patrick Baz/Agência France-Presse

Remoção, em Bagdá, de estátua do presidente do Iraque, Saddam Hussein, deposto com a invasão dos Estados Unidos e demais tropas da Otan em 2003. O conflito foi encerrado em 2011, com a retirada das tropas invasoras, e hoje o país está oficialmente inserido na economia internacional, mas sofre com a disputa interna de poder por grupos extremistas.

Em 2002, com o pretexto de acabar com os ataques terroristas, o governo de George Bush (1946-) divulgou um documento intitulado *A estratégia de segurança nacional dos Estados Unidos*, com determinações para as áreas político-militar e econômica. Esse documento ficou conhecido como Doutrina Bush.

Com essa doutrina, os Estados Unidos alteraram os próprios padrões de política externa típicos da Guerra Fria e do final do século XX, baseados na contenção ou na tentativa de dissuadir os adversários. A estratégia militar estabelecia a chamada **guerra preventiva**, que ficou conhecida como "guerra ao terror", e previa ações militares contra as ameaças de grupos terroristas internacionais. Essas ações deveriam atingir os países que possivelmente abrigavam ou apoiavam esses grupos ou desenvolviam armas de destruição em massa, identificados como pertencentes ao "Eixo do Mal". Inicialmente, foram compreendidos nesse grupo Iraque, Irã e Coreia do Norte; depois, Cuba, Líbia e Síria.

© Bira Dantas/Acervo do cartunista

A charge critica as ações militares dos Estados Unidos em outros países.

Dica

11 de setembro

De Noam Chomsky. Rio de Janeiro: Bertrand Brasil, 2003.

Reunião de uma série de entrevistas concedidas por Noam Chomsky, um dos maiores críticos da política estadunidense, a jornalistas estrangeiros.

Apoiados na Doutrina Bush, os Estados Unidos aplicaram ações unilaterais agressivas para consolidar os próprios interesses econômicos, muitas delas associadas à necessidade de reforçar sua presença em regiões estratégicas e garantir o fornecimento de petróleo, matéria-prima e fonte energética fundamental para a economia mundial. Assim, procuravam intensificar sua influência no Oriente Médio e na Ásia Central, ricos em petróleo e gás natural, contrariando os interesses de outras potências nessas regiões. O Oriente Médio também sobressai na geopolítica internacional pela posição estratégica, entre a Ásia, a África e a Europa.

Governo Barack Obama

O governo de Barack Obama (1961-), no poder entre 2009 e janeiro de 2017, anunciou o fim da Doutrina Bush e a adoção de uma política externa baseada no princípio universal dos direitos humanos e legitimada pelo Direito Internacional.

Apesar de sinalizar mudanças em relação ao governo anterior, Barack Obama manteve algumas políticas na agenda internacional estadunidense, como a guerra contra o terrorismo. Sua política externa não impediu que os Estados Unidos atacassem países como Afeganistão, Iraque, Somália, Iêmen, Paquistão, Líbia e Síria. Muitas dessas intervenções foram desastrosas, criando **Estados falidos**, favoráveis à expansão do terrorismo.

Em 2011, como a ascensão chinesa colocava sob pressão a hegemonia estadunidense na Ásia, e como as áreas de tensão no Mar da China Meridional são estratégicas para os interesses comerciais estadunidenses, o governo de Obama definiu que a Ásia seria prioridade de suas ações militares.

O presidente Barack Obama deixou duas fortes heranças em países onde a solução do conflito ocorreu por meio da diplomacia: a aproximação com o governo cubano e o acordo sobre o programa nuclear iraniano. Para alguns analistas, o maior legado diplomático da administração Barack Obama foi a reabertura da embaixada dos Estados Unidos em Havana e a de Cuba em Washington, em 2015 — as relações diplomáticas entre os dois países estavam cortadas desde as últimas semanas da presidência de Dwight Eisenhower (1890-1969), em 1961.

Dica

Caminho para Guantánamo

Direção de Michael Winterbottom e Mat Whitecross. Reino Unido, 2006. 95 min.

Parte ficção dramatizada, parte documentário, o filme gira em torno do Tipton Three, um trio de muçulmanos britânicos que, sem nenhuma acusação formal, ficaram presos na Baía de Guantánamo (Cuba) por dois anos.

livier Douliery/Sipa EUA/Fotoarena

Em visita histórica a Cuba, em 2016, o então presidente Barack Obama cumprimenta o então presidente cubano, Raúl Castro. O país não recebia um presidente estadunidense em exercício havia 88 anos. Como desdobramento da Revolução Cubana, de ideologia socialista, os dois países mantiveram relações bastante conflituosas desde o final da década de 1950. Eleito em 2016, Trump impôs políticas contra a aproximação entre os dois países.

Saiba mais

Estado falido

Um Estado falido é caracterizado pela ausência de um poder legítimo, por não poder executar mais funções básicas (como educação, segurança e governança), por abrigar a violência de grupos rebeldes e por apresentar grande parcela da população em situação de extrema pobreza. São diversos os fatores que podem levar um Estado à situação de falência, como uma guerra civil, a corrupção generalizada (a ponto de inviabilizar o funcionamento do Estado), uma crise econômica severa e a perda de uma guerra. Os governos estrangeiros também podem desestabilizar um Estado, alimentando a guerra étnica ou nacionalista e apoiando forças rebeldes, levando-o, assim, ao colapso.

Governo Donald Trump

O famoso empresário multimilionário Donald Trump (1946-) assumiu a presidência dos Estados Unidos em janeiro de 2017, após ser eleito com um discurso nacionalista e questionador. Durante a campanha, colocou sob suspeita acordos multilaterais que o país havia firmado nas gestões anteriores, questionou o desequilíbrio das contribuições financeiras dos países para a Otan, discordou da veracidade e da significância do aquecimento global e prometeu a construção de um muro na fronteira com o México e o combate à imigração ilegal para os Estados Unidos (desde eleito pressionou o Congresso para alterar leis sobre esse tema).

Sua administração se mostrou repleta de afirmações misóginas, xenófobas e racistas, dadas em entrevistas a jornalistas ou por meio de mensagens pessoais veiculadas em redes sociais. Muitos consideram que esse estilo de governar não passa de uma estratégia discursiva para avaliar a reação de seu eleitorado e de seus adversários, internos e externos, sobre pautas que poderia encaminhar e também como uma forma de tirar a atenção daquilo que realmente importa. Isso ficou bastante evidente nas constantes ameaças e aproximações com o líder norte-coreano Kim Jong Un, que incluíram desde a promessa de ataques militares até o fechamento de acordos para o fim de algumas restrições comerciais.

Xinhua News Agency/eyevine/Glow Images

Donald Trump e Kim Jong Un já se reuniram pessoalmente e também trocaram mensagens e cartas diversas vezes. Trump é o primeiro presidente dos Estados Unidos a entrar na Coreia do Norte, a dar alguns passos na zona desmilitarizada em área de fronteira com a Coreia do Sul. Foto de 2019.

No campo diplomático, Trump não deu continuidade a importantes conquistas do antecessor: a aproximação com Cuba foi congelada, e retirou os Estados Unidos do acordo nuclear com o Irã, o que acirrou as relações entre esses dois países. Os Estados Unidos ainda se lançaram em uma "guerra comercial" com a China ao aumentar os impostos de importação sobre alguns produtos e entrar na disputa pela tecnologia de equipamentos de comunicação, sobretudo pelo domínio do 5G, que, além do uso civil, em telefonia, pode ser aplicado à tecnologia militar.

Em 2018, os Estados Unidos abandonaram o acordo econômico com Canadá e México, o Nafta, substituindo-o por outro, o USMCA (que será estudado no Capítulo 10). O país também incitou as políticas de controle à imigração ilegal, cobrando do México o pagamento pela construção de um muro para impedir o fluxo ilegal de pessoas, o que está longe de ser aceito pelo país vizinho. Trump ainda fez contínuas críticas ao governo da Venezuela, país ao qual declarou embargo econômico e em relação ao qual apoia a oposição e incentiva a intervenção externa.

Apesar das polêmicas, a economia estadunidense deu sinais de aquecimento, com recordes da bolsa de valores e queda da taxa de desemprego (4,1% no final de 2018, o menor em 17 anos), levando o mercado de trabalho próximo ao pleno emprego. Mesmo assim, a gestão de Donald Trump foi avaliada como abaixo do esperado pela maioria dos cidadãos estadunidenses e a crise gerada pelo novo coronavírus havia desencadeado aumento do desemprego em 2020.

Embora tenha assegurado a supremacia, a atual política externa estadunidense tem sido obrigada a se adaptar à nova realidade geopolítica em que Rússia, China, União Europeia e outras potências passaram a defender os próprios interesses no cenário mundial e levaram os Estados Unidos a optar por ações que visem a um maior multilateralismo.

O país tem mantido seu poder combinando soluções diplomáticas com ações militares e pressões por meio de medidas de sanção e embargo econômico. Acredita-se que sua hegemonia será mantida, embora não absoluta, mas só será legítima com o apoio de outras potências.

Explore

- A ONU é um organismo multilateral que tem como principal objetivo manter a paz entre os povos. Constantemente, ela publica resoluções para orientar as ações dos países sobre determinados temas. Diversos países, porém, não as assinam e até mesmo as desrespeitam. Pesquise e responda:

a) Quais são as possíveis sanções para os países que desrespeitam as resoluções da ONU?

b) Cite duas ações contrárias às orientações ou resoluções da ONU praticadas por países ou organismos mundiais. As sanções previstas pela ONU foram aplicadas?

c) Compartilhe o resultado de sua pesquisa com os colegas. Liste com eles os países que não respeitaram as resoluções da ONU, distinguindo-os em dois grupos: os que sofreram sanções e os que não sofreram. Depois, ainda com os colegas, analise o perfil dos países desses dois grupos e elabore hipóteses para explicar a diferença de tratamento recebido.

Rússia na nova ordem geopolítica

Com o colapso da União Soviética, em 1991, formaram-se 15 Estados independentes. Assim, a Rússia, principal república do bloco, perdeu soberania sobre cerca de um terço do território e de metade da população que formava o império soviético, além de influência sobre muitos de seus antigos aliados do Leste Europeu, que hoje fazem parte da União Europeia e da Otan.

A desintegração da União Soviética

Elaborado com base em: VICENTINO, Cláudio. *Atlas histórico*: Geral e do Brasil. São Paulo: Scipione, 2011. p. 166; IBGE. *Atlas geográfico escolar*. 8. ed. Rio de Janeiro, 2018. p. 47.

No início da década de 1990, o país enfrentou uma etapa difícil de transição da economia socialista para uma economia de mercado — capitalista —, que envolveu uma forte crise econômico-financeira, o aumento da pobreza e da corrupção, a concentração de renda e guerras separatistas. Em 1998, contudo, a Rússia passou a integrar o G8, grupo formado pelo G7 (sete países entre os mais ricos do mundo — Estados Unidos, Japão, Alemanha, França, Reino Unido, Itália e Canadá) e, assim, apesar de ter um PIB bem menor que o dos demais, divide com os Estados Unidos, do ponto de vista político-militar, a condição de maior potência nuclear do planeta.

Após quase uma década de crise, a Rússia apresentou expressivo crescimento quando Vladmir Putin (1952-) ascendeu ao poder. Ex-espião da KGB, agência de espionagem fundada na União Soviética, Putin foi indicado em 1999 para o cargo de primeiro-ministro russo pelo então presidente Boris Ieltsin (1931-2007) e nunca mais deixou o poder. Foi eleito presidente para os mandatos de 2000-2004, 2004-2008, 2012-2016 e 2018-2024. De 2008 a 2012, durante o mandato do presidente Dmitri Medvedev (1965-), Putin ocupou o cargo de primeiro-ministro, sendo considerado por muitos analistas políticos o verdadeiro mandatário do país no período.

Putin é visto como uma grande liderança russa, com ampla popularidade, porém sem pendor democrático. Adquiriu essa reputação por ter tirado o país da crise e reconquistado espaço na política mundial, aproveitando-se, sobretudo, da alta do preço do petróleo e do gás no mercado internacional. Seus críticos o acusam de fomentar o expansionismo, de perseguições políticas e de uso exagerado da força para conter opositores.

Sob sua gestão, entre 1999 e 2018, o PIB *per capita* passou de cerca de 1.300 dólares para mais de 11 mil dólares, e a inflação caiu de 85,7% para 2,8% ao ano. A expectativa de vida subiu de 65, em 1999, para 72 anos, em 2017.

Apesar das melhorias nos campos econômico e social, o país ainda mantém, pelas características de suas atividades produtivas e de seu comércio exterior, bastante dependência das exportações de petróleo, uma fragilidade econômica em relação às demais potências. Em 2012, na tentativa de aumentar o intercâmbio comercial e atrair investimentos produtivos e financeiros ao país, a Rússia formalizou o ingresso na Organização Mundial do Comércio (OMC).

Segundo dados do Banco Mundial, em 2018, o PIB russo era o décimo primeiro do mundo, bem aquém das demais potências. Por outro lado, há estudos de bancos e instituições financeiras que projetam o país entre as oito maiores economias até 2030.

Os europeus dependem do gás natural russo como fonte de energia para as atividades econômicas e para o sistema de calefação. Isso deixa a Europa vulnerável na relação com a Rússia, que, eventualmente, corta o fornecimento de gás como instrumento de pressão geopolítica. No entanto, como o país depende muito da exportação de gás, essa estratégia não pode ser usada por muito tempo.

A Rússia tem acordos militares com a Índia desde julho de 2001, quando ambos os países assinaram um acordo de amizade, e tem estreitado as relações políticas com a China.

O governo russo apoia e mantém acordos de cooperação com o Irã, a Coreia do Norte e a Síria, grandes inimigos da Otan. Em 2003, durante a Guerra do Iraque, posicionou-se contra a invasão militar naquele país, não sendo conivente com os avanços da política intervencionista dos Estados Unidos. Posição semelhante foi adotada na Guerra Civil Líbia, em 2011. Em 2016, o governo russo foi acusado de abrigar *hackers* que influenciaram a eleição de Donald Trump para presidente dos Estados Unidos e, em 2017, foi protagonista na virtual destruição do Exército Islâmico na Síria. Tem apoiado a Venezuela, para onde enviou equipamento militar e remédios em 2018 e 2019 e para a qual anunciou novos investimentos, contrariando a política estadunidense de embargo ao país.

Baderkhan Ahmad/AP Photo/Glow Images

Veículos militares russos no norte da Síria, em outubro de 2019. Após derrotar o Exército Islâmico na Síria, a Rússia enviou tropas para garantir a saída das forças curdas da área próxima à fronteira com a Turquia.

O estrangeiro próximo

Os líderes russos têm se esforçado para afastar ou reduzir a influência do Ocidente ao longo das regiões próximas à sua área de ação, como a Ásia Central, os países europeus próximos à sua fronteira e parte do Oriente Médio, especialmente o Irã e a Síria.

Em condições econômicas fragilizadas, a geopolítica do Kremlin (sede do governo russo) restringiu o seu raio de ação a um horizonte geográfico essencial a sua segurança: a Europa e a Ásia Central. Trata-se da Doutrina Putin, cuja área de atuação é definida como **estrangeiro próximo**, de modo a reduzir a influência do Ocidente e recuperar parte da importância do extinto império soviético. As intervenções militares, porém, constituem uma reação tardia ao avanço da Otan ao longo de suas fronteiras.

As intervenções externas russas mais decisivas ocorreram em âmbito regional, na região mais próxima das suas amplas fronteiras terrestres e marítimas. Os principais conflitos em que a Rússia esteve envolvida após a Guerra Fria foram com a Geórgia (2008), com a Moldávia (1990-1992) e com a Ucrânia (2014), ex-repúblicas soviéticas. Contudo, em 2015, Putin interferiu militarmente no Oriente Médio, na Guerra Civil Síria, sinalizando uma extensão do horizonte geográfico da Doutrina Putin além do estrangeiro próximo.

União Europeia

Após o fim da Segunda Guerra Mundial, os países da Europa ocidental deram início a projetos de desenvolvimento econômico mútuo que resultaram na criação da União Europeia, em 1991, e na adoção do euro como moeda única, em 1999 (em circulação desde 2001).

A partir da década de 1990, o fim da polarização entre Europa ocidental e Europa oriental possibilitou a integração de países do antigo bloco socialista à União Europeia, alguns deles, inclusive, dissidentes da fragmentação da União Soviética. Essa política de incorporação de novas nações, além de ter como objetivo o desenvolvimento econômico do bloco, é uma estratégia geopolítica para conquistar maior poder de negociação nas pautas internacionais e impor-se como potência mundial.

A grande expansão das fronteiras da União Europeia em direção ao leste, ocorrida entre 1995 e 2004, trouxe novos desafios ao incorporar ao bloco países com o setor econômico menos desenvolvido e com uma cultura política com pouca experiência democrática. A entrada de novos países ampliou a desigualdade econômica dentro do bloco e exigiu grandes investimentos nos novos membros para alavancar as economias destes e conter a migração em massa dos países menos desenvolvidos para os mais desenvolvidos. A medida buscou manter estáveis as relações entre os países-membros, alguns pressionados pela própria sociedade, que temeu perder emprego ou ver a própria cultura descaracterizada com a chegada de imigrantes.

Liderada política e economicamente pela França e, principalmente, pela Alemanha, a União Europeia tem ocupado uma posição de destaque na condução de importantes pautas mundiais, como a questão ambiental, ações de ajuda humanitária internacional e a participação direta em diferentes crises e conflitos - com envio de soldados ou por meio de interlocução política.

A despeito do crescimento econômico vivido pelos países do bloco desde o início e do reconhecimento como polo de poder mundial, a União Europeia enfrenta muitas ameaças a seu futuro, como o avanço de movimentos políticos radicais de direita (que veiculam discursos xenófobos e nacionalistas), o fortalecimento de movimentos separatistas, as crises econômicas episódicas de alguns países, a necessidade de compatibilizar o gerenciamento econômico de todo o bloco e de sua moeda única, o envelhecimento da população e a imigração ilegal. O exemplo mais marcante desse processo foi a solicitação de saída do bloco feita pelo Reino Unido em 2016, popularmente chamada de Brexit, tema que será aprofundado no Capítulo 10. O bloco ainda tem sido palco de ações de grupos terroristas, como atentados a bomba e atropelamentos em massa.

Bernd Wüstneck/DPA/Picture Alliance/Getty Images

Na Alemanha, grupos de direita protestam contra o que avaliam ser a islamização da Europa. Ações como essa ganham apoio popular com o aumento dos atentados terroristas. Foto de 2019.

China: nova protagonista na geopolítica mundial

Um dos acontecimentos mais importantes das últimas décadas foi o ressurgimento da China como potência mundial. O país é a segunda economia do mundo, tem assento permanente no Conselho de Segurança da ONU e o segundo maior orçamento militar, e, com mais de 200 ogivas, faz parte do seleto clube nuclear. Tem importante rede de satélites e, com a maior população do globo — cerca de 1,39 bilhão de habitantes —, o maior número de usuários de internet (apesar de estes sofrerem censura, como não poderem acessar Facebook e Google), grande potencial de mercado e o maior efetivo de Forças Armadas do mundo — cerca de 2,3 milhões de pessoas.

Com tantos superlativos e a presença hegemônica no comércio internacional — como maior exportadora mundial de mercadorias e maior saldo comercial —, a China é vista como o único país capaz de abalar a supremacia estadunidense no século XXI. O país, no entanto, tem pendências em diversas questões internas para assegurar a manutenção de sua unidade territorial: movimentos pela independência nas regiões autônomas do Tibete, da Mongólia Interior e de Xinjiang-Uigur, além de disputas territoriais. As mais imediatas são a reincorporação de Taiwan e as disputas com países vizinhos pelo controle absoluto do Mar da China Meridional. Além disso, enfrenta oposição na ilha de Hong Kong, que tem sistemas político e judiciário diferentes e resiste à incorporação total à política chinesa.

Explore

- Leia, a seguir, o trecho do relato de uma viagem que Ronaldo Lemos — advogado, diretor do Instituto de Tecnologia e Sociedade do Rio de Janeiro e colaborador de diversos meios de comunicação — fez à China em 2019 e responda às questões.

> [...] Se no Brasil construímos a narrativa de que cerca de 13 milhões de pessoas saíram da pobreza entre 1997 e 2009, na China gostam de alardear que, entre 1978 e 2018, isso aconteceu com 750 milhões de cidadãos. As estatísticas oficiais dizem que ainda há 16,6 milhões de pobres, situação a ser erradicada já no ano que vem [2020].
>
> Mais do que a redução da pobreza, a China – que permanece sendo, no terreno político, uma ditadura – conseguiu encontrar o Santo Graal de um país em desenvolvimento: a capacidade de inovar. Em 40 anos, saiu de uma sociedade essencialmente rural para converter-se numa potência industrial. Agora começa a se firmar como uma economia cada vez mais baseada em tecnologia da informação. [...]
>
> LEMOS, Ronaldo. Conheça a China futurista de carros elétricos, trem-bala e apps de saúde. *Folha de S.Paulo*, 11 ago. 2019. Disponível em: www1.folha.uol.com.br/ilustrissima/2019/08/conheca-a-china-futurista-de-carros-eletricos-trem-bala-e-apps-de-saude.shtml. Acesso em: out. 2019.

oksana.perkins/Shutterstock

Área altamente urbanizada na capital chinesa, Pequim. Foto de junho de 2019.

a) Considere o total da população da China e do Brasil e compare, proporcionalmente, o número de pessoas que saíram da pobreza em cada país no período indicado no texto.

b) Segundo o autor, qual foi o principal fator que fez a China alterar sua economia?

c) Que produtos chineses estão presentes no seu dia a dia? Algum deles tem relação direta com tecnologia de ponta? Se sim, qual?

Relações internacionais

Em 2001, a China patrocinou a formação da Organização de Cooperação de Xangai para reforçar a cooperação econômica e o comércio multilateral entre os associados e combater o tráfico de drogas, o terrorismo e o separatismo. A Cooperação de Xangai delineia a possibilidade de formação de uma ampla aliança militar de defesa e de segurança multinacional, capaz de contrabalançar a influência da Otan e manter os Estados Unidos e a Europa longe do controle de recursos como o petróleo e outros minérios da Ásia Central e do Irã. Participaram da fundação da organização a Rússia, Cazaquistão, Quirguistão, Tadjiquistão e Uzbequistão. Em 2017, Índia e Paquistão se tornaram membros plenos do grupo, que conta ainda com quatro países observadores (sem direito a voto ou interferência nas decisões políticas): Irã, Mongólia, Belarus e Afeganistão.

Nas últimas décadas, a China estreitou laços econômicos e políticos com diversos países: aprofundou os laços com o Irã e fez grandes investimentos na área de exploração de gás natural; é o principal aliado da Coreia do Norte — embora faça parte do grupo de países que negociam sua desnuclearização; ao lado da Rússia, se opôs aos demais países do Conselho de Segurança da ONU nas questões do Oriente Médio e dos países árabes, como a Guerra Civil Síria, iniciada em 2011, e as operações militares da Otan que levaram à deposição do governo da Líbia naquele ano. Esses episódios registraram a coesão entre China e Rússia e a contestação da supremacia absoluta dos Estados Unidos nessa região.

O maior projeto chinês recente para ter acesso a mercados internacionais e ampliar a própria esfera de influência, nomeado Belt and Road Initiative - BRI (Iniciativa Cinturão e Rota, ou, informalmente, Nova Rota da Seda), é a instalação de portos, ferrovias e outras obras de infraestrutura para ligar Ásia, Oriente Médio, Europa, África e até América. É a construção de bases materiais para assegurar o investimento e o comércio global da China, que cresceu muito desde que o país foi aceito, após 15 anos de negociações, como integrante da Organização Mundial do Comércio (OMC), em 2001.

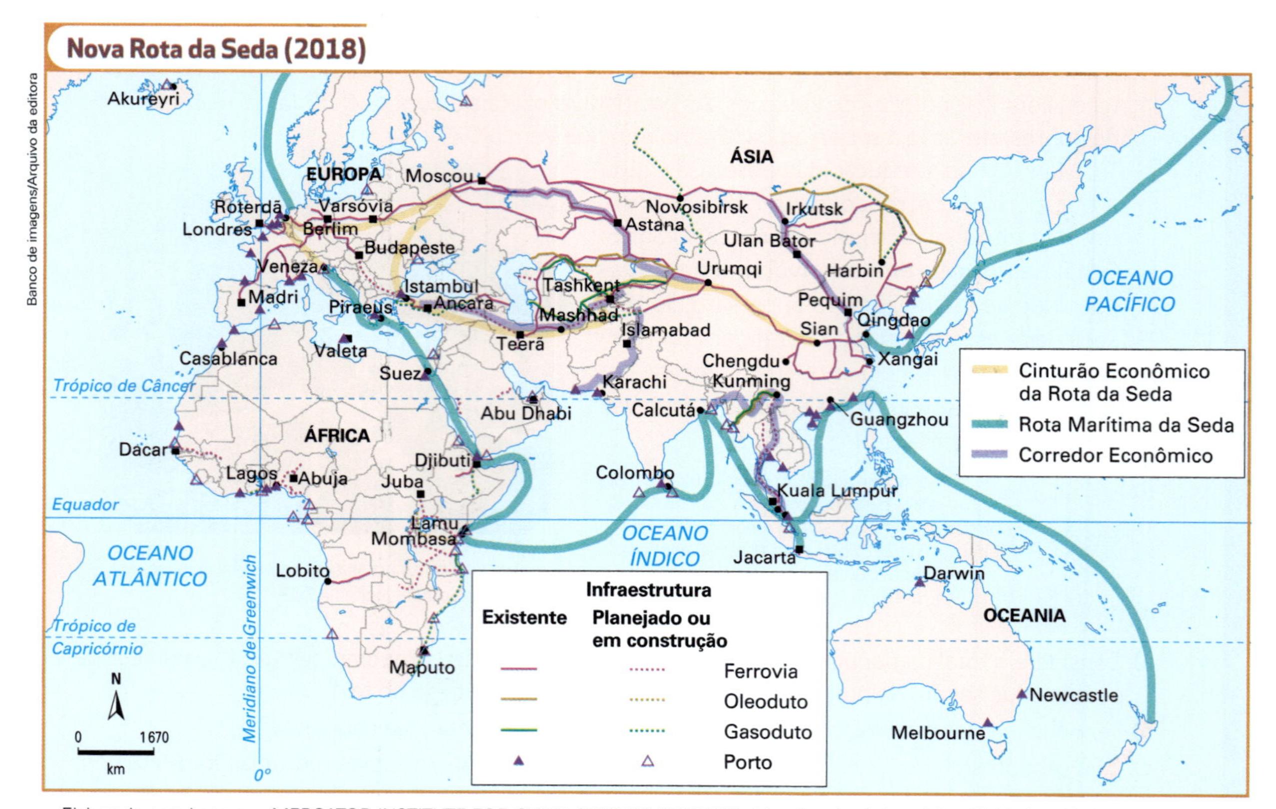

Elaborado com base em: MERCATOR INSTITUTE FOR CHINA STUDIES (MERICS). *Mapping the Belt and Road initiative:* this is where we stand. Disponível em: www.merics.org/en/bri-tracker/mapping-the-belt-and-road-initiative. Acesso em: out. 2019

Presença chinesa na América

A presença chinesa no continente americano se intensificou no início dos anos 2000 com o aumento do comércio com os países da região. Inicialmente, a China estabeleceu uma balança comercial equilibrada, comprando, sobretudo, recursos minerais metálicos e agrícolas e vendendo bens de consumo e insumos de informática, telefonia e tecnologia em geral. Em um segundo momento, cerca de dez anos depois, passou para a prática de investimentos diretos em muitos países, com a compra de empresas de origem latino-americana e a instalação de empresas chinesas no continente. Atualmente, financia projetos de infraestrutura e empréstimos financeiros em diversos países da América.

A China tem parceiros comerciais em toda a América. Em 2017, destinou cerca de 20% do total das exportações aos Estados Unidos. Na América Latina, tem como maior parceiro comercial o Brasil, mas também mantém acordos e ótimas relações com Peru, Bolívia, Argentina e Venezuela, país ao qual envia recursos financeiros.

Devido à posição geográfica, o Chile foi o primeiro país da região a assinar adesão ao BRI, no fim de 2018. A China ainda estreitou relações com o Panamá, principalmente pela presença do Canal do Panamá, importante via de ligação marítima entre os oceanos Pacífico e Atlântico e elo fundamental para a ampliação da Nova Rota da Seda.

Presença chinesa na África

A África recebe atenção especial na agenda internacional chinesa. Os países africanos, sobretudo os subsaarianos, são grandes fornecedores de matérias-primas — como petróleo, ferro, cobre e algodão — e consumidores de produtos industrializados e armamentos chineses. Entre os principais parceiros chineses no continente, destacam-se África do Sul, Zimbábue, República Democrática do Congo, Gabão, Nigéria, Líbia e Sudão.

Além de ampliar as exportações para o continente, a China tem realizado investimentos diretos em meios de transporte, usinas de energia e sistemas de telecomunicações, exercendo forte influência sobre as decisões dos governos nos países em que atua.

A presença da China na África inclui investimentos na exploração de minérios e a compra de imensas áreas de solos férteis em diversos países por empresas chinesas do setor de alimentos. O objetivo é assegurar o abastecimento de milhões de chineses que migraram nas últimas décadas para as áreas urbanas. A Organização das Nações Unidas para Agricultura e Alimentação (FAO) tem alertado os governos africanos sobre o risco de um novo tipo de colonialismo no continente, devido à perda de soberania dos países sobre grande extensão de suas melhores terras.

Além da incursão econômica no continente, em 2017, foi instalada, em Djibuti, a primeira base militar naval chinesa fora do próprio território, o que claramente representa o aumento de relevância da China na geopolítica regional.

China: investimento direto na África (2003-2017)

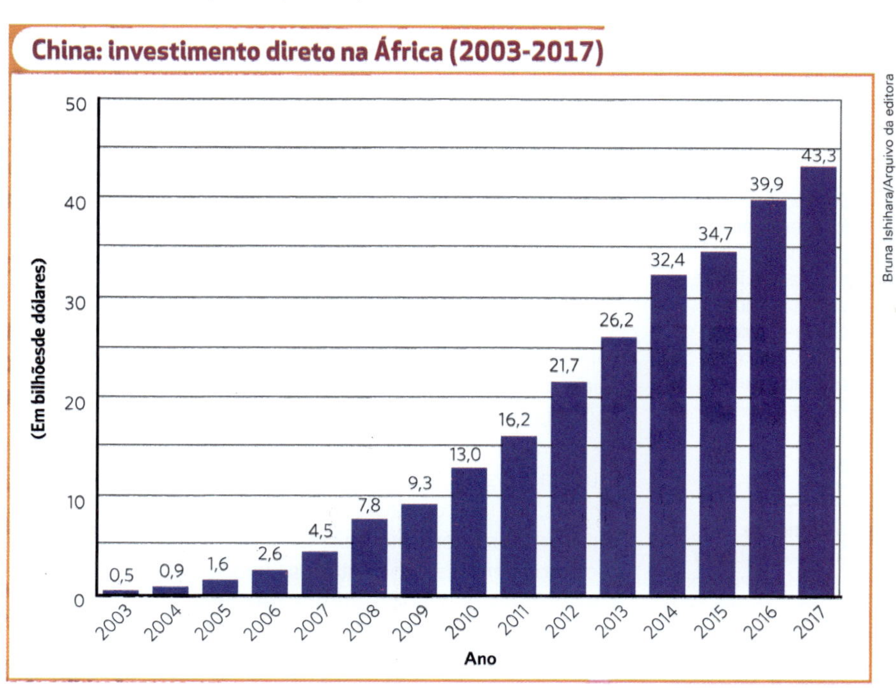

Elaborado com base em: CHINA AFRICA RESEARCH INITIATIVE AT JOHNS HOPKINS UNIVERSITY'S SCHOOL OF ADVANCED INTERNATIONAL STUDIES. *Download China-Africa Foreign Direct Investment Data, Country by Country, 2003-2017 (Excel data).* Disponível em: www.sais-cari.org/s/FDIData_04Mar2019.xlsx. Acesso em: out. 2019.

Alternativa financeira chinesa

Embora não tenha nas instituições financeiras consolidadas (Banco Mundial e FMI) a mesma influência que exerce na economia no mundo, a China tem criado alternativas, como o Banco Asiático de Investimento em Infraestrutura (Asian Infrastructure Investment Bank - AIIB), sediado em Pequim.

Fundado em 2015 e em operação desde 2016, o AIIB é a grande iniciativa chinesa capaz de futuramente fazer frente ao Banco Mundial. Como ele, a China destinará investimentos para financiar obras de infraestrutura e apoiar o crescimento econômico de países emergentes. Embora focado nos países asiáticos, o banco foi formado com a adesão de países de outros continentes, entre eles os principais países europeus e o Brasil. A China tem mais da quarta parte dos votos na instituição, seguida pela Índia, que tem cerca de 10%. Atualmente, conta com mais de 70 membros efetivos e 26 membros em potencial.

Desaceleração da China

O crescimento acelerado da economia da China nas últimas décadas foi alicerçado em um modelo predominantemente exportador e na atração de investimentos estrangeiros ao país.

Zhang Peng/LightRocket/Getty Images

Diversas cidades foram construídas na China com dois objetivos principais: manter a economia aquecida e absorver o crescimento da população urbana. No entanto, muitas delas nasceram estagnadas. Tianjin é um exemplo de cidade-fantasma, com baixa taxa de ocupação. Foto de 2019.

Com a crise financeira mundial a partir de 2007, a China perdeu investimentos provenientes do exterior e registrou queda das exportações. Em tal conjuntura, a política econômica voltada para a ampliação do mercado doméstico ganhou prioridade. Por meio de investimentos na construção civil e programas de valorização salarial e grande oferta de créditos, o governo chinês estimulou o consumo interno.

Apesar de mudar o rumo para uma economia menos dependente do mercado externo, a organização de um amplo mercado de consumo interno não foi capaz de absorver a produção, que funcionava a pleno vapor. Assim, a produção industrial encolheu, muitos imóveis construídos não foram absorvidos pelo mercado, e o governo e as famílias chinesas se endividaram. Em 2015, as ações das empresas chinesas na Bolsa de Valores despencaram.

Embora o crescimento do PIB ainda seja superior ao do da maioria dos países, a China está desacelerando: registrou 6,6% em 2018, o menor crescimento desde 1992 e inferior às taxas anuais de cerca de 10% que o país acumulou no início do século XXI. Essa desaceleração é motivo de preocupação para a economia mundial, sobretudo para os parceiros comerciais que lhe vendem ***commodities***, como minério de ferro, petróleo e alimentos — especialmente o Brasil, que tem a China como principal compradora de mercadorias agrominerais, como soja em grãos e minério de ferro, ou semimanufaturadas, como óleo de soja e laminados de ferro ou aço.

Para além das especificidades da realidade interna chinesa e do contexto econômico mundial, essa queda pode ser acentuada com a **guerra comercial** travada com os Estados Unidos, iniciada em 2018, quando Donald Trump elevou as tarifas de um conjunto de produtos importados pelo país. Como retaliação, a China aumentou a taxa de importação de produtos agrícolas dos Estados Unidos e permitiu a desvalorização da própria moeda para o valor mais baixo dos últimos dez anos, barateando ainda mais os próprios produtos no mercado internacional.

A crise mundial provocada pelo novo coronavírus também poderia afetar a economia chinesa, dependente das exportações para o mundo todo. De qualquer forma, o ritmo de crescimento próximo de 10% não fará mais parte da realidade da China, segundo especialistas.

Commoditie: mercadoria básica ou matéria-prima negociada em estado bruto ou com pequeno grau de transformação industrial, como grãos, minérios, óleo, carne, suco de laranja, petróleo, etc.

Atividades

1 A expressão "nova ordem mundial" faz referência a qual contexto histórico? Como ela se caracteriza em relação à distribuição de poder mundial?

2 Leia o texto a seguir, do geógrafo José William Vesentini (1950-), sobre o conflito Norte-Sul. Depois, responda às questões.

> [...] O conflito Norte-Sul é um mito. A própria ideia de Terceiro Mundo como um potencial, uma força revolucionária mesmo que latente, é, na realidade, absolutamente falsa e meramente propagandística [...]. Assim como a noção Leste-Oeste, a de Norte-Sul constitui tão somente um exemplo daquilo que Yves Lacoste denominou "geografismo": o uso de uma metáfora espacial para encobrir relações sociais, ou seja, o escamoteamento de contradições e agentes políticos através do recurso de transformar o espaço (uma região, um país ou um "bloco" deles) em sujeito.
>
> O Terceiro Mundo é uma realidade complexa e heterogênea, um conjunto de nações dependentes mas com situações econômico-sociais extremamente diversificadas. [...] Mas, de fato, não existe e nem pode existir nenhum vínculo ou fator de coesão entre os países do Terceiro Mundo. E não há exclusão ou antagonismo entre o "Norte" e o "Sul", mas relações de integração e complementariedade: os antagonismos dão-se essencialmente no interior de cada sociedade, seja desenvolvida ou subdesenvolvida, mesmo que com especificidades, e nunca de nação para nação. [...]
>
> VESENTINI, J. W. *Imperialismo e geopolítica global*: espaço e dominação na escala planetária. Campinas: Papirus, 1990. p. 84-85.

a) Qual é a principal crítica de Vesentini para invalidar o conflito Norte-Sul?

b) Vesentini menciona um bloco de países caracterizado como **Terceiro Mundo**. Pesquise essa expressão para descobrir a que se refere e seu papel na Teoria dos Mundos.

3 Compare a situação da Rússia no contexto geopolítico do final da década de 1990 à da atualidade.

4 Leia a tira ao lado e explique que interpretação ela permite fazer da política externa dos Estados Unidos durante os governos de George Bush e de Barack Obama.

5 Leia o texto e resolva as questões.

> **China: uma superpotência?**
>
> [...] se o modelo chinês foi bem-sucedido em conduzir o país da quase insignificância para o patamar de grande potência, agora o desafio é qualitativamente diferente: de grande potência para superpotência. Isso significa ir além de crescer, reproduzir tecnologias existentes e ter um grande peso econômico e político. É preciso ser capaz de criar e difundir tecnologia de ponta, ser aceito como modelo e liderança e projetar seu poder político e militar em qualquer parte do mundo de acordo com suas necessidades.
>
> COSTA, Antonio Luiz M. C. *Carta na Escola*, n. 42, p. 41, dez. 2008 - jan. 2010.

a) Que estratégias a China mais tem utilizado para ampliar a própria importância no mundo? Cite ao menos dois exemplos.

b) Elabore um texto articulando dados e informações que demonstrem a importância da China no cenário internacional.

6 Leia a seguir o fragmento de reportagem sobre a presença de grandes potências no continente africano.

O comércio entre China e a África Subsaariana já movimentava cerca de US$ 220 bilhões (R$ 903,2 bilhões) em 2014. As projeções para 2020 é que chegue a US$ 350 bilhões, apesar de que, em 2015 e 2016, o montante das transações de importação e exportação da China na África tenha ficado abaixo dos US$ 200 bilhões.

Ainda assim, o valor previsto para 2020 seria cem vezes maior que o movimentado pela Rússia – as relações comerciais deste país com o continente africano alcançam o montante de US$ 3,6 bilhões.

A título de comparação, o comércio dos Estados Unidos com a África já movimentou US$ 30,5 bilhões nos seis primeiros meses deste ano [2018], mas a relação entre americanos e africanos, ano a ano, vem perdendo fôlego, de acordo com dados do governo americano.

ÁFRICA é o novo campo de disputa entre Rússia e China por influência política e comercial. *BBC*, 25 ago. 2018. Disponível em: www.bbc.com/portuguese/internacional-45257031. Acesso em: out. 2019.

Roger Brown Photography/Shutterstock

Outdoor anuncia um programa de desenvolvimento na Namíbia. Foto de 2019.

a) Hierarquize os parceiros comerciais da África citados no texto de acordo com o volume negociado por eles.
b) Como tem evoluído a presença chinesa na África?
c) O que explica atualmente o interesse das potências mundiais na África? Que benefícios e riscos isso pode levar aos países africanos?

7 O gráfico registra o momento de mudança do ritmo de crescimento da economia chinesa.

China: evolução do PIB (2006-2018)

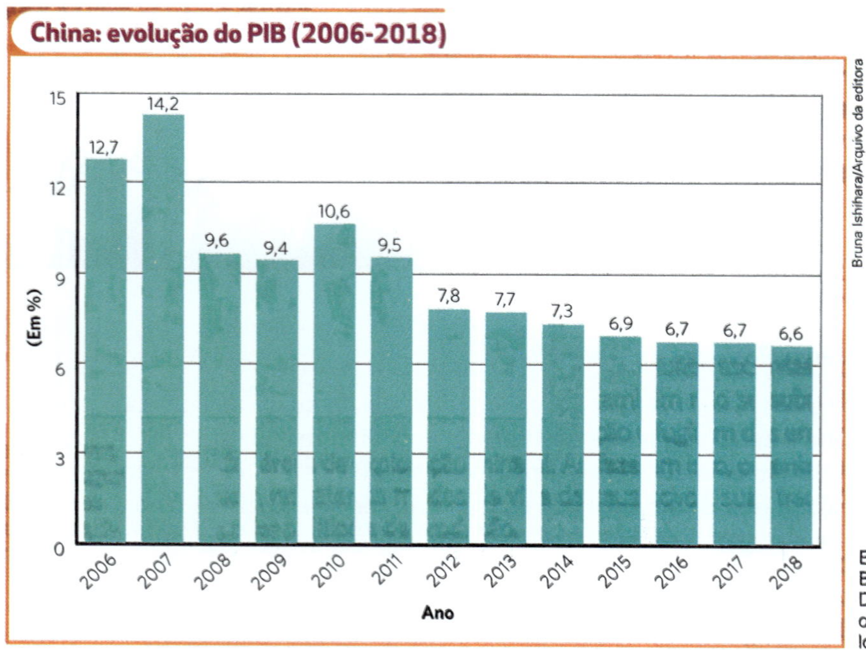

Bruna Ishihara/Arquivo da editora

Elaborado com base em: THE WORLD BANK. *GDP growth (anual %) – China.* Disponível em: https://data.worldbank.org/indicator/NY.GDP.MKTP.KD.ZG?locations=CN. Acesso em: out. 2019.

a) Que mudança está ocorrendo e a que acontecimento mundial ela está associada?
b) Qual é o efeito dessa mudança na economia mundial?

CAPÍTULO 6

Etnia e modernidade

Este capítulo favorece o desenvolvimento das habilidades:

EM13CHS101
EM13CHS102
EM13CHS104
EM13CHS105
EM13CHS303
EM13CHS501
EM13CHS502
EM13CHS503
EM13CHS504

A população mundial é formada por grupos de pessoas que são distintos de outros pela cultura, língua, religião, hábitos, características biológicas, organização social. É a diversidade étnica presente na história da humanidade, desde a Antiguidade. O tema **etnia** é central na área de Ciências Humanas, e as questões relacionadas a esse tema estão presentes nas análises sociológicas e filosóficas, bem como nos estudos históricos de diferentes períodos. No espaço geográfico, mesmo em tempos de globalização, em diferentes locais, há expressões dessa diversidade, e um dos grandes desafios das sociedades contemporâneas é a sua valorização e o respeito entre as distintas culturas e grupos.

jozef sedmak/Alamy/Fotoarena

A paisagem em Dubai, nos Emirados Árabes Unidos, se divide entre edifícios construídos com moderna tecnologia e os beduínos, um grupo étnico nômade de regiões desérticas do Oriente Médio e da África Setentrional que costuma utilizar dromedários como meio de transporte. Foto de 2017.

Contexto

1. Para você, o que significa modernidade?
2. A foto revela a incorporação de culturas? Explique.
3. Em sua opinião, encarar o modo de vida dos beduínos como atrasado é correto? Explique.

Diversidade cultural

nelle hembry/Shutterstock

O festival Holi é um tradicional evento religioso na Índia. Um dos significados da comemoração é celebrar o início da primavera. Na foto, observa-se o festival de cores. Foto de 2019.

Nas primeiras sociedades humanas, o indivíduo se identificava, basicamente, com o grupo social em que nascia e com a aldeia em que vivia. As chances de conhecer valores e características diferentes de outros grupos sociais eram reduzidas.

Esse relativo isolamento levou cada grupo a criar formas específicas de transformação da natureza e de convivência em comunidade. Isso fez com que se desenvolvessem, entre outros, crenças, costumes, formas de comunicação, línguas, manifestações artísticas, culinária e equipamentos de produção diferentes, originando **culturas distintas**.

No decorrer da história, os contatos entre os povos ocasionaram **encontros** e **incorporações culturais**, intensificados por causa das migrações, das guerras, do desenvolvimento técnico e científico e do aumento da atividade comercial, por exemplo. Esses contatos possibilitaram, ainda, o surgimento de novas culturas.

Lazartivan/Shutterstock

Em outros lugares do mundo, celebrações inspiradas no festival indiano Holi também são organizadas, mas não possuem o mesmo significado. É o caso do festival de música realizado em Dnipro, na Ucrânia. Foto de 2019.

Etnia

A **etnia** é um dos elementos do processo de construção da identidade de um grupo sociocultural. Um grupo étnico agrega pessoas que partilham laços culturais ou biológicos (ou ambos) e se identificam umas com as outras ou são identificadas como um grupo por outros grupos. Assim, a identidade étnica resulta de fatores construídos historicamente, como a ancestralidade comum, as formas de organização da sociedade, a língua e a religiosidade. É uma forma de legitimação de determinada realidade, de determinado modo de vida, socialmente construído.

Alguns estudiosos classificam **povo** e **etnia** como sinônimos; outros consideram que povo se refere ao conjunto de pessoas que vivem em um Estado-nação onde se encontram diversas etnias ou grupos étnicos. Neste último sentido, por exemplo, é comum referir-se a povo brasileiro, povo espanhol, povo chinês, etc., ainda que cada um englobe grupos étnicos diferentes. No primeiro caso, temos, por exemplo, a denominação dada aos indígenas brasileiros: povo yanomami, povo baniwa, povo bororo.

Etnocentrismo

O encontro entre duas culturas comumente provoca a avaliação recíproca da **cultura do "outro"**, geralmente feito com base na **cultura do "eu"**. Ao analisar outra cultura, tende-se a considerar a sua como referência, como a ideal e a correta. Essa atitude leva à **visão etnocêntrica**, ou seja, ao julgamento de outros grupos com base em valores e padrões de comportamento do seu próprio grupo.

Dessa forma, há uma valorização do próprio grupo que ignora ou rejeita a possibilidade de o outro ser diferente. Passa-se a desprezar os valores, o conhecimento, a arte, as crenças, as formas de comunicação, as técnicas, a cultura do "outro". A dificuldade de entender as diferenças em relação a outras etnias pode provocar estranheza, medo e hostilidade.

Infelizmente, a visão etnocêntrica foi e continua sendo usada para justificar a opressão de comunidades étnicas, a conquista de povos e territórios, o controle do poder do Estado por aqueles que se consideram superiores aos demais e práticas preconceituosas, racistas e excludentes.

Quadrinho de 1977, do cartunista brasileiro Henfil (1944-1988).

Dicas

Mississípi em chamas

Direção de Alan Parker. Estados Unidos, 1988. 128 min.

Anderson e Ward são dois agentes do FBI com ideais diferentes, que investigam o assassinato de três ativistas negros dos direitos civis no Mississippi, praticado pelo grupo racista Ku Klux Klan, em 1964.

Selma

Direção de Ava DuVernay. Estados Unidos/Reino Unido, 2014. 128 min.

O filme é ambientado no contexto das marchas pacifistas em protesto contra o cerceamento do voto aos afro-estadunidenses. Ocorridas em 1965, foram lideradas pelo pastor protestante e ativista político estadunidense Martin Luther King (1929-1968), no estado do Alabama, entre a cidade de Selma e a capital Montgomery. A repressão violenta aos manifestantes pacifistas foi divulgada por todo o país e tornou a opinião pública favorável à luta pelos direitos civis, que conquistou vitórias no mesmo ano.

Conexões SOCIOLOGIA

Racista, eu?

O quadrinho a seguir faz parte de uma publicação difundida em escolas de países que integravam a União Europeia, em 1998. Com uma abordagem sociológica, a finalidade era incentivar a reflexão entre estudantes e professores sobre o racismo e outras formas de discriminação presentes no dia a dia da sociedade europeia.

O NAMORADO

Sérgio Salma/Concerto Brussels/Comunidades Europeias

Racista, eu!? Luxemburgo. Serviço de Publicações Oficiais das Comunidades Europeias, 1998. p. 11.

1 Em sua opinião, a discussão do tema representado no quadrinho ainda é válida nos dias atuais? Por quê?

2 Comente e explique a atitude da mãe no último quadrinho.

Saiba mais

O uso do termo raça

Do ponto de vista científico, o termo **raça** possui duas acepções básicas. A primeira refere-se a seu uso sociológico – designa um grupo humano ao qual se atribui determinada origem e cujos membros possuem características mentais e físicas comuns. Note-se que, nesse caso, o termo está na verdade designando as características políticas ou culturais desse grupo, decorrentes de sua história comum; do ponto de vista biológico, porém, tal designação não apresenta nenhum fundamento.

Na segunda acepção, de cunho biológico, a palavra **raça** designa um grupo de indivíduos que têm uma parte importante de seus genes em comum, e que podem ser diferenciados dos membros de outros grupos a partir desses genes. Entende-se raça, pois, como uma população que possui um estoque ou patrimônio genético próprio. Sua reprodução se dá sem a admissão, ou com uma admissão pouco significativa, de genes pertencentes a outros grupos. Entretanto, se a admissão torna-se forte, como no caso de uma invasão ou migração, pode formar-se uma nova raça. É nessas condições que os grupos humanos chegam, em certas condições, a se diferenciar biologicamente uns dos outros. Mas essas diferenças são tão insignificantes que não interferem no processo de interfecundidade dos grupos humanos.

Como vimos, comparar e classificar os seres humanos não é, em si, errado. Conhecer é, em certo sentido, comparar e classificar as coisas que existem. Portanto, aceitar uma classificação racial ou os princípios de uma tipologia racial não significa por si só aceitar ou adotar conceitos racistas.

Entretanto, esse exercício classificatório aparentemente inofensivo pode tomar uma conotação racista quando, além de classificar os indivíduos, também hierarquizamos os grupos humanos de acordo com juízos de valor que tomam a raça como fator causal. Configura-se então um processo chamado de **racialização**, que implica a ideia de superioridade de um grupo em relação a outro, com base em preconceitos referentes a características físicas ou culturais.

BORGES, Edson; MEDEIROS, Carlos Alberto; D'ADESKY, Jacques. *Racismo, preconceito e intolerância...* São Paulo: Atual, 2009. p. 44-45.

Acepção: significação de um termo ou palavra de acordo com o contexto em que estão empregados.

Romulo Fialdini/Tempo Composto/Acervo dos Palácios do Governo do estado de São Paulo, São Paulo, SP.

Operários, de Tarsila do Amaral, 1933 (óleo sobre tela, 150 cm × 230 cm). A obra faz um mosaico de rostos que representam a diversidade dos operários brasileiros.

1 Do ponto de vista científico, quais são os dois significados básicos do termo **raça**?

2 De acordo com o texto, "aceitar uma classificação racial ou os princípios de uma tipologia racial não significa por si só aceitar ou adotar conceitos racistas". Como se explica, então, o racismo?

Preconceito, racismo e discriminação

Conceitualmente, preconceito é o sentimento ou a opinião formada sobre alguém ou grupo social antes mesmo de conhecê-lo; é o prejulgamento do que não se conhece. Essa opinião é baseada em generalizações e não em uma análise crítica.

Há pessoas que sofrem preconceito pela prática religiosa — no Brasil, por exemplo, os ataques contra as religiões de matriz africana, o candomblé e a umbanda, aumentaram em 2019. Outras são alvo de preconceito pela orientação sexual ou ainda por ser de classes sociais de baixa renda. Além disso, o preconceito pode se manifestar contra as características físicas de uma pessoa ou algum tipo de deficiência. E, quando uma pessoa ou um grupo se considera superior a outro com base nos conceitos de raça, há a manifestação da **visão racista** ou do **racismo**.

Reprodução/ESPN

Em 2014, durante uma partida pelo Campeonato Espanhol de futebol, um jogador brasileiro foi alvo de racismo da torcida do time adversário: uma banana foi atirada em direção a ele.

O preconceito e o racismo podem levar à **discriminação**: quando uma pessoa ou um grupo de pessoas não têm garantidos os mesmos direitos e oportunidades que os demais, por causa da cor da pele, da orientação sexual, da religião, da nacionalidade, entre outros. Essa situação pode acontecer, por exemplo, quando uma pessoa concorre a um cargo de trabalho e é desqualificada por ser afrodescendente.

No Brasil, discriminações como essas são crimes, tendo como pena de um a cinco anos de prisão.

Redes sociais: instrumento da amplificação do preconceito

Samuel 13B/Arquivo da editora

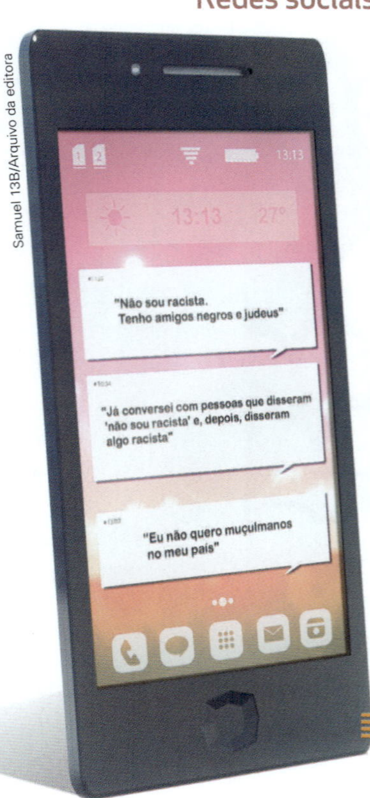

Frases preconceituosas e racistas retiradas da internet e publicadas por usuários de diversos países.

Nos últimos anos, houve a popularização do uso das redes sociais. Segundo o relatório *Global Digital Statshot 2019*, 3,5 bilhões de pessoas possuem cadastro em alguma rede social. Isso representa quase metade da população do planeta. Contudo, junto com os benefícios que essas ferramentas de comunicação proporcionam, ocorrem problemas.

Tem sido comum a utilização das redes sociais para divulgação de mensagens racistas e discriminatórias contra homossexuais, afrodescendentes, indígenas, pessoas com deficiência, imigrantes, refugiados, entre outros. O crime acontece com a publicação de frases, imagens e vídeos preconceituosos, além de conteúdos estimulando o ódio a pessoas de diferentes etnias, religiões, posicionamentos políticos, identidade de gênero, orientação sexual, entre outros exemplos.

Os usuários, muitas vezes, utilizam-se de contas falsas para cometer os chamados crimes virtuais. Isso torna cada vez mais necessárias a existência e a legitimação de leis no mundo digital, além da garantia de que serão aplicadas. Felizmente, já existem casos de condenação à prisão pela manifestação de intolerância e desrespeito na internet. No entanto, esse julgamento condenatório não deveria ser o principal motivo para a adoção de uma postura mais tolerante, mas sim o respeito à diversidade.

Evolucionismo

No século XIX, a concepção **antropológica** dominante se apoiava no evolucionismo cultural. A Antropologia Evolucionista transpôs para a sociedade as ideias do cientista britânico Charles Darwin (1809-1882) sobre a evolução das espécies e a seleção natural. Por essa razão, ficou conhecida como **darwinismo social** e estabelecia que as diferentes sociedades passariam por diversos estágios de evolução, do "primitivo" ao "civilizado".

Assim, as sociedades ocidentais europeias e a estadunidense teriam atingido o estágio "civilizado", enquanto os diversos povos da África, da América Latina, da Ásia e da Oceania estariam no estágio "primitivo". Essa teoria serviu para justificar o colonialismo e as conquistas territoriais como um processo civilizatório que levaria as "conquistas da civilização" aos povos que eles consideravam incapazes de desenvolvê-las por si mesmos.

Antropológico: relativo à Antropologia, ciência que se ocupa do estudo e da reflexão sobre o ser humano com base nas características biológicas (Antropologia Biológica) e socioculturais (Antropologia Cultural) dos diversos grupos humanos, dando ênfase às diferenças e variações entre esses grupos.

Civilização e barbárie

São comuns discursos, históricos ou não, concepções relativas aos bárbaros. Muitos classificam como bárbaros povos de origem germânica que habitavam principalmente o norte e o leste da Europa, mas também a Ásia central (como os hunos), na Antiguidade. Esses povos ocuparam, sobretudo nos cinco primeiros séculos da Era Cristã, os territórios atuais da França, do Reino Unido, da Espanha e de Portugal, além de terem invadido o território da atual Itália, ocasionando a queda do Império Romano do Ocidente. Nesse sentido, "bárbaro" indicava qualquer povo estrangeiro que não falava a mesma língua ou que não tinha a mesma cultura que os romanos.

Age Fotostock/Easypix Brasil

Cena da série *O último reino* (*The Last Kingdom*, no título original em inglês). A história se passa no século IX, na época em que a Inglaterra era dominada pelos *vikings*, povo com origem na região da Escandinávia que colonizou parte da Europa.

Atualmente, o termo ainda é usado para se referir a certos povos considerados "incivilizados". Essa concepção remonta a épocas anteriores, em especial ao período das colonizações, durante o qual se alegava "falta de civilidade" dos nativos indígenas e africanos. Esse argumento foi usado para justificar a expansão e conquista de territórios pelos europeus.

Entretanto, a que estamos nos referindo exatamente quando falamos de povos bárbaros ou, ainda, "barbárie"? E, em contraposição, quais culturas seriam as "civilizadas"? Para o filósofo Francis Wolff (1950-), a civilização não se restringe a determinada cultura. Toda cultura pode carregar contradições que, por vezes, são expressões de barbárie, ou seja, práticas bárbaras. São exemplos a mutilação de meninas africanas em determinados grupos étnicos, a escravização de povos africanos por Estados-nações no período colonial, entre outros. Nesse sentido, a civilização está relacionada a valores universais que dizem respeito aos direitos humanos.

O conceito de bárbaro

No texto a seguir, o autor expõe ideias sobre as noções de "bárbaro" e de "civilizado" a partir do pressuposto de que determinados valores humanos são universais e ressalta a importância do respeito à pluralidade de culturas.

Quem é bárbaro?

[...]

É necessário, portanto, recorrer a um universal moral, acima de qualquer cultura específica, e rejeitar como práticas bárbaras o tráfico de crianças, a escravidão, a **excisão**, os sacrifícios humanos. Pode-se alegar que esse *universal* (um apelo à ideia, supostamente universal, dos "direitos humanos", por exemplo) não é realmente universal, já que ele mesmo representa um "ponto" específico, surgido em sociedades específicas, num momento específico (as sociedades ocidentais do final do século XVIII), e que essas sociedades não têm o monopólio da moral, nem, sobretudo, o direito de dar lições aos outros, tendo em vista sua própria história e as barbáries das quais elas próprias se fizeram culpadas. No entanto, temos de supor que, qualquer que seja seu local de nascimento e sua expressão específica, existem valores humanos universalizáveis: do contrário, cada cultura permanece encerrada em sua ideia específica de humanidade, e ninguém pode criticar nenhuma prática, nenhum uso, nenhum costume de outra cultura, qualquer que seja ela – *inclusive*, portanto, *a sua própria*.

[...] Ora, a "civilização" não é uma cultura específica, é a forma que permite a existência das culturas humanas em sua diversidade e, por conseguinte, em sua coexistência. Para dizê-lo negativamente: a barbárie não é uma prática humana, um costume humano, e tampouco uma cultura humana específica, é uma prática, um costume, uma cultura que se define pelo ato de *negar* tal ou tal forma específica de humanidade. [...]

[...] O bárbaro é aquele que acredita que ser homem é ser como ele, enquanto ser homem é sempre poder ser outro, é poder ser indiano, judeu, cigano, tútsi [...]. Em compensação chamaremos de "civilizações" os momentos históricos, os espaços geográficos, as áreas culturais que permitem a coexistência, tanto de fato como de direito, de vários povos, sociedades ou culturas – ou que permitem até que se interpenetrem e se compreendam reciprocamente. Uma civilização é, portanto, a simples possibilidade formal da diversidade das culturas. Consequentemente, diremos que uma cultura específica é "civilizada" quando, independentemente da riqueza ou pobreza de sua cultura científica, de seu nível de desenvolvimento técnico, ou da sofisticação de seus costumes, ela tolera em seu seio uma diversidade de crenças ou práticas (excluindo-se, evidentemente, práticas bárbaras). [...] Em suma, uma civilização é enriquecida por uma pluralidade de culturas, enquanto uma cultura é bárbara quando é apenas ela mesma, só pode ser ela mesma, permanece centrada e, portanto, fechada sobre si mesma.

[...]

O bárbaro é aquele que é incapaz de pensar tanto o uno como o múltiplo – já que os dois estão ligados.

Excisão: amputação de alguma parte ou órgão do corpo.

WOLFF, Francis. Quem é bárbaro? *In*: NOVAES, Adauto. (org.). *Civilização e barbárie*. São Paulo: Companhia das Letras, 2004. p. 37, 40, 41 e 42.

1 De acordo com o autor, o "bárbaro é aquele que é incapaz de pensar tanto o uno como o múltiplo". O que o filósofo quis dizer com essa afirmação?

2 Relacione a frase abaixo com o conceito de ética:

"É necessário, portanto, recorrer a um universal moral, acima de qualquer cultura específica [...]"

3 O autor questiona a superioridade da cultura ocidental, que por vezes é levantada como o exemplo de civilização. Parte dessa cultura se baseia no hábito do consumo, no monoteísmo e na visão colonialista, que carrega um ideal "civilizatório". Em outros momentos da obra, o autor fala do hegemonismo cultural do Ocidente. Você concorda com a ideia de que há uma hegemonia da cultura ocidental? Por quê?

Nômade e sedentário

A ideia de que há povos "primitivos" ou "civilizados" está, muitas vezes, **subjacente** ao preconceito e à discriminação contra **povos nômades**, que, para muitas pessoas, estariam num estágio de desenvolvimento e de evolução inferior aos dos povos ditos civilizados. Nessa visão, enquanto os povos "civilizados" estruturaram sociedades organizadas, inclusive politicamente, com um Estado, e se tornaram **sedentários**, os nômades "perambulam" de um local para outro e, na perspectiva de quem os discrimina, não conseguiram (ou se recusaram a) desenvolver atividades econômicas modernas, que garantam um padrão de vida avançado. A perseguição aos ciganos mostra isso: em muitos países da Europa, esse povo originário da Índia é impedido de entrar em determinados locais, e projetos de lei são elaborados para limitar seus direitos. E, nos processos de colonização empreendidos pelos europeus, utilizava-se o argumento de que, se alguns povos originários da América e da África não se fixaram em determinado território, não teriam direito a ele.

Subjacente: no texto, refere-se a algo que não se manifesta de maneira clara, mas que está implícito, dando suporte às ideias.

Já no início do século XX, novas concepções antropológicas contrapuseram-se ao evolucionismo, como a do alemão Franz Boas (1858-1942), primeiro a ressaltar a importância do estudo das diversas culturas em seu próprio contexto. Boas defendia não haver cultura superior ou inferior nem valores culturais universais. Para ele, deveriam ser considerados os fatores históricos, naturais e linguísticos que influenciavam o desenvolvimento de cada cultura. Essa abordagem mais imparcial ficou conhecida como **relativismo cultural** e defendia que os valores de uma cultura não poderiam, portanto, ser avaliados com base nos valores de quem a julga.

Conexões HISTÓRIA

Ideia de progresso

A obra *Progresso americano*, pintura da década de 1870, do artista berlinense John Gast (1842-1896), glorifica a conquista do oeste dos Estados Unidos. No centro, destaca-se a figura de Columbia, a personificação feminina dos Estados Unidos, que comanda o processo civilizatório. No canto esquerdo da tela, indígenas e animais selvagens são afugentados.

A obra é uma apologia à doutrina do Destino Manifesto, inspirada no darwinismo social. De acordo com essa doutrina, o povo dos Estados Unidos tinha a missão de conquistar as terras situadas a oeste do seu território, habitadas por povos selvagens, e de torná-las produtivas e civilizadas, para justificar sua expansão territorial.

Progresso americano, de John Gast, 1872 (óleo sobre tela, 29,2 cm × 40 cm).

- Que elementos da obra representam a implementação do processo civilizatório?

Conexões SOCIOLOGIA

Cultura ou civilização

No texto a seguir, José Luiz dos Santos aborda os conceitos de cultura e civilização, desde quando os termos eram tratados como sinônimos, e aponta algumas diferenças fundamentais entre as duas noções.

> Nas transformações da ideia de cultura durante os séculos XVIII e XIX, a discussão sobre cultura surgiu associada a uma tentativa de distinguir entre aspectos materiais e não materiais da vida social, entre a matéria e o espírito de uma sociedade. Até que o uso moderno de cultura se sedimentasse, cultura competiu com a ideia de civilização, muito embora seus conteúdos fossem frequentemente trocados. Assim, ora civilização, ora cultura serviam para significar os aspectos materiais da vida social, o mesmo ocorrendo com o universo de ideias, concepções, crenças.
>
> Com o passar do tempo, cultura e civilização ficaram quase sinônimas, se bem que usualmente se reserve civilização para fazer referência a sociedades poderosas, de longa tradição histórica e grande âmbito de influência. Além do mais, usa-se cultura para falar não apenas em sociedades, mas também em grupos no seu interior, o que não ocorre com civilização.
>
> SANTOS, José Luiz dos. *O que é cultura*. São Paulo: Brasiliense, 2007. p. 35-36. (Coleção Primeiros Passos).

1 Por que, para definir cultura, são considerados tanto os aspectos materiais quanto os não materiais de um povo? Exemplifique esses aspectos.

2 Dê alguns exemplos que justifiquem a diferença entre cultura e civilização.

Cultura material e imaterial

Músicas, danças, representações teatrais, festas, saberes e ofícios compõem manifestações da **cultura imaterial** de um povo. Já as construções, mobiliários, acervos de museus e sítios arqueológicos, por exemplo, formam a **cultura material**.

O Estado, por meio das instituições competentes, como o Instituto do Patrimônio Histórico e Artístico Nacional (Iphan), na esfera federal, ou mesmo nas esferas estaduais e municipais, e a ONU, por meio da Unesco, podem conferir o título de patrimônio cultural a determinadas manifestações culturais e artísticas, assim como a sítios urbanos, arqueológicos e paleontológicos, para preservar a memória e a identidade dos povos.

Tales Azzi/Pulsar Imagem

Artesã da região de Goiabeiras, bairro do município de Vitória (ES), em 2018, confecciona panelas de barro. Nessa atividade, os conhecimentos são passados de mãe para filha há cerca de quatro séculos. O ofício das paneleiras é um exemplo de Patrimônio Imaterial da humanidade.

Sayonara Moreno/Arquivo/Agência Brasil

Bloco musical afro Olodum no Pelourinho, largo no centro histórico de Salvador (BA), em 2017. Atualmente, a denominação Pelourinho refere-se a boa parte desse centro histórico. A dança e a música são patrimônios imateriais, já as edificações coloniais em estilo barroco português dos séculos XVII e XVIII são patrimônios materiais.

Civilização ocidental e modernidade

Ainda na Antiguidade (classificação que, tradicionalmente, abrange o período do aparecimento da escrita à queda do Império Romano do Ocidente, em 476 d.C.), o desenvolvimento técnico permitiu que determinados povos migrassem para regiões cada vez mais distantes, algumas estrategicamente favoráveis aos deslocamentos, como o Oriente Médio — rota de passagem entre a Ásia e a Europa — e o mar Mediterrâneo, situado entre Europa, África e Ásia.

No entanto, nenhuma expansão se iguala em amplitude e diversidade de contatos à iniciada pelos europeus no século XV. Eles dominaram povos nativos ao redor do mundo, integrando-os (pela força militar ou pelo domínio cultural) a um mesmo sistema econômico, o **capitalismo comercial**. A partir desse domínio, a cultura europeia — com seus valores e sua estrutura de organização social e política baseada no Estado nacional — foi sendo imposta ao longo dos séculos aos povos da América, da África, da Ásia e da Oceania, ao mesmo tempo que assimilava elementos culturais desses povos.

Nesse período caracterizado por grandes conquistas tecnológicas e pelos **Estados nacionais absolutistas**, encontra-se a origem da **civilização ocidental moderna**, consolidada com a Revolução Industrial e a Revolução Francesa.

A **Revolução Industrial** (segunda metade do século XVIII) deu grande impulso ao desenvolvimento e à expansão capitalista, promovendo a acumulação de capital e a difusão das relações de trabalho assalariado. Além disso, introduziu a produção em massa e a padronização das mercadorias e expandiu o comércio internacional.

A **Revolução Francesa** (1789), com a difusão do lema "liberdade, igualdade e fraternidade", contribuiu para a generalização dos ideais do **Iluminismo** e dos valores democráticos de igualdade dos indivíduos perante a lei.

Iluminismo: doutrina que valorizava a razão, baseada na ciência, como forma de conhecimento do mundo. Os iluministas acreditavam na possibilidade da convivência harmoniosa em sociedade e pregavam a liberdade individual, política, econômica e religiosa.

LI SEN/Shutterstock

A ocupação árabe em território espanhol foi de 711 a 1492. Nesses quase 800 anos, os árabes deixaram marcas na cultura, no vocabulário e na arquitetura do país. Na imagem, colunas e arcos do complexo palaciano de Alhambra, em Granada (Espanha). Esse complexo exibe elementos islâmicos e cristãos por ter alojado monarcas muçulmanos e católicos do século XIII até depois da Reconquista (século XV). Foto de 2019.

Civilização ocidental: individualismo e consumismo

Self-made man: expressão em inglês que significa "homem que se fez por si", ou seja, pessoa cujo sucesso se deve a si mesma.

Um dos aspectos marcantes da civilização ocidental, e do próprio capitalismo, é o individualismo, conceito segundo o qual a liberdade do indivíduo se afirma sobre a sociedade. O **self-made man** é a expressão que mais representa o individualismo, pois exalta a figura da pessoa que venceu na vida graças aos próprios esforços.

Outra característica da civilização ocidental é o consumismo, que está, de certa forma, alicerçado em dois princípios fundamentais da sociedade capitalista: a busca constante por inovação e a acumulação de bens. A sociedade estadunidense levou a noção do consumismo ao extremo. O desejo por bens e serviços é altamente estimulado e se manifesta de forma voraz.

Paulo Whitaker/Reuters/Fotoarena

Compradores se aglomeram em busca de itens de varejo na Black Friday em loja em São Paulo (SP), em 2017.

Reprodução/Acervo particular

No cartaz estadunidense de anúncio de televisores veiculado em 1953, lê-se: "A TV mais procurada da América", no texto maior, e "Veja agora no seu representante da Admiral" (marca da televisão), no texto logo abaixo, em tradução livre.

Na virada do século XIX para o século XX, as grandes empresas surgidas com a Segunda Revolução Industrial criaram um mercado de massa, estimulado por campanhas publicitárias de longo prazo, moldando o fenômeno da **sociedade de consumo**, que se consolidou ao longo do século passado. Iniciado sobretudo nos Estados Unidos, o consumo em massa foi conformado a um estilo de vida proclamado pelo *slogan American Way of Life* ("modo de vida americano") no início do século XX e tornou-se uma face inerente à expansão do capitalismo.

Modernidade e cultura

Apesar do alcance da cultura europeia — com a disseminação de instituições, visões de mundo, modos de vida e valores construídos no interior da civilização ocidental —, sociedades culturalmente muito antigas não foram totalmente permeáveis à mudança de valores. Algumas, no entanto, assimilaram técnicas e sistemas de produção e gerenciamento, inserindo suas economias nos padrões do mercado mundial, como é o caso do Japão, da China, da Coreia do Sul, da Índia e de outros países, inclusive muçulmanos.

O que essas sociedades assimilaram foi a modernidade, entendida aqui como a estrutura político-administrativa própria dos Estados-nações, a sociedade urbano-industrial, a produção de bens e a geração de serviços em larga escala, os avanços tecnológicos, a comunicação instantânea, a agilidade dos meios de transporte e a dependência de algumas fontes energéticas (carvão mineral, petróleo e urânio).

O Japão é um exemplo significativo de contribuição de culturas ou civilizações orientais (do Oriente) à modernidade: desde a segunda metade do século XIX, o país sofreu profundas transformações políticas e conquistou patamares elevados de desenvolvimento econômico, integrando-se aos padrões da modernidade ocidental sem abrir mão de importantes traços de sua cultura milenar.

Esse desenvolvimento foi, em parte, fruto da incorporação de tecnologias criadas no Ocidente, mas também da elaboração de um modelo próprio de produção e organização do trabalho, como o ***just-in-time***, amplamente adotado no Ocidente.

A difusão e a reprodução de aspectos da modernidade e dos valores culturais em vários locais do globo devem-se à atuação das empresas **transnacionais** e da **indústria cultural**, com os **meios de comunicação de massa**: internet, televisão, cinema, jornais, revistas, rádio, publicidade. As empresas multinacionais se estruturaram em redes mundiais de produção, distribuição e comercialização de bens e serviços. A indústria cultural e a publicidade são os principais difusores do **consumo de massa**.

Just-in-time: sistema de produção flexível, implementado no Japão em meados do século XX, na fábrica de motores da Toyota. As diferentes etapas de produção de uma mercadoria são realizadas de forma combinada entre fornecedores, produtores e compradores. A matéria-prima que entra na fábrica corresponde exatamente à quantidade de mercadorias que será produzida sob encomenda. Dessa forma, elimina-se a necessidade de estocagem.

Meios de comunicação de massa

O desenvolvimento tecnológico, aqui representado pela internet e por aparelhos eletrônicos, como *tablet* e *smartphone*, facilitou o acesso à informação e à comunicação, também feita, atualmente, por redes sociais e aplicativos.

Na **Era da Informação**, os meios de comunicação de massa (rádio, jornal, televisão) exercem importante papel social. Nunca o volume de notícias foi tão grande nem teve difusão tão rápida. Do mesmo modo, nunca foi tão amplo o poder de manipulação da **mídia**, que, muitas vezes, seleciona os acontecimentos divulgados segundo os próprios interesses políticos e econômicos.

Mídia: conjunto dos meios de comunicação de massa: jornais, revistas, televisão, rádio, internet, etc.

Os **conglomerados de comunicação** controlam a mídia internacional e exercem forte influência política e cultural em diversos países. As grandes empresas de comunicações detêm diversas atividades que envolvem o jornalismo, o entretenimento e a publicidade, voltados aos possíveis consumidores, e não necessariamente aos cidadãos.

As principais **agências de notícias**, que fornecem material para os noticiários internacionais de todo o mundo, estão sediadas nos países mais desenvolvidos, como CNN, CBS, ABC News (Estados Unidos); Reuters e BBC News (Reino Unido); France Press (França); entre outras.

Jornalistas trabalham em sede de agência de notícias francesa, em Lyon (França), 2019. As grandes empresas desse setor oferecem cobertura global com imagens e notícias fornecidas por correspondentes de todas as partes do mundo.

Serge Mouraret/Alamy/Fotoarena

Atividades

1 Quais circunstâncias históricas levaram à expansão da civilização ocidental?

2 Leia o texto e responda às questões a seguir.

> [...] Não é natural, nem justo, que os países civilizados ocidentais se amontoem indefinidamente e se asfixiem nos espaços restritos que foram suas primeiras moradas, que neles acumulem as maravilhas das ciências, das artes, da civilização, que eles vejam, por falta de aplicações remuneradoras, a taxa de juro dos capitais cair em seus países cada dia mais e que deixem talvez a metade do mundo a pequenos grupos de homens ignorantes, impotentes, verdadeiras crianças débeis, dispersos em superfícies incomensuráveis, ou então a populações decrépitas, sem energia, sem direção, verdadeiros velhinhos incapazes de qualquer esforço, de qualquer ação ordenada e previdente.
>
> MILL, Stuart *apud* LEROY-BEAULIEU, P. *In*: BEAUD, Michel. *História do capitalismo*. São Paulo: Brasiliense, 1987. p. 232.

a) Qual visão de mundo apoia o trecho do texto do economista Stuart Mill? Como essa visão pode levar a manifestações de intolerância contra indivíduos e grupos?

b) Contextualize o texto e associe-o ao neocolonialismo do século XIX.

3 Escreva no caderno o nome adequado para cada uma das definições que seguem.

a) Comunidade culturalmente homogênea que desfruta de uma origem e uma história comuns e se distingue de outras em virtude de certas características, como nacionalidade, língua, religião e tradições.

b) Teoria que explica que os grupos sociais passam por estágios de evolução, cada um a seu tempo: do estágio primitivo à civilização. Essa teoria, que serviu para justificar a submissão de povos e a ocupação e exploração de seus territórios, é atualmente considerada obsoleta nos círculos acadêmicos.

c) Teoria que defende que um indivíduo deve ser compreendido pelos outros nos termos do ambiente cultural em que vive e que nenhuma cultura é superior a qualquer outra. Dessa forma, não existe verdade absoluta: ela está circunscrita a cada cultura no âmbito de suas crenças, sua moral e seus costumes.

d) Pensamento e movimento que se propagou na Europa no século XVIII, pautado na razão e na ciência como forma de conhecimento, e que pregava ideais de liberdade e autonomia na vida em sociedade. Nesse sentido, o pensamento racional deveria prevalecer sobre as crenças religiosas e o misticismo, que impediam a evolução da humanidade.

4 Leia o texto e responda à questão a seguir.

> ### A violência da informação
>
> Um dos traços marcantes do atual período histórico é, pois, o papel verdadeiramente **despótico** da informação. [...] As novas condições técnicas deveriam permitir a ampliação do conhecimento do planeta, dos objetos que o formam, das sociedades que o habitam e dos homens em sua realidade intrínseca. Todavia, nas condições atuais, as técnicas da informação são principalmente utilizadas por um punhado de atores em função de seus objetivos particulares. Essas técnicas da informação (por enquanto) são apropriadas por alguns Estados e por algumas empresas, aprofundando os processos de criação de desigualdades. É desse modo que a periferia do sistema capitalista acaba se tornando ainda mais periférica, seja porque não dispõe totalmente dos novos meios de produção, seja porque lhe escapa a possibilidade de controle.
>
> O que é transmitido à maioria da humanidade é, de fato, uma informação manipulada que, em lugar de esclarecer, confunde. Isso tanto é mais grave porque, nas condições atuais da vida econômica e social, a informação constitui um dado essencial e imprescindível. Mas na medida em que o que chega às pessoas [...] é, já, o resultado de uma manipulação, tal informação se apresenta como **ideologia**.
>
> SANTOS, Milton. *Por uma outra globalização*. Rio de Janeiro: Record, 2001. p. 38-39.

Despótico: tirano, repressor.

Ideologia: pode-se definir ideologia como um conjunto de convicções filosóficas, sociais, políticas, etc. de um indivíduo ou grupo.

- Explique a contradição do atual acesso à informação na visão do autor.

CAPÍTULO

7

Questões étnicas no Brasil

Este capítulo favorece o desenvolvimento das habilidades:

EM13CHS103
EM13CHS104
EM13CHS105
EM13CHS202
EM13CHS204
EM13CHS205
EM13CHS206
EM13CHS302
EM13CHS601

A diversidade de etnias no Brasil é expressiva. Somente entre os povos indígenas, são mais de 250, com cerca de 150 línguas. A essas etnias, acrescentam-se povos de diversas origens dos continentes africano, europeu e asiático. No processo de formação territorial e do próprio Estado nacional brasileiro, desde a chegada do colonizador, esses conjuntos étnicos tiveram diferentes percursos, que, independentemente da miscigenação, ainda refletem no papel deles na sociedade.

Ricardo Azoury/Pulsar Imagens

Produção de farinha na comunidade quilombola Canelatiua, de Alcântara (MA), em 2019. As comunidades quilombolas têm relações sociais características, com os próprios modos de produção e as próprias estruturas de poder e tradições artísticas, com a valorização do passado afrodescendente e o desejo de transmiti-las a outras gerações.

Contexto

1. Os povos das comunidades quilombolas são classificados como populações tradicionais. Que outras populações tradicionais do Brasil você conhece?
2. Explique a importância do modo de vida dessas populações para a natureza e para a cultura brasileira.
3. A classificação como população tradicional significa isolamento em relação aos demais membros da sociedade e da economia brasileiras? Explique.
4. Por que se pode afirmar que grande parte das populações tradicionais e dos povos indígenas estrutura territorialidades diferentes das que existem na maior parte do território brasileiro?

Formação do território brasileiro, povos indígenas e populações tradicionais

O início da formação territorial do Brasil se insere no contexto de expansão do capitalismo comercial, no século XVI. Para ampliar as relações comerciais e extrapolar a escala continental, desde o século anterior os europeus implantavam colônias e entrepostos comerciais na América, na África e na Ásia.

Gradativamente, o espaço que viria a se tornar o Brasil foi ocupado e dominado pelos colonizadores, com a implementação de diversas **atividades econômicas**: na faixa mais próxima ao litoral, houve a exploração de pau-brasil e o cultivo de cana-de-açúcar; nos atuais estados de Minas Gerais, Goiás, Mato Grosso do Sul e Mato Grosso, a exploração de pedras preciosas, ouro e outros recursos minerais; no interior do Nordeste, principalmente acompanhando o vale do rio São Francisco, a criação de gado; e, na região amazônica, a exploração de recursos vegetais, inclusive as **drogas do sertão**. Tratados internacionais também foram estabelecidos para a efetivação do domínio territorial, ainda no Brasil colônia.

Drogas do sertão: especiarias típicas da região amazônica, como cacau, cravo, guaraná, urucum e baunilha.

Reprodução/Fundação Biblioteca Nacional, Rio de Janeiro, RJ

"Índios soldados da província de Curitiba escoltando prisioneiros selvagens", de Jean-Baptiste Debret, 1834 (litografia em papel, de 21 cm × 32,4 cm).

Esse domínio do território pelo colonizador foi se efetivando a partir de relações de poder pautadas por **ações político-econômicas** próprias dos **Estados-Nações modernos** e do **sistema capitalista**, como: exploração de recursos vegetais e minerais para posterior comercialização, definição de limites por meio de tratados, estabelecimento de fortificações, entre outras. No entanto, essas ações, que estabeleciam novas territorialidades em um espaço já ocupado por centenas de povos indígenas — cada qual com suas relações sociais, culturais e de poder, ou seja, com suas territorialidades específicas —, ocasionaram diversos conflitos e choques de territorialidades.

Nesse contexto, diversos indígenas assimilaram o modo de vida do povo colonizador. Milhões foram dizimados em conflitos ou por doenças, e muitos fugiram para o interior do continente sul-americano — onde se reagruparam, enfrentaram outros povos e restabeleceram novas formas de se relacionar com a natureza, muitas vezes diferentes das anteriores, criando novas territorialidades. Nesse processo de restabelecimento, muitos desses grupos deslocados acabaram estruturando novas características culturais e novas identidades socioculturais, sempre marcadas pela resistência ao colonizador.

Reprodução/Coleção particular

Fuga de escravos, de François-Auguste Biard, 1859 (óleo sobre madeira, de 33 cm × 52 cm).

Muitos escravizados africanos e seus descendentes também não se submeteram passivamente à subjugação e fugiram dos engenhos, das casas de seus patrões, das áreas de exploração mineral. Ao fazerem isso, organizaram os **quilombos**, onde procuravam resgatar os modos de vida de seus povos, suas tradições e formas de organização do poder político e de produção.

Esse tipo de povoação e organização social representou a mais importante forma de resistência à escravidão e estruturou outras territorialidades, que afrontavam o poder central. Outros afrodescendentes que não viviam em condição de escravizados também se incorporaram aos quilombos, inclusive comprando propriedades rurais, onde estabeleciam essa organização. Nos quilombos está, portanto, a origem das **comunidades quilombolas**, também chamadas **comunidades remanescentes de quilombos**, como será visto adiante, neste capítulo.

Olho no espaço

Ocupação, expansão e integração do território brasileiro

- Observe os mapas para responder às questões.

Brasil: formação territorial (séculos XVI-XX)

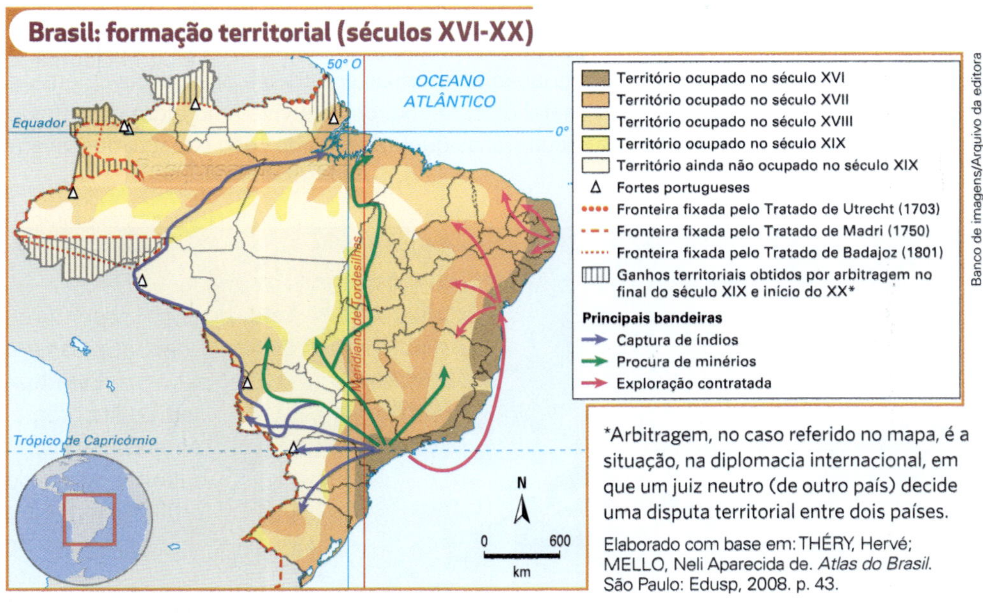

*Arbitragem, no caso referido no mapa, é a situação, na diplomacia internacional, em que um juiz neutro (de outro país) decide uma disputa territorial entre dois países.

Elaborado com base em: THÉRY, Hervé; MELLO, Neli Aparecida de. *Atlas do Brasil*. São Paulo: Edusp, 2008. p. 43.

Brasil: território ocupado e integrado (anos 1990)

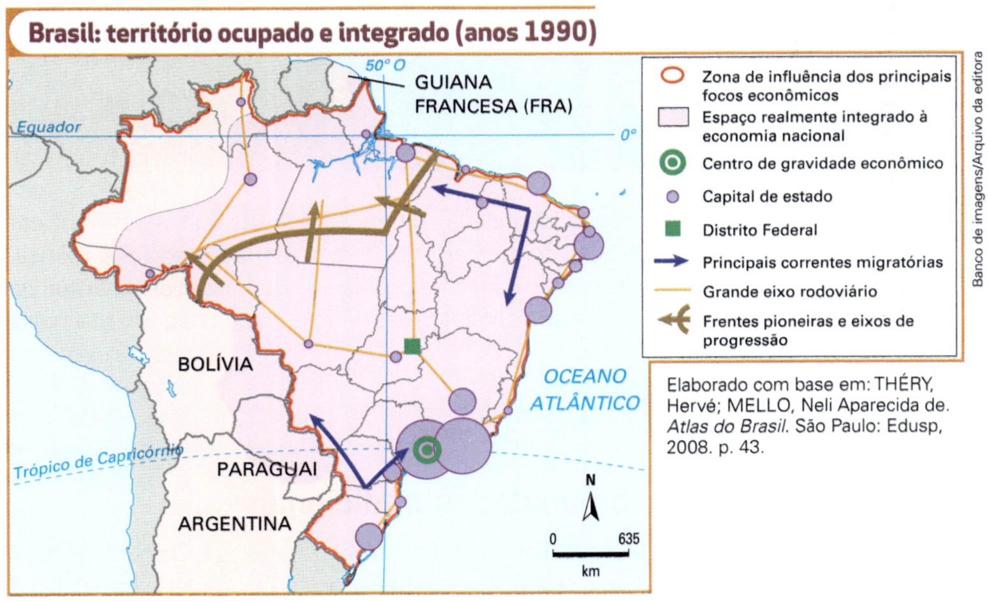

Elaborado com base em: THÉRY, Hervé; MELLO, Neli Aparecida de. *Atlas do Brasil*. São Paulo: Edusp, 2008. p. 43.

a) Com a extrapolação dos limites determinados pela linha de Tordesilhas, o território brasileiro se expandiu significativamente. Que processos contribuíram para isso?

b) Compare os dois mapas. Que diferenças entre os padrões de ocupação do território são constatadas entre o século XIX e o final do século XX?

c) Que atividades econômicas eram praticadas nas porções territoriais ocupadas nos séculos XVI e XVII? Que mão de obra era utilizada?

d) É possível analisar o processo de formação territorial do Brasil na perspectiva do "choque de territorialidades". Explique como isso ocorreu.

Populações, comunidades ou povos tradicionais

Além das comunidades quilombolas, no território brasileiro vivem muitas **outras populações**, **comunidades** ou **povos tradicionais**. São, por exemplo, os povos da floresta, que vivem na Amazônia e praticam a coleta de recursos vegetais (como seringueiros, castanheiros, açaizeiros); os ribeirinhos, que vivem nos vales fluviais amazônicos, pescando e cultivando; os caiçaras, de trechos do litoral do Sudeste e do Sul, que dependem da pesca artesanal; os ciganos, que vivem em diversas cidades do país, desenvolvendo atividades como comércio e apresentações musicais; os faxinalenses do Paraná, que mantêm áreas rurais coletivas para criação de animais e cultivo e praticam a coleta de pinhão e erva-mate em trechos de mata; os catingueiros, que vivem no bioma Caatinga, onde criam animais e praticam a agricultura; as quebradeiras de coco babaçu, que vivem do extrativismo.

Marcio Isensee e Sá/Acervo do fotógrafo

O carijo é o local onde se seca e se processa a erva-mate cultivada pelos faxinalenses. O da foto é comunitário. Paraná, 2017.

Cada comunidade tem a própria identidade cultural e tradições que se refletem em seus modos de produção, na relação com a natureza e na organização social e política. Essas características conferem às comunidades tradicionais territorialidades particulares, que as mantêm como coletividades e as distinguem das demais comunidades tradicionais e dos povos indígenas.

Saiba mais

Política pública na valorização das comunidades tradicionais

Em 2007, foi instituída a Política Nacional de Desenvolvimento Sustentável dos Povos e Comunidades Tradicionais, por meio do Decreto n. 6 040. O objetivo é proteger, valorizar essas comunidades e possibilitar a manutenção de seus modos de vida, com a condição de que façam uso sustentável dos recursos naturais. No contexto dessa política, um decreto define esses povos e comunidades como:

> [...] grupos culturalmente diferenciados e que se reconhecem como tais, que possuem formas próprias de organização social, que ocupam e usam territórios e recursos naturais como condição para sua reprodução cultural, social, religiosa, ancestral e econômica, utilizando conhecimentos, inovações e práticas gerados e transmitidos pela tradição. [...]

BRASIL. Decreto n. 6 040, de fevereiro de 2007.
Institui a Política Nacional de Desenvolvimento Sustentável dos Povos e Comunidades Tradicionais.
Disponível em: www.planalto.gov.br/ccivil_03/_ato2007-2010/2007/decreto/d6040.htm. Acesso em: dez. 2019.

Desafios dos povos tradicionais

Mesmo que, ainda hoje, as populações tradicionais enfrentem diversos desafios para manter os próprios modos de vida, identidade cultural e terras, elas não vivem isoladas nem "pararam no tempo", como a expressão que as designa genericamente pode sugerir. Elas comercializam os próprios produtos e estão em contato com o restante da sociedade de diversas formas: em muitas comunidades, existem aparelhos elétricos variados, como TVs, rádios, geladeiras e *smartphones*; as crianças frequentam a escola regular; e alguns jovens mudam-se para as cidades, onde dão continuidade aos estudos e, eventualmente, permanecem também para buscar oportunidade no mercado de trabalho.

Como visto no mapa "Brasil: território ocupado e integrado (anos 1990)", a expansão do modo de produção capitalista para praticamente todo o espaço geográfico brasileiro forçou essas comunidades tradicionais (e também os povos indígenas) a enfrentar diversas situações desafiadoras para preservar sua organização social e territorialidade.

Com efeito, a abertura de novas fronteiras agropecuárias — com a implementação de monoculturas e pastagens —, a construção de usinas hidrelétricas e de rodovias, a estruturação de grandes projetos mineradores, o garimpo ilegal e a valorização de terras — com a presença da especulação imobiliária, inclusive em áreas urbanas — passaram a ser uma ameaça a essas comunidades, que dependem de um ambiente natural relativamente conservado para a sobrevivência.

Andre Dib/Pulsar Imagens

Quilombola peneira farinha na Comunidade Kalunga de Sucuri, em Monte Alegre de Goiás (GO), 2018.

Projeto Bem Diverso/Grupo de Comunicadores Populares Geraizeiros do Alto Rio Pardo

Os geraizeiros habitam terras que são comuns a todas as famílias. O conhecimento do bioma no qual vivem garante a subsistência familiar e comunitária e a preservação do Cerrado. Na imagem, a comunidade de Roça do Mato durante etapa do seminário internacional em que membros da União Europeia, do Programa das Nações Unidas para o Desenvolvimento (PNUD), do Fundo para o Meio Ambiente Global (GEF) e da Empresa Brasileira de Pesquisa Agropecuária (Embrapa) visitaram locais no Alto Rio Pardo onde ações do Projeto Bem Diverso ocorrem. Montezuma (MG), 2020.

Povos indígenas

Apesar de frequentemente serem classificados como comunidades ou populações tradicionais, os povos indígenas formam uma categoria à parte. De acordo com a legislação do Brasil, não há a obrigatoriedade, no caso dos direitos territoriais desses povos, de se fazer uso sustentável dos recursos naturais. Contudo, é sabido que, nas terras indígenas (TIs), os níveis de conservação das áreas florestais são elevados, havendo, portanto, uma relação direta entre demarcação de terras para esses povos e trechos de florestas conservadas.

Dos indígenas que escaparam da escravidão — milhares resistiram ao trabalho imposto pelos portugueses —, muitos foram exterminados durante o processo de colonização e, posteriormente, em conflitos com fazendeiros, garimpeiros e outros grupos que invadiam suas terras. Além das mortes em conflitos, comunidades inteiras de indígenas foram aniquiladas ao contraírem as doenças trazidas pelo colonizador, como gripe, catapora e sarampo, e outras sofreram **aculturação**.

Aculturação: assimilação cultural resultante do contato entre indivíduos de povos diferentes, que pode ser ocasionada pela imigração, por intercâmbios comerciais ou pela dominação.

Cálculos aproximados indicam que, quando da chegada dos portugueses, mais de 4 milhões de ameríndios viviam no que constitui o atual território brasileiro. Eles formavam diferentes **nações** com costumes, crenças e formas de organização social e de sobrevivência próprias. O *Censo Demográfico 2010* registrou a presença de 896,9 mil indígenas vivendo no Brasil, distribuídos em 255 etnias e que usam mais de 150 línguas diferentes, de acordo com o Instituto Socioambiental (ISA). Apesar dessa drástica redução, a população indígena voltou a aumentar nas últimas décadas, o que muitos atribuem a uma maior atenção à causa indígena e à demarcação de algumas terras indígenas. O direito a um território e a um modo de vida próprios é o que garante a sobrevivência e reprodução desses povos.

O **universo indígena brasileiro** é bastante diverso. Alguns povos indígenas, apesar de terem certo grau de contato com o restante da sociedade, mantêm a própria identidade e tradições. Há também povos que só falam o português e adquiriram hábitos exóticos, como o consumo de produtos industrializados. Existem, ainda, grupos indígenas que se mantêm isolados em áreas próximas às fronteiras ou de difícil acesso, sem nenhum contato com outras comunidades.

Lucíola Zvarick/Pulsar Imagens

Indígenas filmam com celulares o Quarup na Terra Indígena do Xingu, em Gaúcha do Norte (MT). Foto de 2019.

Lunae Parracho/Reuters/Fotoarena

Indígenas considerados isolados reagem a um avião sobrevoando a comunidade na bacia amazônica, no Acre, perto da fronteira com o Peru, nessa foto de 2014. Três meses após a publicação da foto, o mesmo grupo de indígenas fez o primeiro contato formal com o povo Ashaninka e a Fundação Nacional do Índio (Funai). Eles disseram que invasores não indígenas haviam queimado suas aldeias – que ficam perto de uma região de conhecido tráfico de drogas e atividade madeireira ilegal. Imediatamente após conhecer os forasteiros, vários indígenas adoeceram. Segundo a Funai, a situação foi controlada: ela os vacinou contra a gripe e reabriu uma base local abandonada três anos antes, após um ataque de homens armados do cartel.

! Dicas

A questão do índio

De Betty Mindlin e Fernando Portela. São Paulo: Ática, 2011.

Discute a situação dos povos indígenas no Brasil e narra a aventura ficcional de dois jovens na Amazônia.

Povos Indígenas no Brasil

http://img.socioambiental.org/v/publico/

O programa do Instituto Socioambiental (ISA) reúne imagens do cotidiano de grande parte dos povos indígenas brasileiros.

Vídeo nas aldeias

www.videonasaldeias.org.br/2009/video.php

A ONG apoia a produção audiovisual dos povos indígenas visando fortalecer suas identidades e patrimônios culturais e territoriais. São mais de 70 filmes sobre a vida dos indígenas pelo olhar deles mesmos.

Tecnologia e cosmologia

O texto abaixo analisa a incorporação, por parte de povos indígenas, dos recursos tecnológicos desenvolvidos pelas sociedades capitalistas, destacando também a importância de se considerar a noção de cultura imaterial. As ideias presentes no texto auxiliam, inclusive, na elaboração de argumentos para pautar discussões relativas à temática indígena no dia a dia. É esse o foco da atividade proposta a seguir.

Cosmologia: no texto, significa o conjunto de conhecimentos de cada povo que explicam o seu universo.

> [...] Seriam "índios de verdade" aqueles que mantêm intacta a produção (e não necessariamente o uso) desses bens materiais com suas tecnologias "primitivas"; e deixariam de ser índios aqueles que passam a conviver e usufruir do alto grau de desenvolvimento conquistado pelos povos ocidentais. Essa noção se sedimentou ao longo de séculos, e por muito tempo a Antropologia foi associada à ciência que colecionava para museus a cultura material de povos fadados ao desaparecimento.
>
> Chegamos ao século XXI e os índios estão cada vez mais em contato com a sociedade não indígena; isto não os impede de aplicar conceitos próprios sobre o universo e seus seres, renovar suas formas de classificação dos espaços geográficos, fazer referência a narrativas sobre experiências vividas por seus antepassados ou explicar e combater malefícios ou doenças com um vasto repertório de curas que não estão ao alcance de médicos especialistas. Se isso tudo continua vivo é porque faz muito sentido para a manutenção da organização social e cosmológica dessas populações.
>
> Essa constatação é recente e a noção de "cultura" ampliou-se quando introduziu o conceito de "cultura imaterial". Trata-se de admitir como parte do patrimônio cultural de um povo as suas expressões orais, as práticas sociais, os conhecimentos associados à natureza e ao universo, os usos desses conhecimentos e as técnicas tradicionais.
>
> INSTITUTO SOCIOAMBIENTAL (ISA). *Almanaque Socioambiental*: Parque Indígena do Xingu 50 anos. São Paulo: Instituto Socioambiental, 2011. p. 244-245.

- Em sua opinião, o indígena deixa de ser indígena quando usa tecnologia? Justifique.

Terras indígenas (TIs)

De acordo com o Instituto Socioambiental, as 723 terras indígenas no Brasil cobrem 13% do território (veja o mapa "Brasil: terras indígenas — TIs (2018)"). Boa parte dessas terras, no entanto, ainda não foi demarcada. Segundo a lei, as **terras demarcadas** são de uso exclusivo e posse das populações indígenas, que asseguram para si o direito sobre a exploração dos recursos naturais nelas existentes.

Terras demarcadas: terras indígenas oficialmente demarcadas, após o reconhecimento, pela União, de seus limites territoriais. Essa demarcação ocorre entre a declaração e a homologação.

Conforme a Constituição de 1988, as TIs são porções do território habitadas por um ou mais grupos indígenas e consideradas essenciais à preservação dos recursos necessários a sua sobrevivência, reprodução física e cultural. Nelas, as comunidades nativas têm o direito de utilizar o solo, os rios, os lagos e as demais riquezas naturais existentes.

A Constituição reconheceu os direitos dos povos indígenas como primeiros habitantes de suas terras e estabeleceu que elas fossem demarcadas até 1995. Esse processo, contudo, ainda está em andamento, muitas vezes envolvendo grandes conflitos.

As TIs são frequentemente invadidas por grandes empresas madeireiras, garimpeiros e agropecuaristas, entre outros. As atividades desenvolvidas por esses grupos comprometem o meio ambiente e, por isso, mesmo quando praticadas próximo às terras indígenas, constituem uma ameaça à subsistência desses povos.

Segundo o ISA, entre agosto de 2018 e julho de 2019, o desmatamento em terras indígenas foi o maior em 11 anos. Um dos motivos é a diminuição na fiscalização dessas áreas.

Dicas

Xingu

Direção de Cao Hamburger. Brasil, 2012. 102 min.

Os irmãos Orlando, Cláudio e Leonardo Villas Bôas partem numa missão desbravadora ao se alistar no programa de expansão da região do Brasil central, incentivados pelo governo. Essa expedição resultou na fundação, em 1961, do Parque Nacional do Xingu (atual Parque Indígena do Xingu), a primeira terra indígena do Brasil.

Instituto Socioambiental (ISA)

www.socioambiental.org

O ISA é uma ONG cujas ações visam à defesa dos bens e direitos sociais, à proteção do meio ambiente, do patrimônio cultural e dos direitos dos povos indígenas do Brasil.

***Blog* de Marcos Terena**

www.marcosterena.blogspot.com

O líder indígena Marcos Terena criou o primeiro movimento indígena no Brasil e foi responsável pela organização da Conferência Mundial dos Povos Indígenas sobre território, meio ambiente e desenvolvimento, ocorrida na Conferência Rio-92. Em seu *blog*, há documentos, artigos e vários *links* de vídeos sobre a população indígena.

Brasil: terras indígenas — TIs (2018)

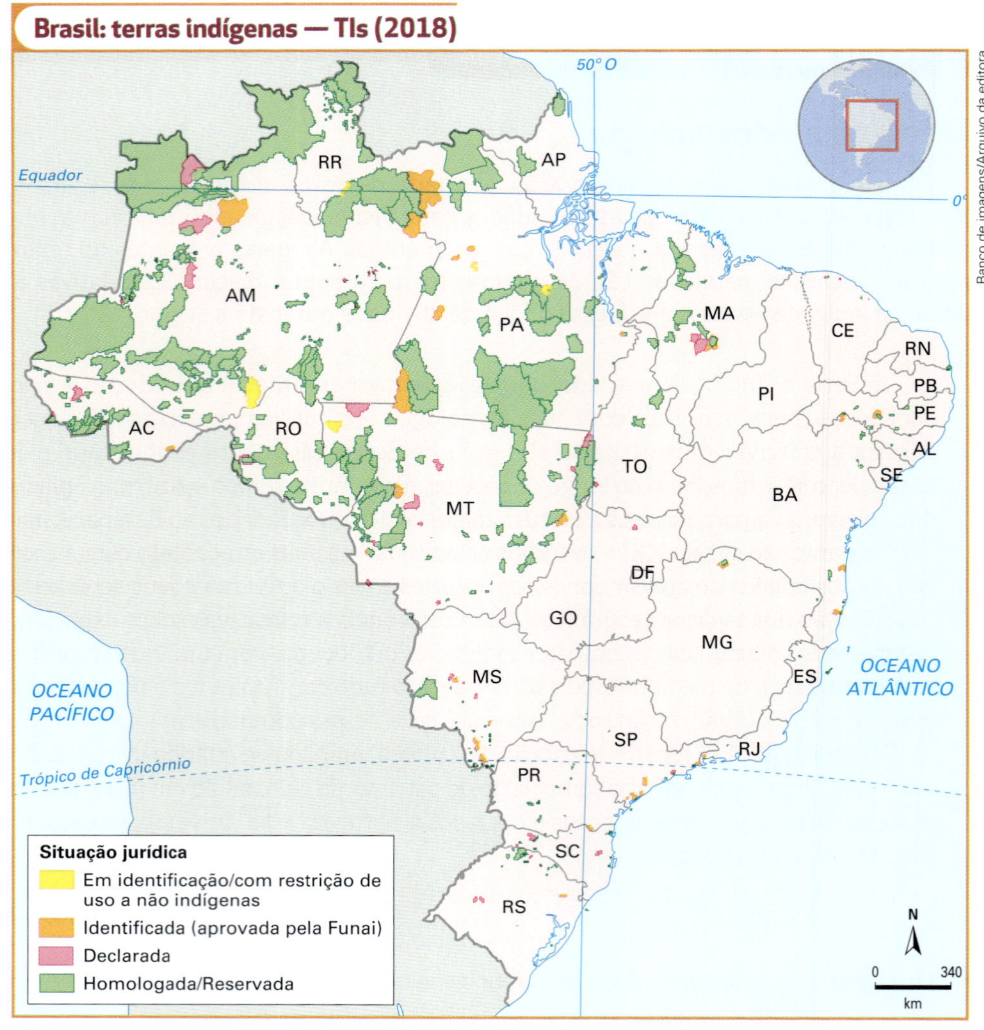

Elaborado com base em: INSTITUTO SOCIOAMBIENTAL. Disponível em: https://acervo.socioambiental.org/acervo/mapas-e-cartas-topograficas/brasil/terras-indigenas-no-brasil-marco-2018. Acesso em: out. 2019.

Como é possível observar no mapa, a maioria da população indígena do país vive na região Norte, onde ocupa grandes extensões de terra e preserva o próprio modo de vida tradicional. Em outras regiões, especialmente no Centro-Sul do Brasil, as terras são menores e algumas vezes abrigam aldeias muito povoadas. Em áreas insuficientes para prover o sustento e a sobrevivência da comunidade, indígenas recorrem às cidades próximas em busca de recursos e trabalho. Essa integração forçada os coloca em situação de marginalidade no novo meio.

O Parque Indígena do Xingu, criado em 1961, foi a primeira terra indígena homologada no Brasil. Situado no sul da Amazônia (no Mato Grosso), ocupa atualmente 30 mil km² e abriga 16 etnias e mais de 5 mil habitantes. Na imagem, indígenas colocam palha de sapé como cobertura de uma moradia com estrutura de madeira, na aldeia Aiha. Foto de 2018.

Afrodescendentes

Os africanos trazidos como escravizados para o Brasil eram principalmente sudaneses (iorubas, jejes, malês, ibos, entre outros) e bantos (como cabindas, bengalas, banquistas, tongas), de áreas que, atualmente, correspondem aos territórios de Angola, Moçambique e Nigéria. Cabe ressaltar que essas denominações — sudaneses e bantos — foram dadas pelos colonizadores: os primeiros habitavam a região entre o atual Cabo Verde, no litoral, e o Sudão, enquanto os segundos viviam no centro-sul da África. Além desses, foram trazidas grandes quantidades de escravizados da atual Nigéria, mesmo após a proibição do tráfico negreiro.

Calcula-se que, durante o período de escravidão (da primeira metade do século XVI até 1888), foram capturados e trazidos para o Brasil cerca de 5 milhões de africanos, que entravam no país principalmente pelos portos de Salvador, Recife e Rio de Janeiro. Aqui, trabalharam em lavouras de cana-de-açúcar, algodão e café e na mineração, além de realizar outras atividades, como trabalhos domésticos e de ofício (carpinteiros, pintores, pedreiros, ourives, etc.).

O Brasil foi o último país ocidental a abolir a escravidão, o que ocorreu há pouco mais de um século, em 1888. Apesar de libertos, os ex-escravizados, deixados à própria sorte, continuaram em situação desfavorável. Além disso, nessa época, estimulava-se a imigração e os postos de trabalho acabavam ocupados principalmente por europeus que, em geral, já desenvolviam em seus países de origem as atividades da lavoura, do comércio e da indústria.

O Brasil é o país que abriga a maior população negra fora da África: dados do Instituto Brasileiro de Geografia e Estatística (IBGE) de 2018 indicam que a população que se declara preta e parda (54,8%) supera a população que se declara branca (43,1%). Os afrodescendentes, no entanto, enfrentam inúmeras dificuldades em consequência das desigualdades sociais e do preconceito.

Explore

- Observe o cartum de Maurício Pestana (1963-) e comente a crítica expressa. Cite acontecimentos históricos na sua argumentação.

© Maurício Pestana/Acervo do cartunista

Racismo no Brasil

A origem étnica pode dificultar a inserção do indivíduo no mercado de trabalho. Os afrodescendentes são os mais atingidos pelo desemprego e grande parte dos que são empregados exerce atividades de baixa qualificação. Em consequência, no geral, moram em lugares mais distantes do local de trabalho, nas periferias, onde dispõem de serviços básicos (saúde, educação, saneamento, etc.) precários e de opções de lazer escassas.

No Brasil, os indicadores sociais demonstram que afrodescendentes ganham salários menores que os brancos, têm menor grau de escolaridade e são mais afetados pelo desemprego. Veja o gráfico.

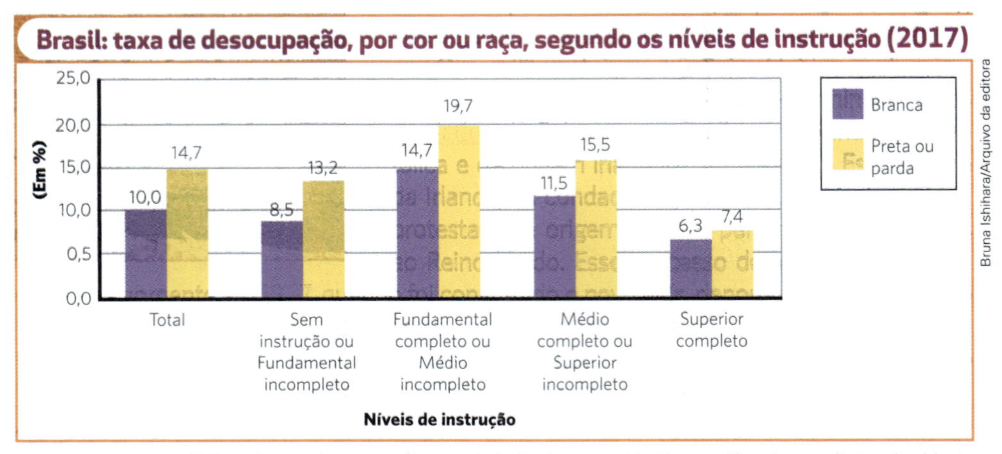

Elaborado com base em: *Síntese de indicadores sociais*: Uma análise das condições de vida da população brasileira 2018. Rio de Janeiro: IBGE, 2018. Disponível em: https://biblioteca.ibge.gov.br/visualizacao/livros/liv101629.pdf. Acesso em: dez. 2019.

! Dica

Racista, eu!? De jeito nenhum...

De Maurício Pestana. São Paulo: Escala, 2001.

O livro traz uma seleção de cartuns do autor dedicados a denunciar as desigualdades sociais e o racismo no Brasil.

Além da raiz histórica — marcada por quase quatro séculos de escravidão —, a situação de desigualdade social entre brancos e afrodescendentes se mantém em função da educação pública deficiente, do menor acesso às informações associadas às novas tecnologias (computador, serviços de banda larga, internet, etc.), da maior necessidade de ter os jovens complementando a renda familiar e do preconceito. Dessa forma, é negado aos afrodescendentes — e também aos indígenas — o princípio básico das sociedades democráticas, que é a igualdade de oportunidades.

Pela atual Constituição brasileira, o racismo é crime. Para a punição às atitudes racistas, são necessários o testemunho de uma terceira pessoa e o registro de ocorrência policial. Muitas vezes, no entanto, o racismo não é manifestado abertamente. É difícil, por exemplo, comprovar que um emprego foi negado a determinada pessoa por causa da cor de sua pele.

A pressão dos movimentos sociais, especialmente do movimento negro, e o reconhecimento inegável de que as diferenças sociais e econômicas são visíveis pela cor da pele impulsionaram a implementação de ações afirmativas no Brasil.

Wagner Souza/Futura Press

Manifestação contra o racismo no Dia da Consciência Negra, em Campinas (SP), 2019.

Ações afirmativas

As desigualdades entre os diferentes grupos étnicos — criadas historicamente pela sociedade e pelo próprio Estado — existem em todo o mundo. Visando corrigi-las, diferentes ações têm sido empregadas ao longo dos anos. Um exemplo é a política de **ações afirmativas** ou **discriminação positiva**.

As ações afirmativas de combate à discriminação racial e de melhoria das condições de vida da população negra foram adotadas em diferentes países, como os Estados Unidos e a África do Sul, após o fim do ***apartheid*** (o regime de segregação institucionalizada contra os negros, ou seja, prevista em lei), e estão sendo implementadas também no Brasil. Algumas já são aplicadas, como o estabelecimento de cotas para afrodescendentes e indígenas nas universidades e nos serviços públicos.

Saiba mais

Ação afirmativa

A expressão **ação afirmativa** foi empregada no início da década de 1960 pelo presidente John F. Kennedy (1917-1963) para designar o conjunto de políticas que visava combater a discriminação de raça, gênero, credo, etc., e corrigir efeitos da discriminação, garantindo a igualdade de oportunidade nos postos de trabalho. Em 1964, seu sucessor, Lyndon B. Johnson (1908-1973), promulgou a Lei de Direitos Civis e implementou políticas de ações afirmativas destinadas à promoção social dos cidadãos afro-estadunidenses. Essas políticas se justificavam pelo reconhecimento da necessidade de reparar os danos da discriminação racial persistente nos Estados Unidos desde que o Congresso pôs fim à escravidão, em 1865.

Cotas nas universidades públicas

O sistema de cotas nas universidades públicas é a mais polêmica das ações afirmativas postas em prática. Ele visa diminuir a distância entre o acesso de negros e brancos ao Ensino Superior — segundo dados do IBGE, em 2017, 33,4% dos negros com Ensino Médio completo ingressaram no Ensino Superior, enquanto 51,5% dos brancos nas mesmas condições ingressaram nesse mesmo nível.

Aqueles que combatem as cotas argumentam que o sistema fere o princípio constitucional de igualdade entre os cidadãos e estimula a **cisão racial** no país, opondo os afro-brasileiros aos brancos, e defendem que o governo deveria investir no Ensino Fundamental e no Ensino Médio públicos de qualidade, criando as condições necessárias para que a população pobre (independentemente da cor da pele) possa competir por vagas nas universidades em igualdade de condições. Acrescentam ainda que as cotas se tornaram uma solução mais fácil e menos onerosa e servem para mascarar a real situação do ensino do país. Argumentam que é uma das funções do Ensino Superior formar profissionais capacitados ao desenvolvimento de pesquisa científica e tecnológica. Portanto, a universidade pública deve ser uma instituição de excelência, cuja seleção deve ter como critério o mérito e o potencial dos ingressantes para que possa atender a essas finalidades.

Por outro lado, os que defendem as cotas nas universidades públicas alegam que o sistema é uma medida essencial para resolver a exclusão racial em curto prazo e que já existem na sociedade brasileira "cotas invisíveis" contempladas pela população branca. Acrescentam que a política de cotas nas universidades destinada à população afrodescendente é vista como uma forma de saldar uma dívida histórica da sociedade, considerando o seu passado escravista. Concordam que a reserva de vagas aos afrodescendentes é uma medida emergencial e necessária, pois a melhoria do ensino público básico depende de investimento e manutenção de políticas adequadas por sucessivos governos.

Nesse sentido, os que defendem as cotas acreditam que as opções dadas pelos que são contrários transferem para o futuro a solução dos problemas causados pela desigualdade étnica e social, além de não apontarem soluções para aqueles que almejam (e necessitam) ter agora o acesso à universidade pública.

Dica

Secretaria Nacional de Políticas de Promoção da Igualdade Racial (Seppir)

www.mdh.gov.br/informacao-ao-cidadao/acoes-e-programas/secretaria-nacional-de-politicas-de-promocao-da-igualdade-racial

A Seppir tem como objetivo promover a igualdade e a proteção de grupos étnicos afetados por formas de intolerância. No *site* é possível conhecer as metas, os programas e os resultados das ações da Secretaria.

Muitos defensores das cotas consideram que as outras medidas propostas pelos opositores também devem ser incorporadas e que, portanto, as duas formas de combater a exclusão não são antagônicas. As cotas têm efeito imediato e precisam de certo tempo para ser avaliadas; as outras propostas demandam tempo e vontade política para a sua aplicação.

Em 2012, foi aprovada a lei (válida por dez anos) que assegura metade das vagas dos cursos nas universidades e escolas técnicas federais a estudantes de escolas da rede pública. Garante, também, que a distribuição das vagas entre os cotistas deve observar critérios como renda familiar e uma repartição entre afrodescendentes e indígenas, proporcional à composição numérica desses grupos em cada estado.

Tercio Teixeira/Futura Press

Anderson Barbosa/Fotoarena

À esquerda, estudantes da cidade de São Paulo protestam contra as cotas para estudantes no Ensino Superior. À direita, manifestação a favor das cotas em São Paulo (SP). As manifestações foram registradas em 2012, ano em que a lei foi aprovada. As cotas ainda são discutidas na sociedade.

Comunidades quilombolas

As **comunidades quilombolas** ou **comunidades remanescentes de quilombos** foram formadas por escravizados fugitivos e ex-escravizados que receberam doações ou conseguiram comprar terras. Essas comunidades foram formadas em fazendas abandonadas, terras doadas pelo Estado (por serviços prestados principalmente em guerras) e terras antes ocupadas por ordens religiosas e deixadas às comunidades negras locais.

Existiam, em 2018, 3 045 dessas comunidades espalhadas por praticamente todo o território brasileiro, certificadas pela Fundação Cultural Palmares — instituição criada em homenagem ao mais conhecido quilombo do país, o Quilombo dos Palmares, localizado no estado de Alagoas. Em geral, as comunidades estão estabelecidas em áreas rurais, mas há também diversas comunidades em áreas urbanas.

Chico Ferreira/Pulsar Imagens

Comunidade remanescente do Quilombo Boa Esperança faz apresentação de jongo, uma dança de origem africana, no município Presidente Kennedy (ES). Foto de 2019.

Terras quilombolas

A Constituição de 1988, após cem anos da abolição da escravidão, garantiu o direito legítimo das terras quilombolas aos membros da comunidade. No entanto, nem todos receberam titulação definitiva que lhes garanta a propriedade das terras. Observe o mapa.

Para restringir o título de propriedade às áreas onde estão instaladas as habitações, em 2008, ocorreu uma mudança no procedimento de certificação das terras comunitárias. Tal medida impede que essas comunidades tenham acesso aos recursos naturais necessários à sua existência material e cultural e cria uma série de obstáculos burocráticos para a formalização do processo de titulação.

Além de lutarem para manter e legalizar suas terras, as comunidades quilombolas têm outros desafios relacionados à estruturação de práticas de exploração de recursos naturais e agrícolas pautadas no desenvolvimento sustentável, à preservação de seus valores culturais, à valorização da sua produção artesanal e à formação de associações que garantam maior capacidade de mobilização para as comunidades.

Segundo dados do Instituto Nacional de Colonização e Reforma Agrária (Incra), o orçamento para a regularização de terras quilombolas em 2019 foi quase dez vezes menor que em 2010. A falta da posse legal da terra gera problemas para essas comunidades, como dificuldades no acesso a serviços de saúde, energia e água, e conflitos com madeireiros, que exploram recursos naturais dessas terras.

Brasil: terras quilombolas (2017)

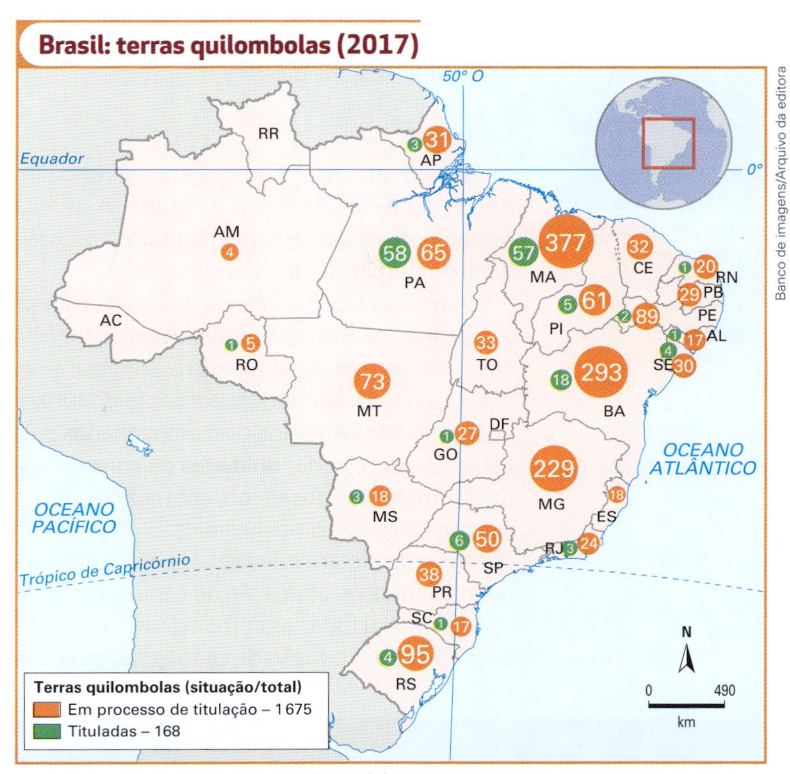

Elaborado com base em: COMISSÃO PRÓ-ÍNDIO DE SÃO PAULO. Direitos Quilombolas – Confira o balanço de julho: três relatórios de identificação publicados. Disponível em: http://cpisp.org.br/direitos-quilombolas-confira-o-balanco-de-julho-tres-relatorios-de-identificacao-publicados/. Acesso em: 16 dez. 2019.

Brasil: orçamento para regularização de terras quilombolas (2010-2019)

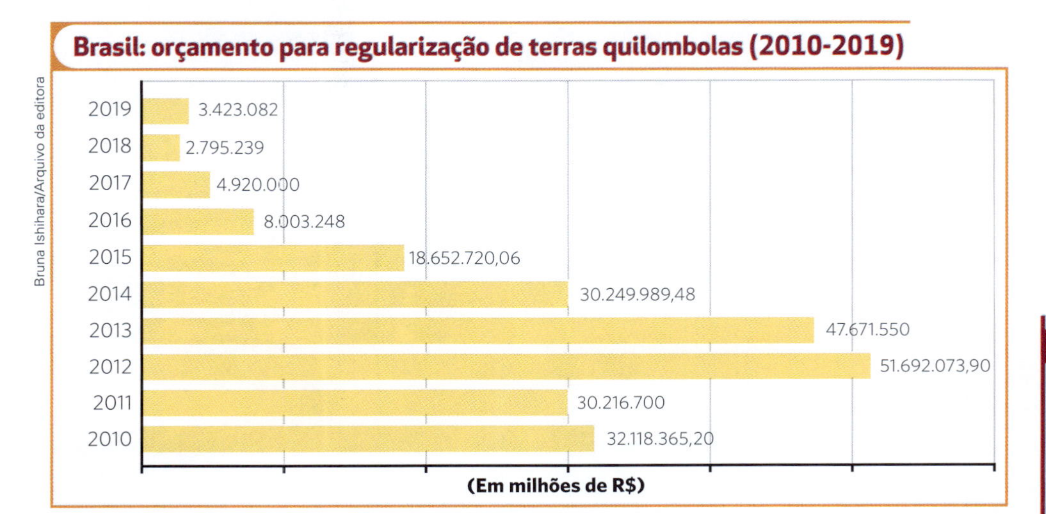

Elaborado com base em: PAULO, Paula Paiva. Orçamento para regularização de terras quilombolas diminui 90% em 10 anos. *G1*, 20 nov. 2019. Disponível em: https://g1.globo.com/natureza/desafio-natureza/noticia/2019/11/20/orcamento-para-regularizacao-de-terras-quilombolas-diminui-90percent-em-10-anos.ghtml. Acesso em: mar. 2020.

Dica

Quilombolas no Brasil

http://cpisp.org.br/quilombolas-brasil/

O *site* traz informações sobre a história e a vida dessas comunidades.

> **Dica**
>
> **O levante das comunidades tradicionais**
>
> *https://reporterbrasil.org.br/comunidadestradicionais/o-levante-das-comunidades-tradicionais/*
>
> Reportagem especial da ONG Repórter Brasil sobre algumas comunidades tradicionais do Brasil. Traz a localização, as principais atividades e lutas das comunidades, o que as ameaça e como se organizam para defender seus direitos.

Outras comunidades tradicionais no Brasil

Como visto anteriormente, apesar de os povos indígenas e as comunidades quilombolas, muitas vezes, terem de lutar pelo direito às próprias terras, isso está garantido na Constituição federal brasileira. No entanto, essa garantia não se estende a outras comunidades tradicionais do Brasil. Em decorrência disso, elas enfrentam muitas dificuldades para a manutenção de seus modos de vida, intrinsecamente dependentes dos recursos naturais disponíveis nos territórios onde estruturam sua organização política e social e mantêm suas tradições, sua identidade cultural, suas atividades econômicas.

Há dezenas de tipos de comunidades ou populações tradicionais. A seguir, serão destacados alguns deles.

Caiçaras

As comunidades de caiçaras se encontram em trechos do litoral dos estados do Rio de Janeiro, São Paulo e Paraná. A atividade principal dos caiçaras é a pesca, mas também desenvolvem a agricultura, praticada no sistema de roça, com cultivo de mandioca, milho, feijão e cana-de-açúcar.

A ocupação mais intensa do litoral desses estados, associada ao avanço sobre os mangues (área de reprodução de diversas espécies marinhas) e ao desmatamento de áreas costeiras, vem se constituindo na principal ameaça a essas comunidades. Atualmente, esse processo se dá, sobretudo, em razão do turismo e da construção de casas e edifícios com apartamentos de veraneio, acompanhados pela especulação imobiliária. Nesse contexto, o Estado procurou criar **unidades de conservação** (**UCs**) para limitar a expansão dessa ocupação, mas não considerou, em muitos casos, aspectos próprios das territorialidades dessas populações, como sua relação com o ambiente natural e seus métodos de produção. Por exemplo, foram criadas UCs que proíbem a pesca, a formação de cultivos e a retirada de madeira para fabricação de canoas em locais onde vivem os caiçaras.

Como em todas as comunidades tradicionais, os conhecimentos relacionados à pesca, ao cultivo e à produção de canoas são passados de geração em geração.

Edson Sato/Pulsar Imagens

Caiçara pesca com rede no litoral de Paraty (RJ). Foto de 2016.

Povos da floresta

A expressão povos da floresta é uma denominação genérica que inclui diversas comunidades tradicionais (inclusive quilombolas) e os povos indígenas. Entre essas comunidades estão os **castanheiros**, **seringueiros**, **açaizeiros** e os **ribeirinhos**.

Essas comunidades têm suas territorialidades intrinsecamente vinculadas com a Floresta Amazônica, de onde retiram os recursos necessários à sua sobrevivência e, a partir dessa relação sociedade-natureza, desenvolvem diversas técnicas e conhecimentos, ou seja, diversos saberes, como a manipulação de plantas medicinais. Essas relações com o ambiente natural e aquelas que são estruturadas entre os membros da comunidade, bem como seus valores culturais e religiosos, as diferenciam das demais comunidades, ainda que todas tenham como marca fundamental o elo com a natureza.

Apesar de terem algumas características em comum — como o cultivo de determinados gêneros, principalmente o milho e a mandioca, a pesca artesanal, além de conhecimentos sobre as propriedades medicinais de plantas e animais —, o principal produto extraído por essas comunidades lhes confere uma identidade sociocultural. Daí existirem aqueles que vivem da **extração do látex da seringueira (seringueiros), da castanha-do-pará (castanheiros), do açaí (açaizeiros) e da pesca artesanal (ribeirinhos)**, estabelecidos nos vales fluviais. A atividade realizada por essas comunidades é feita de modo sustentável, sem destruir a mata, praticar a pesca predatória ou poluir os rios. Por isso, preservar e respeitar o modo de vida dos povos da floresta é tão importante quanto conservar a mata e os cursos de água.

Eduardo Knapp/Folhapress

Comunidade ribeirinha, em Careiro da Várzea (AM). As moradias construídas sobre palafitas (troncos de madeira) são típicas de regiões que alagam constantemente. Foto de 2018.

Antonio Sá/Pulsar Imagens

Os barcos são o principal transporte para os ribeirinhos. Na imagem, barcos de transporte de pessoas em Belém do São Francisco (PE) para as ilhas próximas no rio São Francisco. Foto de 2019.

Essas comunidades, em conjunto com populações indígenas, estão articuladas por meio da **Aliança dos Povos da Floresta**, que luta pela garantia do direito à terra e pela conservação dos recursos naturais, fundamentais à manutenção de seus modos de vida.

Em diversas localidades da Amazônia, a resistência desses grupos foi necessária para combater a expansão da agropecuária, da exploração madeireira e do garimpo, três atividades nocivas à conservação da floresta e à qualidade das águas dos rios, além de grandes ameaças aos modos de vida desses povos. Atualmente, parte dessas comunidades tradicionais vive em **Reservas Extrativistas** (**Resex**), unidades de conservação criadas para proteger os meios de vida e a cultura das populações tradicionais e conservar os recursos naturais por meio da exploração e do manejo sustentáveis.

Explore

A Associação das Comunidades Tradicionais do Bailique (ACTB), no Amapá, foi a primeira do mundo, em 2016, a ter o certificado internacional do Forest Stewardship Council (FSC), uma organização não governamental que promove o manejo florestal responsável. A certificação florestal garante que a matéria-prima foi obtida de acordo com os padrões ecológicos sustentáveis e que também promove o desenvolvimento social e econômico das comunidades extrativistas.

- Levando em conta as características da territorialidade dessa comunidade e das demais que são denominadas povos da floresta, analise alguns aspectos que garantiram a certificação. Considere também em sua análise a relação desse povo com a própria ancestralidade.

John Pacheco/G1

Trabalhador da ACTB coloca o açaí colhido em lonas para seguir para a etapa de higienização da fruta. Macapá (AP), 2018.

A experiência das Resex mostrou que as populações tradicionais são aliadas na luta pela conservação dos sistemas naturais. Além de o seu modo de vida causar um impacto mínimo ao ambiente, as populações que vivem nas UCs também são importantes para seu controle e sua vigilância.

Um dos desafios dos castanheiros, seringueiros e açaizeiros é o beneficiamento de produtos florestais, como madeiras, frutos, fibras, óleos, resinas, a fim de aumentar o valor agregado dos produtos que comercializam. Por exemplo, em vez de vender a fruta do açaí, seria melhor comercializar a polpa, que propicia maior valor de mercado.

Quebradeiras de coco babaçu

As quebradeiras de coco babaçu vivem da coleta e da quebra do coco, utilizado em diversas atividades econômicas, como na fabricação de óleo de dendê e de cosméticos. Atualmente, lutam pela aprovação da lei federal de livre acesso aos babaçuais dos estados de Piauí, Maranhão, Tocantins e Pará, principais produtores desse fruto. Além dessa lei, que tramita no Congresso Nacional desde 2009, as quebradeiras querem a aprovação de leis estaduais e municipais que garantam acesso a essas áreas (elas já conseguiram que alguns municípios as aprovassem).

As reivindicações surgem diante das dificuldades de manter as atividades de coleta e quebra do coco babaçu, uma vez que, com a expansão do agronegócio, grande parte das áreas de ocorrência natural da palmeira babaçu foi incorporada a propriedades rurais particulares.

Hoje, as mulheres que vivem dessa atividade são, muitas vezes, impedidas de fazer a coleta do fruto nas áreas rurais produtoras, sofrendo ameaças e até agressões. Geralmente, os proprietários de terras nas quais se encontram os babaçuais optam por vender a matéria-prima a indústrias de carvão vegetal, onde é processada e vendida para empresas produtoras de ferro-gusa, por exemplo.

Ricardo Azoury/Pulsar Imagens

As quebradeiras de coco babaçu lutam pelo livre acesso aos babaçuais, movimentando a discussão sobre os direitos territoriais das comunidades tradicionais no Brasil. Foto no município de Viana (MA), 2019.

! Dica

Movimento Interestadual das Quebradeiras de Coco Babaçu (MIQCB)

www.miqcb.org/

A organização representa os interesses sociais, políticos e econômicos das mulheres quebradeiras de coco babaçu.

Atividades

1 Analise os excertos a seguir e elabore um comentário sobre os atuais desafios brasileiros em relação às questões socioambientais.

TEXTO 1

> [...] na tentativa de viabilizar o capitalismo moderno no país, foi adotado um modelo econômico preponderantemente voltado à exportação e, para atingir níveis de eficiência compatíveis com a economia internacional, foram estabelecidas metas de produção que utilizam pouca mão de obra, exigem grande concentração de capital e se apropriam dos recursos naturais sem nenhuma prudência ecológica. Isso pode ser visto mais notadamente na agricultura e na indústria, onde a importação de tecnologias desenvolvidas no Hemisfério Norte e sua implantação no Hemisfério Sul, em condições ambientais totalmente diversas, tanto do ponto de vista físico como social, causou impactos imediatos sobre o ambiente e sobre a qualidade de vida. [...]
>
> GALVÃO, Raul Ximenes. A questão ambiental no Brasil. *Revista de Ensino de Ciências*, n. 18, p. 4, ago. 1987. Disponível em: www.cienciamao.usp.br/dados/rec/_aquestaoambientalnobrasi.arquivo.pdf. Acesso em: dez. 2019.

TEXTO 2

> Incentivar que as comunidades mantenham a exploração de alguns elementos da natureza é importante porque você incentiva tradições desses povos. A colheita da castanha-do-pará, por exemplo, envolve um ritual tradicional entre índios da Amazônia. Grupos familiares saem pela floresta para colher a castanha e passam alguns dias andando e dormindo juntos, debaixo das castanheiras. Nesse período acontece uma convivência importante para as gerações mais novas que ouvem as histórias dos mais velhos e conhecem mais de sua cultura. Adriano Jerozolimski, coordenador da Associação Floresta Protegida, afirma que outra vantagem desse ritual de colheita é a ocupação das matas pelos índios, ainda que seja por poucos dias. "Quando os índios circulam pelas matas, evitam que elas fiquem esquecidas e sem proteção, correndo o risco de serem invadidas, griladas e desmatadas", diz. [...]
>
> HERRERO, Thaís. Como o marco legal da biodiversidade pode proteger nossas florestas. *Época*, 10 jun. 2015. Disponível em: https://epoca.globo.com/colunas-e-blogs/blog-do-planeta/amazonia/noticia/2015/06/como-o-marco-legal-da-biodiversidade-pode-proteger-nossas-florestas.html. Acesso em: dez. 2019.

2 A tabela a seguir apresenta a evolução da população não indígena e indígena nos Censos de 1991, 2000 e 2010. Analise os dados e explique as alterações nos números dessas populações nas últimas décadas.

Brasil: evolução da população não indígena e indígena (1991, 2000 e 2010)

Categoria	1991	2000	2010
TOTAL	146 815 790	169 872 856	190 755 799
NÃO INDÍGENA	145 986 780	167 931 053	189 931 228
INDÍGENA	294 131	734 127	817 963
URBANA	110 996 829	137 925 238	160 925 792
NÃO INDÍGENA	110 494 732	136 620 255	160 605 299
INDÍGENA	71 026	383 298	315 180
RURAL	35 818 961	31 947 618	29 830 007
NÃO INDÍGENA	35 492 049	31 311 798	29 325 929
INDÍGENA	223 105	350 829	502 783

Elaborado com base em: *IBGE: Censos demográficos de 1991, 2000 e 2010.* Disponível em: https://indigenas.ibge.gov.br/graficos-e-tabelas-2.html. Acesso em: mar. 2020.

Projeto

As manifestações culturais afro-brasileiras

Folguedo: manifestação de origem portuguesa na qual foram introduzidos aspectos culturais de outras nações, como as africanas, em que se encenam situações com personagens como um rei e uma rainha. Em geral, é realizada em locais públicos, principalmente nas ruas e em frente às igrejas mais tradicionais.

Sincretismo: fusão de diferentes cultos ou doutrinas religiosas, com reinterpretação de seus elementos.

Lundas, congos, tios, iorubas, haućás, mandingas, fons, ovimbundos, imbanalas, dembos, ambundos, quiocos, lubas e outros mais. Você já ouviu falar em alguns desses povos? Todos eles são povos africanos e têm mais a ver com o Brasil do que você imagina.

De modo genérico, a expressão **cultura afro-brasileira** se refere a qualquer manifestação de nossa cultura que, em algum momento, sofreu a influência de elementos culturais de povos africanos. Amplamente praticada tanto por afrodescendentes como por indivíduos de outros grupos sociais, essas manifestações incluem estilos musicais, danças, festas folclóricas regionais, tradições culinárias e religiosas, dentre outras. Na música e na dança, destacam-se cortejos e **folguedos**, realizados em festas folclóricas e religiosas, acompanhados de ritmos percussivos, cantos e danças coreografadas, como o jongo, o maracatu, a congada, o bumba meu boi e o maculelê.

Alguns ritmos da música popular brasileira, como o samba, o coco, o carimbó e o maxixe, também apresentam influências africanas na forma de ritmos e instrumentos originados na África (vários tipos de tambores, cuíca, agogô, etc.).

A influência africana nas tradições culinárias regionais brasileiras é igualmente diversificada, refletindo-se em pratos típicos de diferentes estados, principalmente no Nordeste, como o acarajé, o caruru, o vatapá, o quibebe e o cuscuz.

No que diz respeito às tradições religiosas, o exemplo mais marcante é o da cultura dos orixás, originada no oeste da África e trazida ao Brasil por escravizados do povo ioruba (e outros povos por este influenciados). Tal tradição figura na origem do candomblé afro-brasileiro, praticado em todo o país.

Como você pôde perceber, não é difícil reconhecer a ampla diversidade de manifestações culturais que se inserem no universo afro-brasileiro. Mais do que isso, quando se conhece melhor esse universo, percebe-se que aprender sobre ele é aprender mais sobre nossa própria identidade como povo e nação multicultural. Esse conhecimento é o primeiro passo para respeitar e, assim, ir contra o preconceito e a discriminação à cultura e aos povos afrodescendentes no país. Então, vamos conhecer mais sobre a cultura afro-brasileira?

Max Haack/Futura Press

Homenagem a Iemanjá, realizada todo dia 2 de fevereiro, em Salvador (BA). Foto de 2020. Iemanjá pertence à tradição dos orixás trazida do oeste da África por trabalhadores escravizados.

Objetivos

- Reconhecer, valorizar e respeitar manifestações afro-brasileiras no contexto local, regional e nacional.
- Identificar os **sincretismos** culturais, dentro do contexto da cultura afro-brasileira, em escala local, regional e nacional.
- Refletir sobre a importância da influência de povos africanos na formação cultural do Brasil.
- Realizar pesquisa e trabalho em grupo sobre manifestações culturais afro-brasileiras.
- Planejar e executar a apresentação do trabalho para os colegas.

Em ação!

Neste projeto, você e seus colegas vão começar conversando sobre experiências prévias que se insiram no contexto das manifestações afro-brasileiras que você estudou. O que vocês já conhecem sobre o assunto? O que já vivenciaram? O que já observaram no lugar onde vivem e em outras partes do Brasil?

Em seguida, vocês vão formar grupos para a realização de uma pesquisa sobre as manifestações afro-brasileiras. O objetivo final será a apresentação de um trabalho para a classe.

As etapas seguintes vão orientar a execução da pesquisa e do trabalho, e é importante que haja participação e colaboração de todos, assim como respeito aos colegas e demais pessoas envolvidas na ação.

ETAPA 1 Pesquisando o tema

Em grupos de quatro a seis integrantes, vocês vão pesquisar sobre manifestações afro-brasileiras. A pesquisa servirá para a produção e apresentação de um trabalho final. Para a pesquisa, vocês podem usar fontes impressas ou a internet, sendo também possível a realização de visitas a centros culturais ou quilombos, entrevistas com afrodescendentes ou outras pessoas que praticam alguma das manifestações pesquisadas, entre outros. Durante as pesquisas, observem como as manifestações culturais afro-brasileiras são retratadas, se são valorizadas e de que maneira. Preferencialmente, cada grupo deverá escolher manifestações que se insiram em um dos seguintes temas:

- Festas folclóricas, religiosas ou regionais: cortejos e folguedos.
- Estilos e instrumentos musicais: a África na música brasileira.
- Tradições culinárias: a África em nossa cozinha.
- Tradições religiosas: a cultura dos orixás.
- Artes visuais na cultura afro-brasileira.

ETAPA 2 Produzindo o trabalho

Com base na pesquisa, cada grupo deverá produzir um trabalho, retratando, com textos e imagens, o tema escolhido. Esse trabalho deverá conter informações relevantes sobre as manifestações estudadas, relacionadas a aspectos históricos, à localização geográfica, aos elementos-chave da manifestação e às influências de elementos culturais de diferentes povos, entre outros.

ETAPA 3 Apresentando o trabalho

É chegada a hora de apresentar o que vocês pesquisaram. Sejam criativos, escolhendo a melhor maneira de apresentar aos colegas as manifestações culturais afro-brasileiras pesquisadas por seu grupo.

Análise do projeto

Após as apresentações, em uma roda de conversa, você e seus colegas vão fazer uma reflexão sobre o que aprenderam, avaliar sua participação individual e a participação coletiva de seu grupo, considerando a repercussão da apresentação para a turma, e levantar os pontos positivos e negativos na realização do trabalho.

Vocês deverão refletir também sobre a relação entre Brasil e África e a importância de reconhecer, valorizar e respeitar as manifestações afro-brasileiras na sociedade.

Após a conversa, respondam, em conjunto, às seguintes questões: Dentre algumas medidas recentemente implantadas pelo governo brasileiro, está a obrigatoriedade do ensino da cultura e história afro-brasileira nas escolas e a celebração do Dia da Consciência Negra, em 20 de novembro. Você considera que essas medidas são necessárias? Por quê?

CAPÍTULO

Conflitos contemporâneos

Este capítulo favorece o desenvolvimento das habilidades:

- EM13CHS101
- EM13CHS102
- EM13CHS103
- EM13CHS104
- EM13CHS106
- EM13CHS204
- EM13CHS206
- EM13CHS504
- EM13CHS603
- EM13CHS605

A história mundial é marcada por conflitos e guerras por demarcação de fronteiras, lutas por independência e movimentos separatistas. Algumas reivindicações tiveram êxito, outras não. Naquelas em que o diálogo se tornou impossível e a disputa transcorreu por meio de armas (por confrontos diretos ou por atos terroristas), houve perda de vidas, destruição de moradias e de infraestruturas produtivas, trazendo dor e prejuízos que variaram de acordo com a dimensão e a gravidade do conflito. No século XXI, problemas não resolvidos no passado ainda insistem em adiar o sonho da paz mundial.

Felipe Dana/AP Photo/Glow Images

Vista aérea da destruição na Cidade Velha de Mossul, no Iraque, em novembro de 2017.

Contexto

1. Na foto, observa-se parte da cidade de Mossul, no Iraque, reconquistada pelo governo iraquiano da posse do Estado Islâmico (EI) em 2017. O que explica os conflitos amplamente noticiados que acontecem no Oriente Médio?
2. Em sua opinião, o que faz um povo lutar pela sua nacionalidade e pelo direito e respeito à sua cultura e etnia?
3. Além dos ocorridos no Oriente Médio, que conflitos por reconhecimento, separatismo ou ampliação de direitos ao redor do mundo você conhece?

Globalização e fragmentação

Nas últimas décadas do século XX, ao mesmo tempo que se intensificava a globalização (tema do capítulo 9), aumentavam os conflitos étnico-nacionalistas. Essa ampliação revela uma aparente contradição: se, por um lado, a reprodução da modernidade, em nível global, tende a homogeneizar hábitos (por meio do consumo e da indústria cultural) e a integrar mercados (por meio das organizações supranacionais, que são organizações criadas para regular ou mediar ações em mais de um país. Podem ser regionais, como a Organização dos Estados Americanos (OEA) ou globais, como a Organização das Nações Unidas) por outro, diversos povos reforçam a própria identidade étnica, lutando e conquistando a autonomia nacional, fragmentando o mundo em cada vez mais países.

Os conflitos étnico-nacionalistas estão relacionados, de modo geral, à formação de países que abrigam diversas nações (multinacionais ou multiétnicos). São conflitos históricos, de origens variadas, que, em alguns casos, foram aguçados com o final da Guerra Fria e com o enfraquecimento do bloco socialista, como foi o caso dos países do Leste Europeu após a desintegração (com consequente perda de área de influência) da ex-União Soviética.

Os principais fatores que motivam as lutas separatistas de cunho nacionalista são a não aceitação das diferenças étnicas e culturais, a imposição de privilégios para um grupo em detrimento de outro, os interesses econômicos de determinados grupos sociais e o desejo das nações de constituírem seus próprios Estados e decidirem o próprio destino.

BECK, Alexandre. Armandinho. Disponível em: https://tirasarmandinho.tumblr.com. Acesso em: maio 2020.

O nacionalismo extremo prega o uso da força na defesa de interesses e considera a etnia diferente um inimigo, confundindo-se com o racismo e a **xenofobia**. Foi essa concepção de nacionalismo que Hitler colocou em prática na Alemanha nazista de 1933 a 1945.

Xenofobia: forma de preconceito étnico, cultural e contra grupos minoritários estrangeiros.

Saiba mais

Nacionalismo

Trata-se de um sentimento coletivo de pertencimento a uma nação, ou seja, de compartilhar língua, cultura, valores sociais e região geográfica carregados de significados históricos.

O nacionalismo é a força que une um conjunto de pessoas que aspiram ao domínio de um território comum e à preservação de sua identidade nacional. Muitas vezes, ao glorificar virtudes nacionais, o nacionalismo é usado para subestimar e excluir os direitos de outras nacionalidades.

Os Estados no século XXI

No texto a seguir, Eric Hobsbawm (1917-2012) lança luzes sobre as mudanças causadas, no curso da História recente, por diversos desmembramentos de Estados-nação em meio à instabilidade provocada pela ampliação do acesso a armamentos, inclusive por pequenos grupos.

As nações e o nacionalismo no novo século

[...] Desde 1989, e pela primeira vez na história europeia desde o século XVIII, deixou de existir um sistema de poder internacional. As tentativas unilaterais em prol do estabelecimento de uma ordem global até aqui não tiveram êxito. Enquanto isso, a década de 1990 viu uma notável **balcanização** de grandes regiões do Velho Mundo, sobretudo por meio da desintegração da União Soviética e dos regimes comunistas nos Bálcãs, o que provocou a maior ampliação no número de Estados soberanos internacionalmente reconhecidos desde a descolonização dos impérios europeus entre o fim da Segunda Guerra Mundial e a década de 1970. A composição das Nações Unidas aumentou em 33 países (mais de 20%) desde 1988. Esse período viu também o aumento dos chamados "Estados falidos", onde ocorre o virtual colapso da efetividade dos governos centrais, ou uma situação endêmica de conflito armado interno, em diversos Estados nominalmente independentes em certas regiões, notadamente a África e a região dos Estados ex-comunistas, mas também em pelo menos uma área da América Latina. [...].

Balcanização: fragmentação em Estados menores. O termo faz referência à península Balcânica (região que, após a Primeira Guerra Mundial, com o fim dos Impérios Austro-Húngaro e Russo, se dividiu em diversos Estados) e é utilizado para se referir aos movimentos separatistas que se alastraram por diversas partes do mundo.

Essa instabilidade é dramaticamente acentuada pelo declínio do monopólio da força armada, que já não está nas mãos dos governos. A Guerra Fria deixou em todo o mundo um enorme suprimento de armas pequenas, mas muito potentes, e outros instrumentos de destruição para usos não governamentais, que podem ser facilmente adquiridos com os recursos financeiros disponíveis no gigantesco e incontrolável setor paralegal da economia capitalista global, em fantástica expansão. A chamada "guerra assimétrica" que aparece nos debates estratégicos atuais dos Estados Unidos consiste precisamente na capacidade desses grupos armados não estatais de sustentar-se quase que indefinidamente em luta contra o poder do Estado, nacional ou estrangeiro.

HOBSBAWM, Eric. *Globalização, democracia e terrorismo.* São Paulo: Companhia das Letras, 2008. p. 86-87.

TASS/Getty Images

Os ossetas (povo de origem persa) viviam na Geórgia e declararam independência em 1990 como estratégia para se integrar à república russa da Ossétia do Norte. Em 1991, a Geórgia se tornou independente da Federação Russa e lançou uma ofensiva à Ossétia do Sul para evitar sua separação. Na foto, um apartamento em Tskhinvali destruído pelo bombardeio, em outubro de 1991. Trinta anos depois, a região continuava em litígio.

1 De acordo com o texto, que acontecimento de 1989 inaugurou uma nova era de instabilidade?

2 Qual é a provável razão do aumento do número de países integrantes da Organização das Nações Unidas?

3 Explique a expressão "guerra assimétrica".

Os múltiplos interesses da fragmentação do território

São muitos os conflitos armados neste início do século XXI. Apesar das questões étnico-nacionalistas terem grande relevância na origem dos conflitos, essa não é a única justificativa para eles. Há outros fatores de tensão entre países e povos. E, caso não sejam encontradas soluções políticas para superar os diferentes interesses envolvidos, novos conflitos podem eclodir.

Mundo: conflitos recentes (2019)

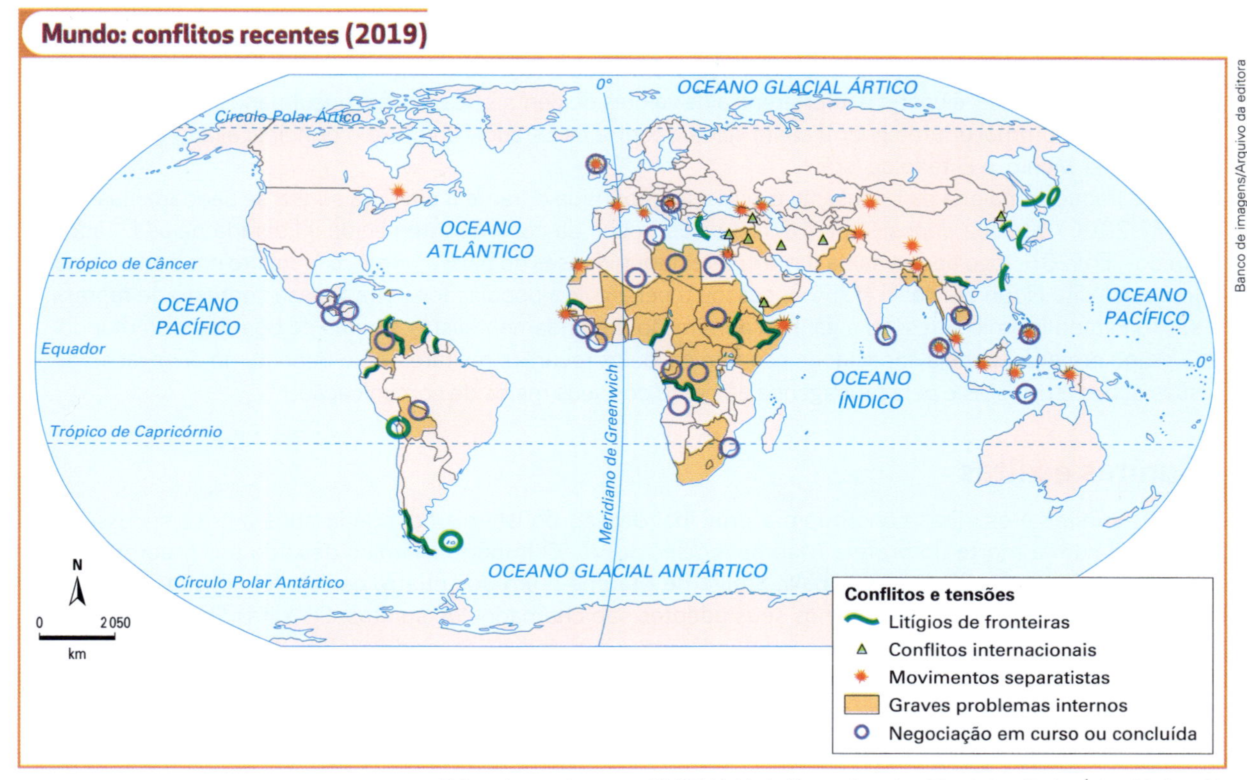

Elaborado com base em: SIMIELLI, Maria Elena. *Geoatlas*. 35. ed. São Paulo: Ática, 2019. p. 39.

A disputa pelo poder também pode envolver interesses econômicos, privados e estatais, e geopolíticos. Tais interesses não se limitam aos atores locais: outros países (potências globais e regionais, como os Estados Unidos, a Rússia, a Turquia, o Irã, entre outras), empresas transnacionais, assim como organizações transfronteiriças de ideologia religiosa, como a Al-Qaeda, o Talibã e o Estado Islâmico, podem obter vantagem com a fragmentação de um território ou com a tomada do poder por determinado grupo. Nesses casos, os problemas locais são internacionalizados, ou seja, decorrentes de interesses de atores externos, apoiados e mesmo financiados por diversos agentes estrangeiros, o que é denominado "guerra por procuração", como ocorre na Síria e no Iêmen.

Os territórios em disputa podem ter valor de uso, como exploração de recursos naturais (água, petróleo, minerais metálicos e não metálicos, florestas, etc.), aproveitamento do espaço para agropecuária ou construção de usinas hidrelétricas, ou localização estratégica, tanto para o transporte (gasodutos, portos e canais, ferrovias e rodovias, por exemplo) quanto para a atividade militar. Além disso, o êxito de movimentos separatistas inspira a mobilização de outros povos ou regiões por independência em um eventual enfraquecimento do Estado.

Nem todos os **conflitos internos nos países**, porém, objetivam a fragmentação do território e a conquista de autonomia. Atualmente, há diversos movimentos populares que lutam por mais liberdade, instalação da democracia e acesso mais igualitário ao desenvolvimento econômico. Há também disputas de poder motivadas por ideologias e valores distintos, como entre grupos árabes sunitas e xiitas.

Saiba mais

Al-Qaeda e o Estado Islâmico

A rede Al-Qaeda, criada no contexto da Guerra Afegã-Soviética (1979-1989) com a fusão de facções islâmicas ultrarradicais que lutavam contra os soviéticos, inaugurou o "terrorismo de espetáculo", de grandes dimensões e projeção internacional. Essa nova face do terror foi revelada na sucessão de ataques aos Estados Unidos, em 11 de setembro de 2001, quando a organização era liderada pelo fundador Osama Bin Laden, morto em 2011. A Al-Qaeda promove a união de todos os muçulmanos pela formação de uma única nação islâmica; é contra a interferência de valores ocidentais nos países muçulmanos; e conclama os seguidores a promover uma guerra santa (*jihad*) contra os Estados Unidos e o principal aliado desse país no Oriente Médio, o Estado de Israel.

No Iraque, a maioria da população é xiita e foi reprimida durante a ditadura sunita de Saddam Hussein (1937-2006), até sua deposição em 2003 pelas tropas da coalizão internacional liderada pelos Estados Unidos. Em 2011, logo após a saída das tropas estadunidenses do país, o primeiro-ministro em exercício no Iraque, o xiita Nouri al-Maliki (1950-), passou a perseguir a população sunita. Nesse contexto de repressão, o Estado Islâmico cresceu e ganhou admiração de fundamentalistas sunitas de boa parte do mundo. O grupo projetou-se pela capacidade econômica, pelos recursos militares, pelo impacto da divulgação de suas ações terroristas e pela propaganda eficiente dos seus meios de comunicação.

Sunitas e xiitas

Os sunitas e os xiitas constituem a principal divisão do islamismo, criada após a crise sucessória ocorrida com a morte do profeta Maomé, no século VII. O Império Islâmico deixado por Maomé dividiu-se em quatro califados. Abu Bakr, amigo de Maomé e um dos quatro califas, foi considerado pela maioria muçulmana o sucessor, e os seus adeptos são chamados de sunitas. Os xiitas formam o ramo do islamismo que, desde essa época, defende como legítimo sucessor do profeta o primo dele, o califa Ali ibn Abi'alib. Essa divisão semeou diversas batalhas históricas entre os grupos islâmicos e está por trás da disputa pela liderança regional no Oriente Médio entre a Arábia Saudita e o Irã — de predominâncias sunita e xiita, respectivamente.

Oriente Médio: religiões (2016)

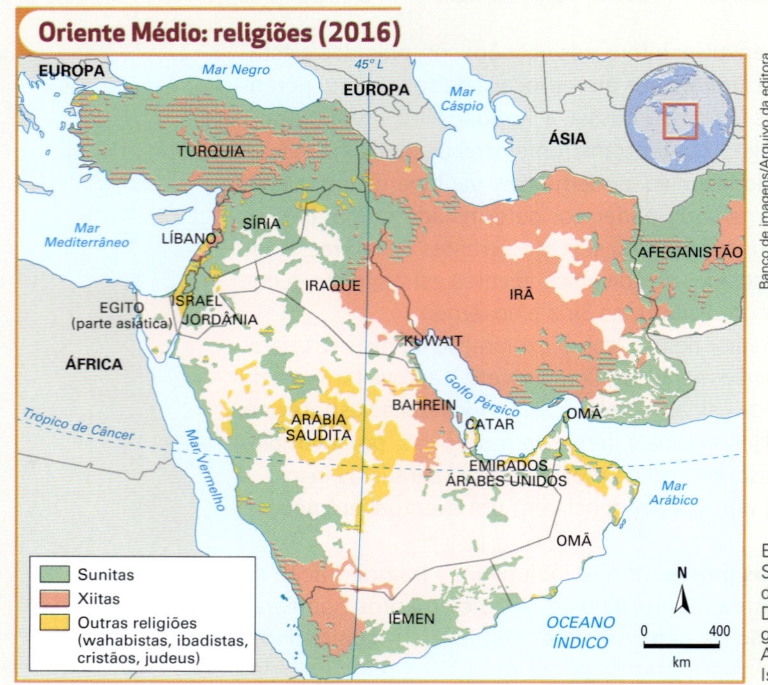

Banco de imagens/Arquivo da editora

Elaborado com base em: DUCROQUET, Simon. Mapa do Oriente Médio: a presença das vertentes do Islã, *Nexo*, 11 jan. 2016. Disponível em: www.nexojornal.com.br/grafico/2016/01/11/Mapa-do-Oriente-M%C3%A9dio-a-presen%C3%A7a-das-vertentes-do-Isl%C3%A3. Acesso em: mar. 2020.

Conflitos na Europa

Os conflitos étnico-nacionalistas na Europa, multiplicados no final do século XX, devem ser analisados nos contextos histórico-geográficos em que se desenvolveram.

> **Referendo:** instrumento de votação popular sobre lei ou determinado assunto de interesse à nação. Nele, o cidadão apenas aprova ou rejeita o que lhe é submetido.

Espanha

Em 1975, com o fim da ditadura de Francisco Franco (1892-1975), a Constituição dividiu a Espanha em 17 comunidades autônomas, além das cidades de Ceuta e Melilha, situadas no norte da África, junto ao Mediterrâneo, no território do Marrocos.

Apesar da garantia constitucional de autonomia (parlamento próprio, controle sobre polícia, educação e saúde), foi vetada qualquer iniciativa unilateral de independência. Isso não impediu a existência de movimentos separatistas, em algumas delas, como Galiza e Astúrias, no norte do país, e sobretudo na Catalunha, responsável por cerca de um quinto da economia espanhola.

Espanha: divisão política (2015)

Banco de imagens/Arquivo da editora

Elaborado com base em: GOBIERNO DE ESPAÑA. Ministerio de Fomento. Instituto Geográfico Nacional – Centro Nacional de Información Geográfica. Disponível em: http://centrodedescargas.cnig.es/CentroDescargas/busquedaRedirigida.do?ruta=PUBLICACION_CNIG_DATOS_VARIOS/MapasGenerales/Espana_Mapa-politico-de-Espana-1-3.000.000_2015_mapa_14465_spa.pdf#. Acesso em: dez. 2019.

Em outubro de 2017, um **referendo** sobre a autodeterminação da região da Catalunha transcorreu de forma bastante tumultuada. O governo espanhol não reconheceu a legitimidade do pleito nem o resultado que, segundo os separatistas, foi de mais de 90% dos votos pela independência. A União Europeia também não reconheceu a independência, que foi barrada com a intervenção do governo espanhol e a destituição do presidente catalão.

Outro conflito é com os bascos, que habitam o norte da Espanha e o sul da França há mais de 5 mil anos. São cerca de 2,8 milhões de pessoas (2,5 milhões na Espanha) que possuem identidade, idioma e cultura próprios, constituindo uma verdadeira nação no interior desses países.

A organização terrorista Euskadi Ta Askatasuna (ETA), que significa "Pátria Basca e Liberdade", fundada em 1959, realizou atentados terroristas do fim dos anos 1960 até 2010, com o objetivo de pressionar o governo espanhol a reconhecer a independência total do País Basco. Hoje, apesar de almejar a independência e a constituição de um Estado soberano, a maioria basca não apoia o terrorismo: pela aversão a esse método de luta, e também pela autonomia conquistada e elevado desenvolvimento econômico da região.

Em 2010, o ETA renunciou à luta armada, e no ano seguinte um partido separatista basco, o Sortu ("nascer", na língua basca), foi legalizado. Em 2018, o ETA pediu perdão às vítimas de suas ações e declarou oficialmente o fim da organização.

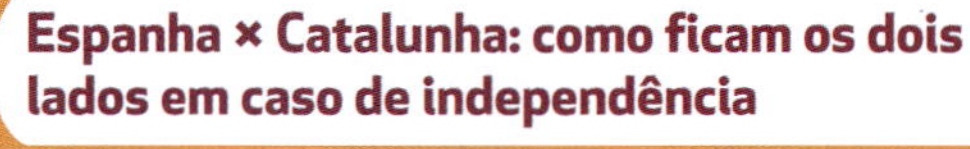

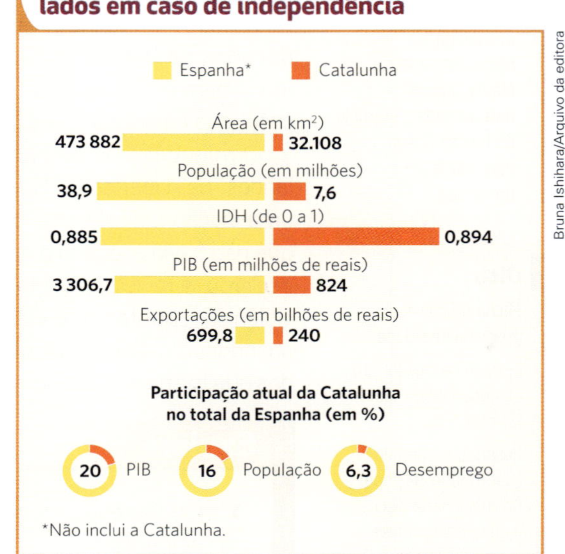

Bruna Ishihara/Arquivo da editora

Elaborado com base em: BERCITO, Diogo. Presidente da Catalunha não esclarece se proclamou independência, *Folha de S.Paulo*. 16 out. 2017. Disponível em: www1.folha.uol.com.br/mundo/2017/10/1927369-chanceler-diz-que-carta-do-presidente-catalao-nao-constitui-resposta-a-madri.shtml?origin=folha. Acesso em: dez. 2019.

Irlanda

A ilha da Irlanda foi dominada pela Inglaterra no século XII e, desde então, começou a receber grande quantidade de imigrantes ingleses e escoceses. Em 1800, por decreto da Coroa inglesa, a Irlanda passou a pertencer ao **Reino Unido**, provocando a revolta dos nacionalistas, que reagiram organizando a luta pela independência.

WATFORD/Mirrorpix/Getty Images

Soldados ingleses em combate aos separatistas do IRA. Londonderry, Irlanda do Norte, 1971.

Foi no início do século XX, entretanto, que o conflito entre a Irlanda e o Reino Unido ganhou maior projeção, com a criação do Sinn Féin ("Nós Próprios"), partido político representante dos separatistas irlandeses, e do Exército Republicano Irlandês (IRA, na sigla em inglês), que organizou a luta armada contra o domínio britânico.

Os conflitos obrigaram o Reino Unido a assinar, em 1921, o Tratado Anglo-Irlandês. Este determinava que os **condados** do Sul, com população majoritariamente católica e de origem irlandesa, formariam o Estado Livre da Irlanda; os condados do Norte (Ulster), de maioria protestante e origem inglesa, permaneceriam ligados ao Reino Unido. Esse processo de independência encerrou-se somente em 1937, quando foi constituído o novo país, denominado República do Eire (Irlanda), reconhecido pelo Reino Unido apenas em 1949.

Na segunda metade do século XX, a ação violenta do IRA intensificou-se na Irlanda do Norte, com a realização de vários atentados contra autoridades e instituições britânicas. A situação agravou-se em 1969, quando o exército inglês passou a intervir no conflito, atacando também de forma violenta os irlandeses católicos (que apoiavam a independência).

Em 1998, um acordo de paz determinou a deposição das armas pelo IRA (concluída em 2005) e pelos grupos paramilitares protestantes e a libertação de presos políticos.

Em 2007, formou-se um governo de coalizão, reunindo o Partido Unionista Democrático e o Sinn Féin, garantindo à Irlanda do Norte o retorno à autonomia regional. Nesse mesmo ano, o exército britânico encerrou uma intervenção militar de quase quatro décadas na Irlanda do Norte e instalou um governo compartilhado entre católicos e protestantes.

Em outubro de 2009, o Exército Irlandês de Libertação Nacional (Inla), uma facção radical e dissidente do IRA, que não havia aceitado o acordo de paz, declarou a renúncia à luta armada e à violência. Entretanto, a via pacífica não abandonou o objetivo de unir os condados que formam a Irlanda.

Paul Faith/AP Photo/Glow Images

Encontro da rainha da Inglaterra, Elizabeth II, com o vice-primeiro-ministro da Irlanda do Norte na época, Martin McGuinness, ex-dirigente do IRA, em Belfast, 2012, expressando a consolidação do processo de paz.

Reino Unido: formado por Grã-Bretanha (Inglaterra, Escócia e País de Gales) e Irlanda do Norte.

Condado: divisão política adotada pela Irlanda; o termo e os limites aproximados dos condados remontam à Idade Média, quando determinada superfície do território era controlada por um conde.

! Dica

Michael Collins: o preço da liberdade

Direção de Neil Jordan. Estados Unidos, 1996. 133 min.

Baseado na vida do líder irlandês Michael Collins, o filme discute a questão irlandesa, a criação do IRA, a fundação da República da Irlanda e os conflitos com o Reino Unido.

Explore

1. Quais são as causas centrais dos históricos movimentos separatistas na Europa ocidental?
2. Além de conflitos separatistas na Espanha e no Reino Unido, há problemas em outros países da Europa ocidental. Pesquise onde esses problemas ocorrem e por quê.

Bálcãs e Cáucaso

As hostilidades étnicas na ex-Iugoslávia, na península Balcânica, remontam à época da expansão dos impérios Otomano e Austro-Húngaro e da decomposição de ambos no início do século XX. Esses impérios controlavam diversas nações, que foram agrupadas em um único Estado no pós-Segunda Guerra — situação responsável pela instabilidade nas fronteiras dessa região.

Na região montanhosa do Cáucaso, situada entre o mar Negro e o mar Cáspio (entre Europa e Ásia), convivem cerca de 50 etnias, com histórias e culturas próprias. A parte russa do Cáucaso é formada por várias repúblicas que, em muitos casos, não se identificam umas com as outras nem com o restante da Federação Russa. Apesar disso, a Rússia luta para mantê-las unidas à Federação, pois essa região, próxima ao Oriente Médio, tem grandes reservas e plataformas de exploração de petróleo e ocupa posição estratégica no contexto geopolítico. A importância da região caucasiana também está relacionada ao controle dos vales férteis, de oleodutos e gasodutos.

tenkl/Shutterstock

Além da importância estratégica do Cáucaso por sua proximidade ao Oriente Médio, a região é formada por belas paisagens em meio às montanhas, com grande potencial turístico. Xinaliq (Azerbaijão), 2018.

! Dica

Terra de ninguém

Direção de Danis Tanovic. Bélgica/Eslovênia/França/Itália/Reino Unido, 2001. 98 min.

O filme mostra uma circunstância inusitada quando, na Guerra da Bósnia, dois soldados inimigos, um bósnio e outro sérvio, se encontram na mesma trincheira. Além de tratar da rivalidade étnica e da violência da guerra, o filme ironiza o papel da ONU no conflito.

Conflitos nos Bálcãs e a Antiga Iugoslávia

Os conflitos entre as diferentes nações, que formavam a Iugoslávia eram frequentes. A população iugoslava era composta de várias nações, e algumas delas encontravam-se espalhadas por praticamente todas as seis repúblicas que formavam o país: Eslovênia, Croácia, Macedônia, Bósnia-Herzegovina, Sérvia e Montenegro. Além disso, predominavam três religiões (a muçulmana, a cristã ortodoxa e a católica romana) e falavam-se diversas línguas (a servo-croata, a eslovena, a albanesa, a húngara, a macedônia e a bósnia).

Em fevereiro de 2019, a Macedônia passou a se chamar Macedônia do Norte.

Observe que, neste mapa, Kosovo aparece como país. Até o fim de 2019, porém, não tinha o reconhecimento da maioria dos países do mundo, entre eles Rússia, Sérvia e Brasil. Kosovo aparece nos mapas franceses, mas não nos brasileiros. Conquistou autonomia, mas ficou sob a tutela da ONU.

Antiga Iugoslávia: Estados, povos e religiões

Banco de imagens/Arquivo da editora

Elaborado com base em: LACOSTE, Yves. *Géopolitique:* La Longue histoire d'aujord'hui. França: Larousse, 2009. p. 253; *Unsere Welt Mensch – und Raum.* Berlim: Cornelsen, 2011. p. 83.

Saiba mais

Conflitos na Iugoslávia: cronologia

- Século XV: alvo de disputas regionais e ocupação pelo Império Turco-Otomano.
- Final do século XIX: Império Austro-Húngaro conquista território que formaria a Iugoslávia ("eslavos do sul").
- Segunda Guerra Mundial: as diferenças entre as nações são amenizadas pela ocupação nazista, contribuindo para a criação do movimento de resistência (*partisans*).
- 1945: instaurada a **República Popular da Iugoslávia** sob a liderança do chefe do Partido Comunista e da resistência, Josif Bros Tito (1892-1980).
- 1963: a república passa a se chamar **República Socialista Federativa da Iugoslávia**.
- 1991: fim da União Soviética e, a partir de então, reivindicação de independência das várias nações integradas à República Iugoslava. Tentativas militares do governo central da República (maioria sérvios) para impedir a separação.
- 1991: **Eslovênia e Croácia** declaram a independência, reconhecida pelo governo central após breve período de violentos conflitos. **Macedônia** conquista a independência de forma pacífica.
- 1992: **Bósnia-Herzegovina** (maioria muçulmana) declara independência, conquistada apenas em 1995 com o fim do mais violento conflito da região balcânica: a Guerra da Bósnia.
- 2003: Parlamento da Iugoslávia, com o acompanhamento da União Europeia, aprova a constituição do novo Estado **Sérvia e Montenegro**.
- 2006: Desmembramento de **Montenegro**, reconhecido internacionalmente, inclusive pela Sérvia, como o 192º membro da ONU.

Keystone/Hulton Archive/Getty Images

Guerrilheiras antinazistas na Iugoslávia, 1944. Em toda a Europa ocupada pelos exércitos nazifascistas, a população civil constituiu grupos de combatentes clandestinos para resistir à ocupação por meio da guerrilha, tendo papel fundamental na guerra.

Dica

O diário de Zlata: a vida de uma menina na guerra

De Zlata Filipović. São Paulo: Companhia das Letras, 2002.

O livro é o relato autobiográfico de uma menina, que registrou episódios da Guerra da Bósnia.

Guerra da Bósnia

De 1992 a 1995, instalou-se uma guerra civil entre bósnios, sérvios e croatas: todos disputavam uma fatia do território da Bósnia. Calculam-se cerca de 200 mil mortos e 2 milhões de refugiados. O conflito ficou marcado pela limpeza étnica (expulsão e/ou extermínio) dos não sérvios, prática incentivada pelo governo do presidente Slobodan Milosevic (1941-2006).

Em 1995, o Tratado de Dayton — patrocinado pelos Estados Unidos e pelas Nações Unidas — selou o fim da Guerra da Bósnia. Por esse acordo, a Bósnia-Herzegovina continua existindo como Estado, mas dividida em Federação da Bósnia-Herzegovina, ocupada predominantemente por bósnios e croatas, e República Sérvia da Bósnia (República Srpska), com maior presença dos sérvios. Há ainda o distrito neutro de Brcko, sob supervisão internacional. Atualmente, a Bósnia é composta de cerca de 48% de bósnios, 32% de sérvios e 14,6% de croatas.

Guerra de Kosovo

Em 1998, deu-se início ao conflito separatista liderado pelo Exército de Libertação de Kosovo (ELK). Slobodan Milosevic, alegando combater os separatistas e defender a integridade do país, promoveu um massacre da população civil de Kosovo, da qual 90% era de origem albanesa.

Em 1999, após negociação frustrada com a Iugoslávia, a Organização do Tratado do Atlântico Norte (Otan) lançou intenso ataque ao país, sem autorização da ONU. Com a ofensiva (liderada pelos Estados Unidos) e a destruição provocada, a Sérvia retirou no mesmo ano as tropas de Kosovo. A região reconquistou a autonomia, mas não a independência. Uma força de paz da ONU foi enviada para controlar a animosidade ainda existente entre kosovares e sérvios.

A declaração de independência de Kosovo só foi realizada pelo parlamento em 2008 e, então, foi obtido o reconhecimento de 110 países. Contudo, a formalização da independência de Kosovo pela ONU ainda é vetada pela Rússia e pela China no Conselho de Segurança da organização.

Peter Dejong/AP Photo/Glow Images

Depois que começaram os ataques aéreos da Otan contra posições sérvias, civis passaram a deixar a região em busca de proteção em outros países. Na foto, refugiados kosovares seguem em direção ao ônibus com destino a um campo temporário de refugiados em Blace (na então Macedônia), em 1999. Estima-se que mais de 350 mil pessoas fugiram do conflito.

Conflitos no Cáucaso

Dos conflitos ocorridos no Cáucaso, destacam-se as Guerras da Chechênia, do Daguestão, e as Guerras da Geórgia, na Ossétia do Sul e na Abecásia.

Região do Cáucaso (2013)

Banco de imagens/Arquivo da editora

Elaborado com base em: BOLÍVAR, Iago. Horror em Beslan marca nova centralização do poder na Rússia. *Folha de S.Paulo*, 3 mar. 2009. Disponível em: www1.folha.uol.com.br/mundo/2009/09/618983-horror-em-beslan-marca-nova-centralizacao-do-poder-na-russia.shtml. Acesso em: dez. 2019; *Atlas des crises et des conflits*. Paris: Armand Colin, 2013. p. 31; 41.

Saiba mais

Conflitos no Cáucaso: cronologia

Guerras da Chechênia e do Daguestão

- Século XIX: a **Chechênia** é incorporada ao Império Russo, unida à Inguchétia, formando uma província autônoma majoritariamente muçulmana.
- 1991: fim da União Soviética. Os chechenos se separam da Inguchétia e declaram independência da Federação Russa. Os inguches também formam a própria república, mas aderem à Rússia.
- De 1994 a 1996: **primeira guerra da Chechênia**. A Rússia tenta retomar o controle sobre o Cáucaso e reage com violência aos movimentos separatistas. A persistência das ações dos rebeldes força a assinatura de um tratado de paz entre chechenos e russos, adiando a definição do futuro político da Chechênia.
- 1999: **segunda guerra da Chechênia**, conhecida como **Guerra do Daguestão**, república russa vizinha da Chechênia e estratégica por ser a maior área de acesso ao mar Cáspio. Rebeldes chechenos retomam, em 1999, os combates e ataques terroristas a Moscou e a outras cidades russas. Associados a guerrilheiros fundamentalistas islâmicos, daguestanenses invadiram a república vizinha, com o objetivo declarado de criar um Estado Islâmico independente na região do Cáucaso.
- 2000: os russos assumem o controle da situação, mas os combates continuam por meio de ações terroristas. A instabilidade ainda é latente na região.

Ossétia do Sul e Abecásia

- 1990: início dos conflitos separatistas na **Ossétia do Sul**. Um terço da população é de georgianos, a maioria compartilha raízes étnicas e culturais com a Ossétia do Norte (em território russo).
- 1992: guerra civil na **Abecásia**, decorrente do movimento separatista.
- 2004: a eleição de Mikhail Saakashvili (1967-) aumenta a tensão entre as repúblicas separatistas e a Geórgia. A política externa do presidente, direcionada a integrar a Geórgia à União Europeia e à Otan, aproxima ainda mais o governo russo dos separatistas.
- 2008: a Ossétia do Sul e a Abecásia conquistam a independência da Geórgia, mas poucos países reconhecem a autonomia desses territórios.

Viktor Drachev/Agência France-Presse

Crianças brincam em frente a tanques russos em Tskhinvali (Ossétia do Sul), em 2008. Nesse ano, o conflito chegou ao ápice quando o governo georgiano lançou um cerco à Ossétia do Sul para reprimir com violência o movimento separatista. O exército russo deslocou tanques e aviões, bombardeou e expulsou as tropas georgianas da Ossétia do Sul, atacou portos e bases aéreas e avançou em direção a Tbilisi, capital da Geórgia.

Crimeia

O conflito entre Rússia e Ucrânia começou no fim de 2013, quando o presidente pró-Moscou Viktor Yanukovich (1950-) foi deposto: em troca de um acordo de ajuda econômica e de redução do preço do gás russo vendido ao país, ele decidiu manter a Ucrânia aliada à Rússia e abriu mão de um acordo de aproximação com a União Europeia. O caso gerou violentos protestos dos ucranianos. Em 2014, uma nova eleição levou ao poder um governo pró-europeu. No mesmo ano, a Rússia anexou a Crimeia, região autônoma da Ucrânia onde está instalada a base naval russa de Sebastopol, no mar Negro, e apoiou o movimento separatista em Lugansk e Donetsk, no leste do país.

> **Dica**
>
> **Leviatã**
>
> Direção de Andrei Zvyagintsev. Rússia, 2014. 140 min.
>
> Conta a história trágica de um homem simples que, ao tentar defender as próprias terras, tem vida e família destruídas por um prefeito corrupto. Ao trazer temas como corrupção e abuso de poder na Rússia contemporânea, o filme dividiu o país no ano em que o governo russo sofreu sanções econômicas do Ocidente por ações intervencionistas na Ucrânia.

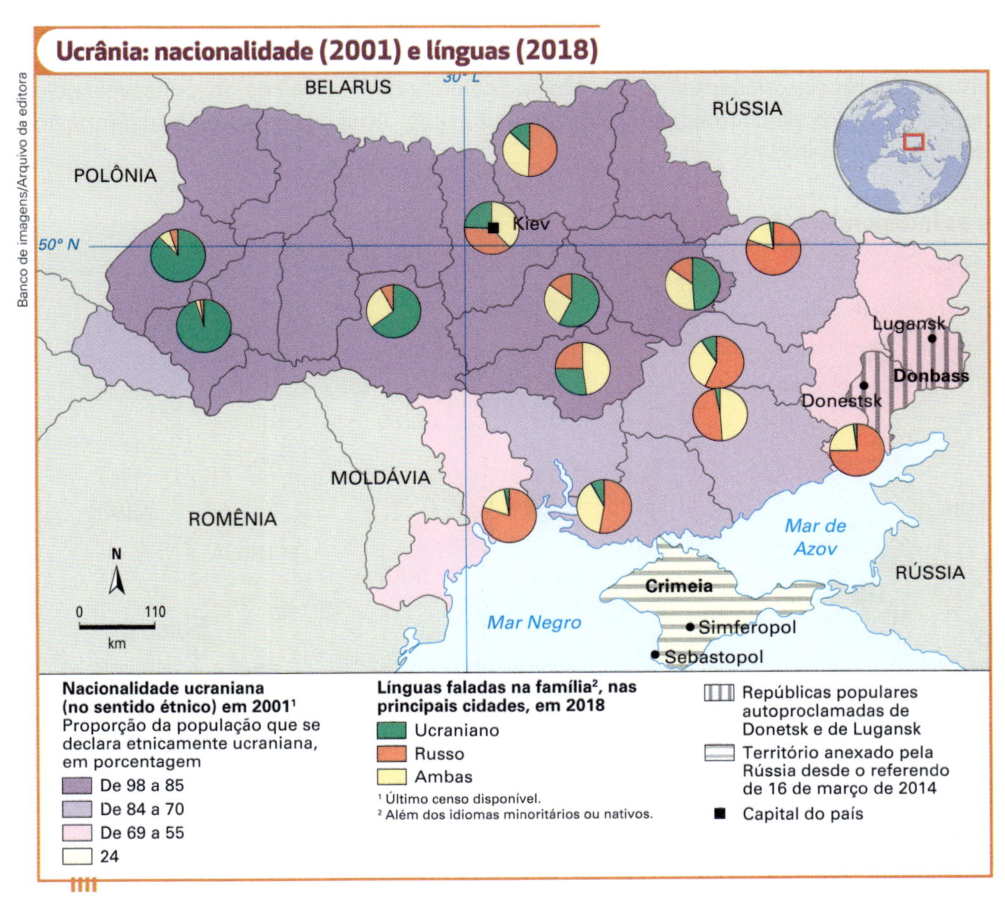

Elaborado com base em: MARIN, Cécile. *Le Monde diplomatique*. Disponível em: https://mondiplo.com/familia-prensa-escuela-el-bilinguismo-en-la. Acesso em: dez. 2019.

Na Crimeia, ao leste, em especial nas províncias de Lugansk e Donetsk,, e na porção próxima da Moldávia, a maior parte da população não se declara ucraniana, e há grandes porcentagens de falantes da língua russa.

Em Lugansk, Donetsk e na Crimeia, a deposição de Yanukovich foi considerada um golpe. Insurgentes na Crimeia elaboraram um referendo sobre a independência e a anexação do território à Rússia. Um dia após o anúncio do resultado, Putin aceitou o pedido de anexação, apoiada por 95% dos habitantes. Insurgentes de Donetsk e Lugansk tentaram um procedimento idêntico, mas sofreram a reação militar do governo ucraniano. Diante da possibilidade de anexar outros territórios em conflito na Ucrânia, a Rússia sofreu sanções econômicas da União Europeia e dos Estados Unidos.

A Ucrânia é essencial para a Doutrina Putin. É passagem dos gasodutos que abastecem a Europa (controlados majoritariamente pela empresa russa Gazprom) e sempre foi um importante parceiro comercial da Rússia. Além disso, é via de acesso ao mar Negro, onde há portos de águas quentes, portanto, navegáveis mesmo no inverno e essenciais para o movimento de cargas. A Ucrânia é ainda um **Estado-tampão** para a segurança e a defesa do território russo e um relevante espaço do "exterior próximo".

> **Estado-tampão:** nesse contexto, Estado situado geograficamente entre duas forças antagônicas.
> A Ucrânia forma um vasto território que separa a Rússia das forças da Otan.

> **! Dica**
>
> **África: terra, sociedades e conflitos**
>
> De Nelson Basic Olic e Betariz Canepa. São Paulo: Moderna, 2012. (Coleção Polêmica)
>
> O livro analisa a multiplicidade cultural africana e os principais conflitos étnicos, religiosos e econômicos do continente.

Conflitos na África

A origem dos conflitos étnicos na África relaciona-se à partilha colonial do continente no fim do século XIX. Grande parte das fronteiras criadas no período foi mantida após os processos de independência locais e reforçada após o fim da Segunda Guerra Mundial.

No continente africano, a maioria das fronteiras foi delimitada conforme os interesses dos colonizadores, não respeitando diferenças étnicas, religiosas e culturais. Dessa forma, grupos diversos, muitas vezes rivais entre si, foram reunidos em um mesmo território colonial. Isso contribuiu para a ocorrência de inúmeros conflitos, mesmo após a descolonização.

Outras razões para a propagação dos conflitos são o baixíssimo nível socioeconômico da maioria dos países africanos, a inexistência de governos democráticos e as disputas por territórios e pelo controle de recursos naturais. Soma-se a isso a disputa entre as potências ocidentais e a ex-União Soviética na Guerra Fria, responsáveis pelo apoio financeiro, pelo fornecimento de armas a grupos étnicos rivais e pela sustentação de governos ditatoriais.

África: conflitos após as independências

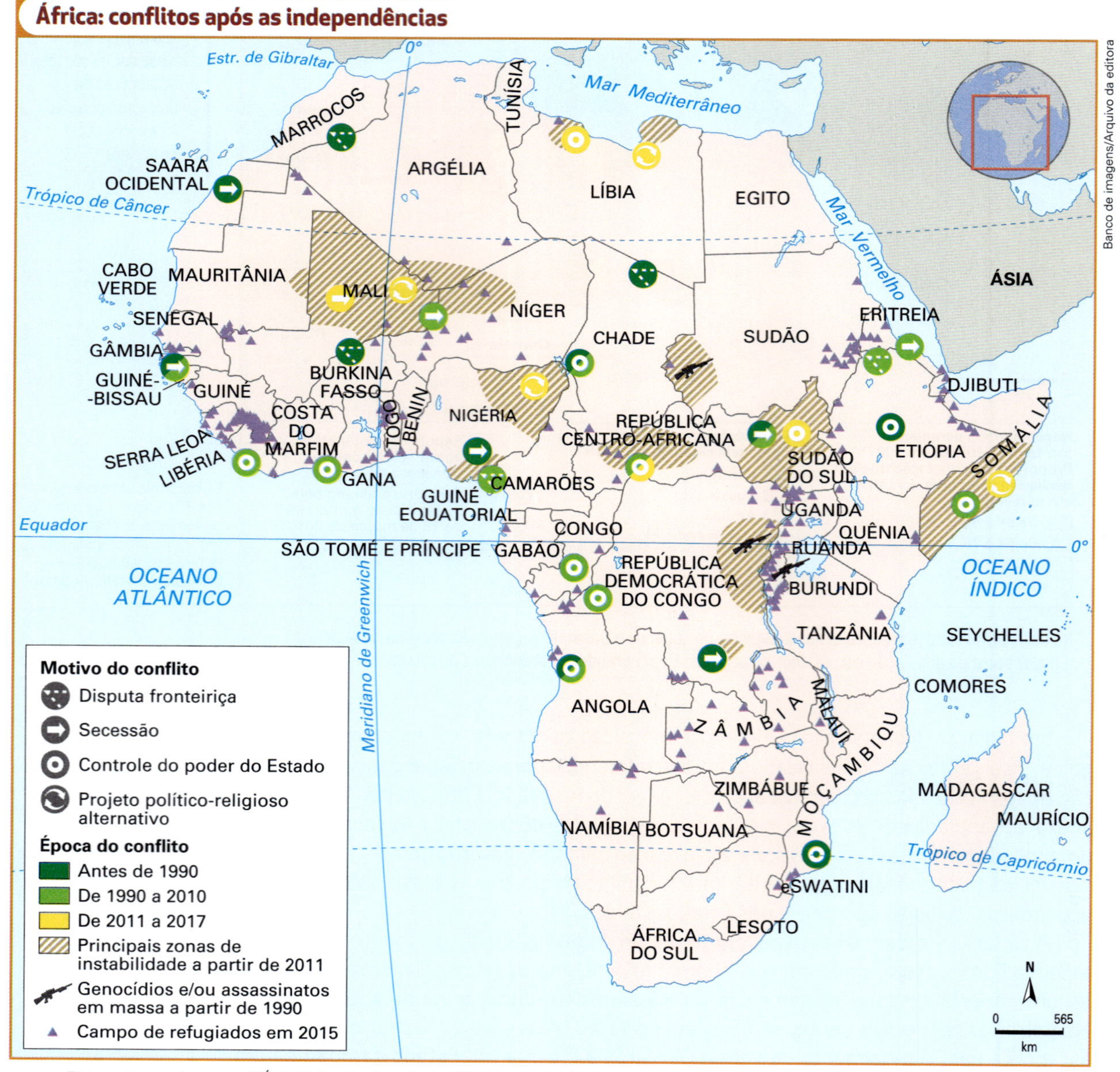

Elaborado com base em: TÉTART, Frank. *Grand atlas 2018*: comprendre le monde em 200 cartes. Paris: Éditions Autrement, 2017. p. 48.

É possível distinguir os conflitos na África em três tipos:

- **étnicos**: muitas vezes culminam em movimentos separatistas e quase sempre envolvem massacres de minorias. São resultado direto das fronteiras criadas pelos colonizadores e das ações destes para privilegiar determinadas elites locais, geralmente grupos que perderiam poder com o fim da colonização. É o caso de Burundi, Libéria e Ruanda. Além disso, a estrutura política imposta pelos colonizadores é bem distinta das que já existiam entre os povos na África, que compartilhavam territórios ou tinham fronteiras mutáveis. É o caso da região do Chifre da África.
- **político-ideológicos**: aqueles transcorridos em Angola e Moçambique são exemplos da divergências entre posições mais à esquerda ou à direita que instauraram guerras civis. Estas, somadas à desestruturação da agricultura e ao atraso no investimento no setor industrial e de serviços, levaram os países à decadência econômica.
- **religiosos**: envolvem a ação de grupos fundamentalistas islâmicos. Muitos não se restringem a um país nem se vinculam a uma pátria, sendo muitas vezes conduzidos por grupos transnacionais. É o caso do Boko Haram, fundado na Nigéria, mas que atua em diversos países.

Dica

Hotel Ruanda

Direção de Terry George. Itália/África do Sul/Estados Unidos, 2004. 121 min.

O filme é baseado na história de Paul Rusesabagina, gerente do Hotel Milles Collines que, no auge do massacre, evitou a morte de mais de 1.200 tútsis abrigando-os.

Ruanda

Ruanda foi colônia belga desde o fim da Primeira Guerra Mundial até o início da década de 1960, quando se tornou independente. Durante esse período, os belgas fomentaram a rivalidade entre os dois grupos étnicos que ocupavam essa região africana — tútsis e hutus — como estratégia para manter o domínio sobre Ruanda. Os tútsis tinham privilégios na administração belga: tornaram-se funcionários públicos e membros do exército colonial, conquistando cargos importantes.

Em 1962, após a conquista da independência, sob a liderança dos hutus, os tútsis passaram a ser perseguidos. Exilados nos países vizinhos, formaram a Frente Patriótica Ruandesa (FPR), retornando a Ruanda em 1990. Iniciou-se, então, uma guerra civil que arrasou o país e levou a mais de 800 mil mortes e cerca de 2 milhões de refugiados.

Ricardo Mazalan/AP Photo/Glow Images

Refugiados hutus cruzam a fronteira entre Ruanda e Tanzânia, em busca de exílio, em dezembro de 1996. Ainda hoje, hutus e tútsis estão espalhados entre Burundi, Tanzânia, Uganda e República Democrática do Congo.

Em abril de 1994, um ataque ao avião que levava o presidente Juvenal Habyarimana (de etnia hutu) causou a sua morte. O fato desencadeou a fase mais violenta da guerra, cujas principais vítimas foram os tútsis, incluindo mulheres e crianças.

Em 1995, uma nova investida da FPR (tútsi) tomou a capital Kigali e apoiou a presidência de Pasteur Bizimungu (1950-), da etnia hutu, que se opunha ao massacre no país. Foi realizada, então, uma política de reconciliação entre as duas etnias, mas os conflitos entre tútsis e hutus ultrapassaram as fronteiras de Ruanda, chegando aos campos de refugiados na República Democrática do Congo (antigo Zaire), no Burundi e na Tanzânia.

Dada a violência da guerra, os problemas entre os dois grupos étnicos, mesmo que amenizados no início do século XXI, ainda estão longe de uma solução definitiva.

Sudão e Sudão do Sul

As fronteiras estabelecidas no Sudão reuniram realidades étnicas e religiosas distintas: o centro-norte abriga população majoritariamente muçulmana e falante de língua árabe; o **noroeste** — região de Darfur — reúne, além de muçulmanos, grupos de origem centro-africana; o sul tem maioria cristã, mas também grupos **animistas** de diversas etnias.

Animista: que atribui alma (espírito) e intenção aos seres vivos, objetos inanimados e fenômenos naturais.

O controle do Estado sudanês pela população muçulmana e o descaso com os demais grupos geraram conflitos permanentes entre o governo, sediado no centro-norte, e as regiões de Darfur e do sul. Em 2011, para pôr fim a quase três décadas de guerra, o Sudão foi dividido em Sudão e Sudão do Sul. Mas, como os dois países são dependentes da produção petrolífera dos dois territórios, o acordo de independência estabelece que as vendas de petróleo sejam divididas igualmente entre eles.

Alda Tsang/Zuma Press/Easypix Brasil

Na foto, refugiados carregam os suprimentos recebidos de programa alimentar em Uganda, 2018.

As maiores reservas estão no Sudão do Sul (assim como a maior oferta de terras férteis e recursos hídricos), mas os oleodutos ligados a elas correm em direção ao norte (Sudão), passando por refinarias até o Porto do Sudão, no mar Vermelho — único caminho para a exportação do petróleo do Sudão do Sul. Isso torna o país totalmente dependente do Sudão para exportar o produto que representa mais de 90% de sua economia.

Em 2013, começou no Sudão do Sul uma guerra civil. Em fevereiro de 2020, após mais de 400 mil mortes, 2,3 milhões de refugiados e fome aguda em cerca de 60% da população, o presidente, Salva Kiir (1951-), anunciou acordo com os rebeldes, encerrando a guerra ao menos formalmente.

Janjaweed: milícia formada por antigos grupos árabes de Darfur, tolerada e apoiada pelo governo sudanês.

União Africana (UA): organização criada em 2002 para promover integração no continente, salvaguardar a soberania dos Estados africanos e impulsionar a cooperação internacional no âmbito das Nações Unidas.

Conflito de Darfur

Em Darfur, no Sudão, 1/3 da população é muçulmana de língua árabe e se dedica principalmente ao pastoreio nômade. Os grupos não muçulmanos, como os massalites, os zagaua e os fur, são sobretudo agricultores.

Há décadas, o governo sudanês não aplica investimentos sociais e econômicos essenciais nessa região semiárida. As poucas intervenções positivas do Estado em Darfur privilegiaram os muçulmanos, contribuindo para agravar a hostilidade étnica já existente. A população não muçulmana de Darfur tem um forte sentimento de oposição ao governo, o que estimula a luta pela autonomia e pelo fim da discriminação.

Em 2002, rebeldes do grupo fur, em aliança com os zagaua, formaram o Exército Popular de Libertação do Sudão (SPLA). Armados e supostamente apoiados pelo vizinho Chade, eles atacaram instalações do governo em 2003. A retaliação foi imediata e brutal. O governo, apoiado pela **Janjaweed**, promoveu uma guerra genocida cujo saldo até 2019 foi de cerca de 300 mil mortes e de 2 milhões de refugiados.

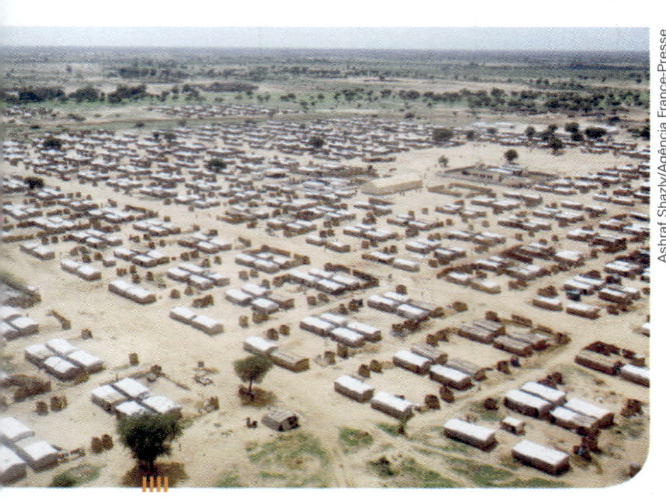

Ashraf Shazly/Agência France-Presse

Vista aérea de Al-Nimir, campo de refugiados sul-sudaneses no Sudão, em 2017.

Desde 2004, governo, rebeldes e organizações internacionais, como a **União Africana (UA)**, tentam um cessar-fogo. Em 2007, foi estabelecida a Missão da ONU e da União Africana de Darfur (Unamid) para proteger os milhões de refugiados. Em 2011, entrou em vigor um novo acordo de paz, mas apenas com uma das milícias rebeldes de Darfur, insuficiente para pacificar a região.

O ex-presidente Omar al Bashir (1944-), que assumiu o poder em 1989 após golpe militar, é considerado o grande responsável pelos massacres e por omissão à situação de Darfur e teve, em 2009, a prisão decretada pelo Tribunal Penal Internacional (TPI) por crimes de guerra. Bashir foi o primeiro presidente indiciado no cargo por um tribunal internacional, mas foi deposto apenas em 2019. Um conselho militar assumiu o poder e prometeu administrar o país por dois anos, período, segundo eles, necessário à transição.

Olho no espaço

Sudão e Sudão do Sul

- Observe o mapa e responda às questões.
  - a) Onde estão localizadas as principais áreas produtoras de petróleo?
  - b) Como se explica a grande dependência do Sudão do Sul, apesar de sua conquista de autonomia política em 2011?
  - c) Qual é a estratégia do Sudão do Sul para se tornar menos dependente economicamente do Sudão?

Sudão e Sudão do Sul: áreas de conflito e infraestrutura do petróleo (2014)

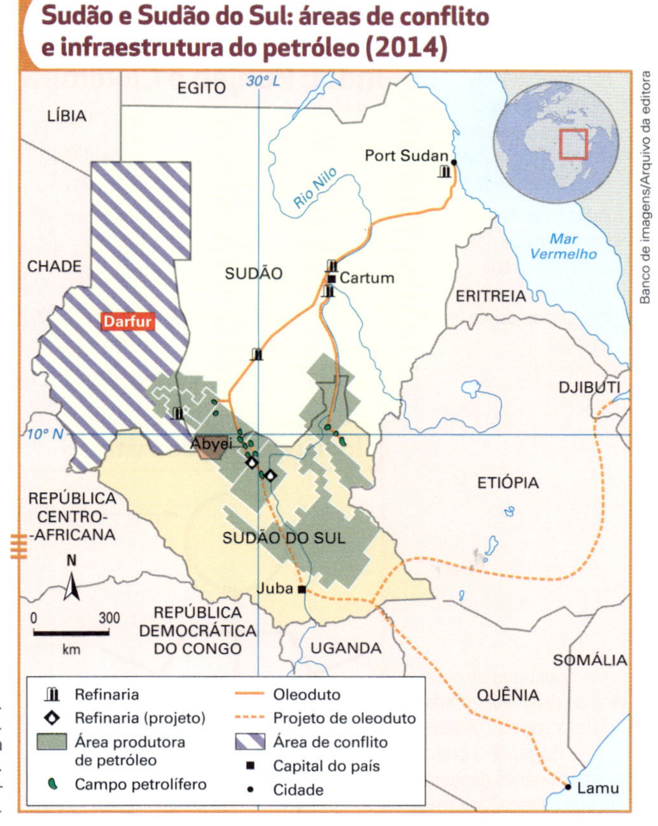

Abyei, área rica em recursos petrolíferos, é contestada pelo Sudão e pelo Sudão do Sul. A única força armada autorizada a patrulhar a região com objetivo de manter a paz é mantida pela ONU desde 2015.

Elaborado com base em: SEARCY, Kim. Sudan in Crisis. *ORIGINS – Current Events in Historical Perspective*. v. 12, jul. 2019. Departamento de História da Universidade de Ohio e da Universidade de Miami. Disponível em: http://origins.osu.edu/article/sudan-darfur-al-bashir-colonial-protest/. Acesso em: dez. 2019.

Nigéria

A Nigéria é um dos mais populosos países da África, e também uma das maiores economias do continente. É o maior exportador de petróleo africano e, por isso, totalmente dependente dele. A maioria da população nigeriana está dividida entre cristãos, ao sul, e muçulmanos, ao norte. A multietnicidade do país alimenta os movimentos separatistas, crise que é acentuada pelo grupo extremista islâmico Boko Haram.

O grupo ganhou fama internacional em 2014 ao sequestrar 276 adolescentes no noroeste da Nigéria e, depois, declarar que elas foram obrigadas a se casar com membros do grupo ou vendidas. Segundo o Unicef, algumas foram recrutadas para operações terroristas, inclusive ataques suicidas. Segundo a agência, o grupo sequestrou mais de 5 mil meninas na Nigéria até 2018.

De 2009 a 2019, o Boko Haram causou mais de 27 mil mortes em atentados terroristas na Nigéria, mas também atua em países vizinhos, como Camarões, Níger e Chade. É responsável pelo deslocamento forçado de 1,86 milhão de refugiados desde 2014. Assim como o Talibã, é contra a educação escolar feminina. Em hauçá, língua mais falada no norte da Nigéria, **Boko Haram** significa "a educação ocidental é pecaminosa". Em 2015 , o grupo prometeu lealdade ao Estado Islâmico.

Em manifestação de 2014 em Abuja, capital da Nigéria, homem exibe cartaz que diz "Homens de verdade não compram garotas". O protesto pedia ao governo o resgate de mais de 200 meninas sequestradas pelo grupo extremista Boko Haram.

! Dica

Quais as razões dos protestos dos *dalits*, a casta mais baixa da Índia

www.nexojornal.com.br/expresso/2018/04/06/Quais-as-razões-dos-protestos-dos-dalits-a-casta-mais-baixa-da-Índia

Entenda as razões dos protestos dos *dalits*, casta que representa mais de 25% da população da Índia.

Conflitos na Ásia

O continente asiático abriga cerca de 60% da população mundial e milhares de etnias. Nas duas últimas décadas do século XX, alguns conflitos étnico-nacionalistas destacaram-se pelo grande número de pessoas envolvidas e pela violência empregada.

Índia: Punjab e Caxemira

A tensão entre hindus (82% da população da Índia) e muçulmanos (12%) iniciou-se com a chegada dos árabes à região, no século VII, responsáveis pela difusão do islamismo no país. Essa religião conquistou muitos adeptos nas camadas mais pobres da sociedade na Índia, uma vez que viram nela um caminho para se desvencilhar do sistema de castas do hinduísmo — estrutura da sociedade indiana.

De acordo com a tradição, o pertencimento a cada casta é definido pelo nascimento e por hereditariedade, não admitindo mobilidade social, incluindo casar-se com uma pessoa de grupo diferente. Apesar de extinto por lei, ainda hoje o sistema de castas tem forte influência nas relações sociais da Índia, perpetuando a desigualdade no país.

Índia: sistema de castas

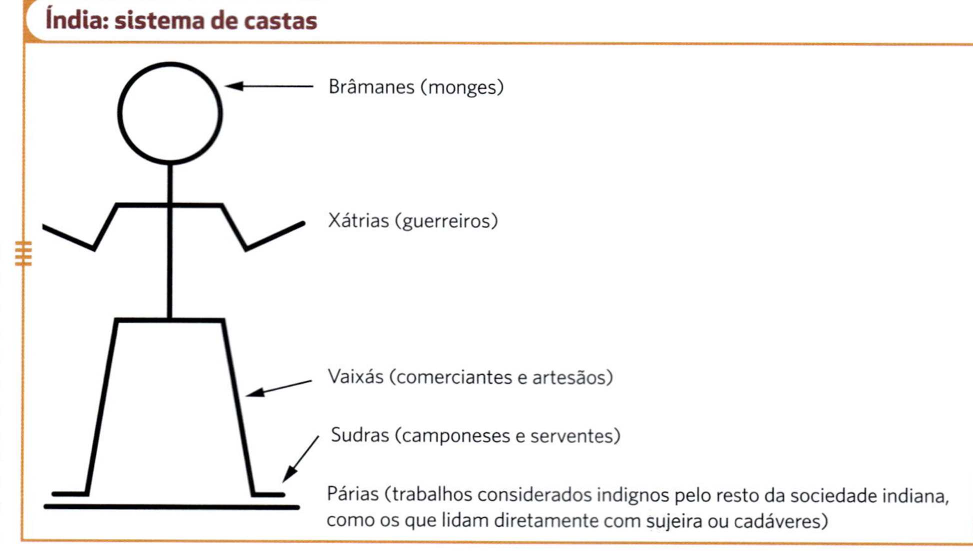

O sistema de castas viria da divindade criadora do Universo, o Brahma. Segundo a crença, os brâmanes nasceram de sua cabeça; os xátrias, dos braços; os vaixás, das pernas; e os sudras, dos pés. Os párias estariam fora dessa estrutura, marginalizados da sociedade.

Elaborado com base em: ENCYCLOPÆDIA Britannica. Caste. Disponível em: www.britannica.com/place/India/Caste#ref487277. Acesso em: mar. 2020.

Na região do Punjab, norte da Índia, conflitos étnico-religiosos violentos têm marcado a história do país nas últimas décadas. Um deles opõe os siques, minoria étnica, seguidora de uma seita própria que difunde elementos do islamismo e hinduísmo, aos hindus. Os primeiros lutam pela independência e pela formação do Estado do Khalistan, idealizado pelos separatistas.

A perseguição aos siques intensificou-se após o assassinato da primeira-ministra indiana Indira Gandhi (1917-1984), integrante do Partido do Congresso, por dois membros de sua guarda pessoal que eram do siquismo. A situação resultou no massacre de cerca de 3 mil religiosos desse grupo. Um mês antes do assassinato, Indira Gandhi havia ordenado a invasão do Templo Dourado de Amritsar — local sagrado para os siques —, onde se reunia a cúpula do movimento separatista.

A partir de 1990, o movimento pelo Khalistan perdeu força. O mandato de Manmohan Singh (1932-), do Partido do Congresso, entre 2004 a 2014, como primeiro-ministro, o primeiro não hindu no cargo, auxiliou a atenuar o conflito.

Entretanto, desde 2014, com a chegada e a permanência no poder do **Partido Nacionalista Hindu** (**BJP**, sigla hindi do Partido do Povo Indiano), a política contra os não hindus intensificou-se em várias regiões do país.

A região da Caxemira compreende um extenso vale fértil habitado principalmente pela população muçulmana. Além da localização estratégica, controlá-la significa dispor das águas do curso médio do rio Indo. A maior parte da região está sob domínio da Índia, mas os paquistaneses e a guerrilha muçulmana separatista querem anexá-la integralmente ao Paquistão. A China também detém a posse de uma pequena parte no nordeste (veja o mapa abaixo).

Dar Yasin/AP Photo/Glow Images

Manifestante atinge veículo da polícia indiana em maio de 2019, durante protesto em Srinagar, (capital da Caxemira), área controlada pela Índia. Centenas de pessoas protestavam contra o assassinato de um líder da região.

Desde 1947, quando Índia e Paquistão conquistaram a independência em relação à Inglaterra, ocorrem guerras pela disputa da Caxemira. Essa disputa territorial é alvo de preocupação mundial, pois tanto o Paquistão quanto a Índia possuem armas nucleares.

Em 2019, o primeiro-ministro indiano, Narendra Modi (1950-), do BJP, revogou a autonomia do estado de Jammu e Caxemira, que até então desfrutava de algumas particularidades na gestão do território, como exclusividade de aquisição de terras para os moradores locais. O maior controle da Caxemira é uma bandeira dos nacionalistas hindus do BJP, que está no poder no país desde 2014. Opositores alegaram que a medida é uma estratégia para que a população hindu no estado aumente. O Paquistão reagiu imediatamente, expulsando o embaixador indiano do país e suspendendo o comércio bilateral.

Índia: fronteiras contestadas e tensões (2019)

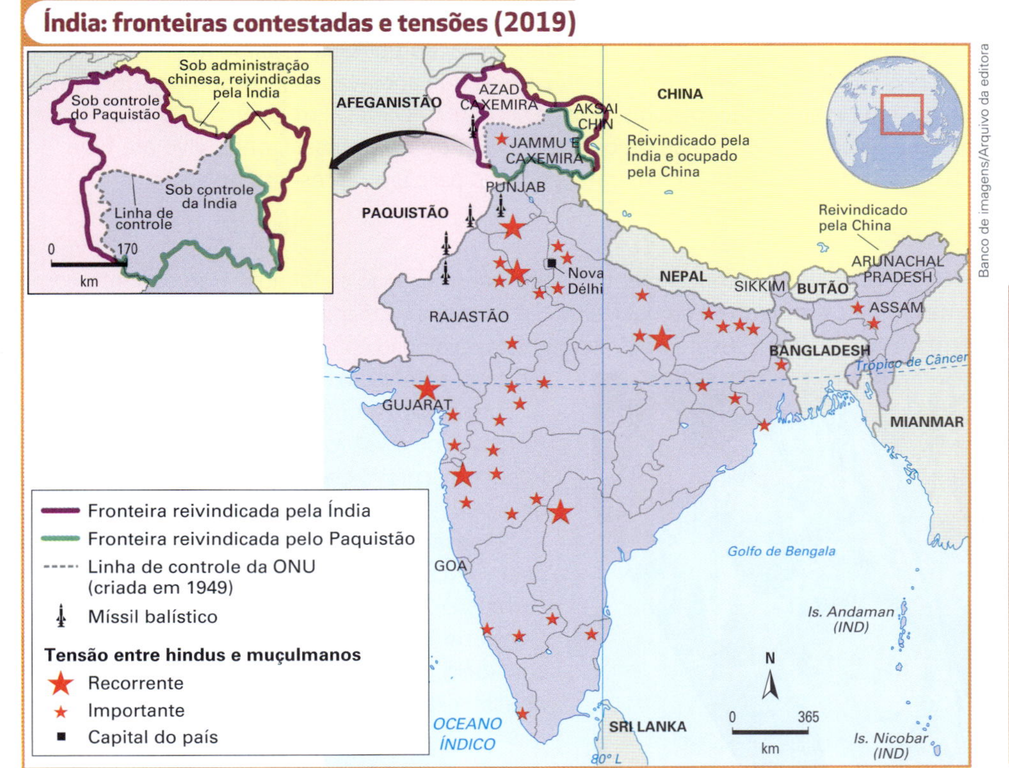

Banco de imagens/Arquivo da editora

Elaborado com base em: FERREIRA, Graça Maria Lemos. *Moderno atlas geográfico*. 6. ed. São Paulo: Moderna, 2016. p. 51; EHL, David. O perigoso conflito envolvendo a Caxemira. *DW*. 7 ago. 2019. Disponível em: www.dw.com/pt-br/o-perigoso-conflito-envolvendo-a-caxemira/a-49933901. Acesso em: nov. 2019.

! Dica

Xadrez Verbal

https://xadrezverbal.com/2019/08/10/xadrez-verbal-podcast-199-caxemira-itaipu-e-eua-pacifico

Coluna Aberta: Caxemira. Minutagem 00:31:30 do episódio 199 (10 de agosto de 2019). Ouça os problemas na Caxemira, desde a origem até a revogação de sua autonomia em 2019.

China

Dos cerca de 1 bilhão e 400 milhões de habitantes da China (República Popular da China), mais de 90% pertencem à etnia han. No entanto, outras 55 etnias que representam menos de 10% da população total do país ocupam mais da metade do território, especialmente em regiões que atingem grandes dimensões nas áreas desérticas e montanhosas do oeste e do norte do país. Em algumas províncias dessas áreas, a população original e majoritária considera o restante do povo chinês um ocupante ilegítimo e luta por independência e autonomia.

China: grandes regiões geográficas (2019)

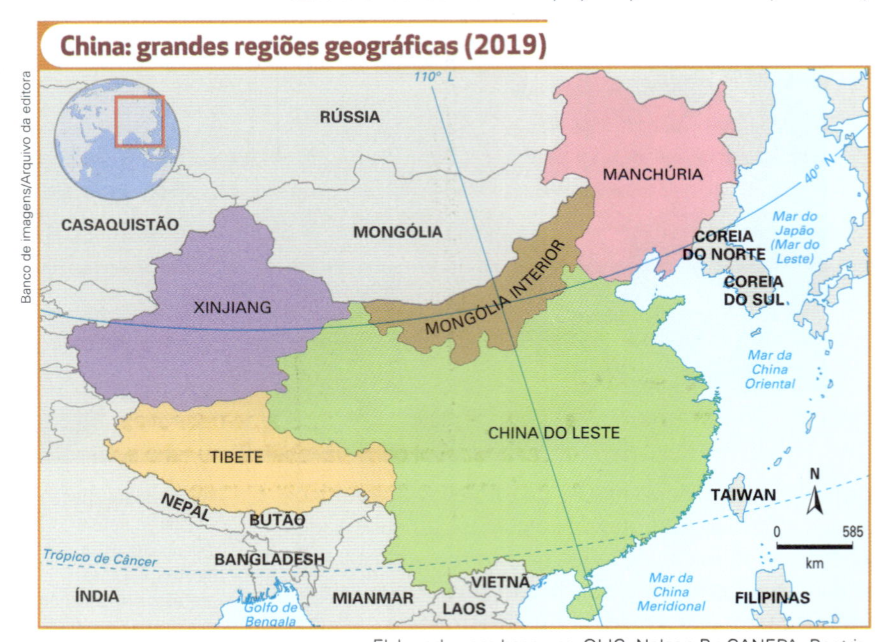

Banco de imagens/Arquivo da editora

Elaborado com base em: OLIC, Nelson B.; CANEPA, Beatriz. *Geopolíticas asiáticas*. São Paulo: Moderna, 2007. p. 13; CALDINI, Vera; ÍSOLA, Leda. *Atlas geográfico Saraiva*. 4. ed. São Paulo: Saraiva, 2013. p. 144.

Tibete

No Tibete se concentram nascentes de importantes rios que cortam a China. Apesar de ter constituído um Estado independente entre 1911 e 1950, a China alega que ele faz parte do seu território desde o século XIII.

Em 1950, a região foi novamente anexada pela República Popular da China. O Tibete sob o domínio chinês passou por grandes transformações, como a supressão do poder da aristocracia religiosa e civil.

Durante a década de 1950, parte da população tibetana separatista, organizada no Exército de Defesa da Religião, atacou a todos que apoiavam a incorporação do Tibete à China, mas essa reação foi esmagada pelo exército chinês. Em 1959, o líder espiritual tibetano Dalai Lama exilou-se na cidade indiana de Dharamsala, onde vive até hoje. Em 2011, abdicou do poder político, transferindo-o para um representante eleito.

Taiwan

A ilha de Taiwan (oficialmente República da China) se identifica atualmente como uma república soberana e democrática. É o local onde Chiang Kai-shek (1887-1975) chefe de governo da China destituído do poder pela revolução comunista de 1949, buscou refúgio e desenvolveu o regime capitalista. A ilha conta com apoio econômico e militar dos Estados Unidos e, uma vez rompidas as relações diplomáticas com a província chinesa em 1979, conseguiu desenvolver um avançado polo industrial.

Lucas Vallecillos/Age Fotostock/Easypix Brasil

Tibetanas se manifestam pela liberdade do Tibete. Dharamsala (Índia), 2019.

Apesar de não ter autonomia reconhecida pela ONU, Taiwan (também conhecida como Formosa) comercializa com diversos países. Contrária à autonomia da república, a China a considera uma "província rebelde" e já condicionou investimentos e empréstimos aos países que não reconhecem a soberania de Taiwan. A relação entre os dois países é, portanto, tensa, mas empresários taiwaneses fazem investimentos na China continental.

Hong Kong

O arquipélago de Hong Kong, habitado por chineses, foi cedido à Grã-Bretanha em caráter indefinido em 1842, depois da Primeira Guerra do Ópio. Acordos posteriores estabeleceram o arrendamento das ilhas até 30 de junho de 1997, quando voltaram ao controle chinês.

O desafio de incorporar o arquipélago levou o governo chinês a desenvolver um arranjo político que ficou conhecido por "um país, dois sistemas", no qual se comprometeu a respeitar a autonomia dessa região administrativa e manter o sistema capitalista até 2047. Porém, desde 2014, ocorrem divergências entre os desejos da população e os do governo central. Muitos foram às ruas para lutar pelo direito de escolher livremente os próprios representantes; como os manifestantes utilizaram guarda-chuvas para se protegerem das bombas de gás lacrimogêneo e se disfarçarem na multidão, o movimento foi chamado de Revolta ou Movimento do Guarda-chuva.

Em 2019, novos protestos ganharam as ruas de Hong Kong, dessa vez mais organizados, com episódios nas ruas e no aeroporto internacional. O estopim foi a decisão do governo chinês de extraditar opositores para serem julgados no continente. Os protestos estão proibidos, mas a população não tem seguido essa determinação. A tensão com a China está em movimento crescente.

Dale de La Rey/Agência France-Presse

Manifestantes em Hong Kong, em sua maioria estudantes universitários, em conflito com a polícia, que atende aos anseios políticos da China, em 2019.

Mianmar

Mianmar é um país multiétnico, com maioria de população budista, mas com minoria muçulmana, apátrida e com língua própria conhecida como roinja, que há anos é perseguida pelo governo e por budistas.

Desde 2016, a situação se agravou muito, em meio à violenta perseguição, que levou 1 milhão de roinjas a se refugiarem nos países vizinhos, sobretudo em Bangladesh.

O não reconhecimento histórico do direito de viverem no país levou à formação de grupos paramilitares que não os representam legitimamente e lutam por conquistar um território independente para a etnia.

Os roinjas são considerados atualmente a minoria mais perseguida no mundo. São vítimas de variadas discriminações, como restrição à liberdade de circulação, trabalho forçado, extorsões, confisco de terras, acesso limitado a escolas e saúde, regras injustas de casamento e outros tipos de violência. Mesmo as pressões internacionais não colocaram fim às perseguições, que configuram limpeza étnica.

Azim Khan Ronnie/Alamy/Fotoarena

Refugiados roinjas dirigindo-se a Bangladesh, país vizinho a Mianmar. Foto de 2017.

Oriente Médio

O Oriente Médio esteve sob domínio do Império Turco-Otomano até a Primeira Guerra Mundial, o qual foi praticamente substituído pela ocupação inglesa e francesa, que durou até a década de 1940. Ao fim deste último período, consolidou-se o processo de independência de vários países e foi criado o Estado de Israel, em 1948.

A independência não significou o fim dos conflitos na região. Ao contrário, após a Segunda Guerra Mundial, o Oriente Médio se transformou no principal foco de tensão mundial. Os motivos foram diversos, como: a criação do Estado de Israel; os interesses econômicos e estratégicos das grandes potências pelo controle das jazidas de petróleo; as disputas internas pelo poder em uma região marcada por regimes autoritários; os conflitos religiosos; a proliferação de grupos fundamentalistas; e as más condições de vida da maioria da população.

Outro importante fator de instabilidade e de intensificação dos conflitos é a herança da Guerra Fria, quando os Estados Unidos e a ex-União Soviética armaram exércitos e grupos de oposição, fortalecendo ditaduras e grupos terroristas. Atualmente, uma parcela significativa das vendas de armamentos dos Estados Unidos destina-se a países do Oriente Médio.

Oriente Médio: divisão política (2018)

Elaborado com base em: IBGE. *Atlas geográfico escolar.* 7. ed. Rio de Janeiro, 2018. p. 49.

Conflito árabe-israelense

A região da Palestina é o território histórico de dois povos: judeus e palestinos. Os judeus ocuparam a região há mais de 4 mil anos, mas se espalharam pelo mundo devido à repressão sofrida durante o Império Romano. Os palestinos são formados por uma mistura de povos, como filisteus (que ocupavam a faixa de Gaza), cananeus (que habitavam a Cisjordânia) e árabes, os quais impuseram a própria cultura, tradições e a religião islâmica. Os palestinos habitaram a região por um período contínuo de cerca de 2 mil anos.

No fim do século XIX, com a criação da Organização Sionista Mundial (1897), na Suíça, o movimento sionista começou a organizar a migração de judeus à Palestina, visando à formação de uma pátria judaica. Na primeira metade do século XX, o aumento da população judaica na região foi contínuo, estimulado pela compra de terras e pelo estabelecimento de diversas colônias.

A perseguição e o massacre impostos aos judeus pelos nazistas, na Segunda Guerra Mundial, fundamentou o apoio internacional à formação do Estado de Israel em 1948. Aprovado pela ONU em 1947, o plano de partilha da Palestina destinou 57% do território aos israelenses.

! Dicas

Chutando a Escada

https://chutandoaescada.com.br/2017/12/29/chute-035-reginaldo-nasser-discute-o-oriente-medio/

O episódio 35, de 29 de dezembro de 2017, traz entrevista com Reginaldo Nasser, professor da PUC-SP, sobre a conjuntura política do Oriente Médio.

As origens do Estado de Israel e dos conflitos com os palestinos.

www.nexojornal.com.br/video/video/As-origens-do-Estado-de-Israel.-E-do-conflito-com-os-palestinos

O vídeo explica as origens do conflito entre Israel e palestinos.

Palestina: uma nação ocupada

De Joe Sacco. São Paulo: Conrad, 2014.

Reportagem em quadrinhos sobre a situação palestina.

Paradise now

Direção de Hany Abu-Assad. Alemanha/França/Holanda/Israel/Palestina, 2005. 90 min.

Dois amigos palestinos são selecionados por grupo terrorista para praticar um atentado suicida em Tel Aviv, capital de Israel.

B'Tselem

www.btselem.org

Site da ONG Israelense B'Tselem – Centro de Informações Israelense para Direitos Humanos nos Territórios Ocupados – contém mapas detalhados sobre os territórios de Israel e da Palestina. e pequenos vídeos que mostram o cotidiano da população.

Saiba mais

Conflitos árabe-israelenses: cronologia

- 1948: Egito, Jordânia, Líbano e Síria invadem Israel, dando início à **Primeira Guerra Árabe-Israelense** (1948-1949).
- 1949: **Armistício** retira totalmente as decisões dos palestinos sobre seus territórios tradicionais. Acordo de paz divide o Estado Árabe da Palestina entre Israel (permanece com a Galileia e outras partes do território palestino); **Transjordânia** (incorpora a **Cisjordânia**, a oeste do rio Jordão); e Egito (ocupou a **Faixa de Gaza**). Apesar da partilha, os conflitos não cessaram.
- 1956: **Segunda Guerra Árabe-Israelense (Guerra de Suez)**. Egito nacionaliza o canal de Suez e proíbe a passagem de navios israelenses. Israel, apoiado pela França e pelo Reino Unido, ocupa a península do Sinai. A pressão dos Estados Unidos e da União Soviética faz os judeus abandonarem a região e os egípcios recuarem sobre a nacionalização.
- 1967: Síria tenta desviar o fluxo de água do rio Jordão com a construção de represa nas **Colinas de Golã**. Com o apoio da Jordânia e do Egito, o Golfo de Aqaba é bloqueado, impedindo a navegação israelense no mar Vermelho. Eclode a **Guerra dos Seis Dias** (de 5 a 10 de junho), conhecida também como a **Terceira Guerra Árabe-Israelense**, na qual israelenses atacam Egito, Jordânia e Síria, e anexam o Sinai e a Faixa de Gaza — pertencentes aos egípcios, as Colinas de Golã, antes da Síria; e a Cisjordânia, parte da Jordânia.
- 1973: **Guerra do Yom Kippur** ou **Quarta Guerra Árabe-Israelense**. Egito e Síria atacam Israel, conquistam regiões, mas recuam com a forte reação do exército israelense.
- 1979: Israel concorda em devolver a península do Sinai ao Egito, com intermédio dos Estados Unidos, formalizando o **Acordo de Camp David**.

Armistício: convenção pela qual os que estão em conflito suspendem as hostilidades sem pôr fim ao estado de guerra.

Transjordânia: o reino criado em 1946, quando os britânicos, que ocupavam a região desde o final da Primeira Guerra Mundial, retiraram suas tropas. Após 1949, passou a se chamar Jordânia.

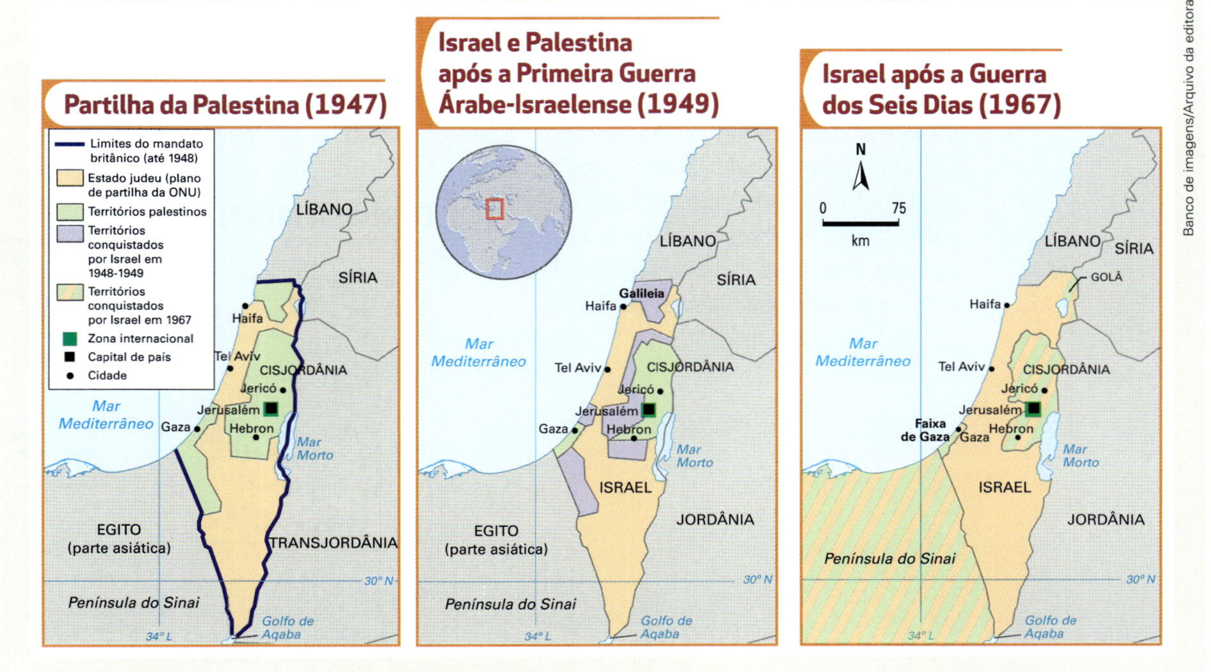

Banco de imagens/Arquivo da editora

Elaborado com base em: KINDER, H.; HILGEMANN, W. *Atlas histórico mundial*. Madrid: Istmo, 2006. p. 278.

Intifada: revolta ou levante. Assim ficaram conhecidas as manifestações em que a população saiu às ruas lançando pedras contra os tanques e os soldados israelenses.

Hamas: abreviatura em árabe para o Movimento de Resistência Islâmica. Criado em 1987 para travar a luta armada contra Israel e promover programas de assistência social aos palestinos, o grupo é considerado uma organização terrorista por Israel, União Europeia, Estados Unidos e outros países.

Questão palestina

Parte dos palestinos expulsos de suas terras criaram organizações terroristas para lutar contra o Estado de Israel, entre elas a Al Fatah (1959) e a Organização para a Libertação da Palestina — OLP, a qual, em 1969, passou a ser presidida por Yasser Arafat (1929-2004). Após a Primeira **Intifada** na Cisjordânia, no final de 1987, Arafat apresentou um plano de paz na Assembleia Geral da ONU, reconhecendo o Estado de Israel.

Em 1993, Arafat e Yitzhak Rabin (1922-1995), primeiro-ministro israelense, assinaram um acordo de paz na Casa Branca, nos Estados Unidos: o Acordo de Oslo. A Faixa de Gaza e parte da Cisjordânia foram devolvidas aos palestinos e se tornaram regiões autônomas. Foi criada a Autoridade Nacional Palestina (ANP), entidade liderada pela OLP, com sede em Ramallah, na Cisjordânia. Em 1995, um novo acordo estendeu a administração territorial da ANP a outras 456 cidades da Cisjordânia.

Em 2000, Ariel Sharon (1928-2014), futuro primeiro-ministro de Israel, visitou a Esplanada das Mesquitas (local sagrado para os muçulmanos), provocando a Segunda Intifada. Em 2003, líderes palestinos e judeus reuniram-se em Madri, com o apoio da ONU, da União Europeia, dos Estados Unidos e da Rússia (Quarteto de Madri), para estabelecer um novo acordo de paz proposto, chamado de Mapa do Caminho. Houve forte oposição de grupos radicais (judeus e palestinos).

No fim de 2004, Arafat morreu, e a ANP passou a ser presidida por Mahmoud Abbas (1935-), que, no início de 2005, foi democraticamente eleito presidente da Palestina. Novas negociações levaram à retirada dos assentamentos judaicos da Faixa de Gaza e de uma pequena parte da Cisjordânia. Israel decidiu continuar a construção do muro que o separava da parte da Cisjordânia controlada pelos palestinos, mas inviabilizou a demarcação das fronteiras acertadas pelo Mapa do Caminho: confiscou cerca de 50% das terras na Cisjordânia e anexou ao próprio território os assentamentos judaicos construídos nos territórios ocupados. Israel incorporou, então, todo o vale do rio Jordão, a única fonte de abastecimento de água da região.

Em 2006, o **Hamas**, que não reconhece Israel, conquistou legitimamente o poder na Faixa de Gaza e o Fatah, partido de Abbas, passou a controlar apenas as terras palestinas da Cisjordânia.

Em 2009, o primeiro-ministro de Israel Benjamin Netanyahu (1949-) entravou as negociações com a ANP ao permitir a ampliação dos assentamentos judaicos na Cisjordânia, e em 2012 a ONU alterou o *status* da Palestina de "Entidade observadora" para "Estado observador não membro", mas sem direito a voto na Organização.

Em 2018, Donald Trump, presidente dos Estados Unidos, reconheceu Jerusalém como capital de Israel e transferiu a embaixada para a cidade. No ano seguinte, reconheceu a soberania de Israel sobre as Colinas de Golã, território sírio ocupado desde 1967.

Cisjordânia (2017)

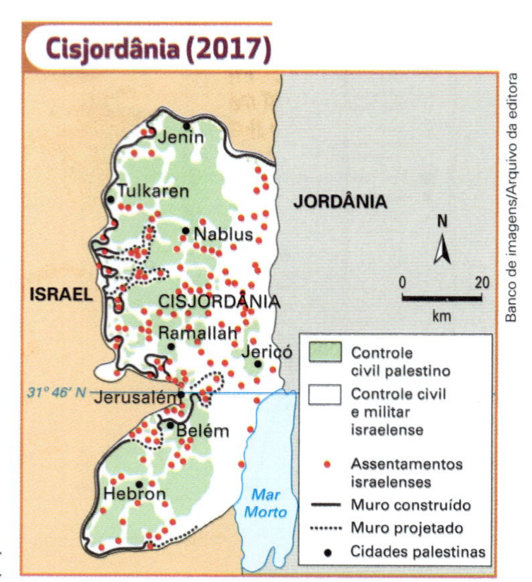

Elaborado com base em: SIMIELLI, Maria Elena. *Geoatlas*. 35. ed. São Paulo: Ática, 2019. p. 99.

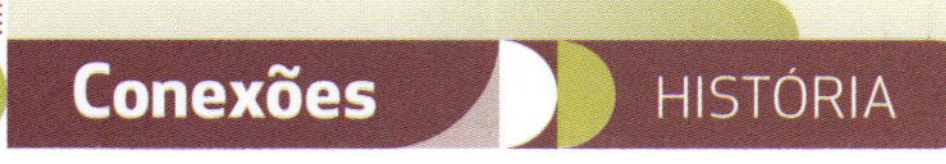

Protestos no muro da Cisjordânia

A construção do muro por Israel é criticada por diversos setores da sociedade palestina e mundial. Palestinos, israelenses e pessoas de diferentes partes do mundo também protestam por meio da arte. Trechos do muro da segregação foram transformados num imenso painel, onde artistas e pessoas em geral se manifestam.

Em um trecho do muro foi colado, sobre pichações de protestos, um grande painel inspirado no quadro *Guernica* (1937), de Pablo Picasso (1881-1973). Assim como a obra colada no muro, *Guernica* traz elementos da sintaxe cubista (a forma como os elementos são dispostos na obra e as relações que estabelecem entre si): imagens fragmentadas, decompostas e distribuídas em planos sobrepostos na tela, quebrando totalmente a noção de perspectiva.

1 Observe as duas obras. A de Picasso faz referência a qual contexto histórico? Discuta a analogia desse contexto com o do painel colocado no muro construído por Israel.

Album/Fotoarena/© Succession Pablo Picasso/AUTVIS, Brasil, 2020.

Guernica, de Pablo Picasso, 1937 (óleo sobre tela, 351 cm × 782 cm, Madri, Espanha).

Stefano Baldini/Age Fotostock/Easypix Brasil

Painel no muro da Cisjordânia, 2008.

2 Como a linguagem cubista, descrita no início da seção, expressa as situações reais apresentadas nessas obras?

Questão curda

Outro conflito étnico-nacionalista no continente asiático envolve uma nação cuja população se encontra distribuída principalmente por cinco países. Trata-se dos curdos, que constituem a maior nação do mundo sem Estado, somando cerca de 30 milhões de pessoas, das quais mais de 14 milhões vivem na Turquia.

Delil Souleiman/Agência France-Presse

Combatentes da YPJ (sigla em curdo para Unidades de Proteção das Mulheres) participam de parada militar comemorativa da eliminação total do Estado Islâmico no leste da Síria. Foto de 2019.

Os curdos têm raízes muito remotas no Oriente Médio, na antiga Mesopotâmia. Apesar de serem um povo islâmico, mantêm as próprias tradições e costumes e habitam a região conhecida como Curdistão há mais de 2 600 anos. Os curdos têm uma longa história de marginalização e perseguição, especialmente no Iraque e na Turquia.

Após a Guerra do Golfo de 1991, o ex-ditador iraquiano Saddam Hussein (1937-2006) ordenou a matança de milhares de curdos, autorizando o uso de armas químicas. Na guerra do Iraque (2003-2011), após a invasão dos Estados Unidos, os curdos iraquianos colaboraram com a coalizão atacante contra as tropas iraquianas e conquistaram autonomia nas terras que ocupam no norte do Iraque. Em 2014, suas terras foram invadidas pelo Estado Islâmico, o que fez dos curdos importante força de combate a esse grupo terrorista no Oriente Médio.

Na Turquia, o ensino da língua curda nas escolas é proibido, assim como a comemoração de datas festivas curdas. A luta por um Curdistão independente sempre foi duramente reprimida pelos sucessivos governos turcos, mas grupos guerrilheiros ligados ao Partido dos Trabalhadores Curdos (PKK) seguem promovendo atentados para desestabilizar o governo e conquistar a independência.

População curda (2019)

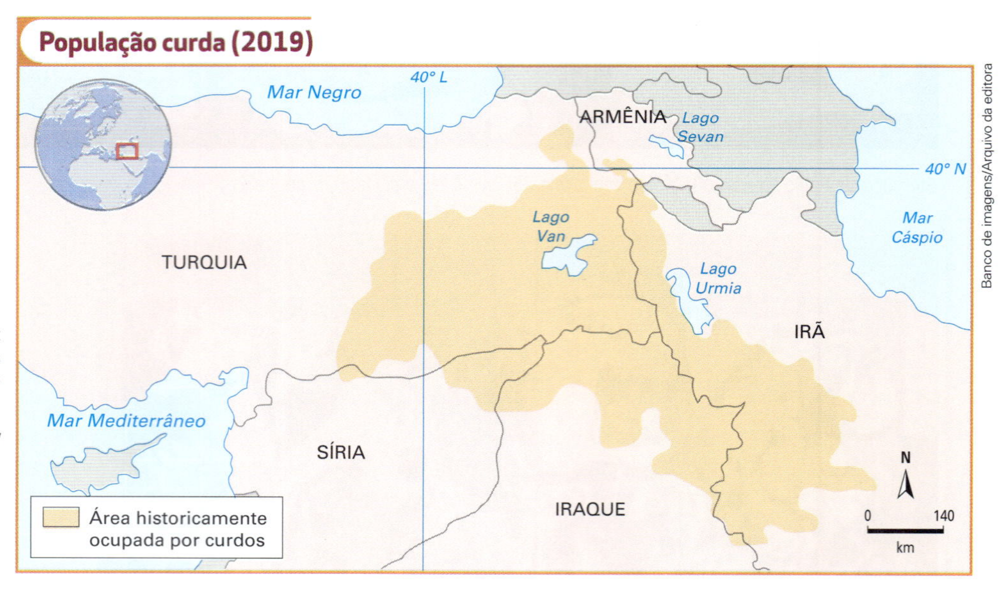

Banco de imagens/Arquivo da editora

Elaborado com base em: BBC Brasil. Quem são os curdos e por que são atacados pela Turquia. *BBC Brasil*, 12 out. 2019. Disponível em: www.bbc.com/portuguese/internacional-50012988. Acesso em: dez. 2019; Institute Kurde de Paris. Disponível em: www.institutkurde.org/en/. Acesso em: nov. 2019.

Explore

1. Por quais países está disperso o povo curdo?
2. Que importância geopolítica regional tem a área onde se distribui a população curda?
3. Que potencialidades econômicas estão vinculadas aos territórios onde vivem os curdos?

Primavera Árabe

Primavera Árabe é o nome com que ficou conhecido o conjunto de manifestações populares iniciadas em 2010, na Tunísia, por maiores liberdades políticas e desenvolvimento econômico, e se disseminou por diversos países árabes, sobretudo norte da África e Oriente Médio. Grande parte da disseminação, da organização e da convocação das manifestações se deu por meio das novas tecnologias da informação (*smartphones* e internet) para romper o controle aos meios de comunicação de muitos governos ditatoriais. As conquistas não muito significativas do movimento, em países onde não houve a ampliação da democracia, tampouco a distribuição da riqueza, ficaram conhecidas como **Inverno Árabe**. Em alguns casos, a repressão aos movimentos impôs condições ainda piores que as vividas anteriormente. Conheça a situação de alguns países envolvidos nessas manifestações.

Primavera Árabe (2010-2011)

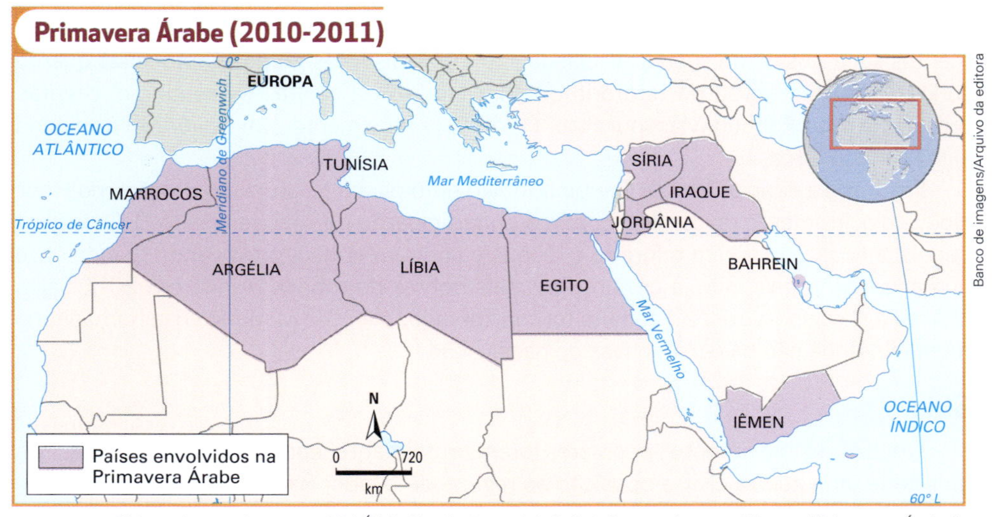

Elaborado com base em: ARAÚJO, Shadia Husseini. O "islã" como força política na "Primavera Árabe": uma perspectiva da teoria do discurso. *História*: questões e debates, Curitiba, v. 58, n. 1. p. 50, jan./jun. 2013.

Egito

Em 2011, movimentos populares resultaram na deposição do presidente Hosni Mubarak (1928-2020), no poder desde 1981. No ano seguinte, foi eleito Mohamed Morsi (1951-2019), sustentado pela Irmandade Muçulmana (organização radical islâmica). Em 2013, foi aprovada uma nova Constituição, amparada nos preceitos do islã. Houve novos protestos populares, duramente reprimidos, e golpe de Estado liderado pelo ex-ministro da Defesa, o general Abdul Fatah Khalil al-Sisi (1954-). No mesmo ano, Morsi foi condenado e preso. Em 2014, foi eleito o general Sisi, dando continuidade à instabilidade política e social: os ataques terroristas aumentaram e o turismo foi reduzido. Ainda há polarização entre seculares e islâmicos.

Goran Tomasevic/Reuters/Fotoarena

Manifestante na frente de barricada em chamas no quarto dia de protesto no Cairo (Egito), em janeiro de 2011.

Tunísia

Único país que obteve conquistas concretas com o movimento batizado localmente de Revolução de Jasmim. Após 23 anos, o ditador Ben Ali (1936-2019) foi deposto e preso. Nova Constituição foi aprovada, e houve eleições livres em 2014. O país ainda convive com terrorismo, corrupção e dificuldades econômicas.

Líbia

Em 2011, movimentos populares derrubaram o ditador Muammar Kadafi (1942-2011), no poder desde 1969 por golpe de Estado. Instaurou-se uma guerra civil entre grupos de interesses variados, divididos entre laicos e religiosos. A Otan interveio sem autorização da ONU, e foi instaurado o Conselho Nacional de Transição, que não estabilizou o país. O Estado Islâmico dominou algumas áreas e, desde 2014, o país está dividido em dois governos: um que domina o centro e o leste do país, e outro que domina o oeste (Trípoli), este reconhecido pelo Ocidente. O conflito destruiu parte da estrutura produtiva, sobretudo o parque petrolífero, base da economia do país.

Iêmen

As mobilizações populares de 2011 forçaram a renúncia do ditador Ali Abdullah Saleh (1942-2017), no poder havia mais de 30 anos. A instabilidade política fortaleceu os movimentos separatistas do sul e a Al-Qaeda. Em 2014, distintos grupos, tanto xiitas quanto sunitas, tomaram parte do território do país, inclusive a capital, e destituíram o então presidente Abd Rabbuh Mansour Hadi (1945-). O movimento huti (favorável à minoria xiita) ganhou força.

Em 2015, a Arábia Saudita liderou o movimento para a restauração do governo Hadi. Houve o acirramento do conflito, com maior participação da Al-Qaeda e do EI. Dois anos depois, a coalizão saudita reforçou o bloqueio contra o Iêmen, provocando grande crise humanitária no país, que já era um dos mais pobres do mundo. Ainda em 2017, Saleh morreu agravando a crise. O conflito foi considerado, em 2018, a maior crise humanitária mundial. Ainda não há perspectivas de pacificação.

Síria

Em 2011, os movimentos populares foram brutalmente reprimidos pelo governo. Instaurou-se uma guerra civil: a oposição ao regime do ditador Bashar al-Assad (1965-) se fortaleceu com a formação do Exército Livre da Síria, e o conflito adquiriu contornos étnico-religiosos ao opor os principais grupos que habitam o país. Bashar al-Assad, do grupo alauita (uma das vertentes do islamismo xiita), foi apoiado por seus integrantes, que representavam apenas 10% da população. Outros grupos minoritários também apoiaram o regime: os cristãos ortodoxos (10%) e os drusos (3%). A maioria da população (70%), de origem sunita, entre eles a maior parte dos curdos, foi socialmente discriminada.

Em 2012, a Liga Árabe, os Estados Unidos e a União Europeia impuseram sanções ao país e reconheceram o movimento de oposição, a Coalizão Nacional da Síria. O governo de Assad contou com importantes alianças que lhe permitiram evitar o total isolamento do país: Irã no Oriente Médio, dominantemente xiita e seu tradicional aliado, e China e Rússia, membros do Conselho de Segurança, que lhe deram cobertura diplomática na ONU. Os russos, possuidores de empresas de exploração e distribuição de gás natural no país, mantiveram fortes relações comerciais com o governo sírio, além do grande fornecimento de armas.

Louai Beshara/Agência France-Presse

Milhares de apoiadores de Bashar al-Assad (em cartaz à direita) participam de manifestação a seu favor em Damasco, capital da Síria, em 2011.

Em 2014, o EI reivindicou parte do território. Os Estados Unidos iniciaram os bombardeios contra o EI, mas mantiveram a oposição a Assad. No ano seguinte, a Rússia entrou no conflito contra o EI e em apoio a Assad.

Em 2018, as Forças Democráticas Sírias (aliança militar liderada pelos curdos) declararam a derrota do EI. Cerca de 5,4 milhões de pessoas deixaram o país. Outras 6 milhões se refugiaram internamente.

Bahrein

As manifestações foram menos intensas que nos demais países e rapidamente reprimidas pelo governo ditatorial sunita (a maioria da população é xiita). Houve apoio de tropas sauditas e emiradenses, sem contestação internacional.

Irã

Com extensas reservas de petróleo e localização de grande relevância geopolítica e econômica, o Irã é uma potência regional do Oriente Médio com muitas peculiaridades. Uma delas é ter povo e cultura persas, não árabes — a região foi chamada de Pérsia até 1935. A população, em sua maioria, adotou a religião islâmica de corrente xiita.

O país é uma **república islâmica teocrática**, ou seja, o chefe de Estado é o líder religioso do país, denominado Guia Supremo. Essa é a função ocupada desde junho de 1989 pelo aiatolá Ali Khamenei (1939-), que substituiu Ruhollah Khomeini (1902-1989). Desde 1979, entretanto, presidente e parlamentares são escolhidos por eleições diretas. Essa característica foi delineada após a Revolução Iraniana (ou Revolução Islâmica) liderada por Khomeini, que destituiu Mohammad Reza Xá Pahlavi (1919-1980), ditador no poder desde 1941. Pahlavi contava com o apoio dos Estados Unidos e vinha adotando reformas econômicas e culturais que levavam à ocidentalização do país ("modernização" que ampliava os direitos das mulheres e perseguia o clero xiita e os defensores da democracia, sobretudo os grupos de esquerda).

Desde a Revolução, o Irã passou a apoiar países e grupos para defesa dos xiitas. O país é forte opositor do Estado de Israel e dos Emirados Árabes, ambos antigos aliados dos Estados Unidos. Tem patrocinado grupos islâmicos, sobretudo xiitas, no Iêmen, no Líbano, na Síria, no Iraque (com o qual travou guerra entre 1980 e 1988) e nos territórios palestinos.

Daniele Darolle/Sygma/Getty Images

Mulheres iranianas trajando roupas ocidentais dão boas-vindas ao então presidente francês, Charles de Gaulle, em visita a Teerã, em 1963.

Apesar do relativo embargo econômico que sofre de países europeus e, sobretudo, dos Estados Unidos devido ao seu suposto programa de desenvolvimento de armas nucleares, o Irã vende petróleo para China, Índia, Japão, Rússia (que em muitos casos tem se portado como aliado), entre outros. Signatário do **Tratado de Não Proliferação Nuclear**, o Irã afirma desenvolver um programa nuclear para fins pacíficos, como uso energético, industrial, médico e comercial. Sob desconfiança de um grupo de países ocidentais liderados pelos Estados Unidos, aceitou inspeções de técnicos estrangeiros para verificação dos níveis de enriquecimento de urânio (o uso em armamento requer índices elevados), a fim de ampliar relações comerciais.

Em 2015, após certificação da Agência Internacional de Energia Atômica de que o país atendia aos limites impostos, foram suspensas algumas sanções e foi selado um acordo com o governo de Barack Obama. Mas o presidente seguinte, Donald Trump, considerou insatisfatórios os termos do acordo e o rompeu. Desde então, a tensão entre os países aumentou: em janeiro de 2020, o general Qassem Soleimani, importante liderança política e militar no Oriente Médio, foi assassinado no Iraque em bombardeio aéreo dos Estados Unidos. O episódio levou o povo iraniano às ruas e temor de declaração de guerra do Irã.

Atividades

1 Explique as principais razões dos conflitos étnico--nacionalistas.

2 Observe a imagem e identifique o conflito histórico que ela representa.

ni press photos/Alamy/Fotoarena

3 Observe o título da reportagem de dezembro de 1956.

O Estado De São Paulo (13/12/1956)

Nacionalistas irlandeses lançam onda de atentados

Subito recrudescimento das atividades do IRA — Mobilizada toda a policia da Irlanda do Norte

O Estado de S. Paulo, 13 dez. 1956. p. 12. Disponível em: http://acervo.estado.com.br. Acesso em: mar. 2020.

- Qual é o nome da organização cuja sigla aparece no artigo e qual era o seu objetivo?

4 Leia trecho de texto de agosto de 2008.

> Muitos georgianos suspeitam que os pacifistas russos enviados à Abecásia e à outra região separatista da Geórgia, a Ossétia do Sul, são ferramentas para preservar a influência russa na região.
>
> *O Estado de S. Paulo*. Disponível em: http://internacional.estadao.com.br. Acesso em: fev. 2016

- Que desdobramento teve o conflito entre os dois países nas duas regiões citadas no artigo?

5 Leia trecho de matéria jornalística de 2014:

> A Rússia não pode continuar pertencendo ao grupo de países mais industrializados do mundo, G8, se continuar violentando a soberania nacional da Ucrânia.
>
> Por isso, Moscou não assistirá à próxima reunião do grupo, que passará a se chamar G7 e se reunirá em junho em Bruxelas, e não em Sochi, como estava previsto.
>
> FERRER, Isabel. A Rússia é afastada do G8 depois da anexação da Crimeia. *El País*. 24 mar. 2014. Disponível em: https://brasil.elpais.com/brasil/2014/03/24/internacional/1395646165_225453.html. Acesso em: nov. 2019.

- Explique a violação de que os países do G8 acusam a Rússia.

6 Leia trecho de artigo publicado em julho de 2011.

> Sob o olhar preocupado da comunidade internacional, nasce hoje o 193º país do mundo.
>
> Devastado por décadas de guerras civis, [...] partilhará com Somália e Afeganistão os piores indicadores sociais do planeta.
>
> "É um momento histórico, mas os desafios são gigantescos", afirma Erwin van der Borght, diretor da Anistia Internacional para África.
>
> O país é o lugar no mundo onde mais morrem grávidas e recém-nascidos, e 90% das mulheres são analfabetas.
>
> MONTENEGRO, Carolina. *Folha de S.Paulo*, 9 de jul. 2011. p. A20.

a) A qual país o texto faz referência?

b) Qual é o principal recurso econômico do país e quais são as dificuldades para sua viabilização econômica?

7 Que países estão envolvidos nas disputas e conflitos na região da Caxemira? Considerando o arsenal bélico desses países, que potenciais riscos estão envolvidos em um eventual acirramento das relações entre eles?

8 Com base nos seus conhecimentos e de acordo com o que você estudou, quais são os principais impasses para solucionar o conflito entre Israel e a Palestina?

Questões do Enem e de vestibulares

Capítulo 2: Cartografia e Sistemas de Informação Geográfica

1 (Enem)

Anamorfose é a transformação cartográfica espacial em que a forma dos objetos é distorcida, de forma a realçar o tema. A área das unidades espaciais às quais o tema se refere é alterada de forma proporcional ao respectivo valor.

GASPAR, A. J. *Dicionário de ciências cartográficas*. Lisboa: Lidei, 2004.

A técnica descrita foi aplicada na seguinte forma de representação do espaço:

a)

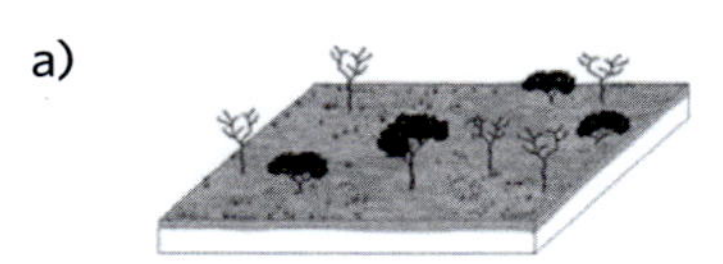

b)

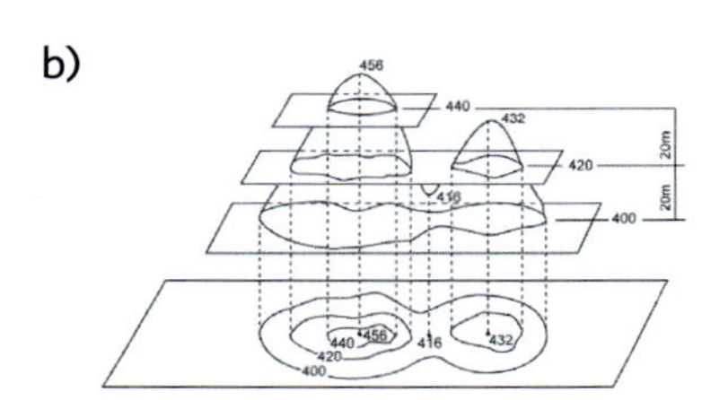

c)

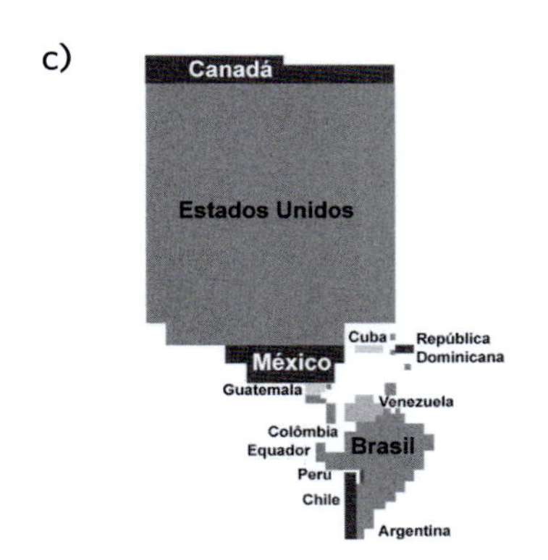

d)

e)

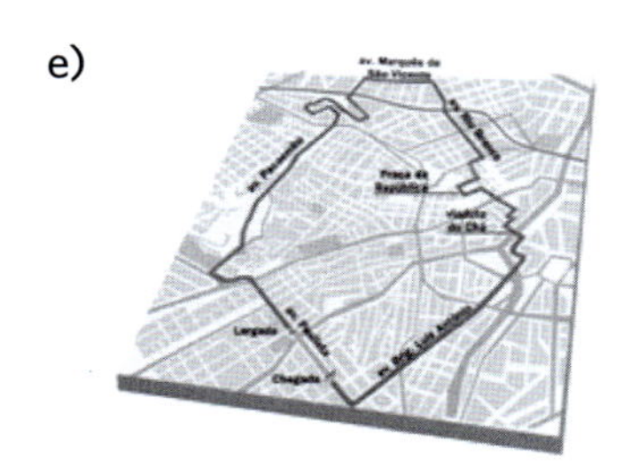

2 (Enem)

TEXTO I

Quando um exército atravessa montanhas, florestas, zonas de precipícios, ou marcha ao longo de desfiladeiros, alagadiços ou pântanos, ou qualquer outro terreno onde a deslocação é árdua, está em terreno difícil. O terreno onde é apertado e a sua saída é tortuosa e onde uma pequena força inimiga pode atacar a minha, embora maior, é cercado.

TZU, S. *A arte da guerra*. São Paulo: Martin Claret, 2001.

TEXTO II

O objetivo principal era encontrar e matar Osama Bin Laden. Onde ele se esconde? Não podemos esquecer a dificuldade de ocupação do país, que possui um relevo montanhoso, cheio de cavernas, onde fica fácil, para quem está acostumado com esse relevo, esconder-se.

OLIVEIRA, M. G.; SANTOS, M. S. *Ásia: uma visão histórica, política e econômica do continente*. Rio de Janeiro: E-Papers, 2009 (adaptado).

As situações apresentadas atestam a importância da relação entre a topografia e o(a)

a) construção de vias terrestres.
b) preservação do meio ambiente.
c) emprego de armamentos sofisticados.
d) intimidação contínua da população local.
e) domínio cognitivo da configuração espacial.

3 (UEG-GO) Num mapa em que a escala numérica corresponde é de 1:45.000, 10 cm no mapa, na realidade, a:

a) 4.500.000 m
b) 4.500 m
c) 450 km
d) 45.000 m
e) 45 km

Capítulo 3: Estado, nação e cidadania

1 (UPE SSA 3) Leia o texto a seguir sobre o Estado Democrático.

Para Aristóteles, o motivo pelo qual nasce o Estado é o de tornar possível a vida e também uma vida feliz. De fato, a meta final da vida humana é a felicidade. Por isso, a razão de ser do Estado é facilitar o acesso a essa meta.

MONDIN, B. *O homem, quem é ele?* São Paulo: Edições Paulinas, 1980, p. 157.

Na citação acima, o autor faz uma reflexão filosófica sobre a dimensão do Estado, afirmando que

a) o Estado é a felicidade da vida humana, e a razão tem valor secundário nessa meta.
b) a meta final da vida humana é a felicidade, e o sentido do Estado é obstar o acesso a essa meta.

c) o Estado tem significância na meta da felicidade, e a vida humana é, por natureza, social.
d) na esfera do Estado, a questão democrática é prescindível.
e) a democracia é condição secundária na razão de ser do Estado.

2 (Enem 2019)

Localizado a 160 km da cidade de Porto Velho (capital do estado de Rondônia), nos limites da Reserva Extrativista Jaci-Paraná e Terra Indígena Karipunas, o povoado de União Bandeirantes surgiu em 2000 a partir de movimentos de camponeses, madeireiros, pecuaristas e grileiros que, à revelia do ordenamento territorial e diante da passividade governamental, demarcaram e invadiram terras na área rural fundando a vila. Atualmente, constitui-se na região de maior produção agrícola e leiteira do município de Porto Velho, fornecendo, inclusive, alimentos para a Hidrelétrica de Jirau.

SILVA, R. G. C. Amazônia globalizada – o exemplo de Rondônia. *Confins*, n. 23, 2015 (adaptado).

A dinâmica de ocupação territorial descrita foi decorrente da

a) mecanização do processo produtivo.
b) adoção da colonização dirigida.
c) realização de reforma agrária.
d) ampliação de franjas urbanas.
e) expansão de frentes pioneiras.

3 (Enem)

A tribo não possui um rei, mas um chefe que não é chefe de Estado. O que significa isso? Simplesmente que o chefe não dispõe de nenhuma autoridade, de nenhum poder de coerção, de nenhum meio de dar uma ordem. O chefe não é um comandante, as pessoas da tribo não têm nenhum dever de obediência. O espaço da chefia não é o lugar do poder. Essencialmente encarregado de eliminar conflitos que podem surgir entre indivíduos, famílias e linhagens, o chefe só dispõe, para restabelecer a ordem e a concórdia, do prestígio que lhe reconhece a sociedade. Mas evidentemente prestígio não significa poder, e os meios que o chefe detém para realizar sua tarefa de pacificador limitam-se ao uso exclusivo da palavra.

CLASTRES, P. *A sociedade contra o Estado*. Rio de Janeiro: Francisco Alves, 1982 (adaptado).

O modelo político das sociedades discutidas no texto contrasta com o do Estado liberal burguês porque se baseia em:

a) Imposição ideológica e normas hierárquicas.
b) Determinação divina e soberania monárquica.
c) Intervenção consensual e autonomia comunitária.
d) Mediação jurídica e regras contratualistas.
e) Gestão coletiva e obrigações tributárias.

4 (Uece) O Estado moderno pode ser corretamente definido como

a) um conjunto de instituições cuja função principal é dar sustentação aos governos sucessivamente eleitos.
b) um lugar constituído por pessoas escolhidas segundo o poder das famílias tradicionais e de sua filiação religiosa.
c) o poder do governo de um país de decidir, conforme sua vontade, quem são as pessoas autorizadas a fazer justiça de acordo com os julgamentos que achar mais corretos.
d) uma comunidade humana que pretende, com êxito, o monopólio do uso legítimo da força física dentro de um determinado território.

Capítulo 4: Guerra Fria e mundo bipolar

- (Enem)

No Segundo Congresso Internacional de Ciências Geográficas, em 1875, a que compareceram o presidente da República, o governador de Paris e o presidente da Assembleia, o discurso inaugural do almirante La Roucière-Le Noury expôs a altitude predominante no encontro: "Cavalheiros, a Providência nos ditou a obrigação de conhecer e conquistar a terra. Essa ordem suprema é um dos deveres imperiosos inscritos em nossas inteligências e nossas atividades. A geografia, essa ciência que inspira tão bela devoção e em cujo nome foram sacrificadas tantas vítimas, tornou-se filosofia da terra."

SAID, E. *Cultura e política*. São Paulo: Cia. das Letras, 1995.

No contexto histórico apresentado, a exaltação da ciência geográfica decorre do seu uso para o (a):

a) preservação cultural dos territórios ocupados.
b) formação humanitária da sociedade europeia.
c) catalogação de dados úteis aos propósitos colonialistas.
d) desenvolvimento de técnicas matemáticas de construção de cartas.
e) consolidação do conhecimento topográfico como campo acadêmico.

Capítulo 5: Grandes atores da geopolítica no mundo atual

- (Uece) Atente para o seguinte excerto sobre a geopolítica do século XXI:

"Devido a todo o seu potencial econômico, enorme população e localização geográfica próxima, a China, a Índia e a Rússia desempenham um papel estabilizador na política mundial, (...) que permite também aos três países solucionarem determinados problemas entre si através do diálogo".

Fonte: Sputnik Brasil. 16 de junho de 2019. Disponível em: https://br.sputniknews.com/mundo/2019061614069035-estariam-russia-china-e-india-preparando-respostaconjunta-aos-eua/

Considerando o excerto acima e o que se sabe sobre a geopolítica do século XXI, é correto afirmar que

a) os Estados Unidos encaram o fortalecimento da cooperação entre China e Rússia como uma ameaça à sua hegemonia política mundial.

b) a Rússia, um histórico agente da geopolítica mundial, alterou suas estratégias diplomáticas com a Europa e com os Estados Unidos e não mais se coloca como uma potência capaz de confrontar os interesses do ocidente.

c) o presidente da Rússia, Vladimir Putin, tem estimulado o aumento das tarifas sobre as importações da China, e, em resposta, Pequim amplia sua relação comercial com os Estados Unidos.

d) com Donald Trump na presidência, os Estados Unidos esboçam uma aproximação diplomática e comercial com a China, a Índia e a Rússia.

Capítulo 6: Etnia e modernidade

1 (Enem)

A maior parte das agressões e manifestações discriminatórias contra as religiões de matrizes africanas ocorrem em locais públicos (57%). É na rua, na via pública, que tiveram lugar mais de 2/3 das agressões, geralmente em locais próximos às casas de culto dessas religiões. O transporte público também é apontado como um local em que os adeptos das religiões de matrizes africanas são discriminados, geralmente quando se encontram paramentados por conta dos preceitos religiosos.

REGO, L. F.; FONSECA, D. P. R.; GIACOMINI, S. M. *Cartografia social de terreiros no Rio de Janeiro*. Rio de Janeiro: PUC-Rio, 2014.

As práticas descritas no texto são incompatíveis com a dinâmica de uma sociedade laica e democrática porque

a) asseguram as expressões multiculturais.

b) promovem a diversidade de etnias.

c) falseiam os dogmas teológicos.

d) estimulam os rituais sincréticos.

e) restringem a liberdade de credo.

2 (Uece) Leia atentamente o seguinte enunciado:

"A Exclusão Social designa um processo de afastamento e privação de determinados indivíduos ou de grupos sociais em diversos âmbitos da estrutura da sociedade. Assim, as pessoas que possuem essa condição social sofrem diversos preconceitos. Elas são marginalizadas pela sociedade e impedidas de exercer livremente seus direitos de cidadãos".

Juliana Silveira. Disponível em: https://www.todamateria.com.br/exclusao-social/

No que concerne à exclusão social, assinale a afirmação verdadeira.

a) A exclusão social atinge, em geral, as minorias étnicas, culturais e religiosas, afetando sobretudo populações indígenas, negros, idosos, pobres, população LGBT+, dentre outros.

b) O fenômeno da exclusão social não tem relação com o da desigualdade social, porque são duas situações totalmente independentes, diferenciadas e não relacionadas à geração de pobreza.

c) A desigualdade social no Brasil diminuiu radicalmente nos últimos anos, não havendo mais necessidade de o Estado manter políticas afirmativas de inclusão das populações socialmente vulneráveis no País.

d) A história humana sempre atestou a existência da pobreza e, consequentemente, revela que as desigualdades sociais são um processo natural e universal, independentemente de políticas públicas.

Capítulo 7: Questões étnicas no Brasil

1 (Uece) Há um crescente debate no Brasil sobre a formação e a diversidade étnica da população, em especial sobre o papel dos povos indígenas e a valorização da sua cultura. Considerando esse assunto, assinale a afirmação verdadeira.

a) A cultura dos povos indígenas no Brasil passa por grandes transformações, entre as quais podem ser citadas o fim das relações coletivas de trabalho nas aldeias e o aumento da noção de propriedade privada na relação com a terra.

b) O princípio que assegura as condições de vida em comunidade e a demarcação de terras para a habitação dos povos indígenas se embasa no fato de os mesmos terem sido os primeiros habitantes do território.

c) Depois de décadas de repressão e de medidas políticas que provocaram genocídio de povos indígenas no território nacional, atualmente eles têm recebido garantias importantes de demarcação de suas terras e de valorização de seus costumes.

d) No Brasil, como as taxas de alfabetização dos povos indígenas são mais altas do que a taxa da população não indígena, as heranças originárias sobre suas línguas, crenças e tradições estão asseguradas para as próximas gerações.

2 (Enem)

A comunidade de Mumbuca, em Minas Gerais, tem uma organização coletiva de tal forma expressiva que coopera para o abastecimento de mantimentos da cidade do Jequitinhonha, o que pode ser atestado pela feira aos sábados. Em Campinho da Independência, no Rio de Janeiro, o artesanato local encanta os frequentadores do litoral sul do estado, além do restaurante quilombola que atende aos turistas.

ALMEIDA, A. W. B. (org.). *Cadernos de debates nova cartografia social:* Territórios quilombolas e conflitos. Manaus: Projeto Nova Cartografia Social da Amazônia; UEA Edições, 2010 (adaptado).

No texto, as estratégias territoriais dos grupos de remanescentes de quilombo visam garantir:

a) Perdão de dívidas fiscais.
b) Reserva de mercado local.
c) Inserção econômica regional.
d) Protecionismo comercial tarifário.
e) Benefícios assistenciais públicos.

Capítulo 8: Conflitos contemporâneos

1 (Enem)

A situação demográfica de Israel é muito particular. Desde 1967, a esquerda sionista afirma que Israel deveria se desfazer rapidamente da Cisjordânia e da Faixa de Gaza, argumentando a partir de uma lógica demográfica aparentemente inexorável. Devido à taxa de nascimento árabe ser muito mais elevada, a anexação dos territórios palestinos, formal ou informal, acarretaria dentro de uma ou duas gerações uma maioria árabe "entre o rio e o mar".

DEMANT, P. Israel: a crise próxima. *História*, n. 2, jul.-dez. 2014.

A preocupação apresentada no texto revela um aspecto da condução política desse Estado identificado ao(à):

a) abdicação da interferência militar em conflito local.
b) busca da preeminência étnica sobre o espaço nacional.
c) admissão da participação proativa em blocos regionais.
d) rompimento com os interesses geopolíticos das potências globais.
e) compromisso com as resoluções emanadas dos organismos internacionais.

2 (Enem)

Em Beirute, no Líbano, quando perguntado sobre onde se encontram os refugiados sírios, a resposta do homem é imediata: "em todos os lugares e em lugar nenhum". Andando ao acaso, não é raro ver, sob um prédio ou num canto de calçada, ao abrigo do vento, uma família refugiada em volta de uma refeição frugal posta sobre jornais como se fossem guardanapos. Também se vê de vez em quando uma tenda com a sigla ACNUR (Alto Comissariado das Nações Unidas para Refugiados), erguida em um dos raros terrenos vagos da capital.

JABER, H. Quem realmente acolhe os refugiados? *Le Monde Diplomatique Brasil*, out. 2015 (adaptado).

O cenário descrito aponta para uma crise humanitária que é explicada pelo processo de:

a) migração massiva de pessoas atingidas por catástrofe natural.
b) hibridização cultural de grupos caracterizados por homogeneidade social.
c) desmobilização voluntária de militantes cooptados por seitas extremistas.
d) peregrinação religiosa de fiéis orientados por lideranças fundamentalistas.
e) desterritorialização forçada de populações afetadas por conflitos armados.

Gabarito

Capítulo 2: Cartografia e Sistemas de Informação Geográfica

1. c. 2. e 3. b

Capítulo 3: Estado, nação e cidadania

1. c. 2. e 3. c 4. d

Capítulo 4: Guerra Fria e mundo bipolar

• c

Capítulo 5: Grandes atores da geopolítica no mundo atual

• a

Capítulo 6: Etnia e modernidade

1. e. 2. a

Capítulo 7: Questões étnicas no Brasil

1. b 2. c

Capítulo 8: Conflitos contemporâneos

1. b

2. e

ELIAN ALABI LUCCI

Bacharel e licenciado em Geografia pela Pontifícia Universidade Católica de São Paulo (PUC-SP).

Professor de Geografia na rede particular de ensino.

Diretor da Associação dos Geógrafos Brasileiros (AGB) – Seção local Bauru-SP.

EDUARDO CAMPOS

Bacharel e licenciado em Geografia pela Faculdade de Filosofia, Letras e Ciências Humanas da Universidade de São Paulo (FFLCH-USP).

Mestre em Educação pela Faculdade de Educação da Universidade de São Paulo (FEUSP).

Professor e coordenador pedagógico e educacional na rede particular de ensino.

ANSELMO LÁZARO BRANCO

Licenciado em Geografia pelas Faculdades Associadas Ipiranga (FAI).

Professor de Geografia na rede particular de ensino.

CLÁUDIO MENDONÇA

Bacharel e licenciado em Geografia pela Faculdade de Filosofia, Letras e Ciências Humanas da Universidade de São Paulo (FFLCH-USP).

Professor de Geografia na rede particular de ensino.

Caderno de Atividades

ENEM E VESTIBULARES

Presidência: Mario Ghio Júnior
Direção de soluções educacionais: Camila Montero Vaz Cardoso
Direção editorial: Lidiane Vivaldini Olo
Gerência editorial: Viviane Carpegiani
Gestão de área: Julio Cesar Augustus de Paula Santos
Edição: Aline Cestari, Karine Costa e Lígia Gurgel do Nascimento
Planejamento e controle de produção: Flávio Matuguma (coord.), Felipe Nogueira, Juliana Batista e Anny Lima
Revisão: Kátia Scaff Marques (coord.), Brenda T. M. Morais, Claudia Virgilio, Daniela Lima, Malvina Tomáz e Ricardo Miyake
Arte: André Gomes Vitale (ger.), Catherine Saori Ishihara (coord.) e Veronica Onuki (edição de arte)
Diagramação: Formato Comunicação
Iconografia e tratamento de imagem: André Gomes Vitale (ger.), Denise Kremer e Claudia Bertolazzi (coord.), Monica de Souza (pesquisa iconográfica) e Fernanda Crevin (tratamento de imagens)
Licenciamento de conteúdos de terceiros: Roberta Bento (ger.), Jenis Oh (coord.), Liliane Rodrigues, Flávia Zambon e Raísa Maris Reina (analistas de licenciamento)
Ilustrações: Bruna Ishihara, Daniel Klein, Ericson Guilherme Luciano, Fábio P. Corazza, Samuel 13B
Cartografia: Eric Fuzii (coord.) e Robson Rosendo da Rocha
Design: Erik Taketa (coord.) e Adilson Casarotti (proj. gráfico e capa)
Foto de capa: aslysun/Shutterstock / rusm/Getty Images / Hadrian/ Shutterstock

2022
Código da obra CL 801848
CAE 662982 (AL) / 721916 (PR)
1ª edição
9ª impressão
De acordo com a BNCC.

Impressão e acabamento: Bercrom Gráfica e Editora

Conheça seu Caderno de Atividades

Este caderno foi elaborado especialmente para você, estudante do Ensino Médio, que deseja praticar o que aprendeu durante as aulas e se qualificar para as provas do Enem e dos vestibulares.

O material foi estruturado para que você consiga utilizá-lo autonomamente, em seus estudos individuais além do horário escolar, ou sob orientação de seu professor, que poderá lhe sugerir atividades complementares às do livro.

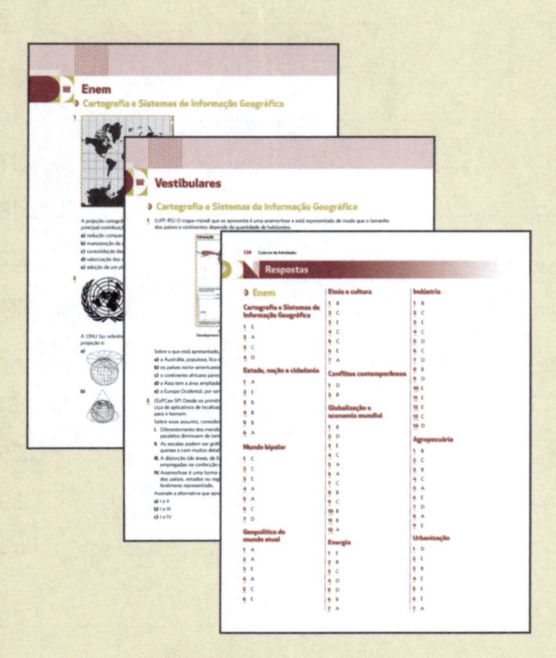

Enem
Cartografia e Sistemas de Informação Geográfica
Vestibulares
Cartografia e Sistemas de Informação Geográfica
Respostas

Enem

Aqui você encontra questões selecionadas de diversas edições do Enem organizadas por temas estudados ao longo do Ensino Médio.

Vestibulares

Testes e questões dissertativas também organizados por temas vão auxiliar você na preparação para os vestibulares e exames das principais instituições do país.

Respostas

Consulte as respostas das questões propostas no final do material.

Flip!

Gire o seu livro e tenha acesso a atividades complementares especialmente elaboradas para este caderno.

plurall

No Plurall, você encontrará as resoluções em vídeo das questões propostas.

Sumário

Enem

Cartografia e Sistemas de Informação Geográfica

1

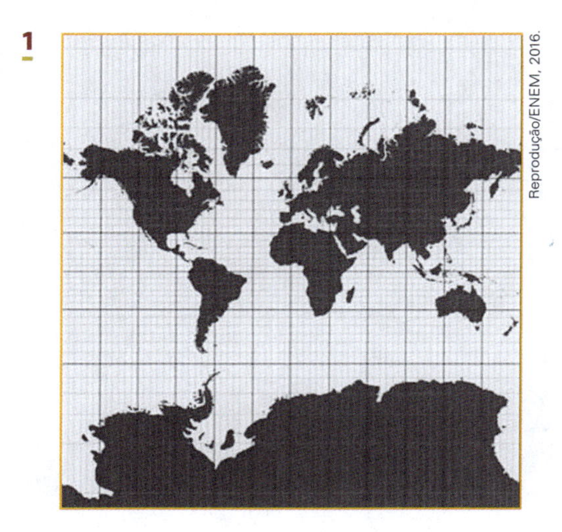

Reprodução/ENEM, 2016.

Disponível em: http://portaldoprofessor.mec.gov.br. Acesso em: 12 ago. 2012.

A projeção cartográfica do mapa configura-se como hegemônica desde a sua elaboração, no século XVI. A sua principal contribuição inovadora foi a

a) redução comparativa das terras setentrionais.

b) manutenção da proporção real das áreas representadas.

c) consolidação das técnicas utilizadas nas cartas medievais.

d) valorização dos continentes recém-descobertos pelas Grandes Navegações.

e) adoção de um plano em que os paralelos fazem ângulos constantes com os meridianos.

2

Reprodução/ENEM, 2016.

Disponível em: www.unric.org. Acesso em: 9 ago. 2013.

A ONU faz referência a uma projeção cartográfica em seu logotipo. A figura que ilustra o modelo dessa projeção é:

a)

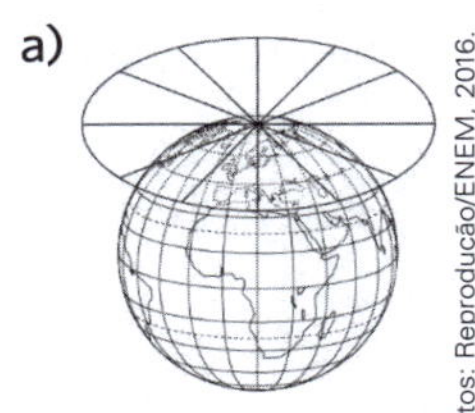

b)

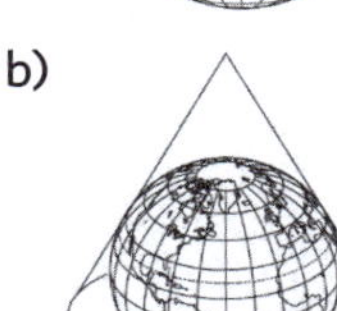

c)

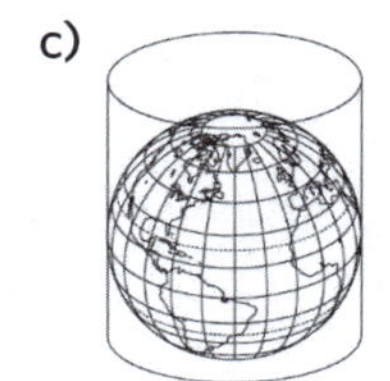

d)

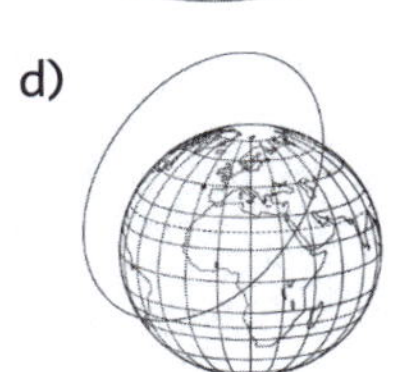

e)

Fotos: Reprodução/ENEM, 2016.

3 Existem diferentes formas de representação plana da superfície da Terra (planisfério).
Os planisférios de Mercator e de Peters são atualmente os mais utilizados.
Apesar de usarem projeções, respectivamente, conforme e equivalente, ambas utilizam como base da projeção o modelo:

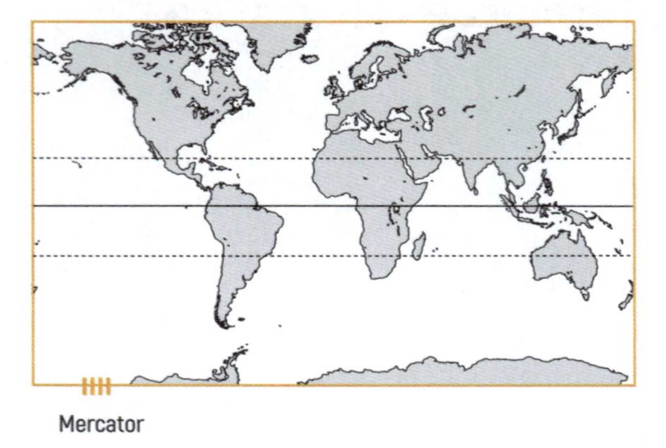

Mercator

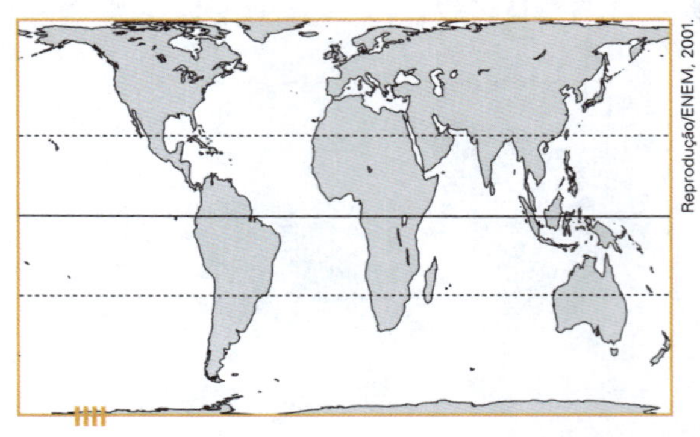

Peters

Reprodução/ENEM, 2001.

a)

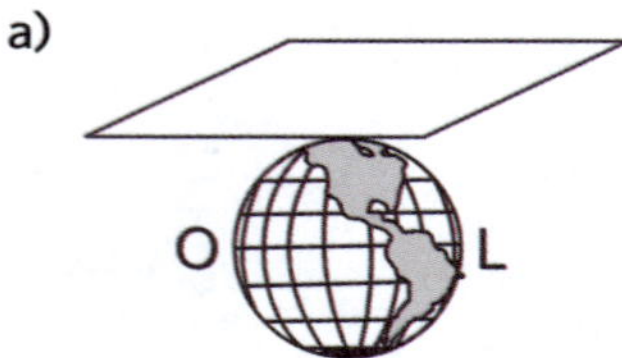

b)

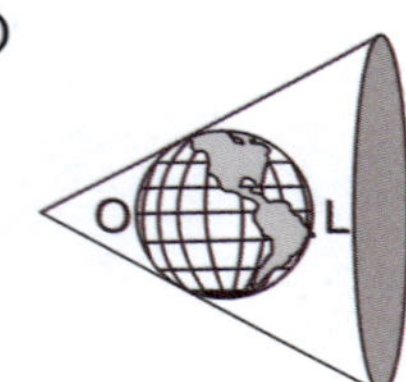

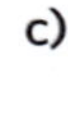

c)

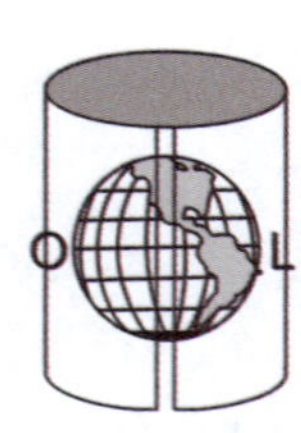

d)

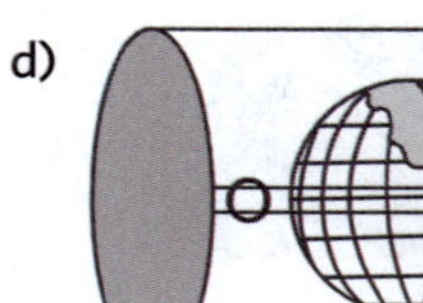

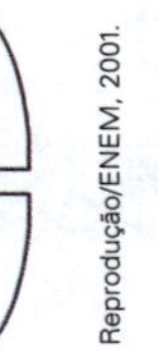

Reprodução/ENEM, 2001.

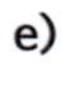

e)

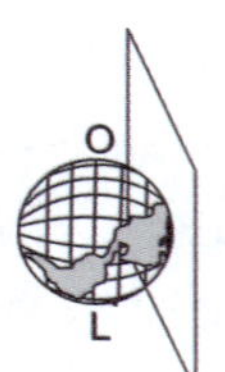

4

> O Projeto Nova Cartografia Social da Amazônia ensina indígenas, quilombolas e outros grupos tradicionais a empregar o GPS e técnicas modernas de georreferenciamento para produzir mapas artesanais, mas bastante precisos, de suas próprias terras.
>
> LOPES, R. J. O novo mapa da floresta. *Folha de S.Paulo*, 7 maio 2011 (adaptado).

A existência de um projeto como o apresentado no texto indica a importância da cartografia como elemento promotor da

a) expansão da fronteira agrícola.

b) remoção de populações nativas.

c) superação da condição de pobreza.

d) valorização de identidades coletivas.

e) implantação de modernos projetos agroindustriais.

Estado, nação e cidadania

1

> **Fronteira.** Condição antidemocrática de existência das democracias, distinguindo os cidadãos dos estrangeiros, afirma que não pode haver democracia sem território. Em princípio, portanto, nada de democracia sem fronteiras. E, no entanto, as fronteiras perdem o sentido no que diz respeito às mercadorias, aos capitais, aos homens e às informações que as atravessam. As nações não podem mais ser definidas por fronteiras rígidas. Será necessário aprender a construir nações sem fronteiras, autorizando a filiação a várias comunidades, o direito de voto múltiplo, a multilealdade.
>
> ATTALI, J. *Dicionário do século XXI*. Rio de Janeiro: Record, 2001 (adaptado).

No texto, a análise da relação entre democracia, cidadania e fronteira apresenta sob uma perspectiva crítica a necessidade de

a) reestruturação efetiva do Estado-nação.

b) liberalização controlada dos mercados.

c) contestação popular do voto censitário.

d) garantia jurídica da lealdade nacional.

e) afirmação constitucional dos territórios.

2

> Um certo carro esporte é desenhado na Califórnia, financiado por Tóquio, o protótipo criado em Worthing (Inglaterra) e a montagem é feita nos EUA e México, com componentes eletrônicos inventados em Nova Jérsei (EUA), fabricados no Japão. (...). Já a indústria de confecção norte-americana, quando inscreve em seus produtos 'made in USA', esquece de mencionar que eles foram produzidos no México, Caribe ou Filipinas.
>
> (Renato Ortiz, Mundialização e Cultura)

O texto ilustra como em certos países produz-se tanto um carro esporte caro e sofisticado, quanto roupas que nem sequer levam uma etiqueta identificando o país produtor. De fato, tais roupas costumam ser feitas em fábricas - chamadas "maquiladoras" - situadas em zonas francas, onde os trabalhadores nem sempre têm direitos trabalhistas garantidos.

A produção nessas condições indicaria um processo de globalização que

a) fortalece os Estados Nacionais e diminui as disparidades econômicas entre eles pela aproximação entre um centro rico e uma periferia pobre.

b) garante a soberania dos Estados Nacionais por meio da identificação da origem de produção dos bens e mercadorias.

c) fortalece igualmente os Estados Nacionais por meio da circulação de bens e capitais e do intercâmbio de tecnologia.

d) compensa as disparidades econômicas pela socialização de novas tecnologias e pela circulação globalizada da mão de obra.

e) reafirma as diferenças entre um centro rico e uma periferia pobre, tanto dentro como fora das fronteiras dos Estados Nacionais.

3

> Que é ilegal a faculdade que se atribui à autoridade real para suspender as leis ou seu cumprimento.
>
> Que é ilegal toda cobrança de impostos para a Coroa sem o concurso do Parlamento, sob pretexto de prerrogativa, ou em época e modo diferentes dos designados por ele próprio.
>
> Que é indispensável convocar com frequência os Parlamentos para satisfazer os agravos, assim como para corrigir, afirmar e conservar as leis.
>
> *Declaração dos Direitos*. Disponível em: http://disciplinas.stoa.usp.br. Acesso em: 20 dez. 2011 (adaptado).

No documento de 1689, identifica-se uma particularidade da Inglaterra diante dos demais Estados europeus na Época Moderna. A peculiaridade inglesa e o regime político que predominavam na Europa continental estão indicados, respectivamente, em:

a) Redução da influência do papa - Teocracia.

b) Limitação do poder do soberano - Absolutismo.

c) Ampliação da dominação da nobreza - República.

d) Expansão da força do presidente - Parlamentarismo.

e) Restrição da competência do congresso - Presidencialismo.

4

A formação dos Estados foi certamente distinta na Europa, na América Latina, na África e na Ásia. Os Estados atuais, em especial na América Latina - onde as instituições das populações locais existentes à época da conquista ou foram eliminadas, como no caso do México e do Peru, ou eram frágeis, como no caso do Brasil -, são o resultado, em geral, da evolução do transplante de instituições europeias feito pelas metrópoles para suas colônias. Na África, as colônias tiveram fronteiras arbitrariamente traçadas, separando etnias, idiomas e tradições, que, mais tarde, sobreviveram ao processo de descolonização, dando razão para conflitos que, muitas vezes, têm sua verdadeira origem em disputas pela exploração de recursos naturais. Na Ásia, a colonização europeia se fez de forma mais indireta e encontrou sistemas políticos e administrativos mais sofisticados, aos quais se superpôs. Hoje, aquelas formas anteriores de organização, ou pelo menos seu espírito, sobrevivem nas organizações políticas do Estado asiático.

GUIMARÃES, S. P. Nação, nacionalismo, Estado. *Estudos Avançados*. São Paulo: EdUSP, v. 22, n.º 62, jan.- abr. 2008 (adaptado).

Relacionando as informações ao contexto histórico e geográfico por elas evocado, assinale a opção correta acerca do processo de formação socioeconômica dos continentes mencionados no texto.

a) Devido à falta de recursos naturais a serem explorados no Brasil, conflitos étnicos e culturais como os ocorridos na África estiveram ausentes no período da independência e formação do Estado brasileiro.

b) A maior distinção entre os processos histórico formativos dos continentes citados é a que se estabelece entre colonizador e colonizado, ou seja, entre a Europa e os demais.

c) À época das conquistas, a América Latina, a África e a Ásia tinham sistemas políticos e administrativos muito mais sofisticados que aqueles que lhes foram impostos pelo colonizador.

d) Comparadas ao México e ao Peru, as instituições brasileiras, por terem sido eliminadas à época da conquista, sofreram mais influência dos modelos institucionais europeus.

e) O modelo histórico da formação do Estado asiático equipara-se ao brasileiro, pois em ambos se manteve o espírito das formas de organização anteriores à conquista.

5

Muitos países se caracterizam por terem populações multiétnicas. Com frequência, evoluíram desse modo ao longo de séculos. Outras sociedades se tornaram multiétnicas mais rapidamente, como resultado de políticas incentivando a migração, ou por conta de legados coloniais e imperiais.

GIDDENS. A. **Sociologia**. Porto Alegre: Penso, 2012 (adaptado).

Do ponto de vista do funcionamento das democracias contemporâneas, o modelo de sociedade descrito demanda, simultaneamente,

a) defesa do patriotismo e rejeição ao hibridismo.

b) universalização de direitos e respeito à diversidade.

c) segregação do território e estímulo ao autogoverno.

d) políticas de compensação e homogeneização do idioma.

e) padronização da cultura e repressão aos particularismos.

6

> A ética precisa ser compreendida como um empreendimento coletivo a ser constantemente retomado e rediscutido, porque é produto da relação interpessoal e social. A ética supõe ainda que cada grupo social se organize sentindo-se responsável por todos e que crie condições para o exercício de um pensar e agir autônomos. A relação entre ética e política é também uma questão de educação e luta pela soberania dos povos. É necessária uma ética renovada, que se construa a partir da natureza dos valores sociais para organizar também uma nova prática política.
>
> CORDI et al. *Para filosofar*. São Paulo: Scipione, 2007 (adaptado).

O Século XX teve de repensar a ética para enfrentar novos problemas oriundos de diferentes crises sociais, conflitos ideológicos e contradições da realidade. Sob esse enfoque e a partir do texto, a ética pode ser compreendida como

a) instrumento de garantia da cidadania, porque através dela os cidadãos passam a pensar e agir de acordo com valores coletivos.

b) mecanismo de criação de direitos humanos, porque é da natureza do homem ser ético e virtuoso.

c) meio para resolver os conflitos sociais no cenário da globalização, pois a partir do entendimento do que é efetivamente a ética, a política internacional se realiza.

d) parâmetro para assegurar o exercício político primando pelos interesses e ação privada dos cidadãos.

e) aceitação de valores universais implícitos numa sociedade que busca dimensionar sua vinculação a outras sociedades.

Mundo bipolar

1

> A Guerra Fria foi, acima de tudo, um produto da heterogeneidade no sistema internacional – para repetir, da heterogeneidade da organização interna e da prática internacional – e somente poderia ser encerrada pela obtenção de uma nova homogeneidade. O resultado disto foi que, *enquanto os dois sistemas distintos existiram*, o conflito da Guerra Fria estava destinado a continuar: a Guerra Fria não poderia terminar com o compromisso ou a convergência, mas somente com a prevalência de um destes sistemas sobre o outro.
>
> HALLIDAY, F. *Repensando as relações internacionais*. Porto Alegre: EdUFRGS, 1999.

A caracterização da Guerra Fria apresentada pelo texto implica interpretá-la como um(a)

a) esforço de homogeneização do sistema internacional negociado entre Estados Unidos e União Soviética.

b) guerra, visando o estabelecimento de um renovado sistema social, híbrido de socialismo e capitalismo.

c) conflito intersistêmico em que países capitalistas e socialistas competiriam até o fim pelo poder de influência em escala mundial.

d) compromisso capitalista de transformar as sociedades homogêneas dos países socialistas em democracias liberais.

e) enfrentamento bélico entre capitalismo e socialismo pela homogeneização social de suas respectivas áreas de influência política.

2

> A América se tornara a maior força política e financeira do mundo capitalista. Havia se transformado de país devedor em país que emprestava dinheiro. Era agora uma nação credora.
>
> HUBERMAN, L. *História da riqueza do homem*. Rio de Janeiro: Zahar, 1962.

Em 1948, os EUA lançavam o Plano Marshall, que consistiu no empréstimo de 17 bilhões de dólares para que os países europeus reconstruíssem suas economias.

Um dos resultados desse plano, para os EUA, foi

a) o aumento dos investimentos europeus em indústrias sediadas nos EUA.

b) a redução da demanda dos países europeus por produtos e insumos agrícolas.

c) o crescimento da compra de máquinas e veículos estadunidenses pelos europeus.

d) o declínio dos empréstimos estadunidenses aos países da América Latina e da Ásia.

e) a criação de organismos que visavam regulamentar todas as operações de crédito.

3

> Os 45 anos que vão do lançamento das bombas atômicas até o fim da União Soviética, não foram um período homogêneo único na história do mundo. (...) dividem-se em duas metades, tendo como divisor de águas o início da década de 70. Apesar disso, a história deste período foi reunida sob um padrão único pela situação internacional peculiar que o dominou até a queda da URSS.
>
> (HOBSBAWM, Eric J. *Era dos Extremos*. São Paulo: Cia das Letras, 1996)

O período citado no texto e conhecido por "Guerra Fria" pode ser definido como aquele momento histórico em que houve

a) corrida armamentista entre as potências imperialistas europeias ocasionando a Primeira Guerra Mundial.

b) domínio dos países socialistas do sul do globo pelos países capitalistas do Norte.

c) choque ideológico entre a Alemanha Nazista/União Soviética Stalinista, durante os anos 30.

d) disputa pela supremacia da economia mundial entre o Ocidente e as potências orientais, como a China e Japão.

e) constante confronto das duas superpotências que emergiam da Segunda Guerra Mundial.

4 O fim da Guerra Fria e da bipolaridade, entre as décadas de 1980 e 1990, gerou expectativas de que seria instaurada uma ordem internacional marcada pela redução de conflitos e pela multipolaridade.

O panorama estratégico do mundo pós-Guerra Fria apresenta

a) o aumento de conflitos internos associados ao nacionalismo, às disputas étnicas, ao extremismo religioso e ao fortalecimento de ameaças como o terrorismo, o tráfico de drogas e o crime organizado.

b) o fim da corrida armamentista e a redução dos gastos militares das grandes potências, o que se traduziu em maior estabilidade nos continentes europeu e asiático, que tinham sido palco da Guerra Fria.

c) o desengajamento das grandes potências, pois as intervenções militares em regiões assoladas por conflitos passaram a ser realizadas pela Organização das Nações Unidas (ONU), com maior envolvimento de países emergentes.

d) a plena vigência do Tratado de Não Proliferação, que afastou a possibilidade de um conflito nuclear como ameaça global, devido à crescente consciência política internacional acerca desse perigo.

e) a condição dos EUA como única superpotência, mas que se submetem às decisões da ONU no que concerne às ações militares.

5 Do ponto de vista geopolítico, a Guerra Fria dividiu a Europa em dois blocos. Essa divisão propiciou a formação de alianças antagônicas de caráter militar, como a OTAN, que aglutinava os países do bloco ocidental, e o Pacto de Varsóvia, que concentrava os do bloco oriental. É importante destacar que, na formação da OTAN, estão presentes, além dos países do oeste europeu, os EUA e o Canadá. Essa divisão histórica atingiu igualmente os âmbitos político e econômico que se refletia pela opção entre os modelos capitalista e socialista.

Essa divisão europeia ficou conhecida como

a) Cortina de Ferro.

b) Muro de Berlim.

c) União Europeia.

d) Convenção de Ramsar.

e) Conferência de Estocolmo.

6

> Os soviéticos tinham chegado a Cuba muito cedo na década de 1960, esgueirando-se pela fresta aberta pela imediata hostilidade norte-americana em relação ao processo social revolucionário. Durante três décadas os soviéticos mantiveram sua presença em Cuba com bases e ajuda militar, mas, sobretudo, com todo o apoio econômico que, como saberíamos anos mais tarde, mantinha o país à tona, embora nos deixasse em dívida com os irmãos soviéticos – e depois com seus herdeiros russos – por cifras que chegavam a US$ 32 bilhões. Ou seja, o que era oferecido em nome da solidariedade socialista tinha um preço definido.
>
> PADURA, L. Cuba e os russos. *Folha de S.Paulo*, 19 jul. 2014 (adaptado).

O texto indica que durante a Guerra Fria as relações internas em um mesmo bloco foram marcadas pelo(a)

a) busca da neutralidade política.
b) estímulo à competição comercial.
c) subordinação à potência hegemônica.
d) elasticidade das fronteiras geográficas.
e) compartilhamento de pesquisas científicas.

7 Os mapas a seguir revelam como as fronteiras e suas representações gráficas são mutáveis.

Essas significativas mudanças nas fronteiras de países da Europa Oriental nas duas últimas décadas do século XX, direta ou indiretamente, resultaram

a) do fortalecimento geopolítico da URSS e de seus países aliados, na ordem internacional.
b) da crise do capitalismo na Europa, representada principalmente pela queda do muro de Berlim.
c) da luta de antigas e tradicionais comunidades nacionais e religiosas oprimidas por Estados criados antes da Segunda Guerra Mundial.
d) do avanço do capitalismo e da ideologia neoliberal no mundo ocidental.
e) da necessidade de alguns países subdesenvolvidos ampliarem seus territórios.

Geopolítica do mundo atual

1

> Os chineses não atrelam nenhuma condição para efetuar investimentos nos países africanos. Outro ponto interessante é a venda e compra de grandes somas de áreas, posteriormente cercadas. Por se tratar de países instáveis e com governos ainda não consolidados, teme-se que algumas nações da África tornem-se literalmente protetorados.
>
> BRANCOLI, F. *China e os novos investimentos na África*: neocolonialismo ou mudanças na arquitetura global? Disponível em: http://opiniaoenoticia.com.br. Acesso em: 29 abr. 2010 (adaptado).

A presença econômica da China em vastas áreas do globo é uma realidade do século XXI. A partir do texto, como é possível caracterizar a relação econômica da China com o continente africano?

a) Pela presença de órgãos econômicos internacionais como o Fundo Monetário Internacional (FMI) e o Banco Mundial, que restringem os investimentos chineses, uma vez que estes não se preocupam com a preservação do meio ambiente.

b) Pela ação de ONGs (Organizações Não Governamentais) que limitam os investimentos estatais chineses, uma vez que estes se mostram desinteressados em relação aos problemas sociais africanos.

c) Pela aliança com os capitais e investimentos diretos realizados pelos países ocidentais, promovendo o crescimento econômico de algumas regiões desse continente.

d) Pela presença cada vez maior de investimentos diretos, o que pode representar uma ameaça à soberania dos países africanos ou manipulação das ações destes governos em favor dos grandes projetos.

e) Pela presença de um número cada vez maior de diplomatas, o que pode levar à formação de um Mercado Comum Sino-Africano, ameaçando os interesses ocidentais.

2

> O G-20 é o grupo que reúne os países do G-7, os mais industrializados do mundo (EUA, Japão, Alemanha, França, Reino Unido, Itália e Canadá), a União Europeia e os principais emergentes (Brasil, Rússia, Índia, China, África do Sul, Arábia Saudita, Argentina, Austrália, Coreia do Sul, Indonésia, México e Turquia). Esse grupo de países vem ganhando força nos fóruns internacionais de decisão e consulta.
>
> ALLAN. R. *Crise global*. Disponível em: http://conteudoclippingmp.planejamento.gov.br. Acesso em: 31 jul. 2010.

Entre os países emergentes que formam o G-20, estão os chamados BRIC (Brasil, Rússia, Índia e China), termo criado em 2001 para referir-se aos países que

a) apresentam características econômicas promissoras para as próximas décadas.

b) possuem base tecnológica mais elevada.

c) apresentam índices de igualdade social e econômica mais acentuados.

d) apresentam diversidade ambiental suficiente para impulsionar a economia global.

e) possuem similaridades culturais capazes de alavancar a economia mundial.

3 O texto a seguir é um trecho do discurso do primeiro-ministro britânico, Tony Blair, pronunciado quando da declaração de guerra ao regime Talibã:

> Essa atrocidade [o atentado de 11 de setembro, em Nova York] foi um ataque contra todos nós, contra pessoas de todas e nenhuma religião. Sabemos que a Al-Qaeda ameaça a Europa, incluindo a Grã-Bretanha, e qualquer nação que não compartilhe de seu fanatismo. Foi um ataque à vida e aos meios de vida. As empresas aéreas, o turismo e outras indústrias foram afetadas e a confiança econômica sofreu, afetando empregos e negócios britânicos. Nossa prosperidade e padrão de vida requerem uma resposta aos ataques terroristas.
>
> (O Estado de S. Paulo, 8/10/2001)

Nesta declaração, destacaram-se principalmente os interesses de ordem

a) moral.

b) militar.

c) jurídica.

d) religiosa.

e) econômica.

4

> A primeira Guerra do Golfo, genuinamente apoiada pelas Nações Unidas e pela comunidade internacional, assim como a reação imediata ao Onze de Setembro, demonstravam a força da posição dos Estados Unidos na era pós-soviética.
>
> HOBSBAWM, E. *Globalização, democracia e terrorismo*. São Paulo: Cia. das Letras, 2007.

Um aspecto que explica a força dos Estados Unidos apontada pelo texto, reside no(a)

a) poder de suas bases militares espalhadas ao redor do mundo.
b) alinhamento geopolítico da Rússia em relação aos EUA.
c) política de expansionismo territorial exercida sobre Cuba.
d) aliança estratégica com países produtores de petróleo como Kuwait e Irã.
e) incorporação da China à Organização do Tratado do Atlântico Norte (Otan).

5 No dia 7 de outubro de 2001, Estados Unidos e Grã-Bretanha declararam guerra ao regime Talibã, no Afeganistão. Leia trechos das declarações do presidente dos Estados Unidos, George W. Bush, e de Osama Bin Laden, líder muçulmano, nessa ocasião:

> George Bush:
> Um comandante-chefe envia os filhos e filhas dos Estados Unidos à batalha em território estrangeiro somente depois de tomar o maior cuidado e depois de rezar muito. Pedimos-lhes que estejam preparados para o sacrifício das próprias vidas. A partir de 11 de setembro, uma geração inteira de jovens americanos teve uma nova percepção do valor da liberdade, do seu preço, do seu dever e do seu sacrifício. Que Deus continue a abençoar os Estados Unidos.
>
> Osama Bin Laden:
> Deus abençoou um grupo de vanguarda de muçulmanos, a linha de frente do Islã, para destruir os Estados Unidos. Um milhão de crianças foram mortas no Iraque, e para eles isso não é uma questão clara. Mas quando pouco mais de dez foram mortos em Nairóbi e Dar-es-Salaam, o Afeganistão e o Iraque foram bombardeados e a hipocrisia ficou atrás da cabeça dos infiéis internacionais. Digo a eles que esses acontecimentos dividiram o mundo em dois campos, o campo dos fiéis e o campo dos infiéis. Que Deus nos proteja deles.
>
> (Adaptados de *O Estado de S. Paulo*. 8/10/2001)

Pode-se afirmar que
a) a justificativa das ações militares encontra sentido apenas nos argumentos de George W. Bush.
b) a justificativa das ações militares encontra sentido apenas nos argumentos de Osama Bin Laden.
c) ambos apoiam-se num discurso de fundo religioso para justificar o sacrifício e reivindicar a justiça.
d) ambos tentam associar a noção de justiça a valores de ordem política, dissociando-a de princípios religiosos.
e) ambos tentam separar a noção de justiça das justificativas de ordem religiosa, fundamentando-a numa estratégia militar.

6

> O papel da Organização do Tratado do Atlântico Norte (Otan) alterou-se desde sua origem em 1949. A Otan é uma aliança militar que se funda sobre um tratado de segurança coletiva, o qual, por sua vez, indica a criação de uma organização internacional com o objetivo de manter a democracia, a paz e a segurança dos seus integrantes. No começo dos anos de 1990, em função dos conflitos nos Bálcãs, a Otan declarou que a instabilidade na Europa Central afetava diretamente a segurança dos seus membros. Foi então iniciada a primeira operação militar fora do território dos países-membros. Desde então ela expandiu sua área de interesse para África, Oriente Médio e Ásia.
>
> BERTAZZO, J. Atuação da Otan no Pós-Guerra Fria: implicações para a segurança nacional e para a ONU. *Contexto Internacional*, Rio de Janeiro, jan.-jun. 2010 (adaptado).

Os objetivos dessa organização, nos diferentes períodos descritos, são, respectivamente:
a) Financiar a indústria bélica - garantir atuação global.
b) Conter a expansão socialista - realizar ataques preventivos.
c) Combater a ameaça soviética - promover auxílio humanitário.
d) Minimizar a influência estadunidense - apoiar organismos multilaterais.
e) Reconstruir o continente devastado - assegurar estabilidade geopolítica.

Etnia e cultura

1

A origem da capoeira está ligada à escravidão brasileira, pois nasceu como elemento de resistência à opressão do negro escravo naquela época. Considerados como mercadorias, os negros eram submetidos à vontade e aos desmandos de seus senhores. O castigo, a humilhação e o medo foram formas de manutenção e controle desse sistema. A forma mais importante de resistência a essas condições de vida foram as fugas. A capoeira surge nesse contexto como elemento de resistência física, diante da necessidade de autodefesa à opressão, utilizando seu corpo para confrontar seus opressores; e resistência cultural, proveniente da necessidade do negro escravo de se fazer humano, reconstruindo sua identidade.

Disponível em: http://ebookbrowsee.net. Acesso em: 28 jan. 2014 (adaptado).

O contexto do surgimento da prática da capoeira no Brasil marca física, histórica e culturalmente essa manifestação corporal, caracterizando-a como uma

a) prática corporal de controle das ações humanas.
b) forma de reconstrução identitária como defesa do negro.
c) atividade física esportiva de cunho competitivo entre negros.
d) maneira de adaptação da cultura negra à sociedade escravocrata.
e) manifestação cultural das relações simétricas entre escravos e senhores.

2

Art. 231. São reconhecidos aos índios sua organização social, costumes, línguas, crenças e tradições, e os direitos originários sobre as terras que tradicionalmente ocupam, competindo à União demarcá-las, proteger e fazer respeitar todos os seus bens.

BRASIL. Constituição da República Federativa do Brasil de 1988. Disponível em: www.planalto.gov. br. Acesso em: 27 abr. 2017.

A persistência das reivindicações relativas à aplicação desse preceito normativo tem em vista a vinculação histórica fundamental entre

a) etnia e miscigenação racial.
b) sociedade e igualdade jurídica.
c) espaço e sobrevivência cultural.
d) progresso e educação ambiental.
e) bem-estar e modernização econômica.

3 TEXTO 1

Reprodução/ENEM, 2016.

Disponível em: http//portal.iphan.gov.br. Acesso em: 6 abr. 2016.

TEXTO 2

A eleição dos novos bens, ou melhor, de novas formas de se conceber a condição do patrimônio cultural nacional, também permite que diferentes grupos sociais, utilizando as leis do Estado e o apoio de especialistas, revejam as imagens e alegorias do seu passado, do que querem guardar e definir como próprio e identitário.

ABREU, M.; SOIHET, R.; GONTIJO, R. (org.). *Cultura política e leituras do passado:* historiografia e ensino de história. Rio de Janeiro: Civilização Brasileira, 2007.

O texto chama a atenção para a importância da proteção de bens que, como aquele apresentado na imagem, se identificam como:

a) Artefatos sagrados.
b) Heranças materiais.
c) Objetos arqueológicos.
d) Peças comercializáveis.
e) Conhecimentos tradicionais.

4

> **Queijo de Minas vira patrimônio cultural brasileiro**
>
> O modo artesanal da fabricação do queijo em Minas Gerais foi registrado nesta quinta-feira (15) como patrimônio cultural imaterial brasileiro pelo Conselho Consultivo do Instituto do Patrimônio Histórico e Artístico Nacional (Iphan). O veredicto foi dado em reunião do conselho realizada no Museu de Artes e Ofícios, em Belo Horizonte. O presidente do Iphan e do conselho ressaltou que a técnica de fabricação artesanal do queijo está "inserida na cultura do que é ser mineiro".
>
> *Folha de S.Paulo*, 15 maio 2008.

Entre os bens que compõem o patrimônio nacional, o que pertence à mesma categoria citada no texto está representado em:

a)

Mosteiro de São Bento (RJ)

b)
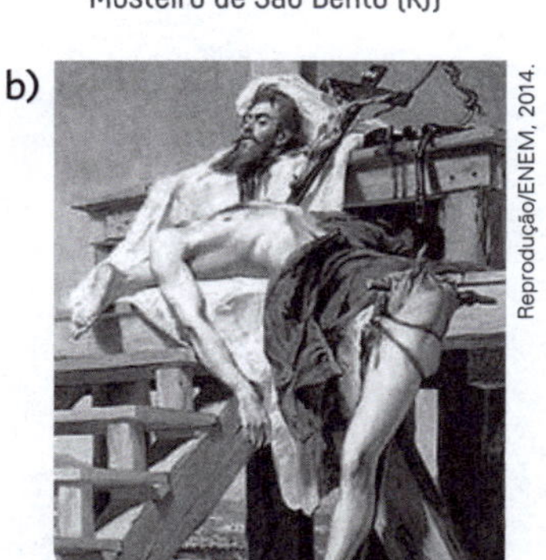

Tiradentes esquartejado (1893), de Pedro Américo

c)

Ofício das paneleiras de Goiabeiras (ES)

d)

Conjunto arquitetônico e urbanístico da cidade de Ouro Preto (MG)

e)

Sítio arqueológico e paisagístico da Ilha do Campeche (SC)

5

Não só de aspectos físicos se constitui a cultura de um povo. Há muito mais, contido nas tradições, no folclore, nos saberes, nas línguas, nas festas e em diversos outros aspectos e manifestações transmitidas oral ou gestualmente, recriados coletivamente e modificados ao longo do tempo. A essa porção intangível da herança cultural dos povos dá-se o nome de patrimônio cultural imaterial.

Internet: <www.unesco.org.br>.

Qual das figuras a seguir retrata patrimônio imaterial da cultura de um povo?

a) 
Reprodução/ENEM, 2007.
Cristo Redentor

b) 
Reprodução/ENEM, 2007.
Pelourinho

c) 
Reprodução/ENEM, 2007.
Bumba-meu-boi

d) 
Reprodução/ENEM, 2007.
Cataratas do Iguaçu

e) 
Reprodução/ENEM, 2007.
Esfinge de Gizé

Figuras extraídas da internet.

6

A Lei 10.639, de 9 de janeiro de 2003, inclui no currículo dos estabelecimentos de ensino fundamental e médio, oficiais e particulares, a obrigatoriedade do ensino sobre História e Cultura Afro-Brasileira e determina que o conteúdo programático incluirá o estudo da História da África e dos africanos, a luta dos negros no Brasil, a cultura negra brasileira e o negro na formação da sociedade nacional, resgatando a contribuição do povo negro nas áreas social, econômica e política pertinentes à História do Brasil, além de instituir, no calendário escolar, o dia 20 de novembro como data comemorativa do "Dia da Consciência Negra".

Disponível em: http://www.planalto.gov.br. Acesso em: 27 jul. 2010 (adaptado).

A referida lei representa um avanço não só para a educação nacional, mas também para a sociedade brasileira, porque

a) legitima o ensino das ciências humanas nas escolas.
b) divulga conhecimentos para a população afro-brasileira.
c) reforça a concepção etnocêntrica sobre a África e sua cultura.
d) garante aos afrodescendentes a igualdade no acesso à educação.
e) impulsiona o reconhecimento da pluralidade étnico-racial do país.

7

> Coube aos Xavante e aos Timbira, povos indígenas do Cerrado, um recente e marcante gesto simbólico: a realização de sua tradicional corrida de toras (de buriti) em plena Avenida Paulista (SP), para denunciar o cerco de suas terras e a degradação de seus entornos pelo avanço do agronegócio.
>
> RICARDO, B.; RICARDO, F. *Povos indígenas do Brasil*: 2001-2005. São Paulo: Instituto Socioambiental, 2006 (adaptado).

A questão indígena contemporânea no Brasil evidencia a relação dos usos socioculturais da terra com os atuais problemas socioambientais, caracterizados pelas tensões entre

a) a expansão territorial do agronegócio, em especial nas regiões Centro-Oeste e Norte, e as leis de proteção indígena e ambiental.

b) os grileiros articuladores do agronegócio e os povos indígenas pouco organizados no Cerrado.

c) as leis mais brandas sobre o uso tradicional do meio ambiente e as severas leis sobre o uso capitalista do meio ambiente.

d) os povos indígenas do Cerrado e os polos econômicos representados pelas elites industriais paulistas.

e) o campo e a cidade no Cerrado, que faz com que as terras indígenas dali sejam alvo de invasões urbanas.

Conflitos contemporâneos

1

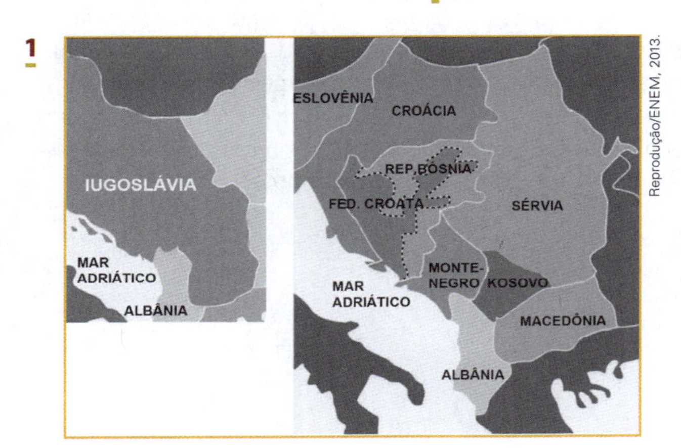

Disponível em: www.estadao.com.br. Acesso em: 3 dez. 2012 (adaptado).

Nos mapas, está representada a região dos Bálcãs, em dois momentos do século XX. Uma causa para a mudança geopolítica representada foi a

a) adoção do euro como moeda única.

b) suspensão do apoio econômico soviético.

c) intervenção internacional liderada pela Otan.

d) intensificação das tensões étnicas regionais.

e) formação de um Estado islâmico unificado.

2

> A Unesco condenou a destruição da antiga capital assíria de Nimrod, no Iraque, pelo Estado Islâmico, com a agência da ONU considerando o ato como um crime de guerra. O grupo iniciou um processo de demolição em vários sítios arqueológicos em uma área reconhecida como um dos berços da civilização.
>
> Unesco e especialistas condenam destruição de cidade assíria pelo Estado Islâmico. Disponível em: http://oglobo.globo.com. Acesso em: 30 mar. 2015 (adaptado).

O tipo de atentado descrito no texto tem como consequência para as populações de países como o Iraque a desestruturação do(a)

a) homogeneidade cultural.

b) patrimônio histórico.

c) controle ocidental.

d) unidade étnica.

e) religião oficial.

Globalização e economia mundial

1

> Uma mesma empresa pode ter sua sede administrativa onde os impostos são menores, as unidades de produção onde os salários são os mais baixos, os capitais onde os juros são os mais altos e seus executivos vivendo onde a qualidade de vida é mais elevada.
>
> SEVCENKO, N. *A corrida para o século XXI*: no loop da montanha russa. São Paulo: Companhia das Letras, 2001 (adaptado).

No texto estão apresentadas estratégias empresariais no contexto da globalização. Uma consequência social derivada dessas estratégias tem sido

a) o crescimento da carga tributária.

b) o aumento da mobilidade ocupacional.

c) a redução da competitividade entre as empresas.

d) o direcionamento das vendas para os mercados regionais.

e) a ampliação do poder de planejamento dos Estados nacionais.

2

> O cidadão norte-americano desperta num leito construído segundo padrão originário do Oriente Próximo, mas modificado na Europa Setentrional antes de ser transmitido à América. Sai debaixo de cobertas feitas de algodão cuja planta se tornou doméstica na Índia. No restaurante, toda uma série de elementos tomada de empréstimo o espera. O prato é feito de uma espécie de cerâmica inventada na China. A faca é de aço, liga feita pela primeira vez na Índia do Sul; o garfo é inventado na Itália medieval; a colher vem de um original romano. Lê notícias do dia impressas em caracteres inventados pelos antigos semitas, em material inventado na China e por um processo inventado na Alemanha.
>
> LINTON, R. *O homem*: uma introdução à antropologia. São Paulo: Martins, 1959 (adaptado).

A situação descrita é um exemplo de como os costumes resultam da

a) assimilação de valores de povos exóticos.

b) experimentação de hábitos sociais variados.

c) recuperação de heranças da Antiguidade Clássica.

d) fusão de elementos de tradições culturais diferentes.

e) valorização de comportamento de grupos privilegiados.

3

> A difusão do termo globalização ocorreu por meio da imprensa financeira internacional, em meados da década de 1980. Depois disso, muitos intelectuais dedicaram-se ao tema, associando-o à difusão de novas tecnologias na área da comunicação, como satélites artificiais, redes de fibra óptica que interligam pessoas por meio de computadores, entre outras, que permitiram acelerar a circulação de informações e de fluxos financeiros.
>
> RIBEIRO, W. C. Globalização e geografia em Milton Santos. *Scripta Nova: Revista Electrónica de Geografía e Ciencias Sociales*, n. 124, 2002.

No mundo atual, as novas tecnologias abordadas no texto proporcionaram a

a) garantia do acesso digital.

b) substituição da mídia formal.

c) padronização da cultura dos povos.

d) transparência dos fatos transmitidos.

e) velocidade de propagação das notícias.

4

> Não acho que seja possível identificar apenas com a criação de uma economia global, embora este seja seu ponto focal e sua característica mais óbvia. Precisamos olhar além da economia. Antes de tudo, a globalização depende da eliminação de obstáculos técnicos, não de obstáculos econômicos. Isso tornou possível organizar a produção, e não apenas o comércio, em escala internacional.
>
> HOBSBAWM, E. *O novo século*: entrevista a Antonio Polito. São Paulo: Cia. das Letras, 2000 (adaptado).

Um fator essencial para a organização da produção, na conjuntura destacada no texto, é a

a) criação de uniões aduaneiras.
b) difusão de padrões culturais.
c) melhoria na infraestrutura de transportes.
d) supressão das barreiras para comercialização.
e) organização de regras nas relações internacionais.

5

> Sozinho vai descobrindo o caminho
> O rádio fez assim com seu avô
> Rodovia, hidrovia, ferrovia
> E agora chegando a infovia
> Para alegria de todo o interior
>
> GIL, G. *Banda larga cordel*. Disponível em: www.uol.vagalume.com.br. Acesso em: 16 abr. 2010 (fragmento).

O trecho da canção faz referência a uma das dinâmicas centrais da globalização, diretamente associada ao processo de

a) evolução da tecnologia da informação.
b) expansão das empresas transnacionais.
c) ampliação dos protecionismos alfandegários.
d) expansão das áreas urbanas do interior.
e) evolução dos fluxos populacionais.

6

> Populações inteiras, nas cidades e na zona rural, dispõem da parafernália digital global como fonte de educação e de formação cultural. Essa simultaneidade de cultura e informação eletrônica com as formas tradicionais e orais é um desafio que necessita ser discutido. A exposição, via mídia eletrônica, com estilos e valores culturais de outras sociedades, pode inspirar apreço, mas também distorções e ressentimentos. Tanto quanto há necessidade de uma cultura tradicional de posse da educação letrada, também é necessário criar estratégias de alfabetização eletrônica, que passam a ser o grande canal de informação das culturas segmentadas no interior dos grandes centros urbanos e das zonas rurais. Um novo modelo de educação.
>
> BRIGAGÃO, C. E; RODRIGUES, G. *A globalização a olho nu: o mundo conectado*. São Paulo: Moderna, 1998 (adaptado).

Com base no texto e considerando os impactos culturais da difusão das tecnologias de informação no marco da globalização, depreende-se que

a) a ampla difusão das tecnologias de informação nos centros urbanos e no meio rural suscita o contato entre diferentes culturas e, ao mesmo tempo, traz a necessidade de reformular as concepções tradicionais de educação.
b) a apropriação, por parte de um grupo social, de valores e ideias de outras culturas para benefício próprio é fonte de conflitos e ressentimentos.
c) as mudanças sociais e culturais que acompanham o processo de globalização, ao mesmo tempo em que refletem a preponderância da cultura urbana, tornam obsoletas as formas de educação tradicionais próprias do meio rural.
d) as populações nos grandes centros urbanos e no meio rural recorrem aos instrumentos e tecnologias de informação basicamente como meio de comunicação mútua, e não os veem como fontes de educação e cultura.
e) a intensificação do fluxo de comunicação por meios eletrônicos, característica do processo de globalização, está dissociada do desenvolvimento social e cultural que ocorre no meio rural.

7

> O desenvolvimento científico digital-molecular de certa forma desterritorializou as localizações produtivas; os novos métodos de organização do trabalho industrial também vão na mesma direção: *just in time*, *kamban*, organização flexível.
>
> OLIVEIRA, F. *As contradições do ão*: globalização, nação, região, metropolização. Belo Horizonte: Cedeplar UFMG, 2004.

As mudanças descritas no texto referentes aos processos produtivos são favorecidas pela

a) ampliação da intervenção do Estado.

b) adoção de barreiras alfandegárias.

c) expansão das redes informacionais.

d) predominância de empresas locais.

e) concentração dos polos de fabricação.

8

> De todas as transformações impostas pelo meio técnico-científico-informacional à logística de transportes, interessa-nos mais de perto a intermodalidade. E por uma razão muito simples: o potencial que tal "ferramenta logística" ostenta permite que haja, de fato, um sistema de transportes condizente com a escala geográfica do Brasil.
>
> HUERTAS, D. M. O papel dos transportes na expansão recente da fronteira agrícola brasileira. *Revista Transporte y Territorio, Universidade de Buenos Aires*, n. 3, 2010 (adaptado).

A necessidade de modais de transporte interligados, no território brasileiro, justifica-se pela(s)

a) variações climáticas no território, associadas à interiorização da produção.

b) grandes distâncias e a busca da redução dos custos de transporte.

c) formação geológica do país, que impede o uso de um único modal.

d) proximidade entre a área de produção agrícola intensiva e os portos.

e) diminuição dos fluxos materiais em detrimento de fluxos imateriais.

9

> Os últimos séculos marcam, para a atividade agrícola, com a humanização e a mecanização do espaço geográfico, uma considerável mudança em termos de produtividade: chegou-se, recentemente, à constituição de um meio técnico-científico-informacional, característico não apenas da vida urbana, mas também do mundo rural, tanto nos países avançados como nas regiões mais desenvolvidas dos países pobres.
>
> SANTOS, M. *Por uma outra globalização*: do pensamento único à consciência universal. Rio de Janeiro: Record, 2004 (adaptado).

A modernização da agricultura está associada ao desenvolvimento científico e tecnológico do processo produtivo em diferentes países. Ao considerar as novas relações tecnológicas no campo, verifica-se que a

a) introdução de tecnologia equilibrou o desenvolvimento econômico entre o campo e a cidade, refletindo diretamente na humanização do espaço geográfico nos países mais pobres.

b) tecnificação do espaço geográfico marca o modelo produtivo dos países ricos, uma vez que pretendem transferir gradativamente as unidades industriais para o espaço rural.

c) construção de uma infraestrutura científica e tecnológica promoveu um conjunto de relações que geraram novas interações socioespaciais entre o campo e a cidade.

d) aquisição de máquinas e implementos industriais, incorporados ao campo, proporcionou o aumento da produtividade, libertando o campo da subordinação à cidade.

e) incorporação de novos elementos produtivos oriundos da atividade rural resultou em uma relação com a cadeia produtiva industrial, subordinando a cidade ao campo.

10

México, Colômbia, Peru e Chile decidiram seguir um caminho mais curto para a integração regional. Os quatro países, em meados de 2012, criaram a Aliança do Pacífico e eliminaram, em 2013, as tarifas aduaneiras de 90% do total de produtos comercializados entre suas fronteiras.

OLIVEIRA, E. Aliança do Pacífico se fortalece e Mercosul fica à sua sombra. *O Globo*, 24 fev. 2013 (adaptado).

O acordo descrito no texto teve como objetivo econômico para os países-membros

a) promover a livre circulação de trabalhadores.

b) fomentar a competitividade no mercado externo.

c) restringir investimentos de empresas multinacionais.

d) adotar medidas cambiais para subsidiar o setor agrícola.

e) reduzir a fiscalização alfandegária para incentivar o consumo.

11

"As recentes crises entre o Brasil e a Argentina mostram o esgotamento do modelo mercantilista no Mercosul", afirma o diretor-geral do Instituto Brasileiro de Relações Internacionais (Ibri). A imposição argentina de cotas para produtos brasileiros, como os de linha branca, e a ameaça de adoção de salvaguardas comerciais indicam que o Mercosul foi construído sobre bases equivocadas. Segundo o diretor, a noção de que é possível exportar "sem limites" para um determinado parceiro comercial representa uma mentalidade "fenícia", ou seja, uma visão comercial de curto prazo.

JULIBONI, M. Disponível em: http://exame.abril.com.br. Acesso em: 7 dez. 2012 (adaptado).

Nas últimas décadas foram adotadas várias medidas que objetivavam pôr fim às desconfianças mútuas existentes entre o Brasil e a Argentina. Os conflitos no interior do bloco têm se intensificado, como na relação analisada, caracterizada pela

a) saturação dos produtos industriais brasileiros, que o mercado argentino tem demonstrado.

b) adoção de barreiras por parte da Argentina, que intenciona proteger o seu setor industrial.

c) tendência de equilíbrio no comércio entre os dois países, que indica estabilidade no curto prazo.

d) política de importação da Argentina, que demonstra interesse em buscar outros parceiros comerciais.

e) estratégia da indústria brasileira, que buscou acompanhar as demandas do mercado consumidor argentino.

12

Na União Europeia, buscava-se coordenar políticas domésticas, primeiro no plano do carvão e do aço, e, em seguida, em várias áreas, inclusive infraestrutura e políticas sociais. E essa coordenação de ações estatais cresceu de tal maneira, que as políticas sociais e as macropolíticas passaram a ser coordenadas, para, finalmente, a própria política monetária vir a ser também objeto de coordenação com vistas à adoção de uma moeda única. No Mercosul, em vez de haver legislações e instituições comuns e coordenação de políticas domésticas, adotam-se regras claras e confiáveis para garantir o relacionamento econômico entre esses países.

ALBUQUERQUE. J. A. G. *Relações internacionais contemporâneas*: a ordem mundial depois da Guerra Fria. Petrópolis: Vozes, 2007 (adaptado).

Os aspectos destacados no texto que diferenciam os estágios dos processos de integração da União Europeia e do Mercosul são, respectivamente:

a) Consolidação da interdependência econômica - aproximação comercial entre os países.

b) Conjugação de políticas governamentais - enrijecimento do controle migratório.

c) Criação de inter-relações sociais - articulação de políticas nacionais.

d) Composição de estratégias de comércio exterior - homogeneização das políticas cambiais.

e) Reconfiguração de fronteiras internacionais - padronização das tarifas externas.

Energia

1 Em 2014, iniciou-se em São Paulo uma séria crise hídrica que também afetou o setor energético, agravada pelo aumento do uso de ar-condicionado e ventiladores. Com isso, intensifica-se a discussão sobre a matriz energética adotada nas diversas regiões do país. Sendo assim, há necessidade de se buscarem fontes alternativas de energia renovável que impliquem menores impactos ambientais.

Considerando essas informações, qual fonte poderia ser utilizada?

a) Urânio enriquecido.

b) Carvão mineral.

c) Gás natural.

d) Óleo diesel.

e) Biomassa.

2

> **Energia de Noronha virá da força das águas**
>
> A energia de Fernando de Noronha virá do mar, do ar, do sol e até do lixo produzido por seus moradores e visitantes. É o que promete o projeto de substituição da matriz energética da ilha, que prevê a troca dos geradores atuais, que consomem 310 mil litros de diesel por mês.
>
> GUIBU, F. *Folha de S. Paulo*, 19 ago. 2012 (adaptado).

No texto, está apresentada a nova matriz energética do Parque Nacional Marinho de Fernando de Noronha. A escolha por essa nova matriz prioriza o(a)

a) expansão da oferta de energia, para aumento da atividade turística.

b) uso de fontes limpas, para manutenção das condições ecológicas da região.

c) barateamento dos custos energéticos, para estímulo da ocupação permanente.

d) desenvolvimento de unidades complementares, para solução da carência energética local.

e) diminuição dos gastos operacionais de transporte, para superação da distância do continente.

3

> O potencial brasileiro para gerar energia a partir da biomassa não se limita a uma ampliação do Pró-álcool. O país pode substituir o óleo diesel de petróleo por grande variedade de óleos vegetais e explorar a alta produtividade das florestas tropicais plantadas. Além da produção de celulose, a utilização da biomassa permite a geração de energia elétrica por meio de termelétricas a lenha, carvão vegetal ou gás de madeira, com elevado rendimento e baixo custo.
>
> Cerca de 30% do território brasileiro é constituído por terras impróprias para a agricultura, mas aptas à exploração florestal. A utilização de metade dessa área, ou seja, de 120 milhões de hectares, para a formação de florestas energéticas, permitiria produção sustentada do equivalente a cerca de 5 bilhões de barris de petróleo por ano, mais que o dobro do que produz a Arábia Saudita atualmente.
>
> José Walter Bautista Vidal. *Desafios internacionais para o século XXI*. Seminário da Comissão de Relações Exteriores e de Defesa Nacional da Câmara dos Deputados, ago./2002 (com adaptações).

Para o Brasil, as vantagens da produção de energia a partir da biomassa incluem:

a) implantação de florestas energéticas em todas as regiões brasileiras com igual custo ambiental e econômico.

b) substituição integral, por biodiesel, de todos os combustíveis fósseis derivados do petróleo.

c) formação de florestas energéticas em terras impróprias para a agricultura.

d) importação de biodiesel de países tropicais, em que a produtividade das florestas seja mais alta.

e) regeneração das florestas nativas em biomas modificados pelo homem, como o Cerrado e a Mata Atlântica.

4

> Uma maior disponibilidade de combustível fóssil, como acontece com as crescentes possibilidades brasileiras, é fonte de importantes perspectivas econômicas para o país. Ao mesmo tempo, porém, numa época de pressão mundial por alimentos e biocombustíveis, as reservas nacionais de água doce, o clima favorável e o domínio de tecnologias de ponta no setor conferem à matriz energética brasileira um papel-chave na mudança do paradigma energético-produtivo.
>
> SODRÉ, M. *Reinventando a educação*: diversidade, descolonização e redes. Petrópolis: Vozes, 2012.

No texto, é ressaltada a importância da matriz energética brasileira enquanto referência de caráter mais sustentável. Essa importância é derivada da

a) conquista da autossuficiência petrolífera pela descoberta de novas jazidas.

b) expansão da fronteira agrícola intensiva para produção de biocombustíveis.

c) superação do uso de energia não renovável no setor de transporte de cargas.

d) apropriação das condições naturais do território para diversificação das fontes.

e) redução do impacto social advindo da substituição de termelétricas por hidrelétricas.

5 O crescimento da demanda por energia elétrica no Brasil tem provocado discussões sobre o uso de diferentes processos para sua geração e sobre benefícios e problemas a eles associados. Estão apresentados no quadro alguns argumentos favoráveis (ou positivos, P1, P2 e P3) e outros desfavoráveis (ou negativos, N1, N2 e N3) relacionados a diferentes opções energéticas.

Argumentos favoráveis		Argumentos desfavoráveis	
P_1	Elevado potencial no país do recurso utilizado para a geração de energia.	N_1	Destruição das áreas de lavoura e deslocamento de populações.
P_2	Diversidade dos recursos naturais que pode utilizar para a geração de energia.	N_2	Emissão de poluentes.
P_3	Fonte renovável de energia.	N_3	Necessidade de condições climáticas adequadas para sua instalação.

Ao se discutir a opção pela instalação, em uma dada região, de uma usina termoelétrica, os argumentos que se aplicam são

a) P_1 e N_2. **b)** P_1 e N_3. **c)** P_2 e N_1. **d)** P_2 e N_2. **e)** P_3 e N_3.

6

> Uma fonte de energia que não agride o ambiente, é totalmente segura e usa um tipo de matéria-prima infinita é a energia eólica, que gera eletricidade a partir da força dos ventos. O Brasil é um país privilegiado por ter o tipo de ventilação necessário para produzi-la. Todavia, ela é a menos usada na matriz energética brasileira. O Ministério de Minas e Energia estima que as turbinas eólicas produzam apenas 0,25% da energia consumida no país. Isso ocorre porque ela compete com uma usina mais barata e eficiente: a hidrelétrica, que responde por 80% da energia do Brasil. O investimento para se construir uma hidrelétrica é de aproximadamente US$ 100 por quilowatt. Os parques eólicos exigem investimento de cerca de US$ 2 mil por quilowatt e a construção de uma usina nuclear, de aproximadamente US$ 6 mil por quilowatt. Instalados os parques, a energia dos ventos é bastante competitiva, custando R$ 200,00 por megawatt-hora frente a R$ 150,00 por megawatt-hora das hidrelétricas e a R$ 600,00 por megawatt-hora das termelétricas.
>
> "*Época*", 21/4/2008 (com adaptações).

De acordo com o texto, entre as razões que contribuem para a menor participação da energia eólica na matriz energética brasileira, inclui-se o fato de

a) haver, no país, baixa disponibilidade de ventos que podem gerar energia elétrica.

b) o investimento por quilowatt exigido para a construção de parques eólicos ser de aproximadamente 20 vezes o necessário para a construção de hidrelétricas.

c) o investimento por quilowatt exigido para a construção de parques eólicos ser igual a 1/3 do necessário para a construção de usinas nucleares.

d) o custo médio por megawatt-hora de energia obtida após a instalação de parques eólicos ser igual a 1,2 multiplicado pelo custo médio do megawatt-hora obtido das hidrelétricas.

e) o custo médio por megawatt-hora de energia obtida após a instalação de parques eólicos ser igual a 1/3 do custo médio do megawatt-hora obtido das termelétricas.

7 A Lei Federal nº. 11.097/2005 dispõe sobre a introdução do biodiesel na matriz energética brasileira e fixa em 5%, em volume, o percentual mínimo obrigatório a ser adicionado ao óleo diesel vendido ao consumidor. De acordo com essa lei, biocombustível é "derivado de biomassa renovável para uso em motores a combustão interna com ignição por compressão ou, conforme regulamento, para geração de outro tipo de energia que possa substituir parcial ou totalmente combustíveis de origem fóssil".

A introdução de biocombustíveis na matriz energética brasileira

a) colabora na redução dos efeitos da degradação ambiental global produzida pelo uso de combustíveis fósseis, como os derivados do petróleo.

b) provoca uma redução de 5% na quantidade de carbono emitido pelos veículos automotores e colabora no controle do desmatamento.

c) incentiva o setor econômico brasileiro a se adaptar ao uso de uma fonte de energia derivada de uma biomassa inesgotável.

d) aponta para pequena possibilidade de expansão do uso de biocombustíveis, fixado, por lei, em 5% do consumo de derivados do petróleo.

e) diversifica o uso de fontes alternativas de energia que reduzem os impactos da produção do etanol por meio da monocultura da cana de açúcar.

Indústria

1

> Outro importante método de racionalização do trabalho industrial foi concebido graças aos estudos desenvolvidos pelo engenheiro norte-americano Frederick Winslow Taylor. Uma de suas preocupações fundamentais era conceber meios para que a capacidade produtiva dos homens e das máquinas atingisse seu patamar máximo. Para tanto, ele acreditava que estudos científicos minuciosos deveriam combater os problemas que impediam o incremento da produção.
>
> Taylorismo e Fordismo. Disponível em: www.brasilescola.com. Acesso em: 28 fev. 2012.

O Taylorismo apresentou-se como um importante modelo produtivo ainda no início do século XX, produzindo transformações na organização da produção e, também, na organização da vida social. A inovação técnica trazida pelo seu método foi a

a) utilização de estoques mínimos em plantas industriais de pequeno porte.

b) cronometragem e controle rigoroso do trabalho para evitar desperdícios.

c) produção orientada pela demanda enxuta atendendo a específicos nichos de mercado.

d) flexibilização da hierarquia no interior da fábrica para estreitar a relação entre os empregados.

e) polivalência dos trabalhadores que passaram a realizar funções diversificadas numa mesma jornada.

2

> Quanto mais complicada se tornou a produção industrial, mais numerosos passaram a ser os elementos da indústria que exigiam garantia de fornecimento. Três deles eram de importância fundamental: o trabalho, a terra e o dinheiro. Numa sociedade comercial, esse fornecimento só poderia ser organizado de uma forma: tornando-os disponíveis a compra. Agora eles tinham que ser organizados para a venda no mercado. Isso estava de acordo com a exigência de um sistema de mercado. Sabemos que em um sistema como esse, os lucros só podem ser assegurados se se garante a autorregulação por meio de mercados competitivos interdependentes.
>
> POLANYI, K. *A grande transformação*: as origens de nossa época. Rio de Janeiro: Campus, 2000 (adaptado).

A consequência do processo de transformação socioeconômica abordado no texto é a

a) expansão das terras comunais.
b) limitação do mercado como meio de especulação.
c) consolidação da força de trabalho como mercadoria.
d) diminuição do comércio como efeito da industrialização.
e) adequação do dinheiro como elemento padrão das transações.

3

> Um trabalhador em tempo flexível controla o local do trabalho, mas não adquire maior controle sobre o processo em si. A essa altura, vários estudos sugerem que a supervisão do trabalho é muitas vezes maior para os ausentes do escritório do que para os presentes. O trabalho é fisicamente descentralizado e o poder sobre o trabalhador, mais direto.
>
> SENNETT, R. *A corrosão do caráter*: consequências pessoais do novo capitalismo. Rio de Janeiro: Record, 1999 (adaptado).

Comparada à organização do trabalho característica do taylorismo e do fordismo, a concepção de tempo analisada no texto pressupõe que

a) as tecnologias de informação sejam usadas para democratizar as relações laborais.
b) as estruturas burocráticas sejam transferidas da empresa para o espaço doméstico.
c) os procedimentos de terceirização sejam aprimorados pela qualificação profissional.
d) as organizações sindicais sejam fortalecidas com a valorização da especialização funcional.
e) os mecanismos de controle sejam deslocados dos processos para os resultados do trabalho.

4

> Estamos testemunhando o reverso da tendência histórica da assalariação do trabalho e socialização da produção, que foi característica predominante na era industrial. A nova organização social e econômica baseada nas tecnologias da informação visa à administração descentralizadora, ao trabalho individualizante e aos mercados personalizados. As novas tecnologias da informação possibilitam, ao mesmo tempo, a descentralização das tarefas e sua coordenação em uma rede interativa de comunicação em tempo real, seja entre continentes, seja entre os andares de um mesmo edifício.
>
> CASTELLS, M. *A sociedade em rede*. São Paulo: Paz e Terra, 2006 (adaptado).

No contexto descrito, as sociedades vivenciam mudanças constantes nas ferramentas de comunicação que afetam os processos produtivos nas empresas. Na esfera do trabalho, tais mudanças têm provocado

a) o aprofundamento dos vínculos dos operários com as linhas de montagem sob influência dos modelos orientais de gestão.
b) o aumento das formas de teletrabalho como solução de larga escala para o problema do desemprego crônico.
c) o avanço do trabalho flexível e da terceirização como respostas às demandas por inovação e com vistas à mobilidade dos investimentos.
d) a autonomização crescente das máquinas e computadores em substituição ao trabalho dos especialistas técnicos e gestores.
e) o fortalecimento do diálogo entre operários, gerentes, executivos e clientes com a garantia de harmonização das relações de trabalho.

5

> Existe uma concorrência global, forçando redefinições constantes de produtos, processos, mercados e insumos econômicos, inclusive capital e informação.
>
> CASTELLS, M. *A sociedade em rede*. São Paulo: Paz e Terra, 2011.

Nos últimos anos do século XX, o sistema industrial experimentou muitas modificações na forma de produzir, que implicaram transformações em diferentes campos da vida social e econômica. A redefinição produtiva e seu respectivo impacto territorial ocorrem no uso da

a) técnica fordista, com treinamento em altas tecnologias e difusão do capital pelo território.
b) linha de montagem, com capacitação da mão de obra em países centrais e aumento das discrepâncias regionais.
c) robotização, com melhorias nas condições de trabalho e remuneração em empresas no Sudeste asiático.
d) produção *just in time*, com territorialização das indústrias em países periféricos e manutenção das bases de gestão nos países centrais.
e) fabricação em grandes lotes, com transferências financeiras de países centrais para países periféricos e diminuição das diferenças territoriais.

6

> A mundialização introduz o aumento da produtividade do trabalho sem acumulação de capital, justamente pelo caráter divisível da forma técnica molecular-digital do que resulta a permanência da má distribuição da renda: exemplificando mais uma vez, os vendedores de refrigerantes às portas dos estádios viram sua produtividade aumentada graças ao *just in time* dos fabricantes e distribuidores de bebidas, mas para realizar o valor de tais mercadorias, a forma do trabalho dos vendedores é a mais primitiva. Combinam-se, pois, acumulação molecular-digital com o puro uso da força de trabalho.
>
> OLIVEIRA, F. *Crítica à razão dualista e o ornitorrinco*. Campinas: Boitempo, 2003.

Os aspectos destacados no texto afetam diretamente questões como emprego e renda, sendo possível explicar essas transformações pelo(a)

a) crise bancária e o fortalecimento do capital industrial.
b) inovação *toyotista* e a regularização do trabalho formal.
c) impacto da tecnologia e as modificações na estrutura produtiva.
d) emergência da globalização e a expansão do setor secundário.
e) diminuição do tempo de trabalho e a necessidade de diploma superior.

7

> A diversidade de atividades relacionadas ao setor terciário reforça a tendência mais geral de desindustrialização de muitos dos países desenvolvidos sem que estes, contudo, percam o comando da economia. Essa mudança implica nova divisão internacional do trabalho, que não é mais apoiada na clara segmentação setorial das atividades econômicas.
>
> RIO, G. A. P. A espacialidade da economia. In: CASTRO, I. E.: GOMES. P. C. C.; CORRÊA, R. L. (Org.). *Olhares geográficos: modos de ver e viver o espaço*. Rio de Janeiro: Bertrand Brasil, 2012 (adaptado).

Nesse contexto, o fenômeno descrito tem como um de seus resultados a

a) saturação do setor secundário.
b) ampliação dos direitos laborais.
c) bipolarização do poder geopolítico.
d) consolidação do domínio tecnológico.
e) primarização das exportações globais.

8 A evolução do processo de transformação de matérias-primas em produtos acabados ocorreu em três estágios: artesanato, manufatura e maquinofatura.

Um desses estágios foi o artesanato, em que se

a) trabalhava conforme o ritmo das máquinas e de maneira padronizada.
b) trabalhava geralmente sem o uso de máquinas e de modo diferente do modelo de produção em série.
c) empregavam fontes de energia abundantes para o funcionamento das máquinas.
d) realizava parte da produção por cada operário, com uso de máquinas e trabalho assalariado.
e) faziam interferências do processo produtivo por técnicos e gerentes com vistas a determinar o ritmo de produção.

9

Um carro esportivo financiado pelo Japão, projetado na Itália e montado em Indiana, México e França, usando os mais avançados componentes eletrônicos, que foram inventados em Nova Jérsei e fabricados na Coreia. A campanha publicitária é desenvolvida na Inglaterra, filmada no Canadá, a edição e as cópias, feitas em Nova Iorque para serem veiculadas no mundo todo. Teias globais disfarçam-se com o uniforme nacional que lhes for mais conveniente.

REICH, R. *O trabalho das nações*: preparando-nos para o capitalismo no século XXI. São Paulo: Educador, 1994 (adaptado).

A viabilidade do processo de produção ilustrado pelo texto pressupõe o uso de

a) linhas de montagem e formação de estoques.
b) empresas burocráticas e mão de obra barata.
c) controle estatal e infraestrutura consolidada.
d) organização em rede e tecnologia da informação.
e) gestão centralizada e protecionismo econômico.

10

No final do século XX e em razão dos avanços da ciência, produziu-se um sistema presidido pelas técnicas da informação, que passaram a exercer um papel de elo entre as demais, unindo-as e assegurando ao novo sistema uma presença planetária. Um mercado que utiliza esse sistema de técnicas avançadas resulta nessa globalização perversa.

SANTOS, M. *Por uma outra globalização*. Rio de Janeiro: Record, 2008 (adaptado).

Uma consequência para o setor produtivo e outra para o mundo do trabalho advindas das transformações citadas no texto estão presentes, respectivamente, em:

a) Eliminação das vantagens locacionais e ampliação da legislação laboral.
b) Limitação dos fluxos logísticos e fortalecimento de associações sindicais.
c) Diminuição dos investimentos industriais e desvalorização dos postos qualificados.
d) Concentração das áreas manufatureiras e redução da jornada semanal.
e) Automatização dos processos fabris e aumento dos níveis de desemprego.

11

A partir dos anos 70, impõe-se um movimento de desconcentração da produção industrial, uma das manifestações do desdobramento da divisão territorial do trabalho no Brasil. A produção industrial torna-se mais complexa, estendendo-se, sobretudo, para novas áreas do Sul e para alguns pontos do Centro-Oeste, do Nordeste e do Norte.

SANTOS, M.; SILVEIRA, M. L. *O Brasil:* território e sociedade no início do século XXI. Rio de Janeiro: Record, 2002 (fragmento).

Um fator geográfico que contribui para o tipo de alteração da configuração territorial descrito no texto é:

a) Obsolescência dos portos.
b) Estatização de empresas.
c) Eliminação de incentivos fiscais.
d) Ampliação de políticas protecionistas.
e) Desenvolvimento dos meios de comunicação.

12

A instalação de uma refinaria obedece a diversos fatores técnicos. Um dos mais importantes é a localização, que deve ser próxima tanto dos centros de consumo como das áreas de produção. A Petrobras possui refinarias estrategicamente distribuídas pelo país. Elas são responsáveis pelo processamento de milhões de barris de petróleo por dia, suprindo o mercado com derivados que podem ser obtidos a partir de petróleo nacional ou importado.

MURTA, A. L. S. *Energia: o vício da civilização*; crise energética e alternativas sustentáveis. Rio de Janeiro: Garamond, 2011.

A territorialização de uma unidade produtiva depende de diversos fatores locacionais. A partir da leitura do texto, o fator determinante para a instalação das refinarias de petróleo é a proximidade a

a) sedes de empresas petroquímicas.

b) zonas de importação de derivados.

c) polos de desenvolvimento tecnológico.

d) áreas de aglomerações de mão de obra.

e) espaços com infraestrutura de circulação.

13 Os textos abaixo relacionam-se a momentos distintos da nossa história.

> "A integração regional é um instrumento fundamental para que um número cada vez maior de países possa melhorar a sua inserção num mundo globalizado, já que eleva o seu nível de competitividade, aumenta as trocas comerciais, permite o aumento da produtividade, cria condições para um maior crescimento econômico e favorece o aprofundamento dos processos democráticos. A integração regional e a globalização surgem assim como processos complementares e vantajosos."
>
> (*Declaração de Porto*, VIII Cimeira Ibero-Americana, Porto, Portugal, 17 e 18 de outubro de 1998.)

> "Um considerável número de mercadorias passou a ser produzido no Brasil, substituindo o que não era possível ou era muito caro importar. Foi assim que a crise econômica mundial e o encarecimento das importações levaram o governo Vargas a criar as bases para o crescimento industrial brasileiro."
>
> (POMAR, Wladimir, Era Vargas - a modernização conservadora.)

É correto afirmar que as políticas econômicas mencionadas nos textos são:

a) opostas, pois, no primeiro texto, o centro das preocupações são as exportações e, no segundo, as importações.

b) semelhantes, uma vez que ambos demonstram uma tendência protecionista.

c) diferentes, porque, para o primeiro texto, a questão central é a integração regional e, para o segundo, a política de substituição de importações.

d) semelhantes, porque consideram a integração regional necessária ao desenvolvimento econômico.

e) opostas, pois, para o primeiro texto, a globalização impede o aprofundamento democrático e, para o segundo, a globalização é geradora da crise econômica.

14

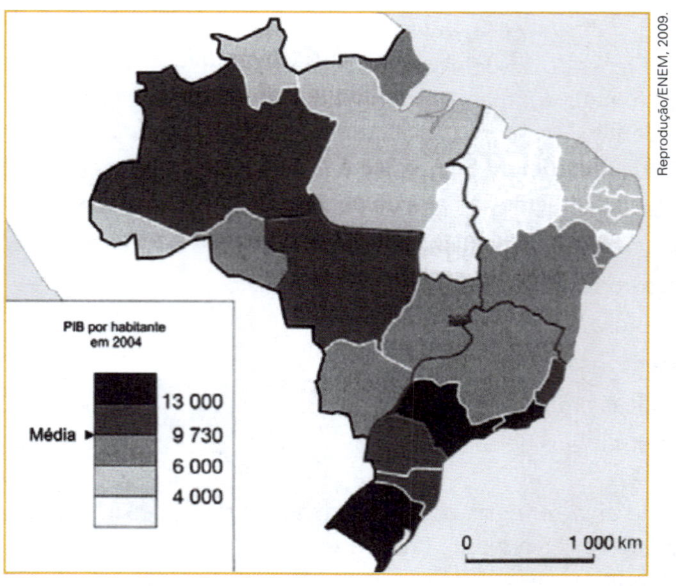

Ciattoni, A. Géographie. *L'espace mondial*. Paris: Hatier, 2008 (adaptado).

A partir do mapa apresentado, é possível inferir que nas últimas décadas do século XX registraram-se processos que resultaram em transformações na distribuição das atividades econômicas e da população sobre o território brasileiro, com reflexos no PIB por habitante. Assim,

a) as desigualdades econômicas existentes entre regiões brasileiras desapareceram, tendo em vista a modernização tecnológica e o crescimento vivido pelo país.

b) os novos fluxos migratórios instaurados em direção ao Norte e ao Centro-Oeste do país prejudicaram o desenvolvimento socioeconômico dessas regiões, incapazes de atender ao crescimento da demanda por postos de trabalho.

c) o Sudeste brasileiro deixou de ser a região com o maior PIB industrial a partir do processo de desconcentração espacial do setor, em direção a outras regiões do país.

d) o avanço da fronteira econômica sobre os estados da região Norte e do Centro-Oeste resultou no desenvolvimento e na introdução de novas atividades econômicas, tanto nos setores primário e secundário, como no terciário.

e) o Nordeste tem vivido, ao contrário do restante do país, um período de retração econômica, como consequência da falta de investimentos no setor industrial com base na moderna tecnologia.

Agropecuária

1

> Atualmente não se pode identificar o espaço rural apenas com a agropecuária, pois no campo não há somente essa atividade, embora ela possa ser a mais importante na maioria das regiões situadas no interior do país. Não é procedente se pensar no campo dissociado das cidades.
>
> HESPANHOL, A. N. O desenvolvimento do campo no Brasil. In: FERNANDES, B. M.; MARQUES, M. I. M.; SUZUKI, J. C. (Org.). *Geografia agrária*: teoria e poder. São Paulo: Expressão Popular, 2007 (adaptado).

A realidade contemporânea do espaço rural descrita no texto deriva do processo de expansão

a) de áreas cultivadas.
b) do setor de serviços.
c) da proporção de idosos.
d) de regiões metropolitanas.
e) da mecanização produtiva.

2

> Os produtores de Nova Europa (SP) estão insatisfeitos com a proibição da queima e do corte manual de cana, que começou no sábado (01/03/2014) em todo o estado de São Paulo. Para eles, a produção se torna inviável, já que uma máquina chega a custar R$ 800 mil e o preço do corte dobraria. Além disso, a mecanização cortou milhares de postos de trabalho.
>
> Sociedade Brasileira dos Especialistas em Resíduos das Produções Agropecuárias e Agroindustrial (SBERA). Com proibição da queima, produtores dizem que corte de cana fica inviável. Disponível em: http://sbera.org.br. Acesso em: 25 mar. 2014.

A proibição imposta aos produtores de cana tem como objetivo

a) restringir o fluxo migratório e o povoamento da região.
b) aumentar a lucratividade dos canaviais e do setor sucroenergético.
c) reduzir a emissão de poluentes e o agravamento dos problemas ambientais.
d) promover o desenvolvimento e a sustentabilidade da indústria intermediária.
e) estimular a qualificação e a promoção da mão de obra presente nos canaviais.

3

> A característica fundamental é que ele não é mais somente um agricultor ou um pecuarista: ele combina atividades agropecuárias com outras atividades não agrícolas dentro ou fora de seu estabelecimento, tanto nos ramos tradicionais urbano-industriais como nas novas atividades que vêm se desenvolvendo no meio rural, como lazer, turismo, conservação da natureza, moradia e prestação de serviços pessoais.
>
> SILVA, J. G. O novo rural brasileiro. *Revista Nova Economia*, n. 1, maio 1997 (adaptado).

Essa nova forma de organização social do trabalho é denominada

a) terceirização.
b) pluriatividade.
c) agronegócio.
d) cooperativismo.
e) associativismo.

4

> O Centro-Oeste apresentou-se como extremamente receptivo aos novos fenômenos da urbanização, já que era praticamente virgem, não possuindo infraestrutura de monta, nem outros investimentos fixos vindos do passado. Pôde, assim, receber uma infraestrutura nova, totalmente a serviço de uma economia moderna.
>
> SANTOS, M. *A Urbanização Brasileira*. São Paulo: EdUSP, 2005 (adaptado).

O texto trata da ocupação de uma parcela do território brasileiro. O processo econômico diretamente associado a essa ocupação foi o avanço da

a) industrialização voltada para o setor de base.
b) economia da borracha no sul da Amazônia.
c) fronteira agropecuária que degradou parte do cerrado.
d) exploração mineral na Chapada dos Guimarães.
e) extrativismo na região pantaneira.

5

> Há cinco anos as plantações de algodão de Burkina Faso, as maiores da África Ocidental, vêm sendo contaminadas por organismos geneticamente modificados (OGMs). E ao que tudo indica, o país é apenas o ponto de partida para a expansão dessa tecnologia, que traz enormes benefícios às empresas.
>
> GÉRARD, F. O pesado jogo dos transgênicos [2009]. Disponível em: www.diplomatique.org.br. Acesso em: 19 mar. 2010 (adaptado).

Com relação ao lucro obtido pelas empresas produtoras dos organismos geneticamente modificados, este tende a ser maximizado por meio do(a)

a) propriedade intelectual, que rende *royalties* sobre as patentes de sementes e insumos.
b) produção das sementes e insumos nos países consumidores, acarretando economia em logística.
c) elaboração de produtos adaptados às culturas específicas, abandonando as vendas de produtos uniformizados.
d) manutenção, nos países menos desenvolvidos, de grandes fazendas voltadas para o abastecimento interno.
e) cultivo de plantas com maiores índices de produtividade, o que lhes renderia maior publicidade no combate à fome.

6

> De alcance nacional, o Movimento dos Trabalhadores Rurais Sem Terra (MST) representa a incorporação à vida política de parcela importante da população, tradicionalmente excluída pela força do latifúndio. Milhares de trabalhadores rurais se organizaram e pressionaram o governo em busca de terra para cultivar e de financiamento de safras. Seus métodos - a invasão de terras públicas ou não cultivadas - tangenciam a ilegalidade, mas, tendo em vista a opressão secular de que foram vítimas e a extrema lentidão dos governos em resolver o problema agrário, podem ser considerados legítimos.
>
> CARVALHO, J. M. *Cidadania no Brasil*: o longo caminho. Rio de Janeiro: Civilização Brasileira, 2006 (adaptado).

Argumenta-se que as reivindicações apresentadas por movimentos sociais, como o descrito no texto, têm como objetivo contribuir para o processo de

a) inovação instituição.
b) organização partidária.
c) renovação parlamentar.
d) estatização da propriedade.
e) democratização do sistema.

7

> A manutenção da produtividade de grãos por hectare tem sido obtida, entre outros, graças ao aumento do uso de fertilizantes. Contudo, a incapacidade de regeneração do solo no longo prazo mostra que, mesmo aumentando o uso de fertilizantes, não é possível alcançar a mesma produtividade por hectare.
>
> PORTO-GONÇALVES, C. W. *A globalização da natureza e a natureza da globalização*. Rio de Janeiro: Civilização Brasileira, 2006 (adaptado).

No contexto descrito, uma estratégia que tem sido utilizada para a manutenção dos níveis de produtividade é o(a)

a) elevação do valor final do produto.
b) adoção de políticas de subvenção.
c) ampliação do modelo monocultor.
d) investimento no uso da biotecnologia.
e) crescimento da mão de obra empregada.

8

A utilização dos métodos da Revolução Verde (RV) fez com que aumentasse dramaticamente a produção mundial de alimentos nas quatro últimas décadas, tanto assim que agora se produz comida suficiente para alimentar todas as pessoas do mundo. Mas o fundamental é que, apesar de todo esse avanço, a fome continua a assolar vastas regiões do planeta.

LACEY, H.; OLIVEIRA, M. B. Prefácio. In: SHIVA, V. *Biopirataria*: a pilhagem da natureza e do conhecimento. Petrópolis: Vozes, 2001.

O texto considera que para erradicar a fome é necessário

a) distribuir a renda.
b) expandir a lavoura.
c) estimular a migração.
d) aumentar a produtividade.
e) desenvolver a infraestrutura.

9

TEXTO 1

A nossa luta é pela democratização da propriedade da terra, cada vez mais concentrada em nosso país. Cerca de 1% de todos os proprietários controla 46% das terras. Fazemos pressão por meio da ocupação de latifúndios improdutivos e grandes propriedades, que não cumprem a função social, como determina a Constituição de 1988. Também ocupamos as fazendas que têm origem na grilagem de terras públicas.

Disponível em: www.mst.org.br. Acesso em: 25 ago. 2011 (adaptado).

TEXTO 2

O pequeno proprietário rural é igual a um pequeno proprietário de loja: quanto menor o negócio mais difícil de manter, pois tem de ser produtivo e os encargos são difíceis de arcar. Sou a favor de propriedades produtivas e sustentáveis e que gerem empregos. Apoiar uma empresa produtiva que gere emprego é muito mais barato e gera muito mais do que apoiar a reforma agrária.

LESSA, C. Disponível em: www.observadorpolítico.org.br. Acesso em: 25 ago. 2011 (adaptado).

Nos fragmentos dos textos, os posicionamentos em relação à reforma agrária se opõem. Isso acontece porque os autores associam a reforma agrária, respectivamente, à

a) redução do inchaço urbano e à crítica ao minifúndio camponês.
b) ampliação da renda nacional e à prioridade ao mercado externo.
c) contenção da mecanização agrícola e ao combate ao êxodo rural.
d) privatização de empresas estatais e ao estímulo ao crescimento econômico.
e) correção de distorções históricas e ao prejuízo ao agronegócio.

Urbanização

1

O consumo da habitação, em especial aquela dotada de atributos especiais no espaço urbano, contribui para o entendimento do fenômeno, pois certas áreas tornam-se alvos de operações comerciais de prestígio com a produção e/ou a renovação de construções, diferente de outras porções da cidade, dotadas de menor infraestrutura.

SANTOS, A. R. O consumo da habitação de luxo no espaço urbano parisiense. *Confins*, n. 23, 2015 (adaptado).

O conceito que define o processo descrito denomina-se

a) escala cartográfica.
b) conurbação metropolitana.
c) território nacional.
d) especulação imobiliária.
e) paisagem natural.

2

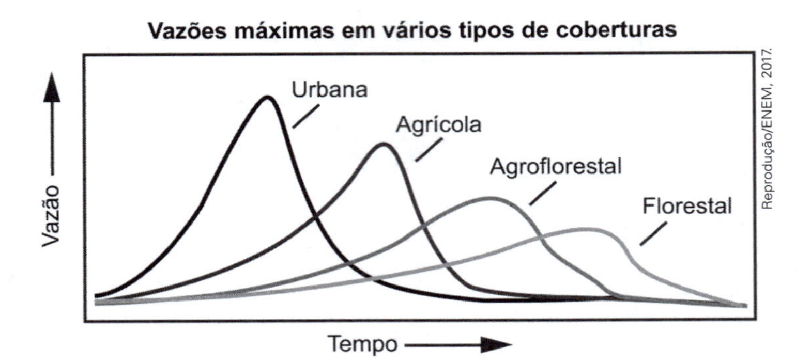

Disponível em: www.ufrrj.br. Acesso em: 13 jul. 2015 (adaptado).

As diferenças de vazão e escoamento de água destacadas no gráfico ocorrem por influência da

a) forma do relevo.
b) tipologia do clima.
c) intensidade da chuva.
d) altitude do terreno.
e) permeabilidade do solo.

3

> As intervenções da urbanização, com a modificação das formas ou substituição de materiais superficiais, alternam de maneira radical e irreversível os processos hidrodinâmicos nos sistemas geomorfológicos, sobretudo no meio tropical úmido, em que a dinâmica de circulação de água desempenha papel fundamental.
>
> GUERRA, A. J. T.; JORGE, M. C. O. *Processos erosivos e recuperação de áreas degradadas*. São Paulo: Oficina de Textos, 2013 (adaptado).

Nesse contexto, a influência da urbanização, por meio das intervenções técnicas nesse ambiente, favorece o

a) abastecimento do lençol freático.
b) escoamento superficial concentrado.
c) acontecimento da evapotranspiração.
d) movimento de água em subsuperfície.
e) armazenamento das bacias hidrográficas.

4

> A presença de uma corrente migratória por si só não explica a condição de vida dos imigrantes. Esta será somente a aparência de um fenômeno mais profundo, estruturado em relações socioeconômicas muitas vezes perversas. É o que podemos dizer dos indivíduos que são deslocados do campo para as cidades e obrigados a viver em condições de vida culturalmente diferentes das que vivenciaram em seu lugar de origem.
>
> SCARLATO, F. C. População e urbanização brasileira. *In*: ROSS, J. L. S. *Geografia do Brasil*. São Paulo: Edusp, 2009.

O texto faz referência a um movimento migratório que reflete o(a)

a) processo de deslocamento de trabalhadores motivados pelo aumento da oferta de empregos no campo.
b) dinâmica experimentada por grande quantidade de pessoas, que resultou no inchaço das grandes cidades.
c) permuta de locais específicos, obedecendo a fatores cíclicos naturais.
d) circulação de pessoas diariamente em função do emprego.
e) cultura de localização itinerante no espaço.

5

A humanidade conhece, atualmente, um fenômeno espacial novo: pela primeira vez na história humana, a população urbana ultrapassa a rural no mundo. Todavia, a urbanização é diferenciada entre os continentes.

DURAND, M. F. et al. *Atlas da mundialização:* compreender o espaço mundial contemporâneo. São Paulo: Saraiva, 2009.

No texto, faz-se referência a um processo espacial de escala mundial. Um indicador das diferenças continentais desse processo espacial está presente em:

a) Orientação política de governos locais.
b) Composição religiosa de povos originais.
c) Tamanho desigual dos espaços ocupados.
d) Distribuição etária dos habitantes do território.
e) Grau de modernização de atividades econômicas.

6

A urbanização brasileira, no início da segunda metade do século XX, promoveu uma radical alteração nas cidades. Ruas foram alargadas, túneis e viadutos foram construídos. O bonde foi a primeira vítima fatal. O destino do sistema ferroviário não foi muito diferente. O transporte coletivo saiu definitivamente dos trilhos.

JANOT, L. F. *A caminho de Guaratiba.* Disponível em: www.iab.org.br. Acesso em: 9 jan. 2014 (adaptado).

A relação entre transportes e urbanização é explicada, no texto, pela

a) retirada dos investimentos estatais aplicados em transporte de massa.
b) demanda por transporte individual ocasionada pela expansão da mancha urbana.
c) presença hegemônica do transporte alternativo localizado nas periferias das cidades.
d) aglomeração do espaço urbano metropolitano impedindo a construção do transporte metroviário.
e) predominância do transporte rodoviário associado à penetração das multinacionais automobilísticas.

7

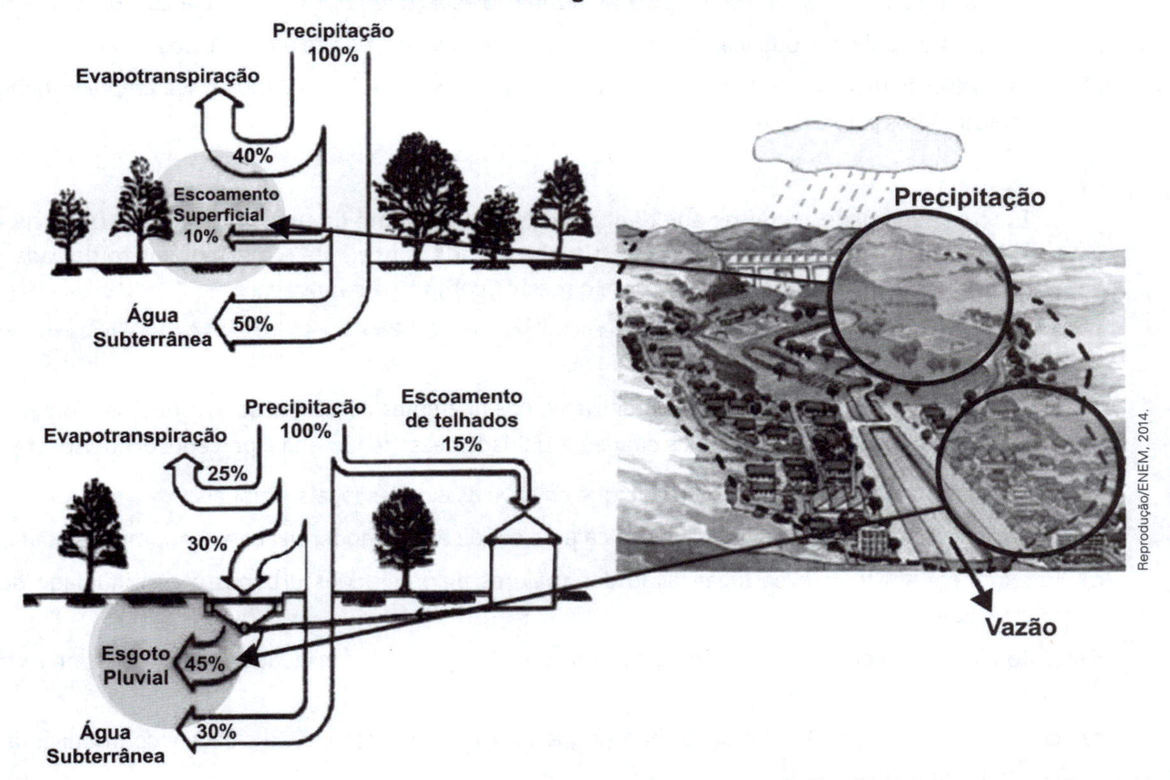

Disponível em: www.essentiaeditora.iff.edu.br. Acesso em: 20 jun. 2012.

Comparando o escoamento natural das águas de chuva com o escoamento em áreas urbanas, nota-se que a urbanização promove maior

a) vazão hídrica nas estruturas artificiais construídas pelas atividades humanas.

b) armazenagem subterrânea, uma vez que, nas áreas urbanizadas, o ciclo hidrológico é alterado pelas atividades antrópicas.

c) evapotranspiração, pois, nas áreas urbanas, a diminuição da cobertura vegetal promove aumento no processo de transpiração.

d) transferência de descarga subterrânea, pois, ao aumentar a impermeabilização, traz-se como consequência maior alimentação do lençol freático.

e) infiltração, pois, ao aumentar a impermeabilização, estabelece-se uma relação diretamente proporcional desses elementos na composição do ciclo hidrológico.

8

> Trata-se de um gigantesco movimento de construção de cidades, necessário para o assentamento residencial dessa população, bem como de suas necessidades de trabalho, abastecimento, transportes, saúde, energia, água etc. Ainda que o rumo tomado pelo crescimento urbano não tenha respondido satisfatoriamente a todas essas necessidades, o território foi ocupado e foram construídas as condições para viver nesse espaço.
>
> MARICATO, E. Brasil, cidades: alternativas para a crise urbana. Petrópolis, Vozes, 2001.

A dinâmica de transformação das cidades tende a apresentar como consequência a expansão das áreas periféricas pelo(a)

a) crescimento da população urbana e aumento da especulação imobiliária.

b) direcionamento maior do fluxo de pessoas, devido à existência de um grande número de serviços.

c) delimitação de áreas para uma ocupação organizada do espaço físico, melhorando a qualidade de vida.

d) implantação de políticas públicas que promovem a moradia e o direito à cidade aos seus moradores.

e) reurbanização de moradias nas áreas centrais, mantendo o trabalhador próximo ao seu emprego, diminuindo os deslocamentos para a periferia.

9

> Embora haja dados comuns que dão unidade ao fenômeno da urbanização na África, na Ásia e na América Latina, os impactos são distintos em cada continente e mesmo dentro de cada país, ainda que as modernizações se deem com o mesmo conjunto de inovações.
>
> ELIAS, D. Fim do século e urbanização no Brasil. *Revista Ciência Geográfica*, ano IV, n. 11, set./dez. 1988.

O texto aponta para a complexidade da urbanização nos diferentes contextos socioespaciais. Comparando a organização socioeconômica das regiões citadas, a unidade desse fenômeno é perceptível no aspecto

a) espacial, em função do sistema integrado que envolve as cidades locais e globais.

b) cultural, em função da semelhança histórica e da condição de modernização econômica e política.

c) demográfico, em função da localização das maiores aglomerações urbanas e continuidade do fluxo campo-cidade.

d) territorial, em função da estrutura de organização e planejamento das cidades que atravessam as fronteiras nacionais.

e) econômico, em função da revolução agrícola que transformou o campo e a cidade e contribui para a fixação do homem ao lugar.

10

> O fenômeno de ilha de calor é o exemplo mais marcante da modificação das condições iniciais do clima pelo processo de urbanização, caracterizado pela modificação do solo e pelo calor antropogênico, o qual inclui todas as atividades humanas inerentes à sua vida na cidade.
>
> BARBOSA, R. V. R. *Áreas verdes e qualidade térmica em ambientes urbanos*: estudo em microclimas em Maceió. São Paulo: EdUSP, 2005.

O texto exemplifica uma importante alteração socioambiental, comum aos centros urbanos. A maximização desse fenômeno ocorre

a) pela reconstrução dos leitos originais dos cursos d'água antes canalizados.

b) pela recomposição de áreas verdes nas áreas centrais dos centros urbanos.

c) pelo uso de materiais com alta capacidade de reflexão no topo dos edifícios.

d) pelo processo de impermeabilização do solo nas áreas centrais das cidades.

e) pela construção de vias expressas e gerenciamento de tráfego terrestre.

População e trabalho

1

> O jovem espanhol Daniel se sente perdido. Seu diploma de desenhista industrial e seu alto conhecimento de inglês devem ajudá-lo a tomar um rumo. Mas a taxa de desemprego, que supera 52% entre os que têm menos de 25 anos, o desnorteia. Ele está convencido de que seu futuro profissional não está na Espanha, como o de, pelo menos, 120 mil conterrâneos que emigraram nos últimos dois anos. O irmão dele, que é engenheiro-agrônomo, conseguiu emprego no Chile. Atualmente, Daniel participa de uma "oficina de procura de emprego" em países como Brasil, Alemanha e China. A oficina é oferecida por uma universidade espanhola.
>
> GUILAYN, P. "Na Espanha, universidade ensina a emigrar". *O Globo*, 17 fev. 2013 (adaptado).

A situação ilustra uma crise econômica que implica

a) valorização do trabalho fabril.

b) expansão dos recursos tecnológicos.

c) exportação de mão de obra qualificada.

d) diversificação dos mercados produtivos.

e) intensificação dos intercâmbios estudantis.

2

> Uma ação tomada por alguns países que pode funcionar é proporcionar bolsas de estudo e empréstimos para aqueles que querem estudar em centros universitários fora do país, com a contrapartida de que, após a conclusão da faculdade, essas pessoas possam pagar ao governo voltando e trabalhando no país de origem. Desburocratizar o exercício de certas profissões e incentivar centros de excelência também pode ajudar.
>
> MALI, T. Disponível em: www.ufjf.br. Acesso em: 10 out. 2015 (adaptado).

As medidas governamentais descritas buscam conter a ocorrência do seguinte processo demográfico:

a) Transferência de refugiados.

b) Deslocamento sazonal.

c) Movimento pendular.

d) Fuga de cérebros.

e) Fluxo de retorno.

3

> O meu pai era paulista
> Meu avô, pernambucano
> O meu bisavô, mineiro
> Meu tataravô, baiano
> Vou na estrada há muitos anos
> Sou um artista brasileiro
>
> CHICO BUARQUE. *Paratodos*. 1993. Disponível em: www.chicobuarque.com.br. Acesso em: 29 jun. 2015 (fragmento).

A característica familiar descrita deriva do seguinte aspecto demográfico:

a) Migração interna.
b) População relativa.
c) Expectativa de vida.
d) Taxa de mortalidade.
e) Índice de fecundidade.

4

> A recente crise generalizada que se instalou na primeira república negra do mundo não pode ser entendida de forma pontual e simplória. É necessário compreender sua história, marcada por intervenções, regimes ditatoriais, corrupção e desastres ambientais, originando a atual realidade socioeconômica e política do Haiti.
>
> MORAES, I. A.; ANDRADE, C. A. A.; MATTOS, B. R. B. A imigração haitiana para o Brasil: causas e desafios. *Conjuntura Austral*, n. 20, 2013.

No contexto atual, os problemas enfrentados pelo Haiti resultaram em um expressivo fluxo migratório em direção ao Brasil devido ao seguinte fato:

a) Melhores condições de vida.
b) Tratamento legal diferenciado.
c) Garantia de empregos formais.
d) Equivalência de costumes culturais.
e) Auxílio para qualificação profissional.

5

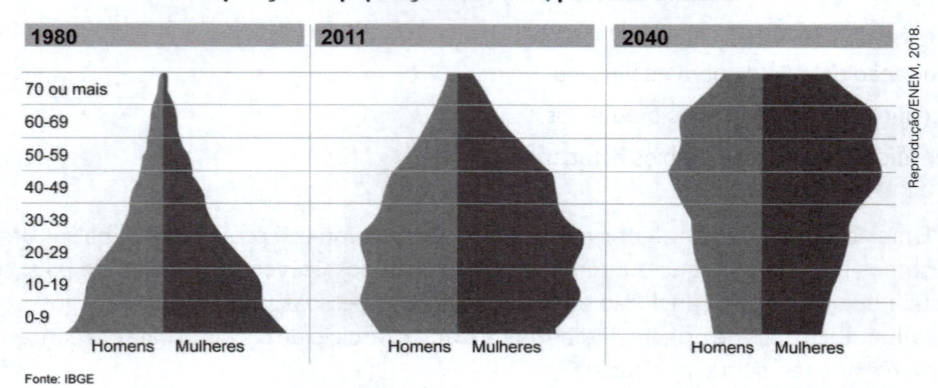

GONÇALVES, W. **Relações internacionais**. Rio de Janeiro: Zahar, 2008 (adaptado).

A evolução da pirâmide etária apresentada indica a seguinte tendência:

a) Crescimento da faixa juvenil.
b) Aumento da expectativa de vida.
c) Elevação da taxa de fecundidade.
d) Predomínio da população masculina.
e) Expansão do índice de mortalidade.

6

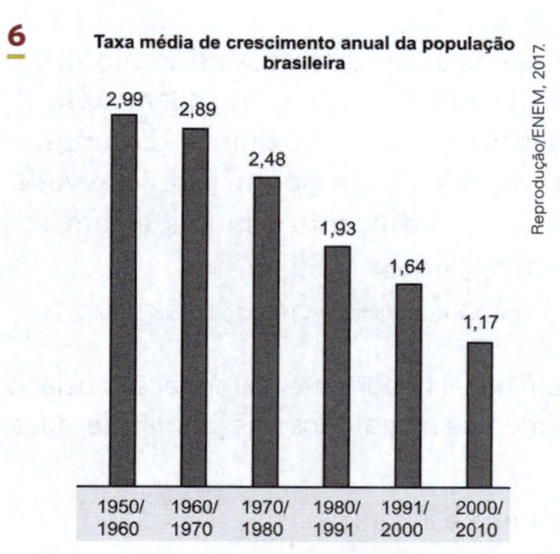

Disponível em: www.ibge.gov.br. Acesso em: 5 mar. 2013 (adaptado).

A alteração apresentada no gráfico a partir da década de 1960 é reflexo da redução do seguinte indicador populacional:

a) Expectativa de vida.

b) População absoluta.

c) Índice de mortalidade.

d) Desigualdade social.

e) Taxa de fecundidade.

7

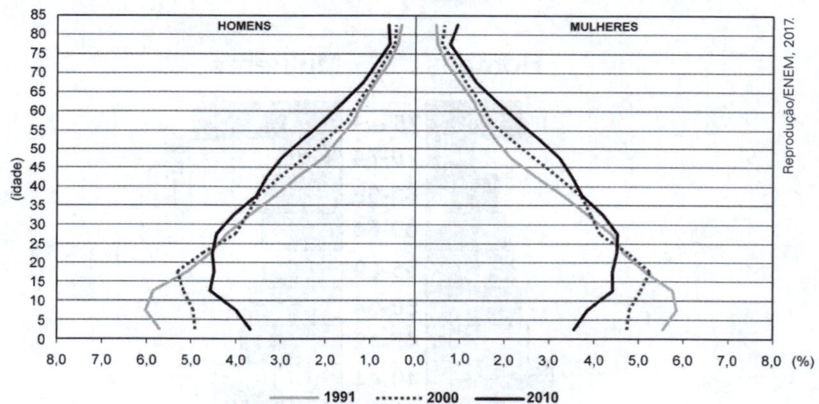

IBGE. Censo demográfico 2010. Rio de Janeiro: IBGE, 2012 (adaptado).

A evolução na estrutura etária apresentada influenciou o Estado a formular ações para

a) garantir a igualdade de gênero.

b) priorizar a construção de escolas.

c) reestruturar o sistema previdenciário.

d) investir no controle da natalidade.

e) fiscalizar a entrada de imigrantes.

8

> Art. 7º – São direitos dos trabalhadores urbanos e rurais, além de outros que visem a melhoria de sua condição social:
>
> XXV – assistência gratuita aos filhos e dependentes, desde o nascimento até 5 (cinco) anos de idade, em creches e pré-escolas; (Redação dada pela Emenda Constitucional n. 53, de 2006).
>
> Disponível em: www.jusbrasil.com.br. Acesso em: 20 fev. 2013 (adaptado).

A inclusão do direito à creche e à pré-escola na Constituição da República Federativa do Brasil pode ser explicada pela

a) redução da taxa de fecundidade no país.

b) precarização das redes de escolas públicas brasileiras.

c) mobilização das mulheres inseridas no mercado de trabalho.

d) atuação da iniciativa privada consoante às demandas sociais da população.

e) constatação dos elevados índices de maus-tratos sofridos pelas crianças no Brasil.

9

> As migrações transnacionais, intensificadas e generalizadas nas últimas décadas do século XX, expressam aspectos particularmente importantes da problemática racial, visto como dilema também mundial. Deslocam-se indivíduos, famílias e coletividades para lugares próximos e distantes, envolvendo mudanças mais ou menos drásticas nas condições de vida e trabalho, em padrões e valores socioculturais. Deslocam-se para sociedades semelhantes ou radicalmente distintas, algumas vezes compreendendo culturas ou mesmo civilizações totalmente diversas.
>
> IANNI, O. *A era do globalismo*. Rio de Janeiro: Civilização Brasileira, 1996.

A mobilidade populacional da segunda metade do século XX teve um papel importante na formação social e econômica de diversos estados nacionais. Uma razão para os movimentos migratórios nas últimas décadas e uma política migratória atual dos países desenvolvidos são

a) a busca de oportunidades de trabalho e o aumento de barreiras contra a imigração.
b) a necessidade de qualificação profissional e a abertura das fronteiras para os imigrantes.
c) o desenvolvimento de projetos de pesquisa e o acautelamento dos bens dos imigrantes.
d) a expansão da fronteira agrícola e a expulsão dos imigrantes qualificados.
e) a fuga decorrente de conflitos políticos e o fortalecimento de políticas sociais.

10

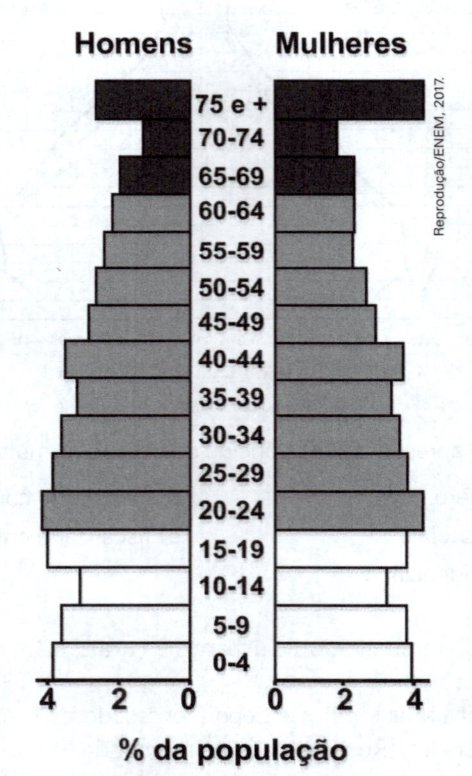

CALDINI, V.; ÍSOLA, L. *Atlas geográfico Saraiva*. São Paulo: Saraiva, 2009 (adaptado).

O padrão da pirâmide etária ilustrada apresenta demanda de investimentos socioeconômicos para a

a) redução da mortalidade infantil.
b) promoção da saúde dos idosos.
c) resolução do deficit habitacional. .
d) garantia da segurança alimentar.
e) universalização da educação básica.

11

> Procuramos demonstrar que o desenvolvimento pode ser visto como um processo de expansão das liberdades reais que as pessoas desfrutam. O enfoque nas liberdades humanas contrasta com visões mais restritas de desenvolvimento, como as que identificam desenvolvimento com crescimento do Produto Nacional Bruto, ou industrialização. O crescimento do PNB pode ser muito importante como um meio de expandir as liberdades. Mas as liberdades dependem também de outros determinantes, como os serviços de educação e saúde e os direitos civis.
>
> SEN, A. *Desenvolvimento como liberdade*. São Paulo: Cia. das Letras, 2010.

A concepção de desenvolvimento proposta no texto fundamenta-se no vínculo entre

a) incremento da indústria e atuação no mercado financeiro.

b) criação de programas assistencialistas e controle de preços.

c) elevação da renda média e arrecadação de impostos.

d) garantia da cidadania e ascensão econômica.

e) ajuste de políticas econômicas e incentivos fiscais.

Questão socioambiental

1

> Tal como foi concebido, o desenvolvimento da Amazônia pressupunha o desmatamento. Muitas forças foram envolvidas e constituíram uma teia de múltiplos interesses: as instituições financeiras internacionais, a tecnocracia militar e civil, as elites regionais e nacionais, as corporações transnacionais, os madeireiros, os colonos sem terra e os garimpeiros.
>
> SANTOS, L. G. *Politizar as novas tecnologias*: o impacto sociotécnico da informação digital e genética. São Paulo: Editora 34, 2003 (adaptado).

O modo de exploração descrito opõe-se a um modelo de desenvolvimento que

a) gera empregos formais.

b) possibilita lucros imediatos.

c) maximiza atividades de extração.

d) reitera a dependência econômica.

e) promove a conservação de recursos.

2

> As águas das precipitações atmosféricas sobre os continentes nas regiões não geladas podem tomar três caminhos: evaporação imediata, infiltração ou escoamento. A relação entre essas três possibilidades, assim como das suas respectivas intensidades quando ocorrem em conjunto, o que é mais frequente, depende de vários fatores, tais como clima, morfologia do terreno, cobertura vegetal e constituição litológica.
>
> LEINZ, V. *Geologia geral*. São Paulo: Editora Nacional, 1989 (adaptado).

A preservação da cobertura vegetal interfere no processo mencionado contribuindo para a

a) decomposição do relevo.

b) redução da evapotranspiração.

c) contenção do processo de erosão.

d) desaceleração do intemperismo químico.

e) deposição de sedimentos no solo.

3

> A pegada ecológica gigante que estamos a deixar no planeta está a transformá-lo de tal forma que os especialistas consideram que já entramos numa nova época geológica, o Antropoceno. E muitos defendem que, se não travarmos a crise ambiental, mais rapidamente transformaremos a Terra em Vênus do que iremos a Marte. A expressão "Antropoceno" é atribuída ao químico e prêmio Nobel Paul Crutzen, que a propôs durante uma conferência em 2000, ao mesmo tempo que anunciou o fim do Holoceno – a época geológica em que os seres humanos se encontram há cerca de 12 mil anos, segundo a União Internacional das Ciências Geológicas (UICG), a entidade que define as unidades de tempo geológicas.
>
> SILVA, R. D. *Antropoceno: e se formos os últimos seres vivos a alterar a Terra?* Disponível em: www.publico.pt. Acesso em: 5 dez. 2017 (adaptado).

A concepção apresentada considera a existência de uma nova época geológica concebida a partir da capacidade de influência humana nos processos

a) eruptivos.
b) exógenos.
c) tectônicos.
d) magmáticos.
e) metamórficos.

4

> A razão principal que leva o capitalismo como sistema a ser tão terrivelmente destrutivo da biosfera é que, na maioria dos casos, os produtores que lucram com a destruição não a registram como um custo de produção, mas sim, precisamente ao contrário, como uma redução no custo. Por exemplo, se um produtor joga lixo em um rio, poluindo suas águas, esse produtor considera que está economizando o custo de outros métodos mais seguros, porém mais caros de dispor do lixo.
>
> WALLERSTEIN, I. Utopística ou as decisões históricas do século vinte e um. Petrópolis: Vozes, 2003.

A pressão dos movimentos socioambientais, na tentativa de reverter a lógica descrita no texto, aponta para a

a) emergência de um sistema econômico global que secundariza os lucros.
b) redução dos custos de tratamento de resíduos pela isenção fiscal das empresas.
c) flexibilização do trabalho como estratégia positiva de corte de custos empresariais.
d) incorporação de um sistema normativo ambiental no processo de produção industrial.
e) minimização do papel do Estado em detrimento das organizações não governamentais.

5

> O modelo de conservacionismo norte-americano espalhou-se rapidamente pelo mundo recriando a dicotomia entre "povos" e "parques". Como essa ideologia se expandiu, sobretudo para os países do Terceiro Mundo, seu efeito foi devastador sobre as "populações tradicionais" de extrativistas, pescadores, índios, cuja relação com a natureza é diferente da analisada pelos primeiros "ideólogos" dos parques nacionais norte-americanos. É fundamental enfatizar que a transposição deste "modelo" de parques sem moradores, vindo de países industrializados e de clima temperado, para países cujas florestas remanescentes foram e continuam sendo, em grande parte, habitadas por populações tradicionais, está na base não só de conflitos insuperáveis, mas de uma visão inadequada de áreas protegidas.
>
> DIEGUES, A. C. *O mito da natureza intocada*. São Paulo: Hucitec; Nupaub-USP/CEC, 2008 (adaptado).

O modelo de preservação ambiental criticado no texto é considerado inadequado para o Brasil por promover ações que

a) incentivam o comércio de produtos locais.
b) separam o homem do lugar de origem.
c) regulamentam as disputas fundiárias.
d) deslocam a diversidade biológica.
e) fomentam a atividade turística.

6

No mês de fevereiro de 2015, foram detectados 42 quilômetros quadrados de desmatamento na Amazônia Legal. Isso representa um aumento de 282% em relação a fevereiro de 2014. O desmatamento acumulado no período de agosto de 2014 a fevereiro de 2015 atingiu 1702 quilômetros quadrados. Houve aumento de 215% do desmatamento em relação ao período anterior (agosto de 2013 a fevereiro de 2014).

FONSECA, A.; SOUZA JR., C.; VERÍSSIMO, A. *Boletim do desmatamento da Amazônia Legal (fev. 2015)*. Belém: Imazon, 2015.

O dano ambiental relatado deriva de ações que promovem o(a)

a) instalação de projetos silvicultores.
b) especialização da indústria regional.
c) expansão de atividades exportadoras.
d) fortalecimento da agricultura familiar.
e) crescimento da integração lavoura-pecuária.

7

Com um número cada vez maior de espécies ameaçadas de extinção pelo dilúvio da economia global, podemos vir a ser a primeira geração, na história humana, que terá de agir como Noé – para salvar os últimos pares de uma grande variedade de espécies. Ou, como Deus ordenou a Noé, no Gênesis: "E de cada ser vivo, de tudo o que é carne, farás entrar contigo na arca dois de cada espécie, um macho e uma fêmea, para conservá-los vivos".

FRIEDMAN, T. L. Quente, plano e lotado: os desafios e oportunidades de um novo mundo. São Paulo: Objetiva, 2010.

A crítica presente no texto faz referência à seguinte ação da sociedade contemporânea:

a) Imposição de valores cristãos.
b) Catalogação de grupos da fauna.
c) Utilização predatória da natureza.
d) Monitoramento demográfico mundial.
e) Desenvolvimento de tecnologia moderna.

8

Trata-se da perda progressiva da produtividade de biomas inteiros, afetando parcelas muito expressivas dos domínios subúmidos e semiáridos em todas as regiões quentes do mundo. É nessas áreas, ecologicamente transicionais que a pressão sobre a biomassa se faz sentir com muita força, devido à retirada da cobertura florestal, ao superpastoreio e às atividades mineradoras não controladas, desencadeando um quadro agudo de degradação ambiental, refletido pela incapacidade de suporte para o desenvolvimento de espécies vegetais, seja uma floresta natural ou plantações agrícolas.

CONTI, J. B. A geografia física e as relações sociedade-natureza no mundo tropical. In: CARLOS; A. F. A. (Org.) *Novos caminhos da geografia*. São Paulo: Contexto 1999 (adaptado).

O texto enfatiza uma consequência da relação conflituosa entre a sociedade humana e o ambiente que diz respeito ao processo de

a) inversão térmica.
b) poluição atmosférica.
c) eutrofização da água.
d) contaminação dos solos.
e) desertificação de ecossistemas.

9

> A Justiça de São Paulo decidiu multar os supermercados que não fornecerem embalagens de papel ou material biodegradável. De acordo com a decisão, os estabelecimentos que descumprirem a norma terão de pagar multa diária de R$ 20 mil, por ponto de venda. As embalagens deverão ser disponibilizadas de graça e em quantidade suficiente.
>
> Disponível em: www.estadao.com.br. Acesso em: 31 jul. 2012 (adaptado).

A legislação e os atos normativos descritos estão ancorados na seguinte concepção:

a) Implantação da ética comercial.

b) Manutenção da livre concorrência.

c) Garantia da liberdade de expressão.

d) Promoção da sustentabilidade ambiental.

e) Enfraquecimento dos direitos do consumidor.

10

> **Pesca industrial provoca destruição na África**
>
> O súbito desaparecimento do bacalhau dos grandes cardumes da Terra Nova, no final do século XX – o que ninguém havia previsto –, teve o efeito de um eletrochoque planetário. Lançada pelos bascos no século XV, a pesca e depois a sobrepesca desse grande peixe de água fria levaram ao impensável. Ao Canadá o bacalhau nunca mais voltou. E o que ocorreu no Atlântico Norte está acontecendo em outros mares. Os maiores navios do mundo seguem agora em direção ao sul, até os limites da Antártida, para competir pelos estoques remanescentes.
>
> MORA. J. S. Disponível em: www.diplomatique.com.br. Acesso em: 14 jan. 2014.

O problema exposto no texto jornalístico relaciona-se à

a) insustentabilidade do modelo de produção e consumo.

b) fragilidade ecológica de ecossistemas costeiros.

c) inviabilidade comercial dos produtos marinhos.

d) mudança natural nos oceanos e mares.

e) vulnerabilidade social de áreas pobres.

11

> Os dois principais rios que alimentavam o Mar de Aral, Amurdarya e Sydarya, mantiveram o nível e o volume do mar por muitos séculos. Entretanto, o projeto de estabelecer e expandir a produção de algodão irrigado aumentou a dependência de várias repúblicas da Ásia Central da irrigação e monocultura. O aumento da demanda resultou no desvio crescente de água para a irrigação, acarretando redução drástica do volume de tributários do Mar de Aral. Foi criado na Ásia Central um novo deserto, com mais de 5 milhões de hectares, como resultado da redução em volume.
>
> TUNDISI, J. G. *Água no século XXI*: enfrentando a escassez. São Carlos: Rima, 2003.

A intensa interferência humana na região descrita provocou o surgimento de uma área desértica em decorrência da

a) erosão.

b) salinização.

c) laterização.

d) compactação.

e) sedimentação.

12

> Uma cidade que reduz emissões, eletrifica com energia solar seus estádios, mas deixa bairros sem saneamento básico, sem assistência médica e sem escola de qualidade nunca será sustentável. A mudança do regime de chuvas, que já ocorre por causa da mudança climática, faz com que inundações em áreas com esgoto e lixões a céu aberto propaguem doenças das quais o sistema de saúde não cuidará apropriadamente.
>
> ABRANCHES, S. A sustentabilidade é humana e ecológica. Disponível em: www.ecopolitica.com.br. Acesso em: 30 jul. 2012 (adaptado).

Problematizando a noção de sustentabilidade, o argumento apresentado no texto sugere que o(a)

a) tecnologia verde é necessária ao planejamento urbano.

b) mudança climática é provocada pelo crescimento das cidades.

c) consumo consciente é característico de cidades sustentáveis.

d) desenvolvimento urbano é incompatível com a preservação ambiental.

e) desenvolvimento social é condição para o desenvolvimento sustentável.

13

> Segundo a Conferência de Quioto, os países centrais industrializados, responsáveis históricos pela poluição, deveriam alcançar a meta de redução de 5,2% do total de emissões segundo níveis de 1990. O nó da questão é o enorme custo desse processo, demandando mudanças radicais nas indústrias para que se adaptem rapidamente aos limites de emissão estabelecidos e adotem tecnologias energéticas limpas. A comercialização internacional de créditos de sequestro ou de redução de gases causadores do efeito estufa foi a solução encontrada para reduzir o custo global do processo. Países ou empresas que conseguirem reduzir as emissões abaixo de suas metas poderão vender este crédito para outro país ou empresa que não consiga.
>
> BECKER, B. *Amazônia:* geopolítica na virada do II milênio. Rio de Janeiro: Garamond. 2009.

As posições contrárias à estratégia de compensação presente no texto relacionam-se à ideia de que ela promove

a) retração nos atuais níveis de consumo.

b) surgimento de conflitos de caráter diplomático.

c) diminuição dos lucros na produção de energia.

d) desigualdade na distribuição do impacto ecológico.

e) decréscimo dos índices de desenvolvimento econômico.

14

> Particularmente nos dias de inverno, pode ocorrer um rápido resfriamento do solo ou um rápido aquecimento das camadas atmosféricas superiores. O ar quente fica por cima da camada de ar frio, passando a funcionar como um bloqueio, o que impede a formação de correntes de ar (vento). Dessa forma, o ar frio próximo ao solo não sobe porque é o mais denso, e o ar quente que lhe está por cima não desce porque é o menos denso. Nas grandes cidades, esse fenômeno tende a se agravar, uma vez que a expressiva concentração de indústrias e automóveis intensifica o lançamento de poluentes e material particulado na atmosfera, o que torna o ar mais impuro e, por conseguinte, contribui para o aumento de casos de irritação nos olhos e doenças respiratórias.
>
> AYOADE, J. O. *Introdução à climatologia para os trópicos*. Rio de Janeiro: Bertrand Brasil, 1996 (adaptado).

Agravado pela ação antrópica, o fenômeno atmosférico descrito no texto é o(a)

a) efeito estufa.

b) ilha de calor.

c) inversão térmica.

d) ciclone tropical.

e) chuva orográfica.

Domínios morfoclimáticos

1

> A topografia predominante no Planalto Central é a de uma região horizontal, chata, que me fez recordar muito do Planalto Central da África do Sul: o mesmo horizonte circular, a mesma vegetação baixa e rala, que permite à vista varrer extensões infinitas.
>
> WEIBEL, L. *Capítulos de geografia tropical e do Brasil*. Rio de Janeiro: IBGE, 1979.

Quais formações vegetais pertencem às paisagens apresentadas?

a) Os cerrados e as savanas.

b) Os garrigues e as pradarias.

c) As caatingas e os maquis.

d) As coníferas e as estepes.

e) As restingas e os chaparrais.

2

> A presunção de que a superfície das chapadas e chapadões representa uma velha peneplanície é a corroborada pelo fato de que ela é coberta por acumulações superficiais, tais como massas de areia, camadas de cascalhos e seixos e pela ocorrência generalizada de concreções ferruginosas que formam uma crosta laterítica, denominada "canga".
>
> WEIBEL, L. Disponível em: http://biblioteca.ibge.gov.br. Acesso em: 8 jul. 2015 (adaptado).

Qual tipo climático favorece o processo de alteração do solo descrito no texto?

a) Árido, com *deficit* hídrico.

b) Subtropical, com baixas temperaturas.

c) Temperado, com invernos frios e secos.

d) Tropical, com sazonalidade das chuvas.

e) Equatorial, com pluviosidade abundante.

3

> O bioma Cerrado foi considerado recentemente um dos 25 *hotspots* de biodiversidade do mundo, segundo uma análise em escala mundial das regiões biogeográficas sobre áreas globais prioritárias para conservação. O conceito de *hotspot* foi criado tendo em vista a escassez de recursos direcionados para conservação, como objetivo de apresentar os chamados "pontos quentes", ou seja, locais para os quais existe maior necessidade de direcionamento de esforços, buscando evitar a extinção de muitas espécies que estão altamente ameaçadas por ações antrópicas.
>
> PINTO, P. P.; DINIZ-FILHO, J. A. F. In: ALMEIDA, M. G. (Org.). *Tantos cerrados:* múltiplas abordagens sobre a biogeodiversidade e singularidade cultural. Goiânia: Vieira. 2005 (adaptado).

A necessidade desse tipo de ação na área mencionada tem como causa a

a) intensificação da atividade turística.

b) implantação de parques ecológicos.

c) exploração dos recursos minerais.

d) elevação do extrativismo vegetal.

e) expansão da fronteira agrícola.

4

> Algumas regiões do Brasil passam por uma crise de água por causa da seca. Mas, uma região de Minas Gerais está enfrentando a falta de água no campo tanto em tempo de chuva como na seca. As veredas estão secando no norte e no noroeste mineiro. Ano após ano, elas vêm perdendo a capacidade de ser a caixa-d'água do grande sertão de Minas.
>
> VIEIRA. C. Degradação do solo causa perda de fontes de água de famílias de MG. Disponível em: http://g1.globo.com. Acesso em: 1 nov. 2014.

As veredas têm um papel fundamental no equilíbrio hidrológico dos cursos de água no ambiente do Cerrado, pois

a) colaboram para a formação de vegetação xerófila.

b) formam os leques aluviais nas planícies das bacias.

c) fornecem sumidouro para as águas de recarga da bacia.

d) contribuem para o aprofundamento dos talvegues à jusante.

e) constituem um sistema represador da água na chapada.

5

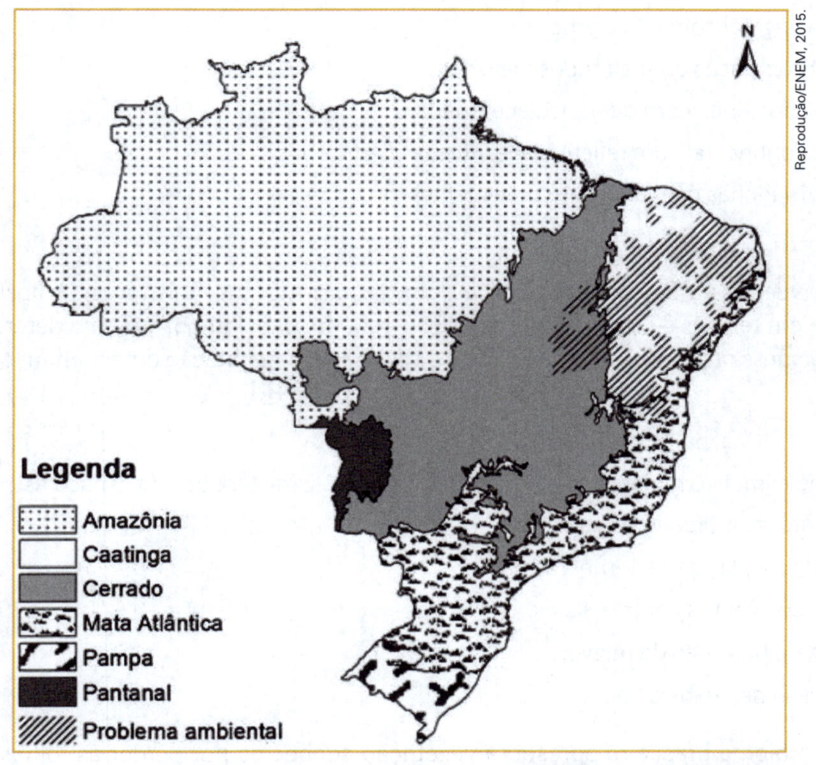

BRASIL. Ministério do Meio Ambiente/IBGE. **Biomas**. 2004 (adaptado).

No mapa estão representados os biomas brasileiros que, em função de suas características físicas e do modo de ocupação do território, apresentam problemas ambientais distintos. Nesse sentido, o problema ambiental destacado no mapa indica

a) desertificação das áreas afetadas.

b) poluição dos rios temporários.

c) queimadas dos remanescentes vegetais.

d) desmatamento das matas ciliares.

e) contaminação das águas subterrâneas.

6

Trajetória de ciclones tropicais

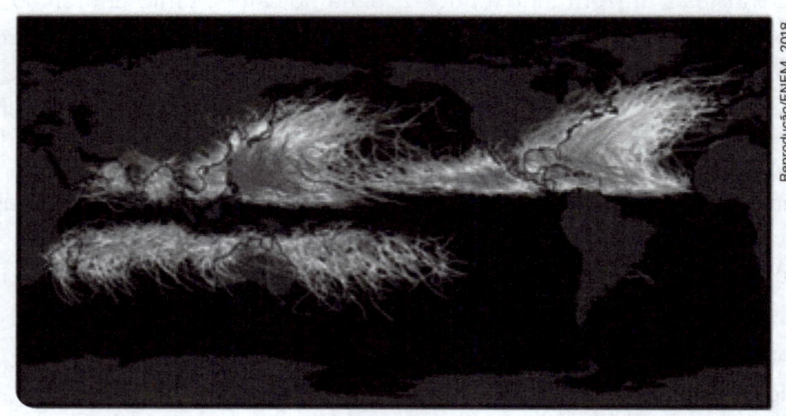

Disponível em: http://globalwarmingart.com. Acesso em: 12 jul. 2015 (adaptado).

Qual característica do meio físico é condição necessária para a distribuição espacial do fenômeno representado?

a) Cobertura vegetal com porte arbóreo.

b) Barreiras orográficas com altitudes elevadas.

c) Pressão atmosférica com diferença acentuada.

d) Superfície continental com refletividade intensa.

e) Correntes marinhas com direções convergentes.

7

> A convecção na Região Amazônica é um importante mecanismo da atmosfera tropical e sua variação, em termos de intensidade e posição, tem um papel importante na determinação do tempo e do clima dessa região. A nebulosidade e o regime de precipitação determinam o clima amazônico.
>
> FISCH, G.; MARENGO, J. A.; NOBRE, C. A. "Uma revisão geral sobre o clima da Amazônia". *Acta Amazônica*, v. 28, n. 2, 1998 (adaptado).

O mecanismo climático regional descrito está associado à característica do espaço físico de

a) resfriamento da umidade da superfície.

b) variação da amplitude de temperatura.

c) dispersão dos ventos contra-alísios.

d) existência de barreiras de relevo.

e) convergência de fluxos de ar.

8 Determinado bioma brasileiro apresenta vegetação conhecida por perder as folhas e ficar apenas com galhos esbranquiçados, ao passar por até nove meses de seca. As plantas podem acumular água no caule e na raiz, além de apresentarem folhas pequenas, que em algumas espécies assumem a forma de espinhos.

Qual região fitogeográfica brasileira apresenta plantas com essas características?

a) Cerrado.

b) Pantanal.

c) Caatinga.

d) Mata Atlântica.

e) Floresta Amazônica.

9

Reprodução/ENEM, 2010.

Dois pesquisadores percorreram os trajetos marcados no mapa. A tarefa deles foi analisar os ecossistemas e, encontrando problemas, relatar e propor medidas de recuperação. A seguir, são reproduzidos trechos aleatórios extraídos dos relatórios desses dois pesquisadores.

Trechos aleatórios extraídos do relatório do pesquisador P_1:

I. "Por causa da diminuição drástica das espécies vegetais deste ecossistema, como os pinheiros, a gralha azul também está em processo de extinção."

II. "As árvores de troncos tortuosos e cascas grossas que predominam nesse ecossistema estão sendo utilizadas em carvoarias."

Trechos aleatórios extraídos do relatório do pesquisador P_2:

III. "Das palmeiras que predominam nesta região podem ser extraídas substâncias importantes para a economia regional."

IV. "Apesar da aridez desta região, em que encontramos muitas plantas espinhosas, não se pode desprezar a sua biodiversidade."

Ecossistemas brasileiros: mapa da distribuição dos ecossistemas.
Disponível em: http://educacao.uol.com.br/ciencias/ult1885u52.jhtm.
Acesso em: 20 abr. 2010 (adaptado).

Os trechos I, II, III e IV referem-se, pela ordem, aos seguintes ecossistemas:

a) Caatinga, Cerrado, Zona dos cocais e Floresta Amazônia.

b) Mata de Araucárias, Cerrado, Zona dos cocais e Caatinga.

c) Manguezais, Zona dos cocais, Cerrado e Mata Atlântica.

d) Floresta Amazônia, Cerrado, Mata Atlântica e Pampas.

e) Mata Atlântica, Cerrado, Zona dos cocais e Pantanal.

Vestibulares

Cartografia e Sistemas de Informação Geográfica

1 (UPF-RS) O mapa-múndi que se apresenta é uma anamorfose e está representado de modo que o tamanho dos países e continentes depende da quantidade de habitantes.

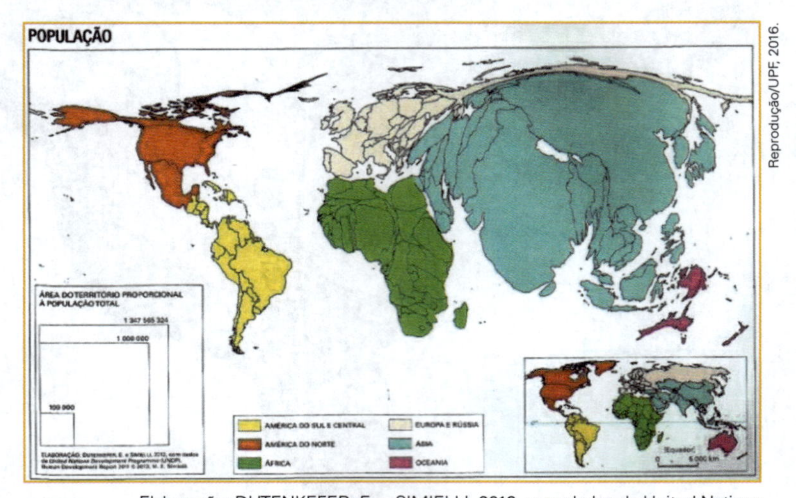

Elaboração: DUTENKEFER, E. e SIMIELLI, 2012, com dados da United Nations Development Programme (UNDP), Human Development Report 2011 © 2013, M. E. Simielli.

Fonte: SIMIELLI, M. E. R. *Geoatlas*. São Paulo: Ática, 2013.

Sobre o que está apresentado, é **correto** afirmar que:

a) a Austrália, populosa, fica sub-representada, embora tenha uma grande extensão territorial.

b) os países norte-americanos praticamente mantêm sua área original, pois possuem grandes populações.

c) o continente africano parece muito menor, mostrando o quanto é pouco populoso.

d) a Ásia tem a área ampliada, o que mostra que alguns países são muito populosos.

e) a Europa Ocidental, por ser uma área pouco povoada, aparece com pouca expressão no mapa.

2 (EsPCex-SP) Desde os primitivos rabiscos em uma placa de argila ou em peles de animais até a difusão maciça de aplicativos de localização e de navegação em *smartphones*, o uso de mapas é uma necessidade vital para o homem.

Sobre esse assunto, considere as seguintes afirmativas:

I. Diferentemente dos meridianos, que possuem sempre o mesmo diâmetro, os círculos que representam os paralelos diminuem de tamanho à medida que se afastam do Equador em direção aos polos.

II. As escalas podem ser gráficas ou numéricas. As representações em escala pequena mostram áreas pequenas e com muitos detalhes.

III. A distorção (de áreas, de formas ou de distâncias) pode ser eliminada quando as projeções afiláticas são empregadas na confecção de um mapa.

IV. Anamorfose é uma forma de representação cartográfica utilizada em mapas temáticos na qual as áreas dos países, estados ou regiões são mostradas proporcionalmente à importância de sua participação no fenômeno representado.

Assinale a alternativa que apresenta todas as afirmativas corretas, dentre as listadas acima.

a) I e II

b) I e III

c) I e IV

d) II e III

e) III e IV

3 (PUC-PR) Analise o recorte da carta topográfica de Pinhais (PR), município integrante da Região Metropolitana de Curitiba - RMC, elaborada antes da efetiva implantação do Condomínio Alphaville.

A análise da topografia do terreno através das curvas de nível é um importante instrumento para o desenvolvimento das atividades humanas. As curvas de nível vão indicar se o terreno é plano, ondulado, montanhoso; liso, íngreme ou de declive suave. Além disso, as curvas de nível permitem diagnosticar onde estão os divisores de água e nascentes.

A área escolhida para a construção do loteamento

PINHAIS
Loteamento Alphaville
886
900
943
949
948
916
Rios permanentes e temporários
Vegetação natural rasteira
Cerr
Fl
Vegetação natural arbórea
Escala 1:25.000
Equidistância das curvas de nível: 10 m

Fonte: Adaptado de Instituto de Terras, Cartografia e Ciências – ITCG. Disponível em: <http://www.itcg.pr.gov.br>. Acesso em: 20 ago. 2015.

a) provocará a impermeabilização da superfície, o que diminui o volume de água que escoa na superfície, aumentando o volume de água que infiltra no solo.

b) não causará interferência na bacia hidrográfica da região, pois a impermeabilização do solo impedirá a contaminação dos rios da região.

c) não provocará mudanças na vegetação natural, visto que o condomínio situa-se distantes das matas ciliares.

d) não afetará as nascentes, pois condomínios de alto padrão construtivo não interferem na infiltração e escoamento de água das chuvas.

e) afetará a dinâmica natural do conjunto de bacias hidrográficas da região, visto que a impermeabilização do solo aumentará o escoamento superficial.

4 (Uerj) Observe na imagem uma feição de relevo em escarpa, área de desnível acentuado de altitude, encontrada geralmente nas bordas de planalto, como os trechos da Serra do Mar no estado do Rio de Janeiro.

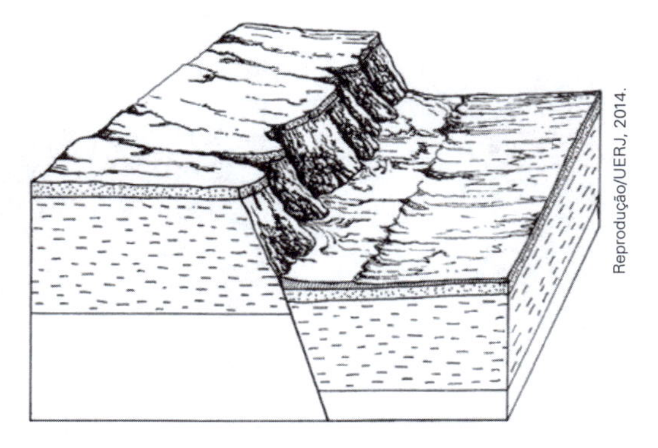

Utilizando a técnica das curvas de nível, uma representação aproximada dessa imagem em uma carta topográfica está indicada em:

a) 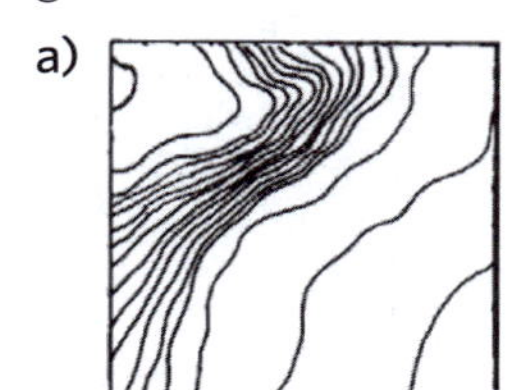

b) 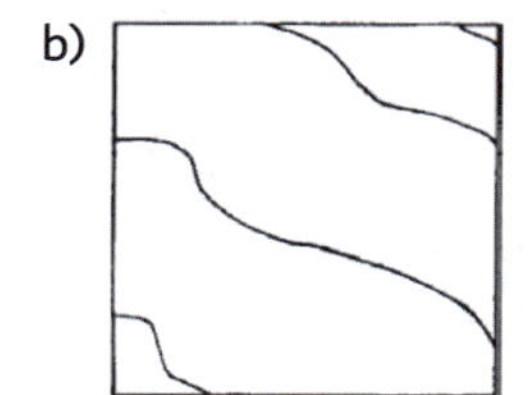

c) 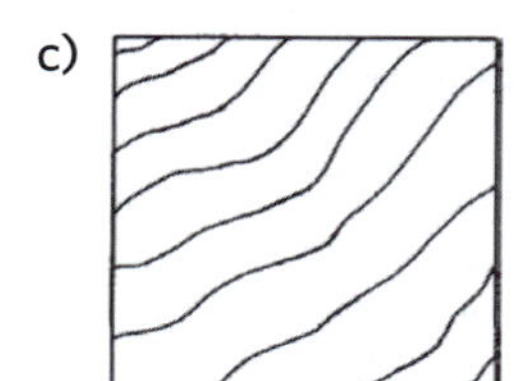

d) 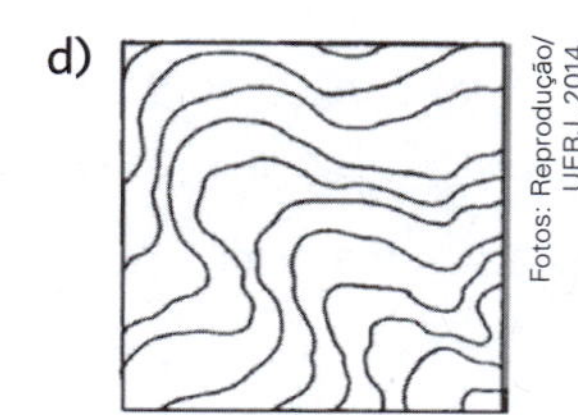

5 (UFPR) A figura abaixo é o recorte de uma carta topográfica contendo dois possíveis traçados para uma rodovia estadual, com elevado fluxo de caminhões. Considerando os traçados sugeridos, aponte o mais adequado à rodovia, justificando a escolha a partir da análise do recorte da carta topográfica.

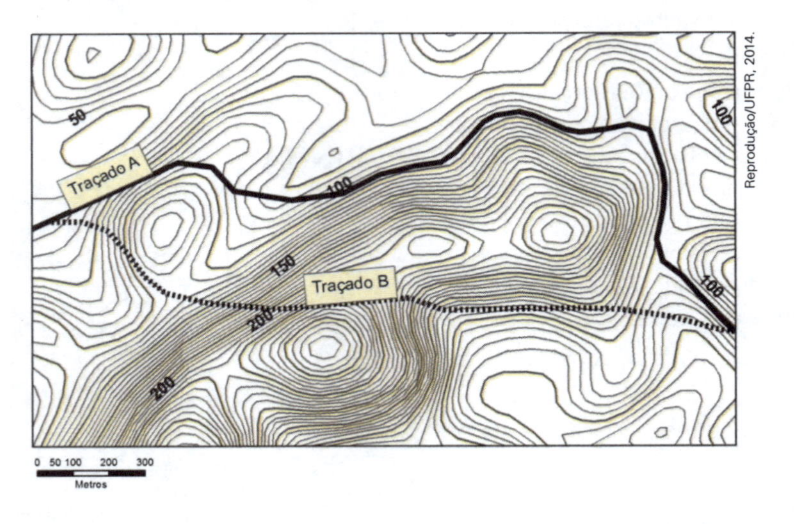

____

____

____

____

____

____

6 (Fuvest-SP)

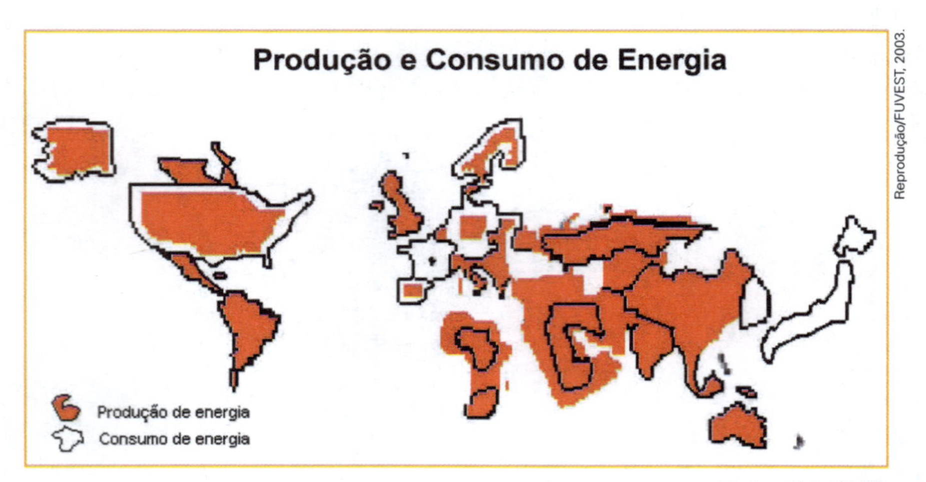

Fonte: AAA, 2000.

Observando a representação cartográfica, pode-se afirmar que se trata de uma

a) carta topográfica, indicando que o Japão consome mais energia do que produz.

b) anamorfose, indicando que a França produz mais energia do que consome.

c) anamorfose, indicando que os Estados Unidos consomem mais energia do que produzem.

d) carta topográfica, indicando que a Alemanha produz mais energia do que consome.

e) anamorfose, indicando que os países africanos consomem mais energia do que produzem.

Estado, nação e cidadania

1 (UFPR) Segundo Anthony Giddens e Phillipe Sutton, em algumas partes da África, as nações e os Estados nacionais ainda não estão formados. Em outras áreas do mundo, os Estados detêm menos poder do que costumavam ter, pois são afetados pelo desenvolvimento do mercado global. Para o escritor japonês Kenichi Ohmae, a globalização produziu um "mundo sem fronteiras" que pode resultar no "fim do Estado-nação". É possível concordar com a afirmação do escritor japonês? Justifique sua resposta.

____

____

____

____

____

____

2 (UEM-PR) Sobre a formação do Estado moderno e as transformações que ele sofreu ao longo da história, assinale o que for correto.

01) A centralização das estruturas jurídicas e da cobrança de impostos, a monopolização da legitimidade do uso da violência e a criação de uma burocracia específica para administrar os serviços públicos foram fundamentais para a constituição do Estado moderno.

02) Os Estados Absolutistas europeus contribuíram para a desagregação das relações políticas feudais. Por isso, seu advento é constitutivo do longo processo que resultou no surgimento dos Estados modernos.

04) O princípio da soberania popular foi substantivamente transformado em fins do século XIX e ao longo do século XX como resultado das lutas sociais empreendidas a favor da ampliação dos direitos políticos.

08) A construção do Estado-nação esteve intimamente associada à ideia de um poder territorializado.

16) Embora estejam associados, os conceitos de Estado e de nação não coincidem, já que existem nações sem Estado - como é o caso dos palestinos - e Estados que abrangem várias nações - como o Reino Unido.

3 (UEPB) Embora a origem dos primeiros Estados seja muito antiga, sua formação e seus objetivos variaram ao longo dos séculos. Sobre a criação dessa instituição de controle do território é possível afirmar:

I. O Estado moderno, tal como o conhecemos hoje e cujo berço foi a Europa ocidental, teve sua origem com a centralização de poder através das monarquias absolutistas e do apoio dado pela burguesia.

II. A globalização proporcionou a crise do Estado-nação e sua destruição frente a uma nova organização territorial do mundo em blocos econômicos, os quais reúnem vários países em um só bloco.

III. O fim da Guerra Fria possibilitou o reaquecimento dos sentimentos nacionalistas e a formação de novos Estados nacionais bem como a luta de algumas nacionalidades pela soberania de seus territórios, o que mostra que o mapa-múndi ainda pode ser redesenhado.

IV. A unificação dos Estados-nacionais se processou em meio à diversidade étnica e cultural dos territórios, o que exigiu dos poderes constituídos a construção do sentimento de pertencimento e de identidade nacional.

Estão corretas apenas as proposições

a) II e III

b) II, III e IV

c) II e IV

d) I, II e III

e) I, III e IV

4 (UFT-TO) No mundo atual presenciamos conflitos étnicos, religiosos e povos sem um Estado-Nação definido, como no caso o povo curdo. A população curda chega a 26,3 milhões nos principais países onde esta população vive (TAMDJIAN, 2005). Com base na informação, é correto afirmar que os curdos vivem principalmente:

a) Na faixa de gaza entre a Palestina e Israel em que os conflitos são frequentes mediante a disputa de territórios, o povo curdo sofre a violência e é excluso de direitos.

b) Na antiga Alemanha Oriental, com o fim da guerra fria os curdos ficaram sem pátria.

c) Nas Repúblicas Independentes da antiga União das Repúblicas Soviéticas como Lituânia, Estônia, Letônia, em que as disputas pelo território têm ocorrido com um grande número de genocídio.

d) Em países do Oriente Médio como Turquia, Síria, Irã, Iraque e Armênia em que os curdos não têm direitos políticos e são discriminados pelos governos.

e) Em países do Oriente Médio como Arábia Saudita, Iraque, Iêmen, Israel, Líbano e Jordânia em que o petróleo tem sido um dos fatores pela disputa do território em que os curdos ficaram exclusos e sem pátria.

5 (FGV-SP) Dentre os cenários desenhados para o mundo a partir da aceleração do processo de globalização, destaca-se a ideia da superação do Estado-nação como principal unidade política e econômica de estruturação do espaço mundial. Como justificativa para a construção desse cenário, podem-se destacar, entre outras:

a) O crescimento de instituições políticas e econômicas supranacionais, como a Organização Mundial de Comércio, e a relativa autonomia dos circuitos financeiros em escala mundial, caracterizada pela livre circulação de capitais.

b) O aumento das migrações inter-regionais, facilitada pela abertura das fronteiras entre os países, e o crescente intercâmbio cultural entre os povos, possibilitado pela expansão dos meios de comunicação em todo o mundo.

c) O aparecimento de organizações baseadas no princípio do desenvolvimento sustentável, como as ONGs, e a aceitação de grupos étnicos como entidades políticas e econômicas soberanas, a exemplo dos Curdos, na Turquia.

d) A diminuição dos conflitos separatistas, como os ocorridos nos Bálcãs, e o crescente reconhecimento da ONU como fórum privilegiado para a solução de conflitos políticos e econômicos locais e regionais.

e) A mundialização dos hábitos de consumo e comportamento, disseminados pelos meios de comunicação, e o crescente desinteresse das novas gerações pelas questões de política interna e externa de seus países.

6 (Unicentro-PR) O conceito correto de Estado está explicitado na alternativa

a) É uma forma de organização com poder supremo e cargos distribuídos por poderes, que são limitados por normas específicas.

b) Forma-se através da organização de um grupo de pessoas, cidadãos, que tem o poder de mandar em um território, de acordo com a lei.

c) Consiste em uma habilidade de determinado grupo fazer valer seus próprios interesses ou as próprias preocupações, mesmo diante de resistências.

d) É uma instituição sobre a qual se exerce a soberania através da organização de um grupo de pessoas que têm *status* social similar, segundo critérios diversos, especialmente, o econômico.

e) Existe onde há um mecanismo de governo controlando determinado território, com autoridade legitimada e capacidade de uso da força militar para sua implementação política.

7 (EsPCex-SP) As fronteiras políticas internacionais definem limites entre diferentes soberanias, contudo a soberania do Estado não se circunscreve apenas ao território terrestre. A respeito da soberania do Estado brasileiro, tanto em território terrestre como marítimo, pode-se afirmar que:

I. a faixa de fronteira terrestre, definida na Constituição, corresponde à área de 150 km de largura ao longo dos limites terrestres, e cabe aos governos de cada estado da federação executar as ações de polícia de fronteira nessa faixa.

II. o Estado brasileiro possui soberania quase que total sobre seu Mar Territorial, com exceção apenas de ter que respeitar o direito de passagem inofensiva de embarcações de outros países nessa área, conforme convenção da ONU em vigor desde 1994.

III. embora a Zona Econômica Exclusiva (ZEE) esteja limitada a uma faixa de 200 milhas náuticas de largura da costa, a plataforma continental, em diversos trechos, ultrapassa esse limite, o que pode ampliar as fronteiras de exploração econômica da chamada "Amazônia Azul".

IV. a soberania brasileira sobre a Zona Econômica Exclusiva distingue-se da soberania sobre o Mar Territorial, uma vez que na ZEE países estrangeiros têm completa liberdade de navegação, sobrevoo e exploração dos recursos naturais da plataforma continental.

Assinale a alternativa em que todas as afirmativas estão corretas.

a) I e II

b) I e III

c) II e III

d) II e IV

e) III e IV

8 (UFG-GO) Leia o fragmento que segue.

> O mundo de hoje é o cenário do chamado "tempo real", porque a informação se pode transmitir instantaneamente. Desse modo, as ações se concretizam não apenas no lugar escolhido, mas também na hora adequada, conferindo maior eficácia, maior produtividade e maior rentabilidade aos propósitos daqueles que a controlam.
>
> SANTOS, Milton; SILVEIRA, Maria Laura. "O Brasil: território e sociedade no início do século XXI". 4. ed. Rio de Janeiro: Record, 2002. p. 98.

A tecnologia se destaca, na atualidade, como um dos elementos centrais da organização geopolítica do espaço. Tendo como base o fragmento,

a) explique como os novos aparatos tecnológicos, do chamado tempo real, podem afetar o equilíbrio entre as nações e a soberania de cada uma delas;

b) apresente dois aspectos que justifiquem o papel da informação na produção da imagem das guerras para a formação de opinião junto à população mundial.

Mundo bipolar

1 (UEL-PR) Analise o mapa a seguir.

Adaptado de: VESENTINI, J. W. *O Ensino de Geografia e as Mudanças Recentes do Espaço Geográfico Mundial*. São Paulo: Ática, 1992.

Com base no mapa e nos conhecimentos da geopolítica mundial no século XX, atribua V (verdadeiro) ou F (falso) às afirmativas a seguir.

( ) O término da Segunda Guerra Mundial inaugurou o período denominado Guerra Fria marcado pelo confronto ideológico entre a URSS e os EUA, gerando diversos conflitos por disputas de territórios.

( ) Fidel Castro se aproximou do bloco socialista, do qual nasceu um plano que levou a uma das maiores crises políticas da Guerra Fria: o conflito entre a União Soviética e os Estados Unidos (1962), designado como a Crise dos Mísseis em Cuba.

( ) A Organização do Tratado do Atlântico Norte (OTAN) é uma aliança militar fundada no princípio da segurança coletiva com o objetivo de manter a paz entre os países membros e a democracia dentro deles.

( ) A corrida armamentista constitui-se em uma característica secundária deste período, já que a questão central da geopolítica, pós Segunda Guerra Mundial, foi a disseminação da organização espacial mundial multipolar.

( ) A designação de "fria" vinculou-se a um período geopolítico no qual se destacava a abstenção das superpotências nos conflitos militares nas áreas periféricas do mundo, de forma que os norte-americanos e os soviéticos se desvincularam de guerras localizadas em outras partes do mundo.

Assinale a alternativa que contém, de cima para baixo, a sequência correta.

a) V, V, V, F, F.
b) V, V, F, F, F.
c) V, F, F, V, V.
d) F, F, V, V, V.
e) F, F, F, V, V.

2 (PUCC-SP) Durante a Guerra Fria, o presidente norte-americano, John F. Kennedy, com a intenção de desenvolver o capitalismo na América Latina e assegurar sua influência na região, criou a Aliança para o Progresso, que

a) buscava fomentar a industrialização em países latino-americanos e evitar a influência socialista na região.

b) previa a perseguição às pessoas que pudessem estar ligadas ao comunismo, em toda América Latina.

c) visava ajudar aos países latino-americanos com dezessete milhões de dólares para se reconstruírem.

d) estabelecia a intensificação de investimentos financeiros estadunidenses nos países latino-americanos.

e) pretendia instituir na América Latina o socialismo de mercado com uma economia planificada e estatal.

3 (UFSC)

Disponível em: http://s3-sa-east-1.amazonaws.com/descomplica-blog/wp-content/uploads/2015/09/resumo-4.jpeg. Acesso em: 11 out. 2019.

Em agosto de 1961, foi construído o Muro de Berlim, que se tornou um símbolo da Guerra Fria e do mundo bipolarizado. Em 9 de novembro de 1989, após uma série de problemas, especialmente de natureza econômica e política no bloco soviético, o muro foi derrubado.

Em relação ao Muro de Berlim e seu contexto histórico, é correto afirmar que:

01) a sua construção foi uma decisão tomada pelos Aliados logo após o término da Segunda Guerra Mundial, visto que em torno de 3,5 milhões de alemães haviam fugido de Berlim Oriental para o lado ocidental.

02) a bipolaridade capitalismo versus socialismo marcou o quadro geopolítico internacional após a Segunda Guerra Mundial, e o Muro de Berlim não apenas dividiu a cidade como se tornou o ícone da divisão ideológica de dois blocos políticos antagônicos.

04) a população da parte oriental de Berlim, sob a influência soviética, não conseguia ter acesso a bens de consumo e alimentos costumeiros da parte ocidental, sob influência britânica, francesa e norte-americana.

08) a queda do muro em 9 de novembro de 1989 foi uma evidência de que a economia neoliberal, praticada na Europa naquele momento, passava por profunda crise e precisava incorporar os milhões de possíveis novos consumidores ao mercado.

16) o final da Guerra Fria, simbolizado pela queda do Muro de Berlim, trouxe significativas mudanças políticas e econômicas ao cenário internacional, como o surgimento de novos países e a intensificação de uma economia globalizada.

32) as disputas inerentes à Guerra Fria fizeram com que tanto o lado ocidental quanto o lado oriental de Berlim se desenvolvessem igualmente em termos de infraestrutura, o que facilitou a reunificação e garantiu a homogeneidade arquitetônica da cidade.

64) a queda do Muro de Berlim e a reunificação da Alemanha possibilitaram uma Nova Ordem Internacional, marcada pela unidade de outros territórios, especialmente nos Bálcãs.

4 (UFJF-MG) Leia os trechos abaixo sobre o período da Guerra Fria e responda ao que se pede:

> "A grande descoberta dos EUA foi que, para manter a hegemonia conquistada durante a Segunda Guerra, era necessário recuperar a economia e o tecido político europeu e japonês. Em vez de países frágeis, precisava de aliados para a Guerra Fria e consumidores para a sua indústria (muito maior do que as reais necessidades do seu mercado interno). O acordo de Bretton Woods, complementado pelo Plano Marshall, garantiu um volume de moeda que viabilizou a relação demanda-produção".
>
> PADRÓS, E. S. Capitalismo, prosperidade e Estado de Bem-Estar Social. In: *O Século XX. O tempo das crises.* Rio de Janeiro: Civilização Brasileira, 2005, p. 235.

> "A oeste, graças ao avanço das tropas soviéticas até Berlim, foi possível, em primeiro lugar, anexar à URSS importantes territórios: os chamados Estados bálticos (Letônia, Estônia e Lituânia), a parte oriental da Polônia e uma porção da Romênia – transformada em República Soviética da Moldávia. (...). Na área da Europa Central (Polônia, Tchecoslováquia, Alemanha Oriental e, depois, República Democrática Alemã (RS), Hungria, Romênia, Albânia, Bulgária e Iugoslávia), quase toda ocupada pelos exércitos soviéticos, a expectativa de Moscou era formar um cinturão de Estado no mínimo não hostis".
>
> REIS, D. A. O mundo socialista: expansão e apogeu. In: *O Século XX. O tempo das dúvidas.* Rio de Janeiro: Civilização Brasileira, 2002, p. 17.

Em relação aos dois trechos selecionados é CORRETO afirmar que eles se referem:

a) às ações desenvolvidas pelos EUA e URSS para conciliarem os princípios do capitalismo e do comunismo na Europa e no Japão.

b) às disputas por zonas de influências política e ideológica travadas entre Estados Unidos e União Soviética.

c) às estratégias utilizadas pelos soviéticos no sentido de fortalecerem a construção do "socialismo em um só país", defendida por Stalin.

d) às táticas adotadas por EUA e URSS no sentido de fortalecerem suas posições isolacionistas em relação ao mundo europeu.

e) às transformações que ocorreram no momento seguinte à Segunda Guerra Mundial e que levaram ao conflito aberto, direto e violento entre EUA e URSS.

5 (UEPG-PR) Período que vai do final da Segunda Guerra Mundial até a extinção da União Soviética, em 1991, a Guerra Fria se caracterizou como um momento de disputas geopolíticas e de conflitos indiretos entre norte-americanos e soviéticos pela hegemonia política e econômica do mundo. A respeito da Guerra Fria, assinale o que for correto.

01) Liderada pelos Estados Unidos, a OTAN (Organização do Tratado do Atlântico Norte) cumpriu um importante papel diplomático, dialogando com a União Soviética em momentos de crise política.

02) Defensores de uma integração capitalismo-socialismo, os Macartistas norte-americanos tiveram um papel importante no sentido de buscar eliminar as tensões com os soviéticos.

04) A denominação "Guerra Fria" foi criada a partir da disputa de capitalistas e socialistas pelo controle da região do Ártico, caracterizada por baixíssimas temperaturas.

08) O Plano Marshall, lançado pelos Estados Unidos, oferecia empréstimos com juros baixos aos países arrasados pela Segunda Guerra, com objetivo de impedir o avanço do socialismo, especialmente, na Europa.

16) A Guerra da Coreia levou à divisão do país – Coreia do Norte e Coreia do Sul – e exprimiu, na prática, a disputa mundial travada por Estados Unidos e União Soviética pelo controle de regiões periféricas.

Geopolítica do mundo atual

1 (Uece) A expressão BRIC foi lançada em 2001, em referência ao conjunto de países formado por Brasil, Rússia, Índia e China, que assumiu um papel importante na economia mundial para os cinquenta anos seguintes. O grupo foi formalizado em 2006 e sua primeira cúpula ocorreu em 2009, e, desde então, além de ter recebido a África do Sul como mais um novo membro, lançou um banco de desenvolvimento - The New Development Bank - e um fundo de reservas denominado BRICS Contingent Reserve Arrangement, passando a ser conhecido no cenário geoeconômico internacional como BRICS.

O principal objetivo dos países participantes do BRICS é

a) fortalecer o papel econômico organizador dos Estados Unidos no cenário internacional.

b) garantir a centralização da elaboração de políticas internacionais sobre produção e venda de petróleo dos países integrantes.

c) defender uma ordem internacional multipolar, criando espaços de discussão para elaborar planos de ação política e econômica entre os países integrantes.

d) oferecer ajuda mútua militar entre os países membros.

2 (UFRGS-RS) O BRICS (grupo de países formado por Brasil, Rússia, Índia, China e África do Sul), que realiza cúpulas anuais desde 2009, prevê

a) a atuação na esfera da governança econômico-financeira e também da governança política.

b) a diminuição das tarifas alfandegárias para quase todos os itens de comércio entre os países associados, mas não a livre circulação de pessoas e investimentos.

c) a formação da Cúpula da América Latina, Ásia e União Europeia e visa à integração regional, à redemocratização e à reaproximação dos países.

d) a livre circulação de pessoas e investimentos.

e) a resolução da crise na Síria e das tensões geopolíticas na Crimeia

3 (FMP-RJ) Considere o texto a seguir.

> Estados Unidos e China entraram ontem com recursos na Organização Mundial do Comércio (OMC) contra tarifas adotadas no contexto da guerra comercial iniciada após o presidente americano, Donald Trump, decidir sobretaxar as importações provenientes da China. O Ministério do Comércio da China informou ter entrado com uma reclamação na OMC em relação à lista de tarifas propostas por Washington sobre US$ 34 bilhões de importações chinesas e americanas. Também ontem, os EUA entraram com cinco ações de disputa separadas na OMC questionando as medidas retaliatórias adotadas por China, União Europeia, Canadá, México, Turquia.
>
> Guerra Comercial: Estados Unidos e China vão à OMC contra taxas. *O Globo* 17 jul. 2018, Rio de Janeiro, Economia, p. 10. Adaptado.

Essa guerra comercial tem como causa principal a sobretaxação de qual setor produtivo?

a) Siderúrgico

b) Aeronáutico

c) Informático

d) Automobilístico

e) Eletrônico

4 (Unicamp-SP)

No final do século XX, Hong Kong tornou-se uma "Região Administrativa Especial" da China. Em teoria, gozará de semi-autonomia até 2047, quando a China terá plenos poderes sobre a ilha. Hong Kong tem moeda própria, mas não é independente em termos de defesa e diplomacia, ou seja, seu *status* político-administrativo é híbrido, fruto de um acordo – a "Declaração Conjunta" de 1984 – entre a China e um governo estrangeiro que tutelou a ilha por 99 anos, a partir de 1898. Em 1997 entrou em vigor o acordo, sob a conhecida fórmula "um país, dois sistemas". A partir de 2014, movimentos de contestação social ganharam relevo em Hong Kong.

(Fonte: http://www1.folha.uol.com.br/mundo/2019/06/guarda-chuva-se-firma-como-simbolo-da-democracia-em-hong-kong.shml. Acessado em 01/10/2019.)

Com base no enunciado e em seus conhecimentos, responda às questões.

a) Que nação manteve domínio sobre Hong Kong por 99 anos? Explique a expressão "um país, dois sistemas".

b) Sob que denominação ficou conhecida a revolta iniciada em 2014 e intensificada em 2019? Apresente pelo menos uma reivindicação dos manifestantes.

5 (Uerj)

Da euforia à irrelevância

A sigla BRIC – acrônimo para Brasil, Rússia, Índia e China – foi criada em 2001 pelo economista Jim O'Neil, num relatório que mostrava aos clientes do Banco Goldman Sachs o grande potencial econômico de tais países. Dois anos depois, o banco aprofundou a projeção em outro relatório, que sugeria que, em 50 anos, as economias dos BRIC seriam maiores do que a dos seis países mais ricos do mundo.

Daí até a construção de uma narrativa sobre o limiar de uma nova ordem geopolítica internacional foi um passo. Em 2010, a África do Sul foi admitida ao clube, e a sigla sofreu uma adição, tornando-se BRICS. Os números dos BRICS, de fato, impressionam. No entanto, é preciso indagar se um grupo tão heterogêneo de países – e com interesses tão diversos – é capaz de formar um bloco coeso, com condições e com o propósito de se contrapor à hegemonia econômica americana.

CLÁUDIO CAMARGO. Adaptado de *Mundo Pangea*, outubro/2015.

Apresente duas características econômicas comuns aos BRICS que justifiquem as expectativas acerca desses países no início do século XXI. Em seguida, considerando a heterogeneidade do bloco, aponte duas diferenças entre seus integrantes, uma econômica e outra política.

6 (UEM-PR) A República Popular da China é o país mais populoso do mundo e o terceiro maior em termos de extensão terrestre. Recentemente tem se destacado como uma das maiores potências econômicas do mundo globalizado. A respeito desse País, assinale o que for correto.

01) Apesar da grande extensão, o território chinês é pobre em recursos minerais, tornando-se altamente vulnerável a recessões e a crises econômicas que porventura atinjam os países de onde importam tais matérias-primas.

02) Entre os séculos XVI e XX, a China sofreu forte influência de diversas potências europeias, como Portugal, Holanda, Reino Unido, França, além das influências soviética e japonesa.

04) A Revolução Cultural chinesa diz respeito a um grande movimento popular ocorrido nas décadas de 1960 e 1970, liderado por Mao Tsé-Tung, resultando em imposição de pensamento, em perseguição a pessoas e em isolamento político em escala internacional.

08) Zonas Econômicas Especiais (ZEE) criadas a partir da década de 1980 ficaram conhecidas como "oásis capitalistas", devido à receptividade à tecnologia, à experiência e a capitais estrangeiros.

16) No início da década de 1980, algumas cidades costeiras foram abertas ao capitalismo, tais como Xangai e Guangzhou, tornando-se conhecidas como áreas ou cidades costeiras abertas, e mais tarde essa experiência foi estendida para outras áreas do País.

7 (UFSC)

O mundo é cada vez mais complexo e interligado. A geopolítica global e as regiões estratégicas ajudam a explicar os fatos que caracterizam a atualidade. Sobre a realidade geopolítica atual, é correto afirmar que:

Disponível em: www.mapamundi.online/politico. [Adaptado]. Acesso em: 14 ago. 2019.

01) o México (número 1) teve sua extensão territorial diminuída ao perder os atuais estados do Texas, da Califórnia, do Novo México e do Arizona em guerra com os Estados Unidos (número 2) e, na atualidade, tem suas fronteiras ao norte extremamente vigiadas.

02) o Oriente Médio (número 4) tem na Síria e no Iêmen territórios onde a Convenção de Genebra segue respeitando os tratados internacionais que visam condenar crimes de guerra e proteger indivíduos não envolvidos nos conflitos.

04) a transferência em 1997 de Hong Kong para a República Popular da China (número 5) se deu sob o princípio atualmente contestado "um país, dois sistemas", visto que o poder central chinês vem se defrontando em 2019 com uma crise política caracterizada por protestos da população dessa porção do território chinês.

08) o assassinato do cacique Emyra Wajãpi, em julho de 2019, que repercutiu no mundo político e nas redes sociais, deixou à mostra a violência contra os povos indígenas e os confrontos que marcam a história desses povos no Brasil (número 3).

16) a guerra comercial entre as duas maiores economias do planeta, Estados Unidos e China (números 2 e 5, respectivamente), representa uma disputa diplomática entre esses dois contendores que não atinge os demais países do mundo capitalista.

32) países como Arábia Saudita, Irã, Emirados Árabes Unidos, Kuwait e Iraque, cinco importantes membros da Organização dos Países Exportadores de Petróleo, integram o Oriente Médio (número 4), região geopolítica e geoestratégica importante, já que ali se localiza o estreito de Ormuz, importante rota comercial cujo bloqueio pode impactar a economia global.

64) a Rússia (número 6), maior país em extensão territorial, apresenta elevado crescimento demográfico, fator que exigiu das autoridades o controle de natalidade, e problemas econômicos relacionados à falta de recursos energéticos.

8 (IFSP) Considere o texto e imagem a seguir:

No dia 17 de dezembro de 2014, os presidentes Raul Castro de Cuba e Barack Obama dos Estados Unidos discursaram em seus respectivos países e anunciaram novas medidas que seriam adotadas em sua política internacional. Sendo assim, é correto o que se afirma em:

Reprodução/IFSP, 2016.

Fonte: Disponível em: <http://g1.globo.com/mundo/noticia/2015/07/o-que-ainda-impede-a-aproximacao-entre-eua-e-cuba.html>. Acesso em 28 out. 2015.

I. A retomada das relações diplomáticas de ambos os países com abertura de embaixadas em Havana e Washington.

II. Mesmo com a retomada das relações entre ambos, o embargo econômico a Cuba continuará em vigor.

III. Ambos anunciaram que estenderão suas rivalidades e travaram uma nova modalidade de Guerra Fria.

IV. Ambos os países contaram com o apoio e esforços do Papa Francisco e Nicolás Maduro presidente da Venezuela.

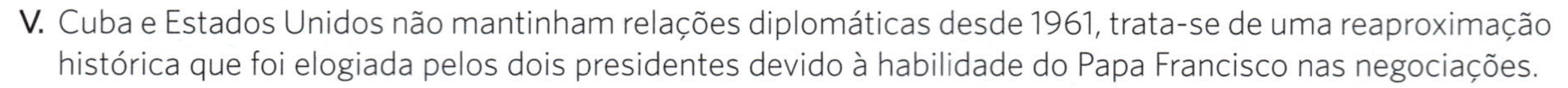

V. Cuba e Estados Unidos não mantinham relações diplomáticas desde 1961, trata-se de uma reaproximação histórica que foi elogiada pelos dois presidentes devido à habilidade do Papa Francisco nas negociações.

a) Somente II e III são corretas.
b) Somente I e V são corretas.
c) Somente I, II e V são corretas.
d) Somente I e IV são corretas.
e) Somente II, IV e V são corretas.

9 (EsPCex-SP)

> "Desde o início da década de 1980, a China tem sido a economia que mais cresce no mundo, a uma taxa média de 10% ao ano [...]. Como consequência desse impressionante crescimento, entre 1980 e 2010 o PIB chinês aumentou 2.810% e se tornou o segundo maior do planeta."
>
> SENE, Eustáquio & MOREIRA, J. C. *Geografia Geral e do Brasil: Espaço Geográfico e Globalização (2)*. 2. ed. São Paulo: Moderna, 2012, p. 199.

Dentre os fatores associados a esse avanço econômico podem-se destacar:

I. a presença de enormes reservas de minérios e combustíveis fósseis no subsolo chinês que concede ao País autossuficiência em termos de matéria-prima e fontes de energia e o caracteriza como grande exportador mundial de petróleo.

II. o modelo de economia planificada que, promovendo crescimento econômico com equilibrada distribuição de renda, amplia o mercado consumidor interno chinês, um dos mais gigantescos do mundo, e elimina as desigualdades sociais.

III. a liberalização econômica e os baixos custos da mão de obra, principal fator de competitividade da indústria chinesa, têm sido fundamentais para o crescimento econômico do País.

IV. o esforço chinês em atrair indústrias intensivas em capital para as chamadas zonas de desenvolvimento econômico e tecnológico, fazendo com que nas últimas décadas o País esteja entre os maiores receptores de investimentos produtivos do mundo.

Assinale a alternativa em que todas as afirmativas estão corretas.

a) I e II
b) I e III
c) I e IV
d) II e III
e) III e IV

10 (ESPM)

> A história de desentendimentos entre Rússia e Ucrânia no mar de Azov, onde fica o estreito de Kerch, vem de muito antes da revolução que derrubou o então presidente ucraniano Viktor Yanukovich e abriu uma crise sem precedentes entre os dois países, em 2014. No fim do ano de 2018, em um perigoso incidente, três navios da marinha da Ucrânia entraram em águas territoriais russas e realizaram manobras, sendo então atacados pela frota russa.
>
> Fonte: (https://www.bbc.com/portuguese/ internacional/2018/11/28)

Sobre a tensa relação entre Rússia e Ucrânia e a crise envolvendo os dois países, é correto assinalar que:

a) a Ucrânia acusa a Rússia de tentar ocupar o Mar de Azov e prejudicar sua economia, negando acesso a portos importantes que escoam 25% das exportações do país;

b) a Rússia ameaça anexar a Crimeia, o que incita o nacionalismo ucraniano;

c) o governo ucraniano, pró-Rússia, do presidente Petro Poroshenko, passou a enfrentar grandes manifestações antirrussas;

d) a região de Donetsk, no leste da Ucrânia, foi oficialmente anexada pela Rússia em 2014;

e) a Ucrânia é integrante plena da OTAN e a tensão envolvendo sua relação com a Rússia pode produzir um grande conflito.

Etnia e cultura

1 (UEPG-PR PSS 1) A respeito do conceito de cultura e etnocentrismo, assinale o que for correto.

01) O etnocentrismo é um conceito criado a partir do conceito do evolucionismo que considera inferior uma cultura por ela ser diferente.

02) Podemos considerar como cultura apenas os aspectos materiais da sociedade humana.

04) O relativismo cultural se contrapõe ao etnocentrismo.

08) Cultura é um conjunto de hábitos, costumes, valores e tradições presentes apenas nas sociedades modernas.

2 (Unesp-SP)

> A reação diante da [1]alteridade faz parte da própria natureza das sociedades. Em diferentes épocas, sociedades particulares reagiram de formas específicas diante do contato com uma cultura diversa à sua. Um fenômeno, porém, caracteriza todas as sociedades humanas: o estranhamento, que chamamos etnocentrismo, diante de costumes de outros povos, e a avaliação de formas de vida distintas a partir dos elementos da sua própria cultura. Assim, percebemos como o etnocentrismo se relaciona com o conceito de [2]estereótipo. Os estereótipos são uma maneira de "biologizar" as características de um grupo, isto é, considerá-las como fruto exclusivo da biologia, da anatomia. No interior de nossa sociedade, encontramos uma série de atitudes etnocêntricas e biologicistas.
>
> (https://gdeufabc.wordpress.com)
>
> [1]alteridade: característica, estado ou qualidade de ser distinto e diferente, de ser outro.
>
> [2]estereótipo: ideia ou convicção classificatória preconcebida sobre alguém ou algo.

Um exemplo de etnocentrismo incorporado a uma política estatal foi

a) o movimento sionista, na Palestina.

b) o *apartheid*, na África do Sul.

c) a questão curda, na Turquia.

d) a primavera árabe, na Síria.

e) a balcanização, na Chechênia.

3 (UEM-PR)

> "No seu primeiro sentido, etnocentrismo é uma cegueira para diferenças culturais, a tendência de pensar e agir como se elas não existissem. No segundo sentido, refere-se aos julgamentos negativos que membros de uma cultura tendem a fazer sobre todas as demais."
>
> (JOHNSON, A. *Dicionário de Sociologia*: guia prático da linguagem sociológica. Rio de Janeiro: Jorge Zahar, 2012, p. 101).

Considerando os sentidos de etnocentrismo citados e os estudos sobre cultura, assinale o que for **correto**.

01) Intolerância, preconceito e subalternização são atitudes que se legitimam por visões etnocêntricas sobre outros indivíduos, grupos ou sociedades.

02) O colonialismo, em suas variadas formas, legitima-se por meio da percepção etnocêntrica do colonizador em relação ao colonizado.

04) O relativismo cultural propõe a observação dos diferentes sistemas culturais sem hierarquizá-los a partir de pontos de vista únicos e autocentrados.

08) Ideologias racistas que pregam a supremacia branca sobre a cultura negra são independentes de atitudes, valores ou ideias etnocêntricas.

16) As sociedades ocidentais, ao separarem religião e política, produziram um modelo social menos etnocêntrico do que o modelo social das sociedades orientais.

4 (UEPG-PR) Sobre a população brasileira, racismo e outros problemas relacionados, assinale o que for correto.

01) O Brasil é o país que abriga a maior população negra fora da África, mas não é o melhor exemplo de democracia racial e de harmonia entre suas etnias.

02) Os indicadores sociais comprovam que a grande maioria dos negros e pardos no Brasil ganham menos que os brancos e tem menor escolaridade.

04) As sociedades democráticas têm como princípio básico a igualdade de oportunidades, o que é negado aos negros e pardos.

08) A origem étnica dificulta a colocação do indivíduo no mercado de trabalho e isso faz com que negros e pardos sejam os mais atingidos pelo desemprego.

16) A maioria dos negros e pardos quando consegue emprego geralmente exercem atividades de baixa qualificação e prestígio social, tendo como consequência moradias em lugares mais pobres e mais distantes dos locais de trabalho.

5 (UFJF-Pism-MG) Leia o texto:

> [...] uma sociedade que constitui suas relações por meio do racismo, [...] [tem] em sua geografia lugares e espaços com as marcas dessa distinção social: no caso brasileiro, a população negra é francamente majoritária nos presídios e absolutamente minoritária nas universidades; [...] essas diferentes configurações espaciais se constituem em espaços de conformação das subjetividades de cada qual.
>
> Adaptado de Carlos Walter Porto-Gonçalves, 2003: *Movimentos Sociais e Conflitos na América Latina*.

Sobre as relações étnico-raciais no Brasil, é correto afirmar que:

a) a democracia racial é uma característica da sociedade brasileira e tem permitido que diferentes grupamentos étnico-raciais ocupem indistintamente o espaço nas cidades e nos campos brasileiros.

b) a intolerância contra as religiões de matrizes africanas no Brasil demonstra o quanto o preconceito pode afetar as territorialidades desses grupamentos que têm sofrido restrições de suas práticas religiosas no espaço das cidades.

c) a existência dos quilombos contemporâneos no Brasil demonstra que há um contingente da população negra que teve suas terras tituladas pela Lei de Terras de 1850, antes, portanto, da abolição da escravidão.

d) o acesso igualitário ao mundo do trabalho entre brancos e negros no Brasil demonstra que a força da democracia racial consiste em promover competições desiguais entre setores diversificados da população.

e) o Estatuto da Igualdade Racial considera que a "população negra" é o somatório dos grupos raciais de pretos e mestiços que são definidos e declarados pelos técnicos do IBGE durante o censo, de acordo com a cor da pele das pessoas.

6 (FGV-RJ)

Reprodução/FGV-RJ, 2017.

A imagem acima retrata manifestantes na cidade de Nova York (janeiro de 2016) caminhando em direção à Trump Tower, em protesto contra a plataforma de campanha do candidato à presidência dos EUA, Donald Trump.

Com relação ao *slogan* "Não ao racismo, não a Trump, não ao fascismo", assinale V para a afirmação verdadeira e F para a falsa.

( ) É um protesto contra as posições anti-imigração do Partido Democrata, sustentadas por Trump e pela ala mais conservadora que ele representa.

( ) É um ato de repúdio às propostas de campanha de Trump em relação à presença de latinos e muçulmanos nos Estados Unidos, vistas como xenófobas e racistas.

( ) É uma ação contra os posicionamentos políticos de Trump, identificados como estratégia fascista ao responsabilizar elementos externos pelos problemas internos.

As afirmações são, respectivamente,

a) F - V - F.
b) V - F - F.
c) V - V - F.
d) F - F - V.
e) F - V - V.

7 (Udesc) A intolerância tem marcado as relações internacionais nos últimos tempos. Um episódio chocou o mundo em 2018, quando os Estados Unidos tomaram medidas drásticas em relação a imigrantes ilegais na fronteira com o México.

Esta política foi batizada pelo governo norte-americano de:

a) American way of life
b) Tolerância Zero
c) Política do Filho Único
d) Easy come, easy go
e) What goes around comes around

8 (Fatec-SP)

> "Palavras de ordem, símbolos, propaganda, atos públicos, vandalismo e violência são, atualmente, manifestações de hostilidade frequentes contra estrangeiros na Europa. Os países onde mais intensamente têm ocorrido conflitos são Alemanha, França, Inglaterra, Bélgica e Suíça."
>
> (MOREIRA, Igor e AURICCHIO, Elizabeth. *Construindo o espaço mundial*. 3. ed. São Paulo: Ática, 2007, p. 37. Adaptado.)

Sobre o fenômeno social enfocado pelo texto, é válido afirmar que se trata de conflitos

a) civis e militares, relacionados às formas históricas de exploração dos países do chamado Terceiro Mundo.

b) ligados ao nacionalismo, ao racismo e à xenofobia, no contexto globalizado das grandes migrações internacionais.

c) entre imigrantes das diversas nacionalidades que invadem a Europa, atualmente, na disputa por empregos e por melhores condições de vida.

d) culturais, principalmente causados pelo conflito armado entre países católicos e protestantes, mas também, sobretudo, conflitos contra países islâmicos.

e) étnicos e sociais decorrentes das dificuldades de desenvolvimento de países europeus em continuar a sua industrialização nos setores tecnológicos de ponta.

9 (UFPA) Sobre patrimônio material e imaterial no Brasil, é correto afirmar:

a) As práticas e expressões culturais, para serem consideradas como bens imateriais, devem apresentar associação entre os objetos, artefatos e os lugares onde são desenvolvidos.

b) O Palacete Pinho, o Parque Zoobotânico do Museu Emilio Goeldi e o Complexo do Ver-o-Peso são considerados como patrimônio imateriais do Brasil por resguardarem a memória dos povos indígenas.

c) Os recursos naturais são bens culturais de patrimônio imaterial, por isso é grande o risco de desaparecerem, caso não sejam preservados por políticas sociais.

d) O Ofício das Baianas de Acarajé agrega diferentes classes socioeconômicas, promovendo a equidade e a justiça social, e é caracterizado apenas como patrimônio material.

e) Os bens materiais têm que apresentar uma prática cultural regular tal como ocorre, por exemplo, com o Círio de Nossa Senhora de Nazaré, com o complexo cultural do Bumba meu Boi do Maranhão e com a Roda de Capoeira.

10 (Ibmec) Observe as informações a seguir referentes a um estado brasileiro, retiradas do site oficial de seu governo.

— Área: 46.077,5 km^2

— Clima: tropical úmido, com temperaturas médias anuais de 23 °C e volume de precipitação superior a 1.400 mm por ano, especialmente concentrada no verão.

— Hidrografia: Rio Doce, com 944 km de extensão, o mais importante do Estado. No entanto, também se destacam os rios São Mateus, Itaúnas, Itapemirim, Jucu, Mucuri e Itabapoana.

— Vegetação: Floresta tropical (Mata Atlântica) e vegetação litorânea (mangue)

— População: 3.464.285 (estimativa para 2006)

— Colonização: Portugueses, holandeses, alemães e italianos.

— Economia: baseada principalmente nas atividades portuárias, na indústria de rochas ornamentais (mármore e granito), na celulose, na exploração de petróleo e gás natural além da diversificada agricultura, principalmente do plantio do café.

Além das características acima, o estado brasileiro em questão tem, segundo o Instituto Nacional do Patrimônio Artístico e Histórico Nacional (IPHAN), como patrimônio imaterial:

a) O ofício das paneleiras, voltado à preparação da tradicional moqueca capixaba.

b) A festa religiosa do Círio de Nazaré, que ocorre no mês de outubro em Belém do Pará.

c) Preservação da memória e dos costumes do interior pernambucano na Feira de Caruaru.

d) A edificação do convento de Nossa Senhora da Conceição em Vitória, capital do estado.

e) O parque nacional da Serra da Canastra, onde fica a nascente do rio São Francisco.

11 (UEFS-BA) Ações afirmativas são medidas que têm por objetivo reverter a histórica situação de desigualdade e discriminação a que estão submetidos indivíduos de grupos específicos.

> São ações públicas ou privadas que procuram reparar os aspectos que dificultam o acesso dessas pessoas às mais diferentes oportunidades. As ações afirmativas podem ser adotadas tanto de forma espontânea quanto de forma compulsória - isso é, através da elaboração de medidas que as tornam obrigatórias. O fim dessas medidas é sanar uma situação de desigualdade considerada prejudicial para o desenvolvimento da sociedade como um todo.
>
> (AÇÕES AFIRMATIVAS. 2016).

No Brasil, além das chamadas cotas raciais para o ingresso em instituições do ensino superior, também expressa a atuação das ações afirmativas

a) a organização de sindicatos específicos para trabalhadores rurais durante os governos militares, através do FUNRURAL.

b) a criação de delegacias especializadas para o atendimento de mulheres, como caminho para superar a violência e a desigualdade a que estão historicamente submetidas.

c) o incentivo à organização de grêmios estudantis em escolas públicas e privadas, sob o controle das respectivas diretorias desses estabelecimentos.

d) a interferência na educação dos membros das famílias por órgãos oficiais, dado o grande número de episódios de violência familiar denunciados ao poder público.

e) a lei do divórcio, permitindo a legalização de separações efetivas de casais e a facilitação de novos casamentos.

12 (Unisinos-RS) A Década Internacional de Afrodescendentes, declarada pela ONU, vem sendo celebrada desde 1º de janeiro de 2015 e se estende até 31 de dezembro de 2024, com a participação dos 196 países membros da ONU. Entre esses países, está o Brasil, que abriga pelo menos metade dos 200 milhões de afrodescendentes que vivem nas Américas e em outras partes do mundo, fora da África.

A respeito dos indicadores que evidenciam a necessidade da adoção de políticas de reparação propostas pela Década dos Afrodescendentes, no caso brasileiro, é correto afirmar apenas que

a) a Instituição da Década Afrodescendente é desnecessária, pois dados do IBGE (2015), que envolvem escolaridade, salário, renda e expectativa de vida, mostram que, em cinco anos, o Brasil atingirá a plena igualdade entre a população afrodescendente e a branca.

b) o Brasil sempre se preocupou em representar nos livros didáticos - textos, literatura, história - a complexidade da cultura afro-indígena. Também a produção de brinquedos considerou a diversidade racial e cultural que é característica de sua população, por isso sempre se encontraram bonecas negras e indígenas para presentear as crianças.

c) os índices recentes de homicídios indicam que a maioria das vítimas são jovens, do sexo masculino, na faixa entre os 15 e 29 anos, e negros. Segundo dados de 2014, essa faixa etária corresponde a 26% da população e representa 60% das mortes. Desses, morrem, aproximadamente, 2,6 vezes mais jovens negros que brancos, vítimas de armas de fogo.

d) o Brasil celebra a Década Afrodescendente, pois realizou uma façanha que nenhum país do mundo conseguiu, a verdadeira democracia racial.

e) o Brasil, ainda na Nova República (1889-1930), reconheceu o direito de propriedade das comunidades quilombolas e demarcou as terras indígenas.

13 (Unesp-SP)

> Discursos e opiniões e ajuda econômica se expressam em restrições às decisões sobre o uso do território. Os *novos recortes territoriais* significam proteção da natureza, da biodiversidade e das populações tradicionais, mas também implicam a retirada de extensas parcelas do território do circuito produtivo nacional e restrições à plena decisão do Estado brasileiro sobre o uso do território. As restrições territoriais associadas às ações ambientalistas orientam-se por um modelo endógeno, que visa a preservação ou o uso dos recursos naturais locais pelas populações locais.
>
> BECKER, Bertha K. "Por que não perderemos a soberania sobre a Amazônia?" *In*: ALBUQUERQUE, Edu Silvestre de (org.). *Que país é esse?* 2005. Adaptado.

Constituem-se em novos recortes territoriais, ou em novas formas de regulação do uso do território, que contribuem para a conservação dos recursos florestais:

a) unidades de conservação, terras indígenas e fronteiras agropecuárias.

b) polos de produção metal-mecânica, reservas particulares do patrimônio natural e estações ecológicas.

c) terras indígenas, reservas extrativistas e unidades de conservação.

d) parques industriais, polos de colonização agropecuária e terras indígenas.

e) áreas de proteção ambiental, projetos de exploração mineral e reservas biológicas.

14 (UFJF-Pism-MG 2) Leia o texto:

> A atual população indígena brasileira, segundo dados do Censo Demográfico realizado pelo IBGE em 2010, é de 896,9 mil indígenas. De acordo com a pesquisa, foram identificadas 305 etnias, das quais a maior é a Tikúna, com 6,8% da população indígena. Também foram reconhecidas 274 línguas. Dos indígenas com 5 anos ou mais de idade, 37,4% falavam uma língua indígena e 76,9% falavam português.
>
> Os Povos Indígenas estão presentes nas cinco regiões do Brasil, sendo que a região Norte é aquela que concentra o maior número de indivíduos, 342,8 mil, e o menor no Sul, 78,8 mil. Do total de indígenas no País, 502.783 vivem na zona rural e 315.180 habitam as zonas urbanas brasileiras.
>
> Adaptado de: http://www.brasil.gov.br/governo/2015/04/populacao-indigena-no-brasil-e-de-896-9-mil. Acesso em 22/08/2016.

Os Povos Indígenas resistem no território brasileiro, ainda que enfrentando graves problemas e conflitos. Os números acima demonstram, em parte, a diversidade dessas populações: 305 etnias e 274 línguas.

Sobre a ocupação indígena no Brasil é correto afirmar que:

a) a densidade demográfica nos territórios indígenas é muito alta devido à territorialidade dessas populações que necessitam de maiores espaços para a manutenção das suas práticas tradicionais de pesca, caça, coleta e agricultura.

b) a maior quantidade de demarcações de terras indígenas no Brasil ocorre sobretudo nas regiões Norte e Nordeste, devido ao vazio demográfico existentes nestas regiões, para onde a Funai consegue deslocar os povos indígenas.

c) ainda convivemos com altos índices de homicídios da população indígena que continua sofrendo diferentes formas de violência ensejadas pelo capital urbano-industrial e agrário que avança sobre os territórios indígenas.

d) os estudos do IBGE omitem, ao falar sobre as 274 línguas, que existem somente três troncos linguísticos indígenas no Brasil, sendo, os demais, derivações ou desdobramentos dos troncos Tupi, Macro-Jê e Banto.

e) no Estado de Minas Gerais as populações indígenas desapareceram em meados do século XX devido à ampliação das atividades urbano-industriais e agrárias, restando apenas alguns indivíduos isolados nos meios urbanos.

15 (UFPA) Na região Amazônia travam-se conflitos pela apropriação e uso dos recursos naturais. Eles se tornam intensos a partir da década de 1970 e 1980, quando os grandes projetos de exploração e beneficiamento mineral, metalúrgico, energético e agropecuário se estabelecem nesta parte do território nacional. Desde então, o capital nacional e internacional, o Estado, grupos e movimentos sociais organizados disputam a apropriação e o uso do subsolo, do solo, da água, dos bens da floresta, entre outros recursos.

Sobre a atuação das organizações e dos movimentos sociais nessa região é correto afirmar:

a) Desde a década de 1970, a Comissão Pastoral da Terra (CPT) representa os interesses de trabalhadores rurais, posseiros e peões, visto que, naquele período, as lideranças populares no campo e na cidade eram alvo da repressão política. A regularização fundiária é a sua principal reivindicação e foi somente conquistada a partir do programa Amazônia Terra Legal do Governo Federal.

b) O Movimento dos Atingidos por Barragens (MAB) é um dos movimentos sociais críticos à matriz energética implantada na Amazônia, que constrói complexos hidrelétricos para atender as demandas dos grandes projetos de exploração e beneficiamento mineral, tais como Albrás/Alunorte. Sua principal reivindicação é a utilização de recursos renováveis como a biomassa da floresta.

c) O Movimento dos Trabalhadores Rurais Sem Terra (MST) desde 1990 atua no Sudeste do Para, quando dirige as primeiras ocupações. Dentre suas reivindicações está a reforma agrária de mercado, pela qual o Movimento pressiona o Estado para que haja desapropriação e indenização das terras improdutivas e para que sejam vendidas a preços de mercado para os trabalhadores rurais.

d) A Aliança dos Povos da Floresta é um movimento social que congrega povos indígenas, seringueiros, ribeirinhos, camponeses, em suma, todos os que têm nos recursos da floresta seu principal sustento. Esse movimento nasce como resposta à implantação de grandes projetos de exploração mineral e madeireira, e de beneficiamento energético, agropecuário e rodoviário, que ameaçam a reprodução da floresta, de seus recursos e povos.

e) As organizações e os movimentos sociais que atuam na Amazônia agrupam-se em torno de duas grandes matrizes: a desenvolvimentista e a ambientalista. A primeira propõe o nacional desenvolvimentismo, impulsionado por grandes obras de infraestrutura que está representado no Programa de Aceleração do Crescimento (PAC). A segunda defende o desenvolvimento economicamente viável, ambientalmente sustentável e socialmente justo.

16 (Unesp-SP) Leia a notícia.

> Um grupo de indígenas que protestava contra a mudança no processo de demarcação de terras cercou nesta quinta-feira [18.04.2013] o Palácio do Planalto. De acordo com um dos representantes do movimento, Neguinho Tuká, a população indígena não foi ouvida durante o processo de elaboração da PEC 215 e teme perder suas terras com as mudanças. "Índio sem terra não tem vida", declarou o coordenador das Organizações Indígenas da Amazônia Brasileira, Marcos Apurinã. "Não aceitamos e não vamos aceitar mais esse genocídio." O grupo é o mesmo que, na última terça-feira, 16, invadiu o plenário da Câmara dos Deputados em protesto contra a PEC 215, que transfere do Poder Executivo para o Congresso Nacional a decisão final sobre a demarcação de terras indígenas no Brasil.
>
> (http://ultimosegundo.ig.com.br. Adaptado.)

São processos que vêm contribuindo para o acirramento da tensão social envolvendo a população indígena no campo brasileiro:

a) o avanço das atividades agrícolas, mineradoras e pecuárias de grande porte; a instalação de usinas hidrelétricas em terras indígenas; e a permanência da concentração de terras no país.

b) a expansão da reforma agrária; o aumento do desemprego no campo; e a ausência de políticas de assistência social destinada à população indígena.

c) o avanço das atividades agrícolas, mineradoras e pecuárias de grande porte; a expansão da reforma agrária; e a reivindicação da população indígena de direitos não previstos na Constituição Federal.

d) a expansão da reforma agrária e da agricultura familiar; a instalação de usinas hidrelétricas em terras indígenas; e a permanência da concentração de terras no país.

e) a expansão da agricultura familiar no país; o aumento do desemprego no campo; e a ausência de políticas de assistência social destinada à população indígena.

17 (IFMG) Leia o poema a seguir.

> **CHICO MENDES**
>
> Na pátina do tempo,
> o miolo da floresta
> pede trégua, triturado.
> Organizam-se ribeirinhos,
> Motosserras, bloqueadas,
> gente simples atropelam.
>
> Chico Mendes, ativista, pacificista,
> enraizado, extrativista,
> mundo afora admirado,
> no Brasil, em sua casa
>
> é perseguido,
> desprotegido,
> assassinado?
>
> SILVA, Denilson de Cássio. *Perguntas da História:* poemas. São Paulo: Labrador, 2018. p. 77.

Neste ano, completam-se 30 anos do assassinato do sindicalista e ambientalista Chico Mendes, importante defensor brasileiro do meio ambiente. Sua luta contribuiu significativamente para a criação de um sistema integrado de Unidades de Conservação no Brasil. Sobre essa questão, afirma-se que:

I. Chico Mendes militava em prol da criação de reservas biológicas de proteção integral, de modo a restringir a presença humana no interior delas.

II. A Unidade de Conservação criada no Acre, em homenagem à Chico Mendes, integra o grupo das Unidades de Uso Sustentável.

III. As práticas extrativistas continuam proibidas no interior dos treze tipos de Unidades de Conservação previstos pelo SNUC (Sistema Nacional de Unidades de Conservação).

IV. Os movimentos socioambientais em prol da criação de reservas extrativistas na Amazônia têm recebido o apoio de seringueiros, castanheiros, pequenos pescadores, quebradeiras de coco babaçu e populações ribeirinhas.

Estão corretas apenas as afirmativas

a) I e II.
b) I e III.
c) II e IV.
d) III e IV.

18 (Fuvest-SP) Observe os mapas referentes à delimitação da bacia hidrográfica do rio Xingu, com o detalhamento da parte sul, onde fica o Parque Indígena do Xingu (PIX).

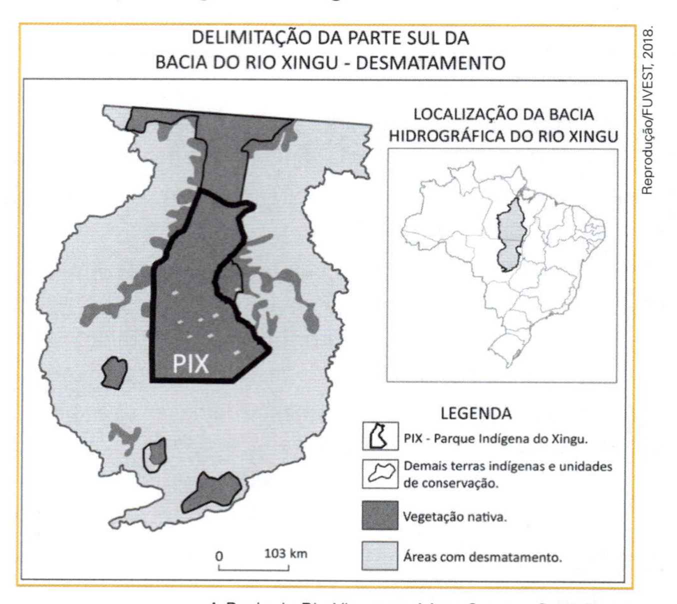

A Bacia do Rio Xingu em Mato Grosso. Cartô Brasil Socioambiental. Instituto Socioambiental. São Paulo, 2010. Adaptado.

Com relação às áreas delimitadas nos mapas, está correto o que se afirma em:

a) Devido ao avanço do desmatamento nessa bacia hidrográfica nas últimas quatro décadas, processo iniciado pela atividade pecuária ao longo dos rios e seguido pelo avanço da monocultura de eucalipto, inviabilizam-se quaisquer ações de recuperação e de conservação do bioma Amazônico.

b) O Parque Indígena do Xingu, criado principalmente para proteger diversas etnias indígenas, atua hoje como inibidor do avanço do desmatamento, função esperada para as diversas unidades de conservação previstas pelo Sistema Nacional de Unidades de Conservação.

c) Dentre as grandes bacias hidrográficas amazônicas, a bacia hidrográfica do rio Xingu, na disposição leste-oeste, é uma das bacias da margem esquerda do rio Amazonas com importante conectividade entre dois biomas brasileiros: a Caatinga e o bioma Amazônico, ambos biológica e geologicamente diversos.

d) O desmatamento, observado no mapa, é resultado da monocultura de babaçu, praticada pelos indígenas que extraem seu óleo e vendem-no para indústrias de cosméticos.

e) O avanço do desmatamento nessa área deve-se às monoculturas de cana-de-açúcar e laranja, ambas cultivadas com variedades transgênicas adaptadas ao bioma Amazônico.

19 (Unicamp-SP)

> No Brasil, os remanescentes de antigos quilombos, também conhecidos como "mocambos", "comunidades negras rurais", "quilombos contemporâneos", "comunidades quilombola" ou "terras de preto", constituem um patrimônio territorial e cultural inestimável e em grande parte desconhecido pelo Estado, pelas autoridades e pelos órgãos oficiais. Muitas dessas comunidades mantêm ainda tradições que seus antepassados trouxeram da África, como a agricultura, a medicina, a religião, a mineração, as técnicas de arquitetura e construção, o artesanato, os dialetos, a culinária, a relação comunitária de uso da terra, dentre outras formas de expressão cultural e tecnológica.
>
> (Adaptado de Rafael Sanzio Araújo dos Anjos, "Territórios das comunidades remanescentes de antigos quilombos no Brasil. Primeira configuração espacial". 2ª ed., Brasília: Editora Mapas, 2000, p. 10.)

a) Tomando como referência o texto apresentado, discuta o significado do reconhecimento de territórios quilombolas como possibilidade de manutenção das tradições culturais africanas.

b) As populações quilombolas são consideradas tradicionais, tais como as indígenas e as caiçaras. Identifique duas características em comum entre quilombolas e caiçaras.

c) Que tradições trazidas pelos antepassados africanos foram mantidas nas comunidades remanescentes de quilombos?

20 (UFPR) Em 2007, o decreto 6.040 instituiu a Política Nacional de Desenvolvimento Sustentável de Povos e Comunidades Tradicionais no Brasil, com o objetivo de "promover o desenvolvimento sustentável dos Povos e Comunidades Tradicionais, com ênfase no reconhecimento, fortalecimento e garantia dos seus direitos territoriais, sociais, ambientais, econômicos e culturais, com respeito e valorização à sua identidade, suas formas de organização e suas instituições" (BRASIL, Decreto 6.040, de 7 de fevereiro de 2007). Sobre esse decreto, considere as seguintes afirmativas:

1. Os Povos e Comunidades Tradicionais são realocados pelo Estado em reservas, onde possam continuar com suas tradições.
2. A identidade desses grupos está relacionada à dimensão do território que ocupam, cujas reservas ficam sob a tutela do Estado.
3. A invisibilidade social que sofreram historicamente trouxe a essas populações sérios prejuízos à constituição de uma identidade comunitária.
4. São Povos e Comunidades Tradicionais no Brasil grupos como caiçaras, quilombolas, ciganos, faxinalenses ou comunidades de terreiro.
5. Para ser considerado Povo ou Comunidade Tradicional, é fundamental que o próprio grupo se reconheça como tal.

Assinale a alternativa correta.

a) Somente as afirmativas 2 e 4 são verdadeiras.
b) Somente as afirmativas 4 e 5 são verdadeiras.
c) Somente as afirmativas 1, 3 e 5 são verdadeiras.
d) Somente as afirmativas 1, 2 e 3 são verdadeiras.
e) As afirmativas 1, 2, 3, 4 e 5 são verdadeiras.

21 (UFRGS-RS) Observe o mapa abaixo.

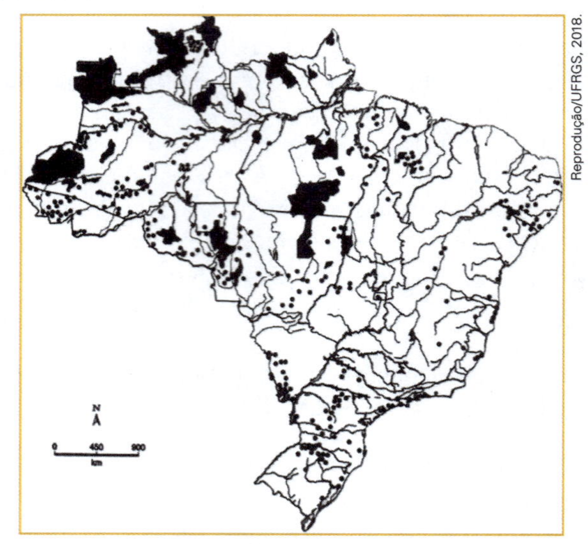

Fonte: MOREIRA, J. C. *Geografia: volume único*. São Paulo: Scipione, 2007.

O conjunto de áreas e pontos, destacados no mapa, indica

a) terras indígenas demarcadas.

b) terras de remanescentes quilombolas.

c) áreas de extração de minérios.

d) áreas de grande pluviosidade.

e) áreas destinadas à agropecuária.

22 (UFPE) O Decreto nº 4.887, de 20 de novembro de 2003, regulamenta o procedimento para identificação, reconhecimento, delimitação, demarcação e titulação das terras ocupadas por remanescentes das comunidades dos quilombos de que trata o artigo 68, do Ato das Disposições Constitucionais Transitórias. A partir do Decreto 4883/03, ficou transferida do Ministério da Cultura para o INCRA a competência para a delimitação das terras dos remanescentes das comunidades dos quilombos, bem como a determinação de suas demarcações e titulações.

Sobre esse tema, podemos afirmar que:

( ) Fruto do Movimento Negro brasileiro, a Fundação Cultural Palmares foi o primeiro órgão federal criado para promover a preservação, a proteção e a disseminação da cultura negra. Em seu planejamento estratégico, a instituição reconhece como valores fundamentais o comprometimento, a cidadania e a diversidade.

( ) As comunidades quilombolas são grupos étnicos - predominantemente constituídos pela população negra rural ou urbana -, que são definidos segundo uma comissão governamental a partir das relações com a terra, o parentesco, o território, a ancestralidade, as tradições e as práticas culturais próprias.

( ) Em toda a América, as comunidades afrorrurais constituíram-se como um contraponto à escravização de povos africanos e de seus descendentes no Novo Mundo. Muitos países latino-americanos reconheceram legalmente a relevância de suas comunidades afrorrurais.

( ) No Brasil, os Territórios Quilombolas são titulados de forma coletiva e indivisa, ou seja, o território titulado - que já não era desmembrado - continua não podendo sê-lo posteriormente. Tal medida se dá em proveito da manutenção desse território para as futuras gerações. É uma terra que, uma vez reconhecida, poderá ser vendida, quer na sua totalidade, quer aos pedaços.

( ) Em inúmeras comunidades quilombolas, pode-se identificar um conjunto de práticas comuns de cultivo, organizadas a partir das famílias, articuladas com regras de apropriação privada. O produto do trabalho sobre a terra tem apropriação individualizada, pelos grupos familiares. Os bens oferecidos pela natureza - recursos hídricos, matas, dentre outros - são de usufruto de todos.

Conflitos contemporâneos

1 (Fuvest-SP) Dois eventos marcaram a diplomacia brasileira em relação ao Oriente Médio no início de 2019. Um deles foi o voto contra a resolução da ONU que pedia a desocupação militar das Colinas de Golã e sua devolução à Síria. Outro evento foi o anúncio de transferência da embaixada brasileira de Tel Aviv para Jerusalém, mesmo não tendo sido levada adiante até setembro de 2019. Em relação a esses eventos, é correto afirmar que eles representam

a)	I. uma aproximação do Brasil em relação à posição dos EUA.
	II. um potencial distanciamento do Brasil em relação à posição da maioria dos países do Conselho de Segurança da ONU.
b)	I. um distanciamento do Brasil em relação à posição da Palestina e uma aproximação em relação ao conjunto de países árabes.
	II. uma potencial aproximação do Brasil em relação à posição da maioria dos países do Conselho de Segurança da ONU.
c)	I. um distanciamento do Brasil em relação à posição de Israel e uma aproximação em relação aos palestinos.
	II. um potencial distanciamento do Brasil em relação à posição da maioria dos países do Conselho de Segurança da ONU.
d)	I. um distanciamento do Brasil em relação à posição dos EUA.
	II. uma potencial aproximação do Brasil em relação à posição da maioria dos países do Conselho de Segurança da ONU.
e)	I. uma aproximação do Brasil em relação à posição da Síria.
	II. um potencial distanciamento do Brasil em relação à posição da maioria dos países do Conselho de Segurança da ONU.

2 (UEPG-PR) Sobre conflitos em países africanos no século XX e XXI, assinale o que for correto.

01) Em 1975, Angola torna-se oficialmente independente de Portugal. Agostinho Neto, do Movimento Pela Libertação (MPLA), assume o poder, porém a União Nacional para a Independência Total de Angola (UNITA) e a Frente Nacional de Libertação de Angola (FNLA) não reconhecem o governo e mantêm com ele uma guerra civil. MPLA teve apoio da URSS e UNITA e FNLA dos EUA no contexto da Guerra Fria.

02) O Sudão, que teve suas fronteiras desenhadas por potências coloniais europeias, tinha a região norte mais desértica e islâmica e a região mais ao sul com predomínio cristão e animista. Isso, somado a questão do domínio do petróleo no país, auxiliou nas motivações que levaram ao cisma de seu território, formando o Sudão do Sul, em 2011.

04) Entre os anos 1948 e 1994, o regime segregacionista do apartheid dominou o cenário político da África do Sul. Depois de quase três décadas preso, o líder negro Nelson Mandela que lutou contra esse regime é solto em 1990, tornando-se presidente democraticamente eleito deste país em 1994.

08) Entre 1991 e 2002, Serra Leoa passou por uma guerra civil que ficou conhecida como conflito pelos "diamantes de sangue", devido ao comércio ilícito dessa pedra preciosa durante a contenda, extraída do território serraleonino e que auxiliava a alimentar mais o confronto entre governo e rebeldes.

16) A chamada "primavera árabe" ocorreu no continente africano em maioria nos denominados países subsaarianos a partir do ano de 2010. Consistiu na derrubada de governos ditatoriais que estavam há muitos anos no poder por parte da população civil. Estes governos já não mais atendiam as demandas econômicas e sociais da população, o que motivou sua derrubada.

3 (UEPG-PR-PSS 3) Sobre a geopolítica e economia do Oriente Médio, assinale o que for correto.

01) O governo do Iraque, atualmente, é composto por um califado do Estado Islâmico, principal grupo terrorista baseado nessa região.

02) O Irã é um importante aliado dos EUA nessa região, com programa de desenvolvimento de energia nuclear sólido. Os EUA mantêm diversas bases militares nesse país para proteger seus interesses econômicos no Oriente Médio.

04) Recentemente, o governo Trump dos EUA acusou o regime sírio de Bashar Al Assad de usar mais uma vez armas químicas na guerra civil desse país.

08) Dubai, nos Emirados Árabes Unidos, teve um importante processo de expansão urbana nas últimas décadas, que intensificou a diversificação de seu portfólio econômico.

4 (Famerp-SP)

> O presidente americano, Donald Trump, anunciou em 08.05.2018 algo que há meses vinha ameaçando fazer: os Estados Unidos vão sair do acordo nuclear firmado em 2015 com o Irã. Logo após o anúncio, Trump assinou uma ordem presidencial para impor novas sanções econômicas ao país do Oriente Médio.
>
> (www.nexojornal.com.br. Adaptado.)

Para o Irã, uma consequência da saída dos Estados Unidos do acordo nuclear de 2015 é:

a) a aproximação com o Estado de Israel.

b) a instabilidade política interna.

c) o aumento de investimentos estrangeiros.

d) a redução do seu desenvolvimento econômico.

e) o aumento da exploração de petróleo.

5 (UFU-MG) O conflito árabe-israelense e a questão da Palestina consistem num processo de caráter político, religioso, econômico e socioambiental.

Considerando-se os recursos hídricos e a geopolítica local, é correto afirmar que,

a) com a ocupação de territórios vizinhos, Israel teve acesso a novas fontes hídricas na Cisjordânia e no Rio Yarnuk, resolvendo o problema da falta de água.

b) em todo o território original ocupado, a utilização da água subterrânea em Israel tem beneficiado os palestinos.

c) para Israel, a água é um problema de segurança nacional e representa um dos maiores obstáculos para um acordo de paz com os palestinos.

d) para os judeus, primeiros sionistas que chegaram à Palestina, a questão da água deixou de ter dimensão ideológica-religiosa.

6 (Uerj)

Entre 2014 e 2017, derrotar o Estado Islâmico (ISIS) foi uma das prioridades da política externa dos Estados Unidos. Ao final de 2017, o ISIS foi considerado militarmente derrotado, perdendo o controle de praticamente todos os territórios que havia conquistado na Síria e no Iraque.

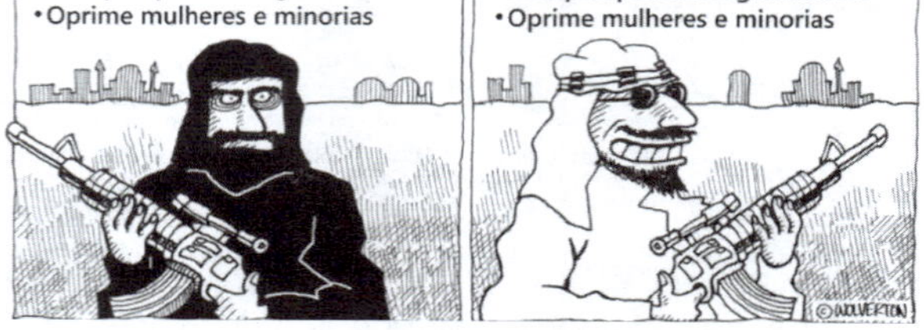

A charge aponta a existência de uma incoerência entre os seguintes aspectos da política externa estadunidense no Oriente Médio:

Adaptado de billingsgazette.com, 05/01/2016.

a) alinhamento étnico e liberdade religiosa

b) fundamento ideológico e interesse econômico

c) conservadorismo social e protagonismo ambiental

d) multilateralismo diplomático e unilateralismo bélico

7 (Unesp-SP) Entre outros desdobramentos provocados pela chamada Primavera Árabe, iniciada no final de 2010, podemos citar

a) a deposição de governantes na Líbia e no Egito e o início de violenta guerra civil na Síria.

b) a democratização política na Argélia e a instalação de regimes militares no Barein e na Jordânia.

c) o surgimento de regimes islâmicos no Irã e na Tunísia e a queda do governo pró-Estados Unidos no Líbano.

d) o controle do governo da Arábia Saudita por grupos islâmicos fundamentalistas e o fim do apoio russo ao Iraque.

e) o fim dos conflitos religiosos no Iêmen e no Marrocos e o aumento do preço do petróleo no mercado mundial.

8 (UEPG-PR) Sobre os movimentos e conflitos separatistas no mundo, assinale o que for correto.

01) A América do Norte não possui movimento separatista, pois foi colonizada por ingleses, o que trouxe unidade cultural ao continente.

02) O Brasil nunca possuiu movimentos separatistas, pois apesar do território continental, mantém padronização cultural e econômica.

04) A Catalunha, na Espanha, possui movimento separatista. Apesar de o referendo, em 2017, demonstrar vitória dos separatistas, o governo espanhol não reconheceu a votação, que teve menos da metade dos eleitores da região indo às urnas.

08) A antiga Iugoslávia é um exemplo de país que se fragmentou em outros menores com sangrentas guerras étnicas na década de 1990, formando países como Croácia e Bósnia-Herzegovina.

16) O Sudão do Sul é um novo país africano, formado por grupos étnicos de maioria cristã e animista. Separou-se do Sudão que tentava impor a lei islâmica nesta região.

9 (UPM-SP) Leia o fragmento de reportagem e observe o mapa.

> O Iêmen é o país mais pobre do Oriente Médio e está em guerra civil desde 2015. O conflito agravou as já precárias condições de extrema pobreza e fome da população. Desde 2017, a Organização das Nações Unidas classifica a situação como “a pior crise humanitária do mundo”. Diálogos de paz entre os dois lados da guerra civil [...] levaram à promessa mútua de libertar prisioneiros de guerra e um cessar-fogo em uma das cidades mais críticas do conflito. Mas os efeitos do pacto, mediado pela ONU, ainda são incertos.

PIMENTEL, Matheus. Qual a causa e o tamanho da crise humanitária no Iêmen. *Nexo*. 14 dez. 2018. Disponível em: <https://www.nexojornal.com.br/expresso/2018/12/14/Qual-a-causa-e-o-tamanho-da-crise-humanit%C3%A1ria-no-I%C3%AAmen>. Acesso em: 17 mar. 2019.

A respeito da guerra civil no Iêmen, avalie as proposições.

I. O apoio da Arábia Saudita, país de maioria xiita, permitiu aos insurgentes houthis derrubarem o governo do presidente Abd Rabbuh Mansur Al-Hadi, que conta com a ajuda do Hezbollah para tentar voltar ao poder.

II. O Irã, forte aliado de Al-Hadi, tem apoiado militarmente o governo iemenita a fim de manter sua influência sobre as reservas petrolíferas do Iêmen.

III. A ONG Save the Children, que lida com direitos da infância, estima que cerca de 85 mil crianças morreram de fome ou doença grave no Iêmen desde o começo da guerra.

É correto o que se afirma em

a) I, apenas.
b) II, apenas.
c) III, apenas.
d) I e II, apenas.
e) I, II e III.

10 (UFG-GO) Os recentes protestos de uma parte da população na Ucrânia contra o governo, a partir de novembro de 2013, têm gerado tensões internacionais e atraído os interesses da União Europeia, da Rússia e dos Estados Unidos. A atual situação política na Ucrânia decorreu

a) do conflito entre os governos da Ucrânia e da Rússia, a partir da ameaça do gabinete presidencial russo em suspender o fornecimento de gás.
b) da desistência do governo da Ucrânia em se associar à União Europeia (UE), o que provocou a queda do primeiro-ministro ucraniano.
c) da mudança do comando administrativo da Rússia, o que impossibilitou novos investimentos na Ucrânia.
d) do conflito russo da Chechênia, o que desencadeou crises econômicas nos países do Cáucaso.
e) do desentendimento entre os governos da Ucrânia e dos EUA, a partir da ameaça sobre medidas protecionistas contra os produtos ucranianos.

11 (Acafe-SC) Acerca dos diversos conflitos e questões que envolveram a chamada Primavera Árabe, correlacione os países com as descrições dos eventos.

1. Egito
2. Síria
3. Líbia
4. Bahrein
5. Tunísia

( ) Foi o primeiro país a registrar fortes revoltas após o suicídio de um vendedor que ateou fogo ao próprio corpo. O governo acabou por cair.

( ) Nesse país, a intervenção da OTAN (Organização do Tratado do Atlântico Norte) foi decisiva na queda do presidente Ghadafi.

( ) Um dos países mais populosos do mundo árabe. Aliado dos EUA nas últimas décadas e governado de forma autoritária. Seu governo caiu com os protestos.

( ) Ainda envolto em grave Guerra Civil, não há uma expectativa clara sobre os rumos do país após as revoltas.

( ) Outro aliado ocidental e grande produtor de petróleo. As revoltas queriam a deposição do monarca e foram duramente reprimidas. O governo permaneceu no poder.

A sequência correta, de cima para baixo, é:

a) 3 - 4 - 1 - 2 - 5
b) 5 - 3 - 1 - 2 - 4
c) 2 - 1 - 5 - 4 - 3
d) 4 - 2 - 3 - 5 - 1

12 (Uern)

"Nascido da divisão do Sudão após décadas de guerra civil, o Sudão do Sul é desde a 0h local (18h desta sexta-feira de Brasília) o mais novo país do mundo, o 54º da África e o 193º membro da Organização das Nações Unidas (ONU). A criação do país já é comemorada na madrugada deste sábado na capital Juba. 'Somos livres! Adeus ao norte, bem-vinda a felicidade!', gritava Mary Okach, uma cidadã da nova nação".

(http://veja.abril.com.br/noticia/internacional/no-sabadonasce-o-54o-pais-da-africa-o-sudao-do-sul)

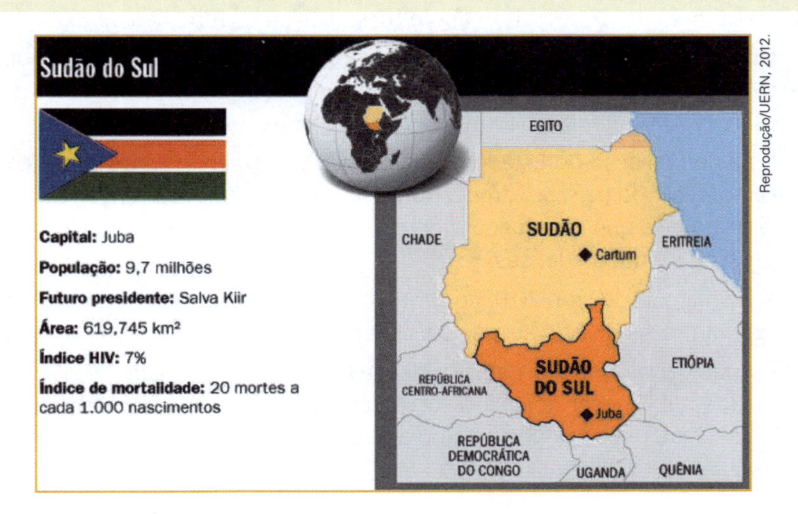

A guerra civil que levou à divisão do Sudão era

a) a disputa, entre diversas tribos sudanesas, pelas extensas reservas de diamante presentes em todo o país.

b) a imposição de uma identidade islâmica aos cristãos, que são maioria no Sul.

c) a necessidade de melhor administrar política e economicamente o país, visto que o Sudão era o maior país africano.

d) a discriminação racial existente no país, sendo o Norte de maioria branca e o Sul de maioria negra.

13 (Unicamp-SP)

A Região Autônoma da Rojava é um dos poucos pontos brilhantes a emergir da tragédia dos conflitos que ocorrem no Oriente Médio. Depois de expulsar os agentes do regime de Bashar al-Assad, em 2011, e apesar da hostilidade de quase todos os seus vizinhos, Rojava não só manteve a sua independência como constitui uma experiência democrática notável. Todavia, mais uma vez os curdos estão cercados: os jihadistas do Estado Islâmico e a maior potência da OTAN na região, a Turquia, querem afogar em sangue a semente da liberdade dos curdos e provar que não pode haver na região um povo livre em que as mulheres e os homens sejam iguais. A defesa da cidade de Kobani é, atualmente, expressão cabal da histórica luta de toda a nação curda para fazer valer seu direito à autodeterminação.

(Adaptado de N. R. de Almeida, *Os curdos numa armadilha histórica*. http://outraspalavras.net/posts/os-curdos-numa-armadilha-dahistoria. Acessado em 28/09/2015.)

a) O povo curdo totaliza hoje aproximadamente 30 milhões de pessoas. Em quais países estão majoritariamente distribuídos? Qual a principal reivindicação política dos curdos?

b) Dê duas características da organização denominada Estado Islâmico e aponte os países em que ela controla territórios e recursos.

____

____

____

14 (UEPG-PR) Sobre aspectos recentes da Guerra Civil na Síria, assinale o que o for correto.

01) Bashar Al Assad, presidente sírio, tem apoio russo contra os rebeldes do Exército Livre da Síria.

02) O governo sírio foi acusado, em 2013, de lançar armas químicas contra a população nesse conflito. Depois desse fato, Obama (EUA) e Putin (Rússia) negociaram a destruição do arsenal químico sírio, com auxílio da OPAQ (Organização para a Proibição de Armas Químicas).

04) A principal área de presença do Estado Islâmico (ISIS) na Síria, no contexto do conflito, localiza-se na região norte e nordeste do país, próximo à fronteira com o Iraque. A intenção do ISIS é destruir o governo sírio e todos aqueles que não concordam com a visão de um califado islâmico na região, incluindo estrangeiros russos e estadunidenses.

08) O início desse conflito se deu em 2011, no contexto da Primavera Árabe, quando cidadãos sírios, em ato de protesto, pediam mais democracia no país e foram duramente repreendidos pelo estado sírio.

16) A Síria, apesar da guerra civil, tem tradição, desde a segunda metade do século XX, baseada na democracia estilo ocidental. Apesar dos excessos do presidente Assad no poder, o país é pluripartidário e com alternância constante no poder, mesmo antes de ele ascender ao governo no ano 2000.

15 (Fuvest-SP)

> O grupo Boko Haram, autor do sequestro, em abril de 2014, de mais de duzentas estudantes, que, posteriormente, segundo os líderes do grupo, seriam vendidas, nasceu de uma seita que atraiu seguidores com um discurso crítico em relação ao regime local. Pregando um islã radical e rigoroso, Mohammed Yusuf, um dos fundadores, acusava os valores ocidentais, instaurados pelos colonizadores britânicos, de serem a fonte de todos os males sofridos pelo país. Boko Haram significa "a educação ocidental é pecaminosa" em haussa, uma das línguas faladas no país.
>
> www.cartacapital.com.br. Acessado em 13/05/2014. Adaptado.

O texto se refere

a) a uma dissidência da Al-Qaeda no Iraque, que passou a atuar no país após a morte de Sadam Hussein.

b) a um grupo terrorista atuante nos Emirados Árabes, país economicamente mais dinâmico da região.

c) a uma seita religiosa sunita que atua no Sul da Líbia, em franca oposição aos xiitas.

d) a um grupo muçulmano extremista, atuante no Norte da Nigéria, região em que a maior parte da população vive na pobreza.

e) ao principal grupo religioso da Etiópia, ligado ao regime político dos tuaregues, que atua em toda a região do Saara.

16 (ESPM) A respeito da Nigéria e das eleições presidenciais ali ocorridas, em fevereiro, é correto assinalar:

a) a ação do grupo jihadista Boko Haram levou ao cancelamento da eleição que havia sido remarcada para abril.

b) país mais populoso da África, a Nigéria assistiu à vitória do candidato oposicionista Atiku Abubakar, ex-vice-presidente.

c) maior economia da África, a Nigéria assistiu à reeleição de Muhammadu Buhari, líder do Congresso de Todos os Progressistas (APC).

d) país homogeneamente cristão, a Nigéria assistiu à reeleição do presidente Olusegun Obasanjo.

e) a população ao norte do país é de maioria cristã, enquanto ao sul predominam os muçulmanos, sendo esta palco principal do grupo islâmico Boko Haram, grupo que decretou uma trégua durante as eleições.

17 (UPM-SP)

> **Nigéria: sequestro completa 1 ano com meninas desaparecidas**
> Em 14 de abril de 2014, as atenções do mundo se voltaram para o remoto povoado de Chibok, no noroeste da Nigéria. Lá, 276 adolescentes tinham sido sequestradas por militantes do grupo extremista muçulmano Boko Haram, enquanto dormiam em uma escola.
>
> BBC BRASIL.com, 14 abr. 2015

A respeito da manchete em destaque, analise as seguintes afirmações:

I. O país citado é considerado o mais populoso do continente africano.

II. A bacia do rio Níger abrange a maior parte do território nigeriano, favorecendo a atividade agrícola, porém a base da economia é a extração de petróleo.

III. O grupo extremista Boko Haram originou-se no Sul do país, nos Estados de Ondo e Delta, onde os grupos islâmicos prevalecem.

IV. Dentre os objetivos do Boko Haram estão: o estabelecimento da Sharia, combater a corrupção, a educação ocidental e o cristianismo em todo o país.

Estão corretas:

a) I e II, apenas.
b) I, II e III, apenas.
c) I, II e IV, apenas.
d) I, III e IV, apenas.
e) I, II, III e IV.

18 (ESPM) Sobre a questão nacional e os respectivos movimentos separatistas dispostos pelo mundo é correto afirmar que

a) A questão irlandesa, em que a forte minoria católica da Irlanda do Norte deseja a unificação com o Eire, ao sul.
b) A maioria anglófona do Quebec deseja se separar do Canadá.
c) O grupo separatista ETA reivindica a independência da Catalunha, na Espanha.
d) A Chechênia, em que a maioria cristã protestante não deseja pertencer à Rússia de maioria ortodoxa.
e) Os cipriotas do norte desejam-se separar da Turquia.

19 (Uerj)

Putin inaugura ponte entre Rússia e Crimeia

Reprodução/UERJ, 2020.

> O presidente russo, Vladimir Putin, inaugurou em maio de 2018 o trecho rodoviário de nova ponte que liga a Rússia continental à Península da Crimeia, anexada à Rússia em 2014. A Crimeia, uma ex-república autônoma que integrava a Ucrânia, foi anexada pela Rússia durante uma grave crise que culminou num conflito entre forças leais ao governo ucraniano e milícias separatistas apoiadas por Moscou. A Ucrânia denunciou a construção como uma flagrante violação das leis internacionais. Putin dirigiu um enorme caminhão Kamaz, de fabricação russa, pelos 19 quilômetros da ponte sobre o estreito de Kerch. Em discurso, o presidente exaltou a construção da ponte de 3,6 bilhões de dólares como um feito histórico e prometeu novas obras de infraestrutura na península.
>
> Adaptado de dw.com.

A ponte mencionada indica mudanças no processo de anexação da Crimeia à jurisdição do governo russo, na atualidade.

Tendo como base o mapa da Crimeia e as informações da reportagem, observa-se que a construção da ponte se insere em um projeto russo para promoção de:

a) homogeneização política

b) modernização financeira

c) centralização cultural

d) integração territorial

20 (UEMG)

> "A Espanha, assim como inúmeros outros Estados atualmente constituídos, é um território multinacional, ou seja, é formada por várias nações ou por diversos grupos étnicos regionais com identidade nacional diferenciada àquela do país ao qual pertencem. Nesse sentido, esse território é um dos principais locais do mundo em que há movimentos separatistas, com um forte clamor pela independência local em busca da constituição de um novo país."
>
> Disponível em: <http://mundoeducacao.bol.uol.com.br/geografia/movimentos-separatistas-na-catalunha.htm>. Acesso em: 23 nov. 2017.

Referente às diversas nacionalidades que coexistem no território estatal da Espanha, assinale a alternativa correta.

a) A segunda maior comunidade populacional da Espanha é a Catalã, a qual só é inferior à comunidade Andaluzia.

b) As comunidades autônomas na Espanha começaram a existir logo após o fim da Guerra Civil espanhola em 1939.

c) Dentre as comunidades autônomas que lutam oficialmente pelo separatismo na Espanha, estão grupos étnicos Bascos, Catalães, Madrilenhos e Galegos.

d) O quadro Guernica de Pablo Picasso buscou representar exatamente a diversidade étnica espanhola durante a 1ª Guerra Mundial.

Globalização e economia mundial

1 (UFSC)

TEXTO 1

> As telecomunicações avançaram de forma vertiginosa e hoje interligam o mundo por meio de satélites, telefones fixos e móveis (celulares), redes de televisão, agências de notícias etc. A Internet, a partir dos anos de 1980 passou a conectar o mundo todo numa rede de computadores. Informações, produtos são vendidos, pessoas entram em contato.
>
> MOREIRA, João Carlos; SENE, Eustáquio de. *Geografia para o ensino médio: geografia geral e do Brasil: volume único*. São Paulo: Scipione, 2002. p. 279.

TEXTO 2

Rede mundial de computadores faz 30 anos e Google comemora com Doodle

O engenheiro britânico Tim Berners-Lee inventou o embrião da World Wide Web para ajudar cientistas a compartilhar informações

A rede mundial de computadores celebra o aniversário de 30 anos nesta terça-feira (12) e o Google lançou um Doodle para comemorar. A World Wide Web (WWW) foi criada por Tim Berners-Lee em 12 de março de 1989. Naquela data, o engenheiro britânico criava o método pelo qual seria possível obter acesso público à Internet, tecnologia que havia sido desenvolvida nos anos de 1960 por militares dos EUA.

Disponível em: https://www.techtudo.com.br/noticias/2019/03/rede-mundial-de-computadores-faz-30-anos-e-google-comemora-com-doodle.html. Acesso em: 8 maio 2019.

A Revolução Técnico-Científico-Informacional, desde o seu início, proporcionou mudanças profundas na realidade contemporânea. Considerando os avanços científicos e tecnológicos ao longo da história, geradores das mudanças nos meios de comunicação e informação, é correto afirmar que:

01) a robótica, a informação, as telecomunicações e a biotecnologia são ramos industriais e de serviços que apresentaram crescimento acelerado a partir das últimas décadas do século XX, pois o uso de computadores generalizou-se em muitos setores da sociedade, principalmente com o avanço da Internet.

02) os avanços técnico-científicos proporcionados pela Revolução Técnico-Científico-Informacional difundiram de forma igualitária o acesso à Internet entre os países e suas regiões, sendo que os recursos minerais disponíveis e complementares em cada país foram fundamentais nesse processo.

04) a globalização, fase mais recente da expansão capitalista, é fruto do atual período técnico-científico-informacional, com importante papel da web nesse processo, que faz o espaço geográfico mundial conectar-se a uma rede de fluxos de informação e comunicação, comandada de centros de poderes econômicos e políticos.

08) no século XV, a revolução da imprensa, conduzida pelo alemão Johannes Gutenberg, contribuiu intensamente para a difusão do conhecimento produzido pelos renascentistas, pois a utilização dos tipos móveis possibilitou a ampliação do acesso aos livros na Europa.

16) após a Segunda Guerra Mundial, o rádio surgiu como novidade nos meios de comunicação no Brasil; entretanto, apesar de seu potencial político-informativo, sua finalidade era restrita à música e ao entretenimento.

32) a consolidação da web como principal meio de comunicação contemporâneo deve ser entendida como um momento em que o acesso à informação possuiu cada vez mais credibilidade e garantia de imparcialidade na difusão do conhecimento.

2 (Udesc) Diversos estudiosos têm atribuído o atual estágio de consolidação do espaço mundial economicamente globalizado aos avanços científicos e tecnológicos. A integração efetiva entre ciência, tecnologia e produção teve início em meados do século XX e, em um curto intervalo de tempo, grande parte das descobertas científicas foi transformada em inovações tecnológicas.

Essa fase produtiva, à qual o texto se refere, é denominada:

a) Globalização.
b) Segunda Revolução Industrial.
c) Taylorismo.
d) Primeira Revolução Industrial.
e) Terceira Revolução Industrial.

3 (Famerp-SP) Analise o quadro que compara três modais para o transporte de uma carga com 6.000 toneladas.

Indicador	Modal 1	Modal 2	Modal 3
CONSUMO MÉDIO DE COMBUSTÍVEL PARA TRANSPORTAR UMA TONELADA POR MIL QUILÔMETROS	4,1 litros	5,7 litros	15,4 litros
EMISSÃO DE GÁS CARBÔNICO (GCO_2/TKU)	20,0	23,3	101,2
CUSTO MÉDIO DE TRANSPORTE, CARGA GERAL POR 1.000 KM (R$/T)	R$ 50,74	R$ 67,54	R$ 239,74

(Cássio A. N. Teixeira *et al. BNDES Setorial*, nº 47, março de 2018. Adaptado.)

Considerando os indicadores de eficiência apresentados, o modal

a) 2 corresponde ao modelo rodoviário, viável por operar com reduzida emissão de gases de efeito estufa.

b) 1 corresponde à navegação de cabotagem, eficiente para o transporte em grandes distâncias.

c) 1 corresponde ao deslocamento aéreo, competitivo no transporte de mercadorias de alto valor agregado.

d) 3 corresponde ao sistema ferroviário, capaz de absorver os impactos econômicos no transporte de rejeitos industriais.

e) 2 corresponde ao complexo dutoviário, vantajoso para o transporte de grãos em cinturões agrícolas.

4 (ESPM)

Bolha imobiliária: dez anos do gatilho da crise que parou o mundo

Faz dez anos que explodiu a crise das hipotecas *subprime*, ou hipotecas podres, assim chamadas porque haviam sido concedidas, com juros altos, a pessoas físicas com elevado risco de créditos. O colapso dos mercados foi tão drástico que obrigou o Federal Reserve (Fed, o Banco Central dos EUA) – e o Banco Central Europeu (BCE) – a injetar centenas de bilhões de dólares e a baixar as taxas de juros.

Fonte: *El País*. 07/08/2018. Disponível em: https://brasil.elpais.com/brasil/2017/08/05/economia/1501927439_342599.html. Acesso: 20/09/2018.

O texto faz alusão à crise mundial de 2008 que colapsou os mercados financeiros devido às hipotecas podres que levaram à falência o (a):

a) Citygroup.

b) Leman Brothers.

c) Sumitomo Bank.

d) HSBC.

e) Banco Asiático de Desenvolvimento (BAD).

5 (Unicamp-SP)

A origem da sociedade em rede decorre do desenvolvimento dos meios de transporte, das comunicações e da transmissão de energia, característica essencial da organização espacial da sociedade moderna – uma sociedade umbilicalmente ligada à evolução da técnica, à aceleração das interligações e da movimentação das pessoas, de objetos e de capitais sobre os territórios. Nesse contexto, tem lugar a mudança, associada à rapidez do aumento da densidade e da escala da circulação.

(Adaptado de Ruy Moreira, *Da região à rede e ao lugar*: a nova realidade e o novo olhar geográfico sobre o mundo. etc..., espaço, tempo e crítica. n. 1(3), p. 57, 2007.)

No mundo contemporâneo, as redes configuram uma nova forma de organização geográfica das sociedades porque

a) colocam todos os lugares em conexão, garantem fluidez ao processo global de produção e homogeneízam os espaços.

b) anulam a importância dos territórios e fronteiras nacionais na articulação da geopolítica mundial, reconfigurando a geografia do poder.

c) constituem sistemas usados livremente pelas sociedades em busca de projetos emancipatórios, ampliando os conflitos e as disputas políticas.

d) sobrepõem-se, na escala mundo, às configurações regionais do passado, impondo um novo funcionamento reticular e hierárquico aos territórios.

6 (IFCE)

A nova geografia política do mundo, segundo alguns, teria como base fundamental o chamado "sistema global", ou sistema-mundo, uma espécie de "ator" muito mais importante que os Estados nacionais ou mesmo que as associações internacionais tais como a União Europeia.

(VESENTINI, J. W. Novas Geopolíticas, p. 38, 2015).

Sobre o assunto apresentado no texto, é **correto** afirmar-se que

a) a globalização atual possui uma grande circulação de ideias e de produtos por causa do avanço dos meios de comunicação e da rede de transporte mundial.

b) os Blocos Econômicos não representam o mundo globalizado, pois suas atuações se limitam às regiões continentais do planeta.

c) a nova geografia política apresentada no texto encontra-se cada vez mais subordinada a um estudo regional em um mundo dividido entre capitalistas e socialistas.

d) a União Europeia é um bloco econômico recente em um novo contexto de globalização, no qual o capitalismo encontra-se majoritário, não existindo países socialistas por causa do fim da Velha Ordem Mundial.

e) a geografia política atual não estuda as relações econômicas entre as nações, pois o mundo apresenta-se dividido em dois grupos ideológicos que disputam a hegemonia do planeta.

7 (UFPR) Com respeito à globalização e a seus impactos sobre o setor industrial, identifique como verdadeiras (V) ou falsas (F) as seguintes afirmativas:

( ) Os investimentos e inovações no setor de transportes e as políticas de abertura comercial, praticadas dos anos 1990 em diante, impulsionaram processos de realocação das indústrias em escala internacional.

( ) Desde 1978, quando retornou à economia de mercado, a China vem experimentando processos de industrialização, urbanização e de aumento da desigualdade de renda.

( ) A industrialização chinesa representa um desafio para o Brasil, porque a China está deixando de importar produtos industriais brasileiros e deverá se tornar um competidor internacional na indústria automobilística e em outros setores importantes para o Brasil.

( ) Nas últimas décadas, os investimentos industriais atraídos pelo custo da mão de obra na China e na Índia agravaram a pobreza de largas parcelas da população desses países, o que implicou o aumento do número de pessoas vivendo abaixo da linha de pobreza em escala mundial.

Assinale a alternativa que apresenta a sequência correta, de cima para baixo.

a) F - V - F - V.

b) F - V - V - V.

c) V - F - F - V.

d) V - F - V - F.

e) V - V - V - F.

8 (Unesp-SP)

> Aquilo que hoje chamamos "globalização" esteve na mira da classe capitalista o tempo todo. Se o desejo de conquistar o espaço e a natureza é uma manifestação de algum anseio humano universal ou um produto específico das paixões da classe capitalista, jamais saberemos. O que pode ser dito com certeza é que a conquista do espaço e do tempo, assim como a busca incessante para dominar a natureza, há muito tempo tem um papel central na psique coletiva das sociedades capitalistas. Apesar de todos os tipos de críticas, acusações, repulsas e movimentos políticos de oposição, [...] ainda prevalece a crença de que a conquista do espaço e do tempo, bem como da natureza (incluindo até mesmo a natureza humana), está de algum modo a nosso alcance.
>
> (David Harvey. *O enigma do capital*, 2011.)

a) Explique como a conquista do espaço e do tempo se realizou na globalização.

____

____

b) Mencione, sob o ponto de vista ambiental, duas críticas ao processo de globalização.

____

____

9 (Uece) A nova geografia econômica que interpreta a geração e a distribuição de riquezas no mundo contemporâneo enxerga um circuito de relações cada vez mais dinâmico na evolução do conjunto produção/consumo/território. No que diz respeito a essa discussão, é verdadeiro afirmar que

a) os novos sistemas de regulamentação entre território e economia estimulam a concentração e a centralização do capital bancário, industrial e comercial em mercados nacionais.

b) o princípio de fluxo contínuo de produção e trabalho nas empresas e conglomerados produtivos contemporâneos criou um arranjo territorial marcado pela rigidez e pelo alcance curto dos sistemas de circulação.

c) as motivações de uso dos sistemas de produção e do consumo se casam com circuitos de mercadorias produzidas em massa, com fabricação estandardizada.

d) a distribuição geográfica das empresas-rede, de configuração reticular, coloca-se como uma representação da aplicabilidade das novas tecnologias às mudanças na organização produtiva e no consumo.

10 (Unesp-SP)

> A vigilância alienada é praticada pelas companhias de tecnologias dos Estados Unidos (Microsoft, Google, Facebook, Amazon, Apple, entre outras), sem que a maioria de seus usuários saiba ou tenha conhecimento. Para essas companhias, o fato de o usuário ou cliente assinar o termo de aceitação de uso de um software tem sido considerado suficiente, como permissão consentida, para que essas companhias possam utilizar informações sem autorização explícita ou formal.
>
> (Hindenburgo Pires. "Indústrias globais de vigilância em massa". *In:* Floriano J. G. Oliveira *et al.* (orgs.). *Geografia urbana*, 2014. Adaptado.)

As informações geradas pelos consumidores, quando espacializadas, permitem estabelecer padrões que interessam, particularmente, às grandes empresas. A "vigilância alienada" abordada pelo excerto, bem como o emprego do geomarketing, contribui para

a) alimentar bancos de dados que colaboram com a reprodução do capital.

b) orientar políticas públicas para diminuir a concentração desigual de renda.

c) coibir práticas abusivas na veiculação de propagandas enganosas.

d) fiscalizar as formas de uso de produtos que possam invalidar garantias.

e) estabelecer áreas prioritárias para a distribuição de bens de caráter humanitário.

11 (UEM-PR PAS) Com o esgotamento do fordismo e a emergência da revolução técnico-científico-informacional, os novos padrões locacionais passaram a apontar para uma desconcentração espacial das indústrias, novas áreas para sua localização e a emergência de novos polos produtivos.

Sobre o espaço industrial atual, é correto afirmar que:

01) Um exemplo desse processo é o Sun Belt ou Cinturão do Sol, que abrange áreas do Sul e do Oeste dos EUA. Esse cinturão resultou de investimentos de capital em indústrias de alta tecnologia. O Vale do Silício, parte do Sun Belt, é formado por um conjunto de pequenas localidades onde estão centenas de empresas do setor.

02) No Japão, a desconcentração do padrão locacional da indústria se transformou em estratégia para recuperação da competitividade. O governo passou a incentivar a desconcentração financiando a implantação de tecnopolos fora das tradicionais regiões industriais japonesas, além de efetuar investimentos em infraestrutura portuária, de transporte e de comunicações para atrair estabelecimentos industriais.

04) As velhas concentrações industriais dos países desenvolvidos vêm perdendo terreno para novas regiões produtivas marcadas pelo uso de tecnologias modernas, pelo baixo consumo energético e pela forte integração com as universidades e os centros de pesquisa e desenvolvimento.

08) Em escala global, a tendência à desconcentração é resultante da industrialização de vastas regiões do mundo subdesenvolvido, em especial no Sudeste Asiático e na América Latina, que ocupam significativas fatias da produção industrial mundial em muitos setores.

16) Na Europa, no âmbito da União Europeia (UE), apesar da integração econômica, as empresas dos principais setores industriais ainda continuam a traçar suas estratégias locacionais, visando apenas a lógica das economias nacionais como a alemã, a francesa, a italiana e outras.

12 (Unesp-SP)

> Com o fim da Guerra Fria, os EUA formalizaram sua posição hegemônica. Sem concorrência e se expandindo para as antigas áreas de predomínio socialista, o capitalismo conheceu uma nova fase de expansão: tornou-se mundializado, globalizado. O processo de globalização criou uma nova divisão internacional do trabalho, baseado numa redistribuição pelo mundo de fábricas, bancos e empresas de comércio, serviços e mídias.
>
> Loriza L. de Almeida e Maria da Graça M. Magnoni (orgs.). *Ciências humanas: filosofia, geografia, história e sociologia*, 2016. Adaptado.

Dentre as consequências do processo de globalização, é correto citar

a) o nascimento do governo universal e democrático.

b) a pacificação das relações internacionais.

c) o enfraquecimento dos estados-nações.

d) a abolição da exploração social do trabalho.

e) o nivelamento econômico dos países.

13 (UEM-PR) Sobre o mercado financeiro e a financeirização da economia, assinale o que for correto.

01) A crise de 2008/2009, desencadeada pela chamada bolha imobiliária, resultou em uma elevação imediata do valor total de mercado das bolsas de valores existentes no globo.

02) O sistema financeiro, ancorado nas tecnologias da informática e das comunicações, é responsável pela movimentação da maior parte dos capitais especulativos existentes.

04) Vultosas cifras são transferidas de um mercado financeiro para outro mediante compras de títulos da dívida pública emitidos pelos governos de diferentes países.

08) Parcela significativa dos investimentos realizados no chamado setor produtivo é destinada às bolsas de valores espalhadas pelo mundo. O valor de mercado de uma bolsa de valores corresponde ao valor da soma das ações das empresas nela listadas.

16) Capital produtivo corresponde ao dinheiro investido nos mercados de títulos financeiros, de ações, de moedas ou de mercadorias, no intuito de se obter lucros rápidos e elevados.

14 (UFU-MG)

> Os últimos séculos marcam, para a atividade agrícola, com a humanização e a mecanização do espaço geográfico, uma considerável mudança de qualidade, chegando-se, recentemente, à constituição de um meio geográfico a que podemos chamar de meio técnico-científico-informacional, característico não apenas da vida urbana, mas também do mundo rural, tanto nos países avançados como nas regiões mais desenvolvidas dos países pobres. É desse modo que se instala uma agricultura propriamente científica, responsável por mudanças profundas quanto à produção agrícola e quanto à vida de relações.
>
> SANTOS, Milton. *Por uma outra globalização*: do pensamento único à consciência universal. 11. ed. Rio de Janeiro, Record, 2004, p. 88.

De acordo com a citação, é correto afirmar que:

a) Na natureza global, as práticas agrícolas condizem com uma demanda extrema de comércio, em que o dinheiro passa a ser uma informação dispensável, pois as técnicas e o conhecimento sobrepõem-se ao capital.

b) Os produtos são escolhidos segundo uma base mercantil, o que os subordina ao conhecimento científico e tecnológico generalizado pelo mundo, daí seu caráter globalizante.

c) A produção agrícola tem referência mundial e recebe influência das mesmas leis que regem os outros aspectos da produção econômica, em que a competitividade leva a um aprofundamento da tendência à instalação de uma agricultura científica.

d) As máquinas e os implementos industriais que foram incorporados à produção agrícola proporcionaram um elevado aumento da produtividade, tornando o campo independente da cidade.

15 (UFPR)

> "Não é possível analisar o mundo, sob quaisquer dimensões, sem referência ao fenômeno da globalização. De tão difundido e repetido, não é de estranhar que o conceito nem sempre seja claro, pela dificuldade de distinguir o que são os componentes econômicos do processo daqueles sociais e culturais".
>
> (CASTRO, Iná. *Geografia e Política* – Território, escalas de ação e instituições. Bertrand Brasil, Rio de Janeiro, 2005, p. 215.)

Levando em consideração o problema acima exposto, escreva um texto que defina globalização e trate dos seus impactos nas relações políticas, econômicas e sociais.

16 (UPE-SSA 3) Leia o texto a seguir:

> Esse mundo globalizado, visto como fábula, exige certo número de fantasias... Um mercado avassalador dito global é apresentado como capaz de homogeneizar o planeta através da disposição, cada vez maior, de mercadoria para o consumo... Podemos indagar se não estamos diante de uma ideologização maciça, segundo a qual a realização do mundo atual exige como condição essencial o exercício de fabulações.
>
> Milton Santos, 2000.

O geógrafo Milton Santos faz uma importante abordagem sobre o processo geopolítico contemporâneo, cujo contexto socioespacial está amplamente relacionado com todas as alternativas apresentadas a seguir, **EXCETO**:

a) A forte crença na flexibilização das relações sociais de produção e na terceirização de algumas etapas do processo produtivo para consolidar os ajustes espaciais necessários à nova acumulação do capital globalizado.

b) A criação de expressões que são dadas como regras. Termos, como "aldeia global", "morte do Estado" e "flexibilidade", aparecem, comumente, veiculados pela mídia e são adotados como modelo político e econômico na economia globalizada.

c) A aceleração do tempo, por meio da informação em rede, e o encurtamento do espaço para proprietários de multinacionais ou agentes financeiros internacionais que transformam a compressão da distância em vantagens econômicas e em poder.

d) A difusão cada vez maior de notícias. O mito do tempo-espaço e o mercado dito global, homogêneo, que vêm aumentando a fragmentação espacial e social e a desterritorialização das pessoas e do processo produtivo.

e) A valorização da experiência do indivíduo ou do grupo, visando compreender o comportamento e as maneiras de sentir das pessoas em relação aos seus lugares e visão do mundo, que são expressas por meio das atitudes e dos valores humanos, nos espaços de vivência.

17 (UEM-PR) A respeito do Mercosul, assinale o que for correto.

01) Exceto pelas questões econômicas, a criação do Mercosul não teve impacto na vida dos cidadãos que residem nos países do Bloco, denominados "Estados Partes".

02) Procurando acompanhar a tendência mundial de criação de mercados supranacionais, Brasil, Argentina, Paraguai e Uruguai criaram o Mercosul em 1991.

04) Apesar dos esforços despendidos no âmbito do Mercosul, as transações econômicas entre os países que compõem o Bloco são menores atualmente do que no período anterior à sua criação.

08) A Venezuela aderiu ao Mercosul em 2012, mas está suspensa desde dezembro de 2016, por descumprimento de seu Protocolo de Adesão e, desde agosto de 2017, por violação da Cláusula Democrática do Mercosul.

16) O Tratado de Assunção é o instrumento de fundação do Mercosul, que estabelece a formação de um mercado comum, com livre circulação interna de bens, serviços e fatores produtivos, uma Tarifa Externa Comum (TEC) quanto ao comércio com países de fora do bloco, além da adoção de uma política comercial comum.

18 (UEPG-PR PSS 3) Sobre os blocos econômicos no mundo, assinale o que for correto.

01) A ALCA (Área de Livre Comércio das Américas) foi um projeto de bloco econômico que nunca saiu do papel.

02) O Reino Unido aprovou a sua saída da União Europeia, fato polêmico e controverso para britânicos e demais europeus.

04) Atualmente, nenhum país da Oceania faz parte de blocos econômicos, devido a sua política mais isolacionista, como ocorre com Austrália e Nova Zelândia.

08) Na década de 1990 foi aprovada a criação do Mercado Comum do Sul (Mercosul) entre alguns países sul-americanos, incluindo o maior PIB dessa área continental, o Brasil.

19 (ESPM) Em 2018 a relação entre as duas maiores potências econômicas mundiais foi marcada por:

a) uma reaproximação política e acordos estratégicos que levaram a uma diminuição da quantidade de ogivas nucleares.

b) acordos comerciais que anunciam a criação de um bloco econômico no Pacífico para os próximos anos.

c) a uma "guerra" comercial que envolveu a elevação de tarifas alfandegárias.

d) um aumento da tensão devido ao envolvimento de uma delas na guerra civil da Síria.

e) forte crise diplomática e comercial que levou à saída de uma delas da Organização Mundial do Comércio.

20 (UFSC) Sobre o BREXIT, a União Europeia e a formação de blocos econômicos, é correto afirmar que:

01) no começo da década de 1990, autoridades europeias reuniram-se a fim de atualizar o Tratado de Roma; dali surgiu o Tratado de Maastricht, que deu origem oficialmente ao que hoje é conhecido como União Europeia.

02) a introdução do euro em 2002, novo capítulo na história da integração europeia, visava faci itar a circulação de capitais dentro do bloco; mesmo sendo membro, o Reino Unido decidiu não adotar a moeda.

04) os contrastes que existiam no interior da União Europeia e no interior dos países que a integram desapareceram com a criação do bloco econômico.

08) o BREXIT é o processo de saída do Reino Unido da União Europeia e deveria ter sido formalizado em março de 2019. Esse processo implica uma reestruturação política e econômica, pois o afastamento do bloco europeu trará uma nova realidade para a Inglaterra, o País de Gales, a Irlanda do Norte e a Escócia.

16) blocos econômicos como a União Europeia são associações de países que estabelecem relações comerciais entre si, sem alíquotas de importação e sem barreiras alfandegárias, por meio de acordos e normas. Os blocos existentes no mundo atualmente apresentam estas etapas consolidadas: Zona de Preferência Tarifária; Zona de Livre Comércio; União Aduaneira; Mercado Comum; e União Econômica e Monetária.

32) o Acordo de Livre Comércio da América do Norte (NAFTA) ainda vigora e é um bloco econômico composto por Estados Unidos, Canadá e México, o qual prevê a livre circulação de mercadorias e também de pessoas, principalmente desde o governo Donald Trump.

64) os países culturalmente identificados como latinos projetam a constituição de um Bloco Econômico, formado pelo México e por países da América Central e da América do Sul, para fazer contraposição à hegemonia estadunidense no continente e criar novas alianças estratégicas com países da bacia do Pacífico.

21 (ESPM)

> Concretizado o Brexit, em 2016, o governo de Thereza May passou a tratar de como colocar em prática a saída do Reino Unido da União Europeia. Dois caminhos se apresentaram possíveis: um acordo com Bruxelas, visando um divórcio amigável (Soft Brexit) ou uma saída sem acordo (Hard Brexit).
>
> (https://www.publico.pt/2018/08/23/mundo/noticia)

Quanto ao texto e as tratativas em relação ao Brexit, é correto assinalar:

a) Concretizado o Brexit, com o referendo, o governo britânico constituiu um Ministério específico para tratar do tema e a ruptura definitiva foi consumada em 2018;

b) A avaliação feita pelo governo britânico, dos grandes prejuízos que ocorreriam em consequência do Brexit, levou-o a convocar um novo referendo para 2019;

c) Empresas britânicas que negociam com a União Europeia irão enfrentar um emaranhado de burocracia, possíveis atrasos nas fronteiras e quebras no fluxo de caixa, caso ocorra um "Hard Brexit";

d) O governo de Thereza May alcançou um acordo definitivo com Bruxelas e haverá um "Soft Brexit" a ser consumado até 31/12/2018;

e) Conforme os apoiadores do Brexit conseguiram provar, por uma série de estudos, os efeitos nocivos para a economia britânica deverão ser mínimos, enquanto a longo prazo haverá prosperidade.

22 (UFU-MG) A transição de uma economia estatizada para uma economia de mercado nos países da Europa Centro-Oriental gerou uma grave crise econômica, social e o fim do equilíbrio geopolítico estruturado pela Guerra Fria. Desde então, tornou-se necessária uma série de reformas econômicas com base no modelo neoliberal dominante no mundo pós-Guerra Fria. Tais medidas levaram, ao longo dos últimos anos, à queda da generalização da produção, do consumo e da renda familiar e, consequentemente, ao desemprego. Apesar disso, muitos desses países hoje fazem parte da União Europeia.

A respeito do processo descrito e da inserção desses países na União Europeia, afirma-se que

a) na Bósnia-Herzegovina, o fim da Guerra Fria promoveu vários conflitos, vitimou centenas de milhares de pessoas e gerou milhões de refugiados. Com a interferência de tropas da OTAN e com os Acordos de Dayton, a estabilidade econômica, política e social foi retomada e hoje o país compõe o bloco econômico europeu.

b) Polônia, Hungria e República Tcheca apresentaram expressivos índices de crescimento econômico graças a uma base econômica mais sólida e a uma relativa homogeneidade cultural que os livraram de tensões étnicos-nacionalistas. Por isso, foram os primeiros do grupo a se candidatarem e a serem aceitos para integrar a União Europeia.

c) o maior conflito étnico-nacionalista ocorrido na região foi o que resultou da desintegração da antiga Iugoslávia. O fim do regime socialista levou à separação das seis repúblicas que formaram o Estado Federal Iugoslavo. Contudo, o crescente desenvolvimento dos estados federados permitiu o ingresso dessas repúblicas na União Europeia.

d) Bulgária, Eslováquia e Romênia estão entre os vários países da Europa Centro-Oriental em que se verificam tensões ligadas a minorias étnico-nacionais. Na Bulgária, a maioria envolvida é de origem turca; na Eslováquia e na Romênia, é de origem húngara. Os conflitos étnico-nacionalistas e o desejo de autonomia excluíram esses países da União Europeia.

23 (UEPG-PR) Sobre a União Europeia, assinale o que for correto.

01) Foi por meio do Tratado de Maastricht (Países Baixos) que o nome União Europeia foi adotado oficialmente para este bloco econômico.

02) A União Europeia possui moeda única, o Euro, porém esta não foi adotada por todos os países membros do bloco.

04) Atualmente em crise, a União Europeia se vê em um dilema, com vários países membros saindo do bloco devido ao comércio desfavorável e injusto, além de déficit nas exportações, fruto da globalização econômica.

08) A União Europeia possui dispositivo de livre circulação de pessoas entre os países membros, com regras estabelecidas pela Convenção de Schengen.

16) Atualmente a União Europeia possui países que, no período da Guerra Fria, foram socialistas, como Hungria, Romênia e Bulgária.

24 (UEPG-PR) Sobre os blocos econômicos e principais conceitos relacionados a eles, assinale o que for correto.

01) A TEC (Tarifa Externa Comum) é um dispositivo dos blocos econômicos, onde os países membros exigem o mesmo imposto para a entrada de produtos em seus países.

02) O Nafta é um exemplo de zona de livre comércio, onde há mais liberdade de circulação de mercadorias entre os países membros.

04) O Mercosul é um exemplo de bloco com união política total, com parlamento único (sede no Paraguai), constituições que se unificaram totalmente e livre circulação de pessoas.

08) Quando um bloco econômico adota uma moeda única é criada uma união econômica e monetária, caso da União Europeia em sua maior parte, pois nem todos os países desse bloco adotam o Euro.

25 (ESPM)

Reprodução/ESPM, 2018.

A foto em Bruxelas, 2010.

A disposição circular na bandeira representa a harmonia. O número de estrelas representa o número de países na época de criação da organização.

Trata-se da bandeira da:

a) ONU.

b) OTAN.

c) UNICEF.

d) OMC.

e) União Europeia.

26 (UFRGS-RS) Assinale a afirmativa correta sobre o atual contexto de integração política e econômica na União Europeia.

a) A aprovação do Brexit resultou na saída da Escócia do Reino Unido em 2016 e na sua maior integração com a União Europeia a partir desse ano.

b) A permanência do Reino Unido do bloco EFTA (Associação Europeia de Livre Comércio) em 2016 está relacionada ao projeto de integração entre os países envolvidos e ao crescimento da União Europeia.

c) A saída da Grécia e a entrada dos Estados Unidos na União Europeia em 2016 resultou no crescente fortalecimento da integração política e econômica do bloco.

d) A saída do Reino Unido da União Europeia em 2016 integrou apenas a Grã-Bretanha e a Irlanda.

e) A saída do Reino Unido da União Europeia em 2016 pode resultar em alterações nas relações de integração entre os demais membros.

27 (Unesp-SP) Em 03.04.2017, o jornal El País publicou matéria que pode ser assim resumida:

> Os países ________________________ não têm poder político sobre os demais Estados Partes, mas possuem ferramentas para tentar reconduzir a situação de um membro, caso esse se afaste dos princípios do Tratado de Assunção, assinado em 1991. Nessa perspectiva, insere-se a aplicação da cláusula democrática do bloco sobre a ________________________, em função da crise política, institucional, social, de abastecimento e econômica que atravessa o país.

As lacunas do excerto devem ser preenchidas por

a) do Nafta – Argentina.

b) do Mercosul – Bolívia.

c) da ALADI – Venezuela.

d) da ALADI – Bolívia.

e) do Mercosul – Venezuela.

28 (UPF-RS) Sobre relações de comércio, é correto afirmar:

a) A acentuada expansão do comércio verificada na segunda metade do século XX foi impulsionada, em grande parte, pelos avanços tecnológicos na área dos transportes e na área das comunicações, reduzindo distâncias e tempo.

b) A formação de blocos econômicos está associada à economia globalizada e competitiva, instituindo barreiras comerciais entre países formadores e entre diferentes blocos, privilegiando poucos países e reduzindo o poder de negociação de outros.

c) O Acordo Transpacífico de Cooperação Econômica, criado em 2016 e que envolve países da América, Ásia e Oceania, é um mercado de 40% do PIB mundial, aprovado pelo Parlamento e confirmado pelo presidente norte-americano no início de 2017.

d) O Mercosul, principal bloco econômico da América do Sul e do qual o Brasil é membro, foi criado nos primeiros anos de século XXI. É com esse bloco que o Brasil realiza o maior volume de suas exportações.

e) Até o final do século XX, comércio, produção, finanças e tecnologia estavam concentrados nos países desenvolvidos; na entrada do século XXI, observa-se forte ascensão dos países periféricos no comércio mundial de produtos industrializados.

29 (FGV-SP) A globalização, apoiada nos três grandes centros de impulsão da economia mundial, não impede que os Estados, as redes ou os indivíduos se organizem em diferentes escalas regionais ou locais.

Fluxos e redes do espaço globalizado

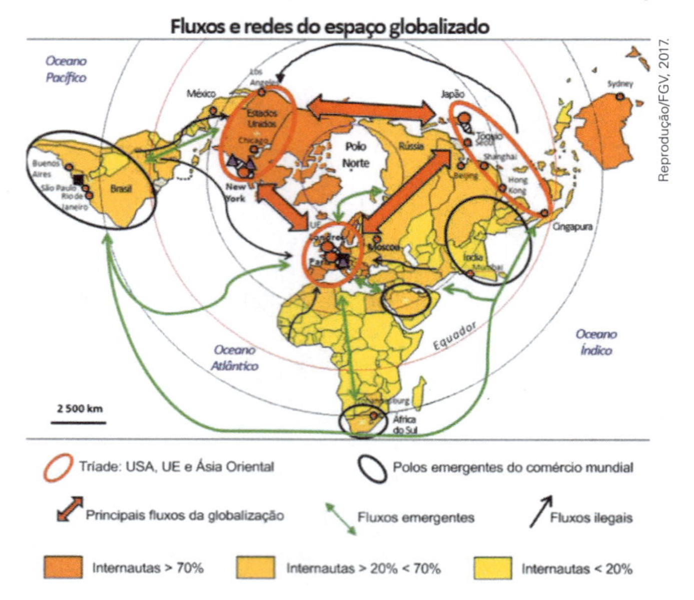

Reprodução/FGV, 2017.

Com base no texto e no mapa acima,

a) indique duas medidas adotadas pelos países emergentes para se inserirem nos mercados globalizados;

____

____

____

____

b) analise a lógica de implantação das empresas transnacionais nos países em desenvolvimento;

____

____

____

____

c) avalie o papel da Organização Mundial do Comércio na regulação dos fluxos internacionais de comércio.

30 (UFPR) Sobre o conceito de fronteira e sua problemática no contexto brasileiro e sul-americano, é correto afirmar:

a) A formação geográfica e social semelhante dos países da América do Sul proporciona a construção de políticas e acordos fronteiriços coesos e convergentes entre os países que a compõem.

b) Os investimentos em estruturas físicas, a exemplo de ferrovias e hidrovias, além de tratados como o MERCOSUL e o Pacto Andino, propiciaram a integração dos países sul-americanos, abrindo as fronteiras entre eles.

c) A palavra *fronteira* teve seu conceito modificado com o advento da globalização, sendo hoje usada para compreender relações de abertura entre Estados Nacionais, como no caso dos pactos econômicos sul-americanos.

d) Nos países da América do Sul, as relações transfronteiriças, como a circulação de pessoas, capitais, mercadorias e serviços, são, atualmente, subordinadas à política de segurança de cada estado nacional.

e) *Fronteira* remete a espaços peculiares, onde se defrontam comunidades político-geográficas diferentes, e se caracteriza por interações e conflitos de múltiplas ordens.

31 (EsPCEx-SP)

> "a União Europeia (UE) atrai muitos imigrantes, principalmente a porção mais rica do bloco. Imigrantes vindos das ex-colônias europeias, em especial da África e da Ásia, procuram se estabelecer em suas antigas metrópoles. [...] Também é significativa a imigração dos países mais pobres do Leste Europeu para a porção mais rica da União Europeia."
>
> Terra, L; Araújo, R.; Guimarães, R. Conexões: *Estudos de Geografia Geral e do Brasil*. 3. ed., São Paulo: Moderna, 2015, p. 92.

Sobre a questão imigratória na Europa, especialmente na União Europeia (UE), podemos afirmar que

I. o Espaço Schengen, constituído, dentre outros, por todos os países que compõem a UE, foi implantado por um acordo, em 1985, e prevê o fim do controle das fronteiras e a livre circulação de pessoas entre os países membros.

II. a livre circulação de pessoas entre os países da UE tem se mostrado um problema, por isso os países membros tentam impedir qualquer fluxo imigratório, uma vez que quem consegue entrar em um dos países do bloco pode circular livremente pelos demais.

III. em virtude da imigração magrebina, uma das principais comunidades muçulmanas na UE encontra-se na França e sua presença funciona como pretexto para campanhas políticas de cunho xenofóbico.

IV. do ponto de vista econômico, o fluxo de imigrantes tem impactos positivos, pois ameniza o processo de envelhecimento da população e fornece mão de obra barata para a maioria das funções rejeitadas pelos europeus.

V. os fluxos imigratórios têm grande impacto demográfico na UE, visto que a maior parte do crescimento populacional do bloco não decorre do crescimento vegetativo, mas sim dos saldos migratórios.

Assinale a alternativa que apresenta todas as afirmativas corretas.

a) I, II e IV

b) I, II e V

c) I, III e V

d) II, III e IV

e) III, IV e V

32 (Unicamp-SP) O referendo realizado no Reino Unido em junho de 2016 conduziu ao Brexit, após 43 anos de adesão à União Europeia. São potenciais consequências dessa decisão, nos níveis nacional e continental, respectivamente,

a) o pedido da Irlanda do Norte por um novo referendo para decidir sua permanência no Reino Unido e a continuidade da livre circulação da moeda europeia, o euro, no Reino Unido.

b) o pedido da Inglaterra por um novo referendo para decidir sua permanência no Reino Unido e a continuidade da livre circulação da moeda europeia, o euro, no Reino Unido.

c) o pedido da Escócia por um novo referendo para decidir sua permanência no Reino Unido e o comprometimento da livre circulação de cidadãos europeus no Reino Unido.

d) o pedido do País de Gales por um novo referendo para decidir sua permanência no Reino Unido e o comprometimento da livre circulação de cidadãos europeus no Reino Unido.

33 (PUC-RJ) A Austrália, assim como outros 53 países, faz parte do Commonwealth of Nations, uma comunidade de nações que têm em comum uma série de ações e objetivos defendidos pelos desígnios do Reino Unido.

Dos objetivos dessa comunidade, aquele que **NÃO** deve ser valorizado pelos seus países-membros é a(o)

a) bilateralismo

b) comércio livre

c) democracia

d) paz global

e) sociedade igualitária

34 (UEPG-PR) Sobre globalização e blocos econômicos, assinale o que for correto.

01) Alguns países da União Europeia são: Áustria, Luxemburgo, Dinamarca, Irlanda e Finlândia.

02) ALCA é um bloco econômico que engloba a América do Norte, América Central e América do Sul e foi criada a partir do Consenso de Washington nos EUA, na década de 1990.

04) ASEAN e APEC são blocos econômicos que possuem países asiáticos em sua composição.

08) O neoliberalismo marca um dos períodos mais importantes do processo de globalização no mundo, mas países como Brasil e EUA não adotaram este modelo econômico.

16) O NAFTA (North American Free Trade Agreement) engloba dois países da América do Norte (EUA e Canadá) e um país da América Central (México).

35 (UFSC) Sobre a geopolítica e o comércio internacional na atualidade, é CORRETO afirmar que:

01) o México, depois de se associar ao NAFTA (sigla em inglês de North American Free Trade Agreement), vem passando por um virtuoso processo de crescimento industrial, sem perder sua autonomia para decidir sobre políticas industriais.

02) a China, parte integrante do acrônimo BRICS, criou as chamadas Zonas Econômicas Especiais, um dos fatores determinantes para sua industrialização.

04) a Índia tem se destacado por sua taxa de mão de obra qualificada, principalmente nos setores de serviços e de informática, a despeito de ainda apresentar grande percentual de pobreza entre sua população.

08) a Rússia, mesmo sendo considerado um país integrante do G-8 (grupo dos oito países mais ricos do mundo), tem um desempenho econômico muito semelhante ao dos países "emergentes".

16) a África do Sul tentou se tornar membro do BRICS, contudo a política econômica do apartheid a impede de ser incluída em fóruns internacionais.

32) o BRICS é um bloco econômico composto de cinco países que têm em comum o fato de serem banhados pelo Oceano Atlântico e de possuírem grandes reservas de petróleo.

Energia

1 (Fuvest-SP) Considere a matriz energética mundial.

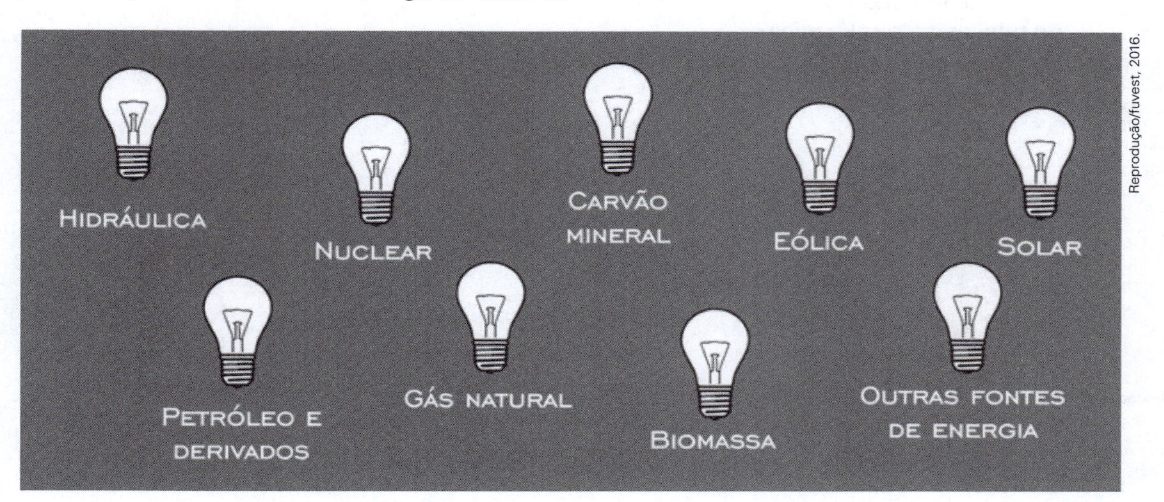

a) Identifique, com base no quadro acima, uma fonte de energia que é considerada a maior responsável tanto pelo efeito estufa quanto pela formação da chuva ácida. Justifique sua resposta.

b) Identifique a principal fonte de energia usada nas usinas hidrelétricas, no Brasil, e explique uma vantagem quanto ao uso desse recurso natural.

c) Identifique, com base no quadro acima, as fontes de energia usadas nas usinas termelétricas, no Brasil, e explique uma desvantagem de ordem econômica que elas apresentam.

2 (Uece) Materiais como a lenha, o bagaço de cana e outros resíduos agrícolas, além de restos florestais e excrementos de animais podem ser utilizados como fontes de energia renovável. Outras fontes de energia que podem ser consideradas renováveis são

a) eólica e gás natural.

b) hidrelétrica e maremotriz.

c) carvão mineral e solar.

d) nuclear e termoelétricas.

3 (Uerj) As usinas geotérmicas são uma forma alternativa de geração de energia elétrica por utilizarem as elevadas temperaturas do próprio subsolo em algumas regiões. Considere as informações do esquema e do mapa a seguir:

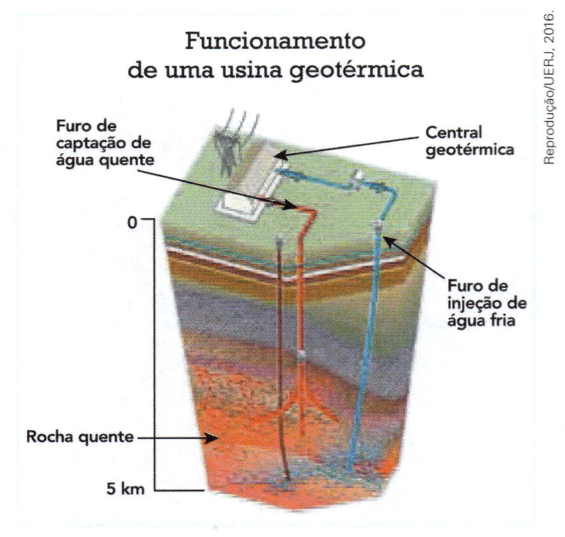

Ineg.pt

educacaopublica.rj.gov.br

O país cuja localização espacial proporciona condições ideais para amplo aproveitamento da energia geotérmica é:

a) Islândia

b) Nigéria

c) Uruguai

d) Austrália

4 (Udesc) Analise as proposições sobre a produção do Petróleo em nível mundial.

I. A Venezuela é o maior produtor das Américas.

II. O Brasil passa a ser o quinto produtor mundial, depois da descoberta do pré-sal.

III. Em 2015, os Estados Unidos se transformaram no maior produtor mundial, graças à extração do óleo de xisto, que é um substitutivo do petróleo.

IV. A Arábia Saudita e a Rússia são grandes produtores mundiais.

V. Na América Latina, o México é o maior produtor.

Assinale a alternativa correta:

a) Somente as afirmativas II e IV são verdadeiras.

b) Somente as afirmativas III, IV e V são verdadeiras.

c) Todas as afirmativas são verdadeiras.

d) Somente as afirmativas I e III são verdadeiras.

e) Somente a afirmativa V é verdadeira.

5 (FGV-SP) Nos últimos dois anos, a decisão da OPEP (liderada pela Arábia Saudita) de aumentar a produção de petróleo, fez com que as cotações dessa *commodity* desabassem de 110 para 30 dólares por barril, aproximadamente.

Sobre as consequências desse fato, assinale V para a afirmação verdadeira e F para a falsa.

( ) Os novos produtores, como o Brasil, são penalizados, porque a queda dos preços inviabiliza a extração em novas áreas com custos de exploração mais elevados que o preço médio internacional.

( ) As economias dependentes da venda de petróleo como Rússia e Venezuela, aumentam seus lucros, porque os preços baixos estimulam o consumo.

( ) Os países que estão realizando a transição para a energia renovável, como a Alemanha, têm vantagens, porque os preços das fontes alternativas tornam-se competitivos.

As afirmações são, respectivamente,

a) V, F e F.

b) V, V e F.

c) F, F e V.

d) F, V e F.

e) V, F e V.

6 (Unesp-SP)

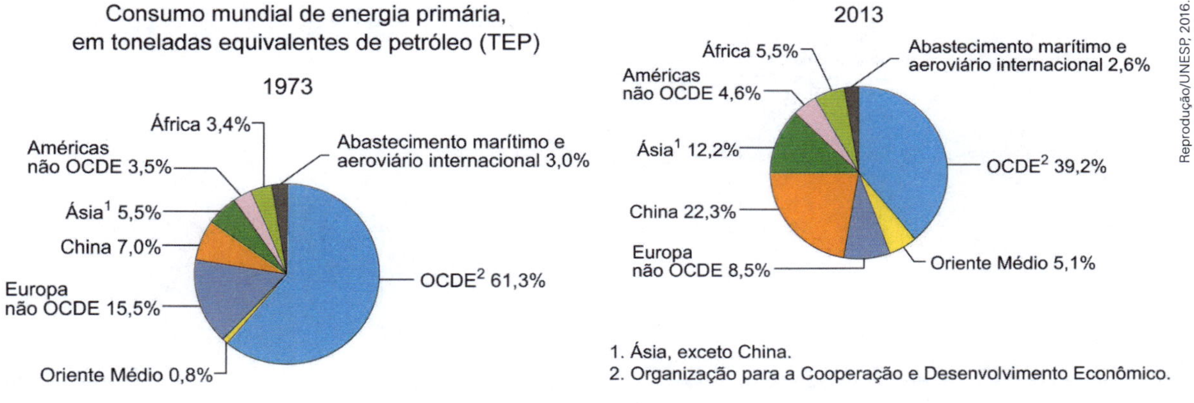

(www.iea.org. Adaptado.)

Considerando os cenários encontrados nos gráficos e os conhecimentos sobre o consumo mundial de energia primária, é correto afirmar que

a) os países membros da OCDE diminuíram sua participação percentual no consumo mundial de energia primária em resposta ao aumento em seu padrão de consumo.

b) o consumo mundial de energia primária entre os países desenvolvidos aumentou em razão da crise econômica no período.

c) a China aumentou sua participação percentual no consumo mundial de energia primária devido ao seu desligamento do bloco dos Tigres Asiáticos.

d) os países subdesenvolvidos aumentaram sua participação percentual no consumo mundial de energia primária em função do aumento em seu dinamismo econômico.

e) o Oriente Médio registrou o maior aumento percentual no consumo mundial de energia primária devido ao crescimento de sua produção industrial.

7 (UEM-PR PAS) Sobre as fontes de energia, assinale o que for correto.

01) As fontes de energia renováveis são aquelas que não se esgotam com o uso ou a exploração, como a energia solar, a energia eólica, a energia hidráulica, a energia geotérmica. Outras fontes também consideradas renováveis são aquelas que, mesmo apresentando baixas no seu uso, como a energia da biomassa, podem ser renovadas mediante ações de replantio ou de recuperação das reservas, configurando o uso sustentável.

02) Fontes de energia não renováveis são aquelas que não podem ser adequadamente repostas, pois levariam milhares ou milhões de anos para voltarem a se formar, como é o caso do petróleo e do carvão mineral, entre outros produtos.

04) O petróleo foi a principal fonte de energia extraída nos países que promoveram a Primeira Revolução Industrial, no hemisfério norte, como a Inglaterra, a Alemanha e a França.

08) Nos estágios de formação do carvão, o teor de carbono presente e o poder calorífico aumentam, segundo as condições de soterramento e o tempo decorrido. A turfa corresponde ao primeiro estágio da formação do carvão, sendo uma acumulação superficial de restos vegetais. Possui alto teor de umidade e baixo poder calorífico. O antracito, por sua vez, possui alto teor de carbono e corresponde ao produto no último estágio de formação, atingido após longo tempo decorrido.

16) O biodiesel é obtido a partir da trituração e da moagem da cana-de-açúcar, cuja biomassa pode ser utilizada como óleo combustível de origem vegetal.

8 (Famerp-SP) Analise o mapa.

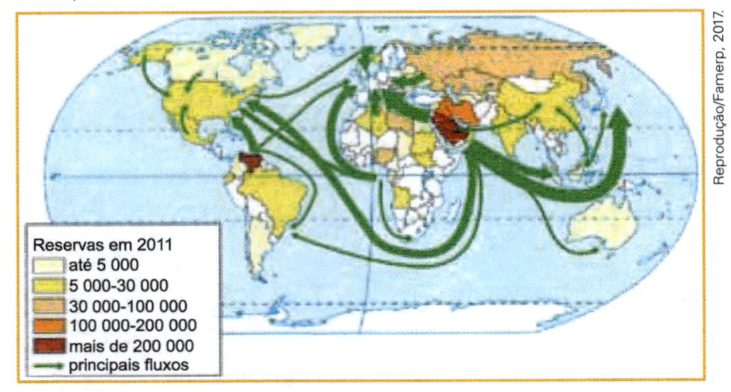

(Maria E. R. Simielli, *Geoatlas*, 2013. Adaptado.)

O mapa apresenta as áreas de reservas e os principais fluxos de

a) ferro.

b) urânio.

c) carvão.

d) petróleo.

e) cobre.

9 (Unioeste-PR) As atuais discussões globais sobre mudanças ambientais, em grande medida, têm lugar em torno das fontes energéticas, especialmente sobre a queima de combustíveis fósseis. Sobre as fontes de energia, assinale a alternativa CORRETA.

a) As fontes de energia podem ser classificadas em renováveis e não-renováveis, primárias e secundárias, convencionais e alternativas. Essas três classificações são baseadas em efeitos positivos ou negativos para o ambiente.

b) A Revolução Técnico-Científica-Informacional exige maior quantidade de energia, tanto para a vida cotidiana de uma população global crescente quanto para a indústria e agricultura.

c) A energia hidrelétrica é considerada uma energia limpa, e estudos até então realizados não identificaram impacto socioambiental dessa fonte de energia elétrica, a mais difundida no Brasil.

d) A energia nuclear recebe grande incentivo da ONU para ser implementada no Planeta, já que não causa danos ambientais nem em curto nem em longo prazo.

e) Biocombustíveis como álcool, biodiesel e biogás são produzidos a partir da biomassa e são uma prova de que a geração de energia não precisa gerar ônus ambiental nem afetar a produção agrícola ou a estrutura social de um país.

10 (UPE-SSA 3)

> O consumo de energia é um espelho fiel do desenvolvimento tecnológico. A era industrial trouxe um salto nos níveis de consumo energético e, ao mesmo tempo, concentrou a matriz energética mundial nos combustíveis fósseis. Mas há uma larga diversidade de estratégias energéticas nacionais, que refletem a disponibilidade de recursos naturais e as escolhas políticas de cada país. As emissões de gases de estufa, por sua vez, refletem não só o tamanho e o nível de desenvolvimento das economias nacionais, mas também as estratégias energéticas escolhidas.
>
> MAGNOLI, Demétrio. Geografia para o ensino médio: meio natural e espaço geográfico. São Paulo: Saraiva, 2010. (Adaptado)

Com base no texto e nos seus conhecimentos sobre os assuntos nele abordados, analise as afirmativas a seguir:

1. Os combustíveis fósseis, ainda amplamente utilizados em todos os continentes, são encontrados em sistemas rochosos magmáticos extrusivos, ricos em hidrocarbonetos e xistos betuminosos.
2. A era industrial baseou-se numa revolução energética. As tecnologias mecânicas, elétricas e eletrônicas apoiaram-se basicamente nos combustíveis fósseis.
3. A expansão do consumo de gás natural decorre da qualidade ambiental do recurso, que gera emissões menores de gases responsáveis pelo efeito estufa.

4. O consumo do carvão mineral apresenta uma dinâmica exatamente igual à do petróleo, ou seja, quando os preços deste sobem, diminui consideravelmente a produção de carvão e restringe-se a abertura de novas minas desse recurso energético.
5. Do ponto de vista econômico e social, energia e desenvolvimento estão profundamente relacionados. Os níveis de desenvolvimento econômico e os contingentes demográficos podem explicar a distribuição do consumo de energia comercial pelas grandes regiões e países.

Estão CORRETAS

a) apenas 1 e 2.

b) apenas 1 e 4.

c) apenas 2, 4 e 5.

d) apenas 2, 3 e 5.

e) 1, 2, 3, 4 e 5.

11 (FGV-RJ) Os principais efeitos adversos associados à produção de energia nuclear têm sido motivo de acirrados debates, pois o número de reatores em operação tende a aumentar e, junto com eles, os riscos e a possibilidade de desastres ambientais.

Sobre as implicações ambientais do uso de energia nuclear, analise as afirmações a seguir.

I. A produção de energia a partir de um reator nuclear pode ser considerada "limpa", uma vez que o processo de geração não lança na atmosfera produtos capazes de provocar impactos ambientais.

II. A destinação dos rejeitos radioativos, que devem ser isolados de maneira segura para não contaminar os recursos hídricos, é o principal problema ambiental criado pela geração de energia nuclear.

III. Os impactos ambientais decorrentes de um acidente em uma usina nuclear não estão restritos à área de ocorrência, porque as partículas radioativas podem ser levadas a grande distância pela circulação atmosférica.

Está correto o que se afirma em

a) II, apenas.

b) II e III, apenas.

c) I, II e III.

d) III, apenas.

e) I, apenas.

12 (UEFS-BA) O tema energético está estritamente relacionado com o meio ambiente, visto que toda energia produzida no mundo é resultado da exploração e transformação dos recursos naturais.

Sobre a relação entre energia e meio ambiente, marque V nas afirmativas verdadeiras e F, nas falsas.

( ) A produção de etanol no Brasil, para uso como combustível no setor de transportes, tem diminuído a poluição atmosférica e aumentado a concentração fundiária.

( ) As principais barreiras à opção pela produção de energia nuclear estão relacionadas à segurança e à disposição dos dejetos.

( ) O carvão mineral apresenta um aproveitamento energético expressivo, em razão das insignificantes consequências ambientais que sua exploração e utilização acarretam.

( ) A energia hidrelétrica, embora seja uma fonte renovável que não emite poluentes, não está isenta de impactos ambientais.

( ) Tendo em vista o impacto ambiental e operacional, nos países desenvolvidos, a energia solar e a eólica estão sendo substituídas gradativamente pelas termelétricas.

A alternativa que apresenta a sequência correta, de cima para baixo, é a

a) F - V - F - F - V

b) F - V - V - F - V

c) V - V - F - V - F

d) V - F - V - V - F

e) F - F - V - F - V

13 (Fuvest-SP) Em 2015, os Estados Unidos (EUA), país que não é membro da OPEP, tornaram-se o maior produtor mundial de petróleo, superando grandes produtores históricos mundiais, de acordo com a publicação *Statistical Review of World Energy (BP) - 2015.*

Sobre essa fonte de energia, é correto afirmar:

a) A queda da oferta de petróleo, em 2015, pelos países não membros da OPEP é resultado do uso de fontes de energia alternativas, como os biocombustíveis, e também da expansão das termelétricas.

b) O Brasil, país que não é membro da OPEP, destaca-se pela exploração de jazidas de petróleo em rochas vulcânicas do embasamento cristalino do pré-sal.

c) O crescimento da produção de petróleo nos EUA, que levou esse país à condição de maior produtor mundial em 2015, deu-se pela exploração das jazidas de óleo de xisto.

d) A elevação da produção de petróleo em países da OPEP, como Arábia Saudita, Rússia e China, é resultado da alta dos preços dessa *commodity* em 2015.

e) A exploração das jazidas de óleo de xisto do subsolo oceânico foram fatores para a industrialização de países, como México, Japão e EUA.

14 (Fuvest-SP) Contemporaneamente, pode-se definir a sociedade mundial como a do petróleo, devido à participação desta matéria-prima em inúmeros produtos e atividades humanas. A utilização deste recurso natural data de muitos séculos, mas sua exploração e beneficiamento se expandiram somente a partir do século XX.

A respeito desse recurso natural, é correto afirmar:

a) Houve uma forte redução do preço do barril, no início da década de 1970, por conta dos resultados das pesquisas envolvendo novos procedimentos de extração e refino.

b) A estatização, no Brasil, do transporte e do refino de petróleo iniciou-se no final dos anos 1930 sob o governo de Juscelino Kubitschek.

c) O início de seu uso como fonte de energia se deu em 1920, na Inglaterra, com a descoberta de reservas pouco profundas.

d) No final dos anos 1920, sete empresas petrolíferas mundiais constituíram um cartel controlador da extração, transporte, refino e distribuição do petróleo.

e) Os Estados Unidos possuem reservas ilimitadas de petróleo, o que ocasiona independência em relação aos países participantes da OPEP.

15 (UEM-PR) Sobre as características e os aspectos socioeconômicos do petróleo na Terra, assinale o que for **correto**.

01) O petróleo é um hidrocarboneto explorado tanto em áreas de ambientes continentais quanto em áreas de ambientes marinhos.

02) Na matriz energética mundial, o consumo do petróleo, que é uma fonte secundária de energia, está abaixo do consumo da energia hidráulica.

04) Devido a sua composição, o petróleo é classificado como um combustível fóssil e ocorre nas formas líquida e pastosa.

08) Dentre os países asiáticos consumidores de petróleo, o Japão depende totalmente da importação.

16) No Brasil, o desenvolvimento do setor petrolífero foi acompanhado pela instalação de refinarias e de polos petroquímicos.

16 (Uece) Escreva V ou F, conforme seja verdadeiro ou falso o que se afirma a seguir sobre as características das diversas fontes de energia e seus impactos no meio ambiente.

( ) O petróleo tem sido a fonte de energia mais importante no mundo desde a segunda Revolução Industrial, embora, na última década, tenha perdido demasiadamente sua expressão em função da radical decisão dos Estados Unidos de abandonar o consumo de seus derivados na indústria e na produção de combustíveis.

( ) Para a geração de energia em usinas nucleares, ocorre um processo controlado de desintegração dos átomos, porém, os acidentes com escape de material radioativo para a atmosfera causam distúrbios socioambientais imediatos e a longo prazo.

( ) Nas usinas eólicas, a produção de energia é limpa, mas há impactos socioambientais marcantes, tais como a emissão de ruído, o impacto visual e as interferências eletromagnéticas em pessoas.

( ) A despeito das inconveniências econômicas, ambientais e políticas, fontes de energia tradicionais como o petróleo e o carvão mineral continuam sendo consumidas em grande escala em países de economia capitalista avançada.

Está correta, de cima para baixo, a seguinte sequência:

a) F, V, F, F. b) V, F, V, F. c) V, F, F, V. d) F, V, V, V.

17 (Uece) Considerando as fontes de energia e sua importância estratégica para a economia, a sociedade e o meio ambiente, assinale a afirmação verdadeira.

a) Apesar de a energia de fonte solar apresentar inúmeras vantagens no que tange aos custos de produção, a opinião pública mundial tem exercido pressão contrária à instalação de usinas, em função de sua alta carga poluente.

b) O petróleo continua a ser a principal fonte de energia do planeta, seguido pelo carvão mineral e o gás natural.

c) As usinas eólicas são viáveis em regiões onde a velocidade média dos ventos apresente potencial para gerar energia a partir de aerogeradores e isso exclui, no mundo, continentes como Ásia e Europa.

d) A composição da matriz mundial de produção de energia elétrica praticamente não mudou do começo do século XX até o início do século XXI, o que nos leva a crer que não há formas de extração de energia sem grandes impactos ambientais.

Indústria

1 (Unicamp-SP)

O atual avanço tecnológico permite produzir robôs de tamanho manejável e facilmente incorporados às estruturas produtivas ou à prestação de serviços. Em 2015, o custo de um robô soldador era de 8 dólares por hora, o equivalente ao custo da mão de obra para o mesmo trabalho no Brasil.

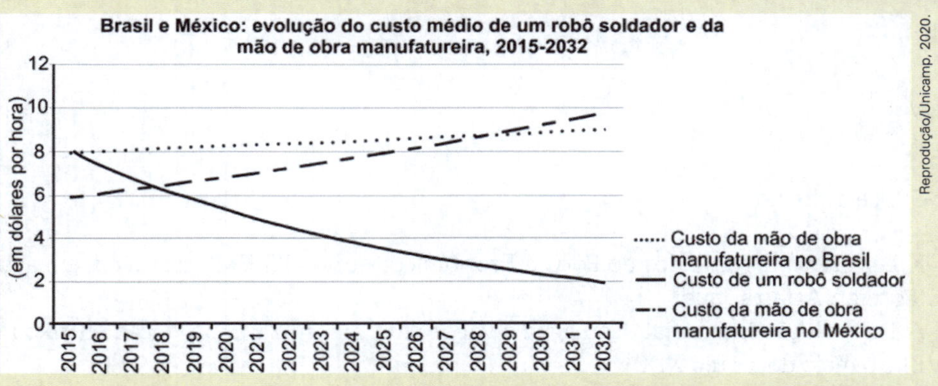

(Adaptado de CEPAL, *La ineficiencia de la desigualdad*, Santiago, 2018. p. 148. Disponível https://repositorio.cepal.org/bitstream/handle/11362/43442/6/S1800059_es.pdf. Acessado em 15/09/2019.)

a) Qual era relação entre o custo da mão de obra e a localização das indústrias transnacionais na segunda metade do século XX? Como a robótica poderá alterar essa relação?

____

____

b) Considerando a atual situação de desigualdade social do México e do Brasil, indique duas possíveis consequências do uso intensivo dessa nova tecnologia.

____

____

2 (ESPM) São exemplos de indústria de bens de produção e bens de consumo não duráveis, respectivamente, os setores da indústria:

a) Siderúrgica; eletrodoméstica.
b) Petroquímica; mecânica.
c) Madeireira; têxtil.
d) Automobilística; autopeças.
e) Naval; alimentícia.

3 (EsPCEx-SP) No atual estágio de desenvolvimento do capitalismo mundial, no qual se globalizam não só os mercados, mas também a produção, a palavra de ordem é competitividade. O modelo de produção flexível que vem sendo adotado pelas empresas traz significativos reflexos não apenas nas formas de organização produtiva, mas também nas relações de trabalho e nas políticas econômicas dos países.

Dentre esses reflexos podem-se destacar:

I. o apelo das indústrias pela intervenção do Estado na economia, sem interferir nas empresas privadas, de modo a criar condições para a melhoria do padrão de vida da população e, por conseguinte, fomentar o consumo.

II. a implementação gradual da economia de escala em substituição à economia de escopo, visando a reduzir o custo de produção a partir da fabricação de itens padronizados e em grande quantidade.

III. a implementação do just-in-time, método de organização da produção que visa a eliminar ou reduzir drasticamente os estoques de insumos, reduzindo custos e postos de trabalho e disponibilizando capital para novos investimentos.

IV. a disseminação, em diversos países desenvolvidos, de propostas de flexibilização da legislação trabalhista, com a redução dos salários e dos benefícios sociais, acarretando, em consequência, o enfraquecimento do movimento sindical.

Assinale a alternativa em que todas as afirmativas estão corretas.

a) I e II
b) I e III
c) II e III
d) II e IV
e) III e IV

4 (Fatec-SP) Leia o texto.

> Klaus Schwab, fundador do Fórum Econômico Mundial (FEM), escreveu, em artigo publicado na "Foreign Affairs", que:
>
> A 1ª revolução industrial usou água e vapor para mecanizar a produção entre o meio do século XVIII e o meio do século XIX.
>
> A 2ª revolução industrial usou a eletricidade para criar produção em massa a partir do meio do século XIX.
>
> A 3ª revolução industrial usou os eletrônicos e a tecnologia da informação para automatizar a produção na segunda metade do século XX.
>
> Agora, no século XXI, a 4ª revolução industrial é caracterizada pela fusão de tecnologias entre as esferas física, digital e biológica.
>
> <https://tinyurl.com/y72sm8v5>. Acesso em: 17.09.2018. Adaptado.

De acordo com a tendência expressa no texto, a última revolução industrial citada pelo autor caracteriza-se por

a) redes aéreas de comunicação e pela intensificação do uso do fordismo.
b) viagens interespaciais e pelo grande emprego de carvão mineral.
c) cabeamento telegráfico submarino e pela adoção do taylorismo.
d) computadores a válvula e pela utilização de linhas de produção.
e) internet móvel e pela inteligência artificial.

5 (UFU-MG) O setor produtivo é constituído por uma rede de interdependências ampliadas pela constituição de comunidades político-econômicas e mercados comuns.

A esse respeito, leia as seguintes afirmativas.

I. Uma das diferenças entre a empresa multinacional e a empresa global é resultado da mudança do conceito de autonomia operacional, esta devendo ser subordinada a uma estratégia de conjunto, adaptada às novas condições comerciais.

II. Alianças empresariais de grandes dimensões organizam os mercados e os circuitos de produção, de modo a se beneficiar de economias de escala, escolher as melhores implantações, aproveitar as especializações produtivas das empresas associadas e, assim, reduzir os custos de produção.

III. A criação de empresas-rede torna-se uma tendência e uma necessidade, resultantes de combinações entre o imperativo da integração e o imperativo da globalização. As empresas globais funcionam em redes, desenvolvendo ramificações e interdependências globais.

IV. As redes constituídas no território são tributárias de informações, cuja importância na produção aumenta significativamente. Como a globalidade da empresa relaciona-se com a participação dos serviços em suas atividades, empresas ligadas à informação são as que se globalizam com mais intensidade.

Assinale a alternativa correta.

a) Apenas I, II e IV são corretas.
b) Apenas II e III e IV são corretas.
c) I, II, III e IV são corretas.
d) Apenas I e III são corretas.

6 (UEPG-PR) Sobre os tipos de indústria, assinale o que for correto.

01) A indústria de bens de consumo é aquela que produz bens que são adquiridos diretamente pelos consumidores. Pode ser dividida em duráveis, como a automobilística e não duráveis, como a alimentícia.
02) A indústria de bens de capital produz, dentre outros, maquinário para outras indústrias.
04) No Brasil não existem polos importantes de indústrias de bens de consumo duráveis.
08) A fabricação de bens e equipamentos se insere na indústria intermediária, também chamada de indústria de bens de capital.
16) Siderúrgicas, metalúrgicas e petroquímicas são classificadas como indústrias de base, movimentando em sua produção muita matéria-prima.

7 (Famerp-SP)

> A Embraer, terceira maior fabricante de aviões comerciais do mundo, anunciou que vai estabelecer equipes no Vale do Silício, nos Estados Unidos. A Embraer não é a primeira fabricante de aviões a se estabelecer nessa região. Em 2015, a Airbus contratou um ex-executivo do Google para dirigir seus negócios no Vale do Silício.
>
> (https://economia.uol.com.br, 14.03.2017. Adaptado.)

O Vale do Silício, importante cenário produtivo mundial, destaca-se por concentrar

a) empresas de alta tecnologia.
b) indústrias siderúrgicas.
c) empresas de tecnologia militar.
d) indústrias de monitoramento por radar.
e) agências de pesquisas espaciais.

8 (UTFPR) O mundo moderno ainda sente os efeitos da revolução técnico-científica, assim como os países do planeta ainda se encontram em uma Divisão Internacional do Trabalho (DIT). A respeito desses temas, assinale a alternativa correta.

a) Por enquanto a revolução tecnológica aproximou os ganhos financeiros e sociais dos países do Norte e do Sul.
b) Os mesmos países ricos ainda dominam a cena de produção tecnológica e dos ganhos que advém dela.
c) O fim da Guerra Fria deu início à Guerra Tecnológica entre os países centrais e periféricos do planeta.
d) As trocas comerciais entre os países diminuíram com o aumento da produção industrial interna.
e) Como a DIT é causada pela especialização dos países, não pode haver relação com a revolução tecnológica.

9 (UEFS-BA)

> Os tomates escoam por um "rio" que lava a matéria-prima e a transporta até seu destino: retirada das cascas, das sementes, trituração, aquecimento. No final da linha, trabalhadores instalam sacos assépticos em barris metálicos azuis, que são ligados a um robô de enchimento fabricado na Itália, pressionam um comando e observam uma tela. Em poucos segundos, o saco de 220 litros se enche de extrato. "O processamento de tomate é uma atividade de baixa margem", esclarece Yu Tianchi, o mais alto dirigente da Cofco Tunhe, principal empresa de processamento de tomate da China. "É por isso que a Heinz compra nosso extrato".
>
> ("Para a África, produtos adulterados". Jean-Baptiste Mallet. www.diplomatique.org.br, 28.08.2017. Adaptado.)

No contexto da divisão internacional do trabalho, a fragmentação produtiva permite que as grandes empresas

a) concentrem-se em sua atividade-fim, obtendo maiores taxas de lucro.
b) reduzam suas propriedades, optando pelo ramo produtivo de menor demanda física.
c) compartilhem soluções inovadoras, firmando parcerias para valorizar países periféricos.
d) descentralizem centros de comando, atendendo as especificidades de seus mercados consumidores.
e) atenham-se à gestão de marcas, concentrando esforços na publicidade de seus produtos.

10 (UFPR)

> A desmaterialização da fábrica, com menos pessoas e mais programas de computador e máquinas automatizadas, a personalização dos produtos de luxo, o distanciamento entre vendedor e comprador e a rapidez na entrega são os eixos da nova "revolução" até 2025.
>
> ("Mercado da moda se articula e traça metas para nova revolução industrial". Folha de S. Paulo, 07/05/2017. Disponível em: <http://www1.folha.uol.com.br/ilustrada/2017/05/1881838-vigiar-e-consumir.shtml>. Acesso em 25 julho 2017.)

Sobre o futuro da indústria de confecção, afirma-se nesse texto que estaria em curso um novo modelo produtivo, baseado nas novas tecnologias de informação e comunicação.

A respeito do assunto, considere as seguintes afirmativas:

1. A terciarização é uma das principais características dessa nova revolução industrial.
2. "Menos pessoas e mais programas de computador e máquinas automatizadas" são características da terceira revolução industrial, cuja emergência se deu no final do século XX.
3. Entre os principais elementos responsáveis pelas intensas transformações desse novo modelo produtivo, estão os adventos do petróleo, da energia elétrica, do alumínio e do telefone.
4. Flexibilização, toyotismo, pós-fordismo, robótica e cibernética são alguns dos principais conceitos associados a esse momento histórico da nova revolução industrial.

Assinale a alternativa correta.

a) Somente a afirmativa 2 é verdadeira.
b) Somente as afirmativas 1 e 3 são verdadeiras.
c) Somente as afirmativas 2 e 4 são verdadeiras.
d) Somente as afirmativas 1, 3 e 4 são verdadeiras.
e) As afirmativas 1, 2, 3 e 4 são verdadeiras.

11 (Uerj)

> A empresa-rede pode realizar uma integração horizontal quando as diferentes unidades de produção fabricam produtos finais que constituem a essência do fluxo entre unidades que estão localizadas em países diferentes. Trata-se, na realidade, de uma especialização por produto. Um exemplo é a organização da Toyota no sudeste asiático, cuja distribuição de unidades de produção entre Tailândia, Malásia, Filipinas e Indonésia gera intenso fluxo intracorporativo.
>
> Adaptado de PIRES DO RIO, G. A espacialidade da economia: superfícies, fluxos e redes. *In:* CASTRO, I. e outros. *Olhares geográficos*: modos de ver e viver o espaço. Rio de Janeiro: Bertrand Brasil, 2012.

O sucesso da estratégia empresarial descrita depende da seguinte característica econômica entre os países participantes:

a) reduzidos índices de tarifas aduaneiras
b) eficientes sistemas de proteção laboral
c) elevados níveis de desenvolvimento tecnológico
d) semelhantes magnitudes de mercados consumidores

12 (UEFS-BA) Considerando-se os conhecimentos sobre o espaço da produção industrial mundial, é correto afirmar:

a) Uma estratégia própria do capitalismo pós-fordista está relacionada à formação de estoques com o consequente aumento dos lucros empresariais.
b) A industrialização tardia, realizada recentemente pelos países emergentes, só foi possível por causa da conquista da emancipação econômica por parte desses países.
c) O modelo flexível de produção leva, de modo geral, à concentração de trabalhadores nas áreas metropolitanas, com hipertrofia do setor secundário.
d) O crescimento do setor secundário chinês foi e continua sendo, mesmo após a abertura para o capital estrangeiro, fortemente marcado pela presença e controle do Estado, o qual intensifica *joint ventures* entre empresas estrangeiras e indústrias nacionais.
e) Os países de industrialização clássica se desenvolveram tecnologicamente ao longo da primeira metade do século XX, sendo que somente a Inglaterra se desenvolveu nesse sentido, durante a primeira Revolução Industrial.

13 (FGV-RJ) A partir da década de 1970, a informática e a eletrônica "diminuíram" o tempo e a distância e, graças à eficiência das novas tecnologias, tornaram possível a flexibilização da produção.

Sobre o modelo de produção flexível, assinale a afirmação correta.

a) A participação dos funcionários nas decisões possibilita a uniformização do processo produtivo.
b) A eliminação de estoques permite a redução dos custos e o aumento da produtividade.
c) A renovação da linha de montagem exige a contratação de numerosa mão de obra.
d) A adoção das novas tecnologias mantém a produção massificada e uniforme.
e) A valorização do trabalho individual garante o controle de qualidade.

14 (Unicamp-SP)

> Até hoje, a formação das classes médias esteve ligada à expansão da indústria e à elevação de seus níveis de produtividade. Historicamente, a indústria permitiu estruturar a representação política e sindical das categorias mais desfavorecidas da população em torno dos interesses que afetavam as grandes massas de trabalhadores. Já no contexto atual, marcado por um mundo menos industrializado e orientado para uma economia em que os serviços tendem a ser mais fragmentados e frequentemente artesanais ou informais, os interesses comuns dos trabalhadores são evidentemente muito mais difíceis de emergir. Considerando este quadro, a desindustrialização prematura dos países do Hemisfério Sul (com exceção do Leste Asiático) não é muito favorável a uma consolidação democrática.
>
> (Adaptado de Pierre Veltz, *La société hyper-industrielle*. Le nouveau capitalisme productif. Paris: Éditions du Seuil, 2017, p. 16.)

Com base no texto e em seus conhecimentos, responda às questões.

a) Que decreto-lei garantiu os principais direitos trabalhistas na Era Vargas e por que a menor presença de uma classe trabalhadora na indústria enfraquece os processos democráticos na contemporaneidade?
b) Indique e explique qual foi a principal mudança estrutural ocorrida na economia brasileira nas duas últimas décadas.

15 (UEMG) As indústrias modernas surgem a partir da Primeira Revolução Industrial e vem evoluindo tecnologicamente ao longo dos anos. Sobre os principais centros industriais brasileiros, é INCORRETO afirmar que

a) a Zona Franca de Manaus é um polo da produção industrial no norte do país.
b) a concentração industrial no Sudeste corresponde à área da megalópole brasileira.
c) o estado de Mato Grosso agrega o maior número de indústrias da Região Centro-Oeste.
d) o estado da Bahia concentra aproximadamente metade da produção industrial do Nordeste.

16 (ESPM) Leia o texto:

> A ideia de inovação industrial está relacionada à readequação tecnológica e ao aprimoramento técnico-científico que um país ou lugar consegue alcançar para que assim possa acompanhar as exigências das novas dinâmicas territoriais e a fluidez do mundo contemporâneo.
>
> *Geografia em Rede*. E; Adão & Laércio Furquim, São Paulo, FTD, 2018.

Um exemplo de polo industrial brasileiro que melhor retrata a ideia contida no texto é:

a) Vale do Paraíba em São Paulo onde se destacam centros de tecnologia espacial.

b) Volta Redonda no estado do Rio de Janeiro com importante centro de produção siderúrgica.

c) A região do ABC em São Paulo com modernos centros de informática.

d) Suape no estado da Bahia, o mais recente polo naval brasileiro.

e) Zona Franca de Manaus com recentes tecnopolos da robótica e automação.

17 (ESPM) Observe o mapa a seguir:

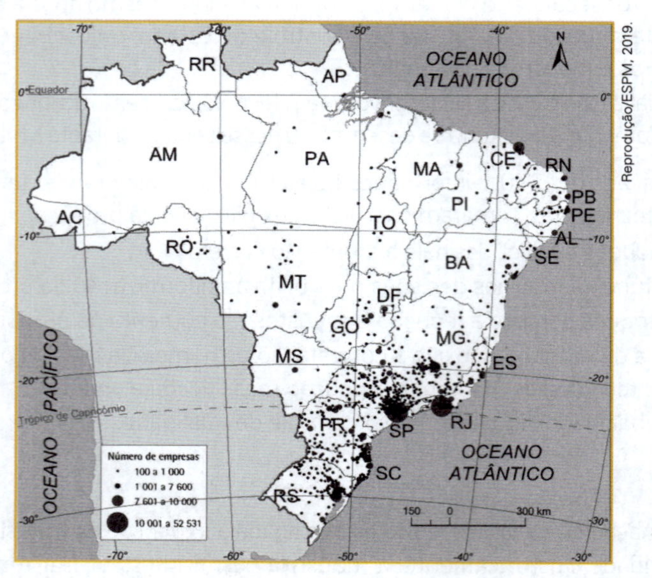

Fonte: IBGE, Diretoria de Pesquisas, Cadastro Central de Empresas.

A concentração no Centro-sul do fenômeno cartografado está relacionada a(ao):

a) a proximidade das jazidas carboníferas.

b) maior centro consumidor e oferta de mão de obra.

c) produção de energia eólica.

d) maior proximidade das centrais sindicais com a consequente articulação do operariado.

e) presença da malha ferroviária, única região do país em que supera a rodoviária.

18 (UEPG-PR-PSS 2) Sobre a industrialização brasileira, assinale o que for correto.

01) O Brasil não passou pelo processo de substituição de importações sendo totalmente dependente da compra de tecnologia industrial externa.

02) A Zona Franca de Manaus, localizada na região Norte, possui relevância na produção de eletrônicos para o país.

04) Apesar de haver desconcentração de atividade industrial no país, a maior parte desta atividade econômica encontra-se na região Sudeste.

08) O Plano de Metas, do presidente Juscelino Kubitschek, elevou o Brasil do patamar de país periférico do capitalismo a país desenvolvido, com criação de centros de pesquisa tecnológica, culminando no adiantado processo industrial brasileiro dos dias atuais.

19 (EsPCEx-SP) Analise a tabela a seguir referente à participação das regiões brasileiras no valor da transformação industrial:

Participação das regiões no valor da transformação industrial (%)

	1969	1979	1990	1995	1996	2001	2008
SUDESTE	80,3	73,4	70,8	70,9	68,4	64,6	62,2
SUL	11,7	15,3	16,8	16,4	17,4	19,2	18,3
NORDESTE	5,9	7,4	7,8	7,4	7,5	8,6	9,7
NORTE	1	2	3,4	3,8	4,5	5	6,2
CENTRO-OESTE	0,7	1,3	1,1	1,6	2,2	2,6	3,7

Disponível em http://www.ibge.gov.br/home/presidencial/noticias/noticia_visualiza.php?id_noticia=1653&rid_pagina1>

Tendo por base as características da industrialização brasileira e considerando os dados apresentados na tabela, é correto afirmar que

I. a partir da década de 1970, constata-se a perda de participação da Região Sudeste no valor total da produção industrial do País, como reflexo direto do desvio dos investimentos empresariais para novas localizações, longe das chamadas deseconomias de aglomeração daquela Região.

II. o significativo aumento do valor da produção industrial da Região Centro-Oeste pode ser explicado pela migração de indústrias de bens de capital de São Paulo, em busca de vantagens econômicas de produção nessa Região.

III. empresas inovadoras de alta tecnologia reforçaram sua concentração industrial na Região Sudeste, especialmente no estado de São Paulo, tendo em vista estarem ligadas aos centros de pesquisas avançadas, fundamentais à garantia da competitividade nos mercados interno e externo.

IV. a indústria automobilística tem se destacado no cenário da desconcentração espacial no País, buscando condições mais competitivas de produção, principalmente nas Regiões Norte e Nordeste, que apresentam menores custos de mão de obra.

Assinale a alternativa em que todas as afirmativas estão corretas.

a) I e III

b) II e III

c) I e IV

d) I, II e IV

e) II, III e IV

20 (PUC-PR) Suponha que você seja um consultor e foi contratado por uma grande multinacional que deseja instalar um grande complexo industrial no país. Algumas características dessa empresa: importará grande quantidade de insumos da África do Sul, exigindo instalações portuárias junto ao parque industrial; exportará seus produtos para o Mercosul, em especial para as megacidades da região; necessitará de mão de obra altamente especializada, encontrada, atualmente, em metrópoles regionais.

A cidade mais indicada para a instalação do complexo industrial é:

a) Curitiba.

b) São Paulo.

c) Porto Alegre.

d) Salvador.

e) Paranaguá.

21 (UPF-RS) A partir da Segunda Guerra Mundial, a indústria ganhou importância no processo econômico brasileiro. O Plano de Metas, elaborado no governo de Juscelino Kubitschek (1956-1961), impulsionou o crescimento econômico a partir da adoção de diversas medidas. Foi/Foram destaque nesse período:

a) Privatização de indústrias estatais de base, como a Companhia Siderúrgica Nacional.

b) Criação de polos industriais, com a finalidade de dispersão, como a Zona Franca de Manaus.

c) Adoção de inovações tecnológicas, como a indústria aeroespacial no Sudeste.

d) Abertura ao capital estrangeiro e estímulo à indústria, como a automobilística.

e) Políticas nacionalistas e de intervenção estatal, como a criação da Petrobrás.

22 (UEPG-PR) Sobre o processo de industrialização brasileira, assinale o que for correto.

01) Nos anos 1990, os governos social-democratas, no Brasil, foram marcados por políticas de Fernando Collor de Mello e FHC que visavam fortalecer as estatais brasileiras ligadas às comunicações e energia.

02) No governo Getúlio Vargas houve um processo de criação de empresas ligadas à mineração, caso da Companhia Siderúrgica Nacional e da Companhia vale do Rio Doce, da empresa de energia, a Petrobras, além da legislação trabalhista, a CLT.

04) O governo de Juscelino Kubitschek (1956-1961) contribuiu para internacionalizar mais a indústria nacional, atraindo capital estrangeiro e tendo como carro chefe dessa política montadoras de automóveis multinacionais.

08) Apesar do período conhecido como Milagre Econômico (1968-1973), onde o Brasil cresceu a altas taxas, porém com endividamento externo em expansão, a ditadura militar no país teve que conviver com a "década perdida" nos anos 1980, com alta inflação e até retração da atividade industrial o que contribuiu com o fim do regime militar.

16) A Crise de 1929, que como desdobramento no Brasil gerou a Crise do Café, gerou sérios problemas ao modelo agrário-exportador brasileiro. Diante disso, inicia-se um período mais organizado de industrialização do país, pois até então, as fábricas eram incipientes em território nacional.

23 (Vunesp)

> Em meados da década de 1970, as condições externas que haviam sustentado o sucesso econômico do regime militar sofreram alterações profundas.
>
> (Tania Regina de Luca. Indústria e trabalho na história do Brasil, 2001.)

As condições externas que embasaram o sucesso econômico do regime militar e as alterações que sofreram em meados da década de 1970 podem ser exemplificadas, respectivamente

a) pelos investimentos oriundos dos países do Leste europeu e pelo aumento gradual dos preços em dólar das mercadorias importadas.

b) pela ampla disponibilidade de capitais para empréstimos a juros baixos e pelo aumento súbito do custo de importação do petróleo.

c) pelos esforços norte-americanos de ampliar sua intervenção econômica na América Latina e pela redução acelerada da dívida externa brasileira.

d) pela ampliação da capacidade industrial dos demais países latino-americanos e pelo crescimento das taxas internacionais de juros.

e) pela exportação de tecnologia brasileira de informática e pela recessão econômica enfrentada pelas principais potências do Ocidente.

24 (UPE-SSA 2) Observe o organograma a seguir:

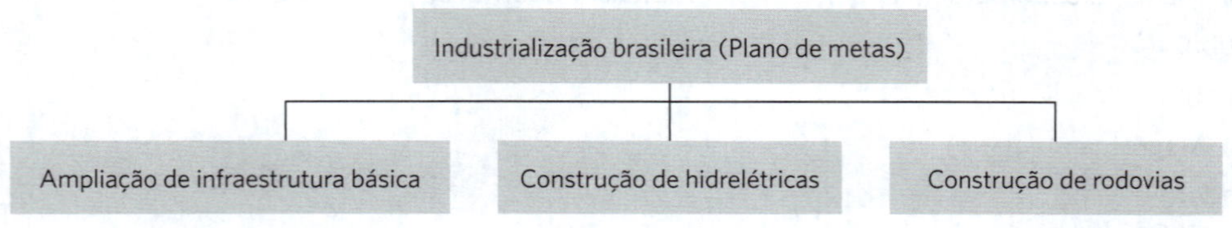

Fonte: Banca Elaboradora da UPE

Ele representa um período da industrialização brasileira, que instaurou uma política conhecida como

a) Integralismo.

b) Toyotismo.

c) Nacionalismo.

d) Fordismo.

e) Desenvolvimentismo.

25 (FGV-SP) No Brasil, o processo de reestruturação produtiva tem gerado um debate sobre terceirização das atividades industriais e suas repercussões na legislação trabalhista.

A esse respeito, analise as afirmações a seguir.

I. Em geral, as grandes empresas adotam a terceirização para se concentrar em sua atividade-fim, destinando as tarefas secundárias e suplementares para as pequenas e médias empresas.

II. Os movimentos sindicais denunciam que o processo de terceirização, entre outros problemas, ameaça direitos trabalhistas já conquistados.

III. Os empresários afirmam que a terceirização garante maior competitividade, porque aumenta a produtividade e reduz os custos.

Está correto o que se afirma em

a) II, apenas.

b) III, apenas.

c) I e II, apenas.

d) II e III, apenas.

e) I, II e III.

26 (Fepar-PR) Observe atentamente o gráfico abaixo.

Com base na figura e em conhecimentos sobre a participação histórica da atividade industrial no PIB brasileiro, julgue as afirmativas.

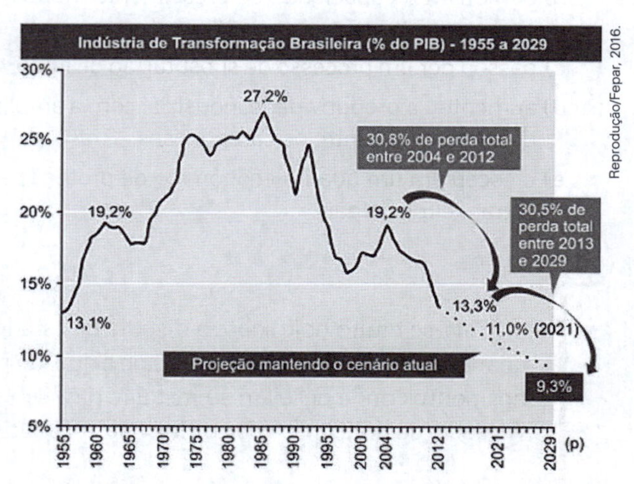

Fonte: SCN/IBGE Depecon/FIESP. (p) Projeção FEA/USP, Ribeirão Preto

( ) A participação da indústria no PIB nacional apresentou expressivo crescimento durante a ditadura militar, alcançando mais de 27% em meados da década de 80. Os governos militares se caracterizaram, sobretudo, pela expansão das indústrias de base e de bens duráveis.

( ) A queda acentuada no setor industrial registrada a partir de 2008 está relacionada não apenas ao aumento da taxa de juros (taxa Selic) e do Imposto sobre Produtos Industrializados (IPI), mas principalmente à crise econômica internacional.

( ) Durante a década de 90, a participação da indústria no PIB caiu dez pontos porcentuais. A hiperinflação do período afetou a produção nacional, que também sofreu as consequências da ampliação da abertura do mercado a empresas estrangeiras.

( ) A partir de 2004, registra-se a maior queda da participação industrial no PIB. A indústria é hoje o setor que mais demite no Brasil, especialmente em segmentos como a construção civil e o setor automotivo, reflexo da paralisação econômica do País e do consumo estagnado.

( ) A manutenção do cenário atual vai reduzir ainda mais a importância da indústria como fonte de geração de riquezas e empregos no Brasil. Hoje as atividades industriais já perderam o primeiro posto no PIB brasileiro para o agronegócio, setor em franca aceleração na economia.

27 (UEFS-BA)

> A estrutura das relações mercantis do estado de São Paulo com o exterior difere consideravelmente da dos demais estados por dois motivos: o conteúdo das exportações paulistas e o fato de a balança comercial do estado apresentar deficit constante.
>
> (Regina H. Tunes. "O reforço às desigualdades regionais no Brasil no século XXI". *In: Confins*, no 32, 2017. Adaptado.)

Um dos conteúdos das exportações e um dos motivos do *deficit* da balança comercial que diferenciam São Paulo dos demais estados correspondem, respectivamente,

a) ao maquinário agrícola e à dependência de produtos biotecnológicos estrangeiros.

b) aos produtos industriais de alta tecnologia e ao poder de consumo do amplo mercado consumidor.

c) aos produtos industriais de baixo valor agregado e ao baixo salário da mão de obra pouco especializada.

d) aos bens de consumo intermediários e às importações de bens de consumo duráveis.

e) às *commodities* de grande valor comercial e ao grande volume de importações de bens industrializados.

28 (UEFS-BA)

> Os bens de consumo manufaturados, responsáveis por mais de 10% do valor total das importações em 1938-39, recuaram para 3% em 1960. No mesmo período, porém, combustíveis e bens de capital, que correspondiam juntos a 43% dos produtos importados, elevaram suas participações para 53,8%.
>
> (Felipe Pereira Loureiro. *Empresários, e grupos de interesse*, 2017. Adaptado.)

Com base no excerto, a economia brasileira, no período de 1938 a 1960,

a) foi pouco abalada pelos efeitos da crise econômica dos anos trinta e tornou-se autossuficiente na extração de petróleo.

b) demonstrou capacidade de crescimento industrial sem contar com estímulos e programas econômicos governamentais.

c) passou por um processo de substituição de importações e de desenvolvimento da indústria automobilística.

d) aumentou a produtividade industrial com a ampliação do mercado consumidor devido à divisão dos grandes latifúndios entre os camponeses.

e) cresceu em um quadro econômico de proteção à indústria nacional e de restrições à entrada de capitais estrangeiros no país.

29 (FGV-SP)

> Fala-se muito hoje sobre a disputa de estados e municípios pela busca por empresas para se instalarem lucrativamente. A realidade é que, do ponto de vista das empresas, o mais importante é que nos pontos onde desejam se instalar haja um conjunto de circunstâncias vantajosas. Trata-se, na verdade, de uma busca por municípios produtivos.
>
> (Milton Santos e Maria L. Silveira. *O Brasil*, 2006. Adaptado)

A disputa entre estados e municípios descrita no excerto corresponde

a) à especulação fundiária, na qual um dos benefícios é o alto valor da terra.

b) à guerra fiscal, na qual um dos benefícios é a isenção de impostos.

c) à desregulamentação econômica, na qual um dos benefícios é a livre iniciativa das empresas.

d) à guerra regional, na qual um dos benefícios é a flexibilização da produção.

e) à economia de mercado, na qual um dos benefícios é o mercado consumidor.

Agropecuária

1 (Famerp-SP)

> De acordo com o último Censo Agropecuário, esse modelo de agricultura é a base da economia de 90% dos municípios brasileiros com até 20 mil habitantes. Além disso, é responsável pela renda de 40% da população economicamente ativa do País e por mais de 70% dos brasileiros ocupados no campo – 84% dos estabelecimentos rurais respondem por essa lógica. "A tendência é esse número crescer cada vez mais, principalmente com a procura por produtos agroecológicos", afirma o secretário Jefferson Coriteac, do Ministério da Agricultura, Pecuária e Abastecimento.
>
> (www.mda.gov.br, 12.06.2018. Adaptado.)

O modelo de agricultura que reúne as características apresentadas no excerto corresponde

a) à agricultura familiar, que se apresenta restrita em área, mão de obra e capital investidos.

b) à agricultura orgânica, que se baseia no uso sustentável da terra e dos insumos utilizados.

c) à agricultura patronal, que se baseia na contratação de mão de obra qualificada para seus cultivos.

d) ao agronegócio, que se baseia no uso de tecnologia nas diferentes etapas do processo produtivo.

e) ao sistema agroflorestal, que se pauta no extrativismo de matérias-primas com alto valor comercial.

2 (Unicamp-SP) O gráfico a seguir mostra que o Brasil tem registrado, nos últimos anos, crescimento da violência no campo. Assinale a alternativa que indica corretamente o que vem motivando esse fenômeno e em que região tem predominado esse tipo de ocorrência.

(Fonte: Centro de Documentação Dom Tomás Balduino – CPT.)

a) A expulsão de agricultores familiares pelo avanço das culturas da cana-de-açúcar e do algodão tem gerado conflitos entre pequenos e grandes proprietários de terra; região Centro-Oeste.

b) A fragmentação da propriedade em áreas de colonização dirigida e a disputa pela posse da terra entre herdeiros vêm produzindo violência agrária; região Norte.

c) A rivalidade entre trabalhadores rurais e criadores extensivos de gado bovino no Pantanal e nas chapadas mato-grossenses tem resultado em violência agrária; região Centro-Oeste.

d) A disputa pela terra envolvendo grileiros contra posseiros em áreas de expansão de monocultivos e de projetos de exploração mineral e madeireira tem gerado violência; região Norte.

3 (UFSC) A mídia nacional e internacional noticiou, em agosto de 2018, que a multinacional Monsanto foi obrigada a pagar US$ 290 milhões num processo judicial, como publicou o Diário Catarinense em 12/08/2018: Monsanto é condenada a pagar US$ 290 milhões à vítima de câncer por não alertar sobre o perigo em herbicida e o UOL em 10/08/2018: Monsanto culpada em caso de herbicida com glifosato nos EUA. A decisão está atrelada ao uso de agrotóxico na agricultura.

Sobre a agricultura do Brasil e agrotóxicos, é correto afirmar que:

01) o Brasil está entre os países que menos consomem agrotóxicos no mundo e o seu uso está rigidamente regulamentado e controlado pelo governo federal, que tem posição explicitamente contrária ao seu uso.

02) o uso indiscriminado desses agrotóxicos e a exposição prolongada a eles no longo prazo podem provocar doenças e poluir o meio ambiente, sendo que os trabalhadores rurais, os moradores do campo consumidores de água e de alimentos são grandemente afetados, assim como a população em geral.

04) a crescente mecanização das atividades agrícolas no Brasil, especificamente no Centro-Sul, provocou uma intensa atração de trabalhadores rurais de outras regiões do país em busca de trabalho.

08) a concentração de terras nas mãos de poucos proprietários, o elevado índice de áreas desmatadas e improdutivas, as más condições de trabalho e de vida dos trabalhadores rurais são alguns dos problemas agrários no Brasil.

16) a questão agrícola no Brasil decorre de uma política de Estado persistente ao longo do tempo que se mantém longe das influências do mercado externo ou do momento político-econômico.

32) o péssimo estado de conservação das rodovias e do setor de armazenagem, o roubo de cargas e os preços excessivos dos combustíveis são fatores que causam sérios problemas como, por exemplo, a greve dos caminhoneiros, em maio deste ano, que trouxe imensos transtornos à população brasileira.

64) a atual produção de alimentos no Brasil é feita de forma preponderante pelo aumento da produtividade e pela brusca diminuição da produção por meio da incorporação de novas áreas no Norte do país como forma de evitar o desmatamento da região.

4 (Uece) No grande setor agropecuário, alimentar e energético do Brasil, podem ser identificados diversos ramos e produtos específicos, cada um apresentando sua configuração regional e conformando seu próprio circuito espacial produtivo. Com base nesse tema, relacione corretamente os produtos apresentados a seguir com suas respectivas distribuições geográficas, numerando a Coluna II de acordo com a Coluna I.

Coluna I	Coluna II
1. SOJA	( ) Pela necessidade abundante de água para garantir a sua produção, ocupa, especialmente no sertão nordestino, os vales dos rios São Francisco, Açu e Jaguaribe, onde encontra o ambiente apropriado para uma produtividade ampliada.
2. CANA-DE-AÇÚCAR	( ) É hoje uma das principais *commodities* do agronegócio brasileiro, com sua produção ocupando regiões tradicionais de plantio no Sul do Brasil que se estenderam aos cerrados do Centro-Oeste e do Nordeste do país.
3. CAFÉ	( ) Símbolo da produção agroexportadora brasileira no período colonial, foi, durante séculos, quase um monopólio da região Nordeste, tendo hoje o estado de São Paulo como seu maior e mais moderno produtor.
4. FRUTICULTURA	( ) Até há poucas décadas era produzido principalmente no estado de São Paulo e no norte do Paraná, mas mudou seu centro de produção para Minas Gerais e para polos secundários no Espírito Santo, Bahia e Rondônia.

A sequência correta, de cima para baixo, é:

a) 4, 1, 2, 3.
b) 2, 3, 4, 1.
c) 1, 4, 2, 3.
d) 4, 1, 3, 2.

5 (Unicamp-SP) Assinale a alternativa correta sobre a presença de agrotóxicos e de sementes transgênicas na agricultura brasileira.

a) O uso de agrotóxicos e sementes transgênicas associa-se à busca de maior produtividade, sobretudo em áreas de fronteira agrícola.
b) As sementes transgênicas e o uso de agrotóxicos adequados ampliaram o interesse de países da União Europeia pelos produtos agrícolas brasileiros.
c) O uso de agrotóxicos no Brasil reduziu a necessidade de aproveitamento das sementes transgênicas nos cultivos agrícolas de grãos no país.
d) Por ser signatário de acordos internacionais, o Brasil reduziu o uso de agrotóxicos e sementes transgênicas em áreas próximas a mananciais.

6 (Unioeste-PR)

> "O estudo da agricultura brasileira deve ser feito no bojo da compreensão dos processos de desenvolvimento do modo capitalista de produção do território brasileiro. [...]. Esse processo deve ser entendido também no interior da economia capitalista atualmente internacionalizada, que produz e se reproduz em diferentes lugares do mundo, criando processos e relações de interdependência entre Estados, nações e sobretudo empresas"
>
> OLIVEIRA, A. U. de. Agricultura brasileira: transformações recentes. In_: ROSS, J. L. S. *Geografia do Brasil*. São Paulo: Edusp, 2003, p. 467-534.

Considere a informação acima e assinale a alternativa INCORRETA.

a) A evolução da agricultura capitalista ocorreu após a Revolução Industrial e o crescimento da população urbana e da população total global, o que demandou maior quantidade de produtos agrícolas. O aumento da produtividade, sem necessariamente ampliar a área de cultivo, foi possível devido à Revolução Agrícola.

b) A Revolução Verde configurou-se como um pacote tecnológico com novas técnicas de cultivo, equipamentos para mecanização, fertilizantes, defensivos agrícolas e sementes selecionadas. Foi concebida pelos Estados Unidos da América e, por isso, ao ser implementada em outros países, trouxe uma série de problemas ambientais e inadequações quanto ao tipo de solo e clima.

c) A Revolução Verde foi uma forma de expansão da indústria americana sobre países subdesenvolvidos, que passaram a ser dependentes de implementos agrícolas, sementes e defensivos. Todavia, isso não contribuiu para o aumento da produção agrícola e não influenciou a concentração fundiária dos países receptores desse pacote tecnológico.

d) O processo de urbanização exerce pressão sobre os recursos naturais, pois as pessoas que residem nas cidades não produzem seus alimentos, os quais são provenientes das áreas rurais. A produção em massa na área rural, sem manejo do solo ou uso de técnicas adequadas, por sua vez, resulta em problemas ambientais tais como erosão, assoreamento, eutrofização e salinização.

e) Se o agronegócio (ou *agrobusiness*) no Brasil, por um lado, eleva a produtividade agrícola, gera superavit nas exportações e é responsável por cerca de 25% do PIB, por outro, pressiona a questão agrária, aumenta a monocultura e a concentração da propriedade rural além de deixar muitos trabalhadores rurais sem terra e sem condições para prover sua permanência na área rural.

7 (Uece)

> Assinalar a extemporaneidade da expressão *agrobusiness*, comumente atrelada a esse modelo de exploração, não deixa de ser pertinente, já que parece bastante impróprio utilizá-la para referendar a comparação a que se propõe. [...] flagra-se a realidade em que foi originalmente forjado e a brasileira. Portanto é inegável a sua descontextualização, ainda que se queira destacar setores do campo tido como modernos.
>
> Paulino, E. T. *Por uma geografia dos camponeses*. Unesp. 2006. p. 104.

O pensamento da autora em relação à questão agrária brasileira demonstra que o setor agrário

a) é linear e homogêneo em todo o país.

b) é mais desenvolvido nas regiões Sul, Sudeste e Nordeste.

c) apresenta diferenças sociais, culturais e econômicas.

d) tem experimentado um crescimento igual ao dos países desenvolvidos.

8 (Unicamp-SP)

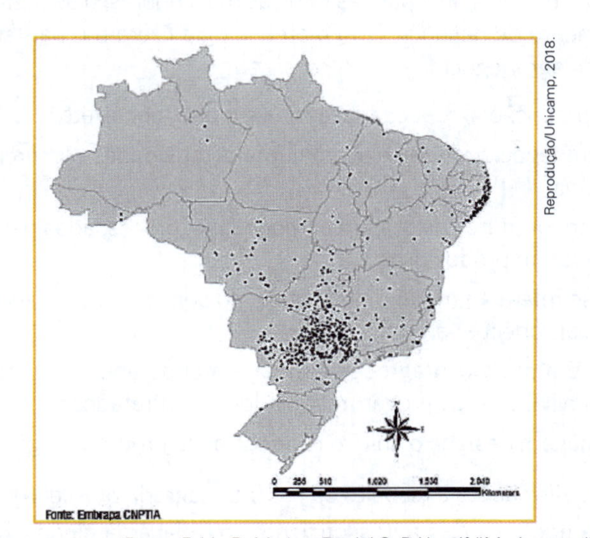

Reprodução/Unicamp, 2018.

(Fonte: Fabio R. Marin e Daniel S. P. Nassif "Mudanças climáticas e a cana-de-açúcar no Brasil: fisiologia, conjuntura e cenário futuro". *Revista Brasileira de Engenharia Agrícola e Ambiental*. v. 17, n 2, 2013, p. 233.)

A figura acima indica a distribuição de usinas sucroenergéticas no Brasil em 2010. Essas usinas provocaram aumento da produção de vinhaça, resíduo pastoso e malcheiroso resultante da destilação do caldo de cana-de-açúcar fermentado.

Assinale a alternativa correta.

a) No Centro-Oeste, as usinas estão concentradas em áreas anteriormente ocupadas pelo Cerrado; quando a vinhaça atinge os rios, ocorre aumento na quantidade de micro-organismos nocivos aos peixes.

b) O processamento da cana no Sudeste está concentrado no Vale do Paraíba; a vinhaça é rica em compostos sulfurados, leva à contaminação ambiental e não serve como fertilizante.

c) As usinas do Nordeste concentram-se no Agreste; a vinhaça é rica em matéria orgânica e pode ser utilizada como adubo para o solo.

d) Na região Norte há poucas usinas, situadas apenas nas Terras Altas amazônicas; a vinhaça é rica em matéria orgânica, mas o processo de destilação elimina seus nutrientes.

9 (UEM-PR) Sobre as atividades econômicas desenvolvidas no meio rural e as transformações do espaço em território brasileiro, assinale o que for correto.

01) Nas últimas décadas, especificamente a partir dos anos de 1990, combinaram-se aumento da produção com diminuição da área plantada de feijão, denotando ganhos de produtividade da cultura.

02) Uma das principais características do Brasil é que, no contexto de expansão da fronteira, evita-se o avanço sobre as áreas com cobertura vegetal natural.

04) Até o início da década de 1930, o produto agrícola responsável pela maior expansão da fronteira agrícola para o interior do Brasil foi a soja.

08) Atualmente, o Nordeste é a maior região produtora de cana-de-açúcar; nas últimas décadas, o aumento da produção dessa cultura pode ser explicado pela tradição regional em seu cultivo.

16) O extrativismo vegetal faz referência à produção oriunda das culturas agrícolas temporárias e da horticultura.

10 (Uece) Sobre o grande setor agropecuário e alimentar do Brasil, é correto afirmar que

a) na divisão territorial do trabalho agropecuário, as regiões Sudeste, Sul e Centro-Oeste foram as menos atingidas pelos processos de modernização, razão pela qual ainda dependem de uma agricultura de sequeiro.

b) a soja é hoje uma das principais *commodities* do agronegócio brasileiro, com sua produção ocupando regiões tradicionais de plantio, no Sul do país, que se estenderam aos cerrados do Centro-Oeste e do Nordeste.

c) a modernização da agropecuária brasileira não apenas amplia os padrões de produção agrícola e industrial nas zonas rurais, mas também estabelece uma dicotomia cada vez maior entre campo e cidade.

d) no que tange à produção de alimentos para as famílias mais pobres, o advento das inovações tecnológicas e o amplo desenvolvimento de pesquisas em biotecnologia fizeram o país substituir as lavouras da agricultura familiar pelas do agronegócio.

11 (UEM-PR) A respeito da produção agropecuária, assinale o que for correto.

01) *Agrobusiness* ou agronegócio refere-se ao conjunto de atividades comerciais e industriais vinculadas à produção agropecuária.

02) *Commodities* designam produtos de origem agropecuária, processados pela indústria e comercializados dentro do país onde foram produzidos.

04) Estrutura fundiária se refere ao modo de utilização do solo e à intercalação de cultivos em uma determinada propriedade agropecuária.

08) Agricultura familiar é a produção agropecuária que atende apenas às necessidades de consumo do produtor e de sua família, sem empregar trabalhadores contratados.

16) Agricultura de jardinagem designa o cultivo residencial de produtos orgânicos.

12 (UFRGS-RS) Considere as afirmações a respeito da estrutura agrária brasileira.

I. A modernização do campo tornou-o autossuficiente em relação à cidade, destino da produção agrícola brasileira.

II. A modernização da agricultura tornou as paisagens agrícolas homogeneizadas, em virtude da especialização produtiva para atender ao mercado cada vez mais exigente.

III. As modificações na estrutura fundiária provocaram desemprego no campo e êxodo rural, além do aumento do número de trabalhadores sem direito à terra, com consequente exclusão social.

Quais estão corretas?

a) Apenas I.
b) Apenas II.
c) Apenas III.
d) Apenas II e III.
e) I, II e III.

13 (UFU-MG) O Brasil comumente é "vendido" como um país com múltiplas regiões e com diversidade na produção de alimentos. Para alimentar a população com sabor, saúde e abundância, os meios de comunicação repetem por meio de imagens coloridas o sucesso do agronegócio brasileiro: "Agro é Tec", "Agro é Pop", "Agro é Tudo".

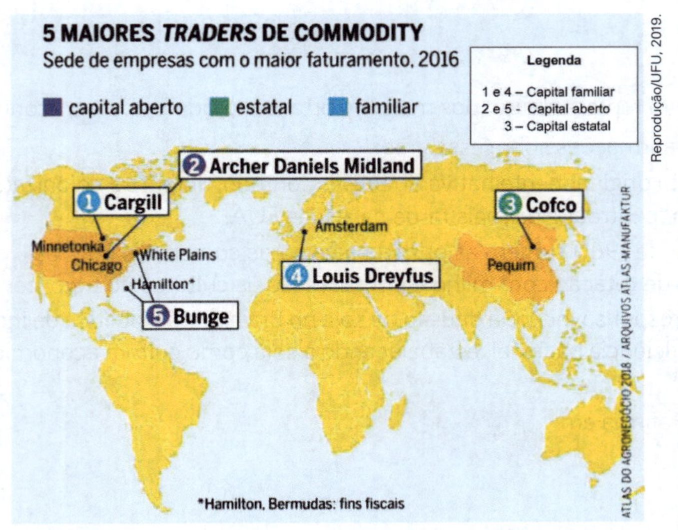

Fonte: SANTOS, Marueem, GLASS, Verena (orgs.). *Altas do agronegócio*: fatos e números sobre as corporações que controlam o que comemos. Rio de Janeiro: Fundação Heinrich Böll, 2018, p. 28. (Adaptado)

A partir do texto e da figura acima, responda.

a) Conforme apresentado na figura, quais são os impactos do monopólio das empresas-rede para a segurança alimentar da população mundial?

b) Discorra sobre **duas** consequências econômicas e sobre **duas** ambientais oriundas dos processos apresentados no texto e na figura.

14 (Uece) Considerando a paisagem e a formação territorial do estado do Ceará, é correto afirmar que

a) além de estimular o povoamento de parcelas do sertão semiárido, a cultura algodoeira desenvolveu a indústria têxtil, atrelando agricultura e atividade manufatureira no estado.

b) em função das precariedades socioeconômicas impostas pelas condições históricas de semiaridez, não há incorporação de novos padrões modernos na agricultura cearense.

c) durante a fase de ocupação do território, a partir da agroindústria canavieira, destacou-se a utilização de força de trabalho escrava e uma acumulação com forte dependência do mercado externo.

d) os litorais cearenses sempre se apresentaram como espaços de lazer e consumo, de onde partiram as primeiras ocupações de portugueses para posterior desbravamento do sertão semiárido.

15 (Famema-SP) A concentração fundiária, a mecanização do campo e a facilidade de acesso aos serviços sociais nas cidades brasileiras explicam

a) a desmetropolização.

b) o êxodo urbano.

c) a transição demográfica.

d) o êxodo rural.

e) a conurbação.

16 (Uece) A soja brasileira representa um dos mais importantes produtos para a economia nacional.

Analise as seguintes afirmações sobre esse grão:

I. A soja é uma planta originalmente nativa do Brasil. Contudo, durante a colonização do território foi levada para a Europa, sendo introduzida mais tarde na Ásia e EUA.

II. A partir da década de 1960 surgem as primeiras lavouras comerciais no Brasil, que se integraram rapidamente no sistema de rotação com milho e em sucessão às culturas do trigo, cevada e aveia.

III. Dentre os fatores responsáveis pela difusão da soja no Brasil, está a política de incentivo ao plantio do grão visando à autossuficiência nacional, estabelecendo a soja como cultura economicamente importante para o Brasil.

Está correto o que se afirma em

a) I e II apenas.

b) II e III apenas.

c) I e III apenas.

d) I, II e III.

Urbanização

1 (Unesp-SP) O processo de desmetropolização, observado no Brasil desde o final do século XX, é caracterizado

a) pela retração do setor terciário diante dos movimentos urbanos de compartilhamento de bens e serviços

b) pelo conflito jurídico na regulação do solo urbano, como resultado da conurbação entre as cidades.

c) pelo registro de maior crescimento populacional em cidades médias, quando comparado ao das metrópoles.

d) pela redução das manchas metropolitanas como resultado de uma saturação populacional.

e) pela fragmentação de metrópoles em sub-regiões, para otimizar recursos financeiros e administrativos.

2 (UFSC)

> A identificação e a delimitação das maiores aglomerações de população no país têm sido objeto de estudo do IBGE desde a década de 1960, quando o fenômeno da urbanização se intensificou e assumiu, ao longo dos anos, formas cada vez mais complexas. A necessidade de fornecer conhecimento atualizado desses recortes impõe a identificação e a delimitação de formas urbanas que surgem a partir de cidades de diferentes tamanhos, em face da crescente expansão urbana não só nas áreas de economia mais avançada, mas também no Brasil como um todo.

O estudo "Arranjos populacionais e concentrações urbanas do Brasil", do IBGE, constitui um quadro de referência da urbanização no país. Tal quadro foi obtido a partir de critérios que privilegiaram a integração entre os municípios.

IBGE. *Arranjos populacionais e concentrações urbanas no Brasil*. Coordenação de Geografia. 2. ed. Rio de Janeiro: IBGE, 2016. Disponível em: https://biblioteca.ibge.gov.br/visualizacao/livros/liv99700.pdf. [Adaptado]. Acesso em: 20 ago. 2019.

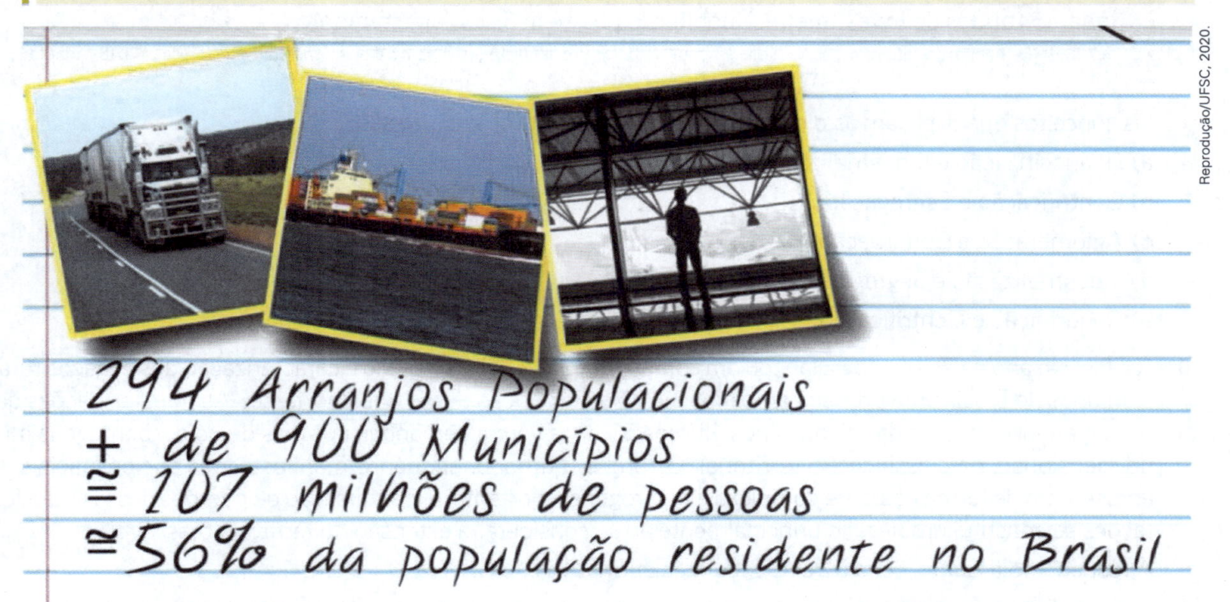

IBGE. O que é concentração urbana – IBGE Explica. Disponível em: https://www.youtube.com/watch?v=G5YsSBc98Po. Acesso em: 20 ago. 2019.

Sobre o processo de urbanização e a metropolização no Brasil, é correto afirmar que:

01) o agrupamento de dois ou mais municípios onde há uma forte integração populacional devido ao movimento de transumância por motivo de estudo caracteriza o que se denomina "metrópole regional".

02) a figura e o texto permitem deduzir que as aglomerações de caráter metropolitano, com destaque para aquelas com população superior a 2.500.000 habitantes, constituem parte importante dos arranjos populacionais, como é o caso de São Paulo/SP, Rio de Janeiro/RJ, Belo Horizonte/MG, Recife/PE, Porto Alegre/RS, Salvador/BA, Brasília/DF, Fortaleza/CE e Curitiba/PR.

04) os centros regionais que surgiram a partir dos anos 1980 com novos arranjos populacionais alteraram o padrão hegemônico das grandes metrópoles na rede urbana do país, causando uma diminuição da violência e dos problemas com habitação nas maiores capitais da região Sudeste.

08) o Brasil tornou-se um país predominantemente urbano já na primeira metade do século XX, quando mais de 50% da sua população passou a residir em cidades importantes da região Sudeste.

16) o processo de urbanização no Brasil não ocorreu de modo homogêneo pelo território e se deu de forma desordenada na maioria dos centros urbanos do país.

32) as cidades que concentram a maior parte da população do Brasil, embora tenham surgido de pequenos núcleos de povoamento no processo de ocupação do território, não podem ser consideradas "cidades espontâneas" porque sofreram processos de planejamento.

64) o IBGE considera como população urbana no Brasil as pessoas que residem no interior do perímetro urbano de cada município e, como população rural, as que residem fora desse perímetro.

3 (Fuvest-SP)

Em Barcelona, em 2012 e 2013, a cada 15 minutos uma família recebia ordem de despejo. Desde então, o panorama da habitação mudou totalmente. "(...) Estamos assistindo uma onda de especulação imobiliária (...) que agora se foca no aluguel", explica Daniel Pardo da Associação de Moradores para um Turismo Sustentável. "Este fenômeno pôs em marcha um processo acelerado e violento de

> expulsão de inquilinos", acrescenta. Onde a pressão da especulação imobiliária internacional e a indústria do turismo causaram um aumento substancial nos preços dos aluguéis, os catalães têm hoje de gastar mais de 46% dos seus salários com o aluguel. Para os jovens até os 35 anos, a taxa de esforço aumenta até os 65% (...). "Não queremos que os habitantes de Barcelona sejam substituídos por pessoas com maior poder de compra", diz a porta-voz do Sindicato dos Inquilinos. Só em Barcelona, 15 fundos de investimento imobiliário possuem 3.000 apartamentos.
>
> "Os habitantes querem a sua cidade de volta". *Reportagem de Ulrike Prinz para o Goethe-Institut Madrid.* Maio/2018. Adaptado.

Os conceitos que explicam as dinâmicas urbanas descritas no excerto são:

a) Financeirização e Industrialização.

b) Gentrificação e Segregação.

c) Aglomeração e Conurbação.

d) Industrialização e Segregação.

e) Conurbação e Gentrificação.

4 (UFPR) No ano de 2017, o IBGE lançou um estudo intitulado "Classificação e caracterização dos espaços rurais e urbanos do Brasil: uma primeira aproximação". Na introdução desse trabalho, lê-se: "As transformações que ocorreram no campo e nas cidades nos últimos 50 anos vêm a demandar, nos dias de hoje, abordagens multidimensionais na classificação territorial. O rural e o urbano, enquanto manifestações socioespaciais, se apresentam de forma bastante complexa e heterogênea, portanto, a identificação de padrões dessas manifestações se constitui um desafio principalmente ao se considerar a extensão do território brasileiro".

A respeito do assunto, considere as seguintes afirmativas:

1. Essa discussão ganha relevância proporcionalmente ao aumento das atividades não agrícolas no meio rural e à intensificação da pluriatividade.
2. A aceleração do processo de urbanização no Brasil no início do século XXI e a intensificação do êxodo rural motivam a retomada da discussão sobre o tema.
3. A relevância do estudo justifica-se pela necessidade de se superar a determinação federal, que considera cidade as áreas urbanas de todas as sedes municipais.
4. Uma das formas de manifestação da complexidade do rural e do urbano na atualidade pode ser identificada a partir do crescente aumento das áreas de segunda residência, além da implantação de empreendimentos residenciais, como os condomínios fechados.

Assinale a alternativa correta.

a) Somente as afirmativas 1 e 2 são verdadeiras.

b) Somente as afirmativas 2 e 3 são verdadeiras.

c) Somente as afirmativas 3 e 4 são verdadeiras.

d) Somente as afirmativas 1, 3 e 4 são verdadeiras.

e) As afirmativas 1, 2, 3 e 4 são verdadeiras.

5 (Uece) A recente complexidade assumida pela urbanização brasileira representa muito bem o conjunto de diversidades das formas e processos socioespaciais contemporâneos. Acerca desse tema, é correto afirmar que

a) a ocupação urbana do território brasileiro tem como um de seus traços característicos a distribuição de suas metrópoles em uma faixa de até 100 quilômetros do litoral.

b) no contexto da urbanização brasileira do século XXI, as cidades dependem economicamente do campo, principalmente porque a produção do agronegócio ainda responde pela maior parte das exportações do País.

c) a extensão da urbanização brasileira contribui para uma ocupação esparsa do País por atividades de caráter urbano, que resulta numa dispersão desse processo em escala territorial.

d) a articulação de cidades no Brasil obedece a uma lógica de hierarquia pautada no tamanho das formas urbanas, o que conforma uma rede de relações definida em função da proximidade geográfica.

6 (UFU-MG)

> Segundo o IBGE, dentre os 5.564 municípios existentes no país, 4.625 não são considerados centros de gestão. Essas informações foram obtidas por meio de pesquisas realizadas pelo instituto que investigou as principais ligações de transporte em direção aos centros de gestão, bem como os principais destinos dos moradores até as metrópoles para obterem bens e serviços.
>
> https://ww2.ibge.gov.br/home/geociencias/geografia/regic.shtm?c=7. Acesso em 05.fev.2019.

Considerando-se a hierarquia urbana brasileira, é correto afirmar que

a) devido à distância do centro econômico e administrativo do país, as metrópoles regionais, a exemplo de Manaus, têm pouca importância na rede urbana brasileira.

b) a hierarquia entre as cidades deixou de ser relevante devido à homogeneização dos fluxos entre as cidades e ao atendimento às necessidades básicas da população.

c) as populações, que vivem em regiões com redes urbanas menos adensadas, têm o mesmo acesso aos bens devido ao desenvolvimento dos meios de comunicação e de transportes.

d) essa hierarquia apresenta grande concentração de serviços nas metrópoles e nas capitais regionais, o que dificulta o acesso aos serviços públicos essenciais aos moradores de cidades menores.

7 (IFCE) A questão da moradia no Brasil, em especial nos grandes centros urbanos, a exemplo de Fortaleza, é um problema social que ocorre em muitos municípios. Sobre essa questão, é incorreto afirmar-se que

a) as ocupações em áreas irregulares e a ampliação e surgimento de favelas são consequências de um processo de urbanização desordenado e sem planejamento.

b) mesmo tendo diversas opções de moradia, áreas impróprias para a ocupação, como as margens de rios e encostas de morros, são escolhidas por alguns grupos populacionais, principalmente por razões culturais e afetivas.

c) questões relacionadas com o desemprego, desigualdade social, violência e exclusão social estão entre os grandes problemas enfrentados nos centros urbanos brasileiros desde a intensificação da urbanização no país.

d) a questão da moradia no Brasil não se restringe à falta de uma casa para as famílias. Ela é muito mais ampla e envolve problemas relacionados à ausência de saneamento básico, asfaltamento das ruas, iluminação pública e redes de água tratada.

e) a deficiência no planejamento e execução de políticas públicas no espaço urbano são alguns dos principais responsáveis pela formação e manutenção das problemáticas sociais nas cidades brasileiras.

8 (UEM-PR PAS) Sobre as grandes aglomerações urbanas, assinale o que for correto.

01) As metrópoles são zonas que concentram vários municípios, cujo poder municipal torna-se reduzido frente à gestão intermetropolitana de uma Prefeitura Central. Os serviços de abastecimento de água, de saneamento básico e de coleta de lixo são, no caso das metrópoles, prestados por consórcios intermunicipais.

02) As cidades globais não são necessariamente aquelas com grande população. São cidades que concentram sedes de empresas transnacionais e também atividades relativas aos mercados financeiros internacionais e que prestam outros serviços ligados à globalização da economia. Zurique, na Suíça, é um exemplo de cidade global, mas sem ser altamente populosa.

04) Algumas cidades podem ser simultaneamente cidades globais e megacidades, como Nova York e São Paulo, que são polos centrais de uma grande aglomeração urbana. Exercem papel de comando em diversos setores, como de serviços e de negócios com nível de importância transnacional e estão conectadas aos fluxos globalizados.

08) Uma área urbana com mais de 10 milhões de habitantes é definida como megacidade. Algumas como Lagos, na Nigéria e Dacca, em Bangladesh, localizadas em países pobres, apresentam rápido crescimento e expansão da área urbanizada; reduzida oferta (de serviços de saúde, de educação e de segurança), falta de infraestrutura urbana e de moradias, um grande contingente de população marginalizada.

16) As megalópoles são aglomerações urbanas que envolvem articulações física e econômica entre duas ou mais metrópoles. Bos-Wash é uma grande megalópole norte-americana, constituindo-se em um imenso eixo urbano que apresenta, internamente, várias aglomerações polos, tais como Boston, New York-New Jersey, Filadélfia, Baltimore e Washington.

9 (UPE-SSA 3) Analise o texto a seguir:

> Na atual fase da economia mundial, é precisamente a combinação da dispersão global das atividades econômicas e da integração global, mediante uma concentração contínua do controle econômico e da propriedade, que tem contribuído para o papel estratégico desempenhado por certas grandes cidades, que denomino cidades globais.
>
> SASSEN, Saskia. As cidades na economia mundial. 2001.

Considere as afirmativas relativas ao texto:

1. Nos territórios dos países que compõem a teia de fluxos integrados à economia globalizada, as conexões com a economia global são feitas a partir das cidades locais.
2. As cidades regionais se caracterizam por serem pontos de comando na organização das economias globais. Os territórios periféricos das cidades estão, cada vez mais, incluídos nos processos econômicos mundiais.
3. As cidades globais se notabilizam por sediarem grandes corporações multinacionais com acentuada influência na economia mundial, destacando-se como centros financeiros e serviços especializados.
4. A produção de inovações, as empresas de alta tecnologia, os imensos conglomerados de mídia e o desenvolvimento de polos empresariais constituem funções características das cidades globais.

Estão **CORRETAS** apenas

a) 1, 3 e 4. **b)** 3 e 4. **c)** 1, 2 e 3. **d)** 1 e 2. **e)** 2, 3 e 4.

10 (Uerj)

> **Em Nova York, habitação social vive o "boom" das rendas mistas**
>
> "50-30-20" é um termo quente na cidade norte-americana de Nova York hoje em dia. É também o apelido dos imóveis financiados pela prefeitura que miram a integração das rendas mistas na habitação. Nesse modelo de empreendimento, 50% do total de unidades de cada prédio são ocupadas por famílias de classe média, 30% por moradores de classe média-baixa, e 20% destinam-se à baixa renda. O presidente da Companhia de Desenvolvimento Habitacional de Nova York, Marc Jahr, afirma que a instituição já financiou e construiu quase 8 mil apartamentos nesse modelo: "Acreditamos que prédios com rendas mistas e bairros com economias diversas são pilares de comunidades estáveis".
>
> Adaptado de prefeitura.sp.gov.br.

O Estado é um agente fundamental na produção do espaço, pois suas ações interferem de forma acentuada sobre a dinâmica e a organização das cidades.

A principal finalidade de uma política pública como a relatada no texto é:

a) reduzir a segregação espacial
b) elevar a arrecadação municipal
c) favorecer a atividade comercial
d) desconcentrar a população urbana

11 (UFU-MG)

> A urbanização corresponde ao processo de transformação dos espaços rurais em espaços urbanos, com o crescimento das cidades e das práticas inerentes a elas, como as atividades industriais e comerciais. O urbano não se restringe à cidade, mas é principalmente nela que ele se materializa, fato que associa o processo de urbanização ao crescimento das cidades em relação ao campo.
>
> Disponível em: <http://mundoeducacao.bol.uol.com.br/geografia/urbanizacao.htm> Acesso em: 18 de fev. 2016.

A partir do texto e de seus conhecimentos sobre o assunto, faça o que se pede.

a) Diferencie o processo de urbanização ocorrido nos países desenvolvidos e nos emergentes.

____

____

____

____

____

____

b) A formação de metrópoles é considerada um fator comum na urbanização dos países desenvolvidos e nos emergentes. Nesse sentido, explique como ocorreu tal processo nesses dois grupos de países.

____

____

____

____

____

____

12 (UEPG-PR) Segundo William Frey e Zachary Zimmer (2001), em comparação com toda a história da evolução humana, só muito recentemente que as pessoas começaram a viver em aglomerações urbanas relativamente densas. No entanto, a velocidade com que as sociedades têm se urbanizado é impressionante. Assim, com relação à Geografia Urbana, assinale o que for correto.

01) Até 1850, nenhuma sociedade poderia ser descrita como sendo fundamentalmente urbana por natureza. Hoje, todas as nações industriais, e muitos dos países menos desenvolvidos, poderiam ser descritos como sendo sociedades urbanas.

02) Uma das principais diferenças entre as áreas rurais e urbanas refere-se à diversidade e à concentração de funções que caracterizam as duas áreas.

04) O continente europeu foi agrário até a metade do século XX, quando, a partir de incrementos nas atividades industriais, as populações que viviam no campo migraram para as cidades em busca de melhores condições de vida.

08) Segundo as Nações Unidas, os níveis de urbanização, medidos pelo percentual da população vivendo em áreas urbanas, estão aumentando tanto nos países menos desenvolvidos quanto nos países mais desenvolvidos. Contudo, o aumento de urbanização é mais dramático nos países mais desenvolvidos.

13 (PUC-RS) A rede urbana é formada por um sistema de cidades interligadas umas às outras.

Quanto mais ______________________ a economia de um país ou de uma região, mais ______________________ é a sua rede urbana e, portanto, ______________________ e mais diversificados são os ______________________ que as interligam.

As palavras que completam corretamente as lacunas são, respectivamente,

a) estruturada – vertical – menores – fluxos

b) desestruturada – simples – maiores – sistemas

c) complexa – densa – maiores – fluxos

d) desestruturada – horizontal – menores – sistemas

e) sistematizada – excludente – menores – pontos

14 (UEPG-PR) Sobre os conceitos de geografia urbana e da população, assinale o que for correto.

01) Conurbação é um fenômeno que ocorre quando duas ou mais cidades expandem suas áreas urbanas em direção uma da outra, formando uma única malha urbanizada, fazendo desaparecer as áreas de produção rural dos municípios envolvidos.

02) Hierarquia urbana refere-se aos bairros, dentro de um município, que possuem mais importância que outros. Os bairros mais importantes são aqueles em que se localizam a sede dos poderes públicos locais, estaduais e municipais, respectivamente.

04) Quando mais de uma região metropolitana conurba-se, origina-se uma megalópole. BosWash, no nordeste dos EUA, é um dos principais exemplos de megalópoles do mundo.

08) Quando um município cresce de forma desordenada, sem planejamento urbano claro, tem-se a macrocefalia urbana. Esses municípios têm processo de favelização, violência, sobretudo nas áreas periféricas, além de problemas mais crônicos de saneamento básico, saúde e educação.

16) Êxodo rural é a saída de pessoas do campo para morar em cidades. Ainda, nos dias atuais, cerca de 60% da população brasileira não mora em cidades. Isso ocorre devido ao PIB nacional ser em sua maior parte agrário e o setor rural empregar a maior parte das pessoas do país.

15 (Uece)

> Atente ao seguinte excerto: "Mas na maioria das cidades ao redor do mundo, os efeitos das ilhas de calor no verão são vistos como um problema. Ilhas de calor contribuem para o desconforto das pessoas, para problemas de saúde, contas de energia mais elevadas e maior poluição".
>
> Gartland, L. Ilhas de calor, como mitigar zonas de calor em áreas urbanas. São Paulo. Oficina de textos. 2010. p. 10.

Considerando o excerto acima, é correto afirmar que as ilhas de calor são fenômenos urbanos que têm dentre suas características

a) aumento do saldo de radiação e convecção reduzida.

b) aumento da evaporação e diminuição do saldo de radiação.

c) temperatura do ar mais elevada e redução de áreas impermeáveis.

d) evaporação reduzida e alta refletância solar dos materiais urbanos.

16 (Unicamp-SP)

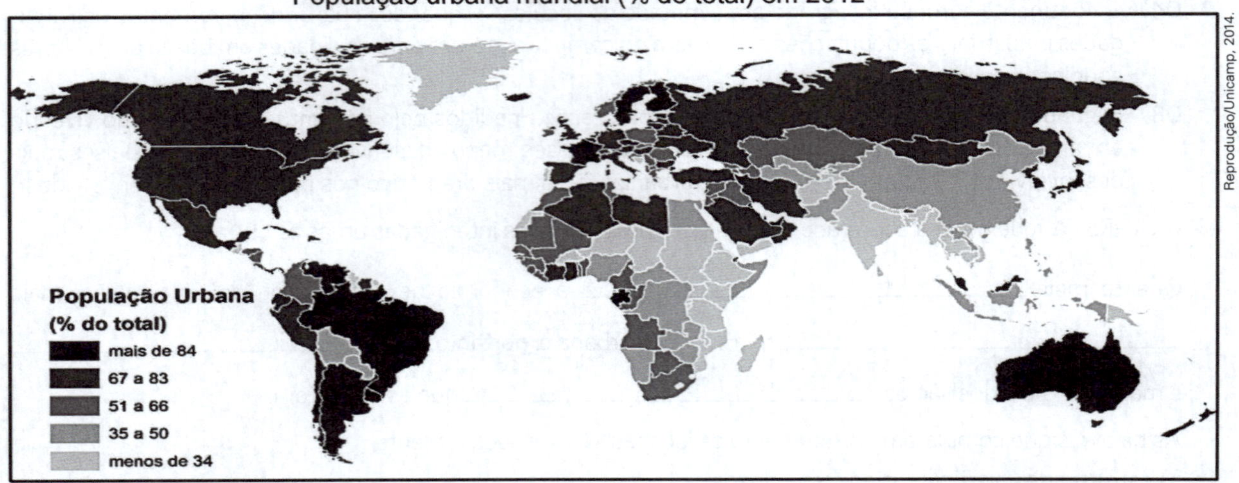

Fonte: Banco Mundial, 2013.

Segundo dados da ONU (2013), em 2011, 51% da população mundial (3,6 bilhões) passou a viver em áreas urbanas, em contraste com pouco mais de um terço registrado em 1972. Essa mudança tem implicado grandes metamorfoses do espaço habitado, levando à formação de megacidades (aglomerados urbanos com mais de 10 milhões de habitantes) em todos os continentes.

a) Indique os fatores que impulsionam a urbanização mundial, levando à formação de megacidades nos países menos desenvolvidos.

b) Aponte, ao menos, três problemas relacionados à dinâmica do espaço urbano das megacidades em países menos desenvolvidos.

População e trabalho

1 (UFSC) O estudo da demografia brasileira fornece dados fundamentais para que se façam investimentos em vários setores da sociedade. É fundamental, portanto, conhecer a estrutura da população, as condições sociais, a distribuição demográfica e os movimentos migratórios do país. Sobre as informações acima, é correto afirmar que:

01) o censo demográfico é um instrumento importante que reúne informações sobre a população do Brasil e serve aos governantes para que possam realizar com mais acertos as melhores políticas públicas.

02) o crescimento contínuo da população brasileira desde os anos 1940 deveu-se à queda da mortalidade e aos elevados índices de fecundidade, que se mantiveram idênticos nas regiões brasileiras até a década de 1990.

04) as migrações no Brasil do tipo internas ocorrem tanto intrarregional como inter-regionalmente, sendo esta última a mais típica e expressiva nas transferências populacionais para o interior do país.

08) a distribuição desigual da população reflete a história de ocupação do Brasil, porém a busca por melhores condições de vida e o surgimento de fronteiras agrícolas no interior do território brasileiro explicam a atual distribuição espacial equilibrada.

16) indicadores sociais como esperança de vida, mortalidade infantil, analfabetismo e rendimento familiar indicam avanços que atingiram patamares equiparados nas diferentes regiões brasileiras.

32) ao longo do tempo, a estrutura etária da população brasileira foi sendo alterada com a prolongação da expectativa de vida e aponta um aumento do número de idosos, embora os jovens ainda constituam a maioria da população.

2 (Famerp-SP)

> Este grupo tende a crescer no Brasil nas próximas décadas, como aponta a Projeção da População, do IBGE, atualizada em 2018. A consultora em demografia e políticas de saúde, Cristina Guimarães Rodrigues, considera necessário ter políticas públicas voltadas para tratamentos de saúde, alimentação mais saudável e exercícios físicos, além de construções e transportes mais acessíveis. "Há o aumento de doenças crônicas", cita, "que são doenças mais caras e requerem tratamentos um pouco mais custosos".
>
> (Camille Perissé e Mônica Marli. *Retratos: a revista do IBGE*, no 16, fevereiro de 2019. Adaptado.)

O excerto apresenta características relacionadas

a) ao fluxo migratório.

b) às políticas antinatalistas.

c) às mudanças na população relativa.

d) ao adensamento demográfico.

e) ao envelhecimento da população.

3 (Uerj)

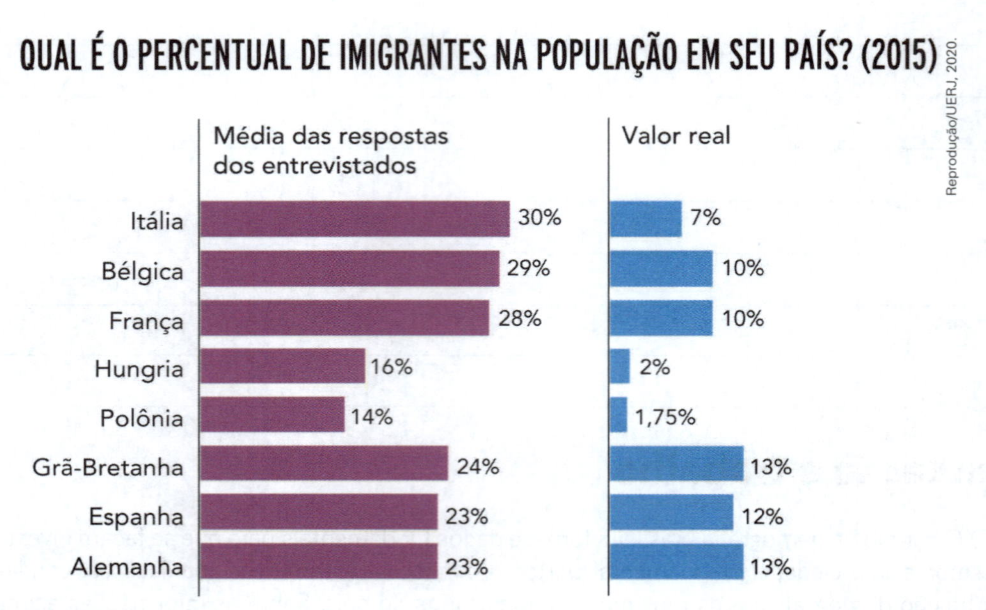

Adaptado de vox.com.

Os gráficos acima são parte do resultado de uma pesquisa feita em 2015 sobre a percepção dos cidadãos de diferentes países acerca do fenômeno migratório.

A diferença entre o percentual médio estimado pelos que responderam à pergunta e o percentual real de imigrantes em cada população nacional expressa uma grande preocupação de cidadãos europeus na atualidade. Uma consequência direta dessa preocupação é:

a) ampliação dos programas de proteção social

b) intensificação dos conflitos de caráter militar

c) crescimento dos partidos de extrema-direita

d) fortalecimento dos acordos de integração econômica

4 (EsPCEx-SP)

> "O deslocamento de pessoas entre países, regiões, cidades etc. é um fenômeno antigo, amplo e complexo, pois envolve as mais variadas classes sociais, culturas e religiões".
>
> SENE, Eustáquio & MOREIRA, J. C. *Geografia Geral e do Brasil: Espaço Geográfico e Globalização* (3). 2ª ed. São Paulo: Moderna, 2012.

Sobre os fluxos migratórios contemporâneos, considere as seguintes afirmações:

I. Em termos quantitativos, a maior parte dos deslocamentos humanos se refere à saída de migrantes dos países pobres e emergentes em direção aos desenvolvidos.

II. Na última década, a América Latina e o Caribe contribuíram com o maior contingente de emigrantes, seguidos pela África setentrional.

III. Países do Oriente Médio, como Catar, Emirados Árabes Unidos, Arábia Saudita e Kuwait recebem muitos migrantes oriundos do sul da Ásia (Paquistão, Índia e Filipinas).

IV. A "drenagem de cérebros" é um grande problema para os países de origem desses fluxos, pois afeta a sua capacidade tecnológica, comprometendo o seu desenvolvimento.

Assinale a alternativa que apresenta todas as afirmativas corretas, dentre as listadas acima.

a) I e II

b) I e III

c) II e III

d) II e IV

e) III e IV

5 (UFRGS-RS) Leia o texto abaixo.

> A população que se declara preta mantém tendência de crescimento no país. Entre 2016 e 2017, 6% a mais se autodeclararam pretos, enquanto os que se declararam brancos diminuíram 0,6%.
>
> Fonte: IBGE. Acesso em: 05 set. 2018.

Considere as afirmações abaixo, sobre a composição étnica da população brasileira.

I. O crescimento apontado no texto relaciona-se com as políticas afirmativas e com as campanhas voltadas à representatividade, que motivam as pessoas a se reconhecerem com determinada cor ou raça.

II. O número de autodeclarados brancos decresceu, pois a taxa de fecundidade diminuiu.

III. Pretos e pardos são maioria na população brasileira.

Quais estão corretas?

a) Apenas I.

b) Apenas II.

c) Apenas III.

d) Apenas I e III.

e) I, II e III.

6 (ESPM) Podemos afirmar sobre dados recentes da população brasileira que:

a) a expectativa de vida da população masculina é menor que a da feminina e, em parte, isso está relacionado à violência urbana e a acidentes de trânsito.

b) o crescimento vegetativo caiu devido à diminuição da taxa de mortalidade nos últimos 40 anos.

c) o frequente aumento da taxa de mortalidade infantil verificado na última década é resultado da estagnação no serviço de saneamento básico.

d) o ligeiro aumento na base da pirâmide etária indica uma reorientação demográfica verificada nos últimos anos.

e) os planos assistencialistas adotados pelo governo brasileiro erradicaram a alta concentração de renda do país.

7 (Unesp-SP) Em seu processo de transição demográfica, a população brasileira registrou mudanças relacionadas à revolução médico-sanitária. Essas mudanças provocaram

a) a redução da taxa de mortalidade e o aumento da expectativa de vida.

b) a ampliação da taxa de natalidade e o aumento da população relativa.

c) a redução da taxa de dependência e a diminuição do número de idosos.

d) a ampliação da taxa de fecundidade e a diminuição da quantidade de adultos.

e) a redução da taxa de fertilidade e a diminuição da população absoluta.

8 (UFRGS-RS) Leia o segmento abaixo.

> Segundo o IBGE, a partir de 2039, haverá mais idosos que crianças no país, e, em 2060, um em cada quatro brasileiros terá mais de 65 anos.
>
> Fonte: IBGE. Acesso em: 05 set. 2018.

O aumento do percentual de pessoas com mais de 65 anos, no total da população brasileira projetada, está relacionado

a) à estagnação das taxas de migrações.

b) ao aumento da mortalidade infantil.

c) ao aumento das taxas de fecundidade.

d) à diminuição da expectativa de vida ao nascer.

e) à diminuição da natalidade.

9 (Uece) O panorama da saúde no Brasil se caracteriza pela existência, no sentido figurado, de regiões "africanas" e "europeias" quando se trata da infraestrutura para atendimento dos serviços de saúde e da distribuição de médicos. Sobre esse assunto, escreva V ou F, conforme seja verdadeiro ou falso o que se diz a seguir:

( ) Embora fortemente influenciada por contrastes sociais, a geografia do atendimento da saúde no Brasil não apresenta disparidades no que tange à sua cobertura regional.

( ) O Brasil apresenta um dos maiores e mais complexos sistemas de saúde pública do mundo, o Sistema Único de Saúde (SUS), que abrange desde o simples atendimento para avaliação da pressão arterial até o transplante de órgãos.

( ) A polêmica em torno do trabalho de médicos cubanos do Programa Mais Médicos estava relacionado ao fato de que esses profissionais não aceitaram trabalhar nas periferias das cidades ou em regiões distantes dos maiores centros econômicos do País.

( ) O mapa de distribuição dos médicos pelo território brasileiro revela profunda desigualdade, com contrastes marcantes entre regiões como a Sudeste, bem atendida, e as regiões Norte e Nordeste ainda com inúmeras carências.

Está correta, de cima para baixo, a seguinte sequência:

a) F, V, F, V.

b) V, V, F, F.

c) F, F, V, F.

d) V, F, V, V.

10 (ESPM) O gráfico representa a evolução no Brasil da:

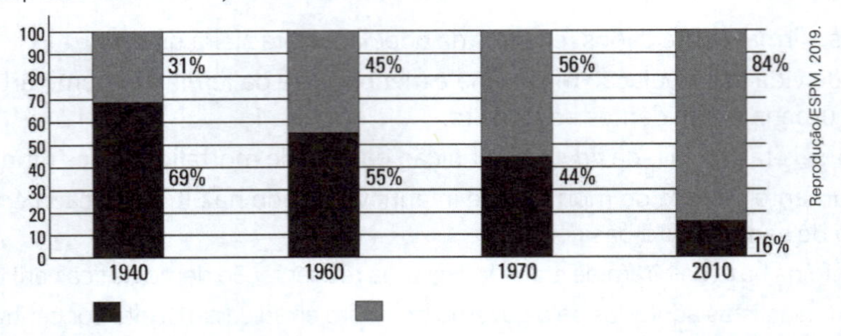

Elaborado com base em: IBGE. *Dados históricos dos censos: população residente, por situação do domicílio e por sexo: 1940-1996.* Disponível em <www.ibge.gov.br/home/estatistica/população/censohistorico/1940_1996.shtm>; IBGE. *Censo Demográfico 2010.* Disponível em: <www.censo2010.ibge. gov.br/sinopse/index.php?dados=8>. Acesso em: 28 jul. 2017.

a) população masculina e feminina.

b) taxas de natalidade e mortalidade.

c) emigração e imigração.

d) população rural e urbana.

e) distribuição e concentração de renda.

11 (UEPG-PR PSS 1) Sobre a Geografia da população, assinale o que for correto.

01) Quanto maior o número absoluto de pessoas em um país, mais populoso este é. A Índia está entre os países mais populosos do mundo.

02) A teoria de Malthus afirmava que a população cresce em progressão geométrica, ou seja, mais rapidamente que a produção de alimentos e fatores como a guerra ou epidemias auxiliam a frear o crescimento populacional.

04) Não existe qualquer relação entre maior desenvolvimento de um país e queda de taxa de natalidade.

08) O Brasil é um país com população bem distribuída por todas as suas regiões, ou seja, possui um território bem povoado.

12 (Udesc) Analise as proposições sobre os tipos de migrações frequentes no cotidiano da sociedade brasileira.

I. Migração pendular é aquela em que o trabalhador muda de cidade dentro de uma região metropolitana, principalmente da cidade principal para outra próxima.

II. Migração sazonal é aquela em que os migrantes permanecem fora de seu lugar de origem durante determinado período, em geral a trabalho, e depois retornam ao lugar de origem onde ficam à espera de uma nova oportunidade.

III. Na migração intrametropolitana, o trabalhador reside em uma cidade de certa região metropolitana e se desloca, diariamente, até a cidade principal ou à cidade vizinha para trabalhar ou estudar.

IV. Migração cidade-cidade caracteriza-se pelo fluxo de pessoas entre diferentes cidades, em busca de melhores condições de vida.

Assinale a alternativa **correta**.

a) Somente as afirmativas I e III são verdadeiras.
b) Somente as afirmativas I e II são verdadeiras.
c) Somente as afirmativas II e III são verdadeiras.
d) Somente as afirmativas I e IV são verdadeiras.
e) Somente as afirmativas II e IV são verdadeiras.

Questão socioambiental

1 (UFSC)

> O planeta passou por grandes mudanças geológicas, climáticas e ambientais no passado e continua a passar por isso ainda hoje [...]. Os humanos também criaram tecnologias que forjaram processos sem precedentes de mudanças ambientais, não igualadas por outra espécie. A história humana intensifica o alcance e a escala de seu impacto nas mudanças ecológicas do último século.
>
> GOUCHER, Candice; WALTON, Linda. *História mundial*: jornadas do passado ao presente. Porto Alegre: Penso, 2011. p. 36-37.

Em relação à ação humana, ao desenvolvimento, à tecnologia e aos impactos ambientais, é correto afirmar que:

01) os humanos moldaram os mais diversos ambientes, adaptando-os às suas conveniências e necessidades; no entanto, os ambientes não interferiram no curso da história humana.

02) as alterações ambientais verificadas especialmente no último século exigiram mudanças no estilo de vida e até mesmo a migração forçada de populações.

04) episódios como o recentemente verificado em Brumadinho (MG) apontam para a fatalidade dos desastres ambientais, contra os quais os seres humanos são impotentes.

08) as várias tecnologias empregadas nos mais diversos processos produtivos, como a mineração e o agronegócio, alteram a percepção que se tem da natureza, a qual passa a ser considerada como algo a ser dominado e controlado pelos esforços humanos, com vistas ao crescimento econômico.

16) a estratégia de ocupação da Amazônia nos anos 1970 levou em conta não apenas uma proposta de desenvolvimento econômico da região, mas também uma preocupação com a ecologia e a sustentabilidade.

32) o garimpo de Serra Pelada foi e continua sendo um exemplo de exploração mineral que observa os princípios técnicos da sustentabilidade.

2 (Unicamp-SP) As condições atuais do clima global são responsáveis pela diferenciação da salinidade dos oceanos em diferentes latitudes, conforme a ilustração abaixo.

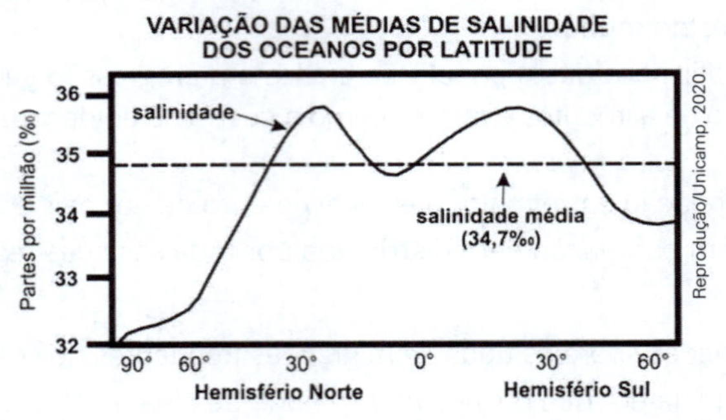

(Adaptado de Paul R. Pinet, *Fundamentos de Oceanografia*. São Paulo: LTC, 2017, p. 97.)

A partir do texto e do gráfico, é correto afirmar que:

a) Os baixos teores de sais dos oceanos são observados em toda a faixa de baixas latitudes, em decorrência do balanço existente entre o excesso de precipitação e o declínio da evaporação ao longo de todo o ano.

b) O excesso de precipitação nas áreas de médias latitudes e na proximidade dos polos é responsável pela ocorrência de maior salinidade nos oceanos do Hemisfério Sul.

c) Nas áreas próximas a 90° de latitude, a salinidade dos oceanos é similar, pois as condições climáticas favorecem a ocorrência de grandes volumes de chuva e um grande *deficit* de evaporação.

d) O percentual mais baixo de salinidade dos oceanos nas altas latitudes tem relação com a maior entrada de água doce nos oceanos, que ocorre em razão do derretimento de geleiras.

3 (UFSC)

> Os vários meios de comunicação têm trazido à tona os problemas globais relacionados à degradação do meio ambiente, sobretudo aqueles de ordem mais catastrófica [...]. Assim, mesmo determinados processos de ordem completamente natural, como erupções vulcânicas ou chuvas torrenciais, passam a ser encarados como "acidentes ecológicos". [...] urge resgatar a verdade que se encontra camuflada pelo sensacionalismo de grande parte da mídia nacional e internacional.
>
> MENDONÇA, Francisco de Assis. *Geografia e meio ambiente*. 4. ed. São Paulo: Contexto, 2001. p. 12-13.

Sobre os fenômenos que decorrem da dinâmica natural do planeta e os elementos da natureza que sofrem ação antrópica, é correto afirmar que:

01) o solo é um elemento de contato e de interação entre atmosfera, hidrosfera e litosfera, sendo também um recurso natural e dinâmico que pode sofrer desequilíbrio e degradação em função do uso pelas sociedades humanas e, consequentemente, trazer impactos negativos para todos os sistemas integrados a ele.

02) a Teoria Tectônica de Placas descreve o movimento das placas e as forças atuantes entre elas, o que explica, além de vulcanismos e terremotos, a formação de tsunamis, fenômenos que se intensificam com as ações antrópicas no planeta.

04) os oceanos representam a parte mais importante do sistema que controla os climas terrestres e absorvem grande quantidade de metano (CH_4) e de dióxido de enxofre (SO_2), contribuindo para a manutenção das temperaturas médias do planeta, o que garante a manutenção da vida.

08) o El Niño é um fenômeno oceânico-atmosférico natural resultante de uma complexa interação entre atmosfera, oceano e radiação solar; ele provoca o aquecimento das águas do Oceano Pacífico e, como consequência, mudanças na circulação dos ventos e das massas de ar na América do Sul.

16) o planeta Terra, ao longo de sua história geológica, passou por sucessivas alterações do clima, com a alternância de épocas de resfriamento e de aquecimento, que ocasionaram mudanças significativas nas paisagens terrestres.

32) a superexploração de água, ou seja, quando a extração ultrapassa o volume infiltrado, pode afetar o escoamento básico dos rios, secar nascentes, influenciar os níveis mínimos dos reservatórios, provocar impactos negativos na biodiversidade e até mesmo comprometer aquíferos.

64) os furacões se formam em regiões temperadas no inverno, quando a temperatura das águas superficiais dos mares e oceanos forma áreas de alta pressão atmosférica.

4 (Uece)

> "A questão da degradação dos recursos naturais renováveis configura um dos mais sérios problemas que afeta o quadro socioambiental no Nordeste do Brasil. [...]. Os desmatamentos desordenados e as queimadas integram os sistemas tecnológicos rudimentares que têm sido secularmente praticados nos sertões secos nordestinos e, em particular, no Estado do Ceará."
>
> Silva, J. B. et al. Litoral e sertão, natureza e sociedade no nordeste brasileiro. Oliveira, V. P. V. de. *A Problemática da degradação dos recursos naturais no domínio dos sertões secos do Estado do Ceará-Brasil*. p. 209. Fortaleza. 2006.

Considerando o texto acima, é correto concluir-se que a questão da degradação dos recursos naturais no Nordeste brasileiro

a) é apenas uma questão de ordem ambiental que poderia ser equacionada a partir da implementação de ações de reflorestamento e recuperação da vegetação ciliar.

b) está relacionada a áreas específicas da região, uma vez que os sistemas ambientais que compõem o bioma caatinga encontram-se pouco alterados e não têm uma relação direta com as formas de uso.

c) relaciona-se apenas com as condições de escassez hídrica, ocorrência de El Niño e a irregularidade das chuvas na região, fatores que determinam a degradação dos recursos naturais nos sertões secos do Nordeste brasileiro.

d) se agrava com a degradação da cobertura vegetal, que pode inviabilizar a manutenção da fauna, comprometendo os recursos hídricos e acentuando os processos erosivos decorrentes do escoamento superficial.

5 (UEMG)

> "O acidente em Mariana ficou conhecido no Brasil como o maior desastre ambiental da história e deixou 19 pessoas mortas, além de destruir o distrito de Bento Rodrigues, contaminar a Bacia Hidrográfica do Rio Doce e comprometer o abastecimento de água e a produção de alimentos em diversas cidades da região."
>
> Disponível em: <http://agenciabrasil.ebc.com.br/geral/noticia/2017-08/juiz-suspende-acao-criminal-contra-mineradoras-por-acidente-em -mariana>. Acesso em: 21 nov. 2017.

Sobre o rompimento da Barragem Fundão em Mariana, é correto afirmar que

a) Desastres socioambientais ligados às atividades mineradoras, no Brasil e no mundo, são fenômenos raros.

b) Os rejeitos contaminantes que acompanharam o rastro de morte na bacia hidrográfica do Rio Doce eram de bauxita e nióbio.

c) As principais controladoras da SAMARCO são as empresas VALE e a anglo-australiana BHP Billiton.

d) A destruição dos corpos hídricos se concentrou a montante do leito de vazão do Rio Doce.

6 (Uece) Atente para o seguinte excerto:

> "Dessa forma, é possível reconhecer que degradação ambiental tem causas e consequências sociais, ou seja, o problema não é apenas físico".
>
> Cunha, S. B. da e Guerra, A. J. T. degradação ambiental. In. *Geomorfologia e meio ambiente*. Rio de Janeiro. Bertrand Brasil. 1996. p.334.

Considerando as causas da degradação ambiental nas áreas rurais e urbanas, atente para as seguintes afirmações:

I. As ocupações irregulares provocam a desestabilização de áreas de encosta; contudo, essas ocupações não representam um problema ambiental.

II. A combinação entre grandes volumes de chuva, presença de sedimentos finos no solo e desmatamento estão entre as causas da degradação do meio ambiente.

III. Dentre as causas da erosão laminar estão a mecanização da agricultura, a monocultura e o mal uso da terra.

É **correto** o que se afirma em

a) I e III apenas. **b)** II e III apenas. **c)** I e II apenas. **d)** I, II e III.

7 (UEM-PR) A propósito da questão ambiental, assinale o que for correto.

01) A incineração dos resíduos sólidos assim como sua destinação aos lixões a céu aberto, isolados das áreas urbanas, resolveram o problema ambiental relacionado ao saneamento urbano.

02) Entre as principais explicações da comunidade científica para o aquecimento global, duas comentes se destacam: a antropogênica e a natural.

04) O acordo internacional que visa à redução de CO_2 nos países industrializados e ao desenvolvimento sustentável nas nações emergentes, firmado na década de 1990, é conhecido como Protocolo de Kyoto.

08) No final da década de 1980, uma maior consciência de setores da população com relação ao crescimento dos problemas ambientais resultou na criação do Painel Intergovernamental sobre Mudanças Climáticas (IPCC, em inglês), visando ao estudo do panorama do clima em nível mundial.

16) O aquecimento global é um problema que se limita aos países ricos e altamente industrializados; isso porque a emissão de gases poluentes em decorrência das atividades de produção e de consumo é maior nesses países do que nos países considerados subdesenvolvidos.

8 (UFSC) Sobre mudanças climáticas e meio ambiente, é correto afirmar que:

01) segundo cientistas, as mudanças climáticas podem alterar os padrões meteorológicos, o que tem um efeito amplo e profundo sobre o meio ambiente, a economia e a sociedade, pondo em risco a subsistência, a saúde, a água, a segurança alimentar e a energia das populações.

02) ecossistemas marinhos como os recifes de corais estão sendo devastados e enfrentam uma descoloração maciça causada pelo calor crônico. A Grande Barreira de Corais da Austrália é uma das mais afetadas. No Brasil, essa já é a maior ameaça aos ecossistemas litorâneos.

04) se as mudanças drásticas indicadas pelo Acordo de Paris e pelos Objetivos do Desenvolvimento Sustentável não ocorrerem, as metas serão automaticamente ajustadas para a realidade do próximo século.

08) as emissões de gases de efeito estufa, incluindo o CO_2, precisam ser reduzidas em 10% até 2050 para que se cumpram os objetivos da Rio 92 e do Acordo de Paris, muito embora a diminuição dos efeitos das alterações climáticas seja pequena pelo fato de elas advirem de causas naturais, e não humanas.

16) o termo aquecimento global está associado a mudanças climáticas e é usado para explicar que a temperatura média da Terra está subindo de maneira preocupante. Esse aumento da temperatura altera as pressões e, consequentemente, a distribuição de calor, a intensidade dos ventos, a evaporação. Isso cria condições para eventos meteorológicos extremos, incluindo ondas de frio massacrantes.

32) atualmente, o aumento ou a redução das emissões anuais de gases poluentes depende de quatro potências, que acumulam quase 60% do CO_2 do planeta: China, EUA, União Europeia e Índia. Os gases emitidos por esses países são oriundos da queima da biomassa e da queima de combustíveis fósseis.

9 (Unioeste-PR)

> "(...) os problemas relacionados à seca se fazem sentir sobre o planeta há muito tempo, embora sua gravidade tenha se acentuado nos últimos anos, principalmente em consequência do aumento populacional em áreas com baixa capacidade produtiva"
>
> (MENDONÇA, F. A.; DANNI-OLIVEIRA, I. M. *Climatologia: noções básicas e climas do Brasil*. São Paulo: Oficina de Textos, 2007, p. 195).

Acerca dos processos de desertificação que ocorrem no mundo, assinale a alternativa CORRETA.

a) Apesar de o conceito de desertificação ser controverso entre os cientistas, definem-se como desertificação somente os processos de origem natural.

b) Os processos de desertificação podem ser classificados como desertificação climática (de origem natural) e desertificação ecológica (de origem antropogênica).

c) Os processos de desertificação ecológica estão sempre associados com as bordas de desertos, como o Sahel africano.

d) As atividades humanas constituem um dos principais agentes do processo de desertificação, porém, o homem e a sociedade não são atingidos pelos resultados de tal processo.

e) Nem a desertificação natural nem a desertificação ecológica são registradas no Brasil, onde ocorrem somente, de forma isolada, os processos de arenização.

10 (UFSC) Sobre atualidades, é correto afirmar que:

01) o movimento Fridays for Future (sextas-feiras pelo futuro), uma iniciativa de estudantes de várias cidades do mundo, inclusive do Brasil, destaca-se pelo movimento de jovens que querem medidas mais efetivas no combate às mudanças climáticas.

02) o uso consciente ou mais sustentável do plástico é urgente: o caso da baleia encontrada morta, em março de 2019, com 40 kg de sacolas plásticas no estômago e a pequena reciclagem do plástico no Brasil, que é o quarto maior produtor mundial, mostram o descaso daqueles que continuam tratando os cursos d'água e os oceanos como lixeiras.

04) o setor de Tecnologia da Informação da Índia, um dos países subdesenvolvidos industrializados, é relevante, fato que o coloca na posição de país com a melhor qualidade de vida da Ásia.

08) a expressão "coletes amarelos" denomina um movimento surgido na França em 2018, dirigido pelos sindicatos tradicionais, com a mesma dimensão do movimento que ocorreu em Maio de 1968, marcado por ondas de protestos estudantis e de operários.

16) o Brasil, um dos maiores usuários de agrotóxicos, apresentou o Projeto de Lei 6299/02, conhecido como "PL do Veneno", com o objetivo de incentivar a agricultura orgânica, fortalecendo as regras sobre uso, controle, registro e fiscalização de agrotóxicos.

32) o espaço do saber, como por exemplo os tecnopolos, se manifesta diferentemente nos territórios, da mesma forma como ocorre com o desenvolvimento socioeconômico; no meio virtual, porém, essa desigualdade não se manifesta entre as classes sociais.

64) a situação de destruição no sudeste da África foi provocada pelo ciclone Idai e pelas enchentes ocorridos em março deste ano, eventos climáticos considerados como dos piores desastres relacionados ao clima já registrados no hemisfério Sul.

11 (UFPR)

> Será que a escassez atual de água em diversos reservatórios da região Sudeste [e Sul do Brasil], colocando em risco a geração de energia hidrelétrica e o abastecimento de água em várias cidades, é devida principalmente à falta de chuvas? O problema crucial não é a falta de chuva, e nem necessariamente as mudanças climáticas, mas sim a degradação de nossas bacias hidrográficas, que estão cada vez mais impermeabilizadas. O equilíbrio do ciclo hidrológico na natureza é fundamental para a produção sustentável de água doce, para o atendimento ao abastecimento de água, irrigação e geração de energia, bem como para o amortecimento das enchentes, devido ao trabalho fundamental das florestas, que retêm a água das chuvas e as infiltram, permitindo a elevação das vazões fluviais nos períodos de estiagem, consequência do aumento da alimentação subterrânea aos rios, da água que se infiltrou no solo durante as chuvas. [...]
>
> ("O problema não é a falta de chuvas", escrito por Agostinho Guerreiro, publicado no jornal *O Globo*, em 19/02/2014.)

Com relação ao assunto, identifique as afirmativas a seguir como verdadeiras (V) ou falsas (F):

( ) O aumento da permeabilidade do solo e de infiltração das águas da chuva favorece os processos de enchentes.

( ) A supressão florestal altera o ciclo hidrológico natural e influencia no armazenamento e distribuição da água nas bacias hidrográficas, potencializando o desabastecimento dos reservatórios em períodos de estiagens.

( ) O Código Florestal brasileiro estabelece a preservação da vegetação em topos de morros, encostas com inclinação superior a 45 graus e faixas marginais de proteção dos rios.

( ) A redução da infiltração da água das chuvas nos ambientes urbanos evita a erosão dos solos, aspecto benéfico para a manutenção das bacias hidrográficas.

Assinale alternativa que apresenta a sequência correta, de cima para baixo.

a) F - V - V - V.

b) V - F - V - F.

c) F - V - V - F.

d) V - F - F - V.

e) V - V - F - F.

12 (UFRGS-RS) Leia o segmento abaixo.

> Até o fim de 2018, teremos consumido 1,7 planeta Terra, um apetite absolutamente insustentável no longo prazo. Em outras palavras, a humanidade está utilizando a natureza de forma mais rápida do que os ecossistemas do nosso planeta podem se regenerar. A diferença entre a capacidade de regeneração do planeta e o consumo humano gera um saldo ecológico negativo que vem se acumulando desde a década de 80. Leia-se 1980.
>
> Disponível em: <https://exame.abril.com.br/ciencia/o-mundo-inteiro-entra-num-cheque-especial-perigosoneste-1o-de-agosto/>. Acesso em: 05 set. 2018.

Considere as afirmações abaixo, sobre as questões ambientais do planeta.

I. O desequilíbrio entre desenvolvimento socioeconômico e degradação ambiental é tratado desde a Conferência das Nações Unidas sobre o Meio Ambiente Humano, realizada em Estocolmo, em 1972.

II. O aumento do consumo e o aumento da população mundial têm levado ao esgotamento dos recursos naturais não renováveis, o que demanda a utilização crescente das energias renováveis geradas pela queima de combustíveis fósseis.

III. Mudanças positivas estão ocorrendo em muitos países, como o Brasil, o qual se destaca pela elevada taxa de reciclagem de materiais e pelo aumento da conscientização da população.

Quais estão corretas?

a) Apenas I.

b) Apenas II.

c) Apenas III.

d) Apenas I e II.

e) I, II e III.

13 (UPM-SP)

> Embora os incêndios florestais sejam bastante comuns no verão de Portugal, a extensão e a gravidade dos danos em 2017 foram inéditas: 115 mortos e ao menos 5.000 km² atingidos, mais que o triplo da superfície do município de São Paulo. Causou surpresa que os dois principais incêndios tenham acontecido no outono e na primavera.
>
> [...] Os prejuízos materiais foram de cerca de 1 bilhão de euros (cerca de R$ 4 bilhões), segundo o secretário de Estado do Desenvolvimento e Coesão, Nelson de Souza. E tudo indica que esse tipo de catástrofe pode se tornar mais frequente.
>
> MIRANDA, Giuliana e ALMEIDA, Lalo. Tempestades de fogo mataram 115 portugueses em 2017. *Folha de São Paulo*. 08 mai. 2018. Disponível em: <https://arte.folha.uol.com. br/ciencia/2018/crise-do-clima/portugal/tempestades-de-fogo-mataram-115-portuguesesem- 2017/> Acesso em: 21 set. 2018.

Com base na reportagem acima e em seus conhecimentos sobre o assunto, assinale a alternativa correta.

a) Os especialistas, em sua totalidade, dissociam o aumento dos incêndios florestais em Portugal do aquecimento global.

b) De acordo com as autoridades portuguesas, o principal fator responsável pelo aumento dos incêndios florestais é o ecoturismo, em expansão no país.

c) O aumento do número de incêndios florestais em Portugal era considerado improvável, devido ao significativo aumento dos índices pluviométricos no país, nas últimas décadas.

d) De acordo com o INE – Instituto Nacional de Estatística, o expressivo aumento do número de bombeiros em Portugal, nas duas últimas décadas, contribuiu para o rápido controle dos incêndios.

e) Um dos fatores responsáveis pelo aumento dos incêndios florestais em Portugal é a substituição de espécies nativas por pinheiros e eucaliptos, que oferecem retorno financeiro mais rápido, mas são mais propensas ao fogo.

14 (UPF-RS) O Fórum Mundial da Água é um evento promovido pelo Conselho Mundial da Água (CMA), com participação de representantes de governos, ONGs e da sociedade civil. Em edição realizada em Brasília no mês de março de 2018, o Fórum promoveu o diálogo entre diferentes setores envolvidos com a temática dos recursos hídricos, visando sensibilizar o processo decisório sobre o estabelecimento de novos marcos políticos, jurídicos e institucionais.

Sobre o tema recursos hídricos no Brasil, é correto afirmar:

a) Os 497 municípios gaúchos são atendidos pela Corsan (Companhia Rio-Grandense de Saneamento), em sua área rural e urbana; aproximadamente 70% deles são abastecidos por águas subterrâneas, que têm sustentação no Aquífero Guarani.

b) O crescimento demográfico e a crescente urbanização são responsáveis pelo aumento do consumo de água no país. Os principais usos da água no Brasil, em ordem decrescente, são para abastecimento humano urbano e rural, geração de energia, mineração, indústrias e irrigação.

c) Os padrões de distribuição das chuvas são variáveis e períodos importantes de seu excesso ou escassez provocam alteração na produção econômica. Com a diminuição das vazões nos rios, as hidrelétricas reduzem a produção, o que exige ativação dos parques termelétricos, tornando a energia mais cara.

d) A intensa urbanização e a retirada da cobertura vegetal influenciam no aumento do processo de evapotranspiração, porém, o ciclo hidrológico é inalterado. Com a impermeabilização do solo, ficam assegurados uma maior infiltração da água e um menor escoamento, facilitando inundações.

e) A água é considerada um bem público, recurso dotado de valor econômico, que deve priorizar o consumo humano e animal, além de proporcionar usos múltiplos. Sendo considerada de valor econômico, pode ser explorada economicamente por particulares, desde que a nascente esteja na sua propriedade.

15 (UEM-PR) Sobre os tratados ambientais globais que se refletem nos problemas ambientais do Brasil das últimas décadas, assinale o que for correto.

01) A Convenção sobre Mudanças Climáticas Globais, ocorrida na década de 1990, estabeleceu uma meta para a redução mundial dos gases do efeito estufa.

02) A Organização das Nações Unidas (ONU) organizou, na década de 1970, em Estocolmo, Suécia, a Conferência das Nações Unidas sobre o Ambiente Humano, um marco oficial que discutiu questões sobre desenvolvimento e meio ambiente.

04) A Conferência das Nações Unidas sobre o Meio Ambiente e o Desenvolvimento (ECO-92), ocorrida no Rio de Janeiro, Brasil, debateu o conceito de desenvolvimento sustentável para ser adotado em todos os países.

08) Na Conferência das Nações Unidas sobre o Meio Ambiente e o Desenvolvimento Sustentável (Rio + 20), ocorrida no Rio de Janeiro, Brasil, foi apresentada a proposta de criação do conceito de economia verde.

16) A Agenda 21 foi estabelecida na Cúpula Mundial sobre Desenvolvimento Sustentável (Rio + 10), realizada em Johannesburg, África do Sul, para comemorar a redução da emissão de gases na atmosfera no início do século XXI.

Domínios morfoclimáticos

1 (EsPCEx-SP) Segundo o geógrafo Aziz Ab'Sáber, existem grandes extensões do território brasileiro em que vários elementos naturais (clima, vegetação, relevo, hidrografia e solo) interagem de forma singular, caracterizando uma unidade paisagística: são os chamados domínios morfoclimáticos. Entre eles ocorrem faixas de transição.

Sobre os domínios morfoclimáticos e as faixas de transição, considere as seguintes afirmações:

I. A exuberância da Floresta Amazônica contrasta com a pobreza de grande parte de seus solos, geralmente ácidos, intemperizados e de baixa fertilidade.

II. Tipicamente associados à Campanha Gaúcha, os campos apresentam um relevo com suaves ondulações, cobertas principalmente por gramíneas. Neste domínio, há um preocupante processo de desertificação advindo de anomalias climáticas observadas nas últimas décadas.

III. O Cerrado, adaptado à alternância do clima tropical, ocupa mais de 3 milhões de km^2 e apresenta solos pobres. É uma formação tipicamente latifoliada que, dentre outras características, perde as folhas durante o período de seca.

IV. A Mata dos Cocais é uma faixa de transição situada entre os domínios da Floresta Amazônica, do Cerrado e da Caatinga. Predominam as palmeiras, com destaque para o babaçu, a carnaúba e o buriti.

Assinale a alternativa que apresenta todas as afirmativas corretas, dentre as listadas acima.

a) I e II
b) I e III
c) I e IV
d) II e III
e) II e IV

2 (UFSC)

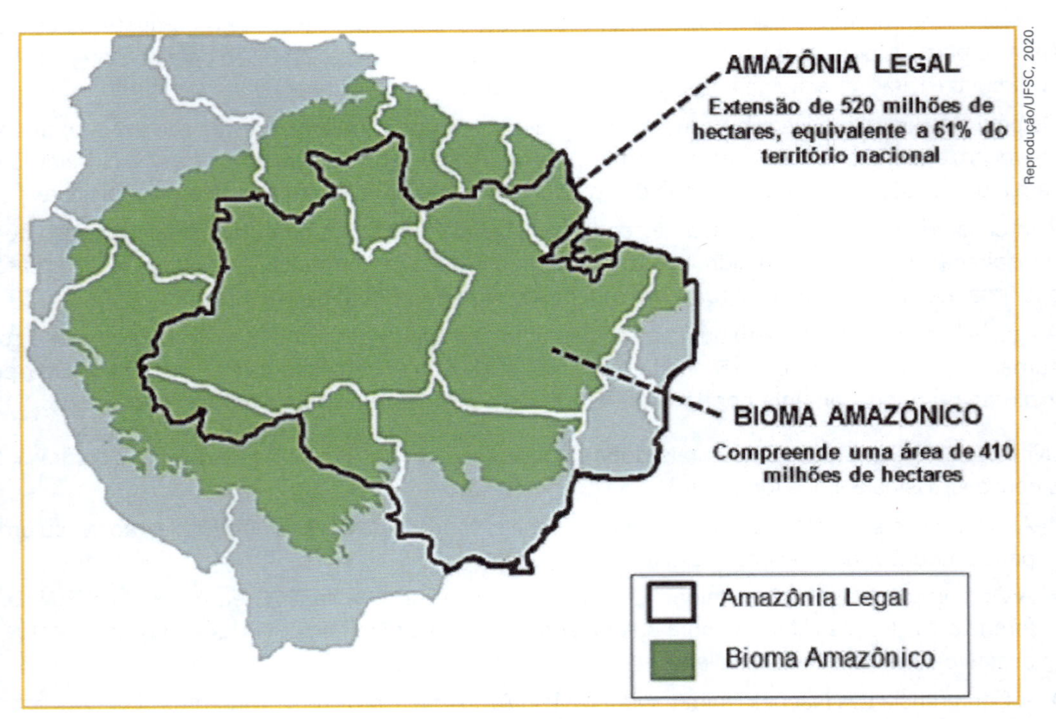

Disponível em: https//amazonia.org.br.br/2016/07/o-boi-da-amazonia-sustentavel. Acesso em: 4 set. 2019.

Sobre o espaço geográfico representado na figura acima, é correto afirmar que:

01) apresenta processos de desmatamento que comprometem a biodiversidade, o que nesse bioma significa uma grande quantidade de espécies endêmicas.

02) as queimadas no Bioma Amazônico com o objetivo de expandir a fronteira agrícola e a criação de pastos para o rebanho bovino atendem aos interesses da população nativa.

04) a fisionomia da floresta na topografia do Bioma Amazônico apresenta três estratos de vegetação: igapó, várzea e terra firme.

08) a criação da Amazônia Legal deve-se à homogeneidade florestal existente nos nove estados integrantes da região Norte do Brasil.

16) o Bioma Amazônico, além de abranger grande parte do território nacional, estende-se por territórios de outros países da América do Sul, como Bolívia, Peru, Colômbia, Argentina, Paraguai e Venezuela.

32) o patrimônio genético do Bioma Amazônico, de conhecimento de várias etnias indígenas, sofre a ameaça de biopirataria em função da biodiversidade que ele apresenta.

3 (Unicamp-SP) Moçambique foi atingido por três ciclones tropicais entre março e abril de 2019. Ciclone tropical é um termo geral para grandes e complexas tempestades que giram em torno de uma área de baixa pressão formada em águas oceânicas tropicais ou subtropicais quentes. A formação de um ciclone tropical requer enormes quantidades de calor na superfície da água, que devem atingir no mínimo 26,5 °C e ventos de pelo menos 119 km/h em algum ponto da tempestade.

A partir do exposto, assinale a alternativa que explica a gênese dos ciclones tropicais na costa de Moçambique.

a) A corrente marítima das Agulhas foi responsável pelo deslocamento das águas superficiais aquecidas para áreas de baixa pressão situadas no canal de Moçambique.

b) O clima semiárido e desértico no litoral de Moçambique faz com que as águas de sua costa estejam sempre aquecidas, favorecendo assim a formação dos ciclones.

c) Os ciclones que atingem o litoral de Moçambique têm origem no encontro das águas quentes do Oceano Atlântico com o Oceano Índico, no cabo da Boa Esperança.

d) A corrente marítima de Benguela foi responsável pelo deslocamento das águas aquecidas do Oceano Índico para o canal que separa Moçambique de Madagascar.

4 (UPM-SP)

> Além dos fatores climáticos estáticos (latitude e altitude), deve-se destacar também a atuação dos fatores dinâmicos sobre os climas encontrados no território brasileiro: as massas de ar. Elas são grandes extensões de ar que apresentam características de temperatura, pressão e umidade das regiões onde se formam. Por exemplo, as massas que começam a se movimentar da linha equatorial são quentes, uma vez que essa é a região que recebe a mais forte insolação no planeta. As massas que adquirem movimento vindas dos polos são frias, em função do pouco aquecimento daquela parcela do planeta. Cinco grandes massas de ar agem frequentemente no Brasil.
>
> TAMDJIAN, James e MENDES, Ivan. *Geografia* – Estudos para a compreensão do espaço. São Paulo: FTD, 2011, p. 64.

A respeito das massas de ar que atuam no território brasileiro, analise as afirmativas a seguir.

I. A Massa Equatorial Continental (mEc) origina-se na Amazônia Oriental. Ela atua apenas nos meses de verão, ou seja, de dezembro a março.

II. A Massa Tropical Atlântica (mTa) é mais sentida ao longo do litoral das regiões Norte e Nordeste, pois é formada pelos ventos alísios que sopram das zonas de altas pressões subtropicais do Hemisfério Norte.

III. A Massa Tropical Continental (mTc), quente e seca, atua principalmente no Centro-Sul do Brasil, influenciando a temperatura e umidade relativa do ar dessa região.

É correto o que se afirma em

a) I, apenas.

b) II, apenas.

c) III, apenas.

d) I e II, apenas.

e) II e III, apenas.

5 (UEPG-PR PSS 2) Sobre a mata com Araucária, assinale o que for correto.

01) A Araucária ou Pinheiro do Paraná possui vegetação latifoliada, típica de climas mais úmidos.

02) Mais comum na região Sul do Brasil, pode ser encontrada também na região Sudeste, nos estados de São Paulo e Minas Gerais, por exemplo.

04) As espécies da flora deste ecossistema adaptam-se a altitudes ao nível do mar, bem como a climas de baixa pluviosidade anual.

08) Além da Araucária angustifólia, possui espécies associadas como a Erva-mate e os Ipês.

6 (UFSC)

> Na costa leste da América do Sul, estendia-se outrora uma imensa floresta ou, mais precisamente, um complexo de tipos de florestas, em geral latifoliadas, pluviais e de tropicais a subtropicais. Entre oito e 28° de latitude sul, interiorizava-se a cerca de cem quilômetros da costa no norte e alargava-se a mais de quinhentos quilômetros no sul. No total, a floresta cobria cerca de 1 milhão de quilômetros quadrados. Esse complexo tem sido chamado de Mata Atlântica brasileira.
>
> DEAN, Warren. A ferro e fogo: a história e a devastação da Mata Atlântica brasileira. São Paulo: Companhia das Letras, 1996, p. 24-25.

Sobre a Mata Atlântica, é correto afirmar que:

01) no vasto conjunto territorial intertropical e subtropical brasileiro, destaca-se o contínuo leste-oeste da Mata Atlântica como o maior complexo de florestas tropicais biodiversas.

02) o desmatamento dessa formação vegetal é fruto da ocupação do litoral brasileiro através dos séculos nos diferentes ciclos econômicos e também do processo de urbanização e industrialização.

04) o compromisso da sociedade de frear a devastação florestal e o diálogo entre proprietários de terras, governos e empresas podem alcançar o tão necessário desmatamento zero.

08) o clima tropical litorâneo, que abarca toda a região da Mata Atlântica, caracteriza-se por apresentar uma estação seca e uma chuvosa, responsáveis pela existência dessa formação vegetal.

16) Santa Catarina não apresenta em seu território Unidades de Proteção Integral, de acordo com o Sistema de Unidades de Conservação da Natureza, pois os parques, estações e reservas aqui existentes pertencem às Unidades de Uso Sustentável.

32) essa formação vegetal, uma das áreas de maior biodiversidade do planeta, é um bioma importante para a proteção do *habitat* de inúmeras espécies da fauna e da flora, para a manutenção das encostas, para o atenuamento de enchentes e para o abastecimento de água para os diferentes setores humanos.

7 (IFCE)

> Reconhecido como o segundo maior bioma da América do Sul e o segundo maior bioma do Brasil, compreendendo cerca de 22% do território brasileiro, esta vegetação caracteriza-se por ser uma região de savana, estendendo-se por cerca de 200 milhões de quilômetros quadrados. Possui uma formação vegetal de grande biodiversidade e grande potencial aquífero, no entanto, é considerado atualmente o segundo bioma do Brasil mais ameaçado.
>
> Fonte: https://brasilescola.uol.com.br/brasil/cerrado.htm

O texto trata da formação vegetal

a) floresta tropical.

b) caatinga.

c) formação do pantanal.

d) mata semiúmida.

e) cerrado.

8 (UEM-PR) Sobre tipos, características e distribuição da vegetação natural identificada no estado do Paraná, assinale o que for correto.

01) Fragmento expressivo da floresta estacional semidecidual é encontrado no oeste paranaense, no Parque Nacional do Iguaçu.

02) A vegetação do tipo campo limpo é caracterizada por um predomínio de herbáceas que também compõem as matas de galerias nas margens dos rios paranaenses.

04) Espécies da Mata Atlântica são reconhecidas ao longo da Serra do Mar, que exibe árvores de porte alto e vegetação arbustiva.

08) Em áreas do noroeste do estado ainda existem fragmentos preservados da Mata dos Cocais, de onde é extraído o pinhão.

16) O cerrado, constituído somente por vegetação herbácea, ocorre em grandes parcelas no Norte Pioneiro.

9 (Fatec-SP)

> Com uma área de cerca de 250 mil km², tem-se um bioma que se estende pela Bolívia, Paraguai e Brasil, sendo aproximadamente 62% no Brasil. Inserido na parte central da bacia hidrográfica do Alto Paraguai, é influenciado pelo rio Paraguai e por seus vários afluentes que alagam a região, formando extensas áreas alagadiças.

> É caracterizado pela alternância entre períodos de muita chuva, que acontecem de outubro a março, e períodos de seca entre os meses de abril e setembro. Seu relevo é plano, levemente ondulado, com alguns raros morros isolados e com muitas depressões rasas. As altitudes não ultrapassam 200 metros acima do nível do mar e a declividade é quase nula.
>
> <https://tinyurl.com/y23jnyg9> Acesso em: 16.06.2019. Adaptado.

Essa descrição caracteriza corretamente o bioma

a) Amazônia.
b) Cerrado.
c) Caatinga.
d) Pampa.
e) Pantanal.

10 (Uece)

> "O Cerrado é o segundo maior bioma da América do Sul, ocupando uma área de 2.036.448 km^2, cerca de 22% do território nacional. A sua área contínua incide sobre os estados de Goiás, Tocantins, Mato Grosso, Mato Grosso do Sul, Minas Gerais, Bahia, Maranhão, Piauí, Rondônia, Paraná, São Paulo e Distrito Federal, além dos encraves no Amapá, Roraima e Amazonas."
>
> O Bioma Cerrado. Disponível em: http://www.mma.gov.br/biomas/cerrado. Acesso em 03.04.2019.

Considerando algumas das principais características do Bioma Cerrado, é correto afirmar que nele

a) encontram-se as nascentes das três maiores bacias hidrográficas da América do Sul: Amazônica/Tocantins, São Francisco e Prata.
b) devido à ocupação e as atividades humanas, hoje resta apenas 29% de sua cobertura original, mesmo assim ainda está disposto em 17 estados.
c) são encontradas formações florestais nativas como a Floresta Ombrófila Densa, Floresta Ombrófila Mista e a Floresta Estacional Semidecidual.
d) vivem cerca de 80 milhões de pessoas e sua biodiversidade ampara atividades econômicas voltadas para fins agrosilvopastoris e industriais.

11 (UEPG-PR) Sobre os biomas brasileiros, assinale o que for correto.

01) O litoral brasileiro possui ecossistema de restinga associado à região do bioma de Mata Atlântica.
02) A Amazônia é um bioma caracterizado por árvores de folhas latifoliadas, que facilitam a evapotranspiração.
04) Significando "mata branca" em tupi-guarani, a Caatinga possui vegetação semiárida xerófila, arbustiva, cactácea e espinhosa em sua composição.
08) Entre a Amazônia, a Caatinga e o Cerrado, nos estados do Maranhão e Piauí estão localizados os Campos Naturais ou Pradarias Brasileiras, exclusivos de formações rasteiras e herbáceas de no máximo 60 cm de altura.

12 (UEPG-PR) Sobre os fatores climáticos que influenciam o Brasil, assinale o que for correto.

01) Cidades em latitudes próximas à linha do Equador, que atravessa a região Norte do Brasil, têm médias de temperatura mais elevadas e amplitude térmica menores em geral que cidades do Sul do país.
02) A cidade de Santos, em São Paulo, possui menor amplitude térmica que Campo Grande, no Mato Grosso do Sul.
04) Uma das principais correntes marítimas quentes, que atua nas áreas litorâneas brasileiras, é a corrente do Brasil.
08) Os municípios brasileiros localizados no Sul do país não possuem influência de massas de ar tropicais.
16) As cidades brasileiras que apresentam médias térmicas menos elevadas no país possuem localização em latitudes abaixo do Trópico de Capricórnio e altitudes acima da média brasileira.

13 (Fuvest-SP)

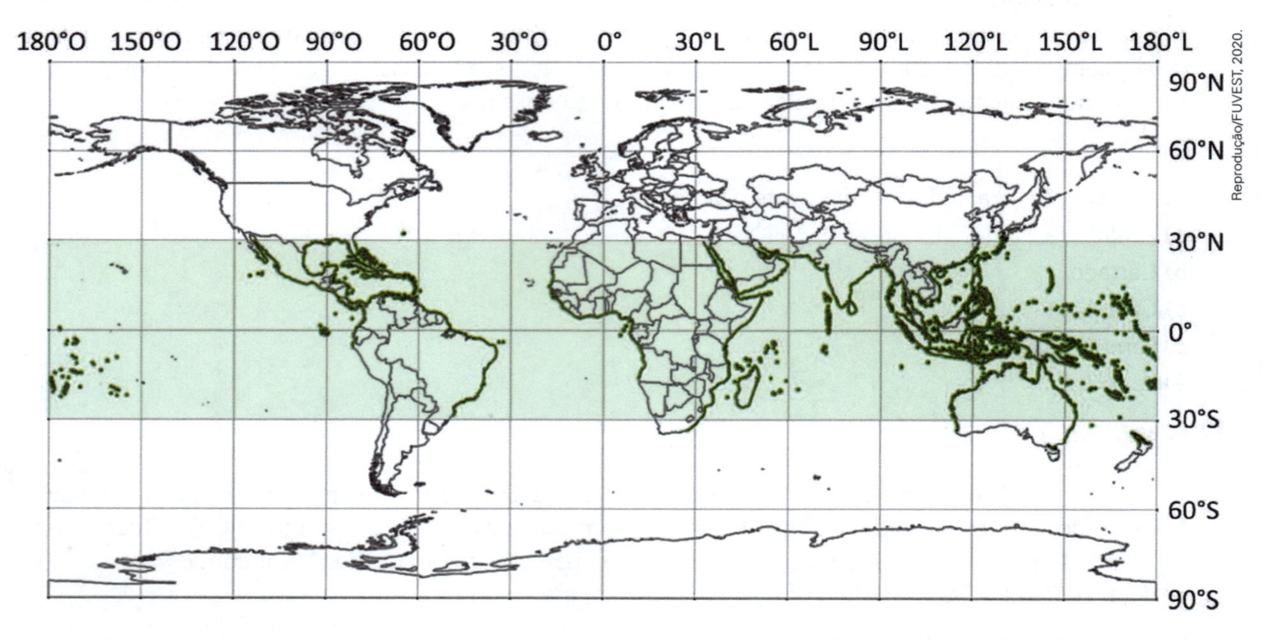

Disponível em http://www.iucn.org/. Adaptado.

Consiste em uma área úmida, definida como "ecossistema costeiro, de transição entre os ambientes terrestre e marinho, característico de regiões tropicais e subtropicais, sujeito ao regime das marés". (SCHAEFFER--NOVELLI, 1995).

a) Qual é o ecossistema representado em destaque no mapa e descrito no excerto?

b) Aponte as razões da ocorrência desse ecossistema na faixa destacada do mapa e explique uma de suas funções ambientais.

c) Cite e explique dois fatores antrópicos que ameaçam esse ecossistema no Brasil.

14 (UEL-PR) Analise o mapa que representa os biomas brasileiros e leia o texto a seguir.

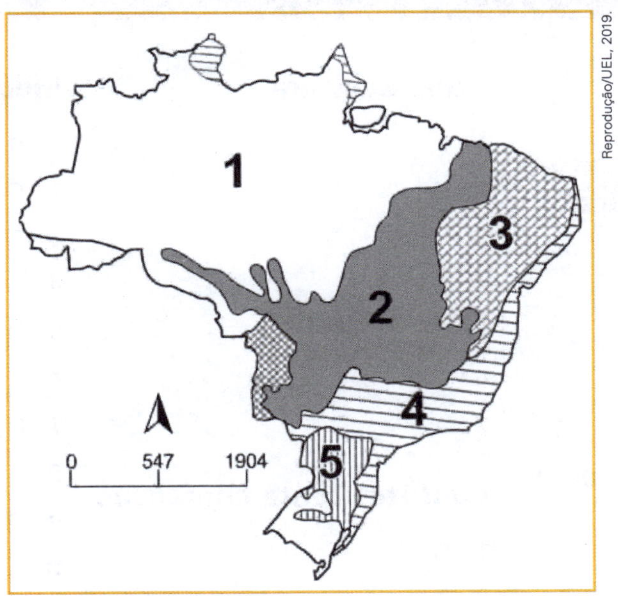

Adaptado de GIANSANTI, R. *O desafio do desenvolvimento sustentável*. São Paulo: Atual, 1998.

> Se o índice de desmatamento desse bioma brasileiro se mantiver como é hoje, o mundo pode registrar a maior perda de espécies vegetais da história. A tese é de um artigo de pesquisadores do Instituto Internacional para a Sustentabilidade (IIS) e de outras instituições nacionais e internacionais.
>
> Esse bioma perdeu 46% de sua vegetação nativa, e só cerca de 20% permanece completamente intocado, segundo os pesquisadores. Até 2050, no entanto, pode perder até 34% do que ainda resta. Isso levaria à extinção 1.140 espécies endêmicas — um número oito vezes maior que o número oficial de plantas extintas em todo o mundo desde o ano de 1500, quando começaram os registros. Segundo o artigo, o bioma tem mais de 4,6 mil espécies de plantas e animais que não são encontrados em nenhum outro lugar.
>
> "Tem gente que se refere a este bioma como uma floresta de cabeça para baixo, porque dizem que as raízes lá são profundas. Isso torna muito grande a capacidade do solo de absorver água, que será armazenada nos lençóis freáticos", diz Strassburg. Hoje, 43% da água de superfície no Brasil fora da Amazônia está no bioma — o que inclui três dos principais aquíferos do país, que abastecem reservas no Centro-Oeste, no Nordeste e no Sudeste.
>
> Adaptado de Camilla Costa - BBC Brasil, 23 de março de 2017. Disponível em www.bbc.com.

Com base no mapa, no texto e nos conhecimentos sobre os biomas brasileiros, responda aos itens a seguir.

a) Identifique a denominação do bioma a que o texto se refere, o número que indica sua localização no mapa e cite a região brasileira que possui a maior parte da área de extensão desse bioma.

____

____

____

b) Explique duas características climáticas e duas características da vegetação desse bioma.

____

____

____

____

Respostas

Enem

Cartografia e Sistemas de Informação Geográfica

1 E
2 A
3 C
4 D

Estado, nação e cidadania

1 A
2 E
3 B
4 B
5 B
6 A

Mundo bipolar

1 C
2 C
3 E
4 A
5 A
6 C
7 D

Geopolítica do mundo atual

1 A
2 A
3 E
4 A
5 C
6 E

Etnia e cultura

1 B
2 C
3 E
4 C
5 C
6 E
7 A

Conflitos contemporâneos

1 D
2 B

Globalização e economia mundial

1 B
2 D
3 E
4 C
5 A
6 A
7 C
8 B
9 C
10 B
11 B
12 A

Energia

1 E
2 B
3 C
4 D
5 D
6 B
7 A

Indústria

1 B
2 C
3 E
4 C
5 D
6 C
7 D
8 B
9 D
10 E
11 E
12 E
13 C
14 D

Agropecuária

1 B
2 C
3 B
4 C
5 A
6 E
7 D
8 A
9 E

Urbanização

1 D
2 E
3 B
4 E
5 E
6 E
7 A

8 A

9 C

10 D

População e trabalho

1 C

2 D

3 A

4 A

5 B

6 E

7 C

8 C

9 A

10 B

11 D

Questão socioambiental

1 E

2 C

3 B

4 D

5 B

6 C

7 C

8 E

9 D

10 A

11 B

12 E

13 D

14 C

Domínios morfoclimáticos

1 A

2 D

3 E

4 E

5 A

6 C

7 E

8 C

9 B

Respostas

Vestibulares

Cartografia e Sistemas de Informação Geográfica

1 D

2 C

3 E

4 A

5 O traçado mais adequado à rodovia é o "A", haja vista que a maior parte de seu percurso está sobre a cota altimétrica de 100 metros evitando dessa forma os desníveis que são encontrados no traçado "B".

6 C

Estado, nação e cidadania

1 Do ponto de vista econômico e industrial, sim. Isso porque as grandes empresas possuem capital aberto negociado em bolsas de diversos países, além de terem a produção de suas mercadorias diluída por diversas partes do mundo e negociarem com praticamente todos os países. No entanto, do ponto de vista social, não podemos vislumbrar o fim do Estado-Nação. Isso porque vivemos um período de acirramento de conflitos étnicos e nacionais, com especial atenção às tensões no leste europeu, no Oriente Médio e a existência da xenofobia, sobretudo nos países desenvolvidos. Nessa perspectiva, ainda que o capitalismo tenha se difundido, os Estados-Nações continuam a possuir uma grande importância tanto social quanto política.

2 01 + 02 + 04 + 08 + 16 = 31

3 E

4 D

5 A

6 E

7 C

8 a) Os novos aparatos tecnológicos podem afetar o equilíbrio entre as nações e a soberania de cada uma delas, por meio de um dos seguintes modos:

- as nações com níveis de desenvolvimento tecnológico acentuados dominam a logística da guerra, tendo maiores condições de vencê-la;
- o investimento em biotecnologia possibilita ações de guerras químicas que podem ocasionar destruição em massa e garantem às nações maior superioridade tecnológica;
- os países que detêm as novas tecnologias baseadas no uso de satélites e de redes digitais têm o controle das ações digitais dos países que não as têm;
- o alto investimento feito pelos países ricos em pesquisa na área de biotecnologia e produção de alimentos gera-lhes supremacia política na gestão da economia mundial;
- a vigilância por imagem de satélite se constitui em um elemento importante para os países mais desenvolvidos tecnologicamente, na ação de controle de territórios e na manutenção de fronteiras;
- armas de precisão a longa distância dão supremacia aos países com maior desenvolvimento tecnológico.

b) Dois aspectos, entre os vários que justifiquem o papel da informação na produção da imagem das guerras atuais, são:

- o monopólio feito pelas grandes redes de comunicação na divulgação das imagens das guerras;
- a identificação de países que contrariam interesses hegemônicos das potências militaristas como pertencentes ao "eixo do mal";
- a construção, junto à opinião pública, de diferenças entre as nações, situando-as, de maneira maniqueísta, em dois lados: as do bem e as do mal. Exemplo: a ideia do eixo do mal, exposta pelo presidente Bush;
- exaltação do poderio militar dos Estados Unidos, consistindo numa maneira de intimidação e de submissão dos demais países, principalmente os mais fracos;
- o desvio das causas essenciais das guerras mediante imagens dramáticas e apelativas;
- a tentativa de esconder os interesses econômicos e políticos, apresentando as guerras apenas como confrontos culturais e religiosos entre civilizações, ou como missões de paz.

Mundo bipolar

1 A

2 D

3 02 + 04 + 16 = 22

4 B

5 08 + 16 = 24

Geopolítica do mundo atual

1 C

2 A

3 A

4 a) O território de Hong Kong esteve sob domínio do Reino Unido a partir da Guerra do Ópio no século XIX, período em que

a China ficou sob influência do imperialismo britânico. Desde o final da década de 1970, a China realizou uma abertura da economia, ou seja, mantendo o sistema socialista e introduzindo progressivamente elementos capitalistas, possibilitando a entrada de capital estrangeiro, empresas transnacionais, além de um sistema financeiro que opera com diversos bancos e bolsas de valores. Hong Kong retornou para o domínio chinês em 1997.

b) A partir de 2014, em Hong Kong eclodiu a "Revolução Guarda Chuva", o nome foi decorrente das chuvas de monções. Entre as reivindicações dos manifestantes, maior autonomia política na escolha de seus representantes políticos. Recentemente, manifestantes foram contrários a uma lei de deportação de opositores políticos proposta pelo governo chinês. Como regime autoritário e unipartidário, a China reprime manifestações oposicionistas em Hong Kong.

5 Das características econômicas que justificam as expectativas dos BRICS pode-se citar: elevado mercado consumidor e grande PEA garantidos pela numerosa população; grandes reservas de recursos naturais e biodiversidade resultantes da grande extensão territorial; grande PIB.

Das diferenças entre seus integrantes sob o ponto de vista econômico pode-se citar: a função que cada país ocupa no comércio mundial (a China se destaca pelo setor secundário, a Índia pelo terciário e Brasil/Rússia pelo primário), a política de abertura comercial e protecionismo, a produção e produtividade, as gestões do poder público e privado.

Das diferenças sob o ponto de vista político, pode-se citar: os diferentes níveis de intervenção do Estado (ditadura na China, autoritarismo estatal da Rússia e democracia dos demais), a política nuclear (China, Rússia e Índia têm armamento nuclear) e a participação no Conselho de Segurança da ONU (China e Rússia têm direito a veto).

6 01 + 02 + 08 + 16 = 27

7 01 + 04 + 08 + 32 = 45

8 C

9 E

10 A

Etnia e cultura

1 01 + 04 = 05

2 B

3 01 + 02 + 04 = 07

4 01 + 02 + 04 + 08 + 16 = 31

5 B

6 E

7 B

8 B

9 A

10 A

11 B

12 C

13 C

14 C

15 D

16 A

17 C

18 B

19 **a)** A identificação de territórios quilombolas e seu reconhecimento possibilita a criação de instrumentos para a preservação de suas culturas e tradições. O Estado passa a dispor de base jurídica para impor sanções contra ações que os ameacem, valorizando essas comunidades.

b) São comuns entre quilombolas e caiçaras características como a posse comunitária da terra, a produção primária de autossustentação, a relação da interação/dependência com o meio ambiente onde estão inseridas, técnicas tradicionais de produção relacionadas a sua ancestralidade e casamentos intracomunitários, entre outros.

c) A relação comunitária da produção da terra, culinária, música, danças, sincretismo religioso, técnicas extrativas e de cultivo, e produção de artefatos.

20 B

21 A

22 VFVFV

Conflitos contemporâneos

1 A

2 01 + 02 + 04 + 08 = 15

3 04 + 08 = 12

4 D

5 C

6 B

7 A

8 04 + 08 + 16 = 28

9 C

10 B

11 B

12 B

13 **a)** O povo curdo encontra-se distribuído entre a Turquia, Iraque, Síria e Irã, sendo majoritários na Turquia e no Iraque. Sua principal reivindicação é a legitimação de um Estado Nacional para a nação curda.

b) Dentre as características do Estado Islâmico, pode-se apontar: terrorismo como prática política; território definido e proclamado ao contrário dos grupos extremistas que atuam sem base territorial; forte capacidade de recrutamento principalmente entre estrangeiros; leitura radical do Islamismo; uso de violência generalizada; uso de mídias para difundir sua causa; financiamento com o comércio de petróleo. Os países controlados pelo Estado Islâmico são porções da Síria e Iraque.

14 01 + 02 + 04 + 08 = 15

15 D

16 C

17 C

18 A

19 D

20 A

Globalização e economia mundial

1 01 + 04 + 08 = 13

2 E

3 B

4 B

5 D

6 A

7 E

8 a) Uma característica fundamental da globalização é a modernização dos transportes, telecomunicações e informática nas últimas décadas. A ampliação das infraestruturas permitiu a aceleração dos fluxos de mercadorias, capital financeiro e pessoas no espaço mundial. Percorre-se as mesmas distâncias com menos tempo, assim promoveu-se a "conquista do espaço e do tempo". Essas conquistas significam que os agentes da globalização, a exemplo das empresas transnacionais, conseguiram ampliar seus lucros, uma vez que se acelera a produção, a circulação e o consumo com novos mercados consumidores.

b) A aceleração da produção, circulação e consumo também aumenta a exploração dos recursos naturais. A mineração se intensificou em vários países causando danos ambientais como degradação dos biomas e do solo. No caso da produção de alimentos, muitas vezes a produção local está associada ao mercado global, a exemplo da produção de soja e carne em países como Brasil, responsável por grande parte do desmatamento na Amazônia e no Cerrado.

9 A

10 A

11 01 + 02 + 04 = 07

12 C

13 02 + 04 + 08 = 14

14 C

15 Globalização é o processo de integração econômica e cultural apoiado no meio técnico-científico informacional. Dentre seus impactos nas relações políticas, econômicas e sociais, pode-se citar respectivamente: a fragilidade do poder do Estado no desempenho de suas funções agora representadas por corporações transnacionais; a internacionalização do capital produtivo consolidando a interdependência das economias nacionais; o aumento da concentração de riqueza ampliando a exclusão social.

16 E

17 02 + 08 + 16 = 26

18 01 + 02 + 08 = 11

19 C

20 01 + 02 + 08 = 11

21 C

22 B

23 01 + 02 + 08 + 16 = 27

24 01 + 02 + 08 = 11

25 E

26 E

27 E

28 A

29 a) Por vezes, com influência de políticas econômicas neoliberais, países emergentes se inserem na economia globalizada abrindo suas economias para o comércio internacional (exportações e importações), adotando medidas para atração de transnacionais como incentivos fiscais, desregulamentando o sistema financeiro para permitir livre trânsito do capital especulativo e produtivo ou privatizando empresas estatais.

b) As transnacionais cujas matrizes localizam-se nos países desenvolvidos e em alguns emergentes atuam no mundo emergente e subdesenvolvido com o objetivo de maximizar sua lucratividade. Buscam países que oferecem menor carga tributária, mão de obra barata, facilidade de acesso a terrenos, novos mercados consumidores e facilidades para exportação. Por vezes, causam desemprego em seus países de origem e contribuem para concentração de renda, uma vez que a rentabilidade é concentrada por proprietários, acionistas e executivos devido à remessa de lucros e royalties para as matrizes.

c) A OMC (Organização Mundial do Comércio) estimula o comércio internacional pregando a redução das tarifas de importação. Também atua na mediação de conflitos comerciais entre países.

30 E

31 E

32 C

33 A

34 01 + 04 = 05

35 02 + 04 + 08 = 14

Energia

1 a) Dentre os combustíveis fósseis apresentados no quadro, o carvão mineral é considerado o maior responsável pelo efeito estufa e formação da chuva ácida, haja vista que sua queima em termoelétricas emite grande quantidade de CO2 que em suspensão, além de reter o calor na atmosfera, reage com a umidade formando o ácido carbônico.

b) A principal fonte de energia usada nas usinas hidrelétricas é a hidráulica, cujas vantagens são: ser uma fonte renovável; menor custo na geração de energia; ser uma fonte limpa, haja vista que em seu processo não há a emissão de gases estufa.

c) As fontes utilizadas nas termelétricas são petróleo/derivados, carvão mineral, gás natural e biomassa, cuja desvantagem econômica é seu alto custo de produção.

2 B

3 A

4 B

5 A

6 D

7 01 + 02 + 08 = 11

8 D

9 B

10 D

11 C

12 C

13 C

14 D

15 01 + 04 + 8 + 16 = 29

16 D

17 B

Indústria

1 a) As empresas transnacionais com matrizes nos países capitalistas centrais se expandiram para os países emergentes e subdesenvolvidos no século XX em busca da maior lucratividade decorrente dos salários mais baixos pagos aos trabalhadores e também de outras vantagens como incentivos fiscais, energia e matéria-prima a baixo custo, infraestrutura, crescimento do mercado consumidor local e facilidades para exportação.

b) Nos últimos anos, com o avanço da terceira e agora da quarta revolução industrial em alguns lugares, a perspectiva é de avanço ainda maior da robotização das linhas de montagem nas indústrias e automação dos serviços com a introdução de novas tecnologias como a inteligência artificial. Essas inovações poderão eliminar empregos nos países em desenvolvimento e aprofundar a desigualdade social. Também poderá alterar a distribuição geográfica das indústrias, visto que o menor custo de produção decorrente da robotização poderá fazer com que empresas permaneçam no mundo desenvolvido. Ou seja, uma reindustrialização.

2 E

3 E

4 E

5 C

6 01 + 02 + 08 + 16 = 27

7 A

8 B

9 A

10 C

11 A

12 D

13 B

14 a) O decreto de 1943, durante o governo de Getúlio Vargas, instituiu a CLT (Consolidação das Leis Trabalhistas), concentrada em direitos para os trabalhadores urbanos do setor industrial e terciário. Os trabalhadores rurais foram negligenciados durante um longo tempo. O setor industrial paga salários relativamente mais elevados e é mais organizado através de sindicados reivindicativos. Na atualidade, com os efeitos do neoliberalismo e modernização industrial, o porcentual de trabalhadores na indústria foi reduzido. Reformas trabalhistas comprometeram a CLT, enfraquecendo os sindicatos e permitindo a terceirização irrestrita de trabalhadores. O setor terciário emprega cerca de 70% dos trabalhadores, sendo menos organizado, fragmentado e com alto porcentual de trabalhadores informais. Essas transformações enfraquecem a capacidade reivindicatória dos trabalhadores e a própria democracia.

b) Nas últimas décadas, com a globalização da economia, alguns países da América Latina, como o Brasil, foram submetidos a políticas econômicas com expressiva influência neoliberal, ou seja, maior abertura da economia para importações, privatizações e desnacionalização de empresas. A principal mudança estrutural foi a desindustrialização e o crescimento excessivo do setor terciário, a terciarização da economia. Com a maior abertura da economia, as empresas industriais locais tiveram dificuldade de competir com a chegada de produtos importados devido à redução do protecionismo. As empresas também tiveram dificuldade para exportar devido ao custo de produção local (maior carga tributária, burocracia e problemas de infraestrutura). Os longos períodos de valorização da moeda devido à entrada de dólares das exportações de *commodities* tornaram os produtos manufaturados brasileiros caros para clientes no exterior e estimularam importações. Em paralelo, também aconteceram mudanças tecnológicas (automação e robotização) que levaram ao desemprego estrutural.

15 C

16 A

17 B

18 02 + 04 = 06

19 A

20 C

21 D

22 02 + 04 + 08 + 16 = 30

23 B

24 E

25 E

26 VFFVF

27 B

28 C

29 B

Agropecuária

1 A

2 D

3 02 + 08 + 32 = 42

4 A

5 A

6 C

7 C

8 A

9 01

10 B

11 01

12 D

13 a) Apesar de muitos países subdesenvolvidos emergentes como Brasil e Argentina serem grandes exportadores de *commodities* agrícolas (soja, milho, café, suco de laranja, açúcar, trigo, carne bovina e carne de aves), poucas empresas transnacionais cujas matrizes estão em países desenvolvidos são responsáveis por parte significativa da intermediação e comercialização em escala global. Portanto, esse oligopólio pode ser prejudicial para a segurança alimentar mundial devido à influência sobre os preços e controle de parte da logística de distribuição.

b) Entre as consequências econômicas, a dependência em relação às empresas transnacionais e a concentração de riqueza (poucos e grandes proprietários e empresas rurais). Entre as consequências ambientais, o desmatamento de biomas naturais como o Cerrado e a Amazônia (Brasil) e o Pampa (Argentina), além da contaminação dos recursos hídricos e do solo pelo uso excessivo de agrotóxicos.

14 A

15 D

16 B

Urbanização

1 C

2 02 + 16 + 64 = 82

3 B

4 D

5 C

6 D

7 B

8 02 + 04 + 08 + 16 = 30

9 B

10 A

11 a) Nos países desenvolvidos a urbanização ocorreu em paralelo ao desenvolvimento das indústrias e, portanto, de forma lenta, gradativa e ampliada espacialmente, o que permitiu que as cidades desenvolvessem a infraestrutura necessária para o montante de população que agregavam. Nos países emergentes, a urbanização foi alavancada pela industrialização, que, espacialmente concentrada, gerou fluxos populacionais direcionados somente para as grandes cidades que, incapazes de absorvê-los, constrói grandes cinturões de marginalização.

b) Nos países desenvolvidos, as metrópoles se constituem de forma gradativa, ampliando a oferta de equipamentos urbanos por meio de planejamento, ao passo que, nos emergentes, a urbanização focada sobre as grandes cidades - metropolização - gera inchaço populacional frente à disponibilidade dos equipamentos urbanos criando hipertrofia.

12 01 + 02 = 03

13 C

14 04 + 08 = 12

15 A

16 a) Entre os fatores que impulsionam a urbanização mundial, pode-se destacar o êxodo rural, impulsionado pela mecanização agrícola e concentração fundiária. Além disso, em várias áreas do espaço mundial, inclusive nos países subdesenvolvidos, o espaço urbano é visto como o local do progresso, devido à infraestrutura disponibilizada (escolas, hospitais, trabalho, entre outros), o que redunda em maior atração sobre as pessoas advindas do meio rural. O processo de industrialização e expansão do setor terciário também induziu a urbanização devido à geração de empregos.

b) Entre os problemas relacionados à dinâmica do espaço urbano das megacidades (regiões metropolitanas com mais de 10 milhões de habitantes), pode-se apontar a insuficiência de saneamento básico (água potável, coleta de lixo e rede de esgotos), o aumento da violência urbana e problemas ambientais (poluição da água e do ar, ilhas de calor, enchentes, entre outros).

População e trabalho

1 01 + 04 = 05

2 E

3 C

4 E

5 D

6 A

7 A

8 E

9 A

10 D

11 01 + 02 = 3

12 E

Questão socioambiental

1 02 + 08 = 10

2 D

3 01 + 08 + 16 + 32 = 57

4 D

5 C

6 B

7 02 + 04 + 08 = 14

8 01 + 16 + 32 = 49

9 B

10 01 + 02 + 64 = 67

11 C

12 A

13 E

14 C

15 01 + 02 + 04 + 08 = 15

Domínios morfoclimáticos

1 C

2 01 + 04 + 32 = 37

3 A

4 C

5 02 + 08 = 10

6 02 + 04 + 32 = 38

7 E

8 01 + 02 + 04 = 07

9 E

10 A

11 01 + 02 + 04 = 7

12 01 + 02 + 04 + 16 = 23

13 a) Trata-se do ecossistema Manguezal.

b) Os manguezais ocorrem principalmente na Zona Intertropical do planeta, em climas quentes e úmidos (equatorial, tropical e subtropical). Localizam-se em áreas transicionais com encontro de água de rios com a influência da maré alta oceânica. Também se situam em locais protegidos das ondas como fundo de baías, estuários e deltas de rios. Constituem importante habitat, área de reprodução e alimentação para espécies costeiras e marinhas como crustáceos e peixes. Assim, a atividade pesqueira se beneficia muito da conservação dos manguezais.

c) Os manguezais são ameaçados no Brasil pelo desmatamento decorrente da urbanização desordenada nas planícies litorâneas que em alguns locais implanta aterros para a expansão de moradias e obras de infraestrutura. Os mangues também são poluídos pelo despejo de esgotos domésticos, lixo e resíduos industriais.

14 a) O texto se refere ao Bioma Cerrado, localizado no mapa pelo número 2. A região com a maior área dessa formação vegetal é a Centro-Oeste. O bioma apresenta áreas menores no Nordeste e Sudeste.

b) O clima dominante no Cerrado é o tropical. É um clima quente com baixa amplitude térmica, verão chuvoso e inverno seco. O índice pluviométrico está por volta de 1300 mm. As massas de ar dominantes são a MEC (massa Equatorial continental: quente e úmida) e MTC (massa Tropical continental: quente e seca). O Cerrado, no que se refere à vegetação, é uma formação complexa, isto é, apresenta diversidade fisionômica (formações arbóreas, savânicas e herbáceas). Portanto, existe Cerrado na forma de savana (domínio dos estratos herbáceo e arbustivo com árvores pontuais), na forma de floresta (Cerradão), com palmeiras (Veredas) e com espécies herbáceas (Campo limpo). As plantas do Cerrado são escleróÍilas, ou seja, apresentam tortuosidade de caules, troncos espessos e folhas coriáceas. O escleromorfismo é uma adaptação aos solos pobres em nutrientes e ácidos. Várias espécies apresentam raízes pivotantes para a captação de água do lençol freático principalmente durante o período de seca. Algumas também estão adaptadas à ocorrência de incêndios naturais periódicos.

Presidência: Mario Ghio Júnior
Direção de soluções educacionais: Camila Montero Vaz Cardoso
Direção editorial: Lidiane Vivaldini Olo
Gerência editorial: Viviane Carpegiani
Gestão de área: Julio Cesar Augustus de Paula Santos
Edição: Aline Cestari, Karine Costa e Lígia Gurgel do Nascimento
Planejamento e controle de produção: Flávio Matuguma (coord.), Felipe Nogueira, Juliana Batista e Anny Lima
Revisão: Kátia Scaff Marques (coord.), Brenda T. M. Morais, Claudia Virgilio, Daniela Lima, Malvina Tomáz e Ricardo Miyake
Arte: André Gomes Vitale (ger.), Catherine Saori Ishihara (coord.) e Veronica Onuki (edição de arte)
Diagramação: Formato Comunicação
Iconografia e tratamento de imagem: André Gomes Vitale (ger.), Denise Kremer e Claudia Bertolazzi (coord.), Monica de Souza (pesquisa iconográfica) e Fernanda Crevin (tratamento de imagens)
Licenciamento de conteúdos de terceiros: Roberta Bento (ger.), Jenis Oh (coord.), Liliane Rodrigues, Flávia Zambon e Raísa Maris Reina (analistas de licenciamento)
Ilustrações: Bruna Ishihara, Daniel Klein, Ericson Guilherme Luciano, Fábio P. Corazza, Samuel 13B
Cartografia: Eric Fuzii (coord.) e Robson Rosendo da Rocha
Design: Erik Taketa (coord.) e Adilson Casarotti (proj. gráfico e capa)
Foto de capa: aslysun/Shutterstock / rusm/Getty Images / Hadrian/ Shutterstock

---

Avenida Paulista, 901, 6º andar – Bela Vista
São Paulo – SP – CEP 01310-200
http://www.somoseducacao.com.br

2022
Código da obra CL 801848
CAE 662982 (AL) / 721916 (PR)
1ª edição
9ª impressão
De acordo com a BNCC.

Impressão e acabamento: Bercrom Gráfica e Editora

Conheça seu Caderno de Atividades

Este caderno foi elaborado especialmente para você, estudante do Ensino Médio, que deseja praticar o que aprendeu durante as aulas e se qualificar para as provas do Enem e de vestibulares.

O material foi estruturado para que você consiga utilizá-lo autonomamente, em seus estudos individuais além do horário escolar, ou sob orientação de seu professor, que poderá lhe sugerir atividades complementares às do livro.

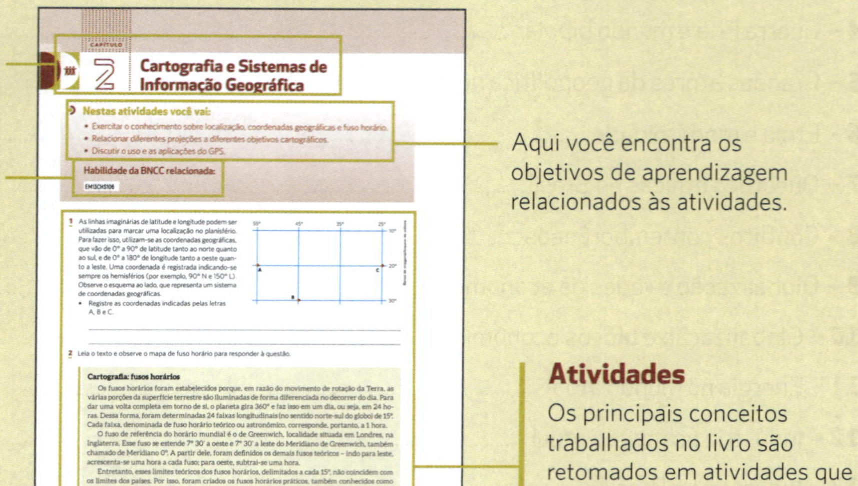
CAPÍTULO 2 Cartografia e Sistemas de Informação Geográfica

Nestas atividades você vai:

- Exercitar o conhecimento sobre localização, coordenadas geográficas e fuso horário.
- Relacionar diferentes projeções a diferentes objetivos cartográficos.
- Discutir o uso e as aplicações do GPS.

Habilidade da BNCC relacionada:

EM13CHS106

1 As linhas imaginárias de latitude e longitude podem ser utilizadas para marcar uma localização no planisfério. Para fazer isso, utilizam-se as coordenadas geográficas, que vão de 0° a 90° de latitude tanto ao norte quanto ao sul, e de 0° a 180° de longitude tanto a oeste quanto a leste. Uma coordenada é registrada indicando-se sempre os hemisférios (por exemplo, 90° N e 150° L). Observe o esquema ao lado, que representa um sistema de coordenadas geográficas.

- Registre as coordenadas indicadas pelas letras A, B e C.

2 Leia o texto e observe o mapa de fuso horário para responder à questão.

Cartografia: fusos horários

Os fusos horários foram estabelecidos porque, em razão do movimento de rotação da Terra, as várias porções da superfície terrestre são iluminadas de forma diferenciada no decorrer do dia. Para dar uma volta completa em torno de si, o planeta gira 360° e faz isso em um dia, ou seja, em 24 horas. Dessa forma, foram determinadas 24 faixas longitudinais (no sentido norte-sul do globo) de 15°. Cada faixa, denominada de fuso horário teórico ou astronômico, corresponde, portanto, a 1 hora.

O fuso de referência do horário mundial é o de Greenwich, localidade situada em Londres, na Inglaterra. Esse fuso se estende 7° 30' a oeste e 7° 30' a leste do Meridiano de Greenwich, também chamado de Meridiano 0°. A partir dele, foram definidos os demais fusos teóricos – indo para leste, acrescenta-se uma hora a cada fuso; para oeste, subtrai-se uma hora.

Entretanto, esses limites teóricos dos fusos horários, delimitados a cada 15°, não coincidem com os limites dos países. Por isso, foram criados os fusos horários práticos, também conhecidos como fusos civis ou políticos. Esses fusos respeitam os limites políticos dos países, pois consideram os interesses de cada nação em fazer parte de um ou de outro fuso, de acordo, por exemplo, com a integração econômica, política e sociocultural com as regiões vizinhas. [...]

Atividades organizadas por capítulo, seguindo a estrutura do livro.

Em continuidade ao trabalho do livro, as atividades dão suporte ao desenvolvimento das habilidades da BNCC indicadas.

Aqui você encontra os objetivos de aprendizagem relacionados às atividades.

Atividades

Os principais conceitos trabalhados no livro são retomados em atividades que permitem a aplicação dos conhecimentos aprendidos durante o Ensino Médio.

Flip!

Gire o seu livro e tenha acesso a uma seleção de questões do Enem e de vestibulares de todo o Brasil.

plurall

No Plurall, você encontrará as resoluções em vídeo das questões propostas.

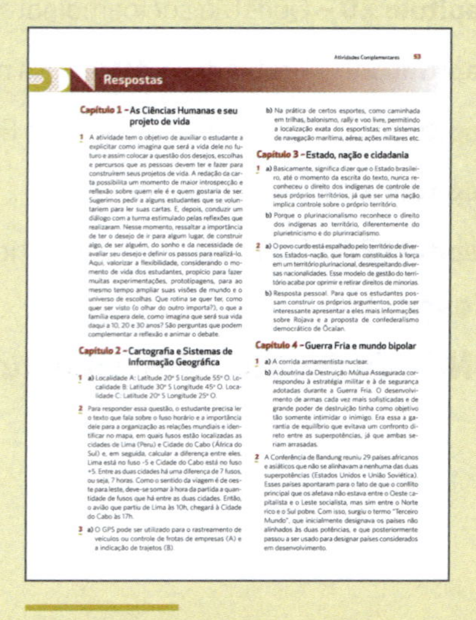

Respostas

Consulte as respostas das atividades no final do material.

Sumário

CAPÍTULO 1

As Ciências Humanas e seu projeto de vida

Nestas atividades você vai:

- Mobilizar as reflexões sobre suas habilidades, valores, desejos e sonhos.
- Sistematizar seus principais objetivos para planejar seu projeto de vida.

Habilidades da BNCC relacionadas:

EM13CHS401 EM13CHS403 EM13CHS404

1 Escolher a vida que se quer levar é um grande desafio. Identificar os caminhos que podem ser percorridos exige conciliar seus desejos, sonhos, com sua realidade e necessidades materiais. Refletir sobre si mesmo, do que gosta e não gosta, quais são seus valores pessoais e familiares, é um caminho. Outro, é olhar para o mundo para tentar entender como ele se tornou o que é e assim entender que papel gostaria de nele ocupar.

Como você imagina que será a sua vida daqui a dez anos, por exemplo? Que tipo de trabalho pensa que estará fazendo? Terá filhos? Terá uma vida confortável e viverá numa bela casa ou isso é um sonho distante? O que será que terá conquistado materialmente até lá? Terá feito uma faculdade? E viagens, terá conhecido muitos lugares? Como passará seu lazer, seu tempo livre?

Imagina-se daqui a dez anos reencontrando um amigo de escola que nunca mais viu desde que vocês se formaram no Ensino Médio. Elabore um texto para descrever o que contaria a ele sobre como transcorreu a sua vida desde a última vez que se viram.

CAPÍTULO 2

Cartografia e Sistemas de Informação Geográfica

Nestas atividades você vai:

- Exercitar o conhecimento sobre localização, coordenadas geográficas e fuso horário.
- Relacionar diferentes projeções a diferentes objetivos cartográficos.
- Discutir o uso e as aplicações do GPS.

Habilidade da BNCC relacionada:

EM13CHS106

1 As linhas imaginárias de latitude e longitude podem ser utilizadas para marcar uma localização no planisfério. Para fazer isso, utilizam-se as coordenadas geográficas, que vão de 0° a 90° de latitude tanto ao norte quanto ao sul, e de 0° a 180° de longitude tanto a oeste quanto a leste. Uma coordenada é registrada indicando-se sempre os hemisférios (por exemplo, 90° N e 150° L). Observe o esquema ao lado, que representa um sistema de coordenadas geográficas.

- Registre as coordenadas indicadas pelas letras A, B e C.

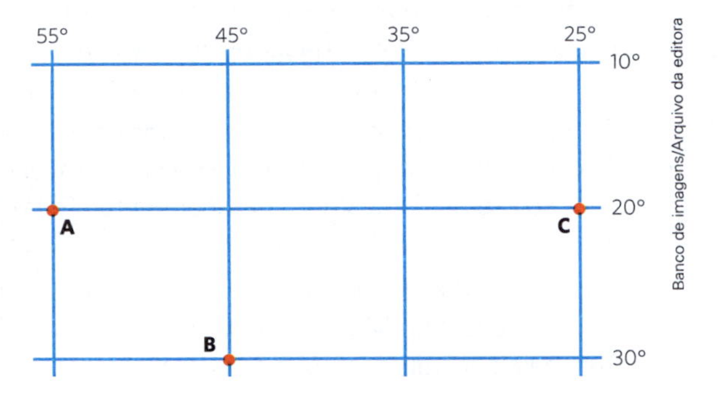

Banco de imagens/Arquivo da editora

2 Leia o texto e observe o mapa de fuso horário para responder à questão.

Cartografia: fusos horários

Os fusos horários foram estabelecidos porque, em razão do movimento de rotação da Terra, as várias porções da superfície terrestre são iluminadas de forma diferenciada no decorrer do dia. Para dar uma volta completa em torno de si, o planeta gira 360° e faz isso em um dia, ou seja, em 24 horas. Dessa forma, foram determinadas 24 faixas longitudinais (no sentido norte-sul do globo) de 15°. Cada faixa, denominada de fuso horário teórico ou astronômico, corresponde, portanto, a 1 hora.

O fuso de referência do horário mundial é o de Greenwich, localidade situada em Londres, na Inglaterra. Esse fuso se estende 7° 30' a oeste e 7° 30' a leste do Meridiano de Greenwich, também chamado de Meridiano 0°. A partir dele, foram definidos os demais fusos teóricos – indo para leste, acrescenta-se uma hora a cada fuso; para oeste, subtrai-se uma hora.

Entretanto, esses limites teóricos dos fusos horários, delimitados a cada 15°, não coincidem com os limites dos países. Por isso, foram criados os fusos horários práticos, também conhecidos como fusos civis ou políticos. Esses fusos respeitam os limites políticos dos países, pois consideram os interesses de cada nação em fazer parte de um ou de outro fuso, de acordo, por exemplo, com a integração econômica, política e sociocultural com as regiões vizinhas. [...]

CARTOGRAFIA: fusos horários. *Guia do estudante*. Disponível em: https://guiadoestudante.abril.com.br/curso-enem-play/fusos-horarios-como-os-paises-acertam-os-seus-relogios/. Acesso em: abr. 2020.

Mundo: fuso horário

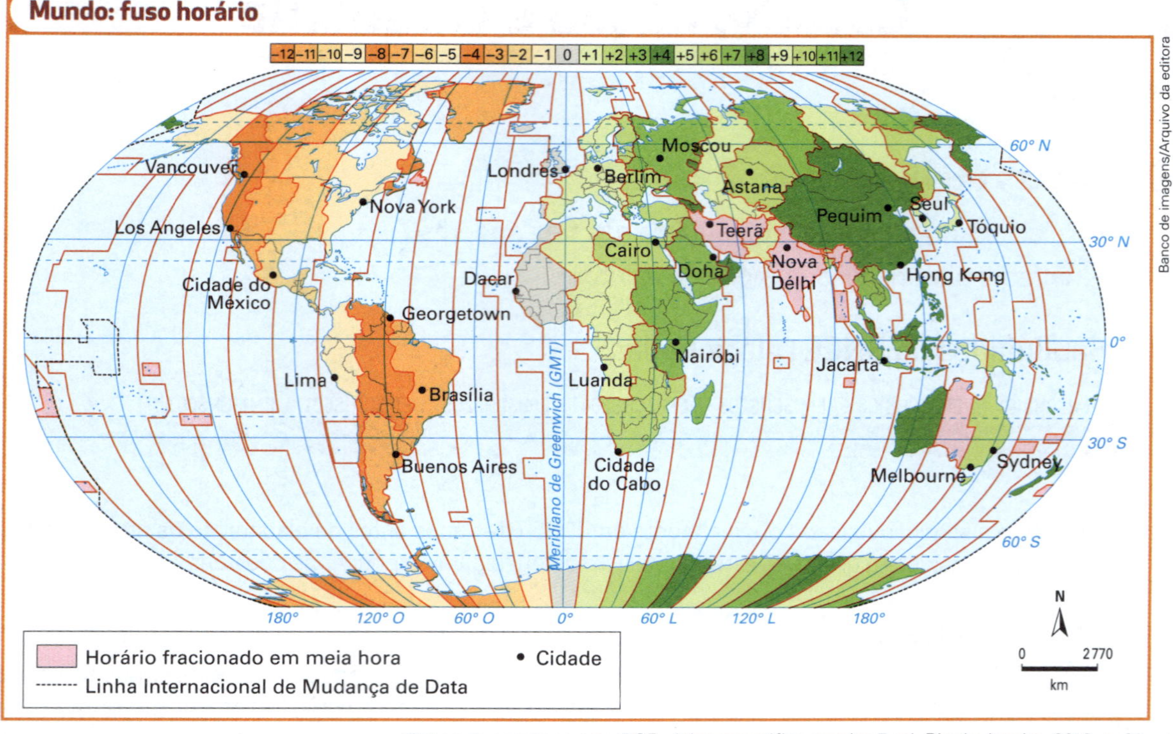

Elaborado com base em: IBGE. *Atlas geográfico escolar*. 7. ed. Rio de Janeiro, 2016. p. 35.

- Um avião partiu de Lima (Peru), às 10h, em direção à Cidade do Cabo (África do Sul). Qual era a hora local no destino no momento da aterrissagem?

3 Observe as fotos abaixo e responda às questões.

Fontana/Fotoarena

Vlad Ispas/Shutterstock

a) Quais são as aplicações do GPS em veículos sugeridas pelas fotos?

b) Em que outras situações o uso do GPS pode ser fundamental?

CAPÍTULO

Estado, nação e cidadania

Nestas atividades você vai:

- Relacionar o funcionalismo público aos três poderes.
- Refletir sobre nações, minorias e território.

Habilidades da BNCC relacionadas:

EM13CHS104 EM13CHS106 EM13CHS203 EM13CHS204 EM13CHS205 EM13CHS601 EM13CHS603

1 Leia o texto a seguir, publicado originalmente em 1985 (três anos antes da elaboração da atual Constituição do Brasil), e considere o que você estudou no livro didático para responder às questões.

Nações indígenas

[...] O conceito de povo implica, em primeiro lugar, um agrupamento de pessoas que se reúnem em função das várias afinidades que mantêm entre si. Povo não quer dizer, em nenhum dos significados que aparecem nos dicionários, uma organização formal ou poderes formalmente constituídos. Designa muito mais um compartilhar de uma história, de uma mesma língua, de hábitos e tradições comuns, como é o caso dos vários povos que emigraram para o Brasil – japoneses, judeus, etc. As outras acepções de povo nos transmitem a ideia de um conjunto de pessoas que, por uma eventualidade, estão reunidas – por morarem no mesmo local ou então por serem igualmente destituídas de reconhecimento social.

O conceito de nação, por outro lado, fala explicitamente em *território* (e não em localidade, como os bairros da Liberdade ou do Bom Retiro em São Paulo), condição essencial da própria existência das sociedades indígenas. O conceito de nação implica não apenas o compartilhar de certas afinidades, mas também a *organização política* destas pessoas sob um *único governo*, tal como ocorre nas sociedades indígenas no Brasil.

O que esses conceitos evidenciam é que, embora os índios se constituam, efetivamente, como *nações* (diferenciadas entre si e diferentes da Nação brasileira) sempre foram tratados como *povos* [...]

Na verdade, quando se pensa nas relações entre os índios e o Estado, parece muito difícil – e esta dificuldade é histórica – pensar os índios como nações, com direitos soberanos sobre o seu território e com suas formas de organização social. E este é precisamente um dos grandes desafios que os constituintes terão que enfrentar. Não seria possível pensar o Estado brasileiro como plurinacional, e não apenas pluriétnico ou plurirracial? [...]

NOVAES, Sylvia Caiubi. Nações indígenas. *Lua Nova*, São Paulo, v. 2, n. 2, set. 1985. Disponível em: www.scielo.br/scielo.php?script=sci_arttext&pid=S0102-64451985000300006. Acesso em: abr. 2020.

a) O que significa dizer que o Estado brasileiro sempre tratou os indígenas como povos e não como nações?

____

____

b) Por que a autora argumenta que um dos grandes desafios da Constituição é pensar o Estado brasileiro como plurinacional, e não apenas pluriétnico ou plurirracial?

____

____

2 Observe o mapa e leia o texto abaixo para responder às questões.

População curda (2019)

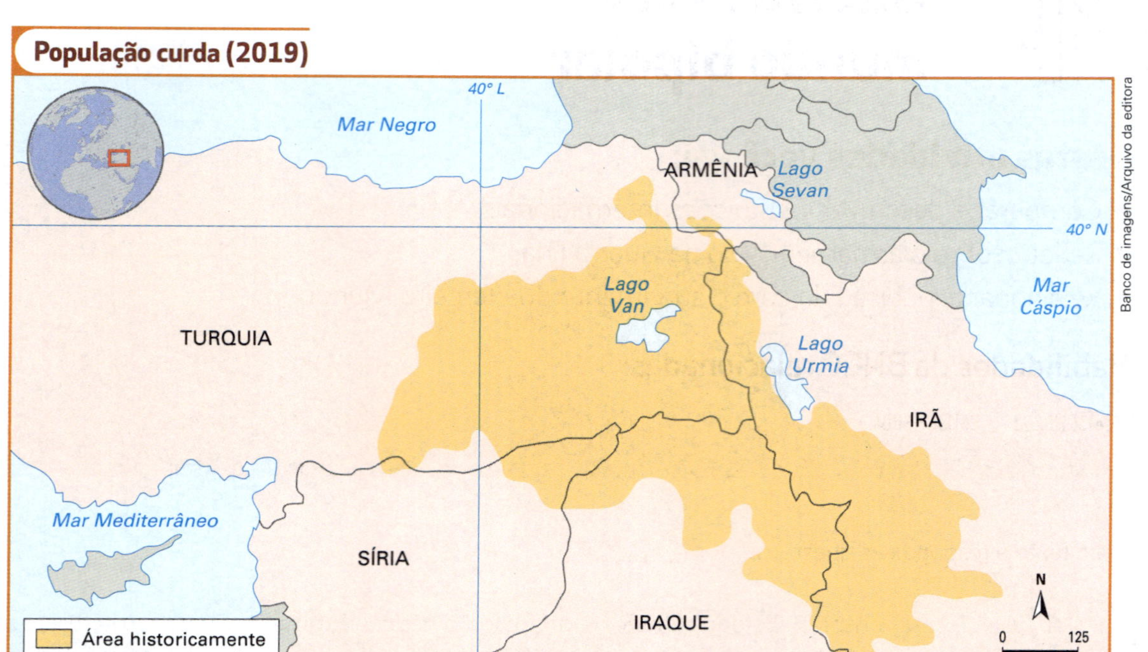

Elaborado com base em: QUEM são os curdos e por que são atacados pela Turquia. *BBC Brasil*, 12 out. 2019. Disponível em: www.bbc.com/portuguese/internacional-50012988. Acesso em: dez. 2019.

A questão curda na guerra da Síria: dinâmicas internas e impactos regionais

[...] Além de ser um enclave curdo no Oriente Médio, reavivando a utopia de se criar uma região curda autônoma, Rojava chamou a atenção internacional também por ser um laboratório para as ideias de democracia apregoadas pelo líder curdo, Öcalan. Uma das questões centrais dessa proposta é a superação do modelo de Estado-nação, que seria, segundo Öcalan, uma das principais fontes de divisões sociopolíticas no Oriente Médio - principalmente em relação a minorias étnicas que têm problemas relacionados ao reconhecimento por governos nacionais. [...]

NASSER, Reginaldo Mattar; ROBERTO, Willian Moraes. A questão curda na guerra da Síria: dinâmicas internas e impactos regionais. *Lua Nova*, São Paulo, n. 106, jan./abr. 2019. Disponível em: www.scielo.br/scielo.php?script=sci_arttext&pid=S0102-64452019000100009. Acesso em: abr. 2020.

a) Observando o mapa, justifique a afirmação da proposta do líder curdo Öcalan sobre a necessidade de superação do modelo de Estado-nação.

b) Rojava, no norte da Síria, é um território sob controle curdo que reivindica sua autonomia, não desejando fazer mais parte do estado Sírio. Você concorda com essa reivindicação? Por quê?

CAPÍTULO 4

Guerra Fria e mundo bipolar

Nestas atividades você vai:

- Comparar e descrever instituições internacionais.
- Refletir sobre o armamentismo na Guerra Fria.
- Relacionar a Guerra Fria com o surgimento do "Terceiro Mundo".

Habilidades da BNCC relacionadas:

EM13CHS202 EM13CHS604

1 Leia o texto e responda às questões.

> A "paz" formal entre os Estados Unidos e a União Soviética, durante a Guerra Fria, baseada na ameaça mútua das armas nucleares, resultou na militarização da economia americana. Essa economia passou a ser fortemente relacionada à produção de armas e outros produtos da guerra sob o controle do que o próprio presidente Dwight Eisenhower (1952-1960) chamou de "complexo militar-industrial". O mais alto padrão de vida no mundo foi baseado em grande parte nos gastos militares americanos [...].
>
> KARNAL, Leandro. *História dos Estados Unidos*: das origens ao século XXI. São Paulo: Contexto, 2007. p. 229.

a) Qual característica da Guerra Fria está realçada no texto?

____

____

b) A afirmação do autor, de que a paz da Guerra Fria foi baseada na ameaça nuclear, relaciona-se à doutrina militar de Destruição Mútua Assegurada. Explique essa relação.

____

____

____

____

____

2 Relacione a Conferência de Bandung aos termos "Movimento dos Países Não Alinhados" e "Terceiro Mundo".

____

____

____

____

____

CAPÍTULO 5

Grandes atores da geopolítica no mundo atual

Nestas atividades você vai:

- Refletir sobre os principais países da geopolítica atual.
- Classificar o Brasil dentro do conceito de sistema-mundo.
- Discutir o conceito de Estado falido e suas causas.
- Reconhecer a importância da China na nova ordem mundial.

Habilidades da BNCC relacionadas:

EM13CHS101 EM13CHS202 EM13CHS603 EM13CHS604

1 Na atual ordem geopolítica mundial, dois países, entre as grandes forças econômicas mundiais, retomaram investimentos em armamentos e, após o fim da Segunda Guerra, participaram pela primeira vez de ações militares sob o comando da Otan. Aponte quais são esses países e descreva a relevância deles no contexto mundial.

2 Comente a importância da Organização de Cooperação de Shangai e do Banco Asiático de Investimento em Infraestrutura (BAII) no contexto geopolítico atual.

3 Pensando no conceito de sistema-mundo, identifique em que nível está o Brasil, justificando com critérios econômicos, políticos e sociais.

4 Leia o texto a seguir para responder às questões.

Estados Falidos

[...] Existe um *ranking* mundial dos Estados Falidos que é divulgado anualmente pelo Fundo pela Paz e Política Internacional (FFP). Para a elaboração desse *ranking*, é considerada uma série de doze diferentes fatores, pontuados de 1 a 10 cada, e que abrange temas como conflitos sociais, riscos de terrorismo, índices de corrupção e outros. Com isso, a pontuação máxima é de 120 pontos, e os países que estão mais próximos desse número são aqueles em completo estado de falência. [...]

PENA, Rodolfo F. Alves. *Estados Falidos*. Disponível em: https://brasilescola.uol.com.br/geografia/estados-falidos.htm. Acesso em: abr. 2020.

a) Quais os principais fatores que caracterizam um Estado falido?

b) De acordo com o FFP, a Síria tinha uma pontuação de 111,5 no *ranking* de Estados falidos de 2019. Qual foi o principal motivo dessa pontuação?

5 A Rota da Seda original se referia a uma série de rotas diferentes, no sul da Ásia, utilizadas para o comércio, principalmente de seda, entre essa região e a Europa. Observe o mapa e responda à questão.

Mundo: Nova Rota da Seda (2018)

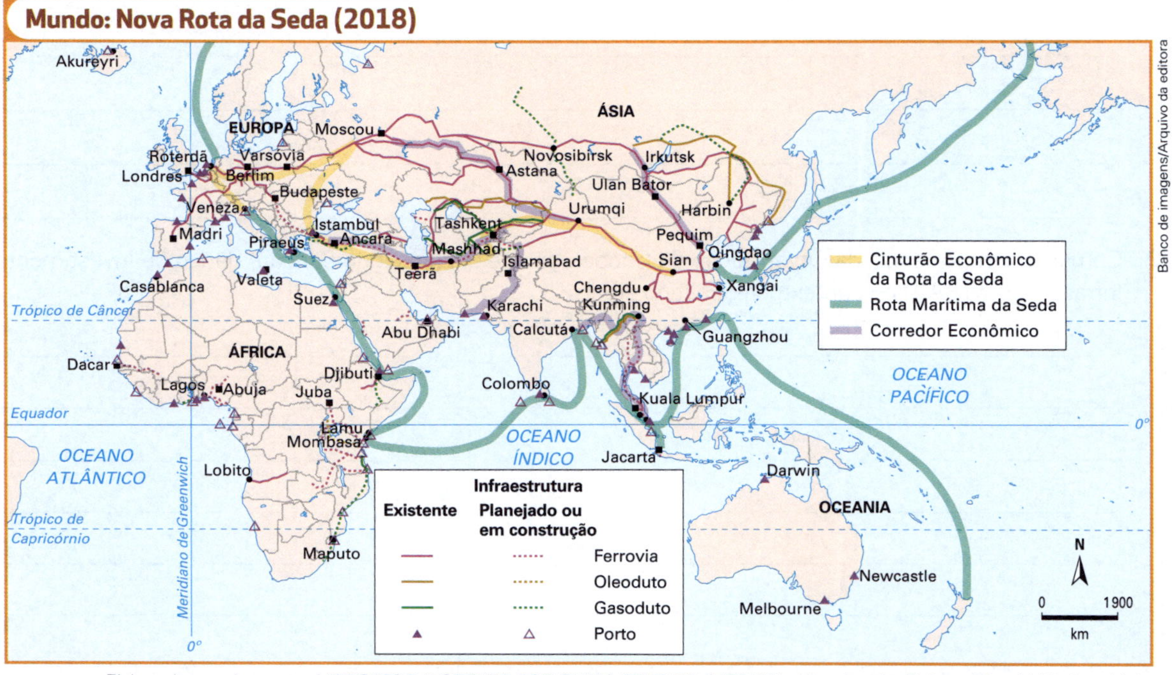

Elaborado com base em: MERCATOR INSTITUTE FOR CHINA STUDIES (MERICS). *Mapping the Belt and Road initiative*: this is where we stand. Disponível em: www.merics.org/en/bri-tracker/mapping-the-belt-and-road-initiative. Acesso em: out. 2019.

- Por que as rotas representadas no mapa são chamadas de Nova Rota da Seda?

CAPÍTULO 6

Etnia e modernidade

Nestas atividades você vai:

- Diferenciar povo e etnia.
- Relacionar a cultura de consumo à civilização.
- Refletir sobre a Era da Informação.

Habilidades da BNCC relacionadas:

EM13CHS102 EM13CHS105 EM13CHS303 EM13CHS502 EM13CHS504

1 As discussões sobre identidade estão cada vez mais presentes em nossa sociedade. Pensando nisso, faça o que se pede:

a) Diferencie povo e etnia.

b) Em sua opinião, é possível falar em "povo brasileiro"? Por quê?

2 Leia o texto a seguir.

Criada nos EUA, Black Friday é marcada por morte, fraudes e até casamento

[...] Ao longo dos anos, casos inusitados foram noticiados, assim como as multidões de consumidores que se formam nas lojas. Em 2008, nos EUA, um funcionário da rede americana Walmart morreu em meio ao tumulto na abertura da loja, no dia 28 de novembro, na filial de Long Island, em Nova York. O funcionário estava junto às portas quando elas abriram, às 5h (hora local), e foi derrubado no chão, conforme foi informado na época pela polícia. Quatro clientes, incluindo uma mulher grávida, ficaram feridos, segundo reportagem [...].

CRIADA nos EUA, Black Friday é marcada por morte, fraudes e até casamento. *O Globo*, 22 nov. 2017. Disponível em: https://acervo.oglobo.globo.com/em-destaque/criada-nos-eua-black-friday-marcada-por-morte-fraudes-ate-casamento-22094957. Acesso em: abr. 2020.

a) Faça uma relação entre a notícia e a ideia de "falta de civilidade" comumente associada aos povos indígenas nos Estados Unidos.

b) Qual o papel da indústria cultural e da publicidade na chamada sociedade de consumo?

3 Explique por que o momento atual em que vivemos é chamado de Era da Informação.

CAPÍTULO 7

Questões étnicas no Brasil

Nestas atividades você vai:

- Relacionar o folclore com a herança cultural africana no Brasil.
- Discutir o racismo e sua relação com a escravidão.
- Refletir sobre as terras indígenas e o processo de ocupação do território brasileiro.
- Relacionar as terras quilombolas com o trabalho escravo.
- Explicar quem são os "povos da floresta".

Habilidades da BNCC relacionadas:

EM13CHS204 EM13CHS205 EM13CHS206 EM13CHS302 EM13CHS601

1 Leia o texto a seguir e aponte, na versão brasileira do saci, dois elementos indicativos da influência africana.

Saci-pererê

[...] A lenda do saci, segundo apontam os especialistas em folclore, também é encontrada nos países vizinhos do Brasil. No Paraguai, Argentina e Uruguai, ela é conhecida como *yasi-yateré*, e os especialistas acreditam que a lenda do saci derivou desta, mas se modificou radicalmente [...] na versão brasileira.

O *yasi-yateré*, assim como o saci, é um ser de pequena estatura, possui cabelos loiros e anda com um bastão de ouro, que funciona como varinha mágica e tem como função deixar o *yasi* invisível. Ele também gosta de atrair crianças com brincadeiras e pode fazer alguma maldade com elas, como roubá-las, deixá-las loucas, surdas (isso varia de acordo com a versão) etc. [...]

SACI-PERERÊ. *Mundo Educação*. Disponível em: https://mundoeducacao.bol.uol.com.br/folclore/saci-perere.htm. Acesso em: abr. 2020.

2 Observe o cartum ao lado e realize as atividades propostas.

a) Relacione entre a ironia contida no cartum e o racismo no Brasil.

b) Em sua opinião, a situação representada tem alguma relação com a escravidão? Por quê?

PESTANA, Maurício. *Racista, eu!? De jeito nenhum...* São Paulo: Escala, 2001. p. 95.

3 Pensando no histórico da ocupação do território brasileiro, explique por que as terras indígenas estão em sua maioria na região Norte atualmente.

4 Observe o mapa.

Brasil: terras quilombolas (2017)

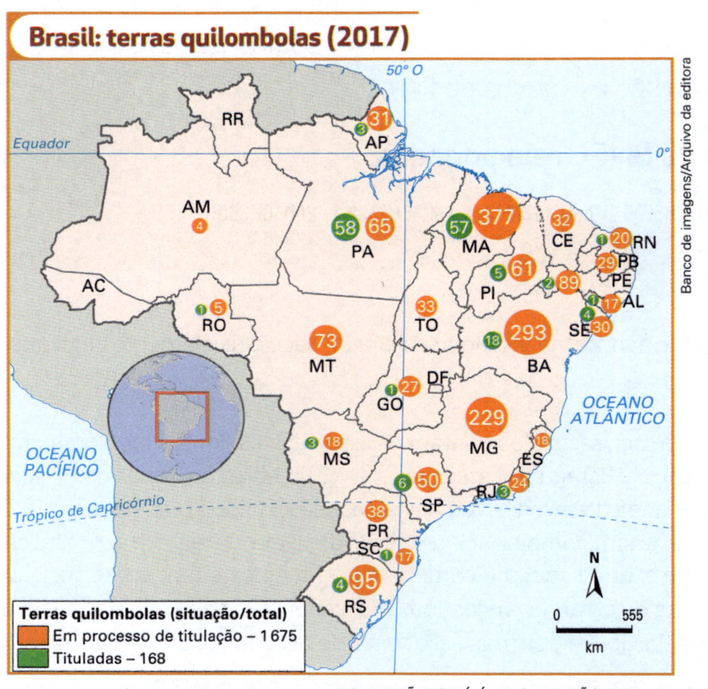

Elaborado com base em: COMISSÃO PRÓ-ÍNDIO DE SÃO PAULO. Direitos Quilombolas. Confira o balanço de julho: três relatórios de identificação publicados. Disponível em: http://cpisp.org.br/direitos-quilombolas-confira-o-balanco-de-julho-tres-relatorios-de-identificacao-publicados. Acesso em: jul. 2020.

a) Qual região brasileira concentra a maior parte das terras quilombolas, tituladas ou não?

b) Por que a concentração de terras quilombolas está nessa região?

5 Explique quem são os "povos da floresta" e por que recebem essa denominação.

CAPÍTULO

Conflitos contemporâneos

Nestas atividades você vai:

- Explicar o termo balcanização.
- Relacionar os conflitos nos Bálcãs com questões do mundo do esporte.
- Refletir sobre o conflito entre Rússia e Ucrânia.
- Classificar os tipos de conflito no continente africano.
- Diferenciar o Irã em dois momentos históricos distintos.
- Identificar problemas na China contemporânea.

Habilidades da BNCC relacionadas:

EM13CHS204 EM13CHS603

1 Leia o texto a seguir.

> Poderia ser a pomba da paz, mas na realidade estava bem longe disso. Os gestos feitos por Xherdan Shaqiri e Granit Xhaka após marcarem pela Suíça contra a Sérvia, no dia 22, foram o primeiro incidente explicitamente político desta Copa do Mundo. Ao "abanarem" as costas das mãos com os braços cruzados, os jogadores lembraram a bandeira da Albânia. Parece complicado de entender, e é: jogadores da seleção suíça marcando contra a Sérvia e provocando a torcida em Kaliningrado, de maioria sérvia e com a simpatia russa, com alusões a um terceiro país. Acontece que Xherdan Shaqiri e Granit Xhaka jogam pela Suíça, mas são de etnia albanesa. [...]
>
> LISBOA, Daniel. Por que Sérvia × Kosovo é o maior incidente político da Copa até agora? *UOL*, 26 jun. 2018. Disponível em: www.bol.uol.com.br/copa-2018/noticias/2018/06/26/por-que-a-servia-protagonizou-o-unico-incidente-politico-da-copa-ate-agora.htm. Acesso em: abr. 2020.

a) Pensando nas guerras nos Bálcãs e no Cáucaso, qual pode ser o terceiro país ao qual se refere o texto?

____

b) Relacione o conflito envolvendo esse país com a atitude dos jogadores suíços.

____

____

____

____

2 Após a Segunda Guerra Mundial, o continente africano enfrentou uma série de conflitos.

a) Explique os três tipos de conflitos que podem ser identificados na África contemporânea.

____

____

____

b) Qual o tipo de conflito provocado pelo grupo Boko Haram? O que esse grupo defende?

3 Quais foram as causas e como se desenrolou o recente conflito entre Rússia e Ucrânia? Que interesses estão envolvidos nesse conflito e quais foram suas consequências, no contexto geopolítico atual?

4 Diferencie o Irã antes e após a Revolução Islâmica.

5 Identifique as regiões assinaladas com as letras A e B e aponte os problemas que elas têm em comum.

China: grandes regiões geográficas

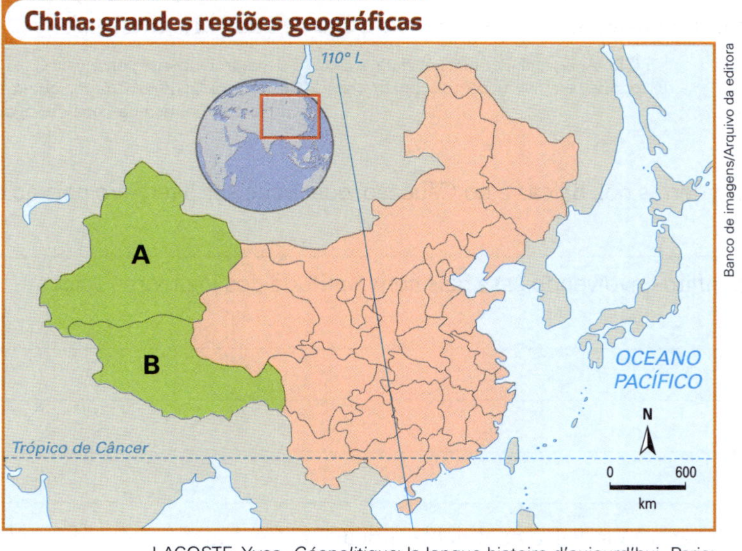

LACOSTE, Yves. *Géopolitique*: la longue histoire d'aujourd'hui. Paris: Larousse, 2008. p. 176.

CAPÍTULO

9 Globalização e redes da economia mundial

Nestas atividades você vai:

- Refletir sobre a revolução técnico-científica.
- Relacionar as redes sociais com a desigualdade.
- Qualificar as redes econômicas mundiais.
- Relacionar as inovações tecnológicas com o seu cotidiano.
- Refletir sobre outras possibilidades de organização social.

Habilidades da BNCC relacionadas:

EM13CHS101 EM13CHS201 EM13CHS202 EM13CHS401 EM13CHS504

1 Observe a charge do cartunista paulista Jean Galvão (1972-) e responda às questões.

a) Cite e explique dois motivos pelos quais o cartum pode ser relacionado à revolução técnico-científica.

© Jean Galvão/Folhapress

Folha de S.Paulo, 21 ago. 2015. p. A-2.

b) Em que situação um robô "entraria numa fila para deixar currículo"?

2 Um estudo de Eduardo Cesar Marques, professor do Departamento de Ciência Política da Universidade de São Paulo, que deu origem ao livro *Estado e redes sociais*, apontou que as redes sociais têm um papel importante na superação da pobreza e da segregação social.

a) Levante hipóteses para essa afirmação, considerando as características das redes sociais.

b) Explique a importância das redes sociais e cite alguns cuidados que as pessoas precisam ter ao usá-las.

3 Leia o texto a seguir e responda às questões.

Capitalismo global

O capitalismo global caracteriza-se por ter na inovação tecnológica um instrumento de acumulação em nível e qualidade infinitamente superiores aos experimentados em suas fases anteriores; e por utilizar-se intensamente da fragmentação das cadeias produtivas propiciada pelos avanços das tecnologias da informação.

DUPAS, Gilberto. *Atores e poderes na nova ordem global*. São Paulo: Edunesp, 2005. p. 75.

a) O texto aponta a organização econômica do espaço mundial em redes. Descreva, resumidamente, esse tipo de organização econômica.

b) Dê um exemplo de produção e comercialização de uma mercadoria que ilustre a ideia presente no texto.

4 Analise o papel das inovações tecnológicas na modificação das relações interpessoais, dando exemplos do seu dia a dia.

5 Escreva uma pequena reflexão sobre o significado da frase "outro mundo é possível".

CAPÍTULO 10

Globalização e blocos econômicos

Nestas atividades você vai:

- Explicar protecionismo e barreira tarifária.
- Reconhecer a importância do Tratado Integral e Progressista de Associação Transpacífico.
- Refletir sobre as consequências do Nafta para os Estados Unidos e o México.

Habilidade da BNCC relacionada:

EM13CHS201

1 Explique o que é protecionismo e dê exemplos de barreiras tarifárias.

2 Leia a charge a seguir, identifique a ideia que ela quer transmitir e responda às questões.

Steve Sack/Mineapolis Star Tribune

Na charge, o cidadão mexicano, indo para os Estados Unidos, diz à sua família: "Vou mandar dinheiro quando arrumar um emprego". O empresário estadunidense, indo para o México, diz a um desempregado de seu país: "Vou criar empregos quando ganhar muito dinheiro". Publicada originalmente no jornal estadunidense *Star Tribune*, a charge retrata as críticas nos Estados Unidos ao Nafta (Acordo de Livre-Comércio da América do Norte).

Folha de S.Paulo. São Paulo, 26 set. 1993.

a) De qual grupo da sociedade estadunidense estariam partindo as críticas ao Nafta?

b) Quais interesses motivariam empresários dos Estados Unidos a instalar empresas no México?

CAPÍTULO

11 Energia no mundo atual

Nestas atividades você vai:

- Localizar os principais produtores mundiais de carvão mineral, gás natural e petróleo.
- Refletir sobre as vantagens e as desvantagens da energia hidrelétrica.
- Discutir o programa nuclear brasileiro.

Habilidades da BNCC relacionadas:

EM13CHS101 EM13CHS202

1 Observe o mapa e as tabelas a seguir. Compare as informações e diga em quais regiões estão concentradas as produções de cada um desses combustíveis fósseis.

Mundo: principais produtores e maiores reservas de petróleo (2018)

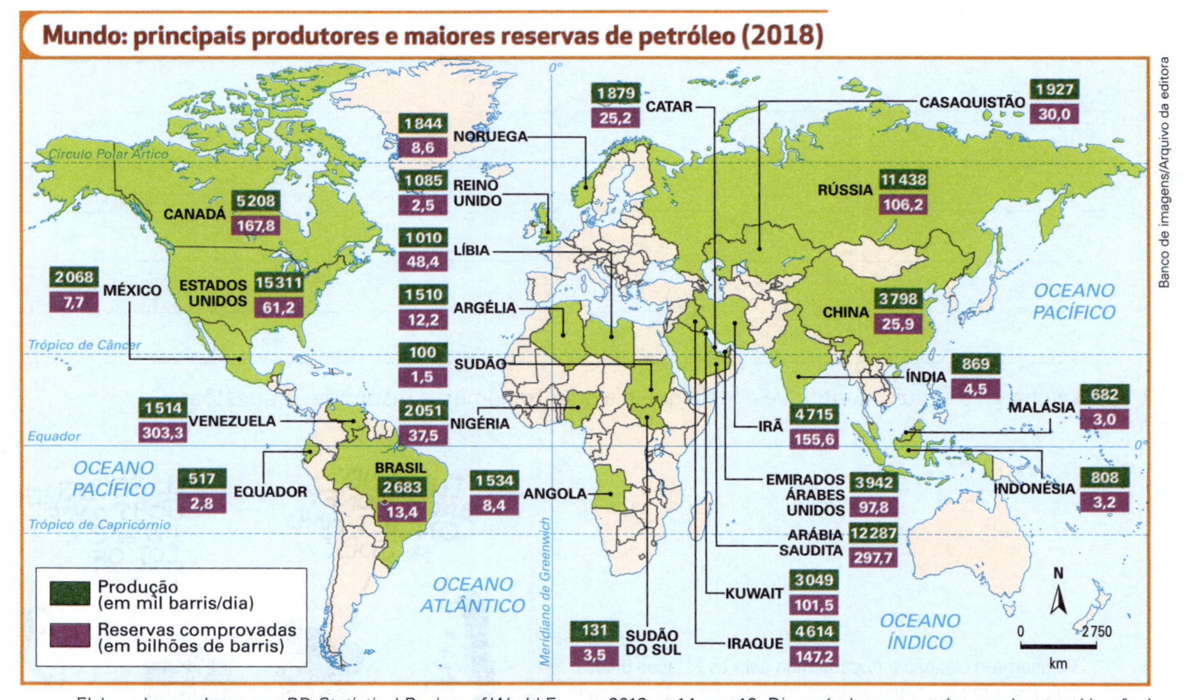

Banco de imagens/Arquivo da editora

Elaborado com base em: BP. *Statistical Review of World Energy 2019*. p. 14 e p. 16. Disponível em: www.bp.com/content/dam/bp/business-sites/en/global/corporate/pdfs/energy-economics/statistical-review/bp-stats-review-2019-full-report.pdf. Acesso em: nov. 2019.

Mundo: maiores produtores de carvão mineral (2018)

País	Milhões de toneladas	% do total mundial
China	3 550	45,4
Índia	771	9,9
Estados Unidos	685	8,8
Indonésia	549	7,0
Austrália	483	6,2

Elaborado com base em: IEA. *Key World Energy Statistics 2019*. p. 17. Disponível em: www.iea.org. Acesso em: nov. 2019.

Mundo: maiores produtores de gás natural (2018)

País	Bilhões de m³	% do total mundial
1. Estados Unidos	831,8	21,5
2. Rússia	669,5	17,3
3. Irã	239,5	6,2
4. Canadá	184,7	4,7
5. Catar	175,5	4,5
6. China	161,5	4,2
7. Noruega	120,6	3,1
Total mundial	3 867,9	100

Elaborado com base em: BP. *Statistical Review of World Energy 2019*. p. 32. Disponível em: www.bp.com. Acesso em: nov. 2019.

2 Quais são os argumentos favoráveis ao uso da energia hidrelétrica? E os desfavoráveis?

3 Pensando nas fontes de energia presentes no Brasil, você acredita que o país deva seguir investindo na produção de energia nuclear? Por quê?

CAPÍTULO 12

Indústria no mundo atual

Nestas atividades você vai:

- Comparar as três Revoluções Industriais.
- Relacionar tecnologia, indústria e redes de produção.
- Explicar as políticas governamentais relacionadas ao crescimento econômico no sul da Ásia.
- Explorar os motivos da baixa produção industrial africana.

Habilidades da BNCC relacionadas:

EM13CHS202 EM13CHS403 EM13CHS404

1 Caracterize cada uma das três Revoluções Industriais no que diz respeito à inovação tecnológica e consequências sociopolíticas.

____

____

____

____

____

____

2 Explique por que as novas tecnologias da revolução técnico-científica possibilitaram a descentralização da produção industrial e de outras atividades econômicas.

____

____

____

3 O que é o toyotismo e como ele se relaciona com o processo de surgimento de redes de produção em escala global?

____

____

____

____

4 Qual era o modelo econômico que possibilitou o surgimento dos Tigres Asiáticos e dos Novos Tigres Asiáticos?

____

____

5 Leia o texto a seguir.

> [...] A proximidade com Hong Kong inspirou a criação de quatro Zonas Econômicas Especiais (ZEEs), em 1980, em Shenzhen, Zhuhai, Shantou e Xiamen, todas localizadas no litoral sul. Nessas ZEEs, passaram a ser concedidos diversos incentivos, permitindo a criação de *clusters*, com *spillovers* positivos. A criação das primeiras ZEEs nessa região permitiu o deslocamento da produção industrial de Hong Kong, sobretudo em setores mais intensivos em mão de obra, cujo crescimento esbarrava em limites físicos, para a República Popular da China, ao mesmo tempo em que HK migrava sua produção para produtos superiores na escala tecnológica. Os bons resultados obtidos nessas áreas levaram o governo chinês a criar, em 1984, outras 14 ZEEs semelhantes, ao longo do litoral. As áreas disponíveis para investimentos estrangeiros expandiram-se rapidamente, atingindo todo o litoral, no final da década de 1980, e alcançando o interior do país na década seguinte. [...]
>
> NONNENBERG, Marcelo José Braga. China: estabilidade e crescimento econômico. *Revista de Economia Política*, São Paulo, v. 30, n. 2, abr./jun. 2010. Disponível em: www.scielo.br/scielo.php?script=sci_arttext&pid=S0101-31572010000200002. Acesso em: maio 2020.

a) Qual o nome dessas regiões industriais chinesas, criadas por Deng Xiaoping?

b) O que significa dizer que essas regiões são subsidiadas pelo governo?

6 Explique por que a produção industrial africana corresponde, em média, a apenas 1% do total do PIB do continente.

CAPÍTULO

Indústria no Brasil

Nestas atividades você vai:

- Definir os conceitos de reprimarização e desindustrialização.
- Analisar a participação regional na produção industrial brasileira.
- Explorar as consequências do Plano Real para a indústria brasileira.

Habilidade da BNCC relacionada:

EM13CHS103

1 Explique o que significa reprimarização e desindustrialização e relacione os dois conceitos no cenário brasileiro.

2 Observe o gráfico e responda às questões.

Brasil: valor da transformação industrial*, por regiões (1970-2017)

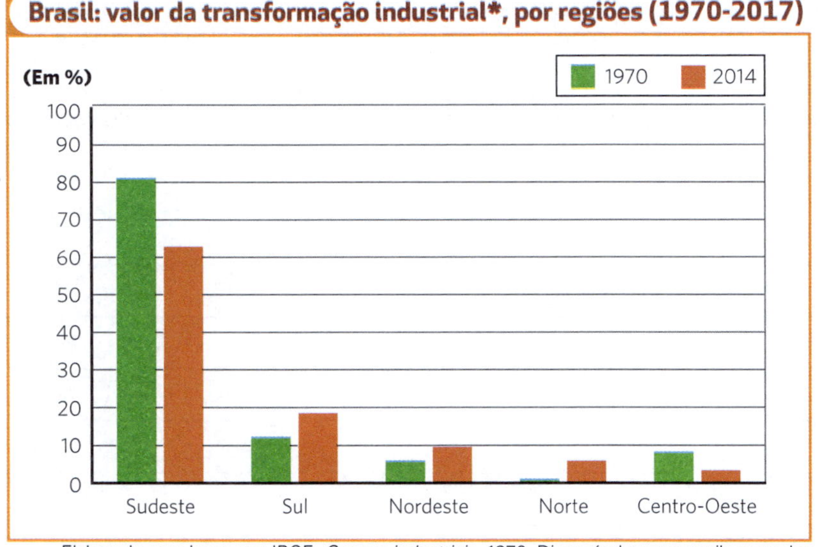

Elaborado com base em: IBGE. *Censos industriais*, 1970. Disponível em: www.ibge.gov.br; IBGE. *Pesquisa Industrial Anual, 2017*. Disponível em: https://agenciadenoticias.ibge.gov.br/agencia-noticias/2012-agencia-de-noticias/noticias/24739-industria-perde-1-3-milhao-de-empregos-em-quatro-anos. Acessos em: abr. 2020.

*O valor da transformação industrial é um indicador calculado pelo valor bruto da produção menos os custos das operações. Ele serve como uma aproximação do valor adicionado pela atividade industrial.

a) Identifique e explique o processo registrado no gráfico.

b) Quais as duas regiões que registraram as maiores taxas de crescimento?

3 Quais foram as consequências do Plano Real para a indústria brasileira?

CAPÍTULO 14

Agropecuária no mundo e no Brasil

Nestas atividades você vai:

- Contrapor o discurso neoliberal às políticas agrícolas de países desenvolvidos.
- Relacionar fatores econômicos e naturais à agricultura na União Europeia.
- Discutir problemas ambientais derivados da agricultura.
- Refletir sobre subnutrição, soberania alimentar e conflitos por terra no campo brasileiro.

Habilidades da BNCC relacionadas:

EM13CHS101 EM13CHS202 EM13CHS401

1 Comente a contradição existente entre a política neoliberal, defendida por muitos países desenvolvidos, e as políticas agrícolas adotadas por eles.

2 Observe a foto a seguir e explique os fatores econômicos e naturais que propiciam paisagens como essa em alguns países da União Europeia e que garantem aos agricultores desse bloco competitividade nos mercados interno e externo.

Wolfgang Kaehler/Photoshot/Easypix Brasil

Plantação de trigo no sul da França. Foto de 2018.

3 Leia o texto a seguir e responda às questões.

Produção agropecuária é a maior responsável pela poluição da água na China

Grandes plantações são uma fonte muito maior de contaminação da água na China do que os efluentes das fábricas, revelou o governo chinês em seu primeiro "censo de poluição". [...].

Os oficiais do governo disseram que a descoberta, depois de um estudo de dois anos envolvendo 570 mil pessoas, irá requerer um realinhamento parcial da política ambiental - que, ao invés de se ocupar tanto com as chaminés, deverá voltar sua atenção para os galinheiros, os estábulos e os pomares. [...] "Durante quase todos os 5 mil anos de história da China, a agricultura fez de nós uma economia que absorve carbono. Mas, nos últimos 40 anos, ela se tornou uma das maiores fontes poluentes do país. A experiência diz que nós não precisamos nos apoiar nos insumos químicos para resolver a questão da segurança alimentar. O governo tem de reforçar a agricultura de baixa poluição".

PRODUÇÃO agropecuária é a maior responsável pela poluição da água na China. *Estadão*, 9 fev. 2010. Disponível em: https://sustentabilidade.estadao.com.br/noticias/geral,producao-agropecuaria-e-a-maior-responsavel-pela-poluicao-da-agua-na-china,508789. Acesso em: maio 2020.

a) Qual é o problema discutido no texto?

b) Quais são as consequências ambientais desse problema?

c) Que medidas poderiam ser tomadas para uma agricultura de "baixa poluição"?

4 Observe o mapa abaixo e responda às questões.

Mundo: população subnutrida (2015)

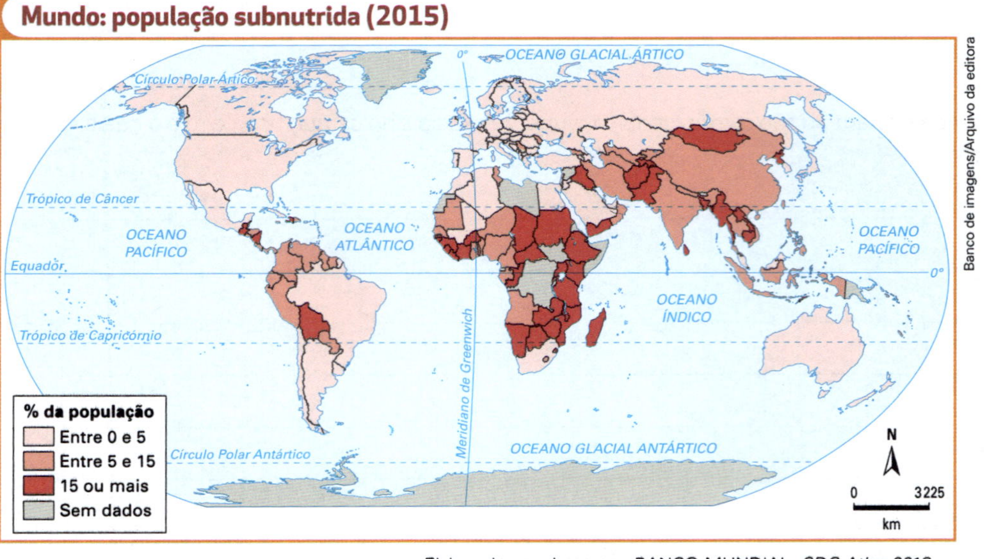

Elaborado com base em: BANCO MUNDIAL. *SDG Atlas 2018.* Disponível em: http://datatopics.worldbank.org/sdgatlas/SDG-02-zero-hunger.html. Acesso em: jan. 2020.

a) Qual a relação entre esse mapa e o discurso dos Estados Unidos para sustentar a ideia de Revolução Verde?

b) Que regiões do mundo apresentam os maiores problemas de subnutrição?

5 Leia o texto a seguir.

> Soberania alimentar é "[...] o direito dos povos definirem suas próprias políticas e estratégias sustentáveis de produção, distribuição e consumo de alimentos que garantam o direito à alimentação para toda a população, com base na pequena e média produção, respeitando suas próprias culturas e a diversidade dos modos camponeses, pesqueiros e indígenas de produção agropecuária, de comercialização e gestão dos espaços rurais, nos quais a mulher desempenha um papel fundamental [...]. A soberania alimentar é a via para se erradicar a fome e a desnutrição e garantir a segurança alimentar duradoura e sustentável para todos os povos." (Fórum Mundial sobre Soberania Alimentar, Havana, 2001.)
>
> CERESAN. O que entendemos por Soberania e Segurança Alimentar e Nutricional. Disponível em: www.ceresan.net.br/quem-somos/o-que-entendemos-por-ssan/. Acesso em: abr. 2020.

- Com base no texto e no que você leu sobre a produção agrícola brasileira, responda: O Brasil tem a soberania alimentar como um princípio na produção agrícola? Por quê?

6 Explique quais foram ou são os principais movimentos sociais no campo brasileiro e o que eles defenderam ou defendem.

Urbanização no mundo

Nestas atividades você vai:

- Comparar conceitos de lugar e não lugar.
- Refletir sobre a relação entre crescimento populacional e problemas sociais urbanos.
- Conceituar metrópole, megacidade e cidade global.
- Discutir o processo de transformação do espaço urbano.
- Relacionar hierarquias urbanas à urbanização em países subdesenvolvidos.

Habilidades da BNCC relacionadas:

EM13CHS101 EM13CHS103 EM13CHS206 EM13CHS401 EM13CHS606

1 Em oposição ao conceito de lugar, alguns autores defendem que espaços urbanos efêmeros, de transição ou passagem, que não permitem a criação de uma identidade, constituiriam um não lugar. Aponte três espaços urbanos que possam ser considerados não lugares.

____

____

2 Observe o gráfico abaixo e responda às questões.

Mundo: projeção do aumento da população urbana por país (2018-2050)

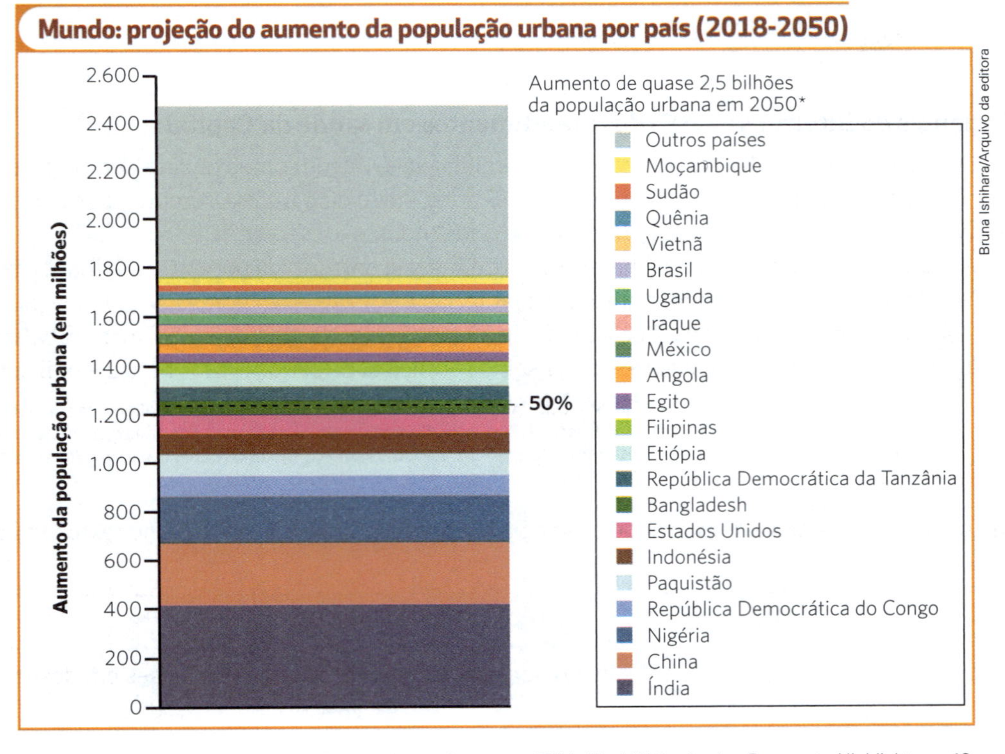

Elaborado com base em: ONU. *World Urbanization Prospects*: Highlights. p. 13. Disponível em: https://population.un.org/wup/Publications/Files/WUP2018-Highlights.pdf. Acesso em: jan. 2020.

a) Os países com maior projeção de aumento populacional urbano até 2050 são considerados desenvolvidos ou em desenvolvimento?

b) Pensando no processo de urbanização típico desse tipo de países, que problemas urbanos podem surgir ou se intensificar até 2050?

3 Leia o texto a seguir.

PM retira à força ocupantes do cais José Estelita, no Recife

[....] Os integrantes do movimento Ocupe Estelita são contrários ao projeto urbanístico Novo Recife. Aprovado em dezembro de 2013, o projeto prevê intervenções urbanísticas no cais, localizado em área histórica e um dos principais cartões-postais da capital pernambucana. Entre as obras previstas, está a construção de 12 torres de 40 andares para fins residencial e empresarial, além de área de comércio, hotéis, restaurantes, bares e estacionamento. [...]

PM retira à força ocupantes do cais José Estelita, no Recife. *UOL*, 17 jun. 2014. Disponível em: https://noticias.uol.com.br/cotidiano/ultimas-noticias/2014/06/17/pm-retira-a-forca-ocupantes-do-cais-jose-estelita-no-recife.htm. Acesso em: abr. 2020.

a) De acordo com o texto, qual processo urbano é motivador da preocupação do movimento Ocupe Estelita?

b) Que papel efetua o Estado na produção do processo urbano em questão?

4 Leia o texto a seguir.

Pacientes do interior são 20% dos atendimentos em saúde da Capital

Desde que o filho tinha um ano de idade, Romilda viaja 440 quilômetros para que ele possa receber atendimento médico. O garoto, que hoje tem 13 anos, sofre de paralisia cerebral, por isso precisa de cuidados especiais que Porto Murtinho, cidade onde mora, não oferece. [...]

A realidade de Romilda Amarilha e do filho é a mesma enfrentada por outras milhares de pessoas, que diariamente, buscam atendimento na Capital. [...]

"Campo Grande é responsável pela saúde de 33 municípios da macrorregião, mas acaba atendendo muito mais. [...], explica a presidente do Conselho Municipal de Saúde (CMS), Maria Auxiliadora. [...]

RODRIGUES, Luana. Pacientes do interior são 20% dos atendimentos em saúde da Capital. *Correio do Estado*, 13 ago. 2018. Disponível em: www.correiodoestado.com.br/cidades/pacientes-do-interior-sao-20-dos-atendimentos-em-saude-da-capital/334167/. Acesso em: abr. 2020.

a) Que papel a cidade de Campo Grande exerce na hierarquia urbana apresentada no texto? Por quê?

b) Relacione o problema apresentado no texto ao processo de urbanização nos países em desenvolvimento.

CAPÍTULO

16 Urbanização no Brasil

Nestas atividades você vai:

- Analisar as desigualdades da urbanização brasileira.
- Diferenciar município de cidade.
- Relacionar alguns problemas urbanos com o processo de urbanização.

Habilidades da BNCC relacionadas:

EM13CHS105 EM13CHS204 EM13CHS301

1 Por que se diz que no Brasil houve um processo de urbanização desigual?

2 Diferencie município de cidade e explique por que a classificação do IBGE para cidade no Brasil pode gerar paisagens urbanas atípicas.

3 Aponte quais aspectos específicos da urbanização são responsáveis por cada um destes problemas recorrentes em grandes cidades:

a) enchentes

b) poluição hídrica

c) poluição atmosférica

CAPÍTULO 17

Dinâmica demográfica no mundo e no Brasil

Nestas atividades você vai:

- Relacionar indicadores demográficos e econômicos.
- Comparar conceitos e teorias demográficas.
- Discutir sobre a situação socioeconômica de países em diferentes etapas da transição demográfica.
- Refletir sobre desigualdade social e previdência.

Habilidades da BNCC relacionadas:

EM13CHS504 EM13CHS606

1 Relacione os indicadores de taxa de mortalidade infantil, expectativa de vida ao nascer e crescimento populacional com o nível de desenvolvimento econômico de um país.

2 De acordo com a ideia de transição demográfica, aponte quais são os principais problemas socioeconômicos de um país:

a) com a base da pirâmide muito maior que o topo.

b) com o topo da pirâmide muito maior que a base.

3 Pensando na relação entre crescimento demográfico e crescimento econômico, qual é a principal diferença entre as teorias neomalthusiana e reformista?

4 Explique o que é a teoria ecomalthusiana e relacione-a com as práticas da chamada sociedade de consumo.

5 Em 2019, o Congresso brasileiro aprovou a reforma da previdência, que estabeleceu a idade mínima de aposentadoria de 65 anos para homens e de 60 anos para mulheres. Com base nessa informação e no mapa, responda: Em sua opinião, a reforma da previdência é uma medida justa para toda a população brasileira? Por quê? O que poderia ser feito para melhorar a situação?

São Paulo: idade média ao morrer, por distrito (2018)

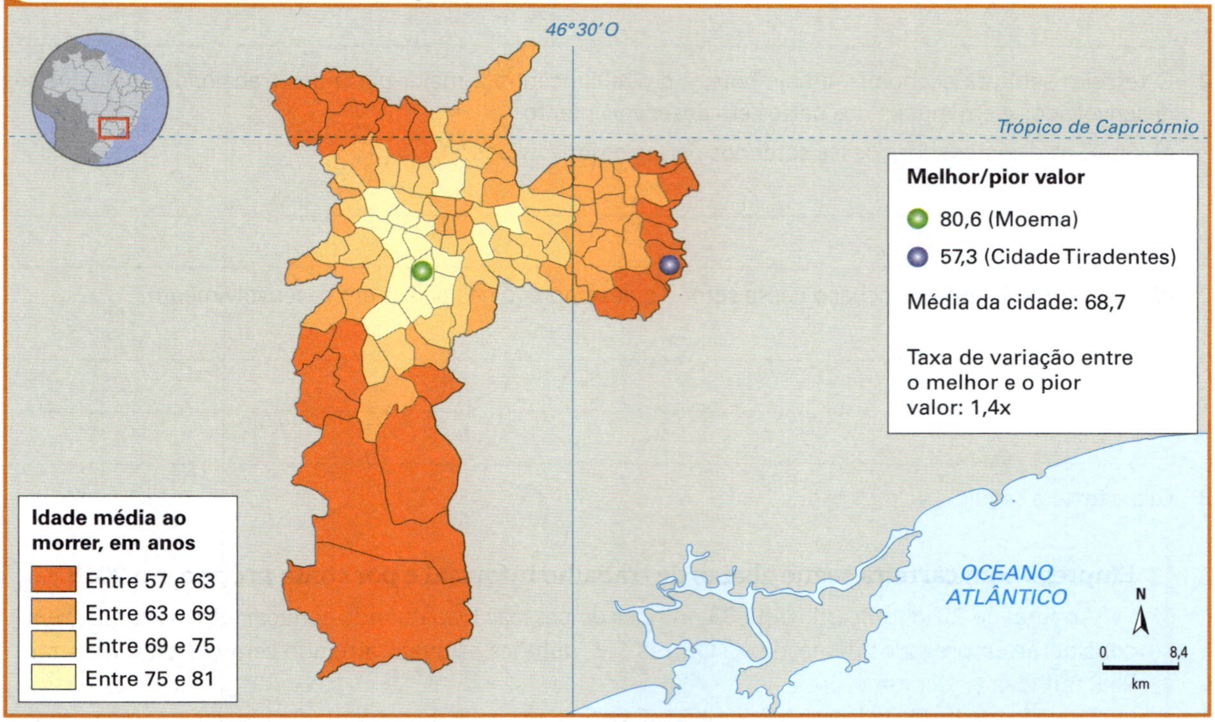

46°30′O

Trópico de Capricórnio

Melhor/pior valor

80,6 (Moema)

57,3 (Cidade Tiradentes)

Média da cidade: 68,7

Taxa de variação entre o melhor e o pior valor: 1,4x

Idade média ao morrer, em anos

Entre 57 e 63

Entre 63 e 69

Entre 69 e 75

Entre 75 e 81

OCEANO ATLÂNTICO

N

0 8,4 km

Banco de imagens/Arquivo da editora

Elaborado com base em: REDE NOSSA SÃO PAULO. *Mapa da Desigualdade 2019*. p. 30. Disponível em: www.nossasaopaulo.org.br/wp-content/uploads/2019/09/mapa_desigualdade_2018_completo.pdf. Acesso em: abr. 2020.

CAPÍTULO 18

Sociedade e economia

Nestas atividades você vai:

- Diferenciar conceitos relacionados à economia.
- Discutir sobre o terceiro setor da economia em diferentes países.
- Refletir sobre a informalidade e suas consequências.
- Relacionar a desigualdade social a políticas públicas nos campos da economia e da educação.

Habilidades da BNCC relacionadas:

EM13CHS401 EM13CHS402 EM13CHS404 EM13CHS606

1 Diferencie terciarização de terceirização.

____

____

____

2 O terceiro setor da economia, atualmente, é o que concentra a maior parte dos trabalhadores nos países desenvolvidos e em muitos dos países em desenvolvimento.

a) Quais as características desse setor nos países desenvolvidos?

____

____

b) Qual a relação entre o inchaço nesse setor e o desemprego nos países em desenvolvimento?

____

____

____

3 Leia o texto a seguir.

Emprego com carteira segue abaixo de trabalho informal e por conta própria em 2018

Ao final de 2018, o Brasil tinha 33 milhões de pessoas trabalhando com carteira assinada (sem considerar empregados domésticos). Outras 11,5 milhões estavam atuando sem carteira, e outras 23,8 milhões, por conta própria.

Os dados do Instituto Brasileiro de Geografia e Estatística (IBGE) desde 2012 mostram que o emprego formal foi ultrapassado pela soma entre postos sem carteira e por conta própria pela primeira vez em 2017.

Desde então, a diferença só vem crescendo. Se considerados os trabalhadores domésticos, o total de empregados com carteira assinada passou a ser menor que o dos demais trabalhadores em 2015. [...]

TREVIZAN, Karina. Emprego com carteira segue abaixo de trabalho informal e por conta própria em 2018. *G1*, 31 jan. 2019. Disponível em: https://g1.globo.com/economia/noticia/2019/01/31/emprego-com-carteira-segue-abaixo-de-trabalho-informal-e-por-conta-propria-em-2018.ghtml. Acesso em: abr. 2020.

a) Quais as consequências, para os trabalhadores, da situação apresentada no texto?

b) Relacione os dados do texto com a reforma trabalhista aprovada em 2017 no Brasil.

4 Leia o texto a seguir.

> **Renda básica universal: a última fronteira do Estado de bem-estar social**
>
> Os testes com salário garantido para todos os cidadãos independente de estar trabalhando se multiplicam pelo mundo
>
> VEGA, Miguel Ángel García. Renda básica universal: a última fronteira do Estado de bem-estar social. *El País*, 17 jun. 2018. Disponível em: https://brasil.elpais.com/brasil/2018/06/15/economia/1529054985_121637.html. Acesso em: abr. 2020.

a) Explique o que é o Estado de bem-estar social.

b) Por que a renda básica universal é tida como uma medida de bem-estar social? Explique sua resposta.

5 Explique estes conceitos:

a) desemprego estrutural

b) desemprego conjuntural

c) subemprego

6 Leia o texto a seguir.

Coronavírus faz educação a distância esbarrar no desafio do acesso à internet e da inexperiência dos alunos

[...] Uma pesquisa divulgada em 2019 aponta que 58% dos domicílios no Brasil não têm acesso a computadores e 33% não dispõem de internet. Entre as classes mais baixas, o acesso é ainda mais restrito. A pesquisa foi feita pelo Comitê Gestor da Internet no Brasil (CGI.br), entre agosto e dezembro de 2018. Os dados apontam que, nas áreas rurais, nem mesmo as escolas têm acesso à rede mundial de computadores: 43% delas afirmavam que o problema é a falta de infraestrutura para o sinal chegar aos locais mais remotos.

"A gente gosta de dizer que crianças convivem com internet, com computadores, que elas são letradas na realidade virtual, mas a gente esquece que essas crianças são de classe média. As mais pobres não têm acesso fácil como a gente gosta de imaginar", afirma Alexsandro Santos, doutor em Educação pela Universidade de São Paulo e coordenador do Curso de Pedagogia da Faculdade do Educador.

Ele ressalta que, mesmo quando estão conectados, o acesso à internet é feito por meio de celular, que não é um instrumento mais adequado para acompanhar ou fazer as atividades da escola. [...]

VALADARES, Marcelo. Coronavírus faz educação a distância esbarrar no desafio do acesso à internet e da inexperiência dos alunos. *G1*, 23 mar. 2020. Disponível em: https://g1.globo.com/educacao/noticia/2020/03/23/coronavirus-faz-educacao-a-distancia-esbarrar-no-desafio-do-acesso-a-internet-e-da-inexperiencia-dos-alunos.ghtml. Acesso em: abr. 2020.

a) Que tipos de exclusão social podem ser identificados no texto?

b) Que consequências essa situação poderá ocasionar para os estudantes quando, por exemplo, prestarem um exame vestibular?

CAPÍTULO 19

Povos em movimento no mundo e no Brasil

Nestas atividades você vai:

- Analisar motivos e condições de migrações pelo mundo.
- Refletir sobre a condição de vida de imigrantes ilegais.
- Discorrer sobre os fatores do aumento de refugiados pelo mundo atual.
- Relacionar aberturas e barreiras à migração a diferentes momentos históricos.

Habilidades da BNCC relacionadas:

EM13CHS101 EM13CHS103 EM13CHS106 EM13CHS201 EM13CHS204 EM13CHS206 EM13CHS504

1 Aponte impactos positivos e negativos que os deslocamentos populacionais podem produzir com o contato entre diferentes culturas.

2 Explique as razões que levam os imigrantes ilegais a viver em condições precárias nas grandes cidades de países desenvolvidos.

3 Caracterize o processo migratório das populações submetidas a condições de extrema pobreza.

4 Analise os fatores que determinaram um crescimento expressivo no número de refugiados pelo mundo na década de 2010.

5 O que justificava o incentivo que vários países europeus deram à entrada de imigrantes vindos de países menos desenvolvidos após a Segunda Guerra Mundial? Esse incentivo persiste atualmente?

6 Leia o texto e responda às questões.

A travessia

À noite, parti em companhia de seis passageiros. Saltamos em Monterrey para tomarmos outro ônibus até a fronteira. A pulga voltou à orelha: que raios Dom Cesar queria comigo? Chegamos à hora do almoço à rodoviária de Reynosa, onde Daniel nos identificou pelo cartão verde que cada um de nós trazia amarrado à alça da bolsa.

— Está tudo pronto - disse-me. - Às onze da noite, seu pessoal atravessa de bote o Rio Bravo e, à meia-noite, toma o caminhão.

— Que caminhão?

— Um *truck* de vinte e quatro toneladas, carregado de verduras para Houston. O pessoal vai no meio das verduras.

LEON, Thales de. *Clandestinos*. Rio de Janeiro: Domínio Público, 1996. p. 25.

a) O texto comenta uma situação ainda comum na fronteira entre dois países. Que países são esses?

b) Por que esse tipo de migração tem se intensificado nas últimas décadas?

CAPÍTULO

20 Questão socioambiental e desenvolvimento sustentável

Nestas atividades você vai:

- Discutir a importância de conceitos e propostas ambientais para o cotidiano.
- Relacionar condições socioeconômicas à questão ambiental.
- Reconhecer mecanismos e ações relacionadas à economia verde e ao desenvolvimento sustentável.
- Refletir sobre a relação entre economia e meio ambiente.

Habilidades da BNCC relacionadas:

EM13CHS101 EM13CHS102 EM13CHS103 EM13CHS106 EM13CHS305 EM13CHS306 EM13CHS604

1 Observe o mapa abaixo e responda às questões.

Mundo: proporção da população com acesso ao saneamento básico (2017)

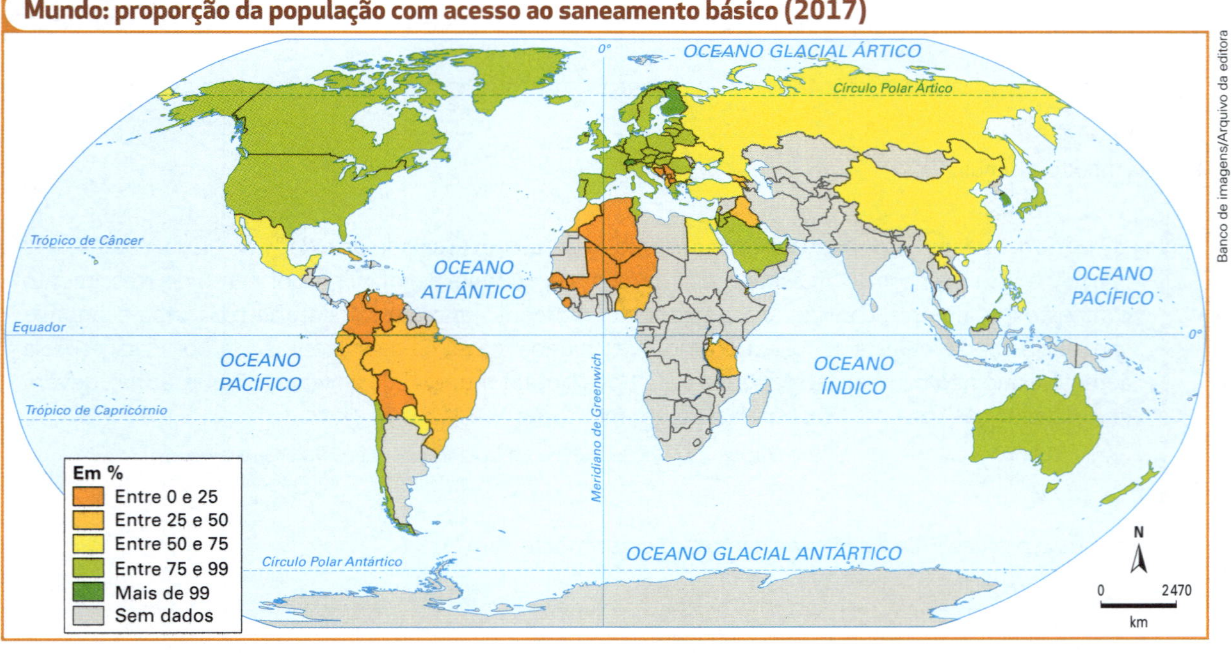

Banco de imagens/Arquivo da editora

Elaborado com base em: UNICEF/WHO. *Progress on household drinking water, sanitation and hygiene 2000-2017*. p. 8. Disponível em: www.who.int/water_sanitation_health/publications/jmp-2019-full-report.pdf?ua=1. Acesso em: maio 2020.

a) Quais continentes têm as piores condições de saneamento básico?

b) Como as más condições de saneamento básico impactam o meio ambiente e a qualidade de vida das pessoas envolvidas?

2 O que é a COP21 e qual a sua importância para a questão ambiental atual?

3 As conferências ambientais, desde a de Estocolmo, em 1972, produziram acordos e conceitos sobre a necessidade de repensar a forma como exploramos a natureza. Desde então, mecanismos de compensação foram criados, dentro da ideia de uma "economia verde".

a) Cite dois desses mecanismos.

b) Qual é a crítica que os movimentos em defesa do meio ambiente fazem à economia verde e às conferências ambientais?

4 Leia o texto a seguir.

> [...] Professor de pós-graduação em antropologia da Universidade da cidade de Nova York, David Harvey é um defensor do crescimento zero para a economia global: "Três por cento de crescimento composto (geralmente considerada a taxa de crescimento mínima satisfatória para uma economia capitalista saudável) está se tornando cada vez menos viável de se sustentar. Há boas razões para acreditar que não há alternativa senão uma nova ordem mundial de governança que, afinal, deverá gerir a transição para uma economia de crescimento zero." [...]
>
> ALCIDES, Jota. Governança midiática. Disponível em: www.observatoriodaimprensa.com.br/feitos-desfeitas/governanca-midiatica/. Acesso em: abr. 2020.

a) Por que o professor David Harvey defende o crescimento zero?

b) Faça uma relação entre a proposta de crescimento zero e a preservação ambiental.

5 Qual a importância das relações internacionais para a promoção de uma economia que não destrua o ambiente?

CAPÍTULO 21

Problemas ambientais no mundo

Nestas atividades você vai:

- Discutir as medidas relacionadas à emissão de gás carbônico na atmosfera.
- Reconhecer a importância da pesquisa sobre o aquecimento global.
- Relacionar problemas climáticos urbanos às suas consequências.
- Debater sobre a geopolítica das águas continentais.

Habilidades da BNCC relacionadas:

EM13CHS103 EM13CHS106 EM13CHS202 EM13CHS301 EM13CHS302 EM13CHS305 EM13CHS306 EM13CHS504

1 Observe o gráfico abaixo e diga o que se pode concluir do ranqueamento dos maiores emissores de CO_2.

Mundo: países entre os maiores emissores de CO_2 (2018)

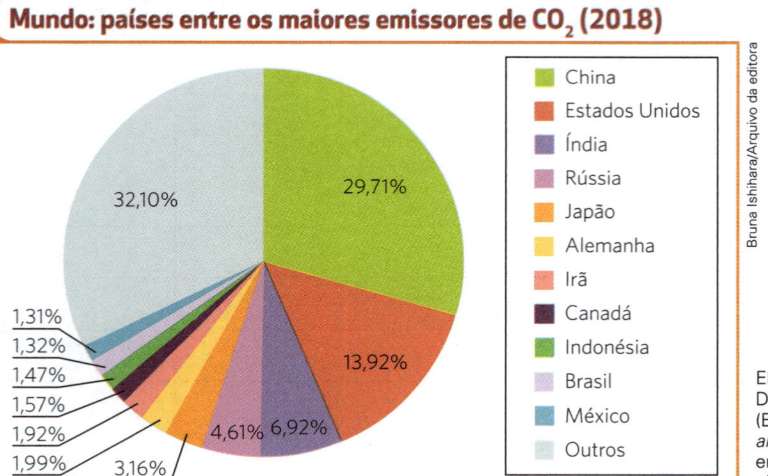

Bruna Ishihara/Arquivo da editora

Elaborado com base em: EMISSIONS Database for Global Atmospheric Research (Edgar). *Fossil CO_2 and GHG emissions of all world countries, 2019 report*. Disponível em: https://edgar.jrc.ec.europa.eu/overview.php?v=booklet2019. Acesso em: jun. 2020.

2 O que é o IPCC e qual a sua importância no combate ao aquecimento global?

3 Leia o texto a seguir.

Poluição do ar em São Paulo diminui 50% na primeira semana de quarentena

O índice de poluentes que são liberados diretamente no ar da cidade de São Paulo diminuiu 50% durante a primeira semana de quarentena obrigatória, que teve início no dia 24 de março devido à pandemia do novo coronavírus. Os dados foram divulgados nesta quarta-feira (8) pela Companhia Ambiental do Estado de São Paulo (Cetesb). [...]

BITAR, Renata. Poluição do ar em São Paulo diminui 50% na primeira semana de quarentena. *G1*, 8 abr. 2020. Disponível em: https://g1.globo.com/sp/sao-paulo/noticia/2020/04/08/poluicao-do-ar-em-sao-paulo-diminui-50percent-na-primeira-semana-de-quarentena.ghtml. Acesso em: abr. 2020.

a) Qual a relação entre a quarentena obrigatória e a melhora na poluição do ar?

b) Que benefícios essa redução pode trazer para a população?

4 Explique o que é e o que causa cada um dos fenômenos a seguir:

a) chuva ácida

b) ilha de calor

c) inversão térmica

5 Leia o texto a seguir.

A disputa pelas águas do rio Nilo

O Egito não é mais rico e próspero como no passado, mas continua totalmente dependente do rio Nilo – o mais longo rio do planeta, com mais de 7 mil quilômetros de extensão – para ser viável. Ele provê mais de 90% da água do país. [...]

Por isso, os egípcios enxergam a construção de uma gigantesca barragem na Etiópia como uma grave ameaça à segurança hídrica do país e de seus 93 milhões de habitantes. O mesmo pensamento predomina no Sudão, que também será impactado pela nova hidrelétrica. A obra iniciada em 2011 está em fase final e represará parte da água do rio. [...]

FÓRUM DE SUSTENTABILIDADE. *A disputa pelas águas do rio Nilo*. jan, 2018. Disponível em: https://forumdesustentabilidade.com.br/disputa-pelas-aguas-do-rio-nilo/. Acesso em: abr. 2020.

a) Por que o Egito e o Sudão estão preocupados com uma barragem que será construída na Etiópia?

b) Em sua opinião, o que deveria ser feito para resolver a questão?

6 O Protocolo de Kyoto deu origem, em 2005, a um mercado de compensações ambientais.

a) Explique o que são o MDL e o REDD+.

b) Você considera esses mecanismos efetivos para a diminuição na emissão de gases do efeito estufa? Por quê?

CAPÍTULO 22

Questão ambiental no Brasil

Nestas atividades você vai:

- Relacionar as atividades econômicas com as questões ambientais.
- Refletir sobre ações de preservação de recursos naturais.
- Discutir sobre as unidades de conservação e seus objetivos.
- Discutir a importância do conhecimento indígena para a sociedade.

Habilidades da BNCC relacionadas:

EM13CHS101 EM13CHS103 EM13CHS204 EM13CHS301 EM13CHS302 EM13CHS304 EM13CHS305 EM13CHS306 EM13CHS504

1 Leia o texto a seguir.

MT registra o maior índice de desmatamento da Amazônia nos últimos 10 anos

[...] Entre 2009 e 2018, o aumento na taxa de desmatamento foi de 67%. Para o IVC, o aumento na década e a constante nos índices apontam a ineficiência das ações implantadas para reverter o cenário, apesar dos esforços para tal. [...]

Em 2018, 55% de toda a área desmatada se concentrou em 10 dos 141 municípios de Mato Grosso. Os municípios ficam em sua maioria nas regiões Noroeste e Médio Norte. [...]

SOUZA, André. MT registra o maior índice de desmatamento da Amazônia nos últimos 10 anos. *G1*, 10 dez. 2018. Disponível em: https://g1.globo.com/mt/mato-grosso/noticia/2018/12/10/mt-registra-o-maior-indice-de-desmatamento-da-amazonia-nos-ultimos-10-anos.ghtml. Acesso em: abr. 2020.

a) Observando a localização dos municípios que concentram a maior parte da área desmatada, qual atividade econômica está relacionada a esse desmatamento?

b) O que você acha que poderia ser feito para conter o desmatamento?

2 Observe o cartaz da campanha da prefeitura de São Gabriel do Oeste (MS) ao lado. Em sua opinião, campanhas como essa são eficientes para promover o consumo consciente de água? Por quê?

Reprodução/SAAE São Gabriel do Oeste, MS.

3 Há alguma relação entre os desastres de 2015, em Mariana (MG), e de 2019, em Brumadinho (MG)? Em sua opinião, o que poderia ser feito para evitar novos desastres desse tipo?

4 Observe a foto e responda às questões.

Vitor Marigo/Tyba

Vista do Parque Nacional da Tijuca, no Rio de Janeiro (RJ), em 2019.

a) O local identificado na foto pode ser considerado uma unidade de conservação ambiental? Por quê?

b) Qual é o objetivo desse tipo de unidade de conservação? E quais são suas características?

5 Explique o que é o Zoneamento Ecológico-Econômico e como ele se relaciona com as Unidades de Conservação no Brasil.

6 Leia o texto a seguir.

Ailton Krenak e as "ideias para adiar o fim do mundo"

[...] O líder indígena também fala sobre a visão que o branco europeu tinha sobre os indígenas, como se fosse uma "humanidade obscurecida", que precisava ser "civilizada", tal como eles eram. É crítico ao se referir às instituições como o Banco Mundial, Organização dos Estados Americanos (OEA), e Organização das Nações Unidas para a Educação, a Ciência e a Cultura (Unesco), dizendo que quando se trata da questão da mineração, parece que se importam apenas em deixar pedaços do planeta preservados, como se fossem "amostras grátis da Terra" que ainda não foram devoradas.

Na sua fala, diz que a natureza é para todos, mas que não pode ser exaurida de modo predatório. Menciona o rio Doce, que para os indígenas é considerado um avô, e que foi todo coberto por material tóxico, de modo criminoso, destruindo a vida dos que viviam em sua extensão.

"Somos alertados o tempo todo para as consequências dessas escolhas recentes que fizemos. E se pudermos dar atenção a alguma visão que escape a essa cegueira que estamos vivendo no mundo todo, talvez ela possa abrir nossa mente para alguma cooperação entre os povos, não para salvar os outros, para salvar a nós mesmos" [...]. Por isso, lembra que a ameaça que os povos indígenas sofrem não dizem respeito apenas ao comprometimento de suas vidas, mas se trata da sobrevivência de toda a população do planeta, devido à exaustão das fontes de vida que acontece de modo crescente no mundo. [...]

FRANÇA, Elvira Eliza. Ailton Krenak e as "ideias para adiar o fim do mundo". *Amazônia Real*, 30 set. 2019. Disponível em: https://amazoniareal.com.br/ailton-krenak-e-as-ideias-para-adiar-o-fim-do-mundo/. Acesso em: abr. 2020.

a) Qual a crítica do pensador indígena Ailton Krenak à atuação dos organismos internacionais na preservação do meio ambiente?

b) Você concorda que as questões ambientais expostas no texto dizem respeito a todos, e não só aos povos indígenas? Por quê?

CAPÍTULO 23

Domínios naturais

Nestas atividades você vai:

- Classificar estruturas geológicas brasileiras.
- Comparar classificações de relevo.
- Reconhecer fatores climáticos e sua influência.
- Discutir a relação entre clima e sociedade.

Habilidade da BNCC relacionada:

EM13CHS106

1 O mapa a seguir representa a distribuição dos escudos cristalinos e bacias sedimentares do Brasil. Escreva a legenda com o nome dessas estruturas.

A: ______

B: ______

C: ______

D: ______

E: ______

Brasil: escudos cristalinos e bacias sedimentares

Elaborado com base em: ROSS, Jurandyr L. S. (org.). *Geografia do Brasil*. São Paulo: Edusp, 2009. p. 47.

2 Em 2015, a equipe do Laboratório de Paleobiologia da Unipampa-RS (Universidade Federal do Pampa) encontrou um fóssil de um réptil que viveu na região onde atualmente é o município de São Francisco de Assis (RS), há 250 milhões de anos. Em qual estrutura geológica brasileira esse fóssil foi encontrado? Justifique a sua resposta.

______

______

______

3 Qual a importância das massas de ar na determinação dos tipos climáticos?

______

______

______

4 Identifique e explique o fator climático representado no esquema a seguir.

Ericson Guilherme Luciano/Arquivo da editora

IMAGEM FORA DE PROPORÇÃO | CORES FANTASIA

5 Leia o texto e responda às questões.

> [...] O clima e as variações climáticas exercem grande influência sobre a sociedade. O impacto do clima e das variações climáticas sobre a sociedade pode ser positivo (benéfico ou desejável) ou negativo (maléfico ou indesejável). As sociedades têm muitas vezes visto o clima basicamente como um fator negativo e o têm negligenciado como um recurso. [...]
>
> AYOADE, J. O. *Introdução à climatologia para os trópicos*. Rio de Janeiro: Bertrand Brasil, 2011. p. 288.

a) De que relação o texto trata?

b) Identifique as duas principais ideias do texto.

c) Cite exemplos dos tipos de impacto mencionados no texto.

d) Os seres humanos interferem cada vez mais na natureza. Comente essa afirmação em relação ao clima e suas consequências.

CAPÍTULO 24

Domínios morfoclimáticos no Brasil

Nestas atividades você vai:

- Explicar a biodiversidade brasileira.
- Reconhecer características e problemas de diferentes domínios e biomas brasileiros.
- Relacionar tipos climáticos e produção agrícola.
- Comparar e diferenciar climogramas.

Habilidades da BNCC relacionadas:

EM13CHS204 EM13CHS302 EM13CHS306

1 Com base em um fator climático, explique a grande biodiversidade brasileira.

____

2 Por que há grande preocupação com a preservação do bioma da Mata Atlântica?

____

3 Observe os mapas de clima e vegetação original brasileiros.

Brasil: climas

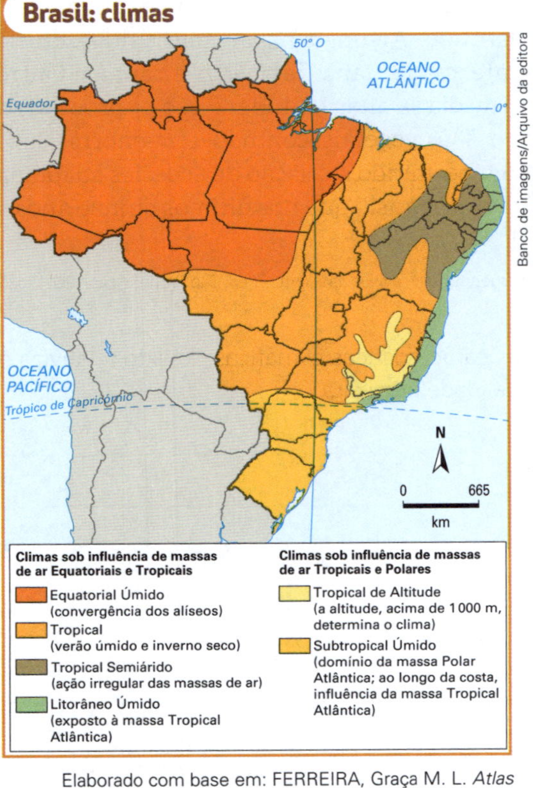

Elaborado com base em: FERREIRA, Graça M. L. *Atlas geográfico:* espaço mundial. SãoPaulo: Moderna, 2013. p. 123.

Brasil: vegetação original

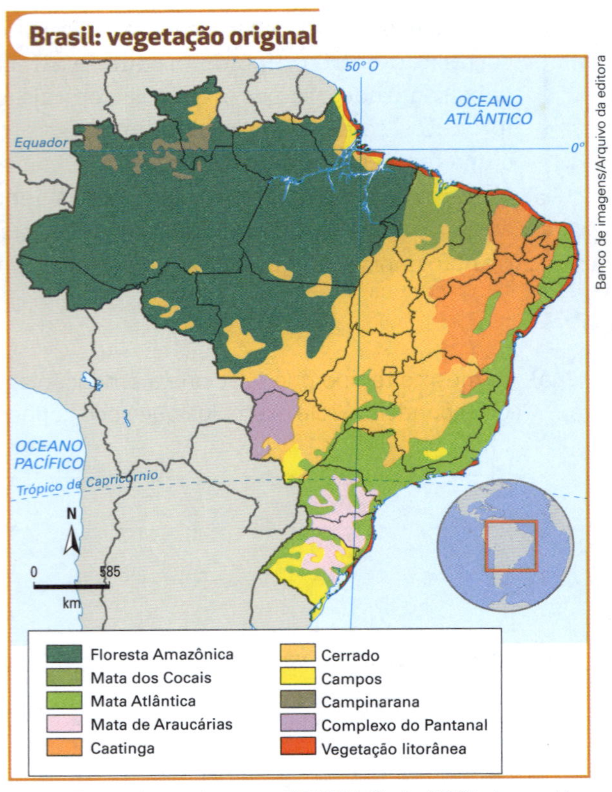

Elaborado com base em: GIRARDI, Gisele; ROSA, Jussara Vaz. *Novo atlas geográfico do estudante*. São Paulo: FTD, 2005. p. 26.

a) Quais formações vegetais ocorrem na área de incidência do clima subtropical?

b) Caracterize o Complexo do Pantanal e explique por que ele se diferencia das outras formações vegetais mundiais.

4 O que é a mata ciliar e por que ela é importante?

5 Tipo de degradação socioambiental que ocorre particularmente nas zonas áridas, semiáridas e subúmidas secas e que é resultante de vários fatores e vetores, incluindo as variações climáticas e as atividades humanas.

a) Que degradação ambiental é essa?

b) Onde ela ocorre no Brasil?

6 Leia o texto e responda às questões.

Distribuição da produção agrícola, clima e genética

Observando a distribuição da produção agrícola numa escala global, nota-se facilmente a correlação entre o tipo de produto e a faixa de latitude. Alguns só aparecem cultivados nas baixas latitudes; são os produtos tropicais, como café, cacau, cana-de-açúcar e banana. Outros [produtos] somente são obtidos em larga escala em médias e altas latitudes – são os produtos de clima temperado e frio, como trigo, aveia, centeio [...]. Os vegetais, contudo, têm enorme capacidade de adaptação, e os progressos da genética têm permitido a criação de espécies adaptadas aos mais variados tipos de clima. [...] É o que acontece no Brasil, que nos últimos quinze anos se transformou no segundo maior produtor mundial.

CONTI, José Bueno. *Clima e meio ambiente*. 7. ed. São Paulo: Atual, 2011. p. 55.

a) Ao mesmo tempo que relaciona a produção agrícola às características climáticas, o texto relativiza essa correspondência. Dê exemplos que você conhece da realidade brasileira.

b) É possível observar casos como esses no município ou no estado em que você vive?

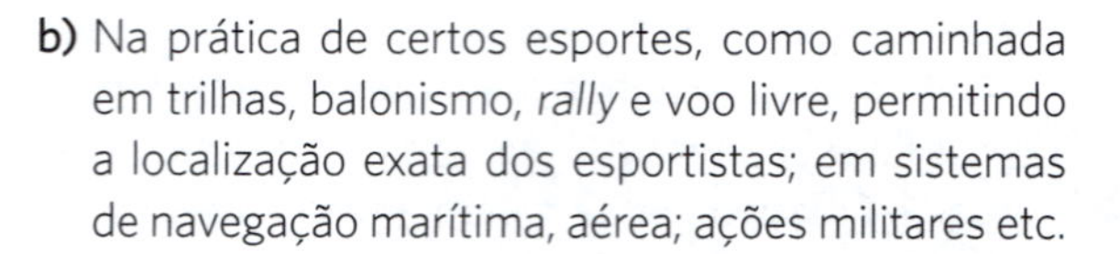

Respostas

Capítulo 1 – As Ciências Humanas e seu projeto de vida

1 A atividade tem o objetivo de auxiliar o estudante a explicitar como imagina que será a vida dele no futuro e assim colocar a questão dos desejos, escolhas e percursos que as pessoas devem ter e fazer para construírem seus projetos de vida. A redação da carta possibilita um momento de maior introspecção e reflexão sobre quem ele é e quem gostaria de ser. Sugerimos pedir a alguns estudantes que se voluntariem para ler suas cartas. E, depois, conduzir um diálogo com a turma estimulado pelas reflexões que realizaram. Nesse momento, ressaltar a importância de ter o desejo de ir para algum lugar, de construir algo, de ser alguém, do sonho e da necessidade de avaliar seu desejo e definir os passos para realizá-lo. Aqui, valorizar a flexibilidade, considerando o momento de vida dos estudantes, propício para fazer muitas experimentações, prototipagens, para ao mesmo tempo ampliar suas visões de mundo e o universo de escolhas. Que rotina se quer ter, como quer ser visto (o olhar do outro importa?), o que a família espera dele, como imagina que será sua vida daqui a 10, 20 e 30 anos? São perguntas que podem complementar a reflexão e animar o debate.

Capítulo 2 – Cartografia e Sistemas de Informação Geográfica

1 a) Localidade A: Latitude 20° S Longitude 55° O. Localidade B: Latitude 30° S Longitude 45° O. Localidade C: Latitude 20° S Longitude 25° O.

2 Para responder a essa questão, o estudante precisa ler o texto sobre o fuso horário e a importância dele para a organização das relações mundiais e identificar no mapa em quais fusos estão localizadas as cidades de Lima (Peru) e Cidade do Cabo (África do Sul) e, em seguida, calcular a diferença entre eles. Lima está no fuso −5 e a Cidade do Cabo no fuso +5. Entre as duas cidades há uma diferença de 7 fusos, ou seja, 7 horas. Como o sentido da viagem é de oeste para leste, deve-se somar à hora da partida a quantidade de fusos entre as duas cidades. Então, o avião que partiu de Lima às 10h chegará à Cidade do Cabo às 17h.

3 a) O GPS pode ser utilizado para o rastreamento de veículos ou controle de frotas de empresas (A) e a indicação de trajetos (B).

b) Na prática de certos esportes, como caminhada em trilhas, balonismo, *rally* e voo livre, permitindo a localização exata dos esportistas; em sistemas de navegação marítima, aérea; ações militares etc.

Capítulo 3 – Estado, nação e cidadania

1 a) Basicamente, significa dizer que o Estado brasileiro, até o momento da escrita do texto, nunca reconheceu o direito dos indígenas de controle de seus próprios territórios, já que ser uma nação implica controle sobre o próprio território.

b) Porque o plurinacionalismo reconhece o direito dos indígenas ao território, diferentemente do plurietnicismo e do plurirracialismo.

2 a) O povo curdo está espalhado pelo território de diversos Estados-nação, que foram constituídos à força em um território plurinacional, desrespeitando diversas nacionalidades. Esse modelo de gestão do território acaba por oprimir e retirar direitos de minorias.

b) Resposta pessoal. Para que os estudantes consigam construir os próprios argumentos, pode ser interessante apresentar a eles mais informações sobre Rojava e a proposta de confederalismo democrático de Öcalan.

Capítulo 4 – Guerra Fria e mundo bipolar

1 a) A corrida armamentista nuclear.

b) A doutrina da Destruição Mútua Assegurada correspondeu à estratégia militar e à de segurança adotadas durante a Guerra Fria. O desenvolvimento de armas cada vez mais sofisticadas e de grande poder de destruição tinha como objetivo tão somente intimidar o inimigo. Era essa a garantia de equilíbrio que evitava um confronto direto entre as superpotências, já que ambas seriam arrasadas.

2 A Conferência de Bandung reuniu 29 países africanos e asiáticos que não se alinhavam a nenhuma das duas superpotências (Estados Unidos e União Soviética). Esses países apontaram para o fato de que o conflito principal que os afetava não estava entre o Oeste capitalista e o Leste socialista, mas sim entre o Norte rico e o Sul pobre. Com isso, surgiu o termo "Terceiro Mundo", que inicialmente designava os países não alinhados às duas potências, e que posteriormente passou a ser usado para designar países considerados em desenvolvimento.

Capítulo 5 – Grandes atores da geopolítica no mundo atual

1 Japão e Alemanha, que foram derrotados na Segunda Guerra Mundial e aos quais foram impostas limitações aos investimentos militares, retomados na última década. O Japão é atualmente a terceira economia do mundo, e a Alemanha, a quarta.

2 A Organização de Cooperação de Shangai (OCS) é formada por China, Rússia e quatro países da Ásia Central (Cazaquistão, Quirguistão, Tadjiquistão e Uzbequistão). Tem o objetivo de estreitar a cooperação política, econômica e militar em ações de defesa e combate ao terrorismo entre os países-membros. Alguns analistas indicam que essa organização pode ser um contraponto militar à Otan. O Banco Asiático de Investimento em Infraestrutura (BAII) é a grande iniciativa chinesa capaz de fazer frente às atribuições que hoje pertencem apenas ao Banco Mundial. Destinará seus investimentos para financiar obras de infraestrutura de países emergentes asiáticos. O banco de investimento foi formado com a adesão de 56 países, entre eles as principais nações europeias e o Brasil.

3 Espera-se que os estudantes classifiquem o Brasil como semiperiferia, por ter indústria de baixa tecnologia (ainda que com alguns poucos centros de alta tecnologia), mão de obra em sua maioria semiespecializada ou não especializada, controle da política interna mas pouca influência externa (nesse ponto, pode haver divergência, principalmente se considerarmos a América do Sul) e identidades culturais e nacionais médias.

4 a) Desigualdade social, extrema pobreza, ausência de poder legítimo (levando a disputas violentas pelo poder) e incapacidade de exercer funções básicas (como segurança, educação e saúde).

b) No caso da Síria, a guerra civil que se estende desde 2011 é o principal fator responsável pela pontuação próxima do limite máximo no *ranking* de Estados falidos.

5 Porque a Europa (e quase todo o resto do mundo) é cada vez mais dependente da produção industrial da China, tanto a de baixo custo como, cada vez mais, a de alto custo.

Capítulo 6 – Etnia e modernidade

1 a) Etnia representa um grupo de pessoas que partilham um passado biológico e/ou cultural em comum, identificando-se ou sendo identificadas como um grupo. Povo, para alguns autores, é o mesmo que etnia; para outros, povo representa o conjunto de pessoas que vive sob um mesmo Estado-nação, que pode abrigar grupos étnicos diversos.

b) Resposta pessoal. É interessante ressaltar para os estudantes que muitas etnias indígenas não compartilham dos valores culturais que comumente se associa ao "povo brasileiro".

2 a) Para muitos autores, a civilidade está relacionada ao respeito aos chamados direitos humanos, como o direito à vida, e a uma série de regras de convivência e de comportamento. Assim, o comportamento dos povos indígenas era considerado "incivilizado" por ser diferente do comportamento europeu colonizador. Na notícia, entretanto, é narrada uma morte relacionada a um comportamento que pode ser considerado incivilizado, mesmo que praticado comumente entre cidadãos da chamada "sociedade de consumo".

b) A indústria cultural e a publicidade são as principais agenciadoras e estimuladoras do consumo desenfreado, lançando constantemente novas "necessidades" de consumo que rapidamente se popularizam, caracterizando a sociedade atual como uma sociedade que se relaciona principalmente através do consumo.

3 A Era da Informação é caracterizada pela forte atuação dos veículos de comunicação em massa, como rádios, jornais e canais de televisão e, mais recentemente, pelo espalhamento cada vez mais global do acesso à internet e do uso de redes sociais. O volume de notícias diário é cada vez maior, e sua difusão, cada vez mais rápida.

Capítulo 7 – Questões étnicas no Brasil

1 Os estudantes poderão indicar que o personagem é negro, o fumo e o fato de ter perdido uma perna jogando capoeira. Pode ser interessante utilizar a lenda do saci como exemplo do espalhamento e da mistura de influências culturais indígenas, africanas e europeias no Brasil.

2 a) Espera-se que os estudantes relacionem a ironia do cartum com o fato de que grande parte dos empregos precários ou de menor *status* social são ocupados pela população negra no Brasil, que tem índices de escolaridade e desemprego piores que os da população branca.

b) Resposta pessoal. Espera-se que os estudantes reflitam sobre as condições de vida da população negra após a abolição e seus reflexos nos dias de hoje.

3 Espera-se que os estudantes relacionem a maior presença indígena na região Norte com o fato de que o Brasil foi ocupado a partir do litoral, onde viviam muitos povos indígenas. Conforme os portugueses foram adentrando o território, vários desses povos fugiram para o interior, sendo a região Norte e a Floresta Amazônica seu principal refúgio.

4 **a)** Região Nordeste.

b) Espera-se que os estudantes reflitam sobre a ocupação do território brasileiro e os ciclos produtivos dos primeiros séculos, concentrados no Nordeste. Consequentemente, a população escravizada e os quilombos formados no processo de resistência também se concentraram nessa região.

5 Povos da floresta incluem diversas comunidades tradicionais, como os ribeirinhos, os seringueiros e as quebradeiras de coco babaçu, e os povos indígenas. São assim denominados porque seu modo de vida está intrinsecamente relacionado à Floresta Amazônica, em uma relação sustentável e de interdependência.

Capítulo 8 – Conflitos contemporâneos

1 **a)** O Kosovo.

b) O Kosovo, de maioria albanesa, é controlado pela Sérvia e sofreu um massacre étnico na década de 1990. Depois disso, declarou sua independência, que não é reconhecida por todos os países da ONU. Os jogadores suíços, por terem origem albanesa, fizeram uma provocação aos sérvios, que são apoiados pelos russos nesse conflito.

2 **a)** Na África, os conflitos podem ser classificados de acordo com a sua principal motivação. Assim, eles podem ter origem em diferenças étnicas, em disputas político-ideológicas ou em diferenças religiosas.

b) O conflito provocado pelo Boko Haram, na Nigéria, é de origem religiosa, já que o grupo é islâmico e defende o separatismo de parte do país e a criação de uma teocracia islâmica.

3 O conflito entre Rússia e Ucrânia começou no final de 2013, com a deposição do presidente ucraniano, Viktor Yanukovich, após protestos da população daquele país contra a política do governo ucraniano de estreitar laços com a Rússia, em detrimento de uma aproximação com a União Europeia. No ano seguinte, foram convocadas novas eleições e um governo pró-europeu foi eleito. A Rússia, então, anexou a Crimeia, região autônoma da Ucrânia onde está instalada uma base naval russa, e apoiou o movimento separatista em Lugansk e Donetsk, regiões de maioria étnica russa, no leste do país. A Ucrânia é peça essencial no tabuleiro geopolítico russo, pelos gasodutos russos que por lá passam até chegar à Europa e por representar uma importante barreira de defesa do seu território. A União Europeia e os Estados Unidos impuseram sanções econômicas à Rússia, diante da possibilidade de ela anexar outros territórios em conflito na Ucrânia.

4 Antes da Revolução Iraniana, o Irã era comandado pelo xá Reza Pahlavi e era alinhado aos Estados Unidos, promovendo reformas "ocidentalizadoras", como maiores direitos para as mulheres, relativa liberdade religiosa e perseguição a grupos de esquerda, além da ausência de alternância no poder. Após a Revolução, o país se tornou uma teocracia xiita, revogando direitos de mulheres, opondo-se à ocidentalização e aos Estados Unidos, alinhando-se a países árabes da região em oposição a Israel e promovendo a alternância de poder político – ainda que o chefe religioso tenha amplo poder político.

5 As regiões A e B são, respectivamente, o Xinjiang e o Tibete. As duas tornaram-se independentes da China no início do século XX, mas foram reincorporadas após a revolução socialista de 1949. Ambas estão em conflito com o governo chinês pela independência.

Capítulo 9 – Globalização e redes da economia mundial

1 **a)** Porque, com a implementação da automação e da robotização, há aumento de desemprego em determinados setores, e porque aparece um robô na fila para entrega de currículo.

b) Em uma situação de crise econômica, com redução da demanda e, consequentemente, menos pedidos de mercadorias nas indústrias.

2 **a)** É importante os estudantes considerarem que o contato com um número maior de pessoas pode promover maior circulação de informações e que, assim, é possível conseguir empregos a partir de indicações de contatos nas redes sociais, principalmente se entre eles existirem muitas pessoas inseridas no meio empresarial, em associações comunitárias e organizações políticas, por exemplo.

b) As redes sociais ampliam o universo de relações, permitem o compartilhamento de informações e o contato com pessoas distantes, facilitam contatos profissionais, permitem a articulação e organização de movimentos sociais e a divulgação de informações em países que censuram os meios de comunicação. É fundamental que uma pessoa

não tente se passar por outra ou apresente características que não lhe são próprias; é importante moderar a utilização; é imprescindível cuidar de sua privacidade; ter em mente que compartilhar e gostar de uma informação revela seus valores, seus princípios.

3 **a)** A produção não precisa ser realizada em local determinado; ela pode acontecer em qualquer país ou ser dividida entre países, desde que haja conexão com a internet e infraestrutura adequada. O interesse das empresas multinacionais nesse processo é diminuir os custos de produção e manter-se no mercado em condições de competir vantajosamente com as empresas concorrentes.

b) Resposta pessoal. Sugestões: *tablets* e computadores.

4 Resposta pessoal. É possível que os estudantes mencionem sobretudo a telefonia móvel e o uso do computador e da internet para a realização de diversas atividades, como estudo, trabalho, lazer, compras, comunicação com amigos, partilhar informações, fotos, vídeos, eventos etc. Se necessário, pode ser feito contraponto entre o papel das inovações tecnológicas na atualidade e no passado. Apresente alguns exemplos de modos de vida anteriores às inovações experimentadas por eles.

5 Resposta pessoal. Espera-se que os estudantes relacionem a expressão à ideia de que a globalização promove ao mesmo tempo muitas trocas e muita desigualdade, e que o volume de trocas poderia ser feito de outra forma para diminuir as diferenças sociais em vez de aumentá-las, respeitando as particularidades de cada comunidade e o meio ambiente.

Capítulo 10 – Globalização e blocos econômicos

1 Protecionismo é o nome que se dá à prática de governos de proteger a produção interna de seus países, oferecendo subsídios, e/ou impor taxas sobre os produtos externos, além de criar barreiras não tarifárias. Alguns exemplos dessas são a defesa comercial (sob a acusação de práticas comerciais ilegais e antiéticas), a defesa técnica (quando os produtos não apresentam qualidade técnica suficiente) e a defesa sanitária (quando os produtos não apresentam qualidade sanitária mínima). Apesar de legais, essas barreiras podem ser utilizadas muitas vezes inapropriadamente como forma de protecionismo, principalmente por países mais ricos em relação a países mais pobres.

2 Se necessário, oriente os estudantes na tradução das falas do cartum. A charge, publicada originalmente no jornal estadunidense *Star Tribune*, retrata as críticas nos Estados Unidos ao Nafta (Acordo de Livre-Comércio da América do Norte).

a) Dos trabalhadores, antevendo a possibilidade de perderem o emprego.

b) A mão de obra barata e a legislação trabalhista mais flexível que nos Estados Unidos.

Capítulo 11 – Energia no mundo atual

1 A produção de petróleo concentra-se principalmente no Oriente Médio, mas com grande participação da Rússia, dos Estados Unidos, da China e do Canadá; a de gás natural está fortemente concentrada nos Estados Unidos e na Rússia; e a de carvão mineral está fortemente concentrada na China, responsável por quase metade da extração mundial.

2 Favoráveis: é uma energia renovável; a vida útil das usinas é longa, e o custo de sua manutenção é relativamente baixo. Desfavoráveis: impactos como o alagamento de extensas áreas de vegetação natural e a consequente destruição do *habitat* da fauna local; o comprometimento da vida aquática; a inundação de vilas e de pequenas cidades e o consequente deslocamento de populações.

3 Resposta pessoal. Argumentos a favor: não emite gases do efeito estufa, produz-se muito com pouco material, o Brasil já domina essa tecnologia. Argumentos contra: construção e manutenção de usinas caras, grande risco ambiental, há outras fontes mais baratas no país.

Capítulo 12 – Indústria no mundo atual

1 Primeira RI: carvão e máquina a vapor; ampliação da DIT, avanços tecnológicos no campo, surgimento do liberalismo econômico, criação do proletariado urbano. Segunda RI: hidreletricidade, petróleo, motor a combustão e eletroeletrônicos; formação de siderúrgicas e metalúrgicas, surgimento das indústrias automobilística e petroquímica, ampliação do sistema de transportes, consolidação do capitalismo monopolista-financeiro. Terceira RI: telecomunicações e transportes; surgimento de corporações transnacionais, obsolescência programada, descentralização da produção, formação de redes de produção globais, precarização das relações de trabalho.

2 Os avanços tecnológicos nas áreas de transporte e telecomunicações tornaram possível a comunicação em tempo real pelo planeta, permitindo às multinacionais a divisão do processo de produção em diversos países.

3 O toyotismo se caracteriza como um sistema de trabalho flexível, em que os trabalhadores podem executar diferentes funções e as etapas de produção podem ser divididas e combinadas entre produtores, fornecedores e compradores. A implementação desse sistema, aliada ao desenvolvimento das tecnologias de comunicação e de transportes, permitiu a criação de redes de produção global, com cada etapa da produção sendo realizada em um lugar.

4 A industrialização orientada para a exportação (IOE), com a aliança entre empresas privadas e o governo, que garantia subsídios e proteção alfandegária, além de investimento na formação de mão de obra industrial qualificada.

5 **a)** Zonas Econômicas Especiais (ZEEs).

b) Significa dizer que nelas, diferentemente das outras regiões industriais chinesas, há baixos impostos, isenções para importações de equipamentos e permissão de remessa de lucro para o exterior.

6 O continente africano, dominado por países europeus por décadas, é caracterizado por depender financeira e economicamente de países e empresas estrangeiras, resultado da colonização e da instabilidade política em diversos países após as independências, e ter seu mercado baseado na produção de matérias-primas para exportação. Com exceção da África do Sul, que tem um parque industrial diversificado, a quase totalidade do continente tem poucas instalações industriais.

Capítulo 13 – Indústria no Brasil

1 Reprimarização, segundo alguns economistas, é o aumento da importância das *commodities*, produtos oriundos do setor primário da economia, no comércio mundial. Desindustrialização é o processo de saída do setor industrial de uma região ou país, normalmente com um terceiro setor desenvolvido e qualificado, em direção a outra região ou país onde os custos sejam menores. No cenário brasileiro, apesar de não termos um terceiro setor muito desenvolvido e qualificado, o crescimento da importância das *commodities* tem causado um redirecionamento nos investimentos, o que acaba desencadeando desindustrialização e, consequentemente, desemprego ou formação de empregos precários e/ou informais no terceiro setor.

2 **a)** Trata-se do processo de descentralização industrial que se acentuou a partir da década de 1990, com a guerra fiscal. Para atrair empresas industriais e gerar empregos, estados e municípios passaram a oferecer vantagens fiscais, além de terrenos e infraestrutura. Somem-se a isso a evolução das telecomunicações e dos transportes, que amplia a liberdade das empresas quanto à localização, e a mão de obra mais barata fora dos grandes centros industriais que, em conjunto, reduzem custos de produção e ampliam lucratividade. Mostre aos estudantes que, apesar do processo de desconcentração industrial, a indústria ainda está muito concentrada na região Sudeste.

b) As maiores taxas foram registradas na região Norte (multiplicou quase 9 vezes a sua participação no valor da transformação industrial, quase 900%) e na Centro-Oeste (multiplicou 7 vezes, 700%).

3 Ao diminuir o valor do dólar, o Plano Real facilitou as importações e, ao mesmo tempo, desvalorizou as exportações. Consequentemente, a indústria brasileira ficou ainda mais dependente da importação de insumos e maquinários, perdeu competitividade em diversos setores e diminuiu seu ritmo de crescimento, enquanto indústrias estrangeiras passaram a ganhar cada vez mais mercado no Brasil.

Capítulo 14 – Agropecuária no mundo e no Brasil

1 Um dos princípios básicos do neoliberalismo defendido pelos países desenvolvidos é a não intervenção do Estado na economia. Entretanto, o que se tem observado no setor agropecuário desses países, e mesmo em alguns outros setores, é a prática dos subsídios estatais para proteger a produção nacional.

2 Entre os fatores econômicos, é possível destacar os avanços tecnológicos na produção de insumos agrícolas, inclusive máquinas e equipamentos modernos desenvolvidos para o setor, e as técnicas que aumentaram a produtividade. Entre os naturais, o solo, o clima Temperado e amplos trechos de áreas planas. Os subsídios oferecidos aos agricultores, juntamente com uma política de proteção contra a concorrência externa, favorecem a competitividade dos agricultores da União Europeia.

3 **a)** A produção agropecuária moderna na China ampliou os problemas ambientais no país, superando os gerados pela atividade industrial.

b) Contaminação da água na China.

c) O uso de menos insumos químicos na agropecuária.

4 **a)** O discurso por trás da Revolução Verde defendia que o aumento da produção, através de tecnologia

investida no campo, resolveria os problemas de fome e subnutrição no mundo. Mas o mapa mostra que meio século depois do início da chamada Revolução Verde esses problemas ainda existem e são muito graves, apontando para o fato de que não é a quantidade de alimentos produzidos, mas a distribuição e o acesso a eles, os verdadeiros causadores da subnutrição e da fome.

b) África subsaariana e Sudeste Asiático, além de alguns países da América Latina.

5 Resposta pessoal. Espera-se que, com base nos dados sobre estrutura fundiária e principais cultivos agrícolas, os estudantes observem que o Brasil tem sua produção agrícola voltada à exportação e não à garantia de soberania alimentar.

6 As Ligas Camponesas, surgidas nas décadas de 1950 e 1960, lutavam contra a exploração sem limites do trabalhador rural e pela reforma agrária. Foram extintas pela ditadura militar em 1964. O Movimento dos Trabalhadores Rurais Sem-Terra (MST), surgido oficialmente em 1984, faz uso de manifestações e ocupações de terra improdutiva para lutar pela reforma agrária, além de reivindicar políticas públicas voltadas ao incentivo ao pequeno produtor rural. A soberania alimentar é uma de suas bandeiras de luta.

Capítulo 15 – Urbanização no mundo

1 Resposta pessoal. Espera-se que os estudantes indiquem lugares como estacionamentos, *shoppings*, aeroportos, supermercados etc.

2 a) Em desenvolvimento.

b) Superpopulação, pobreza, insuficiência de serviços públicos, problemas de mobilidade urbana, desemprego, violência, falta de moradia, poluição ambiental.

3 a) A gentrificação.

b) O Estado pode atuar tanto como regulador da gentrificação, impedindo o processo através de dispositivos legais, quanto como promotor, como é o caso da notícia do texto.

4 a) Metrópole completa, pois atrai fluxos no tocante à saúde de toda a região metropolitana ao seu redor.

b) Os países em desenvolvimento costumam passar por processos de urbanização acelerados, nos quais a infraestrutura urbana não sustenta as necessidades de toda a população. Além disso, os investimentos urbanos acabam sendo concentrados nas capitais e metrópoles, criando hierarquias e redes urbanas altamente orientadas para uma mesma grande cidade.

Capítulo 16 – Urbanização no Brasil

1 Porque a taxa de urbanização pelo país é muito diferente entre os estados, e 38% dos municípios ainda têm uma população rural maior do que a urbana.

2 Um município corresponde a uma divisão territorial e política dentro de um estado. Muitos municípios são divididos em distritos. Já a cidade corresponde ao ambiente urbano de um município. Porém, para o IBGE, a cidade é a sede de um município. Com isso, há cidades no Brasil com paisagens marcadas por elementos rurais, como carroças, estradas de terra e plantações.

3 a) As enchentes são causadas pelo desmatamento, pela canalização de rios e pelo asfaltamento, que faz com que o solo se torne impermeável e a água tenda a subir e extravasar as galerias subterrâneas.

b) A poluição hídrica é causada pelo descarte inadequado e sem tratamento de lixo residencial e de resíduos industriais em cursos de água.

c) A poluição atmosférica é causada pela produção industrial sem controles ambientais e pela imensa massa de veículos automotores nas grandes cidades.

Capítulo 17 – Dinâmica demográfica no mundo e no Brasil

1 Países com baixa taxa de mortalidade infantil, alta expectativa de vida ao nascer e baixo crescimento populacional apresentam maior desenvolvimento econômico, conseguem prover maior acesso à saúde e têm normalmente populações urbanas com poucos filhos. Países com alta taxa de mortalidade infantil, baixa expectativa de vida ao nascer e alto crescimento populacional apresentam menor desenvolvimento econômico, menor acesso à saúde e muitas crianças e jovens.

2 a) Grande parcela de população jovem, mas muitos problemas de saúde, causando uma expectativa de vida baixa. Como consequência, há grande necessidade de investimento em saúde, educação e outros serviços públicos e sociais.

b) Grande parcela de população idosa, com crescimento demográfico baixo ou negativo. Como consequência, há pressão sobre o sistema previdenciário e, gradativamente, diminuição na mão de obra disponível, causando problemas no sistema produtivo e/ou dependendo de importação de produtos ou de trabalhadores.

3 A teoria neomalthusiana condiciona a pobreza de um país ao alto crescimento demográfico, por causa da pressão da população sobre a renda e a ne-

cessidade de investimento alto em saúde, educação e outros serviços públicos. Já os reformistas apontam para o fato de que o crescimento populacional nos países em desenvolvimento coincidiu com o período de expansão econômica nesses países, entre 1950 e 1980, creditando o crescimento demográfico ao crescimento econômico e não à pobreza. Defendem, ainda, que reformas socioeconômicas que combatam a pobreza são medidas eficientes para diminuir o crescimento demográfico.

4 A teoria ecomalthusiana é uma retomada da ideia malthusiana de pressão populacional sobre recursos, mas dessa vez relacionando o aumento populacional aos problemas e desastres ambientais, e propondo medidas de controle de natalidade nos países mais pobres, com alta taxa de crescimento demográfico e, consequentemente, alto potencial de consumo de recursos. Porém, os maiores níveis de consumo do planeta estão exatamente nos países mais ricos, onde a sociedade de consumo está bem estabelecida e, muitas vezes, o crescimento demográfico chega a ser até negativo.

5 Resposta pessoal. Espera-se que os estudantes reflitam sobre o fato de que se há regiões onde a média de idade ao morrer é menor que a idade mínima para se aposentar, a esses cidadãos está sendo negado o direito à aposentadoria, e é necessário alguma intervenção para não tornar a reforma injusta, como a ampliação de programas sociais capazes de aumentar a qualidade de vida nesses distritos, ou a revogação/flexibilização da idade mínima para aposentadoria, por exemplo.

Capítulo 18 – Sociedade e economia

1 Terciarização é o processo de migração da PEA dos setores primário e secundário da economia para o setor terciário. Já terceirização diz respeito à contratação de empresas ou profissionais externos para executar atividades produtivas ou de serviços em uma empresa.

2 **a)** Nos países desenvolvidos, o terceiro setor da economia é diversificado e conta com mão de obra qualificada.

b) Nos países em desenvolvimento, o desemprego acaba empurrando muitas pessoas para a informalidade, como é o caso de vendedores ambulantes, e para a prestação de serviços, muitas vezes mal remunerados e de baixa qualificação. Assim, o terceiro setor da economia acaba sofrendo um inchaço.

3 **a)** O aumento da informalidade deixa os trabalhadores sem acesso a direitos básicos, como férias, seguros e décimo-terceiro salário. Sem proteção social por parte do Estado, o trabalhador acaba exposto à instabilidade do emprego informal.

b) Ao permitir a terceirização de atividades-meio e o trabalho remunerado por hora, a reforma trabalhista acabou com diversos cargos formais e viu surgir uma série de cargos informais, muitas vezes para executar o mesmo trabalho, mas sem direitos trabalhistas.

4 **a)** O Estado de bem-estar social é aquele que reconhece como sendo sua função garantir um bem-estar mínimo para a população, provendo serviços de educação, segurança, saúde, emprego, moradia e previdência social.

b) Garantir uma renda para todos os cidadãos em idade produtiva, ainda que desempregados, é uma forma de oferecer uma qualidade mínima de vida, pois, sem renda, não é possível acessar serviços essenciais básicos e, muitas vezes, alimentar-se.

5 **a)** Desemprego estrutural é a mudança na estrutura produtiva de uma região ou país, com a extinção de vagas de emprego, que migram para outro lugar ou deixam de existir.

b) Desemprego conjuntural é a perda de vagas de emprego por uma crise momentânea, seja ela econômica, social ou política. Superada a crise, essas vagas podem voltar a existir.

c) Subemprego é o nome dado para vagas de emprego incertas, irregulares e com baixa remuneração, que não são capazes de garantir ao trabalhador o mínimo necessário para sobreviver.

6 **a)** Podem ser identificadas a exclusão por pobreza e a exclusão digital.

b) O acesso desigual a atividades educativas que acontecem por meio de computadores e necessitam de internet pode ampliar as desigualdades entre estudantes com trajetórias escolares muito diferentes na hora de prestar um vestibular.

Capítulo 19 – Povos em movimento no mundo e no Brasil

1 Os deslocamentos populacionais fazem parte da história da humanidade, tendo sido responsáveis pela formação dos diversos povos e dos elementos culturais que os caracterizam, por meio de um processo contínuo de choques e assimilações culturais. Ao mesmo tempo, o contato com o diferente

também pode causar reações de xenofobia e discriminação por parte dos habitantes do país de destino.

2 A condição ilegal impede o imigrante de ter acesso às garantias trabalhistas e previdenciárias que cada país oferece aos trabalhadores regulares. Essa situação de ilegalidade os obriga a se sujeitar a trabalhos com baixa remuneração.

3 Essas pessoas geralmente não têm recursos para migrar para países desenvolvidos, limitando-se a se deslocar por curtas distâncias. A maioria dos que conseguem deixar seus países dirige-se para os vizinhos, que muitas vezes também não oferecem condições de abrigá-los adequadamente. Portanto, a migração para essas populações poucas vezes significa a superação da situação de precariedade.

4 Na década de 2010, novos conflitos internos e guerras surgiram ou se intensificaram em diversas regiões do globo. No Oriente Médio houve a expansão do Estado Islâmico, que atingiu a Síria e o Iraque, países que já enfrentavam uma guerra civil, no caso da Síria, e disputas étnico-político-religiosas, no caso do Iraque. Dessa forma, houve um agravamento dos problemas socioeconômicos, com destruição de moradias, de infraestrutura, de sistemas de educação e saúde. Outros países que enfrentavam sérios conflitos, provocando a formação de levas com centenas de milhares de refugiados, são: Afeganistão, Somália, Sudão, Sudão do Sul, Congo, além de Mianmar, na Ásia Meridional, onde os refugiados são resultado de conflitos étnicos e religiosos, num contexto de democratização do país, iniciada em 2011, após mais de cinco décadas de regimes ditatoriais. Somente a guerra civil na Síria havia provocado o deslocamento de aproximadamente 6,7 milhões de pessoas até o final de 2018.

5 Após a Segunda Guerra Mundial, os países europeus careciam de força de trabalho para reconstruir a economia e as infraestruturas destruídas pelo conflito. Além disso, a morte de milhões de pessoas durante a guerra criou um *deficit* populacional que poderia ser compensado com a entrada de imigrantes. Na atualidade, a Europa adota medidas restritivas à entrada de imigrantes e refugiados.

6 **a)** México e Estados Unidos.

b) Por causa do desemprego e das condições de vida precárias para boa parte da população latino-americana, que muitas vezes vem de outros países e atravessa todo o México para tentar chegar aos Estados Unidos.

Capítulo 20 – Questão socioambiental e desenvolvimento sustentável

1 **a)** América Latina e África.

b) Sem saneamento, o lixo residencial é jogado em corpos de água ou em lixões a céu aberto, causando poluição da água, do solo e da atmosfera e propagando diversas doenças entre a população exposta a essa situação.

2 A COP21 é um acordo climático mundial, ratificado por 195 países, com o objetivo de reduzir as emissões de gases do efeito estufa e, consequentemente, o aquecimento global. Os Estados Unidos, um dos signatários e um dos maiores emissores do mundo, decidiu se retirar em 2020. Esse acordo é fundamental para parar o aquecimento global.

3 **a)** O mercado de crédito de carbonos e o selo FSC.

b) A criação de mecanismos que garantem a condição de "amigas do meio ambiente", bem como o patrocínio das conferências, camufla o fato de que muitas empresas nessa situação são na verdade as maiores poluidoras e destruidoras do meio ambiente pelo mundo. Ao conferir valores financeiros para práticas ambientais, a economia verde pode levar à privatização de recursos e ao monopólio da certificação ambiental por parte de empresas e países que detêm o poder econômico.

4 **a)** Porque, segundo ele, o crescimento de 3%, considerado o mínimo para uma economia capitalista, está cada vez mais inviável de se sustentar.

b) O crescimento econômico constante envolve uma apropriação cada vez maior dos recursos naturais. Assim, ao propor o crescimento zero, Harvey está fazendo uma proposta que interromperia o aumento do impacto ambiental no planeta.

5 Os problemas ambientais não respeitam fronteiras. A poluição causada em um país pode acabar afetando a vida em outros. Assim, as relações internacionais são fundamentais para a criação de acordos que envolvam todos os agentes desse processo, promovendo uma economia com visão global e ampla sobre a questão ambiental.

Capítulo 21 – Problemas ambientais no mundo

1 Espera-se que os estudantes relacionem os países do *ranking* à produção industrial e à frota de veículos automotores, que são as duas atividades humanas de

maior responsabilidade na emissão de gás carbônico na atmosfera.

2 O IPCC, ou Painel Intergovernamental de Mudanças Climáticas, é composto de cientistas de diversos países que monitoram e fornecem relatórios sobre as condições climáticas do planeta e suas mudanças. O órgão é essencial para fundamentar a adoção de medidas que visem diminuir o processo de aquecimento global.

3 **a)** Com grande parte das pessoas em casa e muitas indústrias paradas, a circulação de automóveis e a emissão de gases industriais na atmosfera diminuíram consideravelmente.

b) Uma diminuição nas doenças relacionadas ao sistema respiratório, uma melhoria nas ilhas de calor urbanas, além de paisagens espetaculares durante o pôr do sol.

4 **a)** Chuva com acidez maior do que o normal, causada pela reação da água com o gás carbônico, formando o ácido carbônico. Pode destruir a vida vegetal e animal, plantações, contaminar lençóis freáticos e causar problemas sérios como câncer.

b) A ilha de calor representa uma temperatura do ar mais elevada em um ponto da cidade do que ao seu redor, gerando um efeito de estufa, acentuado pela presença de grandes edifícios e construções que impedem a circulação do ar. Pode acentuar problemas respiratórios devido à concentração de gás carbônico na atmosfera.

c) A inversão térmica é um fenômeno natural causado por uma camada de ar frio, no inverno, que se forma próximo à superfície. Com o ar mais quente logo acima, essa camada não consegue se elevar. Com a poluição atmosférica, isso faz com que partículas poluentes fiquem retidas, intensificando os problemas respiratórios de saúde.

5 **a)** Porque ela barrará a passagem de água para o seu território, que fica a jusante da barragem.

b) Espera-se que os estudantes indiquem o diálogo diplomático como forma de resolução do conflito, destacando a importância das relações internacionais para as questões ambientais.

6 **a)** São mecanismos de compensação ambiental. O MDL, ou Mecanismo de Desenvolvimento Limpo, permite a uma empresa financiar projetos sustentáveis em outro país e, com isso, receber "créditos de carbono" para poder emitir acima do limite máximo em seu próprio país. REDD+ significa Redução de Emissões por Desmatamento e Degradação dos Países em Desenvolvimento (REDD, sigla em inglês de Reducing Emissions from Deforestation and Forest Degradation in Developing Countries); por meio dele, países desenvolvidos investem em países em desenvolvimento para que estes promovam ações de conservação de florestas e serviços ecossistêmicos, manejo sustentável e aumento dos estoques de carbono. Os países investidores, da mesma forma, ganhariam créditos para poder exceder seus limites de poluição e desmatamento.

b) Resposta pessoal. Os estudantes podem apontar que, como os problemas ambientais são globais, investir em sustentabilidade em um local do planeta para poder poluir ou desmatar em outro não resolve os problemas, apenas cria um mercado que será dominado exatamente pelas empresas mais ricas, que são também as maiores poluidoras.

Capítulo 22 – Questão ambiental no Brasil

1 **a)** Produção de soja.

b) Espera-se que os estudantes indiquem maior fiscalização e políticas públicas mais restritivas. Resposta pessoal. Espera-se que os estudantes reconheçam a importância da campanha, mas indiquem a necessidade de um uso mais racional da água nos setores industrial e agropecuário, os maiores consumidores.

2 Resposta pessoal. Espera-se que os estudantes reconheçam a importância da campanha, mas indiquem a necessidade de um uso mais racional da água nos setores industrial e agropecuário, os maiores consumidores.

3 Espera-se que os estudantes apontem para o fato de que ambos estão relacionados à mineração e que em ambos a empresa Vale do Rio Doce estava envolvida. Entre as ações para evitar desastres como esses, podem ser citadas: maior intensidade na fiscalização, responsabilização efetiva das empresas envolvidas e novos protocolos de segurança para as barragens.

4 **a)** Sim, porque é um Parque Nacional, um dos tipos de UC no Brasil.

b) Tem como objetivo preservar áreas de grande beleza e neles são admitidas pesquisas científicas e visitação pública.

5 Um mecanismo de gestão ambiental que serve como mapeamento estratégico para a exploração de recur-

sos de acordo com critérios econômicos, sociais e ambientais. É um documento de referência para a criação de novas UCs.

6 a) Segundo Krenak, esses organismos fatiam a terra, priorizando a exploração dos recursos naturais e preservando apenas pequenos pedaços para exploração futura.

b) Resposta pessoal. Espera-se que os estudantes apontem para as consequências gerais da devastação da natureza, podendo recorrer inclusive aos desastres relacionados à mineração e seus impactos sociais como argumentação.

Capítulo 23 – Domínios naturais

1 A – Bacia Amazônica; B – Bacia do Paraná; C – Dobramento Atlântico; D – Escudo do Brasil Central; E – Escudo das Guianas.

2 Na Bacia do Paraná, por se tratar de um terreno sedimentar, formado a partir da acumulação de sedimentos, inclusive restos de animais e vegetais. Justamente nas rochas sedimentares são encontrados os fósseis.

3 As massas de ar são elementos importantes na determinação das características dos tipos climáticos, pois delas dependem as variações de temperatura, pressão e umidade que se sucedem durante os anos.

4 Trata-se da latitude, fator climático que influencia a distribuição da energia do Sol sobre a Terra. O ângulo da incidência solar na superfície esférica do planeta determina a formação de diferentes temperaturas nele, de modo que as regiões situadas em latitudes mais altas recebem radiação menos intensa do que as situadas em baixas latitudes.

5 a) Da relação entre clima e sociedade.

b) Ideias principais: o clima e suas variações geram impactos negativos, mas também positivos. No entanto, as sociedades os têm considerado apenas maléficos, não percebendo seu potencial como recurso.

c) Respostas possíveis: impactos positivos – aproveitamento das energias solar e eólica, desenvolvimento da atividade agrícola pela irrigação; impactos negativos – ocorrência de ciclones, chuvas torrenciais, seca prolongada.

d) A emissão crescente de gases poluentes na atmosfera gera grande prejuízo à saúde da população. Particularmente, a emissão de gás carbônico está causando, de acordo com grande parte dos cientistas, o aquecimento na temperatura do planeta.

Capítulo 24 – Domínios morfoclimáticos no Brasil

1 Quase todo o território brasileiro está inserido em uma zona intertropical, o que garante grande incidência de luz solar durante todo o ano. Esse fator, aliado às chuvas e grandes corpos de água, permite uma intensificação nos processos de fotossíntese, garantindo grande biodiversidade.

2 Porque, de todos os biomas brasileiros, a Mata Atlântica é o mais devastado, tendo cerca de apenas 7% de sua extensão original preservada. Sua biodiversidade é potencialmente tão grande quanto a da Floresta Amazônica, assim, sua preservação tem grande importância.

3 a) Mata de Araucárias, Campos, Mata Atlântica e Vegetação Litorânea.

b) O Pantanal é uma região de terras baixas e relativamente planas, que tem trechos amplamente inundados durante o verão. Ele reúne espécies arbóreas, arbustivas e campestres adaptadas às condições locais, sendo o único bioma mundial com essa característica.

4 A mata ciliar é a parte da floresta que se desenvolve nas margens dos rios, servindo de proteção para os corpos de água. Além disso, evita erosão e assoreamento e fornece nutrientes para o ecossistema aquático, ajudando a preservar a biodiversidade e garantir a qualidade da água.

5 a) Desertificação.

b) Principalmente no Sertão nordestino e no norte de Minas Gerais.

6 a) Embora exista correspondência entre os tipos de produtos cultivados e o clima, as sementes modificadas e transgênicas permitem a adaptação de espécies típicas de determinado tipo de clima às mais diferentes regiões do planeta. No Brasil, o caso da soja é um exemplo: antes cultivado apenas em zonas temperadas, hoje esse vegetal é cultivado em diferentes regiões brasileiras de climas quentes, como o Centro-Oeste e o Nordeste, graças à engenharia genética e à criação de sementes transgênicas.

b) Resposta pessoal. É importante orientar os estudantes a pesquisar sobre a produção agrícola em seu município, caso exista. A intenção é que eles percebam se a produção se dá em pequenas propriedades, usando pouca tecnologia e estando sujeita ao clima; se é comercial, usando tecnologia capaz de superar os obstáculos climáticos; ou, ainda, se há os dois casos.

BNCC do Ensino Médio: habilidades de Ciências Humanas e Sociais Aplicadas

(EM13CHS101) Identificar, analisar e comparar diferentes fontes e narrativas expressas em diversas linguagens, com vistas à compreensão de ideias filosóficas e de processos e eventos históricos, geográficos, políticos, econômicos, sociais, ambientais e culturais.

(EM13CHS102) Identificar, analisar e discutir as circunstâncias históricas, geográficas, políticas, econômicas, sociais, ambientais e culturais de matrizes conceituais (etnocentrismo, racismo, evolução, modernidade, cooperativismo/desenvolvimento etc.), avaliando criticamente seu significado histórico e comparando-as a narrativas que contemplem outros agentes e discursos.

(EM13CHS103) Elaborar hipóteses, selecionar evidências e compor argumentos relativos a processos políticos, econômicos, sociais, ambientais, culturais e epistemológicos, com base na sistematização de dados e informações de diversas naturezas (expressões artísticas, textos filosóficos e sociológicos, documentos históricos e geográficos, gráficos, mapas, tabelas, tradições orais, entre outros).

(EM13CHS104) Analisar objetos e vestígios da cultura material e imaterial de modo a identificar conhecimentos, valores, crenças e práticas que caracterizam a identidade e a diversidade cultural de diferentes sociedades inseridas no tempo e no espaço.

(EM13CHS105) Identificar, contextualizar e criticar tipologias evolutivas (populações nômades e sedentárias, entre outras) e oposições dicotômicas (cidade/campo, cultura/natureza, civilizados/bárbaros, razão/emoção, material/virtual etc.), explicitando suas ambiguidades.

(EM13CHS106) Utilizar as linguagens cartográfica, gráfica e iconográfica, diferentes gêneros textuais e tecnologias digitais de informação e comunicação de forma crítica, significativa, reflexiva e ética nas diversas práticas sociais, incluindo as escolares, para se comunicar, acessar e difundir informações, produzir conhecimentos, resolver problemas e exercer protagonismo e autoria na vida pessoal e coletiva.

(EM13CHS201) Analisar e caracterizar as dinâmicas das populações, das mercadorias e do capital nos diversos continentes, com destaque para a mobilidade e a fixação de pessoas, grupos humanos e povos, em função de eventos naturais, políticos, econômicos, sociais, religiosos e culturais, de modo a compreender e posicionar-se criticamente em relação a esses processos e às possíveis relações entre eles.

(EM13CHS202) Analisar e avaliar os impactos das tecnologias na estruturação e nas dinâmicas de grupos, povos e sociedades contemporâneos (fluxos populacionais, financeiros, de mercadorias, de informações, de valores éticos e culturais etc.), bem como suas interferências nas decisões políticas, sociais, ambientais, econômicas e culturais.

(EM13CHS203) Comparar os significados de território, fronteiras e vazio (espacial, temporal e cultural) em diferentes sociedades, contextualizando e relativizando visões dualistas (civilização/barbárie, nomadismo/sedentarismo, esclarecimento/obscurantismo, cidade/campo, entre outras).

(EM13CHS204) Comparar e avaliar os processos de ocupação do espaço e a formação de territórios, territorialidades e fronteiras, identificando o papel de diferentes agentes (como grupos sociais e culturais, impérios, Estados Nacionais e organismos internacionais) e considerando os conflitos populacionais (internos e externos), a diversidade étnico-cultural e as características socioeconômicas, políticas e tecnológicas.

(EM13CHS205) Analisar a produção de diferentes territorialidades em suas dimensões culturais, econômicas, ambientais, políticas e sociais, no Brasil e no mundo contemporâneo, com destaque para as culturas juvenis.

(EM13CHS206) Analisar a ocupação humana e a produção do espaço em diferentes tempos, aplicando os princípios de localização, distribuição, ordem, extensão, conexão, arranjos, casualidade, entre outros que contribuem para o raciocínio geográfico.

(EM13CHS301) Problematizar hábitos e práticas individuais e coletivos de produção, reaproveitamento e descarte de resíduos em metrópoles, áreas urbanas e rurais, e comunidades com diferentes características socioeconômicas, e elaborar e/ou selecionar propostas de ação que promovam a sustentabilidade socioambiental, o combate à poluição sistêmica e o consumo responsável.

(EM13CHS302) Analisar e avaliar criticamente os impactos econômicos e socioambientais de cadeias produtivas ligadas à exploração de recursos naturais e às atividades agropecuárias em diferentes ambientes e escalas de análise, considerando o modo de vida das populações locais - entre elas as indígenas, quilombolas e demais comunidades tradicionais -, suas práticas agroextrativistas e o compromisso com a sustentabilidade.

(EM13CHS303) Debater e avaliar o papel da indústria cultural e das culturas de massa no estímulo ao consumismo, seus impactos econômicos e socioambientais, com vistas à percepção crítica das necessidades criadas pelo consumo e à adoção de hábitos sustentáveis.

(EM13CHS304) Analisar os impactos socioambientais decorrentes de práticas de instituições governamentais, de empresas e de indivíduos, discutindo as origens dessas práticas, selecionando, incorporando e promovendo aquelas que favoreçam a consciência e a ética socioambiental e o consumo responsável.

(EM13CHS305) Analisar e discutir o papel e as competências legais dos organismos nacionais e internacionais de regulação, controle e fiscalização ambiental e dos acordos internacionais para a promoção e a garantia de práticas ambientais sustentáveis.

(EM13CHS306) Contextualizar, comparar e avaliar os impactos de diferentes modelos socioeconômicos no uso dos recursos naturais e na promoção da sustentabilidade econômica e socioambiental do planeta (como a adoção dos sistemas da agrobiodiversidade e agroflorestal por diferentes comunidades, entre outros).

(EM13CHS401) Identificar e analisar as relações entre sujeitos, grupos, classes sociais e sociedades com culturas distintas diante das transformações técnicas, tecnológicas e informacionais e das novas formas de trabalho ao longo do tempo, em diferentes espaços (urbanos e rurais) e contextos.

(EM13CHS402) Analisar e comparar indicadores de emprego, trabalho e renda em diferentes espaços, escalas e tempos, associando-os a processos de estratificação e desigualdade socioeconômica.

(EM13CHS403) Caracterizar e analisar os impactos das transformações tecnológicas nas relações sociais e de trabalho próprias da contemporaneidade, promovendo ações voltadas à superação das desigualdades sociais, da opressão e da violação dos Direitos Humanos.

(EM13CHS404) Identificar e discutir os múltiplos aspectos do trabalho em diferentes circunstâncias e contextos históricos e/ou geográficos e seus efeitos sobre as gerações, em especial, os jovens, levando em consideração, na atualidade, as transformações técnicas, tecnológicas e informacionais.

(EM13CHS501) Analisar os fundamentos da ética em diferentes culturas, tempos e espaços, identificando processos que contribuem para a formação de sujeitos éticos que valorizem a liberdade, a cooperação, a autonomia, o empreendedorismo, a convivência democrática e a solidariedade.

(EM13CHS502) Analisar situações da vida cotidiana, estilos de vida, valores, condutas etc., desnaturalizando e problematizando formas de desigualdade, preconceito, intolerância e discriminação, e identificar ações que promovam os Direitos Humanos, a solidariedade e o respeito às diferenças e às liberdades individuais.

(EM13CHS503) Identificar diversas formas de violência (física, simbólica, psicológica etc.), suas principais vítimas, suas causas sociais, psicológicas e afetivas, seus significados e usos políticos, sociais e culturais, discutindo e avaliando mecanismos para combatê-las, com base em argumentos éticos.

(EM13CHS504) Analisar e avaliar os impasses ético-políticos decorrentes das transformações culturais, sociais, históricas, científicas e tecnológicas no mundo contemporâneo e seus desdobramentos nas atitudes e nos valores de indivíduos, grupos sociais, sociedades e culturas.

(EM13CHS601) Identificar e analisar as demandas e os protagonismos políticos, sociais e culturais dos povos indígenas e das populações afrodescendentes (incluindo as quilombolas) no Brasil contemporâneo considerando a história das Américas e o contexto de exclusão e inclusão precária desses grupos na ordem social e econômica atual, promovendo ações para a redução das desigualdades étnico-raciais no país.

(EM13CHS602) Identificar e caracterizar a presença do paternalismo, do autoritarismo e do populismo na política, na sociedade e nas culturas brasileira e latino-americana, em períodos ditatoriais e democráticos, relacionando-os com as formas de organização e de articulação das sociedades em defesa da autonomia, da liberdade, do diálogo e da promoção da democracia, da cidadania e dos direitos humanos na sociedade atual.

(EM13CHS603) Analisar a formação de diferentes países, povos e nações e de suas experiências políticas e de exercício da cidadania, aplicando conceitos políticos básicos (Estado, poder, formas, sistemas e regimes de governo, soberania etc.).

(EM13CHS604) Discutir o papel dos organismos internacionais no contexto mundial, com vistas à elaboração de uma visão crítica sobre seus limites e suas formas de atuação nos países, considerando os aspectos positivos e negativos dessa atuação para as populações locais.

(EM13CHS605) Analisar os princípios da declaração dos Direitos Humanos, recorrendo às noções de justiça, igualdade e fraternidade, identificar os progressos e entraves à concretização desses direitos nas diversas sociedades contemporâneas e promover ações concretas diante da desigualdade e das violações desses direitos em diferentes espaços de vivência, respeitando a identidade de cada grupo e de cada indivíduo.

(EM13CHS606) Analisar as características socioeconômicas da sociedade brasileira - com base na análise de documentos (dados, tabelas, mapas etc.) de diferentes fontes - e propor medidas para enfrentar os problemas identificados e construir uma sociedade mais próspera, justa e inclusiva, que valorize o protagonismo de seus cidadãos e promova o autoconhecimento, a autoestima, a autoconfiança e a empatia.

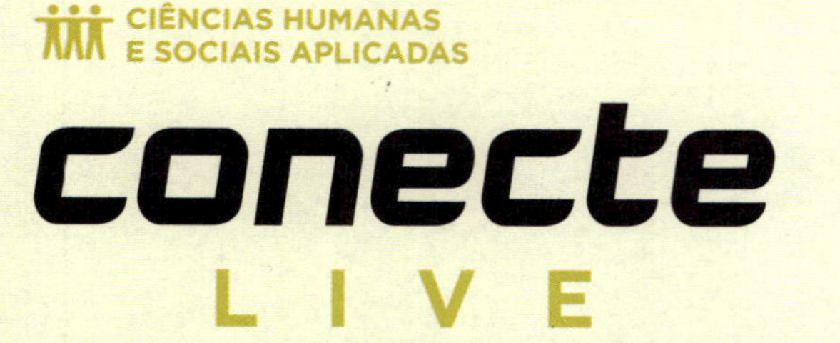

ELIAN ALABI LUCCI

Bacharel e licenciado em Geografia pela Pontifícia Universidade Católica de São Paulo (PUC-SP).

Professor de Geografia na rede particular de ensino.

Diretor da Associação dos Geógrafos Brasileiros (AGB) – Seção local Bauru-SP.

EDUARDO CAMPOS

Bacharel e licenciado em Geografia pela Faculdade de Filosofia, Letras e Ciências Humanas da Universidade de São Paulo (FFLCH-USP).

Mestre em Educação pela Faculdade de Educação da Universidade de São Paulo (FEUSP).

Professor e coordenador pedagógico e educacional na rede particular de ensino.

ANSELMO LÁZARO BRANCO

Licenciado em Geografia pelas Faculdades Associadas Ipiranga (FAI).

Professor de Geografia na rede particular de ensino.

CLÁUDIO MENDONÇA

Bacharel e licenciado em Geografia pela Faculdade de Filosofia, Letras e Ciências Humanas da Universidade de São Paulo (FFLCH-USP).

Professor de Geografia na rede particular de ensino.

Caderno de Atividades

ATIVIDADES COMPLEMENTARES

CIÊNCIAS HUMANAS
E SOCIAIS APLICADAS

ELIAN ALABI LUCCI

Bacharel e licenciado em Geografia pela Pontifícia Universidade Católica de São Paulo (PUC-SP).

Professor de Geografia na rede particular de ensino.

Diretor da Associação dos Geógrafos Brasileiros (AGB) – Seção local Bauru-SP.

EDUARDO CAMPOS

Bacharel e licenciado em Geografia pela Faculdade de Filosofia, Letras e Ciências Humanas da Universidade de São Paulo (FFLCH-USP).

Mestre em Educação pela Faculdade de Educação da Universidade de São Paulo (FEUSP).

Professor e coordenador pedagógico e educacional na rede particular de ensino.

PARTE II

Geografia

ANSELMO LÁZARO BRANCO

Licenciado em Geografia pelas Faculdades Associadas Ipiranga (FAI).

Professor de Geografia na rede particular de ensino.

CLÁUDIO MENDONÇA

Bacharel e licenciado em Geografia pela Faculdade de Filosofia, Letras e Ciências Humanas da Universidade de São Paulo (FFLCH-USP).

Professor de Geografia na rede particular de ensino.

Sumário

PARTE I

Robert Clark/AP Photo/Glow Images

Jason Venkatasamy/Alamy/Fotoarena

PARTE II

geogif/Shutterstock

Akos Stiller/Bloomberg/Getty Images

Veetmano Prem/Fotoarena

Osman Orsal/Reuters/Fotoarena

PARTE III

CAPÍTULO

Globalização e redes da economia mundial

Este capítulo favorece o desenvolvimento das habilidades:

EM13CHS101

EM13CHS103

EM13CHS104

EM13CHS201

EM13CHS202

EM13CHS206

EM13CHS401

EM13CHS504

O processo de globalização, que se configurou ao longo de diferentes etapas da história, definiu uma nova organização do espaço geográfico e vem sendo marcado por novos padrões de relações sociais. Nesse contexto, intensificou-se a estruturação de redes de diversos tipos, que ampliam significativamente os fluxos de capitais, informações, mercadorias e pessoas entre diferentes pontos do mundo. Compreender esse processo, em toda sua complexidade e consequências, requer análises que apliquem conhecimentos das várias disciplinas da área de Ciências Humanas.

Feature China/Barcroft Media/Getty Images

Vista aérea do terminal automatizado do porto de Qingdao, na China. Foto de 2019.

Contexto

1. Que mudanças ocorreram no mundo com os avanços dos sistemas de transporte e comunicação?
2. Quais foram as principais transformações que os seres humanos imprimiram no espaço, desde a Pré-História até os dias de hoje, para promover a maior fluidez de objetos e informações?
3. Como o processo de globalização pode influenciar as relações que o Estado mantém com a economia?
4. Você avalia que os diferentes locais e países estão atualmente mais semelhantes que no passado? Por quê?

Meio geográfico

O meio geográfico é o ambiente onde a sociedade humana forma relações. Nele se observam as transformações resultantes da ação humana na natureza por meio do desenvolvimento de técnicas e tecnologias. Assim é produzido e organizado o espaço geográfico, que é a soma do meio geográfico com as ações da sociedade.

Sob o ponto de vista histórico, o meio geográfico pode ser dividido em três períodos: meio natural, meio técnico e meio técnico-científico-informacional. O que ocorre, porém, não é uma simples substituição de características, mas um acréscimo de técnicas, enquanto algumas podem perder relevância com o passar do tempo.

Saiba mais

Técnica e tecnologia

Enquanto a técnica se refere a um conjunto de habilidades, ao modo de desenvolver um trabalho com o uso de ferramentas, máquinas e outros equipamentos, a tecnologia está associada à invenção e à inovação das técnicas por meio do conhecimento científico, que serão aplicadas no processo de produção de mercadorias ou serviços.

Meio natural

A humanidade viveu a maior parte da sua existência no meio natural. A exploração dos recursos naturais era feita para a subsistência e com ferramentas simples, o que tornava baixo o impacto das ações dos seres humanos. Demorou para que se desenvolvessem técnicas para cultivar o solo, domesticar animais, construir abrigos, confeccionar vestimentas para proteção contra o frio e produzir ferramentas que aumentassem sua interferência na natureza.

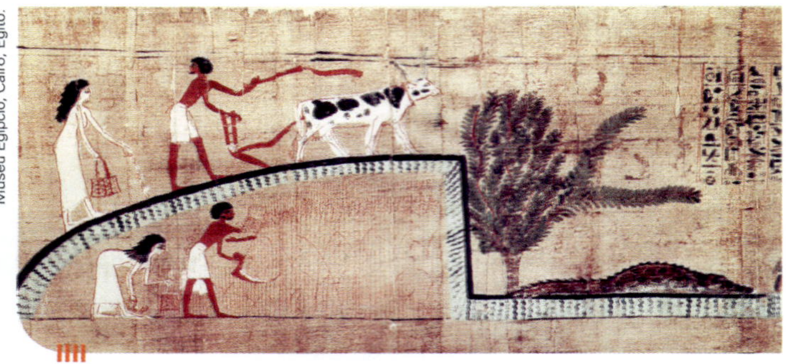

Werner Forman Archive/Glow Images/ Museu Egípcio, Cairo, Egito.

Representação de arado, semeadura e colheita no Egito antigo.

Com a Revolução Agrícola, o planejamento tornou-se possível: os seres humanos viviam em comunidade, fixados em determinada área, e dividiam as tarefas entre os membros do grupo. A domesticação de animais favoreceu o deslocamento, o contato entre grupos humanos e a troca de conhecimentos. Nesse meio natural, o ser humano vivia em um meio geográfico no qual a terra (aproveitamento dos recursos naturais e domínio da área) era a base da economia, da estrutura de poder e das relações sociais.

Meio técnico

Há cerca de 250 anos, o avanço da ciência permitiu a invenção de máquinas que modificaram radical e rapidamente o modo de vida da sociedade. Cada vez mais resultado da aplicação prática dos conhecimentos científicos, a técnica possibilitou criar e aperfeiçoar processos de fabricação de mercadorias, produção de energia e circulação de pessoas e produtos.

Nesse período, teve início a sociedade industrial. Edificações resultantes do desenvolvimento das novas tecnologias foram acrescentadas à paisagem: cidades foram ampliadas com a construção de indústrias, residências e estabelecimentos comerciais. O espaço geográfico tornou-se mais interdependente, e abriram-se amplas rotas de distribuição de mercadorias e circulação de pessoas, com a construção de canais, estradas e ferrovias. Como resultado do aumento da capacidade humana de transformar o meio, essas construções transformaram o meio natural em meio técnico, no qual as técnicas são mais visíveis na paisagem geográfica.

Conexões SOCIOLOGIA

Os construtores

O artista francês Fernand Léger (1881-1955) incorpora na obra *Os construtores* a temática da vida industrial e urbana. Ele era fascinado pela civilização industrial das grandes cidades do início do século XX, pelas formas das máquinas e das engrenagens, pelas construções e pelo operariado das fábricas.

Fernand Léger foi um dos grandes representantes do movimento cubista no início do século XX. O termo **cubismo** refere-se ao uso de formas geométricas para construir as imagens. Em *Os construtores*, Léger manifesta alguns traços da composição cubista nas linhas retas e que separam a cor e o desenho, mas usa, também, formas cilíndricas para compor as figuras.

1. De que forma Léger representa as figuras humanas e os objetos que compõem a cena?
2. Em sua opinião, o que o artista quis transmitir com tais efeitos?

Os construtores, de Fernand Léger, 1950 (óleo sobre tela, 300 cm × 228 cm).

Meio técnico-científico-informacional

Atualmente, a humanidade vive em um meio técnico-científico-informacional caracterizado pela intensa utilização da ciência e de tecnologias da informação e de comunicação. Outros segmentos tecnológicos deram suporte a elas, como: a microeletrônica, que reduz determinados componentes eletrônicos em escala microscópica; os cabos de fibra óptica, que transportam dados através da luz e fazem as conexões dos diversos aparelhos de comunicação entre si e entre seus provedores; e os satélites de comunicação.

No meio técnico-científico-informacional, os fluxos de informação são instantâneos. As ações dos Estados e das empresas expandiram-se pelos continentes, e elevou-se o volume de mercadorias e de investimentos no mercado internacional. O atual meio geográfico possibilitou novas relações sociais e modificou o modo de vida das pessoas, alterando as relações de trabalho, as formas de lazer, de entretenimento e de convívio social. Foram essas características que criaram condições para o fenômeno da globalização.

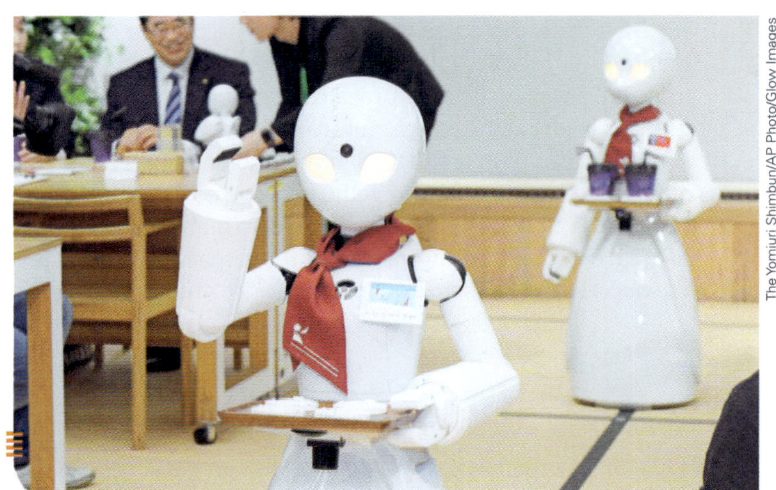

Operados remotamente por pessoas com deficiência, robôs servem clientes em um café em Tóquio, no Japão. Foto de 2019.

Multinacional (ou transnacional): empresa sediada em um país, mas com atividades em filiais por todo o planeta.

Globalização

Após a Segunda Guerra Mundial, as **multinacionais** e os investimentos de países desenvolvidos se expandiram em diversas regiões do planeta. As grandes indústrias se instalaram em diversos países, contando com isenção de impostos, mão de obra e matérias-primas mais baratas e eliminação de custos de transporte e da taxação de seus produtos nos países compradores.

Agent Wolf/Shutterstock

Em destaque à esquerda, hotel de luxo; ao fundo, edifícios comerciais do distrito financeiro de Cingapura. Foto de 2018.

O avanço dos meios de transporte e de comunicação permitiu a organização do comércio, da produção e dos investimentos em escala mundial. A diferença entre a internacionalização do capitalismo e a globalização é que nesta o mundo todo se submete a um mesmo sistema de produção (unicidade técnica) organizado por um mesmo tempo, que produz um espaço geográfico adequado às exigências do mercado global, de grande fluidez de informação. Ou seja, não se trata apenas da expansão de indústrias e da ampliação do mercado consumidor e fornecedor de matéria-prima pelo globo, mas da integração ao processo de produção e consumo em diferentes países, conforme as vantagens que cada um oferece. Isso influencia os diversos campos da vida social, cultural e política.

Saiba mais

Mundialização

Leia um trecho de entrevista com o sociólogo Renato Ortiz (1947-), referência nos estudos sobre indústria cultural e modernidade e um dos pioneiros no Brasil a pensar sobre a globalização.

> [...] **JU** — O fenômeno [da globalização] banalizou-se?
>
> **Ortiz** — Exatamente. Nós passamos de um momento no qual a globalização era ocultada para outro no qual "tudo se globalizou". O tema está na televisão, nas revistas de moda, nos jornais, nos movimentos ecológicos... Digamos que as ciências sociais não tiveram tempo ainda para trabalhar de maneira crítica, com uma relativa distância, esse fenômeno que, apesar de novo, já se impõe como senso comum. [...]
>
> **JU** — Nessa linha de raciocínio, parece haver uma certa confusão entre as esferas da macroeconomia e os conceitos de natureza ideológica, relegando a um plano secundário outras consequências do fenômeno. Por que o senhor acha que ocorre isto?
>
> **Ortiz —1** Certamente, desde o início de minha reflexão sobre a problemática, procurei estabelecer uma distinção entre mundialização da cultura e globalização técnica e econômica. Há certamente uma relação entre esses níveis mas não uma homologia. Não existe, e tampouco existirá, uma "cultura global", uma única concepção de mundo. Enquanto se fala de mercado global ou de tecnologia global, na esfera cultural somos obrigados a enfrentar o tema da diversidade. Para mim, a globalização é uma situação, uma totalidade que envolve as partes que a constituem, mas sem anulá-las. Neste contexto, o velho e o novo estão presentes; o local, o nacional e o tribal não desaparecem. O "velho" é ressignificado e o novo marca as mudanças ocorridas. Trata-se de uma realidade na qual convivem e entram em conflito espaços e temporalidades distintas. É essa riqueza da análise que às vezes se perde quando o quadro atual é analisado apenas do ponto de vista econômico.
>
> KASSAB, Álvaro. Desafi(n)ando o coro global. *Jornal da Unicamp*. Disponível em: www.unicamp.br/unicamp/unicamp_hoje/ju/maio2006/ju325pag4-5.html. Acesso em: dez. 2019.

1. Globalização e mundialização são o mesmo fenômeno? Explique.
2. Que crítica o sociólogo Renato Ortiz faz à ampla adoção do conceito de globalização?

Revolução técnico-científica

A globalização é um fenômeno típico da intensificação das transformações tecnológicas e da expansão destas por diversas regiões do globo a partir da década de 1970. Essas transformações se caracterizam pela automação e pela disseminação da informática e dos diversos meios de comunicação associados à atividade produtiva (industrial e agropecuária) e a outras atividades econômicas (financeiras, comerciais, de lazer e entretenimento). Por causa do aumento da capacidade de produção das empresas, da infraestrutura (energia, telecomunicações e transporte) e da presença de sistemas informatizados nas mais variadas atividades econômicas e na vida cotidiana das pessoas, essa nova fase de desenvolvimento tecnológico passou a ser classificada como Terceira Revolução Industrial ou Revolução técnico-científica.

O desenvolvimento da técnica, da ciência e da informação, no entanto, está desigualmente distribuído pelo espaço geográfico mundial. Em alguns locais, sua presença é grande, notadamente nos países desenvolvidos; em outros, é irregular, como nos países em desenvolvimento; em outros, ainda, é muito escasso, como nos países de menor desenvolvimento.

Mundo: acesso à internet (2016)

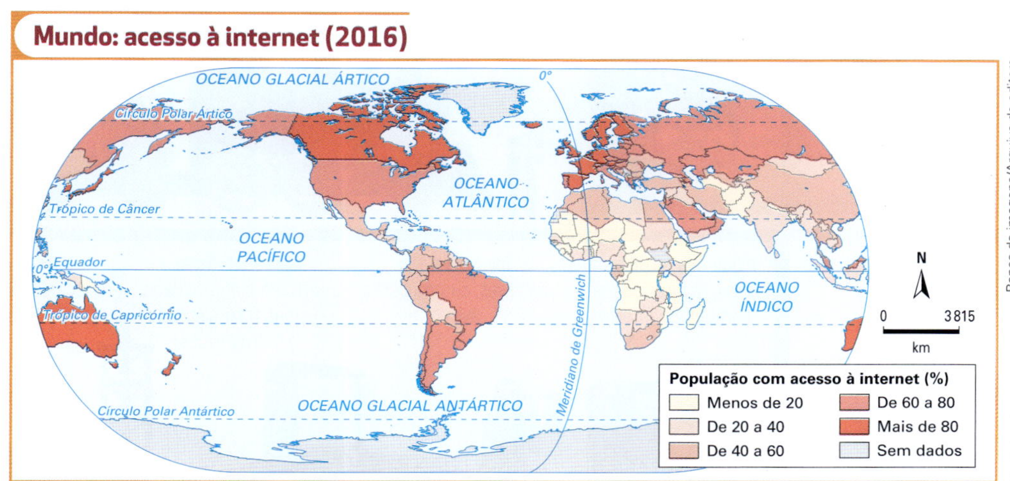

Banco de imagens/Arquivo da editora

Elaborado com base em: IBGE. *Atlas geográfico escolar*. 8. ed. Rio de Janeiro, 2018. p. 85.

Os meios de comunicação informatizados criaram nas empresas novos sistemas administrativos que interligam diferentes departamentos e setores, resultando em uma nova forma de organização espacial na qual é contínua a circulação de informações e instantâneo o acesso a dados. As empresas fabricam componentes de seus produtos em diferentes locais do planeta, formando uma rede global de produção.

O capital passou a circular com menos restrições de um país para outro, o comércio de mercadorias intensificou-se, as possibilidades de instalação de empresas em vários países foram ampliadas, e as aplicações, os investimentos financeiros e as movimentações bancárias passaram a ser realizados instantaneamente, a partir de qualquer computador ou mesmo de celulares, desde que conectados à internet.

Nesse processo de maior interligação entre pessoas, empresas e países, houve maior difusão de hábitos de consumo e do modo de vida dos países desenvolvidos por meio de suas marcas mundialmente conhecidas, como redes de *fast-food*, supermercados, etc., e uma certa homogeneização das paisagens.

Kehinde Temitope Odutayo/Shutterstock

Vista da Ilha Victoria, centro financeiro de Lagos, Nigéria, em 2019. As características físicas desse espaço (prédios altos, de arquitetura moderna) assemelham-se a de outros centros financeiros do mundo, inclusive de países desenvolvidos.

Infográfico

Revoluções industriais

	Fase predominante do capitalismo	Tecnologia	Comunicação e transportes	Principal recurso energético	Principais tipos de indústrias
Primeira Revolução Industrial 1780-1850	Entre o capitalismo comercial e o capitalismo industrial 	Máquinas a vapor e teares mecânicos	Imprensa, cartas e telégrafos; ferrovia e barco a vapor 	Carvão mineral	Têxtil e extrativa
Segunda Revolução Industrial 1880-1930	Capitalismo industrial 	Máquinas movidas a energia elétrica e a combustão interna	Telefone e fax; rodovias, automóveis e aviões 	Carvão mineral, petróleo e eletricidade (usinas termelétricas e hidrelétricas)	Metalúrgica, mecânica, química e automobilística 
Terceira Revolução Industrial Após anos 1970	Capitalismo financeiro e informacional 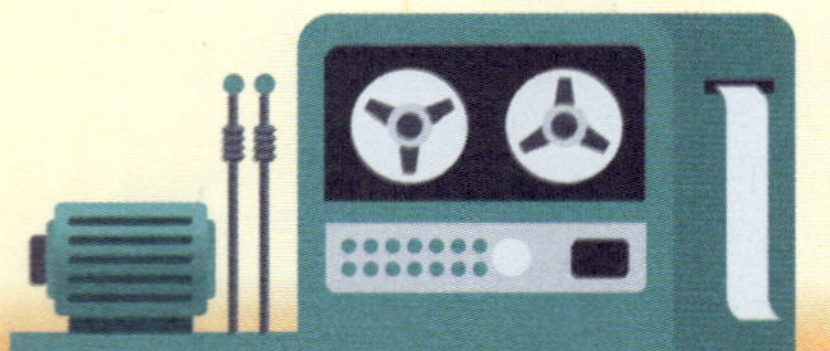	Novos materiais (cerâmica e resinas); informática e robótica; microeletrônica e automação	Satélites artificiais (imagem e comunicação), telecomunicações e redes digitais	Carvão mineral, petróleo e eletricidade. Desenvolvimento de fontes diversas de energia: nuclear, biocombustíveis e outros tipos de energia renovável	Mecatrônica, informática, biotecnológica e aeroespacial 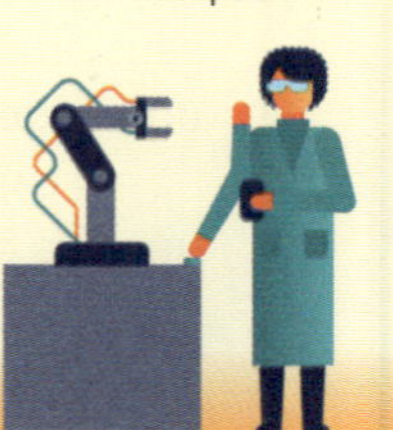
Quarta Revolução Industrial	Alguns pensadores (economistas e filósofos, entre outros) defendem que o mundo ruma para a Quarta Revolução Industrial, ou Indústria 4.0.	**Características** 	Convergência de tecnologias digitais, físicas e biológicas.	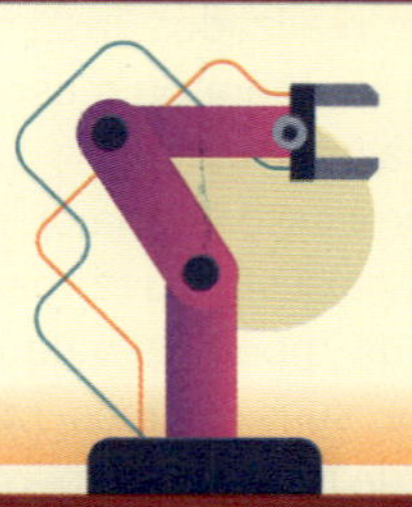	Robôs integrados em sistemas ciberfísicos; inteligência artificial.

Mão de obra	Localização das indústrias	Países, regiões e locais	Técnicas de produção e gestão	Período/Meio geográfico
Numerosa e pouco qualificada 	Próximo de bacias carboníferas e de áreas portuárias, em locais com mão de obra abundante e grande mercado consumidor 	Europa ocidental, pioneiramente no Reino Unido 	Fábrica e linha de produção mecanizada	Meio técnico 
Numerosa e com qualificação técnica 	Em regiões tradicionais e de expansão relativa para outras áreas, graças aos sistemas de transporte (ferroviário e náutico) 	Emersão nos Estados Unidos e, em um segundo momento, no Japão	Taylorismo e fordismo (produção em massa de bens homogêneos): grandes estoques e necessidade de espaço para armazenagem; uniformidade e padronização da produção 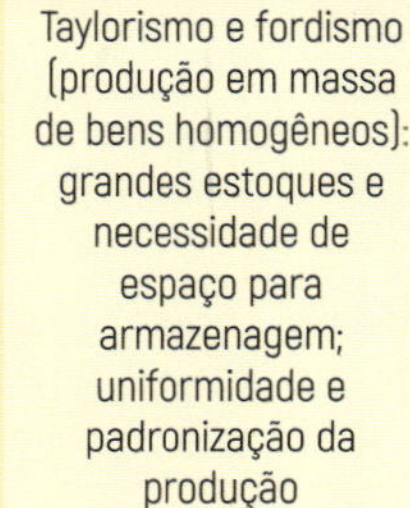	Meio técnico-científico  
Reduzida (desemprego estrutural) e altamente qualificada 	Dispersas pelo globo; empresas de tecnologia próximo aos centros de pesquisa e universidades (tecnopolos) 	Cidades globais; ganham protagonismo os Tigres Asiáticos e a China 	Toyotismo (*just-in-time*): produção flexível e em pequenos lotes, adequados às demandas específicas de cada cliente e fabricados no momento de consumo, sem grandes volumes de estoque 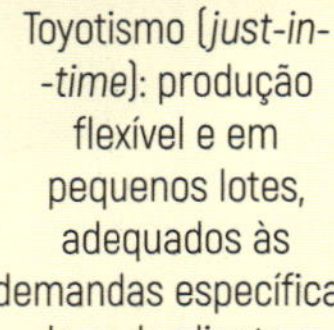	Meio técnico-científico-informacional   

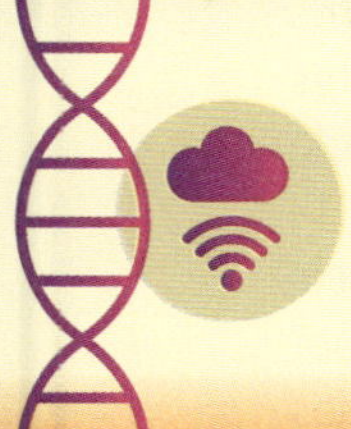

Aposta na engenharia genética, nanotecnologia, neurotecnologia, computação nas nuvens e internet das coisas.

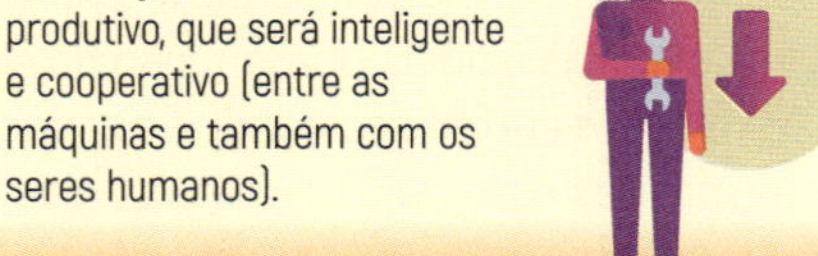

Automação do sistema produtivo, que será inteligente e cooperativo (entre as máquinas e também com os seres humanos).

Drástica redução dos postos de trabalho. Inovação e tecnologias disruptivas seriam o mantra dessa fase do capitalismo.

CORES FANTASIA

IMAGEM FORA DE PROPORÇÃO

Redes geográficas

As modificações nas estruturas produtivas e de serviços, a intensificação da circulação dos fluxos de capital, informação, pessoas e mercadorias e as transformações nas relações espaciais e interpessoais, ao mesmo tempo, resultaram na estruturação de um espaço geográfico em redes. Essas transformações dependem fundamentalmente de complexos sistemas de comunicação, transportes, energia e produção.

As redes interligam e estruturam relações entre diversos pontos em níveis **local**, **regional**, **nacional** e **global** e contribuem para a circulação e o estabelecimento de diversos fluxos, ou seja, permitem que capitais, informações, pessoas e mercadorias se desloquem.

Atualmente, há diversas redes geográficas: de produção e distribuição de empresas; de transportes (aéreo; rodoviário; ferroviário; metrôs e trens urbanos; navegação marítima, fluvial e lacustre); elétricas; de comunicação por satélite artificial; de cabos de fibra óptica; de antenas para celulares; de circulação de capitais entre bolsas de valores; de telefonia móvel; de telefonia fixa. Elas dependem de estrutura física (antenas, satélites, cabos, etc.) para operar. Nessas estruturas, há as linhas, que são os fluxos, a circulação, e os nós, pontos de interconexão entre fluxos, como os aeroportos, os portos, as estações ferroviárias.

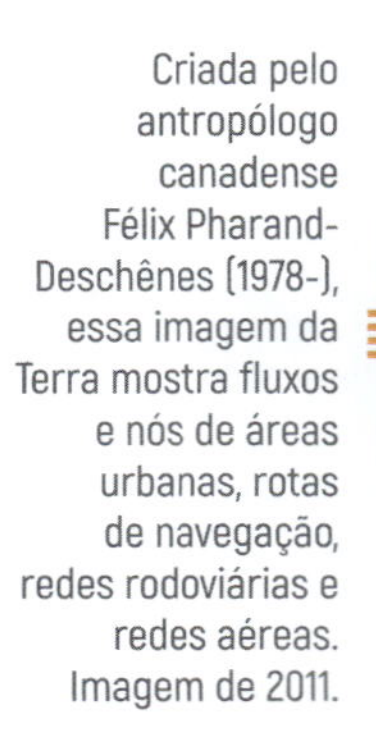
Criada pelo antropólogo canadense Félix Pharand-Deschênes (1978-), essa imagem da Terra mostra fluxos e nós de áreas urbanas, rotas de navegação, redes rodoviárias e redes aéreas. Imagem de 2011.

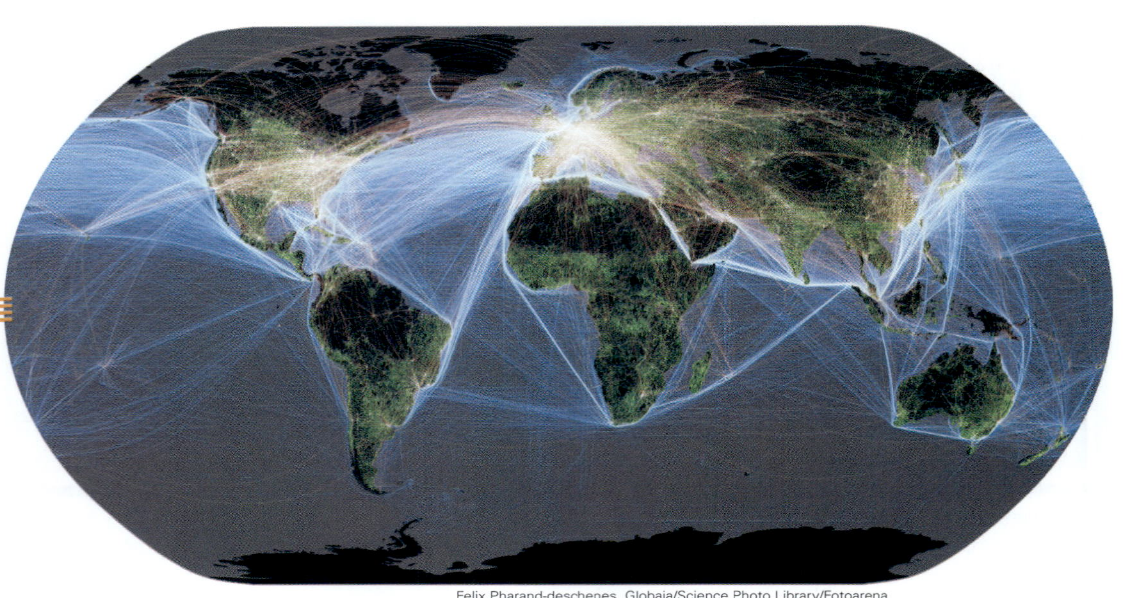
Felix Pharand-deschenes, Globaia/Science Photo Library/Fotoarena

Redes de produção e distribuição

A organização do espaço geográfico por meio de redes eliminou a necessidade de fixar parte das atividades econômicas em determinado local. O centro financeiro e administrativo das empresas e os departamentos de desenvolvimento de novas tecnologias (aplicadas à criação ou ao aperfeiçoamento de produtos) geralmente estão sediados nos países de origem. De lá, as empresas transferem a produção, ou parte dela, para outros países. Com a produção dividida em várias etapas, as empresas localizadas nos diferentes países fabricam uma ou mais partes do produto, o montam e o distribuem no mercado mundial, e outras, sob a coordenação da sede, divulgam e difundem a marca.

As relações entre a sociedade e o espaço são mediadas, cada vez mais, pela informação. As informações espaciais utilizadas pela Geografia são retiradas de dados coletados por satélites, analisados por computadores e programas sofisticados (*softwares*) e distribuídos para todo o mundo por meio da internet. Toda a tecnologia envolvida na produção e difusão dessas informações tem transformado profundamente a sociedade contemporânea.

Explore

- Leia o fragmento de um texto do geógrafo Milton Santos (1926-2001) e retome a imagem criada por Félix Pharand-Deschênes, da página anterior, para resolver as atividades.

> [...] em primeiro lugar, nem tudo é rede. Se olharmos a representação da superfície da Terra, verificaremos que numerosas e vastas áreas escapam a esse desenho reticular presente na quase totalidade dos países desenvolvidos. [...]
>
> E onde as redes existem, elas não são uniformes. Num mesmo subespaço, há uma superposição de redes, que inclui redes principais e redes afluentes e tributárias, constelações de pontos e traçados de linhas. [...]
>
> SANTOS, Milton. *A natureza do espaço*. São Paulo: Hucitec, 1996. p. 213-214.

a) Onde se concentram e por onde se distribuem os pontos e linhas da rede que alimentam a rede geográfica?

b) Como o Brasil está inserido nessa malha reticulada de sistemas de transporte e comunicações?

Tecnologias da informação

As **tecnologias da informação (TI)** e das telecomunicações, desenvolvidas após a Segunda Guerra Mundial, provocaram grandes transformações em todos os setores da sociedade. Os novos meios de comunicação e de obtenção de informações e serviços estão tão incorporados ao modo de vida que poucos se dão conta de que vivem uma nova era tecnológica, com novas estruturas sociais e econômicas conectadas a uma ampla rede de informação.

A base técnica que possibilitou tudo isso foi a telemática, associação dos recursos dos sistemas de telecomunicações — satélites artificiais, cabos de fibra óptica, centrais telefônicas — aos equipamentos (*hardwares*) e programas (*softwares*) da informática.

Ao mesmo tempo que as novas tecnologias conectam pessoas e mercados em todo o mundo, também ampliam as desigualdades entre povos e territórios. Isso ocorre porque muitos estão praticamente excluídos dos avanços tecnológicos, carecendo até mesmo da infraestrutura básica para o funcionamento de equipamentos, como energia elétrica.

Alexander Zemlianichenko/AP Photo/Glow Images

Pessoas utilizam *smartphones* no ônibus em Moscou, Rússia. Armazenar dados e informações e enviá-los para qualquer lugar é possível por meio desses aparelhos, que já se tornaram comuns no cotidiano de milhões de pessoas. Foto de 2019.

Keith Tarrier/Shutterstock

Barracas de sem-teto em área central de Tóquio, Japão. Foto de 2018.

Conexões FILOSOFIA

Sociedade do conhecimento

No trecho de artigo a seguir, o alemão Robert Kurz (1943-2012) apresenta uma breve discussão filosófica sobre o real significado da expressão "sociedade do conhecimento", que para muitos pensadores contemporâneos revela aspectos do meio técnico-científico-informacional.

A ignorância da sociedade do conhecimento

[...] Antigamente conhecimento era visto como algo sagrado. Desde sempre homens se esforçaram para acumular e transmitir conhecimentos. Toda sociedade é definida, afinal de contas, pelo tipo de conhecimento de que dispõe. Isso vale tanto para o conhecimento natural quanto para o religioso ou para a reflexão teórico-social. Na modernidade, o conhecimento é representado, por um lado, pelo saber oficial, marcado pelas ciências naturais, e, por outro, pela "inteligência livre-flutuante" (Karl Mannheim) da crítica social teórica. Desde o século 18 predominam essas formas de conhecimento.

Mais espantoso deve parecer que há alguns anos esteja se disseminando o discurso da "sociedade do conhecimento" que chega com o século 21; como se só agora tivessem descoberto o verdadeiro conhecimento e como se a sociedade até hoje não tivesse sido uma "sociedade do conhecimento". [...]

Há muito que se fala na "casa inteligente", que regula sozinha a calefação e a ventilação, ou na "geladeira inteligente", que encomenda no supermercado o leite que acabou. [...]

Será esse o estágio final da evolução intelectual moderna? Uma macaqueação de nossas mais triviais ações cotidianas por máquinas, conquistando uma consagração intelectual superior? [...]

KURZ, Robert. A ignorância da sociedade do conhecimento. *Folha de S.Paulo*, 13 jan. 2002. Disponível em: www1.folha.uol.com.br/fsp/mais/fs1301200211.htm. Acesso em: fev. 2020.

1. Segundo o autor, o conhecimento atualmente é mais importante que em outros momentos da História?
2. Que crítica o autor faz à rotulação atual de "sociedade do conhecimento"?
3. Você concorda com o ponto de vista de Robert Kurz? Por quê?

Meios de comunicação de massa

O jornal, o rádio e a televisão se sucederam ao longo da história recente sem que um excluísse o outro. Atualmente, a internet reúne todos esses meios em um único aparelho, que pode ser um computador, um *tablet* ou um *smartphone*, e ainda possibilita outras formas de comunicação, como mensagens eletrônicas, conferências em tempo real, cirurgias a distância (telemedicina) ou visitas a museus, produzindo no espaço geográfico algumas ações sem a necessidade de deslocar pessoas, papéis ou outro elemento material.

Os meios de comunicação de massa têm um papel social muito importante atualmente: nunca o volume de notícias foi tão grande, nem sua difusão foi tão rápida. Do mesmo modo, nunca foi tão amplo o poder de manipulação da mídia, que muitas vezes distorce os acontecimentos divulgados segundo os próprios interesses políticos e econômicos. É importante, porém, lembrar que a informação nunca foi neutra, imparcial: ela é selecionada, transmitida e interpretada segundo o ponto de vista e os interesses de países, empresas, partidos políticos, movimentos sociais, etc.

ASkwarczynski/Shutterstock

Jornalistas no Conselho Europeu, em Bruxelas, Bélgica, em 2019.

Os novos meios eletrônicos dão a impressão de que a internet é um meio democrático de acesso à informação. Mas o acesso a dados e informações por meio de um sistema sofisticado e combinado, que envolve satélites artificiais e cabos de fibra óptica, permitindo a estruturação de redes de banda larga e comunicação por meio de equipamentos como telefones, televisão a cabo e microcomputadores, é diferente quanto à possibilidade de utilização, tanto entre os países como entre as classes sociais.

Ciberespaço

A integração por meio das redes de informação vindas de diversos locais em grandes volumes deu nova dimensão ao espaço e criou uma nova forma de agir sobre ele. O espaço geográfico passou a conter, então, um espaço virtual ou ciberespaço. Nele, ocorre interação (comunicação) a distância entre pessoas e intervenção, de certo modo, em outros locais sem a necessidade do deslocamento físico.

Essa rede digital formada pelas tecnologias da informação disponíveis no mundo atual constitui o palco do ciberespaço, que é o conjunto de relações que a sociedade humana estabelece no espaço geográfico virtual. Diferentemente do espaço físico, no espaço virtual não existem paisagens a serem observadas nem percursos que comuniquem materialmente um espaço com outro. Nele, porém, tem-se acesso a informações oriundas de qualquer local do mundo por meio de uma extensa rede de computadores e de telecomunicações.

! Dicas

Donos da Mídia

www.donosdamidia.com.br

Reúne informações sobre grupos de mídia no Brasil e desvenda a relação de grandes grupos de comunicação com interesses econômicos e políticos.

Observatório da Imprensa

www.observatorio daimprensa.com.br

Site oficial dessa entidade não governamental que acompanha de forma crítica a mídia brasileira. Apresenta textos, vídeos e áudios.

Conexões | FILOSOFIA

Dois mundos

O desenvolvimento das tecnologias da comunicação provoca mudanças na maneira como os seres humanos se relacionam entre si e com o mundo.

- Leia o cartum ao lado e responda as questões a seguir.
  - a) Segundo o cartum, que mudanças são essas?
  - b) Como as esferas físicas e digitais da realidade se articulam?
  - c) O mundo virtual tem impactado de que forma o ser humano?

© Alexandre Affonso/Acervo do cartunista

O poder da rede

A maior parte dos provedores de serviço da internet é controlada por grandes empresas de comunicação, o que confere a elas grande poder de influência na opinião pública. Entretanto, os meios eletrônicos também são utilizados como canal de organização popular, divulgação científica e educacional e defesa ambiental. Diversos *sites* têm sido utilizados por comunidades, partidos políticos, grupos guerrilheiros e terroristas, ONGs e órgãos de imprensa eletrônica de todas as vertentes ideológicas.

Em alguns países, no entanto, o governo obriga os provedores de serviço a bloquear o acesso a determinados *sites* e *blogs*. Um exemplo é a China, país com o maior número de jornalistas e blogueiros encarcerados e onde algumas palavras-chave são proibidas nos *sites* de busca, como "revolta", "massacre" e "direitos humanos". Esse controle impede que o usuário veja críticas ao governo ou aos costumes do país. Outros países onde o governo controla o acesso às informações e a ação da imprensa são Eritreia, Turcomenistão e Coreia do Norte.

A internet também é utilizada por redes criminosas comandadas pela máfia, pelo narcotráfico (produção e venda ilegal de drogas) e por grupos terroristas, que articulam ações em diversos países do mundo e divulgam mensagens racistas e xenofóbicas. Essas redes também são acusadas de abrigar *sites* de pedofilia. São inúmeros e graves os crimes praticados na rede, boa parte por meio da *deep web* (algo como "internet profunda"), zona virtual que emprega protocolos diferentes daqueles da "internet convencional", dificultan-

Olho no espaço

Liberdade de imprensa

A organização internacional Repórteres Sem Fronteiras (RSF) publica anualmente um relatório sobre o nível de liberdade de informação em 180 países. A entidade também denuncia os abusos cometidos ao redor do mundo. Veja o mapa a seguir.

Mundo: liberdade de imprensa (2019)

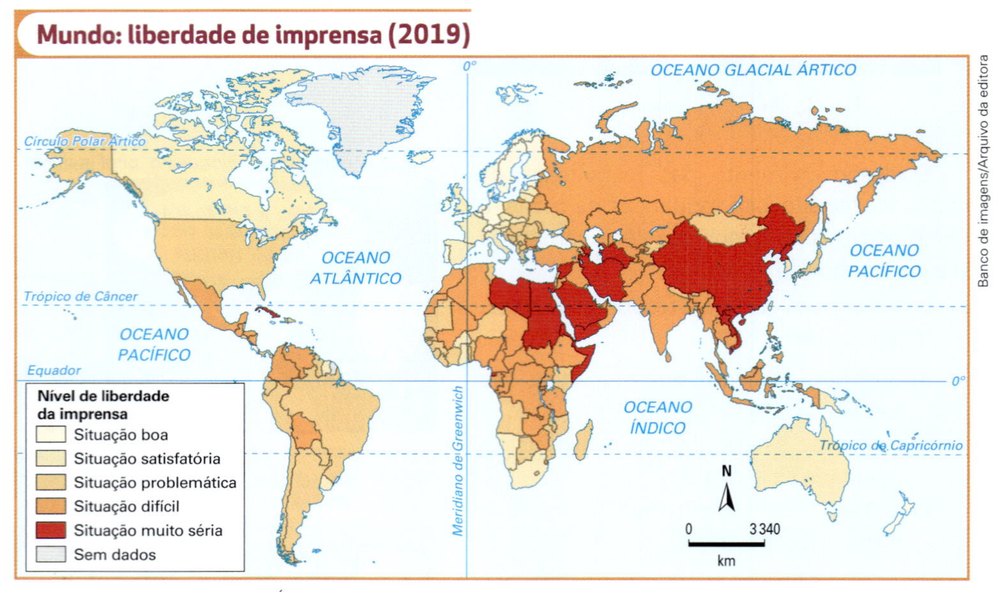

Elaborado com base em: REPÓRTERES SEM FRONTEIRAS. *Classificação mundial da liberdade de imprensa 2019.* Disponível em: https://rsf.org/pt/ranking/2019. Acesso em: out. 2019.

1. No dia 3 de maio de 1991, durante o seminário "Promoção da independência e do pluralismo da imprensa africana", realizado pela Organização das Nações Unidas para a Educação, a Ciência e a Cultura (Unesco), foram elaborados os princípios que norteiam a imprensa livre no mundo. Esses princípios fazem parte da *Declaração de Windhoek*, documento que foi assinado no país africano que apresentava os melhores índices de liberdade de imprensa em 2019. Qual é o país?

2. Cite cinco países classificados com o pior grau de liberdade de imprensa e comente o que você sabe de pelo menos um deles.

3. Analise a distribuição espacial dos países com maior e menor liberdade de imprensa buscando relações entre desenvolvimento econômico, religião e regime de governo.

Redes sociais

A influência das redes sociais tem sido significativa na comunicação entre as pessoas, que trocam informações, imagens e comentários. As redes sociais contribuíram para a estruturação de movimentos sociais como a Primavera Árabe e as mobilizações de 2013 no Brasil. Também foram muito importantes nas eleições presidenciais dos Estados Unidos de 2009 e 2016 e na do Brasil de 2018. As duas últimas marcadas pelas *fake news*.

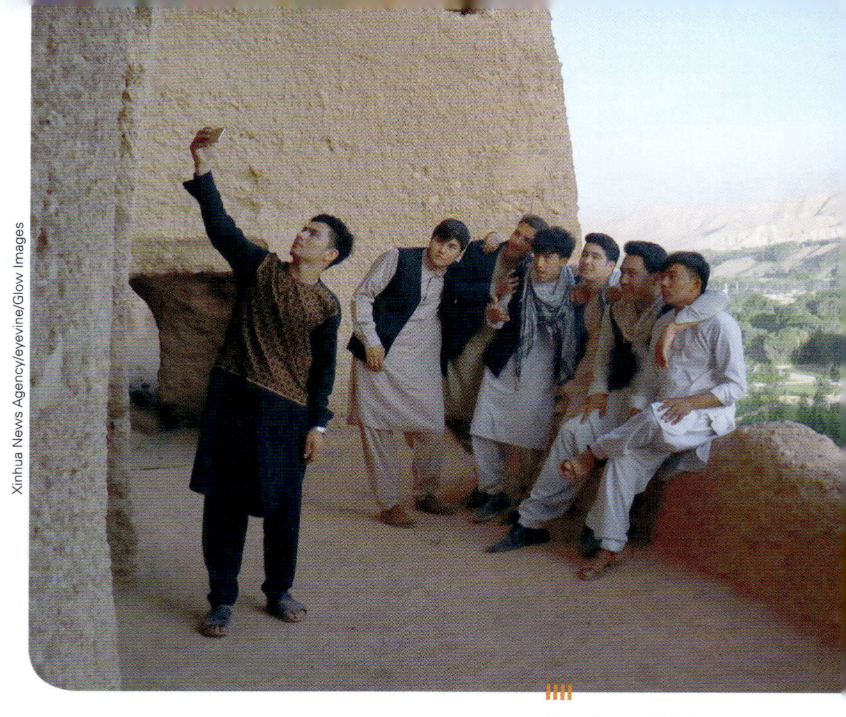

Xinhua News Agency/eyevine/Glow Images

As redes sociais trazem mudanças expressivas nos modos de se comunicar e também de se divertir, de empregar o tempo nos momentos de lazer. Na imagem, turistas nas ruínas da estátua dos Budas de Bamiyan, na província de Bamiyan, Afeganistão, fazem uma *selfie* – tipo de fotografia muito frequente nas redes sociais. Foto de 2019.

Fake news

A expressão inglesa ***fake news*** (notícias falsas) tem sido adotada mundialmente para representar um fenômeno que se materializou com a popularização da internet e das redes sociais: a produção e disseminação intencional de mentiras como se fossem informações ou notícias.

Especialistas em tecnologia e comunicação são contratados para criar uma notícia falsa sobre determinado assunto e a veicular maciçamente nas redes sociais por meio de perfis falsos, programas de disseminação de mensagens (os "*bots*") e compra ilegal de contatos. Esse recurso tem sido muito utilizado para a venda de remédios e vitaminas sem a devida comprovação científica, a discriminação de minorias nas campanhas políticas, muitas vezes para desqualificar candidatos. No Brasil, já são fatos linchamentos, atrasos de campanhas de vacinação e prejuízos provocados a personalidades públicas decorrentes das *fake news*.

Algumas *fake news* podem ser mais facilmente desmascaradas com uma simples checagem sobre os fatos na própria internet, mas outras, mais bem elaboradas, não. Além disso, diante da relativa novidade das redes sociais, parte da sociedade ainda não sabe como lidar com as informações que recebe e tende a acreditar nelas, sobretudo aquelas amparadas por imagens, e as replica, colaborando com a disseminação da mentira, validando-a.

Explore

1 Interprete a charge ao lado e explique a frase que a acompanha.

2 Analise sua experiência nas redes sociais e responda:

a) Como você faz para checar a veracidade das informações que acessa por meio de suas redes sociais?

b) Recorda-se de alguma "informação" que foi amplamente divulgada e depois foi revelado se tratar de *fake news*?

c) Em sua opinião, que mecanismos os usuários das redes sociais devem adotar para combater as *fake news*? As empresas que controlam as diferentes redes sociais devem ser responsáveis por restringir sua circulação? E o Estado, como deveria agir? Compartillhe suas ideias

Peter Steiner/www.cartooncollections.com

"Na internet, ninguém sabe que você é um cachorro."

Transporte e integração do espaço mundial

A evolução dos meios de transporte possibilitou ao ser humano ocupar grande parte do planeta, explorar os recursos da natureza nos mais diferentes locais, ampliar o comércio e impulsionar outras atividades econômicas. Ela está vinculada à evolução do capitalismo, sendo a base técnica para a expansão desse sistema econômico em todo o mundo.

Com o avanço dos transportes e das telecomunicações, ampliou-se o volume dos deslocamentos na economia globalizada. A distância geográfica deixou de ser impedimento para as trocas comerciais em todo o planeta, e o fluxo de passageiros acentuou-se nos últimos anos, tanto nas viagens de negócios quanto no turismo internacional.

Para atender essa demanda, o transporte em um território organiza-se em redes. As redes estruturam-se nos sistemas de deslocamento formados pelas vias de navegação marítima e fluvial, ferrovias, rodovias e aerovias, além da rede de dutos, que são tubulações que transportam sobretudo gases e líquidos, como o petróleo.

Mundo: rotas marítimas (2017)

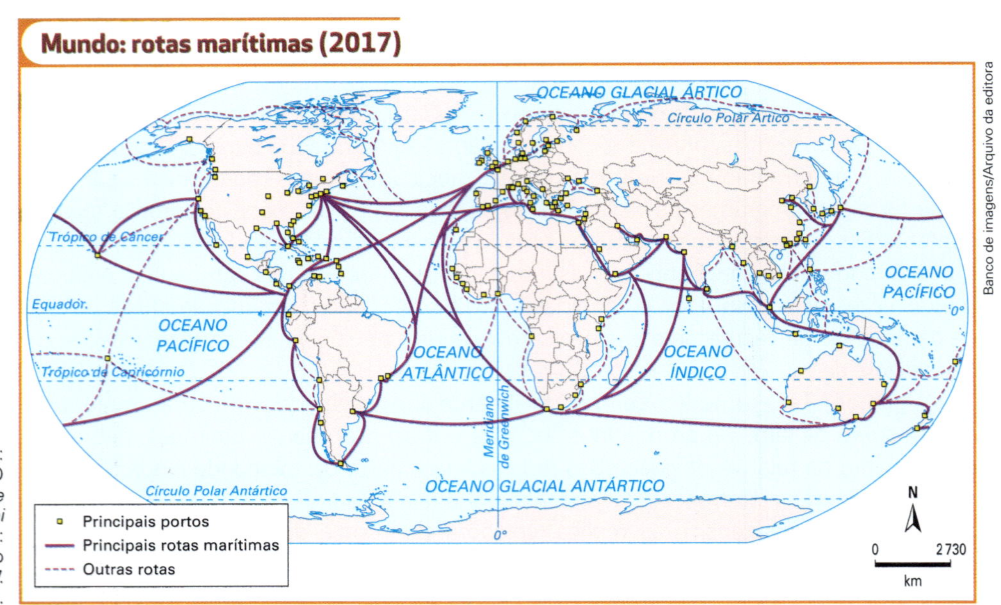

Elaborado com base em: ISTITUTO GEOGRAFICO DE AGOSTINI. *Atlante geografico De Agostini 2017-2018*. Novara: Istituto Geografico De Agostini, 2017. p. E70 e E71.

Mundo: rotas aéreas (2017)

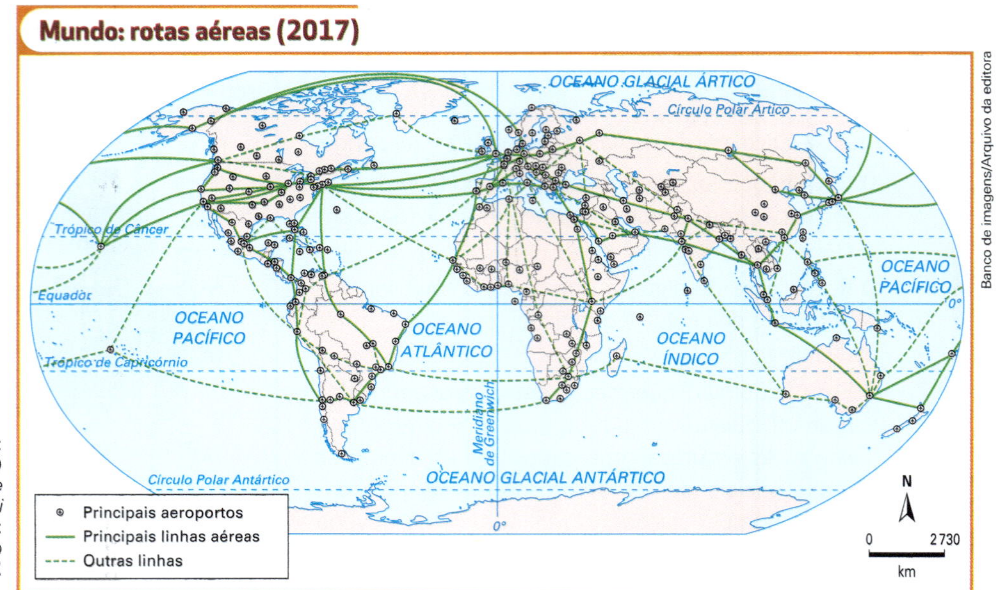

Elaborado com base em: ISTITUTO GEOGRAFICO DE AGOSTINI. *Atlante geografico De Agostini 2017-2018*. Novara: Istituto Geografico De Agostini, 2017. p. E70 e E71.

Sistema econômico internacional

Em 1944, representantes de 44 países aliados durante a Segunda Guerra Mundial reuniram-se na Conferência de Bretton Woods, em New Hampshire, Estados Unidos. Nesse encontro, foi estabelecida uma ampla reforma na economia internacional, com o objetivo de retomar o crescimento econômico e promover maior integração entre os países por meio da liberação do comércio.

Sob liderança dos Estados Unidos, essa conferência estabeleceu o padrão dólar-ouro. A partir dele, os países converteram o valor de suas respectivas moedas a esse novo padrão e o dólar passou a ser a moeda de referência no comércio mundial e aceito em todas as transações. Nesse contexto, o tesouro dos Estados Unidos garantiria a possibilidade de resgate em ouro, de acordo com a quantidade equivalente em dólares apresentada para esse resgate. Dessa forma, o dólar tornou-se moeda universal e valorizada perante as demais.

O sistema de Bretton Woods apoiou-se em três bases: o Fundo Monetário Internacional (FMI), o Banco Internacional para Reconstrução e Desenvolvimento (Bird), hoje parte do Grupo do Banco Mundial, e o Acordo Geral sobre Tarifas Aduaneiras e Comércio (Gatt).

O Bird foi criado para financiar a reconstrução europeia do pós-guerra. Posteriormente, os recursos da instituição destinaram-se especialmente ao financiamento de obras de infraestrutura e projetos para fomentar a economia dos países em processo de crescimento. Atualmente, o Banco Mundial abriga o Bird e a Associação Internacional de Desenvolvimento (AID), criada em 1960, no auge da descolonização afro-asiática, para promover o crescimento econômico dos países mais vulneráveis. Desde sua fundação, o Banco Mundial é presidido por um representante dos Estados Unidos.

O FMI foi criado para promover ajuda econômica e fornecer assessoria técnica aos países-membros que apresentam problemas financeiros. O fundo estabeleceu as regras básicas das relações financeiras internacionais. Desde sua criação, o FMI é dirigido por um representante europeu, mas os Estados Unidos têm total controle sobre suas decisões.

Kiyoshi Tanno/Getty Images

Sede 1 do FMI em Washington D. C., Estados Unidos. Foto de 2019.

O Gatt foi criado com o objetivo de intensificar e regulamentar o comércio mundial. Em janeiro de 1995, o acordo foi substituído pela Organização Mundial do Comércio (OMC).

Essas três instituições são interdependentes: os países que não respeitam as regras estabelecidas pela OMC, por exemplo, não têm acesso aos recursos financeiros do FMI e do Banco Mundial. Da mesma forma, o Banco Mundial só libera recursos para países que se orientam economicamente conforme as metas estabelecidas ou aprovadas pelo FMI.

Em 1971 os Estados Unidos, unilateralmente, puseram fim à paridade dólar-ouro, implementando o câmbio flutuante. A partir de então, o valor do dólar passou a oscilar de acordo com o mercado, encerrando a insustentabilidade do padrão anterior, quando as reservas de ouro não eram mais suficientes para lastrear todo o papel-moeda colocado em circulação.

Estado na economia globalizada

! Dica

A globalização em xeque: incertezas para o século XXI

De Bernardo de Andrade Carvalho. Atual, 2000.

Um panorama sobre a globalização econômica, a atuação das multinacionais, a vulnerabilidade dos mercados financeiros e o impacto produzido pelo livre-comércio.

O Estado sempre teve funções fundamentais à manutenção dos sistemas capitalista e socialista: manter a lei e a ordem, preservar a propriedade privada, resolver conflitos entre grupos sociais e econômicos, defender fronteiras, determinar e controlar as regras comerciais e econômicas, estabelecer relações políticas e comerciais com outros Estados. Com algumas variações de país para país, o Estado em países capitalistas foi agregando uma série de outras funções:

- instalação de empresas estatais, principalmente no setor de infraestrutura, como o siderúrgico e o petroquímico;
- construção e manutenção de rodovias, ferrovias, viadutos, portos, aeroportos, usinas e redes de distribuição de energia elétrica;
- participação acionária em empresas dos mais variados setores;
- investimento em educação, saúde, moradia e pesquisa;
- criação do sistema de aposentadorias, pensões e seguro-desemprego;
- controle da circulação da moeda;
- empréstimos a juros baixos e isenção de impostos para determinados grupos econômicos ou sociais;
- estabelecimento da taxa de juros, que serve de base para as atividades financeiras, inclusive as bancárias.

Peter Kemp/AP Photo/Glow Images

Propostas neoliberais foram implantadas inicialmente nos Estados Unidos, no governo de Ronald Reagan (1911-2004), e no Reino Unido, pela primeira-ministra Margareth Thatcher (1925-2013), e seguidas por diversos países. Na foto, os então chefes de Estado apertam as mãos em Londres, em 1988.

No início da década de 1980, por causa de crises econômico-financeiras e dos elevados *deficit* públicos de muitos países, retomou-se a discussão sobre o papel do Estado. As crises e a nova economia globalizada exigiam, segundo teóricos identificados com o neoliberalismo, um Estado que não interferisse no livre-comércio, facilitasse a atuação das grandes empresas, cobrasse menos impostos e reduzisse os próprios gastos.

Na concepção neoliberal, o Estado:

- deve intervir pouco na economia, procurando eliminar barreiras ao comércio internacional, atrair investimentos estrangeiros, privatizar as empresas públicas, manter o **equilíbrio fiscal** e controlar a inflação;
- não deve extrair petróleo ou minérios, administrar refinarias e siderúrgicas nem participar de qualquer outro tipo de atividade econômica;
- deve estimular a pesquisa tecnológica para apoiar a iniciativa privada, assegurar a estabilidade econômica e facilitar o livre funcionamento do mercado;
- deve rever (e restringir) os direitos trabalhistas, pois estes inibem a contratação por parte das empresas e têm custos repassados para o preço dos produtos, que perdem competitividade no mercado internacional;
- deve reestruturar o sistema de proteção social (seguro-desemprego, aposentadoria e outros) para contribuir para a redução do ***deficit* público**;
- deve limitar as próprias despesas nos setores sociais (como saúde e educação) para que os impostos cobrados das empresas e da sociedade também não aumentem.

Equilíbrio fiscal: diferença entre a arrecadação de impostos e as despesas públicas.

***Deficit* público:** situação em que o Estado gasta mais do que arrecada.

Consenso de Washington

Em 1989, o economista John Williamson (1937-) reuniu o pensamento neoliberal das grandes instituições financeiras (FMI e Banco Mundial) e do governo estadunidense para propor soluções para a crise e o endividamento dos países em desenvolvimento e indicar caminhos para o crescimento econômico. Essas propostas ficaram conhecidas como Consenso de Washington, segundo o qual os países latino-americanos deveriam:

- realizar uma reforma fiscal, isto é, alterar o sistema de atribuição e de arrecadação de impostos para que as empresas pudessem pagar menos e ser mais competitivas;
- abrir a economia, liberando as exportações e as importações, facilitando a entrada e a saída de capitais e privatizando empresas estatais;
- reduzir salários e o quadro de funcionários públicos e mudar a previdência social, as leis trabalhistas e o sistema de aposentadoria para diminuir a dívida do governo (a chamada dívida pública).

Lucas Lacaz Ruiz/A13/Futura Press

Nos anos 1990, o governo brasileiro privatizou mais de 40 estatais. Em várias partes do país houve protestos contra essa medida neoliberal, até hoje uma ameaça a empresas federais, estaduais e municipais. Na imagem, cidadãos se manifestam com faixas na Câmara de Vereadores de São José dos Campos (SP), em audiência pública na qual se discutiu a privatização dos Correios e de outras empresas públicas, em 2019.

Para reduzirem o **risco-país** e poderem receber ajuda financeira e atrair capitais estrangeiros, os países deveriam cumprir as sugestões do Consenso de Washington.

Com o neoliberalismo, vários países em desenvolvimento reduziram os mecanismos de controle da economia e das barreiras comerciais, tornando-se ainda menos competitivos nos intercâmbios internacionais. Como o neoliberalismo e a livre concorrência atendem melhor aos países com grande capacidade de investimento, tecnologia mais avançada e maior capacidade competitiva, ampliaram-se as desigualdades sociais e econômicas entre os mais desenvolvidos e os menos desenvolvidos.

China e Índia optaram por uma abertura mais controlada e um processo de privatização mais gradual, procurando manter, por meio de cotas e altas taxas de importação, proteção a alguns setores econômicos nos quais têm menos competitividade. Isso mostra que é possível se integrar à economia mundial sem abrir totalmente a economia e aproveitando-se de vantagens estratégicas em relação aos demais.

Risco-país: indicador criado para avaliar as condições financeiras de um país emergente.

Dicas

O cerco: a democracia nas malhas do neoliberalismo
Direção de Richard Brouillette. Canadá, 2008. 160 min.
Documentário com análise e opinião de intelectuais e militantes críticos ao neoliberalismo.

Banco Mundial
www.bancomundial.org.br
Traz informações sobre diversos programas para o desenvolvimento socioeconômico e ambiental do Brasil e de outros países.

Saiba mais

Risco-país

As três principais agências de avaliação de risco (Standard & Poor's, Moody's e Fitch) classificam os países em grau de investimento (capacidade de bom pagador) e grau especulativo (com muita probabilidade de calote), e em cada "grau" há diferentes notas.

Crise de 1929

O sistema capitalista pode alternar ciclos de crescimento, recessão e depressão (crise). Nos últimos 100 anos, ocorreram três grandes crises.

Dorothea Lange/Alamy/Fotoarena

A fotógrafa estadunidense Dorothea Lange (1895-1965) documentou os impactos da Grande Depressão na vida dos trabalhadores migrantes nos Estados Unidos, na década de 1930. Essa imagem, de 1936, chamada *Migrant Mother* (Mãe Migrante), uma das mais reproduzidas em todo o mundo, registrou os efeitos duradouros da crise de 1929.

No início do século XX, a **Bolsa de Valores de Nova York** era o principal centro internacional de investimentos. Mas o crescimento do mercado de consumo não acompanhava o capital investido na produção. O descompasso entre **superprodução** e capacidade dos consumidores para absorvê-la ocasionou a grande **crise de 1929**.

Não tendo como vender grande parte das mercadorias, as fábricas reduziram drasticamente as atividades; a produção agrícola, também excessiva, não encontrava compradores; o comércio inviabilizou-se. Nesse contexto, houve um processo de falência generalizada, e muitos perderam o emprego, retraindo ainda mais o mercado de consumo. Quem investia no mercado de capitais, particularmente de compra e venda de ações, viu o valor de seus títulos despencar.

A crise logo afetou o mundo todo: os países produtores de matérias-primas e alimentos, que dependiam economicamente das exportações para os países industrializados, não encontravam compradores e entraram em colapso. O Brasil, que então ancorava a economia na produção e exportação quase exclusivamente do café, foi profundamente abalado pela crise.

New Deal

O período subsequente à crise de 1929, conhecido como a Grande Depressão, obrigou os países a se reorganizarem economicamente. Como a superprodução havia sido a principal razão da crise, os países industrializados, inicialmente os Estados Unidos, tomaram duas medidas básicas para resolver o problema:

- participação mais efetiva do Estado no planejamento das atividades econômicas, para, entre outros objetivos, adequar a quantidade de mercadorias à demanda do mercado;
- aprimoramento da distribuição da renda para ampliar o mercado de consumo.

Com essas iniciativas, os Estados Unidos conseguiram contornar os efeitos da crise. Nesse país, a criação de um amplo programa de obras públicas pelo governo de Franklin Roosevelt (1933-1945) conseguiu aos poucos amenizar o desemprego e manter a economia relativamente aquecida.

O ***New Deal*** (Novo Acordo), como ficou conhecido esse programa, era inspirado nas teorias do economista **John Maynard Keynes** (1883-1946). Para Keynes, o Estado deveria ser também um planejador, que daria diretrizes, fixaria metas e estimularia determinados setores da economia, principalmente os relacionados à infraestrutura, ainda que respeitando a iniciativa privada e as leis de mercado. O *New Deal* lançou as bases do **Estado de bem-estar social** (***welfare state***, em inglês) nos Estados Unidos por meio de políticas de distribuição de renda, seguro-desemprego, sistema de aposentadoria e regulação trabalhista. As ideias de Keynes foram implementadas também em vários países da Europa.

Crise financeira e econômica de 2007-2008

Iniciada nos Estados Unidos, a crise de 2007-2008 foi classificada por analistas econômicos como a de maior gravidade desde a crise de 1929. As **causas da crise** estavam ligadas à expressiva **expansão dos financiamentos** para a compra de **imóveis** nos **Estados Unidos**, favorecida pelos juros baixos mantidos pelo governo desde o início dos anos 2000.

A forte valorização no preço dos imóveis estimulou os **mutuários** a refinanciar as dívidas, recebendo uma diferença em dinheiro, em geral utilizada para consumir bens, enquanto o nível de poupança caía acentuadamente. Diversos bancos criaram títulos que tinham como garantia os financiamentos para a compra de imóveis (títulos garantidos com hipotecas). Investidores que adquiriam esses títulos emitiam outros títulos, que tinham como garantia os primeiros. Isso se espalhou por todo o sistema financeiro, formando uma **bolha especulativa**.

Mutuário: na linguagem jurídica, pessoa que recebe o financiamento.

Bolha: na economia, crescimento de determinado setor sem real sustentação e que pode induzir a erro de avaliação.

Lucy Nicholson/Adobe Fotolia/Glow Images

Como consequência da crise de 2007-2008, muitas pessoas não puderam pagar os financiamentos imobiliários e tiveram bens retidos pelos credores. Na imagem, casa à venda em Corona, na Califórnia (Estados Unidos), 2008. A placa indica que a casa é propriedade de um banco.

Dicas

A grande aposta

Direção de Adam McKay. Estados Unidos. 2016. 131 min.

O filme mostra como alguns investidores que previram a crise financeira de 2008 e decidiram apostar contra o mercado lucraram quando alguns grandes bancos decretaram falência.

Catastroika

De Aris Chatzistefanou e Katerina Kitidi. Grécia, 2012. 87 min.

Documentário sobre o impacto da ideologia neoliberal nos países obrigados a realizar privatizações massivas.

Estados Unidos: aumento dos juros e consequências

Para frear o aumento do consumo e da inflação, o governo estadunidense aumentou os juros, elevando o valor das prestações dos imóveis. Assim, centenas de milhares de proprietários deixaram de pagar os financiamentos, os preços dos imóveis despencaram e os títulos se desvalorizaram acentuadamente.

Como consequência, houve **quebra de bancos**, **cortes de empregos**, **desvalorização de empresas** e **redução da oferta de crédito**, afetando toda a cadeia de consumo — com menos financiamentos para a compra de bens, muitos consumidores deixaram de ter recursos para comprar mercadorias. Com a redução das vendas, muitas empresas ficaram com mão de obra ociosa e passaram a demitir; outras demitiam sob o pretexto de se preparar para a crise. Com as demissões, houve perda de renda dos assalariados e diminuição do consumo até dos que estavam empregados, que preferiam poupar, o que intensificou a crise.

As agências de risco foram duramente criticadas por terem dado notas elevadas a bancos que semanas depois faliram. Elas foram acusadas pelo governo estadunidense de veicularem informações erradas, e, por isso, em um acordo extrajudicial em 2015, a Standard & Poor's aceitou pagar ao Tesouro dos Estados Unidos quase 1,4 bilhão de dólares. Isso abalou a credibilidade dessas agências de classificação de risco.

Por causa da forte integração entre as economias nacionais e do fato de os Estados Unidos gerarem cerca de 1/5 do PIB mundial, os efeitos da crise logo foram sentidos em todo o mundo, em maior ou menor grau.

> **! Dica**
> **Wall Street: o dinheiro nunca dorme**
> Direção de Oliver Stone. Estados Unidos, 2010. 133 min.
> O filme é a continuação do longa de 1987 e mostra o que se passa depois que o milionário Gordon Gekko sai da cadeia, onde cumpriu pena por fraudes financeiras.

Diversas estratégias de socorro a bancos e empresas foram elaboradas. Os governos estadunidense e de outros países desenvolvidos disponibilizaram trilhões de dólares para salvar bancos e grandes empresas e conter a crise.

Após o episódio, os Estados Unidos retiraram uma série de estímulos do sistema, promoveram maior regulação do mercado, aumentaram os juros e valorizaram o dólar. Na Europa, a Grécia teve mais dificuldade para se recuperar: a crise econômica foi agravada pelas medidas de austeridade impostas pela União Europeia, e o desemprego passou de 20%. Na América Latina, o Brasil sofreu o impacto da crise a partir de 2013: encolhimento da economia em cerca de 8% e aumento do desemprego, chegou à taxa aproximada de 12% (mais de 20 milhões de pessoas).

Jason DeCrow/AP Photo/Glow Images

Manifestantes gritam com as pessoas de um edifício de escritórios de Wall Street, no Distrito Financeiro de Nova York (Estados Unidos), durante manifestação contra a ajuda do governo às grandes corporações, em 2009. Os manifestantes exigiam socorro às pessoas, e não aos bancos e às grandes empresas. No cartaz em destaque, lê-se: "As pessoas precisam de emprego!".

G20 diante da crise econômica de 2008

No contexto da crise de 2007-2008, dirigentes dos países do G20, grupo das vinte maiores economias do mundo e responsável por mais de 85% do PIB mundial, salientaram a necessidade de o Estado fiscalizar mais intensamente o sistema financeiro, ampliar os recursos do FMI para os países com mais dificuldades e possibilitar participação mais ativa das economias emergentes, especialmente da China, nas reuniões e decisões tomadas pelas grandes potências mundiais. Os Estados Unidos têm cerca de 17% das cotas da organização e direito a veto, pois, para aprovação de algumas determinações do Fundo, são necessários 85% de votos a favor.

Essas questões apontam para um novo arranjo no sistema financeiro internacional, no qual os países emergentes possam ter, de fato, um maior protagonismo.

Explore

- Observe a charge e responda às questões.
  a) A charge remete ao contexto de uma crise. Indique as causas dessa crise e relacione-as à charge.
  b) Comente as consequências dessa crise para o entendimento sobre o neoliberalismo.

© Ivan Cabral/Acervo do cartunista

Por outra globalização

A partir da crise de 2008, a falta de regras do sistema financeiro internacional, um dos pilares do neoliberalismo, passou a ser questionada. A necessidade de fiscalização e de maior controle por parte dos governos, inclusive com cobrança de impostos mais altos, mostrou-se necessária não só internamente, mas entre os países. A elevação dos impostos geraria mais recursos governamentais para setores como saúde, educação, infraestrutura e saneamento básico. Até agora, porém, praticamente nada foi feito nesse sentido.

Mas, antes mesmo da crise, diversos movimentos surgiram em todo o mundo para se opor às consequências negativas da política neoliberal e questionar o poder conquistado pelas multinacionais, que estão, em boa parte, moldando o mundo segundo os próprios interesses econômicos.

Esses movimentos se tornaram mais conhecidos no fim do século XX, quando a Organização Mundial do Comércio (OMC) realizou em Seattle (Estados Unidos) a Rodada do Milênio, um evento de discussão com representantes do governo de 130 países sobre as perspectivas do comércio internacional para o século XXI. Diversas organizações da sociedade civil, como ONGs, sindicatos, ambientalistas e estudantes, promoveram um grande protesto, que foi reprimido pela polícia. A partir de então, sempre que os encontros da OMC ou dos países ricos se realizam, integrantes dos movimentos contrários aos rumos da globalização também se reúnem.

Os grupos de oposição têm propostas e preocupações muito diferentes e até divergentes: ambientalistas voltados aos grandes problemas ecológicos mundiais; reformistas que lutam por uma globalização mais humana; manifestações contra as elites financeiras (Occupy Wall Street), movimentos favoráveis ao aumento de impostos para transações financeiras; sindicalistas preocupados com os direitos dos trabalhadores; nacionalistas por maior defesa do mercado nacional; minorias afrodescendentes, indígenas e de outros grupos contra a discriminação; entidades como o MST (Movimento dos Trabalhadores Rurais sem Terra), que defendem a reforma agrária; enfim, grupos que se posicionam a favor de uma globalização solidária e não excludente.

O primeiro Fórum Social Mundial, realizado em Porto Alegre, em 2001, marcou a presença do Brasil na luta por uma globalização mais justa. "Outro mundo é possível" foi seu principal *slogan* e caracterizou a primeira tentativa de discussão de propostas voltadas à melhora da qualidade de vida da sociedade globalizada e à elaboração de estratégias comuns dos diversos movimentos contrários à globalização do capital, que privilegia os interesses das grandes corporações multinacionais.

Capa da revista *Time* de 23 de dezembro de 2019, com Greta Thunberg. A ativista sueca, então com 16 anos, inspirou movimentos estudantis na luta contra o aquecimento global e ganhou do periódico o título de personalidade do ano.

! Dicas

A batalha de Seattle

Direção de Stuart Townsend. Canadá/Alemanha/EUA, 2007. 109 min.

Em 1999, dezenas de milhares de pessoas foram às ruas de Seattle, em protesto contra a Organização Mundial do Comércio (OMC). Inicialmente pacífico, o protesto logo se tornou um motim.

Globalização, violência ou diálogo?

Direção de Patrice Barrat. França, 2002. 52 min.

O documentário traça um panorama dos processos de globalização em curso entre o fim do século XX e o início deste, procurando fazer uma análise crítica dos impactos positivos e negativos na sociedade.

Encontro com Milton Santos ou O mundo global visto do lado de cá

Direção de Sílvio Tendler. Brasil, 2006. 89 min.

Documentário que discute os efeitos da globalização e tem como eixo uma entrevista com Milton Santos, considerado o mais importante geógrafo do Brasil e falecido em 2001.

Globalização, democracia e terrorismo

De Eric J. Hobsbawm (trad. de José Viegas). Companhia das Letras, 2007.

O livro reúne dez palestras e conferências de Hobsbawm sobre os principais temas da política internacional do século XXI.

A globalização e a pandemia da covid-19

Coronavírus: cada um dos vírus de um grupo que pode causar infecções em aves e em diversos mamíferos, inclusive seres humanos. O nome vem de seu formato, que, ao microscópio, lembra o de uma coroa.

Em março de 2020, a Organização Mundial da Saúde (OMS) decretou **pandemia** da covid-19, doença provocada por um novo **coronavírus**, o SARS-CoV-2. Transmitido rapidamente de uma pessoa a outra, o vírus provoca infecções respiratórias e tem letalidade mais alta em idosos e pessoas com problemas cardiovasculares e doenças como diabetes. A declaração de pandemia é feita quando uma doença infecciosa atinge simultaneamente pessoas de muitos países.

Notificado pela primeira vez em dezembro de 2019 em um mercado de carnes (inclusive de animais selvagens e vivos) na cidade de Wuhan, província de Hubei, na China, o vírus propagou-se rapidamente: em pouco mais de cinco meses, a doença já estava presente em praticamente todos os países do mundo, havia infectado quase 6 milhões de pessoas e levado à morte cerca de 360 mil.

A rápida disseminação desse vírus pode ser explicada também pelas características atuais do **processo de globalização**, no qual os fluxos de pessoas se processam em maior intensidade e grande volume. Para se ter uma ideia, a Associação Internacional de Transporte Aéreo (IATA, sigla em inglês) contabilizou 4,4 bilhões de passageiros transportados ao longo de 2018, enquanto em 2009 esse número foi de 2,4 bilhões, revelando um aumento expressivo. A cidade de Wuhan, na China, com muitas indústrias exportadoras, centro comercial importante e conectada ao mundo inteiro, com voos regulares para as principais **cidades globais do planeta**, insere-se de modo marcante nesse mundo globalizado. Com isso, antes de se completar um mês do primeiro caso oficialmente reconhecido em território chinês, ocorrências de contágio passaram a ser reportadas em outros países da Ásia, da Europa e da América.

Com a epidemia em curso, antes mesmo de ser declarada pandemia, diversos países começaram a pôr em prática mecanismos de controle de fronteiras, restrições à circulação de pessoas no interior de seus territórios, inclusive com monitoramento, por meio de sistemas de **geolocalização**, a começar pela própria China. Dessa forma, ficou evidente quanto, nesse período do **meio técnico-científico-informacional**, as estruturas em rede potencializaram os fluxos, favorecendo a disseminação do vírus. Ao mesmo tempo, porém, essas estruturas passaram também a ser utilizadas para o controle dele.

Gradativamente, as restrições aos deslocamentos de pessoas, inclusive com isolamento social e quarentena, foram implementadas em dezenas de países, atingindo, já em março de 2020, cerca de 3 bilhões de pessoas.

Os impactos da pandemia na economia mundial foram significativos, com queda acentuada nos índices das bolsas de valores, forte retração do PIB na maior parte dos países do globo, inclusive nas grandes potências, e aumento exponencial do desemprego. Uma **crise de dimensões expressivas** havia se instaurado.

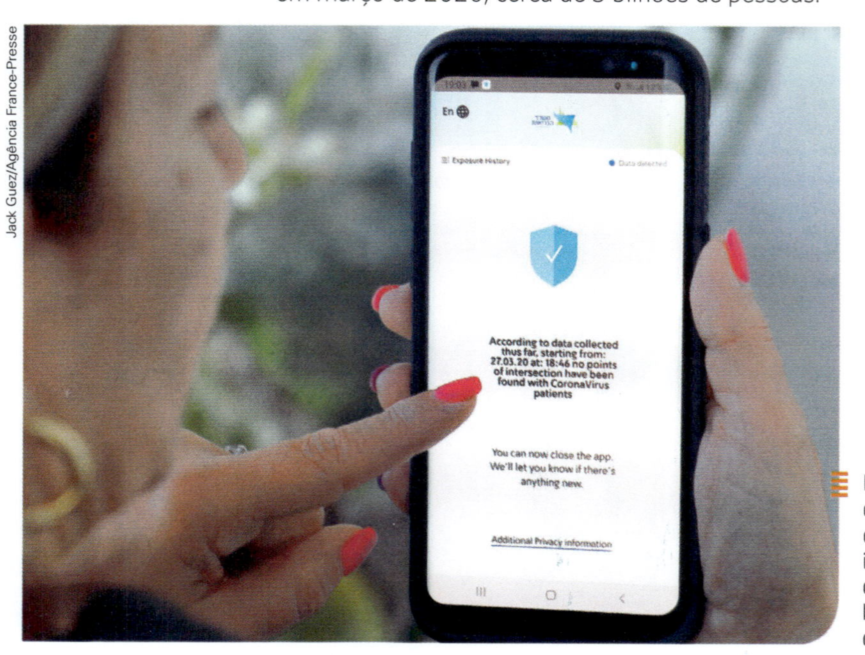

Jack Guez/Agência France-Presse

Mulher usa aplicativo desenvolvido exclusivamente para identificar locais nos quais há risco de contato com pessoas infectadas pelo novo coronavírus. Baseado em geolocalização, o aplicativo foi lançado pelo Ministério da Saúde israelense durante a pandemia. Netanya, Israel, 2020.

Atividades

1 Leia o texto e identifique os meios geográficos em cada um dos parágrafos.

> A sociedade rural não tinha outra saída senão localizar cada plantio no terreno mais apropriado. O homem era "obrigado" às suas escolhas espaciais. E o mesmo valia para o tempo: cada estação do ano implicava somente em número determinado de atividades.
>
> A sociedade industrial conseguiu fazer com que o tempo virasse uma mania, uma neurose. Também o espaço era em grande parte obrigatório: era mais conveniente elaborar a matéria-prima o mais perto possível dos cursos d'água que acionavam as turbinas. E todas as ações humanas, até mesmo os pensamentos, possuíam tempos e lugares específicos: o amor, de noite em casa, o trabalho, de manhã no escritório, as compras, num determinado bairro, a diversão, num outro, e assim por diante.
>
> Ora, com o fax, o celular, o correio eletrônico, a internet, a secretária eletrônica, nós podemos fazer tudo em todo e qualquer lugar. Usos, mentalidades e sentimentos separam-se sempre mais dos lugares e dos horários.
>
> MASI, Domenico de. *O ócio criativo*. Rio de Janeiro: Sextante, 2000. p. 159-160.

2 O que diferencia a internacionalização do capitalismo da globalização?

3 Explique o impacto da tecnologia da informática e das telecomunicações na organização espacial do sistema capitalista.

4 O papel do Estado na economia tem sido um dos grandes temas de debate e divergências entre grupos políticos mundo afora. E como isso reflete na sua vida?

a) Identifique o nome dos dois partidos políticos que disputaram o segundo turno nas últimas eleições do município ou do estado onde você vive.

b) Pesquise no *site* desses partidos informações sobre a concepção deles sobre o desenvolvimento econômico e o papel do Estado.

c) Na vida prática, cotidiana, onde você consegue identificar a ação do Estado na economia?

5 Observe os gráficos. Em que região há o menor acesso à internet em relação à população? Quais são as prováveis razões para isso?

Mundo: usuários de internet (jun. 2019)

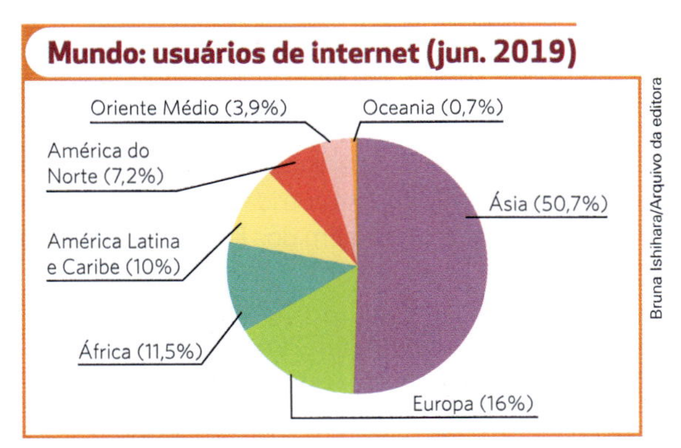

Mundo: população mundial (jun. 2019)

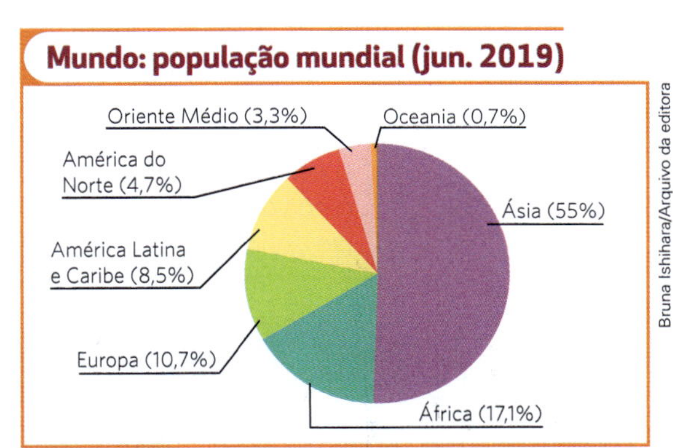

Elaborado com base em: *Internet World Stats*. Disponível em: www.internetworldstats.com/stats.htm. Acesso em: dez. 2019.

6 Diferencie investimentos produtivos de investimentos especulativos e explique a razão pela qual os últimos constituem um risco à economia mundial atual.

7 Que transformações o papel do Estado sofreu nos países que adotaram políticas econômicas neoliberais?

8 Explique o *New Deal* e faça um paralelo entre ele e o neoliberalismo, considerando a atuação do Estado.

Economia colaborativa, "uberização" e suas tendências

O desenvolvimento tecnológico gera inevitáveis transformações no mercado e nas relações de trabalho. Entre elas está a ascensão da economia colaborativa, na qual indivíduos ofertam e trocam bens e serviços entre si, muitas vezes por intermédio de plataformas digitais. Por exemplo: em vez de comprar um carro, você paga um valor, bem menor que o da parcela da compra de um automóvel, para usar o carro de alguém que está disposto a compartilhar o próprio bem, por meio de um serviço.

Com a apropriação do conceito de economia colaborativa por empresas que se tornaram gigantes, surgiu o fenômeno da "uberização" das relações de trabalho, em que os trabalhadores têm, supostamente, independência, mas também total falta de assistência trabalhista.

Incentivadas pelas possibilidades abertas pela economia colaborativa, muitas pessoas abrem ***startups***, gerando empregos, estimulando a autonomia profissional, criando soluções e movimentando a economia. De outro lado, um número ainda maior de pessoas tenta ingressar no crescente mercado de trabalho propiciado pela economia colaborativa, seja por encontrarem nela um acesso relativamente fácil, sem exigência de alta qualificação profissional, seja por buscarem renda complementar.

Startup: empresa recente ou em estágio de formação, que concentra projetos inovadores, tecnológicos e promissores.

Embora considerada por muitos uma solução contra o desemprego e, consequentemente, para o acesso a diversos bens e serviços, a economia colaborativa desperta questões éticas e sociais, relacionadas principalmente à precarização das relações trabalhistas, à inflação do mercado imobiliário para os moradores locais (no caso de empresas de locação de imóveis por temporada) e aos impactos nas contas públicas.

Uma das questões está na atuação das empresas de aplicativo sediadas em países desenvolvidos. Elas remetem os lucros a países ricos e muitas vezes não pagam impostos naqueles onde atuam. Isso gera um problema em muitos destes, tanto do ponto de vista da administração pública quanto do de empreendedores tradicionais, que sofrem com o aumento da concorrência desleal.

Muitos prestadores de serviços e ofertantes de produtos na economia colaborativa não declaram renda, trabalhando na informalidade e comprometendo a arrecadação de impostos. Em alguns casos, como no de motoristas e entregadores de aplicativo, o Estado ainda precisa arcar, por exemplo, com despesas no sistema público de saúde geradas pelos acidentes nos quais essas pessoas se envolvem.

As relações entre as empresas e os prestadores de serviços é outro tema relevante: muitos defendem, por exemplo, que os prestadores de serviço devem ser considerados funcionários das empresas, com direitos trabalhistas, e não trabalhadores autônomos. Também é cobrada maior responsabilidade das empresas sobre a segurança do trabalhador. Como a renda deste depende da quantidade de serviço prestado (uma corrida ou entrega, por exemplo), não raro a jornada de trabalho é estendida para muito além dos limites legais, expondo o contratado a estresse e outros fatores de risco.

Se a "uberização" e a economia colaborativa são uma realidade inevitável, melhorar a relação entre empresas e trabalhadores, consumidores e governos em todo o mundo é necessário para a construção de um modelo mais justo.

Roberto Casimiro/Fotoarena

Entregador de aplicativo em São Paulo (SP), em 2019. Com a ascensão da economia colaborativa, esse tipo de profissional se tornou comum em diversas cidades do mundo. No Brasil, para ganhar menos de R$ 1 mil por mês, os entregadores de aplicativo trabalham por longas jornadas, sem folga semanal e sem segurança.

ETAPA 1 Leitura

Acesse os textos sugeridos para ter mais informações sobre economia colaborativa e a precarização das relações de trabalho.

Startups crescem no Brasil e modelo colaborativo ajuda a resistir à crise econômica

EXAME. Disponível em: https://exame.abril.com.br/negocios/dino_old/startups-crescem-no-brasil-e-modelo-colaborativo-ajuda-a-resistir-a-crise-economica-dino890108729131. Acesso em: maio 2020.

- O crescimento das *startups* no Brasil e algumas de suas consequências.
- Os desafios das *startups* e o papel das aceleradoras.
- Aspectos positivos da economia colaborativa.

A *uberização* das relações de trabalho

CARTA CAPITAL. Disponível em: www.cartacapital.com.br/justica/a-uberizacao-das-relacoes-de-trabalho. Acesso em: maio 2020.

- O fenômeno da "uberização".
- Impactos da "uberização" sobre as relações de trabalho.
- Problemas decorrentes do processo de "uberização".

ETAPA 2 Preparação

Forme um grupo de três ou quatro integrantes e, com base na leitura da seção e dos textos sugeridos, liste dados e informações relevantes para aqueles que desejam criar uma *startup* ou prestar serviços sob demanda, no contexto da economia colaborativa.

Com seu grupo, elenque ao menos cinco argumentos contrários ou favoráveis aos impactos da economia colaborativa e da "uberização" na sociedade atual.

ETAPA 3 Debate

Com base nos dados, nas informações e nos argumentos elencados, vocês debaterão o tema. Para isso, partam das seguintes questões:

- No contexto da economia colaborativa, quais são as qualidades necessárias a um empreendedor de *startup*?
- O que você diria a alguém que pretende prestar serviços no contexto da economia colaborativa (por exemplo, ser entregador ou motorista de aplicativo)?
- Quais são os aspectos positivos e negativos da economia colaborativa/"uberização" para uma sociedade?
- Em sua opinião, as relações de trabalho no contexto da economia colaborativa são justas? Justifique sua resposta.

ETAPA 4 Pense nisso

Você já pensou no impacto do modelo da economia colaborativa nas sociedades de hoje? Individualmente, reflita sobre as possibilidades abertas pela economia colaborativa para quem busca ingressar no mercado de trabalho. Pense também sobre as relações de trabalho no contexto da "uberização", levando em conta o que se pode melhorar nas relações entre empresas, trabalhadores, consumidores e governos. Com base em suas reflexões, escreva um texto, para si mesmo, sobre como se preparar para esse novo cenário, caso ele se mostre uma possibilidade para você no futuro.

CAPÍTULO 10

Globalização e blocos econômicos

Este capítulo favorece o desenvolvimento das habilidades:

EM13CHS102

EM13CHS103

EM13CHS201

A organização dos países por meio de tratados político-econômicos pode resultar na formação de acordos e comunidades regionais. Esses blocos econômicos ou geoeconômicos oferecem a seus integrantes condições privilegiadas nas relações entre si, como redução ou isenção de tarifas comerciais, livre circulação de pessoas e até mesmo a adoção de uma moeda única. Na prática, esses blocos contribuíram para o aumento do volume do comércio mundial desde que foram criados.

Alfexe/iStockphoto/Getty Images

Coleção de notas de dinheiro de diferentes países do mundo.

Contexto

1. Para que servem os blocos econômicos? Todos eles são semelhantes?
2. Qual é a importância dos blocos econômicos para os países no comércio internacional?
3. A agremiação de países em blocos geoeconômicos é favorável ao processo de globalização?

Comércio internacional e OMC

Após a Segunda Guerra Mundial, o Banco Mundial, o Fundo Monetário Internacional (FMI) e o Acordo Geral sobre as Tarifas e Comércio (GATT, na sigla em inglês) reestruturaram as relações financeiras e estabeleceram regras para maior abertura do comércio mundial, o que resultou no crescimento expressivo do comércio internacional. No entanto, com a consolidação das propostas neoliberais, nos anos 1980 e 1990, e a criação da Organização Mundial do Comércio (OMC), em 1995, as relações comerciais e financeiras entre os diversos países do mundo tiveram um crescimento sem precedentes. A OMC foi criada após uma série de negociações iniciadas em 1986 com a **Rodada** do Uruguai, mas foi concluída apenas em 1994, na Conferência de Marraquexe, em Marrocos.

As negociações da Rodada do Uruguai reformularam um conjunto de regulamentos para o comércio de mercadorias, um sistema de regras inédito para o comércio de serviços, e estabeleceram normas para questões ligadas à **propriedade intelectual** e a **patentes**.

Com a conclusão da Rodada do Uruguai e a criação da OMC, definiu-se também que essa organização seria responsável pela resolução de conflitos ou disputas comerciais entre os países-membros.

Rodada: ciclo de negociações comerciais multilaterais entre vários países.

Propriedade intelectual: refere-se aos direitos que uma pessoa ou empresa tem sobre uma criação intelectual, como literária, artística ou científica.

Patente: documento outorgado pelo Estado que atesta o direito de uma pessoa ou uma empresa a um invento (a fórmula de um medicamento, por exemplo). Ao registrar a patente, o detentor tem assegurados os direitos exclusivos para fabricar o produto ou gerar o serviço durante determinado tempo.

A Rodada de Doha

Em novembro de 2001, teve início em Doha, capital do Catar, a Rodada de Doha, uma série de negociações para reduzir as barreiras do comércio internacional. Previstas inicialmente para terminar em 2005, as negociações iniciadas em Doha ainda não foram totalmente concluídas. Existem amplas divergências de opiniões sobre uma série de temas, como serviços e a questão agrícola.

Essas divergências, de modo geral, colocam em lados opostos países desenvolvidos, como Estados Unidos, Japão e os que compõem a União Europeia, e aqueles em desenvolvimento, sobretudo o Brasil, a Argentina, a África do Sul, a Índia e a China. Esse grupo é bastante heterogêneo, com diferentes interesses e com importantes desníveis nos índices de desenvolvimento econômicos e sociais entre si. Os pontos coincidentes restringem-se à pressão que recebem dos países desenvolvidos para abrir suas economias e às dificuldades em competir no mercado global.

O ponto mais polêmico refere-se à questão agrícola. Os países em desenvolvimento reivindicavam que os desenvolvidos facilitassem a entrada de produtos agropecuários estrangeiros por meio da remoção de barreiras protecionistas e da diminuição dos fartos subsídios que concediam aos seus agricultores. Em contrapartida, os países desenvolvidos exigiam que qualquer abertura de mercado aos produtos agrícolas fosse condicionada à maior liberação, por parte dos países em desenvolvimento, à entrada de produtos industriais e relacionados ao setor de serviços, com facilidades para investimentos financeiros de curto prazo, importações e ingresso de empresas comerciais (como redes de hipermercados) e de serviços (sobretudo, telecomunicações e energia elétrica).

Henrique Barreto/Futura Press

Unidade de uma grande rede de supermercados francesa em São Paulo (SP). Foto de 2019.

Protecionismo

O protecionismo é uma política em que o governo oferece subsídios aos produtores nacionais enquanto eleva taxas (tarifas) ou impostos de importação (barreiras tarifárias) ou cria outros obstáculos, como cotas (limites), para a entrada de mercadorias e serviços de outros países, além de estabelecer diferentes regras para a importação baseadas em situações de ordens ambientais, sociais ou políticas, o que obriga os países exportadores a adaptar a produção às demandas vigentes.

Há também o chamado "protecionismo disfarçado". Para dificultar ou até mesmo impedir a entrada de mercadorias de outros países, os governos, sobretudo dos países desenvolvidos, criam barreiras não tarifárias. As mais comuns são:

- defesa comercial, relativa a práticas comerciais que desrespeitam os princípios e as regras estabelecidas, como o *dumping*, que é a comercialização de mercadorias com preços muito baixos, às vezes até mesmo inferiores ao custo de produção, com o objetivo de eliminar concorrentes e conquistar novos mercados. Há, ainda, a acusação de *dumping* social, em que os países desenvolvidos alegam que os países em desenvolvimento, para baratear produtos e ganhar em competitividade, aplicam normas e condições trabalhistas muito precárias;
- defesa técnica, nos casos em que o produto não apresenta tecnologia adequada, como um veículo cujo sistema de freios é pouco eficiente ou um brinquedo que pode afetar a saúde das crianças;
- defesa sanitária, que envolve principalmente os produtos agropecuários. A importação de uma mercadoria pode ser impedida quando são detectadas doenças em um rebanho, como febre aftosa ou doença da vaca louca, ou quando produtos agrícolas são cultivados com uso excessivo de agrotóxicos ou de fertilizantes e adubos químicos;
- garantia de preços mínimos na compra de safras agrícolas dos produtores nacionais e prioridade para a compra da produção interna.

Por trás do discurso de abertura econômica dos países desenvolvidos e de organismos internacionais (FMI e Banco Mundial), está, entre outros aspectos, o interesse das multinacionais por mais liberdade de atuação a fim de ampliar suas margens de lucro, aproveitando-se das chamadas vantagens competitivas.

Ministério da Agricultura, Pecuária e Abastecimento/Governo Federal

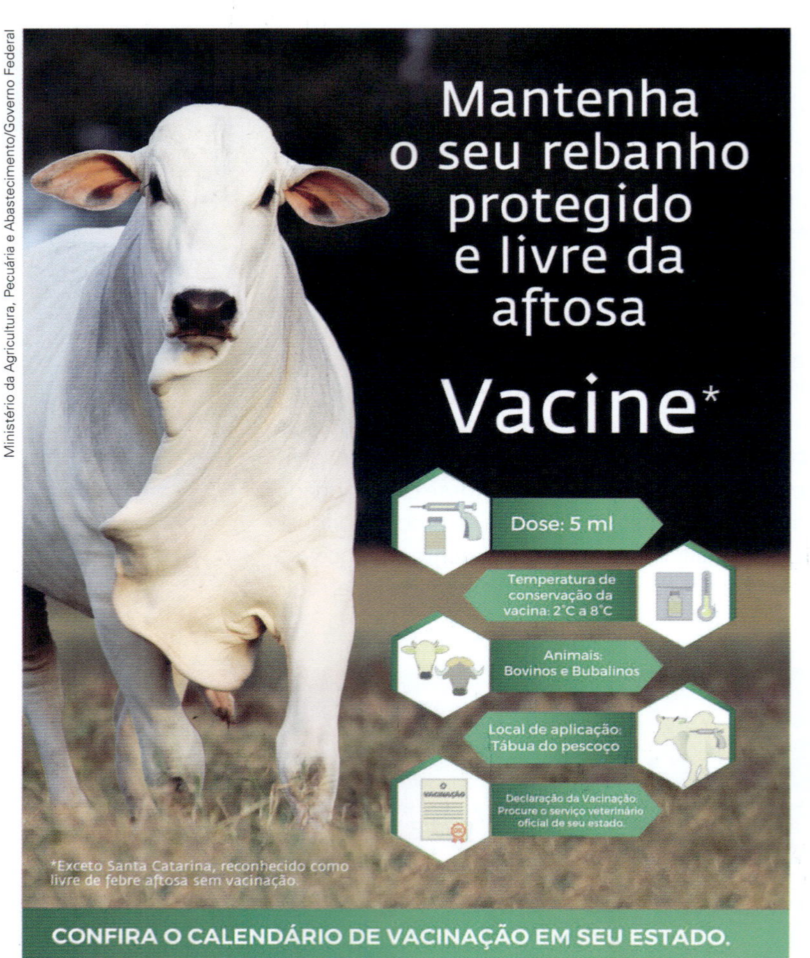

Campanha do Ministério da Agricultura, Pecuária e Abastecimento para vacinação contra a febre aftosa.

Saiba mais

Vantagens comparativas e competitivas

A teoria das vantagens comparativas surgiu no contexto do liberalismo econômico do século XIX, formulada inicialmente pelo economista inglês David Ricardo (1772-1823). Defendia a especialização de cada país nas atividades em que pudesse ser mais eficiente, importando os demais produtos. Para isso, era necessário remover as barreiras do comércio mundial. De acordo com essa fórmula, cada país aproveitaria sua capacidade produtiva ao máximo, condição básica para o crescimento econômico.

A teoria das vantagens competitivas se adapta à conjuntura econômica atual, pois relaciona-se às facilidades que as empresas podem encontrar no local onde se instalam, como mão de obra e energia elétrica baratas, infraestrutura de transportes e telecomunicações bem aparelhada, impostos baixos ou isenção de cobrança, matéria-prima barata e abundante. Com liberdade para escolher o melhor local nos países que lhes oferecem mais vantagens, as empresas multinacionais racionalizam custos e otimizam lucros.

Desde a abertura da Rodada de Doha, foram promovidas reuniões ministeriais da OMC para encontrar soluções para os impasses e as divergências de interesses dos países desenvolvidos e em desenvolvimento. Apesar de alguns avanços e novos acordos, inclusive de reforma da OMC (para acompanhar os avanços tecnológicos, que envolvem o comércio eletrônico e a prestação de serviços *on-line*, por exemplo), a questão central sobre os subsídios agrícolas ainda não foi sanada. E a situação voltou a ficar crítica em 2018, quando os Estados Unidos decidiram unilateralmente sobretaxar a importação de muitos produtos chineses. Isso levou a China a adotar a mesma prática como retaliação aos Estados Unidos e a protocolar queixas formais contra o país junto à OMC. O governo estadunidense, explorando o próprio poder político-econômico, questionou a validade da organização e até mencionou abandoná-la. O acirramento entre os dois gigantes comerciais torna mais complexa a tarefa de encerrar a Rodada de Doha, inclusive em um contexto de grave crise econômica, provocada pelo **novo coronavírus**.

Explore

- Com base na leitura do gráfico, identifique o ano em que ocorreu oscilação negativa abrupta no ritmo de crescimento do comércio global e determine a causa dessa queda.

Mundo: comércio de mercadorias (2008-2018)

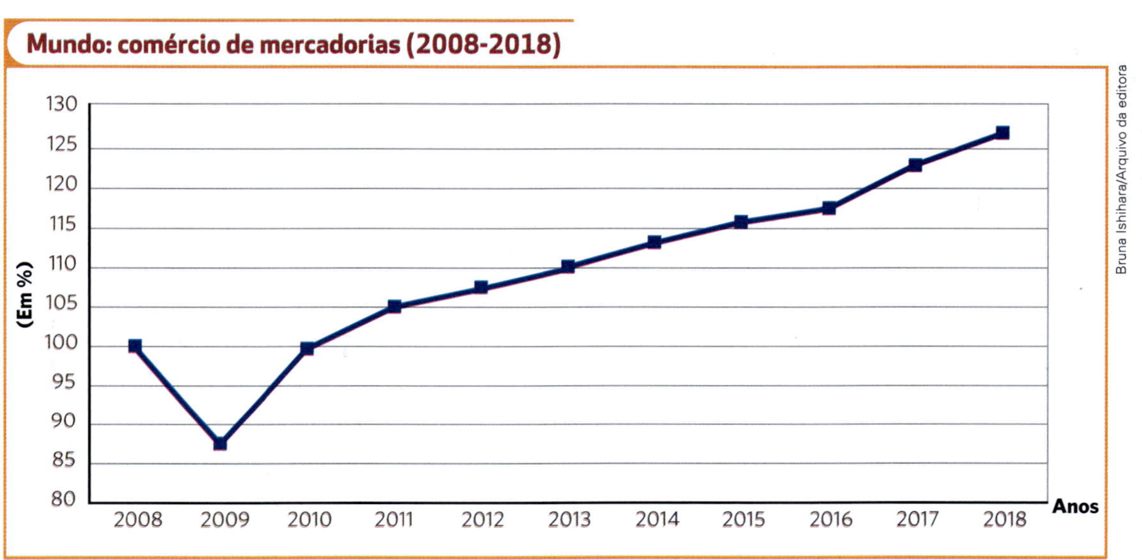

Elaborado com base em: OMC. *World Trade Statistics Review 2019*. p. 10. Disponível em: www.wto.org/english/res_e/statis_e/wts2019_e/wts2019chapter02_e.pdf. Acesso em: jun. 2020.

Comércio global: mercadorias e serviços

Na segunda metade do século XX, o comércio internacional apresentou um crescimento significativo. A capacidade de produção continuou a ser ampliada de forma expressiva nos Estados Unidos, no Japão, nos países da Europa ocidental e naqueles que se industrializaram mais intensamente a partir dos anos 1950-1960 (Brasil, Argentina e México), 1960-1970 (Coreia do Sul, Taiwan, Cingapura e Hong Kong) e 1980-1990 (China). As empresas multinacionais tiveram importante papel nessa ampliação da capacidade de produção.

Como você viu no capítulo 9, a partir dos anos 1980-1990, no contexto da intensificação do processo de globalização, as propostas neoliberais foram amplamente difundidas na economia global. Alegava-se que os países em desenvolvimento tinham uma economia "fechada", com tarifas de importação elevadas, restrições ao ingresso de capitais e **reserva de mercado**, entre outros aspectos.

Reserva de mercado: prática pela qual as autoridades econômicas limitam a atuação de empresas em setores da produção considerados importantes (comunicações e informática, por exemplo), com o objetivo de controlar a concorrência interna ou impedir a atuação de empresas estrangeiras.

Atendendo, sobretudo, aos interesses das empresas multinacionais, os governos dos países desenvolvidos, em especial o dos Estados Unidos, passaram a apregoar que a abertura econômica ao capital estrangeiro (produtivo ou especulativo), a redução das barreiras comerciais e as privatizações eram o melhor caminho para superar o endividamento externo e aumentar o crescimento econômico.

! Dica

Comércio Internacional: do GATT à OMC

De Augusto Zanetti. São Paulo: Claridade, 2011.

Aborda a passagem do GATT à OMC e examina as relações internacionais e a influência sociocultural e histórica na criação de organizações internacionais.

Comércio de mercadorias

Em 2018, as transações comerciais de mercadorias movimentavam cerca de 19,67 trilhões de dólares. Pouco mais da metade desse volume de comércio está concentrado entre os países do G8 e a China. Os países em desenvolvimento foram responsáveis por 44% do comércio mundial de mercadorias nesse ano.

Desde que foram aceitos na OMC, em 2001, os chineses ampliam ano a ano a participação no comércio internacional. Em 2018, a China manteve-se como a maior potência mundial no comércio de mercadorias. Enquanto os Estados Unidos movimentaram cerca de 4,27 trilhões de dólares em comércio exterior, com 1,66 trilhão de dólares em exportações e 2,61 trilhões em importações, a China movimentou cerca de 4,61 trilhões de dólares, dos quais 2,48 trilhões em exportações e 2,13 trilhões em importações, segundo dados da OMC para 2018. Entretanto, considerando o comércio de mercadorias e de serviços em conjunto, os Estados Unidos mantêm a liderança mundial.

Mundo: principais exportadores de mercadorias (2018)

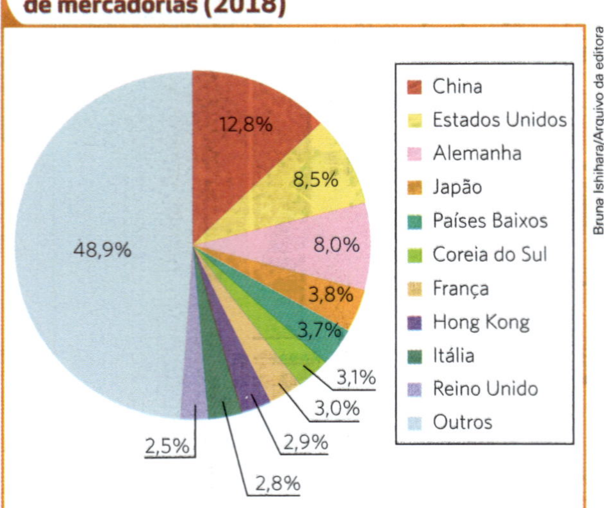

Mundo: principais importadores de mercadorias (2018)

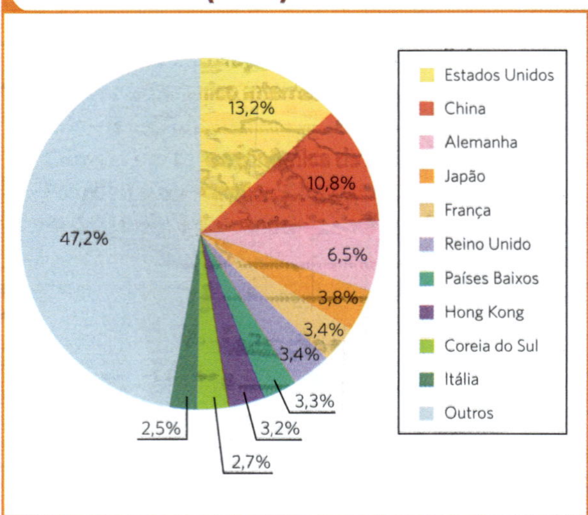

Elaborado com base em: OMC. *Trade Profiles 2019*. Disponível em: www.wto.org/english/res_e/booksp_e/trade_profiles19_e.pdf. Acesso em: out. 2019.

Comércio de serviços

O comércio internacional de serviços perfaz atualmente uma parcela considerável do comércio entre países. Em 2018, correspondia a aproximadamente 5,63 trilhões de dólares, somadas as exportações e as importações. Esse comércio é representado por fretes de transportes, turismo global, serviços de informática, atividades culturais e desportivas, prestação de serviços a empresas (*telemarketing*, *call center*, contabilidade, consultoria), atividades auxiliares de intermediação financeira, agências de notícias, entre outros.

O comércio de serviços está concentrado em países desenvolvidos, que abarcam cerca de 65% do total mundial. Os Estados Unidos são os maiores exportadores e importadores mundiais e mantêm *superavit* nesse setor: em 2018, o saldo positivo foi de aproximadamente 272 bilhões de dólares, concentrando cerca de 14% das exportações mundiais e 9,8% das importações.

Mundo: principais exportadores de serviços (2018)

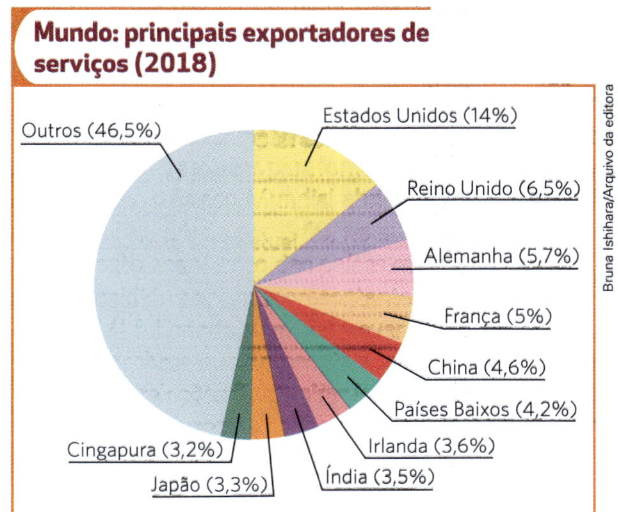

Mundo: principais importadores de serviços (2018)

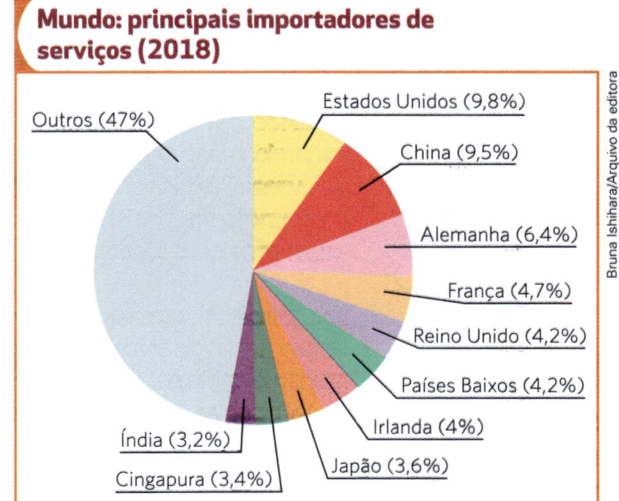

Elaborado com base em: OMC. *Trade Profiles 2019*. Disponível em: www.wto.org/english/res_e/booksp_e/trade_profiles19_e.pdf. Acesso em: out. 2019.

Internamente, os serviços e o comércio têm participação importante na composição do produto interno bruto (PIB) dos países desenvolvidos (cerca de 80% do total das riquezas geradas em um ano nesses países). No caso brasileiro, correspondem a mais de 60% do PIB.

As facilidades proporcionadas pelos avanços nas tecnologias de comunicação e informação têm propiciado o deslocamento e a terceirização de diversas tarefas não relacionadas diretamente à produção, como atendimento e suporte ao cliente, serviços contábeis e fiscais e venda por telefone ou internet. Muitas dessas tarefas foram deslocadas e terceirizadas para países onde a mão de obra e os custos operacionais são mais baratos.

Dave Tacon/Zuma Wire/Fotoarena

Pessoas trabalham em *call center* operado por empresa australiana em Ángeles, nas Filipinas, em 2016. No ano anterior, o país arquipelágico superou a Índia como líder mundial nesse tipo de serviço.

Explore

1 Observe o mapa e responda.

Mundo: comércio de mercadorias (2016)

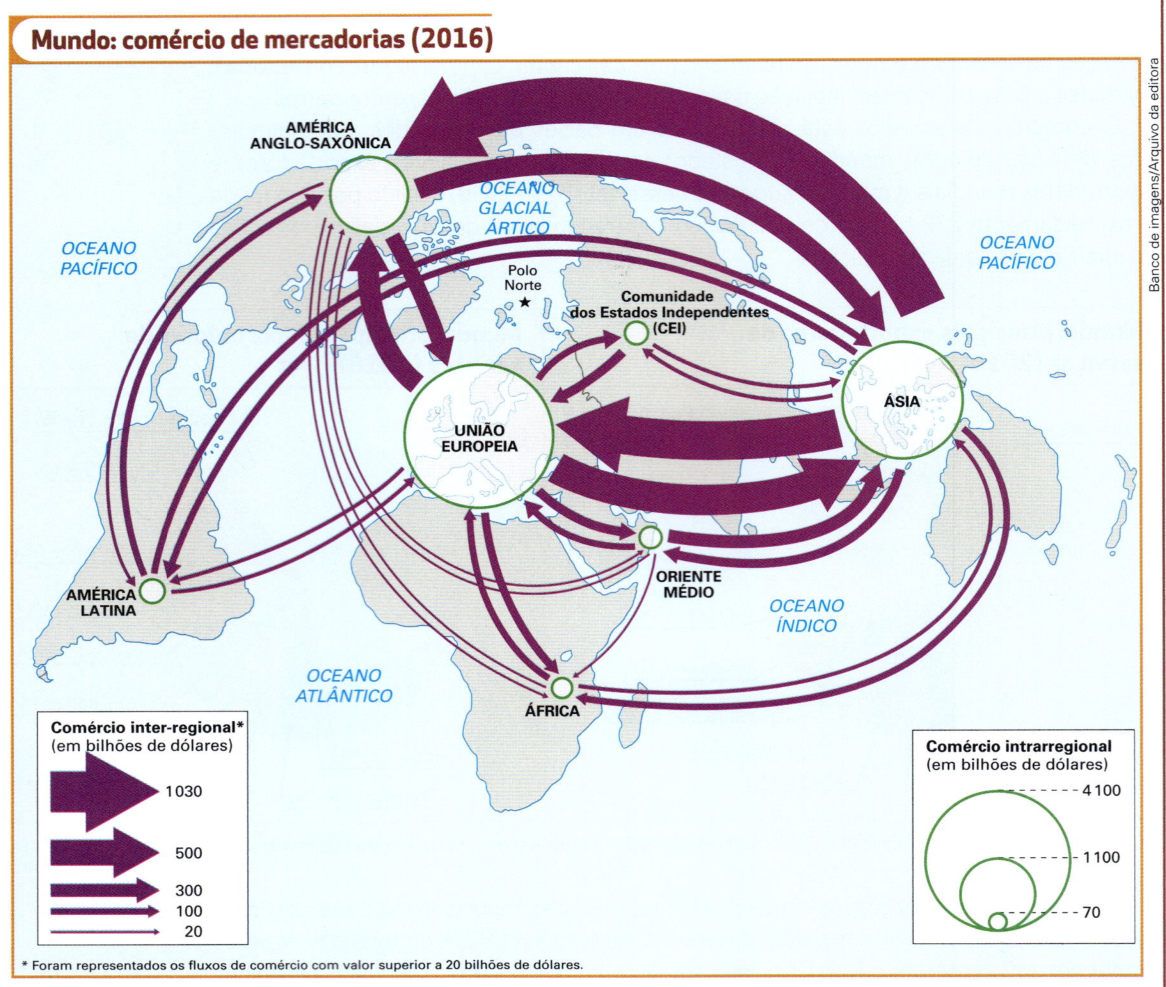

Elaborado com base em: ESPACE mondial: l'Atlas. Disponível em: https://espace-mondial-atlas.sciencespo.fr/fr/rubrique-tentatives-de-regulations/carte-6C17-commerce-de-marchandises-2016.html. Acesso em: dez. 2019.

a) Identifique a origem e os destinos dos maiores fluxos de exportação mundial de mercadorias.

b) Onde estão concentradas as trocas comerciais intrarregionais e por quê?

c) Você avalia que a representação cartográfica utilizada é adequada às informações apresentadas? Explique.

2 Considerando a Divisão Internacional do Trabalho, explique por que, em geral, os países em desenvolvimento têm maior participação no comércio internacional de mercadorias e os países desenvolvidos dominam o comércio de serviços.

Blocos econômicos

Paralelamente às negociações multilaterais para a liberalização comercial no âmbito da OMC, são conduzidas diversas negociações de caráter regional, entre dois países (bilaterais) ou em um grupo mais amplo, para a formação de blocos econômicos ou para ampliar os acordos nos blocos já constituídos. A maior parte dos países que participam da OMC está também envolvida em negociações e acordos comerciais regionais ou faz parte de algum bloco econômico.

Os acordos de livre-comércio trazem uma série de consequências para as empresas e a população dos países integrantes dos blocos. Para a atividade produtiva, há ganhadores e perdedores. Geralmente, os ganhadores são empresas ou produtores que têm melhores condições de venda, pois podem conquistar mercados nos outros países do bloco; os perdedores são os pequenos produtores ou empresas menos competitivos, que perdem mercado com o aumento da concorrência. A população pode se beneficiar com a entrada de produtos mais baratos no país, mas ser atingida pelo aumento do desemprego, causado pela falência ou redução da produção das empresas nacionais.

Apesar de todas as implicações, o processo de formação de blocos econômicos, de modo geral, acontece sem grande participação da sociedade nas decisões tomadas pelos governantes e pela elite econômica. Durante o processo de formação da União Europeia, porém, ao menos nas etapas finais, antes de decisões mais importantes, os governantes consultaram a população por meio de plebiscitos.

Modalidades de blocos econômicos

Em todas as modalidades de blocos econômicos, o objetivo é reduzir ou eliminar as tarifas ou os impostos de importação entre os países-membros, ou seja, constituir uma região geoeconômica com regras específicas que favoreçam os países-membros em comparação com aqueles que não fazem parte do bloco.

As modalidades de blocos econômicos são:

- **Zona de livre-comércio:** pressupõe acordos comerciais que visam exclusivamente reduzir ou eliminar tarifas aduaneiras entre os países-membros do bloco. O principal exemplo é o Acordo Estados Unidos-México-Canadá (USMCA), que substituiu o Acordo de Livre-Comércio da América do Norte (Nafta, na sigla em inglês), formado por Estados Unidos, Canadá e México.
- **União aduaneira:** além de reduzir ou eliminar as tarifas aduaneiras entre os países do bloco, estabelece as mesmas tarifas de exportação e importação para o comércio internacional fora do bloco, com a implantação da **Tarifa Externa Comum (TEC)**. A união aduaneira exige que os países mantenham pelo menos 85% das trocas comerciais totalmente livres de taxas de exportação e importação entre os países-membros. É uma abertura de fronteiras para mercadorias, capitais e serviços, mas não permite a livre circulação de trabalhadores. Um exemplo desse tipo de bloco é o Mercado Comum do Sul (Mercosul), composto de Brasil, Argentina, Uruguai, Paraguai e Venezuela (suspensa desde 2017 em decorrência da crise política no país). Na verdade, os países do Mercosul formam uma união aduaneira incompleta, pois muitos produtos não são comercializados pela TEC. Chile, Bolívia, Peru, Colômbia e Equador são países associados ao Mercosul, ou seja, participam do livre-comércio, mas não da união aduaneira.
- **Mercado comum:** visa à livre circulação de pessoas, mercadorias, capitais e serviços. O único exemplo é a União Europeia (UE), que eliminou as tarifas aduaneiras internas, adotou tarifas comuns para o mercado fora do bloco e permite a livre circulação de pessoas, mão de obra, investimentos e todo tipo de serviços entre os países-membros.
- **União econômica e monetária:** é o caso, novamente, dos países da União Europeia, que adotaram o euro como moeda única, administrada pelo Banco Central Europeu. Nessa forma de integração, como será visto mais detalhadamente a seguir, é necessário que os países estipulem limites comuns máximos de inflação e de *deficit* público.

Atualmente, existem vários blocos econômicos em vigência no mundo todo. Muitos outros se encontram em processo de formação.

Olho no espaço

Países reunidos em blocos econômicos

- Leia as informações do mapa e resolva as questões a seguir.

Mundo: blocos econômicos (2019)

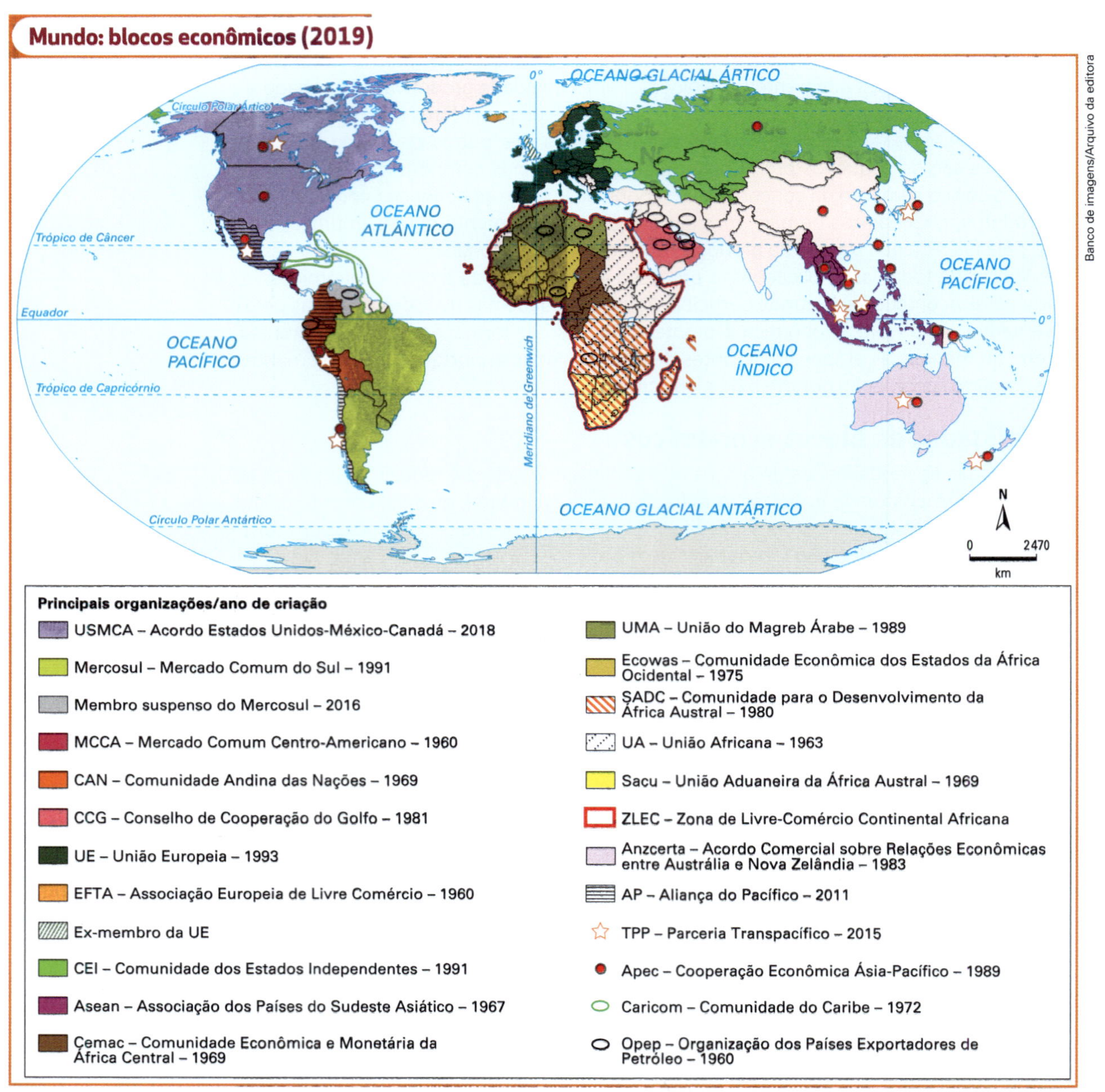

Elaborado com base em: CALDINI, Vera; ÍSOLA, Leda. *Atlas geográfico Saraiva*. São Paulo: Saraiva, 2013. p. 188.

a) Identifique as organizações que provavelmente têm maior destaque econômico-comercial.

b) Observando a quantidade de países que fazem parte de organizações em comparação com a totalidade de países, a que conclusão se pode chegar?

c) Em que sentido as informações do mapa podem ser relacionadas com o processo de globalização?

d) Com base na leitura do mapa, como se pode analisar a soberania dos países?

Os primeiros blocos econômicos

Os acordos para intensificar o comércio entre países remontam aos anos 1940, com a criação do Benelux, área de livre-comércio formada por Bélgica, Países Baixos e Luxemburgo. Após a Segunda Guerra Mundial, a ideia de integração econômica assentada em uma economia supranacional começou a ganhar força na Europa ocidental.

Diante da perspectiva de concorrer isoladamente com os Estados Unidos, superpotência mundial que emergia, os países europeus firmaram uma série de acordos com o objetivo de reestruturar, fortalecer e garantir a competitividade de suas economias. Os governantes e a elite econômica dos países da Europa ocidental perceberam também que era necessário fazer frente ao crescimento da União Soviética e reduzir o risco de os nacionalismos provocarem novos conflitos no território europeu.

Criado em 1944, o Benelux integrou a economia da Bélgica, dos Países Baixos e de Luxemburgo em um único mercado. Em 1952, a Comunidade Europeia do Carvão e do Aço (Ceca), formada por seis países — Bélgica, Países Baixos, Luxemburgo, França, Alemanha e Itália —, estabeleceu um mercado siderúrgico comum, promovendo a livre circulação de matérias-primas e mercadorias da indústria siderúrgica, com o objetivo de acelerar o desenvolvimento da indústria de base. Os países-membros da Ceca ampliaram os objetivos dessa organização e, em 1957, criaram o mais eficiente bloco econômico entre países até então: a Comunidade Econômica Europeia (CEE).

A CEE, desde a criação, tinha um grande objetivo de médio prazo: a livre circulação de mercadorias, de serviços, de capitais e de pessoas entre todos os países-membros. Entretanto, ele só foi atingido em 1º de janeiro de 1993, quando a CEE passou a ser chamada de União Europeia (UE).

O aprofundamento da competitividade no mercado internacional nas últimas décadas do século XX, o desenvolvimento de novas tecnologias de produção e a entrada de novos competidores (países do sudeste e leste da Ásia — Cingapura, Taiwan, Coreia do Sul e China), que disputavam fatias cada vez mais expressivas do comércio mundial, sinalizaram à CEE a necessidade da concretização de seus objetivos originais, formando a UE.

Vitalii Biliak/Getty Images

Trecho de fachada da sede da Comissão Europeia, órgão executivo da UE, em Bruxelas, na Bélgica. Foto de 2019.

União Europeia

A União Europeia foi criada pelo Tratado de Maastricht, assinado em 7 de fevereiro de 1992 pelos membros da CEE, em Maastricht (Países Baixos). Desde a implementação, os países integrantes vêm aumentando a cooperação em questões como meio ambiente, imigração, educação, proteção do consumidor, saúde pública, combate ao crime organizado e ao narcotráfico e defesa do território.

Em 1º de janeiro de 2002, entrou em circulação a moeda única, o euro. Mesmo sem circular nos países que optaram por não adotá-lo, como Reino Unido, cuja saída do bloco foi oficializada em 2020, Dinamarca e Suécia, o euro serve de referência para negócios privados, como transações entre empresas, e pode ser utilizado na abertura de contas. Essa opção é consequência do receio desses países em perder a soberania sobre a própria política monetária.

Zona do euro (2019)

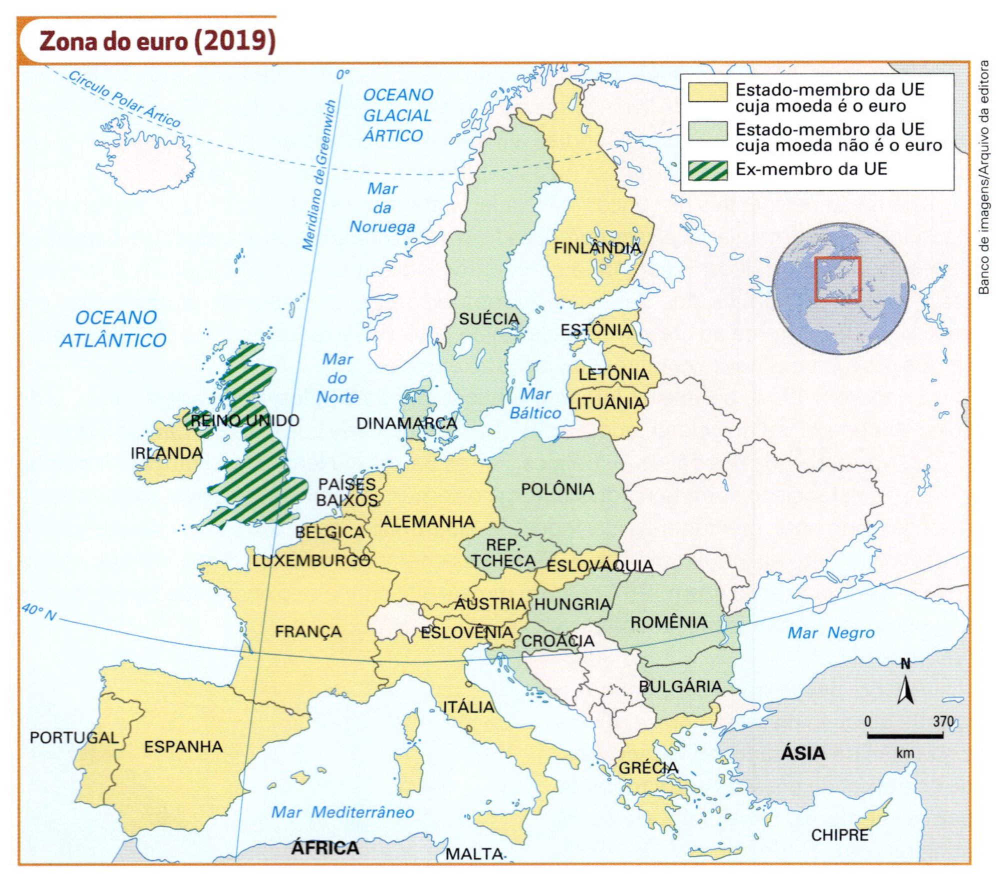

Elaborado com base em: BANCO CENTRAL EUROPEU. Disponível em: www.ecb.europa.eu. Acesso em: dez. 2019.

Entre os países não adotantes do euro, estão alguns dos que ingressaram neste século, como Polônia, Bulgária e Romênia. Dinamarca e Suécia optaram por manter certa independência financeira, entendendo que isso lhes possibilitaria efetuar, por exemplo, mais intervenções para controlar a cotação de suas moedas. Para adotar a moeda, os países precisam ter indicadores que se enquadrem em determinados critérios exigidos pela UE, chamados **critérios de convergência**.

A implantação do euro representou a criação de uma moeda forte no sistema financeiro internacional, sendo um elemento facilitador do comércio e dos investimentos no próprio continente europeu. Os negócios internacionais, antes feitos em dólar, passaram a ser realizados também em euro, reduzindo a supremacia da moeda estadunidense.

No entanto, como demonstrou a crise econômica mundial de 2008, que se agravou a partir de 2010 na Europa, analisada no capítulo 9, a falta de centralização das políticas orçamentárias, tributárias e bancárias entre os adotantes do euro — controlado pelo Banco Central Europeu —, configurando uma união fiscal, foi um dos fatores geradores da crise. Tal união vinha sendo defendida por alguns dirigentes da UE para encaminhar melhor os problemas que o bloco enfrentava e impedir crises futuras.

Em 2009, entrou em vigor o Tratado de Lisboa (assinado na cidade de Lisboa, capital de Portugal, em 13 de dezembro de 2007), que dispôs sobre alguns pontos importantes para o funcionamento da União Europeia, os quais passaram a valer a partir de 2014: maior autonomia de decisão ao Parlamento Europeu e modificação do critério adotado para o sistema de votação. A aprovação dos projetos dentro do bloco a partir dessa data é decidida por maioria dupla, isto é, com a aprovação de 55% dos países-membros, desde que estes também representem ao menos 65% do total dos habitantes do bloco.

União Europeia (1957-2020)

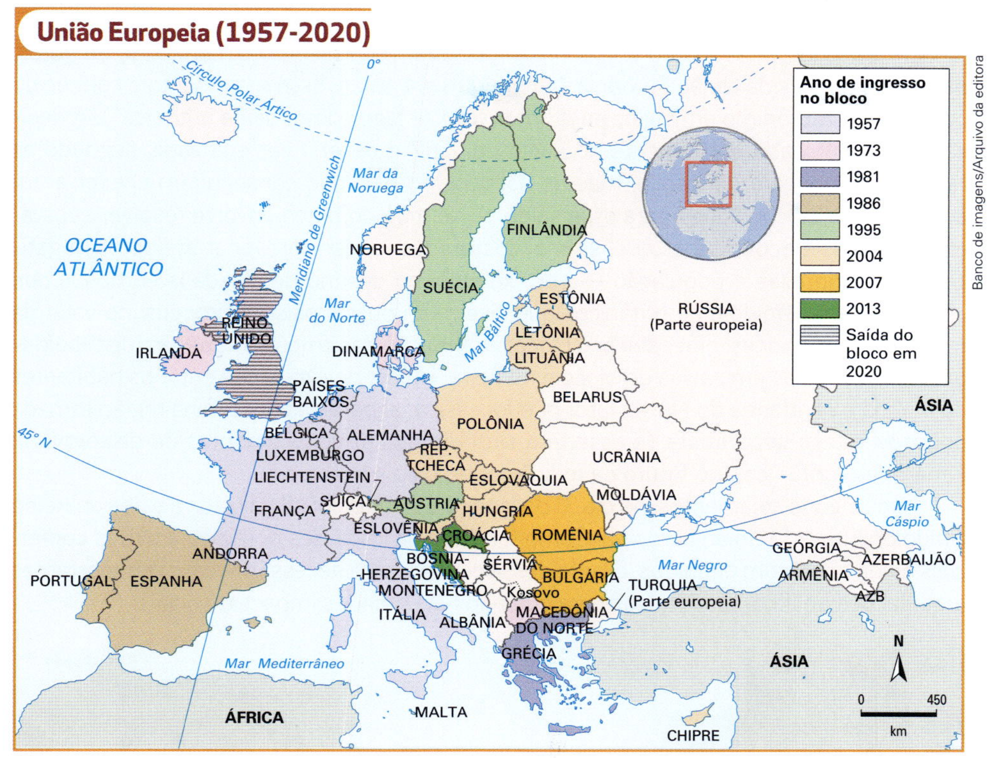

Elaborado com base em: UNIÃO EUROPEIA. Disponível em: http://europa.eu. Acesso em: dez. 2019.

O Tratado de Lisboa também determinou que os parlamentos nacionais teriam papel mais importante na elaboração da legislação europeia e que os países-membros deveriam lutar contra as mudanças climáticas da Terra. Estabeleceu, ainda, a criação dos cargos de presidente da UE e de alto representante para Relações Exteriores e Segurança (chanceler do bloco).

Outros países europeus querem aderir à União Europeia, como Albânia, Macedônia do Norte, Montenegro, Sérvia e Turquia. Em março de 2020, a Comissão Europeia abriu as negociações para o ingresso da Albânia e da Macedônia do Norte, países da região dos Bálcãs ocidentais. A Macedônia, inclusive acrescentou "do Norte" em seu nome, fato oficializado em 2019. Essa era uma exigência feita pela Grécia, membro da UE, que apresenta forte vínculo com a Macedônia Antiga e tinha, na Antiguidade, área de abrangência nesse território.

A Turquia tem grande interesse em integrar a UE e seu processo de negociações está aberto desde 2005. O país avalia que, sendo membro, passaria a receber investimentos importantes. Para viabilizar seu ingresso, o país promoveu reformas econômicas e políticas, com equiparação dos direitos das mulheres aos dos homens e abolição da pena de morte. Entretanto, há rejeição à entrada da Turquia na UE em diversos países do bloco europeu, por causa da influência da religião islâmica na política turca e dos problemas com minorias não assimiladas em sua totalidade, como os curdos, fator de instabilidade latente.

A estratégia de expansão para o Leste Europeu, tradicional zona de influência da ex-União Soviética, a partir de 2004, não foi bem-vista pela Rússia, que, inclusive, resiste bastante ao possível ingresso na UE de países ainda considerados "satélites", sobre os quais mantém forte influência, como a Ucrânia. Ao aceitar esses países do Leste Europeu, a UE busca Estados-nações com mão de obra barata para instalar indústrias e também mercados consumidores para mercadorias produzidas na porção ocidental. Algumas condições para ingresso na UE são: ser um Estado laico e sem discriminação de gênero ou de ordem étnica, estabelecer uma política ambiental de acordo com a do bloco e ser um Estado de direito plenamente democrático.

Dica

União Europeia

https://europa.eu/european-union/index_pt

Portal oficial da União Europeia. Na página podem ser acessadas informações como o processo de criação do bloco econômico e acordos entre os países.

Brexit

Em 2016, os cidadãos do Reino Unido decidiram em plebiscito, com 52% de votos, pela saída do país da União Europeia, fato inédito até então. Esse movimento é conhecido como Brexit (acrônimo em inglês para *Britain exit* — algo como "saída britânica"). A decisão foi comunicada oficialmente no início de 2017 e deveria ser efetivada, segundo as regras do bloco, em dois anos, mas os políticos do país não conseguiram chegar a um acordo sobre as condições para essa saída. A retirada do bloco envolve resolver separações políticas e econômicas que, se mal costuradas, podem provocar impactos negativos para empresas e população — por exemplo, no destino de cidadãos europeus que vivem no Reino Unido e de britânicos que vivem em outros países europeus; no valor da multa rescisória por escolher deixar o bloco; na situação das empresas que têm distribuídas plantas produtivas em países do bloco e no Reino Unido; na circulação entre os habitantes da Irlanda e da Irlanda do Norte, fator que foi essencial para pacificação na região tomada por movimento separatista (e esse tem sido um dos principais pontos de discórdia no Parlamento britânico); no futuro da relação entre o país e o bloco.

Após alguns adiamentos, no dia 31 de janeiro de 2020, foi oficializada a saída do Reino Unido do bloco da União Europeia. Como também há impasses políticos, acordos comerciais ainda não foram definidos. Diante desse cenário, será necessário realizar importantes articulações político-econômicas para que não haja grandes impactos sociais.

Jason Venkatasamy/Alamy/Fotoarena

Manifestantes britânicos contra o Brexit em Londres, em 2018. Centenas de milhares de britânicos chegaram a pedir um novo referendo sobre a saída do Reino Unido da União Europeia.

O Brexit foi motivado por um momento de crise econômica, com consequente redução de empregos, e de aumento da migração, o que levou a população a questionar as políticas públicas e perceber as limitações impostas pelas regras da UE. Está também contextualizado em uma conjuntura mundial de acirramento de discursos nacionalistas, que para alguns teóricos favorece a "desglobalização", que envolveria ações para reduzir a interdependência e integração entre os países, afetando sobretudo a economia, com adoção de políticas protecionistas.

Explore

- Leia o texto para responder às questões.

É possível afirmar que, "em toda instituição internacional, parte da soberania de seus membros é por eles cedida a órgãos internacionais", e que a "medida da intensidade daquela cessão determina o grau de integração atingido na instituição internacional". O grau em que os Estados abdicarão de parte de suas competências ou limitarão seus poderes em favor de órgãos coletivos dependerá dos objetivos e das peculiaridades de cada processo de integração.

Como se sabe, a organização de integração regional que até hoje estabeleceu objetivos mais ambiciosos é a União Europeia. A vontade de alcançar essas metas faz daquela organização o paradigma da **supranacionalidade**, a "expressão máxima" dos processos de transferência de competências dos Estados para órgãos de decisão conjunta ou majoritária, cujas decisões são autônomas dos próprios governos dos países-membros.

Supranacionalidade: que está acima do que é nacional; que é superior ao nacional. Os blocos econômicos são organizações supranacionais.

A União Europeia é o grande exemplo da situação em que, mesmo procurando manter sua soberania formal, os Estados limitam sua soberania de fato. Essa realidade acentuou-se ainda mais a partir do momento em que o processo de integração europeu evoluiu para uma união monetária, o que acarretou a unificação das políticas monetárias e fiscais dos países-membros, e o estabelecimento de autoridades econômicas centrais. Com a adoção de uma moeda comum, o euro, os países da União Europeia deixaram de controlar individualmente a moeda que circula em seus territórios e, com isso, abriram mão de um dos principais métodos utilizados na redução do desemprego e na absorção dos choques econômicos: a emissão de dinheiro e a regulamentação da economia por meio de ajustes nas taxas de câmbio e de juros. Ao restringir suas possibilidades de resolver seus problemas econômicos de forma autônoma, os Estados abdicam de sua capacidade de usar a política monetária para responder a distúrbios macroeconômicos que lhes são específicos. Nesse caso, no que se refere à administração de suas economias, "desaparece, portanto, a soberania de cada nação, que é totalmente transferida para a autoridade central".

O que o exemplo da União Europeia nos ensina é que dois fatores são os principais responsáveis pela limitação da soberania estatal em um processo de integração. O primeiro é a existência de um ordenamento jurídico próprio da organização de integração, com primazia sobre os ordenamentos jurídicos dos países que dela participam. O segundo é a existência de algum órgão - normalmente uma corte ou tribunal - que assegure a execução do ordenamento jurídico regional, mesmo que contra a vontade dos Estados-membros. [...]

MATIAS, Eduardo Felipe P. A *humanidade e suas fronteiras*: do Estado soberano à sociedade global. São Paulo: Paz e Terra, 2005. p. 378-379.

Alexandros Michailidis/Shutterstock

Líderes dos países da UE posam durante encontro da cúpula do bloco em Bruxelas, Bélgica, em dezembro de 2019.

a) Por que, de acordo com o texto, os Estados cedem parte da soberania nacional ao participarem de organizações de integração regional?

b) Explique por que a União Europeia é o paradigma da supranacionalidade.

c) Cite os meios utilizados para garantir que os membros de um bloco respeitem as normas coletivas.

> **! Dica**
>
> **Cidade do silêncio**
>
> Direção de Gregory Nava. Estados Unidos, 2006. 113 min.
>
> Com o Tratado de Livre-Comércio, milhares de indústrias montadoras, conhecidas como *maquiladoras*, se instalaram em cidades mexicanas na fronteira com os Estados Unidos, onde a mão de obra barata e feminina é abundante e as condições de trabalho são precárias. Com esse tema como fundo, o filme conta a história de uma jornalista estadunidense que vai até a Ciudad Juarez, no México, para investigar a morte de mulheres que são atacadas a caminho do trabalho ou de casa.

Do Nafta ao USMCA

Estados Unidos, Canadá e México deram os primeiros passos rumo à formação de uma economia supranacional com a criação do Nafta, em 1994. Juntos formam um mercado de aproximadamente 495 milhões de habitantes e respondem por um PIB de cerca de 23,1 trilhões de dólares (dados do Banco Mundial, 2019).

O acordo criou uma zona de livre-comércio, na qual previa a abolição total das tarifas aduaneiras, e efetivamente possibilitou a circulação de uma grande quantidade de produtos entre os três países, sem taxação. Calcula-se que nos primeiros 15 anos de existência do bloco tenham sido criados 40 milhões de postos de trabalho, 60% deles nos Estados Unidos. Entre 1993 e 2016, as exportações do México para os Estados Unidos cresceram pouco mais de sete vezes, e as do Canadá triplicaram nesse mesmo período.

Como não existe a perspectiva de formação de um mercado único nos moldes da União Europeia, a grande diferença socioeconômica entre o México e os outros dois países do Nafta trouxe vários problemas para a sociedade e a economia mexicanas, e também para os trabalhadores estadunidenses e canadenses.

Na UE, a questão da disparidade socioeconômica entre os países foi, em alguns aspectos, minimizada gradativamente, à medida que foram direcionados investimentos das economias mais vigorosas (Alemanha, França e Reino Unido) para os países menos desenvolvidos do bloco. No Nafta, isso não ocorreu: vigorava apenas o objetivo da livre circulação de mercadorias. Desde a implantação do acordo, muitas empresas estadunidenses instalaram-se no México, atraídas pela mão de obra muito mais barata e pela legislação trabalhista mais flexível. Com isso, milhares de postos de trabalho foram fechados no setor industrial estadunidense.

Apesar de ter ocorrido uma ampliação nas exportações, a dependência da economia do México em relação ao país vizinho é muito grande — a maior parte delas é destinada aos Estados Unidos, e a maior parte das importações é proveniente do mesmo país. Além disso, houve um significativo processo de desnacionalização da economia mexicana: por exemplo, três quartos das empresas têxteis que atuam no México são estadunidenses.

O Nafta não trouxe avanços tecnológicos significativos para o México, pois muitas das novas indústrias que se instalaram no país são apenas montadoras, chamadas de ***maquiladoras***, e boa parte dos componentes que integram os produtos, sobretudo os de maior valor agregado, vem de fora, principalmente dos Estados Unidos.

Ivan Pierre Aguirre/*The Washington Post*/Getty Images

Trabalhadores em empresa *maquiladora* de colchões e móveis. Ciudad Juarez, México, 2017.

Na agricultura mexicana, os impactos sociais foram sensivelmente negativos. Os cultivadores de trigo, batata, arroz e, sobretudo, de milho passaram a sofrer a forte concorrência dos estadunidenses, tecnologicamente mais bem preparados e fortemente amparados pelos subsídios do governo. Como consequência, especialmente pequenos e médios agricultores mexicanos enfrentam sérias dificuldades para levar as atividades adiante.

É inegável, porém, que a economia mexicana cresceu desde a implantação do livre-comércio. A integração do México ao Nafta impulsionou a atividade econômica, aumentou o valor da produção anual (PIB), ampliou o número de postos de trabalho industriais, e o país foi o que mais recebeu investimentos dos Estados Unidos na América. No entanto, a economia mexicana tornou-se ainda mais sujeita às decisões das grandes empresas e do governo estadunidense. Na crise econômica mundial de 2007-2008, por exemplo, a economia mexicana sentiu um forte abalo, sobretudo em decorrência de sua dependência dos negócios com os Estados Unidos.

Em 2018, para evitar o possível colapso do acordo, os três países o renovaram, dando-lhe novas características e passando a denominá-lo Acordo Estados Unidos-México-Canadá. Sua renegociação decorreu do aumento do *deficit* comercial dos Estados Unidos e da necessidade de implantação de algumas medidas, como restrição da transferência da indústria automotiva para o México, maior abertura no setor de laticínios no Canadá, maiores garantias à propriedade intelectual, maior fiscalização trabalhista (combate ao trabalho forçado e estabelecimento de valor mínimo de remuneração) e atualização das regras do comércio eletrônico, campo que passa por grande crescimento e que ainda era incipiente no ano da criação do Nafta. Esse novo acordo depende da aprovação das Assembleias dos três países envolvidos.

Explore

1. O que são empresas *maquiladoras*?
2. Observe o mapa e responda: onde as empresas *maquiladoras* se concentram no México e o que justifica, de modo geral, a localização delas?

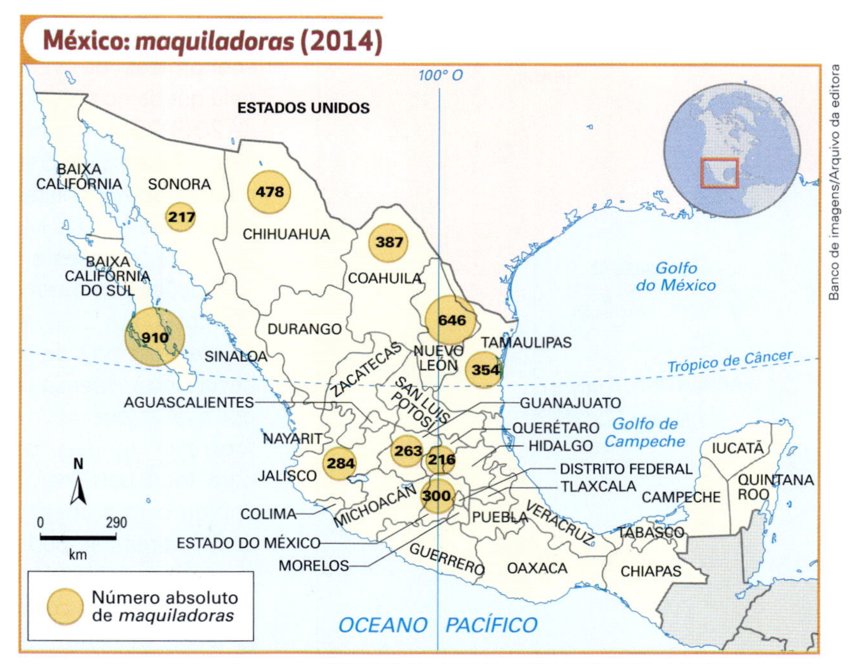

Elaborado com base em: CONSEJO NACIONAL DE LA INDUSTRIA MAQUILADORA Y MANUFACTURERA DE EXPORTACIÓN. *Reporte Económico de la Maquiladora*. Disponível em: www.index.org.mx. Acesso em: out. 2019.

Mercosul

O Mercado Comum do Sul (Mercosul) foi criado em 1991, quando Brasil, Argentina, Paraguai e Uruguai assinaram o Tratado de Assunção, um acordo de livre-comércio. No entanto, somente em 1995 foi formada oficialmente a união aduaneira entre esses países. Bolívia, Chile, Peru, Colômbia, Equador, Guiana e Suriname participam do Mercosul como membros associados, ou seja, suas relações com os demais países do bloco restringem-se ao âmbito da zona de livre-comércio, não participando da união aduaneira nem das negociações que envolvem aspectos relacionados à criação do mercado comum.

Bolívia, Peru, Colômbia e Equador fazem parte da Comunidade Andina das Nações (CAN). A Venezuela também fazia parte desse bloco, mas retirou-se depois que a Colômbia e o Peru, individualmente, assinaram tratados bilaterais de livre-comércio com os Estados Unidos. O Equador também foi convidado para ser membro pleno do Mercosul em 2012.

Em 2005, a Venezuela foi admitida como membro pleno do Mercosul, mas a efetivação da adesão ocorreu somente em 2012, depois que o Paraguai, cujo Senado não aceitava a entrada da Venezuela, foi suspenso do bloco. A suspensão do Paraguai deu-se por causa da deposição do presidente Fernando Lugo (1951-), retirado do poder em um processo de *impeachment* que durou 30 horas. Os demais governantes do Mercosul entenderam que ficou caracterizado um golpe de Estado. Em 2013, o Paraguai retornou ao bloco, após eleições democráticas no país.

A Venezuela representa um mercado importante para os produtos dos demais membros, particularmente para o Brasil. Parcerias entre os dois países são consideradas estratégicas para ampliar a capacidade de produção, refino e transporte, tanto de petróleo quanto de gás. A aproximação entre esses dois países torna o bloco uma potência em termos petrolíferos, considerando que a Venezuela tem as maiores reservas do globo e o Brasil tem o potencial do pré-sal. Nessa perspectiva, a ampliação do Mercosul pode não ser bem-vista pelas potências ocidentais, particularmente pelos Estados Unidos.

Entretanto, os sérios problemas econômicos da Venezuela, causados pela queda no preço do petróleo a partir de 2013-2014, e também sua crise política, marcada pelo crescimento de movimentos oposicionistas para derrubar o governo de Nicolás Maduro, acusado de manipular eleições e ser visto por muitas nações como um ditador, levaram o Mercosul, em 2017, a novamente suspender esse país do bloco (a Venezuela havia sido suspensa também em 2016), por avaliar que ocorreu ruptura da democracia no país, condição essencial para todo país-membro. Essa decisão contou com a chegada de políticos de centro-direita ao poder nos demais países-membros do Mercosul e a perda do apoio que o país contava antes, com os governos de centro-esquerda.

Mercosul (2019)

Elaborado com base em: MERCOSUL. Disponível em: www.mercosur.int/quienes-somos/paises-del-mercosur. Acesso em: out. 2019.

SECOM/UNILA

A Universidade Federal da Integração Latino-Americana (Unila) foi criada pelo governo brasileiro, em 2010, com o propósito de favorecer maior integração entre os países do Mercosul. Sua localização, em Foz do Iguaçu (PR), é estratégica por estar em área de tríplice fronteira entre Brasil, Argentina e Paraguai. Foto de 2020.

Os países-membros fundadores do Mercosul representam cerca de 67% da população sul-americana e 76% do PIB dessa parte do continente. Ao longo da primeira década do século XXI, as relações comerciais entre os países-membros tiveram avanços, e alguns projetos de infraestrutura, como estradas, hidrovias e hidrelétricas, foram desenvolvidos levando em conta o crescimento desse mercado.

Alguns setores econômicos dos países que integram o bloco ficaram prejudicados com a concorrência externa, mas no início as trocas comerciais se intensificaram. Calcula-se que o comércio entre os países do bloco aumentou em 12 vezes nos últimos 20 anos. Várias empresas brasileiras instalaram-se no Uruguai e, principalmente, na Argentina. Diversos produtos agropecuários e alimentícios uruguaios e, sobretudo, argentinos passaram a ser vendidos em maior quantidade no mercado brasileiro. No entanto, é significativo o *superavit* do Brasil com os parceiros do Mercosul, uma vez que a capacidade de produção industrial brasileira é bem superior à dos demais países do bloco.

O turismo foi outro setor que registrou forte crescimento entre os países do Mercosul, em parte por causa da facilidade de trânsito, com a eliminação de visto de entrada para os cidadãos dos países-membros.

Em 2011, a Argentina passou a impor restrições a produtos importados, incluindo os brasileiros. Naquele período, os argentinos enfrentavam uma fuga de capitais (saíram do país cerca de 20 bilhões de dólares naquele ano) e tentavam manter a balança comercial superavitária. Entretanto, essas restrições contrariavam as regras da OMC, e a União Europeia e os Estados Unidos entraram com ação junto à organização. Tais medidas fizeram o comércio entre os dois maiores parceiros do Mercosul (Brasil e Argentina) recuar a partir do início de 2012. Isso repercutiu negativamente na indústria brasileira, uma vez que a maior parte das mercadorias vendidas pelo Brasil, não somente à Argentina mas também aos demais membros do Mercosul, é formada por bens industrializados. Além disso, é preciso considerar que a Argentina é o terceiro maior parceiro comercial do Brasil. Outro fator que fez o comércio do Brasil com o Mercosul diminuir foi o aumento do volume de trocas dos demais membros do bloco com os Estados Unidos e sobretudo com a China.

! Dicas

Mercosul

www.mercosur.int

Portal oficial do Mercosul, no qual são apresentadas diversas informações sobre o funcionamento do bloco, como os regimes tarifários e a circulação de pessoas entre os países.

Duas décadas de Mercosul

De Renato Luiz Rodrigues Marques. São Paulo: Aduaneiras, 2011.

O livro discorre sobre os 20 anos do Mercosul e tem como objetivo destacar os aspectos do processo negociador de formação do bloco, bem como seus mecanismos econômicos e comerciais no contexto da estrutura produtiva nacional, além dos desafios para sua inserção competitiva e adequada no mercado internacional.

Explore

1 Leia o gráfico e responda aos itens a e b, abaixo:

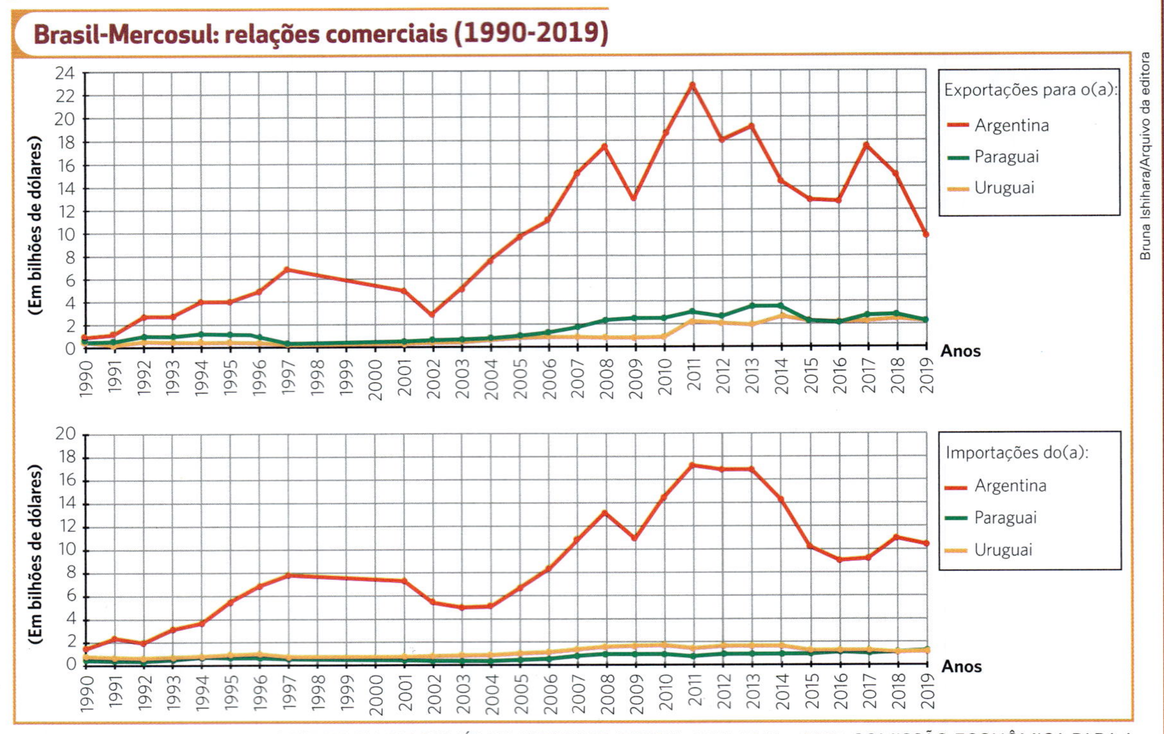

Elaborado com base em: SECRETARIA DE COMÉRCIO EXTERIOR (SECEX), 1998, 2001 e 2005; COMISSÃO ECONÔMICA PARA A AMÉRICA LATINA E O CARIBE (CEPAL). *Anuário Estatístico da América Latina e do Caribe 2006*. p. 249; Ministério do Desenvolvimento, Indústria e Comércio Exterior (MDIC). Disponível em: http://www.mdic.gov.br/index.php/comercio-exterior/estatisticas-de-comercio-exterior/series-historicas. Acesso em: dez. 2019.

a) Qual é o principal parceiro comercial do Brasil no Mercosul?

b) O que explica as oscilações abruptas no volume de comércio entre Brasil e Argentina?

2 Qual é a importância da Venezuela para o Mercosul?

3 O que causou as suspensões de países do Mercosul?

Apesar de, para uma enorme quantidade de produtos, ainda não vigorar a Tarifa Externa Comum (TEC), que caracteriza uma união aduaneira de fato, o bloco tem tomado iniciativas importantes nas negociações comerciais no âmbito da OMC e com outros blocos que atendam aos interesses comuns dos países do Mercosul, além de alianças com outros países sul-americanos. Um exemplo foi o acordo assinado em 2007 com Israel, em vigor desde 2010, para formação de uma zona de livre-comércio. Em 2019, cerca de 95% das exportações e importações entre Mercosul e Israel estavam isentas de imposto.

Em junho de 2019, Mercosul e União Europeia assinaram um acordo de livre-comércio após 20 anos de negociações. Sua efetivação, entretanto, ainda depende de avaliação técnica e jurídica dos documentos assinados, que depois serão submetidos à Assembleia do Mercosul e ao Parlamento Europeu para que sua aprovação seja votada.

Pelo acordo, a expectativa é de que, em 10 anos, 90% das exportações do Mercosul para a UE não sejam mais tarifadas, o que poderá aumentar bastante o comércio entre os países dos dois blocos, que já é expressivo — atualmente, a UE é a segunda principal compradora do Mercosul, responsável por 20% do volume negociado, ficando atrás apenas da China. No Brasil, a expectativa é de que o acordo gere cerca de 778,4 mil empregos e aumente as exportações em 9,9 bilhões de dólares.

Apec e Tratado Integral e Progressista de Associação Transpacífico

A **Cooperação Econômica Ásia-Pacífico** (Apec, na sigla em inglês) foi criada em 1989 e oficializada em 1993. Ela é um fórum ou organismo internacional para consulta e cooperação econômica com previsão de livre-comércio entre os 21 países da região até 2020. A Apec responde por cerca de metade do PIB global e 40% do comércio mundial.

Se, na criação da Apec, os governantes dos Estados Unidos tinham a preocupação de fazer frente ao poder da União Europeia, mais recentemente, a geopolítica e os interesses estadunidenses querem reforçar uma estrutura de integração que deixa de fora a China, a maior potência do comércio global.

Em 2015, os Estados Unidos, o Japão e mais nove países banhados pelo oceano Pacífico oficializaram, sem a participação da China — apesar de sua importância econômica e localização geográfica —, o processo de criação da **Aliança do Pacífico ou Parceria Transpacífico** (TPP, na sigla em inglês). Potencialmente o maior acordo de livre-comércio do mundo, previa reduzir tarifas de importação para mercadorias e determinar padrões uniformes para os setores de investimento, questões ambientais, direitos trabalhistas e propriedade intelectual, por exemplo.

A decisão de retirar os Estados Unidos do acordo, feita pelo presidente Donald Trump no primeiro mês de mandato, em 2017, colocou em dúvida a concretização desse bloco econômico. Os países remanescentes, no entanto, conseguiram manter negociações para consolidação, que ainda depende de assinaturas e aprovações dos países signatários, e, no início de 2018, apresentaram uma nova proposta. Rebatizado de **Tratado Integral e Progressista de Associação Transpacífico**, e sendo reconhecido como TPP11, o acordo ainda sustenta relevância por seu potencial mercado, com cerca de 500 milhões de consumidores e aproximadamente um sexto do PIB mundial, além de sua dispersão espacial por três continentes.

Tratado Integral e Progressista de Associação Transpacífico (2018)

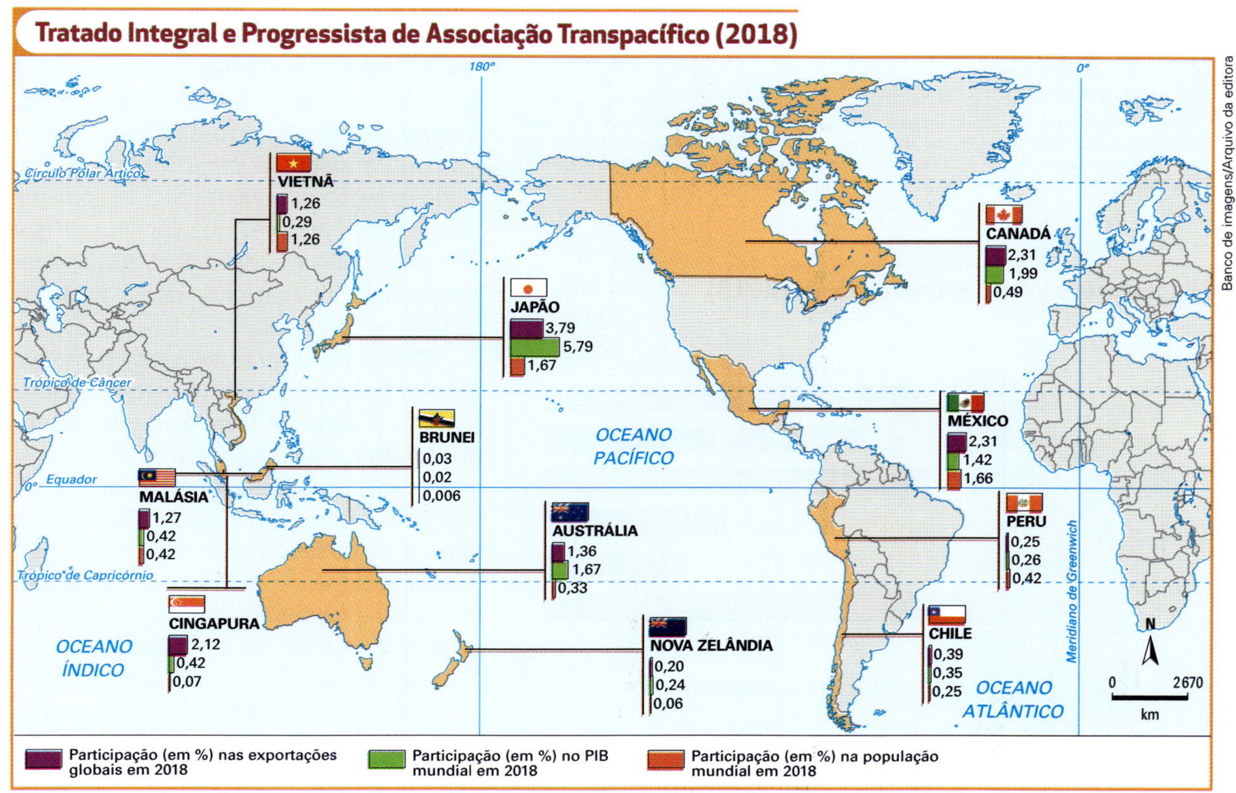

Elaborado com base em: BANCO MUNDIAL, FMI e OMC, 2015, e *Folha de S.Paulo*, 6 out. 2015. p. A-13.

União Africana

Desde o fim do século XX, após a descolonização, alguns países da África buscaram parcerias comerciais para estimular o desenvolvimento econômico e ter maior independência financeira dos países de outros continentes — muitos em busca dos recursos energéticos, minerais e agrícolas africanos, sobretudo Estados Unidos e, já no século XXI, China. A agremiação em blocos geoeconômicos dos países africanos é ainda uma estratégia para proteger suas economias, pautadas pelo fornecimento de *commodities*, cujos preços oscilam no mercado mundial e são majoritariamente controlados pelos países centrais do sistema capitalista.

África: blocos econômicos (2019)

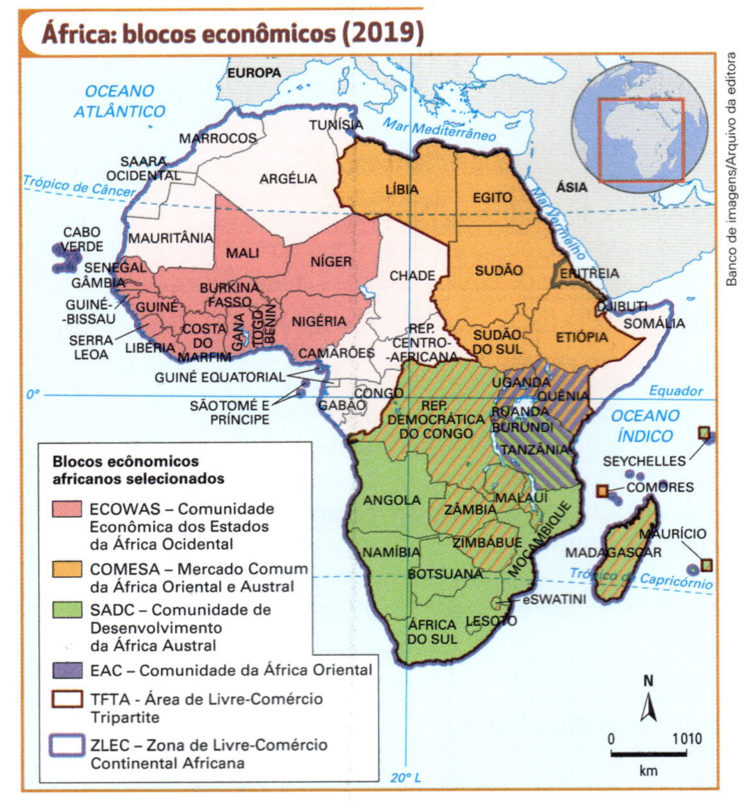

Banco de imagens/Arquivo da editora

Elaborado com base em: IBGE. Disponível em: https://atlasescolar.ibge.gov.br/images/atlas/mapas_mundo/mundo_blocos_economicos.pdf; SIGNÉ, Landry; VEN, Colette van der. *Keys to success for the AfCFTA negotiations*. Disponível em: www.brookings.edu/wp-content/uploads/2019/05/Keys_to_success_for_AfCFTA.pdf. Acesso em: mar. 2020.

A Organização da Unidade Africana (OUA) foi criada em 1963 com o objetivo de apoio mútuo no enfrentamento das marcas do colonialismo, estabilização dos países recém-independentes, promoção da cooperação entre os Estados e potencialização da representatividade e demanda do continente diante dos organismos multilaterais, como a ONU, que interferiam em suas resoluções. A OUA foi pouco efetiva na concretização de tantos objetivos, mas possibilitou a articulação dos países para o bom encaminhamento do processo de descolonização no continente e conseguiu atenção internacional.

Em 2012, a OUA foi substituída por um novo bloco geoeconômico, mais semelhante aos blocos consolidados por outros países: a **União Africana** (UA). Em linhas gerais, a UA também visa à promoção do desenvolvimento econômico e social de todos os 55 países-membros. Sua força política, advinda de sua abrangência, possibilitou a criação do Conselho de Paz e Segurança com poderes legítimos para realizar ou coordenar intervenções militares nos conflitos civis e étnicos na África, e assim obter maior reconhecimento internacional na condução da política no continente.

Exportações intra e extrarregionais (2018)

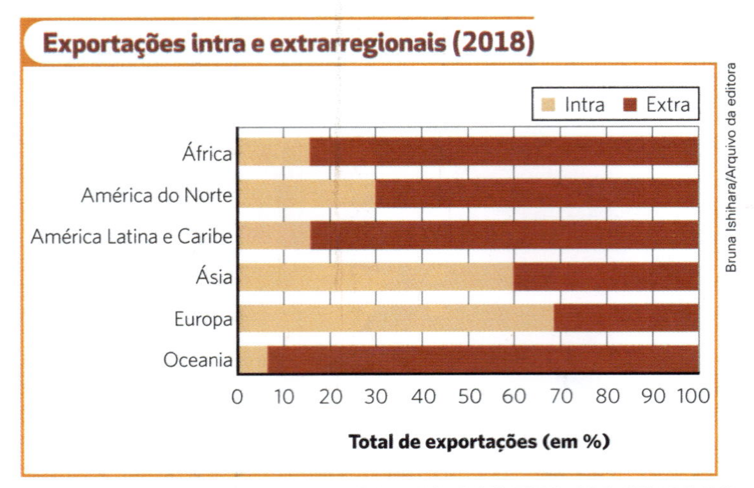

Bruna Ishihara/Arquivo da editora

Elaborado com base em: UNITED NATIONS CONFERENCE ON TRADE AND DEVELOPMENT (UNCTAD). *Handbook of Statistics 2019*. p. 20. Disponível em: https://unctad.org/en/PublicationsLibrary/tdstat44_en.pdf. Acesso em: jun. 2020.

Para levar adiante seus objetivos, em 2019, os países da UA (exceto a Eritreia) criaram a **Zona de Livre-Comércio Continental Africana** (ZLEC, na sigla em francês, ou AfCFTA, na sigla em inglês), com previsão para entrada em vigor em 2020. Com isso, os 54 países signatários pretendem estimular o comércio dentro do próprio continente, que tem participação pequena no comércio exterior de cada país (cerca de 16%, em média), e a entrada de investimentos de outros continentes. Os sindicatos de trabalhadores, porém, receiam que as importações causem falência de indústrias em países menos competitivos.

Atividades

1 Em que anos ou período ocorreram os maiores crescimentos e retrações no comércio mundial? O que pode explicar essas oscilações?

2 Indique os motivos para o crescimento do comércio internacional a partir das últimas décadas do século XX.

3 A OMC foi criada em 1995 em substituição ao GATT, após a Rodada do Uruguai, que se estendeu de 1986 a 1994. Explique o papel da OMC no comércio global.

4 Caracterize resumidamente as modalidades de blocos econômicos existentes no mundo atual. Cite exemplos de blocos que se enquadram em cada modalidade.

5 A tabela a seguir apresenta dados relativos a três países integrantes de um mesmo bloco econômico supranacional em 2018.

País	População em milhões de habitantes	PIB em trilhões de dólares
A	37	1,709
B	126	1,224
C	327	20,494
MUNDO	7.594	85,791

Elaborado com base em: BANCO MUNDIAL. Disponível em: www.worldbank.org. Acesso em: set. 2019.

a) Que países as letras **A**, **B** e **C** da tabela representam, respectivamente?
b) Indique o nome e o tipo de integração econômica existente entre esses países.
c) Aponte duas consequências positivas e duas negativas para o país menos desenvolvido do bloco.

6 Leia a charge a seguir para responder às questões ao lado.

© Vitaliy Podritsky/Acervo do cartunista

Disponível em: https://br.sputniknews.com/charges/201606275310005-brexit-domino-europa. Acesso em: out. 2019.

a) A que bloco econômico e a que evento a charge faz referência?
b) Que mensagem a charge transmite?
c) Que consequências pode haver para a população e para as empresas com a consolidação desse fato representado na charge?

7 Leia o texto publicado na página ONU News e responda às questões.

> O diretor do Escritório Regional da África Central da Comissão Econômica da ONU para a África, ECA, António Pedro, falou à ONU News sobre a Área de Livre-Comércio Africana que entrou em vigor em 30 de maio [2019]. Pelo acordo continental, que passou a valer há uma semana, devem ser suprimidas tarifas de 90% dos produtos comercializados entre mais de 50 nações da União Africana.
>
> Disponível em: https://news.un.org/pt/tags/comissao-economica-da-onu-para-africa-0. Acesso em: dez. 2019.

a) Além da ECA e da União Africana, que outras comunidades e blocos econômicos de destaque estão presentes na África?
b) Que obstáculos apresentados aos países africanos dificultaram maior êxito da Organização da Unidade Africana (OUA), criada em 1963?

CAPÍTULO 11

Este capítulo favorece o desenvolvimento das habilidades:

EM13CHS101

EM13CHS202

EM13CHS205

Energia no mundo atual

Os sistemas de energia são fundamentais para o desenvolvimento econômico e social, mas a utilização de fontes de energia tradicionais causa grandes impactos socioambientais, que afetam o próprio modelo de desenvolvimento, a qualidade de vida da população, a atmosfera, os oceanos e a biodiversidade em geral.

NOAA/NASA

Montagem feita com imagens de satélite que mostram as luzes das cidades da Terra à noite. Imagens de 2016.

Contexto

1. Que regiões ou países são mais intensamente iluminados? Que continente se destaca pela menor extensão de áreas iluminadas?
2. Que fatores determinam a iluminação mais intensa nas áreas mostradas na imagem?
3. Que fontes energéticas são utilizadas para gerar eletricidade?

Consumo de energia e produção do espaço

Você já parou para pensar em sua rotina e em como as atividades que realiza estão atreladas ao consumo de energia?

Grande parte da população mundial depende da energia, de forma indireta, como a que é utilizada na produção industrial e agrícola, ou direta, por exemplo, no uso de combustíveis nos veículos e da eletricidade. Contudo, de acordo com dados do Banco Mundial, em 2018, 1 bilhão de pessoas viviam sem eletricidade e, sem alternativas energéticas necessárias a suas atividades diárias, muitas recorriam à lenha. Esse cenário tem relação com a produção do espaço, que evidencia o desenvolvimento das fontes de energia e as relações sociais, políticas e econômicas estabelecidas, ou seja, as territorialidades presentes no espaço.

Quang nguyen vinh/Shutterstock

Mulheres cozinham em tradicional fogão a lenha no distrito de Băc Yên, no Vietnã. Foto de 2019.

Mundo: maiores consumidores de energia primária (2018)

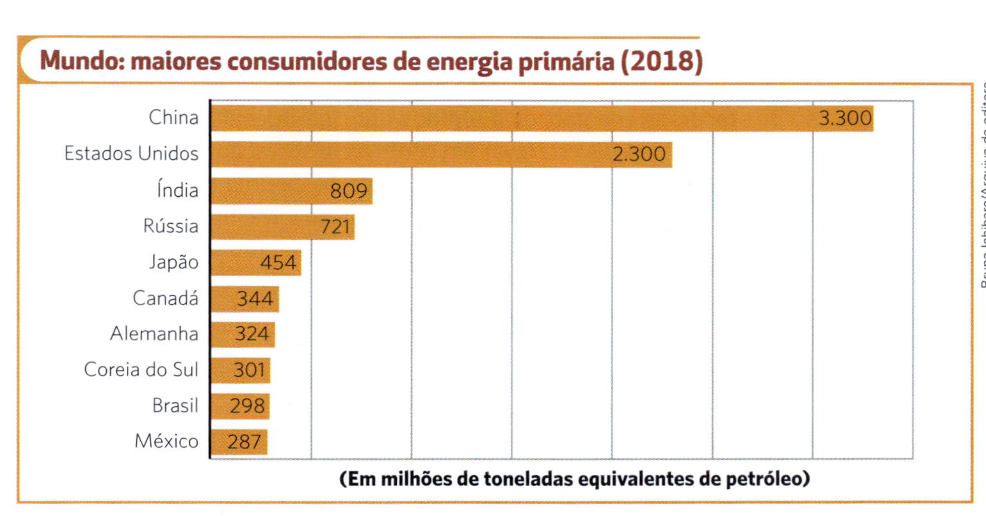

Bruna Ishihara/Arquivo da editora

Elaborado com base em: www.statista.com/statistics/263455/primary-energy-consumption-of-selected-countries. Acesso em: nov. 2019.

Produto Interno Bruto (2018)

Classificação	País	Milhões de dólares
1	ESTADOS UNIDOS	20.494.100
2	CHINA	13.608.152
3	JAPÃO	4.970.916
4	ALEMANHA	3.996.759
5	REINO UNIDO	2.825.208
6	FRANÇA	2.777.535
7	ÍNDIA	2.726.323
8	ITÁLIA	2.073.902
9	BRASIL	1.868.626
10	CANADÁ	1.709.327

Elaborado com base em: The World Bank. Disponível em: https://databank.worldbank.org/data/download/GDP.pdf. Acesso em: nov. 2019.

Desenvolvimento econômico e energia

O grau de desenvolvimento econômico de um país tem relação direta com o consumo de energia. Os países desenvolvidos são grandes consumidores por causa do dinamismo da sua economia e do elevado padrão de consumo de sua população.

Até a primeira metade do século XX, existia muita energia disponível, o petróleo era uma fonte barata e não havia a consciência coletiva sobre os impactos ambientais decorrentes da sua utilização em grande escala.

A difusão dos meios eletrônicos e as transformações verificadas no decorrer da **Revolução Técnico-científica-informacional** resultaram em uma **demanda crescente de energia**. Acrescente-se a isso o crescimento econômico em algumas regiões do globo, sobretudo na Ásia, nas três últimas décadas. O aumento populacional nesse continente, assim como na América do Sul, em especial no Brasil, também ampliou a necessidade de fontes energéticas.

O aumento do número de automóveis em circulação, marcante nas sociedades industrializadas, levou à queima de maior volume de **combustíveis fósseis**. Assim, nas últimas décadas, a produção de energia no planeta elevou-se consideravelmente, e a questão ambiental passou a ser um tema relevante.

Combustível fóssil: originado da decomposição de restos de seres vivos após milhões de anos. Exemplos: petróleo, carvão mineral, gás natural e xisto pirobetuminoso.

Tipos de energia e matriz energética

A ampliação dos recursos energéticos é um dos principais desafios das sociedades contemporâneas. Essa expansão deveria levar em conta a conservação do ambiente, com o emprego de fontes renováveis e menos poluidoras. Trata-se de uma tarefa difícil, pois a principal fonte energética no mundo ainda é o petróleo, que envolve interesses de empresas, entre as maiores do mundo, e disputas entre países pelo controle ou influência nas grandes áreas de produção mundial, como o Oriente Médio e a Ásia Central.

Considerando o consumo, os combustíveis fósseis representavam, em meados da década de 2010, mais de 80% da matriz energética mundial.

Composição da matriz energética — energia primária (2014)

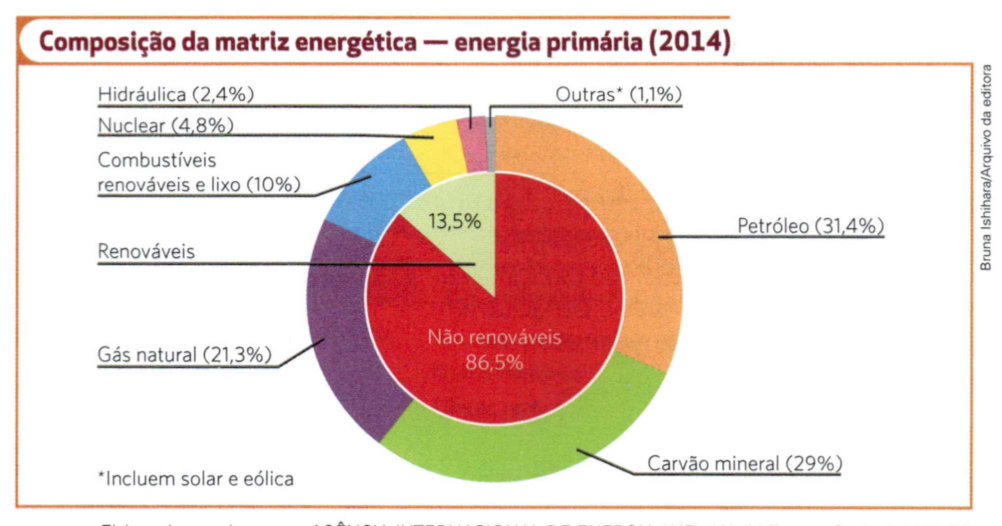

Elaborado com base em: AGÊNCIA INTERNACIONAL DE ENERGIA (AIE). *World Energy Outlook 2014*; BP. *Statistical Review of World Energy 2015*. *Exame*, ed. 1099, ano 49, n. 19. p. 145, 14 out. 2015.

A substituição de fontes de energia não renováveis por outras renováveis e com menores índices na emissão de gases do efeito estufa (como dióxido de carbono, metano e óxido nitroso) é essencial ao combate às consequências nocivas do aquecimento global. Contudo, é impossível traçar uma estratégia energética voltada para as futuras gerações que não considere a reestruturação da sociedade, desde a maneira de produzir até o modo de consumir, atualmente baseado no desperdício. É fundamental que a sociedade se conscientize da necessidade de rever hábitos de consumo e estilo de vida.

Fontes de energia

As fontes de energia podem ser classificadas em:

- **renováveis e não renováveis:** os combustíveis fósseis, resultantes da decomposição de material orgânico, são fontes não renováveis, pois levam milhões de anos para serem formados. Já a **biomassa** é uma fonte renovável, pois pode regenerar-se em um tempo relativamente curto e, portanto, ser virtualmente inesgotável. A biomassa provém do processamento de matéria orgânica viva, como a cana-de-açúcar, matéria-prima da produção do etanol, e as plantas oleaginosas, das quais se obtém o biodiesel.
- **primárias e secundárias:** as fontes primárias são as disponíveis na natureza, como lenha, água, petróleo, carvão, etc. As fontes secundárias são derivadas da transformação das primárias em outras formas de energia: eletricidade, gasolina, óleo *diesel*, etc.
- **convencionais e alternativas:** a base energética da sociedade na qual vivemos, como o carvão, o petróleo, o gás natural e a hidreletricidade, é convencional. As fontes como a biomassa, a eólica, a solar, a maremotriz e a geotérmica são alternativas ao modelo energético tradicional por serem utilizadas em menor escala, por sua disponibilidade e por seu menor impacto ambiental.

Biomassa: quantidade total de matéria viva (vegetal, animal e microrganismos) existente em um ecossistema. Exemplos: lenha, produtos e detritos agrícolas e florestais, excrementos de animais.

Combustíveis fósseis: geologia

Petróleo

A formação do petróleo deve-se à alteração de matéria orgânica vegetal ou animal de origem oceânica retida no subsolo — processo que pode levar milhões de anos. Assim, encontra-se petróleo nos subsolos oceânicos ou em locais que estiveram cobertos por mares (terrenos sedimentares do Período Cretáceo da Era Mesozoica e do Período Terciário da Era Cenozoica).

Há pouco mais de um século, o petróleo tornou-se um produto de extrema importância para os meios produtivos. Possibilitou o desenvolvimento de um dos setores mais dinâmicos da economia capitalista — a indústria automobilística.

As transformações técnicas verificadas no decorrer da Terceira Revolução Industrial alteraram os processos de produção e de circulação de informações, permitindo o surgimento de novas atividades (veja também o capítulo 12). No entanto, apesar dos avanços tecnológicos, o aperfeiçoamento da geração de energia nuclear e os investimentos em energias alternativas, até o momento, não alteraram significativamente o consumo do petróleo como fonte de energia.

A maior parte da produção mundial de petróleo é destinada à produção de combustível para o setor de transporte, para as atividades industriais, para a calefação doméstica e para a **geração de energia produzida nas termelétricas**.

Geração de energia em usina termelétrica — esquema simplificado

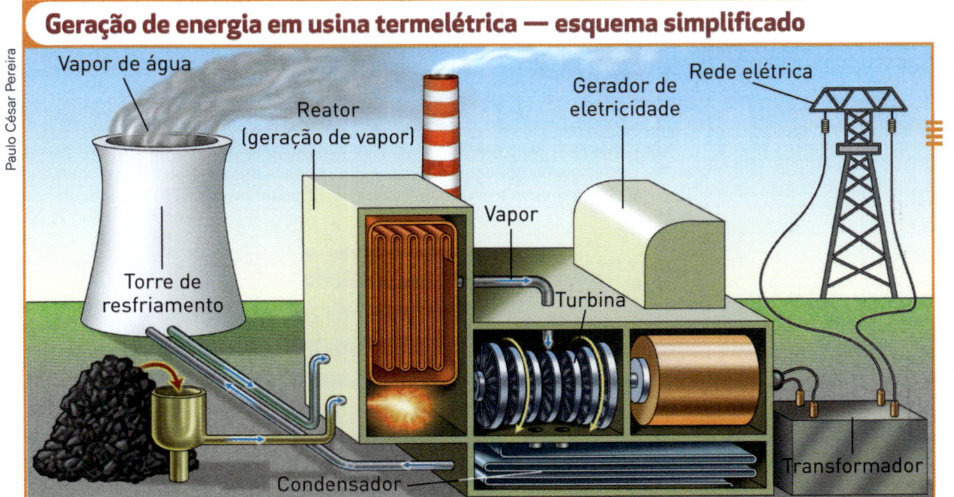

Elaborado com base em: ELETROBRAS, 2000.

CORES FANTASIA

IMAGEM FORA DE PROPORÇÃO

Nas usinas termelétricas, o calor resultante da queima do óleo combustível ou do carvão mineral aquece a água da caldeira, que se transforma em vapor, movimentando a turbina (energia mecânica). A turbina aciona o gerador, que transforma a energia mecânica em eletricidade.

A **atividade agrícola também é dependente do petróleo**, utilizado como combustível nas máquinas agrícolas, no bombeamento de água para irrigação e como matéria-prima para a produção de fertilizantes e defensivos.

Ainda é difícil imaginar um mundo sem o petróleo, por isso o grande desafio da humanidade é substituí-lo por fontes alternativas, eficientes, renováveis e menos poluentes.

Muito se especula sobre o tempo que resta para esse recurso se esgotar. É preciso considerar, porém, que todas as previsões são relativas, pois se baseiam no consumo e na produção e nas reservas conhecidas, elementos em contínua mudança.

Principais reservas, países produtores e consumidores

As mais importantes reservas mundiais de petróleo estão concentradas em poucas regiões: Oriente Médio (cerca de 48%), Golfo do México, sul dos Estados Unidos, Lago de Maracaibo e Bacia do Rio Orinoco (Venezuela), Sibéria (Rússia) e Golfo de Bohai (China). Arábia Saudita, Rússia, Estados Unidos, Irã, Iraque, Kuwait, China, México, Venezuela e Canadá são responsáveis por cerca de 60% do petróleo produzido no mundo.

Mundo: principais produtores e maiores reservas de petróleo (2018)

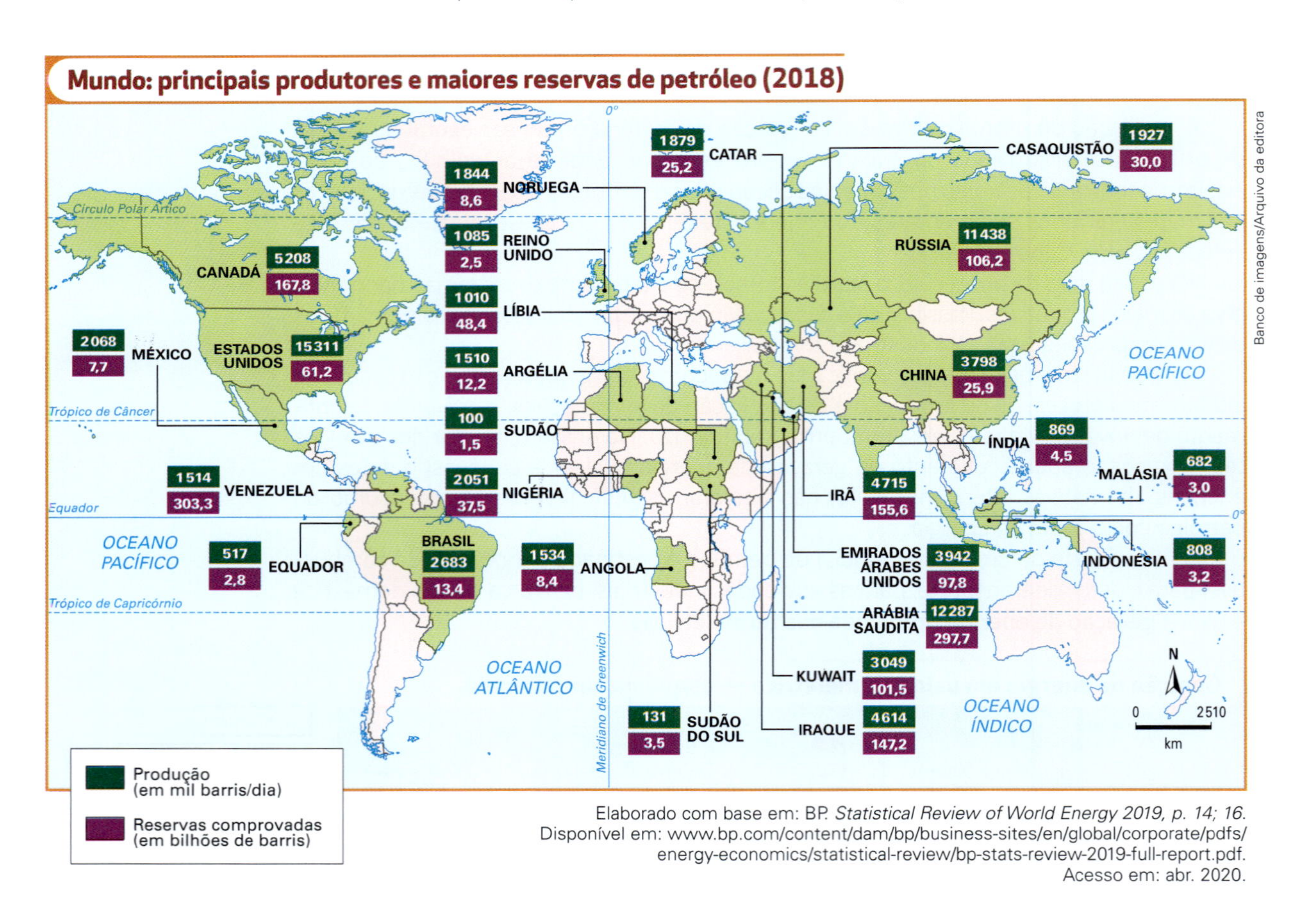

Elaborado com base em: BP. *Statistical Review of World Energy 2019, p. 14; 16.* Disponível em: www.bp.com/content/dam/bp/business-sites/en/global/corporate/pdfs/energy-economics/statistical-review/bp-stats-review-2019-full-report.pdf. Acesso em: abr. 2020.

Questões ambientais

O deslocamento de petróleo das áreas produtoras para as principais regiões industriais do globo é responsável por boa parte do comércio marítimo, mas o petróleo também é transportado por oleodutos.

Esse intenso transporte transformou esse recurso em agente poluidor não apenas quando é queimado na forma de combustível, mas também quando há acidentes com navios ou plataformas pretolíferas no oceano.

HO/Governo do Estado de Pernambuco/Agência France-Presse

Mancha de óleo perto de praia no município de Maragogi (AL), onde atingiu corais, em outubro de 2019.

O ano de 1967 marcou o início de outra forma de poluição pelo petróleo: as marés negras. Nesse ano, o navio-petroleiro Torrey Canyon bateu contra um recife na costa britânica, lançando ao mar cerca de 136 milhões de litros de petróleo e causando a morte de animais e plantas. De lá para cá, ocorreram vários incidentes de grande impacto ambiental com petroleiros.

Em 2011, uma fissura nas rochas no fundo do oceano, causada por falhas na operação da empresa estadunidense Chevron, provocou no Brasil o derramamento de mais de 2.400 litros de petróleo. Esse vazamento, a 120 km da costa do Rio de Janeiro (Campo do Frade), gerou questionamentos sobre os riscos de exploração de petróleo do pré-sal, feita em grande profundidade, considerando-se que qualquer vazamento provocado por acidente é bastante difícil de conter.

Entre agosto e novembro de 2019, diversas manchas de óleo (petróleo cru) atingiram os litorais de estados nordestinos e do Espírito Santo e do Rio de Janeiro, poluindo praias, desembocaduras de rios e áreas de manguezais, afetando a flora e a fauna e prejudicando o desenvolvimento de atividades econômicas, como a pesca, a coleta de animais e o turismo. Trata-se do maior acidente ambiental em extensão no Brasil. Ao todo, mais de 1000 locais em 11 estados foram atingidos pelas manchas.

Até meados de 2020, as causas dessas manchas eram desconhecidas, mas suspeitava-se de que algum navio-petroleiro, trafegando pelas águas próximas ao Nordeste brasileiro, tivesse derramado o óleo no mar.

Além disso, nos últimos anos, vários vazamentos foram detectados ao longo das bacias petrolíferas no território brasileiro. Alguns, como o de agosto de 2019 no complexo portuário de Suape, em Ipojuca, próximo a Recife (PE), atingem, além das praias e outras áreas costeiras, ecossistemas que são de extrema importância para a reprodução da vida marinha, como os manguezais.

Voluntários removem óleo na areia de praia no município de Camaçari (BA), em novembro de 2019.

Geopolítica do petróleo

O petróleo, pela importância na economia capitalista mundial, é causa constante de intervenções militares lideradas pelas potências do Ocidente na defesa dos interesses das multinacionais petrolíferas nas regiões produtoras da Ásia, da África e da América Latina.

Até 1960, sete grandes empresas petrolíferas (cinco estadunidenses: Exxon, Texaco, Mobil, Amoco e Chevron; uma anglo-holandesa: Royal Dutch/Shell; e uma britânica: British Petroleum) controlavam grande parte da exploração e da comercialização do petróleo, determinando aumento ou redução de preços. Por causa dos acordos que faziam para a divisão do mercado mundial e das estratégias conjuntas que adotavam, eram chamadas de **"sete irmãs"**.

Cartel: associação de empresas que, em geral, atuam no mesmo ramo e estruturam um acordo para dominar o mercado de determinados produtos, formando um monopólio de mercado e disciplinando a concorrência.

Os principais países exportadores, que pouco se beneficiavam com o controle das "sete irmãs", resolveram mudar esse quadro. Em 1960, por meio do Acordo de Bagdá, criaram a **Organização dos Países Exportadores de Petróleo** (**Opep**), um forte **cartel**, formado atualmente por 12 países: Arábia Saudita, Irã, Iraque, Kuwait, Emirados Árabes Unidos, Catar, Nigéria, Líbia, Argélia, Angola, Venezuela e Equador.

Por causa da importância do petróleo, os objetivos iniciais da Opep eram instituir uma política de preços comum e estabelecer cotas de produção, a fim de evitar a superprodução e a desvalorização do produto no mercado mundial.

Opep e a produção de petróleo (2018)

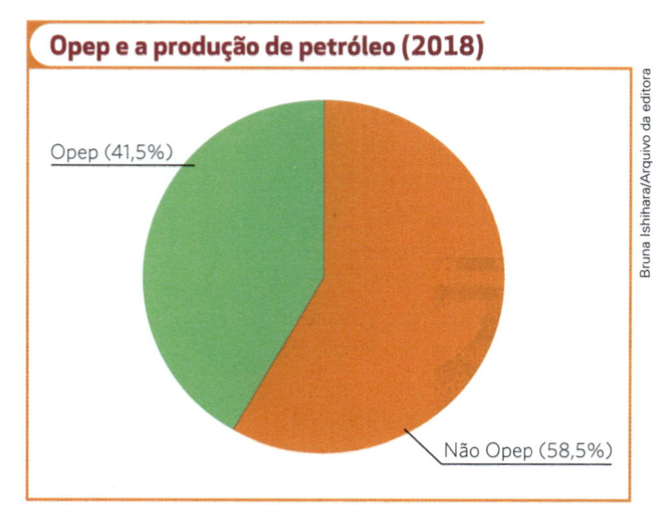

Elaborado com base em: BP. *Statistical Review of World Energy 2019*. Disponível em: www.bp.com. Acesso em: nov. 2019.

Em 1973, Egito e Síria, países árabes, realizaram um ataque simultâneo contra Israel no Dia do Perdão (Yom Kippur), importante data religiosa para os judeus. Os dois países pretendiam retomar terras perdidas em 1967, durante a Guerra dos Seis Dias, mas as tropas israelenses barraram o avanço árabe, ação que ficou conhecida como **Guerra do Yom Kippur**.

As potências capitalistas condenaram o ataque a Israel e esse foi o pretexto para a Opep reduzir o fornecimento de petróleo, o que elevou o preço do barril de 3 para 12 dólares. Foi o **primeiro choque do petróleo**.

Esse choque favoreceu as "sete irmãs", pois o aumento do preço do petróleo estimulava a exploração de jazidas de alto custo (as marítimas, por exemplo). Além disso, antevendo o grande aumento de preço, essas empresas já investiam desde os anos 1960 em outras fontes de energia, sobre as quais passaram a deter domínio tecnológico.

Apesar de dependerem de grande quantidade de petróleo importado, os Estados Unidos se beneficiaram do choque do petróleo de 1973, pois os países da Opep aplicaram no país, por meio da compra de títulos e de outras modalidades de investimento, bilhões de dólares que lucravam com a comercialização do petróleo (os petrodólares). Já os prejudicados foram os países importadores, em especial os em desenvolvimento industrializados — o Brasil foi um deles.

Em 1979, quando eclodiu a **Revolução Islâmica no Irã**, e em 1980, com o início de uma **guerra entre Irã e Iraque**, ocorreu o **segundo choque do petróleo**: o preço do barril passou de 17 para 34 dólares.

Em 1990, quando tropas iraquianas invadiram o Kuwait (**Guerra do Golfo**), o preço do barril ultrapassou os 40 dólares. No início de 1991, com a retirada dos iraquianos, o preço voltou a se estabilizar em torno dos 20 dólares, permanecendo assim durante boa parte da década de 1990.

Chip Hires/Gamma-Rapho/Getty Images

Poço de petróleo incendiado no Kuwait, 1991. Ao fim da Guerra do Golfo, naquele ano, as tropas iraquianas atearam fogo nos poços de petróleo no Kuwait, uma forma de dar prejuízo à concorrência. Na ocasião, bombeiros de diferentes países uniram-se para conter os focos de incêndio.

 **Dica**

Syriana: a indústria do petróleo

Direção de Stephen Gaghan. EUA, 2005. 126 min.

A trama conta as histórias de um agente da CIA que investiga terroristas no mundo, de um negociante de petróleo e de um advogado que trabalha na fusão de duas indústrias petroleiras. O entrelaçamento desses personagens revela uma intrincada rede que envolve petróleo, política, terrorismo, conspiração, corrupção e dilemas morais que impactam uma cadeia que vai além do que se imagina.

Questões no Oriente Médio

As oscilações no preço do petróleo são decorrentes, em boa parte, do fato de a maioria das reservas estar no Oriente Médio, região com forte instabilidade política. A influência externa que essa região passou a sofrer após a constatação da existência de grandes reservas de petróleo em seu subsolo, as disputas internas pelo poder, os conflitos entre palestinos e israelenses e o nacionalismo árabe — que se mistura, em muitos casos, ao fundamentalismo islâmico — constituem os principais motivos dessa instabilidade, que tem repercussão sobre o preço do petróleo e, consequentemente, sobre a economia mundial. Por causa disso, os países desenvolvidos vêm buscando diversificar a lista de fornecedores de petróleo.

Vahid Salemi/AP Photo/Glow Images

Refinaria em Asaluyeh, Irã. Foto de 2019.

Desdobramentos recentes

Em razão da crise de 2007-2008, com a desaceleração do crescimento econômico na China, que vinha apresentando forte expansão nas importações de petróleo, e por causa da ampliação da produção de **óleo à base de folhelho**, fonte alternativa nos Estados Unidos e também no Canadá, houve diminuição dos preços do barril do produto a partir de 2014. Essa situação é resultado também da estratégia dos governantes da Arábia Saudita, o maior produtor da Opep, que mesmo com os preços em queda não reduziram o nível de produção, pois têm como intenção inviabilizar a extração do óleo e do gás de folhelho — estima-se que o custo de extração do óleo de folhelho esteja entre 60 e 80 dólares por barril. E, em abril de 2020, com a crise econômica provocada pelo **novo coronavírus**, o preço do barril de petróleo atingiu o valor mais baixo neste século: 19 dólares.

A queda do preço do petróleo tem implicações significativas nas economias dos países que dependem das exportações dessa fonte de energia, como Venezuela e Rússia.

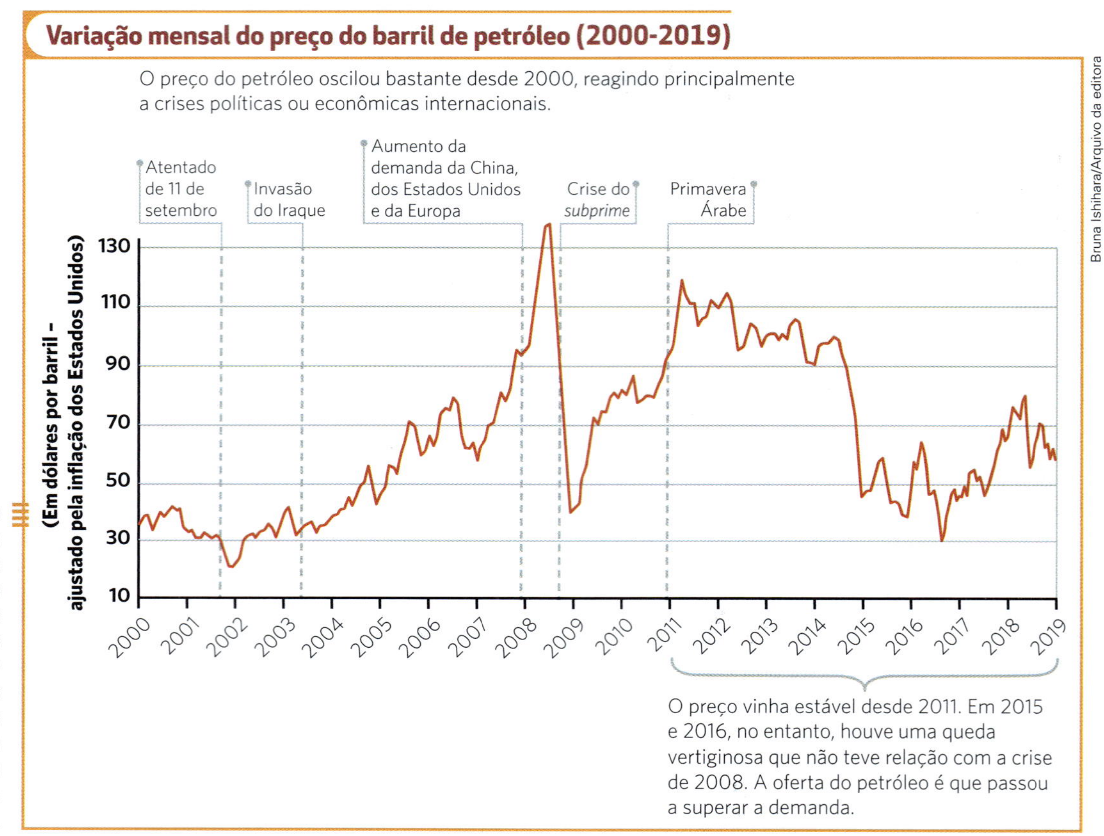

Variação mensal do preço do barril de petróleo (2000-2019)

Elaborado com base em: NEXO. Disponível em: www.nexojornal.com.br/grafico/2016/01/18/Um-hist%C3%B3rico-visual-da-queda-do-pre%C3%A7o-do-petr%C3%B3le. Acesso em: set. 2019; INDEXMUNDI. Disponível em: www.indexmundi.com/pt/pre%C3%A7os-de-mercado/?mercadoria=petr%C3%B3leo-bruto-brent&meses=60. Acesso em: dez. 2019.

Saiba mais

Folhelho e xisto

O folhelho é uma rocha de origem sedimentar detrítica (constituída sobretudo de detritos de outras rochas) com partículas argilosas e disposição estratificada, em finas lâminas. Nessa rocha sedimentar, se formada em regiões de lagos e mares, com presença de matéria orgânica, é possível encontrar óleo e gás. Comercialmente, esse óleo é denominado xisto, assim como o gás. Entretanto, o xisto propriamente é uma rocha metamórfica. O uso das expressões **óleo de xisto** e **gás de xisto** decorre justamente do fato de a rocha apresentar-se sob a forma laminar, que pode ser separada, cindida (***xisto*** vem do grego e significa "cindido").

Olho no espaço

Fluxos do petróleo

- Observe a representação a seguir e identifique as áreas de origem dos grandes fluxos de petróleo e explique-os.

Mundo: maiores fluxos de petróleo (em milhões de toneladas — 2018)

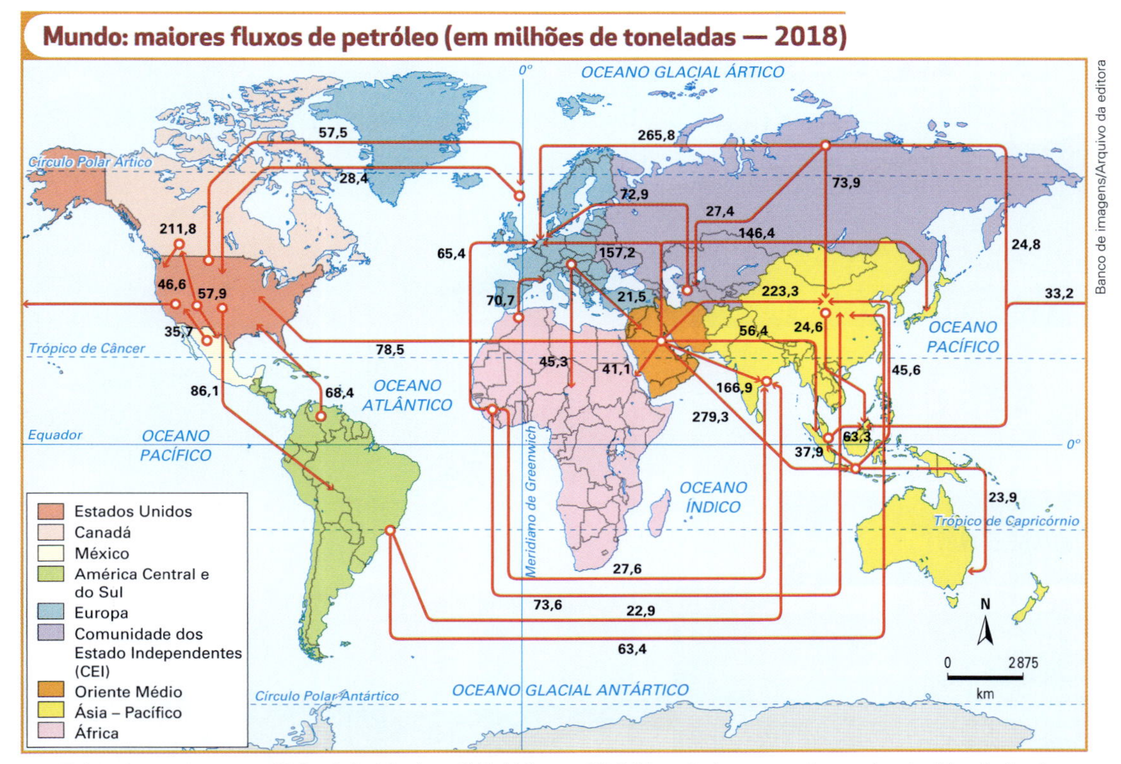

Elaborado com base em: BP. *Statistical Review of World Energy 2019*. Disponível em: www.bp.com/content/dam/bp/business-sites/en/global/corporate/pdfs/energy-economics/statistical-review/bp-stats-review-2019-full-report.pdf. Acesso em: nov. 2019.

Petróleo no Brasil

A exploração do petróleo no Brasil foi inaugurada com a criação da **Petróleo Brasileiro S.A.** (**Petrobras**), em 1953, durante o governo Getúlio Vargas. A empresa, com maior parte do capital estatal, criada em regime de **monopólio**, controlava todas as atividades de pesquisa, exploração e refino realizadas no subsolo do Brasil. Em 1963, estabeleceu-se o monopólio para as atividades de importação e exportação de petróleo e derivados.

Em 1973, a economia brasileira foi profundamente abalada pela crise internacional do petróleo: na época, o Brasil importava 85% do petróleo que consumia e, para não paralisar as importações, ampliou os empréstimos e o endividamento externo. Ainda na década de 1970, o Brasil descobriu sua maior jazida petrolífera, a **Bacia de Campos**, no Rio de Janeiro. De lá para cá, aumentou sucessivamente a produção de petróleo: em 2006, praticamente conquistou a autossuficiência na produção, mas a perdeu em 2011; de qualquer forma, reduziu os gastos com importações e minimizou os efeitos de eventuais crises no mercado petroleiro.

Em 1997, o governo pôs **fim ao monopólio** da Petrobras para exploração, refino e distribuição de petróleo no Brasil, e a **Agência Nacional de Petróleo** (**ANP**), órgão responsável pela regulamentação do setor, concedeu autorização a outras empresas petrolíferas para atuarem em território nacional.

Em 2007, foram descobertas jazidas na camada do subsolo oceânico brasileiro, a uma profundidade entre 5 mil e 7 mil metros, conhecidas como **pré-sal**. Elas estão concentradas na **Bacia de Santos**, que vai do litoral do Espírito Santo ao de Santa Catarina. Em 2012, foram encontradas reservas do pré-sal na **Bacia de Campos**.

Embora o Brasil detenha tecnologia própria para extração de petróleo em águas ultraprofundas, o custo dela ainda é muito alto: quando baixos os preços no mercado internacional, não compensa o investimento.

Brasil: pré-sal

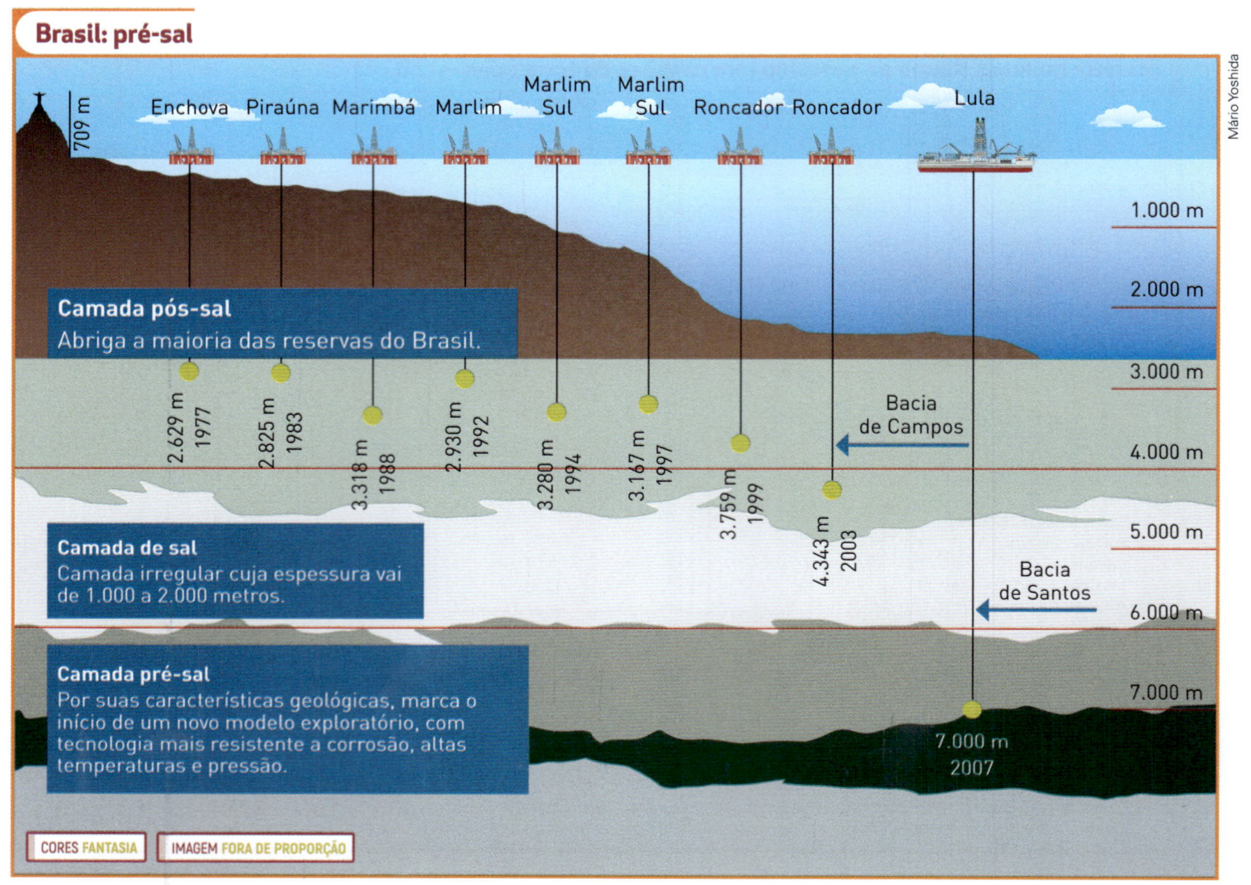

Elaborado com base em: PETROBRAS. Disponível em: www.petrobras.com.br. Acesso em: fev. 2016.

Para a exploração do pré-sal, foi estabelecido o sistema de **partilha de produção**, que inclui a participação da Petrobras em todos os novos campos. Essa participação pode ser total (100%) ou em associação com outras empresas. Nesse último caso, cabe à empresa brasileira um percentual mínimo de 30% em todos os consórcios. Entretanto, a queda no preço do petróleo a partir de 2014 fez a Petrobras diminuir as previsões de investimentos e levou o Senado a discutir projetos que visam ao fim de sua participação obrigatória nos campos de exploração.

De 2011 a 2015, a companhia foi alvo de controle do Ministério da Fazenda e submeteu-se a reduzir o valor dos combustíveis para estimular a economia e evitar impacto na inflação. O resultado foi desastroso, pois os planos de investimentos da empresa dependiam de que ela vendesse combustíveis a preço de mercado. Isso aumentou o endividamento da Petrobras.

Fizeram parte dos balanços negativos da Petrobras perdas por desvio de dinheiro. Em 2014, teve início uma investigação do Ministério Público do Paraná e da Polícia Federal sobre lavagem de dinheiro que culminou com a descoberta de um gigantesco caso de corrupção, que envolvia funcionários da Petrobras, políticos brasileiros, funcionários e donos de grandes **empreiteiras**. A investigação entrou para a história com o nome de **Operação Lava Jato**.

Empreiteira: empresa privada da construção civil.

Onde está o petróleo?

Mais de 90% do petróleo brasileiro é obtido no subsolo oceânico, principalmente na plataforma continental (em leito oceânico *offshore*), área do relevo submarino próximo do continente. Da plataforma continental do estado do Rio de Janeiro, na região da Bacia de Campos, é extraído cerca de 70% do petróleo nacional. A maior parte do petróleo extraído em terra (*onshore*) é obtida no Rio Grande do Norte, no Amazonas, em Sergipe e na Bahia. No primeiro, os municípios produtores são Mossoró, Areia Branca e Macau. Já no estado do Amazonas, as principais áreas estão no vale do Rio Urucu e no vale do Rio Juruá.

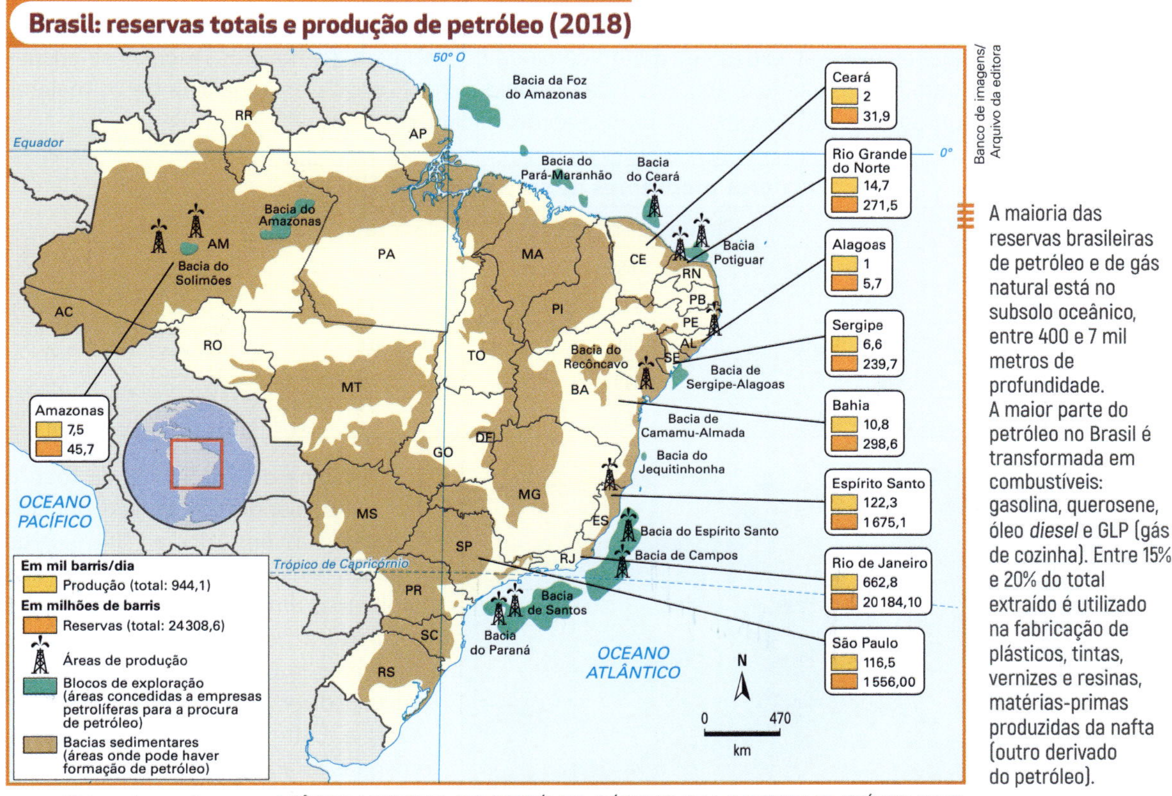

Elaborado com base em: AGÊNCIA NACIONAL DO PETRÓLEO, GÁS NATURAL E BIOCOMBUSTÍVEIS (ANP). *Anuário Estatístico 2019*. Disponível em: www.anp.gov.br. Acesso em: dez. 2019.

A maioria das reservas brasileiras de petróleo e de gás natural está no subsolo oceânico, entre 400 e 7 mil metros de profundidade. A maior parte do petróleo no Brasil é transformada em combustíveis: gasolina, querosene, óleo *diesel* e GLP (gás de cozinha). Entre 15% e 20% do total extraído é utilizado na fabricação de plásticos, tintas, vernizes e resinas, matérias-primas produzidas da nafta (outro derivado do petróleo).

Em 2013, houve alteração na lei para distribuição mais igualitária dos *royalties* entre União, estados e municípios produtores e não produtores. Ficou definido que a totalidade dos *royalties* da União seria destinada à educação (75%) e à saúde (25%).

Carvão mineral

O carvão mineral foi a fonte de energia básica da Primeira Revolução Industrial, ocorrida na Inglaterra no século XVIII. As concentrações industriais, nos países que se industrializaram entre os séculos XVIII e XIX (Inglaterra, Alemanha e Estados Unidos), ocorreram próximo às áreas de extração carbonífera.

As rochas com concentração de carvão foram formadas pela sedimentação e pela decomposição, em condições de baixa quantidade de oxigênio, de organismos vegetais (grandes florestas) soterrados há milhões de anos.

O carvão pode ser classificado de acordo com seu potencial de gerar calor. Esse potencial aumenta de acordo com a quantidade de carbono acumulada durante sua evolução: quanto mais antiga a formação, maior é o teor de carbono. De acordo com o poder calorífico, o carvão se divide em quatro diferentes tipos:

- **antracito:** formado na Era Paleozoica, é o mais raro, contendo de 90% a 96% de carbono (o maior poder calorífico);
- **hulha:** também da Era Paleozoica, é o mais abundante e consumido, com um teor de carbono de 75% a 90%;
- **linhita:** formado na Era Mesozoica, apresenta teor de carbono de 65% a 75%;
- **turfa:** originado na Era Cenozoica, contém cerca de 55% de carbono (o menor poder calorífico).

Principais reservas e países produtores e consumidores

Dos combustíveis fósseis, o carvão é o mais poluente e o mais abundante — estima-se que as reservas existentes durem cerca de dois séculos. As maiores reservas se encontram na Rússia, na China, nos Estados Unidos, na Austrália e na Índia. Entre os maiores produtores, a China sozinha produz aproximadamente 45%.

Mundo: maiores produtores de carvão mineral (2018)

País	Milhões de toneladas	% do total mundial
CHINA	3.550	45,4
ÍNDIA	771	9,9
ESTADOS UNIDOS	685	8,8
INDONÉSIA	549	7,0
AUSTRÁLIA	483	6,2

Elaborado com base em: IEA. *Key World Energy Statistics 2019*. p. 17. Disponível em: www.iea.org. Acesso em: nov. 2019.

Chinatopix/AP Photo/Glow Images

Escavadeira descarrega carvão em mina em Huaibei, China, em 2017.

A China detém 50,7% de todo o consumo mundial de carvão mineral. Em seguida vêm a Índia (11,4%) e os Estados Unidos (8,9%). Devido aos problemas ambientais que o uso desse recurso traz, com a emissão de gases poluentes, a China, na última década, buscou diversificar as suas fontes de energia. Entre elas, é possível citar as energias solar e eólica, que serão tratadas mais adiante.

O carvão mineral no Brasil

O carvão brasileiro, do tipo hulha, tem em tese grande capacidade energética. Na prática, porém, não é de boa qualidade, pois contém elevados teores de cinza e enxofre. Em razão disso, o Brasil importa cerca de 50% do carvão que consome.

Praticamente todo o carvão mineral brasileiro procede da Região Sul, onde estão concentradas as reservas. O estado do Rio Grande do Sul atualmente é o maior produtor do país, seguido de Santa Catarina. O carvão catarinense tem maior teor de carbono, o que lhe garante maior lucratividade.

Gás natural

O gás natural pode ser encontrado com o petróleo, por se formar do mesmo modo e se acumular no mesmo tipo de terreno. O consumo desse produto teve um aumento substancial nas últimas décadas, tanto para a **geração de energia elétrica** quanto para a utilização como **combustível nos veículos**, especialmente em ônibus e automóveis.

Principais reservas e países produtores e consumidores

Em relação ao petróleo, o gás natural oferece algumas vantagens: é menos poluente e tem as reservas conhecidas com prognóstico mais favorável de duração e mais bem distribuídas pelos continentes. Países do Oriente Médio e da Ásia concentram a maior parte dessas reservas, com destaque para Irã, Arábia Saudita, Catar, Iraque e Turcomenistão. Entretanto, a Rússia e os Estados Unidos respondem por praticamente 40% da produção mundial e também estão entre os maiores consumidores.

Mundo: maiores produtores de gás natural (2018)

País	Bilhões de m³	% do total mundial
1. ESTADOS UNIDOS	831,8	21,5
2. RÚSSIA	669,5	17,3
3. IRÃ	239,5	6,2
4. CANADÁ	184,7	4,7
5. CATAR	175,5	4,5
6. CHINA	161,5	4,2
7. NORUEGA	120,6	3,1
TOTAL MUNDIAL	3.867,9	100,0

Elaborado com base em: BP. *Statistical Review of World Energy 2019*, p. 32. Disponível em: www.bp.com. Acesso em: nov. 2019.

Além disso, o custo de geração de energia elétrica à base de gás natural é menor do que o de carvão mineral, petróleo e urânio enriquecido. Isso incentiva a utilização do gás natural e explica sua expansão nas últimas décadas.

Rússia: reservas de gás natural e petróleo

O território russo abriga a maior reserva de gás natural do mundo e grandes reservas de petróleo. Boa parte da Europa depende das jazidas do subsolo russo, cujos recursos escoam pela rede de dutos da principal empresa russa: a Gazprom.

Para atingir os países europeus, esses dutos têm de passar pela Ucrânia, país com o qual a Rússia mantém relações pouco amigáveis — tendo anexado a Crimeia em 2014 — e em cuja região leste fomenta movimentos separatistas. A questão conflitante entre russos e ucranianos relaciona-se, entre outras, à intenção de o governo ucraniano aderir à União Europeia (UE) e à Organização do Tratado do Atlântico Norte (Otan).

A rede de dutos russos é bastante extensa. Essa vantagem na comercialização de gás é vista por muitos países europeus e pela China como um risco que deve ser evitado por meio de investimentos em rotas alternativas e outros fornecedores.

Contornando o forte controle do escoamento de gás e petróleo da Ásia Central pela Rússia, outras iniciativas foram implementadas na região. Entre o Azerbaijão, a Geórgia e a Turquia, foi construído o oleoduto Baku-Tbilisi-Ceyhan. Estratégico para o escoamento de petróleo da região e construído com investimentos de grandes empresas petrolíferas europeias, está localizado além da fronteira russa. A China inaugurou também um extenso gasoduto que liga seu território ao Turcomenistão, diminuindo sua dependência do gás russo. Existe ainda um projeto em discussão, o do gasoduto Nabucco, que, se efetivado, formará uma extensa rede de dutos da Turquia à Áustria.

Taylor Weidman/Bloomberg/Getty Images

Área de pasto ao redor de oleoduto em Baku, Azerbaijão. Foto de 2018.

Fissão nuclear: divisão nuclear que ocorre quando um átomo de metal pesado, como o urânio e o tório, é bombardeado por nêutrons. O núcleo do átomo bombardeado se divide em duas partes e libera novos nêutrons, que bombardeiam outros núcleos e provocam uma reação em cadeia, liberando grande quantidade de energia.

Energia nuclear

A **fissão nuclear** foi realizada pela primeira vez em 1938. Inicialmente, a energia liberada pela fissão nuclear foi utilizada para fins militares, durante a Segunda Guerra Mundial. Mais tarde, as pesquisas evoluíram para a utilização da energia nuclear com objetivos pacíficos.

O urânio U-235, um dos metais radioativos usados na fissão, produz 80 mil vezes mais energia do que o carvão mineral. Acreditava-se que a energia nuclear seria a energia do futuro; assim, em meados da década de 1960, várias usinas termonucleares já estavam funcionando ou em construção, especialmente na Europa e nos Estados Unidos. Os investimentos nesse tipo de energia aumentaram após o primeiro choque do petróleo, em 1973.

CORES FANTASIA

IMAGEM FORA DE PROPORÇÃO

Em uma usina termonuclear, a fissão do núcleo do átomo libera a energia que aquece a água e produz o vapor que movimenta as turbinas. O restante do processo é praticamente o mesmo da usina termelétrica.

Geração de energia em usina nuclear — esquema simplificado

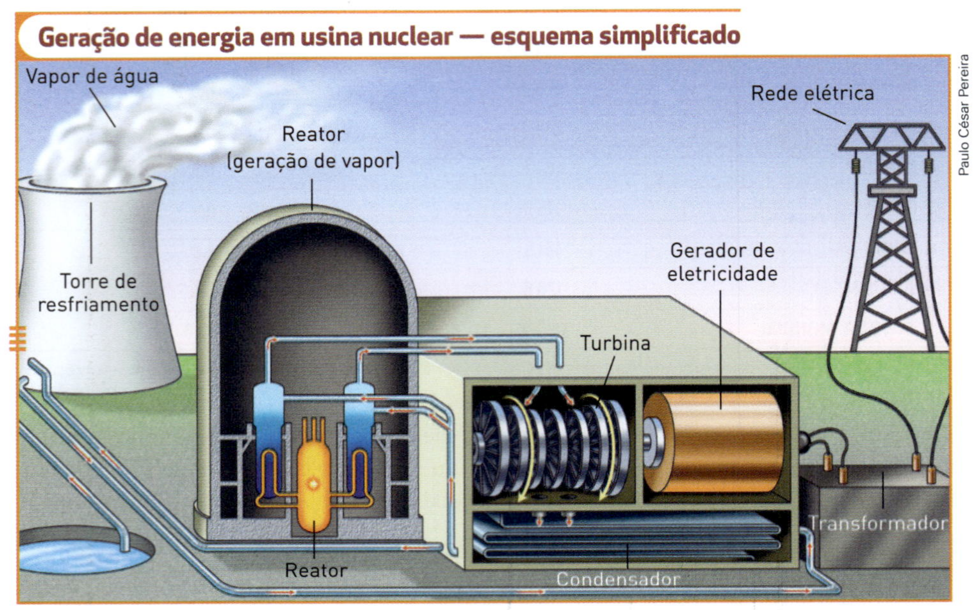

Elaborado com base em: COMISSÃO NACIONAL DE ENERGIA NUCLEAR (CNEN), 2008.

Atualmente, muitos países desenvolvidos e emergentes investem na pesquisa e no aprimoramento da tecnologia nuclear. Em 2017, as centrais nucleares eram responsáveis por cerca de 11% da eletricidade.

Mundo: oferta de eletricidade por fonte (1986-2018)

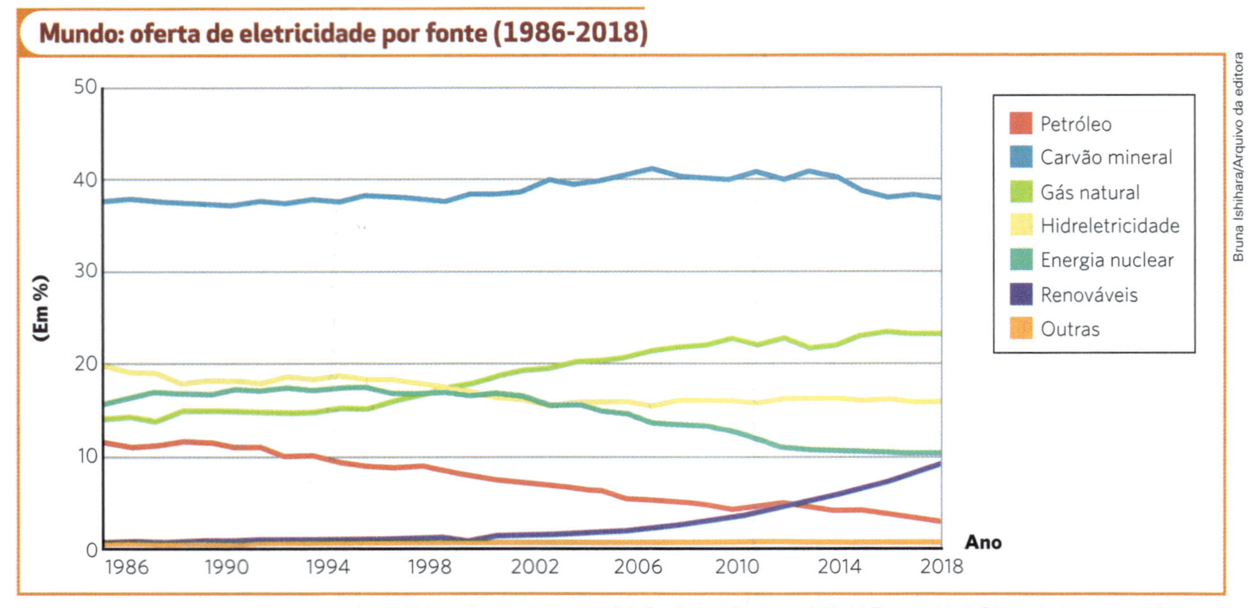

Elaborado com base em: BP. *Statistical Review of World Energy 2019*. Disponível em: www.bp.com. Acesso em: nov. 2019.

Os Estados Unidos lideram a produção, mas os países mais dependentes da eletricidade produzida por usinas termonucleares são os europeus. Na França, elas suprem quase 80% da eletricidade, e, na Ucrânia, quase metade.

O crescimento da participação da energia nuclear na oferta total de energia, porém, revelou problemas de ordem econômica — elevados custos para a construção de usinas e para o desenvolvimento de tecnologia nuclear — geopolítica — risco de contribuir para maior disponibilidade de armas nucleares, que podem colocar em risco toda a humanidade — e ambiental.

Riscos, acidentes e problemas ambientais

Os principais problemas ambientais na produção e no uso da energia nuclear são o aquecimento da água do mar — utilizada na refrigeração das usinas, a água é devolvida ao ecossistema marinho em temperatura superior à original, afetando a fauna e a flora marinhas —, a destinação dada ao lixo atômico — os resíduos dos reatores contêm radiação que permanece ativa por milhares de anos e devem, antes de serem descartados no mar, em poços ou em cavernas, ser armazenados em recipientes revestidos de concreto — e os acidentes e vazamentos que ocorrem nas usinas — que contaminam o meio ambiente e afetam todos os seres vivos, pois os ventos carregam a radiação por centenas de quilômetros.

Outra questão sobre a energia nuclear surgiu com a ameaça do aquecimento global. Alguns ambientalistas passaram a apoiar o uso dessa fonte energética, pois seu processo de produção não emite gases que contribuem para o efeito estufa. Aqueles que não aprovam seu uso, porém, alegam que a construção de usinas e o processo de enriquecimento do urânio demandam grande quantidade de energia, cuja produção emite gases na atmosfera, inclusive o CO_2.

Dica

Greenpeace – Energia

www.greenpeace.org/brasil/ energia/

Página da ONG ambientalista sobre o uso de fontes alternativas limpas e renováveis.

Questões geopolíticas e de segurança

As grandes questões geopolíticas do mundo atual relacionadas ao domínio da tecnologia nuclear referem-se à **Coreia do Norte** e ao **Irã**.

A Coreia do Norte possui bombas nucleares e toma atitudes de provocação aos inimigos mais próximos, como a Coreia do Sul e o Japão, e realizou neste século alguns testes (em 2006, 2009 e 2013, além de um possível teste com uma miniatura de bomba de hidrogênio em 2016) que deixaram a comunidade internacional em alerta.

Já o Irã domina o processo de enriquecimento de urânio e apresenta capacidade de utilizá-lo para fins bélicos. Para pressionar o país a frear esse processo, desde 2006, as potências ocidentais impuseram a ele diversas sanções econômicas, como a proibição de exportações de vários itens e limitações a investimentos em outros países. Essas sanções estrangularam a economia iraniana.

Em 2015, o **Irã** e o grupo **P5+1** (formado pelos cinco membros do Conselho de Segurança da ONU — Estados Unidos, Rússia, China, Reino Unido e França — mais a Alemanha) estabeleceram um acordo em que as sanções foram gradualmente retiradas e os iranianos submeteram suas instalações de energia atômica a inspeções internacionais. Contudo, ao assumir a presidência dos EUA em 2017, Donald Trump retirou o país do acordo nuclear, impondo novas medidas econômicas restritivas ao Irã, o que gerou insatisfação dos outros países signatários do acordo.

Britta Pedersen/dpa/AP Photo/Glow Images

Ativistas protestam em frente à embaixada estadunidense em Berlim, Alemanha, contra os embates sobre a questão nuclear entre Coreia do Norte e Estados Unidos. Foto de 2017.

Licenciamento ambiental: procedimento estabelecido pela Política Nacional do Meio Ambiente. Por meio do licenciamento, o órgão ambiental competente estabelece as condições para a instalação, a ampliação e a operação de empreendimentos e de atividades que têm potencial de causar impactos ambientais.

Programa Nuclear Brasileiro

A construção de usinas nucleares no Brasil fez parte de um projeto desenvolvido nos anos 1960 e 1970 durante os **governos militares**, mas a primeira — **Angra 1** — só foi inaugurada em 1982, no município de **Angra dos Reis**, litoral do estado do Rio de Janeiro, com tecnologia e equipamentos estadunidenses.

Em 1975, durante o governo do general Ernesto Geisel, o Brasil firmou acordo com a Alemanha para a compra de oito usinas nucleares, das quais duas foram adquiridas: **Angra 2**, inaugurada apenas em 2000, e **Angra 3**, ainda paralisada. Em 2009, por meio de **licenciamento ambiental**, o governo reiniciou as obras de Angra 3. As duas usinas em funcionamento suprem menos de 2% do consumo energético do país.

O atual projeto nuclear brasileiro prevê a construção de quatro a oito usinas até 2030, além de Angra 3, com previsão de entrega em 2026, e inclui a montagem de um submarino nuclear brasileiro. O Brasil já domina o processo de enriquecimento de urânio, realizado em uma usina no município de Resende, no estado do Rio de Janeiro, onde se encontram as Indústrias Nucleares do Brasil (INB).

Apesar de todo esse investimento, no país há outras opções energéticas mais baratas e de menor risco, como hidrelétrica, eólica e de biomassa. De qualquer forma, a Constituição brasileira determina que o programa nuclear deve se destinar apenas a finalidades pacíficas e está sujeito a inspeções da Agência Internacional de Energia Atômica (AIEA), organismo das Nações Unidas que controla as instalações nucleares.

Energia hidrelétrica

Potencialidades naturais

O uso da água como fonte de energia é muito antigo e remonta aos tempos dos moinhos d'água. Atualmente, a água é utilizada, sobretudo, na produção de energia elétrica, obtida em usinas hidrelétricas. Essas usinas utilizam basicamente o mesmo princípio empregado nas antigas rodas-d'água.

Geração de energia em usina hidrelétrica — esquema simplificado

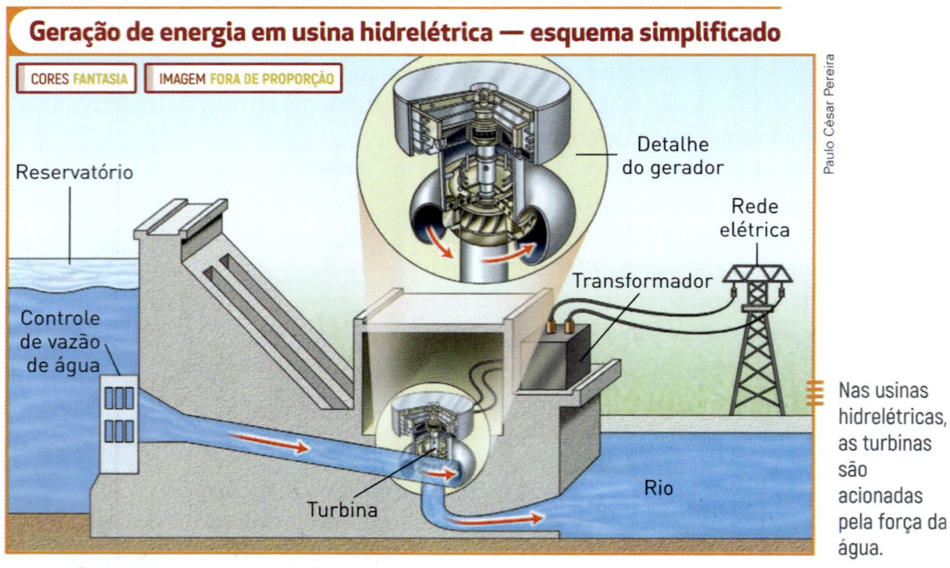

Elaborado com base em: ANEEL. *Atlas de energia elétrica do Brasil*. p. 50. Disponível em: www.aneel.gov.br. Acesso em: jan. 2016.

Nas usinas hidrelétricas, as turbinas são acionadas pela força da água.

Dessa forma, países com rios largos e extensos apresentam características naturais que favorecem a instalação de hidrelétricas. Atualmente, elas suprem 16% das necessidades de energia elétrica do mundo, e em poucos países ela é expressiva, como na Noruega (95%) e no Brasil (mais de 65%). A China é a maior geradora de energia hidrelétrica e abriga a maior usina do mundo, a de Três Gargantas, no Rio Yang-Tsé-Kiang, com capacidade para gerar 22,4 milhões de kWh.

Questões socioambientais

A energia hidrelétrica é classificada como renovável e tem usinas de longo tempo de vida e baixo custo de manutenção, se comparada a outras fontes. Mas, embora tradicionalmente seja classificada como energia limpa, não são raros os casos em que os reservatórios emitem gás de efeito estufa: ao serem formados, eles podem inundar áreas onde há muita matéria orgânica, cuja decomposição forma o metano, um gás de efeito estufa mais potente que o dióxido de carbono.

Com o represamento da água do rio, as barragens formam grandes lagos artificiais. A inundação destrói extensas áreas de vegetação natural, comprometendo a vida animal do entorno. Até mesmo pequenas barragens provocam danos ambientais, como a destruição das matas ciliares, o desmoronamento das margens e o assoreamento dos rios. A modificação do ciclo natural da água compromete também a vida aquática, alterando, por exemplo, o ciclo de reprodução dos peixes.

Além dos impactos ambientais, a construção de usinas hidrelétricas pode afetar a vida das pessoas que moram na região em que a usina é construída. O represamento da água muitas vezes acaba desabrigando populações do entorno — ribeirinhos, povos indígenas, produtores rurais — e até inundando completamente vilas, povoados e pequenas cidades. No Brasil, existe um movimento social estruturado pelas pessoas que foram e são afetadas pela construção de reservatórios de hidrelétricas: **Movimento dos Atingidos por Barragens (MAB)**, formado na década de 1970 por agricultores de Santa Catarina e do Rio Grande do Sul contra a construção de hidrelétricas no alto do Rio Uruguai. O movimento luta para que as pessoas atingidas possam ser reassentadas.

! Dica

Engenharia de Magia – Planejamento de uma hidrelétrica

www.blogs.unicamp.br/engenhariademagia/2019/04/29/22-planejamento-de-uma-hidreletrica

Essa publicação do Engenharia de Energia, um *blog* de divulgação científica da Universidade Estadual de Campinas (Unicamp), mostra de forma simplificada como funciona uma usina hidrelétrica.

Guilherme Gandolfi/Futura Press

Manifestantes do Movimento dos Atingidos por Barragens (MAB) fazem ato simbólico em São Paulo (SP), em memória das vítimas do crime ambiental em Brumadinho (MG), ocorrido exatamente um ano antes. Foto de 2020.

O caso brasileiro

A energia hidrelétrica é a principal fonte de eletricidade do Brasil, equivalente a cerca de 65% do total. No território brasileiro estão algumas das **maiores hidrelétricas do mundo**, como Itaipu e Tucuruí.

Apesar de a **fonte hídrica** ser renovável, poupar o país da necessidade de importar energia e ainda ter grande potencial para ser explorada no Brasil, diversas críticas podem ser feitas a ela, como a **concentração de grandes projetos na região da Amazônia** e os **impactos ambientais e sociais** que produzem, além da já mencionada **emissão de gás metano**. Nesses casos, ela não pode ser considerada uma fonte limpa de energia.

Luciana Whitaker/Pulsar Imagens

Usina hidrelétrica de Tucuruí (PA). Foto de 2017.

! Dicas

Agência Nacional de Energia Elétrica (Aneel)

www.aneel.gov.br

Site da agência responsável pela regulamentação e pela fiscalização das atividades relacionadas à energia elétrica no Brasil.

Ambientebrasil – Energia

https://ambientes.ambientebrasil.com.br/energia.html

Essa página do *site* Ambientebrasil traça um panorama de todas as fontes de energia utilizadas atualmente no mundo.

De modo geral, as principais bacias dos estados do Nordeste (São Francisco) e do Sudeste e do Sul (Paraná) têm o potencial hidrelétrico bastante aproveitado. Já a Amazônica, com grande potencial excedente, tem sido o alvo dos grandes investimentos em usinas hidrelétricas. Além de Belo Monte, hidrelétrica no rio Xingu, no Pará, inaugurada no final de 2019, há vários projetos de usinas para a região, como a de São Luiz, no rio Tapajós.

Na **Amazônia**, tanto as hidrelétricas em operação quanto as planejadas têm provocado polêmicas. Apesar do argumento de que elas podem beneficiar todo o Brasil, a transmissão dessa energia para o Centro-Sul tem, por causa das enormes distâncias, um custo muito alto. Na realidade, tais usinas foram construídas na região em parte para fornecer energia aos projetos mineradores de grandes empresas, principalmente as produtoras de alumínio, que consomem muita eletricidade. Cerca de um terço da energia elétrica gerada por Tucuruí, no rio Tocantins, é consumido pelas indústrias de alumínio que atuam na região, que será também o principal destino da energia das novas usinas em fase de implantação.

Fontes alternativas

Embora os atuais **modelos econômicos** estejam fortemente baseados no consumo de petróleo e de combustíveis fósseis, essas fontes de energia são, além de as mais poluentes e as principais responsáveis pelas mudanças climáticas, não renováveis. Isso traz um desafio para a sociedade atual: rever os padrões de produção e consumo e desenvolver fontes alternativas de energia, estruturando, assim, uma nova política energética, em que sejam priorizados investimentos em fontes ambientalmente sustentáveis.

Para isso, são necessários investimentos, públicos e privados, em tecnologias para a geração de energia limpa e a adoção de políticas de eficiência energética, como veículos mais econômicos e menos poluentes, construções adequadas às condições climáticas, equipamentos de iluminação e eletroeletrônicos de baixo consumo energético.

As fontes de energia alternativas atualmente disponíveis exigem desenvolvimento tecnológico para se tornarem mais viáveis economicamente e, dessa forma, serem utilizadas em grande escala. Entre elas, destacam-se a **luz solar**, a **biomassa**, o **vento** e a **geotérmica**, obtida do calor do interior da Terra. Somada ao desenvolvimento de energias alternativas — menos poluentes e renováveis — e à ampliação do acesso a elas, há a necessidade de se investir no aprimoramento das redes de transmissão elétrica, com o uso de equipamentos com melhor qualidade condutora, para reduzir as perdas de energia.

Apesar da pequena participação das fontes alternativas e renováveis na matriz energética mundial, os investimentos têm sido ampliados na última década, tanto nos países desenvolvidos quanto nos em desenvolvimento.

Energia solar

A energia solar oferece muitas vantagens: **não polui**, **é renovável** e **existe em abundância em grande parte do planeta**. Nos últimos anos, aumentou no mundo a instalação de painéis fotovoltaicos para a geração de energia elétrica, ou seja, **obtenção de forma direta**. Tal fato resulta das altas taxas cobradas pelo uso da energia convencional, da diminuição, embora pequena, dos custos de instalação e do incentivo governamental em diversos países, mesmo que ainda tímido. Na década de 2010, por exemplo, o uso dessa energia cresceu mais expressivamente na China, na Alemanha, no Japão e nos Estados Unidos.

Chico Ferreira/Pulsar Imagens

Placas solares fotovoltaicas em aldeia xavante na Terra Indígena Areões, em Nova Nazaré (MT). Foto de 2018.

O aumento da energia solar na geração de energia elétrica depende, porém, de maiores incentivos governamentais e de avanço tecnológico para consolidar sua viabilidade econômica.

Paulo Barros/Ascom/Metrô-DF

Estação de metrô Guariroba, totalmente abastecida por energia solar, em Ceilândia (DF). Foto de 2017.

Há também a possibilidade de obtenção de **energia elétrica solar de forma indireta**, com a construção de usinas, geralmente instaladas em regiões desérticas.

George Rose/Getty Images

Painéis solares de usina no deserto de Mojave, no sudoeste dos Estados Unidos, em 2019. Ambientalistas constataram a morte de aves, queimadas pelo calor emitido pelos raios solares refletidos pelos espelhos. A entidade ambientalista estadunidense Center for Biological Diversity estima que ocorram 28 mil mortes de aves anualmente por esse motivo. A luz refletida pela usina atrai os insetos, que atraem as aves que se alimentam deles.

Energia eólica

Como a luz do sol e a água, o vento também é um recurso energético abundante na natureza. Quando intenso e regular, pode ser utilizado para produzir energia a preços relativamente baixos. Esse custo poderá ser reduzido e tornar-se mais competitivo quando o uso da energia dos ventos estiver mais difundido.

A China é a líder mundial no aproveitamento dos ventos. Os Estados Unidos vêm em seguida e, depois, a Alemanha, líder mundial no mercado de equipamentos para geração de energia eólica. Em alguns países, a geração de energia elétrica que depende da força dos ventos corresponde a mais de 20% da matriz total de eletricidade, como na Dinamarca, na Lituânia, em Portugal e na Espanha, que era em 2018 o quinto maior produtor mundial de energia eólica.

Mundo: as maiores capacidades de energia eólica (2018)

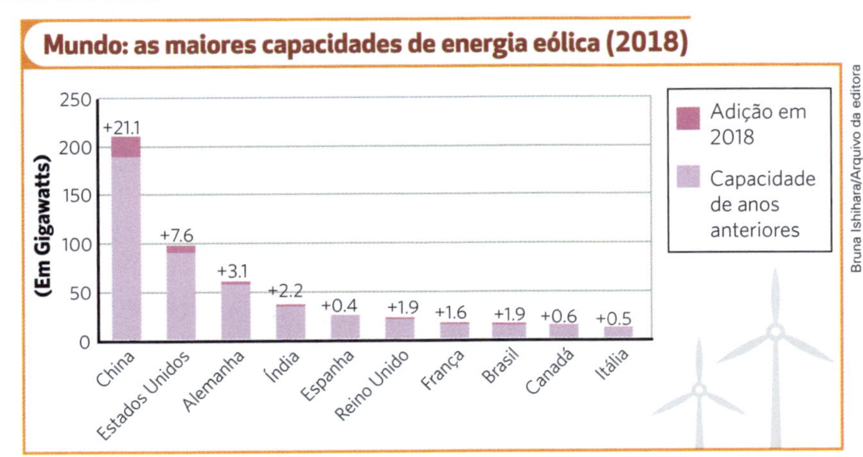

Bruna Ishihara/Arquivo da editora

Elaborado com base em: REN21. *Renewables 2019*: global status report. p. 119. Disponível em: www.ren21.net/wp-content/uploads/2019/05/gsr_2019_full_report_en.pdf. Acesso em: nov. 2019.

Apesar da pequena participação na geração mundial de energia eólica, o Brasil evoluiu nos últimos anos, com destaque para Ceará, Rio Grande do Norte, Santa Catarina e Rio Grande do Sul. Os estados do Nordeste são favorecidos pela presença regular dos ventos alísios de Sudeste.

Antonio Salaverry/Shutterstock

Parque eólico em praia no município de Amontoada (CE), 2019. Os impactos ambientais da geração de energia eólica estão associados à interferência na rota migratória de algumas aves, ao ruído e à transformação estética das paisagens.

Gêiser: fonte de água quente com temperaturas que podem ultrapassar 100 °C. Expele água e vapor de água verticalmente, em intervalos variáveis.
Fumarola: emissão de gases formados por vapor de água superaquecida ou outros gases por meio de fissuras em zonas próximas a vulcões ativos.

Energia geotérmica

Outra fonte alternativa de energia é o calor do interior da Terra, transformado em energia elétrica nas usinas geotérmicas. O princípio de produção de energia elétrica nessas usinas é semelhante ao das termelétricas ou das termonucleares.

A construção das centrais geotérmicas em zonas de vulcanismo favorece a produção, pois a água quente e o vapor se encontram a profundidades menores, aflorando à superfície através de **gêiseres**, **fumarolas** e fontes hidrotermais.

O calor dessas fontes naturais é aproveitado para a produção de vapor, que, ao ser canalizado e levado até a usina, movimenta as turbinas (energia cinética). O gerador é responsável pela última etapa de produção, a transformação de energia cinética em elétrica.

Uma das principais vantagens da energia geotérmica é a possibilidade de adequação às necessidades, pois sua exploração pode ser realizada em pequena ou grande escala. Uma vez concluída a instalação da usina, os custos de operação são baixos.

Thomas Mukoya/Reuters/Fotoarena

Usina geotérmica Olkaria IV, em Naivasha, Quênia. O país está entre os dez maiores produtores de energia geotérmica. Foto de 2018.

Biocombustíveis

Os biocombustíveis, como o **etanol** (álcool), o **biodiesel** e o **biogás**, são produzidos pelo aproveitamento da biomassa. Sua grande vantagem é serem menos poluentes e de fontes renováveis. Entretanto, alguns biocombustíveis necessitam de grande quantidade de água para serem produzidos. Atualmente, a agricultura já é responsável por cerca de 70% do consumo de água no planeta, e a expansão dessa atividade econômica para produção de energia tem ocupado grandes extensões de terras e provocado desmatamentos para ampliação da área de cultivo. Sob esse ponto de vista, os efeitos socioambientais são negativos.

Álcool

O álcool pode ser produzido principalmente a partir da **cana-de-açúcar**, do **eucalipto**, da **beterraba** e do **milho**. Como fonte de energia, pode ser utilizado em motores de veículos (etanol, da cana-de-açúcar, do milho e da beterraba; e metanol, do eucalipto).

Como combustível para automóveis, o álcool tem a vantagem de ser uma fonte renovável e menos poluidora que a gasolina (considerando toda a cadeia de produção e consumo), além de ter possibilitado, no caso brasileiro, o desenvolvimento de uma tecnologia nacional de produção de motores. O álcool, no entanto, nunca suprirá a necessidade total de combustível dos veículos automotores.

O etanol é considerado a melhor alternativa à gasolina, e o Brasil ocupa uma posição privilegiada nesse mercado. O álcool brasileiro, proveniente da cana, apresenta vantagens sobre o estadunidense, que é produzido a partir do milho. Para cada **hectare** cultivado de cana no Brasil, obtêm-se em média 7.200 litros de álcool, mais que o dobro da produtividade nos Estados Unidos, que utiliza o milho (3.100 litros de álcool).

Como se produz etanol a partir da cana

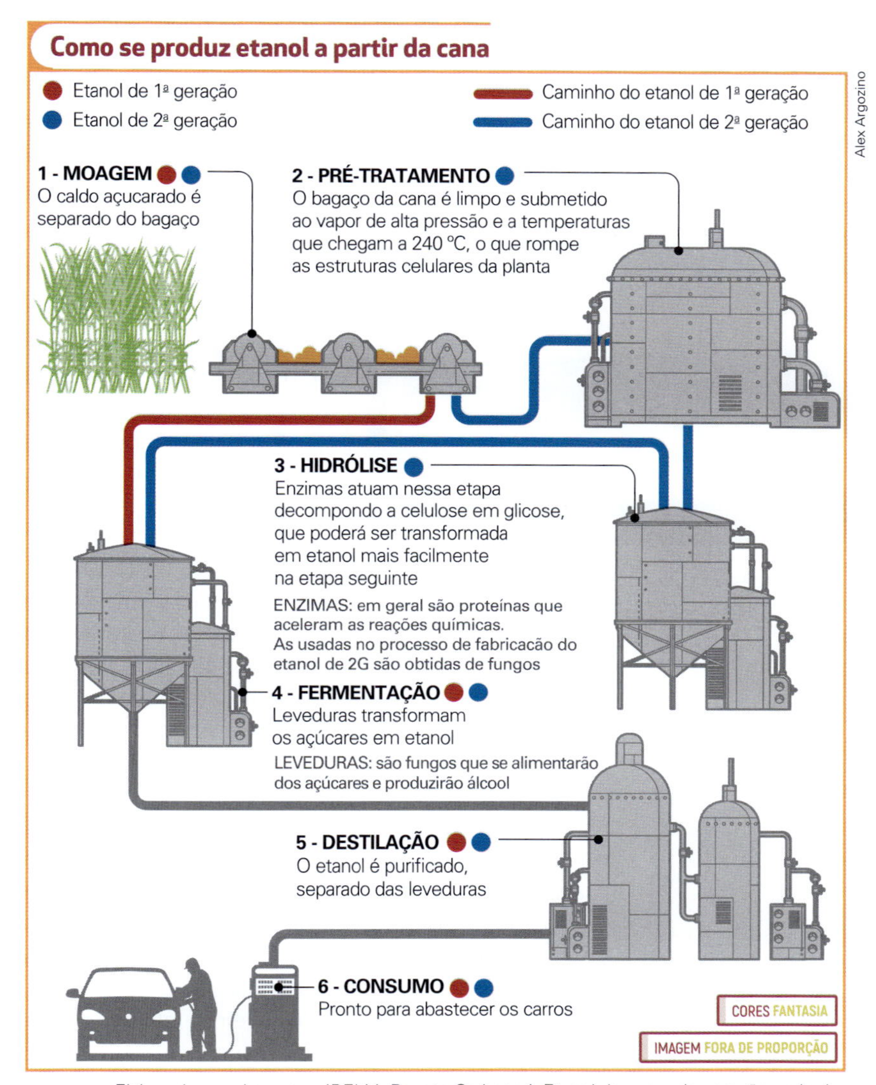

Elaborado com base em: IBELLI, Renato Carbonari. Etanol de segunda geração pode dar independência ao país. *Diário do Comércio*. São Paulo, 13 jan. 2015. Disponível em: www.dcomercio.com.br/. Acesso em: nov. 2019.

O governo brasileiro passou a incentivar a produção de álcool após a crise do petróleo, na década de 1970. À época, lançou o Programa Nacional do Álcool (Proálcool), por meio do qual concedia isenção fiscal e subsídios, como empréstimos a juros baixos, aos produtores de álcool (usineiros) e às indústrias automobilísticas, para que desenvolvessem tecnologia para a produção de motores a álcool. Embora desativado nas décadas que se seguiram, no início deste século, com a instabilidade e as elevações do preço do barril do petróleo e a consciência da necessidade de maior diversificação das fontes energéticas, o Proálcool foi reativado. Novas tecnologias incorporadas pelo setor automobilístico, como o motor **bicombustível**, também contribuíram para isso.

Hectare: unidade de medida usada normalmente para áreas agrárias. Um hectare equivale a 10 mil m^2.

Bicombustível: que funciona a etanol e a gasolina, também conhecido como *flex*.

Após a entrada em vigor do Protocolo de Kyoto e de medidas ambientais de alguns países, o álcool foi considerado uma alternativa para os que têm metas de redução de emissão de gases estufa. Isso favoreceu o potencial exportador de etanol pelo Brasil.

Apesar das vantagens, a produção do álcool brasileiro apresenta problemas:

- baixa remuneração dos trabalhadores rurais, parte deles na condição de temporários (conhecidos como boias-frias na Região Centro-Sul);
- necessidade de grandes áreas para cultivo, que estimula a concentração fundiária e a monocultura;
- expansão da cana, que tem ocupado áreas do Cerrado e contribuído, assim como a soja, para o deslocamento da pecuária para as áreas de floresta da Amazônia;
- descarga de resíduos, como o **vinhoto**, nos rios, que provoca desequilíbrio ecológico e contamina as águas superficiais e o lençol freático.

Vinhoto: um dos resíduos do processo de destilação da cana na fabricação de etanol. Tem consistência pastosa, é malcheiroso e altamente poluidor.

Os maiores produtores de etanol no Brasil em 2018 foram São Paulo (cerca de metade da produção nacional), Goiás, Mato Grosso do Sul e Minas Gerais.

Myke Sena/Fotoarena

Ônibus movido a biodiesel em Brasília, em 2019. O Distrito Federal começou a adotar esse combustível em 2018.

Biodiesel

O biodiesel pode ser produzido a partir de gorduras vegetais ou de qualquer planta oleaginosa, como girassol, pinhão-manso, babaçu, algodão, mamona e soja, espécies abundantes no Brasil. Tem a vantagem de ser usado total ou parcialmente em motores a *diesel*, combustível de caminhões, tratores e máquinas agrícolas.

Consagrado como combustível ecológico, o biodiesel emite cerca de 60% menos gás carbônico (CO_2) e 90% menos enxofre que os combustíveis tradicionais. Acrescenta-se ao seu perfil ecologicamente favorável o fato de ser biodegradável e pouco tóxico.

Os estados que mais produzem biodiesel no Brasil são Rio Grande do Sul, Mato Grosso, Goiás, Paraná e Bahia.

A produção de biocombustíveis também sofre críticas: com a ampliação significativa no uso da terra agrícola para produzir combustíveis para os veículos, em detrimento de itens básicos, como alimentos, argumenta-se que o preço de alguns desses produtos aumenta.

Biogás

O biogás é um biocombustível constituído basicamente de gás metano. É obtido por meio da atuação de bactérias no processo de decomposição da matéria orgânica composta de dejetos de animais e de lixo recolhido das cidades e depositado em aterros sanitários.

Essa fonte energética é utilizada como gás de uso doméstico, combustível de veículos e geração de energia elétrica. Para uma produção, armazenamento e distribuição organizada, o biogás também é feito artificialmente, por meio de biodigestores, nos quais se processa a fermentação de esterco, folhas de árvores e outros compostos orgânicos, constituindo uma excelente alternativa para os espaços rurais.

A produção do biogás veio da necessidade de um melhor gerenciamento do grande volume de resíduos gerados nas cidades. Uma desvantagem dessa fonte renovável é sua grande concentração de gás metano, considerado poluente.

Ondomotriz e maremotriz

Os mares também podem ser importantes fontes de energia. Com a energia das ondas (ondomotriz) e das marés (maremotriz), que, em regiões na linha do equador, podem variar em aproximadamente 10 metros, se obtém energia cinética, que é transformada em elétrica. São alternativas e limpas, uma vez que não geram prejuízos ao meio ambiente, mas a maremotriz é restrita às regiões com grandes diferenças entre as marés alta e baixa, ou seja, áreas próximas à linha do equador, e a ondomotriz se restringe aos países com regiões costeiras, assim como a maremotriz.

Contraponto

TEXTO 1

O vilão virou herói

O cientista britânico James Lovelock, professor da Universidade de Oxford, é considerado o pai do movimento ambientalista por ter criado a Hipótese Gaia, teoria que inspirou milhares de ecologistas e cientistas na década de 1970 com a ideia de que a Terra é um organismo vivo. Em seu último livro, *A vingança de Gaia*, esse senhor de 87 anos defende abertamente a expansão da energia nuclear para evitar que o impacto do aquecimento global seja ainda mais devastador. Lovelock diz que, enquanto muitas pessoas continuavam amedrontadas diante das centrais atômicas, o aumento da emissão de dióxido de carbono na atmosfera teve um efeito muito pior, colocando o planeta agora à beira de uma catástrofe climática. [...]

[...] passamos os últimos dois séculos queimando combustíveis fósseis (carvão, gás, petróleo e seus derivados) para gerar energia. [...]

Acontece que há pelo menos 3 décadas os cientistas sabem que os gases liberados por essa queima, como o dióxido de carbono, estão mudando o clima do planeta. Para muitos ambientalistas e climatologistas, já passou da hora de quebrar esse ciclo de queima de combustíveis fósseis.

CAVALCANTE, Rodrigo. *Superinteressante*. São Paulo: Abril, n. 241, jul. 2007. p. 62-63.

TEXTO 2

Nuclear × mudanças climáticas

De uns tempos para cá, a indústria nuclear vem usando uma estratégia de *marketing*, ou maquiagem verde, para convencer a sociedade e os tomadores de decisão de que a energia nuclear é limpa porque não emite gases de efeito estufa e, assim, não contribui para o problema do aquecimento global. Em primeiro lugar, não é verdade que a energia nuclear não gera gases. Para construir a usina, para extrair e enriquecer o urânio utilizado como combustível nuclear, para armazenar os rejeitos nucleares e desativar a usina ao final de sua vida útil, é necessária uma grande quantidade de energia. Este processo todo significa a emissão de muitos gases, inclusive CO_2. Assim, ao se considerar todo o ciclo produtivo da indústria nuclear, temos uma energia que emite muito mais gases de efeito estufa do que outras energias renováveis.

Além disso, um estudo do Massachusetts Institute of Technology mostrou que, para resolver o problema das mudanças climáticas, seria necessário construir pelo menos mil novos reatores no curto prazo, o que é impossível – tanto econômica quanto fisicamente.

Por fim, o argumento de energia limpa não se sustenta porque a energia nuclear utiliza um combustível de disponibilidade finita e gera toneladas de lixo radioativo – uma poluição perigosa que, assim como o aquecimento global, será herdada pelas próximas gerações e permanecerá perigosa por centenas de milhares de anos.

Assim, a verdadeira solução para o aquecimento global e para a segurança energética do Brasil e do planeta são as energias renováveis e o uso inteligente da energia – desperdiçando menos e aproveitando mais!

GREENPEACE BRASIL. Verdades e perigos da energia nuclear. Disponível em: https://secured-static.greenpeace.org/brasil/Global/brasil/report/2007/9/verdades-e-perigos-da-energia.pdf. Acesso em: nov. 2019.

Delfim Martins/Pulsar Imagens

Vista aérea da construção da usina Angra 3, em Angra dos Reis (RJ). Foto de 2019.

1 Apresente e comente a principal divergência entre os textos.

2 Qual é sua opinião sobre o uso da energia nuclear? Em que você se baseia? Ter dados de fontes seguras certifica seu discurso e ajuda a combater notícias falsas. Pesquise sua eficiência, seu emprego no mundo e seus riscos ambientais e sociais. Elabore um **artigo de opinião** e, depois, compartilhe com os colegas e o professor.

Atividades

1 Observe as ilustrações e responda.

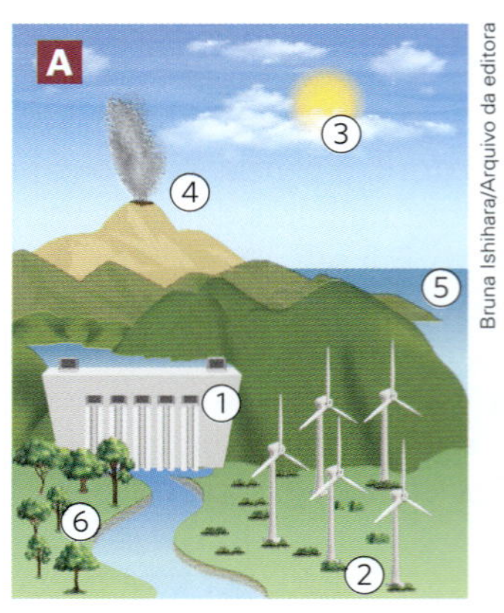

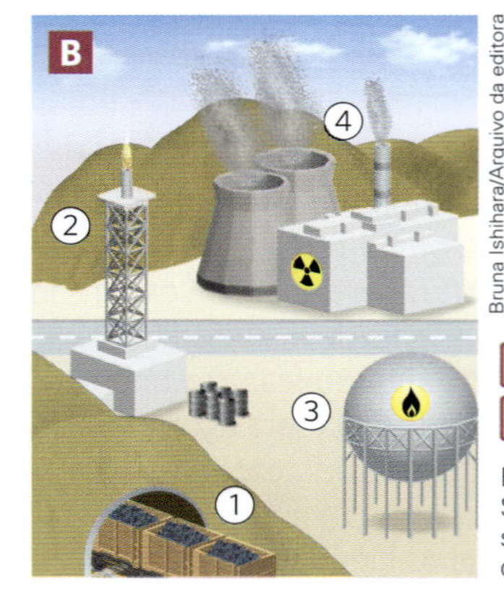

Bruna Ishihara/Arquivo da editora

a) Identifique as fontes energéticas representadas em cada uma das ilustrações, de acordo com a numeração.

b) Qual é a melhor classificação para o conjunto de fontes energéticas de cada uma das ilustrações?

CORES FANTASIA

IMAGEM FORA DE PROPORÇÃO

Elaborado com base em: ENERGIAS de Portugal S. A. *Guia prático da eficiência energética*: o que saber & fazer para sustentar o futuro. Lisboa: Sair da Casca, jun. 2006.

2 Observe o gráfico a seguir.

Mundo: consumo de energia (1993-2018)

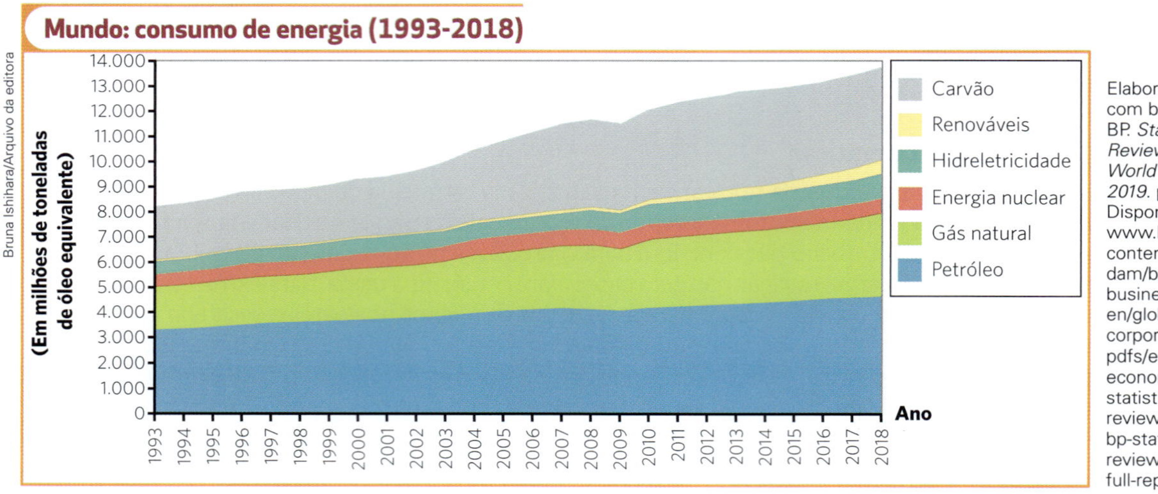

Bruna Ishihara/Arquivo da editora

Elaborado com base em: BP. *Statistical Review of World Energy 2019*. p. 10. Disponível em: www.bp.com/content/dam/bp/business-sites/en/global/corporate/pdfs/energy-economics/statistical-review/bp-stats-review-2019-full-report.pdf

- Como se pode analisar a evolução do consumo de energia nesses 25 anos, considerando a participação das fontes? Elabore uma breve conclusão, relacionando-a com o tema do aquecimento global.

3 Observe novamente o gráfico "Opep e a produção de petróleo (2018)" (página 226). Analise a participação dos países da Opep na produção mundial de petróleo e o que isso representa para a economia mundial.

4 Por que o consumo de energia é um indicador do nível de desenvolvimento socioeconômico de um país?

5 Leia o texto a seguir e responda.

> A boa notícia sobre as fontes renováveis de energia de baixo CO_2 – em especial para a produção de eletricidade – é que elas estão disponíveis em uma quantidade quase ilimitada. Na verdade, todo o petróleo, carvão e gás natural do mundo contêm a mesma quantidade de energia que a Terra recebe do Sol em apenas cinquenta dias. A Terra é banhada com tanta energia solar que o volume energético recebido pela superfície do nosso planeta a cada hora é teoricamente igual ao consumo total de energia no mundo durante um ano inteiro.
>
> GORE, Al. *Nossa escolha*: um plano para solucionar a crise climática. Barueri: Amarilys, 2009. p. 57.

a) Explique a urgência do desenvolvimento de energias alternativas tendo em vista o modelo econômico atual e as questões ambientais.

b) Que fontes alternativas poderiam ser utilizadas no município em que você mora?

Indústria no mundo atual

Ao longo da história, diversos processos transformaram a relação dos seres humanos com a natureza, provocando alterações no espaço geográfico. Dentre eles, destaca-se a Revolução Industrial em suas diferentes etapas, cujas transformações provocaram significativas alterações nos territórios de diversos países, nas relações sociais e no pensamento sobre a condição humana - as ações, o trabalho e a vida das pessoas.

Este capítulo favorece o desenvolvimento das habilidades:

- EM13CHS202
- EM13CHS205
- EM13CHS206
- EM13CHS401
- EM13CHS403
- EM13CHS404
- EM13CHS503
- EM13CHS504

Akos Stiller/Bloomberg/Getty Images

Produção de automóveis de empresa coreana em Žilina, Eslováquia, 2018.

Contexto

1 Que característica da atividade industrial se destaca na foto? Em qual etapa de desenvolvimento da indústria ela se insere e quais são suas principais características?

2 A foto possibilita analisar o papel dos grupos de países desenvolvidos e em desenvolvimento (inclusive semiperiféricos e periféricos) na produção industrial atualmente. Com base nisso, responda às perguntas a seguir.

a) Em que grupo de países estão plantas industriais com essas características?

b) Em que grupo são desenvolvidas pesquisas para a elaboração de projetos relacionados ao processo industrial presente na foto? Cite exemplos de países.

c) Quais são as diferenças entre uma fábrica como a mostrada na foto e as fábricas do início da produção industrial no século XIX, por exemplo, em que predominava a divisão do trabalho dentro da unidade de produção?

História e importância da atividade industrial

Indústria: toda atividade produtiva de transformação de matérias-primas nos mais variados produtos.

Insumo: elemento que faz parte do processo de produção de mercadorias ou serviços, como máquinas, equipamentos e matérias-primas.

A **indústria** moderna surgiu com a produção fabril inaugurada pela Revolução Industrial, que trouxe como principais inovações o uso de máquinas e a divisão do trabalho. No longo processo que se seguiu até os dias atuais, a atividade industrial passou a utilizar tecnologias cada vez mais sofisticadas, como robôs e equipamentos de alta precisão.

A industrialização não provocou mudanças apenas na forma de produção; ela também proporcionou:

- a urbanização, atraindo mão de obra e ampliando as cidades física e demograficamente, tendo muitas se tornado centros econômicos importantes;
- grandes transformações urbanas, com o desenvolvimento da multiplicidade de serviços que caracteriza a cidade atualmente e dos meios de transporte e de comunicação, que interligam todo o espaço mundial;
- o aumento da produção agrícola, graças à mecanização das atividades de criação, plantio e colheita e ao uso da tecnologia e de **insumos** de origem industrial;
- novos modos de vida, hábitos de consumo e profissões e uma nova forma de organização da sociedade.

As atividades industriais que ocorrem no interior das fábricas demandam outras atividades, como a produção e a extração de matérias-primas, o transporte, a propaganda, a comercialização dos produtos e o descarte de resíduos.

Dica

Espaço e indústria

De Ana Fani A. Carlos. São Paulo: Contexto, 2000.

O livro analisa a expansão e a ocupação do espaço geográfico pelas indústrias.

Imaginechina/Agência France-Presse

A industrialização desencadeou não apenas grandes alterações no espaço urbano, mas também no rural. O uso de maquinários e de insumos, cada vez com mais aporte tecnológico, vem aumentando a produtividade e os lucros, sobretudo dos agricultores que dispõem de dinheiro para investimento. Na foto, *drone* sobrevoa plantação para pulverizar inseticidas em Hangzhou (China), 2018.

Delfim Martins/Pulsar Imagens

A colheita mecanizada de cana-de-açúcar tornou o processo mais ágil e aumentou a produtividade. Foto em Jaboticabal (SP), 2018.

Primeira Revolução Industrial (meados do século XVII)

Estruturada inicialmente na Inglaterra, a Primeira Revolução Industrial foi marcada pela invenção da máquina a vapor e pelo uso do carvão mineral como fonte de energia. Esses elementos possibilitaram a invenção do navio e da locomotiva a vapor, que revolucionariam os meios de transporte.

Essa fase ampliou a divisão do trabalho dentro da unidade de produção (a fábrica), no interior da sociedade de cada país (veja, na página seguinte, a seção *Conexões - Sociologia*) e entre os países, estabelecendo a Divisão Internacional do Trabalho (DIT).

Os avanços tecnológicos alcançaram também o campo (Revolução Agrícola), com produção de máquinas e insumos para a atividade rural, modificando o sistema de organização do trabalho no campo, gerando desemprego e êxodo rural. Esse êxodo acelerou a urbanização, fortalecendo os papéis econômico e político das cidades (capitalismo industrial).

O crescimento da produção possibilitou à Inglaterra, então maior potência industrial do mundo, a ampliação de mercados, o que deu origem ao **liberalismo econômico**.

1) *Indústria do Tyne : ferro e carvão*, de William Bell Scott., 1861 (mural, 185,4 cm × 185,4 cm). **2)** *Extração de diamante*, de Carlos Julião, c. 1770 (aquarela, 37,1 × 26,6). Desde a origem, o capitalismo é um sistema econômico internacional. Com a Revolução Industrial, ficou demarcada uma clara DIT, na qual os países industrializados exportavam produtos para regiões sem manufaturas, as quais forneciam matérias-primas para eles. Ainda que com as especificidades de cada época, essa DIT ainda está vigente, considerando as relações dos países desenvolvidos e de alguns em desenvolvimento.

Saiba mais

Liberalismo econômico

Os princípios do pensamento econômico liberal foram estabelecidos por Adam Smith (1723-1790), filósofo e economista escocês, na obra *A riqueza das nações*. O liberalismo econômico consolidou-se a partir do século XVIII durante o processo da Revolução Industrial. Defendia a livre-iniciativa das pessoas e das empresas e considerava que a economia deveria ser conduzida pelas leis do mercado, sem a ação e interferência do Estado. O **livre mercado** (***laissez-faire***), além de garantir a prosperidade econômica e trazer benefícios a toda a sociedade, teria a capacidade de corrigir por si mesmo possíveis distorções, em um processo natural de autorregulação. Caberia ao Estado apenas garantir a livre concorrência e a defesa da propriedade privada, princípios básicos do sistema capitalista.

- Explique a importância desses princípios para a Inglaterra no contexto da Revolução Industrial.

Conexões SOCIOLOGIA

O trabalho e as relações sociais

O texto a seguir aborda o conceito de divisão social do trabalho, considerando os estudos de dois importantes sociólogos modernos — Durkhein e Marx — e suas implicações nas relações sociais, sobretudo, a partir da segunda metade do século XIX.

- Leia o texto e comente sobre as visões dos pensadores Durkheim e Marx em relação à especialização do trabalho decorrente do capitalismo industrial.

Divisão do trabalho

[...] O conceito é usado sobretudo no estudo da produção econômica. Nas sociedades de caçadores-coletores, por exemplo, as divisões do trabalho são relativamente simples, uma vez que não é muito grande o número de tarefas a serem feitas. Em comparação, sociedades industriais as têm extremamente complexas, principalmente porque a capacidade de produzir um vasto excedente de alimentos permite que a maioria das pessoas se entregue a uma grande variedade de tarefas que pouco têm a ver com as necessidades da sobrevivência. Da forma exposta pela primeira vez por Émile Durkheim, as diferenças na divisão do trabalho afetam de forma profunda aquilo que mantém coesas as sociedades. Com divisões de trabalho simples, a coesão social baseia-se principalmente nas semelhanças das pessoas entre si e no fato de terem um estilo de vida comum. Com as divisões de trabalho complexas, porém, ela tem por fundamento a interdependência que resulta da especialização. Num sentido irônico, as diferenças são o que nos mantém unidos.

A divisão do trabalho figura também com destaque no estudo da desigualdade social. Do ponto de vista marxista, o capitalismo utiliza uma divisão do trabalho complexa para controlar melhor os trabalhadores. O trabalho é dividido em grande número de tarefas minuciosamente especializadas que requerem apenas o mínimo de treinamento e qualificação. Esse fato permite aos empregadores monitorar e controlar o processo de produção e substituir sem dificuldade os trabalhadores, o que os priva de poder em suas relações com os patrões. [...]

JOHNSON, Allan G. *Dicionário de Sociologia:* guia prático da linguagem sociológica. Rio de Janeiro: Jorge Zahar, 1997. p. 77.

Dicas

As consequências da Revolução Industrial

Direção de Simon Baker, Jonathan Hassid, Billie Pink. Reino Unido, 2003. 174 min.

O documentário em série retrata as mudanças que a máquina a vapor e o surgimento de linha de produção e de divisão do trabalho causaram nas relações socials.

O germinal

Direção de Claude Berri. França, 1993. 160 min.

Baseado no livro homônimo do francês Émile Zola (1840-1902), o filme enfoca as severas transformações sociais impostas pelo modo de produção capitalista, abordando as relações de trabalho e as lutas de classe.

Album/Fotoarena

Émile Durkheim (1858-1917), sociólogo francês considerado um dos pais da Sociologia moderna.

Reprodução/Acervo particular

Karl Marx (1818-1883), filósofo alemão que, com o teórico Friedrich Engels (1820-1895), de mesma origem, elaborou um conjunto de concepções hoje conhecido como marxismo, que influenciou profundamente a Filosofia e as Ciências Humanas da Modernidade.

Segunda Revolução Industrial (segunda metade do século XIX)

Nesse período, o uso da hidreletricidade e do petróleo criou condições para a invenção de tecnologias como o motor de combustão e de diversos equipamentos elétricos, inclusive eletrodomésticos, como geladeira e lavadora de roupas.

As grandes siderúrgicas e metalúrgicas se formaram, assim como a indústria química e a automobilística, o que permitiu a ampliação dos sistemas de transporte e, consequentemente, a instalação de indústrias em locais mais distantes das fontes de energia e de matéria-prima.

As tecnologias que surgiam eram incorporadas por Estados Unidos, Alemanha, Bélgica, Países Baixos, França, Itália e Japão, países que, assim, se tornaram mais competitivos industrialmente do que a Inglaterra.

Em fins do século XIX e nas primeiras décadas do século XX, a fusão do capital industrial com o financeiro e a união de indústrias levaram ao surgimento de gigantescas empresas de alta tecnologia para a época, originando os oligopólios e os monopólios, caracterizando o **capitalismo monopolista-financeiro** (veja o esquema a seguir). Isso levou à formação das chamadas empresas de sociedade anônima, aquelas cujo capital é dividido entre diversos acionistas, permitindo a captação da poupança de vários pequenos investidores. Com isso, consolidam-se mercados de capitais, nos quais todos podem investir em uma empresa por meio da compra de ações.

Dica

Tempos modernos

Direção de Charles Chaplin. Estados Unidos, 1936. 87 min.

Escrito, dirigido e protagonizado por um dos mais importantes representantes do cinema mundial, Charles Chaplin, esse filme aborda, com olhar crítico, os impactos da Segunda Revolução Industrial na vida humana.

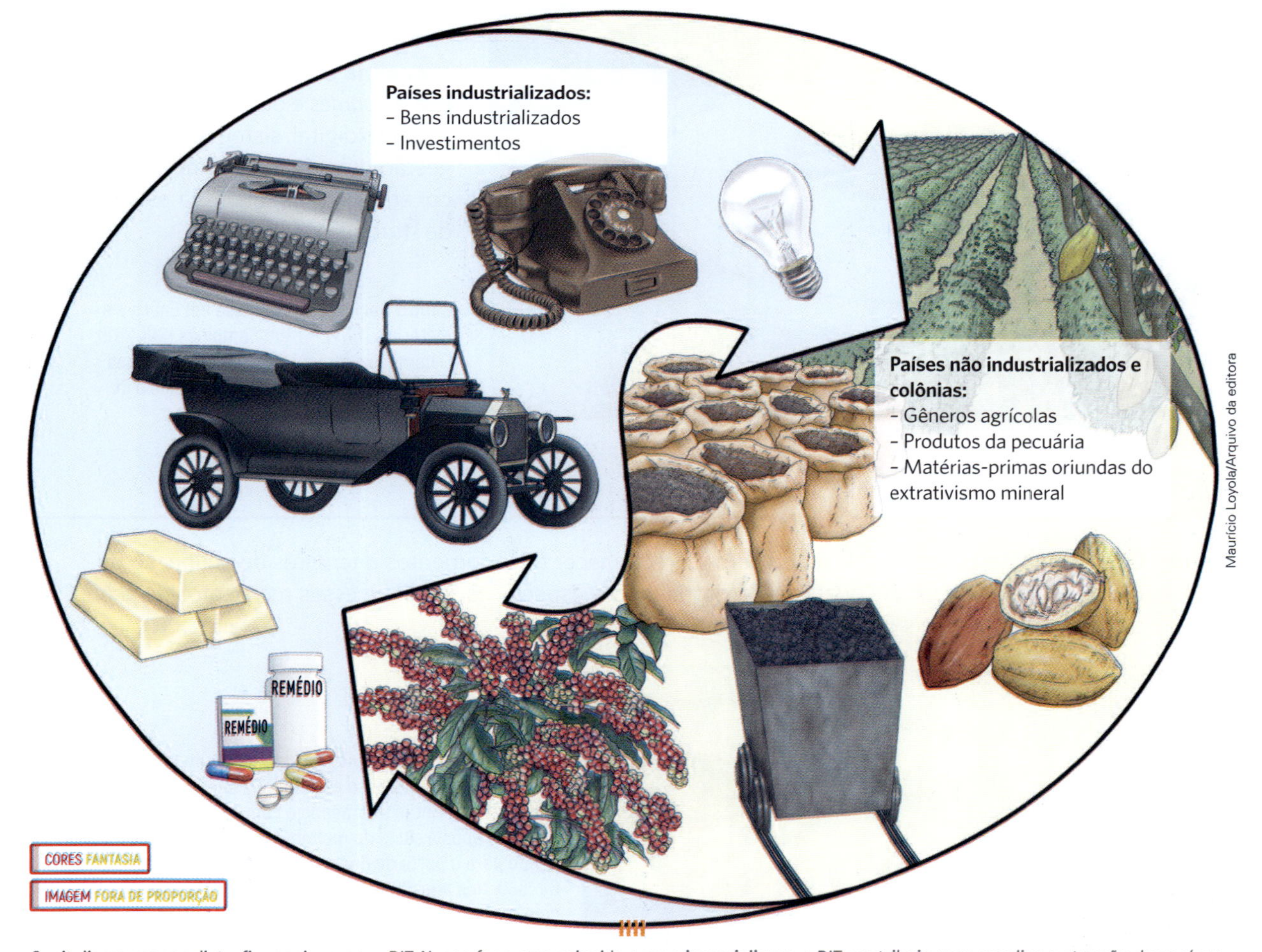

Capitalismo monopolista-financeiro e nova DIT. Nessa fase, que coincide com o **imperialismo**, a DIT contribuiu para ampliar a atuação dos países industrializados no resto do mundo. Para manter o ritmo de produção, esses países aumentaram as fontes de matérias-primas. Além de exportar os bens industrializados, as empresas desses países investiram capitais nos países não industrializados e nas colônias, em casas comerciais e bancárias, na produção agrícola, na mineração, nas estradas de ferro e em outros negócios.

Terceira Revolução Industrial (meados do século XX)

Nessa fase, também chamada de **revolução técnico-científica**, houve exponencial avanço nos sistemas de telecomunicações e transportes, com forte integração da informática com as **telecomunicações** (**telemática**) e o desenvolvimento da microeletrônica e da robótica. Nessas condições, diversas grandes **corporações** sediadas nos países desenvolvidos formaram centros de pesquisa, investiram em pesquisa científica aplicada à produção, ou seja, em ciência e tecnologia (C&T), e se tornaram transnacionais. O **Estado**, por meio de universidades e de instituições de pesquisa, também passou a estimular o desenvolvimento tecnológico, preparando novos profissionais e capacitando-os para a pesquisa.

Os bens de consumo duráveis (especialmente os da **microeletrônica** e da **informática**) tornam-se obsoletos cada vez mais rapidamente (sobre o assunto, veja o boxe *Saiba mais* da página 251).

O rápido desenvolvimento da telemática possibilita a formação dos **teleportos**, também conhecidos por cibercidades ou portos de telecomunicações, constituídos por um conjunto de edificações equipadas com sistemas de telecomunicação e de informática de alta *performance* — conexões à rede mundial de computadores com banda larga, sinais de satélites de comunicação, redes de cabos de fibra óptica e outros recursos. Empresas de diferentes setores que necessitam de conexões amplas, rápidas e eficazes instalam-se nos teleportos, os quais estão presentes em todos os países desenvolvidos e em diversos países em desenvolvimento, como Argentina, Brasil, Paquistão e Filipinas.

Nesse período se forma a chamada **economia criativa digital**, com produção de *games* e outros tipos de entretenimento digital, sistemas de segurança, gestão empresarial, comércio eletrônico, entre outros, além da estruturação de *startups*.

Edson Grandisoli/Pulsar Imagens

Centro Nacional de Pesquisa em Energia e Materiais (CNPEM), em Campinas (SP), 2018. O complexo fomenta e executa pesquisas nas áreas energética, de biociências e de nanotecnologia.

Explore

- Observe a foto abaixo. Sua legenda permite reconhecer três momentos diferentes de ocupação do bairro Recife Antigo, cada qual com territorialidades específicas. Explique esses momentos de acordo com os referenciais de datas indicados.

Arthur De Souza/Fotoarena

Vista do Parque tecnológico Porto Digital (um teleporto), no Recife (PE), em 2018. Esse parque foi inaugurado em 2000, em um bairro então degradado e com crescimento da violência após a saída de muitas empresas do Porto do Recife para o porto de Suape, em Ipojuca (PE), na década de 1980. Nos anos 1990, o local começou a ser revitalizado, com restauração de edifícios históricos e a chegada de diversas empresas, sobretudo de tecnologia da informação e economia criativa, o que passou a atrair muitos eventos culturais, contribuindo também para o aumento da especulação imobiliária.

Saiba mais

Obsolescência programada

Você já teve a impressão de que seus produtos não são feitos para durar? Independentemente de marca ou preço, ficamos com a sensação de que alguns apresentam defeito rapidamente após certo tempo ou quantidade de vezes de uso.

[...]

A obsolescência programada ocorre quando um produto vem de fábrica com a predisposição a se tornar obsoleto ou parar de funcionar após um período específico de uso - geralmente um tempo curto.

Dessa forma, as empresas lançam produtos no mercado para que sejam rapidamente descartados e substituídos por outros.

De acordo com o *Global E-waste Monitor 2017*, relatório elaborado pela Universidade das Nações Unidas (UNU), em parceria com a União Internacional das Telecomunicações (UIT) e a Associação Internacional de Resíduos Sólidos (ISWA), em 2021, o lixo eletrônico global deve atingir 50 milhões de toneladas. Um número assustador, decorrente de eletrônicos de última geração, como *smartphones* e *tablets*, passando por eletrodomésticos, lâmpadas e até pneus.

PROTESTE! Saiba o que é obsolescência programada e como evitá-la. 16 nov. 2018. Disponível em: www.proteste.org.br/seus-direitos/direito-do-consumidor/noticia/obsolescencia-programada. Acesso em: fev. 2020.

1 Sobre a obsolescência programada, também chamada de obsolescência planejada:

a) explique o que é;

b) comente os principais prejuízos dessa prática.

2 Você já vivenciou os efeitos da obsolescência programada? Conte como foi.

3 Que estratégias os consumidores podem utilizar para diminuir os efeitos da obsolescência programada? Converse sobre isso com os colegas e o professor.

Tecnologias de processo de produção

As máquinas são fundamentais no sistema produtivo, mas a elevação da produtividade depende também das tecnologias de processo — sistemas de organização do trabalho e da produção dentro de uma empresa. Na Segunda Revolução Industrial, foram introduzidos o taylorismo e o fordismo, e na Terceira Revolução, o toyotismo.

Ullstein Bild/Glow Images

Operários montam automóveis em linha de produção, nos Estados Unidos. Foto de 1925. Essa técnica de montagem virou sinônimo de produção em série e foi adaptada por outras indústrias.

Taylorismo e fordismo

Ambos os sistemas foram implementados nos Estados Unidos.

No taylorismo, o trabalho fabril é concebido como um conjunto de tarefas totalmente independentes umas das outras e que não exige conhecimentos técnicos profundos pelo trabalhador; apenas o gerente conhece todo o processo produtivo, para determinar e fiscalizar cada etapa da tarefa.

Já o fordismo é a associação da linha de montagem às técnicas de organização do taylorismo: a mercadoria (no caso, o automóvel) em processo de montagem desloca-se no interior da fábrica para a realização de cada etapa, cumprida por determinado trabalhador (leia o texto da seção *Conexões - Sociologia*, página 253).

Toyotismo: a produção *just-in-time*

O toyotismo foi estruturado na fábrica de motores da Toyota no Japão — país de pequena extensão territorial, dependente da importação de matérias-primas e com pouco espaço para estocar produtos — sendo depois incorporado pelas principais indústrias do mundo.

Conhecido pelo nome *just-in-time* (literalmente, "no tempo exato"), é um sistema flexível, em que o trabalhador pode ser deslocado para realizar diferentes funções, de acordo com as necessidades da produção de cada momento, e podem ser feitos ajustes nos modelos das mercadorias mais rapidamente. Nele, as diferentes etapas de produção, desde a entrada das matérias-primas até a saída do produto, são realizadas de forma combinada entre fornecedores, produtores e compradores. A matéria-prima que entra na fábrica corresponde exatamente à quantidade de mercadorias que será produzida, o que é feito dentro de um prazo estipulado e de acordo com o pedido dos compradores; somado ao intensivo uso dos recursos da microeletrônica, da robótica e da informática, isso garante controle de qualidade total dos produtos, com redução do custo de estocagem e maior lucro para os empresários.

Apoiado em empresas subcontratadas para a elaboração do produto final, o processo de formação de rede de empresas intensificou-se, formando uma vasta cadeia produtiva, em escala global. E, por tornar diversos países tão interdependentes, esse sistema de produção pode ser afetado por crises de diversas origens. Em 2020, por exemplo, a crise sanitária do novo coronavírus, antes mesmo de o vírus se espalhar pelo Brasil, suspendeu temporariamente no país a produção de diversos itens cujos componentes são normalmente fabricados em países da Ásia: com a suspensão de diversas atividades fabris e o fechamento de fronteiras naquele continente, muitos componentes deixaram de ser fabricados lá ou transportados para o Brasil, interrompendo ou atrasando a cadeia de produção.

Tomohiro Ohsumi/Getty Images

Linha de produção de automóveis na fábrica da Toyota, no Japão. Foto de 2018.

Conexões SOCIOLOGIA

Especialização brutal

O texto a seguir retrata aspectos da divisão social do trabalho no taylorismo e no fordismo, colocados em prática na unidade fabril automobilística, em crescimento no contexto das primeiras décadas do século XX. Leia o texto e responda à questão a seguir.

> Pela época em que Henry Ford começou a fabricar o Modelo T, em 1908, eram necessárias 7.882 operações. Em sua autobiografia, Ford registrou que dessas 7.882 tarefas especializadas, 949 exigiam "homens fortes, fisicamente hábeis"; 3.338 tarefas precisavam de homens de força física apenas "comum"; a maioria do resto podia ser realizada por "mulheres ou crianças crescidas" e, continuava friamente, "verificamos que 670 tarefas podiam ser preenchidas por homens sem pernas, 2.637 por homens com uma perna só, duas por homens sem braços, 715 por homens com um braço só e 10 por homens cegos". Em suma, a tarefa especializada não exigia um homem inteiro, mas apenas uma parte. Nunca foi apresentada uma prova mais vívida de quanto a superespecialização pode ser brutalizante.
>
> TOFFLER, Alvin. *A terceira onda*. Rio de Janeiro: Record, 1980. p. 62-63.

- Como se manifesta no texto a crítica ao fordismo e ao taylorismo?

Uma Quarta Revolução Industrial?

Na década de 2010, o setor industrial passa a conhecer um processo de transformações pautado na **intensificação da digitalização**, que vem permitindo maior integração em toda a cadeia de produção, desde a retirada da matéria-prima até a elaboração do produto final. Nesse processo, a **robotização** e a **automação** são ampliadas, e **sistemas informatizados** (computadores e redes de banda larga de internet) permitem detectar problemas na cadeia produtiva e sua resolução de modo instantâneo e remoto, ou seja, sem que o técnico esteja no local.

Esse novo contexto produtivo e dinamizador de mudanças em outros setores, como na agricultura (*drones*, maquinários sem operadores, controle informatizado da produção) e no dia a dia das pessoas (**internet das coisas**, por exemplo), vem sendo chamado de Quarta Revolução Industrial — na Alemanha, de "Indústria 4.0", e nos Estados Unidos, de "Manufatura Avançada". Outras características dessa revolução são a **computação em nuvem** (com os arquivos e aplicativos armazenados na rede, com acesso *on-line*, e não mais no próprio computador) e o desenvolvimento da **impressão em 3D**, também chamada de manufatura aditiva.

As condições estabelecidas por esse conjunto de modificações favorecem a produção de mercadorias que atendem às necessidades específicas de determinados consumidores (a customização). É importante, no entanto, destacar que não há consenso nos meios acadêmicos sobre as características que possibilitariam considerar esse conjunto de transformações uma nova etapa da industrialização.

Picture Alliance/Easypix Brasil

Na manufatura aditiva, impressão em 3D, o projeto digital, concebido em um computador, é encaminhado para a impressora, na qual a matéria-prima elabora o produto em camadas. Na foto, aparelho imprime chocolate em feira de serviços gastronômicos realizada em 2018 em Hamburgo (Alemanha).

Internet das coisas (ou IoT, do inglês *Internet of Things*): termo que se refere à interação de objetos com as pessoas no cotidiano, por meio da rede mundial de computadores. Por exemplo: geladeiras que mostram a necessidade de comprar determinado alimento, veículos que fazem o reconhecimento facial do motorista que ocupa o assento, elevadores que apontam necessidade de manutenção.

Localização e organização da atividade industrial

Durante muito tempo, as indústrias foram instaladas perto das fontes de matérias--primas, do mercado consumidor ou do litoral — no caso das indústrias voltadas para o mercado externo ou dependentes de matérias-primas importadas. Esse padrão de localização caracterizou a Primeira e a Segunda Revolução Industrial.

A partir do término da Segunda Guerra Mundial, com a evolução da capacidade de transporte e dos meios de comunicação, ocorreu a desconcentração industrial. As indústrias multinacionais espalharam-se pelo mundo, sendo as principais responsáveis pela globalização econômica e pela revolução técnico-científica.

Indústrias de bens de consumo, por exemplo, que se desenvolveram nas proximidades dos grandes mercados urbanos, tendem a se desconcentrar e se deslocar para regiões menos saturadas e que apresentem custos de infraestrutura e mão de obra mais baixos.

É importante ressaltar que, na maior parte dos casos, esse deslocamento é restrito às unidades de produção, pois diversos outros setores das empresas industriais, como *marketing*, administrativo e pesquisa e desenvolvimento, costumam continuar, ainda que parcialmente, nos grandes centros ou muito próximo a eles.

Dica

Indústria: um só mundo

De Pierre Beckouche. São Paulo: Ática, 2004.

O livro aborda a fase da Terceira Revolução Industrial e as estratégias de localização das indústrias nas diversas regiões do planeta.

A desconcentração industrial favoreceu a formação de ***clusters*** ou **arranjos produtivos locais** (**APLs**) fora dos grandes aglomerados urbanos. Os APLs são áreas que agrupam empresas do mesmo ramo de atividade — não somente industriais — e utilizam, por exemplo, mão de obra específica, o mesmo tipo de matéria-prima e infraestrutura. Dessa forma, garantem às empresas elevada capacidade de inovação, redução de custos e, consequentemente, poder competitivo.

Sam Hall/Bloomberg/Getty Images

Vista aérea do Apple Park, sede de uma das multinacionais de tecnologia nascidas no Vale do Silício. Cupertino, Califórnia (Estados Unidos), 2019.

Nas décadas de 1960 e 1970, foram criados nos países desenvolvidos **polos tecnológicos** — os **tecnopolos** — regiões em que se concentram inovações científicas e tecnológicas e o desenvolvimento de produtos que incorporam alta tecnologia, situadas próximo de universidades e institutos de pesquisas, com apoio de empresas e verbas governamentais. Essa nova concepção industrial surgiu nos Estados Unidos, no Parque de Pesquisas de Stanford (Stanford Research Park), no Vale do **Silício** (Silicon Valley), Califórnia, entre as cidades de San Francisco e San Jose, destacando-se na eletrônica, na informática e na produção de *chips*. Depois, outros foram criados em diversos países desenvolvidos e em desenvolvimento.

Silício: elemento químico usado como matéria-prima básica para a fabricação de *microchips*, daí o nome dado ao vale onde se formou o polo tecnológico.

Principais centros industriais

Estados Unidos

Nos Estados Unidos, estão as sedes de vários dos maiores grupos empresariais do setor industrial do planeta. Na área conhecida como **Manufacturing Belt** (**Cinturão Fabril**), que abrange a região dos Grandes Lagos e o nordeste do país, estão, por exemplo, o principal centro siderúrgico e metalúrgico (na cidade de Pittsburgh, junto às jazidas de minério de ferro do Lago Superior) e alguns setores de tecnologia de ponta (no estado de Massachusetts).

Estados Unidos: indústria (2010)

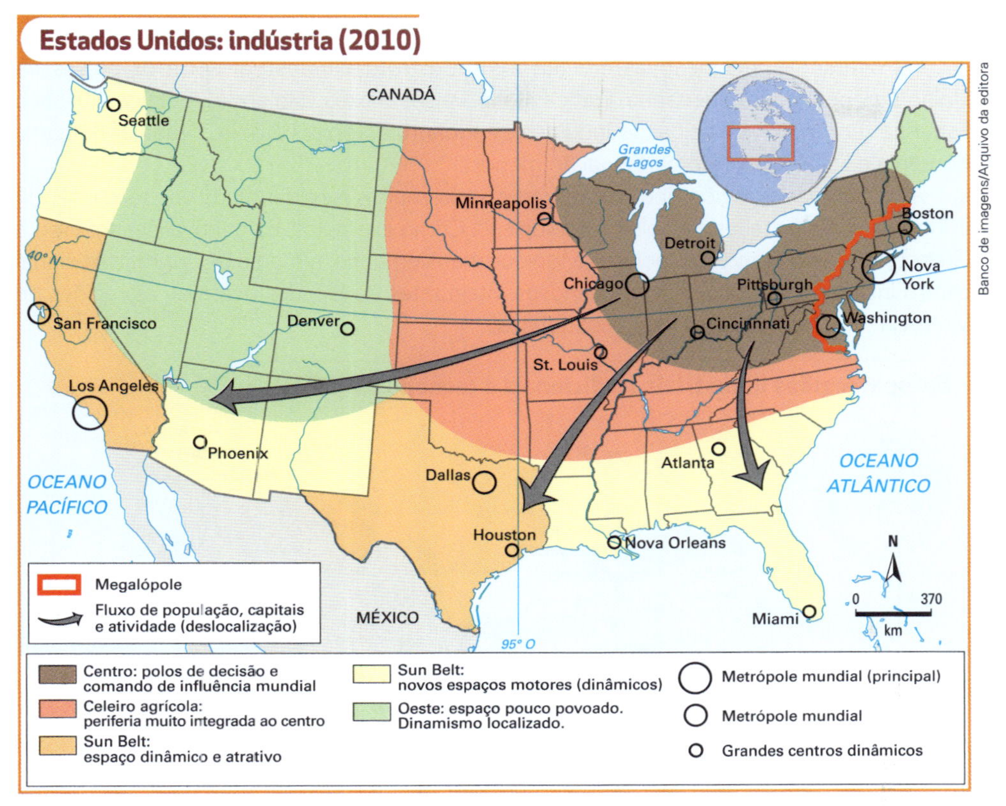

Elaborado com base em: FERREIRA, Graça M. L. *Atlas geográfico*: espaço mundial. São Paulo: Moderna, 2013. p. 75.

Diversos polos tecnológicos de ponta desenvolveram-se nos Estados Unidos, sobretudo no **Sun Belt (Cinturão do Sol)**, faixa que se estende do litoral do Atlântico ao litoral do Pacífico, passando pelo sul do território. No Sun Belt, destacam-se, além do Vale do Silício, a Praia do Silício (Silicon Beach), na Flórida, a Campina do Silício (Silicon Prairie), no Texas, e o Research Triangle Park, na Carolina do Norte. Isso contribuiu para a atração de empresas de outras regiões do país e para a formação de muitas novas corporações empresariais. Veja o mapa acima.

A indústria petrolífera tem destaque na economia estadunidense e influencia a geopolítica mundial no Oriente Médio, na Ásia Central e em outras regiões petrolíferas do mundo.

Vista aérea de Austin, no Texas (Estados Unidos). A região metropolitana da cidade ganhou o apelido de Silicon Hills (Colinas do Silício) por sua alta produção tecnológica. Foto de 2019.

Explore

- No mapa no topo da página, observe as setas e considere a estruturação de novos centros industriais. Que dinâmica espacial é revelada? Quais são as características desses centros? Isso origina novos usos do território? Explique.

União Europeia

Há diferenças significativas em termos de estrutura industrial entre os países da União Europeia (UE). Alemanha, França, Itália, Países Baixos (Holanda), Bélgica, Suécia e Espanha têm maior participação industrial, enquanto Estônia, Letônia, Lituânia, Bulgária, Romênia e Eslováquia têm participação menor.

A UE tem várias regiões industriais tradicionais, muitas surgidas ainda nos séculos XVIII e XIX, além de centenas de polos tecnológicos. Como exemplos, há o Inovallée, próximo a Grenoble, na França; o tecnopolo de Munique, na Alemanha; e o polo de Turim, tradicional centro industrial, na Itália. Nos mais novos integrantes da UE, destacam-se as regiões de Varsóvia (Polônia) e Praga (República Tcheca).

Europa: regiões industriais tradicionais e tecnopolos (2010)

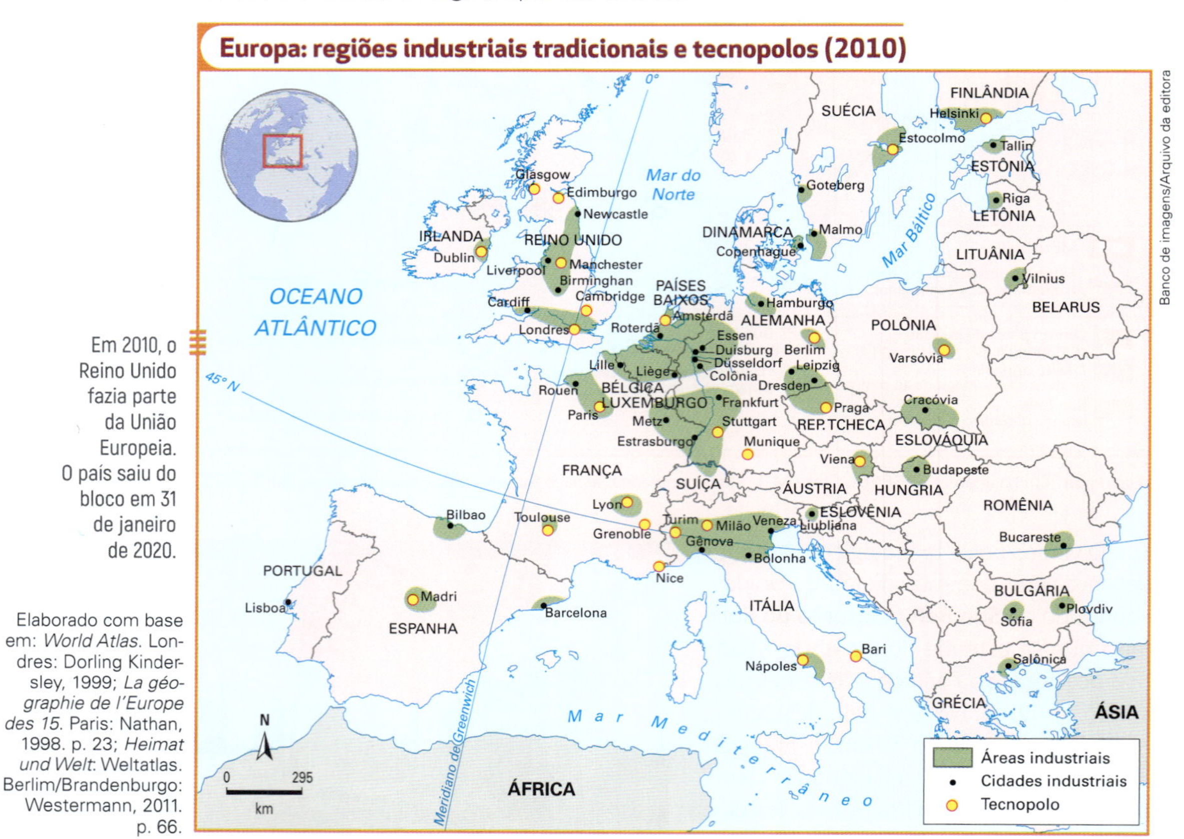

Banco de imagens/Arquivo da editora

Em 2010, o Reino Unido fazia parte da União Europeia. O país saiu do bloco em 31 de janeiro de 2020.

Elaborado com base em: *World Atlas*. Londres: Dorling Kindersley, 1999; *La géographie de l'Europe des 15*. Paris: Nathan, 1998. p. 23; *Heimat und Welt*: Weltatlas. Berlim/Brandenburgo: Westermann, 2011. p. 66.

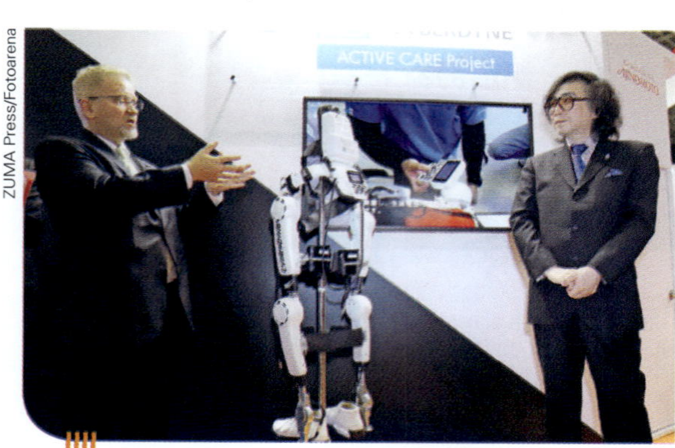

ZUMA Press/Fotoarena

Professor da Universidade de Tsukuba e empresário apresentam um robô feito para melhorar a mobilidade de crianças com lesões na medula espinhal. O tenopolo de Tsukuba foi implantado pelo governo japonês nos anos 1960. Tsukuba é, portanto, um projeto do Estado, enquanto o Vale do Silício, nos Estados Unidos, é um empreendimento privado. Yokohama, Japão, 2017.

Japão

O intenso comércio externo japonês, que inclui volumosas exportações industriais (automóveis, eletroeletrônicos, equipamentos de telecomunicações) e importação de matérias-primas (minério de ferro, petróleo, carvão mineral), determinou a concentração litorânea de sua indústria na costa leste. O maior centro industrial fica na megalópole japonesa, extensa área urbana que se estende de Tóquio à cidade de Nagasaki, passando por Yokohama, Nagoya, Osaka, Kobe e outras.

Nos últimos setenta anos, o Japão não só acompanhou o ritmo de desenvolvimento tecnológico mundial como chegou a liderá-lo em alguns setores. Criou seus próprios tecnopolos e é o país que mais investiu no processo de robotização industrial. O primeiro e mais famoso é o de Tsukuba, a nordeste de Tóquio.

Após a derrota na Segunda Guerra Mundial, o apoio do Estado ao desenvolvimento tecnológico, os investimentos em educação e qualificação da mão de obra e os incentivos aos setores exportadores foram as bases do acelerado desenvolvimento industrial japonês.

Na década de 1970, o país consolidou uma base industrial apoiada na microeletrônica e na informática, com a automatização das linhas de montagem industriais. O primeiro país a utilizar robôs na produção industrial em grande escala foi também responsável pela reorganização industrial moderna, no interior das indústrias — com o sistema *just-in-time* — e entre as empresas, com a formação das redes industriais (***keiretsus***).

Uma *keiretsu* é uma rede de produção dedicada a uma empresa-líder. No início, as empresas da rede não podiam negociar com outras que não fizessem parte da mesma *keiretsu*. Hoje, porém, algumas podem negociar fora do grupo, desde que tenham capacidade produtiva e atendam prioritariamente às empresas da *keiretsu*.

Atualmente, o país enfrenta a competitividade industrial dos vizinhos mais próximos, particularmente da Coreia do Sul, de Taiwan e da China, nos quais, inclusive, realizou grandes investimentos.

Japão: principais regiões industriais, tecnopolos e megalópole (2010)

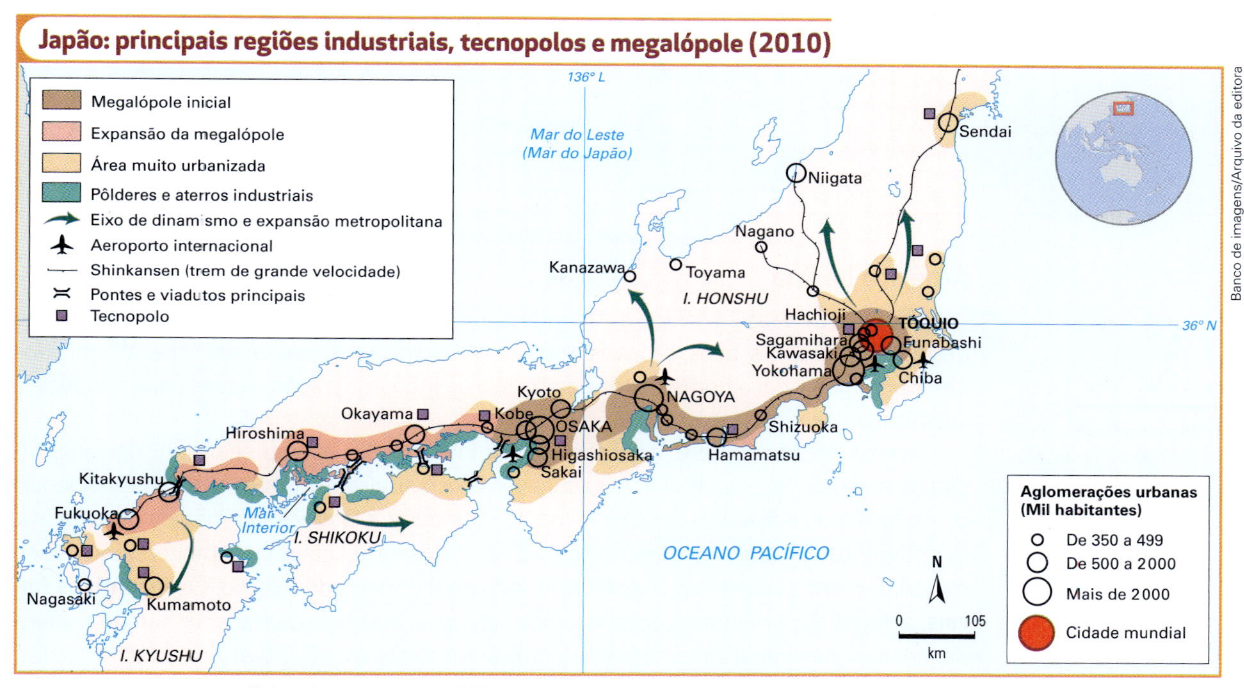

Elaborado com base em: FERREIRA, Graça M. L. *Atlas geográfico:* espaço mundial. São Paulo: Moderna, 2013. p. 106.

Novas regiões industriais a partir de 1950

A partir dos anos 1950, a produção industrial disseminou-se por vários países em desenvolvimento, conhecidos por NIC (Newly Industrialized Countries, países recém-industrializados, também chamados de Novos Países Industrializados). Atualmente esses países concentram diversas unidades produtivas, sendo responsáveis por parcela expressiva da produção mundial de eletroeletrônicos, componentes utilizados na indústria de informática e automóveis, entre outros.

Em um primeiro momento, esse desenvolvimento industrial ocorreu na América Latina e na África do Sul. Em meados da década de 1960, o processo passou a ocorrer no Extremo Oriente (Coreia do Sul, Taiwan e Hong Kong, que seria reincorporado à China em 1997) e no Sudeste Asiático (Cingapura). A partir dos anos 1980, outros países do Sudeste Asiático (Malásia, Tailândia, Indonésia, Vietnã e Filipinas), da Ásia Meridional (Índia) e do Extremo Oriente (China) passaram a integrar o grupo.

A trajetória da industrialização de cada país do NIC não foi igual, mas a participação do Estado foi decisiva em todos. Veja o mapa na próxima página.

Mundo: industrialização a partir de 1950

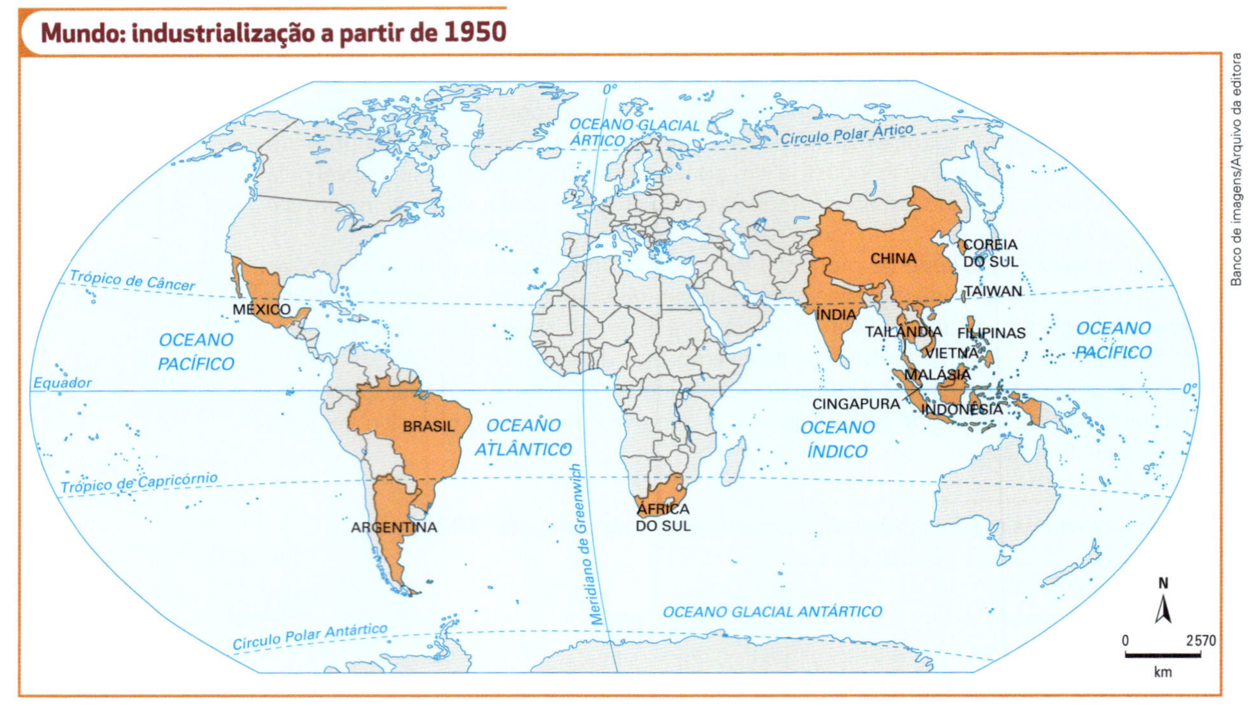

Elaborado com base em: MATHIEU, Jean-Louis (dir.). *Géographie*. Paris: Nathan, 2004. p. 234.

América Latina

No caso de Brasil, México e Argentina, a industrialização baseou-se na substituição de importações. Os bens de consumo, antes importados, passaram a ser produzidos internamente — daí o nome dado ao processo de industrialização desses países: indústria substitutiva de importação (ISI).

Incentivo fiscal: subsídio conferido pelo governo, que renuncia à parte dos impostos que receberia em troca de investimentos em atividades ou operações por ele estimuladas.

Após a década de 1950, a substituição de importações apoiou-se na internacionalização do mercado interno. Brasil, Argentina e México atraíram investimentos internacionais como forma de acelerar o desenvolvimento da indústria, oferecendo mão de obra barata, investimentos estatais em infraestrutura de transporte, energia e processamento de matérias-primas essenciais à instalação industrial e mercado interno. Os **incentivos fiscais**, a participação em mercados internos sem a necessidade de transpor barreiras alfandegárias e a facilidade de remessa de lucros eram atrativos para as empresas estrangeiras.

Operários argentinos ouvem o discurso do então presidente da França, o general Charles de Gaulle (1890-1970), durante visita à sede da montadora francesa Renault em Buenos Aires (Argentina), 1964.

O modelo baseado na substituição de importações teve particularidades em cada país e entrou em crise nos anos 1980, por fatores como:

- a abertura da economia dos países em desenvolvimento ao comércio internacional;
- as novas estratégias das multinacionais, como a produção em redes mundializadas;
- o aumento do endividamento do Estado, particularmente das dívidas externas;
- processo de privatização apoiado no modelo neoliberal.

Na década de 1990, os países industrializados da América Latina seguiram em boa medida o receituário do Consenso de Washington: privatizaram a economia e abriram-se ao mercado externo, incentivando a entrada de empresas estrangeiras, que passaram a controlar setores como os de energia, telecomunicações, transportes e indústria de base.

Tigres Asiáticos e Novos Tigres

A partir da década de 1970, Cingapura, Hong Kong, Coreia do Sul e Taiwan surpreenderam o mundo com um processo de industrialização marcado pela agilidade administrativa, pela competitividade, pela participação crescente no mercado internacional e por uma política agressiva de exportações, gerando novas relações econômicas e sociais. Com exceção da Coreia do Sul, esses países, chamados de **Tigres Asiáticos**, tinham um mercado interno reduzido; e todos, diferentemente dos países da América Latina que se industrializaram nesse período, eram pobres em recursos minerais.

Também de modo diferente dos países latino-americanos, os Tigres Asiáticos apoiaram-se na chamada **industrialização orientada para a exportação** (**IOE**). As multinacionais que se estabeleceram nesses países, e mesmo as empresas nacionais, tinham como objetivo principal o comércio externo. Daí a expressão **"plataformas de exportação"** para designar os países dessa região asiática, hoje ampliada com a presença da China e dos **Novos Tigres**: Indonésia, Vietnã, Malásia, Tailândia e Filipinas.

tobiasjo/Getty Images

Centro comercial de Kuala Lumpur (Malásia), em 2019.

Se no modelo de substituição de importações (ISI) preponderou a participação do capital estadunidense e do europeu, no de industrialização para a exportação (IOE) a principal fonte de investimentos foi o capital japonês. No caso da China, porém, os investimentos estadunidenses e europeus também foram expressivos. Além dos investimentos dos quatro Tigres originais, os Novos Tigres passaram a fazer parte das redes de negócios de empresas dos Estados Unidos, do Japão e de outros países de economia mais avançada.

Embora cada Tigre tenha traçado o próprio modelo de desenvolvimento industrial, o crescimento econômico desse conjunto de países se alicerçou na associação entre as empresas privadas e o governo, que garantiu proteção às empresas nacionais por meio de barreiras alfandegárias, criou mecanismos legais de incentivo a exportações e investimentos estrangeiros, providenciou a infraestrutura necessária (transporte, comunicações e energia) e investiu maciçamente em educação e treinamento de mão de obra.

Também foram criadas **Zonas de Processamento de Exportação** (ZPEs). Cingapura, Hong Kong e Taiwan adotaram uma política de incentivos para atrair as indústrias multinacionais, responsáveis, em um primeiro momento, pelos investimentos diretos na produção. Depois, o crescimento das ZPEs foi apoiado pelas próprias empresas.

A partir dos anos 1990, os primeiros Tigres Asiáticos priorizaram a instalação de empresas de produtos de alta tecnologia, como componentes para computadores e microeletrônicos, elevando os salários, reduzindo a atração das indústrias estrangeiras que fabricavam produtos de tecnologia pouco avançada e neles se instalavam apenas pela mão de obra barata.

As crises capitalistas de fins do século XX e início do XXI, porém, abalaram o *boom* de crescimento dos Tigres Asiáticos, que passaram a ter um desempenho econômico menor do que nas décadas anteriores.

Zonas de Processamento de Exportação (ZPEs): áreas de livre-comércio com o exterior, destinadas à instalação de empresas voltadas para a produção de bens para exportação. Essas empresas têm tratamentos tributário, cambial e administrativo específicos, como isenção de impostos e terrenos cedidos pelo Estado.

China

Após sua formação, em 1949, a República Popular da China, com governo socialista, aliou-se, em um primeiro momento, à então União Soviética, da qual conseguiu apoio para transformar as próprias estruturas econômicas, que passaram a ser propriedade do Estado, controladas pelo Partido Comunista Chinês. Nos anos que se seguiram, realizaram-se grandes obras de infraestrutura (usinas de energia, canais de navegação e estradas) e maciços investimentos nas indústrias siderúrgica e metalúrgica.

A aliança China-União Soviética encerrou-se em 1958, e os chineses procuraram um caminho próprio para o desenvolvimento econômico, investindo na produção agrícola (fundamental para o país mais populoso do mundo) e na indústria bélica (para garantir soberania e segurança diante das duas grandes potências da Guerra Fria). Algumas das políticas econômicas implantadas, porém, foram desastrosas, a ponto de o Partido Comunista manter-se no poder apenas por causa da forte repressão política e da doutrinação que exaltava o futuro promissor do socialismo.

A partir da década de 1960, uma profunda crise abalou praticamente todos os países socialistas, inclusive a China. Somente em 1976, logo após a morte de Mao Tsé-tung, a China passa a ser o primeiro país socialista a realizar transformações econômicas com o objetivo de dinamizar a economia.

Em 1978, sob a liderança de Deng Xiaoping (1904-1997), o Partido Comunista Chinês **reintroduziu a economia de mercado** por meio de **Zonas Econômicas Especiais** (**ZEEs**).

! Dica

China: o dragão do século XXI

De Wladimir Pomar. São Paulo: Ática, 2010.

Visão da China desde a Revolução de 1949 até as transformações econômicas capitalistas, destacando a importância do país no cenário econômico mundial.

China: indústria (2010)

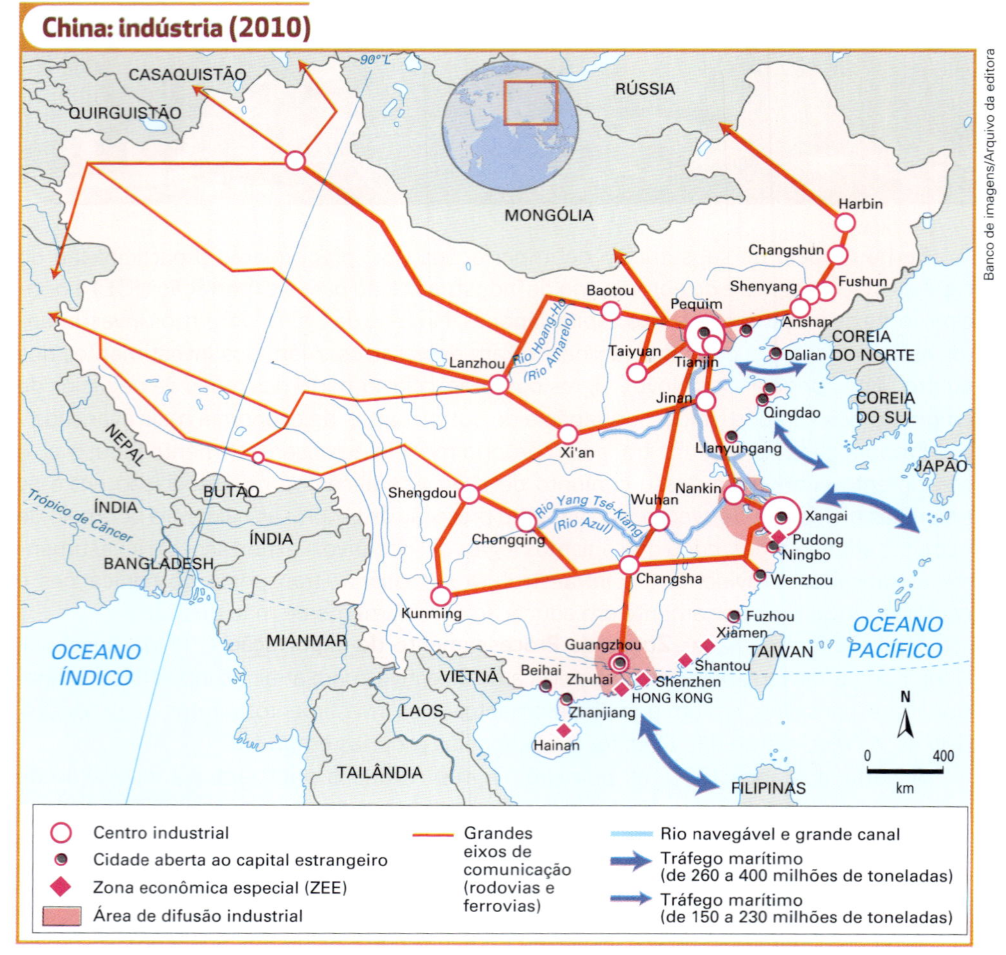

Elaborado com base em: FERREIRA, Graça M. L. *Atlas geográfico*: espaço mundial. São Paulo: Moderna, 2013. p. 105.

ZEEs

As ZEEs foram idealizadas por Deng Xiaoping e implantadas a partir do início dos anos 1980. Nelas, foi permitido o funcionamento de uma economia nos moldes do capitalismo.

As cidades escolhidas para a criação dessas zonas de economia de mercado abriram-se para os investimentos estrangeiros, e nelas se estabeleceram medidas de atração do capital externo: baixos impostos, isenção para importação de máquinas e equipamentos industriais e facilidades para a remessa de lucros ao exterior.

Além disso, as multinacionais que se instalaram nessas regiões contam com mão de obra industrial barata, o que torna o preço dos produtos de baixo aporte tecnológico (têxteis, calçados e brinquedos) imbatível no mercado internacional. No segundo momento, instalaram-se as montadoras de automóveis e as de equipamentos eletroeletrônicos.

Aly Song/Reuters/Fotoarena

Trabalhadores na linha de montagem de cadeirinhas usadas em carros por crianças, em Xangai (China), 2020. As ZEEs têm como objetivos atrair investimentos estrangeiros, desenvolver a produção tecnológica na China e absorver as inovações tecnológicas dos países mais avançados.

Panorama atual

As reformas econômicas transformaram a China no país de maior crescimento econômico nas últimas décadas, com taxas anuais entre 6% e 10% de ampliação do PIB — sempre superiores ao crescimento da economia mundial. O país dispõe de um parque industrial diversificado, com indústrias tradicionais, que fabricam bens de baixo índice tecnológico (como têxteis e brinquedos), mas também com indústrias de bens de alto índice tecnológico (como as de computadores e de aviões) de grande competitividade internacional.

Neste início de século, a China já se posiciona como um grande exportador de bens de elevado aporte tecnológico. O mercado de consumo interno na China tem aumentado nos últimos anos. Uma classe de empresários capitalistas surgida nesse período foi admitida como integrante do Partido Comunista Chinês e tem participação ativa nas decisões políticas e econômicas do governo.

Índia

Com mais de 1,2 bilhão de habitantes, a Índia é, ao lado da China, o país com maior potencial de crescimento do mercado de consumo no mundo. O país é o que mais vem crescendo entre os países emergentes.

Há cerca de duas décadas, foram realizadas no país amplas reformas públicas, que dinamizaram a indústria nacional e garantiram a entrada, em grande escala, de investimentos diretos estrangeiros (IDE). Diferentemente dos países latino-americanos, a Índia não trilhou os caminhos propostos pelo Consenso de Washington: realizou uma abertura de mercado progressiva e uma privatização controlada.

Um dos grandes entraves ao desenvolvimento industrial indiano está relacionado à infraestrutura. Há carências na geração de energia e na rede de distribuição; as ferrovias cobrem todo o país — herança do colonialismo britânico —, mas estão obsoletas; o sistema portuário precisa ser modernizado; a produção da indústria de base é insuficiente para acompanhar o dinamismo industrial. No entanto, pela importância estratégica desses setores, o governo indiano não abriu mão do controle deles. Algumas grandes indústrias estatais de refino de petróleo, petroquímico e de alumínio foram abertas à participação privada, mas o governo ainda tem participação acionária expressiva. A indústria bélica e a exploração de petróleo também permanecem exclusivas de monopólios estatais.

No sul do território, destaca-se a cidade de Bangalore, tecnopolo indiano que centraliza pesquisas de alta tecnologia associadas às indústrias aeroespacial e de satélites, de aviões, de *softwares*, de supercomputadores e de biotecnologia, entre outras. Na cidade moram mais engenheiros especializados em novas tecnologias que no Vale do Silício (Estados Unidos).

Os cientistas e profissionais especializados em novas tecnologias na Índia recebem salários menores que os de outros países, levando as multinacionais a deslocar centros de pesquisa e tecnologia para esse país. Aliado ao uso da língua inglesa por grande parte da população e ao crescimento do mercado interno indiano, isso garante a entrada dos investimentos externos, sobretudo no setor de serviços tecnológicos.

Essas características garantem destaque também no setor de serviços: diversos países subcontratam empresas indianas para serviços de *telemarketing* e *call center*, que incluem atendimento ao cliente e informações telefônicas.

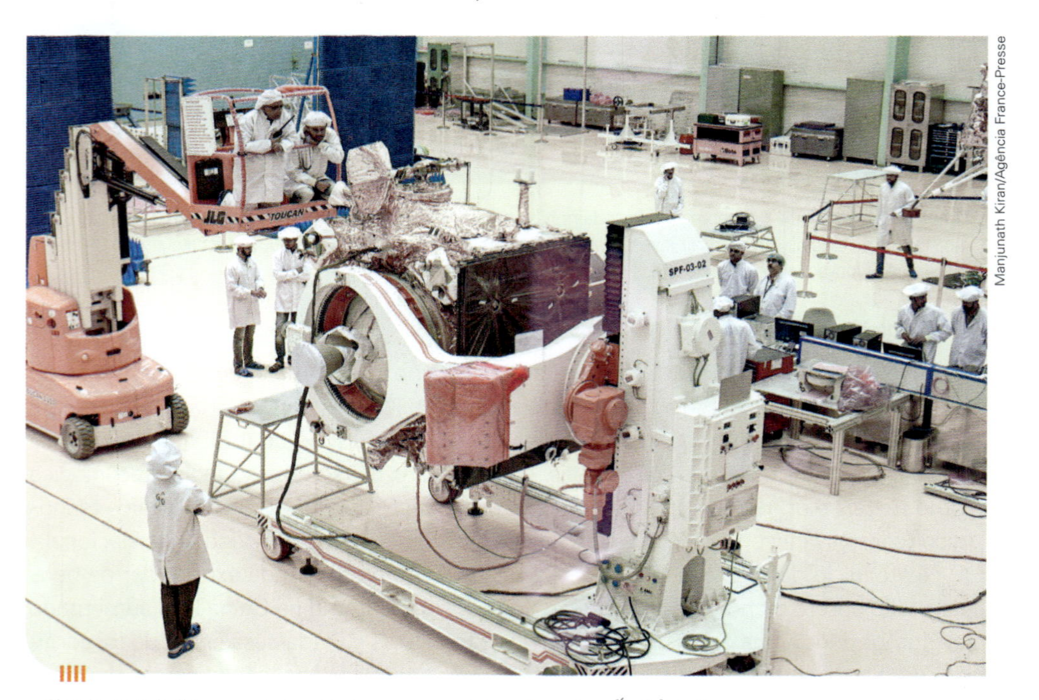

Manjunath Kiran/Agência France-Presse

Cientistas trabalham em centro de pesquisa espacial em Bangalore (Índia), 2019.

África

A maior parte dos países africanos depende das exportações de gêneros agrícolas e produtos do extrativismo mineral, tendo baixos índices de industrialização em geral.

As riquezas naturais do continente, desde as primeiras descobertas, foram exploradas por companhias estrangeiras, principalmente grandes multinacionais. Entretanto, no fim da década de 1960, alguns países resolveram nacionalizar as próprias minas, apoiando-se em organismos internacionais que reúnem vários países produtores de minérios.

Eyerusalem Jiregna/Agência France-Presse

Indústria têxtil no Parque Industrial Hawassa, em Adis Abeba (Etiópia), 2019.

O petróleo é um dos recursos naturais mais significativos nos países africanos, pois é importante fonte de divisas. Aliado à estabilização política em alguns países, o crescimento da atividade petrolífera pode proporcionar a entrada de investimentos para o desenvolvimento de setores da indústria petroquímica. China e Índia são os principais interessados em investir na industrialização do continente.

O país mais industrializado do continente é a África do Sul, com um parque fabril diversificado, englobando várias cidades, nas quais se destacam as indústrias naval, automobilística, petroquímica, alimentícia, têxtil e de base. A Etiópia tem investido em polos industriais têxteis, fabricando roupas para grifes internacionais. Outras importantes áreas industriais do continente estão ao redor de algumas cidades, como Argel (Argélia), Alexandria e Cairo (Egito), Lagos (Nigéria), Tanger (Marrocos), Túnis (Tunísia) e Kinshasa (República Democrática do Congo). A produção industrial africana corresponde, em média, a 1% do total do PIB do continente. No início do século XXI, o Brasil ampliou as relações diplomáticas com diversos países da África, com os quais tem fortes laços étnico-culturais. No entanto, muito ainda pode ser feito para a cooperação e o estreitamento das relações comerciais e econômico-financeiras.

África: indústria e recursos energéticos (2010)

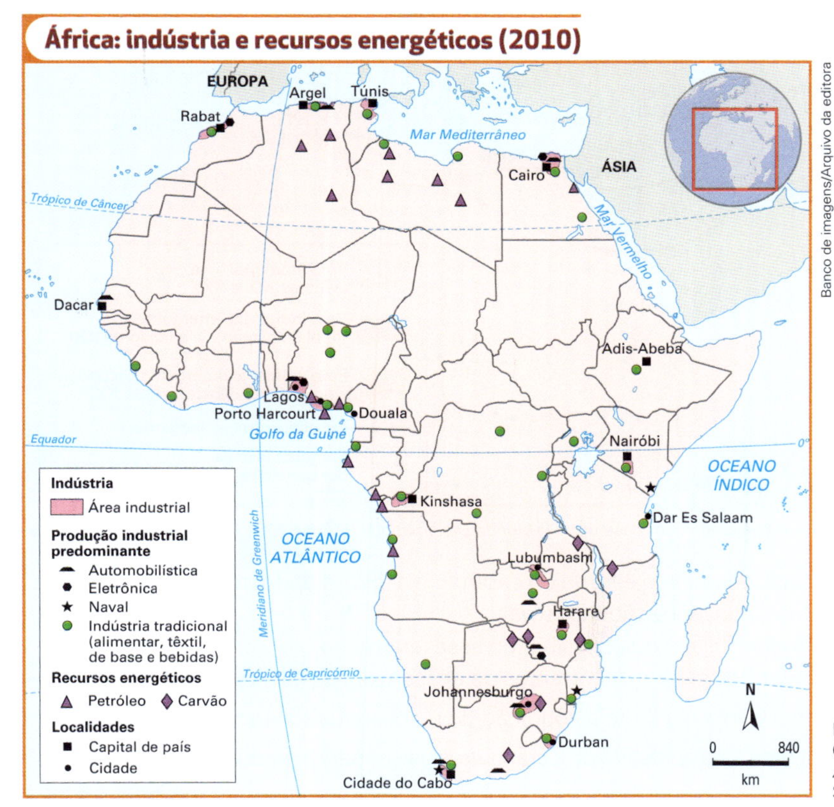

Banco de imagens/Arquivo da editora

Elaborado com base em: CALDINI, Vera; ÍSOLA, Leda. *Atlas geográfico Saraiva*. São Paulo: Saraiva, 2013. p. 149.

Olho no espaço

Desconcentração e proliferação dos polos industriais

- Leia o texto e o mapa e, depois, responda às questões propostas.

> [...] Espalhado por 4 hectares, o Parque de Inovação Global (GIP) da VVDN [Technologies] é marcado pela área de pesquisa e desenvolvimento e por instalações de fabricação de eletrônicos. É uma instalação sem igual na Índia, com capacidade para 100.000 pessoas durante os próximos três anos. [...] a empresa tem trabalhado na inovação tecnológica da próxima geração e criou centros de pesquisa e desenvolvimento em toda a Índia, bem como instalações industriais líderes do setor em Manesar [Haryana, Índia]. Com as novas instalações do GIP, a VVDN aumentará em muitas vezes a capacidade atual de engenharia e fabricação de produtos eletrônicos para uma ampla gama de soluções inovadoras e versáteis, incluindo equipamentos 5G, rastreadores, filmadoras automotivas, câmeras e pontos de acesso wi-fi. [...]
>
> NITIN GADKARI inaugura Parque de Inovação Global (centro de inovação tecnológica, engenharia e fabricação) da VVDN em Manesar na Índia; primeiro-ministro Narendra Modi enviou felicitações. *A tarde*. 03 jul. 2020. Disponível em: http://atarde.uol.com.br/economia/pr-newswire/noticias/2131788-nitin-gadkari-inaugura-parque-de-inovacao-global-centro-de-inovacao-tecnologica-engenharia-e-fabricacao-da-vvdn-em-manesar-na-india-primeirominstro-narendra-modi-enviou-felicitacoes. Acesso em: jul. 2020.

Mundo: desconcentração e proliferação de grandes polos industriais (2011)

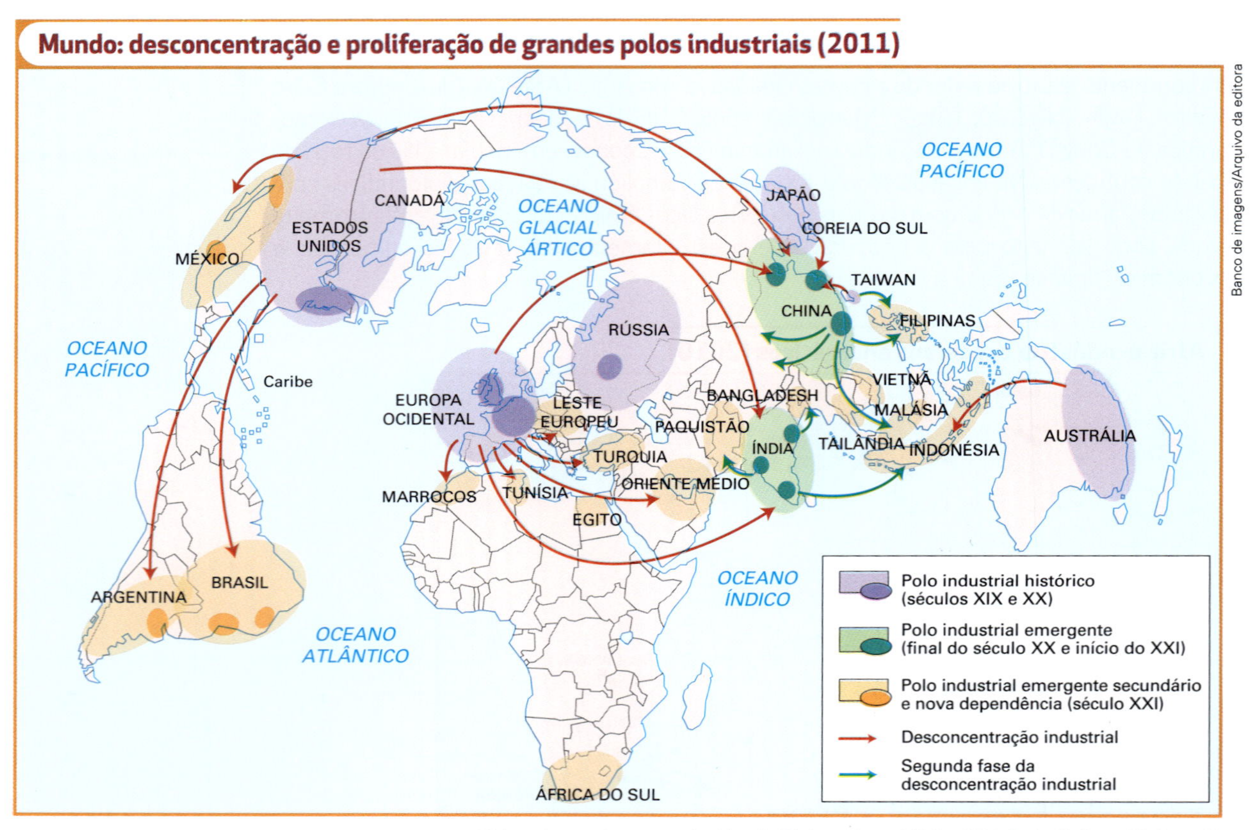

Banco de imagens/Arquivo da editora

Elaborado com base em: *Le Monde Diplomatique. L'Atlas 2013*. Paris: Vuibert, 2012. p. 48.

a) Com base nos conhecimentos adquiridos com o estudo do capítulo e a leitura do texto e mapa, comente:
- a primeira e a segunda fases da desconcentração industrial;
- as causas da desconcentração industrial e o que possibilitou esse fenômeno;
- como os países podem se proteger dos efeitos decorrentes da desconcentração industrial.

b) Explique os motivos que conferem à China e à Índia a condição de polos industriais emergentes.

c) Quais são os principais fatores que levam as empresas a procurar outros países para a produção de mercadorias?

Atividades

1 Observe a charge e responda às questões propostas.

Jornal do Brasil, 19 fev. 1997.

a) Qual sistema de produção está representado? Quais são suas principais características?

b) Que outro sistema organizacional foi implementado em meados do século XX? Em que medida ele se diferenciava do sistema apresentado na charge?

2 Uma das mais profundas transformações espaciais já ocorridas deu-se com a introdução da indústria moderna na Inglaterra, que marcou o início do capitalismo industrial. A industrialização não provocou mudanças apenas na forma de produção, mas também reorganizou o espaço geográfico, modificou as relações territoriais, sociais e políticas. Cite algumas transformações ocorridas no espaço geográfico a partir da Revolução Industrial.

3 Cite a localização e as características das seguintes regiões industriais dos Estados Unidos:

a) Sun Belt;

b) Manufacturing Belt.

4 O que são e como funcionam os *keiretsus*?

5 Como eram chamados os países que tiveram um processo de industrialização mais acelerado a partir das décadas de 1950-1960? Quais países foram incluídos nessa categoria?

6 Diferencie o modelo de industrialização adotado pelos países latino-americanos (Brasil, México e Argentina) daquele adotado pelos Tigres Asiáticos.

7 Observe a tabela e responda às questões.

Principais exportadores de computadores e de serviços de informação (2018)

Posição	Maiores exportadores	Valor (em milhões de US$)
1	UNIÃO EUROPEIA	261.018
2	ÍNDIA	55.526
3	CHINA	44.960
4	ESTADOS UNIDOS	24.290
5	ISRAEL	13.725
6	CINGAPURA	11.222
7	CANADÁ *	5.515
8	FILIPINAS	5.275
9	EMIRADOS ÁRABES UNIDOS	4.901
10	RÚSSIA	4.061

* Dados de 2017.

Elaborado com base em: OMC. *International Trade Statistics 2019*. p. 136. Disponível em: www.wto.org/english/res_e/statis_e/wts2019_e/wts2019_e.pdf. Acesso em: set. 2019.

a) Com exceção dos países com elevado grau de desenvolvimento, quais figuram entre os dez principais exportadores de computadores e de serviços de informação?

b) Que atividades colocam a Índia nessa posição da tabela? Justifique sua resposta.

Indústria no Brasil

A industrialização brasileira se intensificou a partir dos anos 1930 e contou com a participação do Estado brasileiro, do capital privado nacional e do capital privado multinacional. Esse processo trouxe significativas mudanças no território, na sociedade e na economia, impactando também as relações do Brasil com os demais países. Mas, nos últimos anos, a participação da indústria no Produto Interno Bruto (PIB) diminuiu expressivamente. Observe a foto.

Este capítulo favorece o desenvolvimento das habilidades:

- EM13CHS103
- EM13CHS401
- EM13CHS501
- EM13CHS502
- EM13CHS504
- EM13CHS606

Delfim Martins/Tyba

Vista geral da Companhia Siderúrgica do Pecém, no município de São Gonçalo do Amarante, no Ceará, em 2018.

Contexto

1. Em qual dos setores industriais – extrativista, de bens de produção, de bens de capital e de bens de consumo – a indústria da foto acima se encaixa? Explique.
2. Essa siderúrgica está localizada na região metropolitana de Fortaleza, no estado do Ceará, importante centro industrial da região Nordeste. Você conhece outros centros industriais dessa região? Qual é o papel dessa região no contexto da produção da indústria brasileira?
3. Você sabe em que época esse tipo de indústria começou a se desenvolver de modo mais expressivo no Brasil? Explique as atividades econômicas de modo geral dessa época.

Industrialização no Brasil

A indústria brasileira começou a se desenvolver ainda no século XIX. A economia cafeeira, dominante no período, dinamizou as atividades urbanas, estimulou a imigração europeia e gerou um empresariado nacional com capacidade de investir em alguns setores industriais. Os imigrantes trouxeram novos hábitos de consumo, que incluíam produtos industrializados, e tinham experiência com o processo de produção industrial e o trabalho como operários. Aos poucos, formou-se um mercado interno, que se ampliou com a abolição da escravidão, no fim do século XIX, e com a intensificação da imigração.

Indústrias de alimentos, calçados, tecidos, confecções, velas, móveis, fundições e bebidas foram instaladas, sobretudo em São Paulo, então centro da atividade cafeeira, principal porta de entrada dos imigrantes e estado com melhor infraestrutura de transportes e concentração de capital. Apesar de todos os avanços da industrialização, a economia continuou sendo comandada pela produção agrícola, especialmente de café.

No início do século XX, a indústria ampliou a participação na economia brasileira. Predominavam as indústrias nacionais, a maioria desenvolvida por imigrantes, muitas inicialmente a partir de pequenas oficinas artesanais. Para se ter uma ideia, o número de indústrias no Brasil aumentou de 3 258 em 1907 para 13 336 em 1920.

Keystone-France/Gamma-Keystone/Getty Images

Vista do bairro do Brás, em 1929, na cidade de São Paulo (SP), com a fábrica Moinho Matarazzo ao fundo. Inaugurada em 1900 pelo imigrante italiano Francesco Matarazzo (1854-1937), o moinho de trigo, junto da seção de metalurgia e da tecelagem que fabricava os sacos para embalagem, era a maior unidade industrial do país na época.

Crise de 1929

A crise mundial de 1929 abalou profundamente o mundo capitalista. Entre 1929 e 1932, a produção industrial dos Estados Unidos diminuiu cerca de 50%. Muitos trabalhadores perderam o emprego, e o mercado consumidor de industrializados e agrícolas retraiu-se ainda mais. Muitas empresas e bancos faliram, e os investidores do mercado de capitais (compra e venda de ações) viram títulos se transformarem em papéis de pouquíssimo ou nenhum valor.

Dica

Mauá, o imperador do Brasil

Direção de Sérgio Rezende. Brasil, 1979. 134 min.

O filme conta a história de Irineu Evangelista de Sousa (1813-1889), o Visconde de Mauá, um dos principais personagens no período inicial de industrialização do Brasil. Mauá, com seu tino para os negócios e espírito empreendedor, construiu a primeira indústria do país, uma fundição e estaleiro em Niterói, no Rio de Janeiro.

Bettmann Archive/Getty Images

Pessoas desempregadas formam fila para receber jantar de Natal da prefeitura de Nova York, em 1931.

Com a crise da Bolsa de Valores de Nova York, os países capitalistas precisaram reestruturar o próprio modelo econômico. Promoveram, então, maior **intervenção do Estado** na economia e na distribuição de renda, por entender que só a ampliação do mercado de consumo poderia garantir a retomada do crescimento econômico.

Em um primeiro momento, a depressão econômica provocada pela crise de 1929 teve efeito devastador também no Brasil. A economia do país se baseava no mercado externo e dependia da exportação do café, que no fim da década de 1920 representava cerca de 70% das exportações brasileiras. A crise econômica agravou a insatisfação política. Nesse contexto, o gaúcho Getúlio Vargas (1882-1954) tomou o poder por meio de um golpe de Estado, em 1930, contra o domínio da **oligarquia** agrária, que comandara o país durante a República Velha (1889-1930).

Além de diminuir em mais de 80% a exportação do café, a crise econômica reduziu o preço dele no mercado internacional. Como o café ainda era a principal fonte brasileira de divisas, o governo Vargas manteve, no início, uma política de proteção à lavoura: desvalorizou a moeda para que o produto chegasse com valor mais competitivo ao mercado externo e comprou a produção excedente, destruindo-a em seguida. O objetivo foi diminuir a oferta e garantir a estabilidade do preço do produto.

Intervenção do Estado: também conhecida como intervencionismo estatal, política econômica baseada nas ideias do britânico John Maynard Keynes (1883-1946), um dos mais importantes economistas do século XX. Nessa política, o Estado eleva os gastos públicos, promovendo grandes obras para gerar empregos. Essas medidas eram consideradas fundamentais, principalmente nos períodos de crise, para atenuar dificuldades sociais e econômicas, produzindo renda e impulsionando a economia privada.

Oligarquia: regime político em que o governo é exercido por um pequeno grupo de pessoas, pertencentes ao mesmo partido, classe ou família.

Reprodução/Acervo particular

Queima de café em Santos (SP), 1931. Por causa da crise de 1929, imensos estoques de café foram queimados ou jogados no mar.

Substituição de importações

A crise de 1929 introduziu mudanças no desenvolvimento industrial, que até os anos 1920 não era significativamente estimulado pelo contexto econômico do país. O acentuado corte nas importações de bens de consumo favoreceu o investimento na indústria nacional. Os produtos industrializados no Brasil passaram a ocupar boa parte do mercado interno, antes praticamente abastecido por produtos importados. Dessa forma, o primeiro momento da industrialização brasileira apoiou-se na **substituição de importações** de bens industriais pela produção interna. A indústria transformou-se em um setor importante da economia, alcançando taxas de crescimento superiores às do setor agropecuário.

Os empresários industriais, que, em 1931, já haviam se organizado em São Paulo, com a criação da **Federação das Indústrias do Estado de São Paulo** (**Fiesp**), passaram a ter incentivo do Estado: enquanto facilitava a importação de máquinas e equipamentos industriais, o governo dificultava a de produtos que pudessem concorrer com aqueles produzidos pela indústria nacional. Assim, logo nos primeiros anos do governo Vargas, a indústria nacional cresceu com investimentos nos setores de bens de consumo não duráveis: têxtil, alimentício, etc.

A primeira metade da década de 1940, ainda no governo Vargas, foi decisiva para a criação da **infraestrutura industrial**, com a fundação da **Companhia Siderúrgica Nacional (CSN)**, da **Companhia Vale do Rio Doce** (atualmente **Vale**), da Companhia Nacional de Álcalis (CNA) e da Fábrica Nacional de Motores (FNM) – as duas últimas já extintas. No segundo governo de Getúlio Vargas (1950-1954) seria criada a **Petrobras** (1953). Todas essas empresas tinham participação majoritária do **capital estatal**.

Esse conjunto de mudanças na economia brasileira, com maior protagonismo das atividades industriais, foi marcado pela estruturação de **novas territorialidades**, caracterizadas por novas relações sociais, econômicas e culturais, nascidas do crescimento e da expansão das cidades, com maior circulação de pessoas e mercadorias, da formação de um operariado urbano e da ampliação do trabalho assalariado, com a estruturação de um importante mercado de consumo nas grandes cidades do Sudeste, sobretudo em São Paulo e no Rio de Janeiro. Gradativamente, o espaço geográfico brasileiro sofreu um **processo de integração**, intensificado nos anos 1950-1960, com a construção de rodovias e de sistemas de comunicação.

! Dica

A industrialização brasileira

De Sonia Mendonça. Moderna, 2002.

A obra trata da industrialização brasileira abordando a instalação das primeiras manufaturas no século XIX, o desenrolar do processo ao longo do século XX, as condições de trabalho e a luta do operariado nas fábricas.

Anos JK

O ano de 1956 inaugurou uma nova etapa do desenvolvimento industrial brasileiro. Iniciava-se o mandato do mineiro Juscelino Kubitschek (1902-1976), ou JK, responsável por implantar um modelo que buscava diminuir a distância entre o desenvolvimento tecnológico do Brasil e o dos países mais industrializados. Para isso, o governo acreditava ser necessário somar a ajuda do Estado aos recursos financeiros e tecnológicos externos, estimulando a **entrada das multinacionais**.

O modelo de substituição de importações permaneceu, mas apoiado nas multinacionais, que impulsionavam o novo processo de industrialização, especialmente com a produção de bens de consumo duráveis. O modelo de JK foi apoiado pela maior parte da sociedade e por alguns intelectuais que defendiam um desenvolvimento industrial nos moldes dos países mais ricos. O projeto do governo, cujo *slogan*, de forte apelo popular, era **"50 anos em 5"**, ficou conhecido como **desenvolvimentismo**.

Arquivo do jornal Folha de São Paulo/Folhapress

Linha de montagem de automóveis da indústria estadunidense Willys Overland do Brasil, em São Bernardo do Campo (SP), 1960. As montadoras de automóveis marcaram essa fase de desenvolvimento da indústria nacional.

Saiba mais

Desenvolvimentismo

O projeto desenvolvimentista tem como foco o crescimento econômico de um país apoiado na industrialização e na criação de infraestrutura, a partir de grandes investimentos do Estado. Um de seus principais teóricos, o economista argentino Raul Prebisch (1901-1986), defendia um novo rumo nas políticas econômicas dos países da América Latina: um modelo que incentivasse a atividade industrial, como forma de romper com as relações comerciais desfavoráveis entre um centro formado por países desenvolvidos e industrializados e uma periferia agrícola ou agromineral, que exporta produtos de baixo valor agregado com preços depreciados no mercado mundial.

Para atrair o capital estrangeiro, o Estado ofereceu **incentivos fiscais** e outros benefícios às multinacionais. Também investiu em infraestrutura de transportes, principalmente rodoviário e portuário, e ampliou o investimento na indústria de base (metalurgia e siderurgia) e a capacidade de geração de energia elétrica. As indústrias nacionais competiam nos setores mais tradicionais, de bens de consumo não duráveis e de autopeças.

O setor de construção civil teve desenvolvimento surpreendente, graças ao crescimento das cidades, à ampliação das rodovias, à instalação das novas fábricas e à construção de hidrelétricas e de Brasília. As multinacionais investiram, sobretudo, no setor de bens de consumo duráveis, como automóveis, eletrodomésticos, artigos eletrônicos e também na exploração mineral.

Posteriormente, os **governos militares (1964-1985)** retomaram o desenvolvimentismo, mas foram protecionistas em setores considerados estratégicos: dificultaram a importação de diversos produtos – estabelecendo uma "reserva de mercado" para as empresas nacionais – e investiram na indústria bélica (Engesa), na aeronáutica (Embraer) e no desenvolvimento da tecnologia nuclear.

SOCIOLOGIA

Mulher proletária

O poema "Mulher proletária", do alagoano Jorge de Lima (1895-1953), relaciona os seres humanos a máquinas, num período em que a atividade industrial provocou grandes mudanças no modo de vida em sociedade no Brasil.

> Mulher proletária – única fábrica
> que o operário tem, (fabrica filhos)
> tu
> na tua superprodução de máquina humana
> forneces anjos para o Senhor Jesus,
> forneces braços para o senhor burguês.
>
> Mulher proletária,
> o operário, teu proprietário
> há de ver, há de ver:
> a tua produção,
> a tua superprodução,
> ao contrário das máquinas burguesas
> salvar teu proprietário.

LIMA, Jorge de. *In*: *Poemas negros*: edição ampliada. Rio de Janeiro: Alfaguara, 2016. Edição eletrônica.

1. Discuta com os colegas e o professor o papel social e econômico da mulher no início da industrialização brasileira. Justifique sua resposta com versos do poema.
2. Contraponha o que você discutiu na questão anterior à situação da mulher nos dias atuais.

Anos do "milagre"

Por atingir médias de crescimento do PIB superiores a 10% ao ano, o período entre 1969 e 1973, que corresponde ao governo do presidente Emílio Garrastazu Médici (1905-1985), ficou conhecido como a época do **"milagre" brasileiro**. O "milagre" foi possível pela conjuntura externa favorável: com muitos recursos financeiros disponíveis, os países com elevado grau de desenvolvimento realizaram vultosos empréstimos aos de grau de desenvolvimento econômico mais baixo. Durante esse período, grandes obras de infraestrutura no país foram financiadas principalmente com capital externo. São exemplos a construção da ponte Rio-Niterói, da rodovia Transamazônica (com apenas parte do traçado concluído) e da Usina de Itaipu.

A.PAES/Shutterstock

Vista da ponte Rio-Niterói, na Baía de Guanabara, estado do Rio de Janeiro, 2018. A ponte liga o município do Rio de Janeiro ao município de Niterói.

Por um lado, a economia expandiu-se internamente, e os salários da classe média elevaram-se, embora em proporção inferior às taxas de crescimento. Houve também ampliação do sistema de crédito ao consumidor. Por outro lado, o operariado industrial e as classes mais pobres conviveram, durante esse período, com uma política de arrocho salarial, que visava conter os gastos com mão de obra para elevar as taxas de lucro e atrair investimentos de empresas multinacionais. Ao mesmo tempo que o mercado interno se fortaleceu, as exportações cresceram em valor e variedade de produtos.

Fim do "milagre"

O aumento nos juros internacionais, a má gestão do dinheiro captado no exterior e a incapacidade do governo brasileiro de saldar compromissos externos com recursos internos levaram a uma ampliação significativa da **dívida externa**. Entre 1970 e 1984, a dívida saltou de 5 para 90 bilhões de dólares.

Além disso, no período entre a segunda metade dos anos 1970 e a década de 1980, houve diminuição dos investimentos estrangeiros, elevação nos gastos com a importação de petróleo e queda nos preços de diversas matérias-primas agrícolas e minerais exportadas pelo Brasil. A esse quadro somaram-se os altos índices de inflação e de desemprego e os baixos níveis de crescimento do PIB. Essa conjuntura levou ao esgotamento do modelo desenvolvimentista no Brasil.

O período desenvolvimentista – de meados da década de 1950 a meados dos anos 1970 – também foi marcado pelos incentivos fiscais para fomentar a expansão econômica e a melhoria das condições sociais das regiões com baixos níveis de industrialização: Nordeste, Sul, Centro-Oeste e Norte. Para tanto, como visto no capítulo 3, foram criadas as Superintendências de Desenvolvimento Regionais.

! Dica

Eles não usam *black-tie*

Direção de Leon Hirszman. Brasil, 1981. 134 min.

Uma greve de metalúrgicos em São Paulo (SP), em 1980, é o pano de fundo da história do jovem operário Tião, que resolve se casar com sua namorada, Maria, ao saber que a moça está grávida. Temendo perder o emprego e o sustento de sua futura família, Tião fura a greve e acaba em conflito com o pai, Otávio, um sindicalista que passou três anos na cadeia durante o regime militar.

Industrialização no Brasil atual

A partir da década de 1990, intensificou-se a inserção do Brasil no **mundo globalizado**, com a adoção de **políticas neoliberais**. Iniciadas no governo de Fernando Collor (1990-1992), essas políticas ganharam força principalmente nos governos de Fernando Henrique Cardoso (1995-2002), quando o país se abriu às importações e aos investimentos estrangeiros em detrimento de ações de fortalecimento da indústria nacional. Produtos como automóveis, alimentos, roupas, eletrodomésticos, computadores, *softwares*, celulares e brinquedos passaram a vir de fora em grande quantidade para o mercado brasileiro.

A abertura levou à falência várias indústrias nacionais, que, antes, eram favorecidas pelos elevados impostos de importação (tarifas aduaneiras). Outras indústrias, para não fechar as portas, foram vendidas a grandes grupos nacionais e multinacionais ou incorporadas a eles, e diversas fusões ocorreram entre empresas nacionais e estrangeiras.

Os anos 1990 foram marcados, ainda, pelo incremento do processo de privatização das indústrias de base, dos setores extrativista mineral, de distribuição de energia e de telefonia, entre outros, que contou com expressiva participação de grupos estrangeiros. O governo argumentava que as empresas estatais eram deficitárias, ineficientes e pouco competitivas, dependiam de subsídios do Estado e eram manipuladas por interesses políticos. Setores sociais contrários a esse processo mostraram que houve desnacionalização da indústria e dos serviços no Brasil, além da perda na qualidade dos serviços oferecidos, particularmente no setor de telefonia e mesmo no fornecimento de energia elétrica, e redução dos postos de trabalho nas empresas que eram do Estado.

Dica

Portal da Indústria

www.portaldaindustria.com.br

Site que reúne as federações nacionais e estaduais da indústria brasileira: CNI, Sesi, Senai e IEL. Traz estatísticas, indicadores industriais, publicações com sondagens e avaliações sobre o mercado e vídeos com entrevistas e diagnósticos de temas relativos ao setor industrial.

Fernando Maia/Agência O Globo

As privatizações das estatais foram alvo de grandes debates e contradições. De um lado, defendiam-se a modernização e o aumento da eficiência dessas empresas, além da geração de renda para o governo investir em outros setores. De outro, criticavam-se a deterioração do patrimônio nacional e o encarecimento dos serviços prestados à população, como no setor de transportes, com reajustes expressivos nas tarifas e nos pedágios cobrados nas rodovias. Na imagem, manifestantes seguram faixas com dizeres contra a privatização da Companhia Siderúrgica Nacional (CSN) no Rio de Janeiro (RJ), em 1993.

Em junho de 1994, a moeda brasileira passou a ser o **real**. Essa mudança era parte de um plano econômico mais amplo, cujo objetivo era combater a inflação e estabilizar a economia brasileira.

Por um lado, o **Plano Real** valorizou a moeda brasileira em relação ao dólar, facilitando as importações, aumentando a oferta de produtos no mercado e reduzindo os preços e a inflação. Os juros altos também contribuíam para isso, na medida em que encareciam o crédito. Por outro lado, essa política econômica dificultou as exportações e provocou *deficit* crescente na balança comercial e no balanço de pagamentos. Com isso, a indústria brasileira ficou ainda mais dependente da importação de bens (insumos) para a produção de mercadorias, máquinas e equipamentos utilizados na produção industrial.

Dólar barato e abertura comercial estimularam as importações e criaram um problema bastante sério para a indústria nacional, que perdeu competitividade em diversos setores e passou a crescer cada vez menos. Apesar de o Plano Real ter passado por crises posteriormente, a inflação se manteve em níveis baixos durante um longo período.

Saiba mais

A hiperinflação e o Plano Real

A hiperinflação no Brasil ocorreu durante a década de 1980 até a metade dos anos 1990. O pior ano foi 1993, quando a inflação acumulada atingiu 2 477%. A moeda perdia valor muito rápido, o preço das mercadorias era remarcado diariamente e as pessoas precisavam ir ao mercado com maior frequência para garantir a compra de mercadorias enquanto podiam pagar por elas.

Depois de diversos planos econômicos fracassados, um teve sucesso: o Plano Real. Foi introduzido em 1994 no governo Itamar Franco (1930-2011) e criado por uma equipe de economistas comandada pelo então ministro da fazenda, Fernando Henrique Cardoso (1931-). A partir daí a inflação manteve-se relativamente estável e só voltou a crescer com a crise econômica e política iniciada em 2014-2015, mas muito longe da hiperinflação que dominou o país antes do Plano Real.

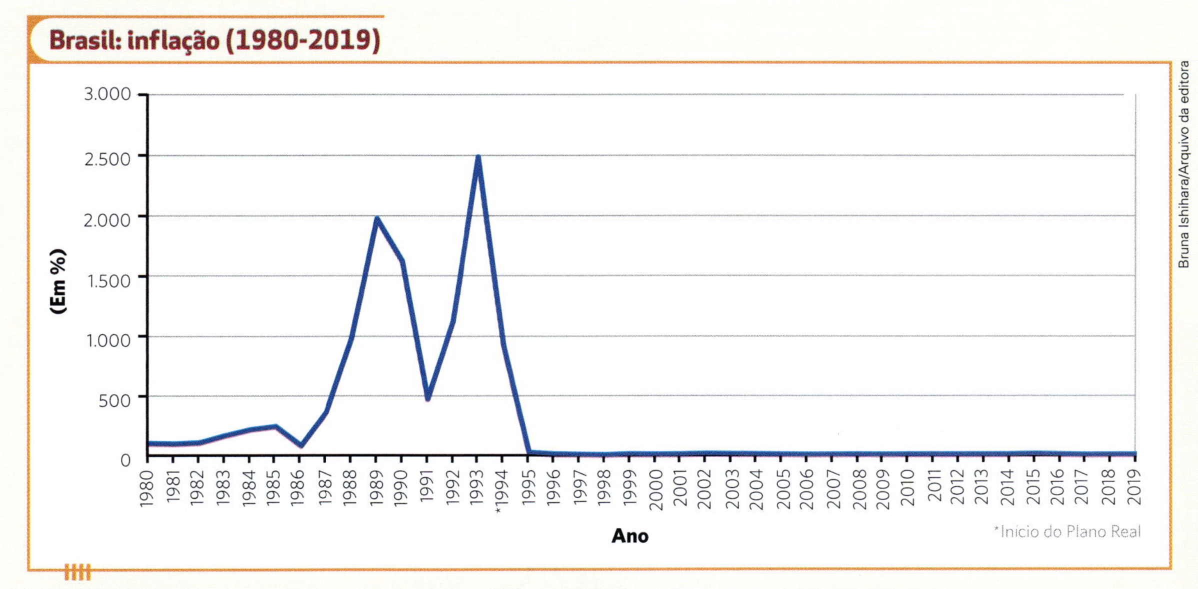

A inflação é medida pelo Índice de Preços ao Consumidor Ampliado (IPCA). O cálculo é baseado na pesquisa dos preços de alguns produtos e serviços que são pagos pelos consumidores.

Elaborado com base em: IPEADATA. Disponível em: www.ipeadata.gov.br/Default.aspx. Acesso em: jan. 2020.

Desindustrialização

A maioria dos economistas e sociólogos sustenta que o Brasil perdeu competitividade em diversos setores industriais em razão da abertura econômica, com as medidas neoliberais implementadas na década de 1990, e do chamado custo Brasil (carga tributária elevada, infraestrutura deficitária, energia cara, burocracia excessiva, moeda valorizada, além de juros mais altos que os praticados em outros países), exportando menos mercadorias industrializadas e importando mais, devido à forte concorrência dos produtos exportados pela China e por outros países asiáticos de industrialização recente.

Esses economistas e sociólogos afirmam, ainda, que houve uma **reprimarização da economia**, ou seja, as *commodities* voltaram a ganhar importância, com maior demanda internacional, sobretudo dos países asiáticos, constituindo a essência das mercadorias exportadas (minério de ferro, petróleo, soja, milho, açúcar, álcool, suco de laranja, celulose). Somente o minério de ferro, a soja e o petróleo respondiam por cerca de 32% das exportações brasileiras em 2018.

Esse processo é chamado de **desindustrialização** e é considerado precoce para a economia brasileira, pois os países que tiveram expressivo crescimento do setor terciário e diminuição do setor industrial são desenvolvidos, com o setor de serviços bastante dinâmico, elevado grau de especialização e nível de excelência em saúde, educação e pesquisa, presença de grandes seguradoras, além de sistemas financeiros que concentram as maiores bolsas de valores e bancos do mundo e sedes de empresas transnacionais, que recebem fluxos de capitais de suas filiais, espalhadas por vários países. Diferentemente do Brasil, são países com renda *per capita* e padrão de vida elevados.

Outros problemas apontados para explicar essa situação no Brasil estão relacionados à falta de uma política industrial e de um planejamento de longo prazo para o setor secundário. Nesse sentido, o professor Paulo Feldmann, do Departamento de Administração da Faculdade de Economia, Administração e Contabilidade (FEA) da USP, aponta a possibilidade de políticas que valorizem, por exemplo, o potencial de sua flora, fauna e microrganismos (elevada biodiversidade), estimulando a formação de mão de obra especializada em áreas nas quais o Brasil poderia ser altamente competitivo internacionalmente, como **bioengenharia** e genética.

Bioengenharia: aplicação do conhecimento de engenharia ao desenvolvimento de tecnologias de melhoramento de sistemas biológicos.

De modo geral, o setor de alta tecnologia industrial perdeu participação no PIB. Cabe ressaltar, no entanto, que o Brasil apresenta setores nos quais se destaca tecnologicamente, como a produção de aviões comerciais de pequeno e médio portes pela Embraer, graças em boa parte à mão de obra formada no Instituto Tecnológico de Aeronáutica (ITA-SP); a exploração de petróleo em águas profundas; na área agroindustrial, com a produção de biocombustíveis (bioenergia); e o desenvolvimento de *softwares* (*games*, sistemas de segurança, gestão empresarial, comércio eletrônico).

Explore

- Observe o gráfico e responda ao que se pede.

Brasil: participação da indústria de transformação no PIB, em % (1947-2018)

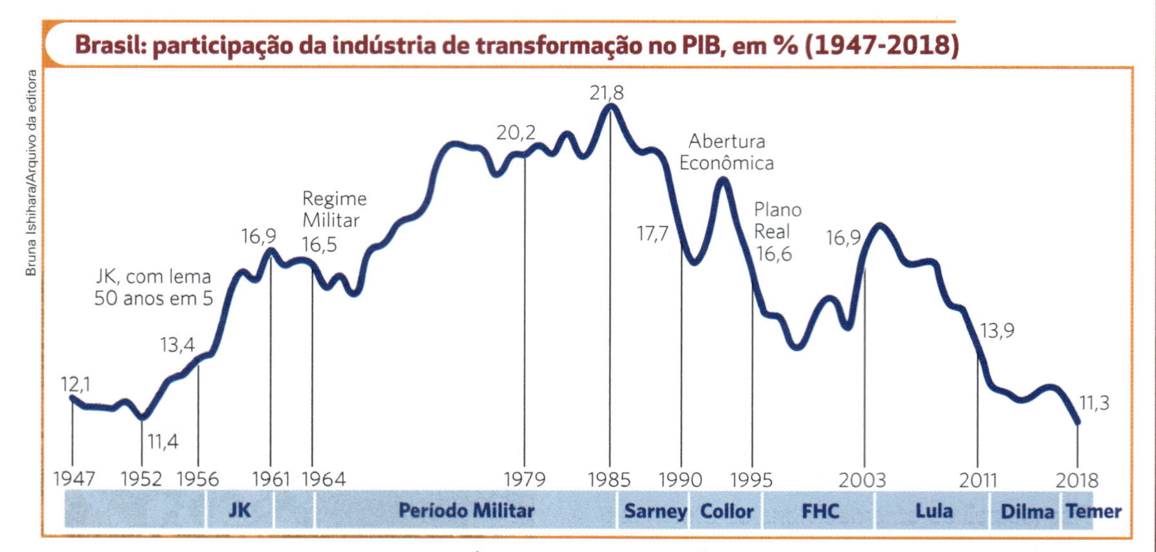

Elaborado com base em: PANORAMA DA INDÚSTRIA DE TRANSFORMAÇÃO BRASILEIRA, 11 de janeiro de 2019. Departamento de Economia, Competitividade e Tecnologia FIESP / CIESP. p. 6. Disponível em: www.fiesp.com.br/indices-pesquisas-e-publicacoes/panorama-da-industria-de-transformacao-brasileira/. Acesso em: jan. 2020.

a) Analise a participação da indústria de transformação no PIB.

b) É possível estabelecer uma relação entre a participação da indústria de transformação no PIB e o termo "desindustrialização"? Justifique sua resposta e levante hipóteses para explicar a ocorrência desse processo.

Olho no espaço

Investimentos em Pesquisa e Desenvolvimento (P&D)

O mapa a seguir revela uma questão da economia brasileira que merece atenção.

Mundo: gasto total com Pesquisa e Desenvolvimento (P&D) (2011-2015)

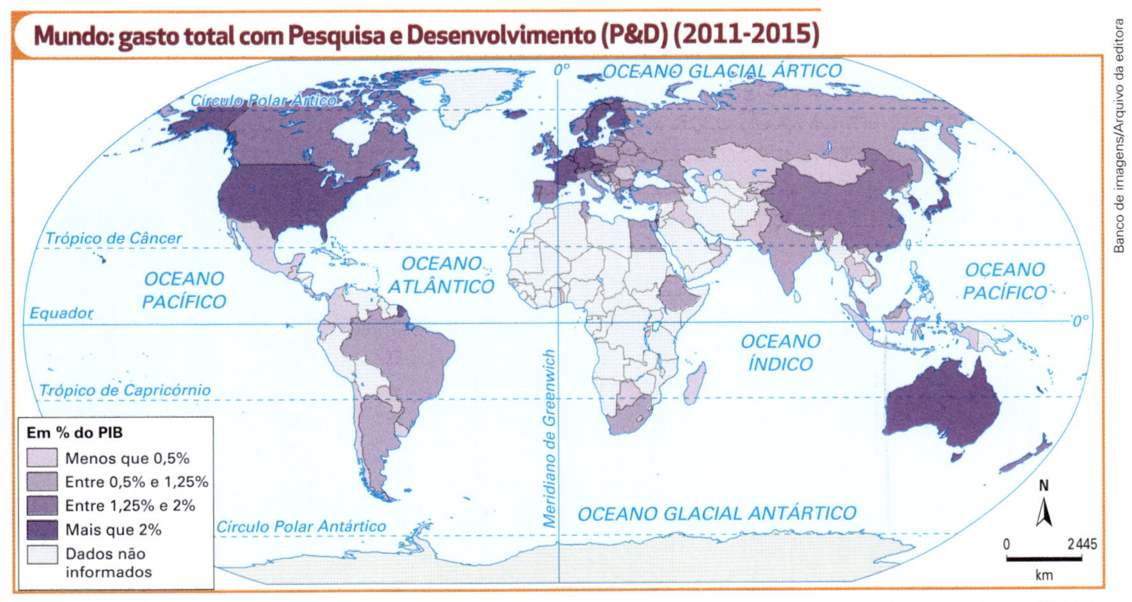

Elaborado com base em: INSTITUTO DE ESTUDOS PARA O DESENVOLVIMENTO INDUSTRIAL. Disponível em: https://iedi.org.br/cartas/carta_iedi_n_789.html. Acesso em: set. 2019.

1 Analise a situação da Pesquisa e Desenvolvimento (P&D) no Brasil.

2 Explique por que investimentos em P&D são importantes para a economia de um país.

Desconcentração industrial

Na década de 1990, a economia brasileira foi marcada pela guerra fiscal: competição entre estados e municípios, por meio de redução ou isenção de impostos e oferta de terrenos, infraestrutura e mão de obra acessível, para instalar indústrias e empresas.

A "batalha" levou empresas de determinados locais a se transferirem para outros, provocando relativa desconcentração industrial, com reflexos na **divisão territorial do trabalho** no Brasil. Um exemplo marcante foi o ocorrido com a indústria automobilística: novas unidades industriais foram instaladas fora do estado de São Paulo, o local mais procurado pelo setor até então.

A desconcentração industrial envolveu também outros setores e ocorreu em todas as regiões brasileiras, mas foi mais marcante no Sudeste. É preciso destacar, porém, que, apesar da ampliação das unidades de produção no interior da região Sudeste e em outras regiões do país, as empresas e seus escritórios centrais, onde são tomadas as decisões estratégicas sobre produção, inovação e novos investimentos, continuaram, sobretudo, nas regiões metropolitanas do Sudeste.

A desconcentração industrial se intensificou, também, pelo desenvolvimento e ampliação das redes de transporte (que facilitaram o fluxo de matérias-primas, máquinas e equipamentos industriais e o escoamento da produção das indústrias para mercados mais distantes) e pelas novas tecnologias de comunicação. A isso se somam, ainda, fatores como a maior oferta de energia e de mão de obra mais barata nas pequenas e nas médias cidades do Sudeste e em outras regiões do país, os congestionamentos e os altos custos dos imóveis nas regiões metropolitanas e a organização sindical da mão de obra operária nos centros tradicionais.

Tradicionalmente instaladas em São Paulo, muitas empresas automobilísticas passaram a se instalar fora das metrópoles do Sudeste brasileiro. Mesmo as que permaneceram na região buscaram municípios onde pudessem obter maiores lucros, em geral no interior dos estados.

Brasil: indústria automobilística (2019)

Banco de imagens/Arquivo da editora

Elaborado com base em: ANFAVEA. *Anuário da Indústria Automobilística Brasileira 2020*. São Paulo: Anfavea, 2020.

Estado de São Paulo: eixos de desenvolvimento (2010)

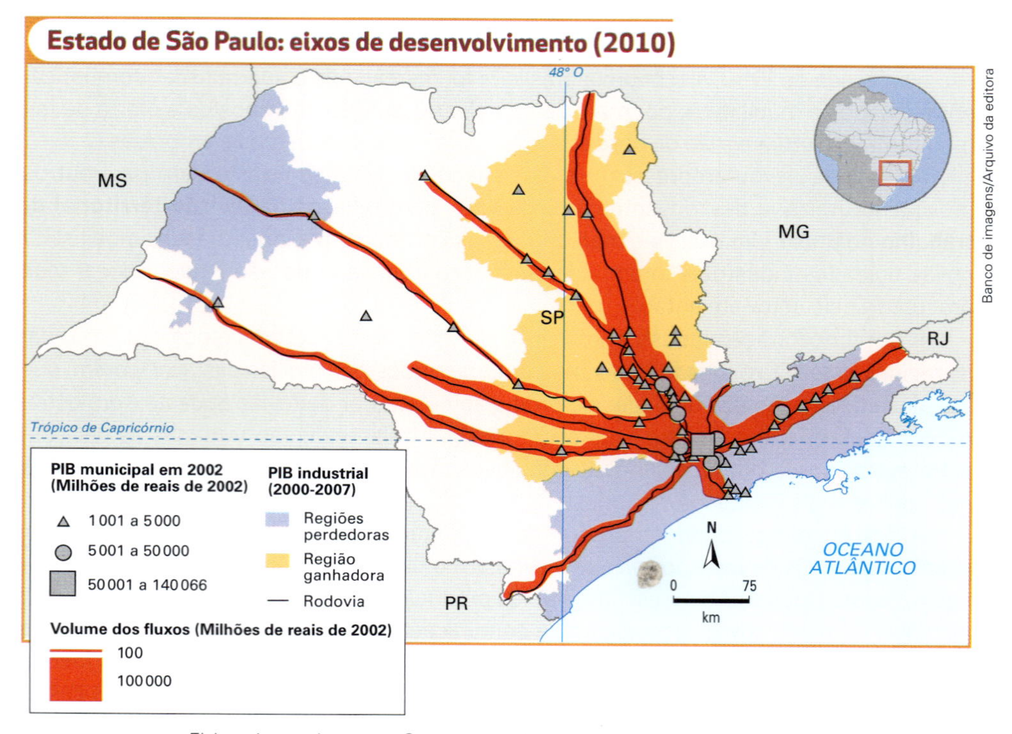

Elaborado com base em: *O novo mapa da indústria no início do século XXI* [recurso eletrônico]. Organização Eliseu Savério Sposito. São Paulo: Editora da Unesp Digital, 2015. p. 402.

Principais centros industriais

Ao longo da história, a indústria se concentrou na região Sudeste do país, o que não se modificou mesmo com a desconcentração industrial observada nas últimas décadas. Atualmente, a região reúne cerca de metade de todo o PIB industrial do Brasil, considerando **as indústrias extrativa**, **da construção civil** e **de transformação**.

Quando se analisa o total gerado apenas pela indústria de transformação por região, o Sudeste respondia por 58% seguido pelas regiões Sul (19,6%), Nordeste (9,9%), Norte (6,9%) e Centro-Oeste (5,6%), de acordo com dados do IBGE (*Pesquisa Industrial Anual, 2017*) divulgados em junho de 2019. Apesar desse cenário, a participação da região Sul no conjunto da produção industrial brasileira nas últimas décadas foi a que mais aumentou quantitativamente.

Brasil: participação da indústria no PIB, em % (2017)

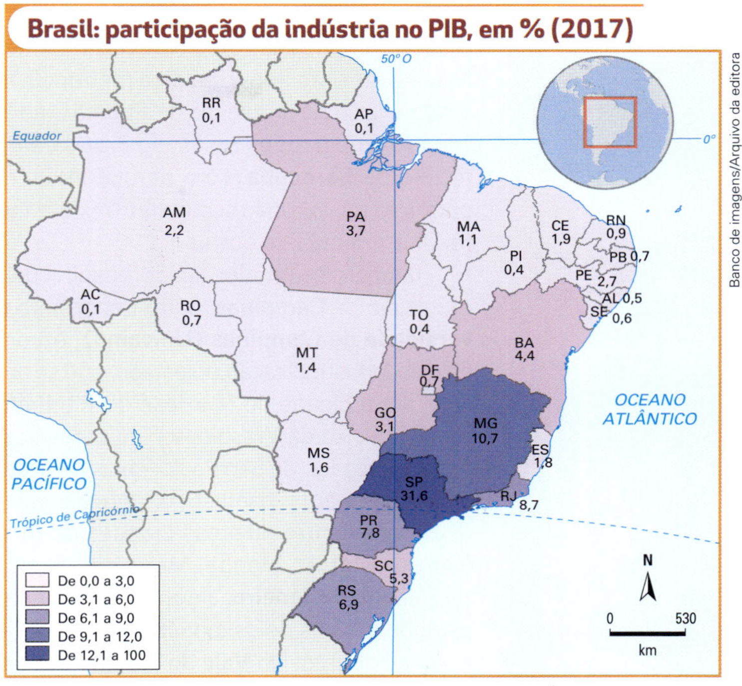

Banco de imagens/Arquivo da editora

Elaborado com base em: PERFIL DA INDÚSTRIA BRASILEIRA. Disponível em: http://industriabrasileira.portaldaindustria.com.br/grafico/total/producao/#/industria-total. Acesso em: jan. 2020.

Região Sudeste

A indústria concentrou-se no Sudeste brasileiro por causa da acumulação de capital proveniente da lavoura cafeeira, que foi aplicado no desenvolvimento das cidades, e da infraestrutura criada com a economia do café (portos, ferrovias, rodovias, energia elétrica, etc.).

Nessa região, as maiores concentrações industriais estão situadas no estado de **São Paulo**, que respondia por 31,6% do PIB industrial total nacional, em 2017. A organização industrial da cidade de São Paulo espalhou-se pela área metropolitana e ao redor das grandes rodovias que cortam o estado.

Ao longo da rodovia Presidente Dutra, na região do **Vale do Paraíba**, que se estende de São Paulo ao Rio de Janeiro, formou-se a maior concentração industrial do país. Nesse trecho, a cidade de **São José dos Campos** (SP), onde estão o **Instituto Tecnológico de Aeronáutica (ITA)** e a **Embraer**, abriga um dos principais **polos tecnológicos** do Brasil.

Eduardo Knapp/Folhapress

Montagem de avião da Embraer, em São José dos Campos (SP), 2019. Antes de iniciar a produção no chão da fábrica, operários treinam e simulam virtualmente em computadores, melhorando a produtividade e a qualidade dos aviões. A empresa foi criada em 1969 pelo Estado e privatizada em 1994, sendo hoje a terceira maior fabricante de jatos de pequeno e médio portes do mundo.

As rodovias Anchieta e dos Imigrantes, além de cruzarem a região fortemente industrializada conhecida como **ABCDMR** (Santo André, São Bernardo, São Caetano, Diadema, Mauá e Ribeirão Pires), na área metropolitana de São Paulo, atingem o polo petroquímico e siderúrgico do município de Cubatão, no litoral.

Próximo à rodovia Castelo Branco, a 80 km da capital do estado, destaca-se o município de **Sorocaba**, com parque industrial diversificado: produção de componentes para o setor aeronáutico e eletrônico e indústrias mecânica, metalúrgica, de cimento, têxtil, alimentícia e outras.

Também no interior, ligado à capital pelas vias Anhanguera e dos Bandeirantes, fica o município de **Campinas**, outro importante **tecnopolo** do país, formado em torno da **Universidade de Campinas (Unicamp)**. A partir de Campinas, estrutura-se um importante eixo de industrialização do estado, que se subdivide em dois: um, pela rodovia Washington Luís, até a cidade de São José do Rio Preto, e outro, pela via Anhanguera, até Ribeirão Preto. No eixo da Washington Luís, destaca-se o **polo tecnológico de São Carlos**. Reveja o mapa "Estado de São Paulo: eixos de desenvolvimento (2010)", na página 276.

O polo automobilístico, antes concentrado na região metropolitana, hoje está distribuído entre diversas cidades do interior do estado de São Paulo, onde operam General Motors, Honda, Mercedes-Benz, Scania, Toyota, Hyundai e Volkswagen.

No **Rio de Janeiro**, além da região metropolitana e do Vale do Paraíba, a indústria se estende para os polos industriais têxteis das cidades serranas de Petrópolis, Teresópolis e Nova Friburgo. No **Vale do Paraíba fluminense**, a cidade de Resende abriga instalações da montadora alemã Volkswagen e da japonesa Nissan. Em Porto Real, estão estabelecidas fábricas de automóveis das francesas Citroën e Peugeot e, em Volta Redonda, a CSN. No **litoral norte do Rio de Janeiro**, extrai-se a maior parte do **petróleo** brasileiro, em área da plataforma continental, próximo da cidade de Campos dos Goytacazes.

Em Minas Gerais, a indústria concentra-se na **Grande Belo Horizonte**, com destaque para os distritos industriais de Betim (onde está instalada a Fiat) e Contagem. Ao sul de Belo Horizonte, situa-se o **Quadrilátero Ferrífero**, área de extração de **minerais metálicos e produção metalúrgica e siderúrgica**. Destacam-se ainda: em Ipatinga, na região do **Vale do Aço**, a siderurgia, com a Usiminas; no sul do estado, na região conhecida como Zona da Mata Mineira, a produção de laticínios; em Juiz de Fora, a fábrica de automóveis da alemã Mercedes-Benz; e em Uberaba e Uberlândia, na região do **Triângulo Mineiro**, atividades industriais diversificadas, em que predominam os frigoríficos. Ainda no sul de Minas, destaca-se o **tecnopolo** do município de **Santa Rita do Sapucaí**.

Chico Ferreira/Pulsar Imagens

Vista de indústria siderúrgica em Ipatinga (MG), em 2018.

No estado do **Espírito Santo** destacam-se as indústrias de papel e celulose, siderurgia e mineração, que, em 2006, ganhou grandes possibilidades com a descoberta de reservas de petróleo e gás natural na camada do **pré-sal** em uma área que se estende ao longo de 800 quilômetros e inclui o estado capixaba.

Região Sul

As duas principais áreas industriais do Sul são o trecho entre a **Grande Porto Alegre** e **Caxias do Sul (Rio Grande do Sul)** e a **região metropolitana de Curitiba (Paraná)** e o **Vale do Itajaí (Santa Catarina)**. Canoas (RS) e Araucária (PR) formam os dois polos petroquímicos da região.

No **Paraná**, há montadoras de automóveis (a francesa Renault e a alemã Volkswagen-Audi, em São José dos Pinhais) e de caminhões (a sueca Volvo, na capital). No estado destacam-se, ainda, as **regiões metropolitanas de Londrina** e **Maringá**, no norte, além de **Ponta Grossa**, a 100 km da capital.

No **Rio Grande do Sul**, o principal centro industrial encontra-se na **região metropolitana de Porto Alegre**. No município de Gravataí, está instalada a montadora de automóveis Chevrolet, da estadunidense General Motors (GM). No norte do estado, em Caxias do Sul, a nacional Agrale fabrica ônibus, tratores, caminhões e utilitários 4×4. O Rio Grande do Sul é também responsável pela produção de 90% dos vinhos finos do Brasil. Os **polos vitivinícolas** estão concentrados na região da **Serra Gaúcha**, importante região turística no nordeste do estado, e no sul, na região da **Campanha Gaúcha**.

Em **Santa Catarina**, destaca-se o **Vale do Itajaí** (Blumenau, Joinville, Itajaí e Brusque) pela produção têxtil e por ser um dos principais polos produtores de *softwares* de gerenciamento de empresas do Brasil. No nordeste do estado, merece destaque o polo industrial de Jaraguá do Sul, com indústrias mecânicas, têxteis e de material elétrico, por exemplo. Em Criciúma, Uruçanga e Araranguá, no sul do estado, desenvolvem-se tradicionalmente a indústria de cerâmica e a de extração de carvão mineral. No interior, sobressai a produção frigorífica. No município de Araquari, está instalada uma fábrica de automóveis da alemã BMW.

O Planalto Serrano Catarinense, onde se encontra o município de São Joaquim, que apresenta altitudes superiores a 1300 metros, também tem crescido no setor industrial de produção de vinhos.

Jessica Pereira/Fábrica Nova Motores e Geradores Elétricos

Esteira de empresa especializada na fabricação e comercialização de motores elétricos, em Joinville (SC), 2017.

Região Nordeste

A indústria nordestina representa cerca de 10% do total da produção industrial do país e concentra-se em torno de três regiões metropolitanas principais: **Salvador (BA)**, **Recife (PE)** e **Fortaleza (CE)**. Os setores dominantes são tradicionais, como as indústrias têxtil e alimentícia.

A maior parte da produção industrial do Nordeste está na Bahia, na **Grande Salvador**, no **Centro Industrial de Aratu** (criado em 1967), que ocupa áreas dos municípios de Salvador, Simões Filho e Candeias, em torno do porto de Aratu, e reúne várias indústrias (químicas, cerâmicas, de eletrodomésticos, óleos vegetais, calçados, etc.). Há também nessa área uma indústria de base de grande porte, a Gerdau Usiba, antiga Usina Siderúrgica da Bahia (Usiba), anexada ao grupo Gerdau durante a desestatização na década de 1990. Em **Camaçari**, também na Grande Salvador, situa-se o principal polo petroquímico da região Nordeste, além da montadora de veículos estadunidense Ford.

Rubens Chaves/Pulsar Imagens

Vista aérea da petroquímica Braskem, principal empresa do complexo petroquímico no Polo Industrial de Camaçari, em Camaçari (BA), 2017.

A indústria calçadista também está presente na Bahia. O estado abriga, ainda, um polo industrial de informática e de indústrias eletroeletrônicas, em **Ilhéus**. Na Paraíba, **Campina Grande** abriga várias empresas de informática produtoras de *software*.

Na **Grande Recife**, destacam-se os distritos industriais de Cabo de Santo Agostinho, Abreu e Lima, Ipojuca, Paulista e Jaboatão dos Guararapes. Ainda na região metropolitana do Recife, encontra-se o maior polo industrial do estado de Pernambuco, o **Complexo Industrial e Portuário do porto de Suape**, que agrega empresas de grande porte. Um dos destaques da expansão industrial mais recente ocorreu em Goiana, município da Zona da Mata de Pernambuco: a instalação da fábrica da Jeep (Fiat Chrysler). Em Recife existe também um dos mais importantes polos tecnológicos do Brasil – o **Porto Digital**.

O **Ceará** abriga a fábrica de jipes da Ford (Troller), no município de Horizonte. Além disso, o estado conseguiu atrair várias indústrias de outras regiões do país, sobretudo têxteis e de calçados, usando uma política agressiva de "guerra fiscal" e oferecendo mão de obra barata. Destaca-se ainda o Complexo Portuário Industrial do Pecém, ao redor do porto de mesmo nome. Em Pecém foi instalada a primeira **Zona de Processamento de Exportação** (**ZPE**) do país, cujas indústrias exportadoras gozam de um regime tributário e cambial favorável, mas devem gerar ao menos 80% das receitas com vendas ao mercado externo. Entre elas, destacam-se a **Companhia Siderúrgica do Pecém** (como visto na seção Contexto) pertencente à Vale, e duas empresas sul-coreanas.

Regiões Norte e Centro-Oeste

Nas mais extensas regiões do país, predominam indústrias tradicionais, especialmente de alimentos e bebidas, incluindo muitas agroindústrias.

Na **região Norte**, porém, destaca-se a produção industrial concentrada na **Zona Franca de Manaus** (**ZFM**). Criada em 1967, atraiu principalmente montadoras da indústria eletrônica, mas também reúne indústrias de outros segmentos, como indústrias químicas e de concentrados para refrigerantes. Nessa região, também são expressivas as indústrias de mineração de ferro e outros minerais, localizadas na **Serra dos Carajás** (**PA**); de alumínio, do **Projeto Trombetas**, em **Oriximiná** e **Paragominas** (**PA**); e de cassiterita, no estado de Rondônia, além da produção de gás natural e petróleo no vale do rio Urucu, município de **Coari** (**AM**).

Lalo de Almeida/Folhapress

Linha de montagem de motos em fábrica no distrito industrial da Zona Franca de Manaus (AM), 2018. Implantada pelo governo brasileiro para desenvolver a economia da Amazônia, a ZFM compreende três polos econômicos: agropecuário, comercial e industrial, sendo este último considerado a base de sustentação dessa região.

Na **região Centro-Oeste**, o estado com maior número de indústrias é **Goiás**, destacando-se a **região metropolitana de Goiânia** e o município de **Anápolis**, onde se encontram, entre outras, indústrias farmacêuticas e as montadoras de automóveis Caoa-Hyundai e Caoa-Cherry. Outra montadora que se instalou no estado foi a japonesa Mitsubishi, no município de Catalão. Destaca-se ainda no estado o município de **Rio Verde**, que concentra indústrias alimentícias, em especial, a indústria frigorífica.

Nos estados de **Mato Grosso** e **Mato Grosso do Sul**, a produção industrial está concentrada nas capitais – **Cuiabá** e **Campo Grande**, respectivamente. Em Mato Grosso do Sul, há investimento industrial recente no município de **Três Lagoas**, com a instalação de indústria siderúrgica e de celulose, entre outras.

Adriano Kirihara/Pulsar Imagens

Vista aérea de empresa de fertilizantes na margem de rodovias, em Catalão (GO), 2019.

Atividades

1 Diferencie a primeira fase da industrialização brasileira (a partir de 1930) da iniciada em 1950.

2 Quais foram os argumentos do governo para promover a privatização das empresas estatais brasileiras? Que críticas foram feitas a esse processo?

3 Caracterize a evolução industrial brasileira entre o final do século XIX e o início do século XX em relação:
a) à origem do capital majoritário;
b) à localização do principal parque industrial;
c) aos tipos de indústria predominantes.

4 A artista plástica paulista Tarsila do Amaral (1886-1973) foi uma das primeiras a adotar tendências modernistas no Brasil. Muitas de suas obras são marcadas por um forte conteúdo social e refletem a realidade nacional da época.

- Observe uma representação da capital paulista feita pela artista e relacione os elementos da obra com as transformações no espaço geográfico da cidade de São Paulo (SP) a partir dos anos 1930.

Romulo Fialdini/Tempo Composto/Coleção particular, São Paulo, SP.

Gazo, de Tarsila do Amaral, 1924 (óleo sobre tela, 50 cm × 60 cm).

5 Quais são as duas principais áreas industriais na região metropolitana de Salvador e quais setores industriais têm destaque nessa região?

6 Que setores de atividade industrial existem no município onde você vive ou nos municípios próximos? A participação das indústrias no conjunto da economia desses municípios é expressiva? Se não, você considera que seria importante estimular o desenvolvimento da atividade industrial? Por quê?

7 Leia o texto e responda às questões propostas.

> [...] A tipologia fabril de um passado não muito distante já não existe mais; na verdade não existem mais projetos de fábricas, mas projetos de negócios em torno de um objeto prioritário de montagem. A General Motors criou um espaço integrado de montagem em Gravataí (RS). O sistema operacional é inovador, pois, na mesma área, 386 hectares, instalou-se um complexo automotivo (140.000 m² de área construída), unindo, em redes de espaço e tempo, fornecedores e comprador, num verdadeiro condomínio industrial. [...]
>
> VIEIRA, Eurípedes Falcão; VIEIRA, Marcelo Milano Falcão. *Espaços econômicos*: geoestratégia, poder e gestão do território. Porto Alegre: Sagra Luzzatto, 2003. p. 60.

a) Em que tecnologia de processo a GM se baseou para estruturar o espaço integrado de montagem em Gravataí? Justifique sua resposta.
b) É possível relacionar o texto a qual processo espacial verificado no Brasil a partir dos anos 1990? Justifique sua resposta.
c) Por que os autores utilizam a expressão **condomínio industrial**?

Agropecuária no mundo e no Brasil

Este capítulo favorece o desenvolvimento das habilidades:

EM13CHS101

EM13CHS202

EM13CHS305

EM13CHS401

As características naturais (clima, solo, relevo) de um ambiente sempre foram relevantes na produtividade agrária. Entretanto, com pesquisa e tecnologia, a sociedade foi capaz de adaptar espécies a alguns ambientes e, assim, ampliou o horizonte geográfico da agropecuária. Atualmente, há intensa interligação entre o campo e a cidade e, além das atividades agrárias, o campo passou também a abrigar a indústria.

Marlene Bergamo/Folhapress

Em sítio experimental em Jaguariúna (SP), a Empresa Brasileira de Pesquisa Agropecuária (Embrapa) utiliza tecnologia digital em plantação de café para ampliar a produtividade no campo. Sensores monitoram o crescimento de pragas e também as condições climáticas e a umidade do solo, ajudando na irrigação. Foto de 2018.

Contexto

1. O que é preciso para aumentar a produtividade no campo? E como conseguir isso sem esgotar os recursos naturais e ameaçar os ecossistemas naturais e a saúde humana?
2. Você saberia dizer quem são os principais produtores de alimentos no Brasil, considerando os diferentes grupos de agricultores?
3. Além dos cultivos, o que mais é produzido no campo? E como é realizado esse tipo de produção?
4. Onde são produzidos os alimentos que você consome? O que produz o espaço rural do seu município e do entorno dele?

Atividade agropecuária

A agropecuária é uma importante atividade econômica. Na história da humanidade, foi responsável pelas primeiras grandes transformações no espaço geográfico. Surgiu há cerca de 12 mil anos, no Período Neolítico (10 mil a 4 mil a.C.), quando as comunidades primitivas abandonaram um modo de vida nômade, baseado na caça e na coleta de alimentos, e adotaram um modo de vida sedentário, viabilizado pelo cultivo de plantas e pela domesticação de animais.

A fertilidade natural do solo e a disponibilidade de água doce foram essenciais na fixação dos grupos humanos e, assim, passaram a demarcar as primeiras territorialidades que os distinguiam uns dos outros. Com o crescimento da produção agropecuária, começou a haver excedente, o que possibilitou o desenvolvimento do comércio, inicialmente baseado na troca de produtos. Em muitos lugares onde ocorriam as trocas, desenvolveram-se várias cidades.

Delfim Martins/Pulsar Imagens

Sertanejo prepara terreno para o plantio de subsistência, em Custódia (PE). Esse tipo de agricultura é realizado por famílias camponesas ou comunidades rurais e indígenas, e utiliza métodos tradicionais de cultivo. Um deles é a coivara, também conhecida como agricultura itinerante, que consiste em um fogo controlado, num trecho de mata, para plantar sobre as cinzas. Depois de três ou quatro anos, abandona-se a área, que então se regenera. Foto de 2018.

Revolução Agrícola

Com a Revolução Industrial, as técnicas agrícolas também evoluíram, o que possibilitou o aumento da produtividade, sem necessariamente ampliar a área de cultivo. Esse desenvolvimento tecnológico aplicado à agricultura ficou conhecido como **Revolução Agrícola**.

O aumento de produtividade foi necessário, de um lado, em decorrência do crescimento da população, especialmente urbana, e da consequente diminuição da população rural, responsável pela produção agrícola; de outro, ocorreu pela imposição do crescimento industrial, que demandava o cultivo de matérias-primas. Portanto, as bases técnicas da Revolução Agrícola foram propiciadas, sobretudo, pelas indústrias fornecedoras de insumos para a agricultura (máquinas e fertilizantes, por exemplo).

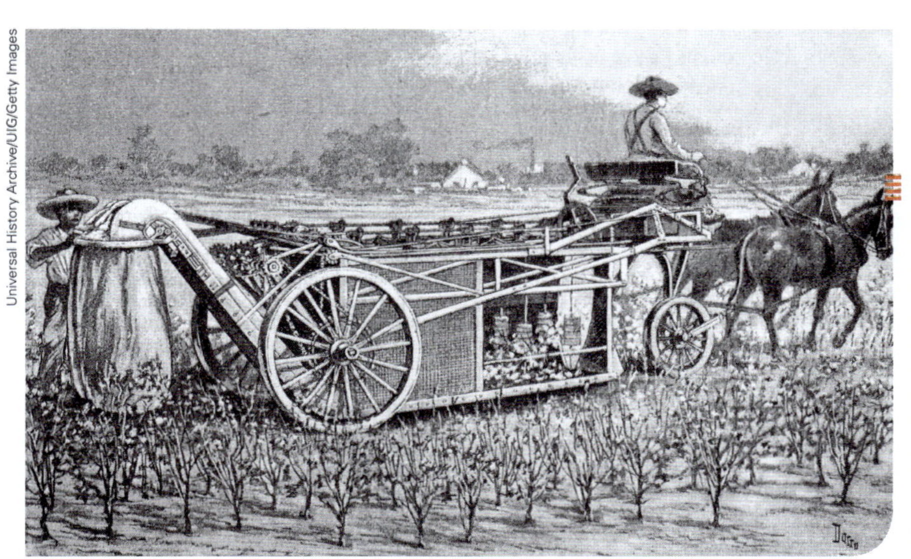

Universal History Archive/UIG/Getty Images

Com cada vez mais pessoas deixando o campo para viver nas cidades e com grande parte dos remanescentes no campo trabalhando na produção de matérias-primas para a indústria, as pessoas deixaram de produzir o próprio alimento e passaram a adquiri-lo das grandes empresas. O aumento da produção foi propiciado pela introdução de máquinas e outras tecnologias. Na gravura, colheita de algodão por máquinas no Alabama (Estados Unidos), 1893.

Revolução Verde

Os períodos de expansão colonial constituíram fases importantes da expansão agrícola e da dispersão de sementes pelo mundo, tanto nas terras colonizadas pelos europeus na América, desde o século XVI, quanto naquelas tomadas durante a expansão imperialista na África e na Ásia, no século XIX. Os colonizadores implantaram um sistema agrícola para a produção de gêneros alimentícios e de matérias-primas voltado ao abastecimento do mercado europeu. Esse sistema, que ficou conhecido como *plantation* e era baseado na produção monocultora de gêneros tropicais para exportação, era praticado em grandes propriedades (latifúndios), com mão de obra barata ou escrava.

Após a Segunda Guerra Mundial, com o processo de descolonização afro-asiática em marcha, os países desenvolvidos criaram uma estratégia para elevar a produção agrícola mundial: era o início da **Revolução Verde**. Concebida nos Estados Unidos, tinha como objetivo combater a fome e a miséria nos países em desenvolvimento, por meio da introdução de um "pacote tecnológico" que continha novas técnicas de cultivo, equipamentos para mecanização, fertilizantes sintéticos, agrotóxicos e sementes selecionadas.

geogif/Shutterstock

Com a Revolução Verde veio a promessa de produções maiores e mais baratas por meio do uso da tecnologia, mas houve também o aumento da poluição ambiental e das desigualdades sociais no campo. Além disso, o problema da fome não foi resolvido. Na foto, colheita mecanizada de beterraba vermelha, em Gifhorn (Alemanha), em 2019.

Em muitos casos, no entanto, as sementes, originárias dos países desenvolvidos e cultivadas em laboratório, não eram geneticamente capazes de enfrentar as condições climáticas típicas dos trópicos (clima quente e úmido), algumas pragas e certas espécies de insetos. A solução consistia na utilização de adubos, agrotóxicos e fertilizantes, também importados dos países mais ricos, cujo uso indiscriminado traz grandes danos às pessoas e ao ambiente.

Com a importação de sementes e insumos, os países em desenvolvimento se tornavam mais dependentes dos desenvolvidos. A Revolução Verde também aumentou a distância entre os grandes agricultores, que tiveram acesso ao "pacote tecnológico", e os pequenos lavradores, que não tiveram condições de competir nos novos parâmetros de produtividade. O aumento da produção baixou o preço dos produtos agrícolas, tornando o cultivo inviável para boa parte dos pequenos agricultores.

As novas condições do mercado contribuíram para o abandono ou a venda de pequenas propriedades, que foram sendo incorporadas por latifundiários. Assim, apesar de ter contribuído para o aumento significativo da produção de alimentos no planeta e criado, portanto, condições para alimentar um número maior de pessoas, a Revolução Verde acentuou os problemas de concentração da propriedade rural em vários países do mundo, como Índia, Paquistão, Indonésia e Brasil, prejudicando a agricultura familiar de subsistência.

Dica

O veneno está na mesa

Direção de Silvio Tendler. Brasil, 2011. 49 min.

O documentário faz um alerta sobre o uso indiscriminado de agrotóxicos e fertilizantes químicos no Brasil.

Explore

1 Qual é a relação entre o desenvolvimento de técnicas agropastoris e a mudança da forma como os grupos humanos passaram a produzir e organizar o espaço geográfico?

2 Explique o contexto social e econômico que possibilitou a Revolução Verde.

3 Leia o texto e responda às questões em grupo.

> [...] O avanço das culturas e produção voltadas para sua conversão em *commodities* e em agroenergia tem sido feito por meio do uso massivo de agrotóxicos.
>
> O Brasil consome cerca de 20% de todo agrotóxico comercializado mundialmente [...]. E, ressalta-se, este consumo tem aumentado de forma muito significativa nos últimos anos. [...]
>
> BOMBARDI, L. M. *Geografia do uso de agrotóxicos no Brasil e conexões com a União Europeia.* São Paulo: FFLCH/USP, 2017. p. 33.

a) O que são culturas voltadas para conversão de *commodities* e agroenergia?

b) O consumo de agrotóxico no Brasil é alto ou baixo?

c) Qual é a possível relação entre o consumo de agrotóxicos e o cultivo de culturas voltadas para conversão de *commodities* e agroenergia?

Biotecnologia: uma nova revolução agrícola

A biotecnologia é o conjunto de técnicas aplicadas à biologia utilizadas para manipular geneticamente plantas, animais e microrganismos por meio de seleção, cruzamentos e transformações no código genético. Teve grande desenvolvimento nas décadas de 1970 e 1980, mas vem sendo estudada e aplicada desde os anos 1950, em vários países do mundo.

A manipulação genética é uma das aplicações mais recentes da biotecnologia e consiste na alteração da composição genética dos seres vivos. Os vegetais derivados da alteração genética são chamados de **organismos geneticamente modificados** (OGMs) e **transgênicos**.

Por meio da **engenharia genética**, traços genéticos naturais indesejáveis podem ser eliminados, enquanto outros podem ser implantados artificialmente para aprimorar a qualidade dos produtos agrícolas manipulados, adaptá-los a condições ambientais específicas, torná-los resistentes a agrotóxicos e pragas, entre outras possibilidades.

Organismo geneticamente modificado (OGM): resultante da modificação do material genético por meio da manipulação genética, seja fazendo rearranjos, retiradas ou duplicações, mas sem a adição de material de espécie diferente.

Transgênico: organismo geneticamente modificado, seja animal ou vegetal, em que a manipulação envolve a introdução de um ou mais genes de outros organismos vivos no DNA (ácido desoxirribonucleico). Portanto, todo transgênico é um tipo de OGM, mas nem todo OGM é um transgênico.

Engenharia genética: conjunto das técnicas envolvidas na identificação e manipulação de genes.

Aisyaqilumaranas/Shutterstock

Melancia e outras frutas, como uvas, sem sementes já são uma realidade. Por meio de alterações genéticas, é desenvolvido um vegetal transgênico com as características desejadas.

! Dicas

Transgênicos: sementes da discórdia

De José Eli da Veiga (Org.). São Paulo: Senac, 2007.

O livro apresenta três pontos de vista sobre o assunto: o da defesa, o do ataque e o do meio-termo. A obra considera a controvérsia fundamental para a compreensão da questão dos transgênicos.

Conselho de Informações sobre Biotecnologia (CIB)

www.cib.org.br

Informações de base científica sobre a biotecnologia e suas diversas aplicações.

Controvérsias agrícolas

A avaliação dos resultados do uso da biotecnologia é controversa, e ainda hoje são realizados estudos sobre os efeitos na saúde humana de produtos alimentícios fabricados com essas técnicas na agricultura e na pecuária.

Se, por um lado, alguns defendem que a biotecnologia permite maior produtividade e qualidade dos alimentos, por outro há muita polêmica sobre os possíveis danos causados pelos vegetais transgênicos à saúde das pessoas, aos ecossistemas e a outras plantações. De modo geral, os críticos do uso dos transgênicos alertam para a necessidade de testes mais amplos e específicos para cada produto e que analisem os impactos ambientais em áreas próximas às do cultivo desses vegetais.

Outro ponto controverso é a dominação econômico-financeira. As variedades geneticamente modificadas são produzidas por grandes corporações multinacionais cujas mudas e sementes são patenteadas. Dessa forma, essas variedades só podem ser utilizadas mediante o pagamento pelo uso das patentes e do pacote tecnológico desenvolvido para o cultivo. Com isso, reduz-se a quantidade de beneficiados por essas técnicas, e os países em desenvolvimento tornam-se mais dependentes tecnologicamente dos desenvolvidos.

Patrimônio genético em risco

Outro problema para o qual os críticos dos OGMs e dos transgênicos chamam a atenção é que a biotecnologia pode ocasionar a perda da variedade e danos à produção de alimentos: com a homogeneidade cada vez maior das espécies cultivadas, os agricultores optarão pela plantação das mais produtivas e resistentes; assim, se uma nova praga surgir, poderá afetar amplas áreas de cultivo, em várias regiões do planeta.

Há também a possibilidade de haver cruzamentos entre a cultura convencional e a transgênica, sobretudo numa mesma propriedade ou em propriedades próximas, acarretando o fim da espécie pura (convencional).

As sementes crioulas são aquelas que foram passadas de geração em geração de pequenos agricultores e povos tradicionais. Atualmente, com a adoção de biotecnologias, há um risco de que desapareçam, o que prejudicaria a variedade genética.

Em defesa dos transgênicos

Um dos argumentos em defesa do consumo dos OGMs é que não há casos comprovados de danos à saúde humana ligados a eles; outro, que os OGMs têm contribuído para o aumento substancial da produtividade e para a redução do uso de diversos tipos de agrotóxicos, resultando em ganhos para o ambiente e possibilitando a comercialização de produtos mais saudáveis, com menos ingredientes prejudiciais à saúde humana, como as gorduras saturadas.

Os OGMs e transgênicos no mundo

O Protocolo de Cartagena é um acordo firmado na Conferência das Partes da Convenção sobre Diversidade Biológica (CDB), no ano 2000. O objetivo do protocolo é assegurar a proteção adequada do meio ambiente e da saúde humana na transferência, na manipulação e no uso dos OGMs.

Mundo: maiores produtores de transgênicos e Protocolo de Cartagena (2018)

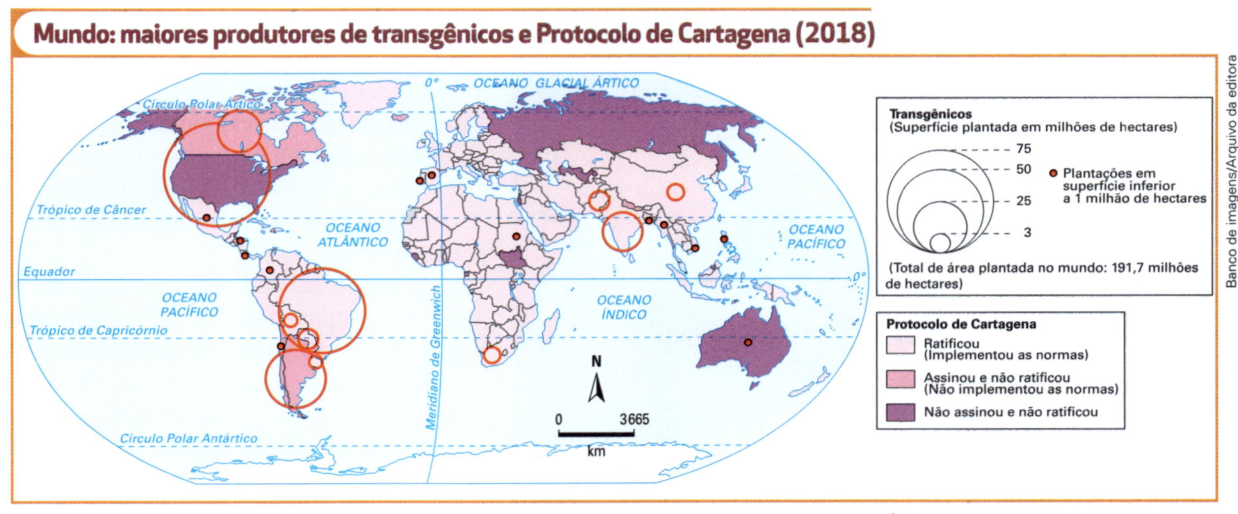

Banco de imagens/Arquivo da editora

Elaborado com base em: SIMIELLI, Maria Elena. *Geoaltas*. 35. ed. São Paulo: Ática, 2019. p. 31. Acesso em: jan. 2020.

Mundo: principais cultivos de transgênicos (2018)

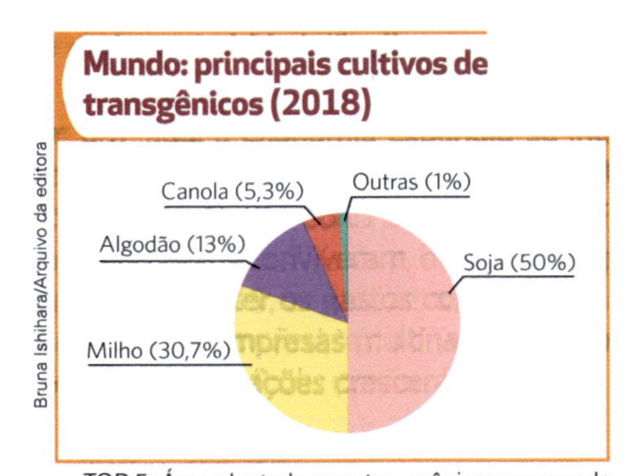

Bruna Ishihara/Arquivo da editora

TOP 5: Área plantada com transgênicos no mundo em 2018. CropLife Brasil. Disponível em: https://croplifebrasil.org/publicacoes/top-5-area-plantada-com-transgenicos-no-mundo-em-2018/. Acesso em: jun. 2020.

Mundo: cultivo de transgênicos (1996-2016)

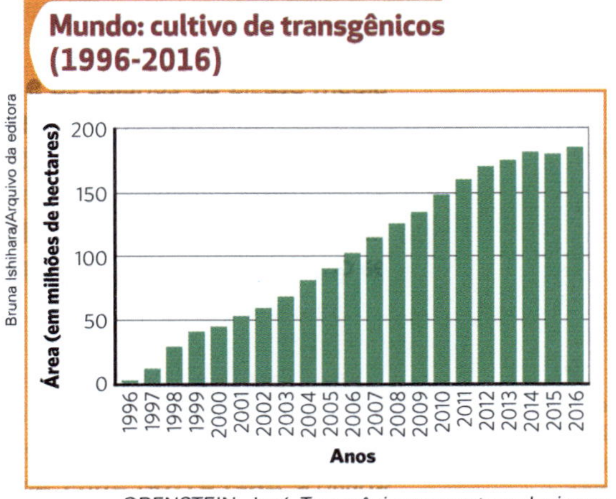

Bruna Ishihara/Arquivo da editora

ORENSTEIN, José. Transgênicos: uma tecnologia em constante disputa. *Nexo Jornal*, 5 ago. 2017. Disponível em: www.nexojornal.com.br/explicado/2017/08/05/Transg%C3%AAnicos-uma-tecnologia-em-constante-disputa. Acesso em: jun. 2020.

1 Quais são os três países com as maiores áreas de cultivo de transgênicos? Como eles se classificam em termos de desenvolvimento econômico?

2 Qual é o principal cultivo transgênico no mundo e em qual setor da economia ele é mais consumido?

3 Em 1996, os cultivos transgênicos começaram a ser comercializados. Como se comportou a área de cultivo a partir dessa data? No Brasil, isso teve consequências ambientais? Quais?

Agricultura orgânica

Visando alinhar saúde e melhores condições de vida das populações à sustentabilidade, a agricultura orgânica utiliza métodos naturais para a correção do solo e o controle de pragas. Nela, a ausência de fertilizantes artificiais, agrotóxicos e transgênicos garante a manutenção da qualidade do solo, o reaproveitamento de resíduos e o uso racional da água e contribui para o respeito às relações sociais e culturais da população. Em muitos países, inclusive no Brasil, a obtenção da certificação de origem orgânica também depende do estabelecimento de relações justas, legais, com os trabalhadores rurais.

Cesar Diniz/Pulsar Imagens

Plantação orgânica de hortaliças com repolho roxo, em Ibiúna (SP), 2017. Uma maneira eficaz de evitar a ingestão de agrotóxicos residuais é optar pelo consumo de produtos orgânicos. Porém, devido aos cuidados necessários nesse cultivo, o preço dos produtos chega mais elevado ao consumidor quando comparado com os cultivos não orgânicos.

A agricultura orgânica é, desse modo, uma prática que pode contribuir para a redução dos danos causados aos ecossistemas, muitos deles já bastante afetados pelo uso intensivo de técnicas utilizadas na agricultura moderna, que contribuem para a degradação dos solos, a poluição de lençóis freáticos, córregos e rios e a extinção de espécies vegetais e animais.

Segundo os resultados preliminares do Censo Agropecuário de 2017, realizado pelo IBGE, 65% dos estabelecimentos rurais no Brasil não utilizaram agrotóxicos nas lavouras, 58% não adubaram as terras e 12% usaram adubos orgânicos. Entretanto, calcula-se que menos de 0,5% das terras cultivadas no país, pouco mais de 1 milhão de hectares, adota o sistema de produção orgânica (cerca de 15 mil produtores) e que a maior parte delas seja de agricultura familiar.

Agricultura orgânica: indicadores-chave e principais países (2017)

Indicador	Mundo	Principais países
Terra de agropecuária orgânica (em milhões de hectares)	69,8	Austrália (35,6) Argentina (3,4) China (3)
Participação no total de terra agrícola orgânica	1,4%	Liechtenstein (37,9%) Samoa (37,6%) Áustria (24%)
Produtores	2,9 milhões	Índia (835.000) Uganda (210.352) México (210.000)
Mercado orgânico	97 bilhões de dólares* (aproximadamente 90 bilhões de euros)	Estados Unidos (45,2 bilhões de dólares; 40 bilhões de euros) Alemanha (11,3 bilhões de dólares; 10 bilhões de euros) França (8,9 bilhões de dólares; 7,9 bilhões de euros)
Consumo *per capita*	12,80 dólares (10,80 euros)	Suíça (325 dólares; 288 euros) Dinamarca (315 dólares; 278 euros) Suécia (268 dólares; 237 euros)

*Conforme cotação do Banco Central Europeu em 2017. No mundo, são 181 países e territórios com atividades orgânicas, sendo que 93 países têm leis para orgânicos.

Elaborado com base em: FiBL & IFOAM – Organics International. *The World of Organic Agriculture.* Statistics & Emerging Trends 2019. Rheinbreitbach: Medienhaus Plump, 2019. p. 24. Disponível em: https://shop.fibl.org/CHen/mwdownloads/download/link/id/1202/?ref=1. Acesso em: jan. 2020.

Agroflorestas

Há também outro sistema de produção de orgânicos, o **sistema agroflorestal** ou **agrofloresta**. Nele, recorre-se às relações ecológicas originais do ambiente para a promoção da fertilidade do solo. Isso é exercido por meio da recuperação de matas e florestas, do cultivo de diferentes gêneros agrícolas e da criação de animais em meio à vegetação nativa (original ou reflorestada), dependendo de cada caso.

Delfim Martins/Pulsar Imagens

No sistema agroflorestal, são associadas técnicas antigas de povos tradicionais a conhecimentos científicos modernos de Ecofisiologia. Na foto, observa-se plantação de cacau em sistema agroflorestal, no município de Linhares (ES), 2019.

A produtividade desse sistema é alta porque as espécies colaboram umas com as outras, evitando pragas, esgotamento do solo e necessidade de irrigação artificial. O sistema ainda promove a recuperação de matas e florestas. Há outros benefícios para o ambiente, como redução da perda de solo por erosão e promoção da biodiversidade, pois permite a plantação de vários cultivos, ao contrário da monocultura.

Esquema de uma agrofloresta

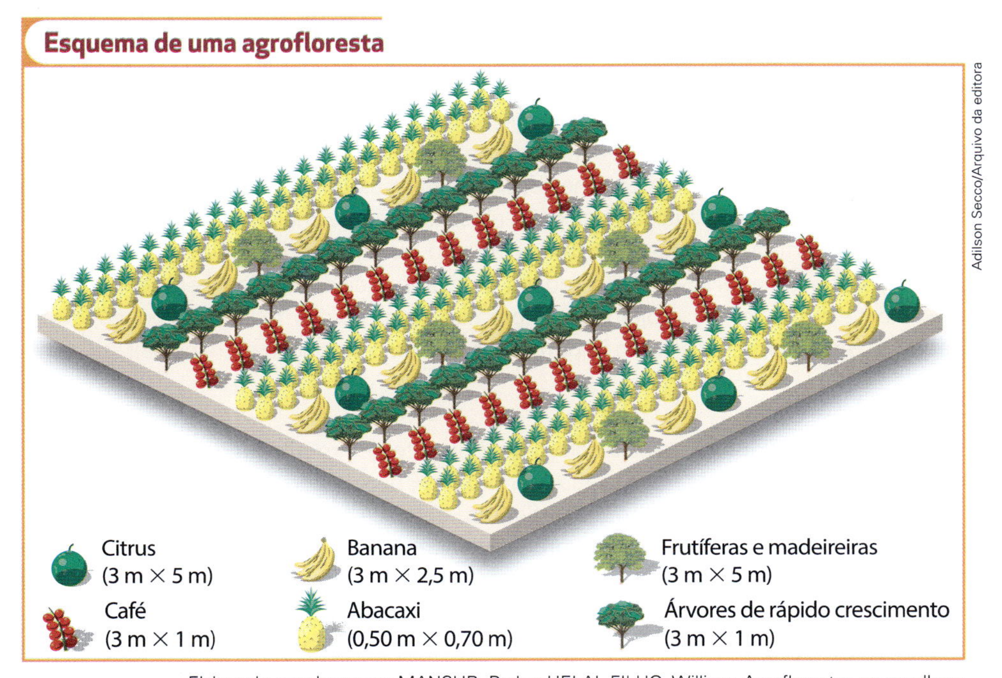

Adilson Secco/Arquivo da editora

Elaborado com base em: MANSUR, Pedro; HELAL FILHO, William. Agroflorestas se espalham pelo país: cultivo sem desmatamento. *O Globo*, 12 jun. 2016. Disponível em: https://oglobo.globo.com/sociedade/sustentabilidade/agroflorestas-se-espalham-pelo-pais-cultivo-semdesmatamento-19487898. Acesso em: jan. 2020.

Políticas agropecuárias

Os temas mais polêmicos na Organização Mundial do Comércio (OMC) são a redução dos subsídios para a produção agrícola e o fim da proteção de mercado praticada pelos países desenvolvidos, que sempre estabeleceram tarifas elevadas à importação de alimentos e matérias-primas de origem agrária e fartas subvenções à própria produção. Como essas medidas dificultam a entrada nos mercados protegidos do mundo desenvolvido, esse tema é relevante para Brasil, Argentina, Indonésia e outros países onde a agropecuária contribui expressivamente para as exportações.

Dica

Quem alimenta o mundo

Direção de Erwin Wagenhofer. Áustria, 2005. 93 min.

O filme ajuda a compreender como são produzidos os alimentos que consumimos e explica nossa relação com a fome no mundo.

Mundo: principais exportadores de produtos agropecuários e percentual no total das exportações de mercadorias de cada país (2017)

Origem	Total (em bilhões de dólares)	Parte correspondente às exportações totais do país (%)
União Europeia*	173	8,1
Estados Unidos	170	11
Brasil	88	40,3
China	79	3,4
Canadá	67	15,8
Indonésia	49	29,2
Tailândia	43	18,4
Austrália	40	18,2
Índia	39	13,2
Argentina	36	60,9

*Exportações extra-UE (apenas aquelas realizadas pela União Europeia para países não membros do bloco, exclui as exportações intra-UE). Em 2017, o Reino Unido fazia parte da União Europeia. A saída do país do bloco foi oficializada em 31 de janeiro de 2020.

Elaborado com base em: WTO. *World Trade Statistical Review* 2018. p.135. Disponível em: www.wto.org/english/res_e/statis_e/wts2018_e/wts2018chapter08_e.pdf; WTO. *Trade Profiles* 2019. p. 16, 22, 54, 70, 80, 128, 170, 172, 356, 382. Disponível em: www.wto.org/english/res_e/booksp_e/trade_profiles19_e.pdf. Acesso em: jan. 2020.

Outras medidas não tarifárias também bloqueiam a importação de determinados produtos agropecuários: barreiras zoossanitárias, fitossanitárias e ambientais e acusações de *dumping* social, quando há superexploração da mão de obra utilizada na produção. Nos Estados Unidos, no Japão e na União Europeia, o protecionismo compreendia ainda o estabelecimento de cotas de importação. Além de impactarem a balança comercial dos países dependentes da exportação agropecuária, essas medidas dificultam as importações essenciais ao seu desenvolvimento, como máquinas, equipamentos industriais e implementos agrícolas.

A maior abertura do mercado em todo o mundo, ou seja, a redução de barreiras comerciais, é negociada na OMC desde a rodada de Doha, iniciada no Catar em 2001. Desde então, houve muito debate, projetos e compromissos assumidos, mas muito pouco foi efetivado, e o tema permanece como importante pauta de negociação entre os países.

Estados Unidos

Os Estados Unidos são o país com o maior índice de produtividade agropecuária do planeta. Apesar de empregarem apenas cerca de 3% de sua população economicamente ativa (PEA) na agropecuária, ano a ano figuram entre os maiores produtores e exportadores do mundo. A alta produção e produtividade devem-se, em boa parte, à estreita relação entre agropecuária e indústria e à consequente intensificação do processo de mecanização agropecuária.

Os produtores rurais estadunidenses contam com forte apoio do Estado por meio de subsídios e práticas protecionistas. A lei agrícola Farm Bill, de 2008, destina amplos subsídios aos produtores rurais, o que causou grandes impactos no comércio mundial, com prejuízos especialmente para os países em desenvolvimento.

Estados Unidos: espaço agropecuário (início do século XXI)

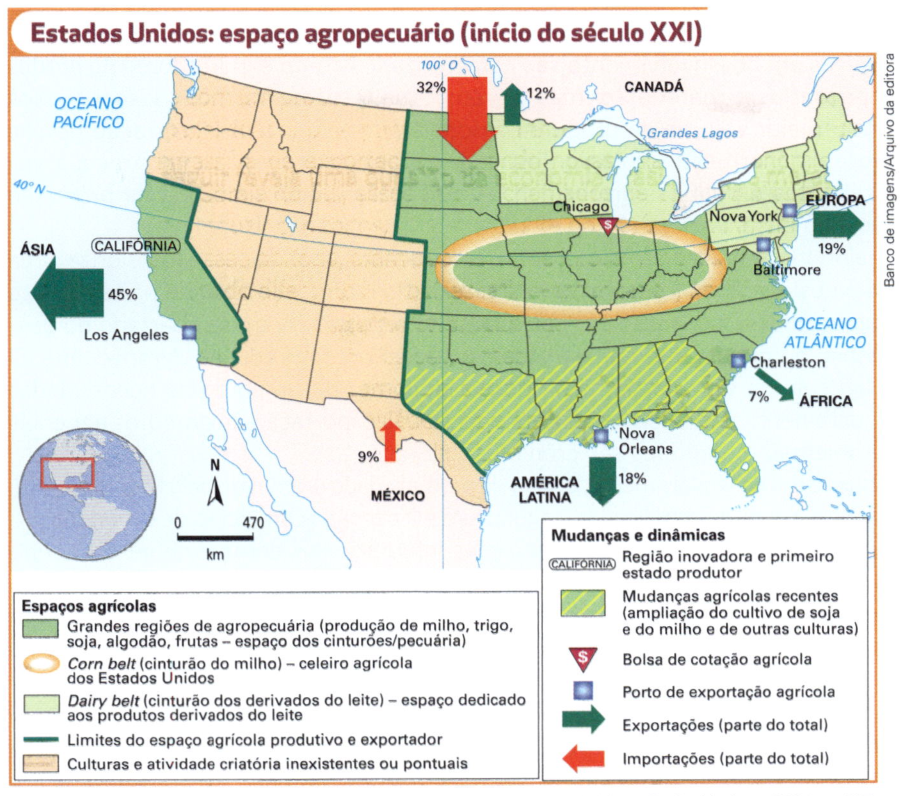

Banco de imagens/Arquivo da editora

Elaborado com base em: MATHIEU, Jean-Louis (dir.). *Géographie Term*. Paris: Nathan, 2004. p. 115.

União Europeia

Na União Europeia, a proteção agropecuária por meio de taxação dos produtos importados, apoio estatal à produção e subsídios à exportação para garantir a venda de excedentes é regulamentada pela Política Agrícola Comum (PAC). Criada em 1962, tinha como objetivo proteger os produtos agropecuários europeus dos importados, fortalecendo o mercado interno. Para isso, a PAC, antes ainda da formação da UE, estabeleceu a unificação do mercado entre os países europeus com preferência para o comércio de seus produtos, a garantia de preços mínimos e a fixação de tarifas comuns aos países do grupo para os produtos estrangeiros.

Associated Press/Glow Images

Agricultores alemães protestam em Berlim, em 2019, contra alterações na PAC, que implicam redução de benefícios aos produtores da União Europeia.

Com relação aos transgênicos, em 2003, a União Europeia liberou o comércio, inclusive dos industrializados que utilizam esse tipo de matéria-prima, desde que seja declarado no rótulo do produto. A decisão sobre o consumo foi transferida para o consumidor, que tem demonstrado rejeição em todos os países da comunidade, assim como os agricultores.

A União Europeia tem uma importante e diversificada produção agrícola, com alto aproveitamento dos solos, em geral, férteis. O uso do solo emprega técnicas modernas, que propiciam elevada produtividade. Destacam-se o cultivo de cereais, sobretudo o trigo.

Explore

- Comente a política neoliberal defendida pelos países desenvolvidos e as políticas agropecuárias adotadas por eles.

Dica

Organização das Nações Unidas para a Alimentação e a Agricultura

www.fao.org.br

No *site* da Food and Agriculture Organization (FAO), é possível encontrar informações sobre a agricultura e a fome no mundo, além de publicações, dados estatísticos e vídeos, a maior parte em inglês.

Atividades agrárias no mundo em desenvolvimento

Os países em desenvolvimento são caracterizados como exportadores de produtos agropecuários e matérias-primas. Porém, atualmente, os países desenvolvidos exportam o maior volume de produtos agropecuários, pois a modernização de sua produção e os enormes incentivos destinados à atividade agrícola geram cada vez mais excedentes e políticas protecionistas ainda dificultam a entrada da produção dos países em desenvolvimento.

A maioria dos países africanos, latino-americanos e asiáticos não prioriza uma agricultura destinada ao abastecimento do mercado interno. Em grande parte deles, o maior obstáculo à solução desse problema é o fato de não terem se libertado do passado colonial no que se refere à estrutura e ao destino da produção agropecuária. O modelo agrícola de exportação ainda é prioritário, em detrimento das necessidades locais. É justamente nos países mais dependentes da exportação de produtos agrícolas que os problemas alimentares são crônicos.

No mundo em desenvolvimento, o salto de produtividade prometido pela Revolução Verde limitou-se a alguns setores ligados à agricultura e à pecuária comerciais de exportação.

Nos países classificados pelas instituições internacionais como emergentes (entre eles, o Brasil), a agricultura tem gerado as divisas necessárias à importação de equipamentos e tecnologia e à obtenção de saldos favoráveis na balança comercial. O fato é que as políticas agropecuárias não estimulam a produção de gêneros para o mercado interno e, ao mesmo tempo, mantêm elevado o preço dos produtos básicos de subsistência.

Símbolo da FAO.

Atualmente, a produção agropecuária tem potencial para alimentar toda a população do planeta. Ainda assim, em 2019, cerca de 821 milhões de pessoas não tinham acesso a alimentação adequada. Milhares de crianças ainda morrem diariamente em consequência direta ou indireta da má alimentação, de acordo com as estimativas da Organização das Nações Unidas para a Agricultura e a Alimentação (FAO).

Esses são indicadores de que o aumento da produção da agricultura mundial não atingiu igualmente todas as regiões do planeta.

Mundo: população subnutrida (2015)

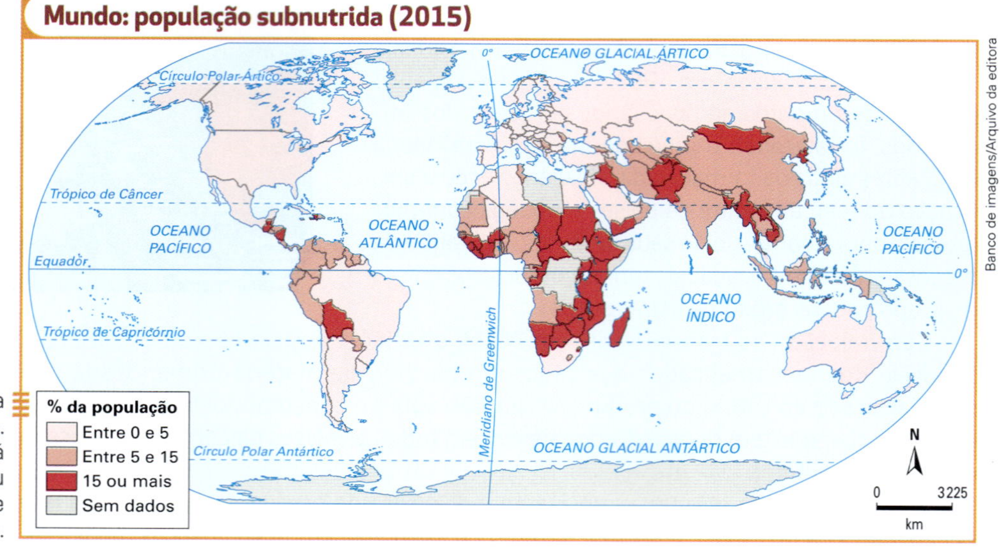

A subnutrição é uma consequência da fome. Ela ocorre quando há falta de alimentos ou a ingestão é insuficiente por muito tempo.

Elaborado com base em: BANCO Mundial. *SDG Atlas 2018*. Disponível em: http://datatopics.worldbank.org/sdgatlas/SDG-02-zero-hunger.html. Acesso em: jan. 2020.

Explore

- Observe o mapa "Mundo: população subnutrida (2015)" e formule hipóteses para explicar a situação da fome nos países onde é um problema crônico.

Brasil: agropecuária e questão agrária

A agropecuária no Brasil é marcada por duas importantes características: o **agronegócio**, uma forte cadeia produtiva que torna a produção brasileira uma das mais competitivas do mundo; e a **questão agrária**, o problema de concentração da estrutura fundiária, causa de conflitos que envolvem milhares de trabalhadores rurais sem emprego e terra.

Agronegócio: conjunto de atividades que formam uma cadeia produtiva relacionada à agropecuária, à silvicultura e ao extrativismo vegetal: empresas e tecnologias ligadas à produção agrícola moderna (fornecedores) e uma variedade de atividades de produção industrial, de distribuição e comercial; não se restringe, portanto, à produção rural.

Esquema simplicado do agronegócio

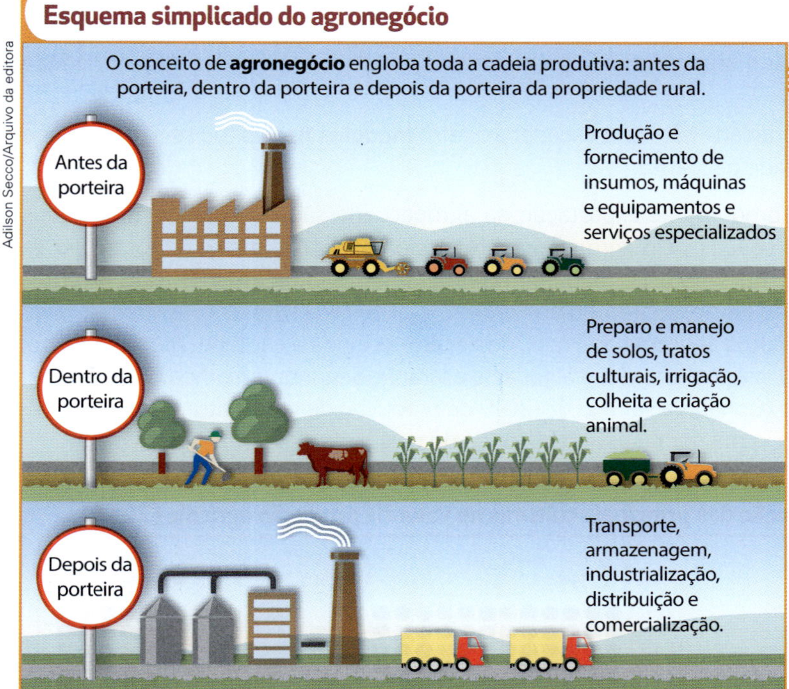

Adilson Secco/Arquivo da editora

O agronegócio articula os três setores da economia: primário, secundário e terciário. Sua ideia central é a construção de cadeias produtivas, formadas por agentes econômicos integrados por mecanismos como cooperativismo, parcerias, contratos, integração vertical e alianças estratégicas.

CORES FANTASIA

IMAGEM FORA DE PROPORÇÃO

Elaborado com base em: O QUE é o agronegócio. *Fundação de Economia e Estatística*. Disponível em: www.fee.rs.gov.br/sinteseilustrada/o-que-e-o-agronegocio/. Acesso em: jan. 2020.

Dica

Portal do Agronegócio

www.portaldoagronegocio.com.br

O portal explica o que é o agronegócio e traz dicas e informações sobre ele.

Pecuária

A pecuária do Brasil se destaca no mercado mundial, particularmente na criação de bovinos e suínos. A avicultura conquistou amplo mercado externo nas últimas décadas com exportações para todos os continentes, sendo uma atividade que apresenta rápido ciclo de reposição. O Sul e o Sudeste são as principais regiões criadoras de aves do país, responsáveis por cerca de 47% e 26% do rebanho nacional, respectivamente. O rebanho suíno, um dos maiores do mundo, também se concentra na região Sul e, entre os estados, Santa Catarina é responsável pelo maior número, quase 20% do rebanho nacional, e pela maior produção de carne.

De acordo com dados de 2017, o Brasil ocupa o segundo lugar mundial na produção de carnes, atrás apenas dos Estados Unidos. O país tem sido eficiente no controle da qualidade do gado e na erradicação de doenças, sendo o maior exportador mundial de carne bovina.

Brasil: produção por tipo de rebanho (2018)

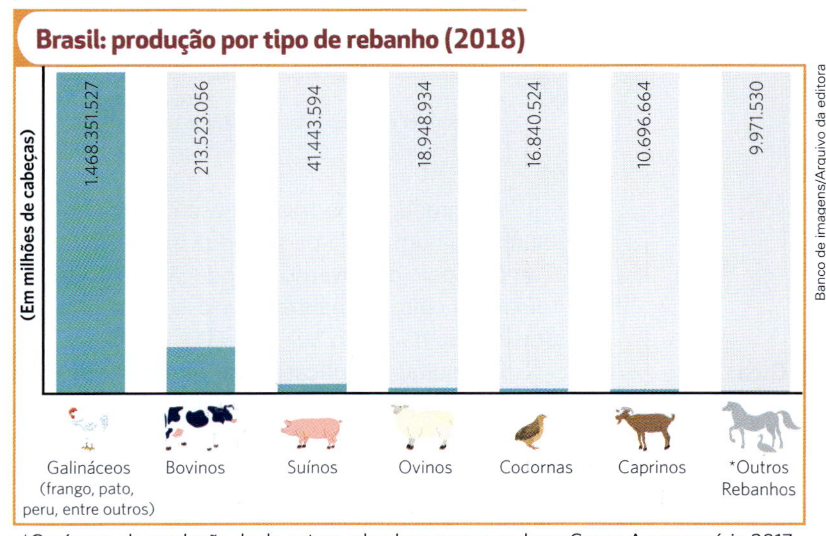

Banco de imagens/Arquivo da editora

*O número da produção de de outros rebanhos corresponde ao Censo Agropecuário 2017.

Elaborado com base em: IBGE. Pesquisa da Pecuária Municipal 2018. Disponível em: https://sidra.ibge.gov.br/pesquisa/ppm/quadros/brasil/2018; Censo Agropecuário 2017. Disponível em: https://censoagro2017.ibge.gov.br/templates/censo_agro/resultadosagro/pecuaria.html?localidade=0&tema=0. Acesso em: jan. 2020.

Agropecuária e agroindústria

Cerca de 70% dos alimentos produzidos e das matérias-primas destinadas à indústria nacional são fornecidos pela **agropecuária familiar**. Esse tipo de estrutura de produção agropecuária se caracteriza pelos seguintes critérios básicos:

- a direção das atividades é exercida pelo próprio produtor;
- a quantidade de trabalhadores da própria família é superior à de trabalhadores contratados;
- a renda familiar é originada principalmente das atividades realizadas na propriedade rural;
- a área da propriedade não deve exceder a quatro **módulos fiscais** (ou seis módulos no caso de atividade pecuária).

Módulo fiscal: unidade de medida de propriedade rural que leva em consideração critérios como: tipo de exploração que predomina em cada município; a renda obtida com essa exploração predominante; o conceito de propriedade familiar. Ela é fixada, portanto, de modo diferenciado para cada município de acordo com a Lei n. 6 746/79.

Os principais produtos de exportação da agropecuária são, no entanto, produzidos em grandes propriedades pelo agronegócio. No topo deles, está a soja, cujo cultivo se expandiu da região Sul para o Cerrado, principalmente em Mato Grosso e, mais recentemente, para a região Norte, sobretudo no Pará.

Dentre os produtos agrícolas do Brasil, destacam-se ainda a cana-de-açúcar, o milho, o café, a mandioca, o arroz, o feijão, o algodão e a laranja. Segundo a Companhia Nacional de Abastecimento (Conab), a safra 2018-2019 da produção de grãos ultrapassou 242 milhões de toneladas, o melhor resultado histórico do país.

Brasil: distribuição das principais culturas no valor da produção agrícola (2018)

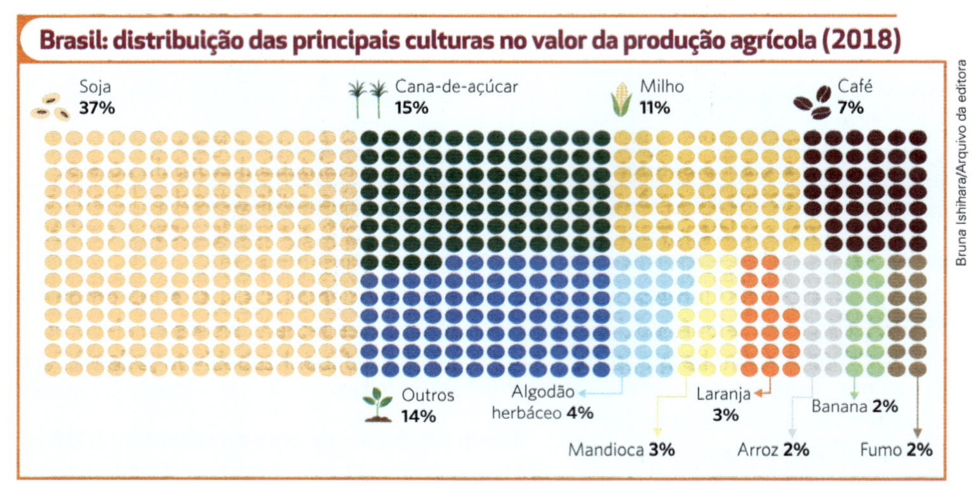

Elaborado com base em: IBGE. *Produção Agrícola Municipal* 2018. p. 2. Disponível em: https://biblioteca.ibge.gov.br/visualizacao/periodicos/66/pam_2018_v45_br_informativo.pdf. Acesso em: jan. 2020.

Já a produção de trigo apresenta problemas. Apesar de sua importância para a alimentação humana, o país produz menos da metade do que é consumido internamente. Como o apoio do governo à produção é restrito, as áreas de cultivo acabam sendo substituídas por culturas mais rentáveis, como a soja. As principais áreas produtoras de trigo no Brasil estão na região Sul.

São muitas as críticas de vários setores da sociedade ao uso cada vez maior das terras agricultáveis para o cultivo de matérias-primas que são transformadas em outros produtos que não alimentos. No entanto, há especialistas em produção agrícola que apontam que isso não prejudica, necessariamente, a oferta de alimentos, dependendo das especificidades de cada país, como a disponibilidade de terras e o tipo de gênero agrícola utilizado para a produção de biocombustíveis, além de ser essencial para a obtenção de uma matriz energética menos agressiva ao meio ambiente. No caso do Brasil, segundo eles, a cana-de-açúcar é uma boa opção para a produção de biocombustíveis, estando suas principais áreas produtoras em São Paulo.

! Dica

Ministério da Agricultura, Pecuária e Abastecimento (Mapa)

www.agricultura.gov.br

Traz informações e dados sobre a agropecuária no Brasil.

Fronteiras agropecuárias

As fronteiras agropecuárias formam-se através do avanço das atividades produtivas rurais sobre o meio ambiente natural. As mais recentes, o Centro-Oeste e a região da **Matopiba** ou **Mapitoba** (acrônimo formado pelas duas primeiras letras de cada estado onde a região está localizada: Maranhão, Tocantins, Piauí, Bahia), formaram-se por meio do avanço da agricultura exportadora sobre a vegetação do Cerrado, bioma brasileiro intensamente desmatado. Atualmente, o Cerrado é classificado como ***hotspot***, área rica em biodiversidade sob forte ameaça de extinção. A Amazônia também sofre pressão com o arco do desmatamento decorrente do avanço da fronteira agropecuária, que ocorre no sentido sul-norte no país. Essas áreas, em geral, são ocupadas para a formação de pastos para pecuária bovina ou plantações de soja.

A região onde a agropecuária voltada para a exportação se expandiu possui solo em boas condições e relevo plano que favorecem o uso de máquinas e contribuem para a elevada produtividade. Nessas regiões foram abertas duas importantes fronteiras agropecuárias nos últimos 50 anos.

Agropecuária e Código Florestal

O atual Código Florestal Brasileiro, promulgado em 2012, determina a preservação de trechos de vegetação original em áreas de preservação permanentes (APPs) - margens de rios, topos de morro e encostas. No caso das reservas legais (RLs), os proprietários são obrigados a manter um trecho preservado, que varia de acordo com os critérios: na Amazônia Legal, 80% nas áreas florestais, 35% nas de Cerrado e 20% nas de Campos; 20% das propriedades nas demais regiões brasileiras. Também estabelece critérios para a recomposição das áreas desmatadas. Para os desmatamentos ocorridos antes de 2008, quando foi regulamentada a Lei de Crimes Ambientais, as áreas a serem recompostas são menores do que as dos desmatamentos realizados depois da vigência da lei.

A recomposição ficou condicionada ao tamanho da propriedade, de acordo com o módulo fiscal. Para os imóveis de até quatro módulos fiscais (24% da área de agropecuária do Brasil), não é necessário recompor o trecho de reserva legal desmatado antes de 2008. No entanto, para as margens dos rios, foram estabelecidos critérios de acordo com o tamanho da propriedade e a largura do rio, mas com concessões maiores do que as do código anterior.

Brasil: alteração no ambiente e tendência de expansão (2019)

No mapa, é possível observar o avanço da fronteira agropecuária em direção à Amazônia, área com pouca alteração na paisagem natural.

Elaborado com base em: SIMIELLI, Maria Elena. *Geoaltas*. 35. ed. São Paulo: Ática, 2019. p. 122.

Para os representantes do agronegócio, a atual regulamentação limita a expansão da agropecuária, o que provocaria impactos negativos em toda a economia do país. Essa crítica, no entanto, é refutada por vários especialistas, que afirmam que as áreas destinadas à agropecuária podem ser significativamente ampliadas com a recuperação de terras degradadas, bastante extensas no território brasileiro, e com o cultivo em áreas hoje ocupadas com pecuária de baixa produtividade.

Saiba mais

Classificação das propriedades rurais

Os imóveis rurais no Brasil são classificados pelo Instituto Nacional de Colonização e Reforma Agrária (Incra) de acordo com sua quantidade de módulos fiscais.

Imóveis rurais no Brasil

Tipo de imóvel	Módulo fiscal
Minifúndio	Inferior a 1
Pequena propriedade	Entre 1 e 4
Média propriedade	Maior que 4 e até 15
Grande propriedade	Superior a 15

Elaborado com base em: INCRA. *Módulos fiscais*. Disponível em: www.embrapa.br/codigo-florestal/area-de-reserva-legal-arl/modulo-fiscal. Acesso em: jan. 2020.

Questão da terra

O Brasil está entre os países da América com a maior concentração da propriedade rural e é um dos mais desiguais do mundo nesse quesito, mesmo com o imenso território e as extensas superfícies de terras não cultivadas. Apesar das pressões sociais, da maior organização dos trabalhadores em luta pela terra e da repercussão internacional negativa dessa realidade social, a situação fundiária é uma questão ainda não resolvida.

A **grilagem**, praticada no Brasil desde o século XIX, foi uma das principais responsáveis pela concentração de terras no meio rural.

Grilagem: criação de documentos falsos para a concessão ilegal de terras públicas a particulares.

Brasil: estrutura fundiária (2018)

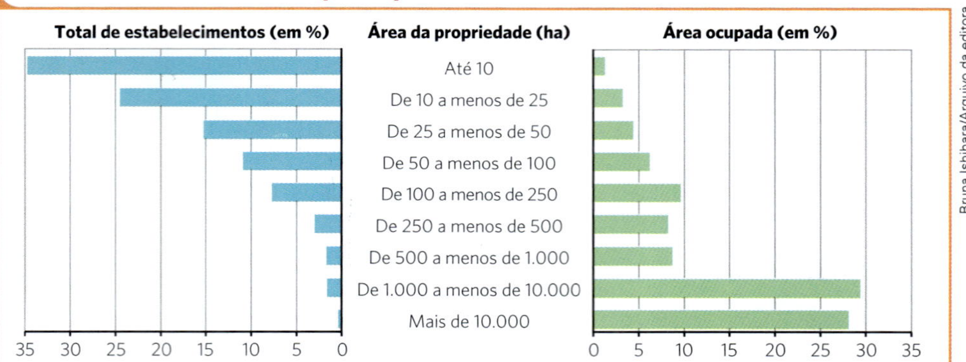

Elaborado com base em: INSTITUTO NACIONAL DE COLONIZAÇÃO E REFORMA AGRÁRIA (INCRA); Diretoria de Ordenamento da Estrutura Fundiária (DF); Coordenação Geral de Cadastro (DFC); Divisão de Organização, Controle e Manutenção do Cadastro Rural (DFC-1); Núcleo de Estudos Estatísticos Cadastrais (NEEC). *Estrutura fundiária do Brasil* – julho de 2018. Disponível em: www.incra.gov.br/sites/default/files/uploads/estrutura-fundiaria/regularizacao fundiaria/estatisticas-cadastrais/estrutura_fundiaria_-_brasil-07-2018.pdf. Acesso em: jan. 2020.

Dica

Questão agrária no Brasil

De João Pedro Stédile. São Paulo: Atual, 2011.

A questão agrária no Brasil é comentada sob a ótica de um dos maiores defensores da reforma agrária no país.

Lei e concentração de terra

A organização do espaço agrário brasileiro teve início com a colonização. Extensas áreas foram doadas pelo rei de Portugal para o cultivo da cana-de-açúcar em troca do pagamento de parte da produção obtida (sistema de sesmarias). A distribuição de terras no Brasil teve início, portanto, com o latifúndio monocultor, voltado para o mercado externo.

Com a independência do Brasil (1822) e o fim da era colonial, as sesmarias deixaram de existir e as terras passaram a ser registradas em cartório, como propriedades particulares. Nessa época, começou um intenso processo de ocupação por **posseiros** e grileiros.

A partir de meados do século XIX, no contexto de expansão da lavoura cafeeira, o Brasil passou a estimular a imigração, entre outros motivos, por causa da proibição do tráfico de escravizados. Para assegurar que os imigrantes recém-chegados trabalhassem nas lavouras dos barões do café, criou-se uma lei, a Lei de Terras, que proibia a ocupação de terras devolutas (desocupadas, na época indefinidas territorialmente, sem proprietários e, portanto, do Estado). Essa lei consolidou o domínio do latifúndio no Brasil. De acordo com ela, as terras só poderiam ser vendidas pelo governo, que estabelecia preços elevados (muito acima do mercado), comercializava apenas grandes áreas e exigia dos compradores pagamento à vista. Assim, só tinham condições de comprar terras os grandes fazendeiros, que ampliaram ainda mais seus domínios.

Na década de 1930, foi fundado o Incra, cuja principal realização foi levantar informações sobre a situação das propriedades rurais e das terras devolutas. Em 1964, no governo Castelo Branco, foi criado o Estatuto da Terra, reconhecendo-se a necessidade da reforma agrária no Brasil. Na época, foram feitos novo cadastramento e uma radiografia da situação fundiária do país, mas a reforma agrária não saiu do papel.

Na década de 1970, foram distribuídos lotes de terras na Amazônia para atrair agricultores de outras regiões do país, sobretudo do Sul e do Nordeste, como parte de um plano do governo militar para garantir a colonização e a ocupação da Amazônia. Mas as terras ficavam em áreas inadequadas para o cultivo ou a criação pastoril, e não havia infraestrutura para garantir o escoamento da produção. Assim, muitos agricultores logo abandonaram seus lotes.

Nas décadas de 1990 e de 2000, multiplicaram-se as pressões pela reforma agrária. No entanto, o país ainda conta com um grande número de trabalhadores sem terra, e muitos, mesmo assentados, carecem de infraestrutura básica, além de amparo tecnológico e financeiro.

Posseiro: aquele que ocupa terras devolutas ou particulares. Depois de certo período, pode requerer o título de propriedade pela lei de usucapião, válida para a ocupação de propriedades particulares após dez anos, ou usucapião especial, para a ocupação de terras devolutas por cinco anos.

Dica

Instituto Nacional de Colonização e Reforma Agrária

www.incra.gov.br/portal

Site do órgão responsável pela implementação da reforma agrária no Brasil.

Brasil: assentamentos rurais, de acordo com os presidentes do período (1994-2019)

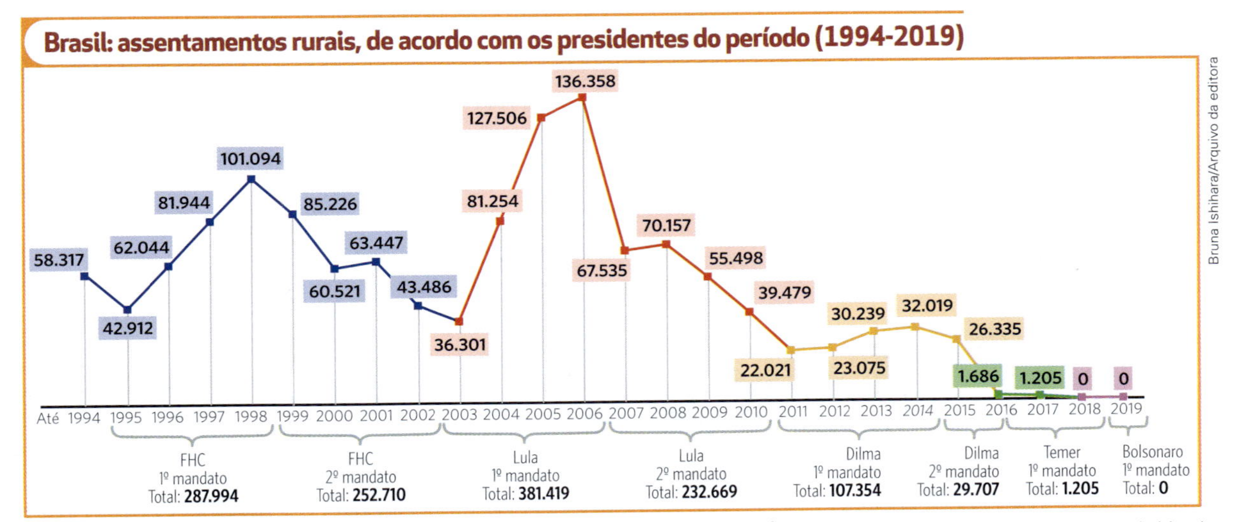

Elaborado com base em: INSTITUTO NACIONAL DE COLONIZAÇÃO E REFORMA AGRÁRIA (INCRA). Disponível em: www.incra.gov.br/sites/default/files/uploads/reforma-agraria/questao-agraria/reforma-agraria/familias_assentadas_historico_31_12_2016.xls. Acesso em: jul. 2020. MAISONNAVE, Fabiano. Sob Bolsonaro, Incra paralisa assentamentos em 66 projetos de reforma agrária. *Folha*, 23 nov. 2019. Disponível em: www1.folha.uol.com.br/poder/2019/11/sob-bolsonaro-incra-paralisa-assentamentos-em-66-projetos-de-reforma-agraria.shtml. Acesso em: jan. 2020.

Contraponto

O agronegócio na economia brasileira

O crescimento do agronegócio realmente tem se refletido em maior renda para agentes do setor?

Nos últimos anos, o agronegócio tem assumido uma merecida posição de destaque no debate econômico e nas grandes pautas de discussão no Brasil, com ampla repercussão midiática. O setor vem ganhando os holofotes, devido às suas capacidades de expansão de produtividade e produção e de geração de oportunidades de emprego em várias regiões, mesmo em um momento em que a economia do País vive uma situação extremamente delicada, com recessão e crises político/institucionais persistentes, que vêm afetando seu crescimento e desenvolvimento. [...]

Em 2017, o PIB Brasileiro (IBGE) cresceu 1%, enquanto o PIB-volume do Agronegócio, calculado pelo Cepea/CNA [Confederação da Agricultura e Pecuária do Brasil], aumentou 7,2% – impulsionado pela produção recorde "dentro da porteira", pela importante recuperação agroindustrial e pelo consequente "transbordamento" desses crescimentos sobre o setor de serviços. Especificamente sobre a agropecuária (segmento primário do agronegócio) [...].

[...]

Com esse bom desempenho, nas últimas décadas, a agropecuária e o agronegócio puderam contribuir significativamente com a economia brasileira sob diferentes aspectos, de alguma forma retornando à sociedade os investimentos públicos direcionados ao setor. A forte expansão da produção brasileira se traduziu em elevada disponibilidade de alimentos, fibras e energia, garantindo o abastecimento interno e ainda um crescente volume de exportação.

Pela ótica do mercado interno, a produção crescente a preços decrescentes foi um fator relevante na estabilidade de preços e controle da inflação, influindo em melhor distribuição de renda e redução da pobreza no País. Quanto ao mercado externo, as exportações do agronegócio têm garantido a geração de divisas e amenizado resultados deficitários de outros setores. Segundo dados do Mapa (2018), as exportações do agronegócio representaram 41% do total embarcado pelo Brasil entre 1997 e 2017. [...]

GILIO, Leandro; RENNÓ, Nicole. O crescimento do agronegócio realmente tem se refletido em maior renda para agentes do setor? *Centro de Estudos Avançados em Economia Aplicada (Cepea), Esalq/USP*, 3 set. 2018. Disponível em: www.cepea.esalq.usp.br/br/opiniao-cepea/o-crescimento-do-agronegocio-realmente-tem-se-refletido-em-maior-renda-para-agentes-do-setor.aspx. Acesso em: jan. 2020.

lourencolf/Shutterstock

Colheita mecanizada de algodão na região de Matopiba, em Correntina (BA), 2019.

Por que o futuro do agronegócio depende da preservação do meio ambiente no Brasil?

[...] Agrônomos, biólogos e entidades como a Embrapa (Empresa Brasileira de Pesquisa Agropecuária) alertam que a destruição da vegetação nativa e as mudanças climáticas têm grande potencial para prejudicar diretamente o agronegócio no Brasil, porque afetam diversos fatores ambientais de grande influência sobre a atividade agrícola.

O principal deles é o regime de distribuição das chuvas, essenciais para nossa produção – apenas 10% das lavouras brasileiras são irrigadas. Com o desmatamento e o aumento das temperaturas, serão afetados umidade, qualidade do solo, polinizadores, pragas.

[...] os riscos gerados pela devastação ambiental na agricultura são uma ameaça muito mais iminente do que se imagina, segundo o pesquisador Eduardo Assad, da Embrapa.

Alguns estudos, como um feito por pesquisadores das Universidades Federais de Minas Gerais e Viçosa, projetam perdas de produtividade causadas por desmatamento e mudanças climáticas para os próximos 30 anos. Outros não trabalham com tempo, mas com nível de devastação, como o estudo Efeitos do Desmatamento Tropical no Clima e na Agricultura, das cientistas americanas Deborah Lawrence e Karen Vandecar, que afirma que quando o desmatamento na Amazônia atingir 40% do território (atualmente ele está em 20%), a redução das chuvas será sentida a mais de 3,2 mil km de distância, na bacia do Rio da Prata.

[...] Há duas ameaças principais, segundo Lawrence e Vandecar. A primeira é o aquecimento global, que acontece em escala global e que é intensificado pelo desmatamento. A outra são os riscos adicionais criados pela devastação das florestas, que geram impactos imediatos na quantidade de chuva e temperatura, tanto em nível local quanto continental.

[...] O corte da vegetação nativa também altera a temperatura e clima local, e potencialmente também o de regiões mais distantes, explica [Gerd] Sparovek, da Esalq [(Escola Superior de Agricultura Luiz de Queiroz)]. "As alterações, nesse caso, são sempre desfavoráveis."

E isso vale não só para a Amazônia: a remoção do Cerrado, onde hoje se encontra a principal expansão da fronteira produtiva, também eleva a temperatura local.

[...] O uso indiscriminado de agrotóxicos também é um problema ambiental que acaba se voltando contra o próprio agronegócio.

Ele afeta principalmente os cultivos que dependem da polinização, já que os animais polinizadores – abelhas, besouros, borboletas, vespas e até aves e morcegos – são fortemente afetados por alguns tipos de inseticidas e até por herbicidas usados contra pragas em lavouras, sofrendo desde morte por envenenamento a desorientação durante o voo.

Das 191 culturas agrícolas de produção de alimentos no país, 114 (60%) dependem de polinizadores, segundo o Relatório Temático sobre Polinização, Polinizadores e Produção de Alimentos no Brasil, da Fapesp (Fundação de Amparo à Pesquisa do Estado de São Paulo). [...]

MORI, Letícia. Por que o futuro do agronegócio depende da preservação do meio ambiente no Brasil? *BBC News Brasil*, 16 de jul. 2019. Disponível em: www.bbc.com/portuguese/brasil-48875534. Acesso em: jun. 2020.

1 Liste os argumentos favoráveis e os desfavoráveis ao agronegócio brasileiro presentes nos textos.

2 Debata com os colegas os pontos positivos e os pontos negativos do agronegócio e proponha caminhos para reduzir ou eliminar os principais problemas desse sistema produtivo agropecuário.

Andre Dib/Pulsar Imagens

Área desmatada, com plantação de soja, e, ao fundo, trecho da Floresta Amazônica ainda preservada, em Itapuã do Oeste (RO). Foto de 2019.

Conexões SOCIOLOGIA

Cativeiro da terra

O sociólogo José de Souza Martins (1938-) publicou o livro *O cativeiro da terra*, um clássico da sociologia brasileira, no qual discute o processo de transição do trabalho escravo para o trabalho livre no país, dedicando boa parte do texto às relações de trabalho mantidas no campo.

> [...] As mudanças ocorridas com a abolição da escravatura não representaram, pois, mera transformação na condição jurídica do trabalhador; elas implicaram a transformação do próprio trabalhador. Sem isso não seria possível passar da coerção predominantemente física do trabalhador para a sua coerção predominantemente ideológica e moral. Enquanto o trabalho escravo se baseava na vontade do senhor, o trabalho livre teria que se basear na vontade do trabalhador, na aceitação da legitimidade da exploração do trabalho pelo capital, pois, se o primeiro assumia previamente a forma de capital e de renda capitalizada, o segundo assumiria a forma de força de trabalho estranha e contraposta ao capital. Por essas razões, a questão abolicionista foi conduzida em termos da substituição do trabalhador escravo pelo trabalhador livre, isto é, no caso das fazendas paulistas, em termos de substituição física do negro pelo imigrante. Mais do que a emancipação do negro cativo para reintegrá-lo como homem livre na economia de exportação, a abolição o descartou e minimizou, reintegrando-o residual e marginalmente na nova economia capitalista que resultou do fim da escravidão. O resultado não foi apenas a transformação do trabalho, mas também a substituição do trabalhador, a troca de um trabalhador por outro. O capital se emancipou, e não o homem. [...]
>
> MARTINS, José de Sousa. *O cativeiro da terra*. 9. ed. São Paulo: Contexto, 2010. p. 34-35.

Marc Ferrez/Acervo do Instituto Moreira Salles

Escravizados trabalhando em uma fazenda de café, na região do Vale do Paraíba, no Rio de Janeiro, em 1882.

1 A que tipos de coerção o trabalhador está sujeito?

2 Quem substituiu o trabalho escravo após a abolição da escravatura?

3 A promulgação da Lei de Terras ocorreu alguns anos antes da abolição da escravatura. Qual foi a consequência disso para o trabalhador recém-liberto?

Terra e movimentos sociais

A luta pela terra ganhou impulso no século XIX, em consonância com as ideias liberais europeias e os ideais socialistas, que influenciaram vários movimentos populares ao redor do mundo. No Brasil, envolveu indígenas, posseiros, grileiros, pequenos proprietários, grandes fazendeiros e até empresas dos mais variados ramos de negócio.

No século XX, dois movimentos de trabalhadores rurais ganharam destaque no país: as Ligas Camponesas, nas décadas de 1950 e 1960, e o Movimento dos Trabalhadores Rurais Sem Terra (MST), fundado oficialmente em 1984, após o fim da ditadura militar.

As Ligas Camponesas surgiram em Pernambuco, espalharam-se em pouco tempo por vários estados da região Nordeste e transformaram-se num movimento contra a exploração do trabalhador e pela reforma agrária. Foram extintas em 1964, e vários de seus líderes e participantes foram presos e mortos pelo aparato repressivo da ditadura.

A estratégia do MST baseia-se em fazer pressão permanente sobre os órgãos do governo responsáveis pela questão da terra, valendo-se de ocupação de latifúndios improdutivos, manifestações públicas e passeatas. Como a conquista da terra é apenas o primeiro passo para a realização da reforma agrária, o principal objetivo do movimento, as ações continuam após os assentamentos, na forma de reivindicações por créditos agrícolas, assistência técnica e criação de infraestrutura para os novos assentamentos. O movimento também fornece apoio às famílias, com criação de escolas, formação de cooperativas de produção, serviços e comercialização.

Chico Ferreira/Pulsar Imagens

Além do acesso à terra, financiamentos, cursos e incentivos são medidas de apoio ao agricultor assentado na produção de alimentos. Na foto ao lado, horta orgânica no Assentamento Terra Viva, do MST, em Arataca (BA), em 2019.

Lucas Carvalho/Geo Imagens

Viveiro de mudas em acampamento do MST, em Campos do Meio (MG). Foto de 2018.

Parte da sociedade, incluindo proprietários de terras e produtores rurais, estes sobretudo organizados na União Democrática Ruralista, discorda das reivindicações do MST e sobretudo de suas estratégias de ação, acusando-os de agir ilegalmente.

Dicas

Terra para Rose

Direção de Tetê Moraes. Brasil, 1988. 84 min.

Por meio da história de Rose, o documentário aborda a questão da terra, os problemas da concentração de propriedades rurais, a importância da reforma agrária e o início da formação do Movimento dos Trabalhadores Rurais Sem Terra (MST).

O Pontal do Paranapanema

Direção de Chico Guariba. Brasil, 2005. 52 min.

O filme conta a história da região situada no oeste do estado de São Paulo, onde os conflitos pela posse da terra já duram mais de um século.

Movimento dos Trabalhadores Rurais Sem Terra

www.mst.org.br

Site oficial do movimento apresenta sua visão política e lutas, com notícias atualizadas sobre os sem-terra.

União Democrática Ruralista

www.udr.org.br

A entidade visa promover a preservação do direito de propriedade e defender os interesses dos ruralistas do país.

Relações de trabalho no meio rural

Além dos conflitos e das convulsões sociais, a dificuldade de acesso à terra é responsável pela peculiaridade das relações de trabalho no meio rural, que, muitas vezes, impõem severas condições ao trabalhador.

Brasil: ocorrências de conflitos pela terra (2017)

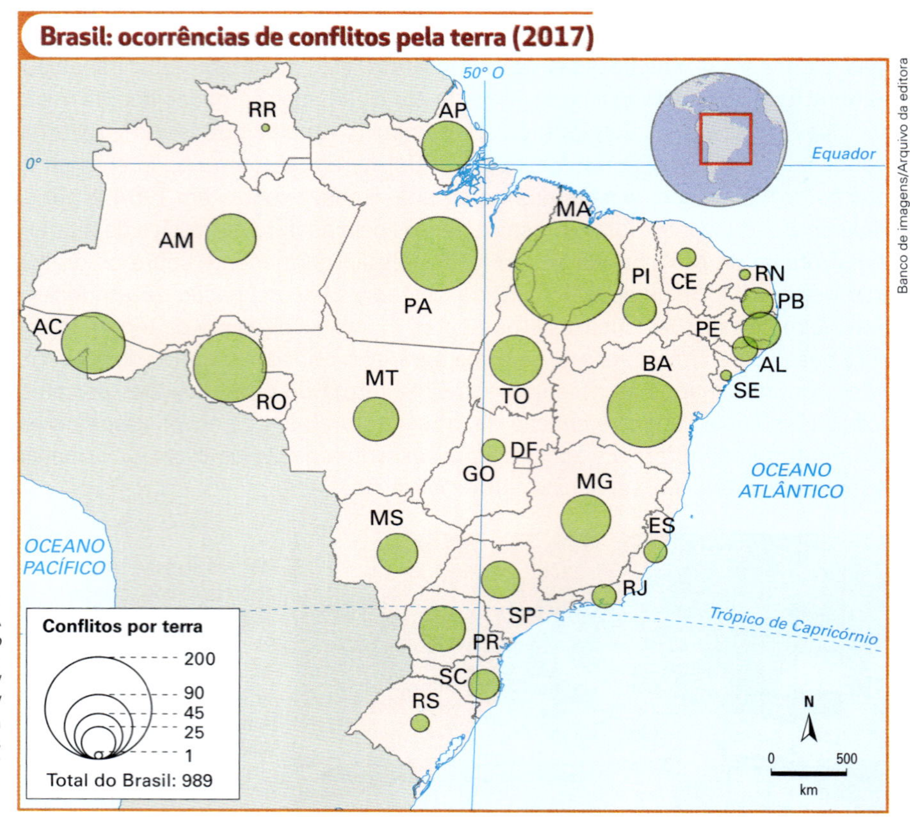

Elaborado com base em: COMISSÃO PASTORAL DA TERRA. *Conflitos no campo Brasil 2016*. Disponível em: www.cptnacional.org.br/component/jdownloads/send/36-conflitos-por-terra ocorrencias/14085-conflitos por-terra-ocorrencias-2017?Itemid=0. Acesso em: jan. 2020.

Uma das modalidades de relação de trabalho no campo é a parceria em que o agricultor divide o resultado de seu trabalho com o proprietário da terra. Outra modalidade é a dos boias-frias, trabalhadores itinerantes que se ocupam de tarefas temporárias em épocas de plantio e colheita, recebendo por dia trabalhado ou tarefa realizada. Atualmente, não são raras as fazendas nas quais se encontram trabalhadores em situação análoga à escravidão.

Melhorar a renda dos trabalhadores e incorporá-los ao mercado de consumo produz reflexos positivos no restante da economia e contribui para reduzir o êxodo rural e a consequente pressão no mercado de trabalho urbano.

No Censo Agropecuário do IBGE divulgado em 2018, mostrou-se grande crescimento da produtividade agrária (a produção de grãos, por exemplo, mais que dobrou em pouco mais de dez anos) a despeito da perda de 1,5 milhão de trabalhadores rurais. Isso se deve à chamada **modernização da agricultura**, muito presente no agronegócio. A prática da agricultura científica globalizada, com ampla utilização de insumos agrícolas e máquinas, tem reduzido a necessidade de mão de obra no campo e alterado o perfil do trabalhador rural, que deve ser capacitado para lidar com as novas tecnologias.

ASCOM/MPT DF-TO

SERVIDÃO POR DÍVIDA
JORNADA EXAUSTIVA
CONDIÇÕES DEGRADANTES
TRABALHO FORÇADO
QUALQUER UMA DELAS CARACTERIZA
TRABALHO ANÁLOGO AO DE ESCRAVO
MPT
Ministério Público do Trabalho no Distrito Federal e Tocantins

Cartaz de campanha, de 2018, do Ministério Público do Trabalho alerta para o trabalho análogo ao de escravo.

Atividades

1 Sobre a Revolução Verde, faça o que se pede.

a) Aponte os pontos positivos e os pontos negativos.

b) Converse com os colegas sobre o que poderia ser feito para minimizar os pontos negativos.

2 Compare os problemas oriundos da Revolução Verde com a introdução dos transgênicos nos dias atuais.

3 Sobre a agropecuária orgânica, faça o que se pede.

a) Caracterize-a e indique suas vantagens e desvantagens em relação às outras formas de cultivo.

b) Você ou seus familiares procuram adquirir produtos derivados desse tipo de agricultura? Por quê?

4 O que é a Política Agrícola Comum (PAC), da União Europeia, e quais são os seus principais objetivos?

5 De que forma as políticas agropecuárias dos países desenvolvidos afetam a economia dos países em desenvolvimento?

6 Considerando o clima, o solo e o mercado, observe o mapa "Estados Unidos: espaço agropecuário (início do século XXI)", da página 291, e responda: dessas condições, qual deve ter sido a mais importante para definir a localização do *Dairy Belt* (cinturão dos derivados do leite)? Justifique sua resposta.

7 O que é agronegócio? Explique a importância dele para o Brasil.

8 Observe a foto e responda às questões.

Munique Bassoli/Pulsar Imagens

Fardos de algodão colhidos em Correntina (BA), localizada na região Matopiba, em 2019.

a) Que característica da produção agrícola está ressaltada na foto?

b) Qual é o nome da região agrícola em que a cidade de Correntina (BA) está inserida e quais são as características naturais dessa região?

9 Analise a tabela e relacione os dados apresentados.

Brasil: estrutura fundiária (2018)

Tamanho dos estabelecimentos (ha)	Total dos estabelecimentos (%)	Área ocupada pelos estabelecimentos (%)
De 0 a menos de 100	86,87	15,49
De 100 a menos de 1.000	11,79	26,81
Mais de 1.000	1,47	57,69

Elaborado com base em: INSTITUTO NACIONAL DE COLONIZAÇÃO E REFORMA AGRÁRIA (INCRA); Diretoria de Ordenamento da Estrutura Fundiária (DF); Coordenação Geral de Cadastro (DFC); Divisão de Organização, Controle e Manutenção do Cadastro Rural (DFC-1); Núcleo de Estudos Estatísticos Cadastrais (NEEC). *Estrutura fundiária do Brasil* – julho de 2018. Disponível em: www.incra.gov.br/sites/default/files/uploads/estrutura-fundiaria/regularizacao-fundiaria/estatisticas-cadastrais/estrutura_fundiaria_-_brasil-07-2018.pdf. Acesso em: jan. 2020.

Urbanização no mundo

A cidade é uma forma de transformação do espaço geográfico realizada pelos seres humanos. É o principal centro econômico, de criação artística e difusão cultural, tecnológico e irradiador de modernidade. A maior densidade de objetos técnicos e pessoas na cidade a faz ocupar um papel central nas relações espaciais, promovendo um modo de vida urbano e difundindo-o para o campo.

Este capítulo favorece o desenvolvimento das habilidades:

- EM13CHS101
- EM13CHS103
- EM13CHS206
- EM13CHS304
- EM13CHS401
- EM13CHS402
- EM13CHS404
- EM13CHS606

123RF/Easypix Brasil

Cairo, a capital do Egito, avança sobre o Saara e as pirâmides de Gizé e a Esfinge, os monumentos históricos nele localizados. Foto de 2018.

Contexto

1. O que define as cidades? E o que diferencia umas das outras?
2. O que tem levado as pessoas a concentrar-se cada vez mais nas cidades?
3. Quais são as vantagens e as desvantagens do avanço da urbanização?

O que é a cidade?

Há diferentes conceitos de **cidade**. Em alguns países, a cidade é definida segundo o critério demográfico. Por exemplo, o número de habitantes necessário para a constituição de uma cidade pode variar de uma centena até mais de 20 mil pessoas.

No Brasil, usa-se o critério político-administrativo. Dessa forma, toda sede de município é considerada cidade, independentemente do número de habitantes e da diversidade e complexidade dos serviços de infraestrutura urbana de que dispõe. Essa particularidade coloca o país entre os mais urbanizados do mundo mesmo que, em boa parte das cidades brasileiras, seus respectivos municípios dependam fundamentalmente da agropecuária para geração de renda e para a composição do PIB e não dos setores secundário e terciário da economia, que caracterizam o modo de vida urbano.

Espaço de vivência e exercício da cidadania

A **paisagem urbana**, além da concentração de edificações com variadas funções, diferencia-se da paisagem rural também pela diversidade de fluxos que por ela circulam. A aglomeração de pessoas amplia a diversidade de encontros e trocas, passando desde aquilo que é concreto, como bens materiais, até valores, crenças e comportamentos. É nessa perspectiva que o modo de vida urbano é associado ao dinamismo e ao estímulo para o desenvolvimento de novas ideias.

As formas de vivência das populações urbana e rural dependem de uma série de fatores, como as condições socioeconômicas, as localidades onde as pessoas habitam e trabalham, as relações sociais que mantêm, entre outros. O espaço onde moramos, onde nos relacionamos com outras pessoas, trocamos experiências, estudamos, trabalhamos e nos divertimos, ou seja, onde desenvolvemos a nossa vida cotidiana e estabelecemos relações afetivas, acaba tendo um significado particular e individual. Esse espaço, vivido concretamente, é denominado **lugar**.

Todo cidadão tem o direito de usufruir de espaços públicos: praças, parques, ruas, avenidas, calçadões. Além disso, tem o dever de lutar pela ampliação, conservação e uso democrático desses espaços.

Em um sentido abrangente, o pleno exercício da cidadania diz respeito ao conjunto de direitos e deveres políticos, sociais e econômicos de cada população. Assim, votar, eleger-se, expressar ideias livremente, adquirir conhecimento, trabalhar, fixar residência, dispor de assistência médica, locomover-se e ter acesso aos espaços públicos fazem parte desse conjunto.

Johnny Morais/Futura Press

Os espaços públicos são um importante elemento de percepção do lugar. Quando estão malcuidados, não são bem iluminados nem possuem atividade noturna, são percebidos como perigosos – e provavelmente serão de fato; ninguém os procurará para passar seu tempo livre e interagir socialmente. Já lugares bem cuidados e com atividades voltadas à população têm o poder de aproximar as pessoas, que passam a frequentá-los. Na foto, *show* da cantora Iza na Virada Cultural em Cidade Tiradentes, bairro do extremo leste da capital paulista, em 2019.

As cidades e a Revolução Industrial

! Dica

Marcovaldo ou as estações na cidade

De Ítalo Calvino. Companhia das Letras, 1994.

O livro é um apanhado de contos cujo pano de fundo é a cidade, que pode ser analisada de diferentes pontos de vista.

A cidade é um fenômeno antigo e passou por um longo período de transformações, mas seu crescimento acelerado e o processo de urbanização são relativamente recentes na história da humanidade, começando no século XVIII, com a Revolução Industrial. Desde então, a cidade concentrou o comando da economia e da sociedade do mundo europeu e se tornou a base do desenvolvimento capitalista.

As novas oportunidades de trabalho do espaço urbano atraíram a população do campo, que havia perdido terras e empregos. A população urbana passou a crescer mais do que a rural, e as cidades expandiram-se em termos populacionais e em grau de importância, como centros econômicos, culturais e de gestão político-administrativa. Nelas, as articulações políticas e a organização da produção, do comércio e do consumo passaram a ocorrer com maior facilidade. Nesse contexto, a Revolução Industrial associou-se ao processo de urbanização, acelerando a transformação do meio natural em meio técnico.

Perspectiva de Littlecote, autor desconhecido, c. 1720 (óleo sobre painel, 114 cm × 227 cm). Com a instalação do modo capitalista de produção no campo, as terras, que até então eram um bem comum, passaram a ser propriedades privadas e de acesso controlado. Na Inglaterra, os chamados cercamentos forçaram uma grande migração da população rural para a cidade.

Urbanização

A urbanização é um processo caracterizado pelo aumento da população urbana em um ritmo mais acelerado que o da população rural. Essa situação decorre, sobretudo, da migração campo-cidade. A urbanização não se limita a essa referência quantitativa, mas implica outros fatores, como concentração populacional, transformações econômicas, instalação de infraestrutura e equipamentos urbanos, reestruturação das redes de comunicação e de transporte (que convergem para as cidades e alteram as articulações no espaço geográfico), criação de novos polos administrativos e de poder (que passam a ser centralizados no espaço urbano), transformações no modo de vida (que envolvem hábitos de consumo, formas de lazer e diversão) e difusão cultural.

O espaço urbano, porém, é desigual, marcado pela marginalização dos habitantes mais pobres, causada pela distância entre a moradia e o trabalho e pela dificuldade de acesso a serviços públicos básicos, como saúde, educação, lazer e cultura. Esses e outros problemas cerceiam o exercício da cidadania devido à própria configuração espacial urbana, limitando o atendimento das necessidades de parte da população.

O crescimento urbano é acompanhado por muitos problemas e desafios: a demanda por transporte público; os congestionamentos; a destinação do lixo; a poluição do ar e dos cursos de água; as enchentes; a especulação imobiliária; a violência; entre outros.

Além disso, as cidades se diferenciam por seus sítios geográficos (relevo, presença de rios, proximidade do mar), por suas morfologias urbanas (os traçados das ruas e avenidas), por suas funções (centros financeiros, políticos, religiosos, turísticos, portuários), etc.

Explore

- Atualmente, a quantidade de pessoas que vivem em cidades no mundo ultrapassa os 4 bilhões. Observe o gráfico e responda às questões.

População mundial, urbana e rural (1990-2030*)

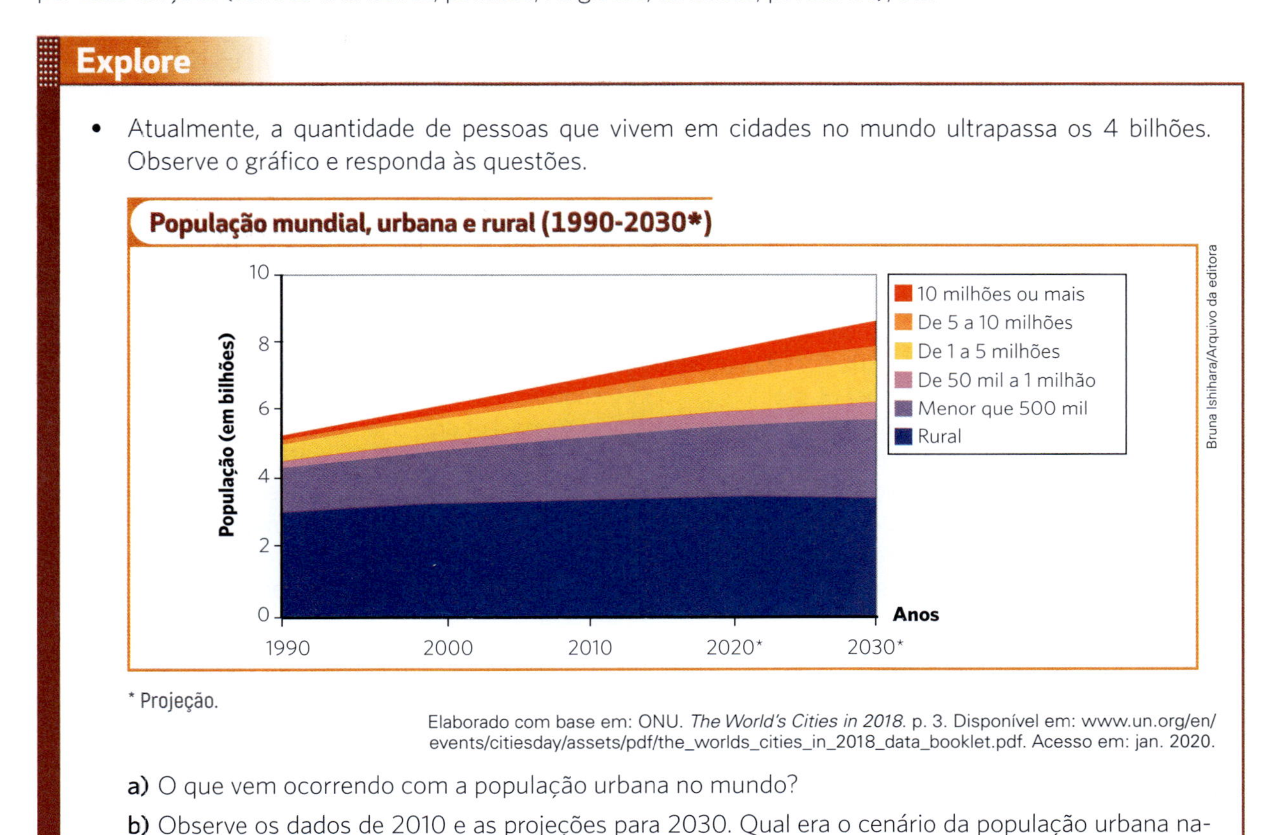

* Projeção.

Elaborado com base em: ONU. *The World's Cities in 2018*. p. 3. Disponível em: www.un.org/en/events/citiesday/assets/pdf/the_worlds_cities_in_2018_data_booklet.pdf. Acesso em: jan. 2020.

a) O que vem ocorrendo com a população urbana no mundo?

b) Observe os dados de 2010 e as projeções para 2030. Qual era o cenário da população urbana naquele ano e quais são as projeções para o futuro?

Problemas urbanos

Na segunda metade do século XIX, quando a industrialização e a urbanização se tornaram um fenômeno mundial, os problemas urbanos ficaram evidentes nos países industrializados. Pairava sobre estes uma contradição: o crescimento econômico conquistado pela industrialização não havia melhorado a vida de grande parte da população urbana. Assim, ao mesmo tempo que a Revolução Industrial se desenvolvia em diversos países da Europa, revoltas populares desencadeavam-se por todo o continente, diante das precárias condições de vida das camadas mais pobres da população urbana.

O **proletariado urbano**, cada vez mais numeroso, amontoava-se em habitações deterioradas às margens de ruas estreitas, sem saneamento básico nem coleta de lixo. Os movimentos socialistas acreditavam que a insatisfação latente das camadas populares levaria à Revolução Socialista, o único caminho capaz de reverter a situação desumana criada pelo capitalismo industrial.

Charles Marville/Roger-Viollet/Glow Images/Museu Carnavalet, Paris, França.

Conjunto de habitações precárias em Paris (França), por volta de 1878.

Planejamento urbano

O desenvolvimento econômico, baseado nas forças do mercado, por si só não modificaria as condições de vida da maior parte da população das cidades industriais europeias no século XIX. Por isso, o Estado procurou, por meio do **planejamento urbano**, soluções para remediar os problemas sociais, controlando, assim, as revoltas populares.

A remodelação de cidades como Viena, Londres, Florença e Paris, promovida pelo Estado, atendeu a problemas comuns ao melhorar o atendimento sanitário, preservar e criar espaços públicos, alargar ruas e avenidas e reempregar operários da construção civil. Ao mesmo tempo, minimizou as tensões sociais que poderiam provocar uma revolução socialista. No entanto, nem todas as intervenções urbanas ocorridas na Europa ao longo do século XIX, que marcaram a origem do **urbanismo**, partiram de objetivos e concepções idênticos.

Urbanismo: planejamento e remodelação do espaço urbano por meio de um conjunto de medidas técnicas, administrativas, econômicas e sociais que visam ao desenvolvimento racional e humano das cidades.

Paris é um dos exemplos de intervenção urbana: por meio de um projeto de remodelação, passou por uma transformação sem precedentes à época. Implementado pelo prefeito George Eugène Haussmann (1809-1891), o plano buscava resolver as dificuldades de uma cidade superpovoada, insalubre, repleta de problemas sociais e com criminalidade crescente. A abertura de largas avenidas com calçadas generosas (bulevares) criou uma nova estética para a cidade, ao mesmo tempo que funcionava de modo estratégico na contenção das convulsões sociais: facilitava o rápido deslocamento das tropas de cavalaria e artilharia e dificultava a formação de barricadas pelo movimento operário em confronto com a polícia.

Julien Gerard/Agência France-Presse

O sistema de ruas radial, partindo da praça Charles de Gaulle, onde está o Arco do Triunfo, resultou do projeto de remodelação urbana de Paris, iniciado na metade do século XIX. Foto de 2018.

Questão urbana atual

Atualmente, o ambiente urbano se diferencia daqueles existentes no século XIX e nas primeiras décadas do século XX, entre outros fatores, pelas funções ligadas principalmente ao setor terciário da economia. Com a globalização e o aumento da oferta e da demanda de serviços, as cidades, particularmente as grandes, reforçaram seu papel de comando na economia nacional e mundial.

Outra questão é a intensidade da urbanização nas últimas décadas. Atualmente, a população urbana ultrapassa a rural (em 2018, 55% da população mundial vivia em cidades) e aumentos futuros da população urbana mundial deverão ocorrer sobretudo nos países em desenvolvimento. Entre 2014 e 2050, estima-se que as áreas urbanas vão receber 404 milhões de novos moradores na Índia, 292 milhões na China e 212 milhões na Nigéria. República Democrática do Congo, Etiópia, Tanzânia, Bangladesh, Indonésia, Paquistão e Estados Unidos devem contribuir com mais de 50 milhões cada um para o incremento da população urbana, e juntos constituirão mais de 20% do aumento da população urbana mundial.

Em alguns países, a população vai diminuir, apesar dos aumentos previstos na urbanização. Os maiores declínios projetados entre 2014 e 2050 são para Japão (diminuição de cerca de 12 milhões de moradores urbanos) e Rússia (cerca de 7 milhões).

Dica

O ambiente urbano

De Francisco C. Scarlato e Joel A. Pontin.
São Paulo: Atual, 1999.

A obra analisa as consequências do processo de ocupação intensa das áreas urbanas, da concentração de indústrias e de veículos nas cidades e do grave problema da destinação do lixo.

Mundo: aumento da população urbana por país (2018-2050*)

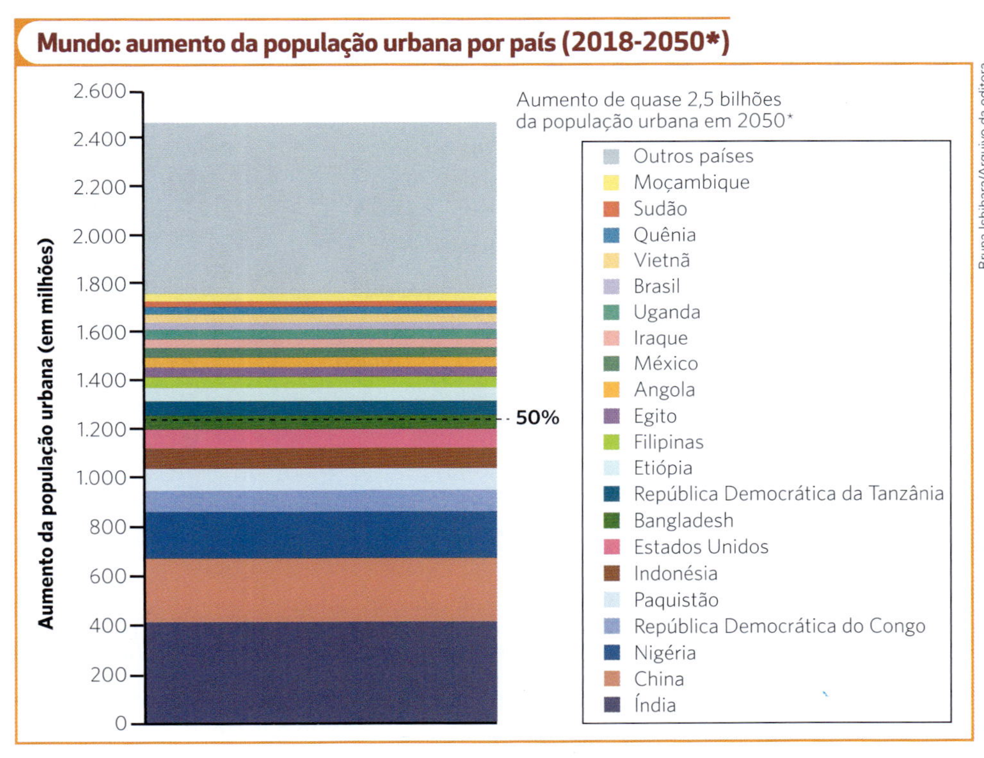

* Projeção.

Elaborado com base em: ONU. *World Urbanization Prospects*: Highlights. p. 13. Disponível em: https://population.un.org/wup/Publications/Files/WUP2018-Highlights.pdf. Acesso em: jan. 2020.

Saiba mais

A influência urbana no campo

Ao longo do processo de urbanização, a influência da cidade estendeu-se ao campo. A energia elétrica e as telecomunicações (como TV, rádio, telefone e, em alguns casos, até internet) integram, atualmente, os habitantes do campo e da cidade em uma mesma rede de informação. Assim, aspectos que eram típicos do modo de vida urbano, como alguns hábitos, costumes e atividades econômicas, ultrapassaram os limites territoriais das cidades e transformaram as áreas rurais e o modo de vida da população.

Megacidades

Algumas cidades atingiram dimensões gigantescas, abrigando uma população superior à de alguns países e criando um novo fenômeno urbano: as megacidades. Segundo a ONU, trata-se de aglomerações com mais de 10 milhões de habitantes, a maior parte situada nos países emergentes e em desenvolvimento.

Em 1990, havia no mundo dez megacidades, que, juntas, abrigavam 153 milhões de pessoas (menos de 7% da população urbana mundial). Em 2018, o número de megacidades passou para 33, compreendendo 529 milhões de pessoas, 13% da população urbana mundial. Segundo estudos da ONU, em 2030 serão 43 megacidades, totalizando 752 milhões de habitantes e cerca de 8,8% da população mundial.

A maior aglomeração urbana do mundo é a Região Metropolitana de Tóquio (Japão), com 37 milhões de habitantes, seguida das regiões metropolitanas de Délhi (Índia), com 29 milhões, Xangai (China), com 26 milhões, e Cidade do México (México) e São Paulo (Brasil), cada uma com cerca de 22 milhões de habitantes, segundo dados de 2018. Estima-se que no início da década de 2020 a população de Tóquio comece a declinar, mas a cidade permanecerá como a maior aglomeração do mundo até 2030, seguida de perto por Délhi, cuja população deve subir rapidamente para 36 milhões, segundo projeções.

Mundo: megacidades (2018 e 2030*)

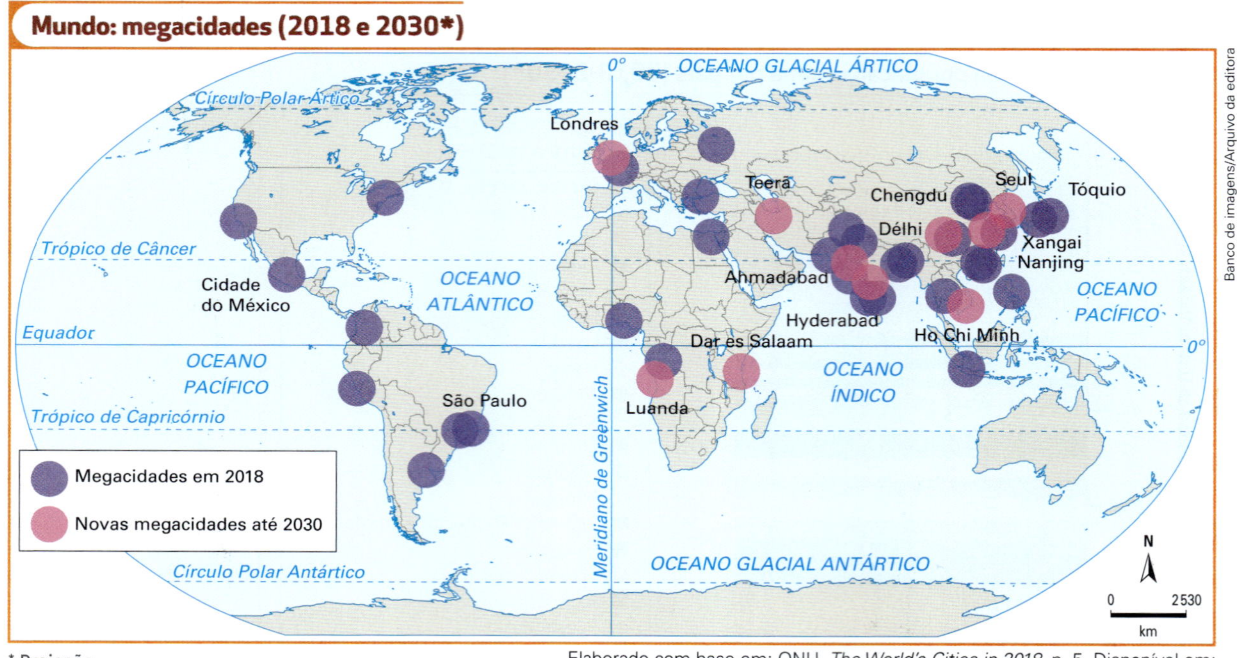

* Projeção.

Elaborado com base em: ONU. *The World's Cities in 2018*. p. 5. Disponível em: www.un.org/en/events/citiesday/assets/pdf/the_worlds_cities_in_2018_data_booklet.pdf. Acesso em: jan. 2020.

A intensidade dos fluxos migratórios para as cidades nos países em desenvolvimento promoveu nelas o crescimento acelerado, sem um planejamento que atendesse às necessidades sociais e econômicas de parte considerável de sua população. Dessa forma, o crescimento de bairros residenciais sem saneamento, com habitações precárias (muitas vezes em áreas de risco), violência, trânsito, poluição, ineficiência dos meios de transporte público e falta de serviços sociais, como saúde, educação e habitação, caracteriza as grandes cidades desses países.

Apesar da ocorrência desses problemas também nas grandes cidades de países desenvolvidos, as respostas a eles as distinguem daquelas dos países em desenvolvimento. As condições socioeconômicas e a evolução histórica dos centros urbanos em países desenvolvidos possibilitaram soluções paulatinas e adequações a seu processo de crescimento. Exemplos disso são a infraestrutura do transporte coletivo, principalmente o metroviário, e a maior quantidade de recursos financeiros para a realização de grandes projetos de melhoria da vida urbana.

! Dica

Habitação e cidade

De Erminia Maricato. São Paulo: Atual, 2004.

Trata da questão da moradia nas grandes cidades brasileiras e da origem dessa questão, revelando a articulação entre ela e outras questões sociais.

Alexandra Lande/Shutterstock

Construções em más condições em Délhi (Índia), 2019.

As grandes cidades evidenciam de forma mais explícita a desigualdade social, em especial nos países em desenvolvimento e emergentes. Nelas, encontram-se bairros luxuosos, servidos com ampla infraestrutura e aparelhamento de lazer, cultural e esportivo, como faculdades, escolas, hospitais, bibliotecas, parques, teatros, centros culturais, cinemas, entre outros. Mas elas também abrigam bairros onde a carência de serviços públicos é enorme, afetando a população, em especial as crianças e os jovens. As taxas de mortalidade infantil, evasão escolar e homicídio juvenil são muito mais expressivas nos bairros carentes do que naqueles com boa infraestrutura. Trata-se da **segregação socioespacial**.

Dicas

Urbanização no mundo

www.economist.com/node/21642053

Infográfico animado em base cartográfica que mostra a evolução da urbanização no mundo de 1950 aos dias de hoje e projeções até 2030.

Um pouco mais, um pouco menos

Direção de Marcelo Masagão. Brasil, 2002. 18 min.

Vistas aéreas de uma das maiores metrópoles da América Latina: a cidade de São Paulo. Intercaladas às imagens aéreas, há cenas do cotidiano da população urbana aliadas a dados estatísticos impressionantes.

Explore

- Leia o texto a seguir e, então, responda às questões propostas.

Desigualdade socioespacial

[...] A desigualdade socioespacial demonstra a existência de classes sociais e as diferentes formas de apropriação da riqueza produzida. Expressa a impossibilidade da maioria dos trabalhadores em apropriar-se de condições adequadas de sobrevivência. [...]

É um desafio ir além das aparências para compreender e analisar a complexidade da desigualdade. Nas áreas ricas ou nobres, bairros jardins, onde trabalha, reside e transita uma determinada camada de classe, as unidades habitacionais têm ampla fachada, garagens, grades e muros, ruas, avenidas, praças com iluminação pública, ajardinamento e arborização onde se encontram vigias em cubículos e empregados que só aparecem no vai e vem do morar ao trabalhar. Os edifícios utilizados para escolas, hospitais, bancos, *shopping centers*, restaurantes, são amplos e "modernos". Nas últimas décadas, além dos bairros jardins, proliferam loteamentos murados com áreas "próprias" de lazer e equipamentos de consumo coletivo interno aos muros, caracterizando uma face da especulação imobiliária, da ausência e presença do Estado capitalista e da segregação socioespacial. [...]

RODRIGUES, Arlete Moysés. Desigualdades Socioespaciais – A luta pelo direito à cidade. In: *Revista Cidades*, v. 4, n. 6, 2007. p. 75-76. Disponível em: http://revista.fct.unesp.br/index.php/revistacidades/article/view/571/602. Acesso em: jan. 2020.

a) Segundo a autora, que elementos da paisagem urbana explicitam a desigualdade social?

b) Com base em elementos do texto e características do espaço urbano de seu município, exemplifique situações de ausência e presença do Estado e sua relação com a desigualdade socioespacial.

Perspectivas

O mercado de trabalho no campo e na cidade

Thomaz Vita Neto/Pulsar Imagem

Colheita da cana-de-açúcar em Frutal (MG), em 2018, atividade hoje predominantemente mecanizada no Brasil. A agricultura moderna exige dos trabalhadores habilidades que na maioria das vezes requer cursos de qualificação.

chinahbzyg/Shutterstock

Trabalhadores na construção civil em Tangshan, China, 2019. As grandes cidades de países como a China, em rápido processo de urbanização, absorvem mão de obra do meio rural e de cidades menores.

Alex Tauber/Pulsar Imagem

Profissional em sala de controle de siderúrgica em Marabá (PA), 2019.

O trabalho no espaço rural, com mais atividades do setor primário, e o trabalho nos centros urbanos, concentrado nos setores secundário e terciário, se complementam de diferentes maneiras, mas se transformam ao longo do tempo.

Apesar de as atividades agropecuárias empregarem centenas de milhões de trabalhadores em todo o mundo, a população rural não é mais predominante nos países industrializados que modernizaram as atividades rurais. Em 2011, segundo dados da ONU, pela primeira vez na história, a maioria da população mundial passou a viver em cidades, resultado do êxodo rural em diversos Estados-nações, entre a segunda metade do século XX e o início do século XXI.

Em países que já passaram por esse processo, como o Brasil a partir de meados do século XX, atividades rurais como o plantio e a colheita são agora realizadas em grande parte por máquinas, levando à diminuição na oferta de trabalho no campo de parcela da população rural, que vai buscar trabalho nas cidades, em setores como a indústria, a construção civil, comércio e serviços.

Atualmente, contudo, fatores como a desconcentração industrial, a automação produtiva, o maior grau de especialização exigido dos trabalhadores nas fábricas, a queda na demanda por empregos na construção civil e a saturação de empregos no setor formal levam as metrópoles a índices de desemprego cada vez mais elevados e ao crescimento do setor informal. Essa nova realidade, no caso brasileiro, tem levado muitas pessoas a abandonar os grandes centros urbanos em direção às cidades médias e pequenas, ou mesmo ao campo. Em geral, as pessoas que deixam as metrópoles buscam aproveitar as oportunidades de trabalho existentes nas cidades de menor porte, que recebem um crescente volume de investimentos, assim como o bom desempenho do setor primário, realizando atividades que complementam ou dependem da renda gerada pelo agronegócio.

Embora o espaço rural brasileiro mantenha desigualdades, parte de seus habitantes vem usufruindo de melhores condições de vida, sobretudo devido à renda proporcionada pela aposentadoria e a melhores serviços de transporte e comunicação. Isso possibilita o crescimento de atividades econômicas rurais familiares, tanto tradicionais quanto não tipicamente agropecuárias, como o turismo.

Os cenários são variados, mas uma coisa é certa: a tendência para o futuro, tanto no Brasil quanto em outros países, é que a inovação, o empreendedorismo e a qualificação profissional tecnológica sejam cada vez mais determinantes para o mercado de trabalho, no campo e na cidade. Desenvolver habilidades que se relacionam com áreas relevantes, como meio ambiente, desenvolvimento sustentável e tecnologia da informação, passa a ser uma vantagem significativa.

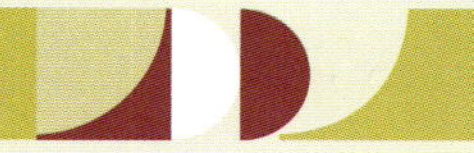

ETAPA 1 Leitura

Acesse os textos disponíveis no Plurall para mais informações sobre o atual mercado de trabalho no campo e na cidade:

Pesquisa revela retrato inédito do mercado de trabalho do interior do país

AGÊNCIA IBGE. jul. 2019. Disponível em: https://agenciadenoticias.ibge.gov.br/agencia-noticias/2012-agencia-de-noticias/noticias/25066-pesquisa-revela-retrato-inedito-do-mercado-de-trabalho-do-interior-do-pais. Acesso em: out. 2019.

Saiba quais são os desafios do jovem no campo

UOL. fev. 2018. Disponível em: https://canalrural.uol.com.br/noticias/saiba-quais-sao-desafios-jovem-campo-72114/. Acesso em: out. 2019.

ETAPA 2 Preparação

Forme grupo com três ou quatro colegas. Com base em fontes oficiais e confiáveis, pesquise com eles notícias e reportagens atuais relacionadas ao trabalho no campo e na cidade. Essa pesquisa poderá abranger diferentes temas que se inserem no assunto, como:

- tecnologia;
- economia;
- relações de trabalho;
- exploração do trabalho;
- trabalho infantil;
- trabalho informal;
- desemprego;
- trabalho e meio ambiente;
- turismo no campo.

Com base no que foi obtido na pesquisa, cada grupo deverá fazer uma síntese do que vem sendo abordado sobre o assunto escolhido, justificando a relevância do tema.

ETAPA 3 Debate

A partir da pesquisa e do que aprendeu com os estudos, você e seus colegas vão discutir o assunto. Converse com eles para elaborar respostas para as seguintes questões:

- Existem diferenças entre os países e as regiões mundiais em termos de trabalho no campo e na cidade? Quais?
- Considerando o tema escolhido por seu grupo, que tendências podem ser verificadas, atualmente, nos mercados de trabalho do campo e da cidade?
- Que exigências para a entrada no mercado de trabalho você considera comuns, hoje, na cidade e no campo?
- A relação entre as metrópoles e as cidades menores e o campo se alterou no século XXI? De que forma isso se reflete nos fluxos entre esses espaços?

ETAPA 4 Pense nisso

- Você percebeu como as formas e relações de trabalho no campo e na cidade se transformam com a economia e as atividades produtivas? E que essas transformações acarretam profundas mudanças sociais nesses países?
- Reflita sobre as principais características do mercado de trabalho no campo e nas cidades (grandes, médias e pequenas) e sobre as exigências para quem pretende ingressar nesses mercados e relacione-as ao que você pensa sobre seu futuro profissional e as oportunidades existentes.
- Escreva uma redação argumentativa sobre as vantagens e desvantagens dos mercados de trabalho no campo, em uma cidade grande, média ou pequena.

Rede e hierarquia urbanas

As cidades estão ligadas entre si por uma estrutura de transportes e meios de comunicação. Elas formam uma rede articulada, integrada, em que se estabelecem fluxos de mercadorias, pessoas, capital e informações, havendo dessa forma uma polarização entre as aglomerações urbanas que se relacionam continuamente.

A **rede urbana** é constituída por cidades de pequeno, médio e grande porte. As relações entre elas são hierárquicas, pois as metrópoles e as cidades globais, que irradiam e recebem grande parte desses fluxos, exercem papel central. Pode-se dizer, portanto, que rede urbana é a materialização da divisão territorial do trabalho, pois os bens e serviços consumidos pelas pessoas são produzidos e estão dispersos em diferentes localidades.

A **hierarquia urbana** refere-se aos papéis ocupados pelas cidades na organização socioeconômica e espacial, considerando, por exemplo, a capacidade de concentração dos fluxos e a extensão da área de influência de cada cidade em uma rede urbana. Assim, além das metrópoles, que podem ser nacionais e regionais, os centros regionais, há os centros sub-regionais, as cidades locais e as vilas.

Com o processo de modernização do território brasileiro, o geógrafo Milton Santos apontava que, a partir do final do século XX, as relações entre as cidades com diferentes papéis ocupados em uma rede urbana não se dava por uma hierarquia rígida, ou seja, da vila para a cidade local, desta para o centro regional, deste para a metrópole regional e desta para a metrópole nacional. Há relações diretas, por exemplo, da cidade local para a metrópole nacional ou do centro regional para ela. Isso não é exclusividade do território brasileiro. Com a globalização, os territórios de todos os países passaram por transformações que os levaram a se organizar, mais ou menos, dessa forma.

Relações entre as cidades em uma rede urbana

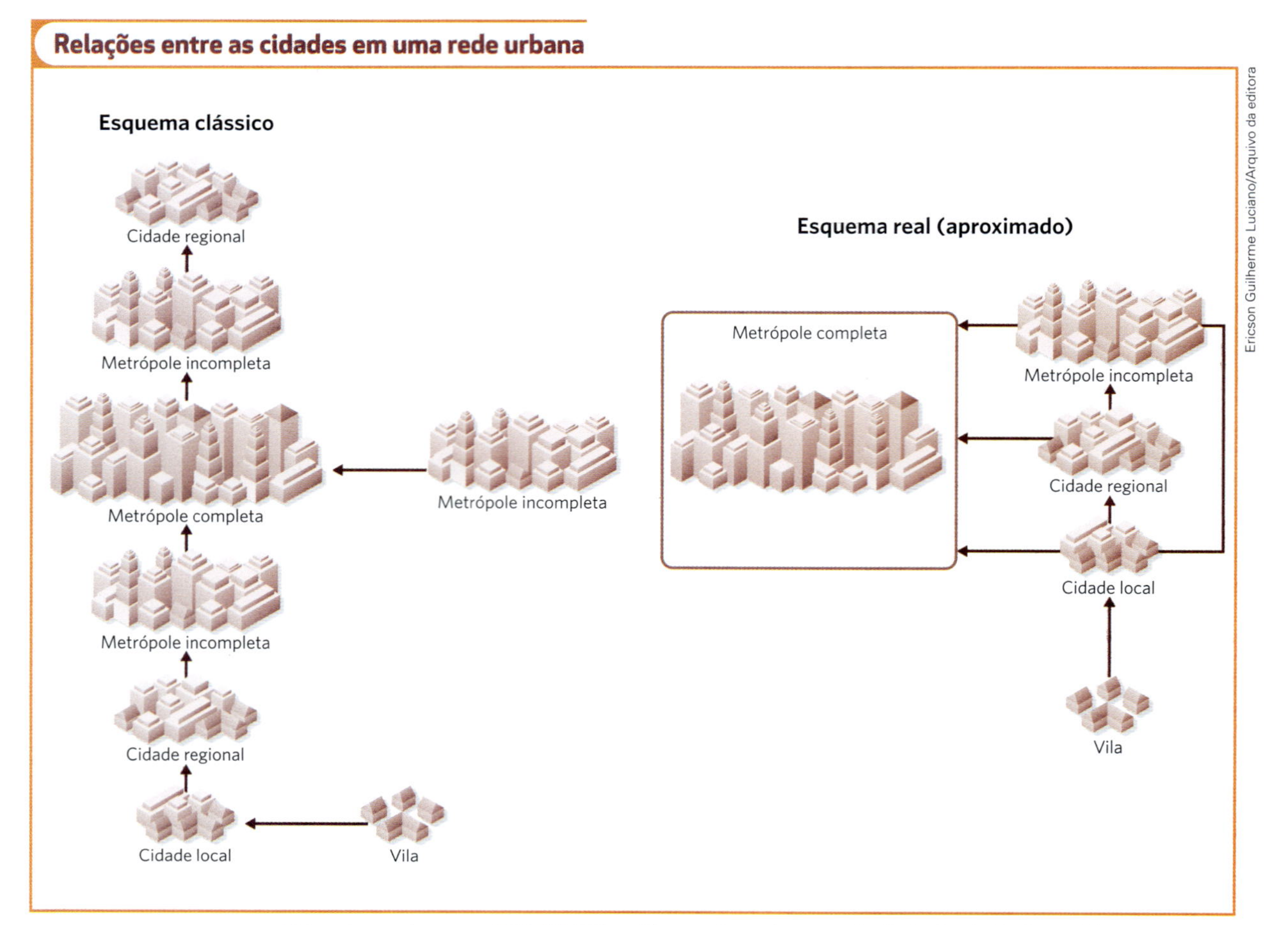

Elaborado com base em: SANTOS, Milton. *Metamorfoses do espaço habitado*. 6. ed. São Paulo: Edusp, 2008. p. 19.

Metrópoles e cidades globais

As **metrópoles** são cidades populosas, adaptadas à economia globalizada e que concentram funções estratégicas e de comando dos diversos fluxos territoriais. Geralmente sua centralidade e dinâmica estimulam tanto o próprio crescimento horizontal quanto o de cidades vizinhas, tornando-as núcleos de áreas conurbadas. Constituem o mais importante centro de consumo, poder político, inovação e difusão cultural, concentrando atividades do setor terciário superior ou "quaternário" (serviços especializados e estabelecimentos comerciais diversificados) e preservando tradições, arquitetura e patrimônio histórico, caso das cidades europeias. Costumam ter as melhores instalações urbanas, as principais universidades e bancos do país, e sediam as maiores empresas nacionais e transnacionais.

As metrópoles constituem grandes centros de atração de investimentos e estão articuladas com as **cidades globais**, podendo, em alguns casos, ser classificadas como tais. No entanto, no caso de países com muitas metrópoles, a importância e a capacidade de polarização de parte delas geralmente se restringem ao território nacional. Nos países mais integrados à economia globalizada, as conexões com a economia mundial são feitas principalmente a partir das cidades globais, pois estas promovem a regulação das operações financeiras de mercados e empresas e são consideradas centros de poder político nacional e internacional. Várias metrópoles tornaram-se cidades globais a partir da década de 1990, inclusive nos países classificados como emergentes.

A participação do país na economia global depende muito da ampliação das funções das grandes cidades, que para isso devem ter dinamismo econômico (sobretudo no setor de serviços) e infraestrutura diversificada e moderna, com eficientes equipamentos de telecomunicações (telemática), portos e aeroportos, redes de hotéis, importantes centros de compras, etc.

! Dica

Centro de Estudos da Metrópole (CEM)

www.fflch.usp.br/centrodametropole/

O *site* do CEM traz um banco de dados sobre questões das cidades, como demografia, desigualdade, educação, saúde, etc., e pesquisas recentes sobre as metrópoles brasileiras e os mapas temáticos.

Mundo: 42 cidades globais (2016)

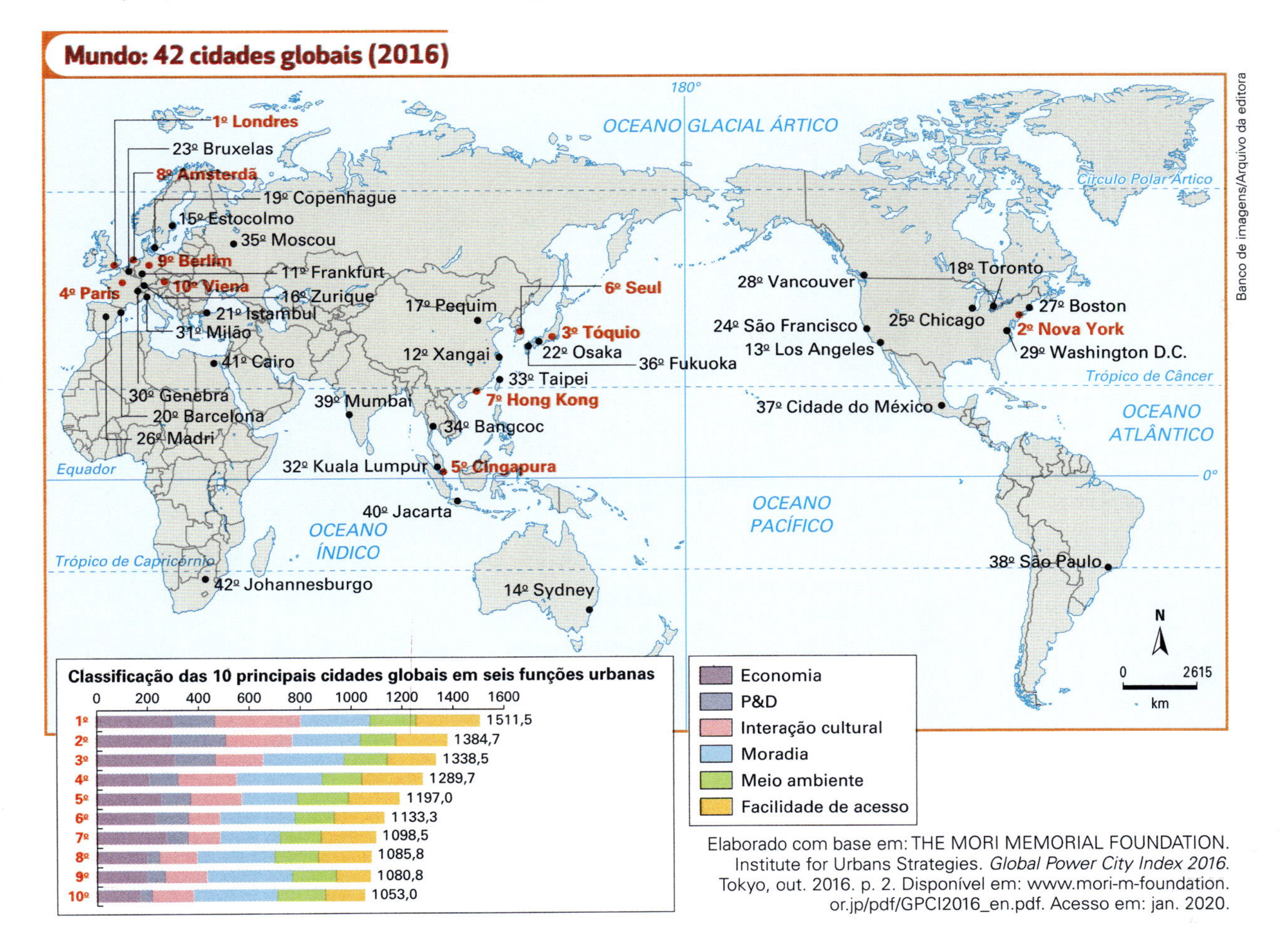

Elaborado com base em: THE MORI MEMORIAL FOUNDATION. Institute for Urbans Strategies. *Global Power City Index 2016*. Tokyo, out. 2016. p. 2. Disponível em: www.mori-m-foundation.or.jp/pdf/GPCI2016_en.pdf. Acesso em: jan. 2020.

Densidade demográfica: média de habitantes por quilômetro quadrado.

Conurbação: junção espontânea de espaços urbanos de municípios vizinhos.

Urbanização nos países desenvolvidos

No conjunto dos países desenvolvidos, a população urbana ultrapassa os 75% e, na maioria deles, se estabilizou nas últimas duas décadas. O crescimento acelerado da população urbana nesses países, ao longo dos séculos XIX e XX, levou à ampliação dos problemas urbanos, principalmente nas áreas centrais e em suas proximidades, que geralmente têm maior **densidade demográfica**.

A partir do final do século XIX, esses problemas levaram à **suburbanização**: para escapar deles, a população de maior poder aquisitivo se distanciou das concentrações populacionais e industriais, o que foi possível em razão do incremento dos meios de transporte e de comunicação.

Em alguns países, a suburbanização e a expansão das grandes cidades levaram à ampliação da mancha urbana: metrópoles e cidades vizinhas cresceram em população e em importância econômica. Esse processo formou as **megalópoles**, imensos aglomerados urbanos entre duas ou mais metrópoles, praticamente contínuos, resultado de várias **conurbações**.

População urbana e rural de países de regiões mais desenvolvidas (1950-2050*)

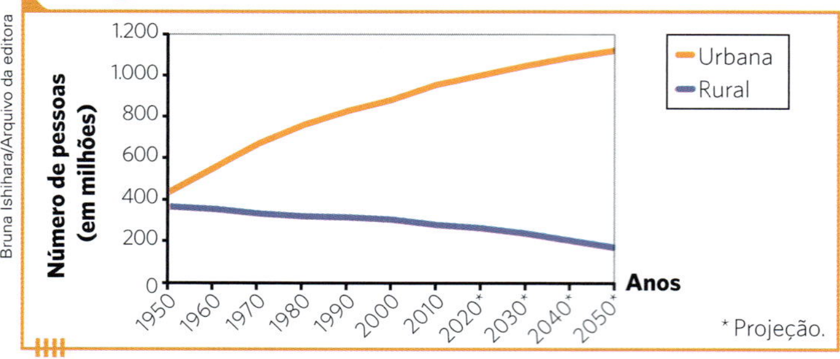

As regiões mais desenvolvidas compreendem a Europa, a América do Norte, a Austrália, a Nova Zelândia e o Japão.

Elaborado com base em: ONU. *World Population Prospects 2018* (Urban Population at Mid-Year by region, subregion and country, 1950-2050 (thousands); Rural Population at Mid-Year by region, subegion and country, 1950-2050 (thousands). Disponível em: https://population.un.org/wup/Download/. Acesso em: jan. 2020.

Estados Unidos: aglomeração populacional, densidade demográfica e megalópoles

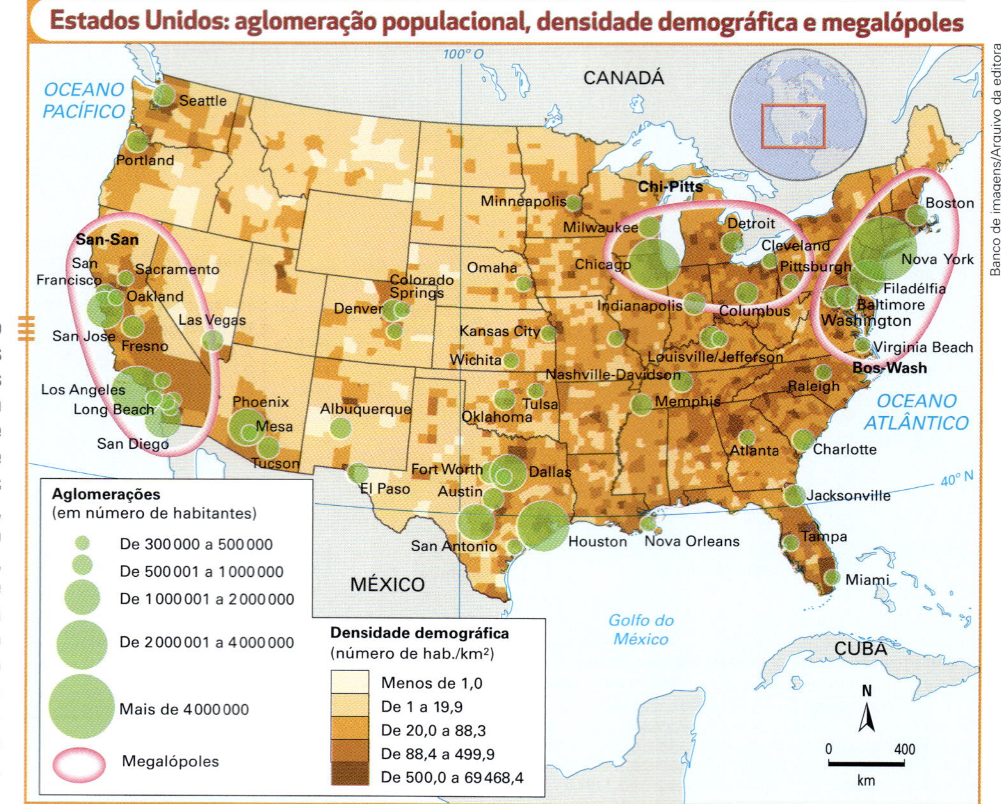

Das megalópoles do mundo, três importantes estão situadas nos Estados Unidos: Bos-Wash, área entre Boston e Washington, no nordeste do país, inclui importantes cidades, como Nova York, Filadélfia e Baltimore; ao redor dos Grandes Lagos, formou-se Chi-Pitts, que se estende de Chicago a Pittsburgh; e, no extremo oeste San-San, situada ao longo da costa da Califórnia, de San Diego a San Francisco, englobando a cidade de Los Angeles.

Elaborado com base em: *Histoire géographie*: le monde d'aujourd'hui. Paris: Hachette Éducation, 2003. p. 228; Geoconfluences. Disponível em: http://geoconfluences.ens-lyon.fr/. UNITED STATES CENSUS BUREAU. *Census Infographics & Visualizations*. Disponível em: www2.census.gov/geo/pdfs/maps-data/maps/thematic/us_popdensity_2010map.pdf. Acesso em: maio 2020.

Nas cidades da Europa, o crescimento ocorreu sem que a mancha urbana preexistente se estendesse de modo significativo. Com exceção de cidades como Paris, Londres, Milão e Moscou, as cidades europeias são pouco populosas, apesar de a grande maioria da população residir em áreas urbanas.

Já o Japão apresenta a mancha urbana contínua mais populosa do mundo, formada por suas condições territoriais adversas — pequena extensão territorial e relevo predominantemente montanhoso, características que dificultam a dispersão populacional. O intenso processo de urbanização do país se concentra ao longo da costa do Pacífico, estando associado a um crescimento industrial vigoroso ocorrido nas cidades da região, que têm vínculos estreitos com a economia internacional. Nessa faixa do território japonês, estende-se a megalópole de Tokaido, a mais povoada do mundo.

Genaro Molina/Los Angeles Times/Getty Images

Apesar da maior disponibilidade de recursos financeiros e de avançados sistemas de gestão urbana, problemas urbanos também se manifestam em muitas cidades, sobretudo nas grandes, de países desenvolvidos. Em Los Angeles, capital do estado mais rico dos Estados Unidos, a Califórnia, o número de pessoas em situação de rua é grande, ilustrando o problema do acesso à habitação, especulação imobiliária e empobrecimento da população. Estima-se que elas sejam 36,2 mil em uma cidade de 4 milhões de habitantes (para comparação, São Paulo, com 12,2 milhões de habitantes, conta com 20 mil pessoas em situação de rua). Na foto, Skid Row, área no centro de Los Angeles, em 2020.

Japão: megalópole (2012)

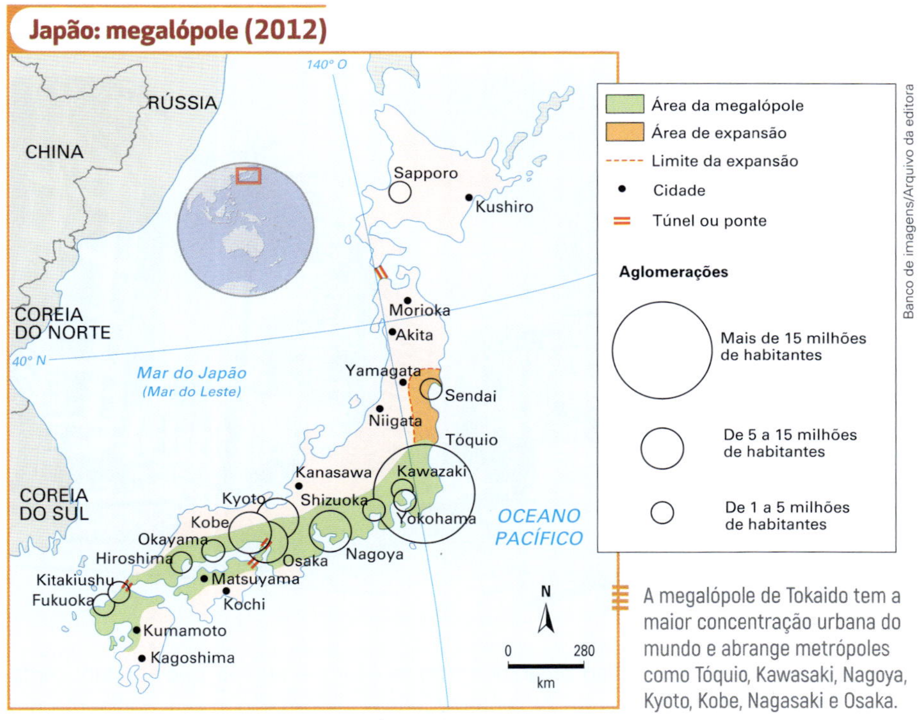

Banco de imagens/Arquivo da editora

Elaborado com base em: CALDINI, Vera; ÍSOLA, Leda. *Atlas geográfico Saraiva*. 4. ed. São Paulo: Saraiva, 2013. p. 143.

A megalópole de Tokaido tem a maior concentração urbana do mundo e abrange metrópoles como Tóquio, Kawasaki, Nagoya, Kyoto, Kobe, Nagasaki e Osaka.

De modo geral, nas grandes cidades dos países desenvolvidos, a preservação do espaço público e do **patrimônio histórico** e as especificações de localização e construção das novas edificações (como altura e recuo) são criteriosamente regulamentadas e fiscalizadas pelo governo. Muitas intervenções marcam determinados períodos e aspectos da paisagem urbana.

Patrimônio histórico: conjunto das referências culturais, como monumentos, conjuntos arquitetônicos e edificações de valor histórico e cultural.

Urbanização nos países em desenvolvimento

Na segunda metade do século XX, o aumento da população urbana foi mais acelerado nos países em desenvolvimento do que nos desenvolvidos. Isso decorreu da migração, em grande quantidade e em um curto intervalo de tempo, da população do campo para a cidade, processo conhecido como êxodo rural.

A mecanização das atividades agrícolas nos países emergentes e o aumento das atividades econômicas dos setores secundário e terciário nas cidades contribuíram para esse processo. Mas, de modo geral, a estrutura fundiária concentradora no meio rural constituiu um fator relevante dessa migração acelerada, pois reduziu as possibilidades de permanência do trabalhador.

População urbana e rural de países de regiões em desenvolvimento (1950-2050*)

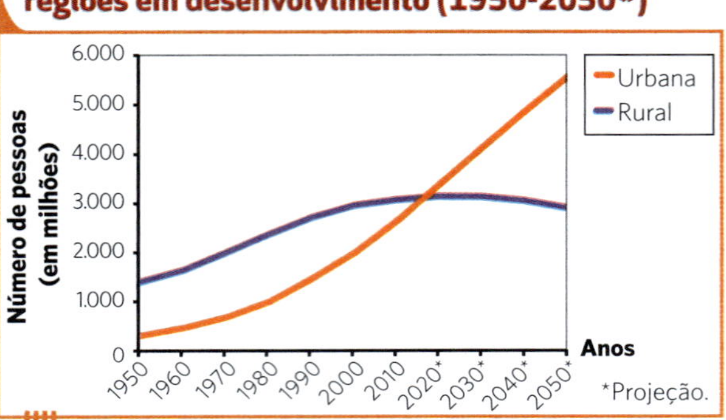

Elaborado com base em: ONU. *World Population Prospects 2018* (Urban Population at Mid-Year by region, subregion and country, 1950-2050 (thousands); Rural Population at Mid-Year by region, subegion and country, 1950-2050 (thousands). Disponível em: https://population.un.org/wup/Download/. Acesso em: jan. 2020.

As regiões menos desenvolvidas compreendem parte da África, Ásia (exceto o Japão), América Latina e Caribe, Melanésia, Micronésia e Polinésia.

Entre os países em desenvolvimento há expressivas diferenças no que se refere à urbanização. Os maiores índices de população urbana nesse conjunto de países verificam-se na América Latina. Em 2018, alguns países já apresentavam índices de urbanização superiores a 80%, como Uruguai (95%), Venezuela (88%), Argentina (92%) e Brasil (86%).

Praça da Independência, no centro financeiro de Montevidéu (Uruguai), 2019. Assim como nos países desenvolvidos, alguns países em desenvolvimento apresentam áreas urbanas preservadas e valorizadas.

Os índices mais baixos de urbanização ocorrem na África e na Ásia, que abrigam cerca de 90% da população rural do mundo. No entanto, essas regiões são as que apresentam o ritmo mais acelerado de urbanização atualmente. Para 2050, estima-se que sua taxa de urbanização estará em torno de 56% e 64%, respectivamente. Apesar de seus atuais baixos níveis de urbanização, a Ásia abriga 48% da população urbana mundial.

Nos países em desenvolvimento, as possibilidades de emprego e de melhores condições de vida estão concentradas nas metrópoles. Elas foram o principal destino de milhões de migrantes que deixaram o campo em busca de novas oportunidades. Ocorreu, dessa forma, uma urbanização concentrada nas metrópoles ou um processo de metropolização.

Planejamento urbano nos países em desenvolvimento

A urbanização nos países em desenvolvimento deu-se praticamente sem orientação nem planejamento, agravando o quadro de exclusão social nas cidades.

O rápido crescimento populacional nas grandes cidades levou à expansão da superfície construída em áreas cada vez mais afastadas, ampliando a concentração populacional em bairros e zonas periféricas. Isso também foi consequência dos altos preços dos aluguéis nas áreas centrais e dos baixos rendimentos da população mais pobre, obrigada a se deslocar para a periferia, ao mesmo tempo que o número de imóveis vagos nas regiões centrais aumentava. Em muitas cidades, as áreas centrais degradadas são revitalizadas/recuperadas e passam a abrigar residências destinadas às classes média e alta, além de serviços inacessíveis às populações de baixa renda. Esse processo é chamado de **gentrificação**.

Charge retrata espaço modificado pelo processo de gentrificação. A legenda diz: "Aparentemente este lugar era uma piscina".

A expansão significativa da superfície construída das cidades criou e ainda cria grandes dificuldades para a introdução de infraestrutura adequada, como transporte, saneamento básico e serviços sociais (postos de saúde, creches e escolas), nesses locais mais afastados das áreas centrais.

O crescimento exponencial da população nas cidades dos países em desenvolvimento, como Cidade do México (México), São Paulo (Brasil), Cairo (Egito), Jacarta (Indonésia), Délhi (Índia), Lagos (Nigéria) e Bangcoc (Tailândia), não teve correspondente histórico quando comparado com cidades como Nova York, Tóquio, Londres e Paris, que conheceram grande crescimento entre o final do século XIX e a primeira metade do século XX. A Cidade do México, por exemplo, estende-se por uma mancha urbana de mais de 1500 km^2.

A gama de possibilidades oferecida pela metrópole, sobretudo no mundo em desenvolvimento, não é estendida a todos os seus habitantes. Muitos são excluídos dos serviços essenciais e das oportunidades de emprego, o que implica a deterioração da vida urbana. O aumento da urbanização em nível mundial, mas em maior ritmo nos países em desenvolvimento, impõe a essas cidades desafios para um modelo de desenvolvimento sustentável.

Vista aérea de trecho da Cidade do México (México), 2019, notável pelo gigantismo de sua população e pela vasta área ocupada pela mancha urbana.

! Dica

Quem quer ser um milionário?

Direção de Danny Boyle. EUA, 2008. 120 min.

O filme conta a história de Jamal Malik, um adolescente que trabalha servindo chá em uma empresa de *telemarketing* em Mumbai (Índia), uma das maiores cidades do mundo. A vida do rapaz muda completamente quando ele se inscreve em um programa de TV e revive fatos de sua vida tendo como pano de fundo as transformações e os problemas de sua cidade.

Olho no espaço

Urbanização e meio ambiente

- Observe as imagens de satélite de um trecho da costa leste dos Estados Unidos e responda às questões.

A imagem **A** mostra a vegetação variando de escassa (bege) para densa (verde-escuro). A imagem **B** mostra a temperatura variando de amena (azul) para quente (amarelo). O trecho mais bege da área continental da imagem **A** e o trecho mais amarelado da área continental da imagem **B** mostram parte da cidade de Nova York (Estados Unidos), 2006.

a) Compare as duas imagens de satélite. Que relação se pode estabelecer entre vegetação e temperatura?

b) Leia o texto abaixo e escreva sobre alguma ação que você conheça que vise aliar urbanização e meio ambiente.

> [...] Em Nova York, onde a asma é a principal causa de hospitalização de crianças menores de 15 anos, pesquisadores da Universidade de Columbia estudaram a relação entre o número de árvores em ruas residenciais e a incidência de asma infantil. Descobriram que, quanto maior o número de árvores, menor a ocorrência de asma na infância, mesmo depois que os dados foram ajustados para características sociodemográficas, densidade populacional e proximidade a fontes de poluição.
>
> Como árvores poderiam reduzir o risco para a asma? Uma explicação é que elas ajudam a remover os poluentes do ar. Outra é que as árvores podem ser mais abundantes nas vizinhanças que são bem conservadas de outras maneiras, o que leva a reduzir a exposição a alérgenos que desencadeiam a asma. Outra, ainda, é que os bairros mais verdes incentivam as crianças a brincar ao ar livre, onde são expostas a microrganismos que ajudam o desenvolvimento adequado de seus sistemas imunológicos.
>
> Novos estudos irão esclarecer melhor se as árvores nas ruas das cidades realmente ajudam as crianças a crescerem mais saudáveis. Mas os governantes e a população de Nova York já decidiram plantar um milhão de novas árvores até 2017.
>
> CITIES and biodiversity outlook. *Action and Policy*. Secretariat of the Convention on Biological Diversity. Montreal, 2012. p. 32. Disponível em: http://cbobook.org/pdf/2013_CBO_Action_and_Policy.pdf. Acesso em: jan. 2020. (Texto traduzido.)

Atividades

1 Caracterize a cidade onde você vive ou o centro urbano mais próximo. Comente também as possibilidades que ela oferece para o exercício da cidadania.

2 Relacione o processo de urbanização com a Revolução Industrial.

3 Defina urbanismo e explique seu surgimento nas cidades europeias no século XIX.

4 Diferencie, em linhas gerais, a urbanização nos países desenvolvidos daquela nos países em desenvolvimento.

5 Explique a relação entre urbanização e estrutura fundiária nos países em desenvolvimento.

6 Em algumas cidades brasileiras existem movimentos organizados que procuram despertar a atenção da sociedade civil e do Estado para problemas como a falta de moradia e de segurança.

a) Há algum tipo de movimento organizado em seu município? Cite exemplos.

b) Comente a importância desses movimentos para a elaboração de propostas e a solução de problemas existentes nos municípios, inclusive no lugar onde você vive.

7 O transporte público é uma solução social e ambientalmente adequada para a realidade das grandes cidades. Você concorda com essa afirmação? Justifique sua resposta.

8 Leia o texto e responda às questões propostas.

> Nas grandes cidades hoje, é fácil identificar territórios diferenciados: ali é o bairro das mansões e palacetes, acolá o centro de negócios, adiante o bairro boêmio onde rola a vida noturna, mais à frente o distrito industrial, ou ainda o bairro proletário. Assim, quando alguém, referindo-se ao Rio de Janeiro, fala em Zona Sul ou Baixada Fluminense, sabemos que se trata de dois Rios de Janeiro bastante diferentes; assim como pensando em Brasília lembramos do Plano-Piloto, das mansões do lago ou das cidades-satélites. [...] É a este movimento de separação das classes sociais e funções no espaço urbano que os estudiosos da cidade chamam de segregação espacial.
>
> ROLNIK, Raquel. *O que é cidade*. São Paulo: Brasiliense, 2017. Livro eletrônico.

a) De acordo com o texto, quais são contradições das metrópoles e grandes cidades?

b) Você observa essas contradições no espaço urbano do município onde vive? Cite exemplos.

9 Leia o texto a seguir, da socióloga holandesa Saskia Sassen (1947-), que cunhou o conceito de cidade global.

> [...] Na atual fase da economia mundial, é precisamente a combinação da dispersão global das atividades econômicas e da integração global, mediante uma concentração contínua do controle econômico e da propriedade, que tem contribuído para o papel estratégico desempenhado por certas grandes cidades, que denomino cidades globais [...]. Algumas têm sido centros do comércio mundial e da atividade bancária durante séculos, mas, além dessas funções de longa duração, as cidades globais da atualidade são: (1) pontos de comando na organização da economia mundial; (2) lugares e mercados fundamentais para as indústrias de destaque do atual período, isto é, as finanças e os serviços especializados destinados às empresas; (3) lugares de produção fundamentais para essas indústrias, incluindo a produção de inovações. Várias cidades também preenchem funções, equivalentes em escalas geográficas menores, no que se refere a regiões transnacionais e subnacionais.
>
> Ao lado dessas novas hierarquias globais e regionais das cidades há um vasto território que se tornou cada vez mais periférico e cada vez mais excluído dos grandes processos econômicos que alimentam o crescimento econômico na nova economia global. Uma multiplicidade de centros manufatureiros e cidades portuárias, outrora importantes, perderam suas funções e encontram-se em declínio, não só nos países menos desenvolvidos como também nas economias mais adiantadas. Este é mais um significado da globalização econômica. [...]
>
> SASSEN, Saskia. *As cidades na economia mundial*. Tradução: Carlos Eugênio Marcondes de Moura. São Paulo: Studio Nobel, 1998. p. 16-17.

a) Por que a dispersão mundial das atividades econômicas reforça a importância das cidades globais?

b) Que relação o texto estabelece entre a globalização econômica e a hierarquia das cidades?

Urbanização no Brasil

O processo de urbanização do Brasil ocorreu de forma rápida e sem planejamento. A paisagem urbana retrata as desigualdades socioeconômicas do país ao mesmo tempo em que perpetua essas diferenças. Ao segregar parte da população a espaços onde os equipamentos urbanos são menos frequentes ou não existem, os meios de transporte são ineficientes, a qualidade ambiental é inadequada e os índices de violência e pobreza são altos, a cidade nega aos mais pobres, normalmente moradores de periferias, o acesso à qualidade de vida oferecida aos moradores dos bairros nobres e valorizados, ditos centrais.

Este capítulo favorece o desenvolvimento das habilidades:

- EM13CHS101
- EM13CHS103
- EM13CHS105
- EM13CHS106
- EM13CHS202
- EM13CHS204
- EM13CHS206
- EM13CHS301
- EM13CHS304
- EM13CHS305
- EM13CHS502
- EM13CHS503
- EM13CHS606

Fernando Branco/Alamy/Fotoarena

Vista aérea de Goiânia (GO), 2018.

Contexto

1. Quais são as principais características do processo de urbanização brasileiro?
2. Em sua opinião, quais são as vantagens e as desvantagens para os jovens de morar em uma grande cidade?
3. Que políticas públicas e ações individuais poderiam ser adotadas para melhorar a qualidade de vida dos moradores das grandes e médias cidades?

Processo de urbanização no Brasil

De modo geral, o processo de urbanização no Brasil apresenta características próprias do padrão de urbanização de países em desenvolvimento. Veja algumas delas:

- em razão do papel do país na Divisão Internacional do Trabalho (fornecedor de matéria-prima e gêneros agrícolas), ocorreu de forma **concentrada** e **tardia**, junto com a industrialização;
- foi marcado pela formação de algumas grandes cidades, que concentram parcela significativa das riquezas e também da população, ocasionando o processo de **metropolização**;
- ocasionou um expressivo crescimento de atividades econômicas urbanas terciárias, tanto do setor formal quanto do setor informal;
- deu-se em **ritmo acelerado**, principalmente entre as décadas de 1950 e 1990, e sem o planejamento urbano necessário;
- apresenta **padrão periférico de crescimento**, com a formação de amplas manchas urbanas em direção aos limites municipais e com expulsão gradativa da população de baixa renda para áreas distantes do centro;
- sua interiorização no território aconteceu junto à expansão de três atividades econômicas: mineração, agronegócio e grandes obras de infraestrutura no país (como ferrovias, rodovias e hidrelétricas).

A urbanização brasileira intensificou-se a partir das décadas de 1940 e 1950. O **êxodo rural** e o desenvolvimento industrial impulsionaram grandes deslocamentos populacionais para as cidades e dinamizaram as atividades urbanas comerciais e de serviços. No entanto, o ritmo acelerado do processo criou um descompasso: nem a industrialização nem os outros setores da economia geraram a quantidade de empregos necessária para acomodar o grande número de migrantes que deixaram o espaço rural rumo às cidades.

No caso do êxodo rural, é preciso considerar que, além dos fatores de atração nas cidades (perspectiva de maior acesso a serviços e mercadorias, maiores salários, melhores empregos, por exemplo), existem os fatores de repulsão no campo, associados à concentração da propriedade rural, aos baixos salários, à falta de políticas que beneficiem o pequeno proprietário e à mecanização das atividades. Entre o final dos anos 1960 e o final da década de 2000, mais de 40 milhões de brasileiros deixaram o campo e se dirigiram às cidades.

A urbanização brasileira teve um caráter **concentrador e excludente**, com boa parte da sociedade ficando à parte de seus benefícios, o que se observa principalmente na paisagem das grandes cidades. A velocidade com que se processou a urbanização no país criou dificuldades para o poder público suprir o espaço das cidades, especialmente das maiores, com a infraestrutura e os serviços sociais necessários ao bem-estar da população. Com políticas de planejamento urbano voltadas, prioritariamente, para bairros de classe média e alta, criou-se uma estrutura social fragmentada e segregada espacialmente, com a expansão das periferias urbanas, sobretudo nas grandes cidades.

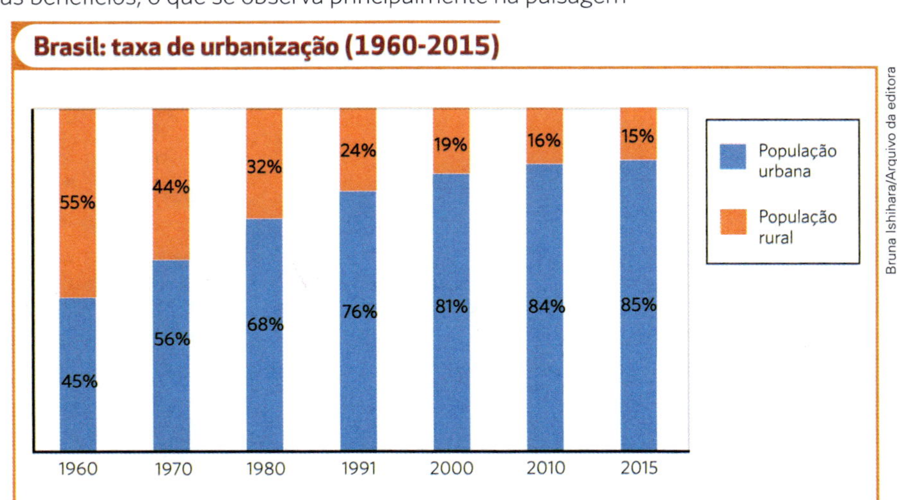

Elaborado com base em: IBGE. *Distribuição percentual da população nos Censos Demográficos, segundo as Grandes Regiões, as Unidades da Federação e a situação do domicílio – 1960/2010* e *Pesquisa Nacional por Amostra de Domicílios 2015* (Pnad). Disponível em: https://censo2010.ibge.gov.br/sinopse/index.php?dados=9&uf=00 e https://educa.ibge.gov.br/jovens/conheca-o-brasil/populacao/18313-populacao-rural-e-urbana.html. Acesso em: jan. 2020.

Brasil: população urbana por unidade da Federação (2010)

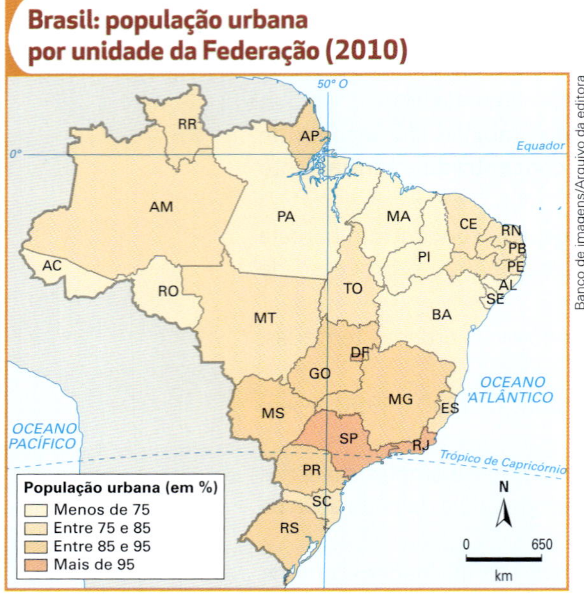

Elaborado com base em: GIRARDI, Gisele; ROSA, Jussara V. *Atlas geográfico do estudante*. São Paulo: FTD, 2016. p. 51.

Urbanização desigual

A urbanização brasileira aconteceu de modo desigual no território. Segundo o *Censo Demográfico 2010*, do IBGE, alguns estados apresentam altas taxas de urbanização, como Rio de Janeiro (96,7%), São Paulo (95,9%), Goiás (90,3%) e Amapá (89,8%), enquanto outros, como Piauí (65,8%), Pará (68,5%) e Acre (72,6%), apresentam índices por volta de 70%, chegando a 63,1% no Maranhão. Entretanto, ainda segundo o Censo 2010, em 38% dos municípios do país a população rural é maior que a urbana, o que atesta a concentração da população nas grandes e médias cidades.

Nos últimos quinze anos do século XX, o estado do Amapá experimentou um intenso processo de urbanização em razão do êxodo rural provocado pela falta de uma política agrícola que permitisse a fixação de parcela expressiva da população rural e pela instalação da Área de Livre Comércio de Macapá e Santana (ALCMS). Essas cidades, distantes 20 km uma da outra, concentram praticamente 75% da população do estado.

Brasil: urbanização por município (2010)

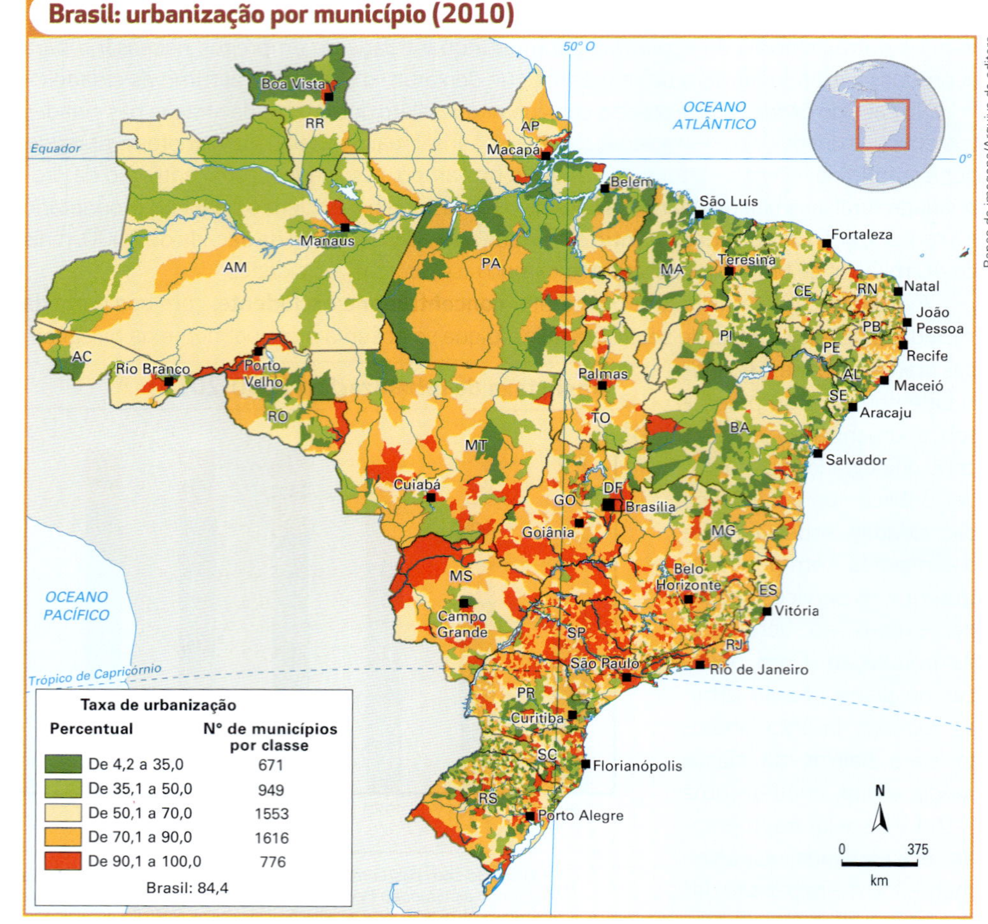

Elaborado com base em: IBGE. *Atlas do Censo Demográfico 2010*. Urbanização. p. 73. Disponível em: https://portaldemapas.ibge.gov.br/portal.php#mapa272. Acesso em: jan. 2020.

! Dica

Cidades brasileiras: do passado ao presente

De Rosicler Martins Rodrigues. São Paulo: Moderna, 2013.

O livro apresenta um histórico das cidades brasileiras desde seu surgimento até a contemporaneidade, passando pelas mudanças que ocorreram ao longo do tempo.

Tendências recentes

A partir dos anos 1990, vêm se delineando novas tendências no processo de urbanização brasileiro:

- diminuição do ritmo das migrações inter-regionais;
- expansão das áreas de ocupação irregular e de condomínios fechados próximo aos grandes centros urbanos;
- ritmo de crescimento menos acelerado das grandes cidades e metrópoles;
- intensificação no ritmo de crescimento das cidades médias;
- valorização extrema dos imóveis urbanos;
- custo de vida mais alto nas metrópoles (incluindo aluguel de imóveis);
- expansão e adensamento populacional das periferias das metrópoles em contraste com a redução da densidade demográfica em áreas centrais.

Depositphotos/Depositphotos

A revitalização de áreas degradadas pode resultar no aumento do valor dos imóveis (comercialização e locação) e atrair novos serviços voltados para o público de maior poder aquisitivo. Os moradores mais pobres são forçados a buscar outros locais (gentrificação). Na foto, o bairro do Pelourinho, em área central de Salvador (BA), onde o programa de revitalização foi iniciado em 1991. Foto de 2019.

As **cidades médias** passaram a oferecer certas vantagens em relação às grandes, como aumento da oferta de empregos (em virtude da transferência de muitas indústrias para essas localidades), menor custo de vida, menor índice de criminalidade e ampliação da oferta de estabelecimentos comerciais e de serviços destinados a atender à população. São cidades que apresentam qualidade de vida melhor do que as grandes.

Explore

Plano Diretor e Lei de Zoneamento

No Brasil, o Estatuto da Cidade, aprovado pelo Congresso Nacional em junho de 2001, obriga o Plano Diretor a estabelecer planos não apenas para o espaço urbano, mas para todo o território do município, incluindo, portanto, o espaço rural. O Estatuto, dessa maneira, considera algo que é consequência do processo de urbanização e já vem se manifestando de forma mais intensa desde os anos 1960 — a forte integração entre o espaço urbano e o rural.

Assim, o Plano Diretor é uma lei municipal, obrigatória para municípios com mais de 20 mil habitantes, e que cria um sistema de planejamento e gestão do município, determinando as políticas públicas a serem desenvolvidas em um prazo de dez anos em todas as áreas da administração. Os projetos dos outros prefeitos, nesse prazo, terão de estar de acordo com o plano.

Há, também, no âmbito municipal e direcionada para o espaço urbano, a Lei de Zoneamento (uso e ocupação do solo), que define o tipo de uso (residencial, comercial, misto) e o tamanho da construção permitidos em um terreno. No caso das grandes cidades, o Plano Diretor normalmente é implementado com base em planos regionais.

PLANO Diretor e Lei de Zoneamento. *Folha de S.Paulo*, São Paulo, 24 ago. 2002. p. C-3.

1. Comente a importância de o Plano Diretor estabelecer normas para o espaço rural e o urbano.
2. Pesquise o Plano Diretor do município onde você vive e as principais determinações estabelecidas nele. Discuta-as com os colegas e o professor.

Hierarquia e redes urbanas no Brasil

O crescimento das cidades médias próximas às **regiões metropolitanas** tem ampliado a formação de áreas conurbadas ou em processo de conurbação.

As cidades conurbadas são interligadas por importantes vias de circulação e por meios de transporte e infraestrutura comuns. A Grande São Paulo e a Grande Rio são as maiores áreas conurbadas do país. Anualmente, milhões de pessoas e de toneladas de mercadorias circulam entre as cidades brasileiras. Muitos dos fluxos de pessoas são diários, realizando-se por motivo de trabalho, estudo, compras, assistência médico-hospitalar, negócios, participação em eventos (feiras, exposições, palestras, *shows*), lazer, turismo, etc. O número de pessoas que residem em uma cidade e trabalham em um grande centro metropolitano intensifica os deslocamentos entre municípios de uma mesma região metropolitana.

Região metropolitana: segundo o IBGE, é uma "região estabelecida por legislação estadual e constituída por agrupamentos de municípios limítrofes, com o objetivo de integrar a organização, o planejamento e a execução de funções públicas de interesse comum".

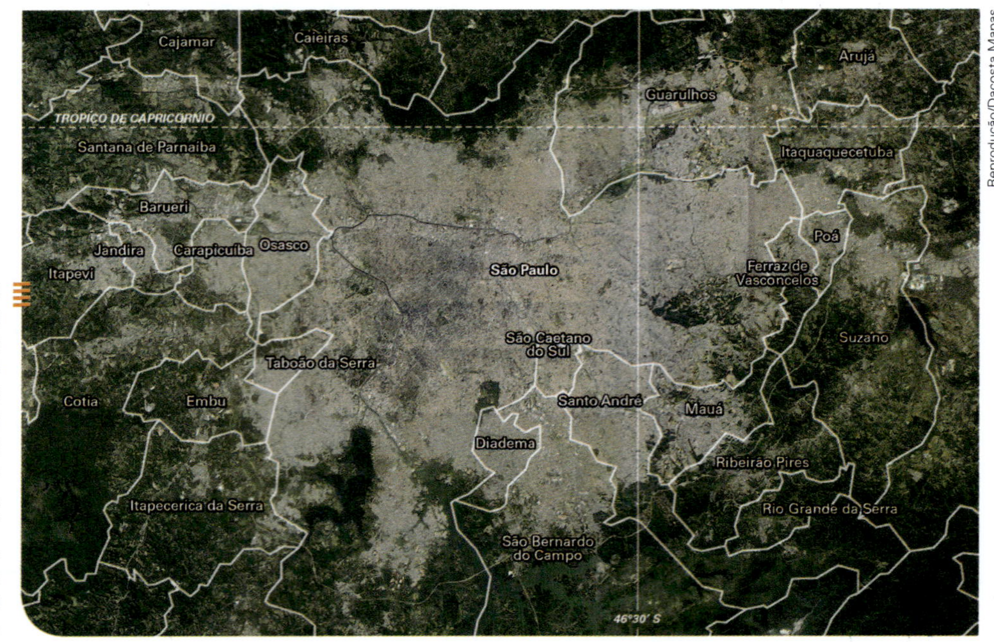

Com a conurbação, dois ou mais municípios passam a formar uma única malha urbana, quase não se percebendo os limites territoriais entre eles. Com isso, a população acaba utilizando os serviços – transportes, hospitais, escolas e áreas de lazer – de mais de um município. Na imagem de satélite, mancha urbana da Grande São Paulo (SP), 2016.

As **Regiões Integradas de Desenvolvimento**, ou Ride, são as regiões metropolitanas brasileiras cujos municípios fazem parte de mais de uma unidade federativa. As Ride são criadas por legislação federal que delimita os municípios que as integram e determina as competências assumidas por eles.

Saiba mais

Município e cidade

Município é a divisão territorial e política dentro de cada unidade da federação (UF). Tem sua própria estrutura político-administrativa (Prefeitura e Câmara Municipal) e engloba tanto o espaço rural como o urbano.

O IBGE considera população urbana os habitantes que vivem na cidade (a sede do município) e nas vilas (as sedes dos distritos). Os distritos, presentes em muitos municípios brasileiros, são unidades administrativas em que se dividem os municípios. No Brasil, portanto, o critério que define **cidade** é o fato de ser sede de município. Em decorrência disso, há cidades com menos de mil habitantes. E em muitas delas, a maior parte da renda é proveniente de atividades rurais. Ou seja, são pessoas que moram em áreas definidas legalmente como urbanas, mas que trabalham no campo; cidades cujas paisagens são fortemente marcadas por elementos rurais, como carroças, estradas de terra, edificações térreas, etc.

A influência das cidades, segundo o IBGE

A hierarquização dos centros urbanos é estabelecida pelo IBGE a partir dos papéis ocupados pelas cidades na organização socioeconômica e espacial do Brasil. Segundo a classificação, publicada no estudo "Regiões de influência das cidades", de 2007, fazem parte da rede urbana brasileira **12 principais centros urbanos**, que são as **metrópoles**, e 70 capitais regionais, além de 169 centros sub-regionais e centros de zona e os centros locais.

O estudo está fundamentado na estruturação das zonas de influência dos principais centros urbanos no território brasileiro, mostrando as redes que eles formam e os diversos aspectos considerados na estruturação dessas redes. A determinação dos principais centros baseou-se na existência de órgãos públicos (Executivo, Judiciário, Legislativo, entre outros), de grandes empresas e na oferta de ensino superior, serviços de saúde e domínios de internet.

Brasil: rede urbana (início do século XXI)

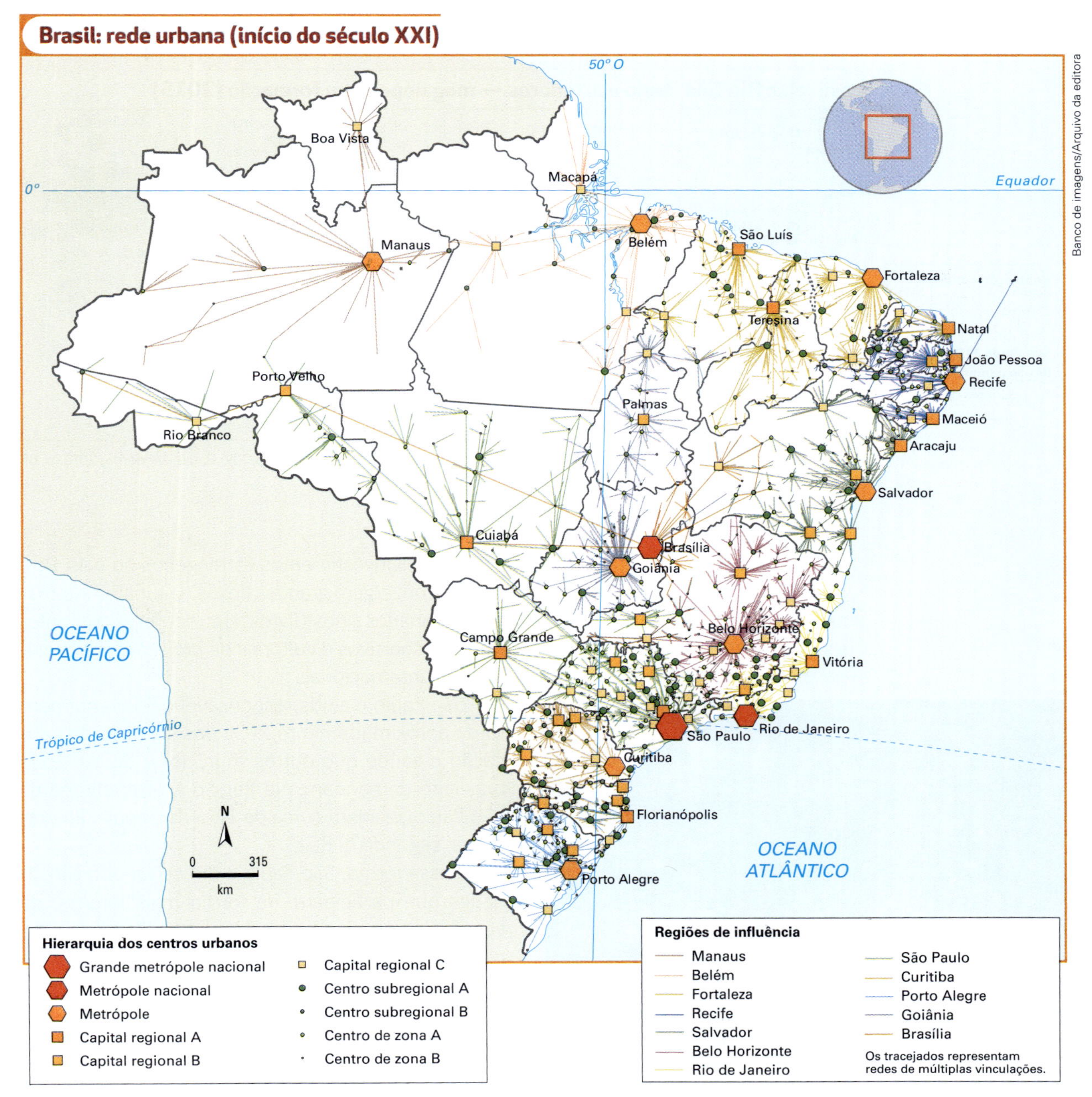

Banco de imagens/Arquivo da editora

Elaborado com base em: IBGE. *Regiões de influência das cidades 2007*. Rio de Janeiro: IBGE, 2008. Disponível em: https://biblioteca.ibge.gov.br/visualizacao/livros/liv40677.pdf. Acesso em: jan. 2020.

Metrópoles brasileiras

As 12 metrópoles brasileiras são divididas em três grupos, de acordo com a sua importância, a complexidade dos equipamentos urbanos disponíveis, a funcionalidade que exercem na rede urbana e a extensão de sua área de influência:

- grande metrópole nacional: São Paulo.
- metrópoles nacionais: Rio de Janeiro e Brasília.
- metrópoles: Belém, Manaus, Goiânia, Fortaleza, Recife, Salvador, Belo Horizonte, Curitiba e Porto Alegre.

Entre as metrópoles de São Paulo e Rio de Janeiro estende-se uma longa mancha urbana que configura a única megalópole em formação no território brasileiro. Em um trecho do estado de São Paulo, que engloba as regiões metropolitanas de São Paulo, Baixada Santista, Campinas, Sorocaba e do Vale do Paraíba e Litoral Norte, há a metrópole expandida, ou **macrometrópole**, que tem São Paulo como centro (Complexo Metropolitano Expandido, ou Macrometrópole Paulista, a única do tipo no hemisfério sul).

Brasil: eixo Rio-São Paulo e arredores — megalópole em formação (2015)

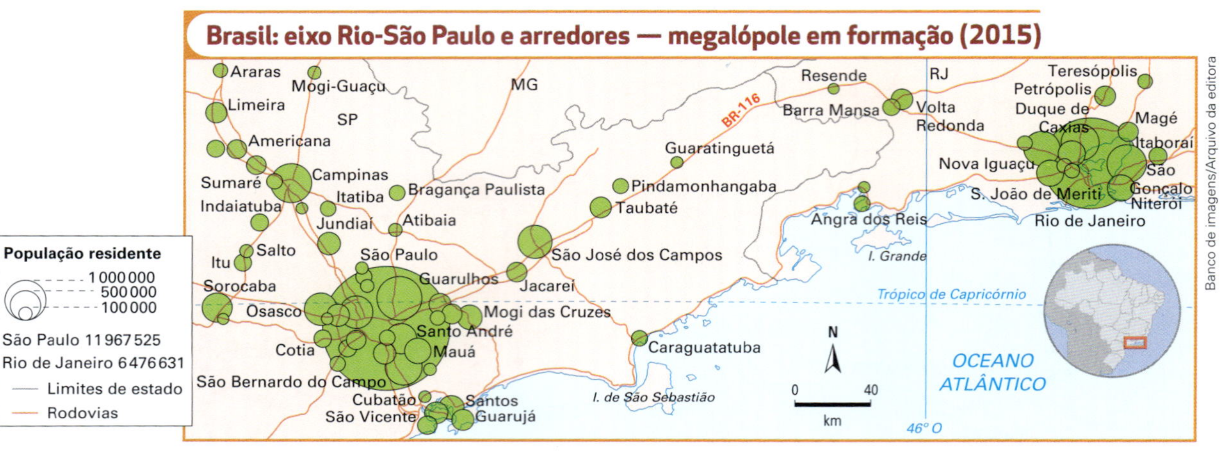

Banco de imagens/Arquivo da editora

Elaborado com base em: FERREIRA, Graça Maria Lemos. *Moderno atlas geográfico*. 6. ed. São Paulo: Moderna, 2016. p. 62.

São Paulo e Rio de Janeiro

São Paulo é a principal porta de entrada dos investimentos estrangeiros no país. Para essa cidade, e também para o Rio de Janeiro, convergem grandes fluxos de turistas internacionais, e nelas se realizam feiras dos mais variados tipos (livros, eletrodomésticos, automóveis, informática, têxtil), além de eventos esportivos e culturais de projeção internacional e *shows* de cantores e bandas nacionais e internacionais.

São Paulo é ainda responsável pelo atendimento de aproximadamente 20% dos serviços de educação e saúde que outros municípios do território brasileiro demandam. Na Região Metropolitana de São Paulo, residem cerca de 10% da população brasileira, segundo o IBGE.

Dessa forma, São Paulo e Rio de Janeiro são cidades que participam, de forma mais intensa, da economia informacional e global, comparativamente com outras regiões do território brasileiro. No entanto, o papel desempenhado por essas cidades na economia globalizada, sobretudo o Rio de Janeiro, é bem inferior ao de várias metrópoles de países desenvolvidos, como Nova York, Londres, Paris e Tóquio, e outras de países em desenvolvimento, como Cingapura, Hong Kong e Seul.

NASA Earth Observatory/Joshua Stevens/Suomi NPP VIIRS/Miguel Román/NASA's Goddard Space Flight Center

Imagem noturna de satélite do eixo Rio-São Paulo, em 2016, indicando a formação de uma megalópole.

O Rio de Janeiro não aparece como cidade global em várias classificações estabelecidas por centros de pesquisa em todo o mundo; já São Paulo consta de todas elas, o que demonstra a importância da metrópole paulistana na economia global.

Apesar de as grandes metrópoles terem importância econômica e cultural, as cidades médias já possuem, atualmente, centros de consumo, lazer, cultura e entretenimento que atendem às necessidades da população residente e dos municípios vizinhos. *Shopping centers*, parques, salas de cinema, teatros, centros culturais, bares e restaurantes passam a mudar o cotidiano de parte dos moradores dessas cidades, principalmente nos fins de semana.

Saymon Sampaio/Futura Press

Campus Party, evento relacionado à tecnologia que acontece em São Paulo (SP). De acordo com a International Congress and Convention Association (ICCA), o município sedia cerca de 90 mil eventos por ano. Cerca de metade dos turistas que se hospedam nos hotéis locais chega a negócios, e 25%, para participar de eventos. Foto de 2019.

Saiba mais

Megalópole ou megarregião?

Dentre os pesquisadores que trabalham com os temas de urbanização e regionalização há aqueles que problematizam a classificação da região densamente urbanizada entre as cidades de São Paulo e Rio de Janeiro como uma megalópole e preferem classificá-la como uma megarregião, como é o caso da professora do Departamento de Geografia da USP Sandra Lencioni.

Leia trecho de texto no qual ela explica sua posição:

> [...]
>
> Temos, então, nesse *continuum* Rio de Janeiro-São Paulo, duas formas espaciais: a forma linear e a forma em área circular. Portanto, em termos de forma espacial essa nebulosa urbana não corresponde, inteiramente, a uma megalópole nos termos postos por Gottmann [autor do conceito de megalópole, no início da década de 1960], porque apresenta duas formas distintas e combinadas, portanto, apresentando uma forma híbrida. Mas, corresponde inteiramente à clássica definição de megalópole de Gottmann no que diz respeito à polinucleação, à conurbação e à disposição espacial das principais cidades, pois essas estão distribuídas ao longo dos principais eixos de circulação.
>
> A questão, se Rio de Janeiro-São Paulo constituem uma megalópole, feita nesse momento, em pleno século XXI, deve levar em consideração a dimensão dos fluxos imateriais, jamais imaginada por Gottmann. Ou seja, a questão dos fluxos e da integração não pode ser reduzida aos fluxos materiais. É nessa porção do território brasileiro que se adensa a rede de fibra ótica e as redes de informação e de comunicação, bem como os tradicionais eixos de circulação viária, além de portos e de aeroportos, todos estruturando e dando coesão a esse território. Dizendo de uma outra forma, todos esses fluxos e toda essa infraestrutura de circulação estruturam e integram territorialmente essa nebulosa urbana.
>
> Melhor que denominar de megalópole é dizer que aí se constitui uma megarregião, uma forma de economia de aglomeração particular ao atual período histórico, ou seja, relacionado a um período específico do capitalismo, simplesmente referido globalização, como disse [a socióloga holandesa Saskia] Sassen.
>
> [...]
>
> LENCIONI, Sandra. *A megarregião Rio de Janeiro-São Paulo*. Disponível em: www.observatoriodasmetropoles.net.br/megarregiao-rio-de-janeiro-sao-paulo-metropolizacao-do-espaco-e-integracao-global/. Acesso em: nov. 2019.

- Que argumentos a autora do texto apresenta para justificar que a região entre as cidades de São Paulo e Rio de Janeiro não poderia ser classificada como uma megalópole?

Dicas

Cidades brasileiras: atores, processos e gestão pública
De Antônia Jesuíta de Lima (org.). São Paulo: Autêntica, 2007.
O livro reúne textos de diversos especialistas que tratam dos desafios da gestão urbana, independentemente de tamanho e complexidade da cidade.

Dia de festa
Direção de Toni Venturi e Pablo Georgieff. Brasil: produção independente, 2006. 77 min.
Por meio dos relatos de quatro militantes do Movimento dos Sem-Teto do Centro de São Paulo (MSTC), suas experiências, referências e visões de mundo, o filme tenta reconstruir um dos eventos da sua luta diária pela moradia: a ocupação de prédios vazios no centro da cidade, momento conhecido como "dia de festa".

À margem do concreto
Direção de Evaldo Mocarzel. Brasil: 2007. 85 min.
Documentário sobre o Movimento dos Trabalhadores Sem Teto (MTST) em busca de moradias na região metropolitana de São Paulo.

BrCidades 1: Por uma nova política urbana!
www.brcidades.org/podcast
O primeiro *podcast* do BrCidades explica a formação e o propósito do grupo, basicamente relacionado à mobilização social para debater e solucionar problemas e perspectivas das cidades brasileiras, e apresenta entrevista com a urbanista Erminia Maricato falando dos problemas da urbanização brasileira e de propostas de crescimento sustentável para os centros urbanos.

Principais problemas urbanos no Brasil

Um traço marcante do **rápido processo de urbanização nos países em desenvolvimento** e, em particular, no Brasil, é a **formação de bairros com infraestrutura precária**, **loteamentos clandestinos**, **favelas** e construções de moradia pela população de baixa renda em áreas de risco. Além disso, as principais cidades são marcadas por bairros mais favorecidos por infraestrutura e qualidades urbanísticas, com parques, praças, amplas áreas arborizadas e gramadas, dando a seus moradores, nesses aspectos, condições de vida semelhantes às dos países desenvolvidos.

A precariedade das condições de moradia de parcela considerável da população, sobretudo nas grandes cidades, reflete a própria dinâmica do processo de modernização de alguns países em desenvolvimento, marcada pela concentração de renda e de propriedades e pela exclusão de parte da população dos benefícios trazidos por essa modernização.

Explore

- Observe a charge do cartunista e chargista Angeli (1956-) e discuta a mensagem do cartum do ponto de vista espacial urbano.

Angeli/Folha de S.Paulo 06.06.1999/Fotoarena

A questão da moradia urbana

Apesar de abrigarem parcela expressiva da população, as cidades brasileiras apresentam situação de grande precariedade em relação às condições das moradias urbanas. De acordo com o IBGE, em 2010, mais de 11 milhões de brasileiros — cerca de 6% da população do país — viviam em favelas ou em moradias precárias. Além disso, cerca de 12% dos domicílios brasileiros apresentam problemas estruturais e atestam o *deficit* habitacional no país, que é calculado considerando quatro componentes: 1) domicílios precários ou improvisados (sob pontes, viadutos, etc.) e rústicos (feitos de madeira e outros materiais, como plásticos e metais reaproveitados); 2) coabitação familiar, ou seja, quando em um domicílio vive mais de uma família; 3) altos gastos com aluguel urbano, o que ocorre quando uma família com renda de até três salários mínimos gasta 30% ou mais desse valor com aluguel; 4) adensamento excessivo de domicílios alugados, isto é, quando há acima de três moradores por dormitório.

Mesmo com os avanços conquistados em fornecimento de energia elétrica, coleta de lixo, abastecimento de água e rede coletora de esgoto, ainda hoje um número expressivo de moradias brasileiras não possui acesso simultâneo a esses serviços. A situação mais grave é a da coleta de esgoto que, em 2019, não atendia cerca de 45% da população brasileira, segundo a Agência Nacional de Águas (ANA).

Renato S. Cerqueira/Futura Press

Evento realizado na Ocupação Nove de Julho, em São Paulo (SP). Essa ocupação, símbolo da luta pela moradia na capital paulista, começou em 1997 e, em 2020, contava com mais de 120 famílias abrigadas. Foto de 2019.

Explore

- Leia o texto para responder às perguntas.

Estudo aponta que todos os municípios brasileiros têm déficit habitacional

Quase sete milhões de domicílios brasileiros, ou 12,1% do total, [...] se enquadram em uma das quatro categorias do déficit habitacional. Em 2010, dos 5.565 municípios do país, todos tinham algum tipo de déficit. Desses, 28,5% - ou 1.435 cidades - estavam acima da média nacional.

Os dados são da pesquisa Déficit Habitacional Municipal no Brasil 2010, [...] a partir dos números do Censo 2010. O estudo, que pela primeira vez analisou todas as cidades do país, apontou déficit de 6,490 milhões de unidades, sendo 85% na área urbana. Para os pesquisadores, o conceito de déficit não significa falta de casas, mas sim más condições, o que inclui desde moradias precárias até aluguéis altos demais. E uma política pública única não resolverá a questão, já que existem muitas diferenças entre regiões, estados, áreas metropolitanas e até entre as não metropolitanas.

No Norte do país, no Maranhão e no Piauí, por exemplo, os domicílios precários são a maioria. Nos demais estados do Nordeste e nas regiões Sul, Sudeste e Centro-Oeste, a questão principal é o ônus excessivo com o aluguel [...]. Além disso, o estudo concluiu que 70% do déficit nacional estão concentrados no Nordeste e no Sudeste. Proporcionalmente, Manaus é a capital com maior déficit (23% dos domicílios enquadrados em uma das categorias de déficit habitacional). Entre os estados, o problema é maior no Maranhão (27% das habitações). [...]

— Déficit é radiografia do retrovisor. O que era em 2010 pode ser maior ou menor hoje. Somos um país jovem e, ainda que a fecundidade esteja caindo, a formação de domicílios é crescente no Brasil. [...] - explica Inês [Magalhães, Secretária Nacional de Habitação], lembrando que o Brasil demanda mais ou menos um milhão de domicílios a cada ano [...].

— O Ipea (Instituto de Pesquisa Econômica Aplicada), que não analisa todas as cidades, aponta tendência de queda. Mesmo tendo na história recente um esforço para avançar, estamos longe de um ponto de equilíbrio. As cidades crescem, novas famílias se formam e quanto mais se dá crédito habitacional mais a demanda aumenta. O Brasil tem um desafio muito grande por conta do tamanho e da população cada vez mais urbana — explica Melissa [Giacometti de Godoy, pesquisadora da USP].

BENEVIDES, Carolina. Segundo estudo, todos os municípios brasileiros têm déficit habitacional. *O Globo*, 8 mar. 2014. Disponível em: https://oglobo.globo.com/brasil/segundo-estudo-todos-os-municipios-brasileiros-tem-deficit-habitacional-11827890. Acesso em: nov. 2019.

a) Explique o conceito de *deficit* habitacional utilizado na pesquisa mencionada no texto.

b) Por que, segundo o texto, o *deficit* habitacional é um problema de solução complexa no Brasil?

c) Comente a questão da moradia como um direito do cidadão, com base no problema do *deficit* habitacional.

Favelização

O processo de **favelização** é a face mais crítica do problema habitacional no Brasil. Sem condições de adquirir um terreno ou moradia, ou de pagar aluguel, milhares de pessoas não têm outra opção a não ser ocupar áreas públicas ou privadas e nelas construir suas casas. Esses locais dispõem de pouco ou de nenhum serviço público, dificultando muito a vida dessa parcela da população.

Não raro, também, os terrenos ocupados estão em áreas de risco, como encostas de morros, e áreas de proteção ambiental, incluindo mananciais.

Aglomerados subnormais

De acordo com o IBGE, as características que definem um aglomerado subnormal são: ocupação irregular de terrenos; lotes e vias de circulação estreitos, irregulares e precários; construções não regularizadas pelos órgãos públicos; e precariedade de serviços públicos essenciais, como energia elétrica, coleta de lixo e redes de água e esgoto.

Segundo o Censo Demográfico de 2010, o Brasil possuía 3 224 529 domicílios particulares subnormais, que ocupavam uma área de 169 170 hectares. O Sudeste apresentava o maior percentual de domicílios em setores subnormais (49,8%). Nessa região, as áreas de aglomerados subnormais pesquisadas também eram mais densas.

Brasil: distribuição dos aglomerados subnormais (2010)

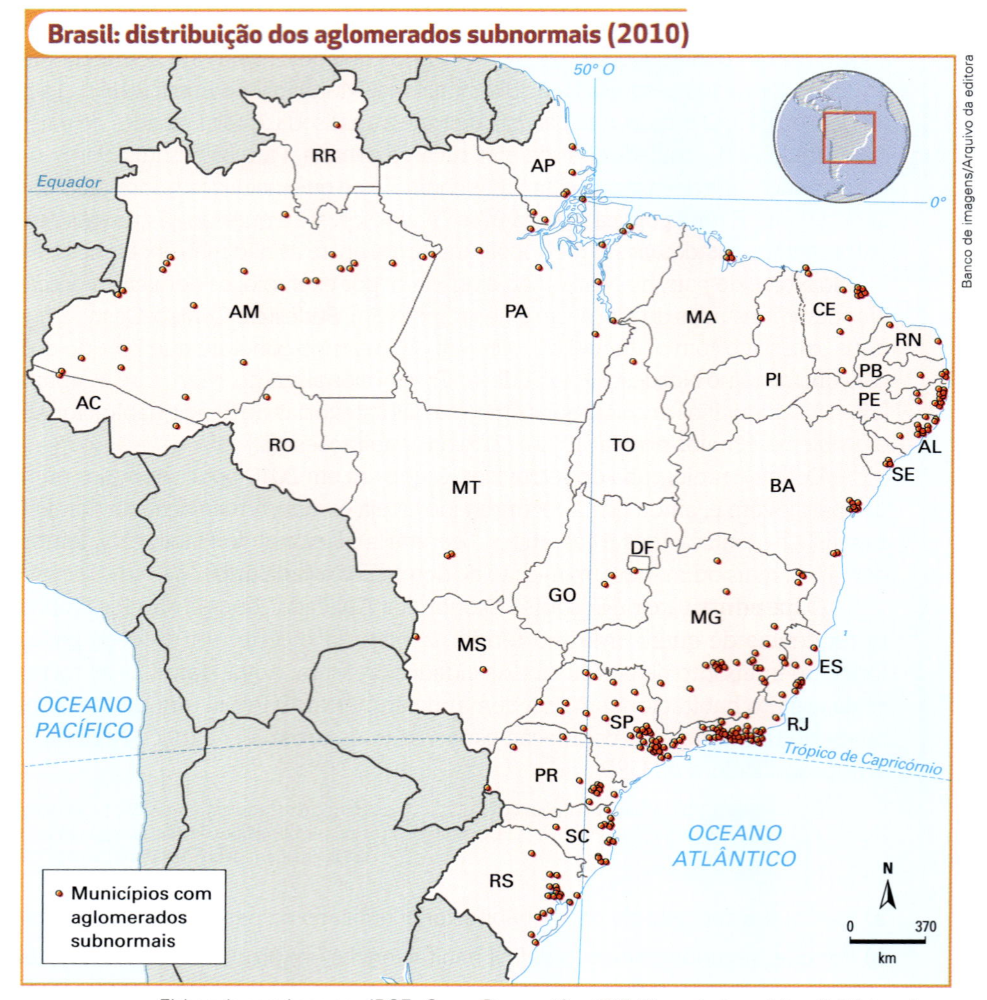

Elaborado com base em: IBGE. *Censo Demográfico 2010*. Disponível em: https://biblioteca.ibge.gov.br/visualizacao/periodicos/552/cd_2010_agsn_if.pdf. Acesso em: nov. 2019.

Especulação imobiliária

Historicamente, a ocupação do solo urbano levou grande parte da população mais pobre para a periferia, resultado da ação dos responsáveis pelo planejamento urbano, que, via de regra, **não priorizaram a questão da habitação para a população de baixo poder aquisitivo**. As **empresas imobiliárias** também participaram ativamente desse processo, loteando a cidade de acordo com os interesses de valorização de seus imóveis no mercado. Frequentemente, essas empresas obtêm informações prévias sobre investimentos do poder público em determinados trechos do espaço urbano e adquirem terrenos, antecipadamente, nesses locais. Esse modelo de ocupação urbana tornou-se, assim, amplamente favorável à especulação imobiliária.

Especulação imobiliária

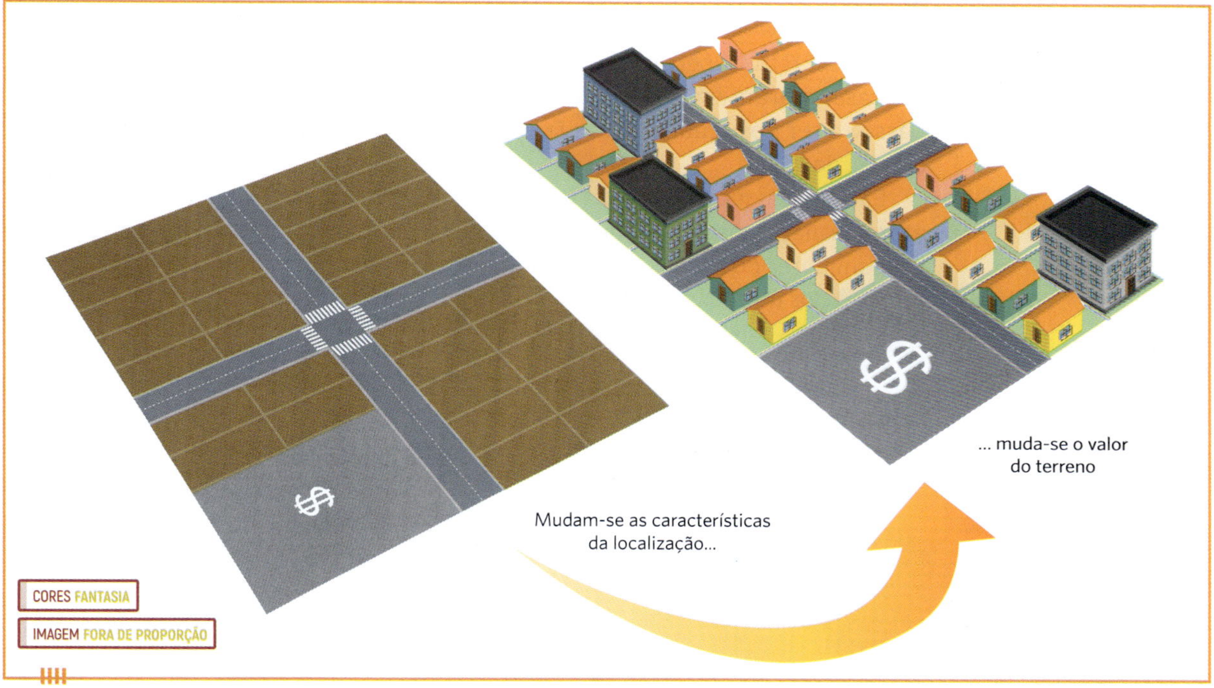

Ericson Guilherme Luciano/Arquivo da editora

Mudam-se as características da localização...

... muda-se o valor do terreno

CORES FANTASIA

IMAGEM FORA DE PROPORÇÃO

A especulação imobiliária é uma apropriação privada dos lucros decorrentes das melhorias de determinadas áreas custeadas por investimentos públicos.

Elaborado com base em: SABOYA, Renato. Esquema básico de funcionamento da especulação imobiliária. Urbanidades. Disponível em: https:/urbanidades.arq.br/2008/09/21/o-que-e-especulacao-imobiliaria/. Acesso em: jan. 2020.

A **ocupação da periferia da cidade** é a justificativa para que o poder público construa benfeitorias necessárias ao atendimento dos novos núcleos de povoamento, como transporte, pavimentação, rede de água e esgoto, eletrificação e outros. Nesse processo, as **novas infraestruturas instaladas** acabam atendendo também aos terrenos vazios situados no espaço intermediário da cidade. Tais terrenos (muitos deles propriedades de grandes empresas imobiliárias) passam a ter um valor econômico maior, fazendo com que sejam utilizados para fins especulativos.

Assim, as áreas periféricas, antes habitadas apenas pela população de baixa renda, passaram a sofrer um novo processo de especulação imobiliária. Os espaços ainda não ocupados ao redor das grandes cidades, com a presença de paisagens naturais ainda preservadas, passaram a abrigar **condomínios fechados** nas últimas décadas do século XX.

Essa nova modalidade de moradia urbana atende a demanda de uma população com maior poder aquisitivo, que busca um modo de vida longe dos problemas dos grandes centros, como poluição, falta de segurança, carência de espaços verdes e de áreas de lazer. Tais empreendimentos proliferaram também nas cidades médias brasileiras.

! Dica

Moradia nas cidades brasileiras

De Arlete M. Rodrigues. São Paulo: Contexto, 2001.

O livro retrata a questão da moradia, a luta da população nesse processo, os movimentos reivindicatórios, a repressão e a especulação imobiliária urbana.

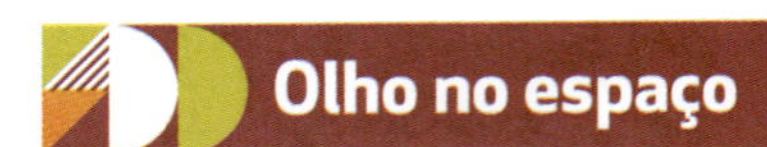

Deficit habitacional no Brasil

Leia o texto abaixo e, depois, observe e compare os mapas a seguir.

Déficit habitacional é recorde no país

[...] Um levantamento feito pela Associação Brasileira de Incorporadoras Imobiliárias (Abrainc) em parceria com a Fundação Getulio Vargas (FGV) aponta que o déficit de moradias cresceu 7% em apenas dez anos, de 2007 a 2017, tendo atingido 7,78 milhões de unidades habitacionais em 2017.

"Chegamos ao recorde da série histórica de déficit habitacional. Hoje, ele ocorre, sobretudo, pela inadequação da moradia – famílias que dividem a mesma casa, moram em cortiços, favelas – e pelo peso excessivo que o aluguel passou a ter no orçamento das famílias no últimos anos", afirma Robson Gonçalves, da FGV.

Ele explica que a maior parte do déficit é formada por famílias que ganham até três salários mínimos por mês, mas a demanda por moradias também atinge consumidores de rendas intermediárias, que viram o mercado de trabalho ficar instável nos últimos anos e o crédito imobiliário mais escasso. [...]

GAVRAS, Douglas. Déficit habitacional é recorde no país. *O Estado de S. Paulo*, 6 jan. 2019. Disponível em: https://economia.estadao.com.br/noticias/geral,deficit-habitacional-e-recorde-no-pais,70002669433. Acesso em: abr. 2020.

Brasil: *deficit* habitacional total e relativo (2015)

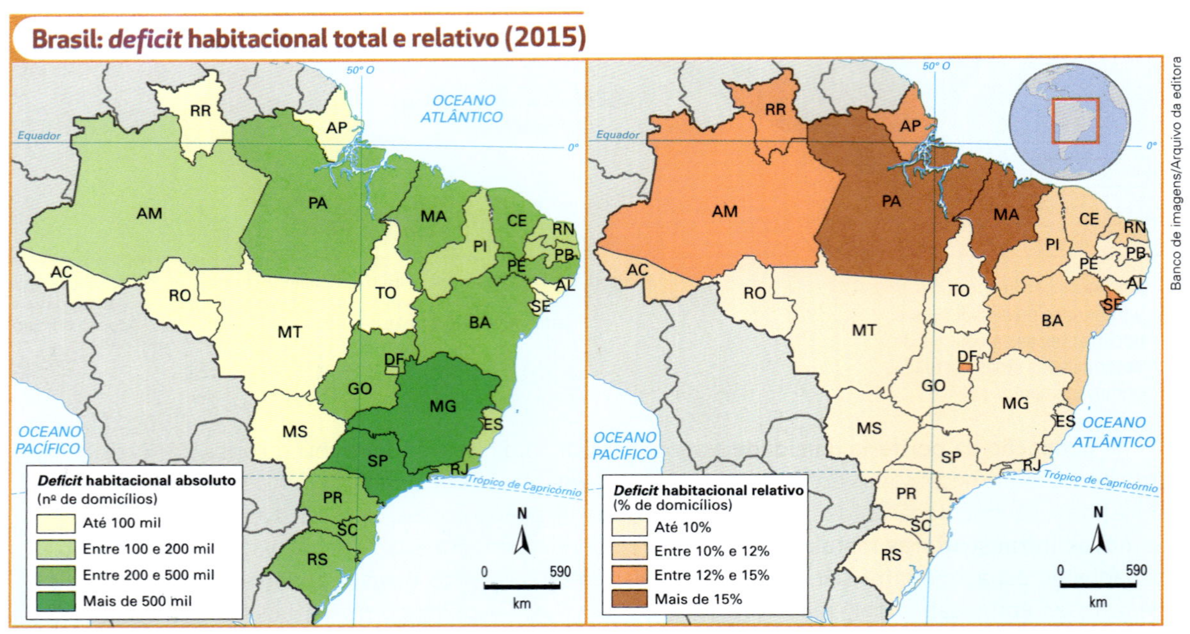

Elaborados com base em: FUNDAÇÃO João Pinheiro. Diretoria de Estatística e Informações. *Déficit habitacional no Brasil 2015*. Belo Horizonte: FJP, 2018. p. 48. Disponível em: www.bibliotecadigital.mg.gov.br/consulta/consultaDetalheDocumento.php?iCodDocumento=76871. Acesso em: jan. 2020.

1 O que esses mapas mostram? Por que as realidades são diferentes em cada um deles?

2 Analise a situação geral do *deficit* habitacional das unidades da Federação.

3 Qual é a situação do *deficit* habitacional absoluto e relativo na UF onde você mora?

A questão dos transportes

O **trânsito caótico** e os **transportes coletivos ineficientes** e **com custo elevado** fazem parte da rotina dos moradores das grandes cidades brasileiras.

Essa situação traz sérios prejuízos ambientais, sociais e econômicos à cidade e a seus habitantes, pois provoca intensa **poluição atmosférica e sonora**, produz **grandes congestionamentos** e eleva o gasto com combustíveis. O fato de o transporte rodoviário ter sido privilegiado em detrimento de outros meios, como trens, eleva o custo do frete e aumenta o preço das mercadorias comercializadas. Além disso, provoca congestionamentos na cidade e retração de investimentos na cadeia produtiva, em virtude do alto custo arcado pelas empresas com o transporte de mercadorias.

Marlon Costa/Futura Press

A cidade de Recife (PE), apresenta um dos tráficos de veículos mais caóticos do mundo, com frequentes e longos congestionamentos, levando a população a perder muitas horas no trânsito. Foto de 2018.

O tempo perdido nos congestionamentos aumenta o cansaço dos habitantes das áreas urbanas, muitas vezes sendo fator para diminuição da produtividade e do tempo destinado à convivência familiar e social, ao estudo e ao lazer. Por isso, muitas pessoas procuram morar em **bairros próximos a estações de trem, metrô** e **ônibus** e a grandes vias de circulação para reduzir o tempo de deslocamento. Isso faz com que os terrenos e as construções existentes nessas áreas tenham uma valorização econômica expressiva.

Diferentes medidas vêm sendo adotadas para solucionar o **problema da mobilidade urbana** nas grandes cidades. Entre elas está o sistema de rodízio de veículos, introduzido, por exemplo, na cidade de São Paulo. Nesse sistema, os carros são proibidos, sob pena de multa, de circular no centro expandido da cidade uma vez por semana nos horários de pico. Outra medida é a ampliação das vias de circulação. Essas ações, no entanto, surtem pouco efeito no trânsito das cidades, em virtude do crescimento constante da frota de veículos particulares.

O uso de bicicletas é uma opção sustentável para o trânsito das grandes cidades. Para isso, é preciso que os governos invistam em infraestrutura adequada, como a construção de ciclovias e placas de sinalização.

Dirceu Portugal/Fotoarena

Ciclista pedala em ciclovia em avenida de Maringá (PR). Foto de 2020.

Eficiência do uso do espaço no transporte, segundo veículo

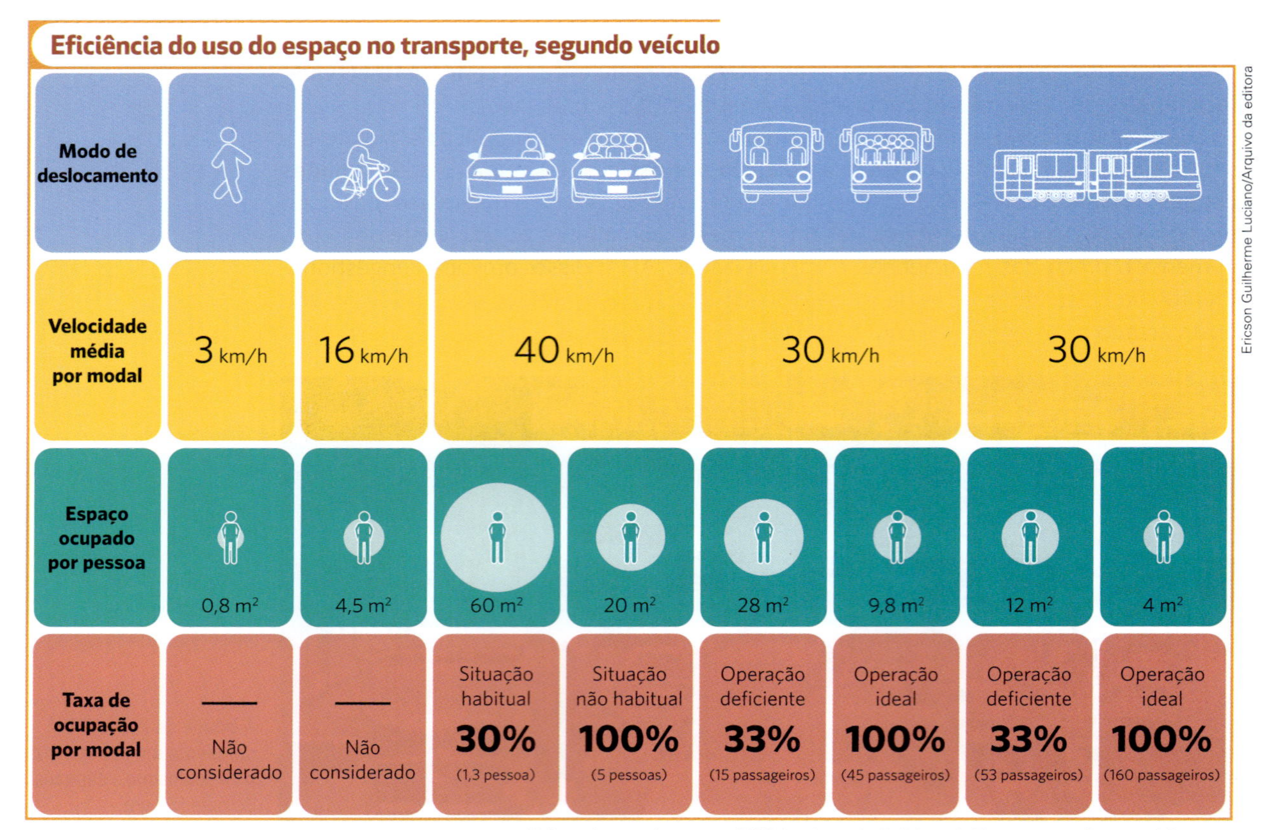

Modo de deslocamento								
Velocidade média por modal	3 km/h	16 km/h	40 km/h		30 km/h		30 km/h	
Espaço ocupado por pessoa	$0{,}8\ m^2$	$4{,}5\ m^2$	$60\ m^2$	$20\ m^2$	$28\ m^2$	$9{,}8\ m^2$	$12\ m^2$	$4\ m^2$
Taxa de ocupação por modal	— Não considerado	— Não considerado	Situação habitual **30%** (1,3 pessoa)	Situação não habitual **100%** (5 pessoas)	Operação deficiente **33%** (15 passageiros)	Operação ideal **100%** (45 passageiros)	Operação deficiente **33%** (53 passageiros)	Operação ideal **100%** (160 passageiros)

Ericson Guilherme Luciano/Arquivo da editora

Elaborado com base em: ITDP, Instituto de Políticas de Transporte e Desenvolvimento. Disponível em: http://itdpbrasil.org.br/wp-content/uploads/2015/03/uso-do-espaco.png. Acesso em: jan. 2020.

Para solucionar esse grave problema urbano de modo efetivo, é necessária a ampliação de **investimentos no transporte coletivo**. Aumentar a oferta e a eficiência desse tipo de transporte, a um custo mais baixo, incentiva a população a optar por ele em detrimento dos automóveis particulares. Também são importantes as propostas de transporte intermodais, ou seja, nos quais a população possa se valer de mais de um tipo (ou modal) de transporte para chegar ao seu destino, como, por exemplo, conciliar a bicicleta com trens, metrôs e ônibus.

Devido a essas problemáticas, surgiu em 2005 o Movimento Passe Livre (MPL), em Porto Alegre (RS), durante o Fórum Social Mundial. O MPL teve sua origem na Revolta do Buzu, ocorrida em 2003, em Salvador (BA). Essa mobilização popular reuniu estudantes contra o aumento das passagens de ônibus. E no ano seguinte, em 2004, estudantes de Florianópolis (SC), organizaram a "revolta da catraca".

Edson Ruiz/Folhapress

Revolta do Buzu, em Salvador (BA), 2003.

Com o surgimento efetivo do movimento e sua disseminação pelo país, a pauta da tarifa zero no transporte coletivo como forma de garantir a mobilidade urbana para toda a população começou a ser discutida e disputada em vários municípios. Em 2013, uma reação ao aumento das passagens de ônibus e metrô em São Paulo (SP) foi o estopim de grandes manifestações em todo o Brasil, conferindo amplitude de discussão nacional para a questão do transporte coletivo. Como resultado, a tarifa zero para estudantes foi conquistada em alguns lugares do Brasil e um pequeno número de municípios, como Maricá (RJ), estabeleceu o passe livre para toda a sua população.

A questão socioambiental

O rápido crescimento urbano brasileiro, somado à **falta de ações governamentais**, trouxe consequências socioambientais de grande amplitude e que repercutem na qualidade de vida dos moradores das grandes cidades.

Saneamento básico e escassez de água potável

O aumento da população e a expansão urbana levaram à ampliação de áreas desprovidas de **saneamento básico** (sistema de coleta regular de lixo e de tratamento de água e esgoto).

Entretanto, as dificuldades de abastecimento de água à população das regiões metropolitanas são cada vez maiores por causa da poluição das bacias hidrográficas, onde o esgoto — muitas vezes sem tratamento — é despejado, e da ocupação das áreas de mananciais. Esse problema, associado ao desperdício e a vazamentos, aumenta os riscos de racionamento e escassez de água potável nas grandes cidades brasileiras. A ingestão de água não tratada, muitas vezes retirada de rios e córregos onde o esgoto doméstico é despejado, também traz sérios riscos de contaminação.

Visando combater essa situação foi criado o **Plano Municipal de Saneamento Básico (PMSB)**. Esse plano obriga todos os municípios brasileiros a formular políticas públicas que tenham como objetivo levar o saneamento básico a toda sua população, incluindo esgotamento sanitário, abastecimento de água, manejo dos resíduos sólidos e drenagem urbana. Apesar de sancionada em 2007, o prazo para seu cumprimento já foi prorrogado quatro vezes, sendo atualmente o fim de 2022. Até julho de 2019, segundo a Agência Nacional de Águas (ANA), mais da metade dos municípios ainda não tinham elaborado planos consistentes.

A irregularidade na distribuição de água pelo sistema, com interrupções no fornecimento, comuns em vários municípios do Brasil, faz com que muitas pessoas armazenem água para consumo em reservatórios destampados, que podem se tornar um criadouro para o mosquito *Aedes aegypti*, transmissor de doenças como dengue, zika e chikungunya. O Brasil conheceu epidemias de zika e dengue em meados da década de 2010. A falta de redes de esgoto é outro fator que contribui para a ocorrência de epidemias.

Além disso, o descarte de efluentes líquidos sem tratamento adequado provoca contaminação dos solos e dos cursos de água. É frequente nas paisagens das grandes e até médias cidades brasileiras a presença de rios e córregos que se assemelham a canais de esgoto a céu aberto.

Eduardo Anizelli/Folhapress

Funcionário da prefeitura de São Paulo (SP) em combate ao mosquito *Aedes aegypti*, em 2019. Problemas com infraestrutura de saneamento básico contribuem para a ocorrência de doenças, como a zika e a dengue.

Enchentes e alagamentos

Durante as estações chuvosas, as grandes cidades sofrem com enchentes, alagamentos, inundações e enxurradas. Além dos transtornos no trânsito da cidade, casas são inundadas, veículos e pessoas arrastadas, levando a afogamentos e facilitando a proliferação de doenças, como a leptospirose, causada pela urina do rato.

Apesar de as chuvas estarem associadas aos ritmos naturais do clima, as enchentes são causadas pela forma como a urbanização se deu, com grande impermeabilização do solo, canalização e retificação dos cursos de água, retirada das matas ciliares, ocupação de várzeas de rios e córregos e seus assoreamentos.

Escoamento superficial em ambientes urbano e rural

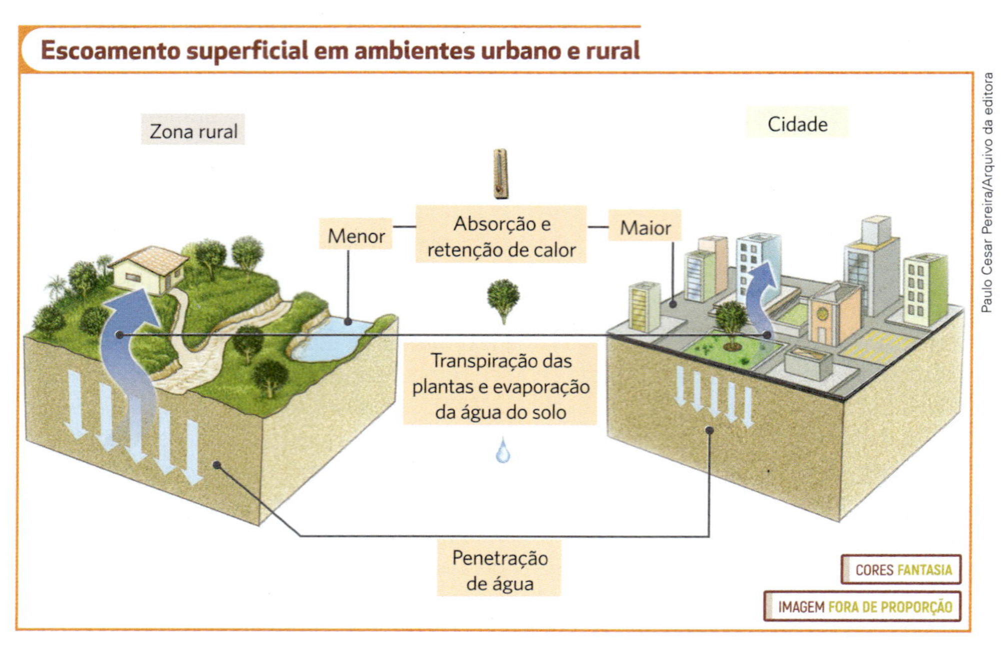

Elaborado com base em: PIVETTA, M. Ilha de calor na Amazônia. *Pesquisa Fapesp*, ed. 200, out. 2012. p. 80. Disponível em: https://revistapesquisa.fapesp.br/wp-content/uploads/2012/10/078-081_ilhascalor_200.pdf. Acesso em: jan. 2020.

Microclima: variação climática em uma área restrita. Ocorre, por exemplo, nas grandes cidades, onde o concreto, o asfalto e a escassez de vegetação levam ao aumento da temperatura atmosférica.

Medidor de qualidade do ar em Ipatinga (MG), 2018.

Poluição do ar

A má qualidade do ar, decorrente da elevada emissão de poluentes, sobretudo por veículos automotivos, e a falta de áreas verdes são fatores que prejudicam a qualidade de vida da população nas grandes cidades. No mundo todo, diversas doenças pulmonares e cardiovasculares são causadas pela péssima qualidade do ar urbano.

A expansão populacional em ritmo acelerado sobre as áreas limítrofes à mancha urbana reduz a quantidade de áreas com remanescentes de vegetação. As áreas verdes e as árvores das cidades são, muitas vezes, destruídas para dar lugar a vias pavimentadas e a construções.

Além da piora da qualidade do ar, a escassez de vegetação traz outros problemas, como o aumento das temperaturas e da sensação de calor. Estudos conduzidos pela Universidade de São Paulo (USP) demonstraram que, em um dia quente de verão, as temperaturas em uma avenida cercada de prédios, concreto, asfalto e vidros podem ser até dois graus mais altas do que em um parque arborizado na mesma cidade. Se essa mesma avenida fosse arborizada, a temperatura atmosférica poderia diminuir cerca de um grau, mas a sensação térmica para os pedestres seria de até doze graus a menos.

Algumas áreas verdes que restam em muitas grandes cidades brasileiras se transformam em parques urbanos destinados às atividades de lazer e entretenimento. Tal fato acaba sendo explorado pela especulação imobiliária nos bairros do entorno, já que a população pode desfrutar de uma melhor qualidade do ar, de um **microclima** mais ameno e de uma paisagem esteticamente atraente.

Destinação do lixo

Os depósitos de resíduos sólidos em locais inapropriados e a falta de coleta de lixo aumentam os riscos de transmissão de doenças infectocontagiosas, que atingem principalmente a população de baixa renda. A quantidade e o destino do lixo produzido nas áreas urbanas também são sérios problemas ambientais. Ao ser depositado em terrenos impróprios, o lixo causa mau cheiro, proliferação de roedores e baratas e contaminação do solo e da água (com o chorume), provocando danos sociais e ambientais.

O aumento da quantidade de lixo produzido e a falta de espaço destinado à construção de aterros sanitários dificultam a resolução do problema. Estes acabam sendo construídos em áreas cada vez mais distantes das cidades, já que as pessoas não devem morar próximo a eles. As operações de despejo dos resíduos sólidos passam a ficar cada vez mais custosas, onerando os cofres públicos.

Lixão X aterro sanitário

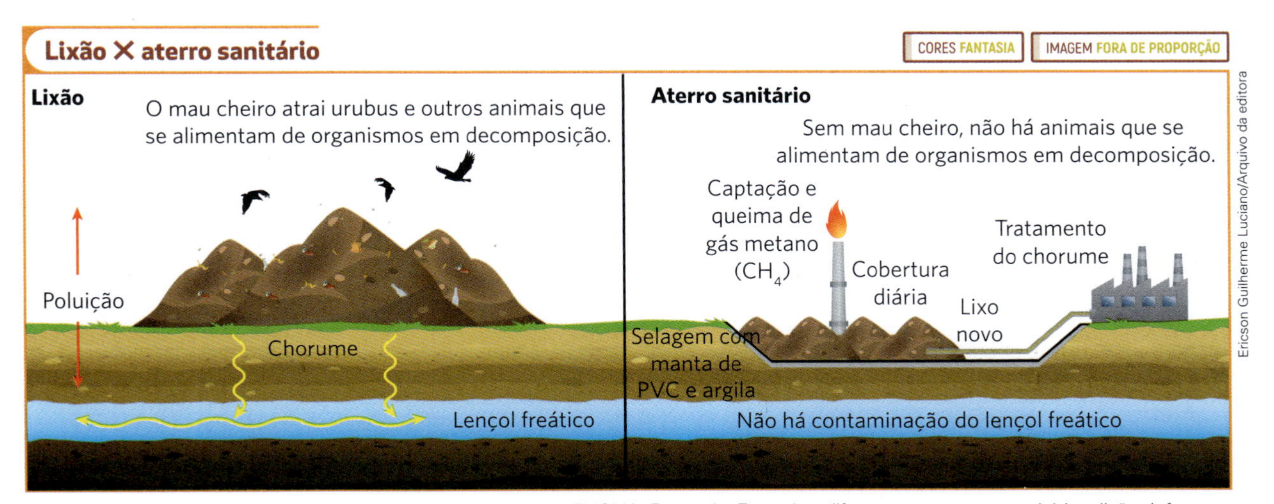

Elaborado com base em: BUGLIA, Fernando. Entenda a diferença entre aterro sanitário e lixão. *Infoenem*. Disponível em: www.infoenem.com.br/entenda-a-diferenca-entre-aterro-sanitario-e-lixao. Acesso em: jun. 2020.

A Política Nacional de Resíduos Sólidos (PNRS)

Para lidar com o crescente volume de lixo produzido nas cidades e os problemas advindos dele, foi criada, em 2010, a **Política Nacional de Resíduos Sólidos (PNRS)**, que regula amplamente a questão, incentivando hábitos de consumo sustentáveis e a reciclagem, e responsabilizando fabricantes, distribuidores, comerciantes, o Estado e o cidadão pela diminuição do volume de resíduos e pelos impactos por eles gerados.

Entre as principais determinações da PNRS, estão a logística reversa, que responsabiliza os fabricantes por todo o ciclo de vida de seus produtos, inclusive o descarte e a destinação corretos de embalagens e produtos descartados, e a proibição dos lixões a céu aberto, que devem ser substituídos por aterros sanitários.

A Política Nacional de Resíduos Sólidos previa que em 2014 não deveriam existir mais lixões no Brasil, mas houve prorrogação de prazos entre 2018 e 2021, dependendo do tamanho, tipo e localização do município. Em 2017, segundo o IBGE, cerca de 73% do lixo produzido no país tinha destino adequado, ou seja, ia para aterros sanitários, onde há melhor proteção para minimizar a contaminação do ar, do solo e de lençóis freáticos. Segundo a Associação Brasileira de Empresas de Limpeza Pública e Resíduos Especiais, esse número é de 60%.

Nos lixões, ar, solo e água sofrem contaminação, pois em sua construção não existe nenhum tipo de preparo adequado, como manta de argila e PVC para proteger o solo e o lençol freático, cobertura diária para não poluição do ar, captação e queima do metano ou tratamento do chorume, resíduo da decomposição do lixo orgânico. Além disso, o índice de reciclagem de materiais, apesar de ter crescido nos últimos anos no país, ainda é muito baixo: menos de 5% dos resíduos são destinados à coleta seletiva.

A questão da violência urbana

A violência urbana é mais um dos sérios problemas das grandes cidades. Entre as principais causas sociais e econômicas que aumentam os índices de violência nas cidades brasileiras estão os altos índices de pobreza, a falta de direitos a uma vida digna e a falta de oportunidade de empregos com remuneração adequada à satisfação das necessidades da população.

O tráfico de drogas e a fraca presença do poder público na efetivação de políticas sociais e de segurança agravam ainda mais o problema e aumentam os índices de criminalidade, que atinge todas as camadas da população.

O clima de insegurança em que vive a população urbana e a falta de credibilidade do poder público influenciam os hábitos cotidianos, como não andar sozinho durante a noite, não andar com objetos de valor, entre outras práticas já incorporadas por parte dos habitantes das grandes cidades.

As áreas urbanas carecem cada vez mais de espaços públicos seguros e de ambientes de sociabilidade, o que acaba limitando o direito à liberdade. E é nas periferias das grandes cidades que esses problemas são mais agudos.

Conexões  SOCIOLOGIA

Violência contra mulheres nos transportes públicos

Nos últimos anos, a violência contra mulheres nos transportes públicos, sobretudo das grandes cidades brasileiras, aumentou. Por causa disso, em muitas cidades brasileiras foram estruturados vagões de metrô e trens exclusivos para mulheres em horários de maior movimento, com maior fluxo de pessoas.

Também visando chamar a atenção para esse tipo de crime, as usuárias do metrô paulistano Nana Soares, de 23 anos, e Ana Carolina Nunes, de 24 anos, procuraram os responsáveis por esse transporte e com eles elaboraram uma campanha para coibir atos criminosos nas dependências do metrô.

Marlon Costa/Futura Press

Vagão de trem exclusivo para mulheres em Recife (PE), 2017. Diversas entidades criticam essa determinação, entendendo que se trata de uma forma de segregação e que as mulheres deveriam ser respeitadas em todos os espaços.

1 Em sua opinião, é importante a participação ativa das pessoas que vivem nas cidades para a melhoria das condições de vida nesses espaços? Explique.

2 Que atitude é possível adotar caso você presencie ou seja vítima desse tipo de violência no transporte público descrito no texto?

Atividades

1 Observe a foto. Relacione-a com alguns aspectos do processo de urbanização no Brasil.

Tales Azzi/Pulsar Imagem

À esquerda, Paraisópolis, bairro com habitações populares e muitas vezes improvisadas; à direita, Morumbi, bairro com prédios residenciais de alto padrão, em São Paulo (SP), 2019.

2 O que são regiões metropolitanas e com quais objetivos elas são criadas?

3 Entre as cidades é estabelecida uma rede hierarquizada, isto é, um sistema de relações econômicas e sociais em que umas se subordinam a outras. Comente como se dá a hierarquia urbana no Brasil.

4 Tendo em vista o conceito de **conurbação**, dê um exemplo que ocorra no estado onde você mora.

5 O que é especulação imobiliária? Escreva sobre a influência desse fenômeno no processo de organização do espaço urbano. Ela ocorre em seu município? Exemplifique.

6 Observe as fotos. Comente os tipos de habitações retratadas e apresente situações comuns e as diferenças relacionadas ao modo de vida e à mobilidade das pessoas que habitam essas moradias.

Cesar Diniz/Pulsar Imagens

Vista aérea do bairro Alto de Pinheiros, em São Paulo (SP), a cerca de 10 quilômetros do centro da cidade. Foto de 2019.

Ricardo Oliveira/Tyba

Vista aérea de área desmatada para invasão em Manaus (AM). Foto de 2018.

7 Dois grandes problemas presentes nas grandes cidades brasileiras são a ineficiência do sistema de transporte e a grande geração de lixo (resíduos sólidos), além da dificuldade de descarte correto dos resíduos. Reúna-se com alguns colegas de classe (entre 3 e 4 pessoas) para identificar a origem desses problemas e pensar em propostas para solucioná-los ou reduzi-los, considerando três esferas de ação:

a) o poder público municipal;
b) o setor empresarial (indústria, comércio, etc.);
c) os moradores.

Questões do Enem e de vestibulares

Capítulo 9: Globalização e redes da economia mundial

- (Fuvest-SP)

É de grande relevância aqui o fato de que uma grande proporção do trânsito de internet do mundo passa pelos Estados Unidos (...). Isso significa que a NSA (a agência de segurança nacional dos EUA) poderia acessar uma quantidade alarmante de ligações telefônicas simplesmente escolhendo as instalações certas. O que é ainda mais inacreditável: essas instalações não passam de alguns prédios, conhecidos como "hotéis de telecomunicação", que hospedam os principais centros de conexão de internet e telefonia do planeta todo.

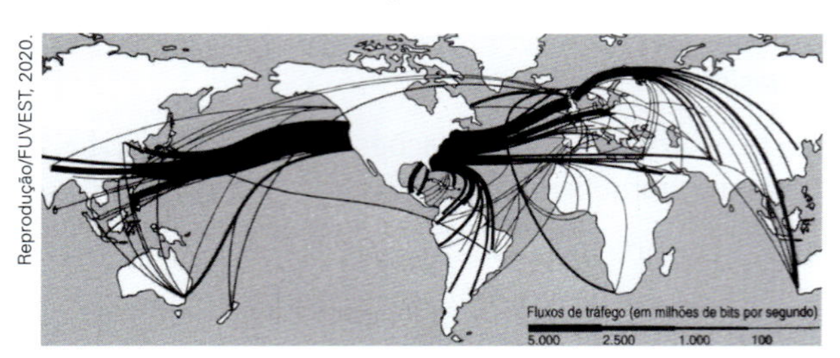

Stephen Graham, *Cidades Sitiadas: o novo urbanismo militar*, 2016. Adaptado.

A respeito da configuração espacial e geopolítica retratada no excerto e no mapa, é possível afirmar que

a) essa é a razão do grande déficit econômico dos Estados Unidos atualmente, uma vez que a maior parte dos negócios e transações é feita pela internet.

b) essa situação explica o fato de que os Estados Unidos tenham, atualmente, a maior dívida pública do planeta, já que os custos com o tratamento de dados são muito altos.

c) em um mundo cada vez mais dependente dos fluxos imateriais de informação, a presença de objetos técnicos fixos torna-se irrelevante para a posição geopolítica dos Estados Unidos.

d) o mapa representa, por meio do "trânsito de internet" e do fluxo de "ligações telefônicas", uma globalização que integrou completamente tanto os norte-americanos quanto as populações da África.

e) a presença de fixos, como algumas instalações de armazenagem e conexão, influencia a orientação de fluxos e dá aos EUA uma posição de destaque no contexto geopolítico.

Capítulo 10: Globalização e blocos econômicos

- (Uece) O afastamento do Reino Unido da União Europeia, que ficou conhecido como Brexit, foi aprovado em plebiscito em junho de 2016, depois de longas polêmicas acerca das campanhas relacionadas ao movimento. Sobre o Brexit, é correto afirmar que

a) é um movimento que questiona a globalização e o internacionalismo liberal, defendendo, em seu lugar, um forte regionalismo ou o fechamento comercial de fronteiras nacionais.

b) se trata de um movimento político realizado pelo Reino Unido, que se afasta da União Europeia para liderar uma cooperação internacional mútua de países emergentes.

c) acentua a tendência cada vez maior do Reino Unido de expandir suas relações comerciais globais, principalmente ao sair da União Europeia e dominar outros continentes.

d) demarca o ressurgimento radical de ideias derivadas do liberalismo econômico no Reino Unido, que busca se afastar da União Europeia, em função do programa governamental social-democrata dos países que formam esse bloco.

Capítulo 11: Energia no mundo atual

- (Unicamp-SP) Matriz energética é o conjunto de fontes de energia disponíveis. Os gráficos a seguir representam a matriz energética no mundo e no Brasil, mostrando as fontes de energia renováveis e não renováveis.

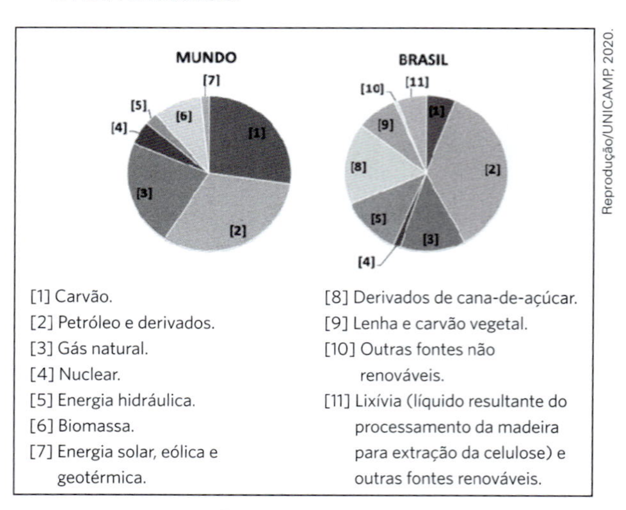

(Fonte: http://www.epe.gov.br/pt/abcdenergia/matriz-energetica-e-eletrica. Acessado em 02/05/2019.)

Considerando seus conhecimentos sobre meio ambiente e as informações fornecidas, assinale a alternativa correta.

a) A matriz energética brasileira utiliza menor porcentagem de energia renovável que a mundial, com o uso predominante de combustíveis fósseis.

b) Gás natural, biomassa, energia hidráulica, energia solar, eólica e geotérmica são as fontes renováveis de energia utilizadas na matriz mundial.

c) A matriz energética brasileira é mais dependente de fontes renováveis de energia do que a matriz mundial, como alternativa ao uso de combustíveis fósseis.

d) Os biocombustíveis derivados da cana-de-açúcar e do gás natural são as principais fontes renováveis nas matrizes brasileira e mundial, respectivamente.

Capítulo 12: Indústria no mundo atual

- (Enem)

A reestruturação global da indústria, condicionada pelas estratégias de gestão global da cadeia de valor dos grandes grupos transnacionais, promoveu um forte deslocamento do processo produtivo, até mesmo de plantas industriais inteiras, e redirecionou os fluxos de produção e de investimento. Entretanto, o aumento da participação dos países em desenvolvimento no produto global deu-se de forma bastante assimétrica quando se compara o dinamismo dos países do leste asiático com o dos demais países, sobretudo os latino-americanos, no período 1980-2000.

SARTI, F.; HIRATUKA, C. *Indústria mundial:* mudanças e tendências recentes. Campinas: Unicamp, n. 186, dez. 2010.

A dinâmica de transformação da geografia das indústrias descrita expõe a complementaridade entre dispersão espacial e

a) autonomia tecnológica.

b) crises de abastecimento.

c) descentralização política.

d) concentração econômica.

e) compartilhamento de lucros.

Capítulo 13: Indústria no Brasil

- (Enem PPL)

A tecelagem é numa sala com quatro janelas e 150 operários. O salário é por obra. No começo da fábrica, os tecelões ganhavam em média 170$000 réis mensais. Mais tarde não conseguiam ganhar mais do que 90%000 e pelo último rebaixamento, a média era de 75$000! E se a vida fosse barata! Mas as casas que a fábrica aluga, com dois quartos e cozinha, são a 20$000 réis por mês; as outras são de 25$ a 30$000 réis. Quanto aos gêneros de primeira necessidade, em regra custam mais do que em São Paulo.

CARONE, E. *Movimento operário no Brasil*. São Paulo: Difel, 1979.

Essas condições de trabalho, próprias de uma sociedade em processo de industrialização como a brasileira do início do século XX, indicam a

a) exploração burguesa.

b) organização dos sindicatos.

c) ausência de especialização.

d) industrialização acelerada.

e) alta de preços.

Capítulo 14: Agropecuária no mundo e no Brasil

- (Fuvest-SP)

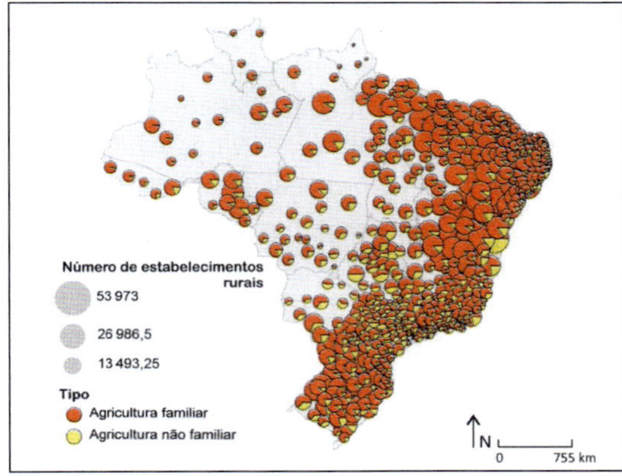

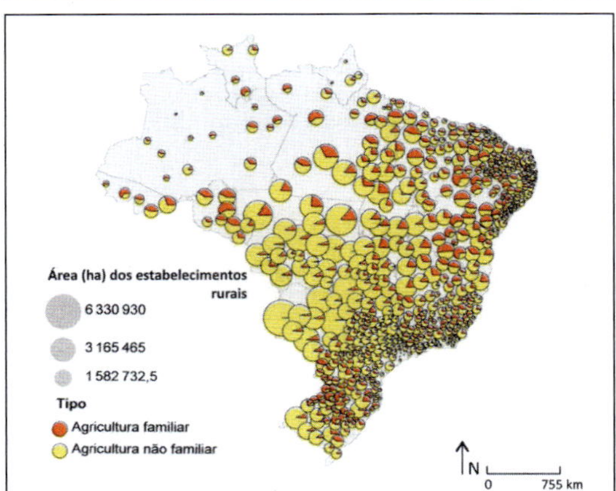

Hervé Théry e Neli Aparecida Mello-Théry. *Atlas do Brasil: disparidades e dinâmicas do território*. 3ª edição, 2018. Adaptado.

Sobre a produção agrícola brasileira e os dados apresentados nos cartogramas, é correto afirmar:

a) A agricultura familiar, que utiliza a maior extensão de terras agricultáveis do país, foi responsável pela produção da maior parte do volume agrícola exportado.

b) A agricultura familiar, que utiliza uma extensão de terras menor que a agricultura não familiar, tem destaque na produção de alimentos para o mercado interno.
c) A agricultura não familiar, que detém a maior extensão de terras agricultáveis do país, consiste em uma barreira ao desenvolvimento das atividades ligadas ao agronegócio.
d) A agricultura não familiar, que apresenta o maior número de estabelecimentos rurais no país, é responsável pela produção de parte das chamadas *commodities* brasileiras.
e) A concentração fundiária foi superada no país em função de a agricultura familiar ocupar, com seus estabelecimentos, a maior parte das terras.

Capítulo 15: Urbanização no mundo

- (UEG-GO) A rede urbana tradicional era constituída por relações hierárquicas de subordinação de uma pequena cidade em relação a uma imediatamente maior. Atualmente, é possível o habitante de uma vila se comunicar diretamente com uma metrópole nacional ou mundial sem a necessidade de obedecer a nenhuma hierarquia. A concretização dessa grande transformação depende:

a) da ampliação da rede de telefonia celular e da diversificação dos serviços públicos.
b) dos avanços no sistema de transportes e da ampliação da distribuição das fontes de energia.
c) da renda das pessoas e do acesso que elas possuem em relação aos recursos tecnológicos.
d) dos recursos tecnológicos disponibilizados à população independentemente de sua condição social.
e) da distribuição da população em diferentes locais do planeta, desde espaços rurais até metropolitanos.

Capítulo 16: Urbanização no Brasil

- (Enem)

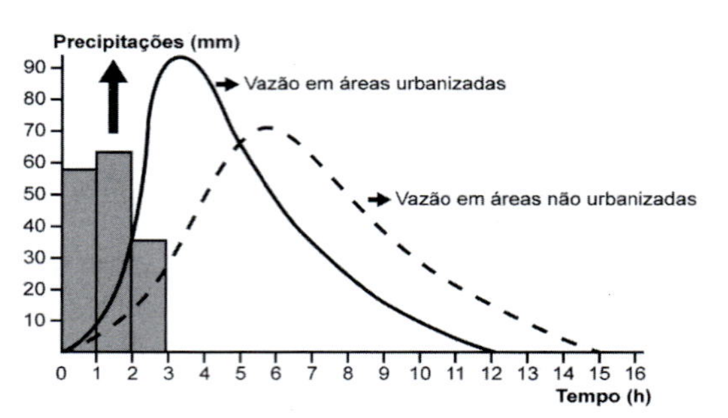

Disponível em: www.biologiasur.org. Acesso em: 4 jul. 2015 (adaptado).

A dinâmica hidrológica expressa no gráfico demonstra que o processo de urbanização promove a:

a) redução do volume dos rios.
b) expansão do lençol freático.
c) diminuição do índice de chuvas.
d) retração do nível dos reservatórios.
e) ampliação do escoamento superficial.

Gabarito

Capítulo 9: Globalização e redes da economia mundial

- e

Capítulo 10: Globalização e blocos econômicos

- a

Capítulo 11: Energia no mundo atual

- c

Capítulo 12: Indústria no mundo atual

- d

Capítulo 13: Indústria no Brasil

- a

Capítulo 14: Agropecuária no mundo e no Brasil

- b

Capítulo 15: Urbanização no mundo

- c

Capítulo 16: Urbanização no Brasil

- e

CIÊNCIAS HUMANAS E SOCIAIS APLICADAS

conecte LIVE

VOLUME ÚNICO

ELIAN ALABI LUCCI

Bacharel e licenciado em Geografia pela Pontifícia Universidade Católica de São Paulo (PUC-SP).

Professor de Geografia na rede particular de ensino.

Diretor da Associação dos Geógrafos Brasileiros (AGB) – Seção local Bauru-SP.

EDUARDO CAMPOS

Bacharel e licenciado em Geografia pela Faculdade de Filosofia, Letras e Ciências Humanas da Universidade de São Paulo (FFLCH-USP).

Mestre em Educação pela Faculdade de Educação da Universidade de São Paulo (FEUSP).

Professor e coordenador pedagógico e educacional na rede particular de ensino.

PARTE III

Geografia

ANSELMO LÁZARO BRANCO

Licenciado em Geografia pelas Faculdades Associadas Ipiranga (FAI).

Professor de Geografia na rede particular de ensino.

CLÁUDIO MENDONÇA

Bacharel e licenciado em Geografia pela Faculdade de Filosofia, Letras e Ciências Humanas da Universidade de São Paulo (FFLCH-USP).

Professor de Geografia na rede particular de ensino.

Sumário

PARTE I

PARTE II

HO/Governo do Estado de Pernambuco/Agência France-Presse

nellie hembry/Shutterstock

PARTE III

Kyodo/AP Photo/Glow Images

Stefan Sauer/dpa-Zentralbild/Agência France-Presse

CAPÍTULO

17

Dinâmica demográfica no mundo e no Brasil

Este capítulo favorece o desenvolvimento das habilidades:

- EM13CHS101
- EM13CHS102
- EM13CHS103
- EM13CHS104
- EM13CHS201
- EM13CHS206
- EM13CHS504
- EM13CHS602
- EM13CHS605
- EM13CHS606

Os demógrafos estudam a população por diferentes variáveis, como nascimento, morte, envelhecimento, desigualdade, emprego, segurança alimentar e migração. As características da dinâmica populacional de cada sociedade são referência para o planejamento socioeconômico e influenciam questões da vida familiar, do mundo do trabalho, da educação, da vida cotidiana.

Shutterstock/Shutterstock

Parque aquático Dead Sea, Suining, província de Sichuan, China, em 2016.

Contexto

1. A China é o país com maior população do mundo atualmente. Que outros países populosos você conhece?
2. Que fatores estão relacionados à variação no ritmo de crescimento populacional de um país? Nesse aspecto, países desenvolvidos, emergentes e em desenvolvimento apresentam o mesmo comportamento?
3. A análise da dinâmica demográfica de um país é importante para o planejamento por parte do Estado. Em sua opinião, que aspectos devem ser considerados nessa análise? Por quê?

População mundial

O mundo atingiu 7,6 bilhões de pessoas em 2018, com crescimento de 1,2 bilhão apenas nos primeiros 15 anos deste século. De acordo com a ONU, mesmo com a queda das taxas de crescimento populacional no mundo, o aumento ainda é expressivo, com 1,1% de crescimento vegetativo.

A maior parte desse novo contingente humano vai habitar os países em desenvolvimento na Ásia, na África e na América Latina, os quais têm os maiores índices de crescimento **demográfico** do mundo e as situações socioeconômicas mais precárias.

Nos países desenvolvidos e emergentes, a situação é inversa, pois, com o envelhecimento da população, o baixo crescimento gera ou poderá gerar escassez de mão de obra e problemas no sistema de previdência social.

Demográfico: relativo à demografia, área do conhecimento que estuda a dinâmica populacional nos seus mais variados aspectos: crescimento, distribuição por faixas etárias e pelos setores da economia, migrações, distribuição territorial.

Demografia: entendendo os termos

Você já deve ter visto notícias sobre a queda das taxas de natalidade e mortalidade de um país e quanto isso influencia as questões políticas, econômicas e sociais. O estudo do crescimento da população humana depende da análise de importantes variáveis, como a natalidade, a mortalidade e outros indicadores utilizados pela demografia.

- **Taxa de natalidade:** relação entre os nascimentos anuais e a população total. É expressa pelo número de nascidos vivos (excluídos os **natimortos**) a cada mil habitantes em um ano. Acompanhe o exemplo:
  população total do país: 55.173.000 habitantes
  nascimentos anuais: 775.000
  taxa de natalidade: $775.000 \times \frac{1.000}{55.173.000} = 14‰$ (14 nascimentos a cada mil habitantes)

Natimorto: criança que nasceu morta ou teve óbito no instante seguinte ao nascimento.

- **Taxa de mortalidade:** número de óbitos a cada mil habitantes por ano.
  Acompanhe o exemplo:
  população total do país: 55.173.000 habitantes
  óbitos anuais: 335.000
  taxa de mortalidade: 6‰ (6 óbitos a cada mil habitantes)

As taxas de natalidade e de mortalidade também são expressas em porcentagem. Assim, baseando-se nos dados dos exemplos anteriores: taxa de natalidade = 1,4%; taxa de mortalidade = 0,6%.

- **Taxa de mortalidade infantil:** número de óbitos de crianças com menos de um ano a cada mil nascidas vivas (excluindo os natimortos), no período de um ano.

Países com maiores taxas de mortalidade infantil, a cada mil nascimentos (2019)		Países com menores taxas de mortalidade infantil, a cada mil nascimentos (2019)	
República Centro-Africana	83	Hong Kong (China)	2
Chade	73	Macau (China)	2
Somália	70	Estônia	2
Angola	68	Finlândia	2
Guiné Equatorial	67	Japão	2
Nigéria	67	Montenegro	2
República Democrática do Congo	66	Noruega	2
Guiné	66	Cingapura	2
Sudão do Sul	65	Eslovênia	2
Paquistão	64	Suécia	2

Elaborado com base em: POPULATION Reference Bureau. Disponível em: www.prb.org/international/indicator/infant-mortality/table. Acesso em: jan. 2020.

- **Crescimento vegetativo** ou **taxa de crescimento natural:** é a diferença entre a taxa de natalidade e a taxa de mortalidade.
  Conforme os exemplos anteriores, temos:
  taxa de natalidade: 14‰
  taxa de mortalidade: 6‰
  crescimento vegetativo: 8‰ ou 0,8%
- **Crescimento demográfico** ou **crescimento populacional:** considera o crescimento natural ou vegetativo mais a migração líquida, calculada pela diferença entre a entrada de pessoas em um território e a saída delas desse território.
- **Taxa de fecundidade:** número médio de filhos por mulher, entre 15 e 49 anos, período considerado reprodutivo ou fértil.
- **População absoluta:** total de habitantes de um local (cidade, estado, país ou mesmo o mundo). Um país com população absoluta elevada é considerado muito populoso; quando a população absoluta é pequena, o país é considerado pouco populoso.

Países mais populosos (primeiro semestre de 2019)

País	População (em milhões)
China	1.398
Índia	1.391,9
Estados Unidos	329,2
Indonésia	268,4
Paquistão	216,6
Brasil	209,3
Nigéria	201
Bangladesh	163,7
Rússia	146,7
México	126,6

Elaborado com base em: POPULATION Reference Bureau. Disponível em: www.prb.org/international/indicator/population/table?geos=China,India,Indonesia,Pakistan,Brazil,Nigeria,Bangladesh,Russia,Mexico,Japan,Ethiopia,Philippines,Egypt,Congo,%20Dem.%20Rep.,Iran,Vietnam, Germany,Turkey,United%20States. Acesso em: nov. 2019.

- **População relativa:** também chamada densidade demográfica, é a relação entre o total de habitantes (população absoluta) e a área territorial que ocupam. É expressa em habitantes por quilômetro quadrado (hab./km²).

Um país ou região com elevada densidade demográfica é considerado bastante **povoado**. Quando ocorre o contrário, ou seja, baixa densidade demográfica, o país ou região é considerado pouco povoado.

Arun Sambhu Mishra/Shutterstock

Vista de trecho de Mumbai, Índia, mostrando, em primeiro plano, moradias em assentamento informal. De acordo com projeções da ONU, a população da Índia superará a da China na década de 2020. Fotografia de 2018.

É importante, no entanto, que o conceito de densidade demográfica seja analisado de acordo com o nível de desenvolvimento de cada sociedade. Por exemplo, considerando apenas a densidade demográfica, o Brasil é pouco povoado, enquanto a Holanda é superpovoada. O aproveitamento do território holandês é mais adequado ao atendimento das necessidades de sua população do que o do brasileiro. Além disso, o Brasil tem situações muito diferentes em cada região, com a Sudeste muito mais povoada que a região Norte, por exemplo.

Olho no espaço

Evolução demográfica

- Observe os mapas a seguir para responder às questões.

Mundo: densidade demográfica — em hab./km² (1961)

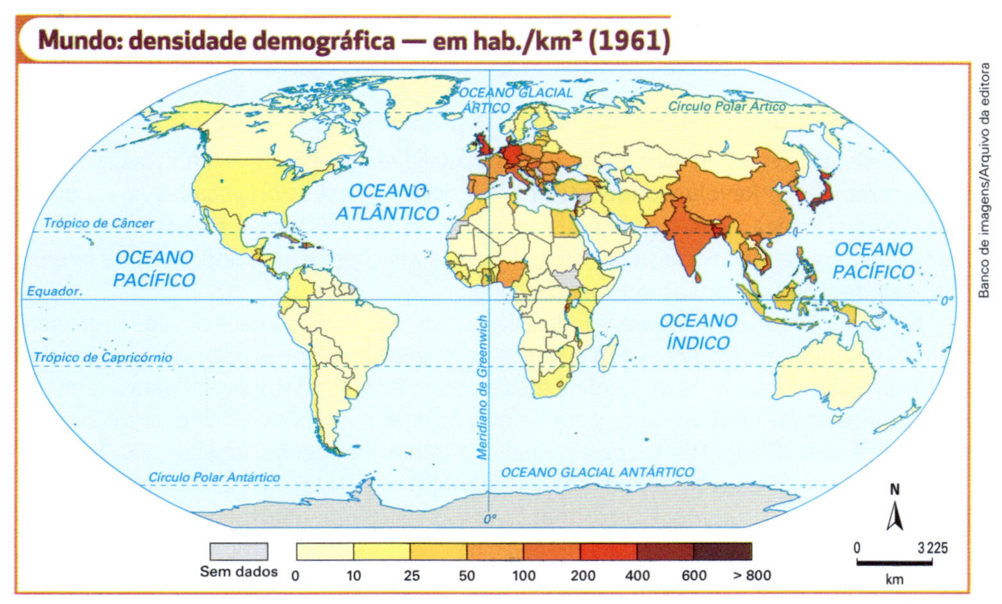

Elaborado com base em: OUR WORLD In Data. World Population Growth. Disponível em: https://ourworldindata.org/world-population-growth. Acesso em: abr. 2020.

Mundo: densidade demográfica — em hab./km² (2017)

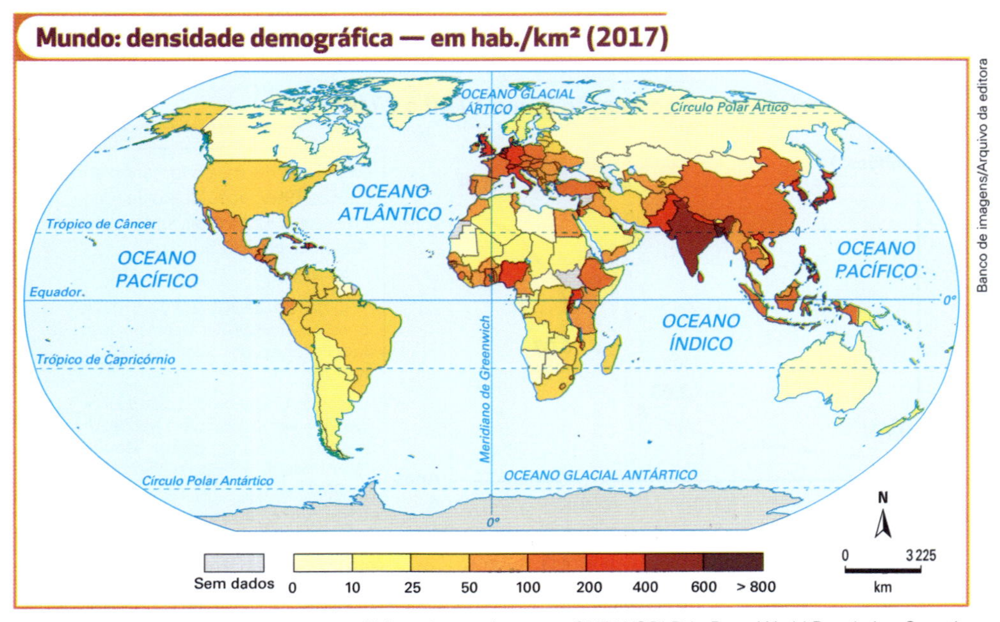

Elaborado com base em: OUR WORLD In Data. World Population Growth. Disponível em: https://ourworldindata.org/world-population-growth. Acesso em: abr. 2020.

a) Quais eram os dois continentes mais povoados em 1961? E em 2017? O que mudou entre os dois anos? Que fatores explicam essas diferenças populacionais?

b) Segundo os mapas, o Brasil é pouco povoado, enquanto os Países Baixos são um país muito povoado. Compare a ocupação do território em ambos os países.

Crescimento populacional e teorias demográficas

No decorrer da história, de modo geral, o ritmo de crescimento populacional foi lento. A natalidade elevada era acompanhada pela mortalidade quase na mesma proporção. A fome, as epidemias e as catástrofes naturais chegavam a dizimar povos inteiros.

A reflexão sobre as transformações na dinâmica populacional a partir da Revolução Industrial deu origem a diferentes teorias sobre as causas do crescimento demográfico, sobre a capacidade dos recursos naturais para suportar o crescimento e sobre os impactos diversos na sociedade humana, além de fomentar importantes debates sobre o tema.

Revolução industrial e crescimento da população

O acelerado crescimento demográfico mundial é relativamente recente. Inicialmente, em decorrência da **Revolução Industrial** e das transformações provocadas no modo de vida e na distribuição espacial da população, o fenômeno restringiu-se à Europa. Houve mudanças nos hábitos sociais e alimentares e nas relações de trabalho, além do intenso processo de migração do campo para a cidade.

As condições de vida nas áreas industriais eram precárias, mas aos poucos ocorreram melhorias sanitárias significativas e avanços na Medicina, e a população urbana passou a ter maior acesso a serviços de saúde. Esses e outros fatores contribuíram para a diminuição da mortalidade geral e infantil, para a elevação da expectativa de vida e para o aumento do número de habitantes nos países industrializados europeus dos séculos XVIII e XIX.

A Revolução Industrial representou, portanto, mais do que uma transformação no modo de produção; foi uma transformação tecnológica e científica que atingiu todas as áreas do conhecimento, entre elas a Medicina — as vacinas, como a contra a varíola, foram a descoberta médica mais importante para o crescimento populacional entre o fim do século XVIII e o início do século XIX. Outros fatores também tiveram relevância nesse crescimento, como, em uma época em que não existiam muitas leis trabalhistas, o emprego generalizado do trabalho infantil nas indústrias, o que também estimulava o aumento do número de filhos para elevar a renda familiar.

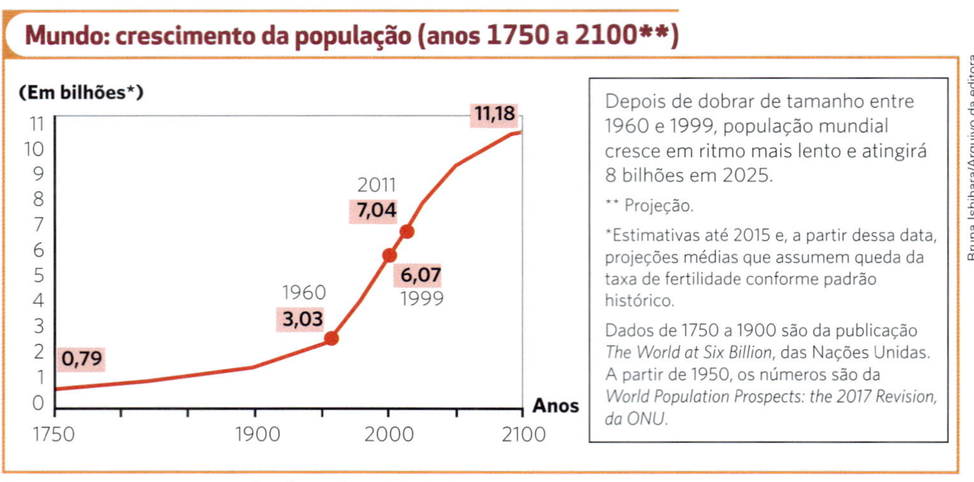

Bruna Ishihara/Arquivo da editora

Elaborado com base em: FRAGA, Érica; QUEIROLO, Gustavo. Crescimento populacional fará mundo mudar de cara até 2100. *Folha de S.Paulo*, São Paulo, 8 jul. 2018. p. A11. Disponível em: www1.folha.uol.com.br/mundo/2018/07/crescimento-populacional-fara-mundo-mudar-de-cara-ate-2100.shtml?origin=folha. Acesso em: jan. 2020.

Teoria malthusiana

A Grã-Bretanha, pioneira na Revolução Industrial, atingira a marca de mais de 10 milhões de habitantes em 1840. Meio século depois, passava dos 20 milhões. Essa tendência generalizou-se nos demais países europeus que acompanharam a primeira fase da Revolução Industrial. A partir da observação da etapa inicial desse processo, surgiu a mais polêmica teoria sobre o crescimento populacional.

Em 1798, **Thomas Robert Malthus** (1766-1834) escreveu *Ensaio sobre o princípio da população*, em que expôs o que se convencionou chamar de **teoria malthusiana**. Ele associava o crescimento da população a uma progressão geométrica (2, 4, 8, 16, 32...), enquanto a produção de alimentos cresceria por adição, ou em progressão aritmética (2, 4, 6, 8, 10...). Assim, a população cresceria em ritmo maior do que a capacidade de produção de alimentos, o que resultaria, ao longo do tempo, na insuficiência de recursos para suprir as necessidades alimentares da humanidade.

Infanticídio: ato voluntário de tirar a vida de uma criança, geralmente recém-nascida.

Colocava-se a perspectiva de um futuro com subnutrição, fome, doenças, epidemias, **infanticídio**, guerras de disputa por territórios para ampliar a produção de alimentos e, consequentemente, desestruturação de toda a vida social.

Para evitar a tragédia por ele prevista, Malthus defendia o que chamou de "controle moral", cujo fim era limitar o crescimento populacional. Por sua formação religiosa, ele descartava a utilização de métodos contraceptivos, mas defendia uma série de normas, que incluíam a abstinência sexual e o adiamento dos casamentos, que só deveriam ser permitidos mediante capacidade comprovada para sustentar a provável família. É evidente que essas normas atingiam apenas a população mais pobre. Para Malthus, era preciso forçar a população pobre a diminuir o número de filhos. Malthus subestimou a capacidade da tecnologia de elevar a produção de alimentos. A fome e a subnutrição, que atualmente afetam quase um sexto da população mundial, não decorrem da incapacidade de produzir alimentos, mas de sua má distribuição, causada por desigualdades sociais e econômicas dentro de cada país e entre os países.

Crescimento da população no século XX

A partir da década de 1950, os países em desenvolvimento passaram a registrar elevadas taxas de crescimento populacional, fenômeno que ficou conhecido como **explosão demográfica**. Alguns desses países chegaram a dobrar a população em menos de três décadas e foram os que mais contribuíram para o crescimento da população mundial no século XX. Atualmente, eles concentram mais de 80% da população do planeta, índice que tende a aumentar.

Muitas doenças infecciosas que assolavam principalmente os países em desenvolvimento passaram a ser controladas com **campanhas de vacinação** em grande escala e uso de **antibióticos**. Essas práticas se estenderam a várias regiões do mundo, provocando declínio significativo nas taxas de mortalidade, com consequente aumento no ritmo de crescimento da população.

Em contrapartida, o processo de urbanização em diversos países emergentes, entre eles o Brasil, elevou o custo de criação de filhos, facilitou o acesso a métodos contraceptivos artificiais e propiciou o aumento do número de mulheres no mercado de trabalho, levando ao declínio das taxas de natalidade e provocando sensível queda nas taxas de crescimento populacional. Enquanto na África, onde a taxa de urbanização ainda é relativamente baixa, o número médio de filhos por mulher está próximo de cinco, na América Latina e no Caribe, onde a urbanização foi intensa, essa taxa média é praticamente a metade.

abdsyafiq/Shutterstock

Jacarta, a capital da Indonésia, é uma das cidades mais populosas do mundo, com mais de 9 milhões de habitantes. Fotografia de 2018.

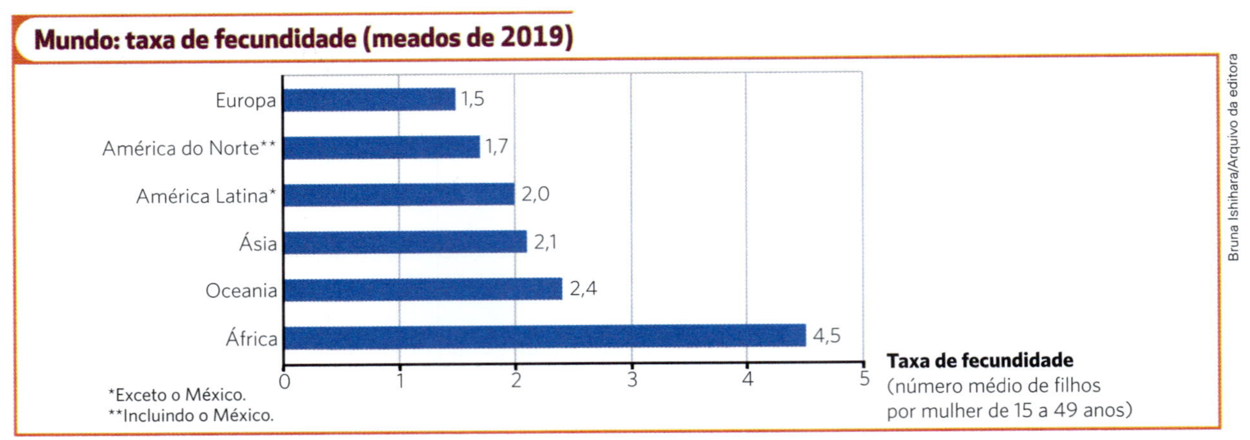

Elaborado com base em: PRB. 2019 World Population Data Sheet. p. 8-18. Disponível em: www.prb.org/international/indicator/fertility/map/region. Acesso em: jan. 2020.

Teoria neomalthusiana

A reflexão sobre o fenômeno do crescimento acelerado da população nos países menos desenvolvidos deu origem a novas teorias demográficas. A teoria que associava o crescimento populacional ao baixo desenvolvimento econômico e social propunha soluções antinatalistas para os problemas econômicos enfrentados pelos países menos desenvolvidos e ficou conhecida como neomalthusiana.

Para os neomalthusianos, o crescimento acelerado da população de um país acarretava a diminuição da renda *per capita*, com impacto direto no desenvolvimento econômico, no desemprego e na pobreza, e que, pela grande porcentagem de jovens na população, os países com elevadas taxas de crescimento eram obrigados a investir boa parte dos recursos em educação e saúde em vez de em atividades produtivas, ligadas à agricultura, à indústria e a outros setores da economia. Desse modo, para aumentar a renda média dos habitantes, seria necessário controlar o crescimento populacional. Mas, ao contrário de Malthus, os neomalthusianos eram favoráveis ao uso de métodos anticoncepcionais, dos quais propunham difusão em massa nos países em desenvolvimento.

Teoria reformista

Os principais críticos da teoria neomalthusiana foram os reformistas. Segundo eles, o alto crescimento demográfico coincidiu exatamente com a grande expansão econômica ocorrida em parte do mundo em desenvolvimento, entre 1950 e 1980, que provocou o declínio da mortalidade. Assim, o crescimento teria sido resultante do progresso, e não da pobreza. Além disso, os países que experimentaram essa fase de crescimento econômico tiveram posteriormente taxas de fecundidade em declínio, como foi o caso do Brasil.

Nessa teoria, famílias em condições miseráveis e com baixa escolarização, pela falta de acesso à informação sobre métodos anticoncepcionais e de condições econômicas de mantê-los, teriam mais dificuldade de realizar o planejamento familiar. Para os reformistas, a alta taxa de natalidade, portanto, não é causa, mas consequência do menor desenvolvimento. Desse modo, defendiam a realização de amplas reformas socioeconômicas voltadas para a elevação do padrão de vida da população mais pobre.

Para os reformistas, os argumentos dos neomalthusianos foram desconstruídos pela dinâmica demográfica real, que demonstrou historicamente que as alterações nos padrões de crescimento populacional resultam da distribuição mais equitativa de renda e do maior acesso a cultura e educação.

Teoria da transição demográfica

Em oposição à ideia de que o mundo estaria em processo de explosão demográfica, na segunda metade do século XX foi retomada a **teoria da transição demográfica**, formulada em 1929: nela, todos os países, em determinado momento da história, tendem a estabilizar o crescimento populacional. Nesse sentido, a experiência demográfica dos países europeus

— da Revolução Industrial aos dias atuais — comprovaria essa teoria e apontaria um padrão de evolução da população mundial que seria seguido pelos demais países do mundo.

A ideia de transição demográfica surgiu com as mudanças na relação entre as taxas de natalidade e de mortalidade verificadas a partir da segunda metade do século XVIII. Tem como referência inicial a Revolução Industrial e a formação das sociedades modernas, que marcaram a ruptura de um longo período histórico — conhecido como pré-transição ou **primeira fase** —, em que as sociedades humanas conviviam com elevadas taxas de natalidade e de mortalidade, ou seja, com crescimento lento.

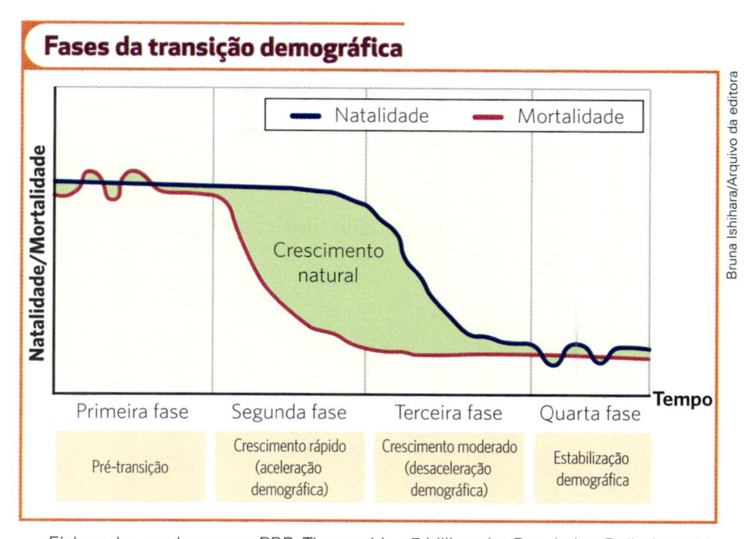

Elaborado com base em: PRB. The world at 7 billion. *In: Population Bulletin*, v. 66, n. 2, p. 3, jul. 2011. Disponível em: www.prb.org/wp-content/uploads/2011/10/2011-popbulletin-world-at-7-billion.pdf. Acesso em: nov. 2019.

A **segunda fase** da transição demográfica caracteriza-se pela queda acentuada das taxas de mortalidade (devido às conquistas da Medicina e à implantação de infraestrutura de saneamento e de higiene, advindas da Revolução Industrial), mas com manutenção das altas taxas de natalidade, elevando o crescimento populacional. Países de industrialização tardia, como o Brasil, iniciaram a transição demográfica para a segunda fase apenas na segunda metade do século XX.

Na **terceira fase**, a queda da mortalidade é menos acentuada, enquanto a natalidade declina mais intensamente, acarretando recuo progressivo no crescimento populacional.

Na **quarta fase**, e última, o crescimento populacional tende a estabilizar-se. As taxas de natalidade e de mortalidade, em patamares baixos e semelhantes, praticamente se anulam. Essa fase é conhecida como **estabilização demográfica** e foi alcançada pela maioria dos países europeus no fim do século XX; em alguns, o crescimento vegetativo tem sido até negativo, ou seja, o número de mortes é maior do que o de nascimentos, fenômeno que vem sendo chamado de **implosão demográfica**.

População e recursos naturais

O aumento da população é frequentemente apontado como principal responsável pela dilapidação dos recursos naturais. Essa visão sobre o crescimento populacional é parte da **teoria ecomalthusiana**, que surgiu entre ecologistas e ambientalistas no fim da década de 1960 com a publicação do livro *A bomba populacional*, de Paul Ehrlich (1854-1915). A obra relaciona a pressão populacional sobre os recursos naturais e aponta o controle do crescimento da população como instrumento necessário para que a vida no planeta seja viável.

Como os países em desenvolvimento são os maiores responsáveis pelo aumento da população mundial, o controle da natalidade neles passou a ser considerado prioritário na edificação de um mundo mais comprometido com as questões socioambientais. Por outro lado, argumenta-se que as sociedades de consumo consolidadas estão nos países desenvolvidos, que, mesmo com as menores taxas de crescimento populacional e menos de 20% da população mundial, possuem as maiores rendas por habitante. Assim, a apropriação dos recursos da natureza e das fontes de energia ocorre justamente na parte menos populosa do mundo.

Na **sociedade de consumo**, novos produtos são lançados todos os dias, em substituição aos modelos anteriores. A propaganda estimula o desejo de compra, criando novas necessidades. O consumo elevado impulsiona a produção de mercadorias e a necessidade de exploração de recursos naturais. A tecnologia, ao mesmo tempo que possibilita a popularização do consumo, torna os produtos obsoletos em um espaço de tempo cada vez menor. Portanto, os ambientalistas não se limitam à questão demográfica para discutir as ameaças ao planeta Terra, mas ressaltam também o papel negativo do consumismo.

! Dica

População e meio ambiente

De Heloisa Costa e Haroldo Torres (org.). São Paulo: Senac, 2006.

Coletânea de estudos sobre a associação dos temas meio ambiente e crescimento da população.

Fome e subnutrição

Em 2017, a estimativa da ONU era de que 821 milhões de pessoas no mundo ainda sofriam com a subnutrição. Ao longo dos últimos 15 anos, houve queda de 125 milhões no número de pessoas subnutridas, mantendo um número ainda elevado, com diferenças acentuadas entre as regiões.

Mundo: distribuição de pessoas subnutridas (2015-2017)

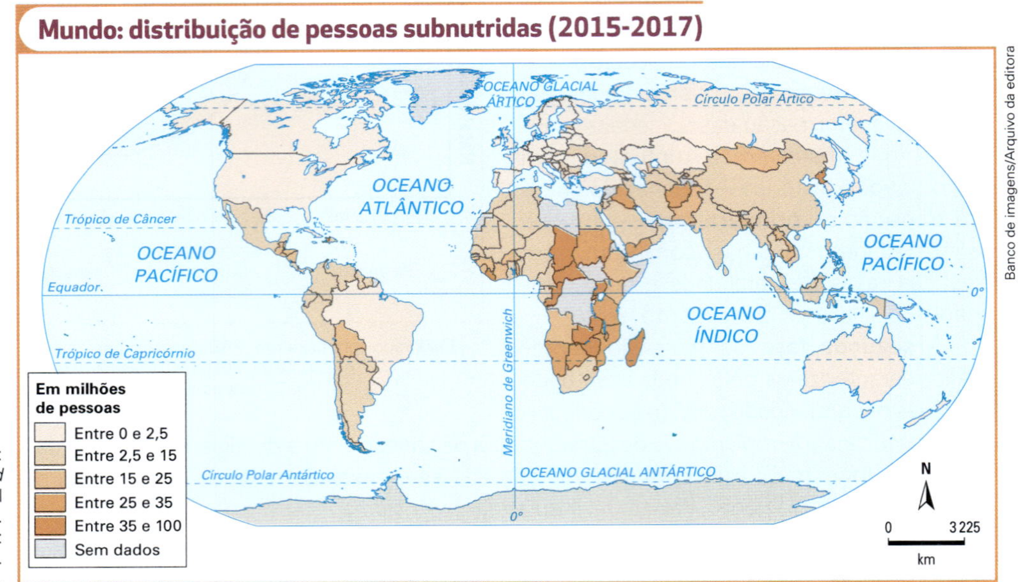

Banco de imagens/Arquivo da editora

Elaborado com base em: FAO. *World food and agriculture*: Statistical pocketbook (2018). p. 15. Disponível em: www.fao.org. Acesso em: nov. 2019.

A fome está relacionada à **má distribuição de riquezas** entre países e entre indivíduos. Dentro dessa realidade, alguns processos são responsáveis pelo agravamento da dificuldade de acesso aos alimentos, como desastres naturais (secas, chuvas intensas, furacões, etc.); práticas agrícolas inadequadas, que esgotam a fertilidade do solo; o elevado preço das sementes e de outros insumos agrícolas, que dificultam a agricultura familiar e de subsistência; a concentração de terras; a expansão da **agroenergia** nas terras antes destinadas ao cultivo de alimentos; e a péssima infraestrutura agrícola nos países em desenvolvimento, que contribui para encarecer os alimentos.

Agroenergia: energia gerada de derivados da biomassa, produzidos pela atividade humana, como o biodiesel e o etanol.

Somam-se ainda a esses processos as guerras e os conflitos persistentes em algumas regiões do mundo: nelas, plantações são destruídas, e a chegada de ajuda humanitária de outros países muitas vezes é impedida.

! Dica

Mar estranho

www.natgeo.pt/video/tv/mar-estranho-o-mini-documentario

Lançado em 2018, o minidocumentário da National Geographic busca incentivar a utilização do conhecimento adquirido até agora para mudar o futuro do mar em relação à quantidade de lixo jogado nos oceanos todos os anos.

anasalhajj/Shutterstock

Alimentos disponíveis para desabrigados pela guerra civil no Iêmen iniciada em 2015. Foto de 2018.

Brasil: crescimento da população

Há pouco mais de um século, o Brasil tinha cerca de 17 milhões de habitantes, o equivalente em 2019 a 39% da população do estado de São Paulo. De acordo com estimativas do IBGE, a população do país era de 210 milhões de habitantes em meados de 2019; e o Brasil, o quinto país mais populoso do mundo.

A dinâmica demográfica brasileira ilustra o acelerado crescimento ocorrido a partir de 1940, com a queda das taxas de mortalidade nos países em desenvolvimento em razão das conquistas da Medicina e do avanço da rede de saneamento básico. Esse processo foi contínuo até 1960, quando o crescimento populacional brasileiro atingiu o ápice, com taxas médias de quase 2,9% ao ano (entre 1950 e 1960) segundo o IBGE. No entanto, com o intenso processo de urbanização a partir da década de 1960, as taxas de crescimento começaram a declinar, ou seja, a natalidade diminuiu em ritmo superior ao da mortalidade. Em 2019, segundo o IBGE, a taxa de crescimento populacional era de apenas 0,79%.

Brasil: evolução da população (1872-2019)

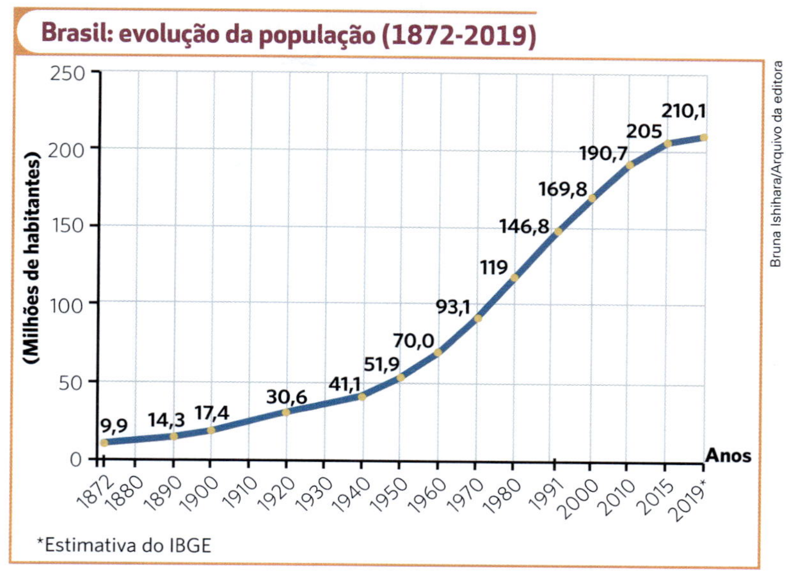

Elaborado com base em: IBGE. *Sinopse do Censo 2010*: séries estatísticas e séries históricas. Disponível em: https://censo2010.ibge.gov.br/sinopse. Acesso em: nov. 2019.

A urbanização provocou mudanças no modo de vida das mulheres e a consequente queda da natalidade. Nas cidades, as mulheres conquistaram maior espaço no mercado de trabalho formal e fora de casa, optando por ter filhos mais tarde e em menor número, o que contribuiu para o desenvolvimento profissional. Além disso, o maior custo para a criação dos filhos nas cidades, o maior acesso a informações sobre métodos anticonceptivos, como pílulas anticoncepcionais e preservativos, e as noções de planejamento familiar transformaram a vida das famílias. No caso de mulheres de famílias mais pobres, o trabalho fora de casa tornou-se imprescindível para a complementação ou mesmo para a criação da renda familiar. A taxa de fecundidade da mulher brasileira caiu de 6,3, em 1960, para 1,9, em 2010. De acordo com a estimativa do IBGE, em 2019 essa taxa seria de 1,7.

Brasil: taxa de fecundidade (1960-2019)

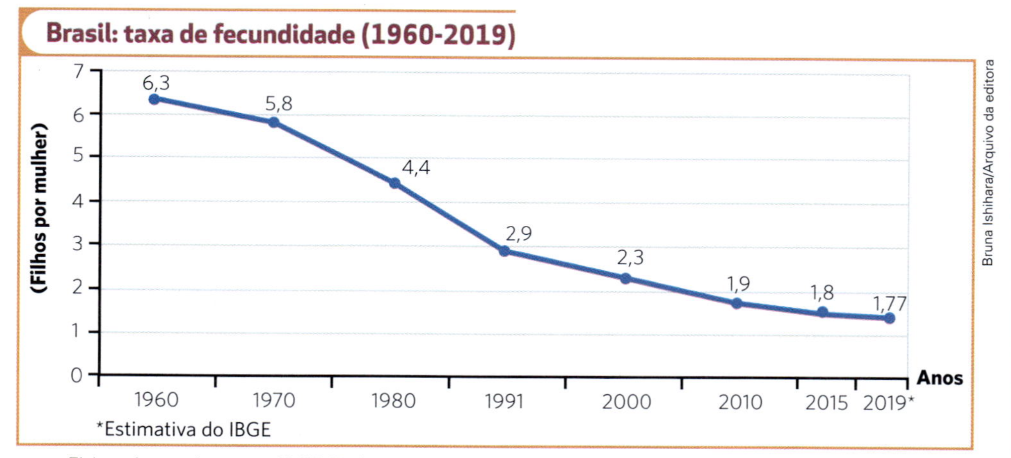

Elaborado com base em: IBGE. Projeção da população do Brasil e das Unidades da Federação. Disponível em: www.ibge.gov.br/apps/populacao/projecao/index.html?utm_source=portal&utm_medium=popclock&utm_campaign=novo_popclock. Acesso em: abr. 2020.

Dica

Projeções da população brasileira

www.ibge.gov.br/apps/populacao/projecao/index.html

A página do IBGE apresenta as projeções da população brasileira por meio de gráficos. As informações são frequentemente atualizadas.

Conexões HISTÓRIA

Multidão

A análise de obras de arte possibilita estabelecer relações entre dinâmicas demográficas e contexto político-social.

Formado em Arquitetura, o paulista Cláudio Tozzi (1944-) começou a atuar como artista plástico na década de 1960, produzindo pinturas, gravuras, objetos, esculturas, painéis, fachadas de edifícios, murais e instalações, inspirado por fatos e histórias de jornal conhecidos pelo grande público. Seus primeiros trabalhos, no período em que elaborou a série *Multidão*, foram marcados pela *Pop Art*, pela linguagem gráfica e visual de quadrinhos, cartazes e panfletos, utilizados para representar a efervescência política da época.

1 A que processos demográficos e espaciais em curso no país na época a obra reproduzida ao lado pode ser associada?

2 É possível afirmar que essa obra expressa o contexto político da época? Explique considerando a forma como Tozzi compôs a obra.

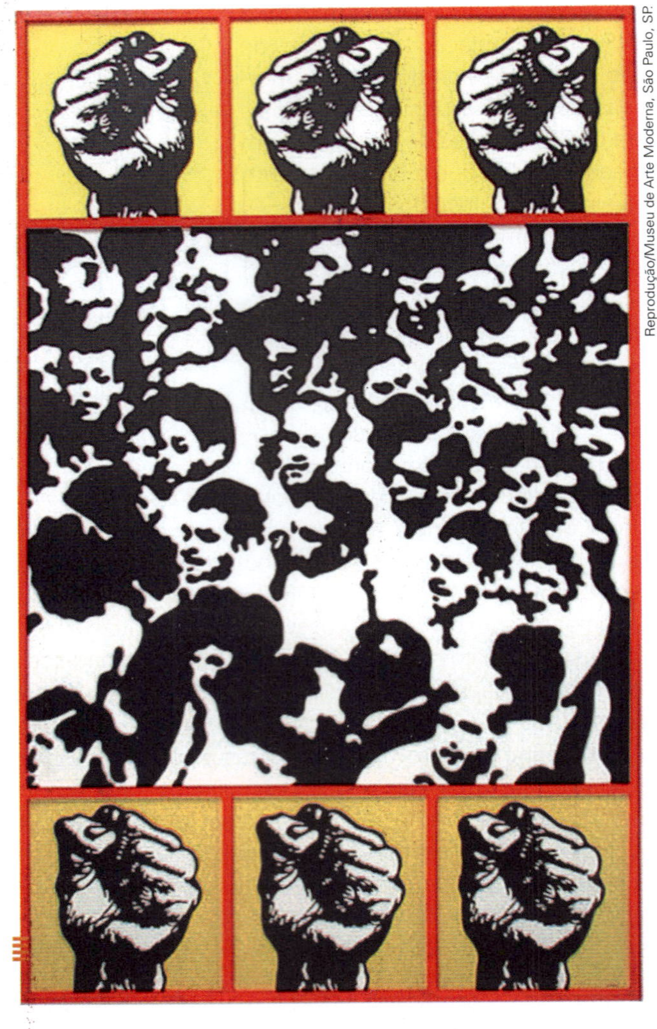

Reprodução/Museu de Arte Moderna, São Paulo, SP.

Multidão, de Cláudio Tozzi, 1968 (tinta acrílica sobre aglomerado, 200 cm × 120 cm).

Composição etária e demandas socioeconômicas

Os padrões demográficos de um país ou uma região (natalidade, mortalidade, migrações) determinam diferentes composições da população por gênero e faixas etárias. Ao mesmo tempo que resultam do estágio de desenvolvimento socioeconômico, essas composições influenciam a economia e a divisão dos recursos públicos para saúde, educação, formação profissional, etc.

Não existe um critério único para a distribuição da população por faixa etária. O mais adotado divide a população em jovens (0 a 14 anos), adultos (15 a 65 anos) e idosos (acima de 65 anos). Essa distribuição tem como referência a população ativa no mercado de trabalho (pessoas de 15 a 65 anos, aproximadamente), empregada ou não, e a população potencialmente considerada fora desse mercado (com menos de 15 anos ou mais de 65 anos, aproximadamente).

É evidente que esse critério não corresponde plenamente à realidade de diversos países — inclusive o Brasil — em que, entre as camadas sociais mais pobres, o trabalho infantil ainda persiste e muitos idosos são obrigados a trabalhar até morrer ou ficar incapacitados por motivo de doença.

Dica

UNFPA Brasil

www.unfpa.org.br

No *site* do Fundo de População das Nações Unidas, você encontra informações, dados e relatórios sobre a população mundial e a brasileira.

Pirâmides etárias e fases do crescimento demográfico

A **pirâmide etária** é uma representação gráfica da população por gênero e idade. Ela indica a quantidade de homens e mulheres em cada faixa etária na população total e permite conhecer as alterações demográficas dos países e suas tendências ao longo do tempo.

Uma base larga indica grande número de jovens, e um estreitamento acentuado até o topo, um pequeno número de idosos, ou seja, altas taxas de natalidade e baixa expectativa de vida. Um país com essa representação é considerado jovem, como é o caso dos países em desenvolvimento (como o Quênia), de economia com base agrícola e que permanece em fase de crescimento acelerado, na segunda fase da transição demográfica.

Quênia: pirâmide etária (2019) e população (1950-2100*)

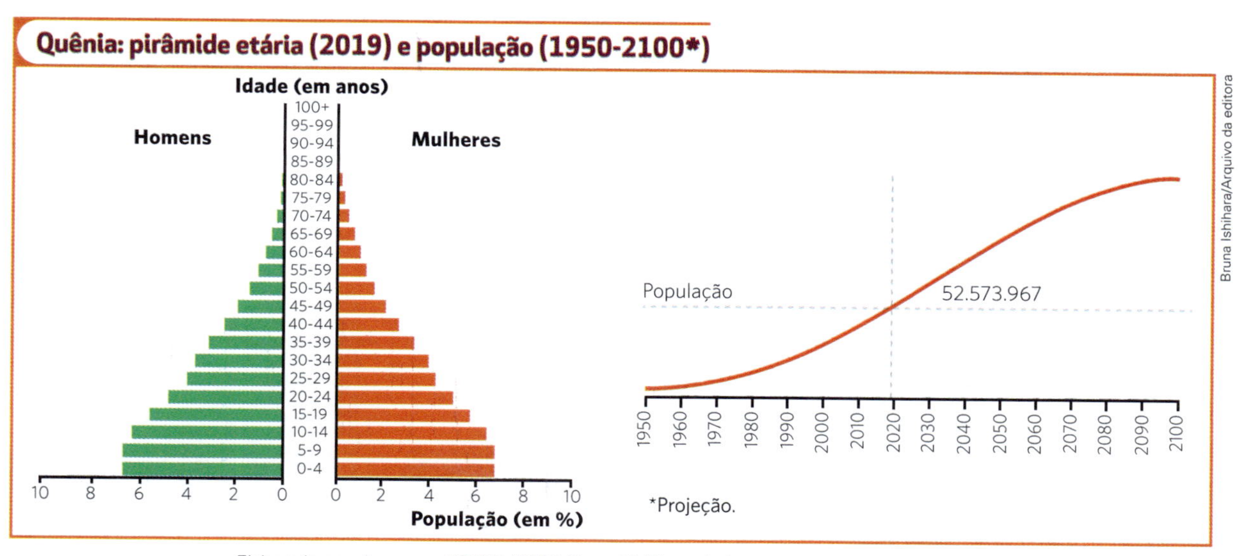

Elaborado com base em: POPULATION Pyramid. Disponível em: www.populationpyramid.net/pt/qu%C3%A9nia/2019. Acesso em: jan. 2020.

As pirâmides com estreitamento na base, mas o restante triangular em direção ao topo, indicam redução da taxa de natalidade e aumento da expectativa de vida, como as de alguns países em desenvolvimento industrializados (Brasil, México) ou de nível sociocultural mais alto (Chile, Costa Rica), e estão na terceira fase da transição demográfica.

Brasil: pirâmide etária (2019) e população (1950-2100*)

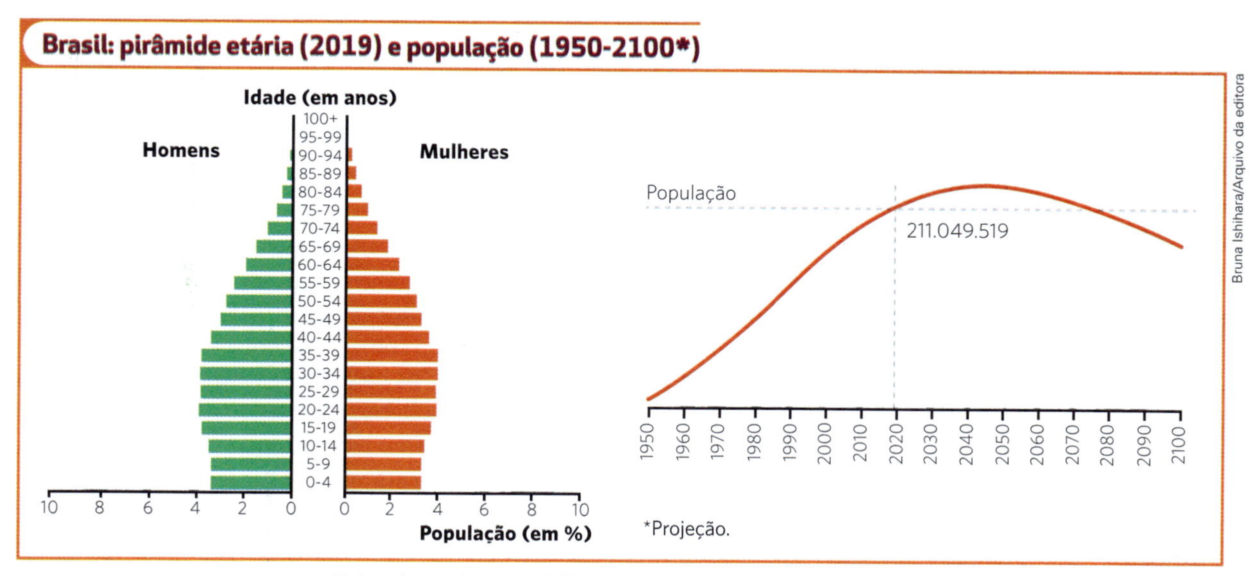

Elaborado com base em: POPULATION Pyramid. Disponível em: www.populationpyramid.net/pt/brasil/2019. Acesso em: jan. 2020.

As pirâmides com formas irregulares, trechos intermediários e topo um pouco mais largos, nas idades mais avançadas da população, correspondem aos países com predomínio de população adulta e grande quantidade de idosos. É o caso dos países desenvolvidos, que atingiram a quarta fase da transição demográfica, de estabilização, como a Alemanha.

Alemanha: pirâmide etária (2019) e população (1950-2100)**

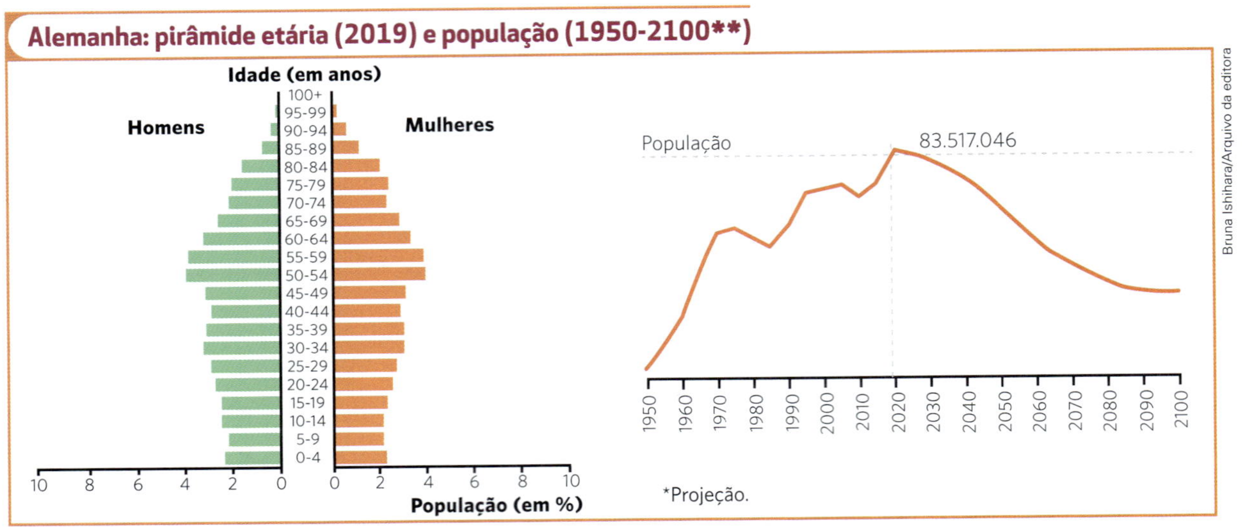

Elaborado com base em: POPULATION Pyramid. Disponível em: www.populationpyramid.net/pt/alemanha/2019. Acesso em: jan. 2020.

Países com grande número de jovens

Nos países em desenvolvimento, com padrão de crescimento populacional elevado, o número de crianças e adolescentes é superior ao das demais faixas etárias da população. Os custos de manutenção e de formação dessa população podem ser um sério problema, pois quase sempre há falta ou má gestão de recursos e infraestrutura insuficiente para atender às principais necessidades de crianças e jovens, como educação.

Assim, o grande número de jovens pode deixar a população dos países mais pobres em situação desfavorável. Famílias numerosas e com poucos recursos destinam praticamente todos os rendimentos à subsistência, limitando investimentos em educação e forçando os jovens a ingressar muito cedo no mercado de trabalho.

Nesse cenário, os países em desenvolvimento acabam não promovendo a formação e a qualificação da população jovem. No estágio atual da globalização econômica e das transformações tecnológicas, os trabalhadores menos qualificados são os mais atingidos pelo desemprego e sujeitos a empregos precários.

O aumento da expectativa de vida dos brasileiros levou à instalação de equipamentos para atividades físicas em praças públicas. Os da imagem, em Barra dos Garças (MT), beneficiam principalmente pessoas da terceira idade, já que foram projetados para a prática de exercícios leves, que melhoram a qualidade de vida dessa população. Foto de 2019.

Envelhecimento da população

Outra questão populacional enfrentada por vários países é o envelhecimento da população. O aumento do número de idosos no conjunto total da população obriga esses países a destinar um volume crescente de recursos ao sistema de previdência social. Isso começa a acontecer no Brasil.

É um problema que atinge tanto os países desenvolvidos quanto os em desenvolvimento, sendo que nestes últimos pode ser ainda mais grave, porque neles o processo de envelhecimento ocorreu de forma diferenciada: os países desenvolvidos cresceram economicamente e conquistaram elevados padrões econômicos e sociais, responsáveis pela elevação da expectativa de vida e do envelhecimento; os países em desenvolvimento têm elevado suas expectativas de vida antes que conquistas econômicas e sociais estejam plenamente consolidadas, produzindo um impacto muito maior.

Mundo: expectativa de vida, em anos (2017*)

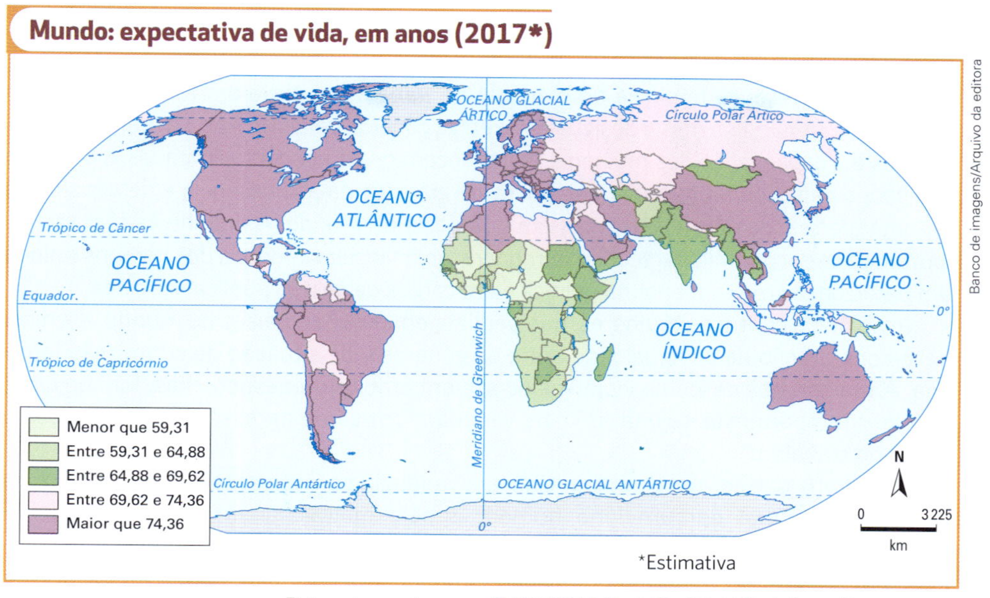

Banco de imagens/Arquivo da editora

Elaborado com base em: THE WORLD Bank. The World Bank Data. Disponível em: https://data.worldbank.org/indicator/SP.DYN.LE00.IN?view=map. Acesso em: jan. 2020.

Caso brasileiro: impactos no sistema previdenciário

A ampliação da quantidade de idosos no conjunto da sociedade brasileira, expressiva nas últimas décadas, contribuiu em parte para alterações nas regras de concessão de benefícios de aposentadoria e pensão. O Congresso Nacional, no segundo semestre de 2019, aprovou uma proposta de emenda à Constituição (PEC) que alterou a idade mínima de tempo de contribuição para aposentadoria. Chamada de Reforma da Previdência, a emenda fixou a idade mínima de 65 anos para homens e 62 anos para mulheres, além de determinar o direito a 100% do benefício somente aos homens que completarem 40 anos de contribuição à Previdência. No caso das mulheres, são necessários 35 anos.

O sistema previdenciário conta com milhares de aposentadorias extremamente altas ao lado de milhões de outras muito baixas. Essas desigualdades são reforçadas pelos baixos valores pagos aos trabalhadores brasileiros em geral.

Durante décadas, a previdência foi fraudada, e não são raros os casos de denúncias de quadrilhas especializadas nessas práticas ainda nos dias atuais. A maior parte da população idosa tem muita dificuldade para sobreviver com aposentadorias tão baixas. Os valores mal bastam para suprir os gastos com a saúde, que, em geral, aumentam nessa etapa da vida. Assim, é comum ver idosos trabalhando, mesmo depois de aposentados, em grande parte do país.

! Dica

E se vivêssemos todos juntos?

Direção de Stéphane Robelin. Alemanha/França: 2012. 96 min.

Cinco melhores amigos há mais de quatro décadas resolvem morar na mesma casa quando a saúde de um deles começa a piorar e o asilo parece ser a única saída. O filme levanta questões inerentes ao processo de envelhecimento.

Leo Burgos/Pulsar Imagens

Idoso anuncia compra de ouro na Praça do Patriarca, no Centro de São Paulo (SP), em 2020.

! Dica

Séries históricas e estatísticas

https://seriesestatisticas.ibge.gov.br/lista_tema.aspx?op=0&de=36&no=10

A página do IBGE trata das características gerais sobre demografia brasileira, incluindo migrações.

Desigualdade de gênero

As conquistas femininas foram significativas nas últimas décadas. Os índices de escolaridade e da presença feminina no mercado de trabalho se elevaram (assunto também tratado no Capítulo 18), mas a desigualdade entre gêneros persiste. As oportunidades econômicas e a capacitação das mulheres permanecem profundamente limitadas, e o acesso a cuidados de saúde reprodutiva, os índices de gravidez na adolescência e de assistência pré-natal permanecem preocupantes em boa parte do mundo. As mulheres têm menos oportunidades econômicas, recebem remuneração financeira inferior à dos homens e ainda têm participação muito menor na política e em cargos de gestão pública e privada.

A violência contra as mulheres, que persiste em diversos países do mundo, é a mais grave constatação da desigualdade entre os gêneros e da situação de submissão feminina. A maioria dos casos de violência ocorre em âmbito doméstico, mas, fora de casa, a mulher também está sujeita às mais variadas formas de agressão, como o assédio sexual no trabalho.

Em alguns países, como Índia e China, a violência começa antes do nascimento: a preferência cultural por um filho homem impele muitas famílias a interromper o nascimento de meninas por meio do aborto seletivo. A população masculina atualmente supera em grande volume a população feminina, em contraste com o que acontece na maior parte do mundo.

Política demográfica na China

Sally Greenhill/Alamy/Fotoarena

Outdoor promove a política do filho único em Chengdu (China). Foto de 1985.

Na China, enquanto perdurou a "política do filho único", de 1979 a 2015, existia a obrigatoriedade de os casais terem apenas um filho, com o objetivo de reduzir a natalidade e controlar o excesso de população no país. Multas pesadas eram aplicadas a casais que quebrassem a regra. A restrição ao filho único era aplicada com maior rigor no meio urbano.

A possibilidade de ter apenas um filho levou muitas famílias a optar por um filho homem. O caminho que muitos pais adotaram para isso foi o do abandono, do aborto ou do infanticídio seletivo de meninas e de crianças com alguma deficiência física ou mental. Não foram raros os casos em que a mulher, na segunda gravidez, era forçada a realizar o aborto pelas próprias autoridades públicas.

Explore

- Analise os dados do gráfico e elabore argumentos a favor do fim da política do filho único.

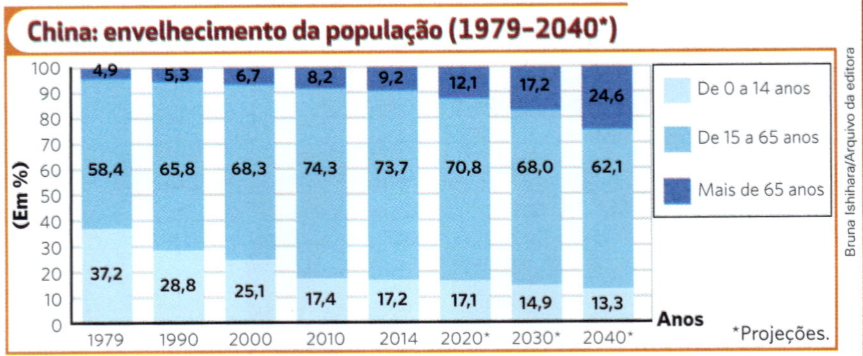

Elaborado com base em: FOLHA de São Paulo. Mundo, 30 out. 2015. p. A14.

Desigualdade de gênero no Brasil

A população feminina brasileira apresentou níveis educacionais superiores aos da população masculina em 2018, segundo o IBGE. A média de escolaridade das mulheres no Brasil é de 8 anos de estudo, enquanto a dos homens é de 7,5 anos. As mulheres, no entanto, mesmo com grande potencial para promover o desenvolvimento do país, ainda têm um caminho a ser percorrido para a conquista da igualdade.

A alteração do papel da mulher na sociedade representa uma conquista, mas também traz desafios, como a dupla jornada de trabalho — dentro e fora de casa. São comuns, também, os casos de mulheres solteiras ou separadas que assumem sozinhas a responsabilidade de cuidar dos filhos e de garantir a própria subsistência e formação.

Nos países ou nas regiões que atraem imigrantes, predomina a população masculina; já nos países ou nas regiões de emigração, predominam as mulheres. No caso brasileiro, esse fator manifesta-se no maior número de mulheres e mesmo de mulheres "chefes de família" na região Nordeste, devido à emigração da população masculina para outras regiões em busca de melhores condições de trabalho.

Aline Massuca/Acervo da fotógrafa

A pesquisadora mineira Rafaela Salgado Ferreira (1983-), doutora pela Universidade da Califórnia (Estados Unidos) e pós-doutora pela Universidade de São Paulo. Em 2018, ela foi premiada pela Unesco por pesquisar doenças que, por geralmente afetarem pessoas pobres, recebem pouca atenção da indústria farmacêutica. Foto de 2017.

Um avanço no combate à violência contra a mulher foi, em 2006, a promulgação da Lei Maria da Penha, que visa coibir a violência doméstica e familiar (veja mais no boxe *Saiba mais*, na página seguinte). Em 2015, foi aprovada também a Lei do Feminicídio, que torna crime hediondo o assassinato de mulheres pela condição de serem mulheres, como quando um homem não aceita o fim do relacionamento com uma mulher.

Apesar da implementação de políticas públicas voltadas para a promoção da mulher nas últimas duas décadas, a desigualdade ainda persiste e atinge especialmente as mulheres mais pobres e negras, principais vítimas da violência e da exclusão social e econômica.

Brasil: participação em atividades produtivas e acesso a recursos (2016)

Bruna Ishihara/Arquivo da editora

Tempo dedicado aos cuidados de pessoas e/ou afazeres domésticos em horas semanais (2016)

	Homens	Mulheres
Total	10,5	18,1
Branca	10,4	17,7
Preta ou parda	10,6	18,6

*Diferença de rendimentos

R$ 1.764,00 (mulheres)

R$ 2.306,00 (homens)

Elaborado com base em: IBGE. Diretoria de Pesquisas, Coordenação de População e Indicadores Sociais. Disponível em: https://educa.ibge.gov.br/jovens/materias-especiais/materias-especiais/20453-estatisticas-de-genero-indicadores-sociais-das-mulheres-no-brasil.html. Acesso em: jan. 2020.

Explore

- Embora homens e mulheres trabalhem fora de casa, o tempo dedicado às atividades domésticas é muito maior no caso do gênero feminino. Explique algumas das causas desse cenário e como isso afeta a participação da mulher no mercado de trabalho.

Saiba mais

Lei Maria da Penha

Maria da Penha Fernandes, farmacêutica bioquímica cearense, foi vítima de violência doméstica persistente durante o casamento. Em 1983, ela ficou paraplégica ao ser baleada pelo marido em uma das duas tentativas de assassinato que sofreu. Maria da Penha denunciou o marido, mas ele permaneceu livre por quase duas décadas, enquanto aguardava a decisão da justiça brasileira. Quando finalmente foi julgado, em 2002, foi condenado a apenas dois anos de prisão. Com base nesse episódio, a Corte Interamericana de Direitos Humanos considerou o Brasil responsável por não tomar providências efetivas contra autores de violência doméstica, forçando o Estado brasileiro a tomar medidas preventivas e estabelecer punições mais severas.

Em 7 de agosto de 2006, foi sancionada a Lei n. 11.340, em vigor a partir de 22 de setembro do mesmo ano, com o objetivo de coibir e punir atos de violência contra mulheres, cometidos por parceiros ou parentes, como agressões físicas (empurrar, desferir tapas, coagir usando armas), sexuais (forçar relação sexual, matrimônio, gravidez, aborto ou prostituição ou impedir o uso de métodos contraceptivos), patrimoniais (destruir ou subtrair objetos e documentos pessoais ou recursos econômicos), psicológicas (humilhar, ameaçar, intimidar, privar da liberdade) ou morais (caluniar, difamar, expor fatos íntimos).

Bruno Poletti/Folhapress

Maria da Penha em coquetel de premiação de 2016 na qual foi homenageada, em São Paulo (SP).

Identidade de gênero e orientação sexual

A violência – física ou em forma de intimidação, piadas e exclusão em diferentes grupos sociais – contra a população **LGBTQI+** é cada vez mais denunciada pelo mundo. Nesse contexto, multiplicam-se associações e grupos ativistas pelo respeito à diversidade e pela igualdade e em repúdio ao preconceito e à intolerância em relação à orientação sexual e à **identidade de gênero**. Ampliam-se também as discussões sobre o assunto em diferentes esferas da sociedade, envolvendo atores sociais como políticos, religiosos, juristas, educadores e sociólogos.

No âmbito legal, houve alguns avanços: no Brasil, a união de pessoas do mesmo gênero é reconhecida desde 2013; em 2015, o casamento homoafetivo foi legalizado em todo o território dos Estados Unidos.

Apesar de algumas conquistas, centenas de pessoas LGBTQI+ são mortas no Brasil a cada ano. Visando reverter esse quadro, desde o início deste século, o governo brasileiro implementa ações para coibir o preconceito contra identidades sexuais. Um exemplo é o programa Brasil sem Homofobia, cujo principal objetivo é combater a violência e as discriminações homofóbicas e promover a cidadania homossexual por meio de políticas públicas. Entre as estratégias adotadas estão ampliar o conhecimento sobre o assunto e promover o respeito aos direitos humanos.

LGBTQI+: sigla atual para referência a lésbicas, *gays*, bissexuais, travestis, transexuais e transgêneros.

Identidade de gênero: conjunto de características (sentimentos, preferências, atitudes em relação ao sexo) a partir do qual cada ser humano procura se definir, diferenciando-se dos demais. Nem sempre a identidade de gênero, também conhecida como identidade sexual, está de acordo com o sexo biológico da pessoa.

Veetmano Prem/Fotoarena

Um exemplo de participação da sociedade nas discussões sobre identidade sexual e direitos da população LGBTQI+ são as manifestações em apoio às diferentes identidades sexuais. Na imagem, Parada da Diversidade no Recife (PE), 2019.

Expectativa de vida da população por gênero

Desde o fim do século XIX, os recenseamentos acusam aumento progressivo no número de mulheres. Até então, as principais causas de mortalidade eram as doenças infectocontagiosas, que atingiam proporcionalmente homens e mulheres. A partir do século XX, aumentou gradualmente o número de mortes resultantes de doenças cardiovasculares, que afetam especialmente os homens. Como consequência, há um número um pouco maior de mulheres na faixa etária dos idosos.

No Brasil, como em outros países, os homens são os principais autores e vítimas de violência: os homicídios e os acidentes de trânsito atingem sobretudo homens com idade entre 15 e 35 anos, contribuindo para reduzir a expectativa de vida masculina. Essas diferenças de expectativa de vida entre os gêneros ampliaram-se durante o século XX, mas diminuem desde o início do XXI. O Brasil, no entanto, tem diferentes expectativas de vida de acordo com as unidades da Federação.

Brasil: expectativa de vida ao nascer (1940-2018)

Ano	Expectativa de vida ao nascer			Diferença entre sexos (anos)
	Total	Homem	Mulher	
1940	45,5	42,9	48,3	5,4
1950	48,0	45,3	50,8	5,5
1960	52,5	49,7	55,5	5,8
1970	57,6	54,6	60,8	6,2
1980	62,5	59,6	65,7	6,1
1991	66,9	63,2	70,9	7,7
2000	69,8	66,0	73,9	7,9
2010	73,9	70,2	77,6	7,4
2018	76,3	72,8	79,9	7,1

Elaborado com base em: IBGE. *Tábua completa de mortalidade para o Brasil – 2018*. IBGE: Rio de Janeiro, 2019. p. 6.

Brasil: expectativa de vida ao nascer, por unidade da Federação (2018)

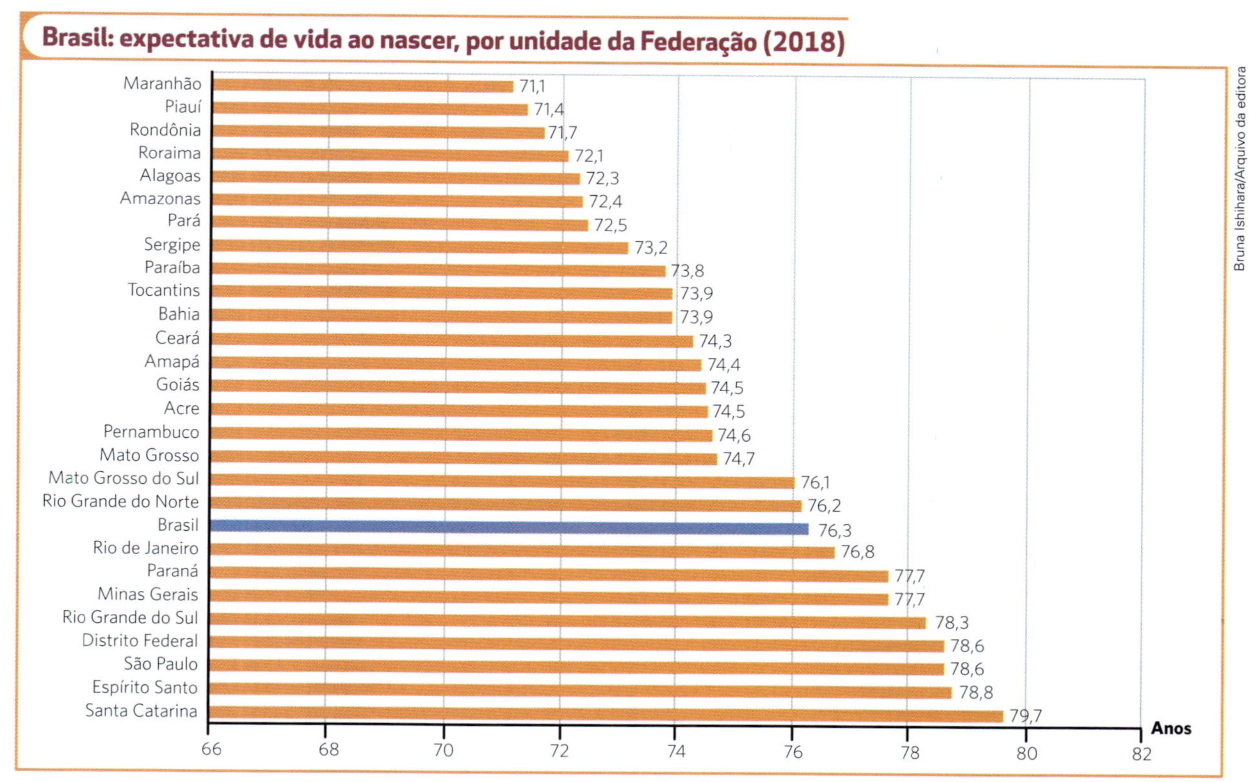

Elaborado com base em: IBGE. *Tábua completa de mortalidade para o Brasil – 2018*. IBGE: Rio de Janeiro, 2019. p. 11.

Explore

- Considerando a regionalização oficial do IBGE e o nível de desenvolvimento socioeconômico de cada estado, que análise pode ser feita do gráfico apresentado? Explique.

Atividades

1 Leia o trecho do artigo e responda às questões.

> O crescimento da população do Brasil vai desacelerar e o país cairá de quinto a sétimo mais populoso do planeta entre 2015 e 2050. As brasileiras vão ter menos filhos. Enquanto a taxa de fertilidade continuará caindo, a proporção de idosos vai aumentar substancialmente no país. [...]
>
> A ONU projeta redução da população de 48 países. Na Europa, o declínio será particularmente forte, correspondendo a 28% na Bulgária, 15% na Bósnia Herzegovina, Croácia, Hungria, [...] Letônia, Lituânia, Moldova, Romênia, Sérvia e Ucrânia. A Rússia perderá 10% de sua população até 2050.
>
> MOREIRA, Assis. Crescimento demográfico no Brasil vai desacelerar em 2040, prevê ONU. *Valor Econômico*, 29 jul. 2015.

a) Por que o estudo da ONU projeta para o Brasil uma população menor do que a atual na metade do século?

b) Como é denominada a situação demográfica dos outros países citados?

2 O gráfico simula duas fases da transição demográfica. Identifique e explique cada uma delas.

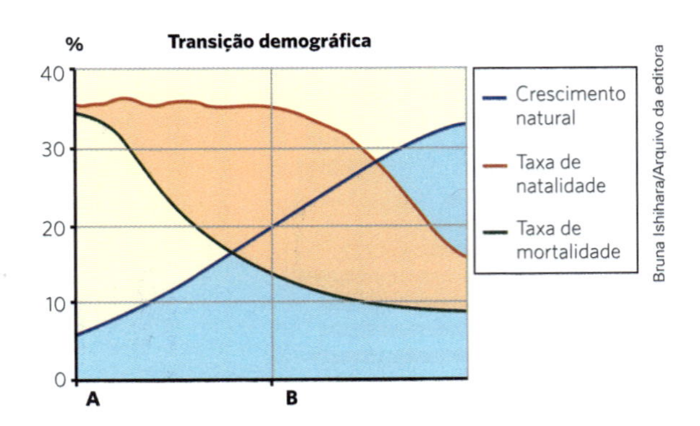

Bruna Ishihara/Arquivo da editora

3 As pirâmides etárias ao lado representam Argentina, Níger e Noruega em 2019.

a) Identifique os países A, B e C.

b) Identifique a fase de transição demográfica e o provável nível de desenvolvimento econômico de cada um.

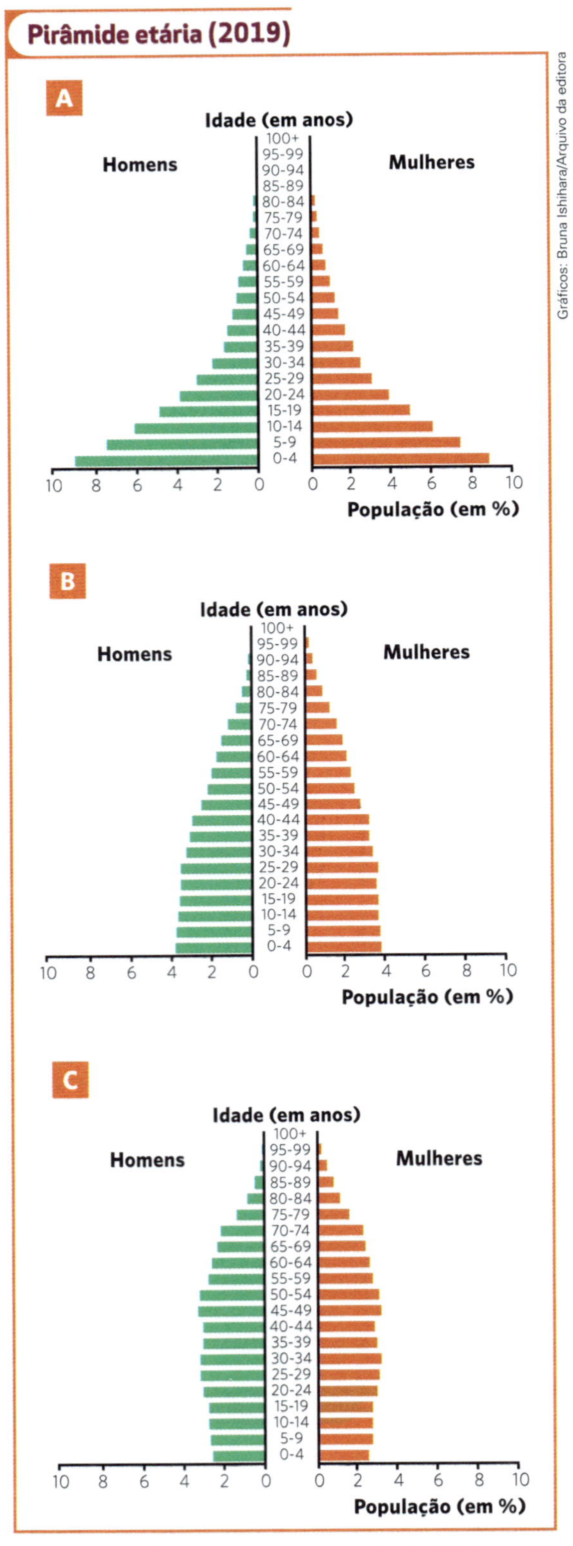

Gráficos: Bruna Ishihara/Arquivo da editora

Elaborado com base em: POPULATION Pyramyd. Disponível em: www.populationpyramid.net. Acesso em: jan. 2020.

4 Observe o gráfico abaixo, que mostra a participação das faixas etárias no conjunto da população brasileira nos anos de 1960 e 2010, ano do último censo demográfico.

- Que mudanças na dinâmica demográfica brasileira explicam as diferenças nos ritmos de crescimento entre os indicadores de 1960 e 2010?

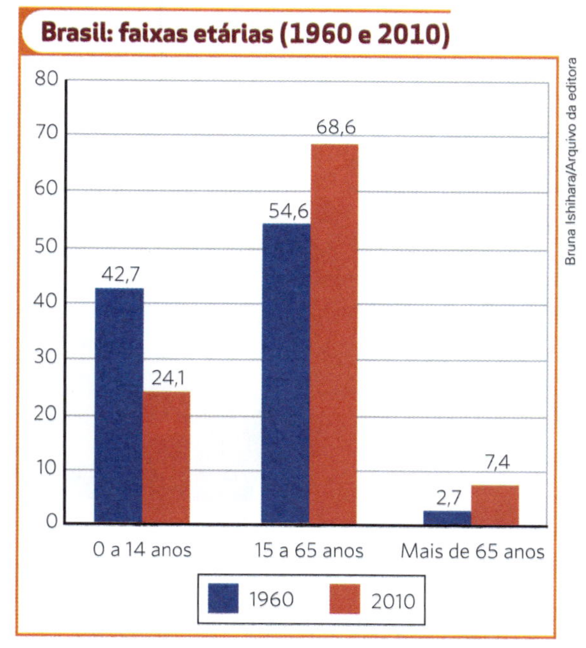

Elaborado com base em: IBGE. *Censo Demográfico 2010.* Disponível em: www.ibge.gov.br. Acesso em: dez. 2019.

5 O cartaz abaixo fez parte de uma campanha no Quênia, em 1982. Analise-o apontando o público-alvo e contextualizando a situação demográfica do Quênia.

No cartaz lê-se: "Planeje sua família. Tenha o número de filhos que você pode alimentar, vestir e educar".

6 Leia o texto para responder às questões.

> A cada ano, cerca de 1,3 milhão de mulheres são agredidas no Brasil, segundo dados do suplemento de vitimização da Pesquisa Nacional por Amostra de Domicílios (Pnad) referente a 2009.
>
> Um estudo inédito do Instituto de Pesquisa Econômica Aplicada (Ipea) analisa essa estatística alarmante ao estimar o efeito da participação da mulher no mercado de trabalho sobre a violência doméstica.
>
> De acordo com a pesquisa, o índice de violência contra mulheres que integram a população economicamente ativa (52,2%) é praticamente o dobro do registrado pelas que não compõem o mercado de trabalho (24,9%). [...]
>
> Perfil da violência
>
> O índice de violência doméstica com vítimas femininas é três vezes maior que o registrado com homens.
>
> Os dados avaliados na pesquisa mostram também que, em 43,1% dos casos, a violência ocorre tipicamente na residência da mulher, e em 36,7% dos casos a agressão se dá em vias públicas. Na relação entre a vítima e o perpetrador, 32,2% dos atos são realizados por pessoas conhecidas, 29,1% por pessoa desconhecida e 25,9% pelo cônjuge ou ex-cônjuge.
>
> Com relação à procura pela polícia após a agressão, muitas mulheres não fazem a denúncia por medo de retaliação ou impunidade: 22,1% delas recorrem à polícia, enquanto 20,8% não registram queixa.
>
> INSTITUTO de Pesquisa Econômica Aplicada (Ipea). Índice de violência doméstica é maior para mulheres economicamente ativas. Disponível em: www.ipea.gov.br/portal/index.php?option=com_content&view=article&id=34977&catid=8&Itemid=6. Acesso em: jan. 2020.

a) A violência contra a mulher ainda é uma realidade no contexto brasileiro. De que leis a sociedade brasileira dispõe atualmente para combater esse tipo de violência?

b) A maior participação da mulher no mercado de trabalho leva à redução dos índices de violência? Justifique sua resposta.

c) O que poderia ser feito para contribuir para o combate à violência contra a mulher?

Este capítulo favorece o desenvolvimento das habilidades:

EM13CHS401

EM13CHS402

EM13CHS404

EM13CHS606

Sociedade e economia

Os avanços tecnológicos causam diversos impactos no espaço geográfico e nas relações de trabalho. Em todos os setores da economia, a maneira de trabalhar passa por modificações, surgem novas profissões, enquanto outras desaparecem. A sociedade, no entanto, ainda convive com a realidade do trabalho escravo, a desvalorização do papel da mulher e a exclusão social.

Zanone Fraissat/Folhapress

Caixa de supermercado com autoatendimento, em São Paulo (SP), em 2017.

Contexto

1. Que setores da economia possibilitaram a estruturação dessa modalidade de atendimento em supermercados? Explique sua resposta.
2. Relacione a foto com o desemprego.
3. No lugar onde você mora ou estuda, há terminais como esse? Qual é sua opinião a respeito dessa modalidade de atendimento? Justifique sua resposta.

Setores da atividade econômica

As transformações recentes na economia, apoiadas no desenvolvimento tecnológico, vêm tornando o mercado de trabalho cada vez mais seletivo. Se, por um lado, a adoção de novas tecnologias favoreceu o aumento da produtividade e da competitividade em todos os setores, por outro causou a diminuição de empregos e a transferência de muitos postos de trabalho do setor de produção de mercadorias para o setor de serviços.

As atividades econômicas são tradicionalmente agrupadas em três setores.

- **Primário:** agropecuária, extrativismo (vegetal e mineral) e pesca.
- **Secundário:** atividades industriais, incluindo a construção civil e indústrias extrativas.
- **Terciário:** atividades comerciais e serviços (educação, comunicações, saúde, bancos, transportes, turismo, administração pública, pesquisa científica, seguros, *marketing*, inclusive *telemarketing* e *call center*, entre outros).

Embora instituições de pesquisa de todo o mundo ainda utilizem essa classificação para organizar dados estatísticos e comparar países, a realidade é mais complexa: a mecanização do setor primário transformou algumas atividades agropecuárias em verdadeiras atividades industriais ou semi-industriais, assim como a burocratização do setor secundário passou a englobar uma variada gama de departamentos que, na classificação tradicional, fariam parte do setor terciário — como *marketing*, atendimento ao consumidor, aplicações financeiras, auditoria e pesquisa tecnológica.

Philippe Huguen/Agência France-Presse

Funcionário prepara vacas para ordenha mecânica em fazenda de criação intensiva de gado, em Drucat, na França, em 2017.

Nos países em desenvolvimento, uma parcela significativa dos trabalhadores encontra-se empregada nos setores primário e terciário, com grau de **informalidade** — por exemplo, pessoas que trabalham como vendedores ambulantes, catadores de materiais recicláveis e/ou em empresas não registradas legalmente, assim como em atividades ilegais, como o tráfico de drogas e o jogo **ilícito** — bem mais alto que em países desenvolvidos. Nos países emergentes (como Brasil, México e Argentina), a participação dos setores secundário e terciário é dominante.

Nos países desenvolvidos, o setor terciário também absorve entre 70% e 80% da **População Economicamente Ativa (PEA)**. Em seguida, vem o setor secundário e, muito depois, o setor primário (veja tabela na próxima página). Esse significativo crescimento do setor terciário é denominado **terciarização da economia**.

Informalidade: conjunto das atividades desempenhadas por trabalhadores que não possuem registro em carteira de trabalho, ficando sem proteção das leis trabalhistas, ou que não recolhem impostos e não têm Cadastro Nacional de Pessoa Jurídica (CNPJ), caso exerçam atividades por conta própria, ficando à margem dos números oficiais que indicam o desempenho da economia, como o Produto Interno Bruto (PIB).

Ilícito: condenado pela lei; ilegal.

População Economicamente Ativa (PEA): conjunto de todas as pessoas com 15 anos de idade ou mais que estão no mercado de trabalho, estejam elas ocupadas ou procurando emprego.

Composição do PIB por setores de atividades econômicas, em % (2017)

	Primário	Secundário	Terciário
PAÍSES DESENVOLVIDOS			
Estados Unidos	0,9	19,1	80
Reino Unido	0,7	20,2	79,2
Japão	1,1	30,1	68,7
EM DESENVOLVIMENTO – EMERGENTES			
Brasil	6,6	20,7	72,7
México	3,6	31,9	64,5
Argentina	10,8	28,1	61,1
Rússia	4,7	32,4	62,3
África do Sul	2,8	29,7	67,5
EM DESENVOLVIMENTO			
Paraguai	17,9	27,7	54,5
Moçambique	23,9	19,3	56,8
Bangladesh	14,2	29,3	56,5

Elaborado com base em: CIA. *The World Factbook*. Disponível em: www.cia.gov/library/publications/resources/the-world-factbook/fields/214.html#US. Acesso em: jan. 2020.

Saiba mais

Terceiro setor

Envolve as organizações sem fins lucrativos, entre elas as organizações não governamentais (ONGs), que geralmente atuam sem a participação do primeiro setor (governo) nem a do segundo (privado).

Elas ocupariam o espaço deixado pelo governo, agindo nos mais diversos segmentos, como preservação ambiental, educação, cultura e assistência social (no atendimento a mães solteiras, moradores de rua, catadores de lixo e usuários de drogas, por exemplo). Em determinadas ações, como nas de preservação ambiental, o primeiro e o segundo setores podem se associar ao terceiro.

Diferentes classificações de desenvolvimento

É comum referir-se aos Estados-nação desenvolvidos como países do Norte e aos em desenvolvimento como países do Sul. A divisão Norte-Sul simboliza a separação entre o **mundo desenvolvido** e o **mundo em desenvolvimento**. Os países desenvolvidos são considerados **centrais** na economia mundial e quase todos estão situados no hemisfério norte (com exceção da Austrália e da Nova Zelândia, que, por esse critério, também são classificados como países do Norte). Os países do Sul pertencem ao mundo em desenvolvimento e constituem a **periferia** da economia mundial.

As fortes relações de dependência entre os dois grupos — em que os países em desenvolvimento estão geralmente subordinados aos interesses econômicos e políticos dos desenvolvidos — dificultam o acesso de países em desenvolvimento às conquistas dos países centrais, como desfrutar de melhor padrão de vida e menor desigualdade social.

Outra expressão muito utilizada é **países emergentes**, que se refere aos países em desenvolvimento industrializados ou em fase de industrialização avançada, como o México e os membros do **Brics** (Brasil, Rússia, Índia, China e África do Sul), que têm economias mais dinâmicas, além de Indonésia, Egito, Turquia, Filipinas, Malásia e Irã, entre outros. Esse grupo também é chamado de **semiperiferia**.

Globalização, tecnologia da informação e serviços

O processo de globalização e as mudanças provocadas pela introdução das tecnologias da informação criaram novos ambientes, relações de trabalho e hábitos de consumo, promovendo uma revolução na maneira de fazer negócios e no modo de vida da sociedade atual. Nesse contexto, estrutura-se o que alguns economistas chamam de nova economia, ligada às novas tecnologias de informação e comunicação. É o caso das empresas produtoras de *softwares* (programas de computador) e de *hardwares* (equipamentos de informática), dos provedores de internet, do ***e-commerce*** e das prestadoras de serviços que utilizam as tecnologias da informação. Assim também surgiu, no mercado de ações dos Estados Unidos, o Índice Nasdaq, que mede o desempenho dos negócios das empresas de alta tecnologia, incluindo as de biotecnologia.

***E-commerce*:** comércio eletrônico, em que as transações de mercadorias ou de serviços são realizadas pela internet.

As situações decorrentes da nova economia tiveram forte implicação no espaço geográfico, com o estabelecimento de **novas territorialidades**. As relações econômicas, os contratos e uma série de atividades humanas passaram a ser realizados também remotamente, por meio das tecnologias de telecomunicações. Assim, o espaço também se tornou **virtual**.

O desenvolvimento tecnológico possibilitado pela **automação** contribuiu para a redução do número de postos de trabalho na agropecuária, na indústria e nos setores de serviço, mas gerou uma gama de profissões ligadas ao processamento de informações, caso dos setores de telecomunicações e informática. Assim, as transformações tecnológicas marginalizaram parte importante da mão de obra, exigindo cada vez mais formação especializada e atualização e requalificação constantes, dificultando a empregabilidade dos trabalhadores menos qualificados.

! Dica

Adeus ao trabalho?

De Ricardo Antunes. São Paulo: Cortez, 2015.

Nesse livro, o autor procura analisar as transformações no mundo do trabalho e seus impactos na classe trabalhadora.

Trabalho: transformações e desemprego

É importante lembrar que o desemprego em larga escala, associado a mudanças nas atividades produtivas ou a crises econômicas, não é um fenômeno exclusivo do mundo globalizado: também ocorreu na Europa do século XIX, com a Segunda Revolução Industrial, e no mundo todo, com a crise de 1929.

O **desemprego estrutural**, ou tecnológico, ocorre quando as inovações tecnológicas aplicadas aos processos de produção de mercadorias e às diversas modalidades econômicas do setor de serviços aumentam a produtividade e reduzem a necessidade de trabalhadores, extinguindo gradativamente determinadas profissões. Já o **desemprego conjuntural** é provocado por crises econômicas, motivadas por fatores internos ou externos. Foi o caso da crise de 2007-2008 e da de 2020, ocasionada pelo novo coronavírus, responsáveis pelo aumento do número de desempregados em todos os países do mundo.

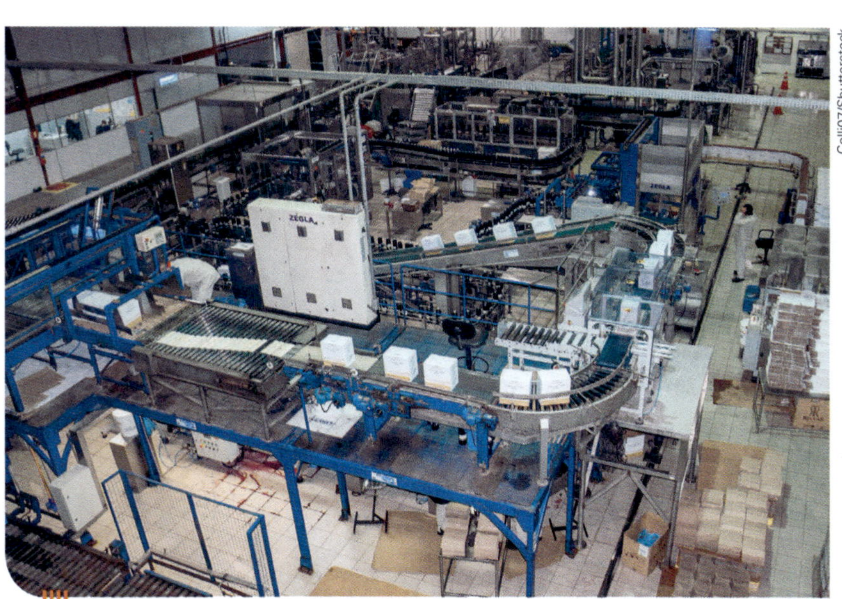

Celli07/Shutterstock

Fábrica de bebida com processos automatizados, em Bento Gonçalves (RS), 2019. Esse tipo de produção tem como característica o emprego de poucos funcionários.

Desemprego no mundo

A **taxa de desemprego** (ou de desocupação) é calculada pela razão entre a população à procura de emprego e a população economicamente ativa. Uma taxa de desemprego de 10%, por exemplo, indica que, do total da PEA, 90% das pessoas estão efetivamente empregadas (população ocupada) e 10% estão em busca de trabalho.

Para que haja aumento na oferta de vagas, é necessário que a economia cresça num ritmo que acompanhe o ingresso de novas pessoas no mercado de trabalho. O uso de tecnologias nos processos de produção, no entanto, pode desenvolver a economia sem gerar oferta de trabalho. Sobretudo em países com alto número de desempregados, é imprescindível criar políticas para incentivar investimentos e auxiliar a população desempregada, com cesta básica, seguro-desemprego, auxílio-transporte e cursos de requalificação profissional, de modo que ela possa se recolocar no mercado de trabalho formal.

Desde que a **Organização Internacional do Trabalho (OIT)** passou a ser uma agência da ONU (1946), o desemprego em valores absolutos no mundo nunca chegou a valores tão altos quanto os atuais, atingindo tanto os países em desenvolvimento quanto os desenvolvidos.

Organização Internacional do Trabalho (OIT): criada pelo Tratado de Paz assinado em Versalhes, em junho de 1919, passou a ser a primeira agência especializada da ONU após a Segunda Guerra Mundial, em 1946.

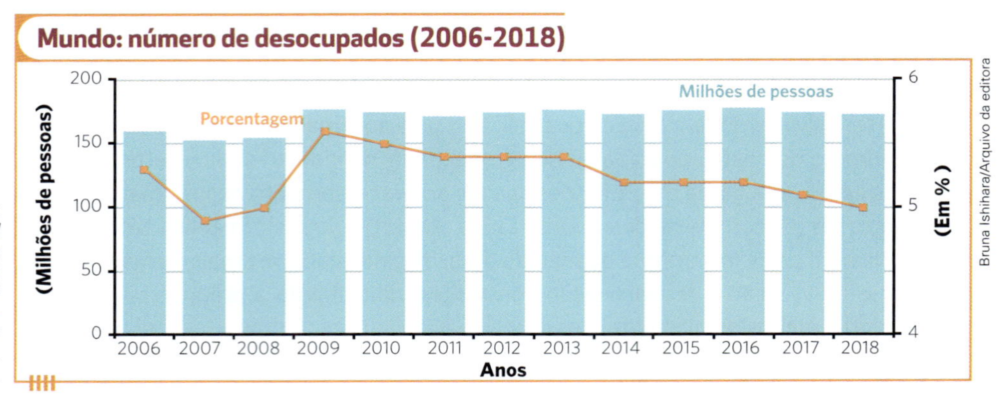

Elaborado com base em: OIT. *World Employment and Social Outlook — Trends 2019*. p. 84-85. Disponível em: www.ilo.org/wcmsp5/groups/public/—dgreports/—dcomm/—publ/documents/publication/wcms_670542.pdf. Acesso em: jan. 2020.

Até meados de 2020, a crise desencadeada pela covid-19 levou a um acréscimo de 38 milhões no conjunto de desempregados, apenas nos Estados Unidos.

Jovens no mercado de trabalho

Nas crises econômicas, os jovens são os primeiros a perder o emprego; quando a economia se recupera, são os últimos a entrar no mercado. Entre os obstáculos que eles enfrentam, estão a falta de experiência, a necessidade de conciliar estudo e trabalho e a dificuldade de investir em cursos de aprimoramento.

Como a falta de oportunidades tem sido uma importante razão da tensão social em vários países — como na Primavera Árabe —, investimentos em educação e qualificação profissional são algumas das ações necessárias para promover o ingresso dos jovens no mercado de trabalho. A segurança e a estabilidade dos fundos de previdência social, alimentados pela população ativa e ocupada na economia formal, são outro argumento em defesa da ampliação da oferta de vagas aos mais jovens.

Mundo: desemprego entre jovens (2006-2018)

Desemprego juvenil (milhões de pessoas): 82, 79, 76, 73, 70, 67

Taxa de desemprego juvenil (Em %): 15, 14, 13, 12, 11, 10

Desemprego juvenil — Taxa de desemprego juvenil

2006 2007 2008 2009 2010 2011 2012 2013 2014 2015 2016 2017* 2018*

Anos

*Estimativas

Bruna Ishihara/Arquivo da editora

Elaborado com base em: OIT. *Global Employment Trends for Youth 2017*, p. 15. Disponível em: www.ilo.org/wcmsp5/groups/public/—dgreports/—dcomm/—publ/documents/publication/wcms_598669.pdf. Acesso em: jan. 2020.

Explore

1 Analise o gráfico "Mundo: desemprego entre jovens (2006-2018)" e o anterior, "Mundo: número de desocupados (2006-2018)", comparando-os.

2 Considerando que em 2018 existiam 71,1 milhões de jovens desocupados, calcule a porcentagem dos desempregados jovens no conjunto dos desocupados em geral naquele ano, que era de 172,5 milhões.

Trabalho e economia informal

Sem contrato e acesso à seguridade social, mais da metade dos trabalhadores do mundo estão na informalidade da economia — os grupos mais atingidos são os jovens, as mulheres e os idosos. Além de não contribuir para a arrecadação de impostos, o setor informal não oferece fiscalização sobre a qualidade dos produtos nem controle das condições de trabalho. Apesar disso, uma parcela significativa dos rendimentos adquiridos com a atividade informal é gasta com produtos fabricados legalmente e serviços da **economia formal**. O setor informal também constitui uma forma de sobrevivência na fragilidade econômica de países incapazes de gerar renda ou empregos suficientes para o conjunto da população. Sem a economia informal, o número de pessoas sem renda seria maior e agravaria os problemas sociais nesses países.

Convém salientar também as diferenças entre subemprego e trabalho informal. O **trabalho informal** pode compreender atividades exercidas por profissionais com curso superior que trabalham por conta própria, obtêm altos rendimentos e qualidade de vida, mas não recolhem impostos. Já o **subemprego** é caracterizado por atividades incertas, irregulares e de baixa qualificação.

Sergio Ranalli/Pulsar Imagens

Trabalhador ambulante organiza mercadorias em Londrina (PR), 2019.

Chico Ferreira/Pulsar Imagens

Homem trabalha em cooperativa de material reciclável, no Rio de Janeiro (RJ), 2019.

Outra questão que merece atenção no que se refere às condições dos trabalhadores no mundo empresarial é a **flexibilização das relações trabalhistas**, processo iniciado há duas décadas em vários países e entre o final do século XX e o início deste século no Brasil. A flexibilização, ou desregulamentação, amplia a presença dos **contratos de trabalho intermitentes**, de tempo parcial, ou sem vínculo empregatício. Ela vem sendo acompanhada por um intenso processo de **terceirização**.

A princípio, a terceirização estava mais restrita às **atividades-meio** de uma empresa, como serviços de alimentação, limpeza, segurança, contabilidade e consultoria. Hoje, porém, ela atinge as **atividades-fim**, como a própria produção de mercadorias. Assim, como os salários nas empresas terceirizadas são menores, nas empresas que terceirizam, os custos diminuem e os lucros aumentam.

Terceirização: transferência de atividades de uma empresa para outras, com vistas à redução de custos.

Trabalho no Brasil

O desemprego e outros problemas relacionados ao trabalho, como a baixa remuneração e o trabalho escravo e infantil, constituem grandes desafios à sociedade civil e aos governantes do Brasil. Essas questões tornam-se ainda mais complexas se considerarmos as dimensões do país, as desigualdades entre as regiões e a instabilidade econômica provocada pela crise econômica e política desencadeada em 2014-2015.

Apesar do ainda alto grau de informalidade na economia, nas duas últimas décadas a formalização no mercado de trabalho aumentou expressivamente, incluindo no emprego doméstico. A partir de 2015, contudo, essa melhora passou a ser revertida pela crise econômica e política então iniciada e por aquela provocada pelo novo coronavírus, em 2020.

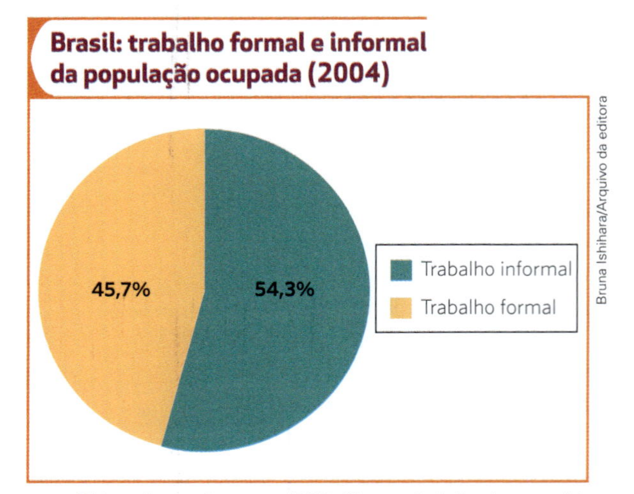

Elaborado com base em: IBGE. *Síntese de indicadores sociais 2015*: uma análise das condições de vida da população brasileira. Disponível em: https://biblioteca.ibge.gov.br/visualizacao/livros/liv95011.pdf. Acesso em: jan. 2020.

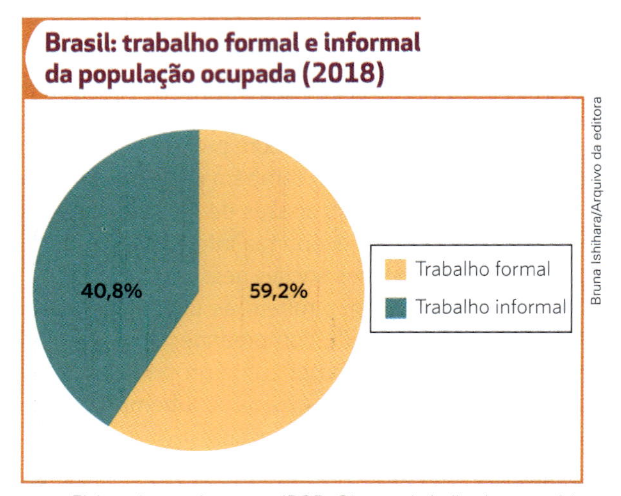

Elaborado com base em: IBGE. *Síntese de indicadores sociais 2019*: uma análise das condições de vida da população brasileira. Disponível em: https://biblioteca.ibge.gov.br/visualizacao/livros/liv101629.pdf. Acesso em: jan. 2020.

Situação do emprego

Em meados dos anos 1990, as taxas de desemprego aumentaram significativamente no Brasil. Contribuíram para tal situação a **abertura econômica** e a consequente concorrência dos produtos importados (que provocaram a falência ou a queda da produção de muitas empresas brasileiras), a política de juros altos (que dificultou novos investimentos), os baixos investimentos do Estado em infraestrutura e em outros setores da economia e na esfera social e, ainda, a automação e a robotização na produção de mercadorias e serviços.

A partir dos anos 2000, o Brasil, favorecido pelo dinamismo da economia mundial e especialmente da China, retomou o crescimento econômico, priorizou investimentos em programas sociais (como o **Bolsa Família**) e melhorou a distribuição de renda. Essas medidas foram fundamentais para diminuir as taxas de desemprego. A ascensão social de milhões de brasileiros permitiu a ampliação do mercado interno e do nível de crescimento econômico.

Explore

1. Observe os gráficos de trabalho formal e informal no Brasil nesta página. Que problemas eles revelam e que consequências esses problemas têm na realidade socioeconômica brasileira?
2. O que se pode concluir pela comparação entre os gráficos? Qual é a consequência na economia e na sociedade brasileiras? Justifique sua resposta.

Embora a crise de 2007-2008 tenha enfraquecido o ritmo do crescimento econômico, as taxas de desemprego permaneceram em queda até meados de 2014: com a desoneração de impostos a determinados setores produtivos e o esforço para manter investimentos, gastos públicos e programas sociais, o Brasil enfrentou por um tempo a crise mundial. Com essa fórmula, porém, as despesas superaram as receitas federais, e as finanças públicas deterioraram-se rapidamente. Contribuíram para isso a desaceleração da economia chinesa, principal parceira comercial do país, e a queda do valor das *commodities*, os produtos nacionais mais vendidos no mercado mundial. A partir de 2015, a crise estava instalada, e o desemprego começou a elevar-se em ritmo acelerado.

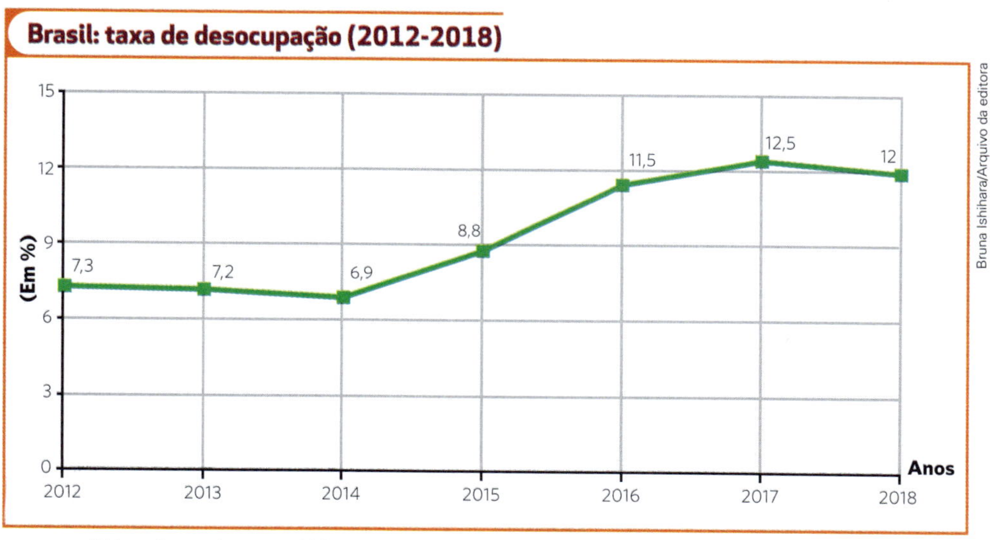

Elaborado com base em: IBGE. *Síntese de indicadores sociais 2019:* uma análise das condições de vida da população brasileira. p. 16. Disponível em: https://biblioteca.ibge.gov.br/visualizacao/livros/liv101629.pdf. Acesso em: jan. 2020.

No Brasil, como na maioria dos países — sobretudo aqueles em desenvolvimento —, o grupo etário mais atingido pelo desemprego é o de jovens (entre 15 e 24 anos).

Reforma trabalhista

Em novembro de 2017, no governo de Michel Temer (1940-) — empossado após o *impeachment* de Dilma Rousseff (1947-), no ano anterior —, entrou em vigor a Reforma Trabalhista, alterando cerca de 10% do conjunto de leis que compõem a **Consolidação das Leis Trabalhistas (CLT)**.

A reforma foi criticada por sindicatos de trabalhadores, juízes do trabalho, procuradores públicos, economistas e advogados, entre outros, que a entenderam como um retrocesso nas garantias dos empregados. Já para outros, sobretudo empresários, as mudanças poderiam gerar mais contratações em regime CLT, reduzindo a informalidade e o desemprego.

Os principais pontos da reforma são: extinção da obrigatoriedade do pagamento do imposto sindical pelos trabalhadores; regulamentação do **teletrabalho** (***home office***), considerando que, no contrato, estejam definidos os custos dos equipamentos de trabalho; a liberação da **terceirização para qualquer atividade** dentro de uma empresa, mesmo as atividades-fim; criação do **contrato de trabalho intermitente**, no qual o trabalhador recebe de acordo com as horas trabalhadas e pode ficar um tempo sem trabalhar (13º salário, INSS, férias, entre outros benefícios, são pagos em proporção ao que o trabalhador recebeu); a possibilidade de gestantes e **lactantes** exercerem atividades de risco baixo e médio; a negociação das férias entre empregado e empregador, que podem ser divididas em até três períodos; a possibilidade de acordos coletivos entre sindicatos e empresas para diversos casos (como organização da jornada de trabalho, intervalo de almoço e troca do dia de feriado).

Consolidação das Leis Trabalhistas (CLT): conjunto de leis criado em 1943, no primeiro governo de Getúlio Vargas, para regular os direitos trabalhistas no Brasil. Os trabalhadores contratados com carteira de trabalho assinada entram no chamado regime CLT e têm os direitos garantidos por lei.

Lactante: mulher que está amamentando.

No segundo semestre de 2019, também foi aprovada uma Reforma Previdenciária, aumentando o tempo de contribuição e os limites de idade para se obter aposentadoria. Os setores favoráveis à reforma argumentavam que, sem essas alterações, o *deficit* nas contas relativas à previdência social aumentaria a ponto de afetar drasticamente as contas públicas.

Trabalho escravo

O trabalho escravo ou forçado ainda é uma realidade em pleno século XXI. O chamado regime de trabalho análogo à escravidão se manifesta de diversas formas e em diferentes atividades, nas áreas urbanas e rurais do país.

Daniel Lins/Fotoarena

No evento "Não somos escravos da moda", promovido pelo Ministério Público do Trabalho em São Paulo (SP), em 2018, o público pôde acompanhar debates sobre o combate e a erradicação do trabalho escravo, ver imagens ligadas ao tema e entrar em instalação que simulava uma fábrica têxtil de condições precárias como aquelas às quais os trabalhadores são submetidos.

Guito Moreto/Agência O Globo

Homem em situação de trabalho análoga à escravidão é resgatado em operação do Ministério do Trabalho, em áreas rurais de Boa Vista (RR), em 2018.

! Dica

Repórter Brasil

www.reporterbrasil.com.br

O *site* acompanha a situação do trabalho escravo no Brasil e traz reportagens, vídeos e publicações sobre o assunto em diversos setores da economia, além de uma relação de empresas flagradas usando trabalho escravo e políticos eleitos que se comprometeram a combater essa prática.

Nas áreas rurais, ocorre a **escravização por dívida** quando o agricultor é contratado para trabalhar em local muito distante do município onde mora e deve pagar os custos referentes à viagem ou ao alojamento, à alimentação diária na própria fazenda e à compra de ferramentas para a realização do trabalho. A dívida cresce em valores superiores ao salário contratado, e o trabalhador é impedido de ir embora até saldá-la: tem os documentos confiscados e, muitas vezes, é vigiado por capangas armados para não fugir. Vários casos de tortura em fazendas foram relatados.

Nas áreas urbanas, muitos jovens são seduzidos pela oferta de trabalho em cidades distantes, com o compromisso de pagar as despesas de viagem e de hospedagem. Quando chegam, são obrigados a trabalhar em empresas que funcionam clandestinamente, sem receber remuneração e em jornadas longas e extenuantes, ou ainda na prostituição, em casas noturnas e bordéis. Uma vez envolvidas em situações como essas, poucas pessoas conseguem voltar para casa.

Nas últimas décadas, imigrantes bolivianos, paraguaios e haitianos acabaram submetidos a condições de trabalho análogas à escravidão em oficinas de costura em áreas urbanas do Brasil, especialmente em São Paulo.

Trabalho infantil

A legislação brasileira proíbe qualquer tipo de trabalho para menores de 14 anos. Entre 14 e 16 anos, o trabalho é permitido, desde que na condição de aprendiz, com autorização dos pais e em atividades que não sejam degradantes, perigosas ou insalubres. No entanto, em 2016, 482 mil crianças entre 5 e 13 anos trabalhavam no Brasil, de acordo com o IBGE. Observe o gráfico a seguir.

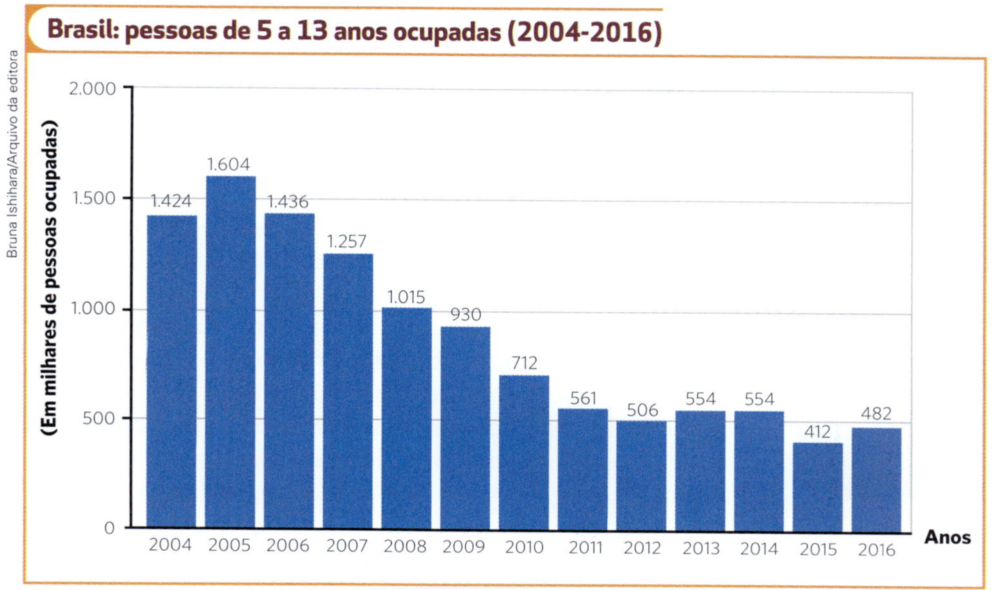

Bruna Ishihara/Arquivo da editora

Elaborado com base em: IBGE. *Pesquisa Nacional por Amostra de Domicílios 2004-2013 (Pnad)*. Disponível em: www.ibge.gov.br; *Pesquisa Nacional por Amostra de Domicílios 2015 (Pnad)*. p. 63. Disponível em: https://biblioteca.ibge.gov.br/visualizacao/livros/liv98887.pdf; IBGE. *Esclarecimento sobre as informações de trabalho das crianças de 5 a 17 anos de idade na Pnad Contínua*. Disponível em: www.ibge.gov.br/novo-portal-destaques/18489-esclarecimento-sobre-as-informacoes-de-trabalho-das-criancas-de-5-a-17-anos-de-idade-na-pnad-continua.html. Acesso em: maio 2020.

! Dicas

Quanto vale ou é por quilo?

Direção de Sérgio Bianchi. Brasil, 2005. 104 min.

O filme faz uma analogia entre a escravização de africanos trazidos para o Brasil e a exploração da miséria pelo *marketing* social.

Trabalho infantil: o difícil sonho de ser criança

De Jô Azevedo, Iolanda Huzak e Cristina Porto. São Paulo: Ática, 2011.

O livro aborda o trabalho infantil. Além de denúncias, aponta caminhos para modificar essa realidade, que priva milhões de crianças do direito à infância.

A **pobreza** é a principal causa do ingresso das crianças no mundo do trabalho. Na zona rural, essas crianças trabalham na lavoura — há casos, como na região Sul, em que pequenos proprietários tradicionalmente exercem a agricultura familiar com a ajuda dos filhos, mas, de forma geral, o trabalho infantil constitui um grave problema social. Nas grandes cidades, são comuns as crianças que perambulam pelos lixões, vendem doces nos cruzamentos de avenidas movimentadas, realizam acrobacias nas ruas e exercem atividades domésticas, especialmente as meninas. Além de limitar a vivência da infância, em muitos casos essa prática toma tempo de realização de atividades escolares e de estudo fora do período de aulas, comprometendo o rendimento e o aproveitamento escolar e prejudicando a vida futura.

Embora o número de crianças trabalhadoras seja muito elevado, a adoção de políticas para a erradicação do trabalho infantil vem mostrando resultados. Um exemplo são os programas sociais voltados para a educação, que asseguram uma renda mensal às famílias pobres e miseráveis para manter os filhos na escola, como o Programa de Erradicação do Trabalho Infantil (Peti) e o Bolsa Família.

Reprodução/Ministério Público do Trabalho

Campanha "Trabalho infantil não é folia", de 2018, realizada pelo Ministério Público do Trabalho (MPT) em parceria com a Associação de Ex-Conselheiros e Conselheiros da Infância (AECCI).

Mulher e mercado de trabalho

No passado, o homem era o responsável pela renda familiar, e a mulher, por cuidar da casa e dos filhos. Essa situação mudou em muitos países conforme as mulheres paulatinamente ampliaram a participação na cultura, na política, na economia e no mercado de trabalho. Essas conquistas, no entanto, não aconteceram da mesma forma em todos os países.

Nos países desenvolvidos, o crescimento econômico e industrial nos séculos XIX e XX gerou a necessidade de maior inserção da mulher no mercado de trabalho. Além disso, durante as guerras mundiais, muitas mulheres assumiram os postos de trabalho dos homens convocados para os conflitos. Essa presença acabou por consolidar um novo papel social da mulher e a consciência da necessidade da valorização feminina em todas as instâncias da sociedade, originando um amplo movimento de emancipação e de quebra do preconceito em diversos países.

Marcio Melo/Folhapress

Mulher trabalha em linha de produção de indústria de bicicletas, em Manaus (AM), 2017.

Nos países em desenvolvimento, o ingresso feminino no mercado de trabalho também foi fruto da necessidade de ampliar a mão de obra, mas teve como impacto imediato a redução das médias salariais por essa maior oferta.

A maior presença da mulher no mercado de trabalho pode ser atribuída também a outros fatores, nem todos frutos da emancipação. O aumento do custo de vida (sobretudo nas cidades), a falta de serviços públicos de qualidade e os baixos salários recebidos pelos homens forçaram as mulheres casadas a complementar o orçamento familiar. Isso, no entanto, resultou em uma dupla jornada de trabalho, visto que a maioria delas continuou responsável pelas atividades domésticas, inclusive pela educação dos filhos.

Trabalhadoras brasileiras

No Brasil, a participação da mulher no mercado de trabalho foi uma das características mais importantes das últimas décadas. As conquistas femininas se tornaram mais evidentes a partir dos anos 1960. No contexto da industrialização e da urbanização ocorridas no Brasil nesse momento, elas começaram a ter participação mais ativa no mundo do trabalho.

Essa participação continua crescendo. Uma das explicações para o maior número de mulheres no mercado de trabalho pode estar na escolaridade, já que a média de anos de estudo das mulheres atualmente é superior à dos homens; outra, nos salários mais baixos: à semelhança de outros países, no Brasil, os rendimentos da mulher são significativamente menores que os da população masculina. De acordo com o IBGE, em 2018, a remuneração média das mulheres ocupadas no Brasil ainda equivalia a 78,7% da remuneração obtida pelos homens.

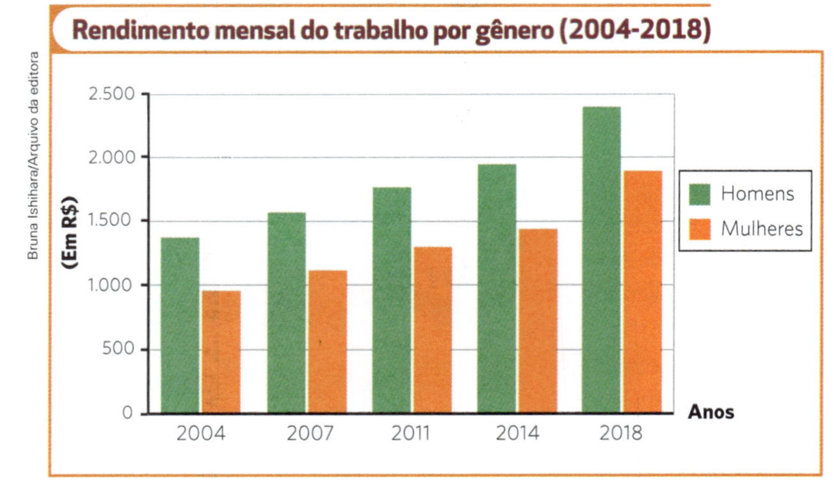

Elaborado com base em: IBGE. *Síntese de indicadores sociais 2015*: uma análise das condições de vida da população brasileira. p. 74. Disponível em: https://biblioteca.ibge.gov.br/visualizacao/livros/liv95011.pdf. *Síntese de indicadores sociais 2019*. p. 28. Disponível em: https://biblioteca.ibge.gov.br/visualizacao/livros/liv101678.pdf. Acesso em: jan. 2020.

Apesar da evolução dos rendimentos de modo geral, as diferenças entre os rendimentos de homens e mulheres se mantiveram no período compreendido pelo gráfico, o que indica a necessidade da ampliação da luta pela igualdade de gênero.

Distribuição da renda

Quando o crescimento da população é maior que a produção de riqueza, a renda média da população (renda *per capita*) tende a diminuir. É necessário, porém, que a renda seja analisada considerando como a riqueza produzida é distribuída entre os diversos grupos sociais.

Essa análise permite avaliar as diferenças sociais e quantificar a pobreza e o grau de justiça social de uma sociedade. Nesse sentido, a concepção de pobreza é relativa. É preciso avaliar os padrões de cada sociedade e as diferenças entre os indivíduos que fazem parte dela. Quanto mais acentuada é a distância entre as classes sociais, maior é a pobreza geral da sociedade.

O coeficiente de Gini, ou índice de Gini, é um parâmetro estatístico para medir as desigualdades existentes em um país, estado ou município, como a desigualdade na distribuição de renda. Ele é indicado por um número de 0 a 1, no qual 0 corresponde à igualdade perfeita, em que todos teriam a mesma renda, e 1 à desigualdade plena, em que uma única pessoa ficaria com toda a renda, e o restante não teria nada.

Na primeira década do século XXI, a renda de uma parcela significativa da população brasileira aumentou. Milhões de brasileiros migraram das classes pobres e extremamente pobres, classificadas como D e E, para a classe C (com capacidade de consumo além dos produtos básicos de subsistência). Esses dados refletem um período de crescimento econômico e adoção de políticas sociais que promoveram transformações na sociedade brasileira.

A melhora das condições de vida de parcela significativa da população promoveu a ampliação da capacidade do consumo e, consequentemente, a expansão do mercado interno e das atividades produtivas. Contribuíram para o avanço na distribuição de renda no Brasil a redução do desemprego, o aumento da formalização da mão de obra, a valorização do salário mínimo e os programas voltados à população em situação de extrema pobreza, como o Fome Zero e o Bolsa Família. No entanto, com a crise econômica a partir de 2014-2015, esse processo de desconcentração da renda foi interrompido. Os efeitos dessa crise e daquela causada com a pandemia da covid-19 atingem as pessoas de menor renda, inclusive com o aume nto do desemprego.

Brasil: índice de Gini da distribuição do rendimento médio mensal de todas as fontes de renda (2001-2017)

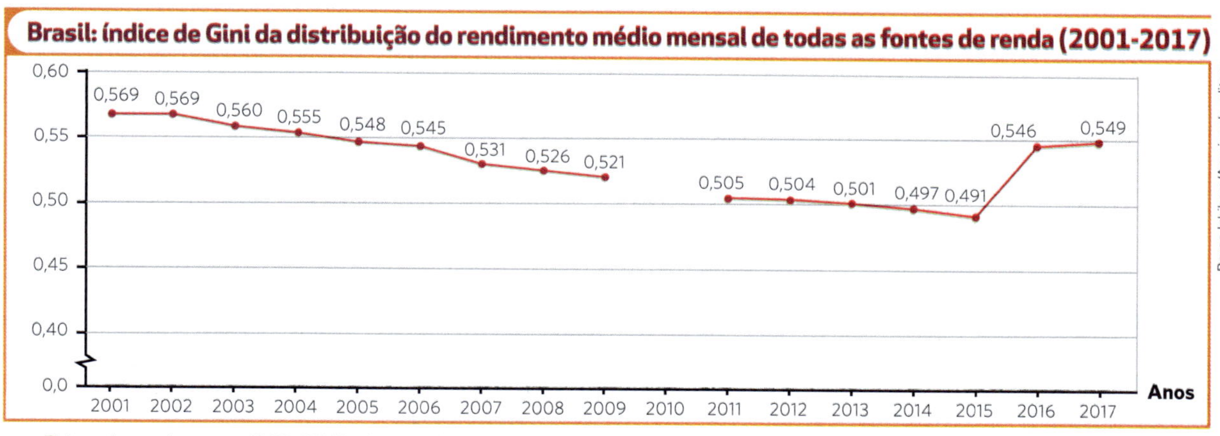

Elaborado com base em: IBGE. PNAD: *Síntese de Indicadores 2014*. p. 76 (2014). Disponível em: https://biblioteca.ibge.gov.br/visualizacao/livros/liv94935.pdf; *Síntese de Indicadores 2018*. p. 53. Disponível em: https://biblioteca.ibge.gov.br/visualizacao/livros/liv101629.pdf. *Agência IBGE Notícias*. PNAD 2015: rendimentos têm queda e desigualdade mantém trajetória de redução. Disponível em: https://agenciadenoticias.ibge.gov.br/agencia-sala-de-imprensa/2013-agencia-de-noticias/releases/9461-pnad-2015-rendimentos-tem-queda-e-desigualdade-mantem-trajetoria-de-reducao. Acesso em: jan. 2020.

Explore

1. Analise a situação da justiça social brasileira no período expresso no gráfico.
2. Considerando que o índice de Gini na Noruega e na Eslovênia é de aproximadamente 0,260 e na Ucrânia é de 0,241, o que se pode concluir sobre o Brasil?

Papel do Estado

Não se deve analisar a distribuição da renda apenas com base nos salários e nos lucros. Após a Segunda Guerra, alguns países desenvolvidos adotaram um modelo de Estado cujas funções incluíam garantir aos cidadãos saúde, educação, emprego e moradia (atualmente, considerados direitos essenciais). Trata-se do **Estado de bem-estar social** (*welfare state*, em inglês), implementado com mais eficácia na Noruega, na Suécia e na Dinamarca, países que anualmente ocupam o topo da lista de **Índice de Desenvolvimento Humano (IDH)**. Assim, a assistência médico-odontológica e a educação gratuita e de bom nível podem ser consideradas formas de salário indireto e de distribuição de renda.

A partir da década de 1980, no entanto, a conjuntura econômica provocou mudanças em vários países desenvolvidos. A elevação do *deficit* público e a consequente diminuição da capacidade de investimento levaram a uma grande redução do papel do Estado, com privatização de atividades produtivas e cortes de gastos públicos em setores como saúde, educação e **seguridade social** (seguro-desemprego, por exemplo). É o caso dos Estados Unidos e do Reino Unido, que optaram pelo **Estado neoliberal**. E, na década de 1990, boa parte da União Europeia fez reformas no sistema de seguridade social, buscando maior competitividade e menor *deficit* público. Essa situação ficou conhecida como crise do Estado de bem-estar social.

Os neoliberais propõem que as questões econômicas, e muitas das sociais, sejam resolvidas no âmbito do mercado e apoiam a ideia de um **Estado mínimo**. Para eles, os altos impostos que sustentam o Estado de bem-estar social dificultam os investimentos privados em atividades econômicas geradoras de emprego — e a geração de empregos seria o principal caminho para a resolução das questões sociais. No capitalismo, porém, o Estado é fundamental na regulação dos mercados e na intervenção em caso de crise: na de 2007-2008, por exemplo, os governos dos países mais ricos e de diversos emergentes repassaram centenas de bilhões de dólares às instituições privadas.

A distribuição de renda também se sustenta na tributação. Em muitos países, em especial naqueles em desenvolvimento (como o Brasil), os **impostos indiretos** (que incidem sobre a produção e a comercialização de mercadorias) são excessivos em valores e em quantidade e, no conjunto, maiores do que os **impostos diretos** (que incidem sobre as propriedades, as rendas obtidas com as propriedades, os rendimentos salariais e as aplicações financeiras). Isso eleva preços e obriga todos a pagarem os tributos de forma equitativa, independentemente da condição econômica de cada cidadão. Assim, quando uma pessoa que ganha um salário mínimo compra um quilo de arroz, o valor dos impostos indiretos que ela paga sobre o produto é proporcionalmente maior do que o valor pago por alguém que ganha vinte salários mínimos.

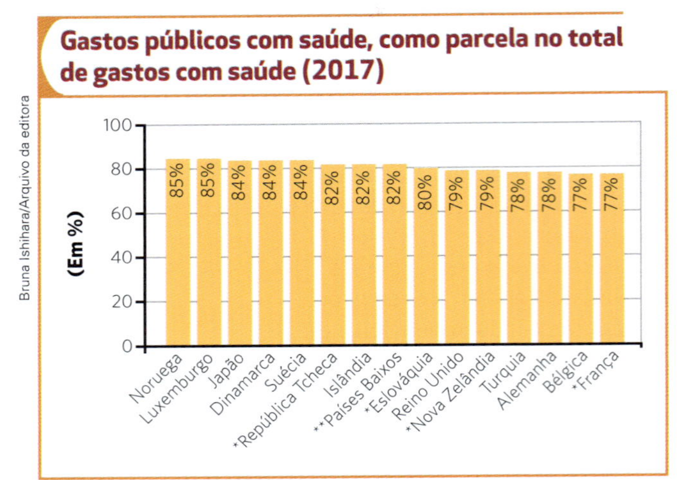

Elaborado com base em: OECD. *OECD Health Statistcs 2019*. Disponível em: www.oecd.org/health/health-statistics.htm. Acesso em: abr. 2020.
*O gasto público é calculado usando-se gastos de regimes governamentais e seguro social de saúde.
**O gasto público é calculado usando-se gastos de regimes governamentais, seguro social de saúde e seguro privado obrigatório.

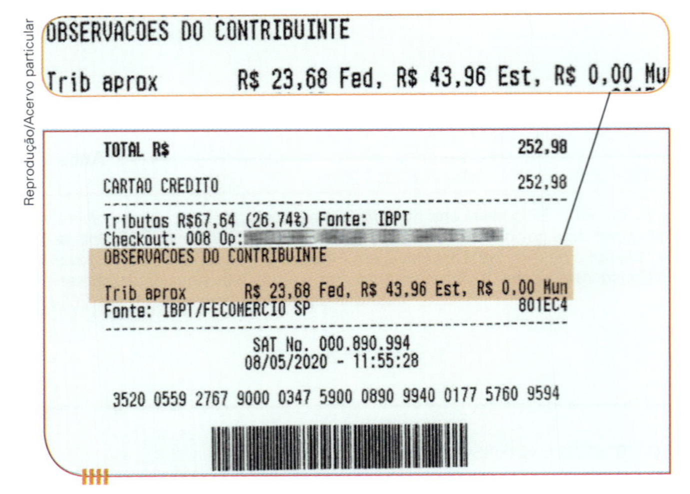
OBSERVACOES DO CONTRIBUINTE
Trib aprox R$ 23,68 Fed, R$ 43,96 Est, R$ 0,00 Mu

TOTAL R$ 252,98
CARTAO CREDITO 252,98
Tributos R$67,64 (26,74%) Fonte: IBPT
Checkout: 008 Op:
OBSERVACOES DO CONTRIBUINTE
Trib aprox R$ 23,68 Fed, R$ 43,96 Est, R$ 0,00 Mun
Fonte: IBPT/FECOMERCIO SP 801EC4
SAT No. 000.890.994
08/05/2020 - 11:55:28
3520 0559 2767 9000 0347 5900 0890 9940 0177 5760 9594

Reprodução de detalhe de comprovante de compra. No destaque, estão discriminados os valores dos respectivos impostos cobrados, além do valor da mercadoria, sem a tributação.

A redistribuição de renda é muito mais do que uma política de justiça social: a concentração de renda leva o setor produtivo da sociedade a voltar-se para um pequeno segmento de consumidores com maior poder aquisitivo, enquanto a **desconcentração da renda** gera novos consumidores, dinamiza a economia e cria empregos.

Exclusão social

Intensificada no século XX e em processo no XXI, a **globalização** propiciou significativas conquistas econômicas, sobretudo para as maiores empresas e os países desenvolvidos. Avanços econômicos também ocorreram nos países em desenvolvimento, especialmente os emergentes. Apesar disso, ainda há muitos desafios no campo da promoção social.

A globalização e a revolução tecnológica não foram suficientes para proporcionar condições e mecanismos para eliminar a pobreza. Os avanços da Medicina, por exemplo, embora extraordinários, não chegaram igualmente a todas as pessoas — muitos países ainda enfrentam doenças que poderiam ter sido erradicadas. Da mesma forma, os meios de comunicação não estão acessíveis a todos, excluindo as populações que mais necessitam ampliar o nível educacional e cultural e aumentar a qualificação profissional.

É necessário destacar que não existe uma categoria única de excluídos nas sociedades. Entre eles estão os desempregados, os subempregados, os inválidos, as pessoas com deficiência, as vítimas de preconceito racial, as mulheres e as crianças, na maior parte do mundo, assim como os migrantes e os refugiados, as minorias étnicas e religiosas e todos os pobres, que não têm acesso à moradia, à alimentação saudável, ao trabalho, à educação e à informação de qualidade.

Jhsarah/Shutterstock

Ainda que com menor frequência, a exclusão também está em países ricos e com políticas de bem-estar social. Na imagem, barraca de pessoa em situação de rua em Toronto (Canadá), 2020.

Explore

O texto a seguir foi retirado do livro *A economia da desigualdade*, do economista Thomas Piketty (1971-). O trecho selecionado traz uma abordagem sobre posições relativas à desigualdade e à redistribuição de renda.

> A questão da desigualdade e da redistribuição está no cerne dos conflitos políticos. Numa formulação um tanto caricata, podemos dizer que o conflito central opõe tradicionalmente as duas posições a seguir.
>
> De um lado, a posição liberal de direita afirma que só as forças do mercado, a iniciativa individual e o aumento da produtividade possibilitam no longo prazo uma melhora efetiva da renda e das condições de vida, em particular dos mais desfavorecidos. [...]
>
> De outro lado, a posição tradicional de esquerda, herdada dos teóricos socialistas do século XIX e da prática sindical, afirma que somente as lutas sociais e políticas são capazes de atenuar a miséria dos menos favorecidos produzida pelo sistema capitalista. Assim, a ação pública de redistribuição deve, ao contrário, permear o âmago do processo de produção, contestando assim a maneira como as forças de mercado determinam os lucros apropriados pelos detentores do capital, bem como a desigualdade entre os assalariados [...].
>
> PIKETTY, Thomas. *A economia da desigualdade*. Rio de Janeiro: Intrínseca, 2015. 1. ed. p. 9.

1 O papel das instituições estatais varia conforme o modo de produção em que elas se encontram. Em relação às atribuições do Estado, em que as posições apresentadas pelo autor diferem?

2 De acordo com o que você estudou ao longo do capítulo, é possível pensar em outros mecanismos de redistribuição de renda, nos quais o Estado assuma um papel diferente do colocado pelas duas posições expostas neste texto? Quais seriam as atribuições estatais nesse contexto?

Índice de Desenvolvimento Humano (IDH)

No início da década de 1990, a ONU criou o Índice de Desenvolvimento Humano (IDH), como contraponto a indicadores como o PIB e a renda *per capita* (por indivíduo), que medem a riqueza dos países circunscrita à esfera econômica. O IDH agrega ao desempenho da economia outros aspectos que influenciam a qualidade de vida.

No conceito de desenvolvimento humano, o foco é o ser humano e não a renda, embora ela seja um dos aspectos que fazem parte do IDH. Ele resulta do cruzamento de três indicadores básicos:

- o **Rendimento Nacional Bruto (RNB)** *per capita*, que é a renda nacional bruta dividida pelo número de habitantes de um país, expresso em dólares e ajustado ao poder de compra da população desse país;
- o grau de conhecimento, baseado na escolaridade;
- expectativa de vida, denominada longevidade.

Rendimento Nacional Bruto (RNB): calculado pela soma do PIB com todos os demais rendimentos líquidos (deduzidos todos os descontos legais) recebidos do resto do mundo. Os valores enviados em forma de pagamentos a outros países são deduzidos nesse cálculo.

O IDH permite diferenciar pelas condições de vida da população países com economias semelhantes. Esse índice é hoje o principal indicador para analisar a situação social e econômica dos países, pois ressalta como o crescimento econômico foi revertido em benefícios sociais para a população. Desde 1993, o IDH é usado pelo Programa das Nações Unidas para o Desenvolvimento (Pnud), que anualmente divulga as condições socioeconômicas dos países-membros da ONU. Os países são classificados em quatro grupos: IDH muito alto, IDH alto, IDH médio e IDH baixo. Essa classificação funciona ao contrário do índice de Gini: quanto mais próximo de 1, melhor é o IDH.

Olho no espaço

Índice de Desenvolvimento Humano

- Observe o mapa a seguir e responda as questões abaixo.

Mundo: Índice de Desenvolvimento Humano (2017)

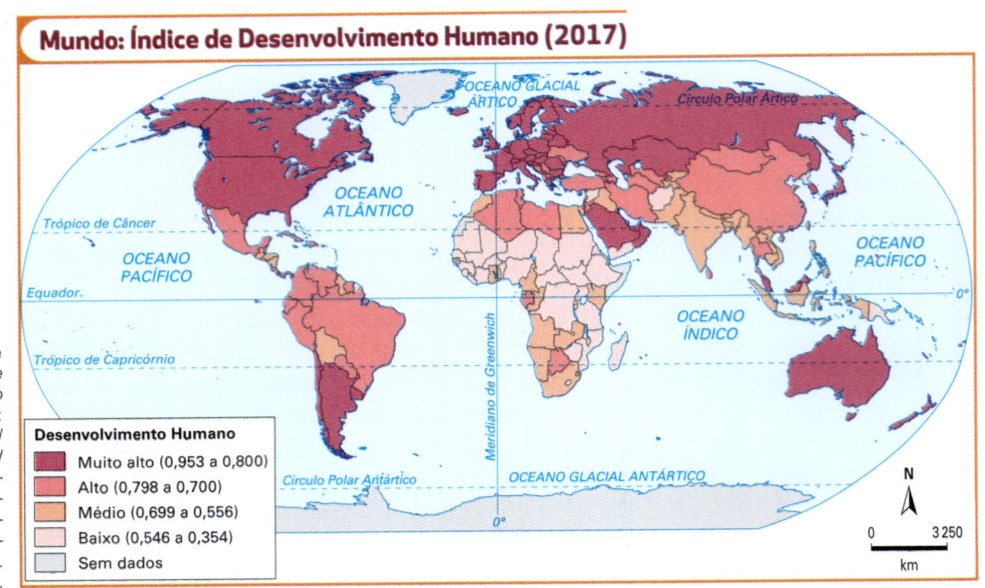

Elaborado com base em: PNUD. *Relatório de Desenvolvimento Humano 2018*. Disponível em: www.br.undp.org/content/brazil/pt/home/library/idh/relatorios-de-desenvolvimento-humano/relatorio-do-desenvolvimento-humano-2018.html. Acesso em: jan. 2020.

a) Indique, conforme as informações do mapa, dois países em melhor posição que a do Brasil na América Latina.

b) Indique dois países com IDH muito alto e dois países com IDH baixo.

Pandemia da covid-19, Estado e emprego

O espalhamento do novo coronavírus e o combate à doença provocada por ele levaram a interrupções no ciclo de fabricação das **cadeias globais de produção** (redes globais de produção), cujas unidades estão situadas principalmente em países emergentes. Nesses países, houve fuga em massa de capitais, que foram reaplicados em países centrais, considerados mais seguros em situações de forte desaceleração da economia.

A crise exigiu **ações** por parte dos **Estados** de todos os países afetados. Além da ampliação e melhor aparelhamento do sistema de saúde e orientações à população, foi necessário o socorro a trabalhadores e a empresas, sobretudo às pequenas.

No Brasil, houve a implementação de um auxílio financeiro emergencial para trabalhadores informais (como ambulantes, fortemente prejudicados pela falta de circulação de pessoas) desempregados, autônomos e microempreendedores individuais. Além disso, diversas medidas trabalhistas foram tomadas pelo Governo Federal para fazer frente à crise, como permitir a suspensão temporária do contrato de trabalho e a redução de salários. Algumas dessas medidas estavam previstas na Reforma Trabalhista de 2017, como a possibilidade de prática do trabalho a distância; mas, diferentemente do que normatiza a Reforma, o empregado é que deveria arcar com os custos disso.

De fato, a prática do *home office* foi implementada de modo recorrente e amplo. Isso gerou demanda extra para esses trabalhadores, que tiveram de conciliar trabalho, tarefas domésticas, vida familiar e estudo a distância para si e para dependentes, uma vez que as instituições de ensino foram obrigadas a interromper as aulas presenciais e a oferecê-las remotamente. Isso expôs no Brasil a **exclusão digital**, pois muitos estudantes não tinham equipamentos nem acesso à internet, e diversos municípios com menos recursos tecnológicos e financeiros não tiveram condição de ofertar o modelo de educação a distância.

A crise também expôs a maior vulnerabilidade dos moradores de **comunidades e favelas**, os **espaços opacos** — como denominados pelo geógrafo Milton Santos (1926-2001) os espaços mais carentes de serviços básicos, como água encanada, rede de esgoto e postos de saúde. Desse modo, foram ainda mais evidentes as fortes desigualdades socioespaciais no Brasil.

O mundo e o Brasil conheceram uma ampliação acelerada nos índices de **desemprego**. No entanto, as medidas de **isolamento social** contribuíram para reduzir sensivelmente o número de infectados e, assim, retardar a velocidade da contaminação, ajudando a evitar a sobrecarga dos sistemas de saúde e diminuir a quantidade de mortes pela própria covid-19 e por outras doenças que também necessitassem de atendimento médico.

Tom Vieira Freitas/Fotoarena

Willian Moreira/Futura Press

Acima, vista da ladeira Porto Geral na esquina com a rua 25 de Março, em São Paulo (SP), em um dia útil de maio de 2017. A rua 25 de Março é considerada uma das mais movimentadas do Brasil. Abaixo, vista do mesmo local, mas em um dia útil de abril de 2020, durante o isolamento social. Nesse período, muitas empresas do comércio encontraram nas entregas em domicílio uma forma de minimizar as perdas financeiras e manter empregos.

As exigências atuais do mercado de trabalho

Você já imaginou como seria visitar um amigo que mora em outro município sem saber nada sobre o caminho ou o local para o qual está indo e sem ter um mapa ou um aplicativo de navegação para encontrar o destino? Bastante incerto, não é? A preparação para o mundo do trabalho é semelhante: fica mais fácil quando se sabe mais sobre o destino, como chegar lá e o que se pode encontrar pelo caminho.

Um bom começo é conhecer a si mesmo, identificando seus desejos e sua vocação, e investigar o mercado, conhecendo os diferentes tipos de profissão e suas possibilidades presentes e futuras. Testes vocacionais, conversas com profissionais e leituras sobre as profissões são exemplos de ações que poderão ajudar você.

Feito isso, é preciso traçar o caminho, definindo como se preparar para atingir suas metas no campo profissional. Uma possibilidade é pesquisar cursos técnicos profissionalizantes ou cursos universitários possíveis para quem deseja seguir determinada profissão.

Também é importante conhecer os tipos de estágios e cursos complementares que você poderá fazer na área escolhida, as regiões que oferecem mais oportunidades de trabalho nesse ramo, a faixa de salário inicial esperada e como garantir uma situação financeira favorável ao longo do tempo, entre outros fatores. Tudo isso vai deixando seu caminho profissional mais palpável e seguro.

Nas fases iniciais de sua vida profissional, desenvolver um plano de carreira — incluindo as metas e os objetivos que você deseja alcançar a curto, médio e longo prazo, além das etapas necessárias para chegar lá — é outra boa estratégia.

Também é preciso, ao longo de sua formação e trajetória no mundo do trabalho, desenvolver habilidades importantes em qualquer profissão, como boa capacidade de comunicação e versatilidade, saber trabalhar em equipe, dominar línguas estrangeiras e tecnologias digitais e agir com ética e *compliance* (conformidade).

Dessa forma, sua incursão pelo mundo do trabalho pode ser permeada por várias ações que ajudarão você a atingir seus objetivos. Agindo com determinação, autonomia e responsabilidade, será possível entender o que ocorre a sua volta e se adaptar aos requisitos do mercado de trabalho. Afinal, todos os profissionais que gostam do que fazem e se consideram bem-sucedidos já foram, um dia, jovens com pouca experiência.

Luciana Whitaker/Pulsar Imagens

Estudantes em curso técnico de desenho técnico e computação gráfica, em Cuiabá (MT), 2018. Com a mecanização e automação da produção em diferentes setores da indústria, o setor secundário passou a demandar trabalhadores com conhecimentos técnicos especializados.

Chico Ferreira/Pulsar Imagens

Alunos em aula do curso de Ciências Biológicas do Instituto Federal de Educação Ciência e Tecnologia de Mato Grosso (IFMT), em Juína, 2018. A graduação é a modalidade de curso superior mais tradicional e aquela escolhida por muitos para se preparar para o mercado de trabalho.

ETAPA 1 Leitura

Acesse os textos disponíveis no Plurall para ter mais informações sobre o mercado de trabalho.

Mercado de trabalho exige novo perfil de profissional, saiba como se atualizar

MONTEIRO, Lilian. Mercado de trabalho exige novo perfil de profissional, saiba como se atualizar. *Estado de Minas*, 26 abr. 2017. Disponível em: www.em.com.br/app/noticia/economia/2017/04/26/internas_economia,865177/mercado-de-trabalho-exige-novo-perfil-de-profissional-saiba-mais.shtml. Acesso em: jun. 2020.

- As transformações no mercado de trabalho.
- Os novos perfis exigidos dos profissionais de hoje.
- Exemplos de atitudes valorizadas no mercado.

Profissões do futuro: tecnologia movimenta mercado de trabalho

PROFISSÕES do futuro: tecnologia movimenta mercado de trabalho. Globo Educação. Disponível em: http://educacao.globo.com/artigo/profissoes-do-futuro-tecnologia-movimenta-mercado-de-trabalho.html. Acesso em: jun. 2020.

- A tecnologia e as transformações no mercado de trabalho.
- Áreas de atuação mais valorizadas hoje e no futuro.
- Profissionais em demanda crescente no mercado de trabalho.

ETAPA 2 Preparação

Junte-se com até quatro colegas e formule com eles uma questão sobre o tema estudado nesta seção para toda a turma responder no debate da próxima etapa.

ETAPA 3 Debate

O debate deve partir das questões produzidas pelos grupos e das questões a seguir:

- É importante traçar um plano para sua formação e desenvolvimento profissional? Por quê?
- Em sua opinião, por que se fala tanto de competir quando o assunto é mercado de trabalho? Você considera saudável pensar no trabalho como uma competição? Por quê?
- Com as transformações e exigências do mercado de trabalho, você considera que uma boa faculdade ou curso técnico é suficiente para obter êxito em uma profissão? Por quê?
- O estudo desta seção mudou sua forma de pensar sobre o mundo do trabalho ou sobre como você deve se preparar para atender às exigências do mercado? Dê exemplos.

ETAPA 4 Pense nisso

Nesta seção, você percebeu como é importante ter um plano e pesquisar as áreas profissionais do seu interesse para ingressar no mercado de trabalho.

- Individualmente, reflita sobre seus principais objetivos profissionais, cursos complementares que pretende realizar e habilidades específicas que pretende desenvolver, assim como os planos de carreira possíveis dentro da profissão que você almeja.
- Depois, imagine que um amigo que vive em outro município acabou de escolher a mesma profissão, mas não sabe como se preparar para tê-la. Escreva uma carta para ele com recomendações, comentando as habilidades mais importantes para desenvolver, que objetivos pode ter e que etapas deve cumprir para alcançar o que deseja.

Atividades

1 A ONG Hospitalhaços utiliza a figura do palhaço para levar o sorriso ao ambiente hospitalar.

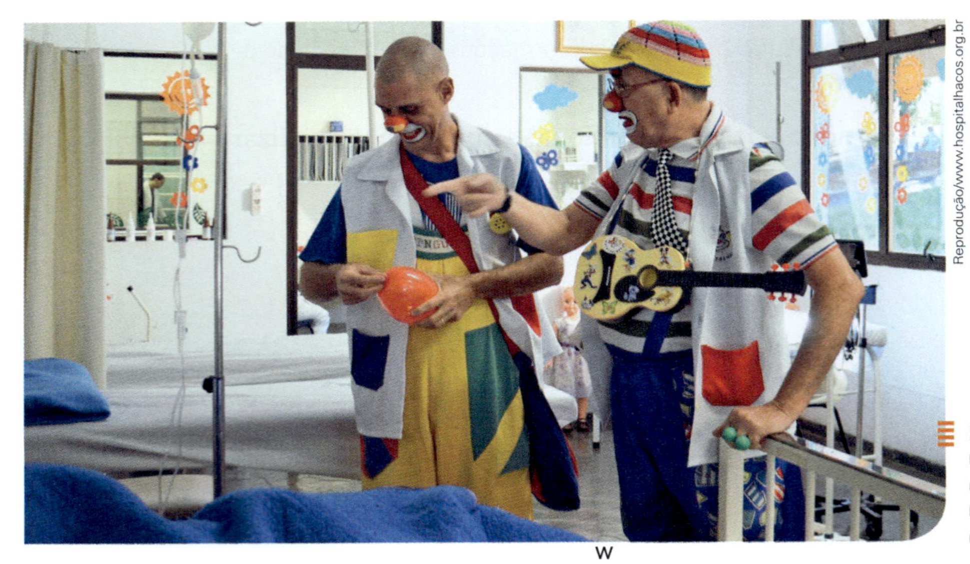

Integrantes da ONG Hospitalhaços em hospital de Campinas (SP), em 2016.

w

a) A qual setor a ONG Hospitalhaços pertence? Comente a importância desse setor no contexto social contemporâneo.

b) Você conhece outra organização desse mesmo setor? Que causa ela defende e quais são as atividades dela?

2 Observe a charge a seguir.

- Representado ironicamente por um animal de carga, o pai do garoto retrata a realidade da sociedade brasileira, considerando, sobretudo, as classes média e baixa. Explique essa realidade e proponha medidas que contribuam para uma melhor distribuição de renda levando em conta a temática do cartum.

3 Caracterize o Estado de bem-estar social e analise as razões de seu desmantelamento nas últimas décadas.

4 Que diferença existe entre as causas da entrada da mulher no mercado de trabalho nos países desenvolvidos e nos países em desenvolvimento?

CAPÍTULO 19

Povos em movimento no mundo e no Brasil

Este capítulo favorece o desenvolvimento das habilidades:

EM13CHS101
EM13CHS103
EM13CHS106
EM13CHS201
EM13CHS204
EM13CHS205
EM13CHS206
EM13CHS504

Os deslocamentos populacionais fazem parte da história da humanidade e são responsáveis pela formação dos povos e dos elementos culturais que os caracterizam. Os grupos étnicos só podem ser entendidos a partir da análise desses deslocamentos, considerando-se os choques e as assimilações culturais dos povos ao longo da história. Atualmente, esses deslocamentos são bastante expressivos, interferindo nas territorialidades em diversos países e em relações sociais, políticas e econômicas.

Osman Orsal/Reuters/Fotoarena

Sírios deslocados do próprio país caminham em direção à Grécia em rodovia turca. Foto de 2015.

Contexto

1. Você empregaria a expressão "refugiados" ou "imigrantes" para designar as pessoas retratadas? Por quê?
2. No caso das migrações internacionais, você sabe quais países são mais procurados e de quais continentes ou regiões partem mais migrantes? O que motiva esses movimentos? No caso dos refugiados, quais são os principais países de saída e de entrada?
3. Qual é a importância das migrações internacionais na formação do povo brasileiro? De onde vieram os maiores grupos de imigrantes e por que se deslocaram?

Globalização e migrações

Para a Organização das Nações Unidas (ONU), é considerada **migrante internacional** a pessoa que viveu mais de um ano em determinado país e depois se mudou para outro, esteja em situação regular ou irregular (sem documentos e sem autorização). Os migrantes irregulares são também chamados de migrantes ilegais. Assim, um brasileiro que, por exemplo, emigrou para os Estados Unidos e lá ficou mais de um ano, ao retornar ao Brasil também será considerado imigrante.

Do século XVI até meados do século XX, os principais movimentos migratórios em escala transcontinental ocorriam da Europa para outras regiões do globo, sobretudo para a América, mas também para a África e a Ásia.

A grande migração transatlântica (fim do século XIX e início do XX)

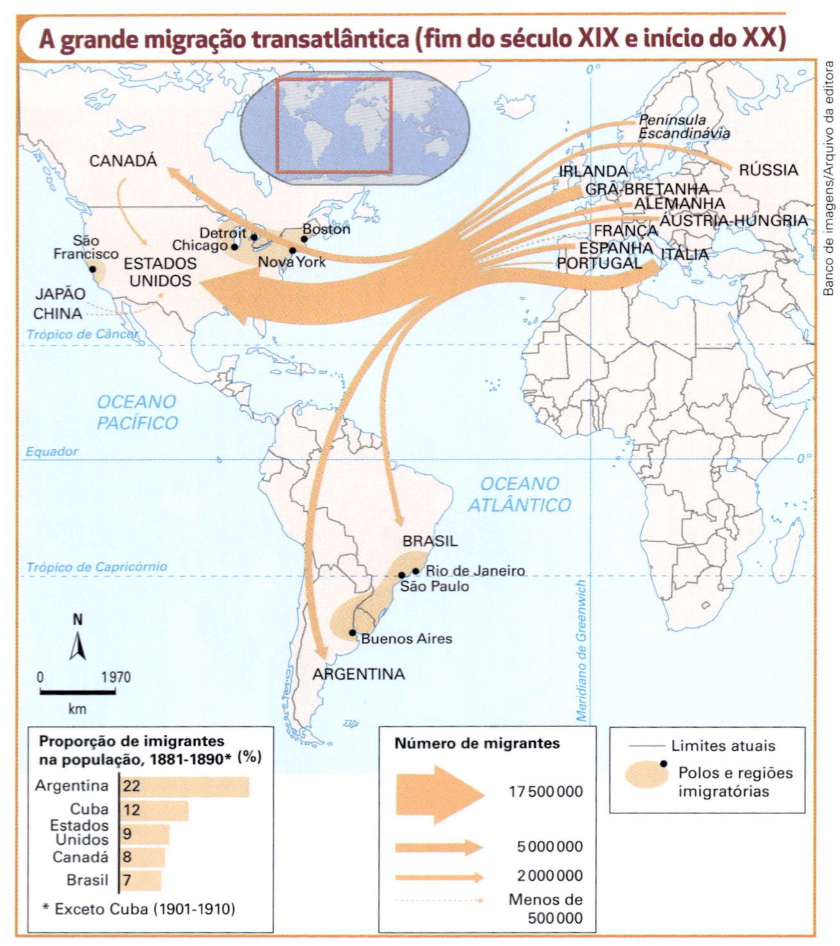

Elaborado com base em: DURAND, Marie-Françoise *et al. Atlas da mundialização.* São Paulo: Saraiva, 2009. p. 27.

Hoje, os fluxos migratórios internacionais mais importantes ocorrem dos países em desenvolvimento para os desenvolvidos. O sentido desses fluxos é, em muitos casos, resultado do distanciamento cada vez maior entre a riqueza acumulada nos países desenvolvidos e a pobreza enfrentada por parcela significativa da população dos demais países.

Explore

1. Com base em seus conhecimentos e o que já estudou neste livro, justifique o direcionamento dos imigrantes para os "polos e regiões" destacados no mapa.
2. Em termos de distribuição da população, como se caracterizam essas regiões e que relação isso tem com o processo histórico nas datas referenciadas no mapa?

Principais fatores de deslocamentos

Os principais propulsores da dinâmica migratória são a desigualdade socioeconômica, o desemprego e a falta de perspectiva. Entre os acontecimentos que estimularam as migrações internacionais nas últimas décadas, destacam-se: o ciclo recessivo da economia mundial, na década de 1980; a crise dos países socialistas e a difícil transição para uma economia de mercado, nas décadas de 1980 e 1990; e as políticas neoliberais, que fragilizaram as relações trabalhistas e retiraram a proteção social em países em desenvolvimento. Apesar de muitos desses países atraírem investimentos de empresas multinacionais, em muitos casos, a entrada de empresas estrangeiras mais competitivas provoca a falência de empresas nacionais que utilizavam muita mão de obra e pouca tecnologia.

Além desse quadro, os conflitos e guerras no início do século XXI, como no Iraque, no Afeganistão, na Síria e na Líbia e em diversos países africanos, intensificaram os deslocamentos de **refugiados**.

A evolução tecnológica também influencia os deslocamentos, pois intensificou as disputas entre empresas e a competição entre os profissionais no mercado internacional. Com as novas formas de produção de mercadorias e a crescente informatização do sistema financeiro e dos serviços bancários e comerciais, as atividades econômicas estão absorvendo cada vez menos trabalhadores, especialmente os de baixa qualificação, o que faz aumentar o desemprego.

O desenvolvimento dos meios de transporte e de comunicação nas últimas décadas também facilitou o deslocamento de pessoas para regiões mais distantes de seus lugares de origem. Além disso, a disseminação do uso das redes sociais e da internet contribui para um maior conhecimento sobre o mundo, facilitando contatos e pesquisas para quem quer migrar.

Saiba mais

ACNUR e os refugiados

Em 1950, a Assembleia Geral da ONU criou o Alto Comissariado das Nações Unidas para Refugiados (ACNUR). No ano seguinte, a Convenção de Genebra estabeleceu um acordo internacional sobre os refugiados, sob controle e supervisão do ACNUR: a **Convenção Relativa ao Estatuto dos Refugiados**. Ficou estabelecido que "são refugiados as pessoas que se encontram fora de seu país por causa de fundado temor de perseguição por motivos de raça, religião, nacionalidade, opinião política ou participação em grupos sociais, e que não possam (ou não queiram) voltar para casa". Esse estatuto foi ampliado posteriormente e hoje também inclui pessoas que fogem do país de origem por causa de conflitos armados, violência e violação massiva dos direitos humanos.

Refugiados em aula de francês em Ferrette, pequena cidade francesa que se tornou referência em políticas de integração de deslocados internacionais. Foto de 2019.

Deslocamentos populacionais em escala global

Atualmente, os deslocamentos populacionais estão crescendo em abrangência, complexidade e impacto. Os migrantes internacionais e os refugiados cruzam fronteiras entre os países em busca de oportunidades de estudo e ascensão profissional e por questões políticas e religiosas.

Países com maior número de migrantes internacionais (2019)

País	Número de imigrantes (em milhões)*	Percentual da população imigrante no total da população do país
Estados Unidos	50,7	15
Alemanha	13,1	16
Arábia Saudita	13,1	38
Federação Russa	11,6	8
Reino Unido	9,6	14
Emirados Árabes Unidos	8,6	88
França	8,3	13
Canadá	8	21
Austrália	7,5	30
Itália	6,3	10
Espanha	6,1	13

* Valores arredondados

Elaborado com base em: ONU. *Migration Data Portal*. Disponível em: https://migrationdataportal.org. Acesso em: jan. 2020.

A crise econômica de 2007-2008 provocou, em um primeiro momento, a diminuição do fluxo para os países desenvolvidos, mas o aumento para alguns países emergentes, como o Brasil, que recebeu europeus, haitianos e africanos. Entretanto, com os desdobramentos da crise, influenciada por problemas econômicos internos em vários países, como a Rússia (afetada pela baixa no preço do petróleo) e o Brasil, o fluxo para alguns emergentes diminuiu. Por isso e pelos conflitos existentes em diversos países em desenvolvimento, a partir de 2011, o movimento populacional voltou a crescer nos países desenvolvidos.

Quase todas as grandes cidades do mundo têm comunidades de imigrantes, algumas numericamente significativas. São exemplos a grande concentração de turcos em Frankfurt e Berlim (Alemanha), de chineses em Vancouver (Canadá), de argelinos em Paris (França), de indianos e paquistaneses em Londres (Inglaterra) e de **hispânicos** e povos de quase toda parte do mundo em diversas cidades dos Estados Unidos. Em termos proporcionais, Dubai (Emirados Árabes Unidos) se destaca pelo número de imigrantes asiáticos.

Hispânico: pessoa oriunda de país da América de língua espanhola.

Apesar de buscarem melhores condições sociais nos países de destino, a maioria desses imigrantes acaba recebendo baixa remuneração, e os que vivem em condição ilegal sofrem com a falta de assistência e de acesso aos sistemas públicos de seguridade social, educação, habitação, transporte, entre outros. Isso leva à precarização de suas condições de vida e de trabalho, principalmente nas grandes cidades. Ainda assim, de maneira geral, eles têm melhores perspectivas em outros países do que nos países de origem.

Clarice Spitz/Folhapress

Ucraniana residente na França leva a filha à creche em Bordeaux. Foto de 2017.

Mundo: migrantes internacionais no total da população do país (2019)

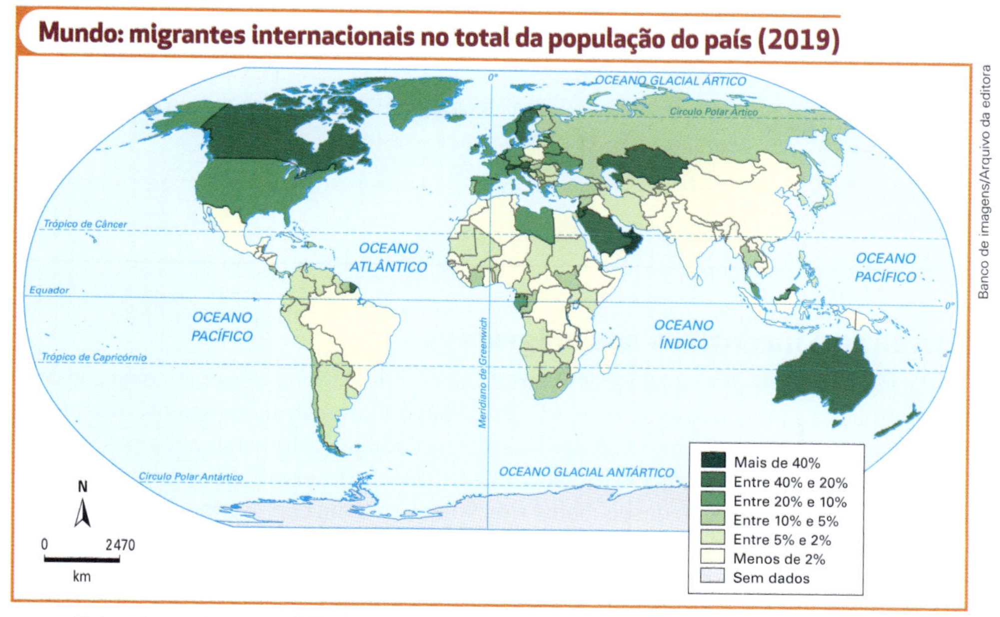

Elaborado com base em: ONU. *Department of Economic and Social Affairs. Population Divison. International Migration.* Disponível em: www.un.org/en/development/desa/population/migration/data/estimates2/estimates19.asp. Acesso em: maio 2020.

Uma importante mudança verificada nas últimas décadas nas migrações internacionais é a presença cada vez maior de **mulheres**. Essa característica pode ser atribuída às conquistas dos movimentos sociais, que provocaram alterações no papel da mulher em muitas sociedades e, consequentemente, a maior participação feminina no mercado de trabalho. No início do século XXI, as mulheres representam aproximadamente 50% dos migrantes internacionais.

De acordo com a ONU, em **2019**, o número de pessoas vivendo em um país diferente de onde nasceram atingiu **272 milhões**, das quais cerca de 50% estavam em dez países bastante urbanizados: Austrália, Canadá, Estados Unidos, França, Alemanha, Espanha, Reino Unido, Rússia, Arábia Saudita e Emirados Árabes Unidos. Vale destacar, no entanto, que a crise ocasionada pelo **novo coronavírus em 2020** levou à redução nos deslocamentos, em razão das barreiras impostas pelos países.

Embora o principal fluxo dos deslocamentos se dê dos países em desenvolvimento para os desenvolvidos, é importante salientar que eles ocorrem em todas as direções, inclusive entre países de nível de desenvolvimento semelhante. A **Arábia Saudita** e os **Emirados Árabes Unidos**, onde o petróleo ajuda a dinamizar a economia, recebem principalmente imigrantes de países mais pobres do Oriente Médio; já a **Rússia** recebe muitos imigrantes de países que eram repúblicas da antiga União Soviética. No caso dos Emirados, os fortes investimentos em diversos setores econômicos, sobretudo no turismo, com a construção de *shoppings*, grandes hotéis de luxo e ilhas artificiais, demanda mão de obra de outros países.

Simone Hogan/Shutterstock

Os Estados Unidos, país com maior número absoluto de imigrantes no mundo, recebem trabalhadores de diversos países, sobretudo latino-americanos, como os da foto, que trabalham na colheita de morangos em Carlsbad (Califórnia). Foto de 2020.

Explore

1. Em linhas gerais, quais são as características socioeconômicas e de crescimento vegetativo dos países que abrigam elevados percentuais de imigrantes? Explique sua resposta.
2. Explique a presença da Arábia Saudita e dos Emirados Árabes Unidos entre os países com percentuais elevados de imigrantes.

Barreiras e incentivos aos imigrantes

A intensificação das migrações internacionais nas últimas décadas coincidiu com transformações que tornaram o mercado de trabalho mais restritivo e seletivo no mundo desenvolvido. Na Europa, o índice de desemprego atingiu patamares altos nas últimas décadas do século XX e no início do século XXI, e não se observa uma reversão significativa das taxas de população desocupada, e tal fato se agravou com a **crise do coronavírus**.

No mundo desenvolvido, muitos desempregados não conseguem regressar ao mercado de trabalho exercendo atividades no mesmo nível que exerciam no emprego anterior. Assim, boa parte dos trabalhos de baixa qualificação, tradicionalmente realizados pelos imigrantes, passou a ser disputada pela população local, restringindo as opções que sempre estiveram abertas aos estrangeiros. Tal situação contribui para a ampliação da **xenofobia** e dos conflitos sociais entre os imigrantes e as populações locais.

Xenofobia: aversão e repúdio ao estrangeiro.

Ao mesmo tempo, muitos países desenvolvidos desejam – e até estimulam – o ingresso de determinados imigrantes – no geral, aqueles com alta qualificação, como pesquisadores. Dessa forma, esses profissionais deixam de contribuir para o desenvolvimento técnico-científico do próprio país de origem para trabalhar para os mais desenvolvidos. Esse fenômeno é conhecido como **fuga de cérebros**. Há, ainda, muitos casos de empresários de países em desenvolvimento que migram para países desenvolvidos. O governo dos Estados Unidos, por exemplo, tem até um programa para estimular o investimento de empreendedores estrangeiros.

! Dica

A travessia

Direção de Elizabeth Leuvrey. França, 2006. 55 min.

Pessoas que viajam entre Argélia e Marselha mostram a própria visão da imigração, enfocando a identidade e o sentimento de pertencimento, já que têm dificuldade de encontrar o próprio lugar na França.

Refugiados

A Segunda Guerra Mundial alertou o mundo para a necessidade de ampliar a proteção internacional às vítimas de perseguição étnica e religiosa e de estruturar um programa de asilo que envolvesse o maior número possível de países.

Desde meados de década de 2010, o mundo vive a maior crise de refugiados após a Segunda Guerra. Segundo dados do ACNUR, no final de 2018, o número de pessoas deslocadas interna e externamente por guerras, conflitos e perseguições de toda ordem atingia cerca de **70 milhões**.

World History Archive/Alamy/Fotoarena

Nascido em Roma em 1901, Enrico Fermi era professor na Universidade de Roma quando sofreu perseguição da ditadura de Mussolini por ser casado com uma mulher judia. Logo após receber o prêmio Nobel, em 1938, emigrou com a família para os Estados Unidos, país que lhe deu cidadania em 1944. Chicago (Estados Unidos), 1952.

O maior fluxo de refugiados nos últimos anos é do Oriente Médio e da África em direção à Europa. As pessoas fogem principalmente dos conflitos e das guerras na Síria, no Afeganistão, na Somália, no Sudão do Sul e no Congo. Na Ásia, em Mianmar, país de maioria budista, a evasão de pessoas é resultado de conflitos étnicos e religiosos, onde a etnia roinja, minoria de população muçulmana, sofre discriminação e perseguições, incluindo confisco de terras e trabalhos forçados; e, na Síria, a guerra civil provocou o deslocamento de aproximadamente 6,7 milhões de sírios até o final de 2018.

O ACNUR afirma que "a proteção dos refugiados tem muitos ângulos, que incluem a proteção contra a devolução aos perigos dos quais eles já fugiram; o acesso aos procedimentos de asilo justos e eficientes; e medidas que garantam que seus direitos humanos básicos sejam respeitados e que lhes seja permitido viver em condições dignas e seguras que os ajudem a encontrar uma solução a longo prazo. Os Estados têm a responsabilidade primordial desta proteção".

Apesar de os países desenvolvidos serem mais preparados para receber os refugiados, o principal destino dos que fogem de guerras e perseguições têm sido os países em desenvolvimento.

Mundo: refugiados (2009-2018)

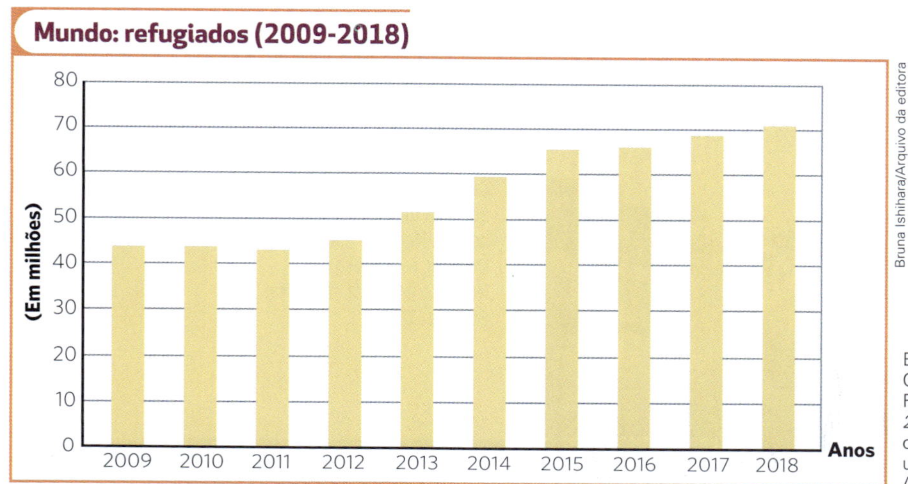

Elaborado com base em: ALTO Comissariado das Nações Unidas para Refugiados (ACNUR). *Global Trends 2018*. p. 5. Disponível em: www.unhcr.org/statistics/unhcrstats/5d08d7ee7/unhcr-global-trends-2018.html. Acesso em: jan. 2020.

Mundo: fluxos de refugiados entre os países e continentes (2017)

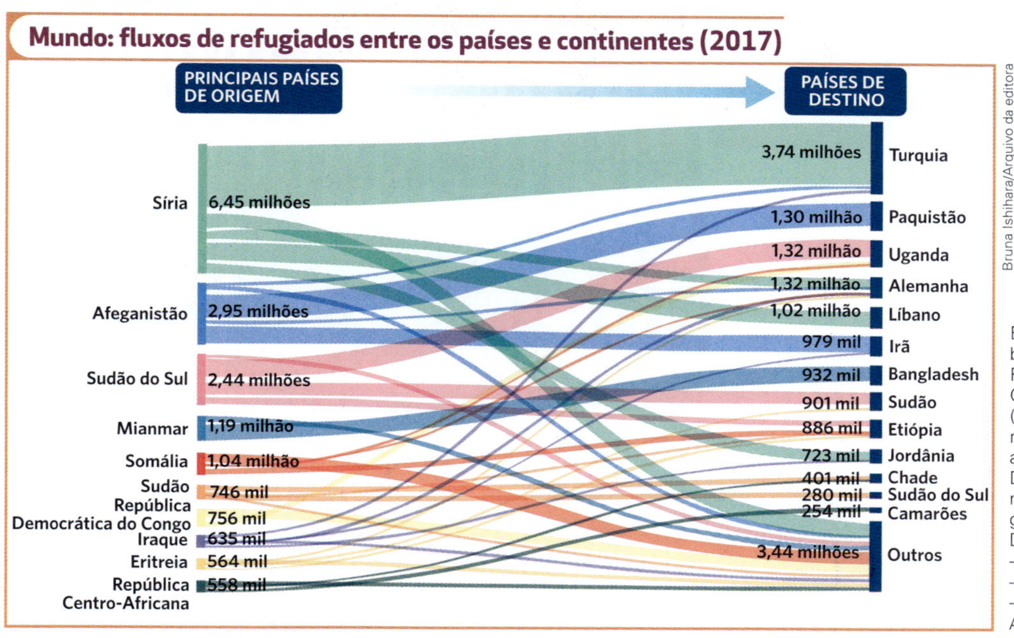

Elaborado com base em: ALMEIDA, Rodolfo; ZANLORENSSI, Gabriel. De onde saem (e para onde vão) os refugiados segundo a ONU. *Nexo Jornal*. Disponível em: www.nexojornal.com.br/grafico/2018/06/25/De-onde-saem-e-para-onde-v%C3%A3o-os-refugiados-segundo-a-ONU. Acesso em: jan. 2020.

Explore

1. O padrão dos fluxos de refugiados é o mesmo dos fluxos imigrantes? Explique sua resposta.
2. Considerando a localização dos países, que outra característica os fluxos de refugiados revelam? Por que isso acontece?

Fronteira dos Estados Unidos

Os Estados Unidos são formados por grande diversidade de povos de origem europeia, asiática e africana, além de diversos grupos indígenas nativos. No século XIX, os grupos mais numerosos que ingressaram nos Estados Unidos vieram das ilhas britânicas: ingleses, irlandeses e escoceses. Ingressaram também muitos alemães e, nas primeiras décadas do século XX, muitos italianos. Os latino-americanos, porém, constituem atualmente o maior volume de imigrantes no país.

A imigração nos governos Obama e Trump

Segundo o Pew Research Center, em 2017, havia nos Estados Unidos cerca de 10,5 milhões de pessoas em situação ilegal; destas, 60% encontravam-se nos estados da Califórnia, Flórida, Illinois, Nova Jersey, Nova York e Texas. A principal porta de entrada desses imigrantes ilegais é a **fronteira com o México**, onde há torres de vigilância e longos trechos com muros e grades para conter esse fluxo de imigrantes.

Max Herman/NurPhoto/Getty Images

Cerca alta, vigiada e coberta de arame farpado separa Nogales (Estados Unidos), à esquerda, e Nogales (México), à direita. Foto de 2019.

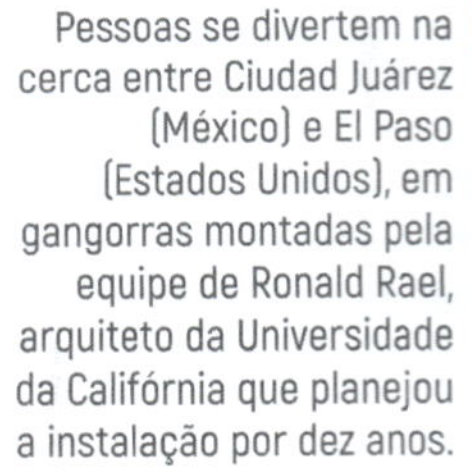

Christian Chavez/Associated Press/Glow Images

Pessoas se divertem na cerca entre Ciudad Juárez (México) e El Paso (Estados Unidos), em gangorras montadas pela equipe de Ronald Rael, arquiteto da Universidade da Califórnia que planejou a instalação por dez anos.

Apesar de ter reforçado a fiscalização nas fronteiras e acelerado os processos de deportação entre 2009 e 2016, quando governou os Estados Unidos, **Barack Obama** (1961-) adotou uma série de medidas para regularizar a situação de muitos de imigrantes ilegais no país. Em seus dois mandatos, os vistos para trabalhadores de alta qualificação e cientistas estrangeiros foram ampliados, favorecendo a entrada de centenas de milhares de pessoas (migração de cérebros).

Já com a chegada de **Donald Trump** (1946-) ao poder, em 2017, uma política altamente restritiva à imigração passou a ser praticada. Entre as medidas tomadas no governo Trump, encontram-se a revogação de leis que favoreciam os imigrantes (como a que beneficiava os filhos de imigrantes nascidos nos Estados Unidos), exigências para que os imigrantes legais possam custear as próprias despesas com saúde, a detenção de famílias que migram sem documentação e o endurecimento das regras para obtenção da cidadania ou da residência permanente pelos imigrantes ilegais como a de uma renda mínima.

Fronteira da União Europeia

Durante a Guerra Fria, **migrações políticas** foram causadas pela insatisfação com os regimes ditatoriais no Leste Europeu, na Espanha e em Portugal, sendo um fenômeno comum na Europa na segunda metade do século XX. No fim dos anos 1980 e durante a década de 1990, a desestruturação do sistema socialista e a crise econômica gerada nos países do Leste Europeu e na então União Soviética impulsionaram as migrações econômicas, levando milhares de pessoas a se mudarem para os países da Europa Ocidental em busca de melhores condições de vida e oportunidades de emprego.

Outra importante fonte de migração em direção aos países da Europa Ocidental, apesar das restrições atuais aos imigrantes, são os países do norte da África, especialmente da região do Magreb (Marrocos, Argélia e Tunísia). Hoje, a França abriga a maior parte daqueles que saíram dessa região. Na segunda metade do século XX, o Reino Unido passou a receber habitantes de países que formavam seu antigo império colonial. Assim, indianos e paquistaneses são atualmente os grupos mais representativos no conjunto de seus imigrantes.

Com a baixa taxa de natalidade nos países da Europa e a intensificação do movimento imigratório desde a segunda metade do século XX, o continente sofrerá alterações no perfil demográfico: em alguns países, os imigrantes e seus descendentes formarão um contingente expressivo ou até comporão a maior parte da população. Assim, desde meados da década de 1990, a União Europeia tem medidas drásticas para limitar a entrada de imigrantes. Até França e Alemanha, historicamente mais abertas à imigração, passaram a adotar políticas mais rígidas na área. Alguns países têm, ainda, leis específicas para restringir o fluxo migratório. Na Dinamarca, por exemplo, é proibido o casamento de menores de 24 anos com pessoas que não tenham cidadania europeia.

Saiba mais

Tratado de Schengen

Em 1985, foi estabelecido o Tratado de Schengen, que criou o **Espaço Schengen**. Reunindo os países da União Europeia (exceto Irlanda e, ainda em fase de implementação, Croácia, Romênia, Bulgária e Chipre) e Islândia, Noruega, Liechtenstein e Suíça, o tratado permite a livre circulação de pessoas entre os países-membros, desde que os indivíduos portem um documento de identificação.

Com essa maior facilidade de circulação, os dirigentes do bloco entenderam ser necessário maior rigor no controle das fronteiras externas. Para tanto, em 2005 foi criada a **Frontex** (Agência Europeia de Gestão da Cooperação Operacional nas Fronteiras Externas dos Estados-Membros da União Europeia), por meio da qual, em situações de risco, os países da UE devem proteger suas fronteiras com países que não são membros.

Europa: Espaço Schengen (2019)

Elaborado com base em: IBGE. *Atlas geográfico escolar*. 7. ed. Rio de Janeiro, 2016. p. 43; Comissão Europeia. Disponível em: https://europa.eu/youreurope/citizens/travel/entry-exit/eu-citizen/index_pt.htm. Acesso em: jan. 2020.

Contraponto

TEXTO 1

"A imigração pode prejudicar a economia de um país? A volta de um preconceito"

A Estátua da Liberdade tinha menos de 40 anos quando o presidente Calvin Coolidge assinou a Lei de Imigração, em 1924, que impedia a entrada de pessoas da maior parte da Ásia, e diminuiu pela metade o contingente global de imigração de países fora das Américas. [Foi implementado um sistema de cotas.]

"Fisicamente, os corpos de imigrantes recentes são mais fortes do que o da média americana, mas, apesar desses corpos sadios, recebemos recentemente qualidades mentais e sociais inferiores, que nem a educação nem o bom ambiente podem melhorar, ou nem mesmo equiparar, à média do americano descendente de imigrantes mais antigos", afirmou Harry H. Laughlin, [...] do Comitê de Imigração e Naturalização, em seu testemunho de 1922.

O sistema de cotas foi revisto em 1965, e a lei de imigração atual é mais imparcial. Mesmo assim, a suspeita de que imigrantes são um perigo para a sociedade ainda permanece. Ao afirmar que pessoas de nações muçulmanas ameaçam a segurança nacional, que os mexicanos são traficantes e estupradores, que imigrantes roubam os empregos dos americanos ou sobrecarregam os contribuintes, o presidente Donald Trump trouxe de volta o assunto ao debate político. [...]

Desta vez, essa suspeita está sendo reforçada por alguns economistas com uma proposta muito parecida com a de Laughlin: os imigrantes poderiam prejudicar a vitalidade dos EUA, trazendo traços culturais inferiores de seus disfuncionais países de origem, minando as normas sociais americanas.

É uma declaração inquietante, e feita com impressionante sinceridade pelo britânico Paul Collier, notável economista do desenvolvimento de Oxford[...]: "Os migrantes trazem sua cultura consigo. Países que os recebem correm o risco de ver o modelo social se misturar de tal forma que acabará acarretando a diluição de sua funcionalidade". [...]

Como Laughlin em sua época, George J. Borjas, proeminente economista de Harvard que escreveu inúmeras publicações defendendo políticas de imigração mais rigorosas, argumenta que a qualidade dos imigrantes decaiu. [...] ele argumenta: "Os trabalhadores de antigamente e os de hoje são diferentes, sendo os recém-chegados menos produtivos". [...]

A IMIGRAÇÃO pode prejudicar a economia de um país? A volta de um preconceito. *Gazeta do povo*, 28 fev. 2017. Disponível em: www.gazetadopovo.com.br/mundo/a-imigracao-pode-prejudicar-a-economia-de-um-pais-a-volta-de-um-preconceito-6myg41lmm7stw51p46qnfct3v/ Acesso em: maio 2020.

TEXTO 2

Migrar é um direito humano

Uma política migratória restritiva gera clandestinidades em cascata. Quanto mais o Estado dificulta a entrada regular de migrantes, mais ele favorece as redes de tráfico de pessoas e dá lugar à corrupção. Os muros, físicos ou jurídicos, é que fazem os "coiotes" – modo pelo qual são chamados os "passadores" de seres humanos, que organizam o cruzamento ilegal das fronteiras.

Como o migrante considerado irregular dificilmente obtém um emprego formal, sua vulnerabilidade é vertiginosamente multiplicada. O acesso aos serviços do Estado e aos programas sociais é inexistente ou muito limitado. À margem da sociedade, os migrantes chamados de "sem documentos" são alvo de toda sorte de discriminação. Quando só lhes resta a assistência motivada pela caridade, veem-se paulatinamente destituídos de sua dignidade.

As políticas migratórias restritivas servem, então, para favorecer o crime organizado e a exclusão social. Porém, elas não cumprem seu suposto objetivo principal: restringir o fluxo de pessoas. [...]

Dados da ONU (Organização das Nações Unidas) revelam que em 1995, 100 milhões de pessoas viviam fora do país em que nasceram – na época, cerca de 1,8% da população total do planeta. Em 2013, esta cifra elevou-se a cerca de 232 milhões de pessoas, alcançando em torno de 3% da população mundial. Logo, estima-se que um em cada 33 seres humanos vive, hoje, fora do país em que nasceu.

Por vezes, isto ocorre porque as condições de vida nos locais de origem são insuportáveis, especialmente nas regiões onde ocorrem conflitos armados. [...]

De regra, [...] migrar, com todos os riscos que isto implica, explica-se simplesmente porque a busca de felicidade é inerente ao ser humano. E felicidade, atualmente, para a maioria da população mundial, significa apenas ter um emprego.

Os números da pobreza no mundo explicam este fenômeno. [...]

Cresce, então, a importância do artigo XIII.2 da Declaração Universal dos Direitos Humanos: "toda pessoa tem o direito de deixar qualquer país, inclusive o próprio, e a este regressar". E também da Convenção Internacional sobre a Proteção dos Direitos de todos os Trabalhadores Migrantes e de seus Familiares, de 1990, que reconhece os direitos fundamentais de todos, em situação migratória regular ou não.

Neste ponto, fica evidente a maior contradição da globalização econômica. Enquanto o turismo e o comércio são priorizados entusiasticamente, o fluxo migratório é visto com desconfiança. Nunca foi tão fácil sair de um país, mas nunca foi tão difícil estabelecer-se regularmente em outro.

A opção por uma política migratória acolhedora, que impõe obrigações e reconhece direitos, permite que o migrante contribua ao desenvolvimento econômico e cultural do país que o recebe. É, em síntese, um duro golpe contra a pobreza e a corrupção, e um adeus aos "coiotes".

VENTURA, Deisy. Migrar é um direito humano. *Opera Mundi*, 24 jan. 2014.
Disponível em: https://operamundi.uol.com.br/opiniao/33594/migrar-e-um-direito-humano.
Acesso em: jan. 2020.

1 Considerando o texto 1 e os diferentes contextos históricos, quais argumentos são apresentados para restringir a entrada de imigrantes?

2 Exponha como o autor do texto 2 aborda a questão da imigração e seus respectivos argumentos.

3 O governo do presidente Donald Trump dos Estados Unidos foi pautado por uma política bastante restritiva aos imigrantes. Que argumentos econômicos e sociais poderiam ser utilizados para mostrar o equívoco dessa política? Considere ideias presentes nos textos para elaborar sua argumentação.

Manifestantes protestam contra a política chamada de "tolerância zero" do governo Trump contra as imigrações. Los Angeles, Califórnia (Estados Unidos), 2018.

Crise dos refugiados na Europa

A principal porta de entrada de refugiados na Europa, oriundos da Síria, do Afeganistão e de outros países do Oriente Médio, além de outras regiões da Ásia e da África, tem sido a Grécia, seguida da Itália. Partindo desses locais, os refugiados buscam os países mais desenvolvidos do continente europeu, como Alemanha, França e Reino Unido, muitas vezes passando por países dos Bálcãs, como Macedônia do Norte e Sérvia. Sobretudo a partir de 2013, resgates de refugiados e imigrantes em botes e embarcações precárias no mar Mediterrâneo passaram a ser comuns, assim como, infelizmente, encontrar corpos de refugiados no litoral de países europeus, mortos por afogamento, devido aos perigos pelos quais passam nessas travessias.

Felipe Dana/Associated Press/Glow Images

Refugiados e imigrantes saídos da Líbia aguardam resgate de ONG espanhola em bote de borracha superlotado. Foto de 2018.

A superação da crise de refugiados que atinge a Europa passa, em parte, por mudanças na legislação para concessão de asilo por parte dos países integrantes da União Europeia. A legislação atual tem seu referencial na **Diretriz de Dublin**, assinada em 1990 e em vigor desde 1997, a qual determina que o país onde o refugiado entrou na UE é responsável pelo asilo. Desde 2015, porém, são negociadas novas diretrizes, que determinam o país de asilo de acordo com uma série de critérios, cotas para o número de refugiados alocados a cada Estado com base em sua população e PIB e o envio de pessoas refugiadas para países abaixo do limite de acolhimento.

Visando limitar a concessão de asilo, cada país da UE criou também uma lista de **países seguros** (que não se encontram em situação de conflito, guerra ou perseguição). Como os que saíram desses países teriam motivações econômicas, poderiam ter a solicitação de asilo recusada. Há países que consideram, por exemplo, o Iraque seguro e não aceitam refugiados iraquianos.

Migrações externas no Brasil

O Brasil é um país de imigrantes. Os primeiros de que se tem notícia são os portugueses, que trouxeram para a colônia africanos escravizados (imigração forçada). Entre 1850 e 1934, entrou a maior quantidade de imigrantes no país, que vieram espontaneamente da Europa para a agricultura cafeeira, principalmente. Nesse período, o governo paulista chegou a estimular o processo imigratório, inclusive com ajuda financeira (subvenção). Na história da imigração espontânea, os principais grupos que entraram no Brasil foram os portugueses, os italianos, os espanhóis, os alemães e os japoneses.

Além de constituírem mão de obra para a lavoura cafeeira, após a proibição do tráfico de escravizados pela Lei Eusébio de Queirós (1850), vários grupos de imigrantes, principalmente alemães e italianos, foram utilizados para a colonização da atual região Sul do país. Com a abolição da escravatura (1888), o número de imigrantes se multiplicou e se manteve elevado até as primeiras décadas do século XX.

Em 1934, foi estabelecida a **Lei de Cotas**, que restringia a entrada de estrangeiros, com exceção dos portugueses. O declínio da economia cafeeira, decorrente da crise mundial de 1929, afetou o crescimento econômico do Brasil. A nova lei foi justificada como uma forma de evitar que o índice de desemprego aumentasse ainda mais e provocasse instabilidade social. A Lei de Cotas estabelecia que podiam fixar residência no país apenas 2% do total de imigrantes de cada nacionalidade que haviam entrado nos cinquenta anos anteriores à promulgação da lei.

Dica

Museu da Imigração

http://museudaimigracao.org.br

O Museu da Imigração do Estado de São Paulo tem como objetivo preservar, documentar e divulgar a história da imigração e a memória dos imigrantes no estado de São Paulo. O *site* contém um acervo com fotografias de época, reprodução de jornais e listas de imigrantes que desembarcaram no Brasil, entre outros.

Nova onda migratória: outros contextos

A partir do final do século XX, sobretudo nos anos 1990, o país passou a receber maior quantidade de imigrantes peruanos, bolivianos, paraguaios, argentinos, coreanos, chineses, angolanos e nigerianos. Muitos desses imigrantes estão em situação ilegal. Com vistos vencidos e vivendo na clandestinidade, não podem trabalhar com carteira assinada, adquirir casa própria ou montar o próprio negócio. Na capital e no interior de São Paulo, parte desses imigrantes trabalha em confecções ilegais. Nelas, são submetidos a regimes de trabalho análogo à escravidão, com jornada diária de até 17 horas e remuneração inferior ao salário mínimo estabelecido no país.

Douglas Cometti/Folhapress

Imigrantes africanos trabalham como vendedores ambulantes no centro de São Paulo (SP). Foto de 2019.

Em meados de 2009, o governo federal aprovou a **Lei de Anistia Migratória**, abrangendo todos os imigrantes que entraram irregularmente no Brasil até 1º de fevereiro de 2009. Desse modo, aproximadamente 50 mil estrangeiros ilegais tiveram a possibilidade de regularizar a permanência e obter vínculos empregatícios de acordo com a legislação trabalhista vigente ou ainda denunciar abusos cometidos por aliciadores e empregadores, sem correr o risco de deportação.

O fato de o Brasil ter chefiado a **missão de paz da ONU no Haiti**, após um período de instabilidade política causado pela deposição do presidente Jean-Bertrand Aristide (1953-), em 2004, além do gravíssimo terremoto que atingiu aquele país em 2010, contribuiu para que milhares de haitianos viessem para o Brasil. Esses imigrantes viajavam primeiro para o Equador e para o Peru, depois entravam no Brasil pelo Acre.

UN Photo/Logan Abassi United Nations Development Programme

Habitações na capital haitiana, Porto Príncipe, arruinadas logo após o terremoto que atingiu o Haiti em janeiro de 2010. A destruição e suas consequências forçaram a emigração de milhares de haitianos naquele ano.

Em novembro de 2017, entrou em vigor uma nova lei de imigração no Brasil, que possibilita a legalização aos imigrantes de diversas nacionalidades. No entanto, no início de 2019, o governo de Jair Bolsonaro retirou-se do Pacto Global para a Migração, um acordo promovido pela ONU que objetiva a cooperação internacional e define políticas para facilitar a integração dos imigrantes nos países de destino.

Fabio Gonçalves/Fotoarena

Venezuelanos caminham pela rodovia BR-174, que liga a fronteira da Venezuela a Boa Vista (RR). Foto de 2018.

A imigração de venezuelanos também é expressiva. A partir de meados da década de 2010, a economia da Venezuela, fortemente dependente das exportações de petróleo, foi bastante afetada com a queda nos preços desse produto. Reforçada pela centralização do poder nas mãos do sucessor de Hugo Chávez, Nicolás Maduro, essa situação gerou instabilidade política. Nesse contexto, de acordo com a Organização Internacional para as Migrações (OIM) e o ACNUR, deixaram o país cerca de 4 milhões de venezuelanos, dos quais dezenas de milhares ingressaram no território brasileiro pelo estado de Roraima, limítrofe à Venezuela, sofrendo ataques xenófobos. A maior parte desses migrantes solicita a condição de refugiado no Brasil, mas isso requer um processo. Independentemente desse processo, o governo federal estruturou o **Programa Interiorização**, a fim de distribuir os venezuelanos por diversos municípios brasileiros, uma vez que a oferta de trabalho e as estruturas médico-hospitalar e educacional em Roraima não são suficientes para esse grande contingente que se assomou na região.

A imigração ilegal para o país não ocorre apenas na fronteira da região amazônica. No início da década de 2010 estrangeiros sem documentos ingressaram no Brasil escondidos em táxis, carros particulares ou barcos, principalmente pelo município gaúcho de Uruguaiana, limítrofe com a Argentina e próxima do Uruguai.

Gerson Gerloff/Pulsar Imagens

Vista aérea de Uruguaiana (RS), do rio Uruguai e da Ponte Internacional Getúlio Vargas-Agustín Pedro Justo, que liga a cidade a Paso de Los Libres (Argentina). Foto de 2019.

Saiba mais

Médicos imigrantes cubanos

Em 2013, foi implementado pelo governo federal o Programa Mais Médicos, cujo objetivo era ampliar o atendimento médico no território brasileiro, em particular nas regiões menos favorecidas, tanto do espaço urbano quanto do rural. Das vagas demandadas pelos municípios nesse programa na primeira fase, quase 85% foram preenchidas por profissionais de 40 países diferentes, entre eles Cuba.

No final de 2018, devido a declarações do presidente eleito Jair Bolsonaro, Cuba retirou-se oficialmente do programa, e a maioria dos médicos cubanos (cerca de 5,5 mil de 8 mil) decidiu retornar ao país de origem. Em 2019, esse programa foi substituído pelo Programa Médicos para o Brasil.

Refugiados no Brasil

No contexto da crise mundial de refugiados, em meados da década de 2010, o Brasil também passou a recebê-los.

Na década de 1990, o país havia aprovado uma lei que regula a situação dos refugiados de acordo com a Convenção das Nações Unidas relativa ao Estatuto dos Refugiados (1951).

Enquanto em 2011 o país recebeu cerca de 3.500 solicitações para a regularização da condição de refugiado, em 2018 esse número passou de 80 mil. No início de 2019, existiam 161 mil solicitações sendo tramitadas no Comitê Nacional para os Refugiados (Conare), procurando integrá-los à sociedade ao oferecer aulas de português, cursos profissionalizantes, auxílio-moradia, entre outros auxílios.

Brasil: solicitações de reconhecimento da condição de refugiados (2011-2018)

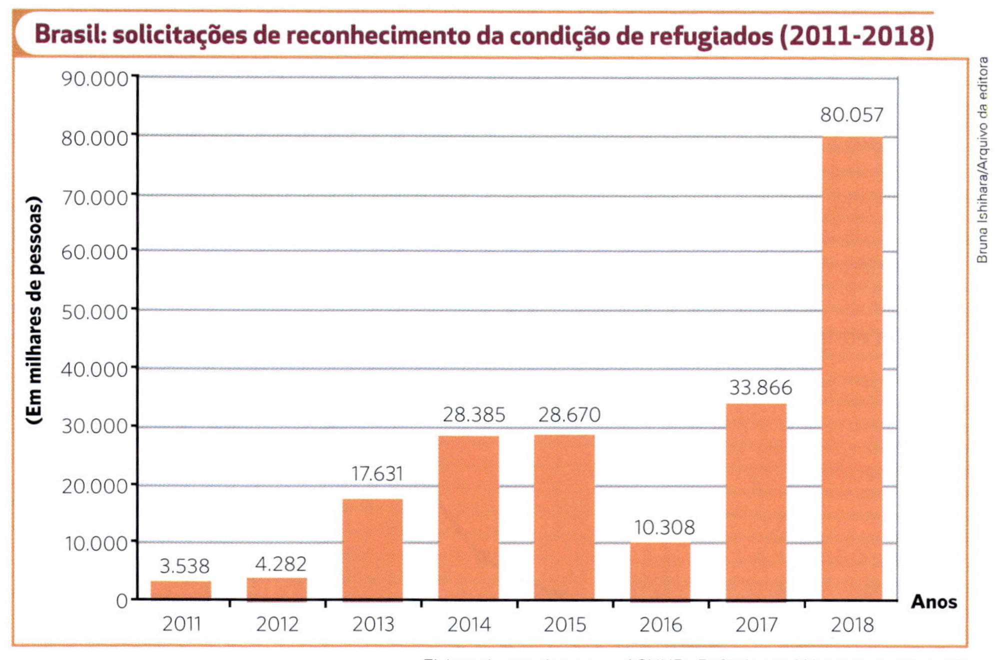

Elaborado com base em: ACNUR. *Refúgio em Números*. 4. ed. p. 22. Disponível em: www.acnur.org/portugues/wp-content/uploads/2019/07/Refugio-em-nu%CC%81meros_versa%CC%83o-23-de-julho-002.pdf. Acesso em: jan. 2020.

Desde 2011, a nacionalidade refugiados haitianos; a partir de 2015, aumentou significativamente o número de sírios; e, desde 2016, o maior número é formado por venezuelanos – cerca de metade dos pedidos.

Bruno Rocha/Fotoarena

Imigrantes e vendedores ambulantes se cadastram no serviço de emprego da prefeitura de São Paulo (SP), em 2018.

A situação dessas pessoas é bastante difícil, particularmente nos primeiros meses após a chegada, pois, além de não possuírem renda própria nem moradia, têm de aprender português e, muitas vezes, enfrentar hostilidade, fruto de preconceito e desrespeito aos direitos fundamentais dos seres humanos.

Emigrações de brasileiros

De acordo com estimativas divulgadas em 2015 pelo Ministério das Relações Exteriores do Brasil (Itamaraty), em 2014, cerca de 3,1 milhões de brasileiros viviam fora do país. Apesar de grande parte desses emigrantes ter formação profissional, na maioria das vezes eles exercem tarefas de baixa qualificação nos países onde residem.

Os primeiros movimentos mais significativos de saída de brasileiros foram registrados na década de 1970, com a emigração de sulistas para o Paraguai, após venderem suas terras ou perderem o emprego. Isso ocorreu devido à expansão da produção de soja no oeste de Santa Catarina, no noroeste do Paraná e no Rio Grande do Sul, o que, com o elevado nível de mecanização, acarretou uma queda nas ofertas de trabalho na agricultura. Conhecidos à época como "**brasiguaios**", hoje vivem no Paraguai cerca de 332 mil emigrantes brasileiros e seus descendentes, representando cerca de 5% da população daquele país. A maioria deles ocupa terras na fronteira entre o Brasil e o Paraguai.

A partir da segunda metade dos anos 1980, milhares de brasileiros saíram do país em direção aos **Estados Unidos**, ao **Japão**, ao **Paraguai** e a **países da Europa**. No início da década de 1990, os Estados Unidos continuaram recebendo uma grande quantidade de imigrantes, inclusive do Brasil. Até hoje, grande parte deles exerce trabalhos braçais e de menor remuneração: são babás, faxineiros, engraxates, balconistas, operários da construção civil, que, em sua maioria, estão em situação ilegal.

Milhares de brasileiros de ascendência japonesa foram atraídos por ofertas de trabalho no Japão. Muitos tinham formação superior e emigraram para atuar como operários na indústria japonesa ou exercer atividades pouco qualificadas e com baixa remuneração para os padrões japoneses. Esses brasileiros são conhecidos como ***dekassegui***.

Brasil: emigração (2011-2019)

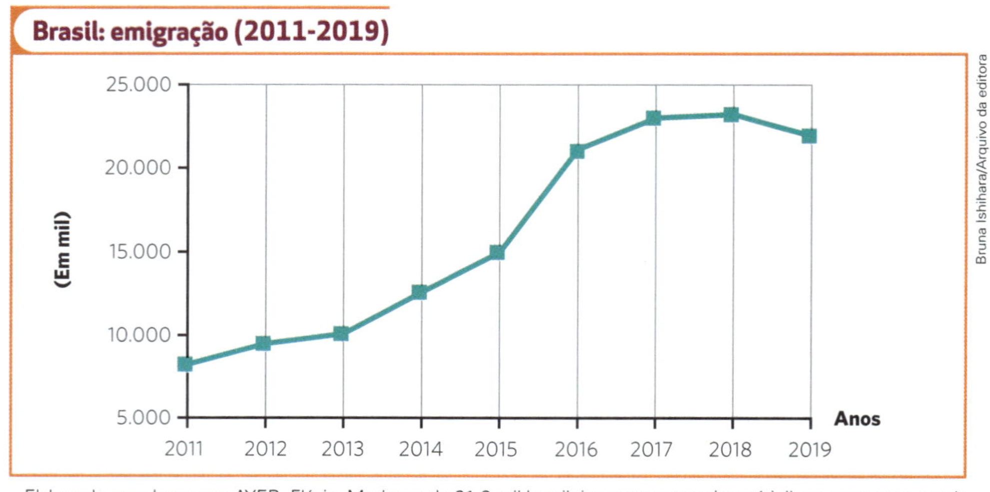

Bruna Ishihara/Arquivo da editora

Elaborado com base em: AYER, Flávia. Mudança de 21,8 mil brasileiros para o exterior até julho supera quase toda a saída de 2018. *Estado de Minas*, 10 ago. 2019. Disponível em: https://www.em.com.br/app/noticia/politica/2019/08/10/interna_politica,1076303/mudanca-de-21-8-mil-brasileiros-para-o-exterior-ate-julho-supera-quase.shtml. Acesso em: abr. 2020.

Brasileiros pelo mundo

Leia as informações do mapa e da tabela a seguir e responda às questões.

Mundo: distribuição dos brasileiros por continente/subcontinente em % (2015)

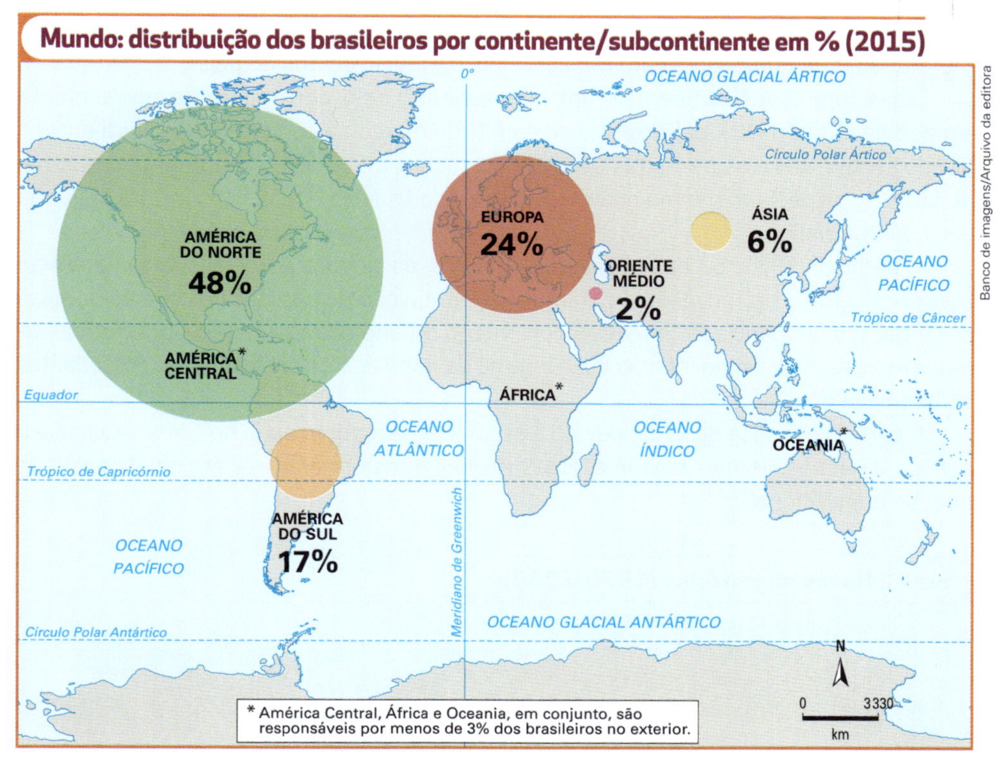

Elaborado com base em: ALMEIDA, Rodolfo; ZANLORENSSI, Gabriel. Em que países vivem os brasileiros no exterior, segundo o Itamaraty. *Nexo*. Disponível em: www.nexojornal.com.br/grafico/2018/02/16/Em-que-pa%C3%ADses-vivem-os-brasileiros-no-exterior-segundo-o-Itamaraty. Acesso em: jan. 2020.

Países com mais brasileiros (2015)

1º	Estados Unidos	1.410.000	6º	Espanha	86.691
2º	Paraguai	332.042	7º	Alemanha	85.272
3º	Japão	170.229	8º	Suíça	81.000
4º	Reino Unido	120.000	9º	Itália	72.000
5º	Portugal	116.271	10º	França	70.000

Elaborado com base em: MINISTÉRIO DAS RELAÇÕES EXTERIORES. *Tabela de estimativas de brasileiros no mundo*, 2015. Disponível em: www.brasileirosnomundo.itamaraty.gov.br/a-comunidade/estimativas-populacionais-das-comunidades/Estimativas%20RCN%202015%20-%20Atualizado.pdf. Acesso em: jan. 2020.

1 Que continentes ou subcontinentes concentravam maior número de brasileiros? E menor número?

2 Levante hipóteses para justificar a maior presença de brasileiros nesses continentes ou subcontinentes.

3 Observando o mapa e a tabela e considerando que, em 2015, havia um total de 3 083 255 brasileiros fora do Brasil, o que se pode constatar da presença brasileira na Ásia?

Migrações internas no Brasil

Os movimentos migratórios internos foram expressivos no território brasileiro. No período colonial, as migrações internas acompanharam os sucessivos ciclos de desenvolvimento da economia regional, relacionados à agricultura de exportação, à criação bovina ou à extração mineral. A cana-de-açúcar, por exemplo, estimulou o desenvolvimento do Nordeste no início da colonização; a criação de gado contribuiu para a ocupação do Sul do país e de áreas mais afastadas do litoral, inclusive no interior do Nordeste; e a mineração atraiu migrantes para Minas Gerais e a região central do país.

Essas migrações também foram influenciadas pelo curto ciclo da borracha, na Amazônia (1870-1912), pelo cultivo do café (que marcou a economia brasileira entre o fim do século XIX e as primeiras décadas do século XX) e pelo crescimento industrial no Sudeste, especialmente no estado de São Paulo (que se intensificou após a Segunda Guerra Mundial).

A partir de 1930, os deslocamentos internos da população brasileira tornaram-se mais expressivos, promovendo uma ampla redistribuição de pessoas pelas regiões. A Lei de Cotas, a industrialização e o desenvolvimento urbano da atual região Sudeste marcaram a estruturação de um intenso fluxo interno da população, principalmente procedentes do Nordeste do país.

A partir da década de 1970, devido à expansão da agropecuária no Centro-Oeste e à política de ocupação da Amazônia, essas regiões transformaram-se em novos polos de atração populacional.

Dicas

Vidas secas

De Graciliano Ramos. São Paulo: Record, 2003.

Esse clássico da literatura brasileira conta a história de uma família de retirantes do Sertão nordestino.

Migrantes

De Dora Martins e Sônia Vanalli. São Paulo: Contexto, 2007.

Com uma linguagem bastante acessível, o livro aborda os movimentos internos da população brasileira.

Brasil: fluxos migratórios (1970-1980)

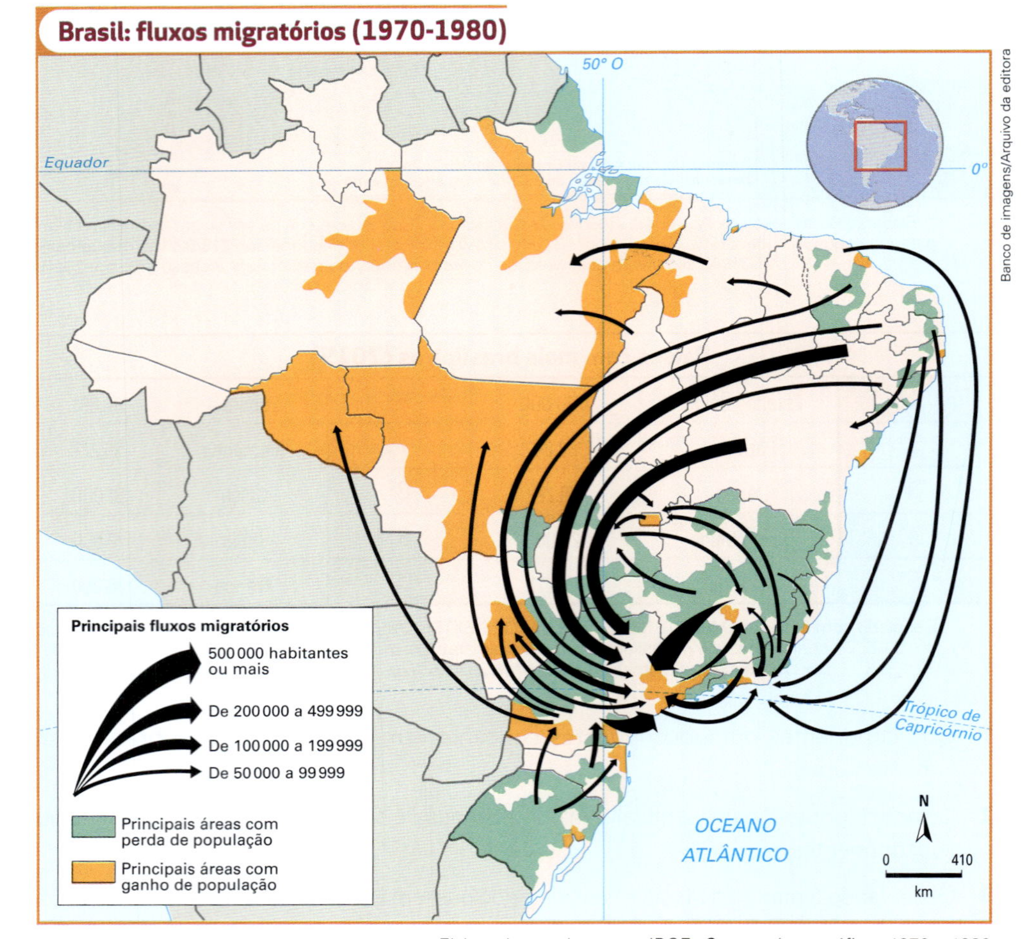

Elaborado com base em: IBGE. *Censos demográficos 1970 e 1980.* Rio de Janeiro: IBGE, 2000.

Movimentos atuais

Atualmente, as atividades econômicas são mais diversificadas em todas as regiões. Além disso, a chamada **guerra fiscal** travada entre os estados, que lançam mão de isenções de impostos para atrair empresas, tem levado a uma relativa desconcentração industrial. Esse processo vem alterando a dinâmica dos fluxos populacionais, causando o crescimento das cidades médias em um ritmo superior ao das metrópoles, particularmente do Sudeste.

O **Censo de 2010** apontou uma redução no volume total de migrantes, que caiu de 3,3 milhões de pessoas no quinquênio 1995-2000 para 2 milhões no quinquênio 2004-2009. No Sudeste, apesar do saldo migratório positivo de São Paulo, Espírito Santo e Rio de Janeiro, o saldo líquido migratório foi negativo: outras regiões passaram a atrair população, e muitos migrantes residentes no Sudeste, especialmente nordestinos, retornaram à região de origem, em um processo de **migração de retorno**. O Centro-Oeste, por causa do crescimento das cidades médias e do desenvolvimento agropecuário e do setor de serviços, teve o mais expressivo saldo migratório líquido positivo.

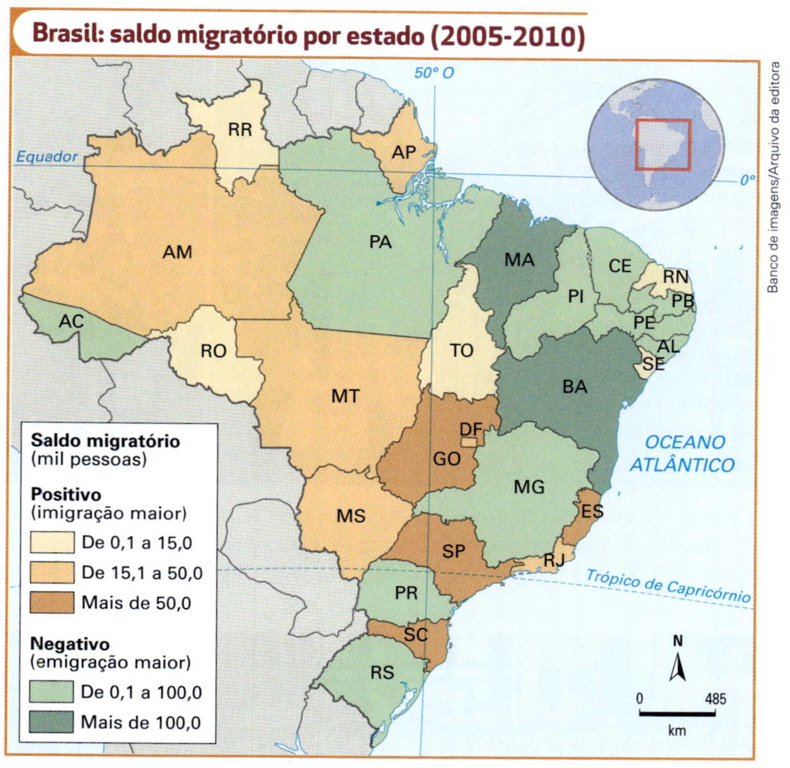

Elaborado com base em: FERREIRA, Graça M. L. *Atlas geográfico*: espaço mundial. São Paulo: Moderna, 2013. p. 133.

Outra tendência nos fluxos migratórios internos é o deslocamento de pessoas das grandes para as médias cidades: antes da crise econômica de meados da década de 2010, muitas destas apresentaram ritmo de crescimento do PIB bem superior à média nacional. Além de atrair pelas ofertas de emprego, as médias cidades atraem pela qualidade de vida que oferecem.

Os dados do Censo de 2010 também apontavam para uma redução no número de migrantes chegando à região Norte, resultado, provavelmente, do relativo esgotamento da expansão da fronteira agrícola para essa região. De qualquer forma, a região recebeu muitos migrantes em décadas anteriores, quando o avanço da agropecuária e a exploração mineral foram expressivos.

! Dicas

Migrantes

Direção de Beto Novaes, Francisco Alves e Cleisson Vidal. Brasil, 2007. 45 min.

Documentário que retrata os obstáculos que os migrantes do Nordeste para o interior de São Paulo enfrentam no trabalho com corte da cana-de-açúcar.

O caminho das nuvens

Direção de Vicente Amorim. Brasil, 2003. 45 min.

Caminhoneiro desempregado decide sair da Paraíba com a mulher e cinco filhos, em busca de um salário de R$ 1.000,00 e acaba indo para o Rio de Janeiro. O filme mostra o drama dos migrantes nordestinos.

Migração e preconceito

Apesar de fundamentais na história de todos os povos, promovendo desenvolvimento e intercâmbio cultural, as migrações são muitas vezes causa de conflitos. No Brasil, sobretudo nas regiões Sudeste e Sul, difundiu-se a visão equivocada de que a grande concentração de nordestinos nos grandes centros urbanos dessas regiões seria a causa de problemas sociais, como a violência e o desemprego, e até ambientais, como os decorrentes da construção de moradias precárias em áreas como mananciais. Infelizmente, não é raro termos notícias de ações preconceituosas, como ofensas e palavras agressivas contra migrantes nordestinos e seus descendentes que, por vezes, transformam-se em ações de violência física.

A ONU destaca a mobilidade como uma das liberdades humanas fundamentais. É importante lembrar que a mobilidade populacional é uma condição humana. Deslocar-se pelo espaço em busca de melhores condições de vida foi uma estratégia de sobrevivência desde os primórdios, e é difícil que exista alguém que não tenha raízes, diretamente ou através de seus ascendentes, em terras diferentes da que ocupa no presente. A prática do preconceito contra migrantes evidencia desconhecimento ou uma recusa dessas histórias pessoais.

Roberto Vazquez/Futura Press

Festa junina São João De Nóis Tudim no Centro de Tradições Nordestinas (CTN) em São Paulo (SP), em 2019. O CTN tem como finalidade difundir a cultura nordestina trazida pelos migrantes e reúne serviços como restaurantes de comida típica, espaço para eventos e feira de artesanato e é frequentado por pessoas de várias origens.

Lucas Ettore Chiereguini/Futura Press

Pessoas participam da 13ª Marcha dos Imigrantes e Refugiados na região da Avenida Paulista, em São Paulo (SP), organizada pelo Centro de Apoio e Pastoral do Migrante (CAMI), em 2019.

Atividades

1 Considerando a dinâmica demográfica europeia (estudada no capítulo 17), você acredita que no futuro a Europa será obrigada a mudar sua posição atual em relação aos imigrantes? Explique.

2 A partir da década de 1930, o Estado brasileiro passou a restringir a entrada de imigrantes e implantou a Lei de Cotas. Explique as razões que motivaram a criação dessa lei.

3 Explique as causas dos fluxos migratórios entre as regiões brasileiras ao longo da história.

4 O artista Candido Portinari (1903-1962) nasceu em Brodowski (SP) e foi um dos maiores representantes do Expressionismo no Brasil. Durante muito tempo, produziu painéis e murais, influenciado pelo muralismo mexicano do início do século XX. Boa parte de sua obra enfoca as desigualdades da sociedade brasileira.

Retirantes, de Candido Portinari, 1944 (óleo sobre tela, 190 cm × 180 cm).

a) Que motivos relacionados à migração de retirantes podem ser identificados nessa obra de Portinari? Justifique sua resposta.

b) Pesquise a forma como o Expressionismo se manifesta na pintura de Candido Portinari e identifique alguns de seus traços característicos na obra *Retirantes*.

5 Com a crise mundial desencadeada pela disseminação do **novo coronavírus** a partir do fim de 2019, no primeiro semestre de 2020, Portugal regularizou os imigrantes ilegais para que estes pudessem ser beneficiados pelos programas de saúde e não se transformar em vetores de propagação do vírus; os Estados Unidos continuaram expulsando quem havia entrado ilegalmente; e países europeus, como Itália e Chipre, bloquearam as fronteiras, impedindo a entrada de imigrantes e refugiados. Apresente duas hipóteses – uma relacionada ao próprio fluxo e outra à estrutura médico-hospitalar interna – para justificar a postura de fechamento de fronteiras.

CAPÍTULO 20

Questão socioambiental e desenvolvimento sustentável

Este capítulo favorece o desenvolvimento das habilidades:

EM13CHS101
EM13CHS102
EM13CHS103
EM13CHS106
EM13CHS206
EM13CHS303
EM13CHS305
EM13CHS306
EM13CHS604

Na economia capitalista, o crescimento depende do aumento da produção e do consumo de mercadorias e serviços. Isso leva à ampliação constante da geração de energia, da exploração de recursos naturais e da produção de resíduos, com significativas implicações espaciais, sociais e ambientais. Os principais paradigmas econômicos em vigor são conflitantes com a preservação e a conservação ambiental. Refletir sobre o modo de vida atual, marcado pelo consumismo, e propor soluções que indiquem novos caminhos para o desenvolvimento socioeconômico também é um desafio das Ciências Humanas e Sociais, com seus componentes — Geografia, História, Sociologia e Filosofia.

Stefan Ziese/imageBROKER/Fotoarena

A emissão de poluentes das usinas que queimam carvão compõe a paisagem de Bergheim, na Alemanha (janeiro de 2019). A cidade faz parte de uma área mineradora de linhito, espécie de carvão com baixo poder calórico.

Contexto

1. O que explica a crise socioambiental mundial?
2. Segundo o Banco Mundial, uma significativa parcela da população mundial vive abaixo da linha de pobreza. São cerca de 3,4 bilhões de pessoas lutando para atender a suas necessidades básicas. Como se pode promover uma vida digna a esse gigantesco contingente populacional sem comprometer a qualidade ambiental atual e futura do planeta?

Revolução Industrial: um marco na questão ambiental

O ser humano sempre modificou o espaço, mas nas últimas décadas temos visto uma conscientização mundial da gravidade dos problemas decorrentes da degradação ambiental e da necessidade de buscar soluções sustentáveis e que envolvam toda a sociedade.

O maior impacto das atividades humanas sobre o espaço teve início a partir da Revolução Industrial que, paulatinamente, promoveu a produção em massa de mercadorias e o aumento da exploração de fontes de energia não renováveis e altamente poluentes (como o carvão e, posteriormente, o petróleo).

Laura McDermott/The New York Times/Fotoarena

Placa alerta sobre contaminação de área próxima a rio, em parque no estado do Michigan, Estados Unidos (2018). Uma empresa local de produtos químicos, plásticos e agropecuários liberou efluentes no rio contendo dioxina, substância altamente tóxica, cancerígena e causadora de má formação fetal.

A consolidação da produção industrial ampliou a capacidade de consumo das pessoas ao mesmo tempo que intensificou a exploração de matérias-primas — retiradas do solo, do subsolo, dos mares, dos rios e das florestas — e a geração de resíduos sólidos, líquidos e gasosos, descartados no ambiente.

As conquistas tecnológicas desse período favoreceram as transformações agrícolas, que aumentaram a oferta de alimentos. Por outro lado, os ecossistemas da Terra foram modificados, transformados em áreas de cultivo e de criação de animais.

Estima-se que, aproximadamente, 70% da água doce no mundo é consumida na agricultura, 20% na indústria e 10% nas residências. A agricultura e a indústria são atividades econômicas que contribuem para a poluição do meio ambiente. A poluição da água, do solo e do lençol freático pode ocorrer por meio do uso de agrotóxicos, e, em processos industriais, a água utilizada na produção descartada sem tratamento pode contaminar rios e solos.

A Revolução Industrial favoreceu, também, o deslocamento de pessoas para as cidades. Atualmente, mais da metade da população mundial vive em áreas urbanas. A cidade é a expressão mais complexa da ação humana e está em constante transformação, materializando a capacidade humana de alterar o espaço natural.

No entanto, o crescimento desenfreado associado à falta de planejamento urbano desencadeou **problemas socioambientais**, como: o aumento da desigualdade social e da violência; as enchentes; a insuficiência de recursos hídricos; a ocupação das áreas de mananciais, comprometendo a qualidade do fornecimento de água à população; o acúmulo de lixo e a escassez de áreas verdes, a poluição atmosférica e a precariedade ou a falta de saneamento básico.

Dica

A última hora

Direção de Leila Conners Petersen e Nadia Conners. Estados Unidos, 2007. 95 min.

Dezenas de renomados cientistas, pensadores e líderes discutem os problemas ambientais e suas possíveis soluções neste documentário.

Kyodo/AP Photo/Glow Images

Intensa poluição atmosférica encobre horizonte na Praça da Paz Celestial, no centro de Pequim, China (2018).

Mundo: proporção da população com acesso a saneamento básico (2017)

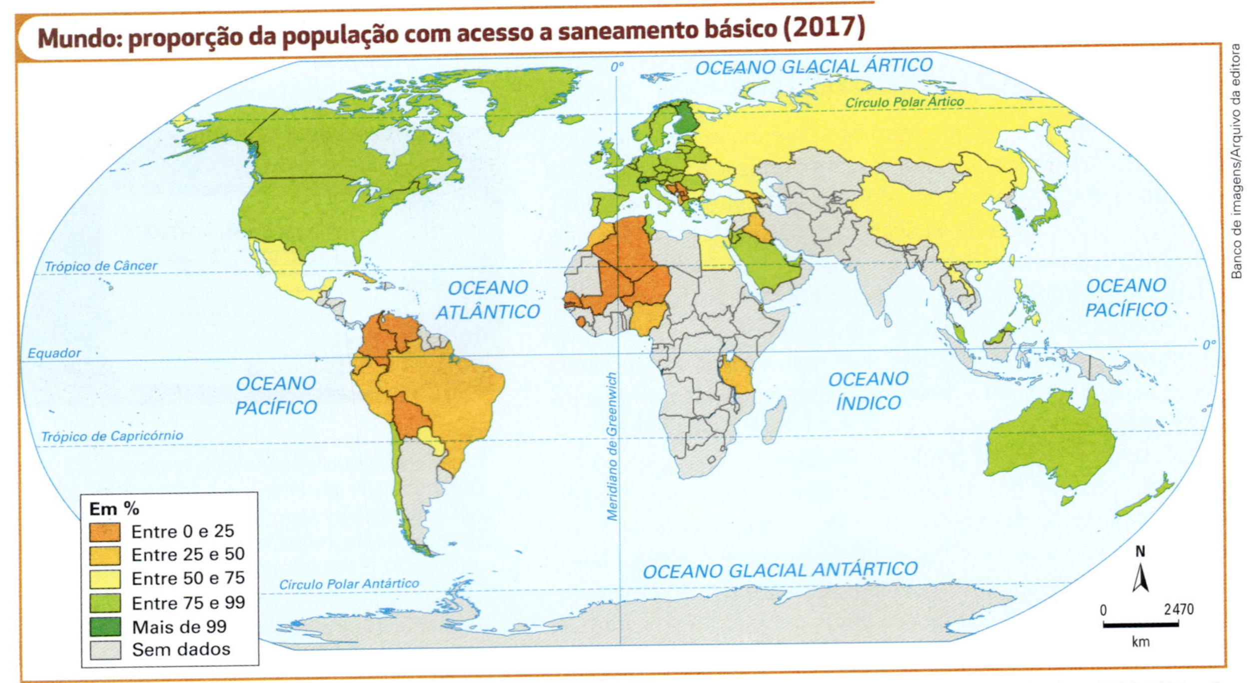

Elaborado com base em: UNICEF; WHO. *Progress on household drinking water, sanitation and hygiene 2000-2017*. p. 8. Disponível em: www.who.int/water_sanitation_health/publications/jmp-2019-full-report.pdf?ua=1. Acesso em: jan. 2020.

O comércio de lixo reciclável tem sido prática comum entre países e vem crescendo no sudeste da Ásia. Porém, muitos contêineres com resíduos contaminados, como lixo doméstico, em geral originários de países desenvolvidos, têm sido devolvidos. Na foto, oficial da aduana da Indonésia exibe jornal australiano descartado em lixo recebido no porto do país, em julho de 2019.

As cidades dos países em desenvolvimento são as mais vulneráveis, pois concentram situações de extrema pobreza e maiores desigualdades sociais. Além disso, nesses países, as políticas públicas são insuficientes para a criação de infraestrutura adequada. Em 2017, apenas 4 em cada 10 pessoas no mundo tinham acesso a saneamento básico seguro. Observe no mapa acima os países em que essa situação é mais crítica.

Os avanços da ciência, da tecnologia e dos sistema produtivos, realizados tanto sob o capitalismo quanto sob o socialismo, após a Segunda Guerra Mundial, caracterizam o atual meio técnico-científico-informacional e alteraram o ritmo e a escala geográfica da exploração dos recursos naturais e do descarte de rejeitos, atingindo níveis que ultrapassam a capacidade de suporte do meio ambiente, levando à escassez e à poluição.

Explore

1 Explique a diferença entre os impactos ambientais decorrentes das atividades humanas antes e depois da Revolução Industrial.

2 Que benefícios à sociedade decorreram da Revolução Industrial?

3 Que características gerais dos modos de vida de populações tradicionais, como indígenas, ribeirinhos, caiçaras e quilombolas, explicam o pequeno impacto ambiental decorrente de suas atividades?

Sociedade de consumo

No último século, a disseminação do **modelo de vida ocidental capitalista**, pautado pelo grande consumo possibilitado pela industrialização e imposição de modos de vida ditos sofisticados, contribuiu para a degradação ambiental com consequências danosas para o meio ambiente, ameaçando a qualidade de vida atual e futura. Segundo a ONU, nas três últimas décadas os resíduos urbanos cresceram três vezes mais rápido que o aumento populacional.

Atualmente, o consumo não apenas é a atividade motora do sistema econômico, mas também passou a exercer um papel fundamental nas relações sociais. Vivemos em uma sociedade marcada pela desigualdade e na qual possuir determinados bens é uma demonstração de realização pessoal. Essa mensagem é difundida pelos meios de comunicação por meio da publicidade, que associa produtos ao sucesso, ao prazer e à felicidade. A própria concepção de desenvolvimento econômico de um país está associada à capacidade de produzir e consumir bens materiais e outros serviços.

Para estimular a produção, o mercado cria hábitos e necessidades. Essa **lógica do mercado** apoia-se no desenvolvimento tecnológico incessante: novos produtos são criados ou ganham novos recursos, tornando-se obsoletos em um período cada vez mais curto (**obsolescência planejada ou programada**). Dessa forma, multiplicam-se as opções de mercadorias e as embalagens descartáveis.

Uma parte minoritária da população, com renda suficiente para adquirir muito mais que o necessário para satisfazer suas necessidades básicas e desfrutar de conforto, exerce forte pressão nos recursos naturais. Quase metade dos resíduos sólidos urbanos é gerada pelos 30 países mais desenvolvidos — e não são os habitantes mais pobres desses países os maiores responsáveis por esse volume de "lixo".

Suamy Beydoun/Agif/Folhapress

Consumidores disputam televisores em hipermercado de São Paulo, no período de megaliquidação. Foto de 2018.

Assim, a natureza, teoricamente um bem comum, é apropriada de forma desigual pelas diferentes classes sociais, enquanto as "externalidades" dessa apropriação – a poluição e escassez de recursos naturais — são compartilhadas por todos e afetam mais intensamente as populações mais pobres.

Mundo: lixo produzido (2014)

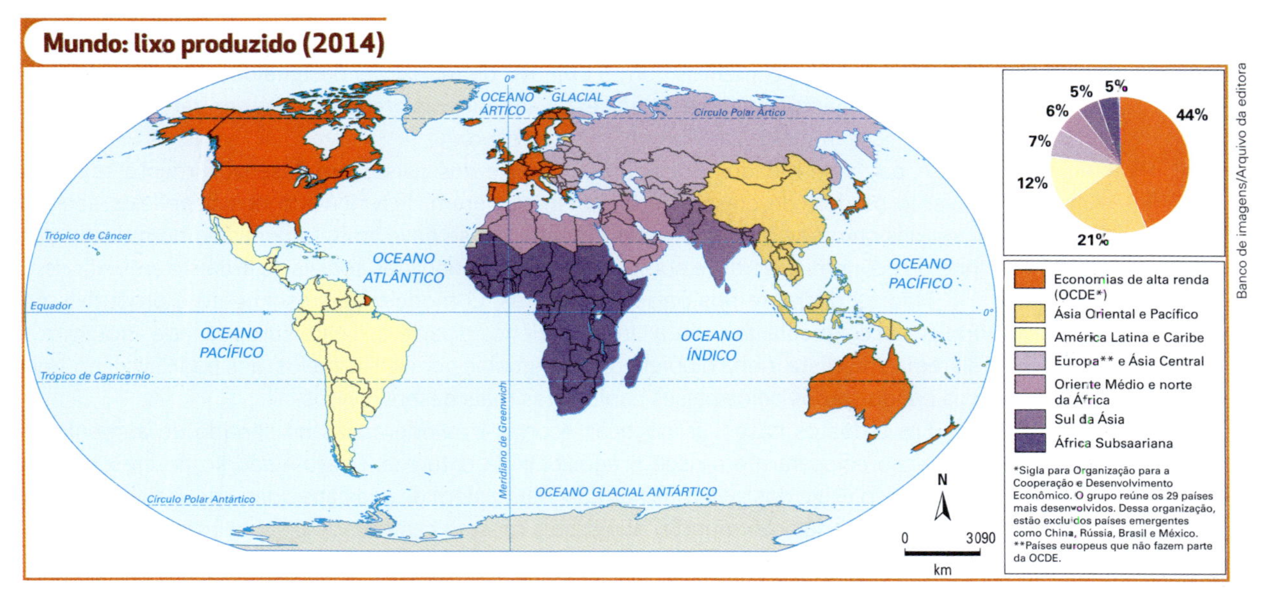

Banco de imagens/Arquivo da editora

Elaborado com base em: SENADO FEDERAL. Resíduos sólidos. Lixões persistem. *Em discussão!*. Ano 5, n. 22, set. 2014. p. 50. Disponível em: www12.senado.leg.br/emdiscussao/edicoes/residuos-solidos/. Acesso em: jan. 2020.

Conexões FILOSOFIA

Ter e Ser

O tema abordado pelo cartum pode ser relacionado com o sentido filosófico do ter e do ser, os quais expressam, de certa forma, modos de vida de uma pessoa no ambiente social.

1 Considerando a sociedade em que vivemos, explique a mensagem do cartum.

2 Considerando sua experiência de consumidor, responda:

a) Que tipo de produto ou serviço lhe traz mais satisfação quando você o adquire? Por quê?

b) Há algum produto ou serviço que você não teve oportunidade de consumir e tem vontade de adquirir? Que benefício você imagina que irá desfrutar com a sua aquisição?

©2000 Andrew B. Singer/Acervo do cartunista

Cartum do desenhista estadunidense Andy Singer (1965-).

Modelo de desenvolvimento

Nos países desenvolvidos, o **crescimento econômico** apoiado na produção industrial e na produtividade agrícola foi acompanhado, no período do Estado de Bem-Estar Social, de melhorias nas condições de vida da população. Os governos desses países fizeram grandes investimentos em saúde e educação; implantaram mecanismos de distribuição de renda, com base na arrecadação de impostos e na elevação de salários; e reestruturaram gastos e investimentos com o objetivo de reduzir as desigualdades sociais. No entanto, os impactos ambientais não estavam entre as preocupações centrais das políticas econômicas implantadas durante muito tempo.

A partir de meados do século XX, parte dos países em desenvolvimento seguiu o mesmo modelo de crescimento industrial, porém desvinculado dos benefícios sociais. Desconsiderou-se que o desenvolvimento não se deve limitar apenas ao bom desempenho da economia; ele deve abranger também conquistas sociais, culturais e ambientais.

Não foi diferente nos países socialistas. O modelo de crescimento e produtivismo industrial e agrícola da extinta União Soviética e parte do Leste Europeu, que adotaram o sistema socialista, tinha o objetivo de se igualar, por outros meios, aos padrões econômicos conquistados pelos países capitalistas mais desenvolvidos.

Em todos os casos, as políticas econômicas orientadas no sentido de aumentar a produção colocaram em risco o equilíbrio da natureza. O atual padrão de crescimento econômico exige dos sistemas naturais muito além de sua capacidade de renovação. Se a maioria da população mundial atingisse a mesma capacidade de consumo da população dos países desenvolvidos, a poluição seria insustentável e muitos dos recursos usados como matéria-prima e fonte de energia desapareceriam em pouquíssimo tempo. Veja no mapa a seguir a **Pegada Ecológica** de cada país.

Pegada Ecológica: identifica a pressão do consumo sobre os recursos naturais, calculada considerando a área biologicamente produtiva para satisfazer as demandas humanas e a assimilação dos rejeitos, informando assim a capacidade de regeneração da biosfera (biocapacidade).

Mundo: Pegada Ecológica, em hectares globais por pessoa (2014)

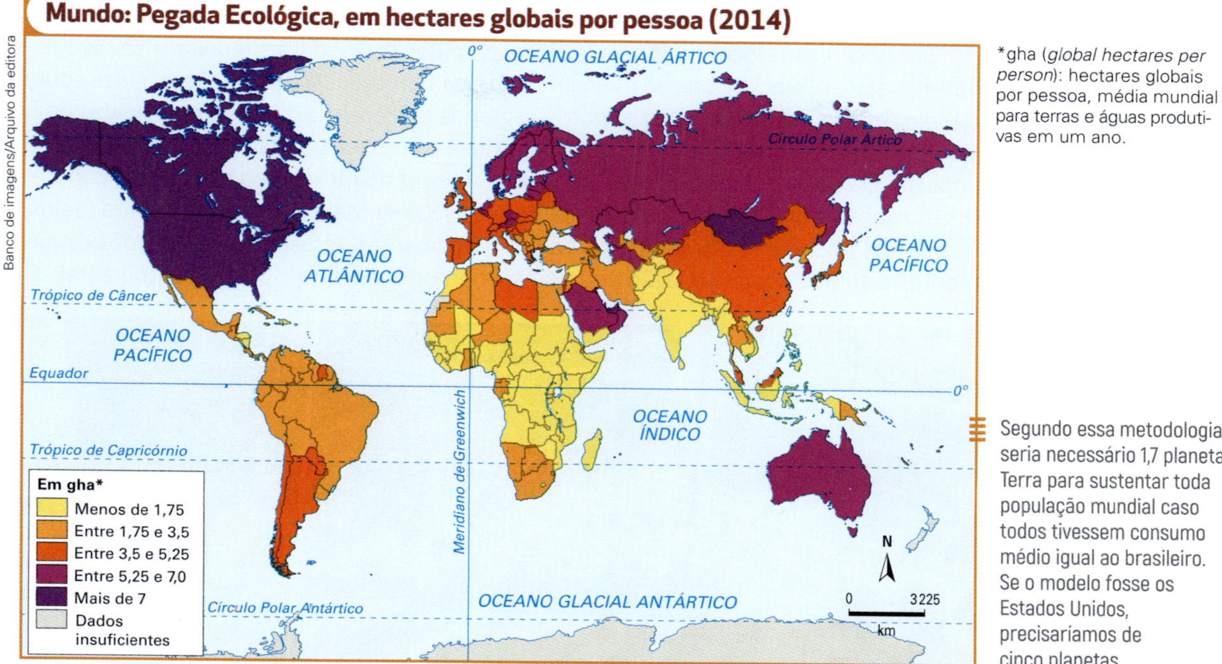

Elaborado com base em: WWF. *Living Planet Report 2018*. p. 32-33. Disponível em: wwf.panda.org/knowledge_hub/all_publications/living_planet_report_2018. Acesso em: jan. 2020.

*gha (*global hectares per person*): hectares globais por pessoa, média mundial para terras e águas produtivas em um ano.

Segundo essa metodologia, seria necessário 1,7 planeta Terra para sustentar toda população mundial caso todos tivessem consumo médio igual ao brasileiro. Se o modelo fosse os Estados Unidos, precisaríamos de cinco planetas.

Despertar da consciência ecológica

Embora estudos ecológicos de caráter científico fossem desenvolvidos desde a segunda metade do século XVIII, foi somente depois da Segunda Guerra Mundial que a gravidade dos problemas ambientais passou a ser debatida com maior intensidade, principalmente a partir da década de 1960. Os avanços tecnológicos, como o lançamento de satélites artificiais de sensoriamento remoto e o desenvolvimento da informática, tiveram papel fundamental na qualidade das pesquisas voltadas ao meio ambiente.

As inúmeras catástrofes ambientais do último século alertaram a humanidade para o fato de que a natureza não suportaria por muito mais tempo as agressões causadas pelas atividades humanas e seu modelo de desenvolvimento.

Iniciou-se, então, um processo de mobilização em torno da questão ambiental, que se expandiu e se consolidou por meio da divulgação de estudos científicos e da publicação de livros, assim como a realização de conferências internacionais patrocinadas pela ONU. Esse movimento objetivava fugir do âmbito dos interesses restritos de determinados Estados e criar valores que servissem de parâmetro a toda a comunidade internacional.

Assim, surgiram instituições e movimentos ecológicos com fins variados que tinham em comum a defesa da vida. Esses esforços geraram mudanças na postura de alguns empresários e governantes, resultando na elaboração de **leis de proteção ambiental** e na inclusão do estudo da **ecologia** nos meios educacionais. Apesar dessa grande mudança de paradigma, a implantação de ações efetivas para a construção de uma sociedade sustentável ainda está longe de ser suficiente.

O vazamento de petróleo ocorrido no litoral do Nordeste em 2019 causará danos no ecossistema marinho, na economia local e na saúde humana por muitos anos, sendo considerado um dos piores desastres ambientais da história do Brasil. Na foto, voluntários e operários fazem limpeza do óleo nas praias de Cabo de Santo Agostinho, litoral sul de Pernambuco (outubro de 2019).

Conferência de Estocolmo

Em 1972, em Estocolmo (Suécia), representantes de 113 países reuniram-se para debater questões relacionadas ao meio ambiente na Conferência das Nações Unidas sobre o Meio Ambiente Humano. Nessa primeira grande conferência da ONU, conhecida como Conferência de Estocolmo, foram discutidas duas conclusões obtidas por especialistas: a importância universal da temática ambiental e a necessidade de uma abordagem conjunta em relação à biosfera, não restrita apenas aos seus elementos de forma isolada (solos, vegetação, rios, etc.). Entretanto, os países participantes apresentaram dois posicionamentos distintos sobre a relação entre crescimento econômico e proteção ambiental.

Yutaka Nagata/UN Photo/ip Archive/Glow Images

O dia de abertura da Conferência de Estocolmo, 5 de junho de 1972, foi escolhido pela ONU como o Dia Mundial do Meio Ambiente.

O primeiro, defendido sobretudo pelos países desenvolvidos, alertava que, mantidas as tendências de crescimento da população mundial, da industrialização, da produção de alimentos, do consumo e da poluição, o planeta entraria em colapso ambiental no período de um século. A única forma de recuperar o equilíbrio ambiental e evitar catástrofes futuras seria a paralisação imediata do crescimento econômico. Essa proposta ficou conhecida como política do crescimento zero e seus defensores chamados de *zeristas*.

O segundo posicionamento defendia o crescimento econômico, independentemente do custo ambiental. Apoiada pela maioria dos países em desenvolvimento, inclusive o Brasil, essa visão apontava que o crescimento econômico era a única solução para a superação da miséria e da pobreza, que atingiam diretamente milhões de pessoas no mundo. O grupo defendia a ideia de que a superação desses problemas era mais importante que as questões relacionadas à conservação e à proteção ambientais. Ficaram conhecidos como *desenvolvimentistas*.

Assim, a política do crescimento zero foi rejeitada pela maioria dos países e nenhuma medida concreta comum foi tomada para evitar uma possível catástrofe ambiental. A principal objeção a essa política afirmava que ela congelaria as diferenças socioeconômicas existentes entre os países e negaria aos países em desenvolvimento a possibilidade de crescimento.

Muitos foram os entraves e poucos os resultados, mas a Conferência de Estocolmo ainda foi um marco na tomada de consciência de que a conservação do meio ambiente depende da cooperação de todos os países. Um de seus resultados foi a Declaração sobre o Ambiente Humano, que ampliou o conceito de qualidade de vida, associando-a à qualidade ambiental e à justiça social. Além disso, foi apontada a necessidade de toda a humanidade proteger e melhorar as condições ambientais, tanto para a geração presente como para as futuras. Desde então, o conceito de desenvolvimento passou a ser relacionado ao controle da poluição e ao uso racional dos recursos naturais, para evitar seu esgotamento.

Foi também a partir da Conferência de Estocolmo que se criou o **Programa das Nações Unidas para o Meio Ambiente (Pnuma)**, instituição da ONU para as questões ambientais. O Pnuma tem como objetivo conciliar interesses nacionais e globais, visando à busca de soluções para problemas ambientais comuns a toda a humanidade.

! Dica

Programa das Nações Unidas para o Meio Ambiente (Pnuma)

https://nacoesunidas.org/agencia/pnuma/

O *site* traz textos breves e de fácil entendimento sobre questões ambientais, além de notícias, galeria de imagens e publicações da instituição.

Desenvolvimento sustentável

Apresentado pela primeira vez em 1987, com a divulgação do Relatório Nosso Futuro Comum ou Relatório Brundtland, na Assembleia Geral da ONU, o conceito de **desenvolvimento sustentável** parte do princípio de que o atendimento às necessidades das populações no presente não deve comprometer o suprimento das necessidades das gerações futuras. Os recursos devem ser utilizados de acordo com a capacidade de reposição da natureza, de modo que o crescimento econômico não agrida irreparavelmente os ecossistemas, enquanto tenta equacionar problemas sociais.

Um modelo de desenvolvimento que almeje a diminuição da pobreza e da desigualdade social e a conservação do ambiente exige mudanças nos mecanismos de distribuição da riqueza gerada pelo crescimento econômico. Essas mudanças, por sua vez, exigem alterações nas relações de trabalho, na estrutura fundiária, na arrecadação de impostos e na aplicação dos recursos governamentais. Também é necessário estimular o desenvolvimento e o uso de fontes renováveis e limpas de energia, assim como promover modificações nos atuais padrões de produção, tanto na agricultura — que utiliza agrotóxicos em larga escala e invade os diferentes biomas do planeta — como na indústria – que lança milhares de toneladas de gases nocivos e dejetos no ambiente.

A viabilização do desenvolvimento sustentável requer, portanto, o estabelecimento de políticas governamentais e de ações empresariais e da sociedade civil; a elevação do nível de vida de parte significativa da população que vive em condições subumanas; e a modificação dos padrões de consumo das sociedades do mundo desenvolvido, visando diminuir a demanda por recursos da natureza e a produção de resíduos.

Dicas

40 contribuições pessoais para a sustentabilidade

De Genebaldo Freire Dias São Paulo: Gaia, 2005.

O livro apresenta um conjunto de ações individuais alinhadas às políticas de conservação ambiental que, se praticadas de forma coletiva, aumentarão as chances de vivermos em um ambiente mais saudável no futuro.

Sustentabilidade planetária, onde eu entro nisso?

De Fábio Feldmann. São Paulo: Terra virgem, 2011.

O autor delineia um panorama dos desafios socioambientais que a humanidade precisa enfrentar no futuro próximo. O livro oferece um conjunto amplo de ilustrações, gráficos e fotos.

Saiba mais

Reciclagem de produtos eletrônicos

Com o maior desenvolvimento tecnológico, são descartados muitos celulares, computadores, televisores, entre outros produtos eletrônicos, gerando um aumento considerável no chamado e-lixo ou lixo eletrônico. Em razão disso, surgiu em todo o mundo, e também no Brasil — atendendo à lei federal de 2010, denominada **Política de Resíduos Sólidos**, que obriga as empresas a se responsabilizarem pelo descarte de seus produtos —, empresas que reciclam materiais utilizados nos produtos eletrônicos, sobretudo os metais. Além de contribuir para reduzir a exploração de recursos naturais, a poluição do ambiente e a quantidade de lixo gerada, a reciclagem emprega muitas pessoas, trazendo benefícios sociais e econômicos.

Geert Vanden Wijngaert/AP Photo/Glow Images

Peças e componentes eletrônicos em empresa de reciclagem na Bélgica, em 2018. Na época, estimava-se que até 2020 a União Europeia produziria mais de 12 milhões de toneladas de lixo eletrônico.

Consumo sustentável

> **Compostagem:** processo de decomposição de matéria orgânica, cujo produto é um adubo natural. Exige menor espaço que o aterro sanitário e permite o reaproveitamento da matéria orgânica, reciclando seus nutrientes para fertilização do solo.

Desenvolvimento e consumo sustentáveis são faces da mesma moeda. O conceito de **consumo sustentável**, lançado em 1995 pela ONU no relatório da Comissão de Desenvolvimento Sustentável, é uma tentativa de modificar hábitos e estimular o consumo consciente para evitar o desperdício, considerando também o uso de água e energia.

Segundo esse conceito, os produtos devem atender a necessidades reais, ter qualidade comprovada e garantir que sua produção não deteriorou o meio ambiente. Também é fundamental que o consumidor dê preferência aos produtos recicláveis e às embalagens retornáveis. O consumo sustentável prevê ainda a correta destinação do lixo.

No entanto, a atuação de governantes e empresários é fundamental para atingir essas metas. Em relação ao lixo, por exemplo, as instituições públicas devem completar o processo iniciado pela coleta seletiva. Ou seja, não adianta separar o lixo se o município não tem uma usina de **compostagem** para os materiais orgânicos ou não direciona o material coletado para o processo de reaproveitamento ou de reciclagem.

Explore

- Considere as seis perguntas do cartaz abaixo para promoção do consumo consciente e debata com os colegas sobre o papel do consumo na sociedade e na vida de vocês.

Reprodução/www.akatu.org.br

Rio-92

Em 1992, a cidade do Rio de Janeiro abrigou a Conferência das Nações Unidas sobre o Ambiente e o Desenvolvimento, também chamada de Rio-92, Cúpula da Terra ou Eco-92. Desse evento, que teve grande repercussão mundial, participaram representantes de 176 países e 1400 ONGs.

Reprodução/Arquivo da editora

Nessa conferência, o conceito de desenvolvimento sustentável ocupou o centro dos debates, legitimando-se como princípio básico a ser considerado nas análises e perspectivas ambientais em todo o planeta. Dela resultaram as seguintes metas e compromissos:

Rio-92: principais resultados

Agenda 21
Reúne recomendações de como promover o desenvolvimento sustentável.

Principais objetivos
Universalização do saneamento básico e do ensino; combate à miséria; viabilização de uma política energética com fontes limpas e renováveis; uso sustentável dos recursos naturais; conservação da biodiversidade; redução da emissão de poluentes.

Convenção da Diversidade Biológica (CDB)
Estabelece metas para a exploração sustentável e a preservação da biodiversidade em três níveis: ecossistemas, espécies e recursos energéticos. Os países desenvolvidos detêm tecnologia para garantir a conservação; os países em desenvolvimento, maior biodiversidade. A CDB promove a interação entre eles, visando a repartição dos benefícios da pesquisa e a divisão dos custos para a preservação.

Convenção do Clima
Tratado ambiental que reúne países em um esforço conjunto de estabilizar a emissão de gases responsáveis pela intensificação do efeito estufa. A convenção deu origem ao Protocolo de Kyoto, assinado em 1997, que definiu metas mais rígidas, principalmente para os países desenvolvidos, que deveriam reduzir as emissões de gases que causam o aquecimento anormal da Terra até 2020.

Declaração de Princípios sobre Florestas
Documento que apresenta 15 princípios para guiar políticas nacionais e internacionais destinadas ao uso e conservação das florestas. Apesar de não ter força jurídica, deu origem a órgãos dedicados à preservação das florestas e ao selo FSC (Forest Stewardship Council, em inglês, ou Conselho de Manejo Florestal).

Brasil: alguns resultados concretos

Energia limpa só é possível com investimento em pesquisa. No Brasil, mais da metade da energia eólica é produzida no Nordeste.

As Unidades de Conservação (UCs), pautadas nas metas da CDB, são espaços do território de rica biodiversidade, delimitados com o objetivo de preservar o patrimônio biológico e permitir que as comunidades tradicionais explorem os recursos de forma sustentável, como nos seringais da Amazônia. O país contabilizava 2 376 unidades de conservação, perfazendo pouco mais de 2,5 milhões de km² de áreas protegidas.

Existe um mercado para a comercialização do carbono emitido na atmosfera: são os **créditos de carbono**. Os países que emitem mais carbono podem comprar a cota daqueles que emitem menos. O projeto surgiu a partir do Protocolo de Kyoto e vigora desde 2000. O Brasil teve como meta reduzir, até 2020, entre 36% e 39% as emissões de carbono. Empresas brasileiras já venderam créditos a países mais ricos.

O selo FSC, criado em 1993, certifica que peças que o recebem são feitas de madeira cuja origem não é uma floresta nativa, mas provém de manejo florestal sustentável. O Brasil é o país com mais produtos certificados.

Elaborado pelos autores.

Rio+10

Reprodução/Arquivo da editora

A Cúpula Mundial sobre Desenvolvimento Sustentável, realizada em 2002, em Johannesburgo (África do Sul), chamada de Rio+10, contou com a participação de representantes de 189 países. Realizada dez anos depois da Rio-92, avaliou os avanços e as dificuldades em torno da questão ambiental no planeta e redefiniu metas e compromissos da **Agenda 21**, um plano de ação para atingir a sustentabilidade por meio de ações globais, nacionais e locais.

Foram também reafirmados os Objetivos de Desenvolvimento do Milênio (ODM), apresentados pela ONU no ano 2000 com base nos principais problemas mundiais e que deveriam ser atingidos até 2015. Esses objetivos são: redução da pobreza; ensino básico universal; igualdade entre os sexos e autonomia das mulheres; reduzir a mortalidade na infância; melhorar a saúde materna; combater o HIV/Aids, a malária e outras doenças; garantir a sustentabilidade ambiental; e estabelecer uma parceria mundial para o desenvolvimento.

Yoav Lemmer/Agência France-Presse

Crianças e adolescentes de diferentes países participaram da Cúpula Mundial sobre Desenvolvimento Sustentável, realizada em Johannesburgo (África do Sul), 2002.

Entretanto, medidas importantes não foram aprovadas, como a proposta de mudanças na matriz energética, substituindo os combustíveis fósseis (não renováveis e altamente poluentes) pela energia solar e outras fontes renováveis e limpas. Essa proposta previa alcançar até 2010 o patamar mínimo de 10% para uso de fontes energéticas renováveis em relação ao total de energia gerada nos países. Embora apoiada pelo Brasil e pela União Europeia, não foi aprovada pelos Estados Unidos nem pela Organização dos Países Exportadores de Petróleo (Opep).

Rio+20

Em 2012, a cidade do Rio de Janeiro novamente recebeu líderes e representantes de 193 países com a finalidade de estabelecer novos consensos e rumos que assegurassem a sustentabilidade do planeta. A Conferência das Nações Unidas sobre Desenvolvimento Sustentável, também chamada de Rio+20, resultou no documento "O futuro que queremos", reafirmando compromissos e princípios das cúpulas anteriores, introduzindo outros, mas sem definir os meios e as metas para sua implantação.

Reprodução/Arquivo da editora

Dica

Desenvolvimento sustentável – Que bicho é esse?

De José Eli da Veiga e Lia Zatz. Campinas: Autores Associados, 2008.

Esse livro procura responder às questões ambientais da atualidade a partir da busca de evidências e da formulação de hipóteses. É possível baixar o livro em www.liazatz.com.br/site/wp-content/uploads/2015/04/2008_DS_Que_bicho_e_esse_Veiga_Zatz.pdf. Acesso em: jan. 2020.

Evaristo Sa/Agência France-Presse

A jovem neozelandesa de 17 anos Brittany Trilford discursou aos chefes de Estado durante a abertura da Rio+20 (2012). Em nome das crianças e dos adolescentes, ela assim se manifestou: "De forma corajosa e ousada, façam o que é certo. Estou aqui hoje para lutar pelo meu futuro. Quero pedir que considerem por que estão aqui".

Um dos debates da Rio+20 foi sobre a necessidade de novas formas de mensurar o progresso e a riqueza. Para complementar a medida usual fornecida pelo Produto Interno Bruto (PIB), criou-se o **Índice de Riqueza Inclusiva** (IWR, na sigla em inglês), que considera não apenas a produção de riqueza, mas também o nível de educação e formação de mão de obra (capital humano), assim como a situação dos recursos naturais e as perdas ambientais (capital natural).

O documento final da Rio+20 manteve os princípios acordados desde a Rio-92, reafirmando a responsabilidade comum dos países para a implementação de ações de sustentabilidade, mas atribuindo aos países ricos o maior desembolso financeiro. A Rio+20 também reconheceu a importância da tecnologia espacial para a obtenção de informações geoespaciais precisas e que são essenciais para a fiscalização e formulação de projetos de desenvolvimento sustentável.

A conferência também determinou seis elementos essenciais para guiar a agenda sustentável. Veja ao lado.

Rio+20: principais resoluções

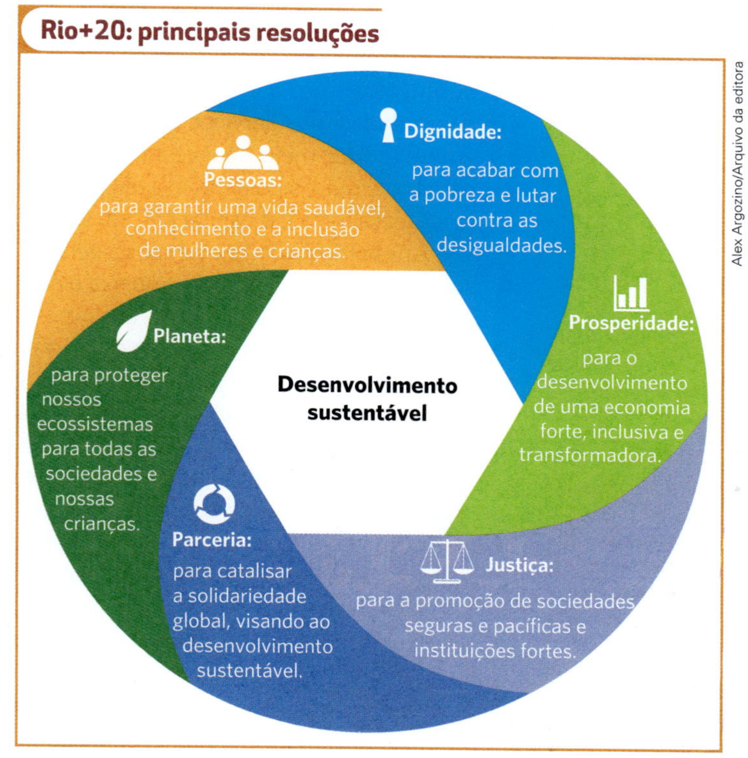

Alex Argozino/Arquivo da editora

Elaborado com base em: ONU. *The Road to Dignity By 2030*: Ending Poverty, Transforming All Lives and Protecting the Planet. p. 16. Disponível em: www.un.org/ga/search/view_doc.asp?symbol=A/69/700&Lang=E. Acesso em: jan. 2020. (Texto traduzido.)

Saiba mais

Objetivos de Desenvolvimento Sustentável (ODS)

Com base nos Objetivos de Desenvolvimento do Milênio, desenvolvidos entre 2000 e 2015, a ONU lançou em setembro de 2015 os Objetivos de Desenvolvimento Sustentável (ODS), propondo outra agenda de ação até o ano de 2030. A Agenda 2030 propõe 17 objetivos, com 169 metas, que buscam estabelecer estratégias para tornar mais concreto o conceito de desenvolvimento sustentável.

ODS/ONU

Economia verde

A economia verde, conceito desenvolvido pelo Pnuma em 2008, é um modelo de desenvolvimento que objetiva a melhoria do bem-estar social, reduzindo a perda de biodiversidade e dos serviços ecossistêmicos. Ela estimularia o crescimento da renda e do emprego (por meio de investimentos públicos e privados), a redução das emissões de carbono e outros poluentes, a eficiência energética e um melhor uso dos recursos naturais. Dessa forma, o capital natural se tornaria fonte de benefícios públicos.

Apesar dos princípios éticos, sociais e ambientais dessa nova concepção econômica, sua efetivação é bastante complexa e polêmica, pois implica atribuir um valor monetário a cada serviço ecossistêmico, avaliar o custo de conservação e gerenciá-lo a partir de mecanismos econômicos próprios do mercado capitalista.

Por um lado, a economia verde pode significar a construção de uma sociedade ambientalmente saudável, baseada na reconstituição e no uso adequado de recursos naturais, além de incluir as perdas ambientais na contabilidade da economia. Por outro, ela pode induzir a novas formas de exploração empresarial, como a privatização de recursos (por exemplo, a água potável), tornando-os mais caros e coibindo o seu consumo, e abrir brechas a possíveis restrições comerciais aos produtos oriundos dos países em desenvolvimento que detêm a maior biodiversidade do planeta e eventualmente não disponham de novas e complexas certificações ambientais definidas pelos países desenvolvidos, configurando-se em um pretexto para a ampliação dos negócios ao dissimular uma pseudoconservação dos ecossistemas.

***Business as usual*:** No texto, significa a manutenção dos negócios atuais e a valorização dos setores econômicos tradicionais.

Explore

- As duas declarações a seguir fazem referência a uma importante proposta ambiental. Leia e faça o que se pede.

> [...] Sou a favor da precificação dos recursos naturais. Enquanto tivermos água barata, por exemplo, vamos consumir mais. Devemos nos preocupar com o produto líquido, quer dizer, o quanto que de capital natural perdemos para gerar uma determinada produção. Era isso que deveríamos estar medindo. [...]
>
> Ronaldo Seroa da Motta, pesquisador do Instituto de Pesquisa Econômica Aplicada (Ipea) e professor de Economia Ambiental do Ibmec-RJ. *In*: CASTILHOS, Washington. Economia verde em xeque. *Agência Fapesp*, 21 jun. 2012. Disponível em: http://agencia.fapesp.br/15766. Acesso em: jan. 2020.

> Continuar com o '***business as usual***' e tentar 'esverdear' setores que utilizam mal os recursos naturais, como o setor automobilístico, de petróleo e a agroindústria, não é uma opção. A economia global terá de se reinventar, pois já não basta gerar empregos, pagar impostos e criar produtos e serviços. A nova economia terá de prover bem-estar às pessoas, para que o futuro não seja espartano por causa dos limites do planeta.
>
> Ricardo Abramovay, professor titular do Departamento de Economia da FEA/USP. *Folha de S.Paulo*, 8 jun. 2012, p. C9.

a) Qual é essa proposta?
b) Em que as duas posições se diferenciam em relação a ela?

Pablo77/Shutterstock

Saiba mais

O Acordo Climático de Paris

Em 12 de dezembro de 2015 foi firmado um novo acordo climático mundial, o Acordo de Paris, durante a Conferência das Partes ou COP21, realizada em Paris (França) e promovida pelas Nações Unidas. Essa é a vigésima primeira reunião que é realizada anualmente desde 1992 entre os Estados Partes. O objetivo é reduzir as emissões de gases do efeito estufa e o aquecimento global.

A COP21 foi ratificada por 195 países. Os Estados Unidos ratificaram o acordo, em 2016, no governo do então presidente Barack Obama. Em 2017, o presidente Donald Trump anunciou a saída do país, que deveria ser efetivada em novembro de 2020.

Durante o encontro, houve protestos com críticas à atuação dos líderes mundiais na negociação de soluções para os problemas ambientais. Um dos protestos foi organizado pelo coletivo de arte *Brandalism*. Leia o texto abaixo.

Intervenção urbana critica COP21 em Paris

A conferência climática anual COP21 [...] foi recebida com intervenções urbanas críticas espalhadas pela Cidade Luz. O coletivo de arte *Brandalism*, que reúne colaboradores ao redor do globo, usou criatividade e apropriação do espaço urbano para denunciar a incapacidade das lideranças mundiais de solucionarem os problemas ambientais. Conhecidos por suas práticas de *subvertising* (ação de parodiar anúncios comerciais ou políticos com a intenção de manifestar a própria posição a respeito dos anunciantes), o grupo espalhou cerca de 600 cartazes pela cidade, apontando a situação ambiental do planeta.

As ações foram uma provocação a grandes empresas, algumas delas patrocinadoras do evento, que, apesar dos discursos em defesa do meio ambiente, são, segundo o coletivo, poluentes e provocam impactos negativos no ecossistema. [...]

Segundo o *Brandalism*, os anúncios são "ligações entre a publicidade, o consumismo, a dependência de combustíveis fósseis e as alterações climáticas". Aproximadamente 80 artistas de 19 países diferentes participaram da ação. [...]

INTERVENÇÃO urbana critica COP21 em Paris. *Gazeta do Povo*, 1 dez. 2015. Disponível em: www.gazetadopovo.com.br/haus/estilo-cultura/intervencao-urbana-critica-cop21-em-paris/. Acesso em: fev. 2020.

O coletivo de arte *Brandalism* retratou o primeiro-ministro japonês Shinzo Abe (1954-) com chaminés sobre a cabeça, como forma de crítica à poluição ambiental. O cartaz foi colocado em um ponto de ônibus. Paris (França), 2015.

Esse cartaz, também exposto em um ponto de ônibus em Paris, mostra o então presidente do Estados Unidos, Barack Obama, nadando no mar próximo a um derramamento de petróleo em chamas. A crítica é direcionada às atividades petrolíferas estadunidenses.

ONGs e meio ambiente

Os movimentos ambientalistas surgiram principalmente a partir da década de 1960, junto com outros movimentos sociais importantes, como os movimentos *hippie*, estudantil, feminista e pacifista. Embora com foco de atuação distintos, todos apontavam para o questionamento do sistema econômico capitalista e da sociedade de consumo.

O movimento ecológico protestava contra a pesca predatória e as poluições química e industrial. As ONGs como a WWF (World Wildlife Fund, em inglês) e o Fundo Mundial para a Natureza, criado em 1961, e o Greenpeace, criado uma década depois, tornaram-se referências mundiais na luta organizada pela conservação e pela recuperação do meio ambiente. No Brasil, também há importantes organizações ambientalistas, como o Instituto Socioambiental (ISA) e a Fundação SOS Mata Atlântica.

Francesco Alesi/Greenpeace

Ativistas do Greenpeace protestam em fábrica da Nestlé na Itália, contra o uso único de plástico em suas embalagens. A ONG exige que a marca invista em recarga e reutilização. Foto de 2019.

Reprodução/SOS Mata Atlântica

Cartaz de curso de educação ambiental para professores da ONG brasileira SOS Mata Atlântica.

Muitas ONGs têm alvos ambientais específicos, como o combate à poluição, ao desmatamento ou ao tráfico de animais; outras apresentam uma linha de ação direcionada para a melhoria das condições sociais, inclusive de comunidades tradicionais, como povos indígenas ou comunidades quilombolas e caiçaras. Atualmente, essas entidades desempenham papel de destaque na ampliação das discussões sobre questões ambientais e, em alguns casos, na mudança de postura de empresas, instituições, governos e pessoas.

! Dicas

WWF

www.wwf.org.br

O *site* brasileiro da ONG traz notícias, publicações, informações sobre conservação ambiental, mudanças climáticas, desenvolvimento sustentável, povos indígenas, entre outros.

Greenpeace

www.greenpeace.org/brasil

O *site* da ONG apresenta notícias, fotos, vídeos e relatórios sobre temas ligados ao meio ambiente.

Bhavesh R Panchal/Shutterstock

O santuário de coalas criado em Brisbane, na Austrália, em 1927, é destinado para cuidar dos animais feridos, órfãos e protegê-los da caça.

Relações internacionais

A prática do desenvolvimento sustentável em escala global é um grande desafio para a comunidade internacional. O tema entrou definitivamente na pauta mundial e é objeto de cada vez mais reuniões e acordos bilaterais e internacionais. No entanto, os interesses conflitantes dos países em relação a uma série de aspectos, como o prazo para a redução da emissão de gases tóxicos e do efeito estufa, a conservação de florestas tropicais e a origem dos recursos financeiros para a proteção ambiental, são obstáculos à consolidação do desenvolvimento sustentável.

As dificuldades aumentam se considerarmos que cada nação responde a seu modo a essa questão global e muitos países em desenvolvimento se baseiam nos modelos de produção e de consumo dos países desenvolvidos. Por exemplo, o crescimento econômico acelerado de vários países do sudeste e do leste da Ásia (como China, Malásia, Indonésia e Tailândia) apoia-se na expansão da indústria automobilística e a matriz energética é baseada no petróleo e no carvão mineral.

Um dos méritos da Agenda 21 foi promover a participação do poder local – governo e sociedade do município, entidades de moradores de bairro, comunidades rurais e ONGs – no encaminhamento de soluções para os problemas ambientais e para a implementação de práticas de desenvolvimento sustentável. A Cúpula Mundial sobre Desenvolvimento Sustentável (Rio+10) reafirmou esse propósito, recuperando o *slogan* amplamente divulgado após a Rio-92: "Pensar globalmente, agir localmente". É um alerta de que a conquista da sustentabilidade depende da soma de ações localizadas, as quais procuram evitar que a degradação ambiental continue em intensidade e ritmo avassaladores.

É preciso considerar, por exemplo, situações que, apesar de ter origem local, alcançam dimensão regional, nacional e até mesmo global, como a chuva ácida produzida em várias cidades da Alemanha que afeta as florestas norueguesas; a destruição de florestas na Índia que contribui para as enchentes em Bangladesh; o desmatamento da Floresta Amazônica que prejudica o sistema de chuvas em outras regiões do Brasil e da América; a dependência da lenha como fonte energética na África que provoca a expansão da desertificação no Sahel e ainda é responsável por intoxicação e milhões de mortes.

Mundo: famílias que dependem da madeira para cozinhar (2014)

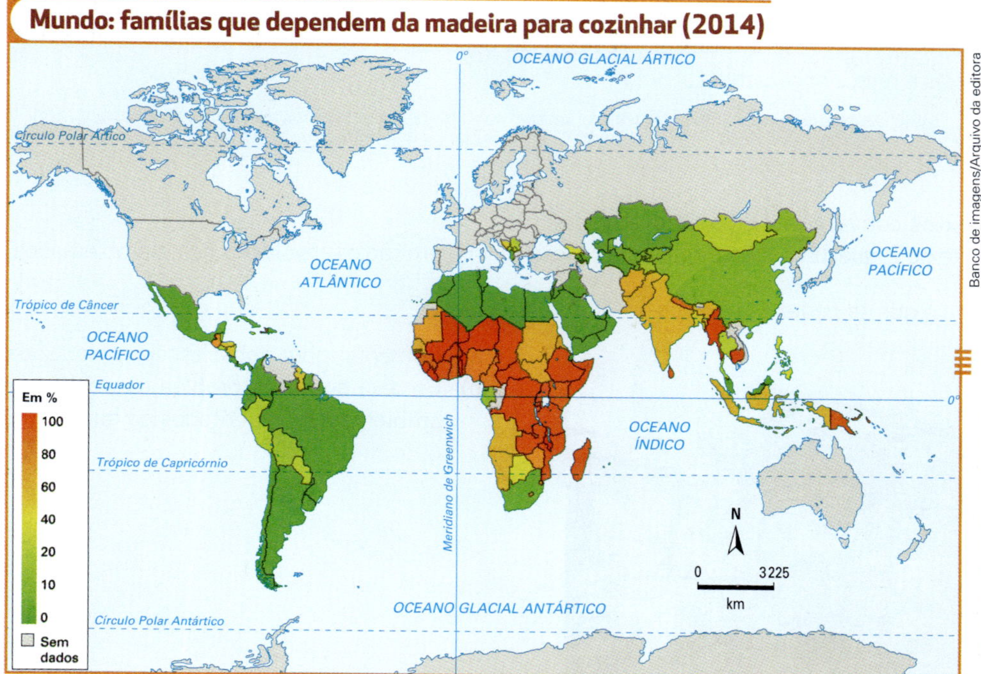

O texto do documento não informa o uso da madeira para cozinhar nos países na cor cinza. Segundo estimativas, cerca de 88,5 milhões de pessoas, principalmente na Europa e na América do Norte, usam a madeira como a principal fonte de energia para o aquecimento de residências.

Elaborado com base em: FAO. *The State of the World's Forests 2018*. p. 33. Disponível em: www.fao.org/3/i9535en/i9535en.pdf. Acesso em: jan. 2020.

Atividades

1 A Revolução Industrial pode ser considerada um marco para a questão ambiental. Explique a relação entre esses temas.

2 Leia os textos e responda às questões.

TEXTO 1

> [...] O primeiro ponto de transformação trazido pela Revolução Industrial, com reflexos no meio ambiente, foi a relação entre o homem e a natureza. O progresso trazido pelas máquinas fez emergir um novo conceito de progresso, no qual a aceleração é valorizada, bem como a capacidade humana de se sobrepor aos ambientes naturais. Podemos encontrar também neste momento as raízes do consumismo que, hoje, é um dos principais obstáculos para a preservação do planeta, sobretudo nos países ricos. Lembremos: quanto mais consumo, mais indústrias! [...]
>
> A RELAÇÃO entre Revolução Industrial e o meio ambiente. *Pensamento Verde*, 6 jun. 2014. Disponível em: www.pensamentoverde.com.br/meio-ambiente/relacao-entre-revolucao-ambiental-e-meio-ambiente. Acesso em: jan. 2020.

TEXTO 2

> [...] Há anos, sinaliza-se que a principal causa dos problemas sociais e ambientais são os padrões insustentáveis de produção e consumo. Mas a verdadeira revolução no cenário econômico mundial e o equilíbrio entre o poder produtivo e a preocupação com o impacto no meio ambiente dependem de diversos fatores.
>
> Nesse ponto, temos mais perguntas do que respostas. A primeira questão diz respeito a quem é o responsável por criar novos padrões de consumo: o governo, as empresas ou os consumidores?
>
> Avaliando a condução dessas mudanças, percebe-se que as empresas já trabalham para oferecer aos consumidores produtos sustentáveis e que os próprios consumidores já buscam alternativas aos produtos tradicionais. No entanto, o consumo gera resíduos e sua administração ainda é tema de debates sobre a eficiência das políticas públicas. De um lado, a indústria geradora; do outro, o cliente/consumidor. Quem deve se responsabilizar pela correta destinação dos resíduos sólidos, incluindo embalagens, caixas e restos orgânicos? [...]
>
> MEIO Ambiente. *Instituto Ethos*. Disponível em: www.ethos.org.br/conteudo/gestao-socialmente-responsavel/meio-ambiente/#.XiWA92hKjIU. Acesso em: jan. 2020.

a) Como os dois textos convergem? E como divergem?
b) De acordo com o texto 2, qual problema ainda temos a resolver? Quem são os envolvidos nessa problemática?

3 Observe a foto e faça o que se pede:

Christian Thompson/Anadolu Age/Agência France-Presse

Lixo eletrônico em Gana, na África. Foto de 2019.

a) Comente sobre a obsolescência planejada.
b) Escreva sobre os problemas políticos e ambientais representados na foto.

4 Analise a importância das relações internacionais para o encaminhamento de soluções dos problemas ambientais.

5 Leia o texto, observe a obra de arte e responda às questões.

Preocupação com o meio ambiente

Atualmente convivemos com notícias e discussões sobre a questão ambiental e seus reflexos no planeta e na qualidade de vida das pessoas. Como você viu, a ação da sociedade no ambiente se intensificou a partir da Revolução Industrial, mas a consciência da gravidade dos problemas ambientais só teve maior relevância a partir dos anos 1960.

Trabalhos científicos, conferências internacionais, a ação de ONGs e a produção de obras de arte sobre essa temática são exemplos da relevância que a questão ambiental adquiriu nos dias atuais. Mas será que essa preocupação não existia antes? A partir de que momento as pessoas passaram a se preocupar e denunciar a devastação ambiental no Brasil?

a) Descreva os principais elementos observados na obra de Felix-Émile Taunay.

b) Qual teria sido a intenção do artista ao retratar essa paisagem?

Reprodução/Coleção particular

Vista de um mato virgem que se está reduzindo a carvão, de Felix-Émile Taunay, 1843 (óleo sobre tela, 134 cm × 195 cm). O artista era membro do Instituto Histórico e Geográfico Brasileiro, criado na primeira metade do século XIX com o objetivo de publicar e arquivar documentos históricos e geográficos do Brasil.

6 Leia o texto e responda ao que se pede.

A palavra é uma forma de resistência

Foi ao lembrar da infância na Romênia e da posterior mudança para a França que o autor [romeno] Matéi Visniec [1956-] explicou a 350 pessoas presentes à 4ª Flica (Festa Literária Internacional de Cachoeira), cidade no Recôncavo Baiano, por que escrever é um ato político. Ao rememorar a censura que seus textos sofriam sob o regime de Nicolau Ceausescu [1918-1989], ele contou que na primeira vez que publicou um texto percebeu a dimensão do poder que aquilo tinha [...].

"No país onde nasci, antes do fim do comunismo, era muito difícil conseguir fazer com que nossa palavra circulasse. Percebi ali que a palavra é uma forma de resistência, de se colocar contra a ditadura. A poesia era sempre mais forte que o poder. E, em um país onde não há liberdade, a cultura é um oxigênio social."

Cansado da censura, em 1987 Visniec decidiu viver na França. A ideia que tinha de liberdade em países democráticos, no entanto, foi frustrada pelo estilo de vida capitalista que vigorava no país da Europa ocidental. "Entendi que nos grandes países democráticos existem outras formas de ditadura, e precisamos resistir também a outras formas de lavagem cerebral", contou o autor [...]. "A minha impressão é que o meu papel não mudou, seja no totalitarismo da Romênia e também no totalitarismo do consumo." [...]

"Quando era jovem e escritor na Romênia, era muito fácil porque o mal era visível, sabíamos o que tínhamos de criticar, os símbolos do regime totalitário estavam presentes [...]", disse. "Mas, nas grandes sociedades de consumo, às vezes não podemos ver onde está o mal. Na época de Stalin, era muito fácil criticar e identificar o mal. Mas como fazer isso hoje? Com a manipulação pela imagem, a indústria da televisão? Porque é muito mais fácil ter uma tela sem ter uma civilização por trás. [...]"

A PALAVRA é uma forma de resistência, lembra Visniec. *Carta Capital*. Disponível em: www.cartacapital.com.br/cultura/a-palavra-e-uma-forma-de-resistencia-lembra-matei-visniec-2220/. Acesso em: fev. 2020.

a) Por que o autor afirma que a palavra é uma forma de resistência?

b) A que o autor compara o consumismo? Explique.

Projeto O jovem e o ativismo ambiental

A partir da segunda metade do século XX, uma parcela relevante da sociedade começou a chamar a atenção para o fato de que as ações humanas estavam comprometendo o meio ambiente e a qualidade de vida. Na década de 1980, a Comissão Mundial sobre Meio Ambiente e Desenvolvimento da ONU publicou um documento no qual apresentou o conceito de desenvolvimento sustentável, definindo-o como "a competência da humanidade em garantir que as necessidades do presente sejam atendidas sem comprometer a qualidade de vida das gerações futuras".

Quando as ações de governos, empresas e demais instituições são insuficientes na preservação e conservação do meio ambiente, a sociedade civil procura se articular para cobrar desses agentes e dos próprios cidadãos práticas voltadas ao um modelo de desenvolvimento sustentável.

Atualmente, escolas do mundo inteiro buscam promover a consciência ambiental e uma reflexão sobre o modelo de produção e consumo das sociedades modernas. Os resultados são visíveis, pois cada vez mais jovens estão se tornando ativistas ambientais. Essa nova geração de ativistas recorre tanto às ONGs ambientais quanto às mídias sociais para articular ações coletivas que visam conscientizar as pessoas da importância de cobrar ações efetivas dos governantes.

Aaron P. Bernstein/Getty Images

Amariyanna Copeny fala para outras crianças em Washington, D.C., Estados Unidos (abril de 2017). A estudante se tornou referência do ativismo ambiental e em prol da igualdade racial nos Estados Unidos.

Christian Mang/imageBROKER/Glow Images

A estudante Greta Thunberg em comício da Fridays for Future em Berlim, Alemanha, em julho de 2019.

Nesse contexto, até ações individuais podem alcançar grandes proporções. Em 2016, por exemplo, a jovem estudante estadunidense Amariyanna Copeny, na época com 8 anos de idade, escreveu uma carta para o então presidente dos Estados Unidos, Barack Obama (1961-). A carta alertava para a crise de abastecimento hídrico na cidade onde vivia, Flint (Michigan), em decorrência da contaminação da água por chumbo. A carta chegou a Obama e gerou grande repercussão. Isso porque a crise hídrica de Flint foi causada pela decisão de trocar as fontes de água que abasteciam a cidade, habitada predominantemente por população negra e pobre, sem se preocupar com sua qualidade e, consequentemente, com a saúde e segurança dos moradores.

Em 2018, a estudante sueca Greta Thunberg, então com 15 anos de idade, decidiu faltar às aulas todas as sextas-feiras para protestar, em frente ao Parlamento sueco, contra o aquecimento global. Sua atitude individual, que visava cobrar ações dos governantes do seu país para o combate às mudanças climáticas, deu início a uma mobilização global que resultou em manifestações de estudantes em diversos países, durante a campanha conhecida como Fridays for Future (Sextas-feiras para o Futuro). Greta foi indicada ao Prêmio Nobel da Paz e sua atitude contribuiu para que jovens em todo o mundo refletissem sobre pequenas ações que são capazes de gerar grandes resultados.

Objetivos

- Refletir sobre a importância de cobrar dos governantes, empresas, instituições e da sociedade em geral ações voltadas à conservação ambiental.
- Conhecer o ativismo ambiental da juventude atual e refletir sobre sua importância e ações empreendidas.
- Refletir sobre a importância de pequenos atos para a conscientização sobre o meio ambiente.
- Planejar e realizar uma ação coletiva que valorize o meio ambiente e chame a atenção da comunidade para sua conservação.
- Desenvolver uma postura ecologicamente sustentável e fortalecer laços nos lugares de vivência.

Em ação!

Neste projeto, você e seus colegas vão elaborar uma ação coletiva com o objetivo de chamar a atenção da comunidade escolar, ou mesmo da população de seu bairro ou município, para algum problema ambiental que considerem relevante, seja em escala local, regional, nacional ou global.

Organizem-se em grupos para investigar os problemas ambientais e selecionar aqueles que julgarem que precisam de mais atenção no momento. Em seguida, desenvolvam os objetivos da ação coletiva. As etapas seguintes vão orientar o projeto, mas são vocês que devem definir o formato da ação coletiva e o público que será envolvido.

ETAPA 1 Pesquisando o tema e debatendo o assunto

Cada grupo pesquisará os temas a seguir:

- Problemas ambientais na escala local, que afetam o município onde vocês vivem.
- Problemas ambientais que afetam o Brasil e o mundo.
- Exemplos de ações em prol do ambiente realizadas por jovens e estudantes.

Em seguida, debatam sobre as questões abaixo.

- Na sua opinião, quais problemas ambientais são mais relevantes e urgentes?
- Há alguma ação voltada à conservação que o grupo pudesse realizar? Essa ação seria algo prático, para solucionar um problema, ou algo conscientizador, para chamar a atenção dos governantes e da sociedade?
- A ação deve estar voltada para qual escala?

ETAPA 2 Selecionando objetivos

Com base na conversa da etapa anterior, vocês deverão definir:

- Um único tema e o formato da ação coletiva.
- Pontos essenciais da ação, como, onde e quando acontecerá; quais os materiais necessários para realizar a ação; e as funções pelas quais cada grupo estará responsável.

ETAPA 3 Preparando e realizando a ação coletiva

Nesta etapa, preparem ou providenciem os materiais necessários para a ação coletiva. Não esqueçam de mobilizar a comunidade a participar do dia da ação e registrem o evento.

Análise do projeto

Após a execução da ação ambiental coletiva, analisem a participação de todos, a repercussão na comunidade e os pontos positivos e negativos de realizar o projeto.

Organizem-se em uma roda de conversa e reflitam sobre a importância do ativismo ambiental e de ações individuais ou coletivas que visem construir um futuro mais sustentável para vocês e as gerações futuras.

Problemas ambientais no mundo

O impacto das ações humanas na natureza aumentou à medida que a industrialização se disseminou pelo mundo. O ritmo e a intensidade de exploração de recursos naturais e descarte de rejeitos sólidos, líquidos e gasosos são tamanhos a ponto de interferir no ambiente natural em escala planetária. Algumas ações locais e regionais, como emissões de gases estufa na atmosfera e descarte de lixo nos rios e mares, repercutem no mundo todo.

Este capítulo favorece o desenvolvimento das habilidades:

- EM13CHS101
- EM13CHS103
- EM13CHS106
- EM13CHS202
- EM13CHS301
- EM13CHS302
- EM13CHS305
- EM13CHS306
- EM13CHS501
- EM13CHS504
- EM13CHS604

Xinhua/eyevine/Glow Images

Barcos recolhem lixo com rede em represa em Shaoguan, na província de Guangdong, China, em 2016.

Contexto

1 A humanidade está diante de grandes problemas ambientais que ameaçam a qualidade de vida em todo o planeta. Que problemas são esses?

2 As características dos países variam bastante e, historicamente, cada um deles contribuiu e ainda contribui de formas e volumes diferentes com a exploração de recursos naturais e emissões de rejeitos sólidos, líquidos e gasosos. Você avalia que a responsabilidade de resolver os problemas ambientais globais deva ser compartilhada e que as ações devam ser as mesmas? Explique.

A escala global dos problemas ambientais

Os problemas ambientais causados pela intervenção da sociedade no meio ambiente podem ter escalas regional e global. Um exemplo de escala global são as alterações climáticas causadas pela intensificação do efeito estufa resultado do aumento da emissão de gases poluentes na atmosfera. Outro problema é o lançamento de rejeitos líquidos e sólidos que contaminam os corpos de água, sobretudo oceanos.

A partir da Revolução Industrial, a emissão de grande quantidade de compostos tóxicos trouxe consequências negativas para a vida no planeta, dando dimensões mundiais ao problema da poluição do ar e das águas. Pela primeira vez na história, os seres humanos passaram a interferir no equilíbrio ecológico do planeta.

Como essas consequências estão relacionadas à forma, ao ritmo e à intensidade com as quais os seres humanos estão produzindo e organizando o espaço geográfico, uma alternativa é o uso sustentável dos recursos naturais.

Andre Dib/Pulsar Imagens

Trecho de Floresta Amazônica divide espaço com plantação de soja, em Itapuã do Oeste (RO), 2019.

Aquecimento global

Segundo o **Painel Intergovernamental de Mudanças Climáticas** (IPCC, na sigla em inglês), a temperatura média da Terra está aumentando, e esse aquecimento é atribuído, principalmente, às atividades humanas. Cada relatório lançado indica o agravamento do problema e a necessidade de conter o aquecimento médio em até 1,5 °C. De acordo com a Organização Meteorológica Mundial (OMM), o planeta está cerca de um grau mais quente que antes do processo de industrialização. No século XXI, sucessivos recordes de temperatura têm sido superados, assim como eventos climáticos extremos têm se tornado mais agudos ou frequentes. Nas últimas décadas, dados apontam que a temperatura média do planeta apresenta tendência de crescimento.

Dica

Meio ambiente: guia prático e didático

De Paulo Roberto Barsano; Rildo Pereira Barbosa. São Paulo: Érica, 2013.

Um guia que discute diversos temas relacionados ao meio ambiente, como poluição, desmatamento, extinção de espécies, normas brasileiras e mundiais de regulamentação, coleta seletiva e reaproveitamento de materiais.

Mundo: temperatura da superfície terra-oceano (1880 -2019)

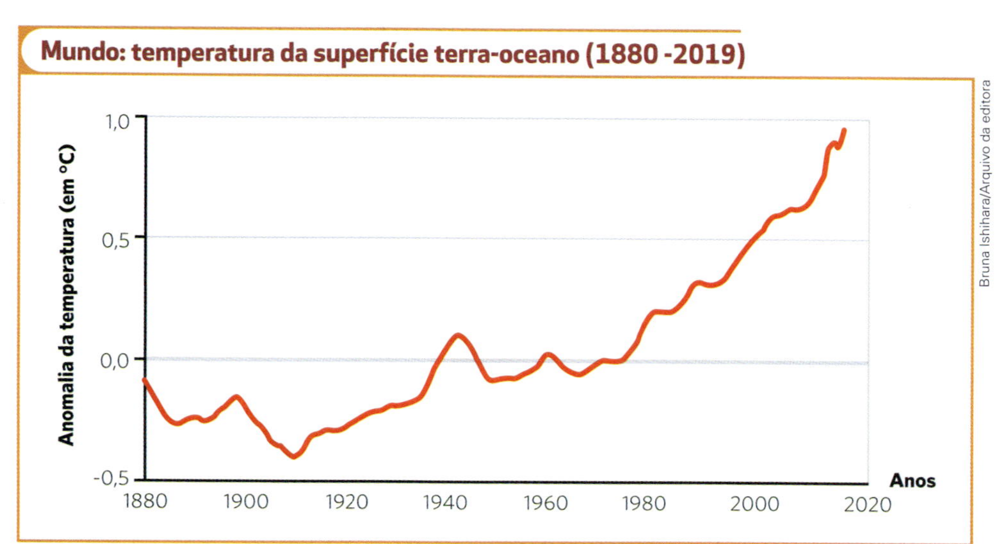

Bruna Ishihara/Arquivo da editora

Elaborado com base em: NASA. *Global Climate Change*. Disponível em: https://climate.nasa.gov/vital-signs/global-temperature/. Acesso em: jan. 2020.

Saiba mais

Painel Intergovernamental de Mudanças Climáticas (IPCC)

Criado em 1988 para estudar a influência das ações humanas sobre o meio ambiente, o IPCC reúne cientistas de diversos países. Esse órgão está ligado à Organização Meteorológica Mundial (OMM) e ao Programa das Nações Unidas para o Meio Ambiente (Pnuma).

O IPCC avalia regularmente as mudanças climáticas no mundo e já publicou diversos relatórios a respeito, com destaque para as evidências científicas de que as mudanças climáticas são ocasionadas pela ação humana, as consequências dessas mudanças para o meio ambiente e a saúde das pessoas e formas de combate às mudanças do clima.

Efeito estufa

O efeito estufa é um fenômeno natural, essencial para a existência e a manutenção da vida no planeta. O vapor de água e os gases presentes na atmosfera retêm parte da radiação solar incidente, mantendo a temperatura média do planeta em patamares regulares e favoráveis à manutenção da vida, em torno de 14 °C. Sem esse fenômeno, a temperatura média do planeta seria de 18 °C negativos, e a oscilação da temperatura diária e sazonal seria muito maior do que temos hoje, compreendendo valores extremos tanto de calor como de frio.

Os principais gases de efeito estufa são o dióxido de carbono (CO_2), o metano (CH_4) e o dióxido de nitrogênio (NO_2), que absorvem parte da radiação infravermelha irradiada pela superfície terrestre, retendo-a na atmosfera. Da comunidade científica que estuda o aquecimento global, 99% aponta a ação antrópica como intensificadora desse fenômeno, de origem natural.

Intensificação do efeito estufa

CORES FANTASIA

IMAGEM FORA DE PROPORÇÃO

Elaborado com base em: SANTOMAURO, Beatriz; TREVISAN, Rita. O que é efeito estufa e quais são as suas consequências. *Nova Escola*. Disponível em: https://novaescola.org.br/conteudo/2286/o-que-e-efeito-estufa-e-quais-sao-suas-consequencias. Acesso em: abr. 2020.

Mundo: países entre os maiores emissores de CO_2 (2018)

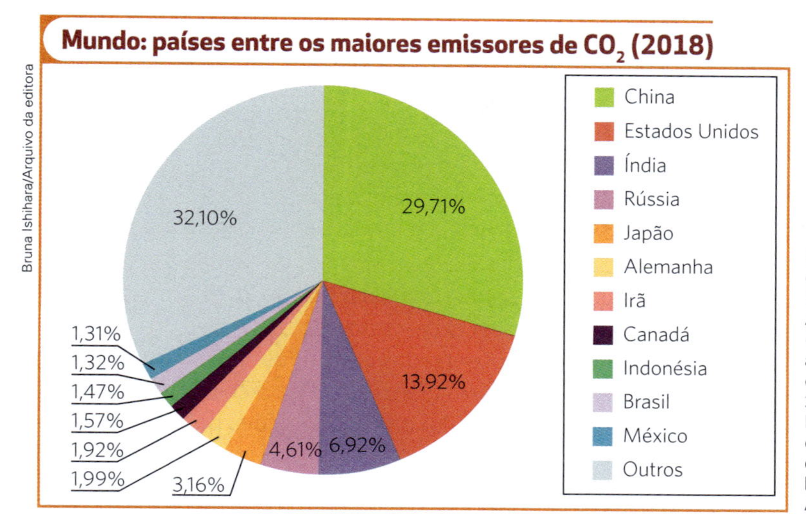

Elaborado com base em: EMISSIONS Database for Global Atmospheric Research (Edgar). Fossil CO_2 and GHG emissions of all world countries, 2019 report. Disponível em: https://edgar.jrc.ec.europa.eu/overview.php?v=booklet2019. Acesso em: jun. 2020.

Cada vez mais pesquisas comprovam que as principais causas do aquecimento global estão relacionadas às atividades humanas após a industrialização. Foi a partir deste período que se intensificou a liberação de dióxido de carbono e dos outros gases de efeito estufa na atmosfera por meio, especialmente, da queima de combustíveis fósseis em fábricas e veículos, e das queimadas florestais.

A concentração de dióxido de carbono, que no período pré-industrial era de aproximadamente 280 **ppm**, em 2015 ultrapassou os 400 ppm em todo o mundo. Foi a primeira vez que isso ocorreu desde que a concentração desse gás passou a ser medida. Entretanto, alguns cientistas (chamados de céticos ou negacionistas) ainda questionam a influência antrópica no aquecimento global, atribuindo o fenômeno à dinâmica natural do planeta.

De acordo com as constatações do IPCC, as alterações climáticas decorrentes da intensificação do efeito estufa serão irreversíveis mesmo se todas as emissões de gases que intensificam esse fenômeno forem interrompidas, pois o volume de CO_2 — principal gás responsável pelo aquecimento global e intensificador do efeito estufa — já acumulado ficará alojado por longo tempo na atmosfera. Portanto, as possíveis ações contra o agravamento do aquecimento global visam apenas evitar maiores catástrofes.

! Dica

Uma verdade inconveniente

Direção de Davis Guggenheim. Estados Unidos: Participant, 2006. (100 min.)

Al Gore (1948-), vice-presidente dos Estados Unidos entre 1993 e 2001, apresenta uma análise da questão do aquecimento global e a necessidade imediata de uma ação mundial coordenada para impedir catástrofes climáticas ainda no século XXI.

ppm: partes por milhão. Um ppm corresponde a 1 parte de 1000000 de partes.

Explore

- Leia o texto e responda às questões.

> Não há nada muito favorável sobre o clima atual da Terra: é simplesmente algo com que a civilização humana se acomodou ao longo dos séculos, assim como fizeram animais e plantas (tanto naturais como agrícolas). A razão pela qual o iminente aquecimento global poderia ser ameaçadoramente perturbador é que acontecerá com muito mais rapidez do que as mudanças naturais do passado histórico; rápido demais para que as populações humanas e os padrões do uso da terra e da vegetação se ajustem. O aquecimento global pode ocasionar uma elevação do nível do mar, um aumento severo das intempéries e uma disseminação de doenças transmitidas por mosquitos em latitudes mais altas.
>
> RESS, Martin. *Hora final – Alerta de um cientista*: o desastre ambiental ameaça o futuro da humanidade. São Paulo: Companhia das Letras, 2005. p. 122.

a) Por que as mudanças climáticas atuais são mais ameaçadoras do que as ocorridas ao longo de toda a história da Terra?

b) Cada consequência do aquecimento global citada no último período do texto é justificada por determinados processos. Pense em hipóteses para associar cada um deles ao aquecimento global.

Evidências e consequências do aquecimento global para o planeta Terra

Mudanças climáticas ocorreram ao longo da história da Terra, mas não tão rapidamente como nos dois últimos séculos. De acordo com a OMM e com a Nasa, a temperatura média do planeta em 2019 superou em 0,98 °C a média calculada no período de referência (1951-1980), sendo a segunda maior alta desde 1880, e um dos seis anos mais quentes desde 2014. Essa alteração de temperatura é considerada brusca, e as plantas e os animais não se adaptam tão rapidamente.

Outra evidência do aquecimento global foi a elevação do nível das águas dos oceanos. Segundo relatório especial sobre os oceanos publicado pelo IPCC em 2019, o nível do mar aumentou 15 centímetros nos últimos 100 anos. O derretimento das neves dos picos de montanhas e a redução de seu volume e área, observados e medidos em vários pontos do planeta, como nos Alpes (Europa), no Quilimanjaro (Tanzânia) e no pico Snowdon (Reino Unido), e o recuo da geleira Upsala (Argentina), além de outras regiões polares, também são vistos como evidência do aquecimento global.

Salesian Museum/ZUMA Press/Fotoarena

Keith Tucker/Alamy/Fotoarena

Parte da geleira (também chamada glaciar) Upsala em dois momentos, 1928 (A) e 2018 (B). Localizada na Patagônia argentina, dentro do Parque Nacional Los Glaciares, com 10 km de extensão e 10 km de largura, é a maior geleira da América do Sul. Imagens como essas, e também de satélite, identificam que a área congelada está recuando.

Desse modo, é possível dizer que o aquecimento global provoca um conjunto de mudanças nas condições dos climas do planeta, como: alterações na dinâmica das chuvas e dos ventos; extinção de espécies animais e vegetais e deslocamento de algumas espécies em direção aos polos e para altitudes mais elevadas; modificações nos padrões de produção e produtividade agrícolas; derretimento das calotas polares e elevação do nível médio dos oceanos, afetando ecossistemas marinhos, mangues e outras regiões costeiras; ampliação da superfície afetada pela seca; e maior ocorrência de inundações e de incêndios em áreas florestais.

A saúde humana também é diretamente afetada pelo aquecimento global. Temperaturas mais elevadas aumentam a incidência de doenças como malária, doença de Chagas, dengue e outras enfermidades transmitidas por mosquitos em regiões até então imunes às doenças tropicais. Além disso, a capacidade de adaptação às mudanças climáticas está diretamente relacionada às condições econômicas e, portanto, é diferenciada entre os países. Recursos financeiros, investimentos em novas tecnologias e infraestrutura serão fundamentais para enfrentar os cenários apontados pelo IPCC. Os países menos desenvolvidos são os que mais dependem dos recursos naturais - água, solo, clima, etc. - e serão os mais afetados negativamente pelas mudanças climáticas. Por outro lado, regiões extremamente frias, como as vastas áreas da Sibéria, na Rússia, poderão se tornar menos hostis à presença humana e ainda possibilitar o aumento da produtividade no setor agropecuário.

Olho no espaço

Mudança das temperaturas

Segundo o 5º Relatório de Avaliação do Painel Intergovernamental sobre Mudanças Climáticas (2014), o aumento da temperatura para o período de 2081 a 2100 poderá ser de 0,3 °C a 4,8 °C.

Observe os mapas e responda às questões.

Mundo: mudança das temperaturas projetadas (2081-2100)

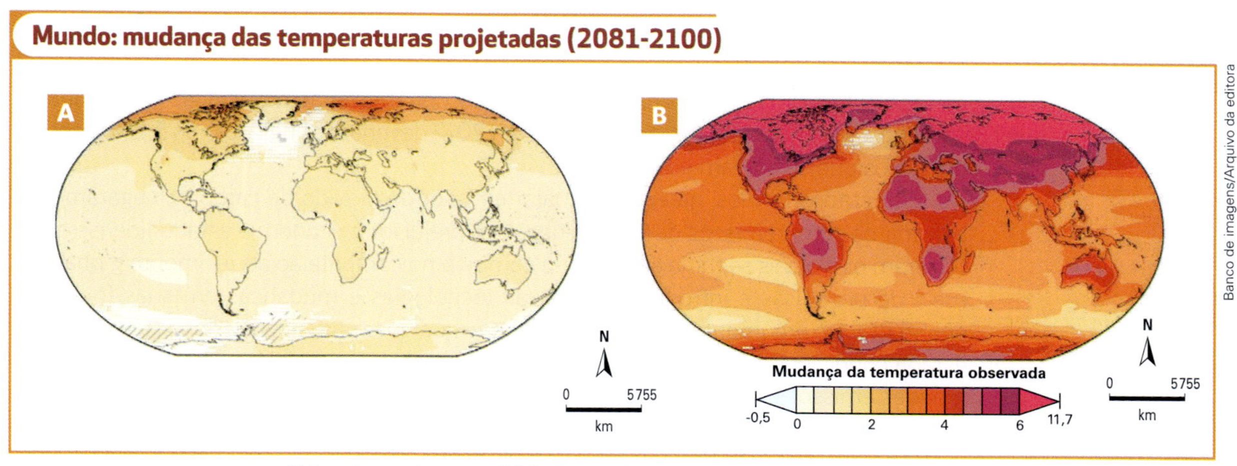

Elaborado com base em: IPCC. *Climate Change 2014: Synthesis Report*. Geneva (Switzerland): IPCC, 2014. p. 12. Disponível em: www.ipcc.ch/report/ar5/syr/. Acesso em: jan. 2020.

1 De acordo com os mapas, qual hemisfério sofrerá mais aumentos da temperatura?

2 Os mapas A e B fazem uma projeção sobre as médias das mudanças de temperatura anual entre 2081 e 2100 (tendo por base de comparação os anos entre 1986 e 2005), em dois cenários possíveis. Cite esses cenários e as diferenças entre eles.

Protocolo de Kyoto

Em 1997, foi assinado em Kyoto, no Japão, um acordo que estabeleceu metas para a redução de gases poluentes de efeito estufa. Embora ainda não fosse uma posição definitiva do IPCC, a maior parte da comunidade científica acreditava que esses gases estavam ligados ao aquecimento global.

Para entrar em vigor, porém, era necessário que os países responsáveis por 55% das emissões de gases de efeito estufa ratificassem o acordo. Isso só foi possível com a adesão da Rússia, no final de 2004. Em 2005, o **Protocolo de Kyoto** entrou em vigor, ficando definido o período entre 2008 e 2012 para que os objetivos estabelecidos fossem atingidos.

Mundo: Protocolo de Kyoto (2012)

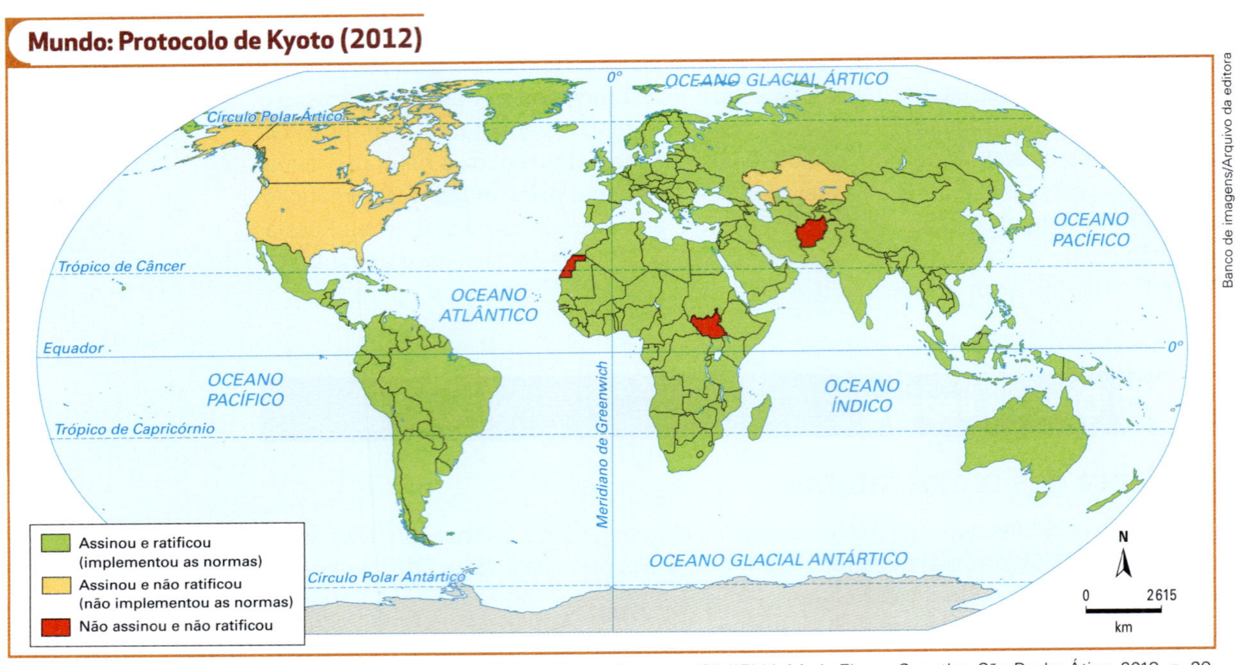

Elaborado com base em: SIMIELLI, Maria Elena. *Geoatlas*. São Paulo: Ática, 2013. p. 29.

Nessa primeira fase, apenas os países industrializados pioneiramente (denominados países do Anexo 1) que assinaram o protocolo tinham metas de redução de dióxido de carbono a serem cumpridas: as emissões em 2012 deveriam atingir valores 5,2% menores do que os que vigoravam em 1990.

Os Estados Unidos, na época o maior emissor de dióxido de carbono, negaram-se a assumir os compromissos de Kyoto. Alegaram prejuízos à economia estadunidense e justificaram que o país seguiria seu próprio caminho no combate ao aquecimento global, por meio de pesquisas e introdução de novas tecnologias e mudanças em suas fontes de energia. Outro argumento utilizado foi o de que qualquer participação dos Estados Unidos estaria condicionada à participação dos países emergentes, igualmente responsáveis por grandes emissões de gases de efeito estufa (destaque para China, Índia e Brasil, grandes emissores e que não foram responsabilizados pela redução).

O acordo de Kyoto estabeleceu que o problema do aquecimento global é responsabilidade de todos os países, mas que deve ser solucionado de modo diferenciado, observando o princípio "responsabilidades comuns, porém diferenciadas". Como os países desenvolvidos foram responsáveis pelas emissões por um período maior de tempo, deveriam efetuar seus cortes antes dos países em desenvolvimento. Foi, portanto, uma decisão política.

A definição de novas metas para uma segunda fase do protocolo e a extensão da responsabilidade de redução de emissões para outros países travaram as negociações posteriores, e as reduções na emissão de gases poluentes por algumas nações foram compensadas pelo aumento na emissão de outras, especialmente a China.

! Dica

Vídeos educacionais do Centro de Previsão de Tempo e Estudos Climáticos (CPTEC)

http://videoseducacionais.cptec.inpe.br

No *site* há vídeos educacionais que discutem questões ambientais tratadas no capítulo, como mudanças climáticas, aquecimento global, efeito estufa, etc.

Conexões FILOSOFIA

Ambiente, geopolítica e ética

O princípio "responsabilidades comuns, porém diferenciadas", adotado na 3ª Conferência das Partes (COP), em Kyoto, em 1997, não é unanimidade na comunidade científica e política que pensa e decide sobre o tema. Do ponto de vista filosófico, é um excelente exercício para refletir sobre a construção de valores que estruturam as relações sociais, a compreensão cultural do que é correto e justo, constructos (conceitos puramente mentais baseados em elementos simples) sociais orientados pela moral e pela ética.

Apesar de a etimologia de **moral** (*mores*, no latim) e a de **ética** (*ethos*, no grego) remeterem a um significado comum, a ideia de costume, muitos filósofos contemporâneos definem moral como o conjunto de princípios construídos socialmente que devem reger o comportamento dos indivíduos nas diversas sociedades, e ética, a reflexão crítica sobre a moral.

Katsumi Kasahara/Associated Press/Glow Images

Terceira Conferência das Partes (COP), realizada em Kyoto (Japão), em 1997.

Por serem construções sociais e culturais, determinados aspectos morais e éticos podem variar de uma sociedade para outra e se alterar com o tempo em uma mesma sociedade: aquilo que era visto como correto no passado pode não ser considerado correto hoje. Desse modo, julgar certos valores do passado com referências atuais de moral e ética constitui um anacronismo, ou seja, a aplicação de compreensões, regras e conhecimentos atuais sobre uma realidade que não dispunha dessas mesmas condições.

Qual é a relação disso com princípios que embasaram os acordos sobre redução da emissão de gases do efeito estufa? Para os críticos desses acordos, os países que mais lançaram esses gases na atmosfera não podem ser penalizados por problemas que eram desconhecidos no início do processo, e, portanto, seria um anacronismo a utilização de saberes que a ciência descobriu recentemente para legislar sobre atos que no passado não eram avaliados como nocivos ao ambiente.

Por descontextualizarem e simplificarem demais uma questão, metáforas e analogias podem às vezes não servir para explicá-la, mas sempre contribuem para o exercício da reflexão. Veja um exemplo.

Um barco está na iminência do naufrágio decorrente de furos em seu casco e deve ser reparado pelos tripulantes. Isso deve ser feito de acordo com as capacidades pessoais de cada um, ou seja, uns podendo fazer mais que os outros, ou o trabalho deve ser dividido igualmente entre as pessoas? Ou ainda, apesar de todos arcarem com o problema, o trabalho do reparo dos furos deve ser maior pela parte da tripulação que está há mais tempo a bordo, pois esta foi omissa quanto à manutenção e usufruiu da embarcação por mais tempo?

1. Junte-se a alguns colegas e debata com eles a questão da responsabilidade do reparo da embarcação, apresentando argumentos para defender seu ponto de vista e atentando para as justificativas dos colegas.

2. No mesmo grupo, discuta o princípio das "responsabilidades comuns, porém diferenciadas" que prevaleceu nas orientações compreendidas no Protocolo de Kyoto. Considere a contribuição passada e a atual dos países na emissão de gases estufa, além das possibilidades econômicas e técnicas de que eles dispõem para reduzir as próprias emissões de gases. Foi correto exigir menos de países como China, Índia e Brasil?

3. Você já viveu alguma situação na qual ficou em dúvida sobre como agir em razão de algum conflito moral e ético? Como proceder nesses momentos para escolher a solução adequada?

Evolução dos acordos sobre mudanças climáticas

Durante a Rio-92, criou-se a **Convenção-Quadro das Nações Unidas sobre Mudança do Clima** (**UNFCCC**, sigla em inglês). Os países signatários dessa convenção, denominados partes, tinham o compromisso de elaborar estratégias globais para "proteger o sistema climático para gerações presentes e futuras". Dessa forma, seu foco foi reduzir as emissões de gases do efeito estufa na atmosfera.

Brais G. Rouco/Zuma Press/Fotoarena

Ativistas protestam contra o aquecimento global durante a realização da COP-25, em Madri (Espanha), 2019.

A partir de 1995, os países signatários da UNFCCC passaram a se reunir anualmente, na chamada **Conferência das Partes** (**COP**), com o objetivo de negociar regras e políticas sobre a Convenção do Clima, revisando metas e discutindo as melhores formas de lidar com as alterações climáticas e de conter seu agravamento.

Ao longo da história, muitos foram os impasses que impediram avanços mais significativos. Mas houve também progressos. Permanece, no entanto, o desafio de alinhar desenvolvimento econômico, garantia de boas condições de vida a toda a população e preservação do meio ambiente para as gerações atuais e futuras.

COP-21

A definição de novas metas para uma segunda fase do Protocolo de Kyoto só ocorreu no final de 2015, durante a **COP-21**, realizada em Paris (França). Nessa ocasião, foram discutidos os principais compromissos e metas do **Protocolo de Paris**, que substituiu o de Kyoto.

O acordo levou 13 dias para ser alcançado, mas os 195 países-membros da UNFCCC chegaram ao consenso de que todos precisam tomar providências para que a temperatura média do planeta aumente menos do que 2 °C em relação aos níveis observados antes da Revolução Industrial, em um esforço para limitar esse aumento a no máximo 1,5 °C, entre outros pontos. Apesar de considerado um avanço, visto que houve um consenso entre todos os países, incluindo os Estados Unidos, que não ratificaram o Protocolo de Kyoto, o texto do documento não determinou quando as emissões desses gases precisam parar de subir e começar a cair, nem a porcentagem de corte na sua emissão. Foi deliberado que cada país deveria apresentar um plano de redução de gases do efeito estufa, porém sem a definição de critérios metodológicos rígidos. O Brasil, em 2016, comprometeu-se a reduzir as emissões de gases de efeito estufa em 37% abaixo dos níveis de 2005 até 2025, e 43% até 2030.

No acordo também foi estipulado o compromisso dos países mais ricos em garantir, a partir de 2020, um financiamento anual de ao menos 100 bilhões de dólares para combater a mudança climática, reduzindo as emissões de gases de efeito estufa, e também proteger os países em desenvolvimento dos efeitos das mudanças climáticas que já são inevitáveis. Os países emergentes poderiam escolher contribuir ou não com esses investimentos.

O acordo deve ser revisto a cada cinco anos, quando serão reavaliados os valores do financiamento e as metas de redução das emissões de gases de efeito estufa, visando adequá-las para que as emissões sejam desaceleradas ao nível suficiente para evitar um aquecimento global ainda maior.

O Acordo de Paris passou a valer a partir de sua ratificação, por 92 países, em 4 de novembro de 2016. Entretanto, a não ratificação por todos os países signatários e o comunicado, em junho de 2017, sobre a saída do Acordo de Paris feito pelo governo dos Estados Unidos enfraqueceram bastante a efetividade do plano e colocaram em sério risco a meta de impedir o aumento da temperatura média do planeta. De qualquer forma, independentemente do compromisso de cada país com o acordo, o grande confinamento causado pelo **novo coronavírus** levou a uma expressiva redução nas emissões de CO_2 em 2020: em maio, projetava-se que ela seria de cerca de 7% no ano.

! Dica

Linha do tempo das COPs

http://widgets.socioambiental.org/widgets/timeline/535

O Instituto Socioambiental faz uma linha do tempo interativa com informações sobre o histórico das COPs realizadas de 1995 (COP-1) até 2014 (COP-20).

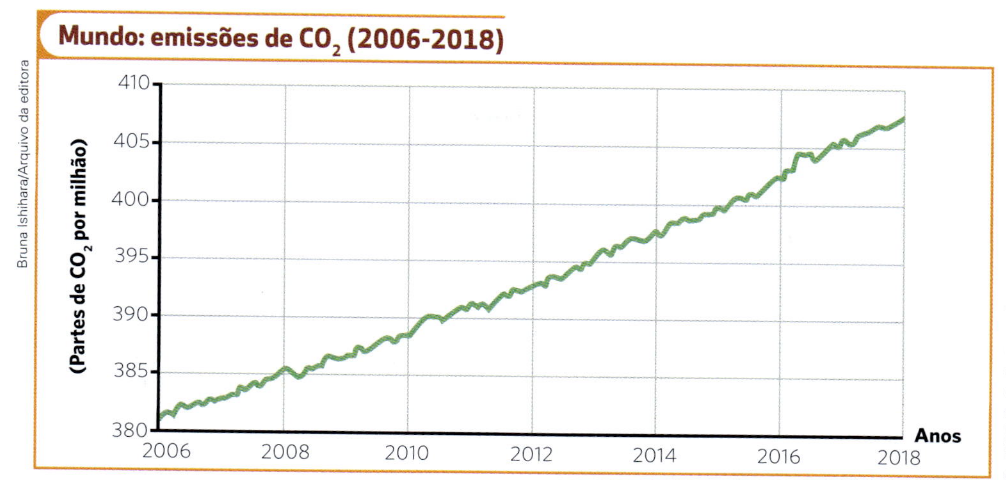

Elaborado com base em: MATSUURA, Sérgio; GRANDELLE, Renato. ONU dá último alerta para evitar a catástrofe climática. *O Globo*, 8 out. 2018. Disponível em: https://oglobo.globo.com/sociedade/ciencia/meio-ambiente/onu-da-ultimo-alerta-para-evitar-catastrofe-climatica-23139274. Acesso em: abr. 2020.

Mercado de compensações ambientais

Visando atingir as metas de controle da emissão de gases do efeito estufa, o Protocolo de Kyoto criou um instrumento, válido desde 2005, que permite aos países comprar créditos de carbono e deduzi-los da sua cota de emissão. Denominado **Mecanismo de Desenvolvimento Limpo** (**MDL**), o instrumento possibilita aos países realizar, inclusive externamente, projetos para reduzir a emissão de gases de efeito estufa. Esses países ganham créditos de carbono e, assim, podem emitir no próprio território mais gases de efeito estufa do que o estipulado pelo protocolo.

Posteriormente, foram criados outros instrumentos econômicos de compensação ambiental, como a **Redução de Emissões por Desmatamento e Degradação dos Países em Desenvolvimento** (**REDD**, sigla em inglês), cujo objetivo é conservar as florestas e os serviços ecossistêmicos. Em 2013, ela foi ampliada: chamada de REDD+, passou a incluir o papel da conservação, do **manejo sustentável** e do aumento dos estoques de carbono nas florestas. Controverso, o instrumento visa oferecer incentivos financeiros dos países desenvolvidos aos países em desenvolvimento que diminuírem as emissões de gases do efeito estufa provenientes das florestas e investirem em práticas de baixo carbono e no desenvolvimento sustentável.

Manejo sustentável: maneira planejada de interferir no ambiente natural, que pressupõe a exploração de recursos de forma sustentada, ou seja, assegurando tanto a manutenção dos elementos naturais como a dinâmica das relações entre eles.

Explore

- Leia o texto e explique o termo "sumidouro" e como ele se processa no exemplo analisado.

> Principal reserva natural de carbono na superfície da Terra, as florestas têm a capacidade de absorver, como uma esponja, as emissões de dióxido de carbono. Por isso, investir nelas se torna fundamental. Florestas na Europa e na América do Norte já estão cumprindo essa função, sugando quantidades significativas do gás. Esse fenômeno acontece por dois motivos: novas matas estão sendo plantadas e as que ficam em locais mais quentes e ricos em dióxido de carbono crescem mais rapidamente. Enquanto se desenvolvem, as árvores absorvem o gás para formar folhas e galhos.
>
> O IPCC estima que os projetos dos **sumidouros** poderiam absorver até 100 bilhões de toneladas de carbono na primeira metade deste século ou entre 10% e 20% das emissões esperadas da queima de combustível fóssil do mesmo período. Mas o painel alerta que pode não haver terra suficiente para grandes projetos de sumidouros.
>
> PEARCE, Fred. *O aquecimento global*. São Paulo: Publifolha, 2007. p. 61.

Poluição atmosférica

A poluição atmosférica, alteração negativa na qualidade do ar, está relacionada ao tipo de energia utilizado pela sociedade humana nos últimos dois séculos e meio. Desde o momento em que a indústria transformou as atividades produtivas, os **combustíveis fósseis** (carvão mineral, petróleo e gás natural) tornaram-se as principais fontes utilizadas pela humanidade e os principais agentes da poluição do ar. A quantidade de **gases tóxicos** lançados na atmosfera pelas indústrias, pelos meios de transporte e pelo consumo doméstico elevou-se progressivamente.

Entre os compostos mais nocivos, destacam-se os de **enxofre, nitrogênio** e os formados por **hidrocarbonetos**. As consequências desse tipo de poluição têm tanto dimensões globais, quanto locais, algumas delas ocorrendo especialmente nas grandes cidades.

Destruição da camada de ozônio

O gás CFC (clorofluorcarbono) é considerado o grande responsável por outro problema de degradação do ambiente em escala global: a **destruição da camada de ozônio**. Esse gás era largamente utilizado em geladeiras, aparelhos de ar condicionado, espumas para assentos de automóveis, materiais isolantes de construção e solventes para limpeza de componentes eletrônicos. Até o fim da década de 1980, era também bastante utilizado como **propelente** de **aerossóis**, mas hoje seu uso para esse fim está praticamente eliminado.

Propelente: substância utilizada para mover (fazer a propulsão de) qualquer material sólido, líquido ou gasoso. O CFC era o principal propelente de produtos com *sprays*.

Aerossol: suspensão de pequenas partículas sólidas ou líquidas de um gás na atmosfera.

A utilização do CFC não causa problemas imediatos ao ambiente, pois não é tóxico. Na época de sua invenção foi valorizado por isso. Entretanto, ao atingir altitudes entre 10 km e 40 km — faixa de concentração de 90% do ozônio da atmosfera —, os átomos de cloro fixam-se às moléculas de ozônio, destruindo-as.

A **camada de ozônio** tem papel importantíssimo para a vida na Terra, pois retém os raios ultravioleta emitidos pelo Sol. A diminuição da densidade da camada de ozônio leva a uma maior incidência desses raios na Terra, ao consequente aumento dos casos de câncer de pele e de catarata (doença nos olhos) e ao enfraquecimento das defesas imunológicas, além de alterações na reprodução das plantas e morte dos fitoplânctons (base da cadeia alimentar dos oceanos).

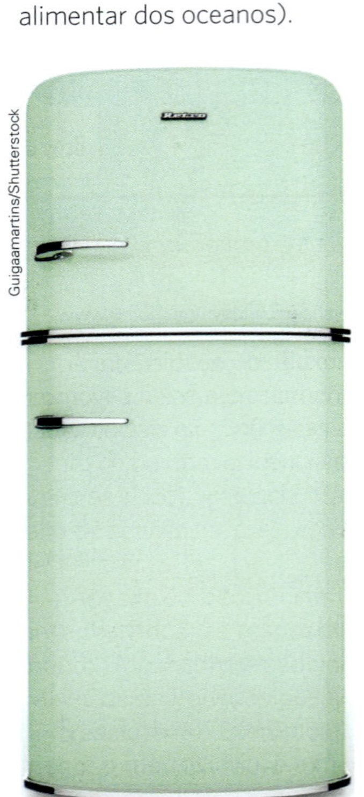

Guigaamartins/Shutterstock

Fernando Favoretto/Criar Imagens

Selo em produto indica a ausência da substância clorofluorcarbono.

Rica Photography/Shutterstock

Por muitos anos, as geladeiras e as embalagens de aerossol empregaram o gás CFC.

Ações para minimizar o impacto

Para conter o problema, em 1989 entrou em vigor o **Protocolo de Montreal**, legitimado por representantes de cerca de 190 países. Esse tratado estabeleceu o fim da produção de qualquer artigo nocivo às moléculas de ozônio e tinha como meta sua eliminação total até 2010. Embora essa meta não tenha sido atingida, o Protocolo de Montreal foi essencial. Pesquisadores britânicos estimam que os buracos na camada de ozônio poderiam ter aumentado em até 40% até 2013 caso o tratado não tivesse sido feito.

Atualmente, os produtos à base de CFC foram praticamente banidos do mercado. Isso foi possível graças a alternativas criadas para substituir as substâncias destruidoras do ozônio. É o caso do hidrofluorcarboneto (HFC), que não tem cloro nem bromo, substâncias que agridem o ozônio presente na atmosfera. No entanto, o HFC é um gás do efeito estufa muito mais potente que o gás carbônico e o metano, representando, portanto, a substituição de um problema ambiental por outro.

A diminuição da camada de ozônio é mais intensa sobre algumas regiões de Clima Temperado do hemisfério norte, a região do Ártico e, principalmente, a Antártida. Embora esse buraco não esteja mais se expandindo, sua recuperação total ainda está distante. De acordo com a Organização Meteorológica Mundial (OMM), variações do ozônio presente na atmosfera deverão ocorrer com relativa frequência, pois mesmo com a eliminação total do uso de CFC, esse gás permanecerá na atmosfera por um longo período (estima-se em mais de 50 anos).

Antártida: mudanças na camada de ozônio (1979-2019)

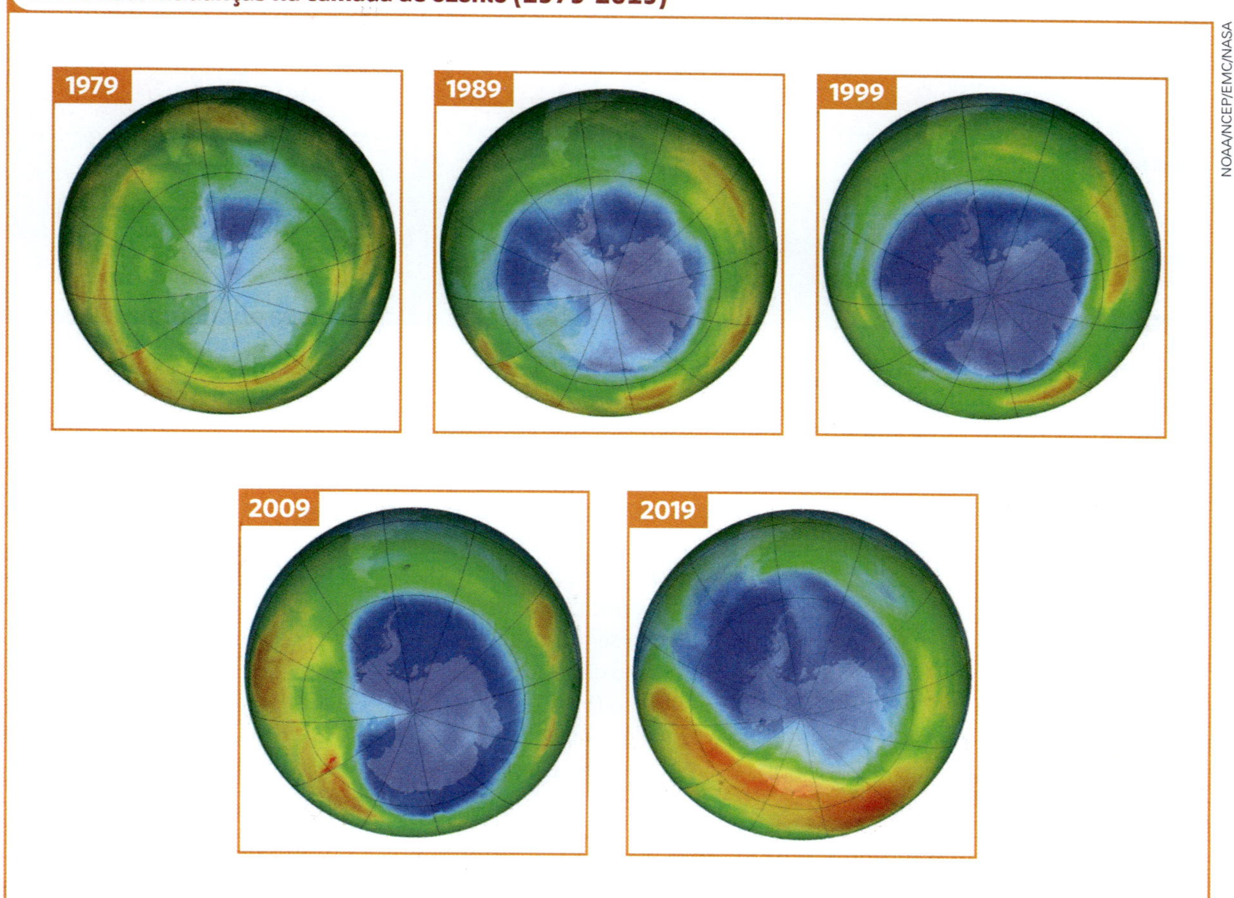

Representações da camada de ozônio na Antártida, referentes ao dia 1º de setembro das últimas cinco décadas. Nessa escala, quanto menos unidades de Dobson (densidade da atmosfera de ozônio), mais fina é a camada de ozônio. A cor azul nas imagens mostra a menor presença do gás (buraco).

Chuva ácida

A chuva ácida tem acidez maior que a das precipitações normais. Ela ocorre devido à emissão de gases poluentes na atmosfera; por exemplo, o dióxido de enxofre (SO_2) emitido por um polo petroquímico.

Esse fenômeno não ocorre apenas na região emissora da poluição: correntes de vento transportam pela atmosfera essa nuvem de poluentes, que pode precipitar em locais distantes.

Representação da chuva ácida (chuva com maior acidez)

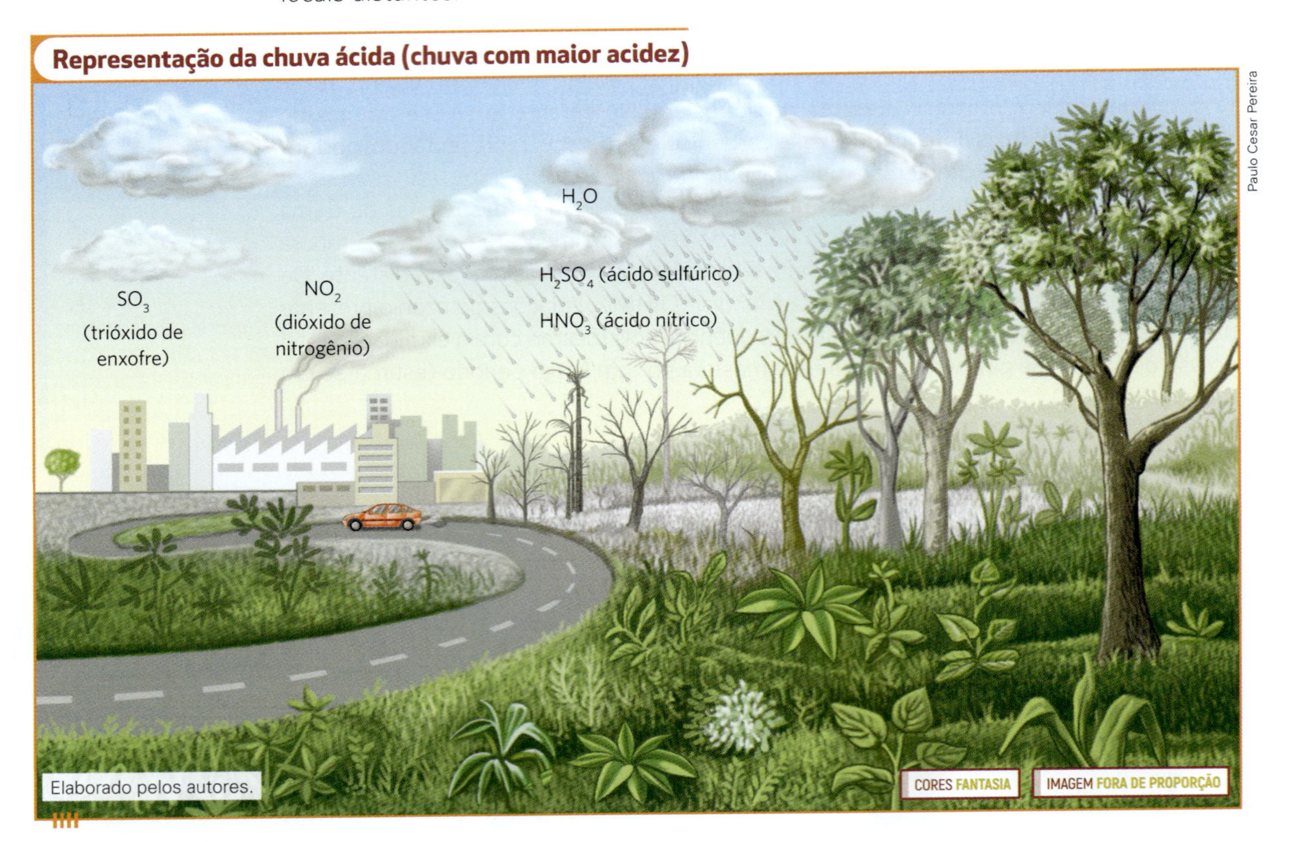

Elaborado pelos autores.

Na vegetação destruída, vê-se o efeito da chuva ácida sobre as plantas.

A água pura possui pH 7,0, mas, na atmosfera, ao reagir com o dióxido de carbono (CO_2), forma o ácido carbônico (H_2CO_3), que faz com que seu pH se estabilize em torno de 5,6. Toda chuva contém certo grau de acidez (menor pH), que não é prejudicial ao ambiente. Essa acidez é resultante tanto de fenômenos naturais, como erupções vulcânicas e processos microbiológicos, quanto de ações humanas, como o CO_2 emitido por automóveis e indústrias.

Quando a água da chuva reage com o dióxido de enxofre (SO_2) e o dióxido de nitrogênio (NO_2), gases resultantes principalmente da queima de combustíveis fósseis, como o carvão mineral e o petróleo, ela se torna ácida com pH menor que 5,5.

A reação da água com o dióxido de enxofre pode formar o ácido sulfuroso (H_2SO_3) e com o nitrogênio, o ácido nitroso (HNO_2). Esses gases são absorvidos pelas gotas de chuva, precipitando sob a forma de chuva ácida. A maior acidez ocorre com a combinação da água com trióxido de enxofre (SO_3) ou dióxido de nitrogênio (NO_2), cuja reação forma, respectivamente, o ácido sulfúrico (H_2SO_4) e o ácido nítrico (HNO_3).

Principais consequências

A chuva ácida pode tornar a água de lagos, de menor dimensão, mais ácida e destruir espécies vegetal e animal que vivem nesse ambiente. A água com pH em torno de 5,5 pode matar pequenas algas e larvas, por exemplo, e com pH em 4,5 pode causar intoxicação e morte de peixes.

Elementos da paisagem urbana, como veículos e estátuas, podem ter a superfície corroída pela atuação da chuva ácida. Áreas de grande concentração industrial, como Europa oriental, América do Norte e Japão, são bastante afetadas. No Brasil, a chuva ácida atinge com mais intensidade o município de Cubatão, em São Paulo, a zona metalúrgica de Minas Gerais e as zonas carboníferas do litoral sul de Santa Catarina. A China e a Índia também têm problemas decorrentes da poluição atmosférica, causada pela intensa industrialização local.

Clima urbano

A interferência humana no ambiente provoca alterações no microclima, ou seja, um clima local dos grandes centros urbanos. Ele difere do tipo climático predominante na região em que esses centros estão localizados.

Essa alteração climática resulta de diversos fatores, como a **poluição atmosférica** causada, principalmente, pela emissão de poluentes lançados por veículos e por atividades industriais. Nas regiões urbanas centrais, as temperaturas tendem a aumentar por diversas razões: **redução** drástica das **áreas verdes**; **impermeabilização do solo** pela pavimentação de ruas e pelo grande número de edificações (a pavimentação absorve de 98% a 99% da radiação solar que atinge a superfície); e **verticalização** das construções (que dificulta a circulação do ar). A combinação desses fatores aumenta também a concentração de material particulado na atmosfera e provoca a elevação da temperatura e da evaporação e, consequentemente, a incidência de chuva. Em muitos casos, as chuvas se precipitam na forma de **tempestades**, que, muitas vezes, dificultam a circulação de veículos e de pedestres, pois, com a impermeabilização do solo, as **enchentes** passam a ser recorrentes.

O **desmatamento** resultante da expansão urbana e o baixo índice de áreas verdes afetam a produção de oxigênio. O problema da poluição do ar se agrava, também, em cidades situadas em terrenos mais baixos que os circundantes, pois essa localização é desfavorável à dispersão de poluentes. É o que acontece, por exemplo, na Cidade do México (México), em Grenoble (França) e em Santiago (Chile).

Claudio Reyes/Agência France-Presse

Vista parcial de Santiago (Chile), 2018, encoberta por camada de poluição.

Algumas cidades estabeleceram normas para reduzir a quantidade de veículos em circulação, como o sistema de rodízio de veículos; em outros casos, o acesso às áreas centrais da cidade é permitido mediante o pagamento de taxas (pedágios), como ocorre em Londres, no Reino Unido. Essas medidas, no entanto, são apenas um **paliativo**, não uma solução.

Paliativo: que atenua, mas não resolve o problema.

Albedo: razão entre a quantidade de luz solar que uma superfície reflete e a da luz solar que ela recebe. O termo vem do latim e significa "alvura", "brancura". Uma superfície branca como a neve tem albedo elevado, uma superfície negra como o asfalto tem albedo baixo e, portanto, alta capacidade de retenção do calor.

Ilhas de calor

A urbanização provoca aumento da temperatura do ar nas cidades. A **ilha de calor** ocorre quando a temperatura média do ar de uma cidade é maior do que a de seu entorno. Essa diferença de temperatura pode chegar até 7 °C e pode ser verificada entre uma área urbana e uma área rural do município ou dentro da própria cidade, entre as áreas centrais e as áreas periféricas.

Alguns fatores contribuem para a elevada temperatura do ar nas cidades, como a dificuldade de circulação do ar por causa das barreiras formadas pelos edifícios e a retenção de calor pelas construções e pelo asfalto — a cor escura dessas superfícies tem baixa capacidade de reflexão, conservando o calor. Essas superfícies apresentam baixos índices de **albedo**.

A esses fatores soma-se a baixa cobertura vegetal. A vegetação contribui para reduzir a temperatura do ar porque absorve menos calor do que o concreto e o asfalto e, na evapotranspiração, as plantas liberam vapor de água, contribuindo para dissipar o calor do ambiente.

Inversão térmica

Próximo à superfície terrestre, normalmente há correntes ascendentes de ar quente, que, quando sobem, se resfriam. O ar frio, ao contrário, mais denso, ocupa novamente as camadas mais baixas da atmosfera. Desse modo, o ar é continuamente renovado e carrega, no **movimento de convecção** ascendente, parte das partículas e gases poluentes.

No entanto, essas correntes de convecção podem ser interrompidas nos dias de inverno. Nessa estação, o ar próximo à superfície torna-se mais frio do que o ar da camada superior, ocasionando o fenômeno da **inversão térmica**. Trata-se, portanto, de um fenômeno natural, podendo ocorrer mesmo em áreas rurais. A inversão se desfaz somente quando a temperatura do ar próximo à superfície aumenta.

Durante a noite e a madrugada, o esfriamento da atmosfera, decorrente da perda de calor da superfície, forma uma camada de ar frio próximo ao solo. No inverno, como as temperaturas são mais baixas, a capacidade do solo de irradiar calor para a atmosfera diminui, e o ar próximo à superfície permanece com temperaturas inferiores às temperaturas registradas na camada acima. Essa situação bloqueia os movimentos verticais de convecção, pois o **ar frio** próximo ao solo, por ser mais denso, **não sobe**, e o **ar quente**, por ser menos denso, **não desce**.

Nas grandes cidades, esse fenômeno agrava o problema da poluição atmosférica. Não havendo movimentação ascendente e descendente, o ar fica estagnado, o que impede a dissipação dos poluentes formados por poeira e gases tóxicos emitidos por indústrias e veículos. É por isso que, sobretudo no inverno, os casos de **doenças respiratórias** e de **irritação nos olhos** aumentam consideravelmente.

Dicas

Clima e meio ambiente

De José Bueno Conti. São Paulo: Atual, 2011.

Uma abordagem sobre a relação entre clima e meio ambiente, considerando as influências que os fenômenos atmosféricos exercem nas atividades humanas e no ambiente em geral, e em que medida as sociedades estão provocando alterações nos padrões do clima.

Novos tempos

De Ana Lucia Azevedo. Rio de Janeiro: Zahar, 2012.

Leitura indispensável sobre o clima, seus fenômenos e a influência dele na sociedade e na vida cotidiana. Em 2011, a autora recebeu, pelo conjunto da sua obra, o prêmio José Reis de Divulgação Científica e Tecnológica (CNPq), a mais importante premiação concedida ao jornalismo de ciência no Brasil.

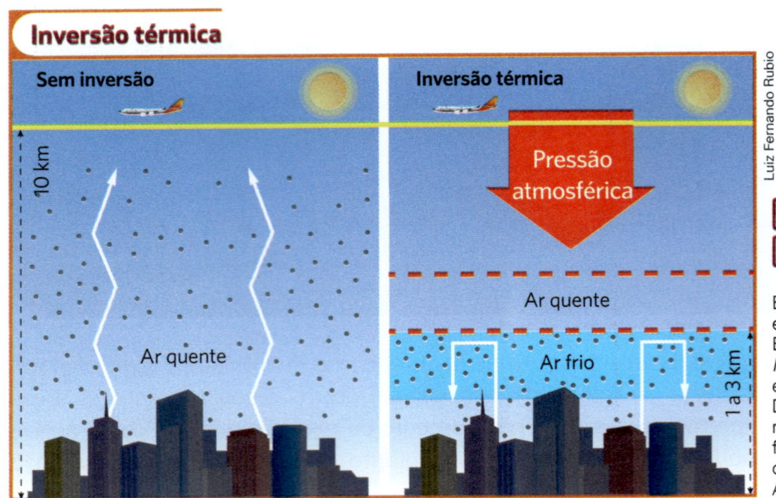

CORES FANTASIA

IMAGEM FORA DE PROPORÇÃO

Elaborado com base em: O QUE É, O QUE É? Inversão térmica. *Pesquisa Fapesp*, ed. 198, ago. 2012. Disponível em: http://revistapesquisa.fapesp.br/2012/08/10/o-que-e-o-que-e-9/. Acesso em: jan. 2020.

Águas oceânicas e poluição marinha

Mais da metade da população mundial vive em uma faixa de cerca de 100 km do litoral em direção ao interior dos continentes. Grandes e pequenas cidades, aldeias de pescadores e pequenas vilas desenvolvem atividades relacionadas ao mar. A biodiversidade dos ecossistemas marinhos fornece a maior parte do pescado consumido no mundo.

Além disso, as águas oceânicas também constituem um meio fundamental para transporte, para atividades portuárias de importação e exportação (que correspondem a 90% do comércio internacional), para navegação de cabotagem (aquela realizada ao longo da costa do país), para aquicultura (criação de peixes, ostras, mariscos, crustáceos, etc.) e extração de minerais (principalmente sal e petróleo), e para possibilidades de turismo e lazer.

O ambiente marinho está, portanto, sujeito a múltiplas influências e perturbações, cujas causas se encontram principalmente no continente, de onde são lançados dejetos e resíduos. A **poluição marinha** é, em grande parte, consequência da poluição da água dos rios, que correm para o mar. Indústrias e residências despejam toneladas de detritos nas águas dos rios; cidades lançam esgoto diretamente na água do mar; lavouras empregam fertilizantes e agrotóxicos, cujo excesso é transportado para o mar nas águas dos rios; áreas de criação descartam em rios excrementos de animais. Calcula-se que os dejetos urbanos residenciais e industriais sejam responsáveis por 80% da poluição das águas do mar.

Substâncias tóxicas utilizadas nas atividades mineradoras, rejeitos das áreas de extração de minérios ou resultantes de processos industriais da produção de pasta de celulose, tintas e solventes acumulam metais pesados como mercúrio, chumbo e cádmio. Esses metais, quando não tratados, são lançados nos rios, podendo atingir o mar e contaminar a fauna e a flora marinhas e o ser humano. Entre os efeitos danosos da exposição do ser humano aos metais pesados estão o câncer, as doenças que atingem o sistema nervoso central e, em casos extremos de contaminação, a morte.

Outros resíduos sólidos não biodegradáveis, como filtros de cigarros, embalagens de plástico, papel, vidro e alumínio são deixados nas praias e carregados pela água do mar, ou lançados por embarcações marinhas. Segundo a ONU, 8 milhões de toneladas de plástico são lançadas nos oceanos anualmente. Nesse ritmo, em 2050 haverá mais plásticos nos oceanos do que peixes.

O combate à poluição marinha inclui um conjunto de normas e procedimentos que depende de fiscalização em terra firme, como o controle do escoamento dos fertilizantes e outros produtos nocivos à água, a proibição da descarga de efluentes industriais nos rios, a universalização do tratamento de esgoto e a correta gestão dos resíduos sólidos.

Outra parcela da poluição de mares e zonas costeiras resulta de acidentes no transporte marítimo de mercadorias. A principal causa dessa poluição são os acidentes envolvendo grandes petroleiros. No Brasil, por exemplo, parte da poluição causada pelo petróleo decorre de acidentes em plataformas de extração localizadas no oceano. Embora proibida por lei internacional, a lavagem dos porões de petroleiros muitas vezes é feita em alto-mar, contribuindo para a contaminação das águas.

! Dica

Poluição das águas

De Luiz Roberto Magossi. São Paulo: Moderna, 2013.

O livro destaca a importância da água como elemento essencial à vida, faz um contraponto com a poluição nas diversas formas em que ela ocorre e propõe alternativas para combater o uso indevido e a contaminação da água.

Teresa Maia/Folhapress

Voluntários retiram óleo de praia, em Ipojuca (PE), 2019. Esse ano foi marcado pelo surgimento de manchas de óleo de origem desconhecida por quase todo o litoral brasileiro.

Água doce

A água é um recurso renovável. De toda a água doce disponível no planeta, a maior parte encontra-se na forma de geleiras; outra parcela considerável está localizada no subsolo, em lençóis freáticos e aquíferos, e na superfície, em rios e lagos.

A água, mesmo em grande quantidade no planeta, não é um recurso acessível a todos. Segundo relatório de 2019 da Organização Mundial da Saúde (OMS) e do Fundo Nacional das Nações Unidas para a Infância (Unicef), cerca de 2,2 bilhões de pessoas no mundo não tinham acesso à água potável e, aproximadamente, 4,2 bilhões de pessoas não dispunham de saneamento básico.

Parte das águas continentais não é potável. O alto nível de poluição pode impor limites à disponibilidade da água no futuro, por isso é importante realizar o tratamento do esgoto antes de ele ser lançado nos rios e lagos.

Consumo mundial de água

A água dos rios pode ser usada para o consumo humano, mas também como via de transporte, para irrigação, geração de energia elétrica, higiene e pesca.

De toda a água doce consumida no planeta, em média 70% são destinados às atividades agropecuárias, 20% às atividades industriais (incluindo a geração de energia) e 10% às residenciais. Essa distribuição, no entanto, é variável, conforme o nível de desenvolvimento do país.

Na indústria, os ramos metalúrgico, siderúrgico, petroquímico e papeleiro são os principais consumidores de água. A produção de 1 quilo de alumínio, por exemplo, consome cerca de 100 mil litros de água. Daí a importância da reciclagem da água, ou seja, de seu tratamento e reaproveitamento pelas indústrias. A produção agrícola também requer um volume significativo de água: o cultivo de 1 quilo de arroz branco, por exemplo, requer cerca de 2,5 mil litros.

Mundo: demanda de água para diferentes usos (2000 e 2050*)

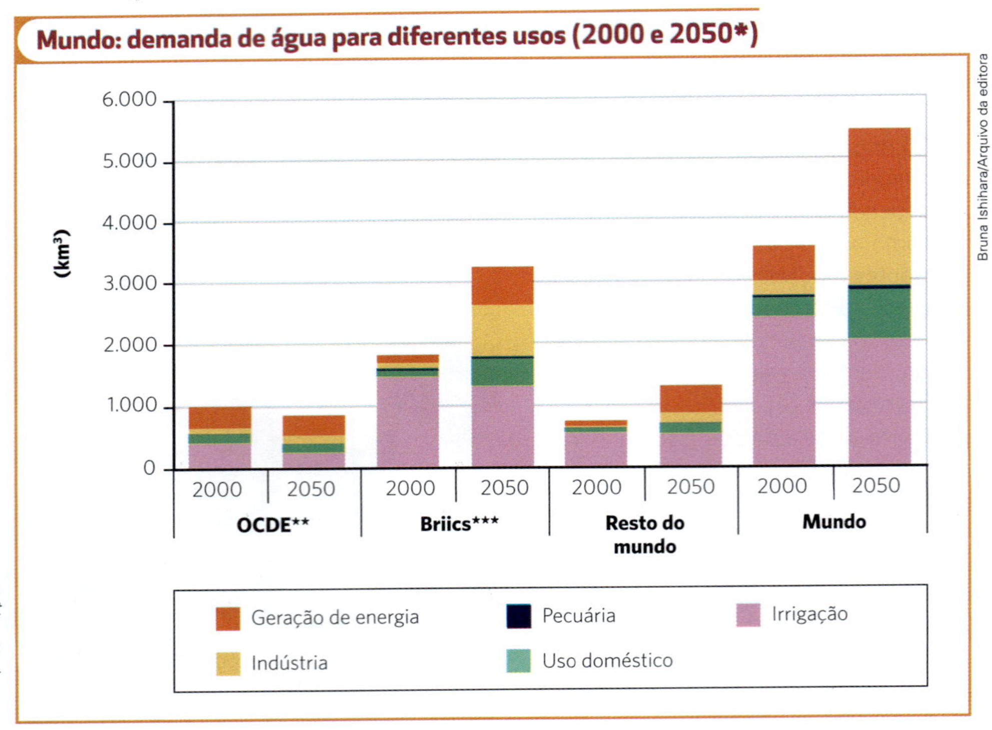

Elaborado com base em: GLOBAL Sherpa. *The Great Global Water Squeeze*. Disponível em: http://globalsherpa.org/global-water-consumption-stress/. Acesso em: dez. 2019.

* Projeção.

** Informações referentes aos países integrantes da OCDE.

*** Informações referentes aos países integrantes do Briics, que inclui os países do grupo Brics e a Indonésia, mas não é grupo de cooperação diplomática.

Na agricultura, a quase totalidade da água utilizada vai para a irrigação. Feita sem planejamento, e dependendo das condições naturais, a irrigação pode causar desastres ambientais irreversíveis. Foi o que ocorreu com o mar de Aral, na fronteira entre o Casaquistão e o Usbequistão, na Ásia. Os rios Amu Daria e Syr Daria desembocam no mar de Aral, que na realidade é um lago. O desvio das águas desses rios para irrigação reduziu o volume do lago para 10% do original, elevou sua salinidade e alterou seu ecossistema e o modo de vida da população.

Taylor Weidman/Bloomberg/Getty Images

Antigas embarcações abandonadas encalhadas no leito seco do mar de Aral, em Moynaq (Usbequistão), 2018.

Distribuição e disponibilidade

A distribuição das águas continentais é desigual no planeta e no interior de cada país. Com exceção da Bacia Amazônica, na América do Sul, da Bacia do Congo, no centro da África, da maior parte do território canadense e do norte da Europa e da Ásia, as principais bacias são áreas de aglomerações humanas e, consequentemente, de intensa atividade industrial ou agrícola.

A tendência histórica de demanda por recursos hídricos sempre foi de elevação. Em contrapartida, a tendência atual de oferta de água é de diminuição progressiva. Apesar de renovável, a água é um recurso finito. Atualmente, diversas regiões do mundo encontram-se próximas de **escassez hídrica** ou de **estresse hídrico**, algumas pelas condições naturais, outras pela intensa exploração e pelo uso inadequado da água.

Escassez hídrica: ocorre quando o volume de água disponível não é suficiente para atender às necessidades básicas da população. Essa é uma situação de escassez física. Quando o país tem água suficiente em seu território, mas não os recursos econômicos para investir em infraestrutura adequada para transportá-la até os locais de abastecimento, a situação é classificada como escassez econômica.

Estresse hídrico: relação entre o consumo anual, o volume de água disponível e a capacidade de reposição. A reposição é a diferença entre a evaporação e a precipitação.

Mundo: estresse hídrico (2018)

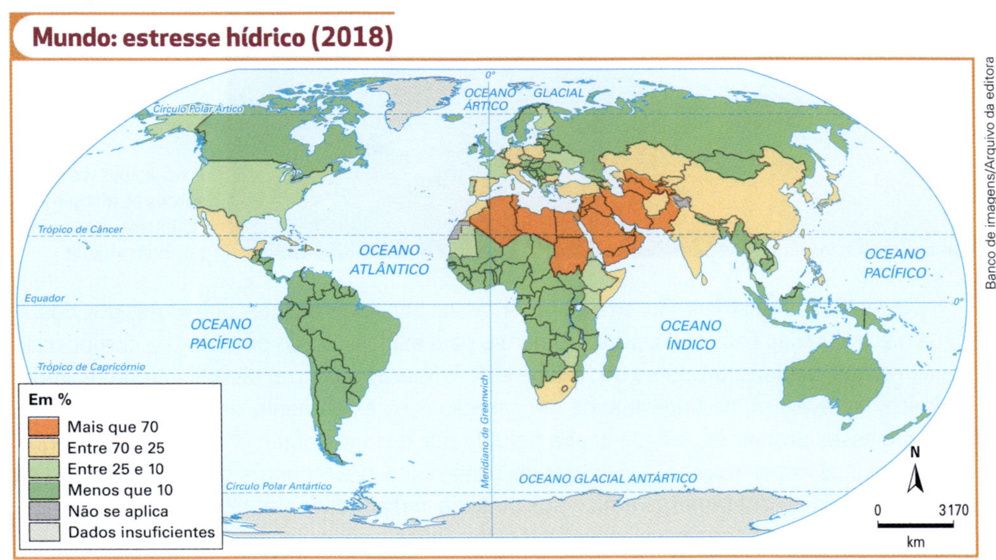

Banco de imagens/Arquivo da editora

Elaborado com base em: UNESCO. *Relatório mundial das Nações Unidas sobre o desenvolvimento de recursos hídricos 2019*. p. 3. Disponível em: www.tratabrasil.org.br/uploads/Relat--rio-mundial-das-Na---es-Unidas-sobre-desenvolvimento-dos-recursos-h--dricos-2019--n--o-deixar-ningu--m-para-tr--s--fatos-e-dados---UNESCO-Digital-Library.pdf. Acesso em: abr. 2020.

Outra questão importante quando o assunto é distribuição e disponibilidade de recursos hídricos é a proteção das áreas onde se encontram nascentes de cursos de água e dos mananciais, em especial da vegetação nativa. A vegetação em torno das nascentes retém a água das chuvas no subsolo e funciona como uma cobertura para evitar que enxurradas carreguem agrotóxicos, adubos e acúmulo de terra para as águas, conservando-as limpas.

Dicas

Erin Brockovich – Uma mulher de talento

Direção de Steven Soderbergh. Estados Unidos: Universal Studios/Jersey Films/Columbia Pictures, 2000. (131 min)

O filme trata da história real de Erin Brockovich, uma mulher que arruma um emprego em um escritório de advocacia e passa a investigar a contaminação da água de uma cidade pequena da Califórnia (Estados Unidos). A população começa a ficar doente, e Erin descobre que a empresa de energia é responsável pela poluição das águas da cidade.

Instituto Trata Brasil

www.tratabrasil.org.br

Apresenta dados sobre tratamento de água e coleta e tratamento de esgoto no Brasil e no mundo de forma clara e objetiva, tudo ilustrado com infográficos e imagens. Clicando em "Saneamento", depois em "Saneamento no Brasil", você encontra um mapa interativo com dados de cada estado brasileiro.

Projeto Brasil das Águas

http://brasildasaguas.com.br

Pesquisadores do projeto coletaram amostras, avaliaram a qualidade da água de 1160 pontos do Brasil e produziram um conjunto de informações, que estão disponíveis nesse *site*. Há dados das pesquisas e análises, um mapa com a classificação da qualidade das águas, informações detalhadas sobre as regiões hidrográficas brasileiras e uma galeria com belas imagens e vídeos.

Poluição dos rios

Ao longo da história da sociedade humana na Terra, a exploração intensiva dos rios tem afetado seus ecossistemas e a própria sociedade. Atualmente, a principal ação humana que traz consequências negativas para os rios é o lançamento de dejetos de diversos tipos em suas águas, transformando-os em esgotos a céu aberto. Essa é a situação em que se encontram vários rios no mundo todo, muitas vezes considerados subprodutos da sociedade urbano-industrial, que encara a natureza como fonte de matéria-prima ou depósito de resíduos.

A morte dos rios em diversos países está basicamente relacionada ao lançamento de três elementos principais em suas águas: esgotos urbanos sem tratamento; pesticidas e fertilizantes químicos utilizados na agricultura, levados para os rios pela água da chuva; e resíduos industriais.

Nas grandes metrópoles dos países em desenvolvimento, carentes de infraestrutura de saneamento suficiente para toda a população, os rios são poluídos principalmente por esgotos urbanos, que contêm fezes humanas, restos de alimento, de detergentes e sabões. Esses dejetos contêm microrganismos que podem causar doenças se ingeridos ou absorvidos pela pele. Além disso, o esgoto é rico em nutrientes que servem de alimento para bactérias decompositoras; como esse processo utiliza o gás oxigênio dissolvido na água, esse meio se torna inadequado para a sobrevivência da maior parte dos seres vivos, afetando ecossistemas fluviais e lacustres.

Jack Taylor/Getty Images

Poluição por resíduos sólidos às margens do rio Tâmisa, em Londres (Inglaterra), 2018.

Os resíduos industriais são, em muitas áreas, os principais agentes poluidores dos rios. A água nas indústrias é utilizada, principalmente, para elaboração do produto (na composição de alimentos, bebidas, produtos de higiene e de limpeza) ou como dissolvente ou reagente químico, na lavagem, na tinturaria, na refrigeração e no esfriamento de máquinas e peças. Durante esses processos, a água acaba poluída por resíduos orgânicos e substâncias químicas, muitas vezes tóxicas, necessitando tratamento prévio antes de ser despejada na rede de esgoto ou diretamente em cursos de água, o que nem sempre ocorre.

Além disso, a fabricação de celulose, tecidos, tintas e solventes gera resíduos industriais com metais pesados (como cobre, mercúrio, chumbo, cádmio) que contaminam os cursos de água e podem causar sérios problemas de saúde, como disfunções do sistema nervoso e aumento da incidência de câncer, se ingeridos ou se entrarem em contato com a pele. Esses metais pesados também podem ser absorvidos pelo solo, pela vegetação e pelos animais, acumulando-se ao longo da cadeia alimentar e causando intoxicações e mortes.

Outro tipo de poluição gerada pelas indústrias é a poluição térmica, causada pelas usinas termelétricas que despejam água em temperatura muito superior à dos rios. Como os animais aquáticos são muito sensíveis à alternância brusca de temperatura, acabam morrendo. A temperatura elevada também leva à perda do oxigênio da água.

A geopolítica das águas marinhas e continentais

A utilização dos recursos das águas, tanto marinhas quanto continentais, é uma questão importante no contexto geopolítico mundial. No caso dos recursos marinhos, existe uma convenção que estabelece limites à soberania dos países e discussões sobre a exploração em águas internacionais. No caso dos recursos das águas continentais, há diversos conflitos, como você verá a seguir.

Soberania sobre os oceanos

A **plataforma continental** é uma unidade de relevo submarino adjacente à costa e correspondente à profundidade aproximada de 200 metros. No entanto, do ponto de vista jurídico, a plataforma continental é definida como a extensão sobre o litoral em que um país exerce soberania.

Em 1982, a **Convenção das Nações Unidas sobre o Direito do Mar** (**CNUDM**), em Montego Bay (Jamaica), estabeleceu os limites da soberania do território oceânico em 200 **milhas marítimas** (cerca de 370 quilômetros). No entanto, essa delimitação não conta com a aprovação dos Estados Unidos, que assinaram a convenção, mas não a ratificaram. No Brasil, os critérios dessa convenção entraram em vigor oficialmente em 1994. A Convenção de Montego Bay delimita três regiões sobre as quais o país tem direito: mar territorial, zona contígua e zona econômica exclusiva.

Stephen Eisenhammer/Reuters/ Fotoarena

O navio Kaombo Norte é uma unidade flutuante de produção de petróleo e está ancorado a 260 km da costa de Angola. Foto de 2018.

Na Conferência das Nações Unidas sobre **Desenvolvimento Sustentável**, a **Rio+20**, realizada em junho de 2012 no Rio de Janeiro (RJ), discutiu-se a necessidade de elaborar um tratado internacional que regulamente a conservação e a exploração de recursos em **águas internacionais**, ou seja, que não estão sob controle e responsabilidade de nenhum país. Esse aspecto continua sendo uma lacuna grave na Convenção das Nações Unidas sobre o Direito do Mar e pode comprometer a biodiversidade e a qualidade das águas oceânicas. Trata-se de uma questão delicada, pois envolve interesses geopolíticos e econômicos, particularmente de grandes potências, como Estados Unidos, Japão, Rússia, entre outras, que já exploram recursos minerais nos fundos oceânicos, sobretudo nas dorsais.

Atualmente, um país precisa realizar pesquisas e manifestar interesse em explorar recursos, como manganês, cobre, ouro, além de terras raras, para entrar com pedido junto à **Autoridade Internacional de Fundos Marinhos** (**Isba**), órgão ligado à ONU. A partir disso, o país tem um período, por exemplo, de 15 anos para fazer a exploração. Em 2014, o Brasil conseguiu autorização para explorar minérios em uma área distante cerca de 1500 km da costa do estado do Rio de Janeiro, no Atlântico, na região conhecida como Elevação do Rio Grande.

Milha marítima (ou **náutica**): unidade de medida que equivale a 1852 metros (aproximadamente 1,85 quilômetro).

Montante: trecho de um rio situado acima de um determinado ponto, mais próximo de sua nascente.

Jusante: trecho de um rio situado abaixo de um determinado ponto, mais próximo de sua foz.

Questão das águas continentais

Cerca de 1/3 das fronteiras entre os países do mundo é delimitado por rios ou lagos, e 2/3 dos rios mais extensos do mundo têm suas águas partilhadas por diversos países. Obras hidráulicas ou atividades poluentes a **montante** de um rio podem prejudicar o fluxo de água no país vizinho, que utiliza as águas a **jusante**.

No início do século XXI, o problema da seca em numerosas e extensas áreas da Terra tornou-se tão grave que os países começaram a reavaliar o verdadeiro valor da água e sua importância estratégica para o desenvolvimento econômico e a sobrevivência da humanidade.

Provavelmente, a água potável será o recurso natural mais disputado do planeta neste século. Sua escassez em um grande número de países, principalmente na África, na Ásia e especialmente no Oriente Médio, é um potencial disparador de guerras. Essa é a conclusão de diversos órgãos internacionais, como o Centro de Estudos Estratégicos Internacionais e o Banco Mundial.

Nas últimas décadas, a África do Norte e o Oriente Médio foram as duas regiões do mundo que registraram o maior crescimento de importação de cereais, em razão principalmente da escassez de água. Além da precariedade dos recursos hídricos, os países dessas regiões possuem crescimento populacional acelerado. Os mais ricos — grandes exportadores de petróleo — utilizam-se de técnicas modernas e caras para obter água: perfuram poços extremamente profundos para atingir as águas subterrâneas ou dessalinizam as águas marinhas. Nos países mais pobres, as populações percorrem muitos quilômetros para obter água, que nem sempre é de boa qualidade.

No Oriente Médio, a principal rede hidrográfica é formada pelos rios Eufrates e Tigre, que nascem na Turquia e percorrem todo o Iraque e parte da Síria. Na Turquia, a construção da represa de Atatürk e o desvio das águas para irrigação de áreas agrícolas, que fazem parte do Projeto Grande Anatólia, diminuíram o volume dos dois rios, prejudicando os outros países alcançados por suas águas.

Outra bacia importante do Oriente Médio é a do rio Jordão, que nasce no sul do Líbano e percorre terras da Síria, Israel, Jordânia e os dois territórios autônomos da Palestina, a Cisjordânia e a Faixa de Gaza. Israel, em 1967, na Guerra dos Seis Dias, destruiu uma represa em fase de conclusão, financiada pela Jordânia e pela Síria, que seria utilizada para desviar as águas de importantes afluentes da bacia do rio Jordão.

! Dica

O manifesto da água: argumentos para um contrato mundial

De Riccardo Petrella. São Paulo: Vozes, 2002.

O livro faz uma crítica ao sistema atual em que a água é tratada como mercadoria e não como um recurso natural, comunitário e um direito fundamental de todo ser humano.

Landsat 4/NASA

Landsat 7/ETM/NASA

Rio Eufrates antes (1983) e depois (2002) da represa de Atatürk (Turquia), marcada com um X na imagem. O grande lago criado pela represa diminuiu muito o volume de água a jusante.

O rio Jordão e o mar da Galileia abastecem a Cisjordânia (região atualmente administrada pela Autoridade Nacional Palestina — ANP); contudo, o controle dessas águas é feito por Israel. Esse é apenas um dos inúmeros exemplos do controle político e estratégico dos recursos hídricos. Nessa região, mais da metade dos palestinos não dispõe de água potável. Na Faixa de Gaza, cerca de um milhão de pessoas retiram água dos poucos poços potáveis ou de rios poluídos pelo esgoto.

Estudos divulgados pela ONU apontam que, na metade do século XXI, a água no Oriente Médio será suficiente apenas para atender o consumo doméstico. As demais atividades econômicas, como agricultura e indústria, dependerão do reaproveitamento da água de esgoto ou da importação de água de outras regiões do mundo.

Na Ásia, Bangladesh foi prejudicado pela diminuição do fluxo da água do rio Ganges em razão da construção de barragens e de outras formas de uso pela Índia. Na região da Caxemira (situada no norte da Índia, nas fronteiras com a China e o Paquistão), ao longo da segunda metade do século XX e até os dias atuais, surgiram movimentos separatistas com o objetivo de anexá-la ao Paquistão. Entre as diversas questões que tornam essa região relevante do ponto de vista estratégico está o fato de o curso médio do rio Indo atravessar a Caxemira e, nesse caso, a Índia ter que dispor do controle de suas águas.

No continente africano, a bacia do rio Nilo também está no foco de disputas geopolíticas. As águas dessa bacia são comuns a Egito, Etiópia, Tanzânia, Uganda e Sudão, países com vasta extensão de áreas desérticas que dependem dessas águas para atividades agrícolas e geração de energia.

Em situações de guerra, a destruição ou a contaminação de represas, aquedutos e estações de tratamento de água fazem parte das estratégias de combate.

No caso da África subsaariana, apesar de a situação de escassez não ser crítica como nos países onde se estende o deserto do Saara (existindo, inclusive, algumas regiões onde há grande volume de água, como na bacia do rio Congo), há parcela expressiva da população sem acesso à água potável, em parte resultado da falta de infraestrutura de saneamento básico.

123RF/Easypix Brasil

Rio Indo, na região da Caxemira administrada pela Índia, 2019.

Explore

1 A Convenção das Nações Unidas sobre o Direito do Mar (CNUDM), em Montego Bay (Jamaica), estabeleceu os limites da soberania do território oceânico de cada país, e consequentemente enormes áreas oceânicas foram definidas como águas internacionais. Como a exploração dessas águas é regulamentada?

2 Leia o texto. Depois, cite tipos de uso de água doce transfronteiriça que podem ameaçar o abastecimento das nações vizinhas e tornar-se uma questão conflitiva.

> "Rivalidade" vem do latim *rivalis*, ou "aquele que usa o mesmo rio que o outro". Na raiz da antiga palavra espelham-se os conflitos do presente, onde países, comunidades ou províncias disputam as águas que compartilham. Com a perspectiva da escassez hídrica afetar dois terços do mundo até 2050, criam-se as condições ideais para um século marcado por conflitos em torno da água.
>
> BARBOSA, Vanessa. As regiões mais ameaçadas por conflitos de água no mundo. *Exame*, 20 jul. 2017. Disponível em: https://exame.abril.com.br/mundo/as-regioes-mais-ameacadas-por-conflitos-de-agua-no-mundo/. Acesso em: dez. 2019.

Questão ambiental e interesses econômicos

O debate em torno da questão ambiental vem reforçando a necessidade de os países estabelecerem acordos e metas que possibilitem o uso sustentável de recursos e reduzam os níveis de poluição. No entanto, o cumprimento das metas estabelecidas, no geral, tem encontrado como principal obstáculo o argumento do custo econômico.

Uma mudança de rumo no modelo de crescimento econômico, que passasse a priorizar a questão ambiental, exigiria alterações nos atuais padrões de extração de recursos naturais, de produção e consumo de mercadorias e de geração de energia. Esse processo demandaria grandes investimentos de governos e empresas e uma mudança nas concepções sobre os modos de vida da sociedade atual.

Segundo o cientista britânico Norman Myers (1934-2019), da Universidade de Oxford (um dos precursores dos trabalhos sobre biodiversidade, no final dos anos 1970), no Reino Unido e nos Estados Unidos são volumosos os subsídios concedidos ao transporte privado motorizado: para cada 1 dólar direcionado ao transporte público, cerca de 10 a 15 dólares são direcionados à indústria automobilística. Isso ajuda a explicar o desinteresse pela substituição da matriz energética atual.

Quanto às conferências sobre o ambiente e aos acordos nelas estabelecidos, pode-se afirmar que a aplicação de suas recomendações é, de modo geral, restrita. Ainda há muito a ser feito para o avanço e a consolidação das propostas que visam à utilização mais sustentada dos recursos naturais e à redução nos níveis de poluição. A recusa de alguns países — que são grandes poluidores — a aderir a acordos que traçam metas para a redução de poluentes, ou para a implementação de outros mecanismos de proteção ambiental, vem dificultando as ações ecológicas de abrangência global.

No Brasil, parte das emissões de CO_2 resulta do desmatamento, das queimadas e de incêndios florestais, uma vez que sua matriz energética depende pouco dos combustíveis fósseis. No caso brasileiro, o combate intensivo ao desmatamento e aos focos de queimada e a recuperação da mata nativa seriam suficientes para diminuir drasticamente as emissões de CO_2 e, ao mesmo tempo, preservar o próprio patrimônio natural.

Apesar das questões econômicas que historicamente se sobrepõem aos interesses socioambientais, percebem-se avanços importantes nas políticas internas de muitos países e também no estabelecimento de acordos internacionais sobre o tema.

Stefan Sauer/dpa-Zentralbild/Agência France-Presse

Parque eólico Wikinger, instalado no mar Báltico, a 70 km da costa da Alemanha. Foto de 2018.

Atividades

1 Entre os grandes problemas ambientais de dimensão global estudados no capítulo, qual tem sido combatido com relativo sucesso? Explique como isso se dá.

2 Explique o que é efeito estufa e comente suas consequências para a vida na Terra.

3 Observe a charge de Jean Galvão (1972-) e responda às questões.

a) Explique o problema ambiental global retratado e algumas de suas consequências.

b) Qual é a relação entre o problema ambiental retratado na charge e a Revolução Industrial?

Jean/Folhapress

4 Apesar de grande parte dos estudiosos e da população em geral concordar que é preciso reduzir as emissões de dióxido de carbono e desenvolver modos de vida sustentáveis, há pesquisadores que divergem acerca das causas do aquecimento global. Esse grupo dissonante afirma que as mudanças climáticas globais não são decorrentes das ações antrópicas, mas das dinâmicas naturais do planeta, que no decorrer da evolução apresentou períodos de diminuição de temperatura, como as glaciações, e de aumento. A despeito da polêmica, é necessário considerar como de extrema importância a busca por processos de produção, geração de energia, hábitos cotidianos, enfim, modelos de desenvolvimento e modos de vida que exijam menos recursos naturais e minimizem os efeitos negativos no ambiente.

Pense na realidade do lugar em que você vive e nas suas ações cotidianas. Como você pode colaborar para a redução do aquecimento global?

5 Por que a água destinada ao consumo humano é um recurso menos abundante do que o previsto em análises superficiais do tema? Justifique.

6 Observe o gráfico e responda às questões.

Mundo: consumo de água anual (1900-2025*)

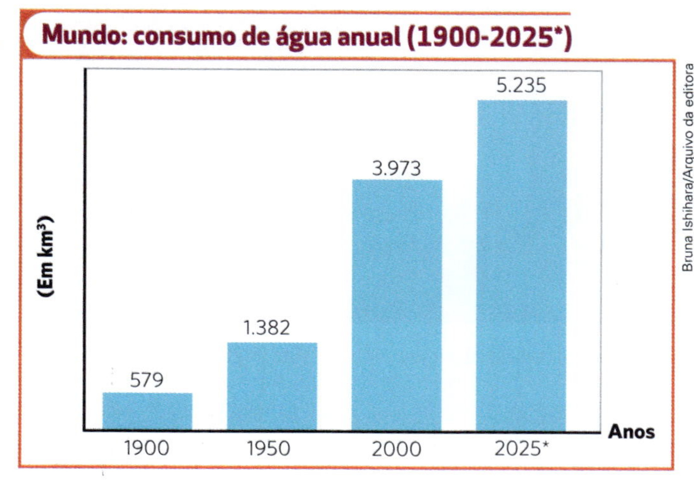

Bruna Ishihara/Arquivo da editora

Elaborado com base em: CLARK, Robin; KING, Jannet. *O atlas da água*. São Paulo: Publifolha, 2006. p. 25.

* Estimativa.

a) Segundo o que você estudou no capítulo, o que vem causando esse aumento no consumo de água no mundo?

b) Que processo histórico acelerou esse aumento?

7 Cite rios do Oriente Médio que já são focos de conflito entre povos e países e analise um dos casos.

CAPÍTULO

Questão ambiental no Brasil

Este capítulo favorece o desenvolvimento das habilidades:

- EM13CHS101
- EM13CHS103
- EM13CHS106
- EM13CHS202
- EM13CHS204
- EM13CHS206
- EM13CHS301
- EM13CHS302
- EM13CHS304
- EM13CHS305
- EM13CHS306
- EM13CHS504

No vasto território brasileiro, há sistemas naturais, como bacias hidrográficas e biomas, com grande biodiversidade e os mais variados recursos naturais, importantes na vida de pessoas que dependem direta e indiretamente da manutenção do meio ambiente em equilíbrio. Novas relações entre sociedade e natureza, que estão sujeitas a outros padrões de relações na sociedade, como redução das desigualdades sociais, exigem reflexões por parte de sociólogos, geógrafos, filósofos e historiadores.

Delfim Martins/Pulsar Imagens

Córrego poluído por lançamento de esgoto doméstico em Vila Velha (ES) Foto de 2019.

Contexto

1. Quais são os principais problemas socioambientais no Brasil?
2. Que instituições, instrumentos legais e políticas há no país para impedir ou reduzir a degradação ambiental?
3. Em sua opinião, os governantes e a sociedade civil, em geral, atuam adequadamente na preservação e conservação do meio ambiente? Justifique.

A questão socioambiental no Brasil

O Brasil é um país de dimensões continentais com uma diversidade climática que possibilitou a formação de grandes biomas, entre eles o da Amazônia e o do Cerrado. Além disso, por seu vasto litoral, possui um rico ambiente marinho. Como consequência, o Brasil está em primeiro lugar entre os países de maior biodiversidade, com cerca de 20% das espécies conhecidas no planeta. De acordo com a ONG Conservação Internacional, o território brasileiro abriga cerca de 20 mil espécies **endêmicas** somente na Amazônia.

Essa megadiversidade coloca o país em posição privilegiada. Além de ser um imenso patrimônio natural, essencial para a manutenção da qualidade de vida do planeta e para o modo de vida das populações tradicionais, ela fornece inúmeras matérias-primas para as indústrias farmacêutica, química, cosmética, alimentícia e até para a obtenção de energia, como o biogás. Na **biotecnologia**, ela garante a diversidade genética para a obtenção de avanços essenciais, sobretudo nas áreas da saúde, da agricultura e do meio ambiente.

A riqueza natural brasileira atrai, porém, a **biopirataria**, uma atividade que, segundo o Instituto Brasileiro do Meio Ambiente e dos Recursos Naturais Renováveis (Ibama), é a terceira mais rentável do mundo. Somam-se a isso as perdas causadas pelo desmatamento e pela poluição, o não estabelecimento de uma legislação relacionada ao assunto e a fiscalização da proteção ao meio ambiente aplicada de forma ineficiente. Tais fatos colocam o patrimônio natural do país em risco, e a sociedade brasileira perde a oportunidade de estudar novas fontes de alimentos, matérias-primas e plantas de valor medicinal que poderiam beneficiar toda a população.

Endêmico: nativo, restrito a determinada região geográfica.

Biotecnologia: conjunto de conhecimentos tecnológicos que envolvem o uso de agentes biológicos, organismos vivos ou seus derivados para a obtenção de produtos ou processos. É utilizada, por exemplo, na agricultura para a produção de organismos transgênicos, ou seja, que recebem um gene de outra planta visando adquirir alguma característica de interesse.

Saiba mais

Riqueza natural, social e cultural

Além de sua riqueza natural, os diferentes biomas brasileiros abrigam populações tradicionais, como os chamados **povos da floresta** (indígenas, ribeirinhos, castanheiros, seringueiros, entre outros), habitantes cujo modo de vida se baseia principalmente na extração de recursos naturais de maneira sustentável, pois reconhecem a importância destes para a sobrevivência da comunidade. A manutenção da Amazônia, por exemplo, é fundamental para esses povos, e muito sobre sustentabilidade pode ser aprendido com eles.

Ricardo Oliveira/Tyba

Ribeirinho colhe açaí na Reserva de Desenvolvimento Sustentável Anamã, em Barcelos (AM). Foto de 2019.

Dicas

Dicionário Brasileiro de Ciências Ambientais

De Antonio José Teixeira Guerra *et al.* Elaborado totalmente por brasileiros, esclarece milhares de termos relacionados às ciências ambientais e contém questões específicas da legislação do país sobre o assunto.

Mudanças do clima, mudanças de vidas

Direção de Todd Southgate. Brasil: Greenpeace, 2006. 51 min.

O documentário mostra os efeitos já notáveis do aquecimento global em diversas partes do Brasil e ações necessárias para mitigá-los.

Breve histórico e início da consciência socioambiental no país

Os problemas socioambientais brasileiros são antigos e diversos, tendo sido iniciados com a colonização do Brasil. Foram intensificados principalmente na segunda metade do século XX, quando o país alcançou elevadas taxas de crescimento econômico e industrial, adotou o modelo de apropriação dos recursos naturais e construiu infraestruturas sem preocupação socioambiental.

Tais diretrizes trouxeram impactos negativos imediatos para o meio ambiente e para a qualidade de vida de parte da população: modificaram praticamente todo o território brasileiro, tanto no campo quanto na cidade, com o desmatamento intensivo da vegetação original, a ocupação desordenada das margens dos rios, a intensa poluição atmosférica e hídrica e o crescimento acelerado das cidades, por exemplo. A intensificação desses problemas, contudo, tem provocado a conscientização de governos, empresas e da sociedade em geral para as questões socioambientais e para a importância de conservar a natureza e lutar pela melhoria da qualidade de vida.

Dica

Ministério do Meio Ambiente

www.mma.gov.br

O *site* do Ministério do Meio Ambiente reúne informações sobre projetos e as principais questões ambientais no Brasil e no mundo. Na aba "Assuntos" há mais informações sobre cidades sustentáveis, patrimônio genético e gestão territorial, por exemplo.

Gerson Sobreira/Terrastock

Plantação de soja em Bom Jesus do Araguaia (MT), 2018. A expansão das monoculturas no Cerrado tem causado grande desmatamento desse bioma.

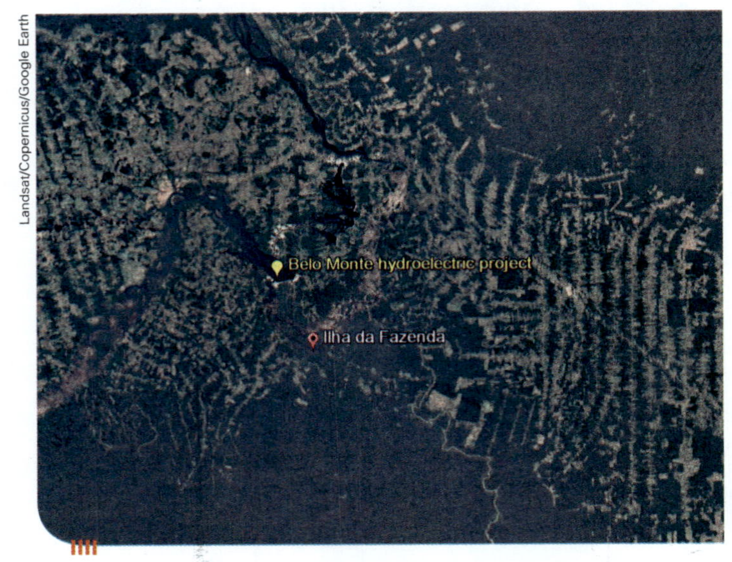

Landsat/Copernicus/Google Earth

Muitas vezes, a abertura de uma estrada principal em meio a uma floresta leva à construção de estradas secundárias que ampliam a área de desmatamento, estimuladas pela instalação da via de transporte que favorece o escoamento da produção (no primeiro momento, exploração da madeira e, em seguida, gado e produção agrícola). Esse padrão de desmatamento é chamado de "espinha de peixe". Imagem de satélite da região de Belo Monte (PA) em 2016.

Essa conscientização se intensificou a partir dos anos 1970, ainda no período dos governos militares, cujos projetos de desenvolvimento tinham pouca ou nenhuma preocupação socioambiental, assim como acontecia na maior parte dos países até então. São exemplos de tais projetos: os empreendimentos de incorporação efetiva da Amazônia ao território nacional, com a ampliação da malha rodoviária brasileira que integrava a região ao restante do país; a construção de grandes usinas hidrelétricas; a expansão da agropecuária baseada na formação de latifúndios; e a constituição de grandes projetos de exploração mineral que desconsideravam as características socioambientais dos complexos biomas brasileiros e, também, os povos da floresta. Tanto durante a construção quanto depois de prontos, em operação, esses grandes projetos de infraestrutura têm potencial de provocar danos irreparáveis, por isso exigem estudos intensos.

Amazônia em debate

A partir dos anos 1980, a questão socioambiental da Amazônia despertou inúmeros debates nos âmbitos nacional e internacional. Entidades ecológicas, movimentos sociais e diversos setores da sociedade passaram a exigir outras linhas de ação dos governos que sucederam a ditadura militar. Mas, apesar da pressão desses grupos e da obtenção de alguns progressos, governantes e empresários não têm sido sensíveis às práticas de desenvolvimento sustentável. São evidências desses fatos os projetos minerais e agropecuários e a expansão da instalação de grandes usinas hidrelétricas na região, como o Complexo do Rio Madeira e Belo Monte.

A expansão mais intensa do desmatamento ocorre do sul da área da Amazônia Legal em sentido norte, em uma configuração curvilínea, conhecida como "arco do desmatamento". De modo geral, o processo de ocupação se inicia com a exploração de madeiras nobres e queimadas para formação de pasto para a criação extensiva de gado bovino que, na sequência, dá lugar ao cultivo da soja. Para além da perda da biodiversidade e dos conflitos com povos tradicionais, a queima da floresta lança toneladas de gás carbônico na atmosfera e reduz a umidade que a densa vegetação produz pela evapotranspiração. Trata-se, portanto, de ações locais que têm impactos regionais (redução das chuvas no Sudeste, por exemplo) e globais (emissão de gases do efeito estufa). A exploração da Amazônia está longe de conciliar desenvolvimento social e conservação ambiental, apesar de alguns bons exemplos de práticas locais, como as Reservas Extrativistas.

! Dica

Imazon – Instituto do Homem e do Meio Ambiente da Amazônia

http://imazon.org.br

O instituto coordena diversos sistemas de monitoramento na Amazônia, buscando promover a conservação e o desenvolvimento sustentável da região – entre eles, o Sistema de Alerta de Desmatamento (SAD), com boletins atualizados sobre o desmatamento na Amazônia Legal.

Brasil: avanço do arco do desmatamento na Amazônia Legal (2019)

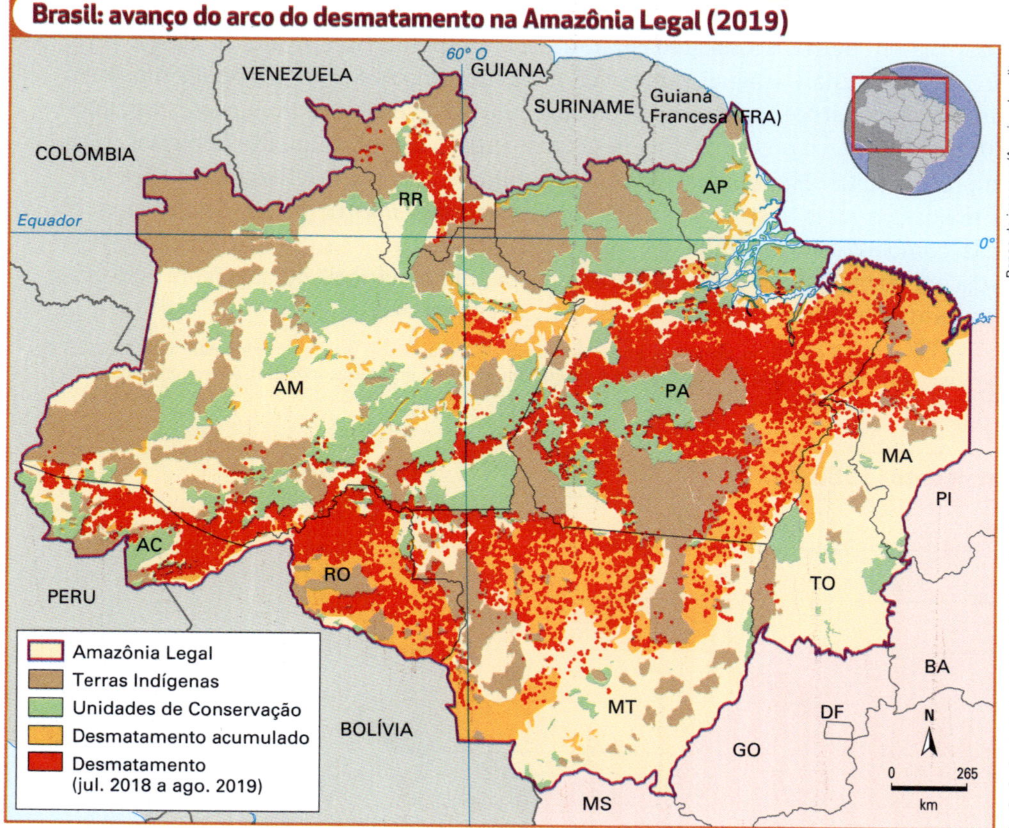

Elaborado com base em: ISA. *Novo arco do desmatamento:* fronteira de destruição avança em 2019 na Amazônia, 17 dez. 2019. Disponível em: www.socioambiental.org/pt-br/noticias-socioambientais/novo-arco-do-desmatamento-fronteira-de-destruicao-avanca-em-2019-na-amazonia. Acesso em: jan. 2020.

Os problemas socioambientais brasileiros não estão limitados à Amazônia. Todos os biomas no país já passaram por variados níveis de devastação, e em todas as regiões há impactos socioambientais negativos advindos da forma como o espaço geográfico nacional é produzido. A maior compreensão do funcionamento da natureza, resultante de constantes pesquisas, e a criação e aplicação da lei, com fiscalização efetiva, compõem o conjunto de ações necessárias para evitar a degradação ambiental e o prejuízo social.

Explore

- Leia o texto e o gráfico a seguir e, em dupla, responda às questões.

> [...] Nas últimas décadas, vastas áreas de floresta, pastagem e savana foram convertidas para uso agrícola, principalmente em países em desenvolvimento. Isso ajudou a alimentar a crescente população mundial e trouxe benefícios econômicos para os países que produzem e comercializam a soja. No entanto, a conversão de ecossistemas naturais tem um custo elevado. A biodiversidade está em declínio: de acordo com o Índice do Planeta Vivo, da Rede WWF, as populações de espécies de regiões tropicais diminuíram, em média, 60% desde 1970. A perda florestal é um fator-chave para as mudanças climáticas e responde por cerca de 20% das emissões mundiais de gases de efeito estufa [...]. À medida que são destruídos ou degradados os ecossistemas, nós perdemos muitos dos serviços ambientais dos quais dependemos, desde água limpa e solos saudáveis até a polinização e o controle de pragas. [...]
>
> O *boom* da soja foi uma das principais causas da perda de ecossistemas naturais na América do Sul em anos recentes. O crescimento inicial da produção de soja no continente sul-americano coincidiu com o desmatamento de grandes áreas de florestas, pastagens e savanas para dar lugar à atividade agrícola. A preocupação interna com a perda florestal e a pressão dos países consumidores resultaram em movimentos temporários ou permanentes para proteger as florestas remanescentes da conversão direta para a soja, principalmente na Mata Atlântica do Paraguai e na Amazônia brasileira. Um efeito colateral infeliz disso, no entanto, foi o incentivo à expansão da soja em outros ecossistemas naturais, em especial no Cerrado brasileiro e no Grande Chaco da Argentina, Paraguai e leste da Bolívia. O rótulo *Amazon-free* (sem Amazônia) é uma declaração que aparece nos produtos de soja e que convenceu os varejistas, principalmente na Europa, de que os produtos que eles compram são ambientalmente benignos. Mas isso nem sempre é verdade. Hoje, em termos de uma mudança no uso direto da terra para soja, os impactos maiores e mais destrutivos ocorrem nos ecossistemas de pastagens, savanas e florestas secas, como é o caso do Cerrado e mais ainda no Chaco.
>
> Plantar soja em terras que já foram convertidas para cultivo agrícola ou pastagem pode ser uma forma de reduzir o impacto sobre os ecossistemas naturais. [...]
>
> WWF. *O crescimento da soja*: impactos e soluções. Gland, Suíça: WWF International, 2014. p. 34-35. Disponível em: https://d3nehc6yl9qzo4.cloudfront.net/downloads/wwf_relatorio_soja_port.pdf. Acesso em: jan. 2020.

Brasil: desmatamento (1988-2016)

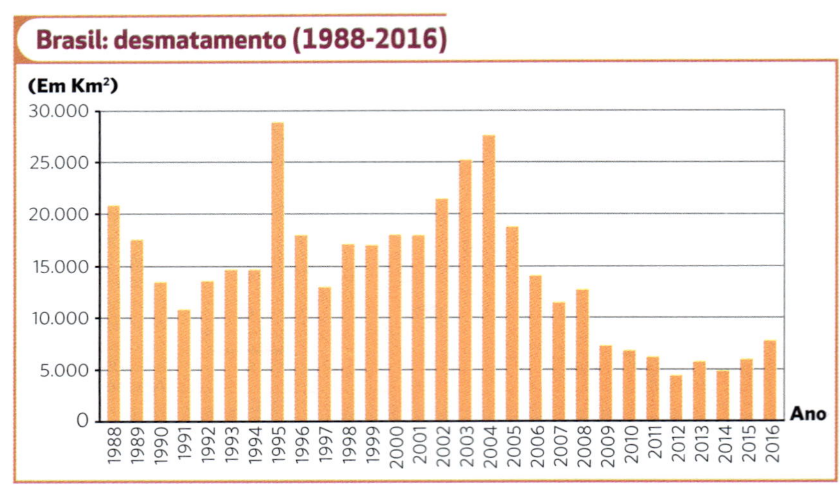

Elaborado com base em: PIGNATO, Catarina; ZANLORENSSI, Gabriel. O desmatamento da Floresta Amazônica por estado e município. *Nexo*, 25 ago. 2017. Disponível em: www.nexojornal.com.br/grafico/2017/08/25/O-desmatamento-da-floresta-amaz%C3%B4nica-por-estado-e-munic%C3%ADpio. Acesso em: jan. 2020.

a) Qual é a relação entre agricultura comercial e mudanças climáticas?

b) Qual é o efeito colateral dos movimentos em defesa das florestas, como a Amazônica?

Reservas brasileiras de água doce: algumas questões

Com cerca de 12% da água doce superficial do planeta, o Brasil é um país privilegiado em disponibilidade de água. Apresenta grandes bacias hidrográficas, além de enormes reservas de águas subterrâneas acumuladas nos aquíferos, como o Guarani e o Sistema Aquífero Grande Amazônia (Saga).

Apesar disso, o país tem diversos problemas com os recursos hídricos. Uma das principais questões é a má gestão das águas pelo poder público, que é responsável pelo saneamento básico, pelo tratamento e pela distribuição de água. Além disso, é preciso que a sociedade se conscientize de que a água não é inesgotável e seja mais bem orientada para evitar o desperdício, ainda que os setores agrário e industrial sejam os maiores consumidores (algo em torno de 80%). Essas questões são agravadas, ainda, por projetos de irrigação mal planejados, grandes usinas hidrelétricas construídas em locais pouco apropriados, poluição e ocupação inadequada do solo nas áreas de mananciais, que afetam a quantidade e a qualidade da água disponível. Toda essa falta de cuidado acaba tendo resultados no meio ambiente e, consequentemente, na sociedade.

Segundo a Agência Nacional de Águas (ANA), o histórico da evolução dos usos da água está diretamente relacionado ao desenvolvimento econômico e ao processo de urbanização do país. Contudo, muitas vezes, o abastecimento das regiões economicamente mais desenvolvidas e populosas fica comprometido devido a esse aumento do consumo de água e de energia elétrica, provocado pelo crescimento populacional e urbano e pelo aumento da renda e do poder de compra. Quando os níveis dos reservatórios estão baixos, os governos costumam limitar a distribuição de água, e a população sofre com a restrição de acesso a esse recurso essencial.

É preciso, portanto, cuidar dos recursos hídricos de forma integrada, com a participação da sociedade civil, das empresas de abastecimento e saneamento e dos diferentes órgãos públicos, em diferentes níveis (federal, estadual e municipal), para garantir o abastecimento para as gerações atual e futuras.

! Dica

Agência Nacional de Águas (ANA)

www.ana.gov.br

A ANA é responsável pela coordenação da gestão dos recursos hídricos e pela regulamentação do acesso à água. O *site* apresenta diversas informações sobre a água no Brasil, e um mapa na página inicial fornece dados sobre as regiões hidrográficas brasileiras.

Brasil: consumo de água, média anual (2018)

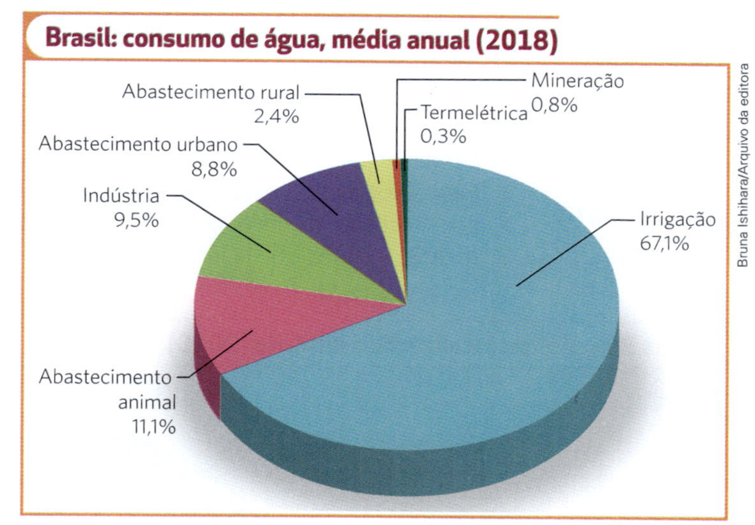

Elaborado com base em: AGÊNCIA Nacional de Águas (ANA). *Conjuntura dos recursos hídricos no Brasil 2019*: informe anual. Brasília: ANA, 2019. p. 32. Disponível em: http://conjuntura.ana.gov.br/static/media/conjuntura-completo.bb39ac07.pdf. Acesso em: jan. 2020.

Brasil: demanda de água, por região geográfica (2019)

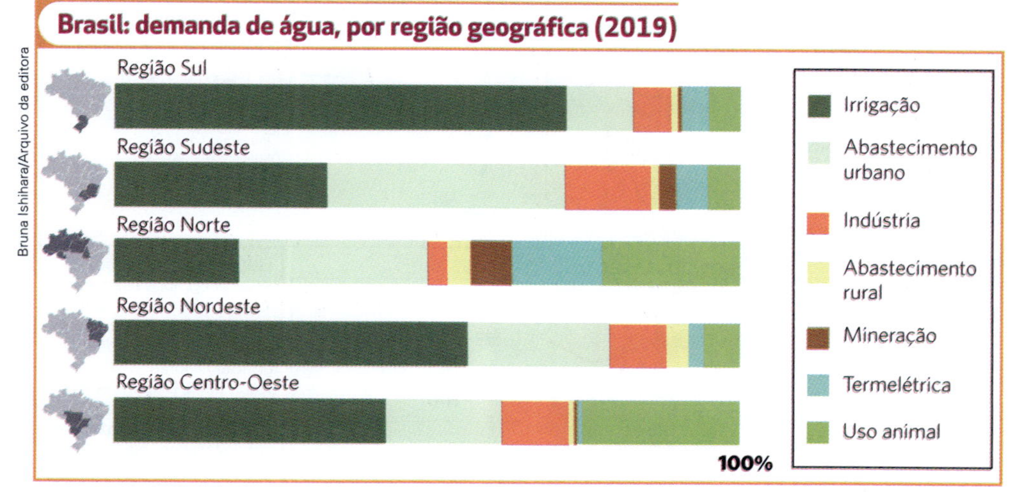

Elaborado com base em: AGÊNCIA Nacional de Águas (ANA). *Conjuntura dos recursos hídricos no Brasil 2019*: informe anual. Brasília: ANA, 2019. p. 41. Disponível em: http://conjuntura.ana.gov.br/static/media/conjuntura-completo.bb39ac07.pdf. Acesso em: jan. 2020.

Hidrelétricas na Amazônia

A construção de usinas hidrelétricas sempre gera discussões pelos impactos sociais e ambientais. O caso mais emblemático na Amazônia foi a **usina de Balbina**, inaugurada no final da década de 1980. Ela foi construída pelo Estado em uma região de baixa declividade - no rio Uatumã, um afluente do rio Amazonas de pouca vazão de água - e sem considerar as advertências de técnicos quanto ao local de construção e os impactos que seriam gerados. Entre os objetivos da obra estava levar energia a Manaus, a 180 km de distância, por causa do aumento da demanda e da presença de um polo industrial.

O potencial energético da represa de Balbina, no entanto, é baixo, cerca de 250 MW/h. O lago da represa inundou 2,6 mil km^2 sem que antes se retirasse totalmente a flora da área alagada. Como consequência da decomposição da vegetação submersa, o lago emite gases de efeito estufa, como o metano. Além disso, essa decomposição causou **eutrofização**, que consome oxigênio, provoca turbidez da água e consequente mortandade da vida aquática. Diante disso, a usina foi considerada um desastre ambiental, social e econômico por ambientalistas e, posteriormente, pelo próprio governo.

Eutrofização: processo em que o aumento de nutrientes da água favorece o crescimento de algas e matéria orgânica decomposta.

Apesar do exemplo de Balbina, a construção de usinas hidrelétricas na região amazônica continua gerando grandes impactos socioambientais ainda hoje. Iniciada em 2011, a construção da **usina de Belo Monte**, no rio Xingu, no norte do Pará, mudou um trecho do curso do rio, deixando de banhar porções de terra ocupada por povos tradicionais - ribeirinhos, indígenas, caboclos e agricultores. Em operação total desde novembro de 2019, Belo Monte foi projetada para ter um potencial de 11233 MW/h e ser a maior hidrelétrica brasileira e a segunda maior em funcionamento no Brasil em termos de geração de energia, ficando atrás apenas de Itaipu, que é binacional.

Diferentemente das usinas de Balbina e Tucuruí, as hidrelétricas em projeto ou em construção atualmente , como Belo Monte, não requerem grandes reservatórios, pois dependem basicamente da vazão do rio. Mas, apesar do supostamente menor impacto ambiental, essas usinas, classificadas como "fio d'água", têm geração muito irregular de energia: na época da cheia, geram o máximo do potencial hidrelétrico, mas, na vazante, bem menos. Assim, têm eficiência menor que a das hidrelétricas de grandes reservatórios.

! Dica

Explorando a Amazônia

Direção de Bruce Parry. Brasil: BBC/LogON, 2009. 354 min.

O documentário apresenta uma viagem pelo rio Amazonas, da nascente à foz. Além do rio, mostra a vida dos povos da floresta e os conflitos que envolvem agricultores, pecuaristas, grileiros, cocaleiros, mineradores, ativistas ecológicos e cientistas.

Usina Belo Monte: localização e entorno (2016)

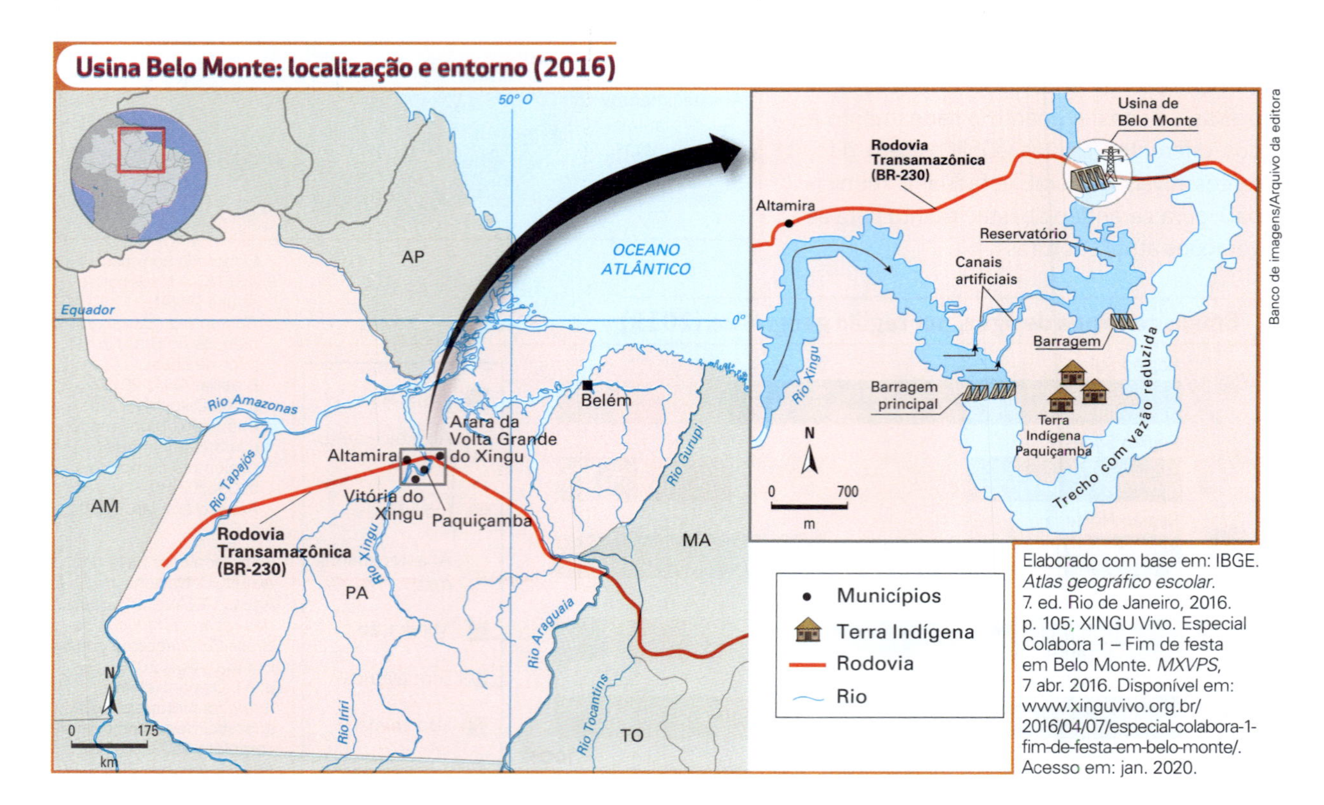

Elaborado com base em: IBGE. *Atlas geográfico escolar*. 7. ed. Rio de Janeiro, 2016. p. 105; XINGU Vivo. Especial Colabora 1 – Fim de festa em Belo Monte. *MXVPS*, 7 abr. 2016. Disponível em: www.xinguvivo.org.br/2016/04/07/especial-colabora-1-fim-de-festa-em-belo-monte/. Acesso em: jan. 2020.

Bacia do Tocantins-Araguaia: aproveitamento econômico e impactos socioambientais

Localizada no rio Tocantins e com capacidade instalada de 8 370 MW/h, a **usina hidrelétrica de Tucuruí** alimenta os projetos minerais implantados no Pará, como o Grande Carajás, e, principalmente, as grandes indústrias de alumínio, como a Alcoa (estadunidense), a Albras (pertencente à norueguesa Hydro, parceira da Vale, e à japonesa Nippon), a Alunorte (pertencente à norueguesa Hydro e à japonesa Nippon) e a Alumar, que está no Maranhão (controlada parcialmente pelas multinacionais Alcoa, BHP Billiton, australiana, e Rio Tinto Alcan, anglo-australiana). A linha de transmissão de Tucuruí tem mais de 1200 km de extensão e abastece, além dos projetos minerais, várias cidades do Pará e da região Nordeste.

Chamadas de eletrointensivas por causa do grande consumo energético, essas indústrias utilizam mais de 60% da energia gerada por Tucuruí. A construção da hidrelétrica, por sua vez, exigiu vultosos investimentos do governo brasileiro no final dos anos 1970 e início dos anos 1980, que favoreceram grandes grupos empresariais estrangeiros e nacionais.

Embora gere 33 vezes mais energia que Balbina, Tucuruí causou impactos ambientais semelhantes: a grande área ocupada pela represa e a permanência no lago de trechos de florestas, cuja madeira apodrecida causa a emissão de gases de efeito estufa e a acidificação das águas. Do ponto de vista social, a represa inundou áreas habitadas por populações ribeirinhas e expulsou os índios Parakanã, ao mesmo tempo que atraiu milhares de trabalhadores para a construção da usina.

Bacia do Tocantins-Araguaia: usinas hidrelétricas (2017)

Equador
50° O
0°
AP
OCEANO ATLÂNTICO
Rio Amazonas
Rio Iriri
Rio Xingu
PA
MA
PI
TO
MT
GO
DF
MG
BA
Usina de Tucuruí
Usina de Estreito
Usina de Lajeado
Usina de Peixe Angical
Usina de São Salvador
Usina de Serra da Mesa
Rio Tocantins
Rio Araguaia
Rio Parnaíba
Rio São Francisco
N
0 220 km
Limites de estado
Rios
Usina hidrelétrica

Banco de imagens/Arquivo da editora

Elaborado com base em IBGE. *Atlas Geográfico Escolar*. Rio de Janeiro: IBGE, 2018. p. 139; *Horizonte Geográfico*, n. 141, ano 25. p. 39.

Bacia do São Francisco

O garimpo, o uso excessivo para irrigação, a poluição por defensivos agrícolas, a carência de esgotos e a falta de coleta de lixo são alguns dos problemas ambientais na bacia do São Francisco, afetando diretamente a pesca e a vida da população ribeirinha. Além disso, a destruição da mata ciliar na cabeceira do rio São Francisco, ao longo do tempo, provocou o alargamento das margens e o assoreamento do rio, prejudicando também a pesca, a navegação e a dispersão dos poluentes. Outro tema importante nessa bacia é a transposição do São Francisco.

Chico Ferreira/Pulsar Imagens

Vista aérea do canal principal de coleta de águas do rio São Francisco do Projeto de Irrigação Baixios de Irecê, em Xique Xique (BA), 2019.

Transposição do rio São Francisco

Em 2005 foi retomado o projeto de transposição das águas do rio São Francisco para abastecimento hídrico de parte da região do Polígono das Secas. Denominado oficialmente **Integração de Bacias Hidrográficas**, o projeto visa desviar parte das águas do São Francisco para alimentar rios temporários e açudes por meio de 720 km de canais construídos em dois eixos de transposição: o Norte e o Leste. Segundo dados oficiais, o projeto contemplará 30% da população sertaneja (3,5 milhões de habitantes no Eixo Leste e 5 milhões no Eixo Norte).

Brasil: transposição do rio São Francisco (2018)

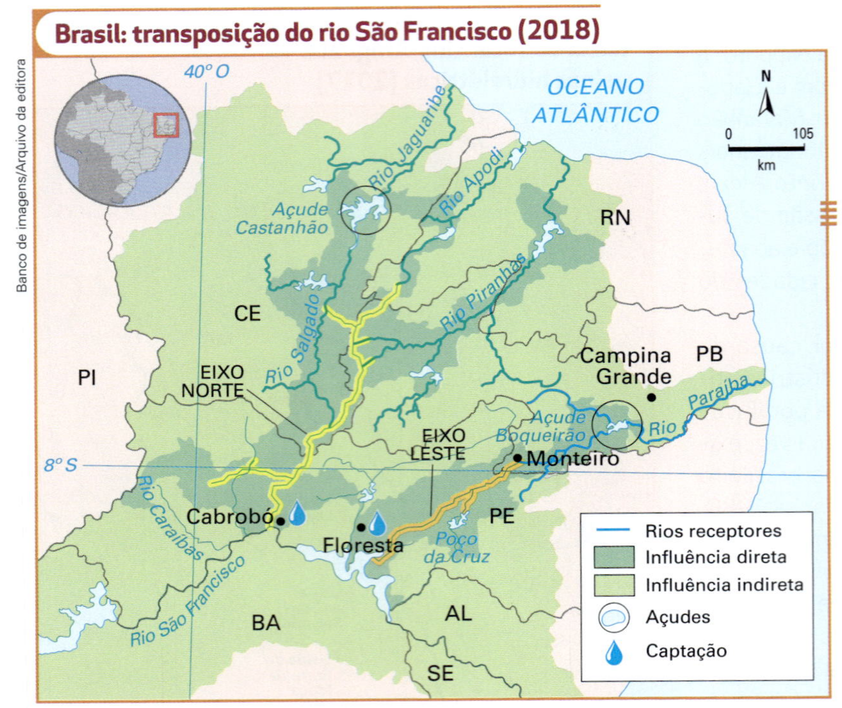

Banco de imagens/Arquivo da editora

Segundo dados oficiais, as obras do Eixo Leste foram finalizadas, e as do Eixo Norte estavam em 97% até o fim de 2019, com previsão de conclusão em junho de 2021. Há, porém, registros de rachaduras e assoreamento em trechos de alguns canais já entregues e localidades por onde a água ainda não verteu.

Elaborado com base em: MAISONNAVE, Fabiano; KNAPP, Eduardo. Após 1 ano, transposição do São Francisco já retira 1 milhão do colapso. *Folha de S.Paulo*, 11 mar. 2018. Disponível em: www1.folha.uol.com.br/cotidiano/2018/03/apos-1-ano-transposicao-do-sao-francisco-ja-retira-1-milhao-do-colapso.shtml?origin=folha. Acesso em: abr. 2020.

No Eixo Norte, as águas do São Francisco elevarão a vazão dos rios Jaguaribe (CE), Apodi (RN) e Piranhas (RN) e serão destinadas à irrigação e ao abastecimento de açudes da região para consumo humano e animal. O Eixo Leste atenderá os estados de Pernambuco e Paraíba, e as águas serão utilizadas pela população urbana e para atividades industriais.

As críticas à transposição são numerosas. Primeiro, a revitalização da água do rio, que faz parte do projeto, é um processo complexo, que depende de modificações na rede de esgoto de mais de 400 cidades que têm o rio como destino, da recuperação de mananciais e matas ciliares e do desassoreamento do rio, entre outras providências. Segundo, é praticamente impossível prever o impacto ambiental, tanto nas regiões doadoras como nas regiões receptoras de água, mesmo porque o período em que os rios receptores de água secam ou reduzem muito de nível é o mesmo em que o São Francisco apresenta uma redução de vazão. Além disso, os agricultores, chamados de vazanteiros por utilizarem o leito seco ou parcialmente seco dos rios temporários para cultivo, serão prejudicados. Alega-se que a transposição não garantirá o acesso à água para a maior parte da população sertaneja mais carente, justamente a que deveria ser prioritariamente contemplada pelo projeto.

! Dica

Espelho d'água: uma viagem no rio São Francisco

Direção de Marcus Vinicius. Cesar. Brasil: Copacabana Filmes, 2004. 110 min.

A vida nas cidades ribeirinhas ao longo do Vale do São Francisco, lendas sobre o rio e as pessoas que dependem dele para viver são relatadas durante a viagem de um fotógrafo.

Explore

1. Por que as características da localização das usinas de Balbina e Tucuruí geraram impactos socioambientais de grandes proporções?
2. De acordo com o mapa "Brasil: transposição do rio São Francisco (2019)" e considerando o sentido do rio (rumo ao litoral de Alagoas), cite três estados nordestinos que podem ser prejudicados com a transposição e explique por quê.

Desastre ambiental na bacia do rio Doce

Em 5 de novembro de 2015, no município de Mariana, em Minas Gerais, uma das barragens de um reservatório da mineradora Samarco se rompeu. Controlada pela multinacional brasileira Vale e pela australiana BHP Billiton, a empresa extrai e beneficia minério de ferro na região. No reservatório, formado com a construção de uma barragem, ficavam rejeitos do processo de beneficiamento e da extração do minério, como ferro, manganês, alumínio, areia e terra, além da própria água utilizada no processo.

Gabriela Biló/Agência Estado

A lama de rejeitos de minério que vazou após o rompimento da barragem da mineradora Samarco, em Mariana (MG), percorreu mais de 800 km até chegar ao mar, em Regência (ES), em um intervalo de 20 dias, em 2015.

O rompimento da barragem provocou o deslocamento de uma imensa quantidade de lama de rejeitos, ocasionando a destruição parcial ou total de distritos de Mariana. Seguindo pelo curso de rios, a lama atingiu a bacia do rio Doce, levando 60 bilhões de litros de rejeitos por centenas de quilômetros, assoreando rios e riachos com a deposição de grande carga de sedimentos em seus leitos. Por outro lado, o material em suspensão nos cursos d'água impediu a entrada de luz solar e a oxigenação da água, provocando grande mortandade, especialmente de peixes, muitos em período de procriação. Cabe ressaltar que algumas das espécies atingidas são endêmicas, ou seja, existem apenas nessa região, correndo o risco de extinção.

A lama também afetou a mata ciliar de diversos córregos e rios da bacia do rio Doce, destruindo longos trechos. Biólogos, ecologistas e outros especialistas entendem que muitos dos danos são irreversíveis ou demorarão décadas para ser sanados, com a recomposição de parte da biodiversidade.

O desastre é considerado um dos maiores da atividade mineradora no mundo e o maior desastre ambiental do país. A lama atingiu o litoral do Espírito Santo, provocando danos a uma parte do ecossistema da tartaruga-de-couro, espécie ameaçada, em sua área de desova. Milhares de pessoas foram afetadas pelo desabastecimento de água, e muitas comunidades ribeirinhas que vivem da pesca perderam o meio de sustento.

2015 DigitalGlobe/Google Earth

2015 DigitalGlobe/Google Earth

Imagens de satélite do distrito de Bento Rodrigues, em Mariana (MG), antes e depois do rompimento de uma das barragens da empresa mineradora Samarco, em 5 de novembro de 2015. A lama com rejeitos seguiu pelo curso de rios atingindo o rio Doce, o que afetou diversos ecossistemas e provocou o colapso no abastecimento de água de dezenas de municípios da porção leste de Minas Gerais e no Espírito Santo.

Águas subterrâneas

Os aquíferos são reservatórios subterrâneos, localizados a centenas de metros de profundidade com centenas de milhares de quilômetros cúbicos de água. No subsolo do território brasileiro, embora a quantidade de água seja grande mesmo nas áreas semiáridas do Nordeste, os principais volumes estão no Sul, no Sudeste e no Centro-Oeste, compondo o aquífero Guarani (que inclui países vizinhos), e na região Norte, com o aquífero Alter do Chão, que configura o Saga.

Em geral, aquíferos contêm água adequada ao consumo humano, porém os lençóis freáticos perto da superfície podem estar contaminados por toxinas oriundas da agricultura e de atividades industriais, o que torna essa água imprópria para o consumo. Além disso, a exploração deve ser criteriosa, pois suas águas são importantes para a manutenção da vegetação natural e alimentam os rios.

Brasil: aquíferos Guarani e Alter do Chão, e o Sistema Aquífero Grande Amazônia (Saga)

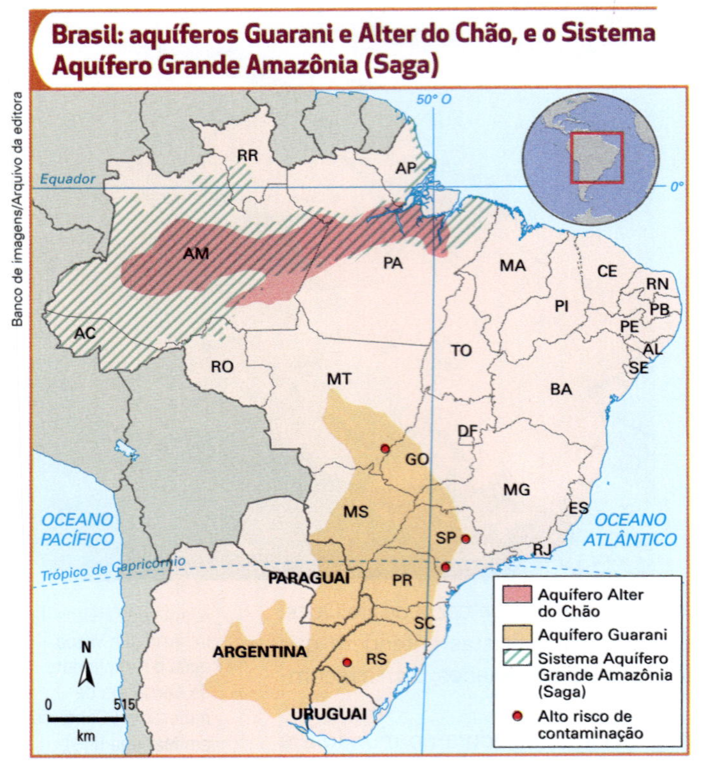

Elaborado com base em: CALDINI, Vera; ÍSOLA, Leda. *Atlas geográfico Saraiva*. 4. ed. São Paulo: Saraiva, 2013. p. 37; SCIENTIFIC American Brasil. A redescoberta do aquífero Guarani. Disponível em: http://sciam.uol. com. br/a-redescoberta-do-aquifero-guarani/. Acesso em: jan. 2020.

Aquífero Guarani

Um dos maiores do mundo, o aquífero Guarani constitui importante reserva estratégica para abastecimento da população e desenvolvimento de atividades econômicas, sobretudo por estar em uma **região densamente povoada**. Ele se estende por 1,2 milhão de km², dos quais 71% no Brasil, 19% na Argentina, 6% no Paraguai e 4% no Uruguai.

A formação de grandes reservas de água subterrânea, como o aquífero Guarani, está associada à presença de estrutura geológica sedimentar, onde as rochas, diferentemente do que ocorre em áreas cristalinas, têm permeabilidade maior.

O aquífero já é intensamente utilizado para abastecimento público, industrial e irrigação, entre outras finalidades, o que demanda uma política de manejo e gestão ambiental adequadas para que ele não seja contaminado por agrotóxicos, dejetos de animais, esgoto e resíduos industriais presentes nos rios da região e nos aterros sanitários.

Em 2003, foi lançado o Projeto Aquífero Guarani, financiado com recursos nacionais e internacionais, que visava à adoção de uma política de gestão conjunta dos países do Mercosul (Argentina, Uruguai, Paraguai e Brasil) para, por meio da exploração sustentável e do controle de possíveis pontos de contaminação, manter a qualidade do aquífero.

Aquífero Alter do Chão e o Sistema Aquífero Grande Amazônia (Saga)

Com base em pesquisas do Instituto de Geociências da Universidade Federal do Pará (UFPA), constatou-se, em 2013, que o reservatório subterrâneo então conhecido como Alter do Chão, na região amazônica, é bem mais extenso do que se tinha noção e engloba trechos de aquíferos mais a oeste, como o Solimões e o Acre, compreendendo um sistema gigantesco que se estende no sentido leste-oeste, inclusive para além do Brasil, aproximadamente na mesma direção do rio Amazonas. Acredita-se que mais de 60% da área do sistema Saga esteja no país.

Estima-se que o volume de água seja quatro vezes maior que o do aquífero Guarani, sendo o maior do mundo e suficiente para abastecer todo o consumo mundial de água por 250 anos. Por estar em uma área de baixa densidade populacional e distante dos principais centros consumidores, o Saga é pouco explorado.

Exploração mineral e problemas ambientais

De fundamental importância para o abastecimento de matérias-primas usadas na indústria, as jazidas minerais são recursos naturais não renováveis. Assim, se não forem exploradas de forma racional provavelmente não estarão disponíveis para as gerações futuras. Esse, no entanto, é apenas um dos problemas da atividade mineradora.

A mineração é responsável por grandes danos ambientais. A paisagem é alterada de diversas formas: por escavações necessárias à retirada dos minérios; pela instalação de equipamentos e sistemas de transporte; pela retirada da vegetação nativa; pela poluição das águas dos rios e do lençol freático por produtos químicos tóxicos usados no processo de extração; pela contaminação do solo por óleos e graxas utilizados nos maquinários e nos veículos.

Os rejeitos da extração mineral geralmente são empilhados nas proximidades, podendo ampliar a área de vegetação devastada e provocar o assoreamento de rios ao serem transportados pela chuva ou pelo vento, ou ainda ser responsáveis por tragédias de grandes proporções se a barragem de rejeitos romper, como a que ocorreu em Brumadinho (MG), em 2019 (veja o boxe *Saiba mais* na página seguinte). Muitas minas são abandonadas quando esgotada a capacidade produtiva, e as mineradoras raramente realizam os reparos ambientais necessários para reconstituir o relevo e a vegetação e diminuir os danos causados.

Marcos Amend/Pulsar Imagens

Vista aérea de área de degradação ambiental causada por garimpo ilegal de ouro em Apiacás (MT). Foto de 2019.

No Brasil, o garimpo de ouro ocorre principalmente em rios da Amazônia. O mercúrio, um metal líquido à temperatura ambiente, é utilizado nessa atividade para separar as pepitas de ouro dos detritos dispersos na terra. Ao se misturar o mercúrio com o ouro, gera-se o amálgama. Posteriormente, o amálgama é aquecido, e os metais são separados: o ouro é guardado e o mercúrio é descartado na natureza. O mercúrio, porém, é altamente tóxico, e sua ingestão pode comprometer o sistema nervoso humano, provocar debilidade mental, cegueira e até levar à morte. Além de contaminar o organismo do garimpeiro, ao ser lançado em rios ele é absorvido pelos peixes, contaminando todos os que consomem os produtos da pesca.

! Dica

A lei da selva (*La loi de la jungle*)

Direção de Philippe Lafaix. França: Warner/NBC Universal, 2003. 53 min.

Documentário sobre a exploração clandestina de ouro na Amazônia (na Guiana Francesa), com depoimentos de brasileiros submetidos a regime de semiescravidão.

Saiba mais

Brumadinho

Início da tarde de sexta-feira (25/01), horário de almoço. No refeitório da mineradora Vale, em Brumadinho (MG), dezenas de trabalhadores almoçavam quando a barragem de rejeitos do Córrego do Feijão se rompeu. A avalanche de lama atingiu a parte administrativa da empresa, incluindo o refeitório e a comunidade da Vila Ferteco. Havia cerca de 430 trabalhadores da Vale no local. Às 13h37, a Secretaria do Estado de Meio Ambiente foi informada do acidente pela mineradora. Passados três anos do acidente da Samarco, subsidiária da Vale em Mariana, também em Minas, a mesma empresa se via envolta de um outro desastre, dessa vez com muito mais vítimas humanas.

Cerca de 14 milhões de toneladas de lama e rejeitos de minério de ferro percorreu 8 quilômetros em poucos dias, poluindo o rio Paraopeba. Quase 11 meses após o desastre, 252 mortos. Treze pessoas continuam desaparecidas.

A barragem que se rompeu em Brumadinho é do mesmo tipo do acidente de Mariana. Chamado de "a montante", é um tipo de barragem que permite a ampliação para cima do dique usando o próprio rejeito como fundação. É um dos modelos de construção de barragens mais usados na mineração, por causa do custo, mas também um dos mais instáveis.

A Mina do Feijão 1, construída acima da estrutura da mineradora e da cidade, quando se rompeu, virou avalanche enterrando tudo o que tinha pela frente.

RODRIGUES, Sabrina. Retrospectiva: rompimento da barragem de Brumadinho foi a primeira grande tragédia ambiental do ano. *((o))eco*, 16 dez. 2019. Disponível em: www.oeco.org.br/noticias/rompimento-da-barragem-de-brumadinho-e-a-primeira-grande-tragedia-ambiental-do-ano/. Acesso em: jan. 2020.

Fotos: Reprodução/Digital Globe

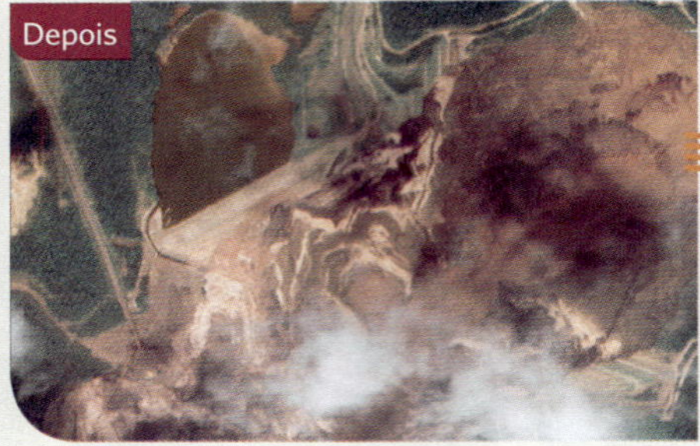

Vista aérea de Brumadinho (MG) em 2018, antes do rompimento da barragem de rejeitos da Vale; e em 2019, após o rompimento da barragem.

Redução: processo físico-químico em que se reduz o metal presente no minério, aumentando o teor metálico. As técnicas para a redução variam conforme o metal e podem demandar calor, eletricidade e substâncias químicas.

Reciclagem de metais

A reciclagem ameniza os custos econômicos e os danos ambientais das diferentes etapas da mineração, desde a extração até a **redução** do minério a metal. O reaproveitamento dos metais descartados no lixo ou recolhidos em ferros-velhos, conhecidos como sucata, elimina o processo de redução, diminui o consumo de energia e não altera a qualidade final do produto.

Sergio Ranalli/Pulsar Imagens

Trabalhador em centro de coleta de alumínio para reciclagem. Pindamonhangaba (SP), 2018.

Calcula-se que 40% do aço consumido no mundo seja produzido com a reciclagem de metais ferrosos. A reciclagem do alumínio utiliza 95% menos energia que o processo original e elimina os custos de extração da bauxita, evitando os problemas ambientais inerentes ao processo de mineração.

Uso e ocupação do solo

No Brasil, com a alta intensidade e constância das chuvas em determinadas épocas, áreas de encostas, de terrenos íngremes, ficam suscetíveis a deslizamentos de terras, principalmente nos locais de onde a vegetação foi retirada. Nesse caso, ocorre a **erosão** pluvial, causada pela água da chuva.

Erosão: retirada, transporte e deposição de sedimentos de rocha e do solo por meio da ação da água, dos ventos ou do gelo.

As encostas são ocupadas por moradias em muitas cidades brasileiras, sobretudo pela população de baixa renda. Quando ocorrem, os deslizamentos de terra resultam em problemas sociais graves, como a destruição de casas e a perda de vidas.

O desmatamento das encostas aumenta o escoamento superficial da água e, consequentemente, agrava o processo de perda de solo. Os sedimentos são carregados pela água da chuva para o leito dos rios, gerando acúmulo de detritos e resultando no assoreamento e na diminuição da capacidade de vazão dos rios.

Apesar de leis determinarem que parcelas dos terrenos deveriam permanecer com piso drenante (como grama e outras plantas, sem cobertura por cimento, concreto, asfalto, etc.), elas muitas vezes não são cumpridas. Com a ampla impermeabilização do solo, a ocupação das margens de rios e córregos (planícies de inundação) e o acúmulo de lixo nas vias públicas, levado pelas chuvas para bueiros e tubulações, o resultado é o agravamento das enchentes nos centros urbanos.

Na zona rural, o manejo inadequado do solo também pode provocar sérios danos socioambientais. A perda do solo agrícola e a baixa produtividade muitas vezes estão relacionadas à utilização inadequada das máquinas agrícolas. Para evitar isso, é preciso fazer a análise do solo e definir as melhores técnicas e maquinários. Nem sempre as técnicas empregadas em países de clima temperado são adequadas aos de clima tropical, como o Brasil. Aqui, manter o solo coberto com vegetação (cobertura viva) ou palha (cobertura morta) é essencial para evitar a erosão.

Um solo desprotegido e mal arado perde alguns centímetros em uma única chuva de verão, que levariam cerca de mil anos, em condições favoráveis, para serem repostos. Quanto mais solo for erodido, menos água será armazenada, e as culturas sentirão mais intensamente os efeitos da seca. Quando as chuvas forem muito fortes, a água atingirá a rocha matriz e, não havendo mais solo para penetrar, encharcará o terreno, prejudicando a plantação.

Além dos processos erosivos, a ação intensa da água em solos expostos pode provocar sua lixiviação ou laterização. De modo bem simples, a lixiviação caracteriza-se pela perda de minerais e matéria orgânica das camadas mais superficiais do solo, levadas para as camadas mais profundas e podendo até ser carregadas pelos lençóis freáticos. Esse processo decorre da intensa infiltração da água no solo, geralmente naqueles que ficam expostos em ambientes de chuva abundante ou, mais raramente, por irrigação artificial excessiva.

Laterização é a formação de lateritas - blocos compactos, sólidos e impermeáveis -, decorrente de reações químicas provocadas pelo contato da água com minerais presentes no solo (frequentemente ferro e alumínio), mudando sua composição e cor e também deixando-os mais ácidos. Essa nova característica físico-química do solo inviabiliza o seu cultivo.

Mauricio Simonetti/Pulsar Imagens

Plantação de cana-de-açúcar em curvas de nível em Santa Maria da Serra (SP), 2019. A técnica dificulta o processo erosivo por diminuir a força do escoamento superficial da água.

Saiba mais

A erosão laminar ocorre pelo escoamento superficial e uniforme da água sobre o terreno, que desgasta o solo lentamente, em geral de maneira menos perceptível que nas voçorocas.

As voçorocas (ou boçorocas) ocorrem pelo escoamento da água por canais preferenciais, o que forma enormes valas. Estas são comuns em ambientes tropicais úmidos e com relevos cuja topografia tem maior declividade.

Gerson Sobreira/Terrastock

Terreno erodido, com formação de voçorocas, em Chapada dos Guimarães (MT), 2018.

Salinização do solo

A salinização ocorre com a concentração de sais solúveis (cloreto de sódio, sulfatos de cálcio, bicarbonatos e magnésio) no solo. Esses sais são atraídos por capilaridade para camadas superiores do solo junto com a água oriunda dos lençóis freáticos. Costuma ocorrer em áreas de baixa precipitação e elevadas temperaturas, como em regiões de climas árido ou semiárido, pois, com a evaporação e a transpiração dos vegetais, o solo perde água e nele ficam os resíduos de sais acumulados.

Nas regiões de clima com baixos índices pluviométricos, a atividade agrícola depende, em boa parte, da irrigação. Nesse caso, a água captada traz sais solúveis, aumentando a quantidade de sal no solo. Como o acúmulo de sais no solo dificulta a absorção da água pelos vegetais, ele afeta a produtividade agrícola e pode impedir a germinação de certas espécies. Assim, são necessárias técnicas de irrigação que levem quantidades de água adequadas aos cultivos sem ampliar o volume de sais concentrados.

Mario Yoshida

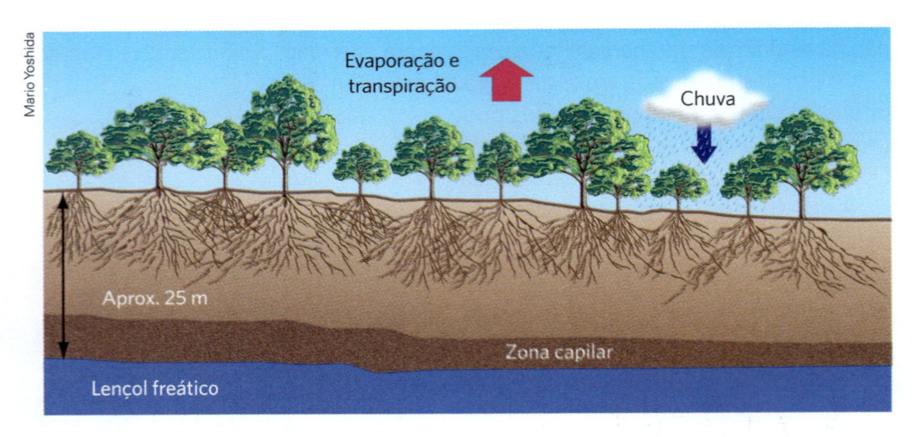

CORES FANTASIA

IMAGEM FORA DE PROPORÇÃO

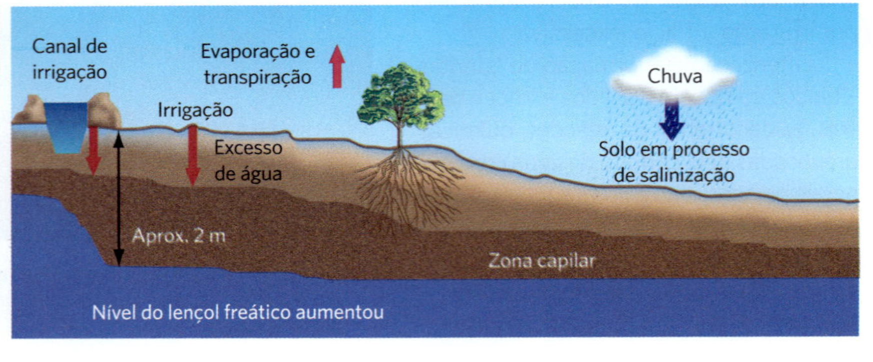

Elaborado com base em: STATE OF NEW SOUTH WALES THROUGH THE DEPARTMENT OF TRADE AND INVESTMENT, REGIONAL INFRASTRUCTURE AND SERVICES. *Salinity Training Manual*. Sydney: NSW Department of Primary Industries, 2014. Disponível em: www.dpi.nsw.gov.au/__data/assets/pdf_file/0008/519632/Salinity-training-manual.pdf. Acesso em: abr. 2020.

Regulação ambiental

O Brasil conta com um conjunto de instituições e leis para preservar o meio ambiente e orientar a exploração dos recursos naturais e a instalação de grandes obras de infraestrutura, além de centros de pesquisas e universidades com pessoal altamente qualificado.

Na esfera federal, destacam-se o Ministério do Meio Ambiente (MMA), o Instituto Brasileiro do Meio Ambiente (Ibama) e o Instituto Chico Mendes de Conservação da Biodiversidade (ICMBio). O MMA se destaca pelo papel centralizador e de coordenação das políticas e atividades das demais entidades públicas. O Ibama é responsável pelos licenciamentos ambientais de empreendimentos interestaduais e de áreas mais complexas e sensíveis, como aquelas que ameacem terras indígenas, e também cumpre papel de agente fiscalizador. O ICMBio, por sua vez, atua na implantação e no monitoramento das Unidades de Conservação. Além da esfera federal, há órgãos estaduais e municipais, como as secretarias do meio ambiente, responsáveis pela legislação, pelo licenciamento e pela fiscalização de projetos locais.

Entre os variados estudos e documentos exigidos para o licenciamento de projetos relacionados ao uso e à exploração de recursos naturais e ambientais e para obras que podem impactar negativamente o meio ambiente, destaca-se o Estudo de Impacto Ambiental (EIA) e sua versão simplificada, para debate pela população: o Relatório de Impacto Ambiental (Rima). A construção e operação de hidrelétricas, portos, rodovias, ferrovias e a extração mineral, por exemplo, necessitam que esses documentos sejam previamente elaborados por uma equipe técnica multidisciplinar para avaliar sua viabilidade ambiental. Muitas vezes, os impactos socioambientais negativos diagnosticados podem ser contornados ou mitigados com propostas que envolvem remoção da fauna, construção de vilas e casas para as pessoas atingidas pelo empreendimento, entre outras intervenções.

No plano legal, o país dispõe de um conjunto de leis para normatizar o uso e a exploração dos variados recursos naturais e ambientais do país, tais como extração de petróleo, exploração mineral, captação de água doce, desmatamento, etc. Entre elas destaca-se o Código Florestal Brasileiro, nome mais comum para a Lei de Proteção da Vegetação Nativa (Lei nº 12.651), reformulada em 2012, após muitas polêmicas entre ambientalistas e ruralistas.

A lei original, de 1965, segundo os ruralistas, era muito rigorosa e restritiva, difícil de ser cumprida na prática. Assim, muitos produtores rurais não a seguiam corretamente. Os ambientalistas apontaram que a nova lei promoveu a anistia e regularização de vasta extensão de terras ocupadas irregularmente e desobrigou os proprietários de terra de promover o reflorestamento integral dessas áreas. Também foi permitida a realização de compensação ambiental pelo desmatamento por meio do plantio de espécies exóticas, como eucalipto e pinheiro. Outras críticas são a redução das Áreas de Preservação Permanente (topos de morro, vertentes íngremes, entorno das nascentes e dos rios) e das áreas de Reserva Legal (preservação de parte da vegetação nativa), o cultivo de topos de morros e a suspensão de multas não pagas.

Divulgação/Ibama

Agente do Ibama com madeira ilegal apreendida em operação de 2019 que ainda aplicou R$ 4,7 milhões em multas em 20 fazendas em Mato Grosso.

Zoneamento Ecológico-Econômico

Visando a um uso sustentável dos recursos naturais e ao equilíbrio dos ecossistemas brasileiros, o governo criou o Zoneamento Ecológico-Econômico (ZEE), mecanismo de gestão ambiental que consiste na delimitação de zonas nas quais são identificados o potencial natural, a vulnerabilidade e os conflitos sociais existentes, com o objetivo de estabelecer atividades compatíveis com essas características. A intenção é orientar as políticas públicas - municipais, estaduais e federais - voltadas para a exploração dos recursos de acordo com o critério de sustentabilidade socioeconômica e ambiental, ou impedir qualquer forma de exploração, tudo apoiado em leis, como a que regulamenta o uso de florestas e outros biomas, a que regulamenta o uso dos recursos hídricos e a que define as Unidades de Conservação.

Unidades de Conservação (UCs)

As **Unidades de Conservação Ambiental** (**UCs**) são espaços geralmente formados por áreas contínuas, estabelecidos com a finalidade de preservar ou conservar a flora, a fauna, os recursos hídricos, as características geológicas e geomorfológicas, as belezas naturais, as zonas costeira e marinha, enfim, a integridade do ambiente.

Muitas UCs encontram-se isoladas, formando ilhas cercadas de atividades predatórias (como intensa ocupação populacional sem planejamento e agricultura comercial) que comprometem a conservação plena dos sistemas naturais. A sustentabilidade dessas áreas depende da construção de corredores ecológicos ou corredores de biodiversidade, que minimizam os efeitos da fragmentação dos ecossistemas, permitindo a conexão entre as UCs e entre estas e as Terras Indígenas, ou mesmo com áreas degradadas, garantindo o fluxo de animais, a disseminação de sementes, a ampliação da cobertura vegetal e a recuperação dos ecossistemas.

Na esfera federal, as UCs são geridas pelo ICMBio. Nas esferas estadual e municipal, são de responsabilidade dos Sistemas Estaduais e Municipais de Unidades de Conservação. Há diversos tipos de Unidades de Conservação no Brasil. A definição de cada uma depende de algumas características e dos objetivos delas, como exploração sustentável de recursos naturais ou preservação total do ecossistema.

Unidades de Conservação no Brasil

<table>
<tr><th></th><th>Tipo</th><th>Características e objetivos</th></tr>
<tr><td rowspan="5">UCs DE PROTEÇÃO INTEGRAL
(USO INDIRETO, SEM EXPLORAÇÃO DE RECURSOS NATURAIS)</td><td>Estações Ecológicas (Esec)</td><td rowspan="2">Preservação integral da natureza. São permitidas pesquisas científicas, e a visitação pública é proibida, exceto para fins educacionais. Ambas necessitam de autorização prévia.</td></tr>
<tr><td>Reservas Biológicas (Rebio)</td></tr>
<tr><td>Monumentos Naturais (Monat)</td><td rowspan="3">Admitem pesquisa científica e são abertas à visitação pública. Têm como objetivo preservar áreas de grande beleza cênica natural.</td></tr>
<tr><td>Parques Nacionais (Parna)</td></tr>
<tr><td>Refúgios de Vida Silvestre (Revis)</td></tr>
<tr><td rowspan="7">UCs DE USO SUSTENTÁVEL
(EXPLORAÇÃO SUSTENTÁVEL DOS RECURSOS NATURAIS)</td><td>Áreas de Proteção Ambiental (APA)</td><td rowspan="7">São áreas de rica biodiversidade e que permitem a ocupação humana. Visam à conservação do meio ambiente, ao desenvolvimento de pesquisas e à exploração sustentável, por meio do manejo adequado de seus recursos naturais.</td></tr>
<tr><td>Áreas de Relevante Interesse Ecológico (Arie)</td></tr>
<tr><td>Florestas Nacionais (Flona)</td></tr>
<tr><td>Reservas Extrativistas (Resex)</td></tr>
<tr><td>Reservas de Desenvolvimento Sustentável (RDS)</td></tr>
<tr><td>Reservas de Fauna (Refau)</td></tr>
<tr><td>Reservas Particulares do Patrimônio Natural (RPPN)</td></tr>
</table>

Unidades de conservação e comunidades tradicionais

O estudo da relação entre a sociedade e a natureza não é exclusividade da Geografia: outros campos das Ciências Humanas, como Sociologia e Antropologia, também se dedicam a esse tema, segundo suas especificidades teóricas e metodológicas.

A criação de Unidades de Conservação no Brasil se pautou a princípio no modelo dos Estados Unidos, onde os Parques Naturais eram concebidos como santuários que deveriam ser protegidos da ação humana, necessariamente um agente destruidor da natureza. Mais recentemente, graças a estudos de sociólogos e antropólogos sobre as culturas dos povos tradicionais, essa concepção sobre as áreas de proteção ambiental foi alterada.

- Leia o texto a seguir, que trata dessas diferentes visões sobre conservação da natureza e explique as duas visões presentes no texto.

Conflitos e participação social

No Brasil, muitos locais eleitos para a criação de Unidades de Conservação, sobretudo parques, já eram habitados por populações ribeirinhas, pequenos agricultores e extrativistas. Não são raros os casos de UCs implantadas sem a participação de populações locais. Isso provocou muitos conflitos entre essas pessoas e os órgãos públicos responsáveis pela administração das UCs.

Essa implantação forçada é hoje considerada polêmica. No passado, porém, obrigou índios, quilombolas e agricultores a saírem de suas áreas inseridas em UCs, em alguns casos com o uso de violência e força policial.

A adesão a políticas participativas, porém, ainda não é uma realidade em todos os órgãos governamentais da administração pública brasileira, pois são poucos os que pensam as relações entre atividade humana e ambiente em Unidades de Conservação. Muitos ainda atuam sob a ótica da gestão autoritária, que privilegia a fiscalização ao invés do diálogo com as comunidades.

Os conflitos entre moradores e parques motivaram inúmeros debates em todo o mundo e inspiraram a criação de outros modelos de conservação mais condizentes com a realidade local.

Foi assim que, em 1990, as primeiras Reservas Extrativas do Brasil (Alto Juruá, Chico Mendes, Rio Cajari e Rio Ouro Preto), também chamadas de Resex, foram instituídas. Com isso, as populações tradicionais foram promovidas: de vilãs do meio ambiente, que impediam a criação das unidades, passaram a ser aliadas em sua conservação.

SIMON, Alba; GOUVEIA, Maria Teresa de J. *O destino das espécies*. Rio de Janeiro: Garamond, 2011. p. 100-101.

Andre Dib/Pulsar Imagens

Em meio a dunas, casas da comunidade de pescadores tradicionais da Ilha dos Lençóis, na Reserva Extrativista de Cururupu (MA). A reserva é parte da APA das Reentrâncias Maranhenses. Foto de 2019.

Olho no espaço

Criar UCs para preservar ou conservar

- Observe o mapa e responda às questões a seguir.

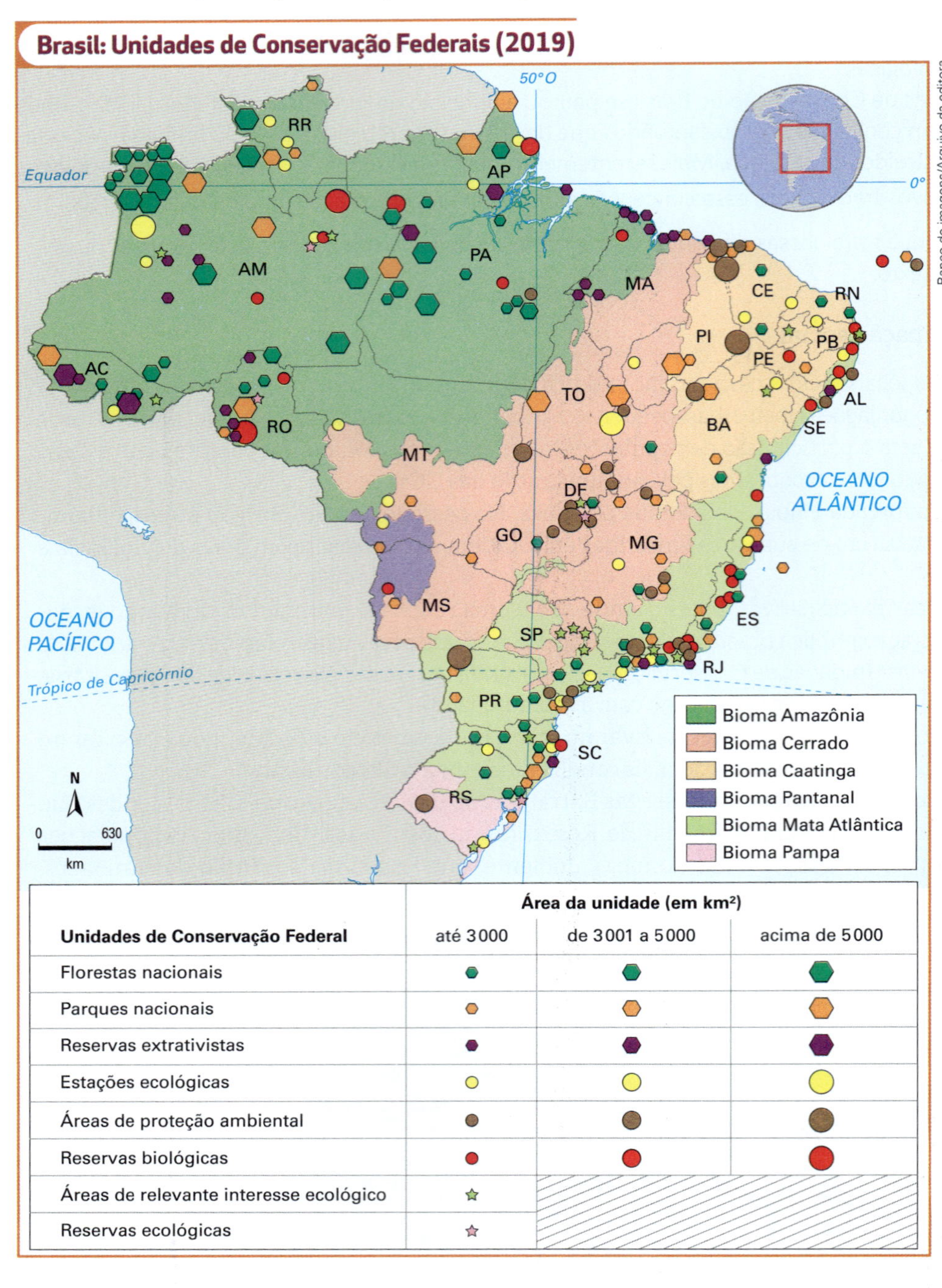

Banco de imagens/Arquivo da editora

Elaborado com base em: GIRARDI, Gisele; ROSA, Jussara Vaz. *Atlas geográfico*. São Paulo: FTD, 2016. p. 66; IBGE. *Atlas geográfico escolar*. Rio de Janeiro: IBGE, 2012. p. 106-107; MINISTÉRIO do Meio Ambiente. Governo cria cinco unidades de conservação. *MMA*, 5 abr. 2018. Disponível em: www.mma.gov.br/informma/item/14705-noticia-acom-2018-04-2931.html. Acesso em: jan. 2020; FERREIRA, Rafael. Prefeitura de Anápolis, em Goiás, cria nova unidade de conservação. *Wikiparques*, 19 jun. 2019. Disponível em: www.wikiparques.org/prefeitura-de-anapolis-em-goias-cria-nova-unidade-de-conservacao/. Acesso em: jan. 2020.

a) Dois biomas se destacam por abrigar o maior número de Unidades de Conservação. Quais?

b) Contabilizar o número de Unidades de Conservação é suficiente para apontar os biomas com maior percentual de proteção? Por quê?

c) Em qual região administrativa do país (IBGE) há menos Unidades de Conservação? Que hipótese pode ser levantada para explicar esse fato?

Atividades

1 Analise os textos a seguir e comente os atuais problemas socioambientais brasileiros.

TEXTO 1

> [...] na tentativa de viabilizar o capitalismo moderno no país, foi adotado um modelo econômico preponderantemente voltado à exportação e, para atingir níveis de eficiência compatíveis com a economia internacional, foram estabelecidas metas de produção que utilizam pouca mão de obra, exigem grande concentração de capital e se apropriam dos recursos naturais sem nenhuma prudência ecológica.
>
> Isso pode ser visto mais notadamente na agricultura e na indústria, onde a importação de tecnologias desenvolvidas no Hemisfério Norte e sua implantação no Hemisfério Sul, em condições ambientais totalmente diversas, tanto do ponto de vista físico como social, causou impactos imediatos sobre o ambiente e sobre a qualidade de vida. [...]
>
> GALVÃO, Raul Ximenes. *In*: RODRIGUES, Rosicler Martins. A questão ambiental no Brasil. *Revista de Ensino de Ciências*, n. 18, ago. 1987. p. 4. Disponível em: www.cienciamao.usp.br/dados/rec/_aquestaoambientalnobrasi.arquivo.pdf. Acesso em: jan. 2020.

TEXTO 2

> Incentivar que as comunidades mantenham a exploração de alguns elementos da natureza é importante porque você incentiva tradições desses povos. A colheita da castanha-do-pará, por exemplo, envolve um ritual tradicional entre índios da Amazônia.
>
> Grupos familiares saem pela floresta para colher a castanha e passam alguns dias andando e dormindo juntos, debaixo das castanheiras.
>
> Nesse período acontece uma convivência importante para as gerações mais novas que ouvem as histórias dos mais velhos e conhecem mais de sua cultura. Adriano Jerozolimski, coordenador da Associação Floresta Protegida, afirma que outra vantagem desse ritual de colheita é a ocupação das matas pelos índios, ainda que seja por poucos dias. "Quando os índios circulam pelas matas, evitam que elas fiquem esquecidas e sem proteção, correndo o risco de serem invadidas, griladas e desmatadas", diz. [...]
>
> HERRERO, Thaís. Como o marco legal da biodiversidade pode proteger nossas florestas. *Época*, 10 jun. 2015. Disponível em: https://epoca.globo.com/colunas-e-blogs/blog-do-planeta/amazonia/noticia/2015/06/como-o-marco-legal-da-biodiversidade-pode-proteger-nossas-florestas.html. Acesso em: jan. 2020.

2 Analise o cartum do desenhista brasileiro Paulo Emmanuel (1964-) e responda às questões.

a) Qual é o tema do discurso do pescador?

b) A que zona climática ele pode ser relacionado?

c) No cartum, um pescador conta uma história que parece irreal. Converse com os colegas e explique o significado da expressão "história de pescador".

© Paulo Emmanuel/Acervo do cartunista

3 Observe as imagens de satélite e responda às perguntas a seguir.

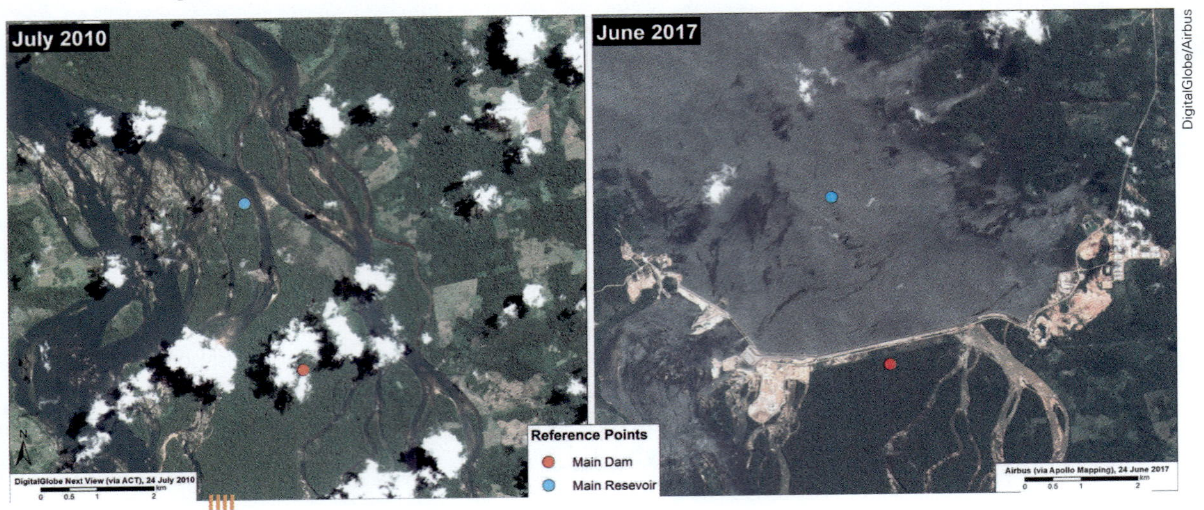

Imagens de satélite do local de represamento do rio Xingu em julho de 2010, antes do início das obras da usina de Belo Monte (à esquerda), e em junho de 2017, quase sete anos após o início das obras (à direita).

a) Que impactos ambientais podem ser identificados?

b) Que outros problemas socioambientais são comuns à instalação e operação de usinas hidrelétricas?

c) Quais são as particularidades técnicas, as vantagens ambientais e as desvantagens energéticas da usina de Belo Monte?

d) Que problemas a construção da usina de Belo Monte causou?

4 Observe a foto ao lado.

a) Analise o conjunto de fatores que contribuem para a ocorrência de desastres como o apresentado na imagem.

b) Esse tipo de situação acontece no município em que você vive? Em caso afirmativo, o que pode ser feito para amenizá-la, em sua opinião?

Bombeiros atuam em morro em Santos (SP), após deslizamento de terra em março de 2020.

5 Que cuidados é preciso observar no manejo do solo durante as atividades agrícolas para evitar processos erosivos e perda de nutrientes?

6 Leia o texto e responda: Qual é a crítica do autor à criação de Unidades de Conservação?

> Atualmente, quase 15% do território brasileiro é reconhecido como Terras Indígenas, mas o homem branco – faça parte do governo ou da iniciativa privada – que não enxerga nesse patrimônio o bem comum, a força cultural e espiritual indígena vê em tudo isso uma oportunidade de inovar seus avanços colonialistas.
>
> Fazem isso, por exemplo, ao querer transformar as Terras Indígenas em áreas de proteção ambiental, como se lá não houvesse famílias que se utilizam dos recursos naturais para a sua medicina, fontes alimentares e sua **cosmovisão**.
>
> TERENA, Marcos. O meio ambiente e as Terras Indígenas. *In*: TRIGUEIRO, André. *Mundo sustentável 2*: novos rumos para um planeta em crise. São Paulo: Globo, 2012. p. 231.

Cosmovisão: concepção sobre o Universo; modo de interpretação da realidade.

Domínios naturais

Restam pouquíssimos trechos preservados ou relativamente conservados de paisagens naturais no espaço terrestre. Isso é resultado das relações das sociedades com os ecossistemas naturais, não somente nos tempos atuais, mas ao longo da história, sobretudo nos últimos 300 anos. Compreender as características do relevo, do clima e das formações vegetais é fundamental para estruturar formas de relação sociedade-natureza pautadas pelo desenvolvimento sustentável.

Este capítulo favorece o desenvolvimento das habilidades:

EM13CHS106

EM13CHS302

Andre Dib/Pulsar Imagens

Vista de parte da Floresta Amazônica e do rio Anauá no município Caracaraí (RR), em 2019.

Contexto

1 Sobre as formas de relevo da região onde se encontra a Floresta Amazônica, responda:

a) Quais as características principais dessas formas?

b) Explique também as características quanto às variações altimétricas e sua relação com a formação de massa de ar na região e a ocorrência de chuvas na América do Sul.

2 Além dessa formação florestal, quais são as outras formações florestais no Brasil? E não florestais?

3 Qual o tipo climático presente na região da Floresta Amazônica e quais são suas características? Explique a relação entre a formação florestal e esse tipo de clima.

Domínios morfoclimáticos

Os **domínios naturais** são regiões de grande dimensão territorial, onde a paisagem apresenta características morfológicas (referente ao relevo), climáticas e **fitogeográficas** diferentes daquelas preponderantes em outros domínios.

Fitogeográfico: relativo aos fatores ambientais que explicam a distribuição espacial da formação vegetal.

Também chamados de **domínios morfoclimáticos e fitogeográficos**, são estabelecidos pela interação de fatores bióticos (cooperação ou competição entre as espécies vegetais e animais), químicos (água e nutrientes necessários à sobrevivência dos seres vivos) e físicos (clima, solo e relevo). Portanto, são resultado da interação das formações vegetais, da hidrografia, do solo e, sobretudo, do clima e do relevo. Normalmente, recebem o nome da formação vegetal dominante, pois esta sintetiza as relações entre os diversos elementos que compõem cada domínio.

Os domínios naturais no planeta Terra compreendem centenas de milhares de quilômetros quadrados de área, chegando a milhões em algumas regiões, por onde se distribuem muitos ecossistemas.

Segundo classificação do geógrafo **Aziz Ab'Saber** (1924-2012), o Brasil apresenta seis grandes **domínios morfoclimáticos**: Amazônico, Mares de Morros (Mata Atlântica), Araucárias, Cerrado, Caatinga e Pradarias. Entre esses domínios, aparecem amplas faixas de transição, que apresentam elementos difusos de dois ou mais domínios. Observe o mapa a seguir.

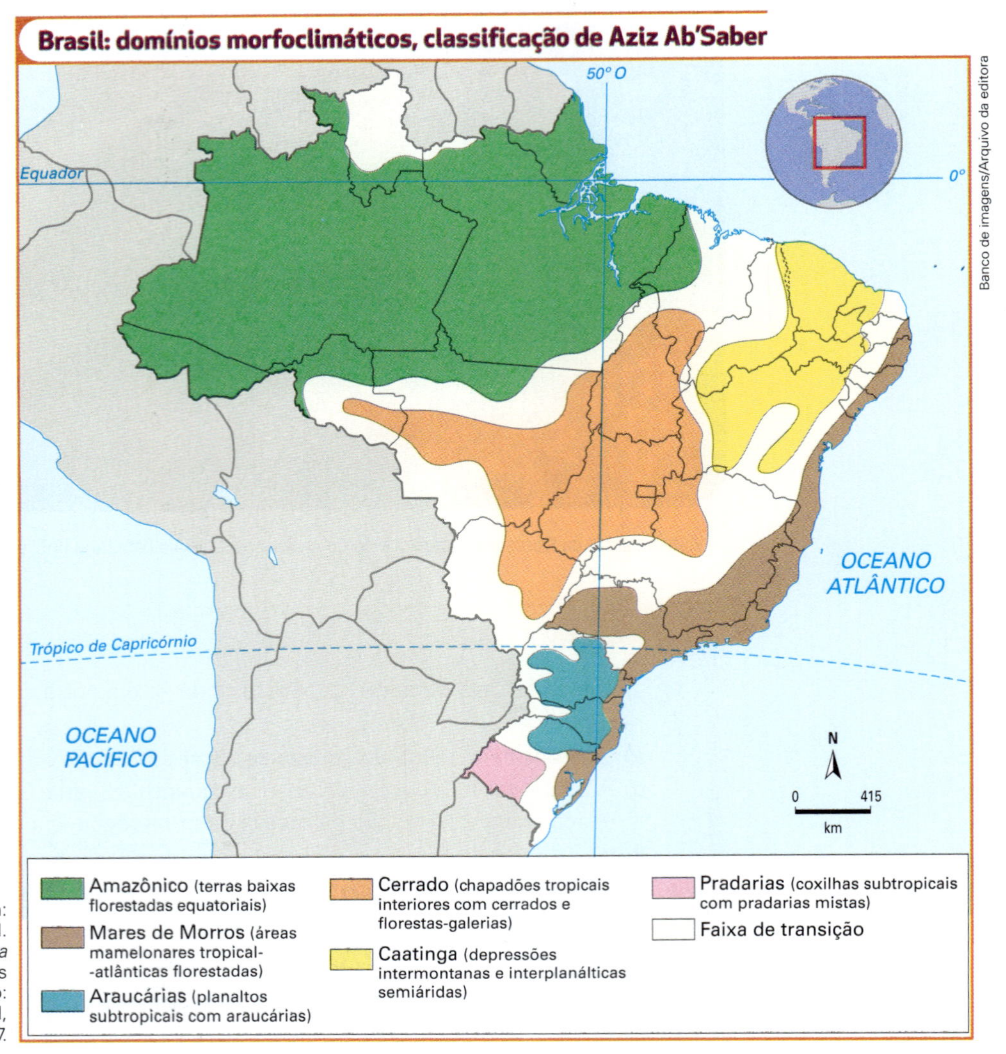

Elaborado com base em: AB'SABER, Aziz N. *Os domínios da natureza no Brasil:* potencialidades paisagísticas. São Paulo: Ateliê Editorial, 2003. p. 16-17.

As características morfológicas

As diferentes formas da superfície terrestre compõem o conjunto das formas do relevo que, ao longo da história, constituiu-se em um elemento importante no processo de ocupação do território e no desenvolvimento das atividades humanas. Entre essas atividades, está a agricultura: praticada há milhares de anos, ela está condicionada, em certa medida, às formas do relevo e às características do solo.

O planejamento e a construção de infraestrutura, como rodovias, ferrovias, instalação de barragens e usinas hidrelétricas, também são exemplos de processos de modificação do espaço geográfico que devem levar em conta as características **topográficas** e a estrutura geológica dos locais. É preciso considerar, no entanto, que as intervenções humanas nas formas de relevo e a utilização do solo podem gerar problemas ambientais, como visto no Capítulo 22.

Topográfica: relativo à topografia, que é a descrição das formas do terreno, suas configurações e associações, sem considerar os elementos ligados à gênese, ou seja, aos processos que atuaram na estruturação das formas de relevo.

As formas do relevo são resultado da ação de duas forças ou agentes que atuam na estrutura e na modelagem do relevo: os agentes externos, ou **exógenos**, e os agentes internos, ou **endógenos**. Os agentes internos, responsáveis pela estrutura interna do relevo, são o tectonismo, o vulcanismo e os terremotos (abalos sísmicos). Os agentes externos, como rios, chuvas, geleiras, mares, ventos, variação de temperaturas e seres vivos, atuam no desgaste da superfície terrestre e atribuem formas ao relevo.

Explore

- Observe as fotos e responda às questões.

Zig Koch/Tyba

Trecho da rodovia SC-390, localizada na serra do Rio do Rastro, faz a ligação entre os municípios de Bom Jardim da Serra e Lauro Muller, em Santa Catarina. Foto de 2018.

Nelson Almeida/Agência France-Presse

Colheita mecanizada de algodão, em Formosa do Rio Preto (BA), 2019.

a) Que análise é possível fazer sobre a relação entre sociedade e natureza nos casos das duas fotos, considerando o aspecto topográfico?

b) Levando-se em conta o traçado da rodovia, de que outra maneira ela poderia ser construída a fim de evitar grande quantidade de curvas? Pense em outros exemplos do território brasileiro e de outros países. Que implicações isso teria no custo da obra? Explique.

Relevo do Brasil

A estrutura geológica do Brasil é, em sua grande porção, bastante antiga, formada nos Éons Arqueano e Proterozoico para os terrenos cristalinos, e nas Eras Paleozoica e Mesozoica para boa parte dos terrenos sedimentares. Mas os processos que modelaram as formas do território brasileiro, deixando-o como se apresenta nos dias atuais, são, de modo geral, recentes, da Era Cenozoica, estando ainda em atuação.

Era	Período	Acontecimentos
PRÉ-CAMBRIANO (Éons Arqueano e Proterozoico) (Há 4,6 bilhões de anos)		Formação de terrenos cristalinos no Brasil – dobramentos antigos.
PALEOZOICO (Há 545 milhões de anos)	Cambriano	Formação dos terrenos sedimentares brasileiros.
	Ordoviciano	
	Siluriano	
	Devoniano	
	Carbonífero	
	Permiano	
MESOZOICO (Há 248 milhões de anos)	Triássico	
	Jurássico	
	Cretáceo	Formação de petróleo.
CENOZOICO (Há 65 milhões de anos)	Terciário (Há 65 milhões de anos)	Formação dos dobramentos modernos (como a cordilheira dos Andes e a do Himalaia). Movimentos epirogenéticos, com a formação de falhas no Brasil (estruturação do vale do Paraíba do Sul e das escarpas das serras do Mar e da Mantiqueira).
	Quaternário (Há 1,8 milhões de anos)	Formação de planícies brasileiras (Pantanal e Amazônica).

O Pré-Cambriano corresponde ao maior período da escala do tempo geológico. É dividido em Éons (Proterozoico e Arqueano), que, por sua vez, estão divididos em Eras. Contudo, esses Éons são também chamados de Eras.

Elaborado com base em: TEIXEIRA, Wilson *et al. Decifrando a Terra*. São Paulo: Oficina de Textos, 2000. p. 311; ROSS, Jurandyr L. Sanches (org.). *Geografia do Brasil*. 4. ed. São Paulo: Edusp, 2003. p. 33-63.

Como visto, o relevo é resultado da atuação de agentes internos e externos. A alternância entre climas mais úmidos e mais secos no decorrer dos períodos Terciário e Quaternário influenciou a atuação dos processos erosivos e, consequentemente, a modelagem do relevo. Além disso, o soerguimento da plataforma Sul-Americana, também ao longo da Era Cenozoica, concomitantemente à formação da cordilheira dos Andes, delineou formas marcantes no território brasileiro, como diversos vales e escarpas de planaltos.

Dica

Brasil em relevo

www.relevobr.cnpm.embrapa.br

Base de dados da Empresa Brasileira de Pesquisa Agropecuária (Embrapa) com informações, mapas e imagens de satélite do Brasil, detalhando o relevo e a topografia. Nas opções laterais, clique em "Curiosidades e Destaques" para ver imagens de impactos de meteoritos, crateras de vulcões antigos e formações interessantes do relevo brasileiro.

Rodrigo S Coelho/Tyba

Em primeiro plano a cidade de Teresópolis (RJ); em segundo plano, parte da serra dos Órgãos. Foto de 2018.

Saiba mais

Estrutura geológica e minérios do Brasil

A estrutura geológica do Brasil é composta de maciços (escudos) antigos e bacias sedimentares, sem dobramentos modernos.

Na porção sul do país, a bacia do Paraná é formada por sedimentos de arenito e rochas vulcânicas basálticas. A decomposição das rochas basálticas deu origem ao solo terra roxa, de boa fertilidade e rico em ferro.

Por causa da escala do mapa, não é possível representar áreas mais restritas de bacias sedimentares – como a do Recôncavo Baiano; a bacia do Araripe, na divisa entre Ceará, Pernambuco e Piauí; e a de Taubaté (SP), entre São Paulo e Rio de Janeiro, ao longo do vale do Paraíba do Sul. Muitas dessas bacias formaram-se em áreas rebaixadas geradas por processos que originaram falhas ou falhamentos, decorrentes do movimento de placas que ocasiona deformações evidentes nas rochas da crosta terrestre. Assim, em regiões de falhas é possível observar uma "quebra" na continuidade das formas de relevo.

Brasil: estrutura geológica

Elaborado com base em: ROSS, Jurandyr L. S. (org.). *Geografia do Brasil*. São Paulo: Edusp, 2009. p. 53.

Associados a determinados tipos de rochas, recursos minerais e energéticos se distribuem pelas diferentes regiões do Brasil.

Brasil: recursos minerais e energéticos (2013)

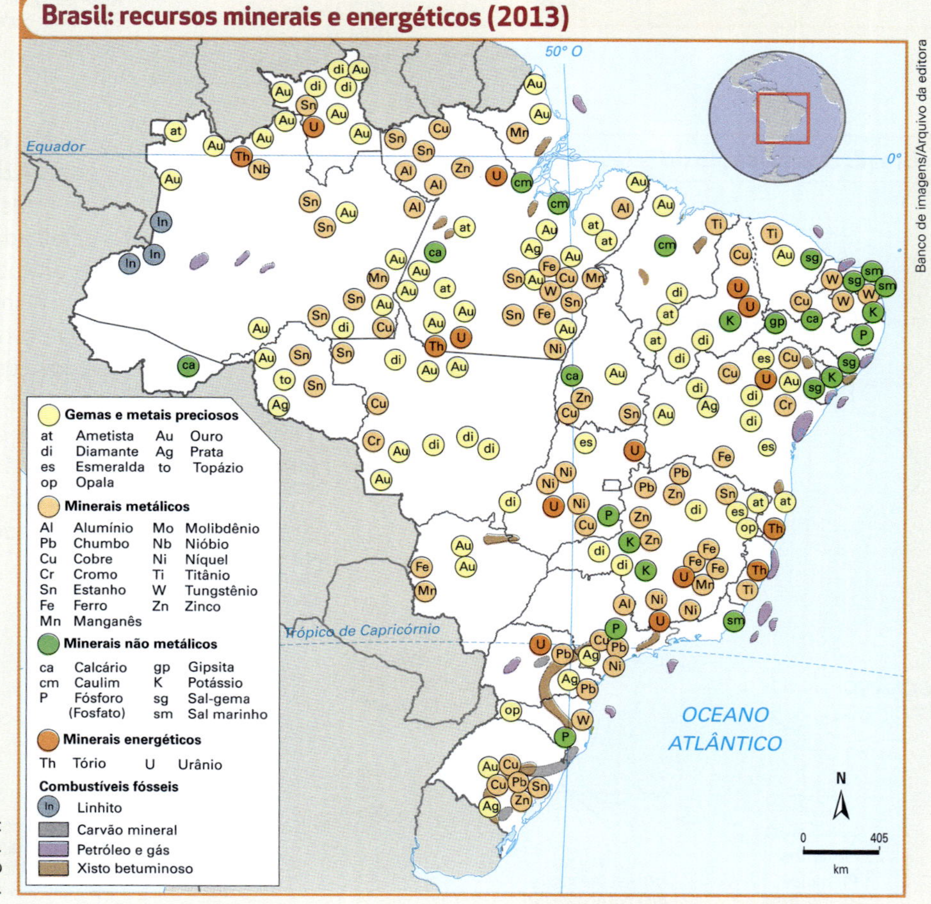

Elaborado com base em: CALDINI, Vera; ÍSOLA, Leda. *Atlas geográfico Saraiva*. São Paulo: Saraiva, 2013. p. 35.

Unidades do relevo

As diferentes classificações do relevo brasileiro foram formuladas por geógrafos em épocas distintas. Eles utilizaram diferentes critérios de identificação e classificação de acordo com os recursos e tecnologias então disponíveis.

Na década de 1940, a classificação do geógrafo **Aroldo de Azevedo** (1910-1974) dividia o Brasil em planaltos e planícies e definia essas unidades de acordo com as altitudes. As planícies correspondiam às superfícies planas de até 200 metros de altitude, e os planaltos situavam-se acima dessa cota altimétrica e apresentavam-se relativamente acidentados.

Brasil: classificação do relevo de Aroldo de Azevedo (1949)

50° O
Equador
0°
OCEANO ATLÂNTICO
Trópico de Capricórnio
OCEANO PACÍFICO
N
0 465
km

Planalto
- das Guianas
- Central
- Meridional
- Atlântico

(Central, Meridional e Atlântico: Planalto Brasileiro)

Planície
- Amazônica
- Costeira
- do Pantanal

Banco de imagens/Arquivo da editora

Elaborado com base em: AZEVEDO, Aroldo de. O planalto brasileiro e o problema de classificação de suas formas de relevo. *In: Boletim da AGB*, 1949. p. 43-50. Disponível em: www.agb.org.br/publicacoes/index.php/boletim-paulista/article/view/1417/1275. Acesso em: jan. 2020; CALDINI, Vera; ÍSOLA, Leda. *Atlas geográfico Saraiva*. 4. ed. São Paulo: Saraiva, 2013. p. 32.

Brasil: classificação do relevo de Aziz Ab'Saber (1960)

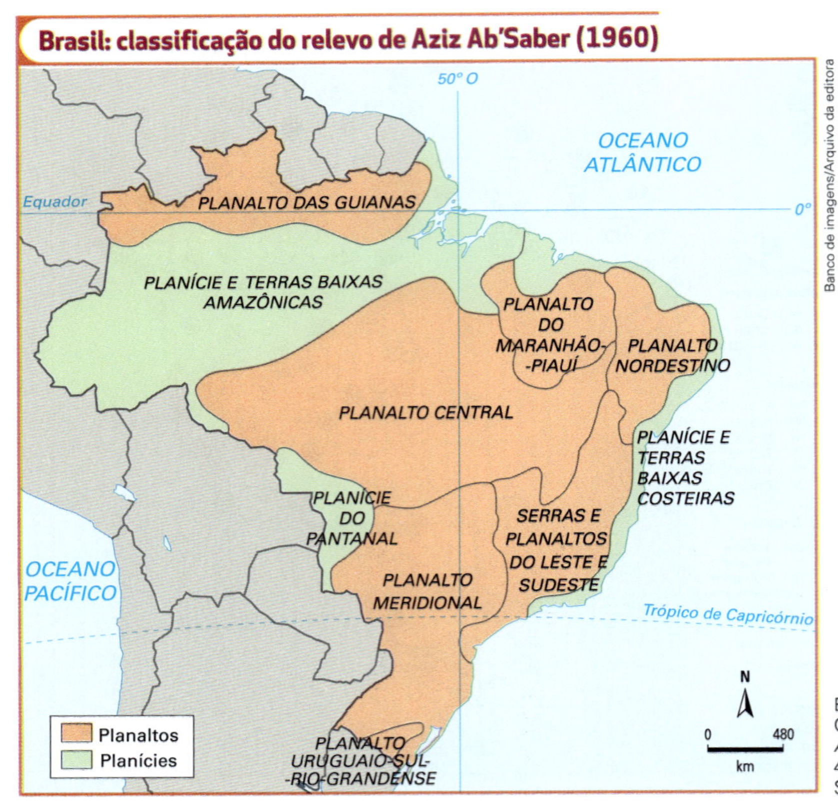

Banco de imagens/Arquivo da editora

Elaborado com base em: CALDINI, Vera; ÍSOLA, Leda. *Atlas geográfico Saraiva*. 4. ed. São Paulo: Saraiva, 2013. p. 30.

Na década de 1960, o geógrafo **Aziz Ab'Saber** estabeleceu uma classificação um pouco mais detalhada, pois considerava, além da altitude, os processos geológicos responsáveis pela formação do relevo. Os planaltos eram definidos como terrenos onde prevalecia o processo de desgaste em relação aos processos de sedimentação; as planícies, por sua vez, constituíam os terrenos em que predominava a sedimentação.

Depressões, planaltos e planícies

A partir de 1990, o geógrafo **Jurandyr L. S. Ross** (1947-) realizou levantamentos técnicos por meio do Projeto Radambrasil e fez uma classificação bastante detalhada do relevo brasileiro. Realizado entre 1970 e 1985, esse projeto foi um extenso levantamento dos recursos naturais e geológicos brasileiros, que possibilitou o mapeamento de todo o território nacional com base no cruzamento de informações obtidas em trabalhos de campo e as obtidas por imagens de radar.

Há décadas, o mapeamento e a classificação do relevo baseavam-se praticamente em observações realizadas em terra. Levantamentos aerofotogramétricos (por meio de radares instalados em aviões), realizados pelo Radambrasil, forneceram informações detalhadas, que foram utilizadas para fundamentar uma nova classificação do relevo e de suas unidades.

A classificação de Ross associa, então, as informações altimétricas com os processos de erosão, sedimentação e gênese, integrando-os às estruturas geológicas nas quais ocorrem. O relevo brasileiro passou, assim, a ser classificado com base em três formas: **depressões**, **planaltos** e **planícies**.

Brasil: classificação do relevo de Jurandyr Ross (1990)

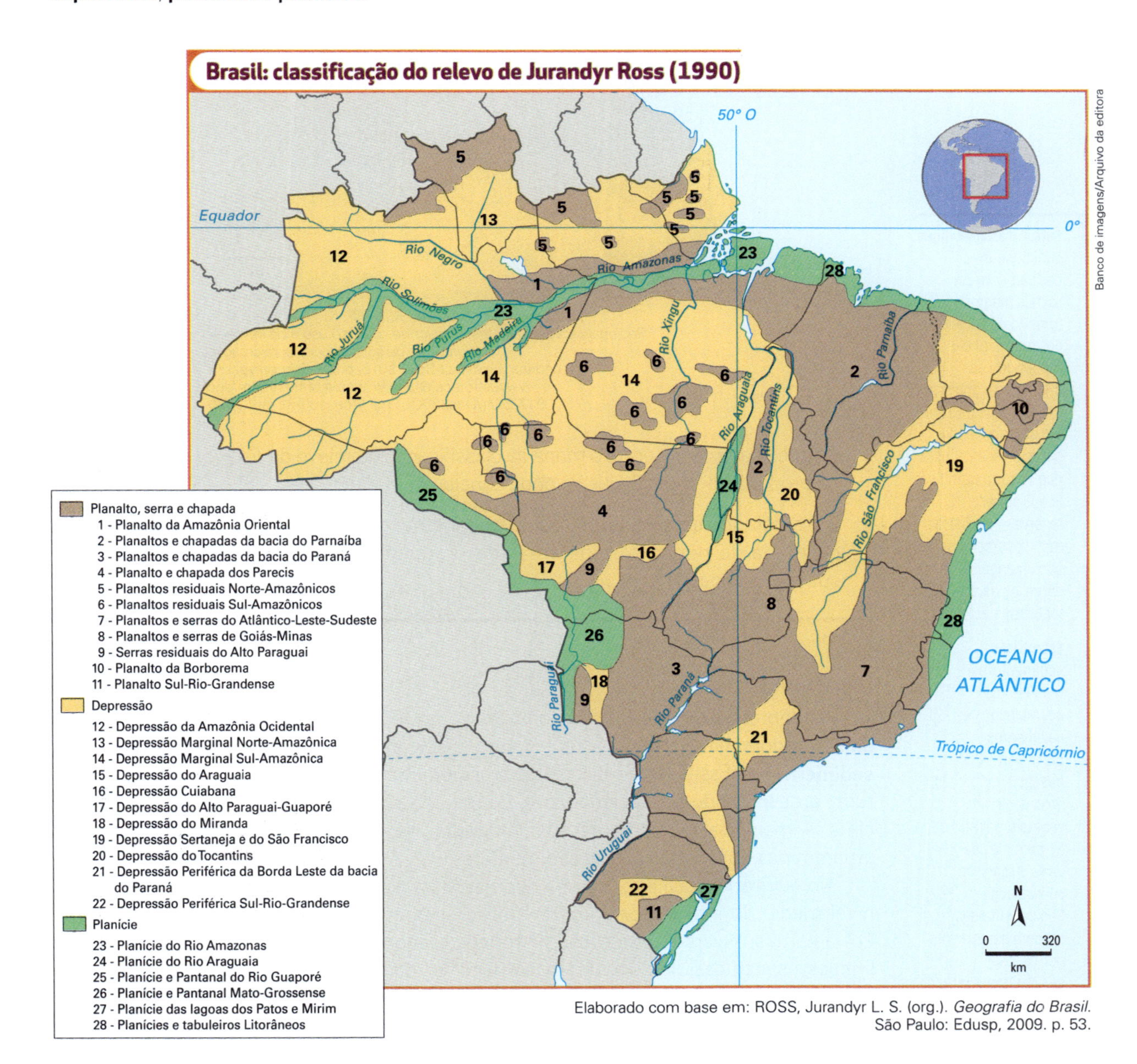

Banco de imagens/Arquivo da editora

Elaborado com base em: ROSS, Jurandyr L. S. (org.). *Geografia do Brasil*. São Paulo: Edusp, 2009. p. 53.

Olho no espaço

Onde está a soja?

Leia as informações do mapa das macrorregiões produtoras de soja a seguir e, depois, reveja o mapa da página anterior. Compare-os e faça as atividades abaixo.

Brasil: macrorregiões produtoras de soja

Elaborado com base em: KASTER, M.; FARIAS, J. R. B. *Regionalização dos testes de valor de cultivo e uso e da indicação de cultivares de soja*: terceira aproximação. Londrina: Embrapa Soja, 2012. p. 28. Disponível em: www.infoteca.cnptia.embrapa.br/bitstream/doc/917252/1/Doc330OL1.pdf. Acesso em: jan. 2020.

1 Estabeleça relações entre o mapa da classificação do relevo de Jurandyr Ross e o mapa da produção de soja. O que se pode concluir?

2 Considerando que a cultura da soja é altamente mecanizada, associe as informações do mapa do relevo com as áreas de produção de soja no Brasil, justificando a sua distribuição.

Depressões

As depressões no Brasil são definidas como terrenos relativamente inclinados, nos quais predominam os processos erosivos que ocorrem em **estruturas cristalinas** ou **sedimentares**. Esses terrenos localizam-se geralmente entre 100 e 500 metros de altitude, apresentando bordas em aclive, como uma subida para quem olha de baixo para cima. A maior parte das depressões brasileiras se originou de processos erosivos que atuaram nas bordas das bacias sedimentares.

No território brasileiro, não há depressões absolutas (trechos do relevo abaixo do nível médio do mar e, portanto, de altitude negativa), somente depressões relativas. Em algumas, diversos processos históricos e econômicos relevantes, com territorialidades específicas, se sucederam no decorrer da formação do Brasil, com destaque para a depressão Periférica da Borda Leste da bacia do Paraná e para a Sertaneja e do São Francisco.

Estruturas cristalinas: constituídas basicamente por rochas magmáticas (granito e basalto, por exemplo) e metamórficas (mármore e gnaisse), são terrenos bastante antigos, abrigando, particularmente, os que se formaram no Éon Proterozóico, reservas de minerais metálicos, como ferro, ouro, manganês, prata, cobre, alumínio (bauxita) e estanho.

Estruturas sedimentares: resultam da acumulação de sedimentos provenientes do desgaste de rochas, de organismos vegetais, animais ou de camadas de lavas vulcânicas solidificadas. São constituídas predominantemente por rochas sedimentares (arenito, calcário e carvão mineral, por exemplo).

A **depressão da Amazônia Ocidental** apresenta formas de relevo em colinas baixas e é recortada por diversas planícies fluviais.

As **depressões Norte e Sul-Amazônica** foram esculpidas em terrenos cristalinos. Enquanto a primeira apresenta colinas e morros baixos, entre os quais aparecem **relevos residuais** (com topos em forma levemente convexa) gerados por **intrusões graníticas**, na segunda são constantes os relevos residuais resultantes de intrusões graníticas e coberturas sedimentares antigas. Ambas pertencem ao grupo denominado **depressões marginais**.

Relevo residual: relevo que resulta de um trabalho de erosão desigual, ou diferencial, dos diversos agentes erosivos. Isso se deve ao fato de existirem formações rochosas próximas com diferentes constituições — umas mais resistentes que outras.

As demais depressões representam o grupo das **depressões interplanálticas**, ou seja, que estão circundadas por planaltos. A **depressão Periférica da Borda Leste da bacia do Paraná** foi esculpida em terrenos da bacia sedimentar do Paraná. Essa depressão teve papel importante no período colonial, pois se configurou como um corredor de comunicação entre o Sul e o Sudeste, por onde se deslocavam os tropeiros, com gado e alimentos para a região mineradora, por exemplo. Nesse sentido, a **depressão Sertaneja e do São Francisco**, em parte cortada pelo rio São Francisco, também favoreceu a expansão da criação de gado bovino no interior do Nordeste brasileiro, desde o período colonial. Essa depressão apresenta relevos residuais, tanto em terrenos sedimentares, como as **chapadas do Araripe** (CE e PE) e **do Apodi** (RN), como em cristalinos. Esses relevos residuais são denominados **inselbergues**. Outra peculiaridade da **depressão Sertaneja e do São Francisco** é a existência dos **pediplanos**. De modo geral, as áreas de pediplanos apresentam baixíssimos índices pluviométricos.

Pediplano: área rebaixada e aplainada, gerada por milenares fases erosivas, nas quais se alternavam condições climáticas extremamente úmidas com outras intensamente secas.

Adriano Kirihara/Pulsar Imagens

Vaqueiro acompanha o gado no sertão nordestino, em Canudos (BA), 2019.

Nas depressões em contato com os planaltos e as chapadas da bacia do Paraná, como a **Periférica**, a **do Miranda**, a **do Alto Paraguai-Guaporé** e a **do Araguaia**, ocorrem as frentes de ***cuestas***. Leia o *Saiba mais* a seguir.

Mauricio Simonetti/Tyba

Vista de trecho da *cuesta* de Botucatu (SP), com a depressão periférica à direita da imagem. Foto de 2019.

Saiba mais

Cuesta

A *cuesta* é uma forma de relevo constituída de uma rampa íngreme de um lado e, de outro, de um declive suavemente inclinado. O lado da rampa íngreme é a frente da *cuesta*, propriamente. Trata-se, portanto, de uma forma de relevo dissimétrica (ou assimétrica). As *cuestas* são predominantes em terrenos sedimentares, inclusive onde ocorreram derrames basálticos (camadas de lavas vulcânicas sobre áreas continentais).

Cuesta

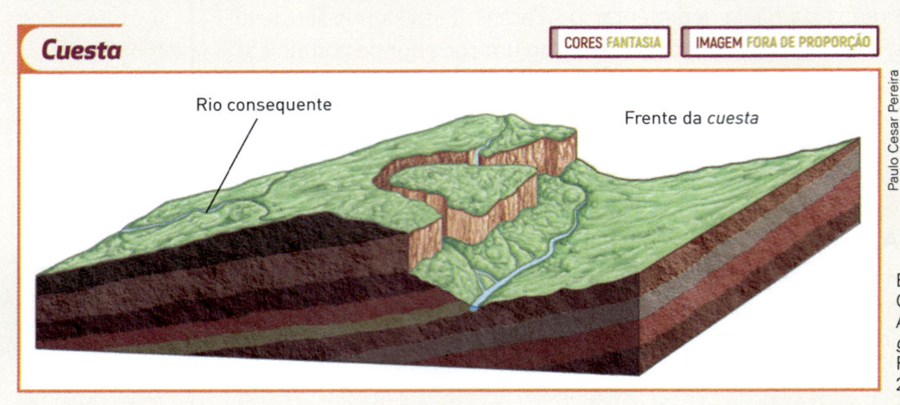

Elaborado com base em: GUERRA, Antônio T.; GUERRA, Antônio José T. *Novo dicionário geológico-geomorfológico*. Rio de Janeiro: Bertrand Brasil, 2011. p. 179.

Planaltos

Os planaltos apresentam superfícies irregulares (planas ou acidentadas), nas quais predominam os processos erosivos de estruturas cristalinas ou sedimentares. Localizam-se, geralmente, acima dos 300 metros de altitude e apresentam bordas em declive, ou seja, como uma descida para quem olha de cima para baixo. São formas residuais do relevo, como as **chapadas**, encontradas, sobretudo, no Centro-Oeste e no Nordeste do território brasileiro.

Vista da Chapada Diamantina, em Palmeiras (BA), 2018.

As **serras**, estruturas que também compõem os planaltos, são formadas por sequências de morros ou montanhas, originadas em estruturas cristalinas e encontradas em vastas extensões do Sudeste e do Sul do Brasil, como as serras da Mantiqueira, do Espinhaço e do Mar. Nessa região, há dobramentos antigos, formados no Período Paleozoico, que foram erodidos no Terciário, mas cujas escarpas se formaram a partir da **epirogênese** — processo que também contribuiu para a formação de vales, como o Paraíba do Sul, entre São Paulo e Rio de Janeiro.

Epirogênese: movimento lento, vertical, em grandes áreas da crosta terrestre, em regiões afastadas das zonas de contato entre as placas e, consequentemente, áreas de rochas mais sólidas e estáveis.

Epirogênese

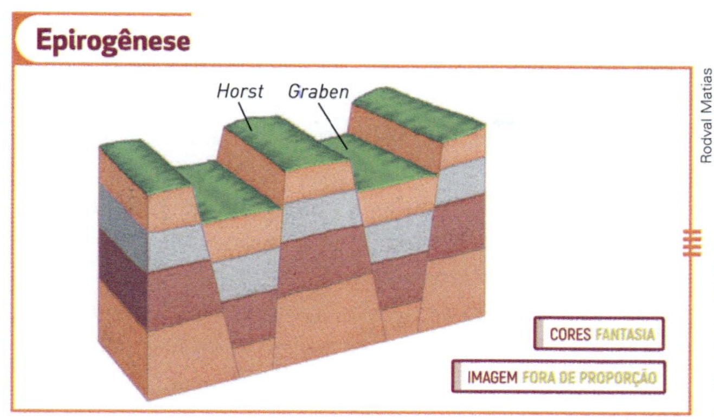

A pressão das forças internas provoca a fratura (ou a formação de falhas) nos blocos rochosos e o soerguimento ou rebaixamento do terreno na superfície da Terra. A parte rebaixada forma o *graben* (vale profundo e alongado), e as soerguidas, o *horst*.

Elaborado com base em: POPP, José Henrique. *Geologia geral*. Rio de Janeiro: LTC, 2010. p. 146.samenes et fugia aut moluptamus.

No Nordeste, também em estrutura cristalina, há o **planalto da Borborema**, cujas **vertentes** voltadas para o Atlântico recebem bastante umidade e bloqueiam, em parte, a umidade que chegaria a um pequeno trecho da **depressão Sertaneja**.

Vertente: superfície inclinada; declive que delimita áreas elevadas.

Tales Azzi/Pulsar Imagens

Escarpas no planalto da Borborema, em Serra de São Bento (RN). Foto de 2018.

Em diversos trechos dos planaltos no Brasil, estão as nascentes de rios, inclusive dos principais rios das grandes bacias hidrográficas. Destacam-se os **planaltos e serras de Goiás-Minas**, onde estão localizadas, por exemplo, as nascentes dos rios Tocantins e Paranaíba (formador do Paraná) e de afluentes da margem esquerda do rio São Francisco, entre outros, em área de Cerrado.

Apesar de a preservação das formações vegetais originais nas áreas de nascentes de rio ser imprescindível para a manutenção dessas nascentes, o desmatamento vem ocorrendo em larga escala, afetando ecossistemas, fauna e flora e comprometendo o volume de água das bacias hidrográficas brasileiras.

Saiba mais

Formação vegetal e nascentes de rios

A preservação da vegetação é fundamental para a manutenção das águas subterrâneas que formam, por exemplo, os lençóis freáticos, e justamente essas águas é que alimentarão as nascentes dos rios. Isso porque, com a vegetação, há maior infiltração da água da chuva no solo, ao passo que, se a cobertura vegetal for retirada, haverá mais escoamento superficial e menos infiltração. Com isso, o nível do lençol freático pode se tornar mais profundo, resultando em menor recarga de água para as nascentes dos rios. Além disso, a retirada da vegetação acelera a erosão e o assoreamento dos rios.

Planícies

As planícies estão situadas em áreas mais restritas, em alguns casos sujeitas a inundação; nessas áreas, predominam os processos de sedimentação, que ocorrem apenas em estruturas geológicas sedimentares. As planícies apresentam bordas em aclive, e suas altitudes variam geralmente entre 0 e 100 metros.

No Brasil, essa forma de relevo encontra-se restrita às **margens de grandes rios**, como o Amazonas e alguns afluentes, e o Araguaia; à região do **Pantanal Mato-Grossense**; à **faixa litorânea**; e ao redor das **lagoas dos Patos e Mirim**, no Rio Grande do Sul. Foi formada por deposição de materiais (sedimentos) de origem marinha, lacustre ou fluvial, e a sedimentação, nesses casos, é um processo recente, ocorrido no Período Quaternário. No caso da planície das lagoas dos Patos e Mirim, a gênese está associada ao processo de sedimentação tanto marinha quanto lacustre.

Em diversos trechos da planície Litorânea, do Amapá até o norte do Rio de Janeiro, estão presentes os **tabuleiros costeiros**. São colinas, de topos ora convexos, ora planos, que, muitas vezes, ao lado do oceano, formam barreiras e falésias, com paredões de até 50 metros de altura.

Marcos Amend/Pulsar Imagens

Planície do Pantanal, em Aquidauana (MS), 2018.

Delfim Martins/Tyba

Tabuleiro costeiro com formação de falésias, em Beberibe (CE), 2018.

Dica

Atafona por quê?

Direção de Miguel Freire. Brasil: UFF, 2006. (18 min).
O documentário aborda inquietações ao mostrar as paisagens e ruínas no Balneário de Atafona, no litoral de São João da Barra (RJ), afetado por erosão costeira.

Elementos e fatores do clima

O **clima** é definido pelas condições meteorológicas durante um longo período. A definição dos possíveis estados que a atmosfera pode assumir ao longo do ano exige uma análise por 30 anos, aproximadamente. Nesse período de análise, podem-se identificar os padrões das chuvas e da sua quantidade (índice pluviométrico), da **estiagem**, da variação da temperatura e das relações entre esses elementos do clima em cada época do ano.

Estiagem: período de ausência ou baixa ocorrência de chuvas.

Os **elementos do clima** definem as características climáticas de determinada região. Os principais são **temperatura**, **umidade** e **pressão atmosférica**. Em conjunto, revelam-se na natureza sob a forma de precipitação (chuvas, neves e granizo), nuvens, ventos e outros fenômenos atmosféricos.

O ar se desloca das áreas de alta pressão para as áreas de baixa pressão, e esse deslocamento forma os **ventos**. As diferenças de pressão atmosférica determinam também a circulação do ar em grandes blocos, com milhares de quilômetros quadrados de extensão: as **massas de ar**. Elas apresentam relativa homogeneidade quanto à temperatura e umidade, e são importante fator climático.

Os **fatores climáticos** determinam a dinâmica dos elementos do clima. A temperatura, a umidade e a pressão também são influenciadas pelo conjunto de características geográficas da superfície, como a **altitude**, a **latitude**, as **correntes marítimas**, a proximidade ou distância em relação ao mar (**maritimidade** ou **continentalidade**), a **configuração do relevo** e as **massas de ar**. A dinâmica do clima também é influenciada por **fatores antrópicos**, como a formação de grandes cidades, o desmatamento, as queimadas e a emissão de gases pelas atividades industriais e pelos meios de transporte.

Tanto os fatores climáticos quanto os antrópicos podem e contribuem para a formação de **microclimas** em diversos locais. Os microclimas definem características climáticas diferentes para uma pequena área em relação ao clima da região do entorno desse local. Grandes metrópoles, por exemplo, costumam apresentar em seus centros (onde há maior concentração de edifícios, concreto, veículos) temperaturas geralmente mais elevadas que os arredores, fenômeno conhecido como ilha de calor.

Marcos Amend/Pulsar Imagens

A parte urbana do município de Manaus (AM) chega a ser 3 °C mais quente do que a floresta em seu entorno. Foto de 2019.

Circulação geral da atmosfera

A atmosfera está em constante movimento em função das diferenças de pressão, decorrentes principalmente das diferenças de temperatura. O ar se desloca das áreas de alta pressão para as áreas de baixa pressão, redistribuindo-se constantemente na atmosfera do planeta. O movimento de rotação da Terra também influencia a **dinâmica geral da atmosfera**, na medida em que direciona o deslocamento do ar para o sentido oposto ao do seu movimento.

Os valores da pressão atmosférica variam em um mesmo local, principalmente em razão das mudanças de estação do ano (verão, outono, inverno e primavera). No entanto, como resultado da circulação geral da atmosfera, algumas áreas no planeta são delimitadas por zonas de alta e baixa pressão.

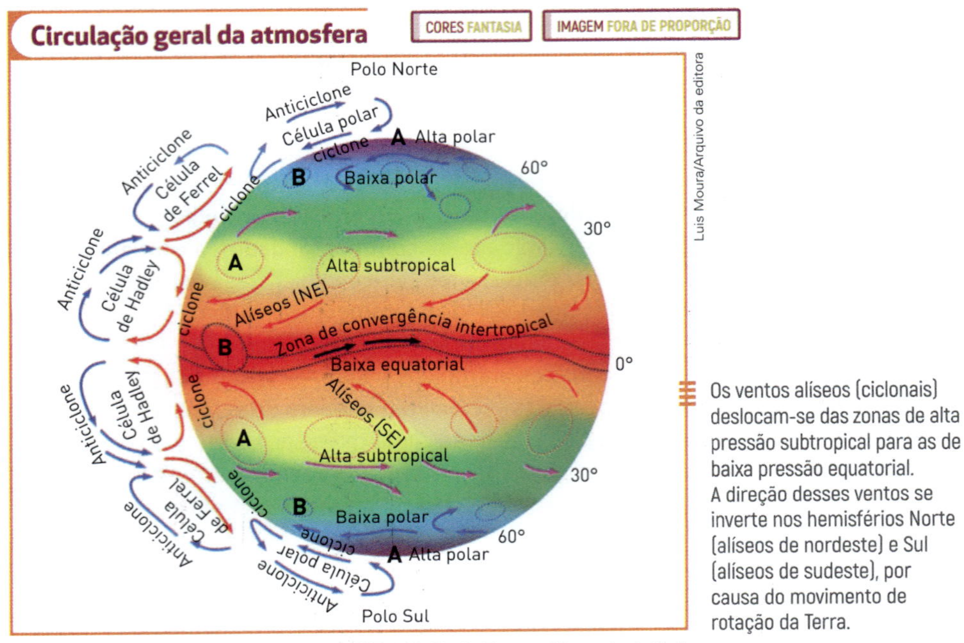

Os ventos alíseos (ciclonais) deslocam-se das zonas de alta pressão subtropical para as de baixa pressão equatorial. A direção desses ventos se inverte nos hemisférios Norte (alíseos de nordeste) e Sul (alíseos de sudeste), por causa do movimento de rotação da Terra.

Elaborado com base em: STEINKE, Ercília Torres. *Climatologia fácil*. São Paulo: Oficina de Textos, 2012. p. 13.

As regiões de alta pressão são chamadas **Anticiclonais** (**Zonas de Divergência** dos ventos) e as de baixa pressão são chamadas **Ciclonais** (**Zonas de Convergência** dos ventos). Nas primeiras, ocorre a **subsidência** (**descida** do ar); nas segundas, a **ascendência** (**subida** do ar). Essa dinâmica entre movimentos ciclonais e anticiclonais do ar forma, em cada hemisfério, três importantes células de circulação atmosférica: a **Célula de Hadley**, a **Célula de Ferrel** e a **Célula Polar**.

A região próxima à linha do equador é de baixa pressão (B): baixa equatorial. Denominada **Zona de Convergência Intertropical (ZCIT)**, nela ocorrem as maiores precipitações da Terra. Para a ZCIT, converge o ar mais denso da região da **Alta Subtropical** (A) formada próxima à latitude de 30°, em ambos os hemisférios. Esse deslocamento do ar forma os **ventos alíseos**: de sudeste no hemisfério Sul e de nordeste no hemisfério Norte.

A Alta Subtropical é uma região anticiclonal, onde ocorre a subsidência de ar seco favorecendo a formação de **desertos** nessas latitudes, como o Saara. Já na região próxima a 60°, em ambos os hemisférios, formam-se as zonas de baixa pressão, denominadas **Baixas Subpolares**. Para elas, convergem as massas de ar que se originam nas Altas Subtropicais e nas Altas Polares. As Altas Polares são regiões dispersoras das massas de ar, em função da baixíssima temperatura.

É no interior dessa circulação geral da atmosfera que se estabelece a **dinâmica das massas de ar**, elemento importante na determinação das características dos diferentes tipos climáticos.

Massas de ar

Uma massa de ar corresponde a um imenso volume de ar com **temperatura**, **pressão** e **umidade** relativamente uniformes. É a atuação das massas de ar com características diferentes que influencia na sucessão dos tipos de tempo e na formação do clima de uma região.

O local em que a massa se forma recebe o nome de **região de origem** e é onde ela obtém as suas características (fria, quente, úmida, seca), pois permanece tempo suficiente para adquirir as propriedades da superfície. As regiões de origem das massas são formadas por superfícies homogêneas, de baixa altitude, como as planícies continentais, ou áreas com a presença de extensas depressões, como parte da região amazônica, os grandes desertos, oceanos e mares.

O estado do tempo em toda a área envolvida pela massa de ar é condicionado por suas propriedades. Ao se deslocar, as massas de ar perdem aos poucos as suas características de temperatura, pressão e umidade. Por exemplo: uma massa de ar fria e úmida formada em altas latitudes ganha temperatura e perde umidade à medida que se dirige para latitudes mais baixas — áreas mais quentes.

As massas de ar que se originam sobre os continentes são secas, exceção às formadas sobre áreas de densas florestas Tropicais e Equatoriais (Massa Equatorial Continental Amazônica e Massa do Congo, na África). As massas de ar que se formam sobre os oceanos, por sua vez, são úmidas. Considerando-se a latitude na qual elas se formam, as massas de ar são classificadas como **Equatoriais**, **Tropicais** e **Polares**. Em relação ao tipo da superfície, podem ser **Continentais** ou **Oceânicas**.

Frentes

Ao se deslocar, as massas de ar se encontram, mas não se misturam: uma impulsiona a outra, de tal forma que aquela que avança com mais intensidade leva a outra a retroceder, impondo suas características. A **zona de contato** entre duas massas de ar recebe o nome de **frente** ou **superfície frontal**.

Quando a massa de ar frio avança sobre uma região, substituindo o ar quente pelo ar frio, trata-se de uma **frente fria**. Como a massa de ar frio é mais densa, ela ocupa o espaço mais próximo à superfície, obrigando o ar quente (mais leve) a subir. Quando há a substituição do ar frio pelo ar quente ocorre uma **frente quente**. A massa de ar quente, ao avançar sobre o ar frio, aumenta a temperatura e a umidade, formando nuvens de grande extensão na região frontal, ocasionando chuvas. A precipitação que ocorre nas frentes é conhecida como **chuva frontal**.

Frente fria

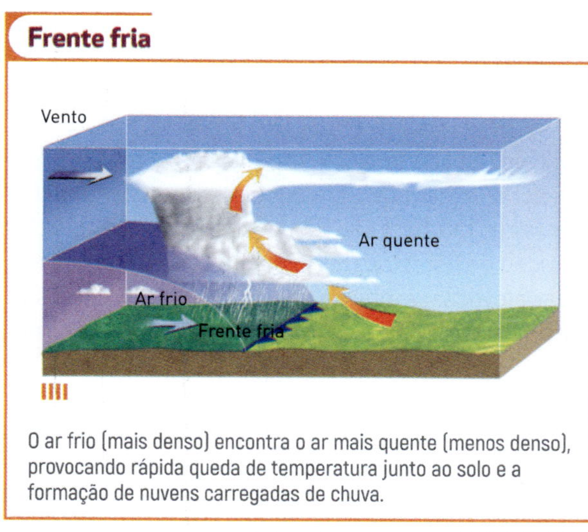

O ar frio (mais denso) encontra o ar mais quente (menos denso), provocando rápida queda de temperatura junto ao solo e a formação de nuvens carregadas de chuva.

Frente quente

CORES FANTASIA | IMAGEM FORA DE PROPORÇÃO

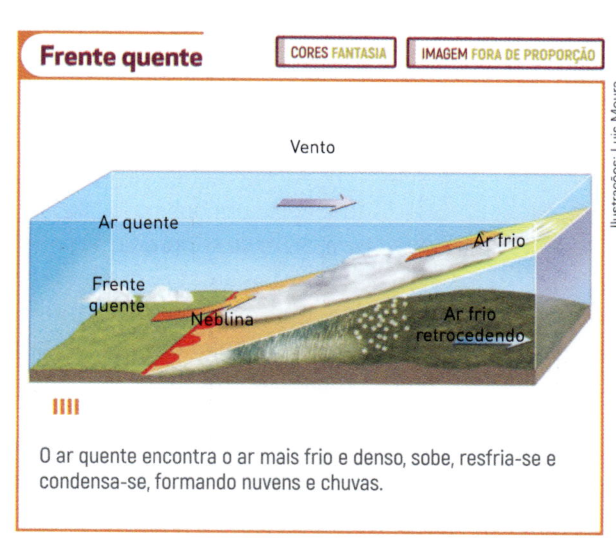

O ar quente encontra o ar mais frio e denso, sobe, resfria-se e condensa-se, formando nuvens e chuvas.

Ilustrações: Luis Moura

Elaborado com base em: MASTER. Meteorologia Aplicada a Sistemas de Tempo Regionais. *Frentes e frontogêneses*. Disponível em: http://master.iag.usp.br/pr/ensino/sinotica/aula09/. Acesso em: fev. 2020.

Tipos climáticos e formações vegetais

Com base em estudos dos fenômenos atmosféricos, foram criadas diferentes classificações de clima. Uma das mais adotadas, a do geógrafo e climatologista estadunidense Arthur Strahler (1918-2002), considera a dinâmica das massas de ar, os processos de formação de frentes e as características das precipitações. Com base nesses critérios, Strahler estabeleceu uma classificação climática da Terra a partir de três grandes grupos: das **latitudes altas** (controladas pelas **massas polares**), das **latitudes médias** (controladas pelas **massas tropicais e polares**) e das **latitudes baixas** (controladas pelas **massas equatoriais e tropicais**).

Mundo: classificação climática de Arthur Strahler

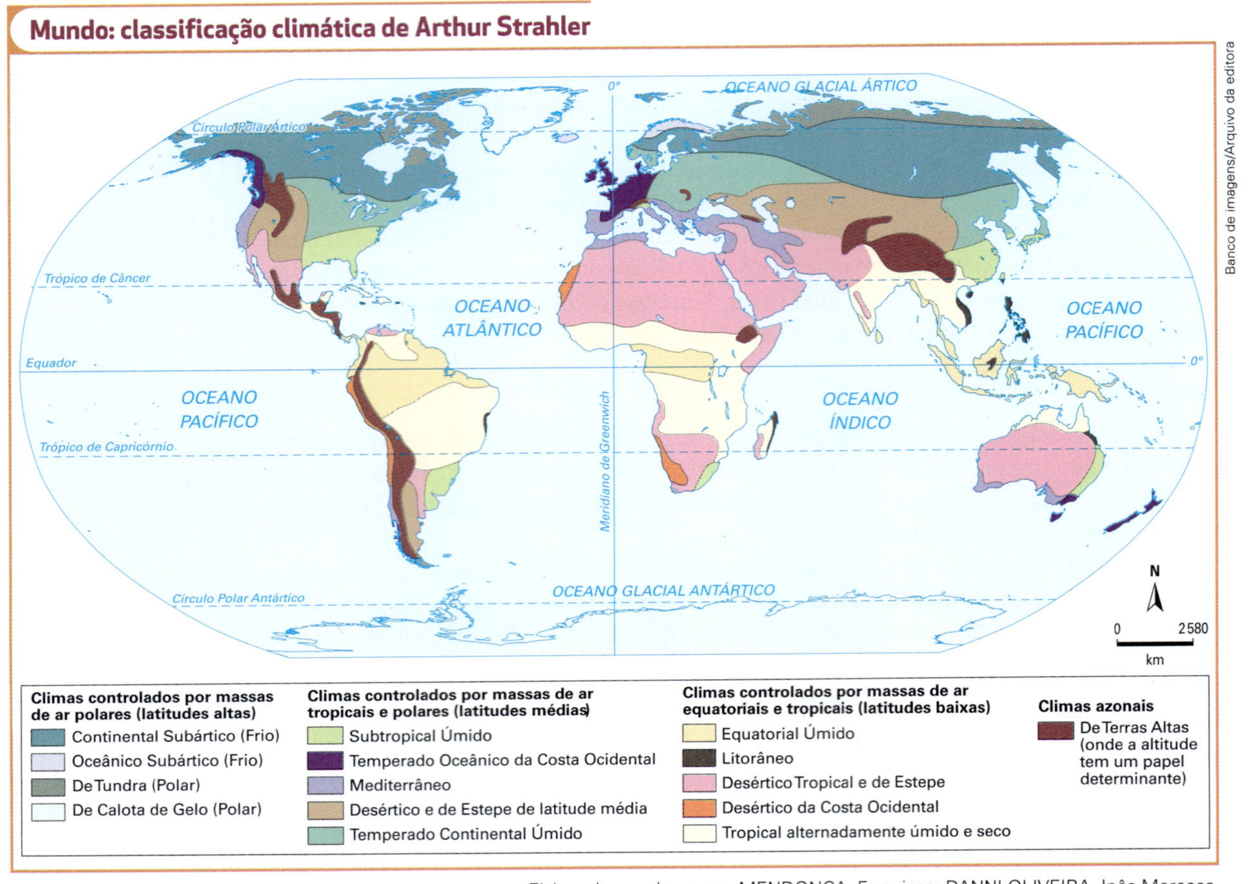

Elaborado com base em: MENDONÇA, Francisco; DANNI-OLIVEIRA, Inês Moresco. *Climatologia*: noções básicas e climas do Brasil. São Paulo: Oficina de Textos, 2007. p. 128.

As formações vegetais se desenvolvem de acordo com o tipo de clima, relevo e solo da região em que se localizam. A influência do clima é, sem dúvida, a de maior relevância, além de recíproca: os padrões climáticos também são influenciados pela vegetação; assim, nas áreas com grande concentração de florestas (regiões tropicais e equatoriais), por exemplo, com temperaturas médias elevadas, a intensa evapotranspiração (transferência de água das plantas para a atmosfera por meio da transpiração) garante maior volume de chuvas.

Conforme o porte (tamanho) predominante na paisagem, as **formações vegetais** podem ser: **arbóreas** ou **florestais**, **arbustivas**, **campestres** ou **herbáceas** e **complexas** — neste último caso, reúnem **espécimes de porte variado**, geralmente situadas em áreas alagadas, desertos e junto ao litoral. O mapa da página seguinte apresenta a distribuição original das principais formações vegetais do planeta Terra.

Mundo: vegetação original

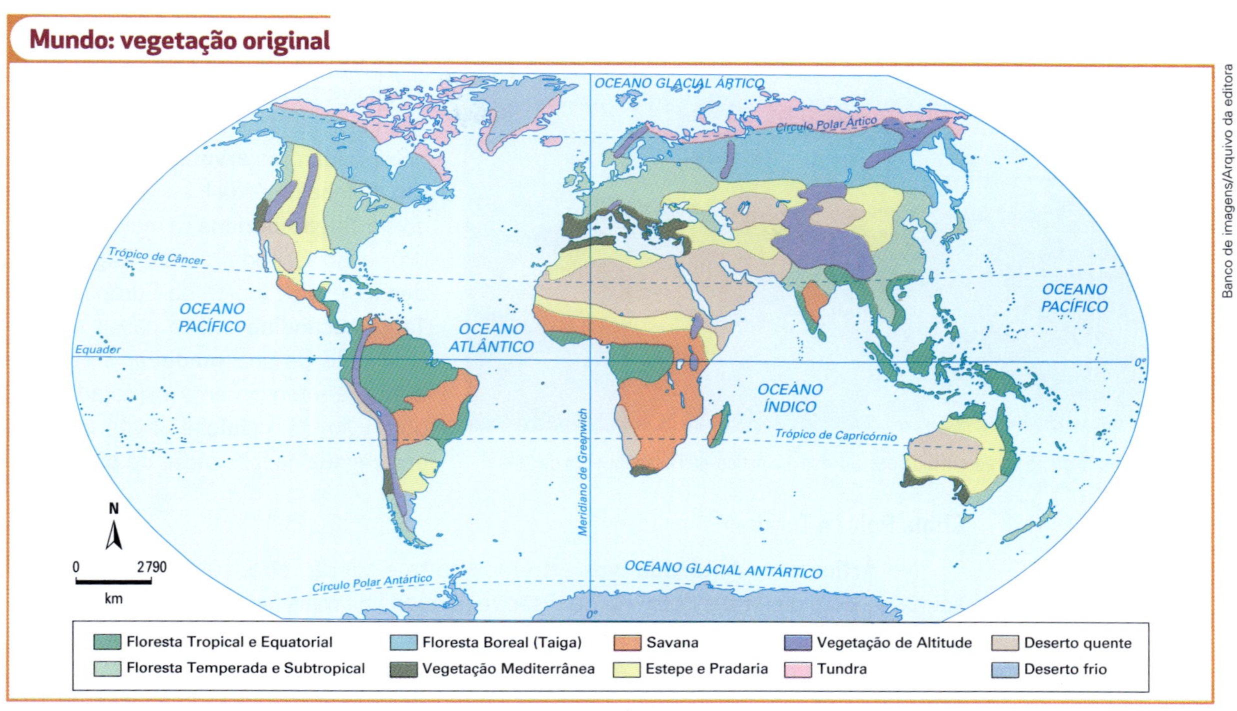

CALDINI, Vera; ÍSOLA, Leda. *Atlas geográfico Saraiva.* São Paulo: Saraiva, 2013. p. 172.

Altas latitudes

Clima Frio e Floresta Boreal

O Clima Frio ou **Continental Subártico** ocorre em altas latitudes e está presente na maior parte do **Canadá**, no extremo **norte da Europa** e na **Sibéria** (**Rússia**). Os maiores volumes de precipitação ocorrem no verão. As temperaturas médias mensais no outono e no inverno são sempre inferiores a 0 °C, e a amplitude térmica anual é muito elevada (veja o **climograma** a seguir).

Climograma: gráfico que indica dados mensais de temperatura média (representada por uma linha) e de precipitação pluviométrica (representada em colunas) do clima em determinado local.

Clima Frio: Kuopio (Finlândia)

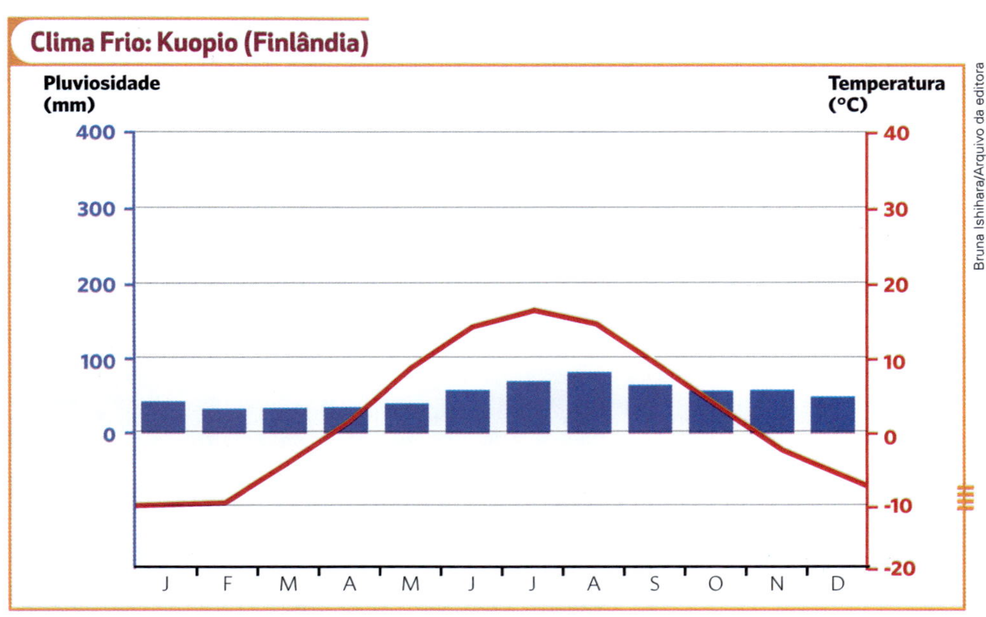

Clima Frio de Kuopio (Finlândia), com temperatura média anual de 3,1 °C e precipitação média anual de 624 mm.

Elaborado com base em: CLIMATE-DATA.ORG. *Clima Kuopio.* Disponível em: https://pt.climate-data.org/europa/finlandia/kuopio/kuopio-669/. Acesso em: jan. 2020.

123RF/Easypix Brasil

Floresta de Taiga no verão, cortada por estrada, no Ártico, na Finlândia. Foto de 2018.

Nesse clima, desenvolve-se a **Floresta Boreal**, também conhecida como **Taiga**, vegetação de grande porte, espaçada e bastante **homogênea**, em que predominam as **árvores coníferas**, como o pinheiro. A da Rússia é conhecida como **Taiga siberiana** (a maior do mundo); a do Canadá, como **Taiga canadense**; e a do norte da Europa, como **Taiga escandinava**. Por causa da boa qualidade de sua **madeira**, a Floresta Boreal é intensamente explorada para obtenção da **celulose**, matéria-prima empregada na fabricação do **papel**.

Clima Polar e Tundra

No **Ártico** e na **Antártida**, nos extremos norte e sul da Terra, cujas latitudes estão acima de 60°, o clima é Polar, no qual são registradas as mais baixas temperaturas médias do planeta. Durante o inverno, nessas regiões, não há luz do sol. O verão é curto, dura em torno de dois meses e o sol não se põe. Nesse clima, a precipitação é baixa, ocorrem tempestades de neve, também conhecidas como nevascas, e **ventos de alta velocidade** que transportam partículas de gelo.

O solo da região é o ***permafrost***, que fica coberto durante meses por uma **camada de gelo permanente**. Durante o verão a luz retorna e o degelo deixa parte do solo exposto. Nele brota a Tundra, formada por vegetação florida de pequeno porte, além da abundância de **musgos** e **liquens**.

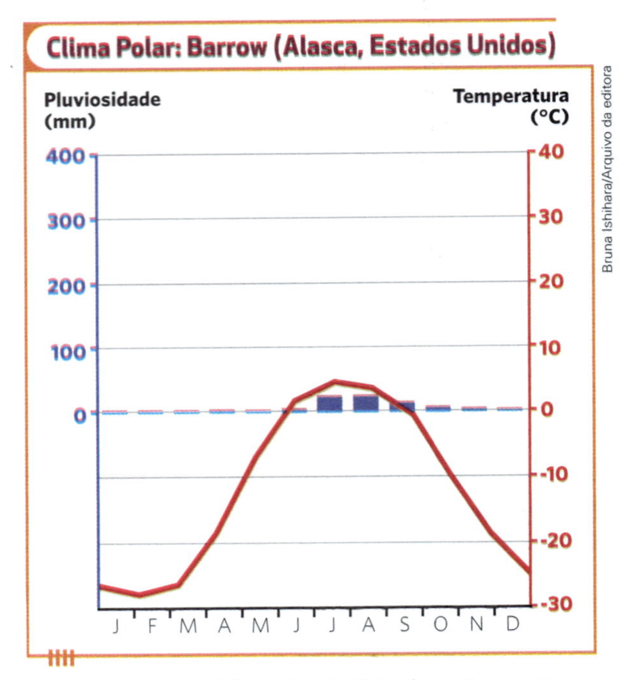

Clima Polar de Barrow (Alasca, Estados Unidos), com temperatura média anual de -12,2 °C e precipitação média anual de 113 mm.

Elaborado com base em: CLIMATE-DATA.ORG. *Clima Barrow*. Disponível em: https://pt.climate-data.org/america-do-norte/estados-unidos-da-america/alasca/barrow-1417/. Acesso em: jan. 2020.

Alex KT/Shutterstock

Vegetação de Tundra no outono em Norilsk (Rússia). Foto de 2018.

Latitudes médias

Clima Temperado, Florestas Temperadas e Estepes

O Clima Temperado abrange amplos trechos de regiões do hemisfério norte: América do Norte, Europa e uma faixa alongada central da Ásia, que se estende até parte da China e do Japão. No hemisfério sul, sua ocorrência é bastante restrita. Caracteriza-se pelo **inverno rigoroso** e pela **alta amplitude térmica**. As **quatro estações são muito bem definidas** pelas mudanças na fisionomia da paisagem ao longo do ano, resultantes da grande diferença das condições atmosféricas entre uma estação e outra.

A paisagem natural do Clima Temperado é recoberta sobretudo pelas florestas e **Estepes**. As **Florestas Temperadas** são encontradas na Europa ocidental e oriental, na parte meridional da América do Sul, na América do Norte, na Nova Zelândia e no Japão. As árvores das Florestas Temperadas perdem todas as folhas ou parte delas no outono/inverno (são **decíduas ou caducifólias**). Entre as poucas espécies que constituem esse tipo de floresta, destacam-se a faia, o carvalho e a nogueira (veja a foto a seguir). Contudo, toda a formação encontra-se bastante devastada por causa da intensa ocupação do solo e do aproveitamento da madeira.

Clima Temperado Continental: Berlim (Alemanha)

Pluviosidade (mm): 400, 300, 200, 100, 0

Temperatura (°C): 40, 30, 20, 10, 0, -10

J F M A M J J A S O N D

Bruna Ishihara/Arquivo da editora

Clima Temperado Continental de Berlim (Alemanha), com temperatura média anual de 9,1 °C e precipitação média anual de 570 mm.

Elaborado com base em: CLIMATE-DATA.ORG. *Clima Berlim*. Disponível em: https://pt.climate-data.org/europa/alemanha/berlim/berlim-2138/. Acesso em: jan. 2020.

Decíduas ou caducifólias: árvores que perdem a folhagem durante um período do ano — pode ser uma estação com baixas temperaturas ou com um período bastante seco. Existe também a expressão **semidecídua** para a planta que perde apenas parte da folhagem.

TouchImagingLtd/NurPhoto/ZUMAPress/Fotoarena

Trecho de vegetação de Floresta Temperada durante o outono no Canadá, em 2019.

As formações vegetais de porte rasteiro (herbáceas) também são típicas dessa região climática e recebem o nome de **Estepes** (veja a foto a seguir). São uma excelente pastagem natural e muito utilizadas para a criação de gado.

Mark Green/Alamy/Fotoarena

Vegetação de Estepes temperadas, nos Pampas argentinos, em El Calafate (Argentina), 2018.

Clima e floresta mediterrâneos

O **Clima Mediterrâneo** está restrito a pequenos trechos, geralmente próximos a desertos, como na Califórnia (Estados Unidos), no sudeste da Austrália, na região central do Chile, nos extremos norte e sul da África e no sul da Europa, próximo ao mar Mediterrâneo. É caracterizado por **verões quentes** e secos e por **invernos brandos e úmidos**. Observe o climograma abaixo.

A **Floresta Mediterrânea** é o bioma original dessa região climática. Apesar do nome, raras são as espécies de porte elevado. Atualmente há vegetações secundárias, cujos principais representantes são os **maquis** e **garrigues**, formados por pequenos arbustos e moitas. Nas regiões agrícolas de Clima Mediterrâneo são cultivados a oliveira (árvore das azeitonas), a amendoeira, a romãzeira (romã), o pistache e a videira (uva).

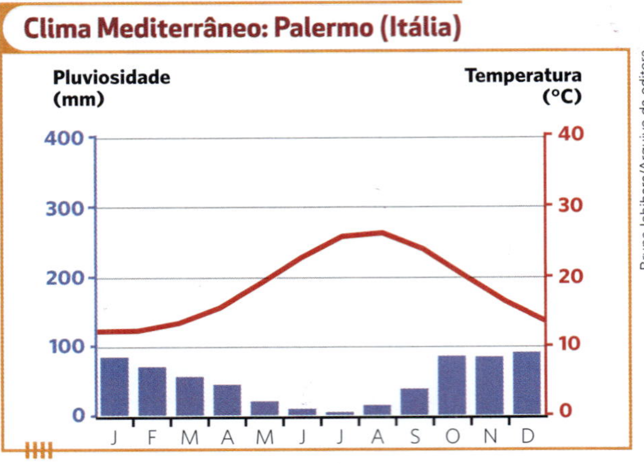

Bruna Ishihara/Arquivo da editora

Clima Mediterrâneo de Palermo (Itália), com temperatura média anual de 18,4 °C e preciptação média anual de 605 mm.

Elaborado com base em: CLIMATE-DATA.ORG. *Clima Palermo*. Disponível em: https://pt.climate-data.org/europa/italia/sicilia/palermo-1138/. Acesso em: jan. 2020.

Wolfgang Kaehler/Photoshot/Easypix Brasil

Cultivo de oliveiras e campo de lavanda, em região de Clima Mediterrâneo, França, em 2018.

Climas desérticos e de Estepe

Os **climas desérticos** das regiões de **latitudes médias** apresentam baixos índices de chuva, com meses de extrema aridez, como os desertos de **Gobi**, na Mongólia e na China, e o da **Patagônia**, na Argentina e em algumas partes do Chile (veja o climograma abaixo).

Apesar da escassez de umidade, em diversas áreas dos desertos desenvolvem-se vários tipos de formações vegetais: plantas rasteiras (**Estepes Secas**) e arbustos espinhosos ou com poucas folhas, que reduzem a transpiração, evitando a perda de água, além de outras espécies que se adaptam à baixa umidade, conhecidas por **xerófilas**.

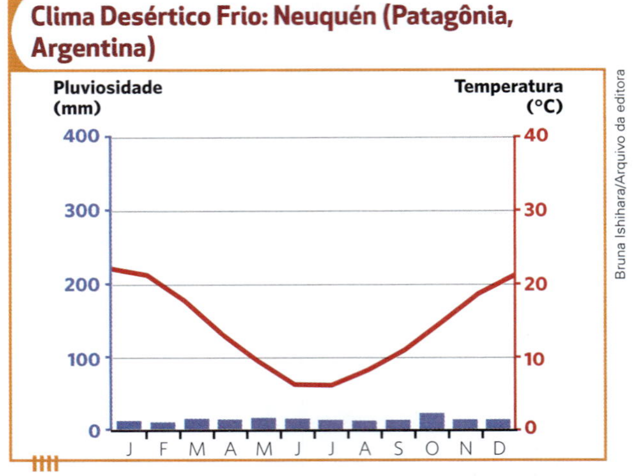

Bruna Ishihara/Arquivo da editora

Clima Desértico Frio de Neuquén (Patagônia, Argentina), com temperatura média anual de 14,2 °C e precipitação média anual de 172 mm.

Elaborado com base em: CLIMATE-DATA.ORG. *Clima Neuquén*. Disponível em: https://pt.climate-data.org/america-do-sul/argentina/neuquen/neuquen-1895/. Acesso em: jan. 2020.

Pawel Toczynski/Getty Images

Trecho do deserto da Patagônia, com a presença de Estepes Secas e outras formações xerófilas. Argentina, 2018.

Baixas latitudes

Clima Tropical, Florestas Tropicais e Savanas

Nas regiões de **Clima Tropical** predominam as temperaturas elevadas e sua principal característica é a alternância entre **estações secas (inverno)** e **úmidas (verão)**. Em função de fatores geográficos, apresenta algumas variantes: o Clima Tropical Continental ou semiúmido, o Clima Tropical de Altitude, o Tropical Litorâneo ou Úmido e o de Monções.

O **Clima de Monções** é a denominação que o Clima Tropical recebe no sul e no sudeste asiáticos. Isso se deve à influência dos ventos de monções na determinação dos períodos de seca e de chuva (veja o climograma ao lado).

No **inverno**, o continente apresenta temperaturas mais baixas que as registradas nas águas dos oceanos Índico e Pacífico. Essa diferença de temperatura forma um centro de alta pressão no continente (onde o ar é mais denso), que favorece o **deslocamento de ar em direção ao oceano** (onde o ar é menos denso). Por causa da direção dos ventos, não há entrada da umidade proveniente do mar, e uma prolongada estação seca se estabelece na região.

Clima de Monções: Patna (Índia)

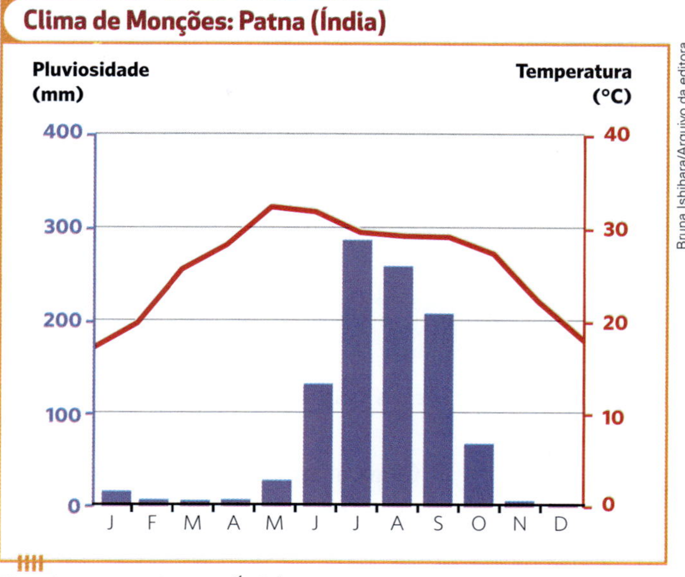

Clima de Monções de Patna (Índia), com temperatura média anual de 26 °C e precipitação média anual de 1031 mm.

Elaborado com base em: CLIMATE-DATA.ORG. *Clima Patna*. Disponível em: https://pt.climate-data.org/asia/india/bihar/patna-4748/. Acesso em: jan. 2020.

No **verão**, ocorre o oposto: no continente, as temperaturas tornam-se mais elevadas que as registradas no oceano Índico, que passa a ser centro de alta pressão. Essa mudança favorece o **deslocamento de ar úmido em direção ao continente**, iniciando-se, assim, um período prolongado de chuvas. As **chuvas de monções**, intensas e prolongadas, provocam enchentes em cidades e áreas rurais situadas nas planícies litorâneas do Índico e do Pacífico (veja os mapas a seguir). Esse período de chuvas, no entanto, é fundamental para o **cultivo de arroz** e de outros gêneros alimentícios na região.

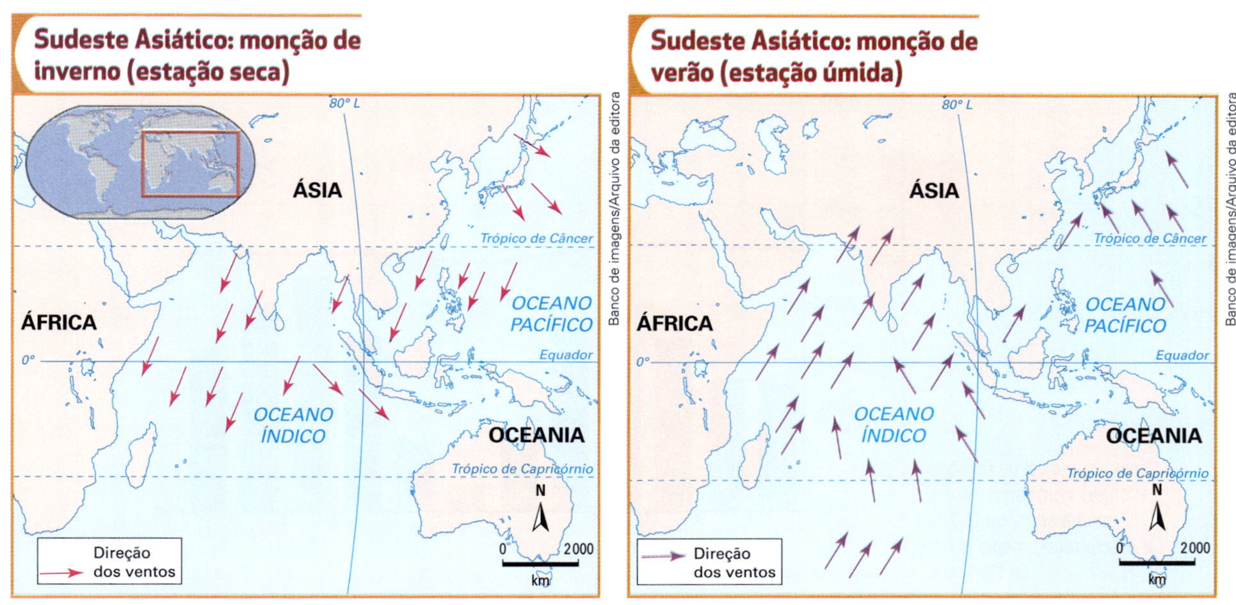

Elaborado com base em: BRAND, Denis; DUROUSSET, Maurice. *Dictionnaire Thématique Histoire Géographie*. Paris: Sirey, 1993. p. 56; AYOADE, J. O. *Introdução à climatologia para os trópicos*. Rio de Janeiro: Bertrand Brasil, 2011. p. 93.

brittak/Getty Images

Vegetação de Savana, no Parque Nacional Masai Mara, no Quênia, 2019.

A **cobertura vegetal** das regiões tropicais caracteriza-se por duas formações principais: as **Florestas Tropicais** e as **Savanas**. No entanto, nas áreas alagadas, aparecem pântanos e, junto ao litoral, mangues.

As **Florestas Tropicais** possuem características das matas dos climas quentes e úmidos: são **densas**, **ombrófilas**, **biodiversas**, **latifoliadas** e **estratificadas**.

As **Savanas** são formações arbustivas com raízes profundas que lhes permitem a retirada de água do lençol freático durante o período prolongado de estiagem, além de folhas grossas e troncos retorcidos. Adaptam-se, portanto, à alternância de estações bem distintas: seca e úmida (vegetação **tropófila**).

Savana é como essa cobertura vegetal é conhecida no continente africano. No Brasil, as Savanas correspondem ao **Cerrado**. Na Venezuela, correspondem aos **Lhanos**.

Ombrófilas: adaptadas a longos períodos de chuva.

Clima e florestas equatoriais

O **Clima Equatorial**, das regiões próximas ao equador, apresenta **temperatura** e **umidade elevadas** durante todo o ano. Caracteriza-se pela baixa amplitude térmica e pelas **chuvas de convecção**, isto é, ascensão do ar úmido, resfriamento nas altitudes mais elevadas, condensação e precipitação (observe o climograma abaixo).

Essas características climáticas favorecem o desenvolvimento da **Floresta Equatorial**, bastante **densa**, com árvores que chegam a atingir mais de 60 metros de altura. A Mata Equatorial abriga grande **biodiversidade (variedade de espécies)**, é **densa**, **ombrófila**, **estratificada** (apresenta plantas de porte variado) e **latifoliada** (desenvolve folhas largas e grandes). Nela, encontram-se plantas **perenifólias** (perenes, ou seja, que têm folhagens durante todo o ano), plantas higrófilas (que se desenvolvem em ambiente de muita umidade) e hidrófilas (que se desenvolvem em ambientes aquáticos).

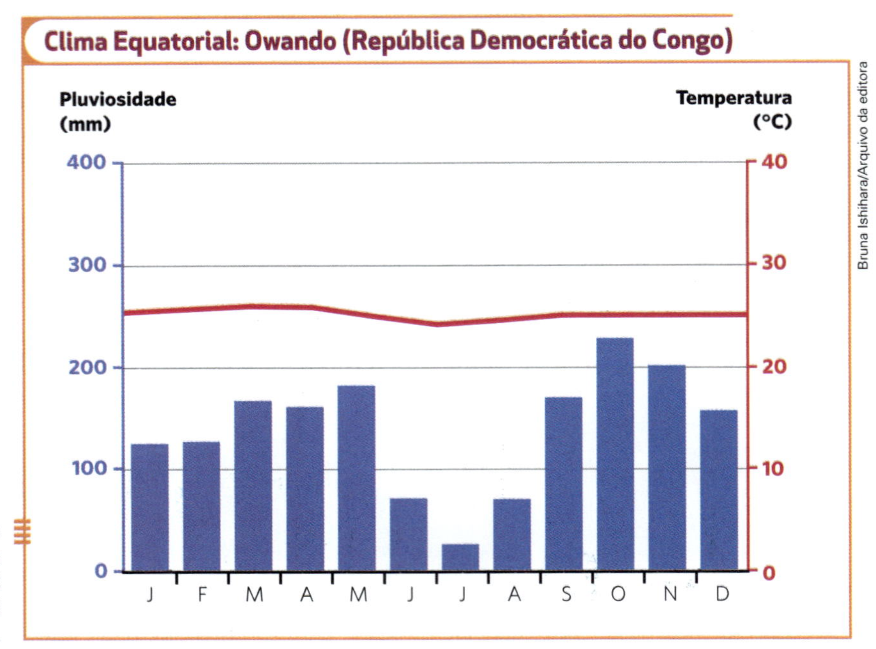

Clima Equatorial de Owando (Congo), com temperatura média anual de 25,3 °C e precipitação média anual de 1673 mm.

Elaborado com base em: CLIMATE-DATA.ORG. *Clima Owando*. Disponível em: https://pt.climate-data.org/africa/republica-do-congo/cuvette/owando-1007073/. Acesso em: jan. 2020.

Climas desérticos das latitudes baixas e xerófilas

Os climas desérticos das regiões de latitudes baixas apresentam elevada amplitude térmica diária, são quentes durante o dia e frios à noite. Eles podem ser divididos em dois tipos climáticos formados por dinâmicas diferentes: o **Desértico Tropical**, como o **Saara**, e o **Desértico das Costas Ocidentais**, como o **Atacama**, no norte do Chile, ao lado do Pacífico, e o da **Namíbia**, na costa atlântica africana (veja o climograma ao lado).

Os desertos do **Atacama** e da **Namíbia** são resultantes das atuações de correntes marítimas frias, que resfriam, condensam o ar úmido do oceano e provocam precipitação e perda da umidade antes de chegar às regiões costeiras dos continentes. O **Saara** está localizado em uma região anticiclonal, em torno do paralelo 30°, dominada pela **subsidência** (descida) **de ar seco**, fator responsável pela ocorrência dos desertos situados nessas latitudes.

As espécies **xerófilas** nos desertos de latitudes baixas são de pequeno porte: arbustos espinhosos com poucas folhas e cactáceas; já o Saara é formado principalmente por areia.

Clima Desértico: Gao (Mali)

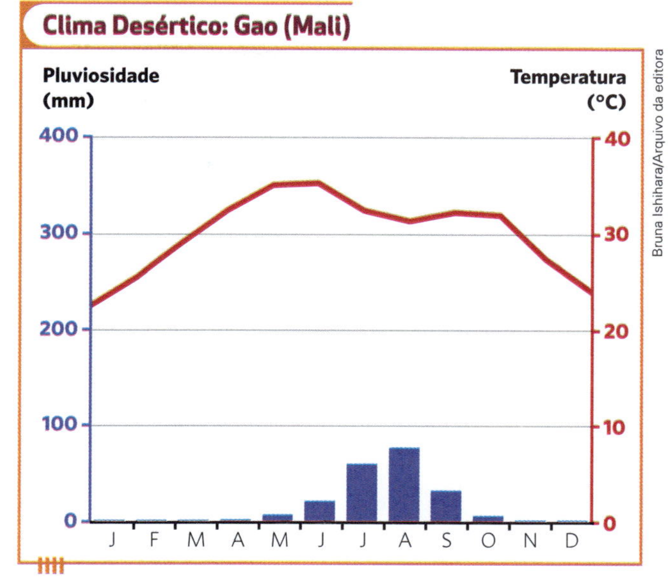

Clima desértico de Gao (Mali), com temperatura média anual de 30 °C e precipitação média anual de 198 mm.

Elaborado com base em: CLIMATE-DATA.ORG. *Clima Gao.* Disponível em: https://pt.climate-data.org/africa/mali/gao/gao-14790/. Acesso em: jan. 2020.

Clima azonal

Clima e vegetação de montanha

O Clima de Montanha caracteriza-se pela sucessão de condições climáticas distintas, determinadas sobretudo pela variação da **altitude**. É um **clima azonal**, isto é, ocorre em **diferentes zonas climáticas**. A temperatura e a umidade alteram-se à medida que subimos ou descemos uma montanha.

Da mesma forma, as áreas montanhosas apresentam **sucessões de diferentes formações vegetais**, que acompanham as alterações das condições climáticas provocadas pela altitude.

Vegetação de Altitude na Zona Temperada

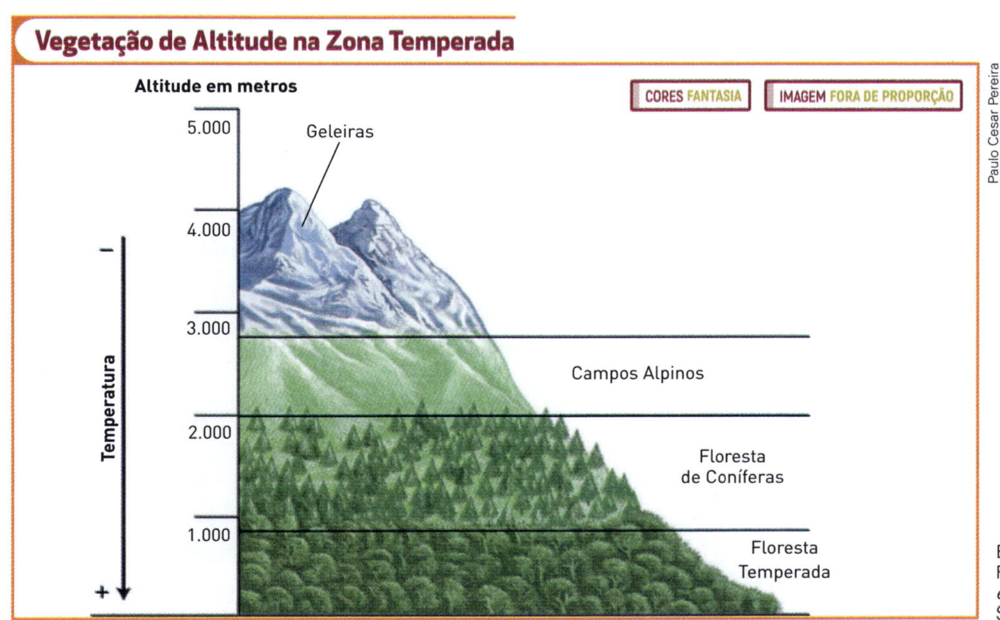

Elaborado com base em: FELSCH, Matthias *et al. Geographie.* Berlin: Schroedel, 2011. p. 112.

Atividades

1 Observe os mapas da Bahia e do Paraná e justifique a afirmação: As áreas destacadas têm em comum a mesma forma de relevo que tem relevância histórica e econômica.

Bahia

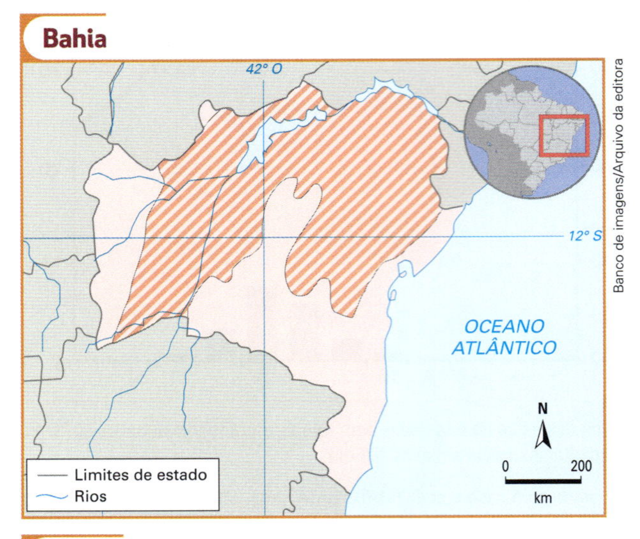

Banco de imagens/Arquivo da editora

Paraná

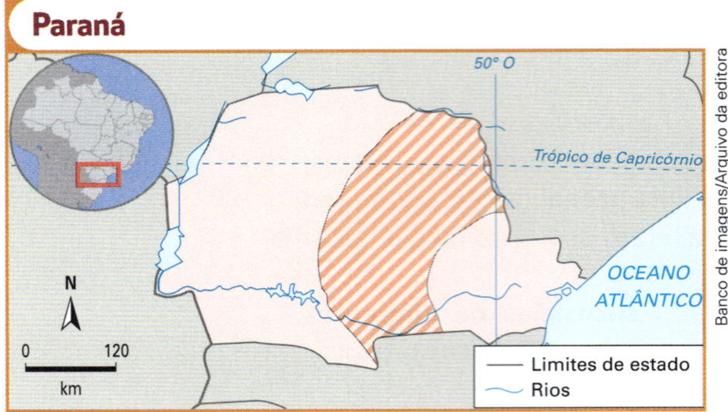

Banco de imagens/Arquivo da editora

Elaborado com base em: ROSS, Jurandyr L. S. (org.). *Geografia do Brasil*. São Paulo: Edusp, 2009. p. 53.

2 Observe o climograma e responda às questões.

Sevilha (Espanha)

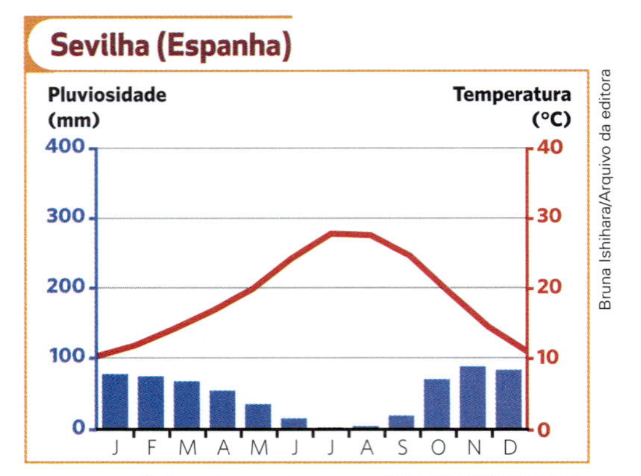

Bruna Ishihara/Arquivo da editora

Elaborado com base em: CLIMATE-DATA.ORG. *Clima Seville*. Disponível em: https://pt.climate-data.org/europa/espanha/andaluzia/seville-2933/. Acesso em: jan. 2020.

a) Indique o clima representado no gráfico e as suas características mais relevantes.

b) Cite dois importantes produtos para a economia de países relacionados a esse clima.

3 Qual o critério utilizado pelo pesquisador Arthur Strahler para a sua classificação climática?

4 Observe a composição de fotos e identifique o clima e a vegetação característica. Justifique.

Spud and Zucchini/Shutterstock

Hyde Park em Londres (Inglaterra), retratado em diferentes épocas do ano.

5 Qual é a crítica expressa na charge a seguir? Em sua opinião, que consequências o problema exposto pela charge traz para o clima e para a vegetação?

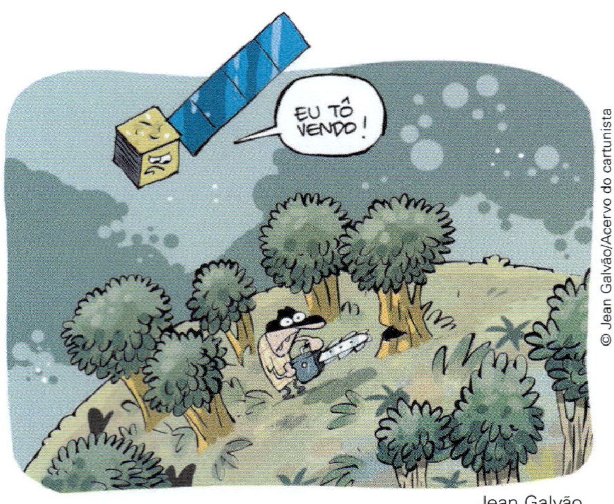

© Jean Galvão/Acervo do cartunista

Jean Galvão.

Domínios morfoclimáticos no Brasil

Este capítulo favorece o desenvolvimento das habilidades:

EM13CHS104

EM13CHS204

EM13CHS302

EM13CHS306

EM13CHS601

Os domínios naturais brasileiros são marcados pela tropicalidade e pela subtropicalidade, muito ricos em biodiversidade e extremamente complexos em termos de interação dos fatores bióticos (espécies vivas e sua cooperação), químicos (água, por exemplo) e físicos (solo, clima e relevo). Ao mesmo tempo que revela belas e variadas paisagens naturais, essa complexidade esconde inúmeros ecossistemas sensíveis a alterações em qualquer um desses fatores.

Fabio Colombini/Acervo do fotógrafo

Vegetação de Cerrado em estação seca e com Mata Ciliar ao fundo. Parque Nacional das Emas, Serranópolis (GO), 2019.

Contexto

1. Quais são as características desse domínio natural? Compare-o com os outros domínios existentes no Brasil, considerando a aparência das paisagens.
2. Relacione as características da topografia, percebida na imagem, às pressões ambientais que ocorrem neste domínio.

Domínios de natureza no Brasil

Como visto no capítulo 23, um domínio de natureza (ou morfoclimático) e fitogeográfico é uma região de grande dimensão territorial cuja paisagem apresenta características de relevo, clima e formações vegetais diferentes daquelas que predominam em outros domínios.

Antes de analisar os domínios de natureza presentes no território brasileiro, veja dois elementos importantes na composição deles: os climas e as formações vegetais.

Dinâmica climática

Com cerca de 92% do território na Zona Tropical, o Brasil caracteriza-se por climas que, em geral, apresentam temperaturas médias anuais elevadas. O comportamento das temperaturas e a variação da umidade das diferentes regiões climáticas durante o ano estão, contudo, fortemente relacionados à atuação das **massas de ar**. Veja os mapas abaixo.

Brasil: atuação das massas de ar no verão

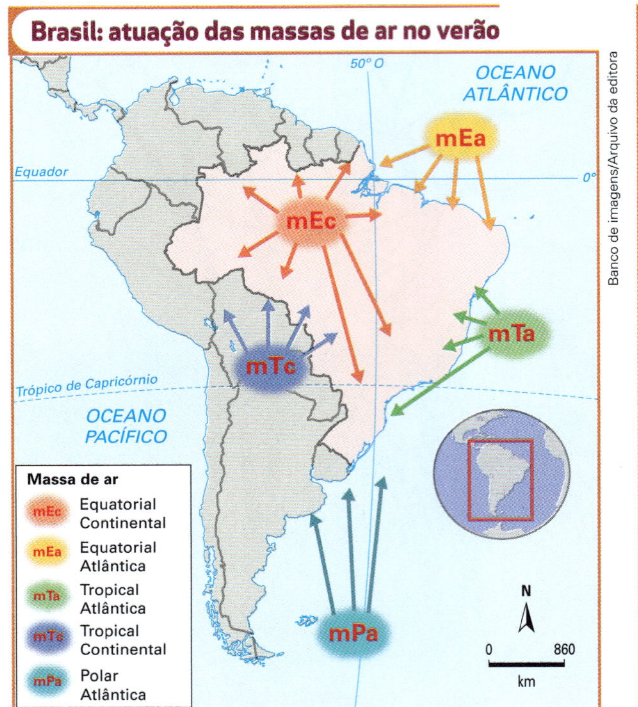

Brasil: atuação das massas de ar no inverno

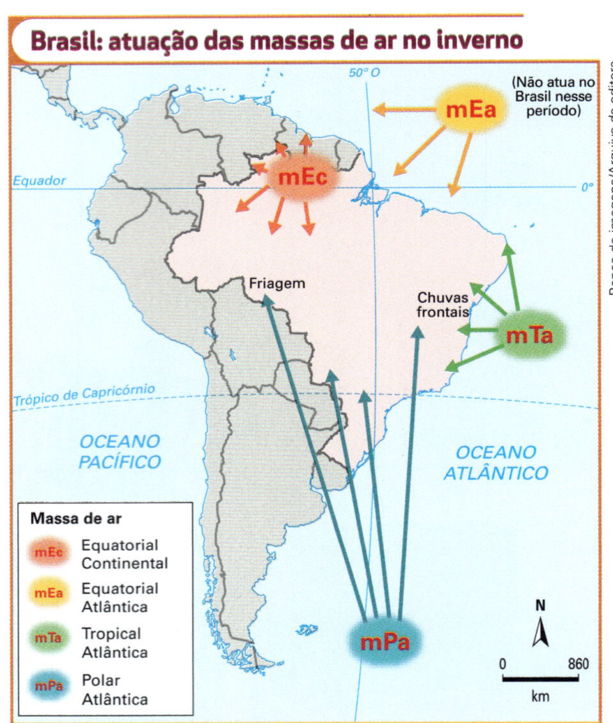

Elaborado com base em: CONTI, José Bueno; FURLAN, Sueli Angelo. Geoecologia: o clima, os solos e a biota. *In*: ROSS, Jurandyr Luciano Sanches (org.). *Geografia do Brasil*. São Paulo: Edusp/FDE, 1996. p. 101-108.

A massa Polar Atlântica (mPa) é úmida e, portanto, provoca chuvas por onde passa. No entanto, ao chegar ao Centro-Oeste e ao Nordeste (e sobretudo ao Norte), está com bem menos umidade.

Explore

1. Considerando as características de cada massa de ar e o direcionamento das setas, analise a atuação das massas de ar no verão, indicando se esse período, em maior parte do território, pode ser considerado o "das chuvas" ou o "da seca (estiagem)".
2. Considerando as características de cada massa de ar e o direcionamento das setas, analise a atuação das massas de ar no inverno, indicando se esse período, em maior parte do território, pode ser considerado o "das chuvas" ou o "da seca (estiagem)".
3. Além do litoral leste do Nordeste (no período do inverno), em que outra região podem ocorrer chuvas frontais? Explique.

Diversidade climática e botânica do Brasil

Apesar de ter mais de 90% do território dentro da Zona Tropical, o Brasil apresenta grande diversidade climática. Isso se deve à atuação das massas de ar, mas também à extensão territorial do país, que, entre outros fatores, lhe permite ocupar ampla superfície no interior da América do Sul (continentalidade) e abrigar uma extensa costa litorânea (maritimidade). A variedade de formações vegetais naturais do Brasil acompanha a diversidade de climas.

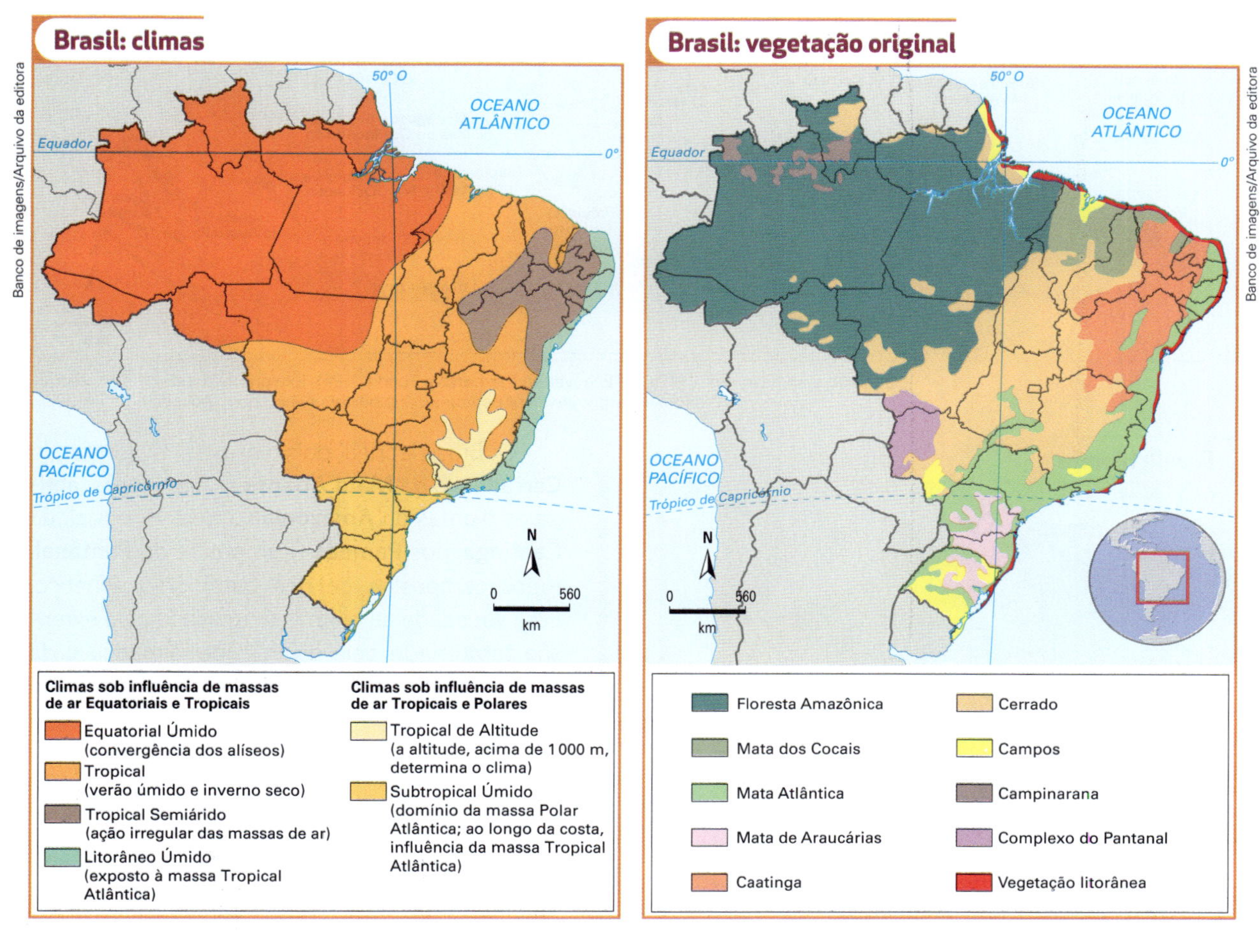

Elaborado com base em: FERREIRA, Graça Maria Lemos. *Atlas geográfico:* espaço mundial. São Paulo: Moderna, 2013. p. 123.

Elaborado com base em: GIRARDI, Gisele; ROSA, Jussara Vaz. *Novo atlas geográfico do estudante*. São Paulo: FTD, 2005. p. 26.

Biodiversidade brasileira

Por causa da maior intensidade da radiação solar, que permite alta produtividade da fotossíntese, as regiões tropicais abrigam a maior reserva de biodiversidade da Terra. No Brasil, de acordo com o Ministério do Meio Ambiente, calcula-se que esteja a **quinta parte das espécies**, de cerca de 1,5 milhão conhecidas no planeta. Por isso, o intenso desmatamento é alvo de preocupação e discussão entre governos, organismos internacionais, sociedade civil e ONGs de todas as partes do planeta.

Em 1988, o pesquisador inglês Norman Myers (1934-2019) identificou os biomas de maior grau de diversidade do planeta, aqueles que abrigam ao menos 1 500 espécies endêmicas de plantas. Posteriormente, verificou os mais ameaçados, aqueles que perderam 3/4 ou mais da vegetação original, e os classificou como *hotspots*: biomas biodiversos, ameaçados em alto grau e cuja conservação merece proteção prioritária.

Mundo: *hotspots* (2019)

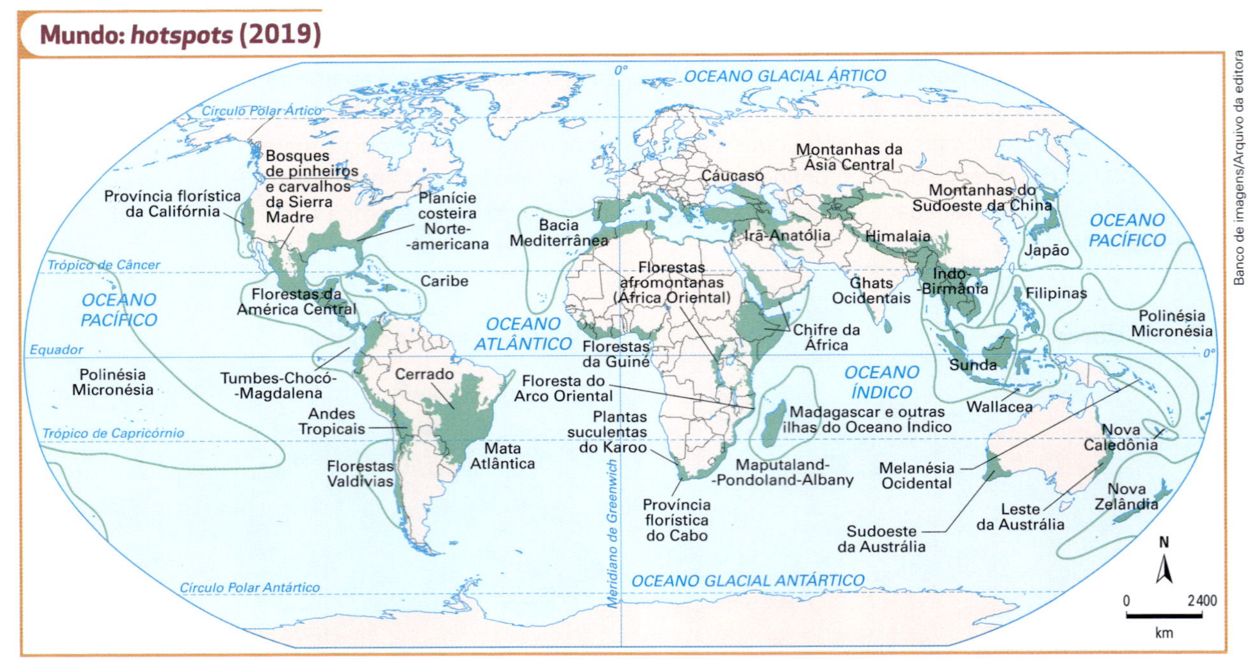

Elaborado com base em: CRITICAL Ecosystem Partnership Fund (CEPF). Explore the biodiversity hotspots. Disponível em: www.cepf.net/our-work/biodiversity-hotspots. Acesso em: fev. 2020.

Brasil: biomas

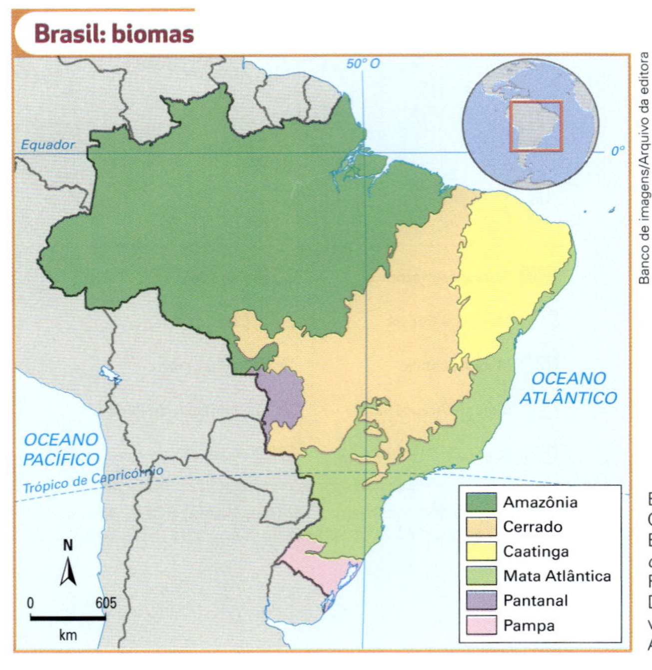

Elaborado com base em: IBGE, Coordenação de Recursos Naturais e Estudos Ambientais. *Biomas e sistema costeiro-marinho do Brasil...* Rio de Janeiro: IBGE, 2019. p. 112. Disponível em: https://biblioteca.ibge.gov.br/visualizacao/livros/liv101676.pdf. Acesso em: fev. 2020.

O Brasil abriga dois *hotspots*: o bioma do **Cerrado** e o da **Mata Atlântica**. Além deles, abriga os biomas da **Amazônia** (o mais extenso), da **Caatinga**, dos **Pampas** (Campos) e do **Pantanal**, todos compostos de rico patrimônio genético. Essa variedade de biomas é explicada pela extensão territorial e pela diversidade climática e da cobertura vegetal, que abriga enorme variedade de fauna e flora.

Saiba mais

O bioma da Mata Atlântica

O bioma da Mata Atlântica compreende a Floresta Tropical Atlântica, a Mata de Araucária, os ecossistemas litorâneos, como os mangues, e as vegetações de restinga, de praia e de duna. Há 500 anos, cobria cerca de 1,3 milhão de km² das terras brasileiras. Hoje, cerca de 93% desse bioma foi devastado, e o remanescente está altamente fragmentado. A Mata Atlântica é considerada uma área de prioridade para a conservação ambiental, pois ainda abriga uma gama de diversidade biológica semelhante à do bioma da Amazônia.

Clima e vegetação no Brasil

Clima e floresta equatoriais

No Brasil, o Clima Equatorial - **quente e úmido** - é típico da região amazônica. Os índices pluviométricos anuais são superiores a 2 000 mm, e a amplitude térmica anual é muito baixa: as temperaturas médias mensais oscilam entre 25 °C e 28 °C.

A elevada umidade é resultado, em boa parte, da evapotranspiração, que é intensa por causa do grande volume de massa florestal. Essa quantidade de vapor d'água não cai somente sobre a Amazônia: sob a forma de chuvas convectivas, ela se desloca para outros trechos do território brasileiro. Mas o processo inicia-se no oceano Atlântico, por onde entram massas de ar carregadas de umidade que se precipitam sobre a floresta.

Clima Equatorial: São Gabriel da Cachoeira (AM)

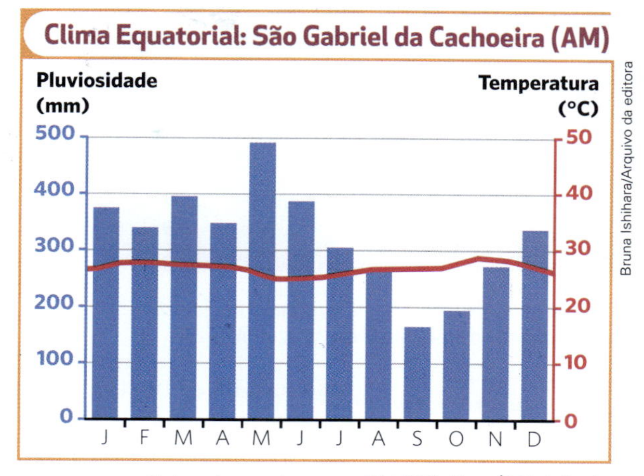

Elaborado com base em: CALDINI, Vera; ÍSOLA, Leda. *Atlas geográfico Saraiva*. São Paulo: Saraiva, 2013. p. 39.

Na extensa faixa de Clima Equatorial se desenvolve a Floresta Amazônica - a maior da Zona Intertropical do globo e a de maior biodiversidade -, que apresenta árvores de grande e médio porte e plantas rasteiras (vegetação estratificada), com cipós, bromélias e orquídeas. Como todas as florestas dessa região climática, é **perene**, **ombrófila**, **biodiversa** e **densa** (veja o capítulo 23).

A Floresta Amazônica se divide em três grupos:

- Floresta ou **Mata de Igapó**: situada nas áreas permanentemente inundadas pelos rios;
- Floresta ou **Mata de Várzea**: situada nas áreas inundadas apenas durante as cheias;
- Floresta de **Terra Firme**: situada nas áreas mais elevadas, onde se encontram árvores de grande porte, como a andiroba, o cedro, o castanheiro e o mogno. Esse tipo de floresta compõe entre 70% e 80% da Floresta Amazônica.

Perfil da Floresta Amazônica

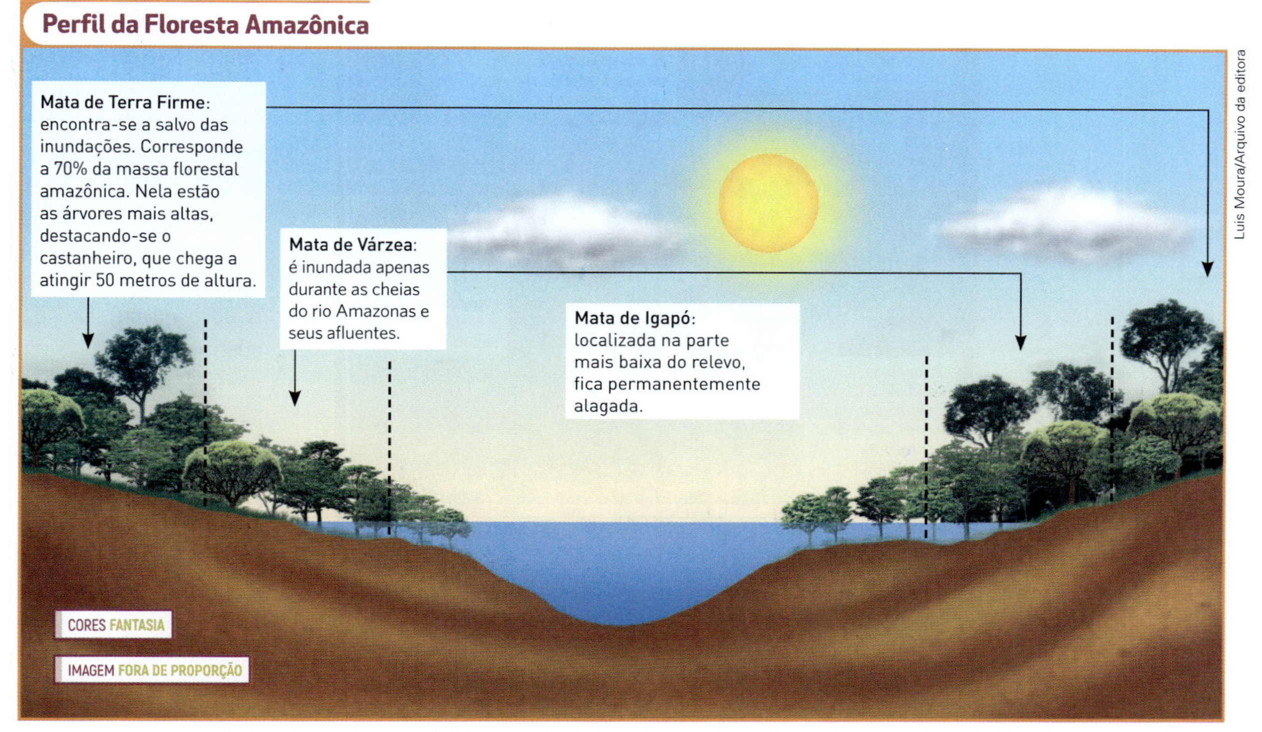

Elaborado com base em: ROSS, Jurandyr Luciano Sanches (org.). *Geografia do Brasil*. São Paulo: Edusp, 2011. p. 164-165.

Andre Dib/Pulsar Imagens

Vista aérea de trecho de Mata de Igapó na Floresta Amazônica ao amanhecer, em Autazes (AM), 2020.

Em uma extensa área da bacia do rio Negro, ocorre a **campinarana**, tipo de vegetação que se desenvolve em solos caracterizados pela falta de nutrientes minerais. Essa vegetação pode ser arbórea (na qual predominam árvores de médio porte), arbustiva, gramíneo-lenhosa e também específica, como é o caso dos bambus.

Originalmente, a Floresta Amazônica ocupava uma área de cerca de 7,5 milhões de km² na América do Sul, dos quais mais de 60% em terras brasileiras. Cerca de 20% de sua área original no Brasil foi perdida com o desmatamento intensivo. O desmatamento crescente na Amazônia traz consequências negativas para a agropecuária e para os volumes dos reservatórios das usinas hidrelétricas e das represas do Centro-Oeste, Sudeste e Sul do Brasil, comprometendo a produção de alimentos, as exportações de gêneros agropecuários, a geração de energia e o abastecimento de água para a sociedade.

No conjunto, a Floresta Amazônica abriga a maior concentração de espécies animais, vegetais e de microrganismos da Terra: cerca de 3 mil espécies medicinais catalogadas, muitas delas sujeitas a atividades ligadas à biopirataria e à **etnobiopirataria**.

Etnobiopirataria: forma ilegal de coleta de espécies e utilização dos conhecimentos tradicionais dos povos nativos para a produção de remédios, cosméticos ou itens similares. Após serem patenteados, esses conhecimentos possibilitam às empresas a exclusividade do uso dos princípios ativos (substâncias com efeito farmacológico ou terapêutico).

Olho no espaço

Rios voadores

- Observe a ilustração a seguir e responda às questões ao lado.

O caminho dos rios voadores

Bruna Ishihara/Arquivo da editora

Elaborado com base em: PROJETO Rios Voadores. Disponível em: http://riosvoadores.com.br/wp-content/uploads/sites/5/2015/04/Caderno-Professor-Rios-Voadores-2015-INTERNETppp.pdf. Acesso em: dez. 2019.

a) Os efeitos da evapotranspiração da floresta e do vapor d'água (umidade) na atmosfera não se restringem ao espaço amazônico. Considerando isso, elabore um texto explicativo que poderia estar ao lado das indicações de número 5, ao final das setas azuis, como quadro informativo da ilustração.

b) O fato apontado no item anterior repercute em atividades econômicas das regiões indicadas e na sociedade. Explique isso levando em conta a produção energética.

Clima Subtropical, Mata de Araucária e Pampas

O Clima Subtropical é típico da região Sul do país. A maior latitude e a atuação mais intensa da massa Polar Atlântica (mPa) na região determinam um clima de temperaturas muito baixas durante o inverno, principalmente nas áreas de maior altitude, como alguns trechos do Rio Grande do Sul e de Santa Catarina, mas temperaturas elevadas no verão. Assim, o Clima Subtropical é aquele com as **maiores amplitudes térmicas anuais do Brasil**. Outro aspecto marcante dessa região climática é a regularidade na distribuição das chuvas durante o ano, cuja média anual fica entre 1 400 e 1 800 mm, aproximadamente. É comum o fenômeno de **geada** durante o outono e o inverno, e, ocasionalmente, ocorre **precipitação de neve** nas localidades de maior altitude.

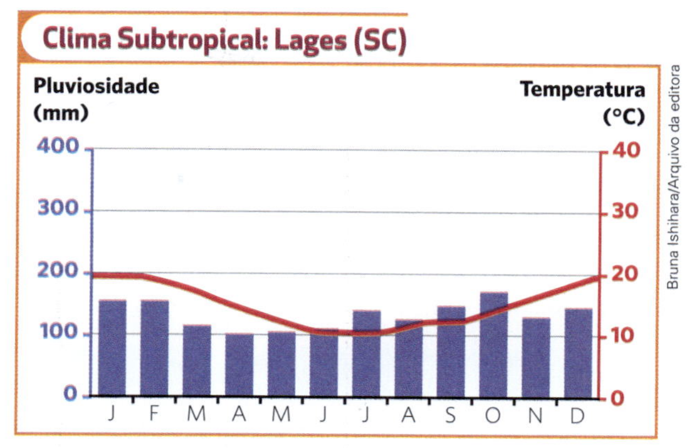

Elaborado com base em: MENDONÇA, Francisco; DANNI-OLIVEIRA, Inês Moresco. *Climatologia*: noções básicas e climas do Brasil. São Paulo: Oficina de Textos, 2007. p. 179.

Mata de Araucária

Nas encostas das serras próximas ao litoral da região Sul, a Floresta Tropical Atlântica domina a paisagem natural, mas a vegetação predominante é a da Mata de Araucária (Mata dos Pinhais ou Floresta de Araucária), que também faz parte do bioma da Mata Atlântica. Esse tipo de cobertura é semi-homogêneo, com predomínio da araucária (**pinheiro-do-paraná**), de onde se extrai o pinhão e que está quase totalmente devastada. Essa espécie é um pouco mais espaçada e pode se entremear com outras espécies, como o **ipê** e a **erva-mate**, e tem como característica a folhagem pontiaguda (**aciculifoliada**).

Gerson Sobreira/Terrastock

Erva-mate em Imbituva (PR), 2018. Da folha da erva-mate se faz o chimarrão, bebida quente e amarga do Sul do Brasil muito apreciada, em particular no Rio Grande do Sul. A erva-mate também apresenta propriedades medicinais.

Pampas

No extremo sul do Rio Grande do Sul, ocorrem os **Campos**, formados principalmente pelos **pampas gaúchos**. A paisagem marcada pela vegetação rasteira de **gramíneas** é ocupada tradicionalmente pela pecuária extensiva, pelas plantações de trigo e, há cerca de meio século, pela soja. É uma região plana, entremeada com pequenas elevações com declives suaves conhecidas como **coxilhas**. É rica em biodiversidade, mas resta apenas cerca de 30% da vegetação original. Ao longo dos rios e ao redor de lagoas, as **Matas Ciliares** ou **Matas de Galeria** crescem e interrompem a paisagem campestre.

Saiba mais

Mata Ciliar ou Mata de Galeria

Presente em diversos biomas, a Mata Ciliar ou Mata de Galeria é a floresta que se desenvolve nas margens de rios, córregos, lagoas e mananciais. A proteção que ela oferece aos corpos d'água é análoga àquela que os cílios oferecem aos olhos, daí o nome **ciliar**. É uma cobertura vegetal essencial ao equilíbrio ecológico, pois abriga e fornece alimento para a fauna, evita a erosão das margens e o assoreamento dos rios, contribui para manter a qualidade da água e fornece nutrientes para o ecossistema aquático. Dada a sua importância, é considerada uma APP (Área de Proteção Permanente) pelo Código Florestal Brasileiro.

Hans Von Manteuffel/Pulsar Imagens

Vegetação de Mata Ciliar no rio Pixaim, em Poconé (MT), 2019.

Clima Tropical Semiúmido: Cuiabá (MT)

Pluviosidade (mm)
Temperatura (°C)
400 300 200 100 0
40 30 20 10 0
J F M A M J J A S O N D

Bruna Ishihara/Arquivo da editora

Elaborado com base em: CALDINI, Vera; ÍSOLA, Leda. *Atlas geográfico Saraiva*. São Paulo: Saraiva, 2013. p. 39.

Clima Tropical Semiúmido, Cerrado e Complexo do Pantanal

O Clima Tropical Semiúmido ou **Continental** é o clima tropical típico. Ele abrange grande extensão do Centro-Oeste e amplos trechos do Nordeste e do Sudeste brasileiros. É um clima **quente**, marcado por duas estações bem distintas: **verão úmido** e **inverno seco**, com médias pluviométricas anuais entre 1400 e 1500 mm.

Cerrado

O Cerrado, mais peculiar a essa região climática, é uma vegetação formada por **arbustos** de médio porte e **campos**. Corresponde à Savana em outros lugares do mundo, como a África. Árvores mais altas e matas ciliares ou galerias também compõem a paisagem. As espécies arbustivas do Cerrado são plantas **tropófilas**, isto é, que se adaptam à alternância de estações prolongadas de chuva e de seca. Algumas espécies são **caducifólias** ou **decíduas** (perdem as folhas durante a seca), têm raízes profundas, que lhes permitem retirar a água da parte mais profunda do solo durante a época de estiagem, e folhas duras e grossas (esclerófilas).

Sem uma luta ambientalista por preservação tão eficaz quanto a luta pela Mata Atlântica e pela Floresta Amazônica, o Cerrado foi o bioma que sofreu a maior devastação nas últimas décadas. Diferentemente desses biomas, a paisagem da **savana brasileira**, à primeira vista, não revela sua riqueza, que é uma das maiores **biodiversidades** do país: mais de 11 mil espécies de plantas, 200 espécies de mamíferos, 800 espécies de aves e cerca de 1,2 mil espécies de peixes.

Complexo do Pantanal

Também situado na região de Clima Tropical Semiúmido, o Complexo do Pantanal é um conjunto de ecossistemas único no mundo: reúne espécies encontradas em todas as demais regiões brasileiras (arbóreas, arbustivas e campestres), formando um conjunto atípico e adaptado às condições locais.

A pecuária é a mais tradicional atividade econômica no Pantanal. A caça predatória e a extração mineral que emprega mercúrio causam grandes danos ao meio ambiente pantaneiro, que vem sendo afetado também pela prática da agricultura no Cerrado: os rios que nascem e percorrem trechos nessa formação e adentram o ecossistema do Pantanal são poluídos por agrotóxicos e sofrem com o processo de assoreamento.

O Pantanal é uma região plana e de baixa altitude e apresenta amplos trechos inundados durante a estação chuvosa de verão. Neles, a vegetação desenvolve raízes aéreas, que permitem captar oxigênio durante o período das inundações. A diversidade da flora e da fauna está diretamente relacionada ao ciclo das cheias do rio Paraguai e seus afluentes. De acordo com dados da Empresa Brasileira de Pesquisa Agropecuária (Embrapa), o bioma do Pantanal mantém cerca de 83% de sua vegetação nativa.

! Dica

Era verde?

De Zysman Neiman. São Paulo: Atual, 2005.

O livro aborda a questão dos impactos ambientais sofridos pelos mais importantes ecossistemas brasileiros em decorrência de fatores como o desmatamento, a exploração excessiva de recursos naturais e a poluição das águas.

Hans Von Manteuffel/Pulsar Imagens

Garças-brancas-grandes em área alagada do Pantanal, em Poconé (MT), 2019.

Clima Tropical Litorâneo e Mata Atlântica

O Clima Tropical Litorâneo (ou **Tropical Úmido**) acompanha uma estreita faixa de terra junto à costa atlântica, estendendo-se aproximadamente de São Paulo ao Rio Grande do Norte. Caracteriza-se pela ocorrência de temperaturas elevadas durante o ano inteiro, em particular na região Nordeste. No litoral do Nordeste, as médias anuais de precipitação ficam em torno de 1600 a 1800 mm; no do Sudeste, em torno de 1400 mm, podendo, no entanto, superar os 2000 mm em alguns trechos, como em Paraty (RJ) e em Ubatuba (SP).

No litoral do Sudeste, as chuvas são frequentes e abundantes no verão, e as temperaturas podem cair no inverno com a chegada de **frentes frias** (ocasionadas pela massa Polar Atlântica). Na costa oriental nordestina, as chuvas são mais intensas no outono e no inverno. Veja os climogramas na próxima página.

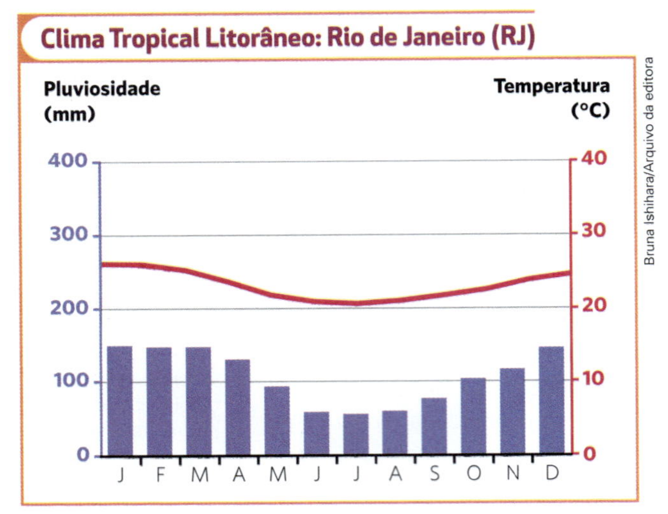

Elaborado com base em: CLIMATE-Date.Org. Disponível em: https://pt.climate-data.org/america-do-sul/brasil/rio-de-janeiro/rio-de-janeiro-853/#climate-graph. Acesso em: fev. 2020.

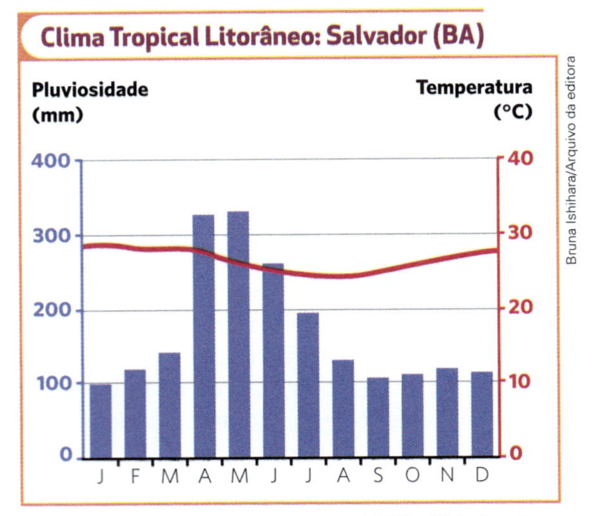

Elaborado com base em: MENDONÇA, Francisco; DANNI-OLIVEIRA, Inês Moresco. *Climatologia*: noções básicas e climas do Brasil. São Paulo: Oficina de Textos, 2007. p. 165.

Tales Azzi/Pulsar Imagens

Vegetação característica da Mata Atlântica, em Guaraqueçaba (PR), 2019. A biodiversidade desse domínio, comparável à da Floresta Amazônica, teve perdas irreversíveis ao longo do tempo.

Duas das formações vegetais mais representativas da região de Clima Tropical Litorâneo pertencem ao bioma da **Mata Atlântica**: a **Floresta Tropical Atlântica** e as vegetações litorâneas, como os **mangues** e as **restingas**. A Mata Atlântica é a reserva de biodiversidade mais ameaçada de todo o território brasileiro: sua área original estendia-se por cerca de 1,3 milhão de km², mas, atualmente, calcula-se que permaneça apenas cerca de 7% dela; das 200 espécies vegetais brasileiras ameaçadas de extinção, 117 são da Mata Atlântica.

Habitualmente conhecida pelo nome do seu bioma (Mata Atlântica), a **Floresta Tropical Atlântica** apresenta características comuns às florestas tropicais, como a Amazônica: além de ter grande **biodiversidade**, é uma mata **densa**, **ombrófila**, **estratificada**, **perene** e **latifoliada**.

Do período colonial, em que se verificou a expansão da agricultura canavieira, aos dias atuais, a floresta foi intensamente explorada. A mineração do século XVIII e a agricultura cafeeira também contribuíram para a devastação de grandes extensões da mata, nas quais se estabeleceram os mais importantes núcleos de povoamento e as primeiras cidades. Atualmente, nessa área concentram-se as principais regiões urbanas, instalações industriais e vias de transporte do país, além de atividades agropecuárias.

As estratégias de conservação da Mata Atlântica foram ampliadas pelo Ibama e outras instituições, principalmente a partir de 2006, quando foi implementada a Lei da Mata Atlântica. Desde então, a maior fiscalização tem contribuído para diminuir a área desmatada, com ampliação do monitoramento e implantação de programas de revitalização de áreas degradadas. A lei conta também com ações como a formação de **Corredores Ecológicos**, que unem os fragmentos esparsos de uma mata nativa ou secundária e promovem o aumento do **fluxo gênico** e da biodiversidade.

! Dica

Mapa interativo da Mata Atlântica

http://mapas.sosma.org.br

Mapa interativo para navegar pelo bioma e conhecer suas fisionomias originais, áreas remanescentes e Unidades de Conservação.

Fluxo gênico: migração ou transferência de genes de uma população para outra.

Mangue

Os mangues são ecossistemas das regiões litorâneas, na área de encontro da água doce e da salgada, entre o ambiente terrestre e o marinho. As plantas do mangue são **halófilas**, espécies que se adaptam à variação da salinidade da água e do solo, provocada pela alternância das marés altas e baixas. Arbustos e árvores têm **raízes aéreas**, ou seja, que se projetam acima do nível do solo e servem de escora para que possam suportar a força da água. Os mangues constituem a área de reprodução de muitas espécies, por isso são chamados de **berçários marinhos**. Neles se desenvolvem camarões, caranguejos e pequenos organismos. Estes últimos servem de alimento para os plânctons, microrganismos animais (zooplânctons) e vegetais (fitoplânctons) que formam a base da cadeia alimentar marinha.

Milhares de brasileiros, sobretudo do litoral do Nordeste e do Sudeste, dependem da coleta de caranguejos no mangue, que, assim como os ecossistemas que o compõem, está bastante comprometido pela expansão urbana e pela poluição - muitos condomínios, hotéis e indústrias próximos a regiões de mangue não dispõem de instalações sanitárias adequadas, lançando esgoto doméstico e industrial sem tratamento em áreas litorâneas.

Alex Tauber/Pulsar Imagens

Coletora de caranguejo em manguezal em Belmonte (BA), 2020.

Clima Tropical de Altitude e florestas tropicais

O Clima Tropical de Altitude caracteriza as regiões mais elevadas do Sudeste. Por causa das **maiores altitudes**, as temperaturas são mais brandas do que no Clima Tropical Semiúmido. As chuvas concentram-se na estação de verão e são menos intensas e regulares no decorrer do ano, com médias anuais em torno de 1500 mm.

As Florestas Tropicais são predominantes, mas as áreas elevadas das regiões serranas do Sudeste contam com a presença de árvores de araucária e de campos de altitude, formados por herbáceas entremeadas por pequenos arbustos.

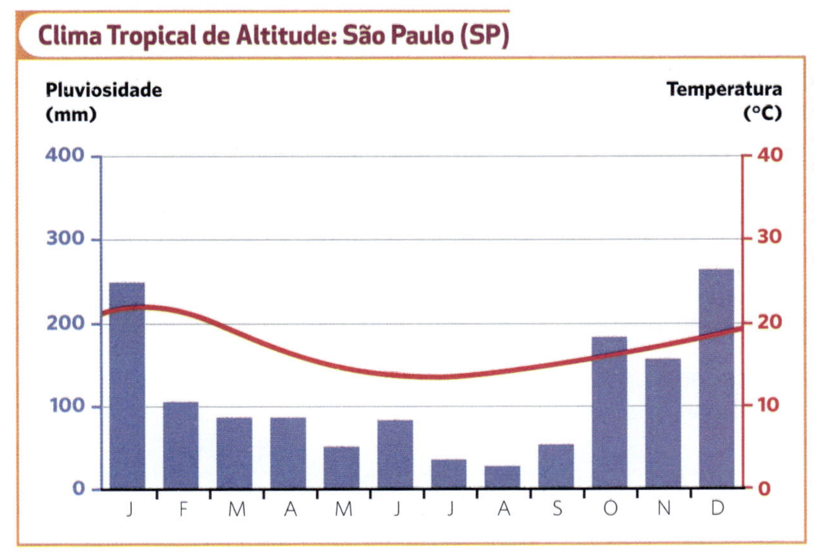

Bruna Ishihara/Arquivo da editora

Elaborado com base em: MENDONÇA, Francisco; DANNI-OLIVEIRA, Inês Moresco. *Climatologia*: noções básicas e climas do Brasil. São Paulo: Oficina de Textos, 2007. p. 170.

Clima Semiárido e Caatinga

O interior do Nordeste e o norte de Minas Gerais apresentam um clima quente e quase seco - o Semiárido -, onde o índice de chuva anual varia de 300 a 800 mm. A área corresponde ao **polígono das secas** - Sertão nordestino e mineiro. É a região de Clima Semiárido mais habitada do mundo e, economicamente, a mais pobre do país. A condição de semiaridez e o baixo investimento governamental muitas vezes levam o sertanejo a conviver com situações de fome ou insuficiência alimentar, obrigando-o a se deslocar por longas distâncias para obter água nas poucas fontes espalhadas pelo Semiárido brasileiro.

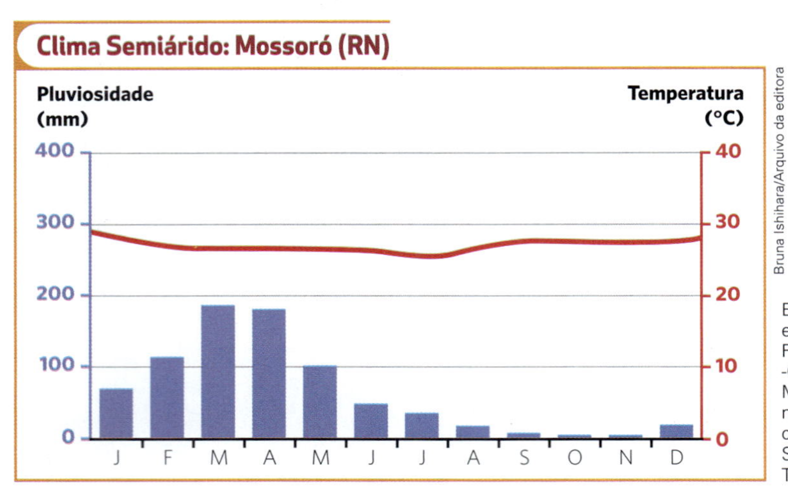

Elaborado com base em: MENDONÇA, Francisco; DANNI--OLIVEIRA, Inês Moresco. *Climatologia*: noções básicas e climas do Brasil. São Paulo: Oficina de Textos, 2007. p. 162.

A vegetação é formada pela **Caatinga**, bioma rico e diversificado. Abriga espécies rasteiras, arbustos e cactos, além de grande diversidade de animais. É formada por **xerófilas**, muitas endêmicas, que se adaptam à baixa umidade. Apresenta plantas **caducifólias** ou **decíduas**, cuja transpiração é menor para permitir o armazenamento de água. Outras são espinhosas como as **cactáceas**, cujo exemplar mais conhecido é o mandacaru.

Aspecto da Caatinga na estiagem, com mandacaru em destaque, em Canudos (BA), 2019.

O aspecto árido da paisagem esconde uma rica biodiversidade, e o intenso processo de desmatamento é responsável pela derrubada de aproximadamente 50% da cobertura vegetal original.

A Caatinga é um bioma exclusivamente brasileiro, que concentra mais de 900 espécies de plantas, das quais 318 endêmicas, além de 144 espécies de mamíferos, 154 de répteis e anfíbios, 510 de aves e 240 de peixes, de acordo com o Instituto Socioambiental.

Desertificação

A desertificação é a perda total ou a redução do potencial biológico da terra. Suas causas estão relacionadas a variações climáticas e à ação do ser humano, que podem ocorrer separada ou simultaneamente. Entre as ações humanas estão o desmatamento, as queimadas e a utilização inadequada do solo.

Nos processos de desertificação, há um desequilíbrio entre a quantidade de água perdida por evaporação e escoamento e a proveniente das precipitações. Isso pode levar à drástica redução da formação vegetal preexistente e ao consequente comprometimento da fauna, com reflexos, portanto, em toda a biodiversidade.

A desertificação atinge principalmente as regiões áridas, semiáridas e subúmidas secas do planeta. Uma das regiões mais afetadas por esse processo é o **Sahel**, faixa que se estende latitudinalmente (de leste a oeste) ao sul do deserto do Saara, no continente africano. Nessa região, desde o fim do século XX os governos dos países atingidos realizam ações para combater o processo, algumas bem-sucedidas, sobretudo na África ocidental.

No Brasil, o processo de desertificação afeta principalmente as regiões semiáridas do Sertão nordestino e do norte de Minas Gerais. Na Caatinga, o processo de desertificação tem substituído a paisagem florística por grandes extensões de terrenos arenosos. Na região do Semiárido, mais suscetível ou já afetada pela desertificação, vivem cerca de 25 milhões de brasileiros. Os casos mais graves estão no Piauí (Gilbués), entre os estados da Paraíba e do Rio Grande do Norte (Seridó) e em Pernambuco (Cabrobó). Nas áreas desertificadas, o cultivo excessivo, a irrigação, o desmatamento para obtenção de lenha - a principal fonte de energia disponível à população da região - e a atividade mineradora estão entre as principais causas de intensificação do problema.

Delfim Martins/Pulsar Imagens

Criação de gado em área em processo de desertificação, em Manaíra (PB), 2017.

Além de perda de biodiversidade, a desertificação acarreta a perda do solo, uma vez que a erosão se intensifica (com consequente diminuição de áreas para a agricultura e para pastagens), o assoreamento dos rios e a redução da quantidade de água, entre outros problemas. Assim, a população afetada se vê forçada a migrar, o que resulta, por exemplo, em pressão populacional em outros ecossistemas e acentuada redução da produção agrícola nas regiões atingidas pela desertificação.

Mata dos Cocais, uma mata de transição

Nos estados do Ceará, Piauí e Maranhão, em uma faixa de transição entre o Sertão nordestino (Caatinga) e a Amazônia (Floresta Amazônica), há uma extensa área semiúmida dominada pela Mata dos Cocais, uma mata de transição constituída principalmente pelas **palmeiras** de carnaúba e babaçu.

Os carnaubais e os babaçuais geralmente acompanham os vales dos rios, onde há mais umidade. A extração de produtos da carnaúba e do babaçu constitui uma atividade econômica de relativa importância para a região. Enquanto a **carnaúba** é mais importante no Piauí e no Ceará, o **babaçu** destaca-se no Maranhão.

Da carnaúba é possível aproveitar praticamente tudo: a madeira; as raízes, para a obtenção de compostos medicinais; o fruto, que serve de alimento para o gado; as folhas, com as quais são feitas esteiras e redes; a semente, da qual se produz o óleo de cozinha; e a cera, sua principal riqueza, extraída do pó depositado na camada superficial das folhas, responsável por coibir a transpiração e conservar água por um período mais longo.

O babaçu é empregado, sobretudo, na produção de óleos, obtidos de sua amêndoa, da qual também é possível fazer sabão, lubrificantes e combustível. O caule é utilizado para a estrutura em construções de casas, fabricação de adubo e extração de palmito; das folhas são feitos cestos e esteiras.

Andre Dib/Pulsar Imagens

Babaçus, típicos da vegetação de Mata dos Cocais, em Alcântara (MA), 2019.

Domínio Amazônico

No Domínio Amazônico, o maior domínio natural brasileiro, estão a bacia e a Floresta Amazônica, as principais referências dessa região e as maiores do mundo. Em áreas pontuais dele, aparecem formações isoladas de Campos e Cerrado. O clima dominante é o Equatorial.

Andre Dib/Pulsar Imagens

Ribeirinho em canoa em lagoa com vitórias-régias, em Careiro (AM), 2020. As águas da Amazônia também abrigam uma variedade de espécies de flora aquática, cujo maior símbolo é a vitória-régia.

A **bacia Amazônica** e a **bacia do Tocantins** formam o mais complexo sistema de água doce do mundo. O rio Amazonas, seu rio principal, é responsável por 20% da água doce despejada anualmente nos oceanos. A extensa rede hidrográfica se destaca pela navegabilidade, pela diversidade da fauna aquática e por apresentar o maior potencial hidrelétrico do Brasil. No rio Xingu está em operação a usina de Belo Monte (no Pará), a maior usina totalmente brasileira. Outras usinas também se encontram em operação nesse domínio natural, como a de Tucuruí, no rio Tocantins (no Pará), e as de Santo Antônio e Jirau, no rio Madeira (em Rondônia). A usina de Tucuruí foi por décadas a maior do Brasil, tendo sido superada por Belo Monte em 2019.

Atualmente, a Floresta Amazônica no Brasil corresponde a cerca de 80% de sua área original. Embora tenha sido reduzido de 2004 a 2012, o desmatamento foi intensificado nos últimos 40 anos com o aumento populacional, a ocupação econômica apoiada em empreendimentos agropecuários e minerais e a realização de grandes projetos de geração de energia, apontando perspectivas pessimistas para a região.

! Dica

Instituto Nacional de Pesquisas Espaciais (Inpe)

www.inpe.br

No *site* é possível conhecer os sistemas de monitoramento da Amazônia. Interativo, ele dispõe de dados e imagens de satélites e permite observar a evolução do desmatamento desse domínio morfoclimático.

Saiba mais

Sistemas de monitoramento da Amazônia

Para monitorar esse extenso domínio e determinar ações de controle à sua devastação, o governo criou, na década de 1990, o Sistema de Vigilância da Amazônia (Sivam). Esse sistema de monitoramento possibilitou o controle do espaço aéreo amazônico e de seus recursos (hídricos, florestais, minerais, da biodiversidade) e beneficiou, ainda, órgãos como o Instituto Nacional de Pesquisas Espaciais (Inpe) e o Instituto Nacional de Meteorologia (Inmet), aumentando a qualidade das previsões meteorológicas.

Os críticos desse sistema ponderam que a má utilização do Sivam pode ser um instrumento econômico para grandes empresas, caso estas tenham acesso a informações sobre recursos minerais ainda não conhecidos. O acesso a esse tipo de informação pode aumentar, ainda mais, a ocupação inadequada do território da Amazônia.

O Inpe também opera sistemas de monitoramento ambiental específicos para o controle do desflorestamento na Amazônia. Por meio de imagens de satélite, o instituto consegue identificar áreas de desmatamento em progresso, queimadas e atividades madeireiras ilegais, agilizando a fiscalização e as ações de impedimento da degradação ilegal da floresta, e calcular as taxas anuais de desflorestamento da Amazônia Legal.

NASA/US Geological Survey/Google Earth

2016 DigitalGlobe/Google Earth

As imagens são de dois momentos do município de Cujubim (RO), em 1969 (A) e em 2013 (B). Nesses períodos, observa-se o aumento do desmatamento seguido da ocupação humana.

Domínio dos Mares de Morros

O Domínio dos Mares de Morros corresponde à área original da Floresta Tropical Atlântica, também conhecida como Mata Atlântica. O nome "mares de morros" faz referência ao relevo que marca a paisagem, formado por uma sucessão de morros arredondados (relevo mamelonar), esculpidos sobre rochas cristalinas e revestidos originalmente por extensa cobertura florestal.

A **bacia do Paraná** é o maior conjunto de água do núcleo dos Mares de Morros, cujos rios formadores atravessam um relevo acidentado e possibilitam elevado aproveitamento energético. A construção de eclusas e barragens, a ocupação das margens dos rios por habitações sem saneamento básico e por atividades agrícolas que empregam agrotóxicos e adubos químicos e o despejo de efluentes industriais e domésticos explicam a deterioração de muitos rios e suas águas. A retirada da cobertura da floresta deixou os solos desprotegidos e acelerou os processos erosivos.

Vitor Marigo/Tyba

Vista dos morros do Parque Estadual dos Três Picos, em Teresópolis (RJ), 2018.

O clima do Domínio dos Mares de Morros varia entre o Tropical Úmido no litoral do Nordeste e do Sudeste, o Tropical de Altitude nas serras e áreas elevadas do Sudeste e o Subtropical na encosta litorânea do Sul do Brasil. Essa diversidade de climas e as altitudes variadas contribuíram para a diversificação de espécies e para o alto grau de endemismo da Mata Atlântica.

Saiba mais

Algumas comunidades tradicionais do domínio dos Mares de Morros

Grande parte da população brasileira vive na Mata Atlântica, pois foi na faixa de abrangência original desse bioma – 15% do território brasileiro – que se formaram os primeiros aglomerados urbanos, os polos industriais e as principais metrópoles. São aproximadamente 120 milhões de pessoas (70% do total) que moram, trabalham e se divertem em lugares antes totalmente cobertos com a vegetação da Mata Atlântica. Embora a relação não seja mais tão evidente, pela falta de contato com a floresta no dia a dia, essas pessoas ainda dependem dos remanescentes florestais para preservação dos mananciais e das nascentes que os abastecem de água, e para a regulação do clima regional, entre muitas outras coisas.

A Mata Atlântica também abriga grande diversidade cultural, constituída por povos indígenas, como os **Guarani, e culturas tradicionais não indígenas como o caiçara, o quilombola, o roceiro e o caboclo ribeirinho**. Apesar do grande patrimônio cultural, o processo de desenvolvimento desenfreado fez com que essas populações ficassem de certa forma marginalizadas e muitas vezes fossem expulsas de seus territórios originais [...].

Com exceção dos índios, que têm características muito peculiares [...], os povos e grupos referidos como tradicionais são pequenos produtores familiares que cultivam a terra e/ou praticam atividades extrativas como a pesca, coleta, caça, utilizando-se de técnicas de exploração que causam poucos danos à natureza. Sua produção é voltada basicamente para o consumo e têm uma fraca relação com os mercados. Sendo sua atividade produtiva muito dependente dos ciclos da natureza, eles não criam grandes concentrações, e as áreas que habitam, tendo uma baixa densidade populacional, são as mais preservadas entre as áreas habitadas do Planeta. [...]

INSTITUTO Socioambiental (ISA). *Almanaque Brasil Socioambiental*. São Paulo: ISA, 2007. p. 162, 224.

Explore

- Leia o texto a seguir e responda às questões.

> O domínio [...] é o meio físico mais complexo e difícil do país em relação às construções e ações humanas. Aí, [...] difícil é a abertura de estradas e sua conveniente conservação. Por outro lado, é a região mais sujeita aos mais fortes processos de erosão e de movimentos coletivos de solos de todo o território brasileiro, haja vista o caso das catastróficas ações de enxurradas e escorregamentos de solos que frequentemente [...] têm afetado as áreas urbanas de algumas grandes aglomerações humanas brasileiras [...].
>
> AB'SÁBER, Aziz Nacib. *Os domínios de natureza no Brasil*: potencialidades paisagísticas. São Paulo: Ateliê Editorial, 2003. p. 62.

a) Que domínio morfoclimático pode ser associado ao texto? Explique.
b) Em que trechos do relevo esses escorregamentos ocorrem? Por quê?
c) Em que período do ano eles são mais frequentes? Explique.

Domínio das Araucárias

Situado principalmente nos estados do Sul do país, nas altitudes superiores a 400 metros, que formam os planaltos e as chapadas da bacia do Paraná, o Domínio das Araucárias faz parte do mesmo bioma da Mata Atlântica. Por essa razão, sua área está incluída nos *hotspots* de biodiversidade.

O Clima Subtropical favoreceu o desenvolvimento da Floresta de Araucária, que contrasta com a do restante do território brasileiro. Essa floresta foi devastada com a mesma intensidade que a Mata Atlântica, a ponto de ter sido quase totalmente erradicada (atualmente resta cerca de 2% dela).

Maurício Simonetti/Pulsar Imagens

Paisagem de Mata de Araucária, em Prudentópolis (PR). Foto de 2020.

A derrubada da mata atendeu às necessidades da construção civil, das indústrias de móveis, de celulose e de resinas (a resina da madeira destilada fornece alcatrão, óleos vegetais e **breu**) e à expansão da agropecuária.

Breu: substância sólida escura e inflamável de usos industriais diversos.

Atualmente, as necessidades de madeira para a indústria de papel e celulose são supridas por florestas plantadas de pínus e eucalipto. Essas árvores, no entanto, fornecem algumas desvantagens: consomem grande volume de água e nutrientes do solo, têm folhas ácidas – que dificultam o desenvolvimento de outras espécies vegetais típicas da região – e não reconstituem a fauna, que se desloca para refúgios mais ricos em alimentos.

As bacias hidrográficas do Paraná e do Uruguai, utilizadas amplamente para a geração de energia e irrigação, compõem o maior conjunto de águas desse domínio.

Domínio do Cerrado

O Domínio do Cerrado, predominante no Brasil central, estende-se originalmente por uma área de 2 milhões de km². A vegetação é diversificada, com cerca de 10 mil espécies, das quais muitas são endêmicas. Existem ainda áreas de solos mais férteis com árvores mais elevadas, dando ao Cerrado um aspecto florestal. Essas áreas recebem o nome de Cerradão. Veja a ilustração da próxima página.

! Dica

Almanaque Brasil Socioambiental

De Ricardo Beto e Maura Campanili (org.). São Paulo: Instituto Socioambiental, 2008.

O almanaque apresenta um panorama dos ambientes brasileiros e outras questões ambientais relevantes.

Bioma Cerrado

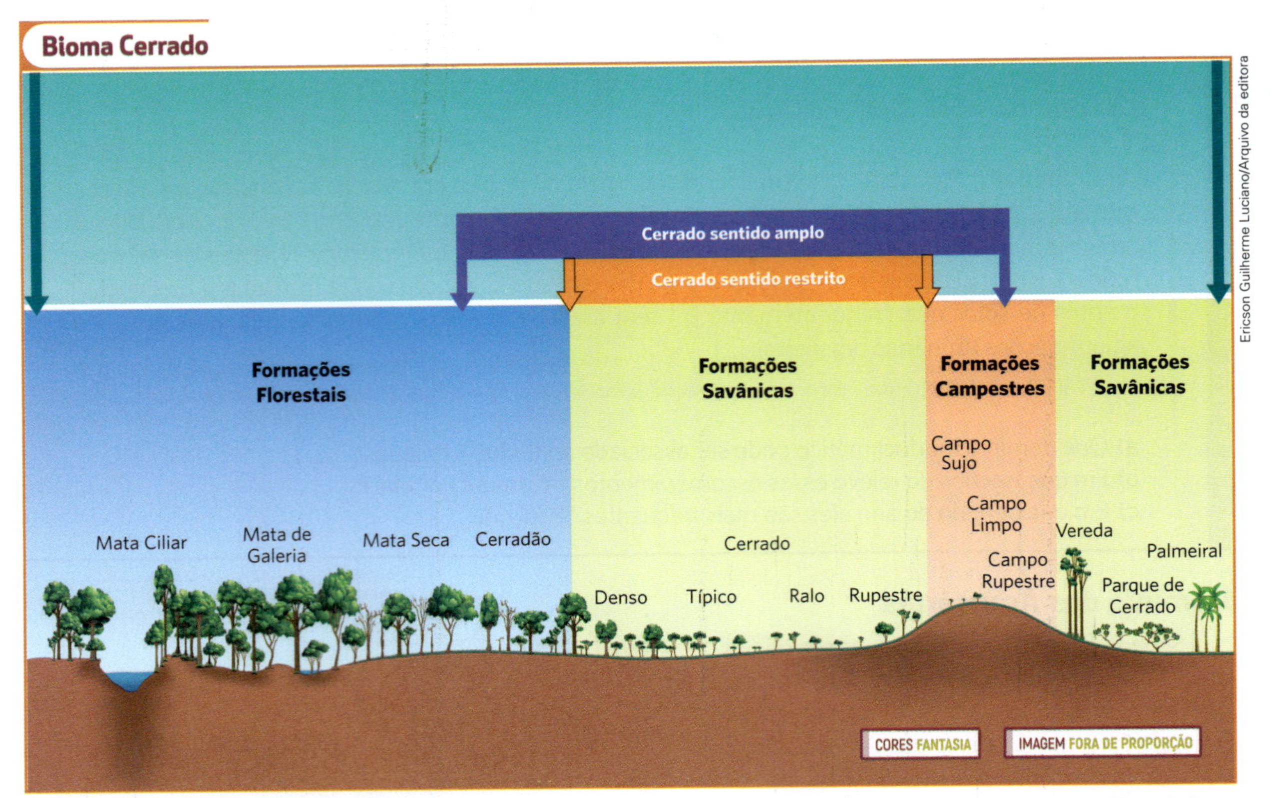

Elaborado com base em: AGÊNCIA de Informação Embrapa. Disponível em: www.agencia.cnptia.embrapa.br/Agencia16/AG01/arvore/AG01_23_911200585232.html. Acesso em: fev. 2020.

As chapadas e as serras moldam a paisagem desse domínio natural, várias delas constituindo divisores de água e nascentes dos rios das mais importantes bacias hidrográficas brasileiras, como a Amazônica, a do Tocantins-Araguaia, a do Paraná e a do Paraguai.

Degradação em ritmo acelerado

A construção de Brasília e de estradas e a implantação de infraestrutura a partir dos anos 1960 constituíram importantes transformações que promoveram o desenvolvimento econômico da área nuclear do Cerrado, na porção central do Brasil.

Ao longo das últimas décadas, o Cerrado foi explorado de maneira irresponsável pelas empresas agropecuárias, que contaram com a negligência do governo na fiscalização e com a indiferença dos movimentos ambientalistas, que só vieram a exprimir preocupação por sua conservação mais recentemente.

Antes, o Cerrado era avaliado como uma área inviável para a agricultura por causa da acidez do solo, e assim as práticas agrícolas eram restritas. A atividade dominante era a pecuária extensiva, praticada nos campos naturais. A pequena lavoura e o garimpo completavam a economia regional.

Após tentativas frustradas de promover o desenvolvimento econômico da Amazônia na década de 1970, o Cerrado se tornou a opção preferencial para a expansão da produção agrícola moderna de grãos. Para que essa expansão ocorresse, os solos desse domínio passaram a ser corrigidos por meio do processo de **calagem**. Atualmente, a produção de soja, cujas sementes foram adaptadas ao solo e ao Clima Tropical, domina a ocupação econômica do Centro-Oeste.

Calagem: aplicação de calcário no solo para corrigir a acidez.

Calcula-se que a ação humana já destruiu cerca de 50% da vegetação do Cerrado e provocou a migração e a morte de animais. Esse foi o domínio natural que sofreu a maior perda de biodiversidade em menor intervalo de tempo no Brasil. Junto com a Mata Atlântica e a Floresta de Araucária, o Cerrado compõe a lista dos *hotspots* mundiais de biodiversidade.

Domínio da Caatinga

Ocupando uma superfície de 720 mil km^2, o Domínio da Caatinga é marcado pelo Clima Semiárido e pela formação vegetal que lhe dá nome. Apesar de raso e pedregoso, o solo é quimicamente apropriado para o desenvolvimento da vegetação e das atividades agrícolas. A baixa infiltração de águas pluviais, porém, facilita a evaporação pelas temperaturas elevadas.

Fabio Colombini/Acervo do fotógrafo

Características da vegetação de Caatinga, em Caicó (RN), 2020. Apesar das condições naturais inóspitas, a Caatinga apresenta grande biodiversidade e relevante importância econômica para a população da região.

O consumo de lenha, principal fonte de energia em muitas residências e empreendimentos, como padarias, e na produção de gesso e cerâmica, além de degradar a vegetação, causa prejuízos à fauna, à qualidade do ar e à saúde de quem faz sua queima.

O relevo em área de **depressão** – a **Sertaneja** e a do **São Francisco** – é atravessado por centenas de **rios temporários**. O **São Francisco** – principal rio **perene** que atravessa o domínio da Caatinga – atraiu a formação de núcleos urbanos e atividades agrícolas ao longo de seu curso pelo Sertão. Na extensa depressão, algumas pequenas chapadas sobressaem, formando nascentes e espaços de maior umidade denominados **brejos**.

A pecuária bovina é a principal atividade econômica do Sertão, produtora de carne e couro para o mercado regional. A concentração dessa atividade em determinadas áreas, porém, provoca compactação e perda da fertilidade do solo e comprometimento da vegetação natural. Além dessa atividade, são praticadas a agricultura irrigada comercial e a agricultura familiar. A maior parte das terras, no entanto, concentrada nas mãos de poucos proprietários, é de baixa produtividade.

Andre Dib/Pulsar Imagens

Cultivo de frutas em grande propriedade em região de Caatinga na Ilha do Pontal, Lagoa Grande (PE), possibilitado pela irrigação com as águas do rio São Francisco. Feita de forma insustentável, a irrigação contribui para a desertificação. Foto de 2018.

Comunidades tradicionais nos domínios do Cerrado e da Caatinga

Algumas comunidades tradicionais permeiam tanto o domínio do Cerrado como o da Caatinga e as faixas de transição entre eles. São elas: as quebradeiras de coco, os vazanteiros (agricultores da Caatinga que cultivam nos leitos secos dos rios temporários), os quilombolas, os geraizeiros, os apanhadores de sempre-viva, os catingueiros (agropecuaristas do norte de Minas Gerais, cujos rebanhos se alimentam das pastagens naturais e têm por costume partilhar entre os membros da comunidade a carne obtida com o abate). Cada uma delas está ligada a determinados tipos de atividades econômicas, tendo sua própria cultura, costumes e saberes específicos, que lutam até hoje pelo reconhecimento de suas comunidades e pela manutenção de seu modo de vida.

Gerson Sobreira/Terrastock

Banca para venda de artesanato feito com flores sempre-viva, em Brasília (DF), 2018. A sempre-viva mantém a coloração mesmo depois de seca e é fonte de renda para as famílias dos apanhadores, os quais possuem grande conhecimento sobre a fauna e flora locais. Em 2020, o sistema agrícola dessa comunidade tradicional foi registrado como um dos Sistemas Importantes do Patrimônio Agrícola Mundial (Sipam), que é gerenciado pela Organização das Nações Unidas para a Alimentação e a Agricultura (FAO).

Saiba mais

Homens e mulheres do Cerrado

Nas margens do Rio São Francisco, onde as águas cortam o norte de Minas Gerais, e na área de transição entre o Cerrado e a Caatinga, no oeste da Bahia, habitam os geraizeiros, reconhecidos como agricultores dos planaltos, encostas e vales do Cerrado. A nomenclatura destas populações advém do termo "Gerais", entendido como sinônimo de Cerrado. [...] Muitas vezes eles dividem uma propriedade comum, popularmente chamada de quintal, onde plantam e criam animais. O espaço é solidariamente ocupado, com uma diversidade de culturas produtivas, e as tradições locais selam laços de um comunitarismo único.

Bons conhecedores do Cerrado e das suas espécies, os geraizeiros são populações tradicionais que se adaptaram com sabedoria às características do bioma e às suas possibilidades de produção. [...] A criação de animais "na solta" também minimiza os custos e obedece a uma lógica secular que reconhece a capacidade da natureza de alimentar os seus rebanhos.

Com tal filosofia de vida e de produção, as "comunidades dos gerais" resistem à cultura das cercas, à prática da propriedade privada e da monocultura. Estes agricultores e agricultoras, em geral, vivem sobre a mesma terra que seus pais e avós. [...]

INSTITUTO Sociedade, População e Natureza (ISPN). Geraizeiros: homens e mulheres do Cerrado. *Cerratinga*. Disponível em: www.cerratinga.org.br/populacoes/geraizeiros. Acesso em: fev. 2020.

1. O texto faz referência a um problema comum a várias comunidades tradicionais, que diz respeito à redução do espaço desses povos para dar lugar a outros modos de produção, geralmente relacionados à expansão da agropecuária. Identifique outra comunidade que passa por conflitos semelhantes.
2. A expressão "cultura das cercas" pode ser relacionada às características do modo de produção agropecuária presente no território brasileiro. Explique.
3. Por que a "cultura das cercas" pode ser contraposta a determinados aspectos do modo de produção dos geraizeiros? Explique.

Domínio das Pradarias

Também conhecido como Pampas ou Campanha Gaúcha, o Domínio das Pradarias ocupa quase a metade do território do Rio Grande do Sul. A paisagem original é marcada por espécies herbáceas que cobrem as **áreas planas** ou de **ondulações suaves** – as coxilhas – e se adaptam à regularidade das chuvas do Clima Subtropical.

Os solos férteis dos Pampas, o relevo plano e o Clima Subtropical Úmido favoreceram o desenvolvimento das atividades agropecuárias.

Mauricio Simonetti/Pulsar Imagens

Criação de gado na região da Campanha Gaúcha, em Santana do Livramento (RS), 2020. Os Pampas são um bioma que também sofre pressão da agropecuária para a transformação da vegetação natural em pastagem e em áreas de cultivo.

Arenização nos Pampas

No sudoeste do Rio Grande do Sul, nos Pampas ou Campanha Gaúcha, há extensas superfícies sem vegetação, recobertas por areia. O processo que resulta nisso é denominado arenização. Apesar de ser um processo natural, ele é acelerado pelo uso intensivo do solo nas atividades agropecuárias combinadas às condições naturais da região.

O pisoteio e o deslocamento do gado e o uso de máquinas pesadas na atividade agrícola, especialmente na lavoura de soja, associados à ação da chuva, promoveram a degradação da camada superficial do solo, permitindo o afloramento da camada de arenito que estava acomodada abaixo da superfície. O vento se encarrega de espalhar a areia por vasta extensão dessa parte do estado.

Mauricio Simonetti/Tyba

Pasto em processo de arenização nos Pampas do Rio Grande do Sul, em 2020.

Atividades

1 Observe os gráficos a seguir e responda às questões.

Floresta Amazônica: área total devastada por ano (1988-2019)

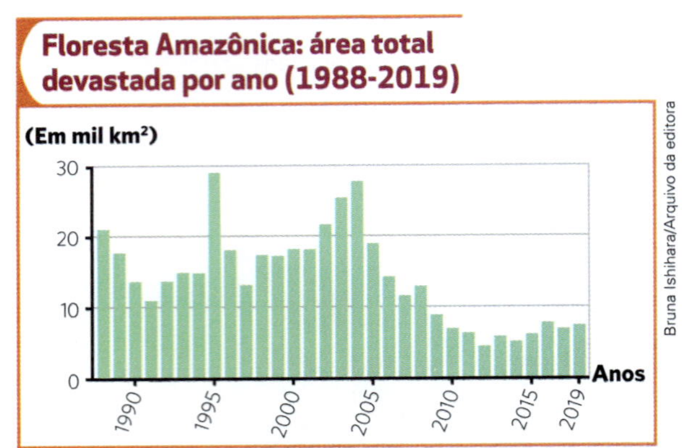

Floresta Amazônica: área total devastada – proporção por estado (1988-2019)

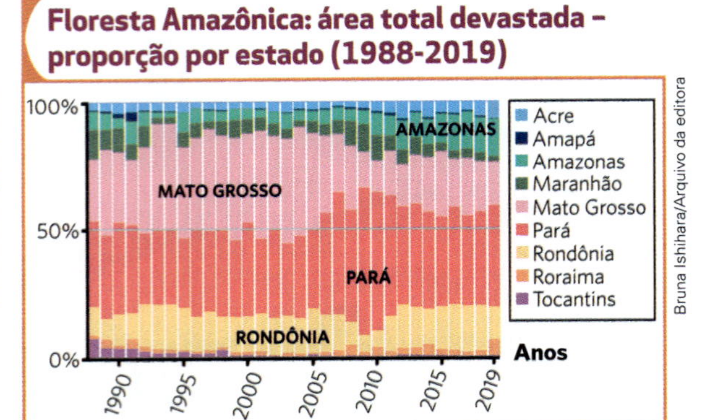

Elaborado com base em: Nexo Jornal. 30 anos de desmatamento da Amazônia em mapas e gráficos. Disponível em: www.nexojornal.com.br/grafico/2019/08/15/30-anos-de-desmatamento-da-Amaz%C3%B4nia-em-mapas-e-gr%C3%A1ficos. Acesso em: dez. 2019; TerraBrasilis. Disponível em: http://terrabrasilis.dpi.inpe.br/app/dashboard/deforestation/biomes/legal_amazon/rates. Acesso em: abr. 2020.

a) Apesar de ter ocorrido aumento do desmatamento de 2016 em diante, a tendência mudou a partir da década de 2000. Que tendência é essa? E o que contribuiu para isso?

b) Como você analisa a evolução do desmatamento por estado no decorrer da década de 2010?

2 Leia o texto e observe o climograma do Rio de Janeiro, na página 506, e o de Cabo Frio, abaixo.

> **Ressurgência** é o processo de afloramento das massas de água profundas e frias do oceano à superfície, o qual desencadeia um espetacular crescimento das populações de peixes na região. [...]
>
> No Brasil a ressurgência na região de Cabo Frio (RJ) e Cabo de Santa Marta (SC) é do tipo costeira, ou seja, causada principalmente por ventos e assim chamada pela proximidade com a costa. [...]
>
> Os efeitos físicos que causam a ressurgência estão associados à ação de correntes oceânicas que alternam de predominância de acordo com a época do ano. [...]
>
> SILVA, Gustavo Leite da; DOURADO, Marcelo Sandin; CANDELLA, Rogério Neder. *Estudo preliminar da climatologia*. UFSC, EnaPET, [s.d.]. Disponível em: www.enapet.ufsc.br/anais/ESTUDO_PRELIMINAR_DA_CLIMATOLOGIA_DA_RESSURGENCIA_NA_REGIAO_DE_ARRAIAL_DO_CABO_RJ.pdf. Acesso em: jan. 2020.

Climograma de Cabo Frio (RJ)

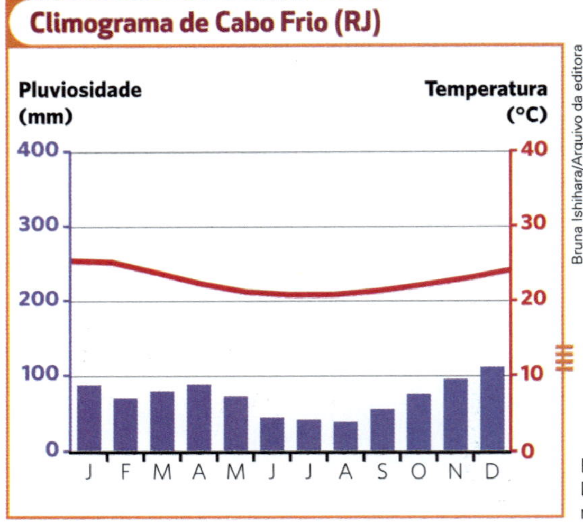

Em Cabo Frio, as precipitações totais chegam a 843 mm, e a temperatura média anual é de 22,9 °C. Na capital fluminense, os números chegam a 1278 mm e 23,2 °C, respectivamente.

Elaborado com base em: CLIMATE-Data.Org. Clima Cabo Frio. Disponível em: https://pt.climate-data.org/america-do-sul/brasil/rio-de-janeiro/cabo-frio-4051. Acesso em: jan. 2020.

- Embora Cabo Frio esteja bem próximo (a 120 km em linha reta) da capital fluminense, os dois municípios têm climogramas diferentes. Com base no texto e nos climogramas, e considerando os mecanismos de evaporação, explique as diferenças entre os índices pluviométricos das duas cidades.

Questões do Enem e de vestibulares

Capítulo 17: Dinâmica demográfica no mundo e no Brasil

- (Enem) Os países industriais adotaram uma concepção diferente das relações familiares e do lugar da fecundidade na vida familiar e social. A preocupação de garantir uma transmissão integral das vantagens econômicas e sociais adquiridas tem como resultado uma ação voluntária de limitação do número de nascimentos.

GEORGE, P. *Panorama do mundo atual.* São Paulo: Difusão Europeia do Livro, 1968 (adaptado).

Em meados do século XX, o fenômeno social descrito contribuiu para o processo europeu de

a) estabilização da pirâmide etária.
b) conclusão da transição demográfica.
c) contenção da entrada de imigrantes.
d) elevação do crescimento vegetativo.
e) formação de espaços superpovoados.

Capítulo 18: Sociedade e economia

1 (Enem) O bônus demográfico é caracterizado pelo período em que, por causa da redução do número de filhos por mulher, a estrutura populacional fica favorável ao crescimento econômico. Isso acontece porque há proporcionalmente menos crianças na população, e o percentual de idosos ainda não é alto.

GOIS, A. *O Globo*, 5 abr. 2015 (adaptado).

A ação estatal que contribui para o aproveitamento do bônus demográfico é o estímulo à

a) atração de imigrantes.
b) elevação da carga tributária.
c) qualificação da mão de obra.
d) admissão de exilados políticos.
e) concessão de aposentadorias.

2 (Uece) Atente para o seguinte enunciado:

A crise econômica que o Brasil vem enfrentando nos últimos anos resultou em uma triste realidade para os trabalhadores: o aumento da informalidade — empregados de pequenas empresas sem registro, o comércio ambulante, a execução de reparos ou pequenos consertos, a prestação de serviços pessoais (de empregadas domésticas, babás) e de serviços de entrega (de entregadores, motoboys), a coleta de materiais recicláveis, motorista de aplicativos como o UBER etc.). Apenas em 2017 foram criadas 1,8 milhão de vagas no setor informal, enquanto 685 mil vagas com carteira assinada foram perdidas.

Disponível em: https://financasfemininas.com.br/estudoconsequencias-do-crescimento-do-emprego-informal-nobrasil/

Considerando o enunciado acima, é correto afirmar que

a) o aumento do trabalho informal no Brasil é reflexo do aumento da liberdade de escolha do trabalhador em relação ao trabalho assalariado e da sua condição empreendedora.
b) todos os trabalhadores fazem a economia funcionar, mas as condições de trabalho e renda a que se submetem aqueles da informalidade são precárias.
c) não estar amparado pela carteira assinada significa menos custo para o trabalhador, que passa a ter mais garantias de renda, com menos encargos sociais e previdenciários.
d) o crescimento da informalidade expressa a força do empreendedorismo e da liberdade pessoal de escolhas no mercado formal de trabalho.

Capítulo 19: Povos em movimento no mundo e no Brasil

1 (Uerj)

Um mundo de muros: as barreiras que nos dividem

Um mundo cada vez mais interconectado tem erguido muros e cercas para bloquear aqueles que considera indesejáveis. Das 17 barreiras físicas existentes em 2001 passamos para 70 hoje. Alguns separam fronteiras. Outros dividem a mesma população. Alguns freiam refugiados. Outros escondem a pobreza. Ou o medo. Ou a guerra. Ou a desigualdade. Ou a mudança climática.

Adaptado de arte.folha.uol.com.br, 27/02/2017.

Mapa 1

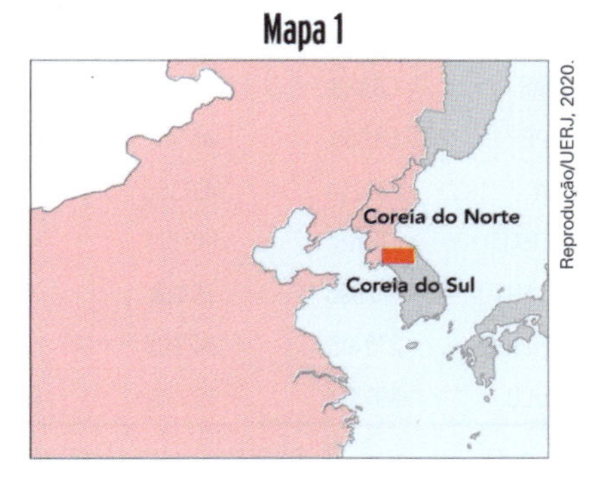

Mapa 2

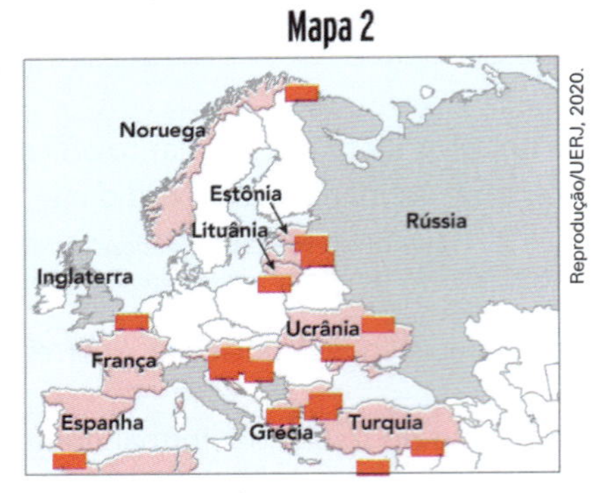

Adaptado de folha.uol.com.br, setembro/2017.

Os objetivos prioritários para a construção das barreiras físicas apresentadas nos mapas 1 e 2 são, respectivamente:

a) estratégia militar e política demográfica
b) rivalidade étnica e polarização ideológica
c) antagonismo comercial e restrição religiosa
d) isolamento econômico e segurança ambiental

2 (UEG-GO) No decorrer da história do Brasil, desde suas origens até a atualidade, as populações se deslocam de um lugar para o outro. Observe na tabela e no mapa a seguir alguns dados acerca desses processos migratórios internos ocorridos no período de 2005 a 2010.

Tabela 1 — Imigrantes, emigrantes e saldo migratório, segundo as unidades da Federação localizadas nas regiões Nordeste e Sudeste — 2005/2010

Unidades da federação	2005/2010		
	IMIGRANTES	EMIGRANTES	SALDO MIGRATÓRIO
TOCANTINS	85 706	77 052	8 654
MARANHÃO	105 684	270 664	- 164 980
PIAUÍ	73 614	144 037	- 70 423
CEARÁ	112 373	81 221	- 68 849
RIO GRANDE DO NORTE	67 728	54 017	13 711
PARAÍBA	96 028	125 521	- 29 493
PERNAMBUCO	148 498	223 584	- 75 086
ALAGOAS	53 589	130 306	- 76 717
SERGIPE	53 039	45 144	7 895
BAHIA	229 224	466 360	- 237 136
MINAS GERAIS	376 520	390 625	- 14 105
ESPÍRITO SANTO	130 820	70 120	60 700
RIO DE JANEIRO	270 413	247 309	23 104
SÃO PAULO	991 314	735 519	255 796

Fonte: IBGE, Censo Demográfico 2010.

Mapa 1 — Índice de eficácia migratória, segundo as Unidades da Federação — 2005/2010.

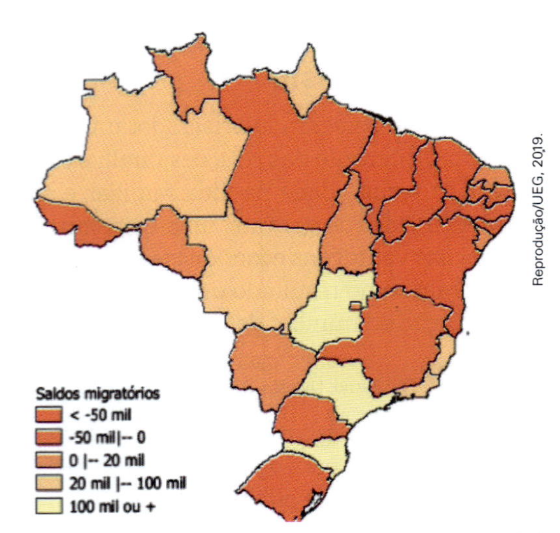

Fonte: IBGE, Censo Demográfico 2010.

Com base na leitura dos documentos gráficos, verifica-se que

a) as unidades da federação com maior saldo migratório são São Paulo e Minas Gerais.
b) as unidades da federação da região Norte possuem os piores índices de eficácia migratória.
c) os saldos migratórios são positivos nas unidades da federação localizadas na região Sudeste.
d) os saldos migratórios são negativos nas unidades da federação localizadas na região Nordeste.
e) as unidades da federação com maior eficácia migratória são Goiás, São Paulo e Santa Catarina.

Capítulo 20: Questão socioambiental e desenvolvimento sustentável

- (Enem)

Texto I

Os segredos da natureza se revelam mais sob a tortura dos experimentos do que no seu curso natural.

BACON, F. Novum Organum, 1620. In: HADOT, P. *O véu de Ísis*: ensaio sobre a história da ideia de natureza. São Paulo: Loyola, 2006.

Texto II

O ser humano, totalmente desintegrado do todo, não percebe mais as relações de equilíbrio da natureza. Age de forma totalmente desarmônica sobre o ambiente, causando grandes desequilíbrios ambientais.

GUIMARÃES, M. *A dimensão ambiental na educação*. Campinas: Papirus, 1995.

Os textos indicam uma relação da sociedade diante da natureza caracterizada pela

a) objetificação do espaço físico.
b) retomada do modelo criacionista.
c) recuperação do legado ancestral.
d) infalibilidade do método científico.
e) formação da cosmovisão holística.

Capítulo 21: Problemas ambientais no mundo

Texto para a próxima questão.

Sobreviveremos na Terra?

Tenho interesse pessoal no tempo. Primeiro, meu *best-seller* chama-se *Uma breve história do tempo*. Segundo, por ser alguém que, aos 21 anos, foi informado pelos médicos de que teria apenas mais cinco anos de vida e que completou 76 anos em 2018. Tenho uma aguda e desconfortável consciência da passagem do tempo. Durante a maior parte da minha vida, convivi com a sensação de que estava fazendo hora extra.

Parece que nosso mundo enfrenta uma instabilidade política maior do que em qualquer outro momento. Uma grande quantidade de pessoas sente ter ficado para trás. Como resultado, temos nos voltado para políticos populistas, com experiência de governo limitada e cuja capacidade para tomar decisões ponderadas em uma crise ainda está para ser testada. A Terra sofre ameaças em tantas frentes que é difícil permanecer otimista. Os perigos são grandes e numerosos demais. O planeta está ficando pequeno para nós. Nossos recursos físicos estão se esgotando a uma velocidade alarmante. A mudança climática foi uma trágica dádiva humana ao planeta. Temperaturas cada vez mais elevadas, redução da calota polar, desmatamento, superpopulação, doenças, guerras, fome, escassez de água e extermínio de espécies; todos esses problemas poderiam ser resolvidos, mas até hoje não foram. O aquecimento global está sendo causado por todos nós. Queremos andar de carro, viajar e desfrutar um padrão de vida melhor. Mas quando as pessoas se derem conta do que está acontecendo, pode ser tarde demais.

Estamos no limiar de um período de mudança climática sem precedentes. No entanto, muitos políticos negam a mudança climática provocada pelo homem, ou a capacidade do homem de revertê-la. O derretimento das calotas polares ártica e antártica reduz a fração de energia solar refletida de volta no espaço e aumenta ainda mais a temperatura. A mudança climática pode destruir a Amazônia e outras florestas tropicais, eliminando uma das principais ferramentas para a remoção do dióxido de carbono da atmosfera. A elevação da temperatura dos oceanos pode provocar a liberação de grandes quantidades de dióxido de carbono. Ambos os fenômenos aumentariam o efeito estufa e exacerbariam o aquecimento global, tornando o clima em nosso planeta parecido com o de Vênus: atmosfera escaldante e chuva ácida a uma temperatura de 250 °C. A vida humana seria impossível. Precisamos ir além do Protocolo de Kyoto — o acordo internacional adotado em 1997 — e cortar imediatamente as emissões de carbono. Temos a tecnologia. Só precisamos de vontade política.

Quando enfrentamos crises parecidas no passado, havia algum outro lugar para colonizar. Estamos ficando sem espaço, e o único lugar para ir são outros mundos. Tenho esperança e fé de que nossa engenhosa raça encontrará uma maneira de escapar dos sombrios grilhões do planeta e, deste modo, sobreviver ao desastre. A mesma providência talvez não seja possível para os milhões de outras espécies que vivem na Terra, e isso pesará em nossa consciência.

Mas somos, por natureza, exploradores. Somos motivados pela curiosidade, essa qualidade humana única. Foi a curiosidade obstinada que levou os exploradores a provar que a Terra não era plana, e é esse mesmo impulso que nos leva a viajar para as estrelas na velocidade do pensamento, instigando-nos a realmente chegar lá. E sempre que realizamos um grande salto, como nos pousos lunares, exaltamos a humanidade, unimos povos e nações, introduzimos novas descobertas e novas tecnologias. Deixar a Terra exige uma abordagem global combinada — todos devem participar.

STEPHEN HAWKING (1942-2018) Adaptado de *Breves respostas para grandes questões*. Rio de Janeiro: Intrínseca, 2018.

- (Uerj) Várias mudanças ambientais interferem no ciclo biogeoquímico do carbono. Sabe-se que a maior parte desse elemento está armazenada nas rochas e sedimentos da crosta terrestre, como indica a tabela.

Principais reservatórios de carbono na Terra	Porcentagem do total de carbono na Terra (%)
Rochas e sedimentos	> 99,5
Oceanos	0,05
Biosfera terrestre	0,003
Biosfera aquática	0,000002
Combustíveis fósseis	0,006
Hidratos de metano	0,014

Adaptado de ib.usp.br.

A exploração intensa dos recursos naturais acelera o processo de conversão do carbono encontrado em rochas e sedimentos, em compostos de carbono que circulam nos outros reservatórios.

Uma consequência desse processo é:

a) redução da eutrofização
b) aumento do efeito estufa
c) aumento da camada de ozônio
d) redução da fixação de nitrogênio

Capítulo 22: Questão ambiental no Brasil

1 (Uece) Atente para o seguinte excerto: "A paisagem verde de Minas Gerais é pontilhada por enormes lacunas de ocre intenso que a mineração escava na terra e por depósitos descomunais para colocar os resíduos que essa atividade gera. O colapso de uma dessas barragens em Brumadinho matou 235 pessoas. Outras 35 — também devoradas em segundos pela avalanche de rejeitos — continuam desaparecidas. A Vale, empresa proprietária da mina e uma das maiores multinacionais brasileiras, é reincidente. A tragédia provocou uma grande onda de indignação popular que levou a algumas poucas mudanças, mas o medo de que se repita está muito presente".

Fonte: *El País*. 5 de maio de 2019. "A tragédia de Brumadinho — a maldição das minas no Brasil: entre o medo do desemprego e o fantasma da impunidade". Disponível em: https://brasil.elpais.com/brasil/2019/05/04/politica/1556925352_146651.html

Considerando o texto acima, é correto afirmar que

a) nem empresas privadas nem o poder público podem dar respostas para questões ambientais ocorridas com o rompimento de barragens como a de Brumadinho, pois a mineração é um tipo de atividade econômica que tende a causar acidentes graves, mesmo que todos os cuidados ambientais sejam tomados.
b) o acidente foi um choque para a Vale, pois a empresa acabara de corrigir os estragos causados pelo rompimento da barragem de Fundão, em 2015.
c) apesar de haver lentidão na recuperação do ambiente atingido pelo desastre ambiental, as consequências não são graves, pois o acidente não trouxe problemas para as pessoas ali residentes.
d) a barragem da Vale que se rompeu em Brumadinho usava o método mais simples e mais barato de armazenamento de rejeitos, por isso, o considerado menos seguro e mais propenso a acidentes.

2 (Fuvest-SP) No Brasil, várias cidades registram ocupação irregular de encostas em áreas sujeitas a deslizamentos de terra (também chamados de escorregamentos). O Instituto de Pesquisas Tecnológicas (IPT) trabalha no levantamento, mapeamento, recuperação e estabilização dessas áreas de risco. Um exemplo deste trabalho foram aqueles executados desde a década de 1970 referentes aos deslizamentos dos morros de Santos e São Vicente-SP, cuja região é acometida há tempos por esses problemas, inclusive com a ocorrência de vítimas fatais. Para investigar os deslizamentos de terra nas áreas serranas tropicais brasileiras, o Instituto realizou levantamentos topográficos, geológicos e geomorfológicos, estudando também a distribuição dos tipos de vegetação existentes e as categorias de ocupação urbana dos morros.

Representação de deslizamento de terra (escorregamento) na região de Santos e São Vicente

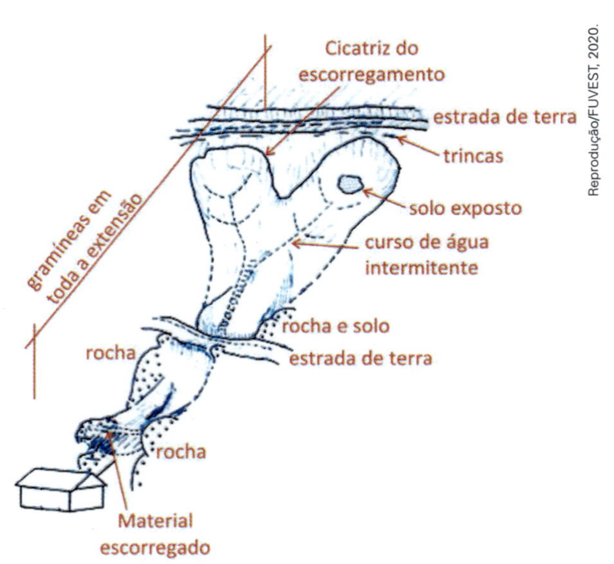

Disponível em https://www.ipt.br/. Adaptado. 2019.

Baseando-se nas informações do texto e na figura, é correto afirmar que

a) as características topográficas, geológicas e geomorfológicas de uma área de risco estão naturalmente ligadas aos escorregamentos, sendo que estradas de terra minimizam a ocorrência de deslizamentos.
b) a ocorrência de escorregamentos é causada pela ação humana, cuja ocupação de encostas provoca o empobrecimento do solo, que acaba sendo mobilizado pela diminuição de fertilidade.

c) o problema da ocupação de encostas e risco de escorregamentos inclui o contato entre a rocha e o solo, cuja facilidade de deslizamento é aumentada em função da inclinação do terreno e da maior ocorrência de chuvas.
d) os deslizamentos de terra fazem parte de um conjunto de fenômenos naturais pontuais e incomuns na superfície da crosta terrestre e, portanto, não participam da escultura do relevo continental e do modelado.
e) os escorregamentos são causados em especial pelo fato de o solo tornar-se mais leve que a rocha subjacente durante as chuvas prolongadas de verão, facilitando seu deslizamento ao longo das encostas pouco ou nada inclinadas.

Capítulo 23: Domínios naturais

1 (Enem)

Regiões áridas e semiáridas do mundo

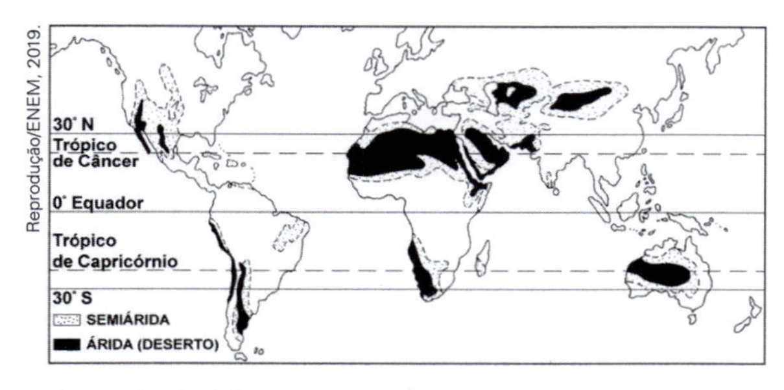

SALGADO-LABOURIAL, M. L. *História ecológica da Terra*. São Paulo: Edgard Blucher, 1994 (adaptado).

No Hemisfério Sul, a sequência latitudinal dos desertos representada na imagem sofre uma interrupção no Brasil devido à seguinte razão:

a) Existência de superfícies de intensa refletividade.
b) Preponderância de altas pressões atmosféricas.
c) Influência de umidade das áreas florestais.
d) Predomínio de correntes marinhas frias.
e) Ausência de massas de ar continentais.

2 (Enem)

Texto I

Há mais de duas décadas, os cientistas e ambientalistas têm alertado para o fato de a água doce ser um recurso escasso em nosso planeta. Desde o começo de 2014, o Sudeste do Brasil adquiriu uma clara percepção dessa realidade em função da seca.

Texto II

Dinâmicas atmosféricas no Brasil

Elementos relevantes ao transporte de umidade na América do Sul a leste dos Andes pelos Jatos de Baixos Níveis (JBN), Frentes Frias (FF) e transporte de umidade do Atlântico Sul, assim como a presença da Zona de Convergência do Atlântico Sul (ZCAS), para um verão normal e para o verão seco de 2014. "A" representa o centro da anomalia de alta pressão atmosférica.

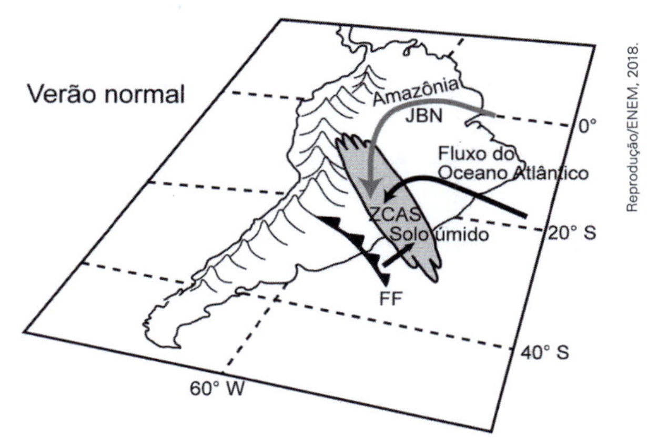

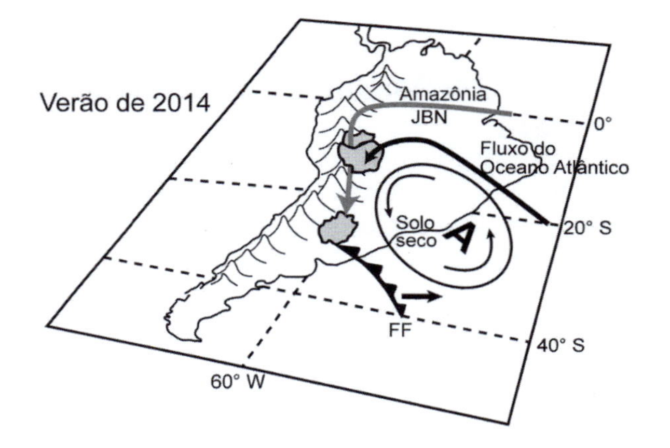

MARENGO, J. A. et al. A seca e a crise hídrica de 2014-2015 em São Paulo. *Revista USP*, n. 106, 2015 (adaptado).

De acordo com as informações apresentadas, a seca de 2014, no Sudeste, teve como causa natural o(a)

a) constituição de frentes quentes barrando as chuvas convectivas.
b) formação de anticiclone impedindo a entrada de umidade.
c) presença de nebulosidade na região de cordilheira.
d) avanço de massas polares para o continente.
e) baixa pressão atmosférica no litoral.

3 (Fuvest-SP) O gráfico mostra as temperaturas médias mensais históricas de cinco cidades, todas localizadas em altitudes próximas do nível do mar: Alexandria (Egito), Barcelona (Espanha), Buenos Aires (Argentina), Santos (SP, Brasil), São Luís (MA, Brasil).

Reprodução/FUVEST, 2019.

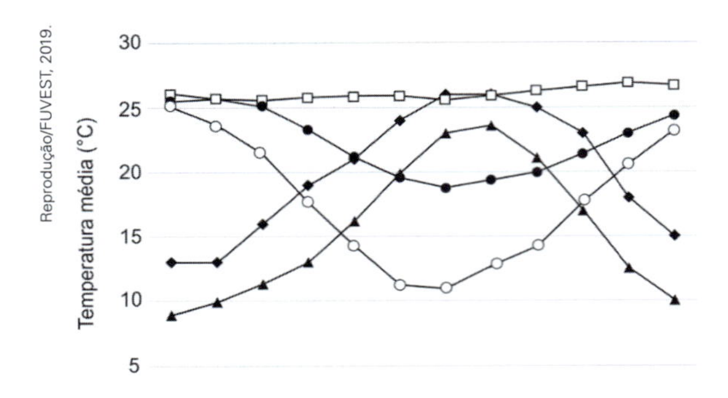

Fonte: *Weatherbase*

No gráfico, essas cidades estão representadas, respectivamente, pelos símbolos:

a) □ ○ ▲ ● ◆

b) ◆ ▲ ○ ● □

c) ● ▲ ○ □ ◆

d) ◆ ● ▲ ○ □

e) □ ▲ ● ○ ◆

Capítulo 24: Domínios morfoclimáticos no Brasil

1 (Uece) As massas de ar são parcelas do ar atmosférico que podem se formar sobre o continente ou sobre o oceano e geralmente adquirem as características dos locais onde foram produzidas. Dentre as massas de ar que atuam no Brasil, a Massa Tropical Atlântica é

a) quente e úmida, e atua no litoral da região Sudeste do Brasil.

b) quente e úmida, e atua nas regiões Norte e Nordeste do Brasil.

c) quente e seca, no Chaco paraguaio e oeste paulista.

d) fria e instável, e atua no Centro-Sul do Brasil no inverno.

2 (Vunesp) As figuras mostram, em três momentos distintos, a distribuição da qualidade do hábitat em uma região.

MOMENTO 1

menor maior
qualidade do hábitat

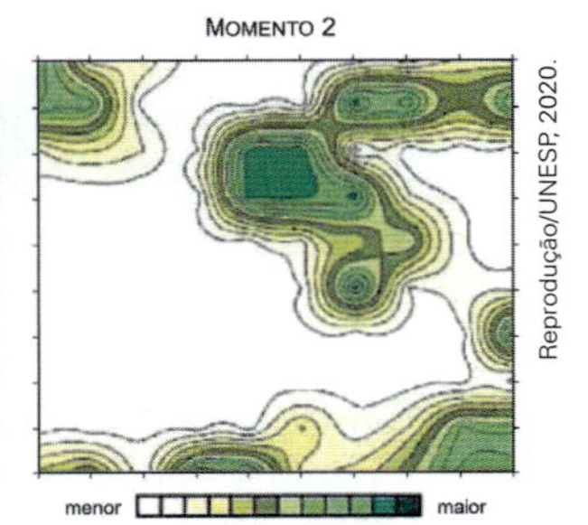

Reprodução/UNESP, 2020.

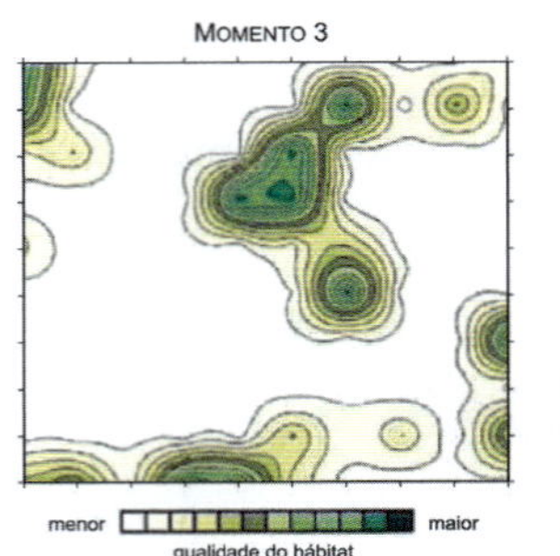

(Rui Cerqueira *et al.* "Fragmentação: alguns conceitos". *In*: Denise M. Rambaldi e Daniela A. S. de Oliveira (orgs.). *Fragmentos de ecossistemas*, 2003. Adaptado.)

Considerando conhecimentos de preservação ambiental, uma medida para minimizar os impactos da situação representada pelas figuras é

a) o combate à prática de biopirataria.

b) a criação de um cinturão agrícola.

c) a adoção do sistema de terraceamento.

d) o remanejamento de espécies ameaçadas.

e) a implantação de corredores ecológicos.

Gabarito

Capítulo 17: Dinâmica demográfica no mundo e no Brasil

- b.

Capítulo 18: Sociedade e economia

1. c
2. b

Capítulo 19: Povos em movimento no mundo e no Brasil

1. a
2. e

Capítulo 20: Questão socioambiental e desenvolvimento sustentável

- a

Capítulo 21: Problemas ambientais no mundo

- b

Capítulo 22: Questão ambiental no Brasil

1. d
2. c

Capítulo 23: Domínios naturais

1. c
2. b
3. b

Capítulo 24: Domínios morfoclimáticos no Brasil

1. a
2. e

BNCC do Ensino Médio: habilidades de Ciências Humanas e Sociais Aplicadas

(EM13CHS101) Identificar, analisar e comparar diferentes fontes e narrativas expressas em diversas linguagens, com vistas à compreensão de ideias filosóficas e de processos e eventos históricos, geográficos, políticos, econômicos, sociais, ambientais e culturais.

(EM13CHS102) Identificar, analisar e discutir as circunstâncias históricas, geográficas, políticas, econômicas, sociais, ambientais e culturais de matrizes conceituais (etnocentrismo, racismo, evolução, modernidade, cooperativismo/desenvolvimento etc.), avaliando criticamente seu significado histórico e comparando--as a narrativas que contemplem outros agentes e discursos.

(EM13CHS103) Elaborar hipóteses, selecionar evidências e compor argumentos relativos a processos políticos, econômicos, sociais, ambientais, culturais e epistemológicos, com base na sistematização de dados e informações de diversas naturezas (expressões artísticas, textos filosóficos e sociológicos, documentos históricos e geográficos, gráficos, mapas, tabelas, tradições orais, entre outros).

(EM13CHS104) Analisar objetos e vestígios da cultura material e imaterial de modo a identificar conhecimentos, valores, crenças e práticas que caracterizam a identidade e a diversidade cultural de diferentes sociedades inseridas no tempo e no espaço.

(EM13CHS105) Identificar, contextualizar e criticar tipologias evolutivas (populações nômades e sedentárias, entre outras) e oposições dicotômicas (cidade/campo, cultura/natureza, civilizados/bárbaros, razão/emoção, material/virtual etc.), explicitando suas ambiguidades.

(EM13CHS106) Utilizar as linguagens cartográfica, gráfica e iconográfica, diferentes gêneros textuais e tecnologias digitais de informação e comunicação de forma crítica, significativa, reflexiva e ética nas diversas práticas sociais, incluindo as escolares, para se comunicar, acessar e difundir informações, produzir conhecimentos, resolver problemas e exercer protagonismo e autoria na vida pessoal e coletiva.

(EM13CHS201) Analisar e caracterizar as dinâmicas das populações, das mercadorias e do capital nos diversos continentes, com destaque para a mobilidade e a fixação de pessoas, grupos humanos e povos, em função de eventos naturais, políticos, econômicos, sociais, religiosos e culturais, de modo a compreender e posicionar-se criticamente em relação a esses processos e às possíveis relações entre eles.

(EM13CHS202) Analisar e avaliar os impactos das tecnologias na estruturação e nas dinâmicas de grupos, povos e sociedades contemporâneos (fluxos populacionais, financeiros, de mercadorias, de informações, de valores éticos e culturais etc.), bem como suas interferências nas decisões políticas, sociais, ambientais, econômicas e culturais.

(EM13CHS203) Comparar os significados de território, fronteiras e vazio (espacial, temporal e cultural) em diferentes sociedades, contextualizando e relativizando visões dualistas (civilização/barbárie, nomadismo/sedentarismo, esclarecimento/obscurantismo, cidade/campo, entre outras).

(EM13CHS204) Comparar e avaliar os processos de ocupação do espaço e a formação de territórios, territorialidades e fronteiras, identificando o papel de diferentes agentes (como grupos sociais e culturais, impérios, Estados Nacionais e organismos internacionais) e considerando os conflitos populacionais (internos e externos), a diversidade étnico-cultural e as características socioeconômicas, políticas e tecnológicas.

(EM13CHS205) Analisar a produção de diferentes territorialidades em suas dimensões culturais, econômicas, ambientais, políticas e sociais, no Brasil e no mundo contemporâneo, com destaque para as culturas juvenis.

(EM13CHS206) Analisar a ocupação humana e a produção do espaço em diferentes tempos, aplicando os princípios de localização, distribuição, ordem, extensão, conexão, arranjos, casualidade, entre outros que contribuem para o raciocínio geográfico.

(EM13CHS301) Problematizar hábitos e práticas individuais e coletivos de produção, reaproveitamento e descarte de resíduos em metrópoles, áreas urbanas e rurais, e comunidades com diferentes características socioeconômicas, e elaborar e/ou selecionar propostas de ação que promovam a sustentabilidade socioambiental, o combate à poluição sistêmica e o consumo responsável.

(EM13CHS302) Analisar e avaliar criticamente os impactos econômicos e socioambientais de cadeias produtivas ligadas à exploração de recursos naturais e às atividades agropecuárias em diferentes ambientes e escalas de análise, considerando o modo de vida das populações locais — entre elas as indígenas, quilombolas e demais comunidades tradicionais —, suas práticas agroextrativistas e o compromisso com a sustentabilidade.

(EM13CHS303) Debater e avaliar o papel da indústria cultural e das culturas de massa no estímulo ao consumismo, seus impactos econômicos e socioambientais, com vistas à percepção crítica das necessidades criadas pelo consumo e à adoção de hábitos sustentáveis.

(EM13CHS304) Analisar os impactos socioambientais decorrentes de práticas de instituições governamentais, de empresas e de indivíduos, discutindo as origens dessas práticas, selecionando, incorporando e promovendo aquelas que favoreçam a consciência e a ética socioambiental e o consumo responsável.

(EM13CHS305) Analisar e discutir o papel e as competências legais dos organismos nacionais e internacionais de regulação, controle e fiscalização ambiental e dos acordos internacionais para a promoção e a garantia de práticas ambientais sustentáveis.

(EM13CHS306) Contextualizar, comparar e avaliar os impactos de diferentes modelos socioeconômicos no uso dos recursos naturais e na promoção da sustentabilidade econômica e socioambiental do planeta (como a adoção dos sistemas da agrobiodiversidade e agroflorestal por diferentes comunidades, entre outros).

(EM13CHS401) Identificar e analisar as relações entre sujeitos, grupos, classes sociais e sociedades com culturas distintas diante das transformações técnicas, tecnológicas e informacionais e das novas formas de trabalho ao longo do tempo, em diferentes espaços (urbanos e rurais) e contextos.

(EM13CHS402) Analisar e comparar indicadores de emprego, trabalho e renda em diferentes espaços, escalas e tempos, associando-os a processos de estratificação e desigualdade socioeconômica.

(EM13CHS403) Caracterizar e analisar os impactos das transformações tecnológicas nas relações sociais e de trabalho próprias da contemporaneidade, promovendo ações voltadas à superação das desigualdades sociais, da opressão e da violação dos Direitos Humanos.

(EM13CHS404) Identificar e discutir os múltiplos aspectos do trabalho em diferentes circunstâncias e contextos históricos e/ou geográficos e seus efeitos sobre as gerações, em especial, os jovens, levando em consideração, na atualidade, as transformações técnicas, tecnológicas e informacionais.

(EM13CHS501) Analisar os fundamentos da ética em diferentes culturas, tempos e espaços, identificando processos que contribuem para a formação de sujeitos éticos que valorizem a liberdade, a cooperação, a autonomia, o empreendedorismo, a convivência democrática e a solidariedade.

(EM13CHS502) Analisar situações da vida cotidiana, estilos de vida, valores, condutas etc., desnaturalizando e problematizando formas de desigualdade, preconceito, intolerância e discriminação, e identificar ações que promovam os Direitos Humanos, a solidariedade e o respeito às diferenças e às liberdades individuais.

(EM13CHS503) Identificar diversas formas de violência (física, simbólica, psicológica etc.), suas principais vítimas, suas causas sociais, psicológicas e afetivas, seus significados e usos políticos, sociais e culturais, discutindo e avaliando mecanismos para combatê-las, com base em argumentos éticos.

(EM13CHS504) Analisar e avaliar os impasses ético-políticos decorrentes das transformações culturais, sociais, históricas, científicas e tecnológicas no mundo contemporâneo e seus desdobramentos nas atitudes e nos valores de indivíduos, grupos sociais, sociedades e culturas.

(EM13CHS601) Identificar e analisar as demandas e os protagonismos políticos, sociais e culturais dos povos indígenas e das populações afrodescendentes (incluindo as quilombolas) no Brasil contemporâneo considerando a história das Américas e o contexto de exclusão e inclusão precária desses grupos na ordem social e econômica atual, promovendo ações para a redução das desigualdades étnico-raciais no país.

(EM13CHS602) Identificar e caracterizar a presença do paternalismo, do autoritarismo e do populismo na política, na sociedade e nas culturas brasileira e latino-americana, em períodos ditatoriais e democráticos, relacionando-os com as formas de organização e de articulação das sociedades em defesa da autonomia, da liberdade, do diálogo e da promoção da democracia, da cidadania e dos direitos humanos na sociedade atual.

(EM13CHS603) Analisar a formação de diferentes países, povos e nações e de suas experiências políticas e de exercício da cidadania, aplicando conceitos políticos básicos (Estado, poder, formas, sistemas e regimes de governo, soberania etc.).

(EM13CHS604) Discutir o papel dos organismos internacionais no contexto mundial, com vistas à elaboração de uma visão crítica sobre seus limites e suas formas de atuação nos países, considerando os aspectos positivos e negativos dessa atuação para as populações locais.

(EM13CHS605) Analisar os princípios da declaração dos Direitos Humanos, recorrendo às noções de justiça, igualdade e fraternidade, identificar os progressos e entraves à concretização desses direitos nas diversas sociedades contemporâneas e promover ações concretas diante da desigualdade e das violações desses direitos em diferentes espaços de vivência, respeitando a identidade de cada grupo e de cada indivíduo.

(EM13CHS606) Analisar as características socioeconômicas da sociedade brasileira — com base na análise de documentos (dados, tabelas, mapas etc.) de diferentes fontes — e propor medidas para enfrentar os problemas identificados e construir uma sociedade mais próspera, justa e inclusiva, que valorize o protagonismo de seus cidadãos e promova o autoconhecimento, a autoestima, a autoconfiança e a empatia.

Referências bibliográficas

AB'SABER, Aziz N. *Os domínios de natureza no Brasil*. São Paulo: Ateliê, 2012.

AB'SABER, Aziz N. (org.) *Leituras indispensáveis*. Cotia: Ateliê, 2015.

ARENDT, Hannah. A crise na educação. *In*: *Entre o passado e o futuro*. São Paulo: Perspectiva, 1988.

AYOADE, J. O. *Introdução à climatologia para os trópicos*. Rio de Janeiro: Bertrand Brasil, 2011.

BANDEIRA, Luiz Alberto Moniz. *A desordem mundial*. Rio de Janeiro: Civilização Brasileira, 2016.

BARROS, Alexandre Rands. *Desigualdades regionais no Brasil*. Rio de Janeiro: Elsevier: Campus, 2011.

BARROS, José D'Assunção. *História, espaço, Geografia*: diálogos interdisciplinares. Petrópolis: Vozes, 2017.

BAUMAN, Zygmunt. *Modernidade e ambivalência*. Rio de Janeiro: Zahar, 1999.

BECKER, Bertha K. *As Amazônias de Bertha K. Becker*: ensaios sobre Geografia e sociedade na região amazônica. Rio de Janeiro: Garamond, 2015. v. 1.

BECKER, Bertha K. *Amazônia*: geopolítica na virada do III milênio. Rio de Janeiro: Garamond, 2009.

BENEVOLO, Leonardo. *História da cidade*. São Paulo: Perspectiva, 2007.

CACCIARI, Massimo. *A cidade*. Barcelona: Editorial Gustavo Gili, 2009.

CAMPOS FILHO, Candido Malta. *Reinvente seu bairro*: caminhos para você participar do planejamento da sua cidade. São Paulo: Ed. 34, 2003.

CANEPA, Beatriz; OLIC, Nelson Bacic. *Oriente Médio*: uma região de conflitos e tensões. São Paulo: Moderna, 2012.

CARRIÈRE, Jean-Claude. *O círculo dos mentirosos*: contos filosóficos do mundo inteiro. São Paulo: Códex, 2004.

CARVALHO, José Murilo de. *Cidadania no Brasil*. Rio de Janeiro: Civilização Brasileira, 2014.

CASTELLAR, Sonia (org.). *Educação geográfica*: teorias e práticas docentes. São Paulo: Contexto, 2005.

CASTELLS, Manuel. *A sociedade em rede*. São Paulo: Paz e Terra, 2012.

CASTRO, Iná E. de; GOMES, Paulo C. da C.; CORRÊA, Roberto L. (org.). *Geografia*: conceitos e temas. Rio de Janeiro: Bertrand Brasil, 2006.

CASTRO, Iná E. de; GOMES, Paulo C. da C.; CORRÊA, Roberto L. (org.). *Olhares geográficos*: modos de ver e viver o espaço. Rio de Janeiro: Bertrand Brasil, 2012.

CHOMSKY, Noam; BARSAMIAN, David. *Sistemas de poder*: conversas sobre as revoltas democráticas globais e os novos desafios ao Império Americano. Rio de Janeiro: Apicuri, 2013.

DAMIANI, Amélia Luisa. *População e Geografia*. São Paulo: Contexto, 2012.

DAVIS, Mike. *Planeta favela*. São Paulo: Boitempo, 2006.

DEATON, Angus. *A grande saída*: saúde, riqueza e as origens da desigualdade. Rio de Janeiro: Intrínseca, 2017.

FIGUEIRÓ, Adriano S. *Biogeografia*: dinâmicas e transformações na natureza. São Paulo: Oficina de Textos, 2015.

FIORI, José Luís. *História, estratégia e desenvolvimento para uma geopolítica do capitalismo*. São Paulo: Boitempo, 2015.

GIRARDI, Gisele; ROSA, Jussara Vaz. *Atlas geográfico do estudante*. São Paulo: FTD, 2015.

GRANELL-PÉREZ, María Del Carmen. *Trabalhando Geografia com as cartas topográficas*. Ijuí: Editora Unijuí, 2004.

GUERRA, Antonio José Teixeira. *Novo dicionário geológico-geomorfológico*. Rio de Janeiro: Bertrand Brasil, 2011.

HAESBAERT, Rogério. *Territórios alternativos*. São Paulo: Contexto, 2017.

HAESBAERT, Rogério. *Viver no limite*: território e multi/transterritorialidade em tempos de insegurança e contenção. Rio de Janeiro: Bertrand Brasil, 2014.

HAN, Byung-Chul. *Sociedade do cansaço*. Petrópolis: Vozes, 2017.

HOBSBAWM, Eric J. *Da Revolução Industrial Inglesa ao imperialismo*. Rio de Janeiro: Forense-Universitária, 2003.

HOBSBAWM, Eric J. *Era dos extremos*: o breve século XX: 1914-1991. São Paulo: Companhia das Letras, 2012.

ÍSOLA, Leda; CALDINI, Vera. *Atlas geográfico Saraiva*. São Paulo: Saraiva, 2013.

JOLY, Fernand. *A cartografia*. Campinas: Papirus, 2014.

KÖNEMANN, Ludwig; STEFÁNIK, Martin. *Historical Atlas of the World*. Bath: Parragon, 2010.

LEFEBVRE, Henri. *O direito à cidade*. São Paulo: Centauro, 2001.

LÉVI-STRAUSS, Claude. *Antropologia Estrutural Dois*. Rio de Janeiro: Tempo Brasileiro, 1993.

LÉVY, Pierre. *Cibercultura*. São Paulo: Ed. 34, 1999.

LIPOVETSKY, Gilles. *O império do efêmero*: a moda e seus destinos nas sociedades modernas. São Paulo: Companhia das Letras, 1989.

MACHADO, Nílson José. *Educação*: projetos e valores. São Paulo: Escrituras, 2000.

MARANDOLA JR., Eduardo; HOLZER, Werther; OLIVEIRA, Lívia de. *Qual o espaço do lugar?* São Paulo: Perspectiva, 2012.

MARICATO, Erminia. *O impasse da política urbana no Brasil.* Petrópolis: Vozes, 2011.

MATIAS, Eduardo F. P. *A humanidade e suas fronteiras*: do Estado soberano à sociedade global. São Paulo: Paz e Terra, 2010.

MELLO, F. A. F. *O desafio da escolha profissional.* Campinas: Papirus , 2000.

MENDONÇA, F.; DANNI-OLIVEIRA, I. M. *Climatologia*: noções básicas e climas do Brasil. São Paulo: Oficina de Textos, 2007.

MEREDITH, Martin. *O destino da África*: cinco mil anos de riquezas, ganância e desafios. Rio de Janeiro: Zahar, 2017.

MORAES, Antonio C. R. *Território e História no Brasil.* São Paulo: Annablume, 2008.

MORTIMER, Ian. *Séculos de transformações.* Rio de Janeiro: Difel, 2018.

MUMFORD, Lewis. *A cidade na História.* São Paulo: Martins Fontes, 1991.

OLIC, Nelson Bacic. *Visões geopolíticas do mundo atual.* São Paulo: Moderna, 2017.

PERALVA, Angelina; TELLES, Vera da Silva (org.). *Ilegalismos na globalização*: migração, trabalho, mercado. Rio de Janeiro: Editora da UFRJ, 2015.

PEREIRA, Omar Calazans Nogueira. *A construção do projeto de vida no Programa Ensino Integral (PEI)*: uma análise na perspectiva da Orientação Profissional. Dissertação (Mestrado em Psicologia Social) — Instituto de Psicologia da Universidade de São Paulo, São Paulo, 2019.

PETERSEN, James F. *et al. Fundamentos de Geografia Física.* São Paulo: Cengage Learning, 2014.

PIKETTY, Thomas. *A economia da desigualdade.* Rio de Janeiro: Intrínseca, 2015.

PIKETTY, Thomas. *O capital no século XXI.* Rio de Janeiro: Intrínseca, 2014.

PRESS, Frank *et al. Para entender a Terra.* Porto Alegre: Bookman, 2006.

REGO, Nelson; SUERTEGARAY, Dirce; HEIDRICH, Álvaro (org.). *Geografia e educação*: geração de ambiências. Porto Alegre: Editora da UFRGS, 2001.

RIBEIRO, Luiz Cesar de Queiroz (ed.). *Rio de Janeiro*: transformações na ordem urbana. Rio de Janeiro: Letra Capital: Observatório das Metrópoles, 2015.

ROLNIK, Raquel. *O que é cidade.* São Paulo: Brasiliense, 1988.

ROSS, Jurandyr L. S. (org.). *Geografia do Brasil.* São Paulo: Edusp, 2009.

SANDRONI, Paulo (org.). *Dicionário de Economia do século XXI.* Rio de Janeiro: Record, 2008.

SANTOS, Milton. *A natureza do espaço*: técnica e tempo, razão e emoção. São Paulo: Edusp, 2014.

SANTOS, Milton. *Da totalidade ao lugar.* São Paulo: Edusp, 2014.

SANTOS, Milton. *Economia espacial*: críticas e alternativas. São Paulo: Edusp, 2014.

SANTOS, Milton. *Metamorfoses do espaço habitado.* 4. ed. São Paulo: Hucitec, 2012.

SANTOS, Milton. *Por uma outra globalização*: do pensamento único à consciência universal. 5. ed. Rio de Janeiro: Record, 2015.

SANTOS, Milton; SILVEIRA, Maria Laura. *O Brasil*: território e sociedade no início do século XXI. Rio de Janeiro. Record, 2011.

SASSEN, Saskia. *Sociologia da globalização.* Porto Alegre: Artmed, 2010.

SCHWARCZ, Lilia Moritz; STARLING, Heloisa M. *Brasil*: uma biografia. São Paulo: Companhia das Letras, 2015.

SEGRILLO, Angelo. *De Gorbachev a Putin*: a saga da Rússia do socialismo ao capitalismo. Curitiba: Prismas, 2015.

SOUZA, Pedro H. G. Ferreira de. *Uma história da desigualdade*: a concentração de renda entre os ricos, 1926-2013. São Paulo: Hucitec: ANPOCS, 2018.

SPOSITO, Maria Encarnação Beltrão. *Capitalismo e urbanização.* São Paulo: Contexto, 2005.

TEIXEIRA, W. *et al.* (org.). *Decifrando a Terra.* São Paulo: Cia. Editora Nacional, 2009.

TULCHIN, Joseph S. *América Latina × Estados Unidos*: uma relação turbulenta. São Paulo: Contexto, 2016.

VASCONCELOS, Pedro de Almeida; CORRÊA, Roberto Lobato; PINTAUDI, Silvana Maria (org.). *A cidade contemporânea*: segregação espacial. São Paulo: Contexto, 2013.

VEIGA, José Eli da. *Para entender o desenvolvimento sustentável.* São Paulo: Ed. 34, 2015.

VENTURI, Luis Antonio Bittar (org.). *Geografia*: práticas de campo, laboratório e sala de aula. São Paulo: Sarandi, 2011 (Coleção Praticando).